# Die nutzbaren Mineralien, Gesteine und Erden Bayerns

II. Band:

## Franken, Oberpfalz und Schwaben nördlich der Donau.

Mit 1 Übersichtskarte, 62 Abbildungen, 25 Bildtafeln und 2 Kartentafeln

Herausgegeben vom

Bayer. Oberbergamt,

Geologische Landesuntersuchung.

München 1936

Verlag von R. Oldenbourg und Piloty & Loehle.

**Bearbeiter des II. Bandes:**

DR. GUSTAV ABELE, Regierungschemierat; DR. HEINRICH ARNDT, Regierungsgeologe I. Kl.; DR. EDUARD HARTMANN, Regierungsgeologe; DR. FRITZ HEIM, Regierungsgeologe I. Kl.; DR. HANS NATHAN, Regierungsgeologe; Prof. DR. MATTHEUS SCHUSTER, Oberregierungsrat; DR. ULRICH SPRINGER, Regierungschemierat I. Kl.; DR. ADOLF WURM, o. Universitätsprofessor, Würzburg.

**Schriftleitung:**

Prof. DR. M. SCHUSTER.

# Vorwort

Der erste Band der „Nutzbaren Mineralien, Gesteine und Erden Bayerns" beschäftigte sich im wesentlichen mit dem alten Gebirge, dessen Gesteine und Mineralien im Altertum der Erde, im Palaeozoikum, entstanden sind: dem Bayerischen Wald, dem Oberpfälzer Wald und dem Fichtelgebirge mit ihren „kristallinen" Gesteinen, nämlich den kristallinischen Schiefern und den granitischen und anderen vulkanischen Tiefengesteinen und mit dem Frankenwald mit seinen kambrischen bis karbonischen Schichtgesteinen und altvulkanischen Lavagesteinen. Die jüngeren Bildungen treten im alten Gebirge in den Hintergrund.

Die Abgrenzung des vom I. Band umfaßten Gebietes nach Westen ist zugleich die Ostgrenze der Darstellung im vorliegenden II. Band; sie ist auch in dem Übersichtskärtchen am Schlusse des Buches eingetragen.

Die Südgrenze des vom II. Bande umfaßten Gebietes ist die Donau, die westlichen und nördlichen Grenzen werden von den Landesgrenzen gegen Württemberg, Baden, Hessen, Preußen und Thüringen gebildet. Im wesentlichen entfällt demnach auf den II. Band die Oberpfalz, Franken und der nördlich der Donau liegende kleine Teil von Schwaben.

Die Abgrenzung der Gebiete der beiden Bände ist freilich nicht ganz scharf. Manche Gesteine kommen im alten Gebirge vor, also im Bereich des I. Bandes, wie auch im unmittelbar angrenzenden geschichteten Vorland, zum Gebiete des II. Bandes gehörig, z. B. die Basalte und die Porphyre der Oberpfalz. Das Vorland ferner greift mit seinen geschichteten Bildungen in der Bodenwöhrer Bucht von Schwandorf bis nach Roding in das alte, kristalline Gebirge des Bayerischen Waldes und somit in den Bereich des I. Bandes hinein. Endlich bedecken gleichartige, jüngere, ausbeutbare Ablagerungen Teile des alten Gebirges wie des Vorlandes.

In einem dem vorliegenden Bande angehängten „Nachtrag" werden jene Gesteine erwähnt, die im I. Band nicht besprochen worden sind und zugleich werden darin die seit dem Erscheinen des I. Bandes gesammelten neuen Kenntnisse und Erkenntnisse niedergelegt.

Der II. Band tritt in einer wesentlich andern Anlage und Form als der I. Band in die Öffentlichkeit. Sein Hauptzweck ist der gleiche wie der des I. Bandes: die Kenntnis der nutzbaren mineralischen Ablagerungen Nordbayerns zu fördern, zugleich aber auch das Wissenswerteste über den geologischen Verband dieser Bildungen mit anderem und über ihre Entstehungsart zu bringen.

Die reich entwickelte Steinbruchindustrie hat in den vielfältigen Gesteinen unseres Darstellungsgebietes einen geradezu unerschöpflichen Vorrat an Bau- und Ziersteinen; Ziegellehm, Schotter und Sande stehen der Bauindustrie, Tone verschiedenster Art dieser und der keramischen Industrie zur Verfügung. Die Darstellung der Lagerstätten ist ein ungeschminktes Bild der Wirklichkeit.

Auch die Heilquellen stellen einen Bodenschatz eigener Art dar und sind daher möglichst eingehend gewürdigt worden.

Der Schwerpunkt der nordbayerischen Bodenschätze liegt in ihrer vielseitigen Anwendung in der Bauindustrie. Hier soll das Buch beitragen, die Verwendung des Betons und der Kunststeine zu Gunsten der heimischen Natursteine einzudämmen. Die bodenständigen Gesteine sollen wie in alter Zeit, wo es angeht, wieder zum Baustein werden, der uns nicht kalt läßt, sondern der zu uns spricht, wie die Steine der Bauten unserer mittelalterlichen Städte zu uns reden, die so naturverbunden in der Landschaft stehen. Die Wertschätzung der natürlichen Bausteine steigt jetzt fühlbar wieder mit der Wertschätzung der handwerklichen Arbeit. So harrt das in diesem Bande dargestellte Gebiet der weiteren Erschließung durch die Kraft von Geist und Hand. Ungezählte feiernde Arme können hierbei wieder tätig werden.

Bei der Bearbeitung des Stoffes beteiligten sich die vorne namentlich aufgeführten Geologen der Geologischen Landesuntersuchung, welche durch die Chemiker unseres Laboratoriums unterstützt wurden.

Die Darstellung der Eisenerzlager der Oberpfalz und Oberfrankens erfolgte unter dem großen Entgegenkommen der Bayer. Berg-, Hütten- und Salzwerke A.G. München, wofür hier der beste Dank ausgesprochen wird.

Bei der Benützung des Werkes ist eine geologische Karte zu empfehlen. Es kommen in Betracht: die Geologische Übersichtskarte 1:1 000 000 von C. W. v. GÜMBEL; die Geologische Übersichtskarte von Bayern r. d. Rh. 1:250 000 von MTTH. SCHUSTER, besonders Blatt VI mit Erläuterungen, dann die „Übersichtskarte der jurassischen und Keuperbildungen im nördlichen Bayern 1:500 000" von L. v. AMMON und H. THÜRACH. Die Kartenwerke sind bei Piloty & Loehle, München, zu beziehen. Auch die Geologische Übersichtskarte des Deutschen Reiches von R. LEPSIUS (Blättter 18: Frankfurt; 19: Dresden; 23: Stuttgart; 24: Regensburg) 1:500 000 leistet gute Dienste, besonders durch die vielen Ortsangaben.

Für gewisse Gebietsteile Frankens liegen amtliche geologische Karten im Maßstab 1:25 000 und 1:100 000 vor, die im Anhang erwähnt werden.

Umfassendere geologische Werke, auf die im Buche vielfach hingewiesen wird, sind:

C. W. v. GÜMBEL, Geognostische Beschreibung des ostbayerischen Grenzgebirges oder des Bayerischen und Oberpfälzischen Waldgebirges, Gotha 1868.

C. W. v. GÜMBEL, Geognostische Beschreibung des Fichtelgebirges mit dem Frankenwalde und dem westlichen Vorlande, Gotha 1879.

C. W. v. GÜMBEL, Geognostische Beschreibung der Fränkischen Alb (Frankenjura) mit dem anstoßenden fränkischen Keupergebiete, Kassel 1891.

C. W. v. GÜMBEL, Geologie von Bayern, II. Band, Kassel 1894.

MTTH. SCHUSTER, Abriß der Geologie von Bayern r. d. Rh. in sechs Abteilungen, Abt. III, IV, V und VI, München 1923, 1924, 1927 und 1928.

München, im Herbst 1936                    Prof. Dr. MTTH. SCHUSTER.

# Inhalts-Verzeichnis

VI

X

XII

## Bemerkung zur Übersichtskarte.

Die Karte enthält die wichtigsten Orte innerhalb der Gebiete des
I. und II. Bandes der „Nutzbaren Mineralien, Gesteine und Erden
Bayerns", in deren Nähe eine technisch-nutzbare Ablagerung vor-
kommt. Auf die Eintragung anderer Orte wurde verzichtet.

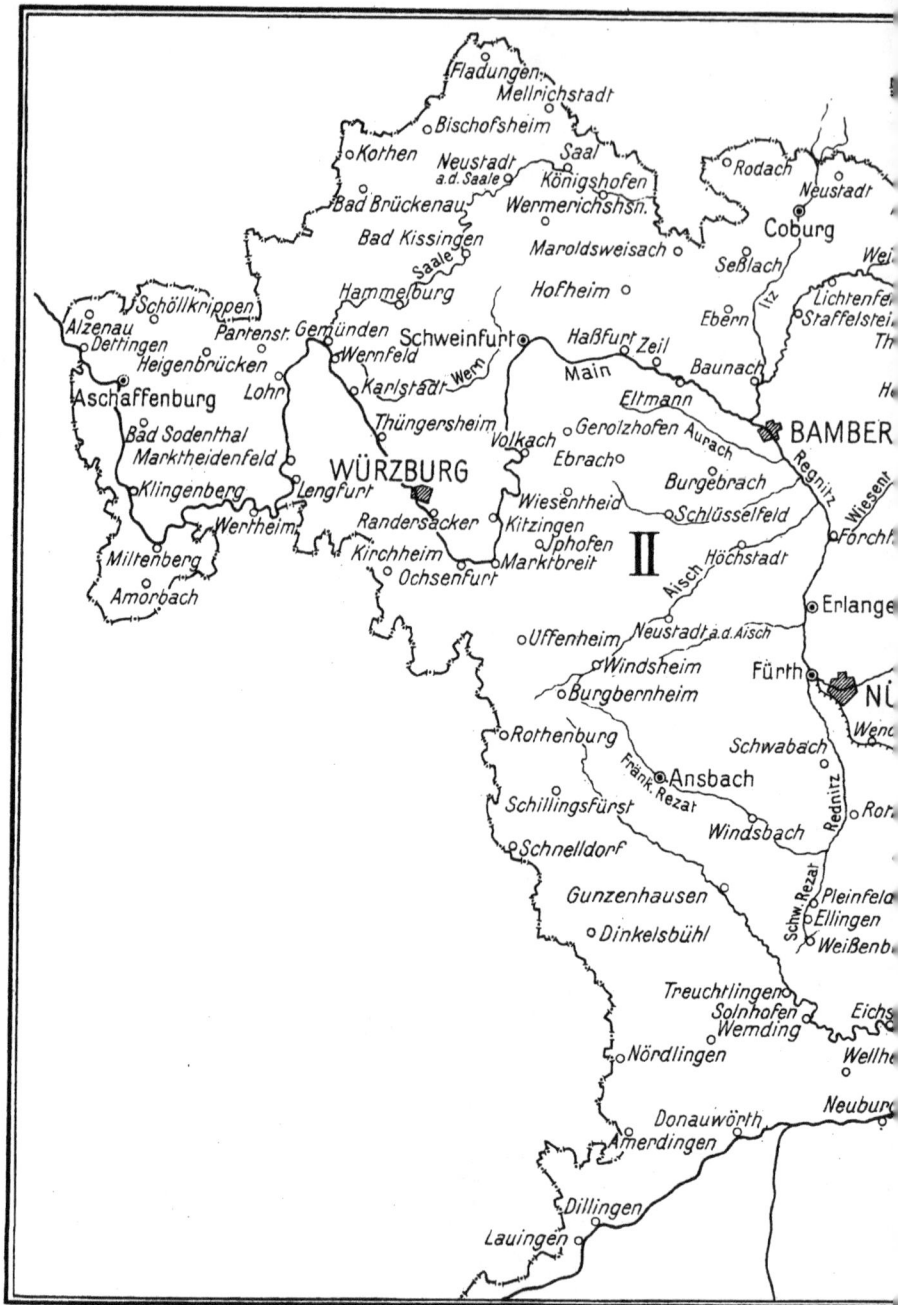

Fladungen
Mellrichstadt
Bischofsheim
Kothen
Neustadt a.d. Saale
Saal
Königshofen
Rodach
Neustadt
Bad Brückenau
Wermerichshsn.
Coburg
Wei
Bad Kissingen
Maroldsweisach
Seßlach
Lichtenfe
Staffelstei
Th
Hammelburg
Hofheim
Ebern
Itz
Schöllkrippen
Saale
Schweinfurt
Haßfurt
Zeil
Baunach
He
Alzenau
Dettingen
Partenst. Gemünden
Wernfeld
Main
Heigenbrücken
Karlstadt Wern
Eltmann
BAMBER
Aschaffenburg
Lohn
Thüngersheim
Gerolzhofen Aurach
Regnitz
Wiesent
Bad Sodenthal
WÜRZBURG
Volkach
Ebrach
Burgebrach
Marktheidenfeld
Wiesentheid
Schlüsselfeld
Forch.
Klingenberg
Lengfurt
Randersacker
Kitzingen
Jphofen
Höchstadt
Aisch
Wertheim
Kirchheim
Marktbreit
II
Miltenberg
Ochsenfurt
Erlange
Amorbach
Uffenheim
Neustadt a.d. Aisch
Windsheim
Fürth
NÜ
Burgbernheim
Rothenburg
Schwabach
Wenc
Fränk. Rezat
Ansbach
Rednitz
Ror.
Schillingsfürst
Windsbach
Schnelldorf
Gunzenhausen
Schw. Rezat
Pleinfel
Ellingen
Weißenb
Dinkelsbühl
Treuchtlingen
Solnhofen
Eichs
Wemding
Nördlingen
Wellhe
Neuburg
Donauwörth
Amerdingen
Dillingen
Lauingen

Übersichtskarte
zum I. und II. Band der
„Nutzbaren Mineralien, Gesteine
und Erden Bayerns."

0    10    20         40         60 Km

Abgrenzung der
Darstellungsgebiete
vom I., II. und III. Band.

II        I

Donau

III

dt
Steben
Hof
Münchberg    Rehau
adtsteinach          Selb    Franzensbad
ho Kupferberg
Berneck    Wunsiedel
Goldkronach  Alexanders- Waldsassen
Weidenbg.      bad    Mitterteich
th                   Tirschenreuth
Kemnath  Erbendf.
Creussen    Neustadt a.K.
Pressath
Eschenbach  Parkstein  Neustadt a.W.N.
Auerbach Grafenwöhr  Weiden
Vilseck  Freihung    Pleystein
Vorra  Hahnbach  Schnaittenbach
artmanns-
hof    Sulzbach    Nabburg    Ob-Viechtach
Amberg    Winklarn
Kastl    Freihöls
Lauterhofen    Schwandorf  Fürth i.W.
Bodenwöhr    I
Neumarkt             Cham    Lam
Velburg    Burglengenfeld  Roding  Kötzting
Hohenfels    Nittenau    Regen
Bodenmais
Hemau    Viechtach    Zwiesel
Stadtamhof
REGENSBURG    Regen
Altmühl  Kelheim    Freyung
nberg    Saal    Straubing    Deggendorf
III    Plattling    Hengersbg.
dt    Donau    Hauzenberg
Vilshofen  Kellberg  Wegscheid
Oben-
Jsar    Passau  zell
Ortenburg
Landshut

Naab
Vils

# Das Grundgebirge.

In der meist unbekannten Tiefe, unter den mannigfachen Schichtgesteinen des sog. Deckgebirges, lagern Gesteine, die im wesentlichen aus kristallinen Schiefern und aus darin eingelagerten granitisch-dioritischen Schmelzfluß- oder Tiefengesteinen bestehen. Im Bereich des Bandes I sind sie, vom geschichteten Deckgebirge zum großen Teil entblößt, die Bausteine des Ostbayerischen Grenzgebirges. Durch eine Anzahl von Tiefbohrungen wurden diese Gesteine in unserem Darstellungsgebiet an verschiedenen Orten am Grunde der Schichtenreihe erreicht. Diese ruht so wie auf einem Sockel auf ihnen. Man nennt die kristallinen Schiefer und die Tiefengesteine in ihnen daher kristallines „Grundgebirge".

Diese Gesteine sind teils beträchtlich älter als die ältesten Schichtgesteine der Erdrinde; dann liegen diese ohne Übergang übergreifend auf ihnen. Oder sie sind jünger als diese; dann stellen sie teils kristalline Gesteine dar, die bei der sog. variskischen Gebirgsbildung zur Oberkarbonzeit und durch die gleichzeitige Einwirkung der Tiefengesteins-Schmelzflüsse aus den damaligen Schichtgesteinen entstanden sind (kristalline Schiefer), teils sind sie die eben erwähnten granitisch-dioritischen Tiefengesteine selbst. Die kristallinen Schiefer pflegen dann langsam in die unveränderten Schichtgesteine überzugehen, wie das im Bayerischen Wald und Fichtelgebirge (Band I) der Fall ist. Die ältesten Schichtgesteine, die kambrischen und vorkambrischen Schichten, gehen hier durch die Urtonschiefer oder Phyllite und Glimmerschiefer in Gneise über und diese wieder in granitische Tiefengesteine. In dieses Gebäude kristalliner Gesteine können dann noch jüngere Granite als Stöcke oder Lager eingeschaltet sein.

Im Bereich des Bandes II ist das Grundgebirge an zwei Stellen aus der Tiefe ans Tageslicht gehoben, 1. im sog. Vorspessart bei Aschaffenburg, 2. im Ries bei Nördlingen.

## Das Grundgebirge des Vorspessarts.

Zwischen Aschaffenburg, Soden, Heigenbrücken, Schöllkrippen, Huckelheim und Alzenau erscheint das Grundgebirge[1]) als steil aufgerichtete und gefaltete

---

[1]) Wichtigstes Schrifttum:

Bücking, H.: Der nordwestliche Spessart. — Abh. Pr. geolog. L.-A., N. F. **12**, m. geol. Karte 1 : 100 000, Berlin 1892.

Deml M., P.: Gesteinskundliche Untersuchungen im Vorspessart südlich der Aschaff. Mit 10 Tafeln. Abh. d. Geol. L.-U. a. Bayer Oberbergamt, **10**, München 1931.

Klemm, G.: Beiträge zur Kenntnis des kristallinen Grundgebirges im Vorspessart. — Abh. Bad. geol. L.-A., **2**, S. 163 ff., Darmstadt 1895.

Thürach, H.: Über die Gliederung des Urgebirges im Spessart. — Geogn. Jahresh., **5**, 1892, München 1893.

PREUSSEN

HESSEN

VORSPESSART

Main

Profillinie

Hof Trages

VI

Zeche Freigericht

Zeche Friedrich

Zeche Gustav

SELIGEN-STADT

Groß-Welzheim

DETTINGEN

Alzenau

Rückersbacher-Schlucht

Hohl

Stockstadt

Goldbach

ASCHAFFENBURG

Groß-Ostheim

Haibach

Geisel-bach

Huckelheim

Segen Gottes

Hilfe Gottes

Schöllkrippen

Zeche Wilhelmine

Mömbris

Schimborn

Königshofen

Hösbach

Hain

Straß-

Ober-Bessenbach

WALDASCHAFF

BAD SODEN

Profillinie

Main

M. = 1:250000

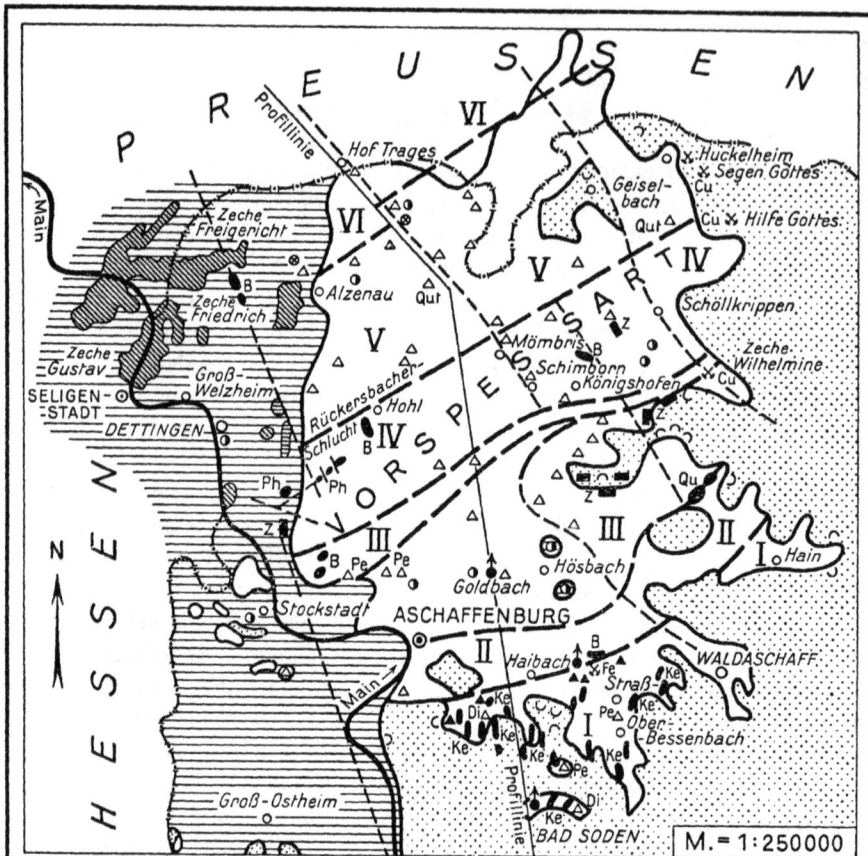

# Nutzbare Mineralien und Gesteine im Vorspessart.

Kristallines Grundgebirge des Vorspessarts und einiger Inseln im Hochspessart.

a) b)

a) Zechstein - und Buntsandstein Bedeckung.
b) Alluvium, Diluvium und Tertiär der Mainebene u. bei Hösbach.

Längsbrüche zwischen Grundgebirgs-Zonen.          Querbrüche

## Steinbrüche und Gruben:

△ = Granit, Gneis, Hornblende -, Glimmerschiefer.

△Di = Diorit

△Pe = Pegmatit

△Qut = Quarzit

Ke = Kersantit

Qu = Quarzporphyr

B = Basalt

Ph = Phonolith

▲ = Kristalliner Kalk

Z = Zechsteinkalku.-Dolomit

Cu = Kupfererz, Fahlerz

Fe = Eisenerz

⌒ = Feinkörniger Buntsandst. (Heigenbrücker Sandstein)

= Pliozäne Braunkohle

⊛ = Kies, Sand

o = Lehm

= Torf

= Mineral-Quellen

E.H.

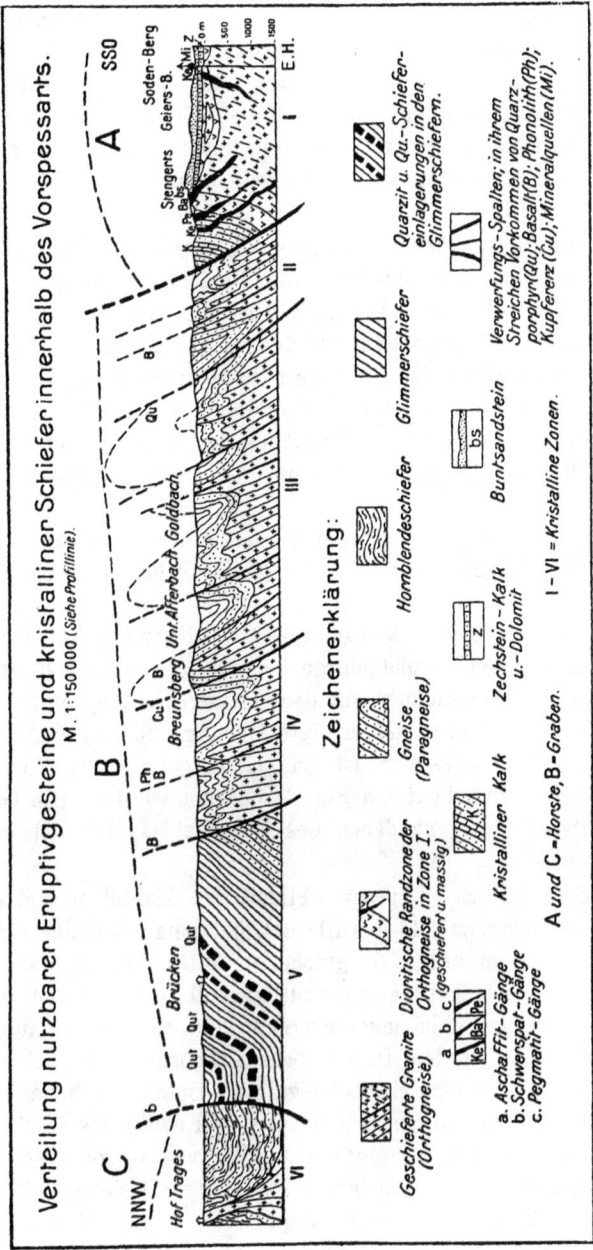

Abb. 1

**Schnitt durch das kristalline Grundgebirge des Vorspessarts von Hof Trages, N. von Alzenau, bis zum Soden-Berg bei Soden, SO. von Aschaffenburg (vgl. auch das nebenstehende Kärtchen).**

(Kärtchen und Profil von E. Hartmann)

kristalline Schiefer, die sich an granitisch-dioritische Tiefengesteine anlehnen. Die Schiefer sind teils ehemalige palaeozoische Schichtgesteine, teils vulkanische Gesteine, die in ihnen eingelagert waren. Sie sind unter der Berührung mit dem in sie eindringenden granitisch-dioritischen Schmelzfluß kristallinisch umgewandelt und geschiefert worden (Paragneise). Schieferige Gesteine, an denen Schichtgesteine und Schmelzfluß miteinander beteiligt sind, heißen Mischgneise. Die tonigen, sandigen und kalkigen Schichtgesteine sind zu Glimmerschiefern, Hornfelsen, quarzitischen Gesteinen, die Kalke zu Marmoren, die vulkanischen Einlagerungen in den Schichten meist zu Hornblende-gesteinen umgebildet worden.

Die granitischen und dioritischen Tiefengesteins-Schmelzflüsse kristallisierten unter dem hohen Druck, mit welchem sie in die Schichtgesteine gepreßt wurden, schieferig und erhielten ein gneisartiges Aussehen (Orthogneise, Granitgneise, Dioritgneise). Auf Spalten drangen dunkle (Lamprophyre) und helle Nachschübe (Pegmatite, Aplite) der Tiefengesteins-Schmelzen empor; Eisenerz und Schwerspat (I. Generation) setzten sich in ihnen ab. — Im Bereich des Grundgebirges treten auch vulkanische Ergußgesteine aus späterer Zeit auf: Quarzporphyr, Basalt und Phonolith, die beim Abschnitt „Deckgebirge" besprochen werden.

Das Grundgebirge des Vorspessarts ist nur ein kleiner Ausschnitt aus dem auch im nordwestlichen Bayern überall in der Tiefe vorhandenen kristallinen Gebirge.

Die geschichteten Gesteine des Deckgebirges: Rotliegendes, Zechstein und Buntsandstein, ruhen auf dem Grundgebirge übergreifend auf, d. h. zur Zeit des Absatzes der Rotliegend-Schichten war das Grundgebirge schon weitgehend eingeebnet. Erst durch eine viel später erfolgte Hebung und rasche Abtragung der darauf ruhenden Schichtgesteine ist das Grundgebirge im Vorspessart seiner Schichtendecke bis zum heutigen Stande beraubt worden. Die Gesteine des Vorspessarts entsprechen ganz denen des Odenwaldes, der von ihm nur durch den Main getrennt ist.

Die kristallinen Schiefer im Vorspessart bilden den Mantel oder das Dach von Granitstöcken. Ein starker Süd-Nord-Druck hat beide Gesteine stark zusammengestaucht. Man kann drei Gebirgsschollen unterscheiden, die für das Vorkommen verwertbarer Ablagerungen bedeutungsvoll sind und von einander durch Verwerfungen oder Überschiebungen getrennt sind. Sie sind an diesen verschieden hoch emporgehoben worden. In der höchst gehobenen Scholle A kommen die tieferen Granitkerne und ihre Spaltungsgesteine zutage; Scholle B ist im Süden stärker gehoben als im Norden. Daher wiegen in dem stark zerstückelten Süden gefaltete Paragneise vor, mannigfach durchschwärmt von geschieferten Graniteinpressungen. Im weniger gehobenen Norden der Scholle B herrschen die vom Tiefengesteinskern weiter entfernten, weniger kristallinisch umgewandelten Schiefer vor und sind ruhiger gelagert (vgl. hierzu A, B, C in Abb. 1).

In der Scholle C sind wiederum stärker umgewandelte Gesteine aus der

4

Tiefe hoch gebracht. — Man kann die Schollen A und C als Horste auffassen, zwischen denen die Scholle B eingesunken ist.

Die drei Schollen lassen sich in sechs Zonen einteilen, die einen Behelf bilden für die Darstellung der verwertbaren Gesteine. Zone I entspricht H. Thürach's südlichen Gneisen[1]); Zone II ist die Schweinheimer und Haibacher Gneisstufe; III ist die Goldbacher, Stockstädter und Glattbacher Stufe (in mehrfacher Wiederholung); IV ist die Mömbriser Stufe des Staurolithgneises; V entspricht der Dörnsteinbacher Stufe des Staurolithgneises mit dem Quarzitzug von Western-Hohl; Zone VI umfaßt die nördlichen Gneise der Alzenauer und Trageser Stufe.

### Granite und Diorite (Granitgneise, Dioritgneise).

Für die Granite und die kristallinen Schiefer wird heute noch oft der Ausdruck „Urgestein" gebraucht. Er hat in Bayern nur in den sehr seltenen Fällen Geltung, in denen einwandfrei nachgewiesen werden kann, daß die Gesteine älter sind als unsere ältesten Schichtgesteine. Im Vorspessart sind sie jedenfalls oberkarbonischen Alters. Man läßt das Wort „Urgestein" und „Urgebirge" am besten ganz fallen.

Ein Teil der Granite mit einer überwiegenden randlichen Ausbildung zu Diorit ist auf die Zone I beschränkt. Ein anderer dioritfreier Teil der Granite kommt in den Zonen II, III und VI vor, wo sie von sattelförmigen Teilaufwölbungen aus die Schichten durchtränkten und zu Paragneisen umwandelten. In den letztgenannten Zonen ist es schwierig, die Orthogneise von den mit ihnen innig verbundenen Paragneisen zu trennen.

### 1. Geschieferte Granite (Granitgneise) mit dioritischer Randzone.

Diese Granite sind die äußeren Anteile eines großen Granit-Kernes. Er ist heute nur an einzelnen Stellen sichtbar, meist aber verhüllt durch die randliche Entwicklung zu einem Diorit oder durch verschieden mächtige Zechstein- und Buntsandsteinablagerungen. Diese Gruppe der Granite ist auf den südlichen Vorspessart beschränkt, auf die Zone I in der Abb. 1.

Als Stellen, an denen schon einige Teile dieses Granitkernes, innerhalb der dioritischen Entwicklung zutage kommen, können die Aufschlüsse gelten am oberen Ende des Soden-Tales, des Bessenbach-Tales und des Gailbach-Tales, wo in kleinen Brüchen Straßenschotter gewonnen werden. Die Granite sind geschiefert, feinkörnig, mittelkörnig und meistens aplitisch, d. h. reich an hellen Gemengteilen. Sie bestehen in der Hauptsache aus Kalifeldspat (Orthoklas), Kalknatronfeldspäten (Plagioklasen), Quarz, seltener enthalten sie Biotit und verschiedene äußerlich nicht sichtbare Nebengemengteile. Sie sind von Gängen von Riesenkorngraniten (Pegmatiten) und Schriftgraniten durchzogen, in denen Quarz und Feldspat sich gegenseitig durchdringen.

---

[1]) H. Thürach nimmt eine i. a. nach NW. einfallende Folge von kristallinen Schiefern an, ohne Verwerfungen, Faltungen und Überschiebungen. Die 6 Zonen decken sich daher nicht ganz mit seinen Angaben.

**Diorite (Dioritgneise).** — Die aus den Graniten sich randlich entwickelnden Diorite sind massige oder schieferige Gesteine von dunkelgrauer, rötlich-grauer oder weißgetüpfelter Färbung. Sie bestehen im allgemeinen aus Ortho-klas, Plagioklasen, Quarz, Hornblende und Glimmer (Biotit). Sie enthalten Linsen von Augen-Dioritgneis, hornblendefreie Anteile, Schiefereinschlüsse, Schlieren von Granit- und Hornblendeanreicherungen. In der Nähe der Schwerspatgänge, die sie manchmal enthalten, sind die Diorite zersetzt und braunrot oder grünlichgelb getüpfelt. — Das Gestein ist mittel- oder grob-körnig und gut bohr- und sprengbar.

Verbreitung: Kleine Steinbrüche im Dioritgneis sind am Grau-Berg bei Gailbach in der Nähe der Almhütte. Ein Steinbruch auf der Nordseite des Stengerts bei Gailbach, in der Nähe der dortigen Aschaffitgänge, liegt in den Augengneisen, die sich vom Grau-Berg bis nach Straßbessenbach ver-folgen lassen. Sie bestehen aus großen Orthoklasen, Plagioklasen, Quarz, Biotit, Hornblende und Titanit. Weitere Steinbrüche, bezw. zu Steinbruchanlagen ge-eignete Aufschlüsse, sind in dem mitunter dem Granitgneis sehr ähnlichen Dioritgneis angelegt: im Soden-Tal; in Gailbach; NO. von Dörrmorsbach; im Straß- und Oberbessenbach-Tal; bei Waldmichelbach und Waldaschaff.

Verwendung: Das Gestein eignet sich zu Pflastersteinen, Rand- und Grenzsteinen, liefert guten Betonzuschlag, ebenso Splitt für Asphaltstraßen, bei denen es nicht so leicht zerrieben wird. Weniger gut geeignet ist das Gestein zu Straßen- und Eisenbahnschotter und zu Wasserbauten. Da es gut schleif- und polierfähig ist, kann es auch zu Grabdenkmälern und zu Innenschmuck-steinen verwertet werden.

Proben des Diorits bei Gailbach wurden von der Technischen Ab-teilung der Bayerischen Landesgewerbe-Anstalt Nürnberg untersucht. Sie besaßen: Druckfestigkeit 1740 kg/cm², Zähigkeitswertziffer 154 kg/cm³, Sprödigkeitszahl 11,3, Abnutzbarkeit (Schleifverfahren) 0,09 cm³/cm². — Nach dem Kriege fand das Gestein keine Verwertung in obiger Hinsicht mehr.

## 2. Geschieferte Granite ohne dioritische Randzone.

Diese Gesteine bilden die Hauptbestandteile der aus Mischgesteinen, nämlich zugeführtem granitischem Stoff und umgewandelten Schichtgesteinen, be-stehenden Sattelgebiete der Zonen II, III und VI. Sie bestehen aus druck-geschieferten Biotitgraniten, Zweiglimmergraniten, Hornblendegraniten und aplitischen Graniten.

**Biotitgranite.** — In der Zone II, am Haibacher Kreuz sind es helle, röt-liche, kleinkörnige, quarzreiche und schieferige Gesteine. Auf dem Wege von Damm[1]) nach dem Jägerhäusl in der „Strieth" (Strüth, städtischer Wald NW. von Aschaffenburg) stehen sie wollsackartig an. S. von der Eckarts-Mühle (W. von Unter-Schweinheim) und in der Strieth treten auch porphyrische Abarten auf. Heute noch sind in der Zone II in ganz kleinem Maße, zahlreiche

---

[1]) Die im Schrifttum oft erwähnte Ortschaft Damm ist nunmehr Vorstadt von Aschaffen-burg und liegt wie der Strieht-Wald in Zone III.

6

Steinbrüche in Betrieb auf rötlichgrauem, schieferigem Biotitgranit. Er enthält Orthoklas, Adular mit Eisenglanz, Plagioklas, Quarz, Biotit, Titaneisen, Zirkon, Apatit am Wendel-Berge, am Hermesbuckel (NO. von Schweinheim). — Weitere hierhergehörige Granitvorkommen sind vom Richtplatz zwischen dem Büchel-Berg und dem Gottels-Berg und bei der Schellen-Mühle im Schmerlenbacher Wald zu erwähnen.

In der Zone III: Technische Bedeutung besitzt der noch im Betrieb stehende Steinbruch im Dorfe Goldbach. Hier tritt ein ziemlich harter, heller, rötlichgrauer Muskovit- und Biotitgranit auf, flaserig und stengelig entwickelt und durchschwärmt von helleren Aplitgängen. Ferner sind noch zu erwähnen die Steinbrüche NW. von Stockstadt und am Ballen-Berg S. von diesem Ort.

In der Zone VI (= THÜRACH's nördliche, jüngere Gneise) gibt es Biotitgranite bei Albstadt und im östlichen Steinbruch bei Alzenau (hier teilweise grobkörnig und porphyrisch) und bei Kälberau im Steinbruch an der Kahl-Brücke, teilweise mit Augengneisgefüge versehen.

**Zweiglimmergranite.** — In der Zone II: Hell- und dunkelglimmerige, rötliche, feinkörnige Gesteine finden sich im Steinbruch an der Ludwigs-Säule am Gottels-Berg. In der Zone III treten hauptsächlich in den Sattelbereichen rötlichgraue, rotbraune, geschieferte Zweiglimmergranite auf mit stengeligem, flaserigem Gefüge (z. B. bei Goldbach). Sie sind frei oder durchtränkt von Schiefereinschlüssen, weisen gelegentlich Augengneisgefüge auf, besitzen mittleres oder grobes Korn, werden von Aplitgängen durchschwärmt und sind örtlich als Hornblendegranite oder Aplitgranite entwickelt (z. B. bei Goldbach). Sie bestehen hauptsächlich aus Orthoklas, Mikroklin, Plagioklas, Quarz, Biotit, Muskovit, Apatit, Magnetit, Zirkon (z. B. bei Afferbach, Stockstadt, Glattbach). In der Zone VI finden sich feinkörnige Zweiglimmergranite am Gold-Berg bei Michelbach.

**Hornblendegranite.** — Diese treten $\pm$ stark geschiefert, mittelkörnig, teilweise aplitisch, (z. B. in der Zone VI im bayerischen Steinbruch beim Hofe Trages) und in der Zone III bei Goldbach auf.

**Aplitische Granite.** — In der Zone II sind glimmerarme oder glimmerfreie, an Quarz und Feldspat reiche aplitische Granite, welche in zahllosen kleinen Gängen die kristallinen Schiefer überall durchschwärmen, stärker entwickelt bei Schmerlenbach und an der Reiserts-Mühle bei Schweinheim, in der Zone III bei Goldbach und in der Zone VI im bayerischen Steinbruch beim Hofe Trages. — Die geschieferten Granite der Zonen II, III und VI bilden in den umgebenden Paragneisen und Glimmerschiefern viel häufiger kleine Lagergänge und Quergänge als ausbeutbare Gänge oder Stockwerke.

Verwendung: Alle Granite liefern einen guten Stoff zum Hausbau, zum Straßenbau, zu Pflastersteinen; z. B. die der Stadt Klingenberg sind rötliche Gneise und Granit aus den „Gneisbrüchen" auf dem Keller-Berg (Frau Holle-Bruch) an der Würzburger Straße, SO. von Aschaffenburg gelegen. Auch N. von Haibach steht ein ähnliches Gestein an. Die meisten Brüche sind jetzt nicht mehr oder nur selten betrieben und dienen nur örtlichem Bedarf.

### 3. Spaltungsgesteine von Granit und Diorit.

**Pegmatitgänge.** — Diese Gesteine sind saure Nachschübe der Granite und des Diorits, am häufigsten in der Zone III. Sie bilden fein- bis grobkörnige, verschieden lange Gänge von mehreren Zentimetern bis 15 m Stärke und lagern teils innerhalb der Schieferungsflächen und Verwerfungsklüfte, teils quer dazu. Die Gänge bestehen aus meist derbem Feldspat [Orthoklas, Mikroklin, Plagioklas (Albit)]. Dazu kommt noch Quarz, frischer oder gebleichter Biotit, Kaliglimmer (Muskovit), Mangangranat (Spessartin), Turmalin und Hornblende aus dem meist turmalinisierten Nebengestein, Rutil, Sillimanit, Cyanit, Apatit, Beryll, Titaneisen und Magneteisen. — Sehr häufig ist Schriftgranit-Ausbildung.

Bei einigen Vorkommen fand der Feldspat technische Verwertung. Heute sind keine ausbeutbaren Gänge aufgeschlossen.

Verbreitung: In der Zone I kommen an der Grenze von Granit und Diorit Pegmatitgänge vor: SO. von Soden; im Bessenbach-Tal am Birkenknückel und im Gailbach-Tal S. von Dörrmorsbach. Hier war früher ein Abbau auf Feldspat und ein bekanntes Auftreten von Titanit und Orthit (Epidot). — Innerhalb des geschieferten Diorits oder Granits selbst treten Pegmatitgänge auf: O. von Dorf Soden; NO. von Dörrmorsbach am Scheid-Berg; auf dem Wege von Ober-Bessenbach nach Dörrmorsbach (Titaneisen!); O. vom Kors-Berg bei Straßbessenbach (mit eingestelltem Abbau auf Feldspat, mit Granaten, Turmalin und Titaneisen); bei Waldaschaff (mit Schriftgranit). — In der Zone II kommen Pegmatitgänge häufiger in den granitreichen Sattelkernen vor, als in den kristallinen Flanken. Sie finden sich in den Sattelkernen: am Richtplatz und Hut-Berg bei Aschaffenburg; zwischen dem Gottels-Berg und Haibach (mit schön kristallisierten Beryllen); am Büchel-Berg NO. von Schweinheim; am Schindanger beim Gottels-Berg O. von Aschaffenburg (mit Rutil); am Gottels-Berg (mit Magneteisen, Apatit und Mangangranat); bei Winzenhohl; bei Schmerlenbach (mit Granat und Apatit); bei der Hart-Koppe nahe Ober-Sailauf (am Kontakt von Quarzporphyr mit Gneis); am Tanzrain bei Laufach (mit Granat, Turmalin, Chlorit und Apatit). — In den Sattelflanken: bei der Dingels-Mühle NW. von Gailbach; am Dorn-Berg W. von Haibach (mit Magneteisen); am Wendel-Berge (mit Titaneisen); bei Haibach (mit Cyanit und Titaneisen); am Haibacher Kreuz (mit Beryll und Apatit); an der Kirchberg-Spitze O. von Haibach; am Keil-Berg bei Keilberg (mit Cyanit); am Bisch-Berg bei Laufach.

Zur Zone III gehören die meisten und bis jetzt bedeutendsten Pegmatitvorkommen im Vorspessart, so die Gänge: 1. S. von Klein-Ostheim; — 2. im Steinbach-Tale zwischen Klein-Ostheim und Glattbach; — 3. in der „Strieth" NO. von Mainaschaff (mit Magneteisen); — 4. N. und NO. von Glattbach, am „Grauen Stein" oder „Bommich" (am Aussichtspunkt ein bis 15 m mächtiger Pegmatit; gut ausgebildeter Orthoklas ist hier gewonnen worden. Daneben kamen vor Mikrokline bis Fußgröße, große Tafeln und Pakete von weißem Glimmer, schwarzer Glimmer, Magneteisen, Mangangranaten bis zu Haselnuß-

Aufn. v. M. Schuster

Fig. 1
**Säulenbasalt der Rother Kuppe bei Fladungen**
(zu S. 17)

Aufn. v. M. Schuster

Fig. 2
**Die Basaltberge der Hohen Rhön bei Wildflecken.**
Links Basaltkuppe des Dammersfeldes (darunter Basaltstiel des Steinküppels bei Altglashütten); rechts
Basaltkuppe des Rück-Berges mit Ort Reußendorf; ganz rechts der Basaltstiel-Berg des Eyerhauks. — Die
Häuser sind der Silber-Hof am Fuß des Großen Auers-Berges
(zu S. 19).

größe, Schriftgranit, Turmalin, Titaneisen und Rutil); — 5. am Pfaffen-Berg SW. von Goldbach (mit Cyanit, Fasercyanit, Spessartin, Rutil); — 6. S. vom Pfaffen-Berg; — 7. an der Au-Mühle bei Damm im geschieferten Granit (teilweise gut kristallisierter Quarz und zersetzter Disthen); — 8. W. von Damm an der Berg-Mühle (körniges Magneteisen, Mangangranaten, Muskovit, Biotit und Chlorit, Schriftgranit, Turmalin, Lithionglimmer und an der Grenze von Granit und Granitgneis: Cyanite, Apatite, Beryll und Granaten); — 9. am „Dahlems-Buckel" oder „Afholder", zwischen Damm und Mainaschaff, im Hornblendeschiefer ein Pegmatitgang, der früher ausgebeutet wurde (mit Mikroklinen bis zur Fußgröße, lithiumhaltigem Kali-Magnesia-Eisenglimmer, Kaliglimmer, gebleichtem Glimmer, Schriftgranit, Turmalin, Granaten bis zu Haselnußgröße, Fibrolith, Apatit, Beryll, Cyanit, Rutil und Titaneisen); — 10. O. von Aschaffenburg, bei der Fasanerie (Schriftgranit mit großen Muskovittafeln und Mangangranaten); — 11. NO. vom Gottels-Berg bei der Schellen-Mühle; — 12. bei Ober-Sailauf (mit Turmalin). — Die Vorkommen am Richtplatz und am Hut-Berg bei Aschaffenburg, zwischen dem Gottels-Berg und Haibach (mit Beryll) gehören in die Zone II.

In der Zone VI kommen nur kleinere Pegmatitgänge vor mit Granaten, Turmalin, Titaneisen, Apatit und Beryll (Kälberau, im Biotitgneis), und an der Straße von Alzenau nach Kahl: mittelkörnige Pegmatite mit rosaroten Feldspäten.

**Aplitgänge.** — Die Aplitgänge und aplitischen Quarzgänge, meistens durch verrosteten Pyrit braun gefärbt, treten in allen Zonen auf: im Diorit, z. B. am Grau-Berg NW. von Gailbach; im Granit, am Ballen-Berg S. von Stockstadt. Aber besonders häufig sind sie in den weniger kristallinen Zonen IV und V, wo sie die Pegmatitgänge und die Graniteinpressungen vertreten. Glimmer fehlt ihnen fast ganz, auch das Korn ist feiner. Sie durchschwärmen in allen Richtungen in zahllosen kleinen und mittleren Gängen und Linsen die umgewandelten Gesteine. Häufig werden sie als Straßenschotter verwendet, sind aber wegen der spitzen Kanten des Quarzes wenig beliebt. Sie könnten auch bei der Porzellan- und Glaserzeugung verwertet werden.

Zu den Apliten müssen auch noch die quarzigen Gänge mit Titaneisen in meist derben Massen gerechnet werden von: Stockstadt, Klein-Ostheim, Sternberg, Johannesberg, vom Pfaffen-Berg bei Glattbach, von der Berg-Mühle bei Damm, vom Gottels-Berg und Büchel-Berg O. von Aschaffenburg, vom Dorn-Berg bei Haibach, von Haibach und vom Hammelshorn NW. von Straßbessenbach. Sie sind bisher nicht ausbeutbar gewesen.

**Aschaffitgänge.** — Diese irrig auch „Basalte" genannten Gesteine sind lamprophyrische, d. h. an dunklen Silikatmineralien reiche Abspaltungen und Nachschübe des Diorits und Granits (Kersantite und Kamptonite). Sie sind auf den Gneis- und Dioritkern und die Kontakthülle in der Zone I beschränkt, da hier allein die tieferen Teile des Granit-Diorit-Stockes und seine Abspaltungen herausgehoben sind. Sie sind vorpermische Spaltenausfüllungen.

Die frischen Gänge sind schwarzgraue, feinkörnige und porphyrische Ge-

steine. Sie brechen splitterig und verwittern bräunlich-grünlich. Man bemerkt
Einsprenglinge von Quarz, Oligoklas, Orthoklas (bis 6 cm groß) und in Horn-
blende umgewandelten Augit. Bei den Kamptoniten kommt noch primäre, den
Kersantiten fehlende braune Hornblende hinzu.

Die Aschaffitgänge streichen nordsüdlich oder fast nordsüdlich (rheinisch),
fallen mit rd. 60—80⁰ nach W. oder O. ein oder stehen senkrecht. Sie sind
0,3 bis rd. 11 m mächtig und enthalten Stücke des kristallinen Nebengesteins.

Die Gänge sind meistens senkrecht zu den Wänden stark geklüftet; ausnahmsweise tritt auch eine kugelförmige Absonderung hervor. Bis jetzt sind
etwa 45 wechselnd mächtige Gänge oder Gangzüge festgestellt. Die Zechstein-
und Triasabsätze decken sicherlich noch eine große Anzahl von Gängen zu.
Die Kamptonitgänge treten innerhalb der Kersantitvorkommen in Bereichen
langgestreckter Inseln auf, die gleichfalls nordsüdlich streichen. Das deutet
hin auf eine gesetzmäßige Anordnung, vielleicht auf großschlierige Spaltungs-
vorgänge im Granit- und Dioritkern.

Kamptonite. — Zu den Kamptoniten gehören: 6 Gänge, 2—10 m mächtig,
am Stengerts; auf der West- und Nordseite des Grau-Berges bei Gailbach, die
durch alte verlassene Steinbrüche gut aufgeschlossen sind; der östliche Gang
im Wachenbach-Tal W. von Soden (4—5 m); ein wenig mächtiger Gang im
Soden-Tal; zwei Gänge SW. von Ober-Bessenbach (5—8 m); ein Gang NW.
von Ober-Bessenbach; ein Gang O. von Straßbessenbach (5—6 m).

Kersantite. — Die übrigen Aschaffite im geschieferten Diorit und Granit
und in deren Kontaktzone sind ausschließlich Kersantite.

Vorkommen: Kersantite im Diorit und Granit sind: ein Gang bei Gailbach (6—8 m); durch seine Gabelung entsteht ein zweiter Gang (bis zu
10 m stark) mit kleinen Schwerspatgängen (= I. Schwerspatgeneration). Ein
größerer, aber verlassener Bruch hat beide Gänge abgebaut; ein Gang im
Pfaffengrund bei Gailbach, ½—2 m mächtig.

Mehrere ½—3 m starke Gänge treten im Soden-Tal beim Orte Soden auf
und wurden abgebaut. Die Kersantite O. und S. von Dörrmorsbach bilden
Gänge von 1,5—8 m Stärke. Sie sind alle dunkelgrau, feinkörnig und ähneln
den Gailbacher Vorkommen.

Zu erwähnen sind u. a. noch ein 2 m starker Gang bei der Mühle oberhalb
Ober-Bessenbach, drei 0,65—3,3 m starke Gänge zwischen Straßbessenbach
und dem Steig-Küppel im Hohlweg, der von der Kirche nach den Buntsand-
steinbrüchen führt; ein 11 m starker Gang am Wolfszahn SO. von Keilberg.

In der Kontaktzone treten an einigermaßen mächtigeren Gängen auf:
1. der 6—8 m starke Gang an der Schießstätte am Stengerts, der sich noch
bis in den geschieferten Diorit selbst erstreckt; — 2. der ½—2 m starke
linsenförmige Gang am Fuß-Berg NW. von Gailbach; gegenwärtig wird in ihm
noch Schotter gewonnen; — 3. ein 2,60 m starker Gang O. von Grünmors-
bach; — 4. drei Gänge, 1—3 m mächtig, W. von Straßbessenbach, am
Lerches; — 5. ein 1,5 m mächtiger Gang auf der Westseite des Find-Berges
bei Gailbach, nahe der Bröckelschiefer-Grenze (Buntsandstein).

Die Aschaffite des Vorspessarts wurden bisher immer nur zu Pflastersteinen und Straßenschottern verwendet. Sie haben sich dabei recht gut bewährt. Wegen der starken Zerklüftung können große Blöcke nicht gewonnen werden. Absatz- und Abfuhrschwierigkeiten und dicke Decklagen beim Vortrieb der Steinbrüche haben augenblicklich alle großen Brüche stillgelegt. Die natürlichen Gesteinsvorräte sind noch nicht erschöpft.

### Kristalline Schiefer.

In den Kontaktzonen der Granite und Diorite des Vorspessarts entstanden in kontaktnahen Gebieten in den Haupt- und Nebensättelbereichen Misch- und Paragneise mit Hornfels- und Marmoreinlagerungen; in den mehr kontaktferneren Zonen Glimmerschiefer, Phyllite, Quarzite und Quarzitschiefer. Fast alle Gesteine finden eine technische Verwertung.

### 1. Gneise.

Je nach dem Vorwiegen eines der Gemengteile gibt es Biotitgneise, Granatgneise, Staurolithgneise, Hornblendegneise und Graphitgneise.

**Biotitgneise.** — Diese dunkelgrauen, harten, quarzreichen Gesteine werden in der Zone II am Wendel-Berg NO. von Schweinheim, an der Hermeskuppel und an der Steigkuppel bei Schmerlenbach in Steinbrüchen gewonnen. Sie kommen auch am Ballen-Berg S. von Stockstadt vor.

**Granatgneise.** — Sie finden sich in der Zone I bei Schweinheim an der Gruben-Höhe, am West- und Nordabhang des Find-Berges bei Gailbach, an der Grauberg-Spitze bei Gailbach; in der Zone VI bei Michelbach und Albstadt. Sie bestehen hauptsächlich aus Quarz, Biotit, Kalknatronfeldspat, Kalifeldspat und Granat. Zur Zeit werden sie nicht ausgebeutet.

**Staurolithgneise.** — Diese Gneise bestehen aus Quarz, Feldspat, Muskovit (Serizit), Biotit, Chlorit, Staurolith, Disthen (Cyanit) und Turmalin. Es sind grünliche, bräunliche, schwärzliche oder rötlichgraue Gesteine von glimmerschieferartigem Aussehen. Sie werden in der Zone III bei Glattbach in einem Steinbruch gewonnen; außerdem am Stein-Berg gegenüber Strötzbach, bei Wenighösbach, bei Königshofen und bei Schimborn in der Zone IV.

**Hornblendegneise.** — Man hat schwarzgraue und schwarze glänzende, zähe Gesteine vor sich, die wahrscheinlich umgewandelte Diabase, Gabbros und Keratophyre darstellen. Sie sind meistens schieferig, örtlich aber auch massig entwickelt (z. B. bei Hösbach) und bestehen aus Quarz, Oligoklas und Albit, Kalifeldspat, Hornblende, Biotit, Chlorit, Titanit, Magneteisen und Epidot und geben ein gutes Schottergut ab.

Sie kommen vor in der Zone I am Stengerts bei Gailbach; in Zone III bei Goldbach nahe den Ziegelhütten; am Dahlems-Buckel W. von Damm; bei Wenighösbach; in der „Strieth" (Strüht, NW. von Aschaffenburg); im Rauen-Tal bei Damm; W. von Glattbach; hinter der Kirche von Glattbach; bei der Feldkahl-Mühle; N. und S. von Feldkahl; in Zone V am Hörstein SO. von Hörstein; bei Nieder-Steinbach, Klein-Hemsbach, Rückersbach,

Molkenberg, Steinbach; im Steinbruch von Abtsberg bei Hörstein, hier irrig als „Basalt" bezeichnet.

**Graphitgneise.** — Diese Gesteine haben keine technische Bedeutung. Sie führen nur kleine unregelmäßige Putzen oder Anhäufungen von Graphitschuppen. In der Zone I wurden sie festgestellt in der Kontaktzone des Diorits bei Straßbessenbach; im Granatgneis am Find-Berg; in der Böschung des Weges, der von der Straße Aschaffenburg—Gailbach nach den Elter-Höfen führt und in Zone II bei Laufach; in der Zone VI bei Alzenau, Kälberau und Michelbach.

Die verschiedenen Gneise werden beim Straßen- und Häuserbau verwendet; besonders die Hornblendegneise sind Schotterlieferer.

## 2. Glimmerschiefer.

Zu den Glimmerschiefern gehören die meisten der von H. THÜRACH als Staurolithgneise bezeichneten kristallinen Schiefer. An technischer Bedeutung treten sie wegen ihres wenig festen Gefüges gegenüber den Graniten und Gneisen stark zurück. Es sind rötliche, graue, rötlichgraue, bräunliche, oft rostreiche, plattige, schieferige, manchmal stark gefältete Gesteine mit hellen Quarz-Feldspat-Lagen und dunkleren Glimmerlagen. Sie bestehen aus Quarz, Feldspat, Biotit, Muskovit und enthalten Turmalin, Kordierit, Granat, Staurolith, Zirkon, Apatit, Rutil, Brookit, Andalusit, Magnet-Titaneisen, Magnetit, Eisenglanz und Graphit.

In der Zone III werden bei Wenighösbach quarzreiche Staurolith-Glimmerschiefer für Straßenschotter abgebaut. — In der Zone IV sind Brüche auf Glimmerschiefer zwischen Königshofen und Schimborn, zwischen Mömbris und Strötzbach und NW. von Brücken bei den Dörst-Höfen. Im südlichen der beiden dortigen Brüche wird das quarz- und eisenreiche Gestein zu Straßenschotter und zu Splitt für Zementröhren verarbeitet. In der Zone V befinden sich noch Steinbrüche bei Wasserlos, Hörstein, in der Zone VI bei Albstadt, an der Herrn-Mühle bei Michelbach und bei Kälberau.

Die Glimmerschiefer liefern neben Straßenschotter und Splitt auch noch Platten für Hausfluren, Treppen, kleine Stege, Sitzsteine, Grabeinfassungen, Grenzsteine, Kanalbedeckungen und Bausteine für Häuser und Keller.

## 3. Quarzite.

Diese bilden quarzreiche Anteile mit wenig Feldspat, Muskovit oder Biotit und Granaten in den Gneisen der Zone II und III.

In II kommen Quarzite bei Haibach, am Wendel-Berg und Gottels-Berg O. von Aschaffenburg vor; in III an der Au-Mühle bei Damm; bei Hösbach im Schmerlenbacher Wald; O. von Breunsberg; N. von Wenighösbach (Steinbruch); in Zone IV am Kalmus bei Schöllkrippen (80 m mächtig, kaolinhaltig); S. von Erlenbach und S. von Königshofen (hier 250—300 m breit und auf 1 km verfolgbar). Sie treten S. von Kaltenberg auf dem Wege nach Feldkahl in Steinbrüchen auf.

## 4. Quarzitschiefer.

Die Quarzitschiefer sind plattige, schieferige, quarzreiche, harte Gesteine mit splitterigem Bruch. Sie führen meistens hellen Glimmer (Serizit) und wenig Biotit, so daß sie auch als Quarz-Serizit-Schiefer bezeichnet werden können. An ihrer Zusammensetzung beteiligen sich: Quarz, Serizit, Biotit, Feldspat, daneben Granat, Zirkon, Rutil, Turmalin, Eisenglanz, Magneteisen, Kaolin und Staurolith. — Es gibt graue, weiße, rötliche, bräunliche, grünliche, bläulichgraue Abarten.

Quarzitschiefer treten in der Zone IV auf: an der Steinkuppe bei Erlenbach; W. von Großlaudenbach, auf dem Wege nach Unter-Western; auf der Hochfläche des Gans-Berges bei Laudenbach; SO. von Schimborn im Tale der Feldkahl; in der Zone V zwischen der Heiligkreuz-Ziegelhütte (bei Großkahl) und Hohl (hier mit bänderigem Magneteisen); am Hahnenkamm, einen 12 km langen und 100—300 m breiten Zug bildend, der sich scharf aus der Landschaft heraushebt und bei Nieder-Steinbach durch das Kahl-Tal unterbrochen wird. Ferner befindet sich zwischen Ober- und Unter-Western ein Steinbruch, in dem abwechselnd glimmerreiche und quarzreiche Lagen auftreten. Zu erwähnen sind die Brüche im unteren Kahl-Tale, am Heidkopf bei Nieder-Steinbach, bei Gunzenbach (rötlicher Quarzitschiefer), bei Dörnsteinbach (grau), an der Platten-Höhe bei Hörstein, das Vorkommen beim Ludwigs-Turm am Hahnenkamm, die Brüche bei Hemsbach, Huckelheim (Haardt-Berg), Hellers, Hörstein (gegenüber dem Abts-Schlag), am Fronhügelhof-Weg nach Omersbach, am Wilden Stein und am Kreuz-Berg bei Geiselbach, am Geisel-Bach, und nächst der Teufels-Mühle SW. von Omersbach.

## Anhang: Marmor-Einlagerungen (kristalline Kalke) im Gneis.

In der Zone I des Vorspessarts (siehe das Kärtchen auf S. 2) sind bisher an 14 Plätzen kontaktmetamorphe, palaeozoische, dolomitische Kalklagen, Marmore, nachgewiesen worden. Die Gesteine treten linsenförmig auf und sind meist stark zerdrückt. Ihre Farbe ist bräunlich, rötlich, grünlich, grau, weiß, rosarot, ihr Korn grob bis mittel; Karneol-Ausscheidungen fallen an ihnen selten auf, stets aber häufige braune kleine Tupfen. Die Mächtigkeit schwankt zwischen 1 und 14 Metern. Häufig sind den Marmoren Gneislagen zwischengeschaltet. Auch wechseln braungetüpfelte und weiße, reinere Lagen miteinander ab.

Die Marmore bestehen aus rhomboedrischen Karbonaten mit Beimengungen von Kaliglimmer, Phlogopit-Glimmer, Quarz, Wollastonit, Enstatit-Augit, Feldspat, Tremolit-Hornblende, Jaspis, Spinell, gelbem und rotem Rutil, Granaten, die meist in Brauneisen, Kalzit und Tremolit zersetzt sind, Eisenglanz und verrostetem Serpentin, der aus zersetztem Augit hervorgegangen ist.

Vorkommen: Diese Marmore wurden bisher nur in der Zone I, im südlichen Vorspessart, gefunden: Am Fuß-Berg bei Schweinheim; bei der Dingels-Mühle, NW. von Gailbach; S. der Elterhöfe bei Schweinheim; am Find-Berg bei Schweinheim (mit Eisenglanz); am Hammels-Berg und Klingerhof NW.

von Straßbessenbach; im Hirsch-Graben bei Straßbessenbach; SW. und NO. von Keilberg; am Linden-Berg NO. von Laufach; am Lerches W. von Straßbessenbach.

Von diesen Vorkommen ist augenblicklich nur das an der Dingels-Mühle und am Hammels-Berg, SO. vom Klinger-Hof, durch Abbau aufgeschlossen. An der Dingels-Mühle wird ein 4—14 m starker, linsenförmiger, sehr zerdrückter Gang im Stollenbetrieb abgebaut. Er ist durch Querverwerfungen teilweise verschoben, reich an Klüften und an zersetzten Gneiszwischenlagen. Früher wurde der Kalk in einem Steinbruch gewonnen. Er fällt mit 75 bis 80⁰ im allgemeinen nach Süden zu ein. Abgebaut wird nur die 4—8 m mächtige Hauptlage. — Am Klinger-Hof werden durch einen Stollen zwei mit rd. 75⁰ nach Südosten einfallende, linsenförmige Marmorlagen abgebaut. Die liegende (d. h. geologisch tiefere) ist 1 m mächtig, die hangende (geologisch höhere) 3 m, dabei stark verdrückt. Das unreine, tonige, sandige, verdrückte Kalklinsen führende Zwischenmittel wird 4 m mächtig.

Die Marmore wurden früher beim Straßenbau und als Zuschlag für Fayence-Masse verwendet. Gegenwärtig verwerten sie die Papierfabriken in Aschaffenburg. Für Kunstwerke kommen sie nicht in Frage.

## Das Grundgebirge im Ries.

Im Rieskessel und auf der Jurafläche rings um ihn (im sog. Vorries) liegen an vielen Stellen Schollen von ortsfremden kristallinen Grundgebirgsgesteinen. Es sind Granite, Diorite, Gabbros, Amphibolite, Lamprophyre, Aplite, Pegmatite, Gneise und andere kristalline Schiefer. Sie sind Bestandteile des variskischen Gebirges, das seinerzeit den Bayerischen Wald mit der Schweiz verbunden hat; das Gebirge war in der Gegend des Rieses noch bis zum Mesozoikum als Grundgebirge vorhanden und wurde dann von Fluß- und Meeresabsätzen des Sandsteinkeupers und des Juras, neben älteren tertiären Sandablagerungen, bedeckt. In der Oberen Miozänzeit des Tertiärs wurde durch einen gewaltigen vulkanischen Sprengschlag der Rieskessel gebildet; die Grundgebirgsgesteine wurden mit ausgeschleudert und fielen als Schollen in den Sprengtrichter und auf sein Umgelände nieder. Die Grundgebirgsschollen sind durch das Ereignis stark zertrümmert, zu Sand oder gar zu butterweichen Massen geworden. Sie sind oft mit anderen Gesteinen, besonders mit Keupersand und -ton, durchmengt („Trümmerschichten"). Sie können daher weder als Haustein, noch als Schotter verwendet werden.

Nur der dunkle Lamprophyr-Gang im Granit des Wenne-Bergs („Wennebergit") bei Alerheim wurde versuchsweise als Pflasterstein in Nördlingen verwendet. Seine geringe Mächtigkeit ließ den Abbau bald wieder einstellen. — Die stark sandig zertrümmerten G r a n i t e werden oft als Bausand verwendet: so der Granit vom Albuch bei Herkheim; der O. von Rudolfstetten; die Trümmerschichten im Tiefen Weg O. von Appetshofen, die Granit- und Gneistrümmerschichten am nordöstlichen Ende von Sulzdorf und ¹/₂ km SW. von Itzing.

Eine besonders feine Aufteilung und Mischung verschiedener Gesteine fand dort statt, wo die Sprenggase ihren Weg nach außen nahmen. So wird S. von Klein-Sorheim in zwei dicht benachbarten Gruben der stark mit Granit vermengte Stoff der einen Grube als Bausand verwendet; der feiner aufgearbeitete und stärker mit Ton vermengte Stoff der anderen Grube dient als „Stadellehm" zum Ausstampfen der Scheunenböden.

---

# Das Deckgebirge.

Im Bereiche des Bandes II umfaßt das zutage ausstreichende Deckgebirge die Schichten vom älteren Palaezoikum bis zum Tertiär einschließlich. Die noch jüngeren Absätze, die des Diluviums und der Neuzeit, werden als Überdeckungsgebilde zusammengefaßt. Der Stoß der Schichten ist ein paar Tausend Meter mächtig und wechselvoll zusammengesetzt. In der Hauptsache aber kehren immer drei Gesteinsarten wieder: Kalksteine (Dolomite), Sandsteine und tonige Gesteine (Schiefertone und Tone). Die salinischen Ausscheidungen Steinsalz und Gips treten zurück und sind auf gewisse Schichtglieder beschränkt.

Soweit die Schichtgesteine aus der mechanischen Zerstörung anderer Gesteine (besonders der kristallinen des Grundgebirges) entstanden sind, wie z. B. die Sandsteine und Konglomerate, Tongesteine und gewisse Kalksteine, bezeichnen wir sie als mechanische Absätze. Die durch chemische Vorgänge aus dem Wasser ausgeschiedenen Schichtgesteine, wie viele Kalksteine, Steinsalz und Gips, nennt man chemische Absätze. — Die aus pflanzlichen Stoffen bestehenden Ablagerungen von Braunkohlen und Torf werden im Abschnitt „Lagerstätten" besprochen. Dort werden auch die Mineralien behandelt, die im Deckgebirge eingeschlossen sind und zum Abbau anreizten. — Das Deckgebirge wird an verschiedenen Stellen von vulkanischen Ergußgesteinen (zumeist Basalten) durchbrochen, die vor den Schichtgesteinen behandelt werden.

## Vulkanische Ergußgesteine.

Die Abspaltungen der Tiefengesteins-Schmelzflüsse, welche zur Erdoberfläche emporgedrungen sind, nennen wir Ergußgesteine. Der Durchbruch dieser Laven zur Erdoberfläche war mit einem Sprengschlag an der Ausbruchstelle verbunden. Das Lavagestein konnte diesen Sprengtrichter ausfüllen oder aus diesem überfließen. In vielen Fällen ist die Trichterfüllung oder die Lavadecke abgetragen und man hat nur noch die pfropfenartige Ausfüllung des Durchbruchschlotes vor sich. Die im I. Band besprochenen Basalte des

Fichtelgebirges sind meist Überreste von Laven, welche auf die Erdoberfläche ausgeflossen sind.

Von den Ergußgesteinen überwiegt der Basalt in seinen mannigfachen Ausbildungsformen wesentlich die anderen Ergußgesteine, den Phonolith und den Quarzporphyr. Die Basalte und Phonolithe entstammen alkalireichen, nephelinhaltigen Tiefengesteinen, der Quarzporphyr ist eine Abspaltung eines Granites.

### Quarzporphyr.

An der tektonischen Grenze von Zone II und III des Vorspessarts (siehe Karte S. 2), im Kreuzungspunkte von streichenden und queren Verwerfungen tritt bei Ober-Sailauf Quarzporphyr auf und füllt einen größeren und einen kleineren Schlot aus. Er hat ein voroberrotliegendes Alter und enthält oft Gneiseinschlüsse. Das größere Vorkommen ist an der Hartkuppe und NW. davon im Oberstern-Bach, das kleinere O. der Hartkuppe, auf den Südhängen des Quer-Berges, aufgeschlossen. Das Gestein ist im frischen Zustande rotbraun (verwittert gelbgrau), mittelgrob, rauh, hart und hellgrau, dunkel- oder braungrau gebändert (Flußgefüge). Zahlreiche kleine, fettglänzende graue Quarze und Feldspäte, diese teilweise zersetzt und kaolinisiert, sind im Gestein eingesprengt. Die rötlichgraue Grundmasse besteht aus Kalifeldspat, Quarz, Magnetit, Eisenrost, Muskovit und ist sphärolithisch (kugelige Gebilde) oder mikrofelsitisch (feinstkörnig entglast) entwickelt.

Der Porphyr eignet sich als Straßenbaustoff, aber für Unterbau besser als für Schotterkleinschlag, dann für Häusergrundmauern, Bacheinfassungen usw. Gegenwärtig findet zwar kein Abbau statt, aber der einzige geräumige Steinbruch auf der Nordwestseite der Hartkuppe mit seiner guten Abfuhrstraße läßt jederzeit eine Wiederaufnahme der Gewinnung zu.

### Die Basalte.

Die Basalte sind dunkelgraue bis schwarze, meist dichte vulkanische Gesteine aus der Tertiärzeit. Sie bestehen aus Kalkfeldspat (Plagioklas), Augit, Eisenerz, Olivin, Nephelin oder einem nephelinartigen Mineral, Melilith, Hornblende und Gesteinsglas. Die Verbindung dieser Mineralien ergibt eine Anzahl von Basaltgesteinen, die sich äußerlich von einander nur schwer unterscheiden lassen. Nur die Feldspatbasalte haben einen feinseidigen Schimmer durch die fließende Anordnung der Feldspätchen. Aus dem sehr dichten Basaltgestein heben sich grüne Körner und Knollen von Olivin, dunkle Kristalle von Augit (seltener von Hornblende), selten auch Einsprenglinge von Feldspäten heraus. — Nephelin ist oft durch eine weniger gut kristalline Form, den Nephelinitoid, ersetzt. Die genannten Mineralien sind die wesentlichen Bestandteile. Daneben können noch vorkommen Sanidin (Kalifeldspat), Biotit, Rhönit und Apatit.

Die Basalte sind spezifisch ziemlich schwer (2,7—3,3) und sehr druckfest. Ihr Bruch wechselt mit ihrer Zusammensetzung. Die dichten, glasreicheren Basalte brechen muschelig, die anderen splitterig-eckig. Bekannt ist die säulige

Aufn. v. M. Schuster

Fig. 1

**Der Basaltstiel-Berg des Büchel-Berges N. von Hammelburg, in der südlichen Vorrhön**
(zu S. 20).

Aufn. v. M. Schuster

Fig. 2

**Der Basaltstiel-Berg des „Hügelhäus'chens" SO. von Hofheim, im Haßgau**
(zu S. 21).

Absonderung, wobei die 4—7-seitigen Säulen bis 1 m dick und über 15 m lang werden können (vgl. Fig. 1 auf Tafel 1). Großabsonderungen sind unregelmäßig vieleckig oder plattig. — In den Hohlräumen poriger und schlackiger Basalte, die Ausbildungsformen der dichten sind und technisch keine Bedeutung haben, sind oft Karbonate (Kalkspat und Aragonit) und Zeolithe (Natrolith, Heulandit, Chabasit u. a.) ausgeschieden.

| ↱ | Plagioklas + Olivin | Plagioklas + Nephelin | Plagioklas + Nephelin + Olivin | Nephelin + Olivin | Gesteinsglas + Olivin | Melilith + Nephelin + Olivin |
|---|---|---|---|---|---|---|
| Erz + Augit | Feldspatbasalt | Nephelintephrit | Nephelinbasanit | Nephelinbasalt | Glasbasalt (Limburgit) | Melilithbasalt |
| Erz + Hornblende | Hornblendebasalt | | | | Hornblendebasalt | |

Diese Zusammenstellung läßt eine Reihe mit Plagioklas und eine plagioklasfreie Reihe von Basalten erkennen. Durch Verbindung der Mineralien der oberen Reihe mit denen der seitlichen erhält man die jeweiligen Basaltgesteine (z. B. Plagioklas + Nephelin + Erz + Augit = Nephelintephrit). Die enge Verbundenheit der einzelnen Basaltarten kommt in der Abb. 2 zum bildlichen Ausdruck.

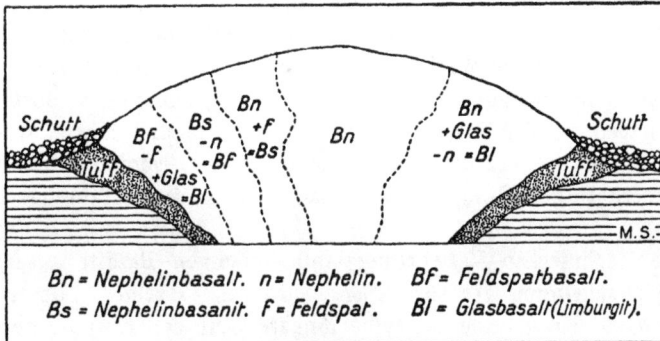

Abb. 2
**Nephelinbasalt, durch Aufnahme und Abgabe gewisser Gemengteile in verschiedene Basalt-Abarten zerschieden.**
(Nach M. Schuster)

Die Basalte sind im Bereiche unseres Bandes vorzüglich in der Hohen Rhön verbreitet, der sie auch den Namen Basaltische Rhön gegeben haben. Hier bilden sie die größten zusammenhängenden Gebiete. Zerstreut sind sie im südlichen und östlichen Vorgelände der Rhön, der Vorrhön, und im östlich anschließenden Haßgau; auch im Spessart bei Aschaffenburg und im nördlichen Frankenjura bei Bamberg sind sie bekannt. — Technische Bedeutung haben heute fast nur noch die Basalte der Rhön und auch von diesen aus örtlichen Gründen nur wenige.

Durch ihre Verbindung mit versteinerungsführenden Süßwasserablagerungen kann die Zeit der Bildung der Basalte in der Rhön als obermiozän, vielleicht noch als unterpliozän festgelegt werden: eine Angabe, die aber nicht unwidersprochen geblieben ist.

Im Spessart unterscheidet man vorpliozäne Durchbruchsgesteine (bei Obernburg) und einen unterpliozänen Deckenerguß (bei Alzenau). Wohl gleichen Alters wie die Rhönbasalte sind die Basalte des Haßgaues und bei Bamberg, für die eine genauere Zeitbestimmung ihres Ausbruches nicht gegeben werden kann.

Ihrer Entstehung nach sind die Basalte Lavagesteine, die auf Schußkanälen mit trichterförmiger Ausmündung an der damaligen Erdoberfläche oder auf schmalen Spalten emporgedrungen sind. Auch lockere Massen, wie Aschen, Lapilli und Bomben wurden ausgeworfen oder blieben im Förderschlot stecken. Sie erzeugten die Tuffe und Schlotbreschen. Diese Vulkanbauten fielen verhältnismäßig rasch der Abtragung zum Opfer. Mit ihnen wurde im Laufe der Zeit auch die Schichtenunterlage tief abgetragen, so daß oft nur noch die ins Erdinnere führenden Lavastiele und mit Basalt erfüllte Spalten erhalten geblieben sind, z. T. hunderte von Metern unterhalb der damaligen Landoberfläche.

In der Rhön sind die Abhänge der Basaltberge meist so stark mit Basaltblöcken überrollt, daß diese als Schuttmantel den andersartigen Untergrund verdecken. Die wahre Verbreitung des Basaltes und seine Natur als Stiel oder als Rest einer Decke ist dabei nur durch Schürfe festzustellen (Abb. 2).

Neben der hohen Druckfestigkeit zeichnen sich die Basalte durch Wetterbeständigkeit und geringe Abnützung aus. Gegenüber den noch härteren Quarziten haben sie den Vorteil geringerer Schärfe und Härte, wodurch die Reifen der Fahrzeuge und die Hufbeschläge geschont werden. Freilich schließt bei den feinerkörnigen Basalten das glatte Pflaster die Gefahr des Rutschens in sich.

Von einer technischen Verwertung sind diejenigen Basalte auszuschließen, welche die Erscheinung des sog. „Sonnenbrandes"[1]) zeigen. Dieser tritt ein, sobald die dazu veranlagten Gesteine längere Zeit der Luft ausgesetzt sind. Mit Sonnenbestrahlung hat diese „Krankheit" nichts zu tun. Zuerst zeigen sich meist hellere Flecken oder ein helles Netzwerk auf dunklem Grunde. Dann treten feine Haarrisse auf, was schließlich zu einem Zerfall des Gesteins in erbsen- bis haselnußgroße Bröckelchen führt. Bei manchen Basalten kann dies auch ohne vorherige Fleckenbildung eintreten. Die Sonnenbranderscheinung beginnt oft schon nach kurzer Zeit nach dem Brechen des Basaltes und Gegenstände daraus können innerhalb eines Jahres schon zerfallen.

Im frischen Anbruch läßt sich ein „Sonnenbrenner" nicht von einem gesunden Gestein unterscheiden. Es muß daher ein für den Abbau vorgesehenes Vorkommen von Basalt in allen Teilen genau untersucht werden; besonders

---

[1]) Hibsch, J. E.: Über den Sonnenbrand der Gesteine. — Z. f. prakt. Geol., S. 69—78, Berlin 1920.

sind der der Luft schon länger ausgesetzte Haldenschutt und alte Steinbruch-
wände auf Sonnenbrennervorkommen zu untersuchen.

Im frischen Gestein ist ein zackig-splitteriger und rauher Bruch verdächtig.
Mehrmaliges Erhitzen und Abkühlen darf im Gestein keine Risse und kein
Zerspringen verursachen. Die Flecken können auch künstlich hervorgerufen
werden durch Behandlung des Gesteins mit Natriumkarbonat, Ammonium-
karbonat, Ammoniak, Natronlauge, Kalilauge, Essigsäure und Salzsäure.

Nach J. E. HIBSCH ist die Ursache des Sonnenbrandes eine ungleichmäßig-
schlierige Verteilung der hellen und dunklen Mineralbestandteile des Basaltes.
Die Stellen, wo die hellen Gemengteile (Feldspat, Nephelin, Glas, Zeolithe)
angereichert sind, verwittern leichter unter hellgrauer Verfärbung. Dabei
entstehen Spannungen im Gestein, die zu Rissen und zum Zerfall des
Basaltes führen. An der Verwitterung sind physikalische und chemische Ur-
sachen beteiligt.

Chemisch sind besonders die Basalte aus der Hohen Rhön bekannt geworden.
Die Basalte anderer Gegenden sind ihnen gleich. Die Zusammensetzung ist
i. allg.: Kieselsäure 35—53 v. H., Tonerde 11—24; Eisenoxyd 3—17, Eisen-
oxydul 0—11, Magnesiumoxyd 0,5—16; Kalk 5,5—16; Natron 1,5—9,5;
Kali 0,5—3,5; daneben geringere Mengen Wasser, Titansäure, Phosphorsäure,
Spuren von Manganoxydul, Kobalt, Nickel, Kupfer, Blei, Wismut, Arsen,
Antimon, Zinn, Chrom, Baryum, Lithium, Chlor, Schwefelsäure und Kohlen-
säure.

## Die Basalte der Rhön und der Vorrhön.

Die Hochfläche der Langen Rhön bildet eine geschlossene Masse von vulkanischen Gesteinen, Basalten und Tuffen, von Bischofsheim bis Fladungen. Sie
erhält durch den Himmeldunkberg Anschluß an die Basaltberge des Dammersfeldes und des Kreuz-Berges und weiterhin an die Schwarzen Berge. Zwischen
diesen ausgedehnteren Basaltmassen und ebenso in dem südlichen und östlichen
Vorgelände ist noch eine Anzahl von einzelnen basaltischen Kuppen eingestreut. Nach Süden zu sind die äußersten Ausläufer der Basaltberge der
Soden-Berg bei Hammelburg und die Reußenburg bei Bonnland. Eine Auf-
zählung der einzelnen Basaltkuppen kann wegen ihrer großen Zahl nicht erfolgen. Sie sind aus neueren geologischen Karten ersichtlich.[1] Auch von einer
genaueren gesteinskundlichen Kennzeichnung der kleineren Abbaue wird
abgesehen, da die Ausbildung eines Gesteins oft innerhalb eines Vorkommens
wechseln kann (Abb. 2).

In der Rhön bestehen vier große moderne Steinbrüche, bei Roth, Bischofsheim,
Ober-Riedenberg und am Soden-Berg. Der Abbau erfolgt durch Sprengungen.

---

[1] BÜCKING, H.: Geologische Übersichtskarte der Rhön 1 : 100 000. Berlin 1914.
Geologische Karte von Bayern 1:25 000. Herausgegeben von der Geologischen Landesuntersuchung am Bayer. Oberbergamt: Blatt 9/10 Motten-Wildflecken, 22 Brückenau,
23 Geroda, 24 Stangenroth, 39 Schönderling, 64 Gräfendorf, 65 Hammelburg-Nord,
91 Hammelburg-Süd. — Geologische Karte von Preußen 1:25 000: Blatt Ostheim und
Sondheim.

Das Gestein wird zu Schotter für Eisenbahn- und Straßenunterbau und zu verschiedenen Grus-Sorten für Betonbauten und Teerstraßenbauten verwendet. Bischofsheim verarbeitet nebenbei die Steinabfälle zu Zementröhren, Gehsteigplatten und Bausteinen. Ober-Riedenberg stellt ebenfalls alle Arten von Schotter, Pflastersteine und Kunststeine, auch für figürliche Zwecke, her.

Am Rother Berg (639 m) ist in einem Basaltdurchbruch durch Oberen Muschelkalk ein großer Steinbruch durch eine Drahtseilbahn mit dem Bahnhof Nordheim verbunden (Fig. 1, Tafel 1). Das Gestein ist ein Nephelinbasanit und in schöne, sechseckige Säulen in Kohlenmeilerstellung abgesondert, die sich leicht von einander beim Abbau lösen lassen.

Der Säulenbasalt vom Steinernen Haus bei Ginolfs hat zeitweise einen kleinen Abbau für die Deichbauten in der Zuider-See erfahren. — Ein kleiner verlassener Anbruch im Glasbasalt befindet sich unterhalb von der Braunkohlengrube am Bauers-Berg NO. von Bischofsheim.

Der große Bruch am Südhang des Holz-Berges N. von Bischofsheim mit drei Abbausohlen hat Drahtseilbahnverbindung mit dem Bahnhof Bischofsheim. Säulenstellung und Dicke der Säulen wechselt. An der Ostwand ist eine Randausbildung von schlackig-porigem, unbrauchbarem Glasbasalt angeschnitten. In der Hauptsache wird hier wohl Nephelinbasalt abgebaut, während in dem gegenüberliegenden alten Bruch am Türmlein Feldspatbasalt ansteht.

Kleine Betriebe von nur örtlicher Bedeutung sind am Zorn-Berg, Rück-Berg und Katzenstein N. von Wildflecken, am Mariä Ehrenberg und an der Mottener Haube bei Motten; O. vom Quackhof bei Kothen, O. vom Eisenhammer zwischen Kothen und Speicherz; am Lösershag bei Oberbach, am Reidel-Berg und Böhm-Brunnen NW. von Langenleiten. Ein Schotterwerk an der Straße Oberbach—Stangenroth im Sattel der Schwarzen Berge verarbeitet den Säulenbasalt vom Hahnenknäus'chen.

Der große Steinbruch am Barnstein oder Tintenfaß (730 m) und der etwas höher und südlicher gelegene am Kalten Brunn oder Steinernen Meer O. von Ober-Riedenberg sind in einem in schönen Säulen abgesonderten melilithführenden Nephelinbasalt angelegt. Hier wurde das gewonnene Gestein bis zur Abfuhr in einem Silo gelagert.

Es folgen dann die kleinen Brüche am Schildeck W. von Geroda; am südlichen Pilster, am Kirch-Berg bei Volkersberg und am Dreistelz bei Brückenau; beim Hag-Hof und am Erlen-Berg bei Ober-Leichtersbach; am Windbühel N. von Detter, auf der Westseite des Hägkopfes SW. und am Knörzchen SO. von Schönderling; SSO. von Öhrberg bei Schönderling, S. von Wartmannsroth, am Stein-Küppel WSW. von Völkerslier und S. von Waitzenbach bei Gräfendorf. Der Basalt vom Büchel-Berg N. von Hammelburg liefert Pflastersteine für den örtlichen Gebrauch (Fig. 1, Tafel 2).

Ein großer Bruch ist auf dem Soden-Berg bei Hammelburg. Der sonnenbrennerfreie Glasbasalt wird im Stockwerkabbau gebrochen, an Ort und Stelle durch Maschinen zerkleinert und mittels Drahtseilbahn zum Bahnhof Morlesau befördert. — An manchen Orten werden die Lesesteine von Basalten auf den

Feldern als Straßenschottergut gesammelt; mit den diluvialen Basaltschottersteinen der Brend bei Neustadt a. d. S. werden gleichfalls Wege verbessert.

## Die Basalte des Haßgaues.

Im Haßgau, zu beiden Seiten der Haß-Berge, zwischen Königshofen und Hofheim, streicht eine Anzahl senkrecht stehender Basaltgänge in NNO.-Richtung zutage aus. Ihre Längenerstreckung ist oft ansehnlich, ihre Mächtigkeit aber ist meist gering, selten über 1 m gehend. Zuweilen erweitern sich die Gänge zu Basaltstöcken, so bei Zimmerau, Bundorf, Kimmelsbach, Eichelsdorf und Reckertshausen. Selbständige Kuppen sind das Hügelhäuschen (Fig. 2, Tafel 2) SO. von Hofheim und der Bram-Berg bei Burgpreppach.

Etwas abseits steht die große Basaltkuppe des Zeil-Berges bei M a r o l d s -
w e i s a c h , von der noch nicht sicher festgestellt ist, ob es sich nur um einen Durchbruch oder um einen Durchbruch mit Erguß handelt. Die Absonderung ist unregelmäßig eckig und plattig, seltener säulenförmig. Der Basalt ist ein Feldspatbasalt.[1] Im Maroldsweisacher großen Bruch wird ein Nephelinitoid-Basanit gebrochen. Er enthält bis $1/2$ m große Olivin-Knollen.

Große Brüche, die hauptsächlich Schottersteine liefern, sind am Zeil-Berg bei Maroldsweisach und Voccawind. — Die schmalen Basaltgänge und die meisten Gangerweiterungen sind schon lange für Schotterzwecke ausgebrochen. Kleinere Brüche sind auf dem Bram-Berg (Feldspatbasalt), am Dietrichstuhl NW. von Eichelsdorf bei Hofheim (Glasbasalt) und in der Nußkehle an der Nassacher Höhe (Nephelinbasalt).

Als letzte Ausläufer der Haßgau-Basalte sind einige kleine Vorkommen S. vom Main in Grettstadt und S. von Dürrfeld (bei Schweinfurt) zu betrachten, die früher auch als Schotter abgebaut wurden.

## Die Basalte im Frankenjura.

Im nördlichen Frankenjura, in der Gegend von Heiligenstadt bei Bamberg, treten auf einer 7,5 km langen nordnordöstlich verlaufenden Linie von Kalteneggoldsfeld nach Hohenpölz mehrere kleine Vorkommen von Nephelinbasalt auf. Sie sind Ausbruchstellen auf einer unterirdischen Spalte. Das bedeutendste, 600 m lange, liegt am Häsig-Berg bei O b e r - L e i n l e i t e r . Jetzt sind nur noch die Spuren eines früheren Abbaues und fünf- bis sechseckige Säulen, daneben Brocken von Basalttuff mit Bomben und Lapillis zu sehen.

Das Gestein enthält Einsprenglinge von Olivin und Augit in einer Grundmasse von Augit, Erz, Glas, Nephelin. Die Härte ist 5—6, das spezifische Gewicht 3,023. Helle Flecken von Karbonatanhäufungen sind Zersetzungserzeugnisse. Chemisch besteht das Gestein (nach A. Schwager und H. Loretz) aus: Kieselsäure 39,16 v. H. (38,90), Titansäure 1,52 (1,46), Tonerde + Eisenoxyd 16,60 (31,00), Chromoxyd: Spur (0), Eisenoxydul 7,71 (?), Manganoxydul 0,11 (0,31), Kalk 15,30 (10,16), Magnesia 13,74 (13,66), Kali 1,46

---

[1] Ostermayer, A.: Beiträge zur Kenntnis der Basalte des Haßgaus. Diss. Erlangen 1903.

(1,83), Natron 2,38 (3,61), Phosphorsäure 0,75 (—), Kohlensäure 0,58 (—), Wasser 1,55 (0,52). Die eingeklammerten Zahlen beziehen sich auf die LORETZ'sche Analyse eines nephelinreichen, kristallinkörnigen Gesteins, die anderen Zahlen betreffen eine porphyrische, glasreiche und nephelinärmere Abänderung des Gesteins.

Zwei weitere Vorkommen von Basalten liegen in der Kulmbacher Gegend 1. am Paters-Berg bei Veitlahm und 2. bei Schloß Wernstein. Es sind Nephelinbasalte. Der Basaltgang NO. von Veitlahm setzt im *Opalinus*-Ton auf und wurde früher als Schottergut gewonnen. Das feinkörnige bis dichte Gestein enthält außer oben angeführten Bestandteilen auch noch Hauyn, Apatit und Picotit.

### Die Basalte des Vorspessarts, des Main-Tales und des mainischen Odenwaldes.

Die Basalte sind, soweit sie Durchbrüche darstellen, wahrscheinlich an alte, nordöstliche Sattelzüge oder an querschlägige, also nordwestliche Bruchzonen des Grundgebirges gebunden. Ihr Alter entspricht dem der Durchbruchsbasalte der Rhön. Der Deckenerguß zwischen Kahl und Alzenau ist unterpliozän.

Vorspessart: Hier bieten nur noch wenige Basaltdurchbrüche heute Abbaumöglichkeiten. Unter anderem wurde früher der bekannte Nephelinbasalt von der „Strüth" SO. von Klein-Ostheim trichterförmig abgebaut; er lieferte einen guten Straßenschotter. Alle anderen kleinen Vorkommen haben heute keine Bedeutung mehr.

Main-Tal: Die Plagioklasbasaltdecke zwischen Alzenau und Kahl wurde früher durch mehrere tiefe Steinbrüche ausgebeutet. Heute lohnt sich auch hier eine Gewinnung nicht mehr.

Mainischer Odenwald: Von den Basaltdurchbrüchen auf dem linken Mainufer, zwischen Groß-Ostheim und Obernburg und NW. und S. von Eisenbach, die auf gekreuzten Spaltenzügen angeordnet sind, wird heute noch der Gang von Nephelinbasanit bis -tephrit an der „Hohen Straße" unterirdisch abgebaut und weiter südlich als Säulenbasalt oberirdisch gewonnen. Er liefert in beiden Fällen einen guten Schotterstoff.

An der Berührungsfläche der Basalte dieser Gegend mit dem Buntsandstein hat sich stellenweise Eisenerz ausgeschieden. Dieses wurde früher gewonnen und in Laufach verhüttet. Heute sind alle Spuren davon verschwunden.

### Phonolith.

Dieses Gestein ist mit den Basalten in gewissem Sinne verwandt, unterscheidet sich aber äußerlich durch seine hellere Farbe und seine plattige Absonderung (Klingstein). Es besteht in der Hauptsache aus Kalifeldspat, Nephelin und einem Ägirin-Augit. Wir kennen in Bayern nur eine Stelle, wo Phonolith vorkommt. Das ist NW. von Aschaffenburg im Vorspessart. Im ersten nördlichen Seitental der Rückersbacher Schlucht, zwischen Rückersbach und Klein-Ostheim, bauen zwei rd. 175 m von einander entfernte Steinbrüche ein Phonolithgestein ab und im ersten südlichen Seitental steht ein Gang dieses Gesteins, rd. 15 m stark, felsig an. Er streicht nach NW. und fällt mit 60° nach SW. ein.

Der Phonolith der zwei Brüche — nur der östliche wird jetzt abgebaut — ist frisch ein hartes, schmutzig-hellgraues oder dunkelgrüngraues, dichtes Gestein mit splitterigem Bruch. Es verwittert gelbgrau und bräunlichgrau, weißlich-sandig oder plattig. Der Phonolith enthält Einsprenglinge von Augit, Sanidin, Hauyn in einer Magnetit und Titanit enthaltenden Grundmasse. Diese besteht aus Ägirin-Augit, Nephelin, Nosean und Hornblende und flußartig angeordneten Kriställchen von Sanidin- und Plagioklasfeldspätchen. Das zu Straßenschottergewinnung verwertbare Gestein eignet sich vielleicht auch zur Herstellung von Mühlsteinen. Der bis 6 v. H. gehende Kaligehalt könnte anreizen, das gemahlene Gestein als Düngemittel zu verwenden.

### Der vulkanische Tuff der Riesgegend (Ries-Traß, Suevit).

Etwa zur gleichen obermiozänen Zeit, als die Basaltlaven der Rhön zur Erdoberfläche emporgedrungen sind, ist der Kessel des Rieses durch einen vulkanischen Sprengschlag gebildet worden. Ein eigentliches vulkanisches Hartgestein fehlt. Dafür aber sind vulkanische Tuffe vorhanden, die im Umkreis des Rieses und an einigen Stellen in ihm vorkommen. Sie sind nicht bei dem großen Sprengschlag entstanden, sondern sind nach der Riesaussprengung an zahlreichen Stellen aus Schlöten herausgeschleudert worden.

Der Ries-Tuff (Suevit nach A. SAUER) führt wegen seiner äußerlichen Ähnlichkeit mit dem ebenfalls vulkanischen Tuff („Traß") des Brohl- und Nette-Tales- auch den Namen Ries-Traß. Er ist ein graues, oft lückig-poriges, breschiges Gestein mit eingesprengten Trümmern, Fetzen, Fladen und Bomben von meist dunklem Glas, von Brocken kristalliner Schiefer und Tiefengesteinen, von oft sehr großen Trümmern von Weißjura-Gesteinen und verschieden gefärbten, hartgebrannten Tonen in einer sich rauh anfühlenden tuffig-porigen Grundmasse.

Von alters her ist der Ries-Traß im Ries und in seiner Umgebung als Baustein verwendet worden. Die 400 Jahre alte St. Georgs-Kirche in Nördlingen und ihr Inneres, die Walltürme der Stadt und die Tore, die Tortürme von Kaisheim und Monheim, manche Landkirchen (z. B. die schöne Klosterruine Christgarten, die Kirche in Unter-Liezheim) sind aus Ries-Tuff erbaut.[1]

Die blaugraue Farbe des Ries-Trasses, die mit dem Alter an Schönheit zunimmt, paßt gut in die Landschaft. Für die abgasereiche Großstadt ist er aber anscheinend weniger geeignet. Er teilt hierin das Schicksal mancher

---

[1] Die Giebel, die Fenster- und Portalumrahmungen, oft mit schönem Maßwerk, Treppenstufen und Umfriedungstore einer Anzahl von Schlössern, Kirchen und Privatbauten bestehen aus Ries-Traß (z. B. bei den Schlössern Reimlingen, Höchstadt, Taxis bei Dischingen, beim Schloß in Dillingen, beim Schloß Harburg, am Gymnasium und Lyceum in Dillingen, am ehemaligen Kloster Kaisheim, dessen Kircheninneres auch von Traß erbaut ist, an der Kirche in Mkt. Offingen. (Nach C. STRAUB, Der Trachyttuff des bayerischen Rieses als Baustein. München 1907.)

anderer, früher hochgeschätzter Bausteine, die auf dem Lande sehr gut verwendbar sind, in der Großstadt aber dem Angriff vor allem der schwefligen Säure erliegen.

Eigenschaften: Der Tuff ist ein massiges, in senkrechte dicke Säulen oder Platten abgesondertes Gestein. Gebrochenes und getrocknetes unverwittertes Gestein gibt außerhalb der Großstädte einen guten Baustein ab. Die weichen oder zersetzten Einschlüsse wittern hierbei löcherig, nicht zu seinem Nachteil, heraus. Das bergfeuchte Gestein aber verwittert ziemlich rasch. Diese rasche Verwitterung wird durch das Ausfrieren des in ihm enthaltenen Wassers, durch Abkühlung und darauffolgende Sonnenbestrahlung bewirkt. Daher sind Bruchbetriebe auf Bausteine nur im Sommer möglich.

Die Tuffvorkommen SW. von Polsingen und über der Kirche von Amerbach im Ries sind felsig erhärtet. Das letztere Gestein hat wegen seines großen Reichtums an dunklem Glas Ähnlichkeit mit einem vulkanischen Hartgestein. Man hat es als Schottergut zu gewinnen versucht.

Im Zeitalter des Zements ist wichtig die nachgewiesene Eignung gewisser Vorkommen des Ries-Tuffes als hydraulischer Mörtelstoff, d. h. als Zuschlag zum Wassermörtel bezw. Zementmörtel. Als Zusatz zum gewöhnlichen Mörtel fand gebranntes Traßmehl schon in alter Zeit Verwertung, z. B. bei der St. Georgskirche in Nördlingen, zu Ende des 18. Jahrhunderts beim Bau der Festung Ingolstadt und bei den Brückenbauten der Eisenbahnlinie Augsburg—Nürnberg. In diesem Falle wie beim Wasser- und Zementmörtel ist seine Aufgabe, den im gewöhnlichen und im Wassermörtel nicht zu kohlensaurem Kalk abgebundenen Ätzkalk und die nicht an Kieselsäure gebundene Kalkmenge im Portland-Zement, die beide im Wasser herausgelöst werden, zu wasserunlöslichen Hydrosilikaten und zu Kalkaluminaten zu binden. Hierdurch wird der Mörtel und der Zement wasserdicht und erhält eine größere Druck- und Standfestigkeit. Als Zuschlag zum Portland-Zement hat der Ries-Traß von Bollstadt in den letzten Jahren ziemlich starke Verwendung gefunden, u. a. auch beim Bau des Kanals der „Mittleren Isar".

Der Ries-Traß hat also eine ähnliche wertvolle Eigenschaft, wie der Traß des Brohl- und Nettetals. Das wirksame Mittel zur Bildung des Kalkes im Kalk- und Zementmörtel zu unlöslichen Silikaten und Aluminaten ist im Ries-Traß wie im rheinischen Traß die lösliche, hydratische Kieselsäure und reaktionsfähige Tonerde. Beide Stoffe sind im Ries-Traß offenbar in dem amorphen, wasserhaltigen sog. aufschließbaren Gesteinsglas enthalten, das in der Form von Glasstaub und -Asche einen wesentlichen Bestandteil des Ries-Trasses bildet. Durch das Brennen des Traßmehls wird die Kieselsäure des Gesteinsglases wasserfrei und befähigt, mit dem Ätzkalk im Mörtel und Zement wasserunlösliches Kalkhydrosilikat zu bilden. Die Tonerde wirkt hierbei wie eine Säure und erzeugt mit Ätzkalk ein wasserunlösliches Kalkaluminat.

Das aufschließbare Gesteinsglas bildet neben kleinen Teilchen von fremden Gesteinen die Grundmasse vieler Tuffe; es ist unter dem Mikroskop hellfarbig.

Aufn. v. P. Ertl

Fig 1
**Der Wannentraß von Amerdingen SW. von Nördlingen.**
(Aufnahme 1914, Bruch im Jahre 1924 unverändert)
(zu S. 25).

Aufn. v. P. Ertl
Fig. 2
**Der Schlottraß von Fronhofen NW. von Bissingen**
(Aufnahme 1914, Bruch im Jahre 1924 unverändert)
(zu S. 26).

In anderen Tuffen ist das dann meist dunklere Grundmasseglas nicht auf-schließbar, wie überhaupt die dunklen kleinen und großen Glasbeimengungen sich untätig bei der Mörtelbildung verhalten. Auch die fremden Gesteins-brocken beeinträchtigen nur die Wirksamkeit des aufschließbaren Glases.

Praktische Versuche haben nun ergeben, daß frische Tuffe mit geringen fremden und glasigen Beimengungen sich nicht als Mörtelbildner eigneten; das Grundmasseglas war, äußerlich nicht erkennbar, nicht aufschließbar. Mit anderen Tuffen, reicher an dunklem Glas und anderen Beimengungen, wurden teils günstige, teils weniger günstige Erfahrungen gemacht. Äußerlich ist ein ersichtlicher Grund für das unerwartete Verhalten nicht zu erkennen.

Diese Unsicherheit in der Beurteilung selbst des frischesten Ries-Trasses auf seine Eignung als Mörtelbildner verlangt in jedem Falle eines geplanten Ab-baues eine chemisch-technische Voruntersuchung.

Wie später mitgeteilt wird, sind einige Ries-Tuffe größeren Flächenumfanges auf den Gehalt an aufschließbarer Kieselsäure untersucht worden und es ist erfreulich, daß gerade die größten Tuffvorkommen einen reichlichen Gehalt davon haben.

Allgemeines geologisches Vorkommen: Die Riestuff-Vorkommen bilden zwei Bereiche der Verbreitung. Der eine liegt innerhalb des Rieskessels, nahe dem Rande. Es sind verstreute Vorkommen bei Amerbach, Polsingen, Öttingen, am Ost- und Nordrand; bei Pflaumloch am Westrand; bei Edernheim und S. von Alerheim, am Südrand des Kessels. — Einige Kilometer südlich und westlich von diesem — im sog. Vorries — sind in einem zweiten Bereiche Tuffe entwickelt, mit viel größerer Flächenverbreitung und größerer prak-tischer Bedeutung als jene; sie liegen im Gebiet des oberen Kessel-Tales. Etwas näher zum Riesrand liegt allein das Vorkommen von der Altenbürg, SW. von Nördlingen, schon im Württembergischen. Am äußersten West- und Nordrand des Kessels fehlen größere Tuffvorkommen ganz.

Die Vorkommen sind regellos im Gelände verstreut und mit Ausnahme von wenigen technisch bedeutungslosen Vorkommen deuten weder Erhebungen, Felsenbildungen noch der Pflanzenwuchs äußerlich aus einiger Entfernung auf eine Traßablagerung hin. Erst durch genaue Begehung der Grenze zwi-schen den Traßfeldern und der meist aus Jura- und Granitschollen bestehenden Umgebung lassen sich die Tuffgebiete festlegen. — Im Vorries herrschen die großen Traßgebiete weitaus über die geringfügigen im Rieskessel vor.

Im Bereich des Vorrieses, dessen Tuffvorkommen allein für technische Zwecke in Betracht kommen, kann man folgende Unterscheidungen machen (nach M. Schuster) (Abb. 3):

Flächenhafte Vorkommen: Gelegentliche Andeutung einer wagrechten Schichtung, Absonderung in senkrechte dicke Säulen oder Platten, dunkle Glasbeimengungen meist im Mittel nußgroß, fremde Gesteinsbeimengungen gleichfalls kleinbrockig; es fehlen meist große Schollen von Nebengesteinen und größere Fladen und Bomben von dunklem Glas. Im allgemeinen gleich-mäßige Gesteinsausbildung (Muster: Tuff von Amerdingen, Fig. 1, Taf. 3).

Die großen Tuffvorkommen scheinen nicht an Ort und Stelle durch einen örtlichen Sprengschlag gebildet zu sein. Sie sind wahrscheinlich Reste von Gesteinstrümmer-Anhäufungen in Vertiefungen des Geländes, das zur Zeit der Bildung des vulkanischen Tuffes sicher stark durchfurcht war, sog. Wannentraß. Hierauf mögen auch die Ergebnisse der Abbohrung des Tuff- feldes von Otting, O. von Wemding, und von Mauren, SW. von Harburg, hinweisen. Jenes ist darnach eine 5—20 m tiefe Wannenausfüllung mit einem vom Ries-Traß merklich abweichenden Untergrunde (Abb. 3, a).

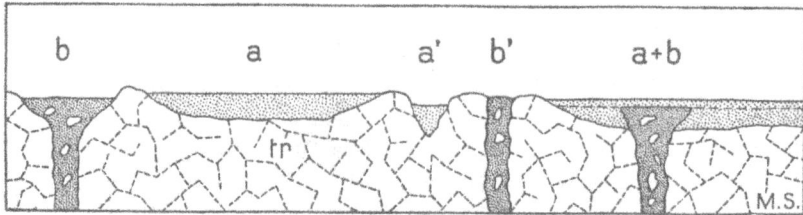

Abb. 3
**Verschiedene Formen des Vorkommens von Ries-Traß.**

a und a' = Wannentraß: Ausfüllungen von flachen (a) oder lochartigen (a') Vertiefungen.
b und b' = Schlottraß: mit Ausschußtrichter bei b; bei b' ist dieser abgetragen.
a + b = Durchbruch eines Schlottrasses innerhalb von Wannentraß; Ablagerung von neuer-
lichem Wannentraß über dem Schlottraß; tr = Trümmerschichten (nach M. SCHUSTER).

Die gleichmäßige Beschaffenheit der sog. Wannentrasse, die sich nicht von einander unterscheiden lassen, beruht darauf, daß sich hier die meist klein- brockigen oder staubförmigen Bestandteile (Trümmerchen von kristallinen Grundgebirgsgesteinen und Juragesteinen, Glas in Aschen- oder Lapilliform) in Vertiefungen des Bodens niederschlugen in einer solchen Entfernung vom Durchbruchschlot, daß größere, durch den Sprengschlag emporgeschleuderte Gesteinsschollen hier nicht mehr niederfallen konnten.

Tuffvorkommen kleinen Durchmessers: Schichtungsandeutung fehlt oder ist unregelmäßig; senkrecht-säulige Absonderung selten. Neben kleinbrockigen, reichlicheren und fremden Gemengteilen große Schollen fremder Gesteine und oft reichliche und große Bomben, Fladen und Fetzen von dunklem Gesteinsglas. Gesteinsausbildung nicht gleichmäßig.

Diese kleinen, großbrockigen Tuffvorkommen sind Ausfüllungen von Durch- schlagsröhren und reichen in die unbekannte Tiefe. Man nennt sie Schlot- trasse (Abb. 3, b). (Muster: Tuff von Fronhofen, Fig. 2, Taf. 3).

Bei dem Sprengschlag, der die tuffigen und fremden Bestandteile aus- schleuderte, mußten die schweren und groben Bestandteile vor allem in die Sprengröhren oder Sprengschlöte zurückfallen. Sie fielen rascher als die leichtere vulkanische Asche nieder, so daß sie sich meist in den tieferen Teilen der Schlote finden werden, die sie, wie O. von Fronhofen, sogar ver- stopfen können. Die Schlotwände können recht unregelmäßig gestaltet sein, entweder in der ursprünglichen Anlage oder durch spätere Schollenverschiebungen bewirkt. Es ist nicht ausgeschlossen, daß auch unter oder in einem ausgedehnten Wannentraßvorkommen sich ein Durchbruchschlot befinden kann, der sich durch zahlreiche Bomben und größere Gesteinstrümmer verrät (zum Beispiel Gegend SW. von Ober-Ringingen) (Abb. 3, a + b).

Für technische Zwecke, insbesondere als Zement- und Mörtelzuschlag, scheint der Wannentraß vor allem in Frage zu kommen. Er hat zwar keine unbegrenzte Mächtigkeit. Sie genügt aber allen Anforderungen und wird durch die gleichmäßigere Beschaffenheit des frischen Gesteins und durch die z. T. ansehnliche Flächenausdehnung aufgewogen.

Bei den einzelnen Vorkommen von Schlottrassen muß man auf unliebsame Überraschungen in der Güte des Gesteinsstoffes und über seine abbaufähige Menge gefaßt sein. Durch ihren oft erheblichen Gehalt an untätigem dunklem Glas und an fremden Gesteinen scheiden sie im allgemeinen für Mörtel- und Zementzwecke aus.

Die großen Traßfelder sind heute ihrer Ausdehnung nach gut bekannt. Die kleineren Schlottraß-Vorkommen können noch heute durch neue Funde vermehrt werden, besonders im Gebiet des Jurakalkes, wo sie von Schutt bedeckt und unter Lehmdecken verborgen sein können.

Einzelvorkommen von Ries-Traß: Es kommen nur die im Vorries gelegenen Vorkommen in Betracht. Hier sind zu nennen: der Traßbereich von Otting, O. von Wemding, und der von Mauren, SW. von Harburg; besonders die großen Vorkommen von Amerdingen, Aufhausen, Ringingen und Bollstadt. Die letztgenannten scheinen am frischesten und am ärmsten an dunklen Bombeneinsprengungen zu sein. Bei der Verwertung als Mörtelzuschlag kommen daher die ausgedehnten und zum Teil gut erschlossenen Traßablagerungen des oberen Kessel-Tales vor allem in Betracht.

In der Gegend zwischen Amerdingen und Aufhausen sind große Traßfelder S. von Amerdingen (der Steinbruch, der im Grundwasserbereich liegt, hat 1905 die Gesteine für das große Verkehrsministerial-Gebäude in München geliefert) (Fig. 1, Tafel 3), S. von Aufhausen, bei Selbronn (alter Bruch!), SW. von Aufhausen und zwischen Aufhausen und Forheim. Dieser nirgends erschlossene Traß liegt nicht mehr im Grundwasser, was seiner Gewinnung förderlich wäre.

Zwischen Unter-Ringingen, Ober-Ringingen, Hochdorf und Thalheim liegt das größte Wannentraß-Vorkommen des Kessel-Tales.

Ein weiteres Wannentraß-Vorkommen, das auf dem Blatte Nördlingen der Geognostischen Karte von Bayern 1:100 000 nicht angegeben ist und rd. 50 ha umfaßt, liegt zwischen Ober-Ringingen und Hochdorf. Es ist stark mit Lehm bedeckt.

NW. von diesem Bereich war bis vor ein paar Jahren ein rd. 7 ha messendes Schlottraß-Vorkommen durch einen Steinbruch bei Bollstadt, am Stern-Bach, aufgeschlossen. Das Gestein ist unter dem Namen Bollstädter Traß seit alten Zeiten in gutem Ruf und gilt weit und breit als der beste Traß. Es ist reich an dunklem Glas und an fremden, z. T. sehr großen Gesteinstrümmern und unregelmäßig plumpsäulig bis pilzhutförmig-plattig abgesondert. Trotz seiner Schlotnatur und seines Glas- und Brockenreichtums hat es sich gut als Mörtel- und Zementzuschlag bewährt. 10 m über der Bruchsohle steht das Gestein noch an und eine 28 m tiefe Bohrung hat es nicht durchdrungen.

In der Gegend von Warnhofen—Fronhofen—Ober-Magerbein sind mehrere Schlottraß-Durchbrüche zu verzeichnen. Das wichtigste und sehr lehrreiche ist das durch einen Bruch erschlossene, genau 1 km O. von Fronhofen gelegene (Fig. 2, Tafel 3). Der Traß setzt in einer 50 m breiten Spalte zwischen massigem Jurakalk auf. Das Gestein besteht, äußerlich nicht erkennbar, fast nur aus dunklem Glas. Dadurch und durch die Fülle großer Schollen von vergriestem Jurakalk und anderen Gesteinen, um die herum der Tuff zermürbt war, ist das Gestein für Mörtel- und Zementzwecke nicht geeignet (Analyse VI, S. 30).

Beim Dorfe Mauren, auf der Hochfläche zwischen den Tälern der Kessel und der Wörnitz, breitet sich ein mächtiges Wannentraß-Feld aus, am Waldrand O. von Mauren durch einen Bruch erschlossen. Als Maurener Traß dürfte früher jedoch vor allem das geschätzte Gestein S. vom Weiler Spielberg gegolten haben, das am Rand des Hahnenberg-Waldes im Talgrund durch alte Brüche erschlossen ist. Das Gestein wurde zu Anfang des vorigen Jahrhunderts beim Bau der Festung Ingolstadt verwendet.

Unmittelbar N. vom Schloß Otting, O. von Wemding, an der Bahnlinie Donauwörth—Treuchtlingen, dehnt sich ein großer Bereich von Wannentraß aus. Er bildet eine flache Muldenausfüllung von 5—15 m Dicke. Wie das Maurener und Bollstädter Gestein ist er seit alter Zeit bekannt. Der Bruch am Schlosse steht im Grundwasser. Durch reiche Beimengungen von dunklem Glas ist das Gestein dunkel gesprenkelt.

Die übrigen Traßvorkommen am Riesrand sind meist nicht aufgeschlossen. Ihr Vorhandensein läßt sich meist nur aus wenigen Traßbrocken und aus Stücken von Glasfladen und -Bomben erkennen, die in dem eigentümlichen sandigen Traßboden liegen. Derartige Vorkommen, meist von Schlottrassen, sind u. a. am Heckels-Berg NO. von Harburg, an der Straße nach Mündling; ferner beim Mittelweger Hof, NW. von Fünfstetten; eine gegen 50 ha große lehm- und sandbedeckte Wannentraßfläche 3 km N. von Wemding, links an der Straße nach Polsingen; ein 25 ha großes Feld bei der Au-Mühle, N. von Hainsfahrt, am Nordrand des Rieskessels. Es ist das einzige Vorkommen, in dem, 1 km O. der Mühle, dünne Kalkbänder eingelagert sind, die ihn als aus der Luft niedergeschlagen erkennen lassen. Der Wannentraß wird hier an einer Stelle von einem Schlottraß durchbrochen (Abb. 3, a + b).

Das nordwestliche Kreisviertel des Rieskessels ist auf bayerischem Boden fast ganz frei von Traßvorkommen. Im südwestlichen Vorries hat der Schlottraß von der Altenbürg, SW. von Nördlingen, in alter und neuer Zeit eine gewisse Bedeutung erlangt. Aus ihm wurde die über 400 Jahre alte St. Georgs-Kirche in Nördlingen erbaut, die heute noch den Wetterstürmen des offenen Rieses trotzt, und 1905 ist ein sehr festes Gestein in Blöcken bis zu 8 m³ gebrochen worden.

Die wenigen Vorkommen von Traß innerhalb des Rieskessels haben keine technische Bedeutung.

### Chemische Analysen von Ries-Trassen.

Um die Verwendung bayerischer Ries-Trasse für Mörtel- und Zementzwecke chemisch zu erforschen, hat der Süddeutsche Zement-Verband im Laboratorium der Geologischen Landesuntersuchung eine Anzahl Ries-Tuffe chemisch untersuchen lassen. Er gab in dankenswerter Weise die Erlaubnis zu deren Veröffentlichung an dieser Stelle.

Die Analysen I—VI beziehen sich auf Gesteine aus dem Kessel-Tal, die mit Ausnahme von VI (Fronhofen) Wannentrasse sind. VI ist ein Schlottraß. Die gefundenen Werte weichen im allgemeinen nicht von der im Schrifttum bekannt gewordenen allgemeinen Zusammensetzung von Rieß-Trassen ab. Die Bestimmungen wurden von Dr. U. Springer und Dr. G. Abele ausgeführt.

Zum Vergleich mit diesen Analysen dient die im folgenden wiedergegebene Analyse des altgeschätzten Tuffes von Bollstadt, der in letzter Zeit mehrere Jahre Gegenstand einer lebhaften Gewinnung als Mörtel- und Zementzuschlag gewesen ist (Analyse Dr. U. Springer).

In Salzsäure sind unlöslich 68,50 v. H. Das Gestein besteht aus: Kieselsäure 57,45 v. H.; Titansäure 0,38; Tonerde 12,23; Eisenoxyd 3,84; Kalkoxyd 6,25; Magnesiumoxyd 3,22; Kali 1,08; Natron 1,75; Schwefelsäure 0,10; Wasser (105⁰) 6,29; Wasser (Rotglut) und Kohlensäure 7,29 v. H. (99,88). — Kalk und Magnesia sind zum größten Teil an Silikate gebunden.

Die Proben I, II, III enthalten beträchtliche Mengen an Karbonaten, teils in Form von kohlensaurem Kalk, teils als Dolomit, wodurch der Gehalt an eigentlich wirksamer Substanz etwas sinkt. Die Güte des Trasses wird aber dadurch nicht beeinflußt. Der Gehalt an sog. Hydratwasser ist, verglichen mit rheinischen Traßvorkommen, ziemlich niedrig und erreicht, selbst wenn er auf karbonatfreie Trockensubstanz umgerechnet wird, nicht den für einen Normaltraß verlangten Mindestgehalt von 5,5 v. H. Eine Ausnahme macht nur der verwitterte Traß V. Immerhin darf diesem Umstand nach W. Sieber[1]) keine allzugroße Bedeutung beigemessen werden, da sich auch Trasse mit niedrigerem Hydratwassergehalt technisch als verwendbar erwiesen haben. Bei Probe VI ist der Glühverlust allerdings so gering, daß eine Eignung als hydraulischer Mörtelzuschlag schon aus diesem Grunde kaum mehr in Frage kommen kann.

In der Menge der löslichen, hydratischen und reaktionsfähigen Kieselsäure haben wir ein gewisses Maß für die Beurteilung der Güte eines Trasses. Sie wurde wie folgt bestimmt (in Hundertteilen):

| Nr. der Probe: | I | II | III | IV | V | VI |
|---|---|---|---|---|---|---|
| Lösliche Kieselsäure . . . . | 14,3 | 15,2 | 12,6 | 14,9 | 11,5 | 5,0 |
| In Salzsäure unlöslicher Rückstand . . . . . . . . | 62,2 | 49,0 | 59,5 | 56,0 | 67,0 | 81,9 |

[1]) W. Sieber, Der Kesseltal-Traß Bayerns als hydraulisches Mörtelmaterial, Donauwörth (o. J.).

Die untersuchten Traßproben sind reich an wirksamer Kieselsäure, ausgenommen Probe VI. Bei bewährten Traßvorkommen des Nette-Tales sind freilich höhere Werte gewonnen worden. Ein Tuff von Andernach ergab nach der Untersuchung im Chemischen Laboratorium der Landesuntersuchung 25,4 v. H. lösliche Kieselsäure neben 36,9 v. H. Rückstand.

Bei Probe II und III beträgt die freie hydratische Kieselsäure 1,85 bezw. 1,50 v. H. Für Nettetal- und für einen Kesseltal-Traß werden im Schrifttum wesentlich höhere Werte, 8—12 v. H. freie Kieselsäure, angegeben. Doch ist ein Vergleich mangels der Kenntnis der Bestimmungsart nicht leicht möglich.

Die Ergebnisse der chemischen Untersuchungen von Kesseltal-Trassen — abgesehen von dem bewährten Bollstädter Traß — lassen hoffen, daß sich mit Ausnahme des Fronhofer Trasses (VI) alle als hydraulischer Mörtelstoff eignen würden. Größere Unterschiede in der technischen Verwendung dürfte unter den Wannentrassen des Kessel-Tales wohl kaum sein. Ein sicheres Urteil aber kann erst nach einer physikalischen Prüfung, besonders auf Druck- und Zugfestigkeit, möglich sein.

| | I Amer- dingen | II Seel- bronn | III Oberrin- gingen | IV Mauren- Stillnau | V O. v. Mauren | VI Fron- hofen |
|---|---|---|---|---|---|---|
| Kieselsäure (SiO$_2$) (durch Differenz bestimmt) . | 59,84 | 54,00* | 57.79 | 60,36 | 61,56 | 63,20 |
| Tonerde (Al$_2$O$_3$) . . . . . | 14,59 | 12.30 | 12,95 | 15,07 | 15,93 | 16,23 |
| Eisenoxyd (Fe$_2$O$_3$) . . . . | 5,10 | 5.10 | 5,61 | 4.57 | 5,22 | 7,05 |
| Kalk (CaO) . . . . . . | 5,50 | 11,00 | 8,08 | 2,00 | 2,80 | 3,85 |
| Magnesia (MgO) . . . . . | 3.67 | 2,99 | 2.53 | 1,52 | 1,89 | 1,54 |
| Kali (K$_2$O) . . . . . . . | 1,45 | 1,38 | 1,50 | 1,98 | 2,58 | 3,06 |
| Natron (Na$_2$O) . . . . . | 2,03 | 2.25 | 2,21 | 1,33 | 2,03 | 2,89 |
| Hygrosk. Wasser (bei 105°) . | 4,24 | 3,67 | 3,80 | 7,65 | 4,69 | 1.46 |
| Hydrat-Wasser (u. Org) . . | 2,63 | 2,61 | 2.11 | 5,52 | 3,30 | 0,60 |
| Kohlensäure (CO$_2$) . . . . | 0,95 | 5,00 | 3,42 | — | Spuren | 0,12 |
| Summe: | 100.00 | 100,30 | 100,00 | 100,00 | 100,00 | 100,00 |

\* unmittelbar bestimmt.

# Schichtgesteine.

## Kalkstein und Dolomit.

**Kalksteine.** — Sie sind meist hellfarbige Gesteine, die wesentlich aus kohlensaurem Kalk oder Calciumkarbonat (CaCO$_3$) bestehen. Ihre äußere Gestalt und ihr inneres Gefüge ist großen Schwankungen unterworfen. Meist handelt es sich um Schichtgesteine (früher „Flözkalke" genannt); ganze Formationsabteilungen, wie z. B. den Muschelkalk und den Weißen Jura, bauen sie auf. Fast immer sind die Kalksteine verunreinigt durch die Karbonate des Magnesiums, des Eisens und Mangans, durch Tonerde-Silikate (sog. tonige Stoffe), durch Eisenoxyd und Eisenhydroxyd oder Gesteinsrost, durch bitumenhaltige oder kohlige Stoffe. Ferner finden sich in ihnen Quarzkörner, Glimmer, Feldspatteilchen als Reste des Grundgebirges, als Neubildungen Kieselsäure, Glaukonit und Schwefelkies.

Die Härte beträgt 3, das spezifische Gewicht bei ganz reinem Gestein 2,72, im Durchschnitt aber, wegen seiner Unreinheit 2,5—2,8. Die Druckfestigkeit der Kalksteine schwankt in hohen Grenzen, sie nimmt mit dem Gehalt an Ton ab (100—500 kg/cm$^2$)[1]. Mit verdünnter Salzsäure und konzentrierter Essigsäure brausen die Kalksteine infolge Freiwerdens von Kohlensäuregas stark auf. — Das Korn ist dicht bis grobkristallinisch. Oft enthalten Kalksteine Hohlräume von Kristalldrusen oder jene entstanden durch Herauswaschen von Tongallen u. ä. Zellig gegliederte Kalke mit Scheidewänden aus Kalkspat heißen Zellenkalke.

Die durch langsames Absetzen aus dem Meereswasser entstandenen Kalksteine sind oft gut geschichtet. Die Schichtung kann bis zur Schieferung gehen (z. B. Solnhofer Plattenkalk), besonders, wenn die Kalksteine der Verwitterung ausgesetzt sind. Dann kommt auch eine völlig verborgene Schichtung zum Vorschein. Kalksteine, die entweder als Riffe im Meereswasser emporgewachsen sind oder im fließenden Wasser als Kalksinter (Kalktuff, Travertin) sich ausgeschieden haben (z. B. Kalktuff von Homburg am Main), entbehren der Schichtung. Die Kalkbänke können oft ansehnliche Stärke erreichen, besonders dann, wenn sie nachträglich eine Kalkzufuhr aus Lösungen erfahren haben. Hierdurch steigert sich auch die Härte und Wetterfestigkeit der Kalksteine, z. B. die z. T. in Kalkspatanhäufungen umgewandelten fränkischen Quaderkalke. Die mächtigen Bänke der Kalksteine sind meist zum Vorteil ihrer Gewinnung von senkrechten Klüften im Abstand von ein paar Metern unterbrochen.

Die schichtigen und riffartigen Kalksteine bestehen oft ausschließlich nur aus den Hartteilen von Meeresbewohnern (Muschelkalk, Korallenkalk). Andere bauen sich aus kugelschaligen kleinsten oder größeren Kalkkügelchen auf (Oolithe oder Rogensteine). — Konglomerate, aus Kalkgeröllen, und Kalkbreschen, aus eckigen Trümmern von Kalk bestehend, spielen eine geringe Rolle. Wird die Beimengung von Magnesiakarbonat auffälliger, so spricht man von dolomitischen Kalken.

**Dolomit.** — Echte Dolomite sind eigentlich nur Gesteine, in denen der Gehalt von kohlensaurer Magnesia zum kohlensauren Kalk im Verhältnis von 54:46 steht. Dolomite, die der chemischen Formel entsprechen, sind aber sehr selten. Die dolomitischen Gesteine enthalten meist mehr Kalk. Die Farbe der Dolomite ist weißlich, grau bis bräunlichgelb. Sie sind feinkristallinisch- oder zuckerkörnig. Mit verdünnter Salzsäure braust magnesiakarbonatreicher Dolomit nur in der Wärme auf. Mit der Abnahme dieses Gehaltes nimmt die Neigung der Dolomite zu, mit verdünnter Salzsäure auch in der Kälte aufzubrausen. Schichtige Dolomite heißen Plattendolomite, lückig-zellige Zellendolomite. — Das Raumgewicht des reinen Dolomits beträgt 2,85—2,95; bei den unreineren, d. h. kalkreicheren Dolomiten sinkt es entsprechend dem Kalkgehalt. Die Härte des Dolomits ist etwas größer als die des Kalksteins (4).

---

[1] Von der Technik werden wesentlich höhere Druckfestigkeiten angegeben (z. B. bei Kalksteinen des Weißen Juras (s. d.).

Marmor i. e. S. oder körniger Kalk ist eine fein- bis grobkörnige gesteinsmäßige Anhäufung von Kalkspatkristallen, die sich nach außen durch den Glanz ihrer Kristallflächen verraten. Er hat eine meist helle Farbe, zum Beispiel die Marmor-Einlagerungen in den kristallinen Schiefern (S. 13). Dolomitbeimengung erzeugt dolomitischen Marmor bis Dolomit-Marmor. In der Technik gehen alle politurfähigen, vor allem buntfarbigen Kalksteine als Marmore i. w. S., z. B. Treuchtlinger Marmor, die verschiedenen Frankenwälder Marmore.

**Mergelgesteine.** — Mit der Zunahme des Gehaltes an sog. Ton entwickeln sich aus den tonfreien Kalksteinen und Dolomiten tonige Kalksteine und tonige Dolomite oder Mergelkalke und Mergeldolomite. Starke Beimengung von Ton schafft den Begriff Mergel und dolomitischer Mergel. Dünnblättrige Mergel heißen Mergelschiefer. Die Mergelgesteine sind nicht wetterfest und je nach dem Tongehalt weich und leicht. Sie können im Wasser zu einem tonig-kalkigen, meist hellfarbigen Brei zerfallen.

## Kalksteine des Palaeozoikums.

### Flaserkalke des Ober-Devons.

Das Ober-Devon im Frankenwald ist z. T. kalkig in Form der Kramenzel-Kalke oder Flaserkalke entwickelt. Es sind graue oder rote Kalke von ausgesprochenem flaserigen Gefüge, d. h. nuß- bis faustgroße Kalklinsen liegen schichtweise nebeneinander gereiht und werden netzartig von feinen Tonhäutchen umgeben. Abgebaut wird ein grauer Kalk in einem Steinbruch im Zeyern-Grund, SO. von Zeyern. Man gewinnt das Gestein durch Zersägen mittels endloser Seile. In Steinwiesen werden die Blöcke zu Zierplatten verschliffen. Ein verlassener Bruch auf das gleiche Gestein ist im hinteren Zeyern-Grund.

Ergänzung zu Band I; Abschnitt: Devonische Kalke, S. 139: Am oberen Schertlas O. von Weidesgrün bei Selbitz wurde früher ein grauer Kalk gewonnen. Er ist fast schichtungslos und von vielen Kalkspatadern durchsprengt. Der Kalk wurde früher als „Marmor" für Wandbekleidungen und für Waschtischplatten verwendet. — Ein stattlicher Bruch geht SW. von Naila auf einen Flaserkalk um. Das Gestein, das früher gebrannt worden ist, wird neuerdings in großen Blöcken gebrochen. — Kleinere Vorkommen sind bei Lippertsgrün, NW. von Döbra (rd. 7 m mächtig, davon 4 m rote Lagen), bei Haueisen SO. von Marlesreuth und W. von Weidesgrün, dicht beim Ort.

### Dolomitischer Kalk und Dolomit des Zechsteins.

Der Zechstein ist die Ablagerung eines Seichtmeeres, das nach einer langen Zeit der Bildung festländischer Absätze (Rotliegendes) auf das damalige Festland übergriff. Dieses bestand zu einem sehr großen Teile aus kristallinen Schiefern mit eingelagerten Tiefengesteinen (S. 1). Auch auf den alten Gebirgskernen des Odenwaldes und des Spessarts ruhen Absätze des Zechstein-Meeres, vorzugsweise reine und dolomitische Kalke und Dolomite. Sie sind in diesen kalkarmen Gegenden ein geschätztes Naturgut.

Die mittlere Abteilung des im Spessart nur wenig mächtigen Zechsteins besteht aus einem 4—40 m mächtigen, dichten bis fein- und mittelkörnigen dolomitischen Kalk oder Dolomit. Die Farbe ist gelblich, bräunlich, bläulich, grünlich, grau oder schwärzlich, rosarot oder weiß. Die Gesteine enthalten Quarz, Glimmer, Eisenkies, Brauneisen, Eisenspat, Kieselsäure und organische Stoffe.

Die Entwicklung ist dünnplattig, dickbankig oder massig, zellig, rauhwackenartig, grob-oolithisch (z. B. am Wesemichs-Hof bei Klein-Kahl); die Gesteine führen oft Kalkknollen (Geoden), dünne tonige Zwischenlagen und Klüfte, die mit mangan- und eisenreichem Lehm ausgefüllt sind. Örtlich sind sie verkieselt. Nach dem Brennen zerfällt der Kalk in eine mehlige, je nach dem Eisengehalt weißgelbe, orangerote, violette oder schwarze Asche. Ungebrannt und dolomitreich wird der Kalk als Baustein und Straßenschotter, besonders im verkieselten Zustande, verwendet. Gebrannt dient er hauptsächlich zur Herstellung von hydraulischem Mörtel. Der durch die Verwitterung entstandene Dolomitgrus dient als Bausand.

Die Verbreitung des Dolomitkalkes und der Dolomite ist an die Zechsteinaufschlüsse längs einer deutlich ausgeprägten Steilstufe gebunden, die mit dem Rande einer tiefgreifenden Ein- und Annagung (Erosion und Denudation) zusammenfällt. Jene läuft, im Norden beginnend, über Huckelheim, Kahl, Schöllkrippen, Sommerkahl, Feldkahl, Sailauf, Laufach, Hain, Waldaschaff, Straßbessenbach, Dörrmorsbach, Haibach und endigt W. von Schweinheim am Main. Im Süden tritt im Soden-Tal, auf der rechten Talseite ein bis 4 m mächtiger dolomitischer Kalk auf (eisenhaltig, feinkörnig-kristallin, gelblichgrau, teilweise rauhwackenartig, sandig bis kieselig). Er wird aber gegenwärtig nicht mehr gewonnen.

Vorkommen von Aufschlüssen und Steinbrüchen: Alter Bruch S. von Unter-Schweinheim (graue, fein- bis grobkristalline, löcherige und sandige, rauhwackige Dolomite bis zu 6 m Stärke und rötliche, feinkristallisierte Kalke mit grünlichen und rötlichen, tonigen Bändern); am Bisch-Berg bei Laufach (dichte tonige, rötlichbraune wackige Kalke); Steinbruch bei Eichenberg (heller, gelblichbrauner, feinkristalliner, kalkiger Dolomit); zwei Steinbrüche O. von Rottenberg (grauer, dolomitischer Kalk mit vielen lehmausgefüllten Taschen; der nördliche Bruch versorgt den nahen Kalkofen); sog. Hösbacher Bruch auf der Südseite des Gräfen-Berges [oben 10 m rotbraune, teilweise sandige, grünlichgrau gefärbte Bröckelschiefer des Unteren Buntsandsteins; darunter 0,50—0,80 m sandige Steinmergel, unterlagert von 1,20 m dünnplattigem, teilweise kalkigem Dolomit; darunter 8—20 m sandiger, dolomitischer Kalk, gut geschichtet, dickbankig, grau, schwarzgrau, teilweise porig und wackig, von kleinen Schwerspatgängen durchzogen; nach Westen zu wird der Dolomit unreiner; Verfrachtung des Gesteins mittels über 3 km langer Drahtseilbahn zum Kalkofen bei der Station Hösbach; Herstellung von hydraulischem Kalk (Sackkalk, Schwarzkalk)];

rund 500 m NW. von dem Hösbacher Steinbruch neuer 15 m hoher Bruch (grauer, dolomitischer, oben verkarsteter Kalk); größerer, verlassener Steinbruch O. vom Gräfen-Berg dicht an der Straße Mittelsailauf—Rottenberg; mehrere z. T. betriebene große Brüche auf der Feldkahler Höhe bei Feldkahl (dolomitischer Kalk); großer aufgelassener Steinbruch an der Straße Eichenberg—Blankenbach; neuer großer Steinbruch (schwärzlicher, schwarzbrauner, graugelber, dolomitischer Kalk; Drahtseilbahn zum Kalkwerk in Groß-Blankenbach); — großer verlassener Steinbruch bei Huckelheim; O. von Alzenau (5 m mächtiger, verkieselter Dolomit; hartes, wackiges, graues, löcheriges Gestein, brauneisenreich und Schwerspat führend); bei Hörstein, am Abtsteg und bei Klein-Ostheim, an der Kreuzallee (3—4 m mächtiger verkieselter Zechsteindolomit, zu Schotter geeignet); S. vom Ausgang des Rückersbacher Tälchens, O. von Dettingen (Verarbeitung von losen Zechsteinkalk-Blöcken zu Straßenschotter).

## Kalksteine des Mesozoikums:

## a. Der Trias.

### Kalksteine des Muschelkalks.[1])

Einen unerschöpfbaren Vorrat an Kalksteinen besitzen wir in der mittleren Abteilung der Trias, im fränkischen Muschelkalk. Er baut sich bei einer Mächtigkeit von 250 m fast nur aus Kalksteinen und Mergeln auf. Die an manchen Stellen eingeschlossenen Anhydrit-, Gips- und Steinsalzablagerungen werden im Abschnitt „Lagerstätten" besprochen.

Der fränkische Muschelkalk tritt in zwei ungleich großen Gebieten auf, einmal in Unterfranken, wo er infolge einer sehr flachen Lagerung im Gebiet des Mains, von Haßfurt bis nach Gemünden und Wertheim, im Bereich der Wern, der fränkischen Saale und der Tauber zu großer Verbreitung gelangt; dann in Oberfranken zwischen Kronach, Steinach, Kulmbach, Bayreuth,

---

[1]) Wichtigstes Schrifttum:

BECKENKAMP, J.: Über die geologischen Verhältnisse der Stadt und nächsten Umgebung von Würzburg. — Sitz.-Ber. d. med. Ges. Würzburg, Würzburg 1907.

FISCHER, H.: Beitrag zur Kenntnis der unterfränkischen Trias. — Geogn. Jahresh., **21**, 1908, München 1909.

— Über dolomitische Gesteine der unterfränkischen Trias. — Geogn. Jahresh. **24**, 1911, München 1912.

GEVERS, TR. G.: Der Muschelkalk am Nordwestrande der böhmischen Masse. — N. J. f. Min. usw., Beil.-Bd. **56**, Abt. B, Stuttgart 1927.

HERBIG, PH.: Zur Stratigraphie und Tektonik der Muschelkalkschollen östlich von Kronach. — Geogn Jahresh. **38**, 1925, München 1926.

HILGER, A.: Die chemische Zusammensetzung von Gesteinen der Würzburger Trias. — Mitt. a. d. pharmaz. Inst. Erlangen, 1. H., München 1889.

HILTERMANN, A.: Die Verwitterungsprodukte von Gesteinen der Triasformation Frankens. — Mitt. a. d. pharmaz. Inst. Erlangen, 1. H., München 1889.

Creußen und Kemnath. Hier bildet er wegen seiner mehr oder minder starken Schichtenneigung und wegen seiner Zerstückelung bei der Gebirgsbildung schmale, nach Südosten langgestreckte Bänder. Die unterfränkischen Muschelkalkabsätze sind die eines küstenferneren Flachmeeres, die oberfränkischen einer küstennahen See und daher reicher an sandigen Beimengungen.

Die Entstehungsbedingungen beider Muschelkalkbereiche und die Form der Lagerung bestimmen auch die Ausbildung und die Möglichkeit der Gewinnung der Gesteine. Hiernach erscheint der unterfränkische Muschelkalk gegenüber dem oberfränkischen bevorzugt. Dieser Vorzug wird erhöht dadurch, daß die Muschelkalkstufe in Unterfranken durch die tiefen Täler des Mains und seiner Nebenflüsse weitgehend zerschnitten ist und sie dem Abbau leichter zugänglich macht.

Als Lieferer von technisch wichtigen Kalksteinen kommt indes nicht der ganze Muschelkalk in Betracht. Nur der Untere Muschelkalk oder Wellenkalk und der Obere Muschelkalk oder Hauptmuschelkalk sind vorzugsweise die Träger brauchbarer Gesteine, der Mittlere Muschelkalk oder die Anhydrit-Stufe enthält wenig Kalksteine, die eine mehr als örtliche Verwertung erfahren.

## Kalksteine des unterfränkischen Wellenkalks.

In Unterfranken setzt sich der Untere Muschelkalk oder Wellenkalk zusammen aus einer 60—100 m mächtigen Folge von meist dünnplattigen, welligen Kalkmergel-Schiefern bis flaserig-knolligen Mergelkalken (Wellenkalkschiefer). In diesen Schiefern sind einige körnige (kristalline) Kalkbänke eingeschaltet, die als Bau- und Brennsteine eine Bedeutung haben. Von den unbedeutenden Konglomeratlagen des tieferen Wellenkalks abgesehen, die gelegentlich gebrannt werden, sind die Schaumkalk-Bänke und Terebratel-Bänke zu nennen (Abb. 4 und 5).

Verbreitung: Der unterfränkische Wellenkalk hat seine Hauptverbreitung im Gebiet des Mains zwischen Würzburg und Wertheim und der Saale-Streu, zwischen Hammelburg—Bad Kissingen und Münnerstadt—Neustadt—Mellrichstadt. Er bildet vielfach die Steilhänge dieser Täler. Im Maindreieck

REIS, O. M.: Ausflug in die Triasablagerungen im unteren Steinachtale zwischen Laineck, Rodersberg und Döhlau am Oschenberg. — Jb. u. Mitt. d. Oberrhein. Geol. Ver., N.F. **12**, Jg. 1923, Stuttgart 1923.

— Blätter: Kissingen, Ebenhausen (z. T.), Euerdorf (z T), Aschach, Stangenroth, Brückenau, Geroda der Geol. Karte von Bayern 1 : 25 000 mit Erläuterungen, München 1912—1930.

— & SCHUSTER, MTTH.: Blatt Würzburg - West der Geognost. Karte von Bayern 1 : 100 000 mit Erläuterungen von O. M. REIS, München 1928.

SCHNITTMANN, F. X & SCHUSTER, MTTH.: Blatt Hammelburg - Süd der Geol. Karte von Bayern 1 : 25000 mit Erläuterungen, München 1931.

SCHUSTER, MTTH : Blätter: Ebenhausen (z. T.), Euerdorf (z. T.), Hammelburg-Nord, Gräfendorf, Motten-Wildflecken. Neustadt a. d. Saale der Geol. Karte von Bayern 1 : 25000 mit Erläuterungen, München 1912—1933

— Blatt Uffenheim der Geognost. Karte von Bayern 1 : 100000 mit Erläuterungen, München 1926.

WAGNER, G.: Beiträge zur Kenntnis und Bildungsgeschichte des oberen Hauptmuschelkalks und der unteren Lettenkohle in Franken. — Geol. u. pal. Abh., N. F. **12**, Stuttgart 1913.

3*

Würzburg—Gemünden—Wertheim kommt er von letzterer Stadt an in nord-
östlicher Richtung, über den Main bei Thüngersheim bis nach Retzstadt, durch
eine sattelförmige Schichtenaufwölbung zu größerer Verbreitung; die Orte
Homburg am Main, Neubrunn, Böttigheim, Remlingen, Helmstadt, Roßbrunn,
Greußenheim und Ober-Leinach liegen innerhalb dieser Verbreitung. Die nach
Nordwesten an den Sattel sich anschließende Mulde von Stadelhofen, Urspringen, Marktheidenfeld, Lengfurt am Main entblößt gleichfalls auf weite
Strecken den Wellenkalk und eröffnet die Möglichkeit der Gewinnung seiner
Kalkabsätze. Von den Nebentälern schließen vor allem der Talwasser-Bach
bei Münnerstadt, die Thulba bei Hammelburg und der Tränk- und Küh-Bach
bei Gössenheim diese Schichten auf. — Auf den Hängen streichen oft die
Terebratel-Bänke und die Schaumkalk-Bänke aus oder sie bilden die Bekrönungen der Höhen.

Profil-Tabelle I.

| Mittlerer Muschelkalk | | | m |
|---|---|---|---|
| | *Orbicularis*-Mergelschiefer | | 1—7 |
| Unterer Muschelkalk oder Wellenkalk | 3. Schaumkalk-Bank | 0—2 m | bis 15 |
| | Wellenkalkschiefer | 0,5—5 m | |
| | 2. Schaumkalk-Bank | 0,20—1,70 m | |
| | Wellenkalkschiefer | 0—6 m | |
| | 1. Schaumkalk-Bank | 0,20—1,50 m | |
| | Wellenkalkschiefer | | rd. 20 |
| | Obere Terebratel-Bank | | 0,10—0,80 |
| | Wellenkalkschiefer | | 1—5 |
| | Untere Terebratel-Bank | | 0,15—2 |
| | Wellenkalkschiefer | | 20—30 |
| | Oolith-, bzw. Encriniten-Trümmerbank | | 0—1,5 |
| | Wellenkalkschiefer m. Geschiebe-Bänken | | 25—40 |
| | Grenzgelbkalk | | 0.30—1,00 |
| Oberer Buntsandstein (Röt-Tone). | | | |

Die Schichtenfolge des Unteren Muschelkalks in Unterfranken.

**Die Wellenkalkschiefer.** — Die Wellenkalkschiefer sind blaugraue, fein-
bis grobwellige, auch knollig-flaserige, meist versteinerungslose Mergelkalke.
Sie haben bis einige Hundertteile Ton (Tongeruch!), selten sind sie sehr fein
kristallin, meist nachträglich durch Kalkzufuhr entstanden. Die Tonführung
macht die Wellenkalkschiefer für die Gewinnung von Zement geeignet. Bei
Karlstadt und Lengfurt am Main gehen große Steinbrüche auf sie um (vgl.

Fig. 2 der Tafel 4). Aus den tonarmen kristallinen Kalken wird Düngekalk-mehl hergestellt (Karlstadt). Je nach der besonderen Beschaffenheit der Kalk-schiefer dienen sie zur Erzeugung von Portland-Zement oder von Roman-Zement.[1])

Wiewohl der Wellenkalk wegen seiner bezeichnenden Gleichartigkeit in der Ausbildung durch ganz Unterfranken die Anlage weiterer Zementfabriken begünstigen würde, so sind doch größere Werke nicht mehr vorhanden. — In jüngerer Zeit werden in einem modernen Schachtofen bei Hammelburg aus dem unteren Schichtenbereich Wellenkalkschiefer für Bau- und Dünge-zwecke gebrannt. (Chemische Analysen: S. 38, I, II, III).

Die obersten bis zu 7 m mächtigen Schichten sind von den Wellenkalk-schiefern unterschieden durch eine ebene Schichtausbildung, durch eine mehr fahlgraue bis fahlgelbliche Farbe und durch einen zunehmenden Gehalt an Magnesia. Die Schichten, nach dem großen Reichtum an der Muschel *Myophoria orbicularis Orbicularis*-Schichten genannt, leiten in die un-mittelbar darauf folgenden Schichten des Mittleren Muschelkalks über (Che-mische Analyse: S. 38, VI).

In der kalkarmen basaltischen und Buntsandstein-Rhön werden die Wellen-kalkschiefer in Brüchen und Schürfen als Brenn- und Schotterstoff gewonnen, so z. B. N. von Motten bei Brückenau, wo durch einen großen Grabeneinbruch der Wellenkalk einige Hundert Meter in den Buntsandstein hinein versenkt ist; am Nordhang des Großen Auers-Berges beim Silber-Hof; NW. und S. vom Dreistelz bei Brückenau; am Kalvarien-Berg bei Ober-Leichtersberg und nahe bei Unter-Leichtersbach; am Pilster N. von Breitenbach; O. von Schondra; NW. der Platzer Basaltkuppe; NW. vom Totmanns-Berg (beide Terebratel-

---

[1]) Nach dankenswerter Mitteilung der Portlandzement-Werke Karlstadt am Main A.G. verwendet sie zur Herstellung von Portland-Zement Muschelkalke, die nur einen geringen Magnesiagehalt haben und zur Herstellung von Roman-Zement tonige Muschelkalke (bis zu 70 v. H. $CaCO_3$), die einen größeren Magnesiagehalt besitzen und sich daher zur Herstellung von Portland-Zement nicht eignen.

Nach den deutschen Normen ist Portland-Zement ein hydraulisches Bindemittel, das in einem durch Brennen erzeugten Mineralgefüge auf 1,7 Gewichtsteile Kalk (CaO) höchstens 1 Gewichtsteil der Summe von löslicher Kieselsäure ($SiO_2$) + Tonerde ($Al_2O_3$) + Eisenoxyd ($Fe_2O_3$) enthält, d. h. CaO : ($SiO_2$ + $Al_2O_3$ + $Fe_2O_3$) $\geq$ 1,7. Ist Mangan-oxyd in beachtenswerten Mengen vorhanden, so ist es zu der Summe von Kieselsäure ($SiO_2$) + Tonerde ($Al_2O_3$) + Eisenoxyd ($Fe_2O_3$) hinzuzurechnen.

Portland-Zement wird hergestellt durch Feinmahlen und inniges Mischen der Rohstoffe, Brennen bis mindestens zur Sinterung und Feinmahlen des Brenngutes (Klinker). Der Glühverlust des Portland-Zementes darf zur Zeit der Anlieferung durch das Werk höchstens 5 v. H. betragen. Der Gehalt an Magnesia (MgO) darf 5 v. H., der an Schwefelsäureanhydrid ($SO_3$) 2,5 v. H. — alles auf den geglühten Portland-Zement bezogen — nicht über-schreiten. Dem Portland-Zement dürfen höchstens 3 v. H. fremde Stoffe zugesetzt werden.

Roman-Zemente sind Erzeugnisse, welche aus tonreichen Kalkmergeln (etwa bis zu 70 v. H. $CaCO_3$), die auch beträchtliche Mengen Magnesia enthalten können, durch Brennen unterhalb der Sintergrenze (etwa bis 900° C) gewonnen werden, bei Benetzung mit Wasser sich nicht löschen und daher durch mechanische Zerkleinerung erst in Mehl-form gebracht werden müssen.

Bänke); NO. von Schönderling, am Kreß-Berg; SO. von Stralsbach und am Königstuhl beim Klaus-Hof; dicht bei Stralsbach; im Klingen-Holz S. von Stralsbach; NW. von Aschach bei Bad Kissingen; im Bischwinrain OSO. von Albertshausen; im Mittelschlag SO. von Poppenroth; am Kilm NW. von Gefäll; S. von Gefäll und NO. von Schmalwasser am Kieshag.

| | I | II | III | IV | V | VI | VII |
|---|---|---|---|---|---|---|---|
| Kieselsäure ($SiO_2$) . . . | 4,44 | 8,07 | 4,89 | 0,93 | — | — | 12.63 |
| Tonerde ($Al_2O_3$) . . . . | 2,15 | 1,50 | 1,98 | 1.86 | } 1,15 | } 0,70 | 6,27 |
| Eisenoxyd ($Fe_2O_3$) . . . | 0,52 | 1,78 | 1,08 | 4.25 | | | 1,57 |
| Eisenoxydul (FeO) . . . | 0,45 | — | — | 0.59 | — | — | — |
| Kohlens. Kalk ($CaCO_3$) . . | 87,85 | 82,52 | 90.22 | 87,37 | 95.13 | 97.26 | 68,14 |
| Kohlens. Magnesia ($MgCO_3$) | 1,06 | 0,78 | 1,75 | 0,42 | 0.87 | 0,44 | 1,95 |
| Schwefels. Kalk ($CaSO_4$) . | 0,29 | 0,20 | $SO_3 =$ 0,15 | 0,25 | — | — | 1,36 |
| Phosphors. Kalk [$Ca_3(PO_4)_2$] | 1,00 | 0,28 | — | 0,17 | — | — | 0,80 |
| Kalkoxyd (CaO) . . . . | 0,33 | 0,49 | — | 0,06 | — | — | 1,05 |
| Kali ($K_2O$) . . . . . . | 0,66 | 1,38 | 0,08 | 0,20 | (Unlösl. | (Unlösl. | 2,23 |
| Natron ($Na_2O$) . . . . . | 0,44 | 1,61 | 0.11 | 0,70 | = 1.80) | = 1,45) | 1,18 |
| Chlornatrium (NaCl) . . . | 0,12 | 0,29 | — | 0,13 | — | — | 0,08 |
| Wasser ($H_2O$) . . . . . | 1,39 | 2.10 | 0,32 | 2,93 | 0,70 | 0.18 | 2,78 |

I = Hauptgestein des Wellenkalks (Wellenkalkschiefer), Würzburg, Neubaustraße (HILGER, S. 144).
II = desgl., Thüngersheim bei Würzburg (ebenda S. 144).
III = desgl., Münnerstadt (A. SCHWAGER, Erl. Bl. Kissingen, S. 59).
IV = Terebratel-Bank (Untere), Erlabrunn bei Würzburg (HILGER, S. 145).
V = Schaumkalk (Unterer), Wurm-Berg bei Neustadt a. S. (Unt.: U. SPRINGER).
VI = Schaumkalk (Oberer), „Himmelreich" b. Üttingen (Unt.: U. SPRINGER).
VII = *Orbicularis*-Mergel, Steinbachs-Grund (HILGER, S. 145).

**Körnige Kalkeinschaltungen im Wellenkalk.** — Die wichtigsten körnigen (kristallinen) Kalkbänke im unterfränkischen Wellenkalk sind die Oolithbank, die Terebratel-Bänke und die Schaumkalk-Bänke (Profil-Tabelle I).

Die Oolith-Bank. — Etwa 25—40 m über der Untergrenze des Wellenkalks lagert zwischen Wellenkalkschiefern eine kristalline, rostrot verwitternde Bank, die teils aus Schalenresten besteht, teils aus Oolithkügelchen sich zusammensetzt: Ecki-Oolith oder Oolith schlechtweg. Die Bank wird, wenn sie einige Mächtigkeit erreicht, so z. B. 1,50 m am Nordhang des Alten-Berges NNO. von Neustadt a. d. Saale, als Kalkbrenngut gewonnen. Sie zerfällt plattig und erlaubt keine Gewinnung größerer Blöcke. In der Neustadter Gegend wird sie ferner abgebaut auf dem Stations-Berg SW. von Hollstadt und S. von Mühlbach auf dem Gras-Berg.

Die Terebratel-Bänke. — 20—30 m über der Oolith-Bank werden die Wellenkalkschiefer von den zwei nahe übereinander liegenden Terebratel-Bänken unterbrochen, die aus Resten vorwiegend des Armfüßlers *Terebratula vulgaris* bestehen (Abb. 4). Die untere Bank ist meist die mächtigere. Sie erreicht bis 1,50 m Stärke und ist frisch eine bläulich-rötliche, im Anstehen aber meist rostigbraune und bläulich gesprenkelte Bank, die sich aus Schalengrus der oben genannten Terebratel und aus Seelilien-Stielgliedern zusammensetzt. Sie ist kristallinisch-körnig und bricht schlecht plattig. Die Bank läßt sich nicht selten als Gesims an den Steilhängen des Wellenkalks verfolgen und wird, wenn sie dort zugänglich ist oder wenn sie auf den Höhen flächig ausstreicht, als ein sehr geschätzter Brennkalk[1]) gewonnen. Zu Bau- und Hausteinen eignet sich die Bank weniger (Chemische Analyse: S. 38, IV).

Verbreitung: In ganz Unterfranken kommen die Terebratel-Bänke mit den Schaumkalk-Bänken zusammen vor, besonders an Steilhängen im Main- und Saalegebiet. Nur einige Vorkommen seien genannt: ansehnliche langgestreckte Brüche an der Straße Heustreu—Wollbach in der Mellrichstadter Gegend; SO. von Wechterswinkel, N. von Bastheim; am nördlichen Alten-Berg NNO. von Neustadt a. d. Saale (beide Bänke ansehnlich); Brüche am Haart-Berg O. von Euerdorf (untere Bank 1 m!); SO. von Thulba bei Hammelburg auf dem Geiß-Berg und Schellskopf; am Erthaler Berg; am linken Ufer der Thulba bis zur Einmündung in die Saale; auf dem Ober-Berg W. von Feuerthal; auf dem Läng-Berg S. und Kreuz-Berg N. vom Ort; am Buchberg NW. von Hammelburg; am Stürzel-Berg und an der Steintal-Kapelle S. von Hammelburg; in der Verbreitung des Wellenkalkes im Maindreieck zwischen Würzburg—Gemünden und Wertheim an vielen Stellen.

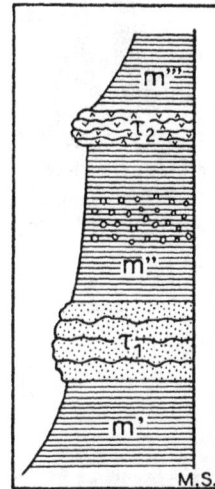

Die obere, selten über 0,50 m starke Terebratel-Bank besteht in der Regel aus ganzen Schalen von *Terebratula vulgaris* und anderen Schalentieren. Sie wird mit der unteren als Brenngut gewonnen.

Die Schaumkalk-Bänke. — Sie erscheinen meist in zwei, in ein paar Meter Abstand übereinander liegenden gleichen Bänken, von rund 0,70 m Mächtigkeit (Abb. 5). Die Bänke können aber auch bis 1,50 m Dicke erreichen (Gegend von Neustadt a. d. Saale) oder sie können sich abwechselnd bis zur Bedeutungslosigkeit verschwächen. Der Schaumkalk ist im natürlichen Anstehen meist ein nadelstichfein-poriges oder „schaumiges" Gestein. Im frischen Kern ist er feinoolithisch, d. h. er ist aus kleinsten ($1/2$—$1/4$ mm großen) Kalkkügelchen aufgebaut, die löcherig herauswittern, aber der Gesteinsfestigkeit keinen Abbruch tun. Er hat eine weißliche bis angerostete Farbe

---

[1]) Die dichten, tonigen Kalksteine, z. B. die Wellenkalkschiefer, bezeichnet der Steinhauer als „buchene", die kristallinen oder körnigen, tonfreien Gesteine als „eichene" Kalke. Die eichenen schätzt er als Stoff zum Kalkbrennen besonders hoch ein.

und ein verhältnismäßig geringes Raumgewicht, besonders in den porigen Lagen. Mit großer Wetterfestigkeit verbindet der Schaumkalk eine sehr gute Bearbeitbarkeit. Beim Zerschlagen zerstäubt er; er hat daher im Volksmund den Namen „Mehlstein" oder „Mehlbatzen". Einlagerungen von schmalen, dichten Kalklinsen und Zusammenballungen der in ihm enthaltenen Muscheln, besonders der *Myophoria orbicularis*, können seine Brauchbarkeit gelegentlich herabsetzen (Chemische Analyse: S. 38, V).

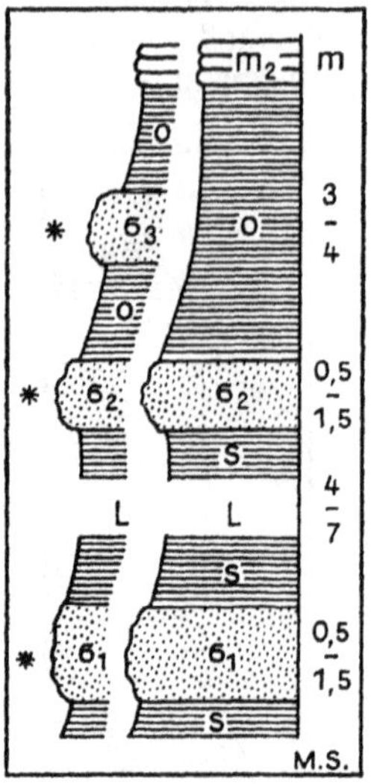

Verbreitung und Steinbrüche: a) Streu-Saale-Gegend. — Gebiet bei Mellrichstadt: Auf der Höhe SO. über Wollbach; SO. von Wechterswinkel; W. von Frickenhausen; N. von Bastheim und auf den Hängen O. des Streu-Tales; — bei Neustadt a. d. Saale: Höhe 344 S. von Hollstadt a. d. Saale und NW. von Hollstadt; am Alten-Berg, NO. von Neustadt (langgestreckte Brüche auf beide Bänke); zwischen Herschfeld a. d. Saale und der Salzburg (diese steht zum Teil darauf); auf dem Gras-Berg, Wurm-Berg, Rothen-Berg SO. von Mühlbach; NW. und N. von Strahlungen bei Neustadt (hier ist einmal die untere, einmal die obere Bank abbauwürdig);

**Abb. 5**

**Die Schaumkalk-Bänke des obersten Wellenkalks.**

s = Wellenkalkschiefer; — σ₁ = Untere Schaumkalk-Bank; — σ₂ = Obere Schaumkalk-Bank; — o = *Orbicularis*-Schiefer (gewöhnliche Ausbildung). σ₃ = Schaumkalk-Bank in den *Orbicularis*-Schichten (Gegend von Euerdorf — Hammelburg). * = Werksteine. m₂ = Mittlerer Muschelkalk. L = Lücke.

(Von M. SCHUSTER)

bei Münnerstadt: Brüche NO., SO. und S. von der Stadt und bei Althausen; auf den Hängen O. vom Talwasser-Grund; SW. von Poppenlauer; — bei Bad Kissingen: zwischen der Stadt und Nüdlingen—Münnerstadt (Brüche am Linnen-Berg); zwischen Bad Kissingen und dem Astels-Grund, SO. von Reiterswiesen; — bei Euerdorf: auf den Höhen O. und SO. von Ramsthal (großer neuer Bruch an der „Vogelstanne"); O., W. und S. von Sulzthal; über Engenthal und Machtilshausen (Wacholder-Berg, Kreuz-Berg); über Langendorf am Fohren-Berg;

bei Hammelburg: zwischen der Stadt und Feuerthal am Unter-Berg und Weiden-Berg, SW. von Feuerthal; auf dem Ofenthaler Berg gleich N. von Hammelburg (Fig. 1, Tafel 4) über Pfaffenhausen und Fuchsstadt (Kalkofen!); über Burg Saaleck; zwischen Ober-Eschenbach und Ochsenthal (Gans-Berg und Hohes Haupt); am Westabhang des Soden-Berges; auf der „Wüste" und Hohen Leite S. von Ober-Eschenbach; auf den Höhen O. von Höllrich, Heßdorf und Karsberg (Ruine Homburg!); um den Öl-Grund SW. von Bonnland; um Bonnland (Schloß Greifenstein!); bei Münster (Kalkofen), Bühler, Hundsbach und Hundsfeld;

b) Wern-Main-Tauber-Gegend. — Bei Eußenheim—Schönhardts im Wern-Tale und im Nebental O. von Binsfeld; bei Gambach und Karlstadt a. Main (Ruine Karlsburg!); bei Mühlbach und Laudenbach a. Main; zwischen Retzbach,

40

Aufn. v. M. SCHUSTER

Fig. 1

**Obere Schaumkalk-Bank des Wellenkalks (Unterer Muschelkalk),
Ofenthaler Berg b. Hammelburg.**

Die Schaumkalk-Bank (im Bilde helle Lage mit Bank darunter) wird in flachen Gruben heraus-
gebrochen, die nach der Gewinnung zugeschüttet werden. · Schichten darüber: *Orbicularis*-Schichten
(zu S. 37).

Aufn. v. M. SCHUSTER

Fig. 2

**Wellenkalk-Steinbruch zur Gewinnung von Portland-Zement, SW. von Karlstadt a. M.**

Die Wellenkalkschichten sind von Verwerfungen (Scherflächen) durchzogen. Das Gestein dient
zur Herstellung von Portland-Zement; die höchsten Lagen (links) gehören dem Mittleren Muschelkalk an
(Roman-Zement); darüber Lößlehm (zu S. 37).

Retzstadt und Erlabrunn am Main; am Stein-Berg und an der Marien-Burg in Würzburg; innerhalb der großen Mainschleife; um Ober-Leinach, Unter-Leinach, Greußenheim, Roßbrunn, Helmstadt, Remlingen, Tiefenthal, Birkenfeld, Karbach, Urspringen, Stadelhofen und Rohrbach, SO. von Lohr; — im Taubergebiet: Neubrunn und Böttigheim.

Ein paar Meter über der oberen oder zweiten Schaumkalk-Bank stellt sich in der Gegend von Euerdorf, Hammelburg, Karlstadt, Böttigheim, Fladungen vor der Rhön eine dritte Schaumkalk-Bank ein. Sie weicht von den tieferen ab durch eine gröbere porige Entwicklung, die dem Gestein eine Ähnlichkeit mit dem Quaderkalk des Oberen Muschelkalks verleihen kann; das Gefüge wird bewirkt durch zu Grus zertrümmerte kleine Muscheln und größere Oolithkörner. Die genannte Ähnlichkeit wird dadurch erhöht, daß sie im Anstehen genau wie der Quaderkalk plumpe, ungeschichtete schwärzlichgraue und oft wie angerauchte Blöcke bildet (Kreuz-Berg S. von Machtilshausen; Schweins-Berg S. von Ramsthal, hier ein größerer Steinbruch; O. von Ramsthal, auf dem Ofenthaler Berg N. von Hammelburg u. a. a. O.) (Abb. 5). Sie erreicht bei Ramsthal und Fladungen eine Stärke bis zu 2 m.

Die Steinbrüche sind meistens flach und ohne erheblichen Abraum, da sie vorwiegend auf den Höhen liegen (vgl. Fig. 1, Taf. 4). Die Ausbeute geschieht so auf den Hochflächen, daß man die Bänke in einer Grube herausbricht, sie seitlich von der Grube verfolgt und diese wieder mit dem Abraum zufüllt; seltener sind flächenhafte Abbaue. An den Bergkanten geht man dem Ausstreichen der Bänke nach, so daß sich ein Bruch an den anderen reiht.

Die Leichtigkeit des Gesteins, die gute Bearbeitbarkeit und die Druck- und Wetterfestigkeit eignen den Schaumkalk vorzüglich als Baustein, wozu er von Alters her verwendet wird. Seit Jahrhunderten werden an den Kanten und auf den Hochflächen der Wellenkalkberge die Bänke gebrochen. Mancherorts deuten nur mehr weit verbreitete Schutthaufen, alte Gruben oder buckelig unebene Waldböden auf einen ehemaligen Abbau hin. Nicht selten sind die Bänke auf den Höhen völlig ausgebeutet. — Die Umwallungen und Wehrtürme der in seinem Bereich liegenden Ansiedelungen, die Kirchtürme mit ihrem Maßwerk, viele Denkmäler und Brunnen aus alter Zeit (z. B. der schöne Marktbrunnen in Hammelburg) sind aus ihm erbaut. Seine warme Altersfärbung wirkt zum Grün der Landschaft sehr reizvoll. Einer ausgiebigen Verwertung als Baustein, Sockelstein für Häuser und andere Bauten und als Zierstein steht neben der Ungunst der wirtschaftlichen Verhältnisse die Lage der Brüche auf meist bahnfernen Höhen entgegen, wenngleich die Zufuhr zur Bahn mittels Pferdefuhrwerken gemeiniglich billig ist.

## Kalksteine des oberfränkischen Wellenkalks.

Der oberfränkische Untere Muschelkalk oder Wellenkalk setzt sich in einem oberen Teil aus welligen Kalkmergelschiefern, in einem unteren aus ebenen Mergeln und körnigen Kalken zusammen, die von Norden nach Süden zu immer sandiger werden und so die Nähe der Muschelkalk-Meeresküste verraten. Die Schiefer und Mergel sind oft in kleinen Brüchen erschlossen [so bei Unter-Rodach und Zeyern (Rabenstein, Remschlitz), bei Kronach, bei Dörfles (Kreuz-Berg), an der Eberts-Mühle OSO. von Kronach u. a. a. O.].

Die wenig mächtigen „eichenen" Bänke können nur selten gewonnen werden. Zu Brenn- und Bauzwecken sind im oberen Wellenkalk nur einige Bänke des *Encrinus*-Lagers, das dem unterfränkischen Schaumkalk entspricht, und der darüber liegenden *Orbicularis*-Schichten brauchbar, ohne daß aber infolge der ungünstigen Lagerung und des hohen Abraums größere Gewinnungsmöglichkeiten bestünden.

### Kalksteine des Mittleren Muschelkalks.

Der Mittlere Muschelkalk kommt im wesentlichen nur in Unterfranken, bei einer Mächtigkeit von 30—60 m (über Tag!) zur größeren oberflächlichen Verbreitung. Er führt nur wenig technisch verwertbare Kalksteine. Bei Karlstadt wurden früher die über den *Orbicularis*-Schiefern liegenden Mergel, die in Mergelschiefer übergehen, als Zementrohgut neben den Wellenkalkschichten in zahlreichen Brüchen gewonnen, von denen heute nur wenige mehr tätig sind. Das große Portlandzement-Werk Karlstadt a. Main A.G. baut diese mehr oder minder an Magnesia reichen Mergel für Herstellung von Romanzement ab (vgl. S. 37).

Die Gesteine sind fahlgrau mit einem Stich ins Gelbliche, spalten eben und riechen beim Anschlag, unter dem sie in kleine Stücke zerbrechen. Sie werden

Profil-Tabelle II.

| Oberer Muschelkalk oder Hauptmuschelkalk | | | | | |
|---|---|---|---|---|---|
| | m | Oberirdisch | Unterirdisch, salzführend | m | |
| **Mittlerer Muschelkalk (Anhydritgruppe)** | bis 10 | Rogenstein bis 3 m Zellen- und Gelbkalke | Oberer Dolomit | bis 13 | **Mittlerer Muschelkalk (Anhydritgruppe)** |
| | 10—40 | (Steinmergel, Gips!) Dolomitische Mergelschiefer | Oberer oder Haupt-Anhydrit | 35—43 | |
| | bis 10 | Zellen- und Gelbkalke (Dolomitische Mergelschiefer) | Dolomit, Mergel, Anhydrit und Ton | 0—15 | |
| Unterer Muschelkalk (Wellenkalk) | | | Salzlager (z. T. mit Anhydrit) | 16—31 | |
| Die Schichtenfolge des Mittleren Muschelkalks in Unterfranken. | | | Unterer Anhydrit | 8—17 | |
| | | | Unterer Muschelkalk (Wellenkalk) | | |

42

durch Verwitterung schmutzig-gelblich unter gleichzeitigem Zerfall in schieferige Gesteine. Der Magnesiagehalt kann unter Umständen nicht unbeträchtlich sein. Die chemischen Analysen I und II unten beziehen sich auf Gesteine dieses Bereiches, Analyse III gibt die Zusammensetzung eines gelben Mergels von Karlstadt wieder.

Weit verbreitet im Mittleren Muschelkalk sind die Z e l l e n k a l k e, gelbliche bis grauliche, lückige, vielfach klotzartige Bildungen. Sie sind eingeschaltet zwischen den hellgrauen, leicht zerfallenden bitumenhaltigen S t e i n m e r g e l n (Stylolithen-Mergeln), die in Mergelschiefer übergehen, und zwischen G e l b k a l k e n, die ehemals graue, nunmehr durch Eisenanreicherung gelb gewordene dichte Kalksteine sind. Die Zellenkalke geben Grottensteine ab, die Steinmergel und Gelbkalke werden da und dort gebrannt. Das weiße lehmige Verwitterungsmehl der Steinmergel wird auch manchmal als Düngestoff in kalkarmen Böden ausgestreut (Eichenhausen bei Neustadt a. d. S.).

Analyse IV läßt die Zusammensetzung eines Steinmergels erkennen; Analysen V und Va beziehen sich auf Zellenkalke.

Die oberste Schichtlage des Mittleren Muschelkalks stellt mancherorts ein bis 3 m stark werdender R o g e n s t e i n dar. Er hat große Ähnlichkeit mit dem Schaumkalk des Unteren Muschelkalks. Man findet ihn in der Gegend von Euerdorf, Hammelburg, im Taubergrund unterhalb von Rothenburg (3 m!) und, ganz vereinzelt, an der Wenzels-Mühle bei Ober-Volkach anstehend vor. Das schöne Gestein, das aus weißlichen, deutlich sichtbaren, fischrogenartigen Kalkkügelchen (Oolithen) besteht, gibt einen guten Brennkalk ab, scheint aber anderen Zwecken nicht zugeführt zu werden.

| | $Al_2O_3$ | $Fe_2O_3$ | $FeO$ | $CaO$ | $MgO$ | $H_2O$ hygr. | Glühverlust | in HCl unlösl. | Summe |
|---|---|---|---|---|---|---|---|---|---|
| I | 0,02 | | 0,90 | 46,25 | 4,14 | 0,05 | 40,25 | 8,40 | 100,01 |
| II | 0,66 \| 3,77 | | — | 28,95 | 16,45 | — | 43,75 | 6,22 | 99,80 |
| III | 3,77 | | 0,90 | 33,75 | 10,98 | 0,30 | 40,70 | 10,36 | 100,76 |
| IV | 1,15 | | 0,32 | 49,25 | 0,71 | 0,10 | 39,90 | 8,00 | 99,43 |
| V | 0,95 \| 3,22 | | — | 41,65 | 4,20 | — | 38,97 | 11,22 | 100,21 |
| Va | 1,36 | | — | 48,95 | 1,95 | — | 41,85 | 7,33 | 101,44 |

I = Mergelschiefer über den *Orbicularis*-Schichten, Karlstadt a. Main (FISCHER, 1912, S. 223).

II = desgl., Basis des Mittleren Muschelkalks, Würzburg, am „Stein" (BECKENKAMP, S. 24).

III = Gelber Mergel vom Grund des Mittleren Muschelkalks, Karlstadt a. Main (FISCHER, 1912, S 224).

IV = Stylolithenkalk (Steinmergel), Hangendes des Gipsmergels, Gipsbruch bei Schönhardts im Wern-Tale (FISCHER, 1912, S. 224).

V = Unterer Zellenkalk, Va = Oberer Zellenkalk, Würzburg (BECKENKAMP, S. 24).

## Kalksteine des Oberen Muschelkalks oder Hauptmuschelkalks.

In der Hauptsache besteht der Obere Muschelkalk in Unterfranken (und mit gewissen, durch die Nähe der Küste zur Muschelkalkzeit bedingten Abweichungen auch in Oberfranken) aus einer in Unterfranken 60—100 m messenden, in Oberfranken bis zu 75 m starken Schichtenreihe von wenig mächtigen, grauen, dichten (buchenen) Mergelkalken, zum Teil in langgestreckten oder kurzen brotlaibartigen Linsen, die beim Anschlag oft hell klingen (Blaukalke) (Fig. 1, Taf. 5). Sie wechseln ab mit blaugrauen bis fahlgelben mürben Blätter-schiefern. Diesen Schichten sind viele kristallinisch-körnige (eichene) Kalk-bänke eingeschaltet, die aus meist kalkspätig umkristallisierten Schalen und Schalenresten von Muscheln und Armfüßlern bestehen. In der Mitte der Schichtenreihe, den sog. Ceratiten-Schichten (nach dem Vorkommen des Ammo-niten *Ceratites nodosus*), besitzen diese eichenen Bänke Stärken bis zu 50 cm. Gegen den Mittleren Muschelkalk zu können die körnigen Kalke doppelte und dreifache Mächtigkeit annehmen. In gewissen Gegenden S. von Würzburg stellt sich in der Nähe der Obergrenze eine bis zu ein paar Metern starke Lage eines körnigen quaderartigen Gesteins ein, das anderswo durch eine bis 15 m starke Folge von körnigen Gesteinen ersetzt ist („Quaderkalk", S. 49).

Profil-Tabelle III.

| Unterer Keuper (Lettenkeuper) | | | m |
|---|---|---|---|
| Oberer Muschelkalk (Hauptmuschelkalk) | Semipar-titen-Schichten | Haupt-Tere-bratelbank / Quaderkalk, 2 m = Kalk-Ton-bereich; bis 15 m = Kalk-Bereich | 35—40 |
| | Ceratiten-(Nodosen-) Schichten | Buchene Kalke, Schiefertone, eichene Kalke | |
| | | *Cycloides*-Bank | 0,3—0,8 |
| | | Buchene Kalke, Schiefertone, eichene Kalke | 20—25 |
| | Encriniten-(Trochiten-) Schichten | Spiriferinen-Bank | 0,2—0,5 |
| | | Buchene Kalke, Schiefertone, eichene Kalke | 20 |
| | | Encriniten- (Trochiten-) Kalke | bis 3,00 |
| Mittlerer Muschelkalk (Anhydritgruppe) | | | |

Die Schichtenfolge des Oberen Muschelkalks in Unterfranken.

**Die buchenen Kalkbänke.** — Die „buchenen" Kalkmergel des Haupt-muschelkalks spielen eine ähnliche Rolle wie die Wellenkalkschiefer. Sie werden weniger geschätzt als die in ihnen eingeschalteten „eichenen" Bänke und haben oft die Rolle eines unerwünschten Abraumes. Gleichwohl finden sie Verwertung zu Straßenschottern auf Nebenstraßen, bei einiger Stärke wohl auch als Bausteine. Gelegentlich wird aus ihnen auch Luftmörtel bereitet (zum Beispiel bei Versbach N. von Würzburg). Ihre Verwendung als Düngekalk geht damit Hand in Hand. — Beim Militärfriedhof des Lagers Hammelburg wurden früher die Gesteine des Hauptmuschelkalks und die Zellenkalke und Steinmergel des Mittleren Muschelkalks vom Hause-Bühl zu Roman-Zement verarbeitet (Chemische Analyse eines buchenen Kalkes der Ceratiten-Schichten S. 47). — Weitere Brüche auf buchene (und eichene) Kalke in Unterfranken und Oberfranken sind auf S. 55—65 erwähnt.

**Die eichenen Kalkbänke.** — Den weit vorwaltenden buchenen Kalken und den sie begleitenden Schiefertonen sind die „eichenen" Kalkbänke in wechselndem Abstand von einander eingeschaltet. Man kann unter ihnen die gewöhnlichen, meist keine bestimmte Schichtlage einhaltenden eichenen Bänke unterscheiden von den Werkbänken bestimmter Schichthorizonte, die mit ihrer gleichbleibenden Lage meist auch größere Mächtigkeit verbinden. Unter ihnen sind die Encriniten- oder Trochiten-Bänke, die *Cycloides*-Bank und vor allem der Quaderkalk der Würzburger Gegend von besonderer Bedeutung.

Die eichenen, gewöhnlichen Kalkbänke sind in der Regel nur ein paar Dezimeter stark. Die Gewinnung größerer Blöcke wird außerdem meist durch die „Lagen" oder „Stiche" der Bänke verhindert, d. s. Ablösungsflächen oder durch Kalk ausgeheilte Sprünge. Sie werden als „Pflasterläg" zu Pflastersteinen und Grenzsteinen und als „Mauerläg" zu Mauersteinen verwertet. — Die Brüche können, zumal der Abraum der tonigen Zwischenlagen und der unbrauchbaren Kalksteine (sog. Kipper) groß ist, nur selten eine große Ausdehnung erlangen.

Vorkommen von Steinbrüchen auf eichene Kalke der gewöhnlichen Art: Ungemein zahlreich, da mit ihnen zumeist auch die besseren buchenen Kalke gewonnen werden. Große Brüche beim Hilperts-Hof N. von Steinach bei Rothenburg o. d. T. (Fig. 1, Taf. 5); O. von Uffenheim und zwar bei der Ober-Mühle beim Bahnhof (hier wird auch die sog. Haupt-Terebratelbank in der Nähe der Obergrenze des Muschelkalks als eine spanndicke Plattenbank, reich an großen Terebrateln, gebrochen); bei den Schaf-Höfen; am Wolfsroth-Berg NW. von Rudolzhofen; N. von Mönchsontheim; bei Tiefenstockheim und Iffigheim; bei Rothenburg o. d. T.; bei Obernbreit und Marktbreit; NW. von Mainbernheim (Fig. 2, Taf. 5); Hohenfeld—Sulzfeld—Kitzingen—Dettelbach (unterirdisch gewonnen); am Höch-Berg, Grains-Berg und Zeller Berg bei Würzburg; im Versbach-Tale bis Rimpar N. von Würzburg; Brüche bei Rottendorf; im Wern-Tale von Arnstein bis Stetten; bei Ebenhausen—Rottershausen; an der Peters-Stirn bei Schweinfurt; bei Ober-Theres und Haßfurt am Main; zwischen den Dörfern Humprechtshausen und Kerbfeld in der Hofheimer Gegend; bei Volkach und Ober-Volkach; zwischen Saal und Königshofen i. Gr. und an vielen anderen Orten zwischen Haßfurt—Bad Kissingen—Gemünden—Röttingen—Rothenburg—Uffenheim und Gerolzhofen. — Gelegentlich werden auch innerhalb der Quaderkalkverbreitung die den Quaderkalk unterlagernden Ceratiten-Schichten mit diesem abgebaut. Die darauf umgehenden Steinbrüche werden dort erwähnt. In allen Brüchen ist der buchene Kalk gewissermaßen nur das Nebengestein, das Hauptaugenmerk bei der Gewinnung liegt auf den eichenen Bankeinschaltungen.

**Die Encriniten- oder Trochiten-Kalkbänke und andere körnige Kalke.** — Der Obere Muschelkalk beginnt in der Würzburger Gegend (Würzburg, Winterhausen, Eibelstadt, Rothenburg o. d. T., Bad Kissingen) über dem Rogenstein des Mittleren Muschelkalks (S. 43) mit wulstig geschichteten, ruppig-flaserig brechenden, dichten bis halbkristallinen Wulstkalken mit wenig Versteinerungen von Muscheln und Armfüßlern und von Seelilien-Stielgliedern. Manchmal sind sie groboolithisch entwickelt. In der Volkacher Gegend fehlen sie. Ihre Mächtigkeit schwankt zwischen 1 und 4 Metern. Sie geben ein gutes Brenngut ab.

Nach einigen Metern buchener Schichten folgt im Profil die E n c r i n i t e n - o d e r T r o c h i t e n - B a n k i. e. S. (Untere Trochiten-Bank, Haupt-Trochiten-Bank). Sie ist eine kristalline Kalkbank, 0,50—1,00 m dick (bei Rothenburg 2,50 m) und führt reichliche, oft das Gestein ganz erfüllende runde Stielglieder der Seelilie *Encrinus liliiformis*, sog. Trochiten (trochos, gr. = runde Scheibe); daher wird sie auch Trochiten-Kalkbank genannt. Daneben sind auch Muschel- und Armfüßler-Versteinerungen häufig, vor allem *Terebratula vulgaris*. Schalenreichtum macht die gleichmäßig-körnige Bank flaserig und der oberen Terebratel-Bank des Wellenkalks ähnlich. Die flaserige Bank dient nur als Brenngut; die körnige wird als Bau- und Haustein gebrochen (Gegend von Würzburg; bei Rimpar; O. von Hundsfeld und bei Obersfeld; bei Rothenburg; N. von Röttingen; an der Wenzels-Mühle bei Ober-Volkach und an anderen Orten). Der reichliche Abfall wird gebrannt. Die chemische Zusammensetzung eines Encriniten-Kalkes zeigt Analyse I der beigesetzten Tabelle.

Etwa 10—15 m über der Trochiten-Bank erscheint eine zweite, wesentlich weniger dicke, ähnliche Bank (Obere Trochiten- oder Encriniten-Bank), wegen der Führung des Armfüßlers *Spiriferina fragilis* auch Spiriferinen-Bank genannt. Sie ist eigentlich nur eine der vielen eichenen Kalklagen, die zwischen den buchenen Kalken eingelagert sind. Die Bank wird mit den darunter und darüber gelegenen eichenen Bänken als Baustein, Grenzstein u. dgl. gewonnen.

In O b e r f r a n k e n ist einige Meter über der Untergrenze des Hauptmuschelkalks ein 0,50—2,20 m mächtiger glaukonitischer O o l i t h - K a l k von Alters her Gegenstand eines Abbaues gewesen (HERBIG, S. 146, GEVERS, S. 289). Die Brüche darauf sind zahlreich: eine lange Reihe von Steinbrüchen an der West- und Nordwestkante des Kreuz-Berges, O. von Kronach; auf dem Wein-Berg und beim Letzen-Hof NW. von Friesen, NO. von Kronach; Brüche bei Remschlitz, nahe Zeyern; alte und neue Brüche auf dem Ober-Rodacher Berg, O. von Kronach; auf der Höhe 486 NW. von Zeyern; am Kulm bei Weidenberg, O. von Bayreuth, wo Trochiten-Kalke nach der Art der unterfränkischen gewonnen werden (REIS, S. 108); am Osthang der Bocksleite S. von Weidenberg, an der Straße nach Seybothenreuth, wo ziemlich mächtige eichene und buchene Kalke der Trochiten-Schichten Brenngut für den Kalkofen auf der Bocksleite abgeben.

Bei Kötzersdorf W. von Kemnath gewinnt man bis 2 m mächtige graue bis gelbe, versteinerungsreiche Dolomite aus den Trochiten-Schichten; sie werden im Kalkofen am nahen Neuwirtshaus gebrannt.

| | 1 | II | III | IV | V | VI | VII | VIII |
|---|---|---|---|---|---|---|---|---|
| Kieselsäure ($SiO_2$) . . . . | — | 3.00 | 3.19 | 2,61 | 0,50 | — | — | — |
| Tonerde ($Al_2O_3$) . . . . . | } 0,45 | 0.32 | 2,04 | 0,28 | 0,21 | } 0,30 | } 0,15 | } 1.95 |
| Eisenoxyd ($Fe_2O_3$) . . . . | | 0,75 | 0,22 | 0,50 | 0,34 | | | |
| Kohlens. Eisenoxydul ($FeCO_3$) | 1,90 | — | 0.24 | — | — | — | — | — |
| Kohlens. Kalk ($CaCO_3$) . . . | 86,35 | 91,66 | 92,57 | 91,97 | 95,95 | 97,09 | 97,50 | 81,29 |
| Kohlens. Magnesia ($MgCO_3$) . | 9,41 | 1,95 | 1,64 | 193 | 0,75 | 0,69 | 1,44 | 14,58 |
| Schwefels. Kalk ($CaSO_4$) . . | — | — | — | 0,45 | 0,22 | — | — | — |
| Phosphors. Kalk [$Ca_3(PO_4)_2$] . | — | 0,24 | — | 0,62 | 0,19 | — | — | — |
| Kalkoxyd ($CaO$) . . . . . | 0,37 | — | — | — | — | 1,00 | 0,32 | — |
| Magnesia ($MgO$) . . . . . | — | — | — | — | — | — | — | — |
| Kali ($K_2O$) . . . . . . . | — | 0.40 | — | 0,58 | 0,36 | — | — | — |
| Natron ($Na_2O$) . . . . . | — | 0.53 | — | 0,31 | 0,56 | — | — | — |
| Steinsalz ($NaCl$) . . . . . | — | 0,21 | — | 0,15 | 0.19 | — | — | — |
| Wasser ($H_2O$) . . . . . . | — | 1,39 | 0,32 | 0,95 | 1,37 | 0,08 | 0,09 | 0,47 |
| Sonstiges . . . . . . . | 1,68*) | — | 0.24 | — | — | 0.90*) | 0,35*) | 1.80*) |
| | 100,16 | 100,45 | 100,39 | 100,35 | 100,64 | 100,06 | 99,85 | 100,09 |

*) = Unlösliches.

I = Encriniten- (Trochiten-) Kalk, Höchberg b. Würzburg (H. FISCHER, 1912, S. 225; umgerechnet).
II = Buchener Kalk aus den Ceratiten-Schichten, Höchberg (HILGER, S. 153).
III = Buchener Kalk, Blaukalk über dem Quaderkalk, Rottendorf (Unt.: A. SCHWAGER).
IV = *Cycloides*-Bank, Höchberg (HILGER, S. 153).
V = Quaderkalk, kristallinisch, Randersacker (HILGER, S. 153).
VI = Quaderkalk, kristallinisch, Kirchheim b. Würzburg (Unt.: U. SPRINGER).
VII = Quaderkalk, kristallinisch, Steinsfeld b. Rothenburg o. d. T. (Unt.: U. SPRINGER).
VIII = Quaderkalk, sog. „Schaumkalk", Acholzhausen b. Ochsenfurt (Unt.: U. SPRINGER).

**Die Cycloides-Bank.** — Etwa 30—40 m unter der Obergrenze des Hauptmuschelkalks ist durch ganz Unterfranken und z. T. auch in Oberfranken den buchenen Kalken eine 0,2—0,8 m dicke Bank eingeschaltet, die fast nur aus den ausgezeichnet erhaltenen, perlmutterartig rosarot schillernden, ganzen Schalen des kleinen Armfüßlers *Terebratula cycloides* besteht: sie heißt darnach *Cycloides*-Bank. Als Haustein und als Brennkalk ist sie sehr geschätzt; Wegplatten und Grenzsteine werden aus ihr gemacht. Unter den schon genannten Steinbrüchen sind viele, die sie mit ausbeuten, so z. B. die Brüche N. von Volkach bei der Hl. Kreuz-Kapelle und bei der Wenzels-Mühle nahe Ober-Volkach; W. vom Bahnhof Thüngen; N. von Gausaschach u. a. O.

Auf dem Vorsprung des Mars-Berges bei Randersacker, SO. von Würzburg, wird sie nebst einer großschaligen Terebratel-Bank, die sie unmittelbar überlagert, seit alter Zeit in flachen Gruben abgebaut (Analyse IV, oben).

**Haupt-Werksteinbänke in Oberfranken.** — Rd. 15 m über der schwach entwickelten *Cycloides*-Bank sind bei Kronach in den Ceratiten-Schichten die Haupt-Werksteinbänke eingeschaltet. Der Hauptwerkkalk besteht aus einer 1 m mächtigen Oberen Werkkalk-Bank und aus einer 2,30 m dicken Unteren Werkkalk-Bank mit einer 0,8 m starken Zwischenlage von Kalkbänkchen führenden Mergeln. Es handelt sich um stark kristallinische, hell-

47

| Unterer Keuper oder Lettenkeuper | | | | |
|---|---|---|---|---|
| *Semipartitus*-Schichten (6—8,4 m) | Fränk. Grenz-Schichten (3,5—5,2 m) | Glauk.-Kalk (1,8—3,4 m) | | Grenz-Bonebed (Knochen- u. Fischschuppen-Lage) In Abb. 6 = BB. Grenz-Glaukonitkalk m. *Myophoria goldfussi, Trigonodus.* Gekrösekalk mit gelben Mergelzwischenlagen; Splitterkalk. In Abb. 6 zusammen = GK. |
| | | Ostr.-Tone (1,5—2,0 m) | | Ostrakoden-Tone (Bairdien-Letten WAGNER's) *(Bairdia, Estheria).* Kalkknollen und wellige Blaukalke — *Ceratites semipartitus* (OT). |
| | Terebratel-Schichten (2,5—5,4 m) | | | Obere Terebratel - Bank, knauerig - knorriger Kalk mit Terebrateln, Gervillien, Limen u. a.; Splitterkalke, Oolithe (OTB). Gelber Mergelkalk und Splitterkalke. |
| | | | | Gelber Kipper, meist gelber Mergel oder Ockerkalk (GKi). Blaukalke, Mergel („Kiesbank", Kb) (Terebrateln), dunkle Schiefer, *Cer. semipartitus* u. a ; — *C. nodosus* sehr selten. GKi = Leitbank in Aufschlüssen (Fig. 2, Taf. 5). |
| Haupt-Terebratel-Bank (0,4—1,2 m) | | | | Haupt-Terebratelbank, reich an Schalen von *Terebratula vulgaris* u. a.; *Cer. semipart.;* — *C. nodosus selten* (HTB). — Leitbank. |
| Obere *Nodosus*-Schichten (30—45 m) | Gervillien - Kalk (GvK) (8—11 m) | Ob. Gerv.-K. (4—7 m) | | Mergel und Kalkplatten (SCHUSTER's Mergel-Leitschicht M.-L.-S.); — Blaue Wulstkalke, Muschelbänke. Mergel *(Gervillia)*; gelbe leitende Mergelbank *(Trigonodus)*; dunkle Schiefer und Mergel. |
| | | Unt. Gerv.-K. (3,5—6,0 m) | | Bank der kleinen Terebrateln, blaue Kalke und Wulstkalke *(Terebr. vulg.* var. *minor, Lima, Gervillia* u. a ; Schnecken. — Unter den Ceratiten auch *Cer. nodosus;* — drei dicke Tonlagen mit zwei trennenden Kalkschichten *(Gervillia* u. a.). |
| | (15 bis 20 m) | | | *Ceratites nodosus*-Schichten *(Nodosus*-Schichten). |
| | (0,30 bis 0,80 m) | | | *Terebratula cycloides*-Bank *(Cycloides*-Bank). |
| Untere *Nodosus*-Schichten | | | | |

Der obere Hauptmuschelkalk Unterfrankens mit dem Bereich der Quaderkalke.[1]

(vgl. auch Abb. 6).

[1] Nach G. WAGNER (1913), mit unwesentlichen, für die unterfränkischen Verhältnisse geltenden Änderungen (M. SCHUSTER).

Aufn. v. M. SCHUSTER

Fig. 1
**Ceratiten-Kalke des Hauptmuschelkalks, Hilperts-Hof bei Steinach.**
„Buchene" und „eichene" Kalke im Wechsel, im Hintergrund eine scheinbar geschlossene Bank bildend,
die aber sich leicht zerschlagen läßt. — Oberste Schichten: an der Grenze zum Lettenkeuper
(zu S. 45).

Aufn. v. M. SCHUSTER

Fig. 2
**Ceratiten- und Semipartiten-Schichten des Oberen Hauptmuschelkalks, Mainbernheim.**
Durch die Folge von „buchenen" und „eichenen" Kalken zieht als helleuchtendes Band die Bank des
„Gelben Kippers" (zu Seite 45 und 52).

graue, rostfleckige, manchmal etwas luckige Anhäufungen von stark zer-
kleinerten Schalentrümmern. Die obere Bank ist teilweise konglomeratisch.

Die Haupt-Werksteinbänke werden in dem Steinbruch der Unter-Rodacher
Kalkbrennerei, SO. von Unter-Rodach, abgebaut. Ältere Steinbrüche darauf
finden sich im Schafgraben W. von Unter-Rodach, bei Ober-Rodach und beim
Letzen-Hof, NW. des Wein-Berges bei Friesen.

In verschiedenen Brüchen werden auch die buchenen und eichenen Bänke
des Hauptmuschelkalks abgebaut; so in den größeren Brüchen am Westhang
des Bindlacher Berges bei Bindlach, NO. von Bayreuth; am Roders-Berg und
Oschen-Berg bei Laineck, NO. der Stadt; bei Unter-Steinach ONO. von Bayreuth; bei Allersdorf an der Straße Bayreuth—Goldkronach; in steiler Lagerung bei Schwingen SO. von Kulmbach. Die Spiriferinen-Bank wird u. a. beim
Letzen-Hof, NW. von Friesen, NO. von Kulmbach und auf dem Kreuz-Berge
O. von Kronach zu Bauzwecken gewonnen (HERBIG, S. 193).

---

Wissenschaftlich und praktisch wichtig sind die höheren Schichten des
Hauptmuschelkalks, beginnend etwa 15—20 m über der *Cycloides*-Bank.
G. WAGNER (1913) hat diesen Schichtenbereich eingehend untersucht; seine
Ergebnisse wurden in Unterfranken von M. SCHUSTER (1919) bestätigt ge-
funden.

Diese Schichten umfassen die verschiedenartigen Quaderkalk-Bänke, welche
weiter hinten besprochen werden. Um die Lage dieser Bänke im Schichtprofil
besser verstehen zu können, ist es nötig, die WAGNER'sche Einteilung des
Oberen Hauptmuschelkalks in der Profil-Tabelle IV und in der Abb. 6 vor-
zuführen.

### Der unterfränkische Quaderkalk.

In der Nähe der oberen Grenze des Hauptmuschelkalks finden sich in einem
größeren Verbreitungsbezirk S. von Würzburg kristalline Schalentrümmer-
kalke in bis zu mehreren Metern mächtigen quaderartigen Bänken entwickelt,
die von volkswirtschaftlicher Bedeutung sind. Denn zahlreiche Steinbrüche
mit einer stattlichen Arbeiterzahl gehen auf dem wertvollen in alle Welt ver-
schickten Gestein um und bieten einem großen Landstrich Verdienst. Da zudem die Quaderkalk-Ausbildung des Hauptmuschelkalks vor allem auf bayerischem Boden sich entfaltet, so spielt sie unter Bayerns Bodenschätzen eine
große Rolle.

Der Quaderkalk ist in seinen verschiedenen Ausbildungen seit Jahrhunderten bekannt und als Baustein für öffentliche Bauten, für Befestigungs-
anlagen und Brücken verwendet; Rothenburg ob der Tauber bildet hiefür ein
treffliches Beispiel. Dank der herrschenden Richtung in der bildenden Kunst
und Architektur, die auf wuchtige Wirkung, unter Verzicht auf zierliches
Maßwerk, hinzielt, hat er in den letzten Jahren steigende Verwertung als
Baustein, als Fassadenstein und als Bildhauer- und Zierstein gefunden. Trotz
seines rauhen Korns und seiner porigen bis löcherigen Beschaffenheit gestattet

Würzburg

Estenfeld
Rothhof
Effeldorf
Höchberg
Rottendorf
Heidingsfeld
Randersacker
Theilheim
Kitzingen
Hänglershf.
Reichenberg
Lindelbach
Eibelstadt
Main
Rottenbauer
Hohenfeld
Kl. Rinderfeld
Lindflur
Winter-
Sommerhausen
Zeubelried
Goßmannsdorf
Kirchen-Frickenhsn.
furt
Segnitz
Kirchheim
Tückelhausen
Ochsenfurt
Marktbreit
Gaubüttelbrunn
Acholzhausen
Gnodstadt
Obernbreit
Gützingen
Eichelsee
Martinsheim
Rittershausen
Hopferstadt
Bütthart
Bolzhausen
Lipprichshsn.
Riedenheim
Hemmersheim
Gollachostheim
Baldershm.
Aub
Uffenheim
Rufstetten
Bieberehren
Sechselbach
Röttingen
Langensteinach
Freudenbach
Kleinharbach
Tauber
Gickelhausen
Steinach
Tauberscheckenbach
Adelshofen
Gattenhofen
Steinsfeld
Chauseehaus
Dettwang
Leuzenbrunn
Rothenburg
Siechenhaus
Gebsattel
Bettenfeld
Lohr

Übersichts-Kärtchen

der

Verbreitung der Quaderkalke

im Oberen Hauptmuschelkalk

Unterfrankens.

1:300000.

Außengrenze   „Kalkbereich."   „Kalk-Tonbereich."
▲ ⬥ Steinbrüche auf Quaderkalke.

Aufgenommen u. gezeichnet v. Dr. M. Schuster.

er die Herausarbeitung gröberen Zierwerkes; sein warmer grauer Ton und die Weichheit der durch die Lücken und Poren unterbrochenen Umrißlinien der Bildwerke fügen ihn glücklich in ein Landschafts- oder Stadtbild ein.

Trotz seiner oft lückigen Beschaffenheit ist der Quaderkalk von sehr großer Widerstandsfähigkeit gegen die gewöhnliche Verwitterung, gegen die säurereiche Luft der Großstadt und die salzbeladene Luft an der See. Er findet z. B. in Hamburg und Bremen zu großen Bauten Verwendung. Viele Großbauten in ganz Deutschland sind aus ihm ausgeführt, so in München: die Prinzregenten-Brücke mit den vier riesigen, markigen und anmutsvollen Brückengestalten; die Maximilians-Brücke mit dem großen Standbild der Pallas Athene; die Wittelsbacher Brücke mit dem großen Reiterstandbild Ottos von Wittelsbach; der Starnberger und der Holzkirchner Bahnhof; das Armeemuseum, das Nationalmuseum, das Deutsche Museum; das Gebäude der Rückversicherungs-Gesellschaft. Eine Anzahl Privatbauten zeigen die Verwendung des Gesteins. Zu erwähnen ist noch seine hauptsächliche Verwertung zur Wiederherstellung des Ulmer Münsters, seine Verwendung beim Bau des Hauptbahnhofes Nürnberg, der Kurhäuser in Bad Kissingen und Nauheim. Zahlreiche Brücken in Franken und in Deutschland, viele Zierbrunnen (einer in Buenos Ayres) sind aus ihm errichtet. (Weitere Angaben bei den Einzelbeschreibungen.)

Der Quaderkalk ist ein geschätzter Gräberstein, der Abfall wird zu Grenz- und Pflastersteinen genutzt. Ist jener lückenfrei, so kann er poliert werden. — Man unterscheidet ihn nach den Orten seines Vorkommens und nach Farbe und Korn: Blau, hell, dunkel, Kern.

Die Verbreitung der Quaderkalke ist aus nebenstehendem Kärtchen zu entnehmen. — Der Quaderkalk-Bezirk bildet eine unregelmäßige Zunge in der quaderkalkfreien vorwiegenden Ausbildung des Hauptmuschelkalks, deren Spitze in der Gegend von Rottendorf—Effeldorf liegt. Ihr westlicher Rand geht von Randersacker über Reichenberg—Kleinrinderfeld und von da südlich hin zur Landesgrenze. Die östliche Grenzlinie verläuft etwa von Effeldorf über Segnitz, W. von Uffenheim nach Steinach.

Der Quaderkalk, früher wegen der Muschel *Trigonodus sandbergeri* in ihm auch *Trigonodus*-Kalk genannt, stellt ein Haufwerk von Schalen und Schalen-trümmern von Muscheln und Armfüßlern (Myophorien, *Trigonodus*, Gervillien,

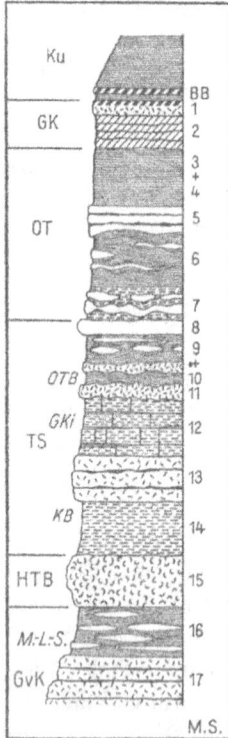

Normalausbildung des
obersten Hauptmuschel-
kalks in der Gegend von
Uffenheim—Mainbern-
heim *
(Von M. SCHUSTER)

Limen, Pecten, Terebrateln u. a.) und Schnecken dar. Er ist eine Riffbildung in der Nähe der Meeresküste und vielfach frei von Schichtfugen, bildet geschlossene, massige Bänke und gestattet in den guten Vorkommen die Gewinnung von großen Kalkquadern unter einer verhältnismäßig wenig hohen Abraumdecke.

Gegen 200 größere und kleinere Steinbrüche gehen auf den Quaderkalken um, besonders in der Rothen-burger Gegend, zwischen Marktbreit und Würzburg, SW. von dieser Stadt, nächst der württembergischen Grenze und zwischen Aub und Röttingen an der Tauber.

Sämtliche Schichten vom Grenz-Glaukonitkalk bis zum Gervillien-Kalk können als Quaderbänke auftreten (vgl. Profil-Tabelle IV). Entweder bilden sie haushohe, mehr oder minder geschlossene Kalkmassen (Kalkbe-reich der Quaderkalk-Verbreitung) oder es sind nur einzelne Bänke nahe der Grenze zum Lettenkeuper als Quaderbänke entwickelt (Kalk-Tonbereich).

Der Kalkbereich bildet in dem zungenförmigen Ver-breitungsgebiet der Quaderkalke den Kern, der von dem Kalk-Tonbereich wie von einem umgekehrten U, in Form eines etwa 7 km breiten Gebietes, umgeben wird, das nur in der Gegend von Rittershausen, Bolzhausen, Hopferstadt zu einer 6 km tiefen Bucht in den Kalk-bereich hinein sich erweitert (vgl. die Karte!). Die Abgrenzung der beiden Bereiche ist im tieferen Inneren unsicher, da nur ein paar Taleinschnitte die Quader-kalke entblößen, in der Maingegend im engeren Sinne ist sie von größerer Bestimmtheit.

* Erklärung der Abb. 6: Ku = Lettenkeuper-Schiefer; — BB = Knochen- und Fischzähn-chenlage (Bonebed); — GK = Glaukonit-Kalk (1 + 2; 1 = Grenz-Glaukonitkalk mit Bonebed-Deck-lage); — OT = Ostrakoden-Tone (3—7); — TS = Terebratel-Schichten [8—14; — OTB = Obere Tere-bratel-Bank (10, 11); GKi = Gelber Kipper (12); 13 = „Pflasterläg"; KB = „Kiesbank" (14)]; — HTB = Haupt-Terebratelbank (15); — GvK = Oberer Gervillienkalk [unvollständig; M.-L.-S. = Mergel-Leitschicht (16)].

Schiefertone: wagrecht schraffiert; ockerige Mergel: schräg schraffiert oder wagrecht unter-brochen gestrichelt; dichte Kalkbänke und -Linsen: weiß; kristalline Kalkbänke (z. B. 13. 17) unregelmäßig kleingestrichelt; die schalenreiche HTB (15) besonders gekennzeichnet. — Höhe des Profils rd. 5 m; HTB = 0,35—0,50 m.

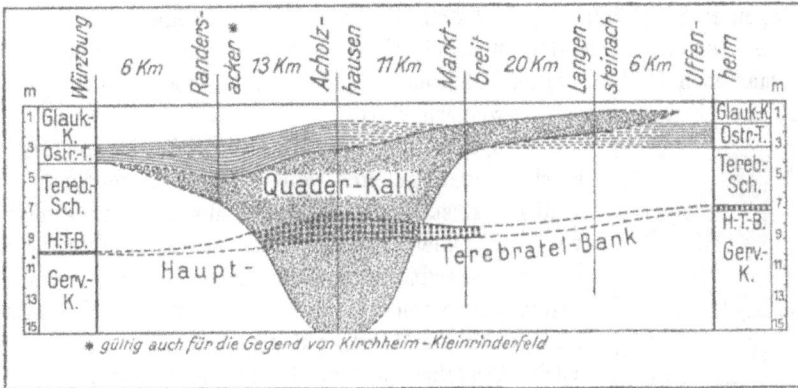

**Abb. 7**

Die Einschaltung des Quaderkalk-Riffes in die Schichten des obersten Hauptmuschelkalks
zwischen Würzburg—Uffenheim und Kirchheim—Kleinrinderfeld.
(Von M. Schuster)

Wie die Abb. 7 zeigt, bildet der Quaderkalk eine (in Wirklichkeit sehr
flache) Linse. Im Kalkbereich erreicht er die höchste Mächtigkeit (Acholzhausen); im Kalk-Tonbereich pendelt die Quaderkalk-Entwicklung um den
Horizont der Ostrakoden-Tone (Marktbreit, Randersacker).

### Der Kalk-Tonbereich der Quaderkalke.

Der Kalk-Tonbereich umfaßt die Quaderkalke der Gegend von 1. Markt-
breit, Segnitz, Zeubelried, Frickenhausen, Ochsenfurt-SO., 2. Bolzhausen,
Rittershausen, Hopferstadt, Gollachostheim—Lipprichshausen, 3. Steinsfeld,
Klein-Harbach, Gickelhausen und Langensteinach, 4. dem Bezirk zwischen
Eibelstadt, Rottendorf, Randersacker, Rottenbauer und Lindflur, 5. Klein-
Rinderfeld, Kirchheim, Gaubüttelbrunn und Gützingen—Bütthart.

1. Gegend von Marktbreit — Segnitz — Zeubelried — Frickenhausen — Ochsenfurt-SO.

Quaderkalk-Entwicklung: Innerhalb der Ostrakoden-Tone (Abb. 8).
In diesem Gebiet, das von dem schiffbaren Main, von guten Landstraßen
und der Hauptbahn Würzburg—Ansbach—München durchzogen ist, reihen
sich, hoch über dem Main am Rande der Muschelkalkhänge, neue und alte
Brüche aneinander. Die größten liegen SW. von Marktbreit und S. bis SO.
von Ochsenfurt und sind mit Steinsägereien und Schleifereien verbunden.
Bahnanschlüsse zu den Lagerplätzen und Hafenanlagen vermitteln die Verfrachtung der Steine im rohen und bearbeiteten Zustande.

Die Steinbrüche fallen im Gelände von ferne nicht stark auf. Sie sind
verhältnismäßig flach, da der Quaderkalk meist nur 1—2 m mächtig ist und
über ihm keine weiteren Kalkschichten entwickelt sind. Der Quaderkalk, der
„Muschelkalk" der Steinbrecher, ist eine fein- bis rauhkörnige Schalentrümmerbank. Eigentümlich für ihn (und alle Quaderkalke des Kalk-Tonbereiches) ist die nicht seltene Umkristallisation der Bänke oder einzelner

53

Banklagen in farblosen, fein- bis grobkörnigen Kalkspat (Kristalle bis 5 mm) bis zum Verschwinden der muschelartigen Versteinerungen. Diese können manchmal noch in Steinkernen erhalten sein, die Schalen aber sind ausgelaugt, so daß das Gestein fein- bis grobporig wird.

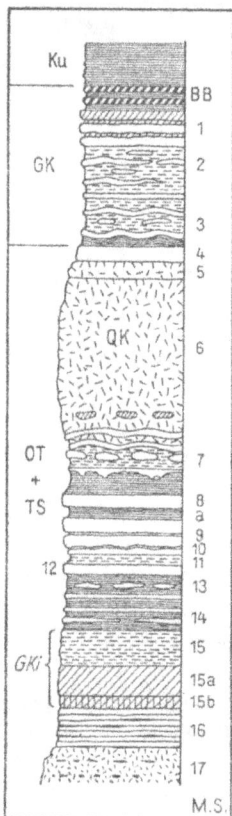

Abb. 8

**Quaderkalk - Entwicklung in der Gegend von Markt- breit—Segnitz—Zeubelried —Frickenhausen—Ochsen- furt-SO.***

(Von M. SCHUSTER)

Der Quaderkalk hat oft reichlich Einschlüsse von stark tonigen, gelblich-weißen Mergeln, häufig mit den Kalkspatkristallen verfilzt und durch Eisenrost ersetzt, von Kalkgallen und -Adern, welche alle zu großen Löchern auswittern können. Manchmal halten die un- regelmäßigen tonig-mergeligen Einschlüsse dem kristal- linen Kalk die Wage; auf frischer Schichtfläche sehen solche Gesteine merkwürdig pockennarbig aus.

Im natürlichen Anstehen haben die Quaderkalke eine rauchgraue Farbe und sind auf der Schichtseite plattig verwittert. Die reichlichen Hohlräume und Poren, von Moos und Algen erfüllt, geben ihnen ein malerisches Aussehen. Nicht selten sind die Blöcke durch Heraus- witterung der sie unterlagernden weicheren Kalk- schichten gegen das Tal zu verstürzt.

Im frischen Anbruch sind die Quaderkalke lichtgrau bis grau und gelblich- oder rötlich-gesprenkelt. Die Bänke, aus denen Blöcke von einigen Raummetern ge- wonnen werden können, spalten in den guten Lagen nur schlecht wagrecht und sind in Abständen von ein paar Metern mit senkrechten Klüften durchsetzt, welche die Gewinnung erleichtern. Sie werden von Ocker- kalken und Schiefertonen des Grenzbereichs zum Letten- keuper überlagert.

Die Quaderkalke der Marktbreiter Entwicklung sind geschätzt und gehen in alle Gegenden Deutschlands und auch ins Ausland. In München fand das Gestein Verwendung beim Bau des Starnberger Bahnhofes, des Gebäudes der Rückversicherungs-Gesellschaft, der Erweiterungsbauten der Technischen Hochschule, der Neubauten der Isarbrücken und bei anderen Bauten, bei größeren Gebäuden in Hamburg und Bremen, bei den Kurhäusern von Bad Nauheim und Neuhaus a. d. Saale, bei der Donaubrücke zu Ulm usw. Die ganz aus Quaderkalk aufgeführte Grombühler Kirche und die Sanderauer Kirche, beide in Würzburg u. a. m. sind aus Gesteinen eines einzigen Bruches in dieser Gegend erbaut worden.

---

* Erklärung der Abb. 8: Quaderkalk (QK) liegt an Stelle der Ostrakoden-Tone. — 1—3 = Glaukonit-Kalk (GK); — 4—17 = Ostrakoden-Tone (OT) + Terebratel-Schichten (TS). Sonstige Kennzeichnung wie in Abb. 6. — Mächtigkeit der Muschelkalk-Schichten bis zur Unterlage des Quaderkalks (7) = rd. 5 m; Quaderkalk = rd. 2 m.

Anhang: SW. von Marktbreit, bei P. 234 auf Blatt Würzburg-Ost 1:50000, ist die Unterlage des dort 2 m starken Quaderkalkes entblößt: wellige Kalkplatten, Ockerkalke und Schiefer von ähnlichem Aussehen wie über dem Quaderkalk. — S. von Zeubelried hingegen werden unter dem Quaderkalk bis 2 m mächtige, aber plattig brechende Kalksteine als Schottergut, Pflastersteine und für Brennzwecke gewonnen. Die Gewinnung von größeren druckfesten Blöcken aber erlauben diese Bänke nicht.

## 2. Gegend von Bolzhausen — Rittershausen — Hopferstadt — Lipprichshausen — Gollachostheim.

Quaderkalk-Entwicklung: Die Terebratelschichten.

In diesem südlich vom Maintal gelegenen Gebiet kommt der Quaderkalk nur in den die Lettenkeuper-Hochfläche zersägenden Taleinschnitten des Thier-Baches und der Gollach zutage. Er ähnelt dem Gestein der Marktbreiter Gegend, ohne indes i. a. dessen schönes, kristallines Korn zu erreichen. Über den selten 1,5 m erreichenden, Kalklinsen enthaltenden Quaderkalken lagern noch ein paar Meter „Kipper" (Kalk- und Ockerkalkplatten, Ostrakoden-Tone und Glaukonit-Kalk).

Brüche im Thierbach-Tal: N. von Bolzhausen, bei der Holz-Mühle; W. von Hopferstadt; an der Füchsel-Mühle nahe Rittershausen. — Im Gollachtal: Brüche bei Lipprichshausen, bei der Unteren Mühle; zwischen Lipprichshausen und Gollachostheim; Brüche O. von Gollachostheim, an der Straße nach Gollhofen und bei der Jörgleins-Mühle.

## 3. Gegend von Steinsfeld — Klein-Harbach — Gickelhausen — Langensteinach.

Quaderkalk-Entwicklung: Der Grenz-Glaukonitkalk (Abb. 9).

In diesem südlichsten Striche des Kalk-Tonbereiches sind die Quaderkalke nochmals sehr schön als „Kristallkalke" entwickelt. Der versteinerungsreiche Kalk ist im Bruche S. von Steinsfeld 1,50 m mächtig und in ein glitzerndes Haufwerk von Kalkspatkriställchen bis zu einigen Millimetern Größe umkristallisiert. Hierdurch wird er, geologisch etwas höher als der Quaderkalk von Marktbreit, nämlich unmittelbar an der Lettenkeuper-Grenze gelegen, gewissen Ausbildungsformen des Quaderkalks von Marktbreit und Kirchheim sehr ähnlich (An. VII auf S. 47). Er ist überlagert von einer 20—45 cm dicken phosphorsäure-reichen Kalkbank, der Grenzbank zum Lettenkeuper, die reichlich Fischschuppen und versteinerte Tierausscheidungen (Koprolithen) enthält.

Weitere Brüche und Aufschlüsse: Gleich NO. von Klein-Harbach; W. vom Steinsfelder Bruch, S. von Gattenhofen (aus einem ganz flachen Bruch der Gemarkung „Hahnbüchel" sind die Steine für den Nürnberger Hauptbahnhof gewonnen worden); SO., S. und SW. von Gickelhausen und von Langensteinach (hier ist der Quaderkalk durch pfenniggroße ausgelaugte Schalen porig und narbig und wird nach unten zu plattig. Er kann auch eine graue, kristallinisch-körnige Schalentrümmerbank sein, die sehr rauh, tieflöcherig und scharfkantig verwittert, gelegentlich ockerig zersetzt ist, nach unten von Lettenschnüren durchzogen ist und dadurch plattig spaltet).

Anhang: Die Steinbrüche am Talrande S. von Gattenhofen zeigen die Unterlage der Quaderkalke als plattige, graue, dichte bis kristalline Kalke. Sie sind 3—4 m stark. Eine bis 1,5 m dicke Kalkbank schließt sie nach unten ab. Sie entspricht völlig dem Quaderkalk aus dem Rothenburger Kalkbereich, etwa vom Bruch gleich N. von Rothenburg oder am Steffeleins-Brünnlein W. vom Chaussee-Haus. Hier treten demnach beide Quaderkalk-Entwicklungen über einander auf. Der letztgenannte Kalk gestattet aber noch nicht die Gewinnung größerer Werkstücke.

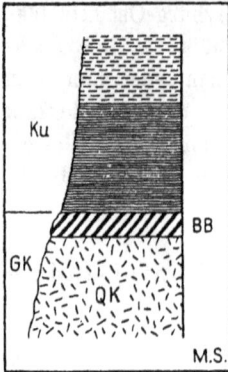

Abb. 9
Quaderkalk - Entwicklung in der Gegend von Steinsfeld—Klein-Harbach—Gickelhausen—Langensteinach.
(Von M. Schuster)

### 4. Gegend von Eibelstadt — Rottendorf — Randersacker — Rottenbauer — Lindflur.

Quaderkalkentwicklung: Obere Terebratel-Schichten (Abb. 10).

Das Gebiet dieser Quaderkalke durchquert das Maintal. Sie haben daher eine weite Verbreitung als Bau- und Zierstein gefunden. Im Mittelpunkt stehen die Brüche von Randersacker (1).[1] Mit ihren großen Halden bilden sie einen wahren Irrgarten. Ihre Gesteine sind als „Randersackerer" in Fachkreisen rühmlich bekannt (An. V, S. 47). — In der spätigen Umkristallisation ähneln die meisten Gesteine den Quaderkalken von Marktbreit und Steinsfeld: dasselbe Korn, dieselben tonigen, mit dem Kalkspat verfilzten Anteile, das gleiche feinporige Gefüge und die gleiche Farbe. Bei flächenhaftem Ausstreichen (14 und 16) erscheinen sie als am Talgehänge häufig treppenartig verstürzte Blöcke von rauchgrauer Farbe, abgerundeten Kanten und tiefen rundlichen Löchern. Manchmal sind sie rostrot gesprenkelt (7); die Standfestigkeit der Sockelsteine oder Mauerquadern wird dadurch nicht beeinträchtigt. Fladen, Linsen und dünne Bänke von dichtem Kalk oder dünne Lagen von Ockerkalk sind in ihnen eingeschlossen. Der Quaderkalk ist (wie anderswo) nicht gleichmäßig gut. Das gute Gestein ist meist von einer 0,20 bis 1,00 m dicken „Schale" bedeckt, eine bläuliche Kalkbank mit Einschlüssen von Ockerschiefern und hellen Kalklinsen. Diese Schale kann zunehmen, so daß zu Bildhauerarbeiten geeignete Lagen nur mehr etwa 0,30—0,50 m stark werden können (7). — Erwähnt sei das nesterweise Vorkommen von Schwerspat im Quaderkalk und dessen Überlagerungsschicht von Randersacker (1) und von Rottenbauer (12) in Klüften und Hohlräumen.

[1] Vgl. die entsprechenden Nummern in der namentlichen Aufführung der wichtigsten Steinbrüche dieses Bezirks auf S. 57. — Die gleiche Gesteinsentwicklung findet sich in einem inselartigen Gebiet im Kalkbereich, um Winterhausen und Sommerhausen (Kärtchen!).

Aufn. v. M. SCHUSTER

Fig. 1

**Quaderkalk des Kalk-Tonbereichs von Kirchheim b. Würzburg.**

Der 2 m mächtige Quaderkalk ist rechts völlig ausgebrochen. Links ruht das Feldbahngeleise auf ihm.
Darüber hoher Abraum (Lettenkeuper-Schichten und Lößlehm). — Geringe Mächtigkeit des
abbauwürdigen Quaderkalks („Muschelkalks") (zu S. 58).

Aufn. v. M. SCHUSTER

Fig. 2

**Quaderkalk des Kalkbereichs O. von Goßmannsdorf b. Ochsenfurt.**

Der Quaderkalk ist eine Folge von dicken Bänken, die treppenförmig abgebaut werden. Geringer Abraum
(Muschelkalk-Schichten). — Große Mächtigkeit des abbauwürdigen Quaderkalks („Schaumkalks")
(zu S. 60).

Der große Abraum von oft über 10 m Schiefern und Lehm behindert die Ausdehnungsfähigkeit der Brüche, die in ihren abgebauten Teilen wieder mit ihm versetzt werden. — Aus Gesteinen von Randersacker (1) ist die schön geschwungene Einbogenbrücke über dem Main bei Randersacker erbaut, zum Bau des seit 1130 stehenden, sehr gut erhaltenen Turmes der Kirche des genannten Ortes sind der Überlieferung nach die Quadersteine von der Hörlesflur (14) verwendet worden.

Steinbrüche auf Quaderkalke finden sich in dieser Gegend besonders an folgenden Orten: 1. auf dem Wachtel-Berg und Mars-Berg, NO. und O. von Randersacker, bei P. 297 und 307 (Blatt Würzburg-Ost 1:50 000); — 2. an der Bahnunterfahrt N. von P. 301, SW. von Rottendorf; — 3. beim Roth-Hof, NO. von Rottendorf; — 4. auf dem Hohenroth-Berg SO. von Randersacker bei P. 293; — 5. SO. von P. 286, N. von Randersacker, nordwestlichster Aufschluß der Verbreitung; — 6. am „Schloßplatz" NO. von Eibelstadt, W. von P. 305; — 7. auf der Höhe O. von Eibelstadt, NO. von P. 209; — 8. N. von Sommerhausen bei Ochsenfurt, 1 km W. von P. 304;[1]) — 9. bei P. 281, SSW. von Sommerhausen; — 10. W. von Winterhausen, W. von P. 211; — 11. SW. von Rottenbauer, am Hetzfelder Bach, zwischen P. 248 und 258; — 12. NW. von Rottenbauer, bei P. 241, rechter Talhang; — 13. SW. von den Heuchel-Höfen, bei P. 217, NNW. von Rottenbauer, am Waldrand; — 14. am Ostrand der Hörlesflur, NO. von Rottenbauer; — 15. am Katzen-Berg, bei P. 304, SO. von Heidingsfeld; — 16. NO. von Lindflur; — 17. an der Bahnlinie zwischen Lindflur und Reichenbach.

Die Quaderkalke lassen sich im umgrenzten Bereich in vielen aufgelassenen, zwischen den genannten Brüchen liegenden Steinbrüchen verfolgen.

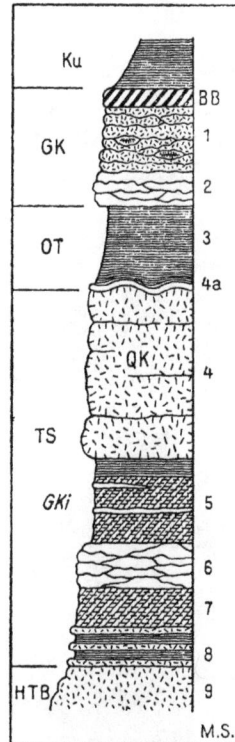

Abb. 10
Quaderkalk-Entwicklung in der Gegend von Eibelstadt—Rottendorf—Randersacker—Rottenbauer—Lindflur.*
(Von M. Schuster)

Anhang: Die Unterlage des Quaderkalkes wird gebildet teils von Schiefern und angeblichem kristallinen Kalk (17), teils abwechselnd von welligen und ebenen Kalkplatten und grauen Schiefern (3, 15, 16); N. und SW. von

* Erklärung der Abb. 10: Quaderkalk (QK) liegt in den oberen Terebratel-Schichten. — 1—2 = Glaukonitkalk (GK) mit Septarien in 1; — 3 = Ostrakoden-Tone (OT); — 4—8 = Terebratel-Schichten (TS). — Sonstige Kennzeichnung wie in Abb. 6. — Höhe der Muschelkalk-Schichten bis zur Unterlage des Quaderkalks = rd. 3,50 m; Quaderkalk = rd. 2 m.

[1]) Einige Meter unterhalb des Bruches treten an der Bergkante die Quadern des Kalkbereichs auf. Beiderlei Quaderkalke liegen hier übereinander.

Sommerhausen (8 und 9) aber folgen unter dem Quaderkalk allmählich mächtiger werdende Kalkbänke des Kalkbereichs der Quaderkalk-Ausbildung, die weiter südlich in großen Brüchen gewonnen werden (vgl. S. 61).

### 5. Gegend von Klein-Rinderfeld—Kirchheim—Gaubüttelbrunn—Gützingen—Bütthart.

Quaderkalk-Entwicklung: Untere Terebratel-Schichten (Abb. 11).

In diesem westlichen Verbreitungsgebiet kommt der Quaderkalk, unmittelbar an der Grenze seines Vorkommens (sein ziemlich plötzliches Auskeilen läßt sich im Gelände gut verfolgen), zu einer sehr guten Entwicklung. Sie veranlaßte einen regen Abbau in der Nähe von Gützingen, Gaubüttelbrunn, Kirchheim und Klein-Rinderfeld, welcher an Umfang und Arbeiter-Belegschaftszahl alle übrigen Brüche im Quaderkalk-Bereich übertrifft. Die Steinbrüche von Klein-Rinderfeld, Gaubüttelbrunn, besonders aber der W. vom Bahnhof Kirchheim gelegene (Fig. 1, Taf. 6), mit seiner Länge von über $1/2$ km und einer Breite von 200 bis 300 m gehören zu den größten Steinbrüchen Bayerns.

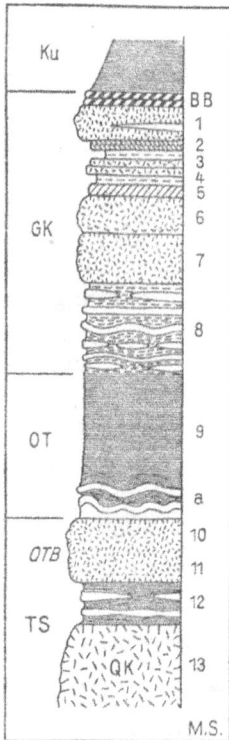

**Abb. 11**
**Quaderkalk-Entwicklung in der Gegend von Klein-Rinderfeld - Kirchheim — Gaubüttelbrunn— Gützingen—Bütthart.**
(Von M. Schuster)

Die Brüche ermöglichen einen lebhaften Abbau, da sie entweder unmittelbar an der Hauptbahn Würzburg—Stuttgart oder an Landstraßen ohne erhebliche Steigungen und nur ein paar Kilometer von der Bahn entfernt liegen. Die Quadersteine haben eine aufgeschlossene Mächtigkeit von 1,5 m bis zu 4 m (3) und führen unter den Steinhauern den wertbewußten Namen „unterfränkischer Granit" oder „Kirchheimer Marmor". Wie bei allen Quaderkalken des Kalk-Tonbereichs ist aber nur etwa $1/2$ bis $2/3$ der Mächtigkeit der Quadern ausbeutbar; das übrige ist eine bis 0,50 m gehende Schale von Schalentrümmer-Kalk an der Obergrenze oder stark löcheriges oder mit Rost durchsetztes Gestein.

Die Gesteine sind ziemlich gleichartig entwickelt und ähneln stark den bisher beschriebenen. Sie sind grob- bis feinkristallinisch und im letzteren Falle gut geschlossen. Die gröber spätig umgewandelten Quadersteine sind oft oberflächlich schwammartig-löcherig infolge des Auswaschens der mit den Kalkspatkörnern verzahnten mergelig-tonigen Einschlüsse. Die Güte des Gesteins kann durch eine fleckenartige Entwicklung zu dichtem, nicht spätig umkristallisiertem Gestein beeinträchtigt sein. Einschlüsse von größeren weißen Kalklinsen sind nicht selten. Beide Erscheinungen aber schaden der Verwendung der Gesteine zu roheren Zwecken nicht. Im Steinbruch sind die Quadersteine in Abständen von ein paar Metern senkrecht zerklüftet; das gestattet die Gewinnung von Riesenblöcken.

Die Gesteine unserer Gegend haben eine große Druckfestigkeit und ein hohes Raumgewicht. Nach Feststellung des Bautechnischen Laboratoriums der Technischen Hochschule in München hatte ein Quaderkalk von Kirchheim im Anlieferungszustand ein Raumgewicht von 2,73. Die Druckfestigkeit betrug senkrecht zur natürlichen Lagerfläche 1910 kg/cm², parallel dazu 1510 kg. Im nassen Zustande waren die entsprechenden Zahlen 1690 und 1630, nach der Frostprobe 1930 und 1710 kg (Chem. An. V, S. 47).

Einige Verwendungen des Quaderkalks seien angedeutet: Berlin: Rathaus, Kaufhaus Wertheim und andere Geschäftshäuser, Pergamon-Museum; Verwaltungsgebäude der Gasanstalt; Hotel Fürstenhof; Virchow-Denkmal; Hamburg: einige Hochbahnhöfe; Köln: Geschäftshäuser; Mannheim: Reichsbank; Bremen: Stadthaus und Diskonto-Gesellschaft; Düsseldorf: Mohren-Brunnen; Charlottenburg: Reichsmilitär-Gericht; Bad Nauheim: Badehäuser und Sprudel; Würzburg: Josefs-Kirche.

Die über den Quaderbänken folgenden gering-mächtigen Schichten sind zum Teil wellige und linsenförmige Kalke, Ockerkalke und Schiefer und leiten in den Lettenkeuper über. Stellenweise wird der Abraum durch die Beteiligung von Lößlehm über diesen Schichten mächtiger (Kirchheim, Gaubüttelbrunn).

Steinbrüche und Aufschlüsse: 1. Westlicher Ortsrand von Bütthart; — 2. NW. von P. 303 (Blatt Würzburg-West 1:50 000); — 3. 1 km W. von Gützingen, an der Straße nach Wittighausen (größte Mächtigkeit der Quadersteine); — 4. 1 km W. von Gaubüttelbrunn; — 5. SW. von Kirchheim, Westrand des Röth-Berges; — 6. Kirchheim; — 7. NW. von diesem Ort, bei P. 279; — 8. 1 km WNW. davon, an der Straße zum Renkbach-Grund; — 9. W. von der Bahnstation Kirchheim (Fig. 1, Taf. 6); — 10. SO. von Klein-Rinderfeld, Straßengabel an der unteren Platte; — 11. O. vom Ort, an der oberen Platte.

Anhang: Die Unterlage der Quaderkalke besteht aus buchenen Kalkbänken, nach Art der Ceratiten-Schichten, unterbrochen von eichenen Kalkbänken.

### Der Kalkbereich.

Quaderkalk-Brüche im Kalkbereich erkennt man schon von weitem an den bis zu 15 m hohen Steinbruchwänden, verglichen mit den meist ziemlich seichten Steinbrüchen des Kalk-Tonbereichs. Die Quaderbänke treten hier in einer Folge von kristallinen und dichten Kalksteinen, von zwischengeschalteten Ockermergeln und wenigen Schiefern mit Kalkeinschlüssen auf. Die Quaderbildung kann alle Kalksteinlagen von der Lettenkeuper-Grenze bis etwa 15 m tief in den Muschelkalk hinein ergreifen. Die Hauptquadern liegen in den tieferen Schichten unter der Haupt-Terebratelbank. Die unmittelbare Unterlage dieser Bank ist eine bezeichnende Leitschicht, die in fast keinem Steinbruch fehlt. Sie ist entweder ein gelber Mergel oder eine Lage von welligen Kalken in Schiefern und wittert als leicht sichtbare Hohlkehle aus. M. Schuster nannte sie „Mergel-Leitschicht" (M.-L.-S.).

Die Quaderkalke sind völlig verschieden von dem des Kalk-Tonbereichs, vor allem durch den Mangel der spätigen Umkristallisation. Sie sind daher meist glanzloser und oft nadelstichfein, unregelmäßig-porig. Die Steinhauer unterscheiden sie als „Schaumkalk" von dem „Muschelkalk" des Kalk-Tonbereichs.[1]

Zur Gruppe des Kalk-Bereichs gehören die Quaderkalke von 6. Tückelhausen, Ochsenfurt-SW. und Sommerhausen; — 7. Röttingen, Riedenheim und Aub; — 8. Rothenburg, Gebsattel und Diebach; — 9. Leuzenbrunn—Bettenfeld.

### 6. Gegend von Tückelhausen — Ochsenfurt-SW. — Sommerhausen.

Quaderkalk-Entwicklung: Hauptquaderbänke im Oberen Gervillien-Kalk; bis metermächtige Bänke in der Haupt-Terebratelbank und in den höheren Schichten (Abb. 12).

Das Tal des Thier-Bachs und des Mains, der diesen aufnimmt, schließt eine Quaderkalk-Entwicklung auf, die im Kalkbereich einen bevorzugten Platz einnimmt. In oft ansehnlichen Brüchen (2, 8, 9) wird das Quadergestein, dessen Abbau die Nähe des Mains begünstigt, gewonnen und weithin in rohem und behauenem Zustande verschickt. Es dient denselben Zwecken wie die Gesteine des Kalk-Tonbereichs dieser Gegend. Die Ausbildung der Quaderkalke bleibt sich in den einzelnen Brüchen ziemlich gleich. Sie sind meist helle, in den guten Lagen feinkristalline, sehr feinporig werdende Haufwerke von kleinem Schalenzerreibsel, das durch Kalk verkittet ist. Grobkörnige und grobporige Schalentrümmerlagen durchsetzen meist nur untergeordnet die guten Quaderbänke (Chem. Analyse VIII, S. 47).

Diese bilden in den Brüchen gewöhnlich die Sohle. Darüber baut sich bis zu einer Höhe von 10—15 m eine Folge von immer noch bis 1 m mächtigen, jedoch nicht mehr in großen Blöcken brechenden Kalksteinen auf, unterbrochen von Schieferzwischenlagen, dichten Kalkeinschaltungen und Ockermergeln. Die Mächtigkeit der Quaderbänke kann bis auf 6—7 m ansteigen (3). Dünne Zwischenlagen von Ton können diese gelegentlich in einzelne metermächtige Bänke unterteilen. Die Hauptquaderbänke sind die tiefer gelegenen (der Gervillien-Kalke).

Die für die Aufsuchung dieser guten Steine bezeichnende Mergel-Leitschicht liegt über den Hauptquaderkalken in Gestalt von Kalklinsen und -bänken bis je 10 cm Dicke. Sie wechselt mit Schiefern und kann im ganzen eine Dicke von 1 m erreichen. Manche Lagen über den Hauptquadersteinen werden mitunter mitgewonnen, so z. B. die Haupt-Terebratelbank, die aus lauter großen, runden, perlmutterglänzenden Schalenstücken von *Terebratula vulgaris* zu-

---

[1] Im oberfränkischen Hauptmuschelkalk ist zwischen Rugendorf und Stadtsteinach ein dem Quaderkalk des Kalkbereiches vergleichbarer kristalliner Kalkstein bis zu ein paar Metern Stärke entwickelt, der aber die Gewinnung von größeren Blöcken nicht erlaubt.

sammengesetzt ist. Sie kann bis 1,5 m mächtig werden, tritt überall 1—2 m über den Hauptquaderbänken als eine Leitbank auf und liefert Schotter und Brennkalk („gänsäugige" Schicht zum Teil).

Als „Muschelmarmor" wird eine 0,80 m dicke Bank in einem Bruch bei Acholzhausen gebrochen (2) und dient in poliertem Zustande für Grabmäler. Sie ist eine grobkörnige, etwas stärker umkristallisierte Schalentrümmerbank von ähnlichem Aussehen wie die Kalksteine der Marktbreiter und Randersackerer Gegend.

In einem Bruch SW. von Winterhausen (10) stellt sich als Bekrönung der ganzen Reihe von Kalksteinen und Schieferzwischenlagen, etwa 10 m über den Quadersteinen, eine 0,80 m dicke, stark spätig umkristallierte Schalentrümmerbank ein, die dem „Muschelkalk" des Kalk-Tonbereichs ganz ähnlich ist und unter dieser Bezeichnung auch abgebaut wird. Sie entspricht dem Glaukonit-Kalk und der Schicht 3* der Abb. 12.

Steinbrüche und Aufschlüsse: 1. Am Bahnhof Acholzhausen (Abbau auch der „gänsäugigen Schicht"); — 2. O. von diesem Ort, bei der Krebs-Mühle; — NO. von Tückelhausen, über der Kunst-Mühle (größte Mächtigkeit); — 4. auf der „Mainleite", W. von Ochsenfurt; — 5. am Wegeinschnitt über der Mainleite, bei P. 258; — 6. an der „Hasenleite", SW. von Goßmannsdorf; — 7. O. von Goßmannsdorf, unter der Bergkante; — 8. gleich darüber, bei P. 258 (moderner terrassenartiger Abbau (Fig. 2, Taf. 6); — 9. auf dem Hang O. von Goßmannsdorf, längs der Bergkante bis NW. von P. 276,1, nächst Sommerhausen; — 10. bei P. 224, SW. von Winterhausen. — Neuzeitliche Kalkbrennöfen sind an der Mainleite, am Ausgang des Tückelhauser Tales bei Ochsenfurt und an der Hasenleite (s. o.).

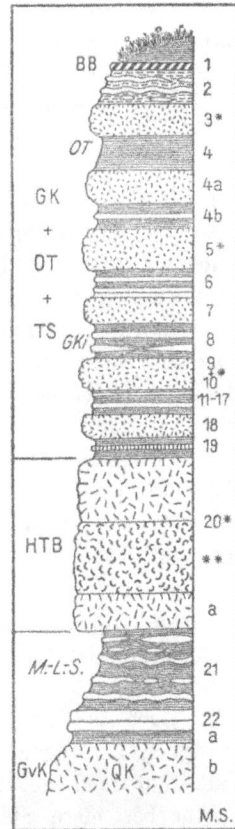

Abb. 12
Quaderkalk-Entwicklung
in der Gegend von Tückelhausen—Ochsenfurt-SW.—
Sommerhausen.*
(Von M. Schuster)

* Erklärung der Abb. 12: Quaderkalk (QK) ist der Obere Gervillienkalk (GvK). Darüber die Mergel-Leitschicht (M.-L.-S.). — Die mit dem Hauptquaderkalk mitgewonnenen geringer mächtigen Werkbänke sind mit * bezeichnet. 20** = „gänsäugige" Schicht; strotzend von runden Terebrateln. — 1—3 = Glaukonit-Kalk (GK); 3* = Denkmalstein; — 4—4b = Ostrakoden-Tone (OT); — 5—19 = Terebratel-Schichten; 9 + 10* = „Muschelquader". Sonstige Kennzeichnungen wie in Abb. 6. — Höhe des Bruches rd. 14 m; Mächtigkeit des Quaderkalks: QK = bis 3,50 m.

## 7. Gegend von Röttingen — Riedenheim — Aub.

Quaderkalk-Entwicklung: Haupt-Terebratelbank + Gervillien-Kalk (letzterer = Hauptquaderkalk).

Die Quaderkalkentwicklung von Sommerhausen—Acholzhausen setzt sich unter der Keuper-Hochfläche von Giebelstadt—Gelchsheim nach Süden zu fort. In der Gegend von Aub—Röttingen erscheint sie an den Talkanten der tiefen Täler der Gollach und der Tauber in natürlichen und künstlichen Aufschlüssen. Besonders am Bahnhof Aub (1) und SW. und W. von Buch (6) (5 km SW. von Aub gelegen), schließt sich die Gesteinsentwicklung an die nächsten nördlichen Vorkommen bei Acholzhausen an. Größere Betriebe gehen nicht um; denn zu der Neigung der meisten Gesteine zum Brechen in kleinere Blöcke kommt die verhältnismäßige Abgelegenheit des nur durch die Nebenbahn Ochsenfurt—Aub aufgeschlossenen Gebietes. In ihm haben nur die Brüche von Aub eine bahngünstige Lage; die Brüche von Buch z. B. (6) mit besonders geschätzten, in größeren Blöcken brechenden Gesteinen sind in ihrer Lage weniger begünstigt.

Unter und über den Hauptquaderkalken dieser Gegend sind noch abbauwürdige, wenn auch selten quaderförmige Bänke entwickelt, die in meist kleineren Brüchen abgebaut werden. Sie werden im Anschluß an diesen Abschnitt erwähnt.

Mit Ausnahme der Gegend von Buch unterscheiden sich die Quaderkalke nicht wesentlich von den im vorigen Abschnitt besprochenen. Sie sind kristalline graue bis bräunlichgrau-gesprenkelte Schalentrümmerkalke, die feinporig bis groblöcherig sind und eine Mächtigkeit von 4 m erreichen können (1, 2). Sie sind oft von gröberen Schalenlagen und von Ockerschnüren durchzogen, welche die Gewinnung größerer und einheitlich druckfester Blöcke erschweren können. Die Umkristallisation zu Kalkspat ist in der Regel sehr fein; eine örtlich stärkere kalkspätige Umbildung des Gesteins oder eine Beteiligung von gelben dolomitischen Putzen, wobei jenes ein gesprenkeltes Aussehen erlangt (5), können eine gewisse Ähnlichkeit mit Quadersteinen aus dem Kalk-Tonbereich hervorrufen.

Eine besondere Stellung unter den Quaderkalken der Gegend nimmt das Gestein von Buch ein (6), das dem Acholzhauser Gervillien-Quaderkalk der Lage nach entspricht und dort in derselben Entwicklung — offenbar aber recht zurücktretend — vorkommen soll, während es hier das Hauptgestein bildet.

Das Gestein ist eine fast 3 m mächtige Bank aus einem versteinten Grus feinstzertrümmerter Schalen, der nur stellenweise von gröberem Schalengemengsel unterbrochen wird. Die Zwischenräume der Schalentrümmerchen machen das Gestein außerordentlich feinporig. Es ist verhältnismäßig leicht und infolge des feinen gleichmäßigen Korns und einer gewissen, durch tonige Beimengungen bedingten Weiche sehr gut behaubar. Zu diesen günstigen Eigenschaften kommt in natürlichem Zustand eine schöne weißgraue Farbe, eine hellblinkende im behauenen, so daß das Gestein ein geschätztes Material für Denkmalszwecke darstellt. Auf den Werkplätzen der Bildhauer ist es von weitem durch seine abweichende Ausbildung zu erkennen.

Steinbrüche und Aufschlüsse: 1. am Bahnhof Aub (200 m lang, 4 m mächtige in einzelne Lagen zerfallende Bank); — 2. O. von der Kapelle

NO. von Röttingen (4 m geschlossener Quaderkalk); — 3. SO. von der Gossen-Mühle, NO. von Röttingen; — 4. an der Einmündung der Straße von Leuzenbrunn in die Staatsstraße Riedenheim—Röttingen; — 5. zwischen Bieberehren und Buch, O. vom Landturm; — 6. SW. von Buch (schönstes Gestein der Gegend; das benachbarte Schloß Bruneck steht auf dem Quaderkalk); — 7. NW. und SW. von Hemmersheim bei Aub.

Anhang: Die unter den Hauptquadern gebrochenen Gesteine sind NO. von Röttingen (1) und W. von Buch (k), nur ein paar Meter tiefer gelegen, quaderartig entwickelt. In der Regel sind sie etwa 0,50 m starke kristallinische Kalke, die mit eichenen und buchenen, oft gekröseartig gewellten Kalken und mit Schiefern nach Art der Ceratiten-Schichten abwechseln (a, b, c, e, h). Sie dienen wie die meisten Quaderkalke der Gegend auch zu Bausteinen und als Schottergut.

Diese Kalkbänke schließen die Brüche folgender Stellen auf: a) zwischen Ort Aub und Bahnhof Aub (abgebaute Bank 5 m unter dem Quaderkalk); — b) gegenüber dem Bahnhofsgebäude Aub; — c) am Ostausgang von Baldersheim; — d) zwischen Bahnhof Aub und Baldersheim, an der Bahn; — e) am Nordausgang des Ortes Aub, an der Straße nach Hemmersheim; — g) zwischen Aub und Hemmersheim; — h) unter dem Wartturm von Bieberehren; — i) NO. von Röttingen, bei der Kapelle (tieferer der zwei Brüche); — k) W. von Buch, an der Straße nach Bieberehren.

An folgenden Orten sind in Brüchen und Aufschlüssen über den Quaderkalken abbauwürdige, zu Schotterzwecken dienende Kalkbänke entwickelt: S. von Hemmersheim; — am Fuße der Kapelle St. Kunigunde, SO. von Burgerroth bei Aub (talwärts die Quaderkalke anstehend); — WSW. von Waldmannshofen bei Aub (Württembergisch!); — über dem Bahnhof Rainsbronn—Klingen S. von Bieberehren bei Röttingen; — Bahneinschnitt über der Ullen-Mühle S. von Baldersheim bei Aub.

## 8. Gegend von Tauberscheckenbach — Rothenburg o. T. — Diebach.

Quaderkalk-Entwicklung: *Semipartitus*-Schichten + Gervillien-Kalk (oberer und unterer Quaderkalk).

Die Schichtenfolge, welche in der Gegend von Tauberscheckenbach—Rothenburg—Diebach die Quaderkalk-Bänke einschließt, zeigt eine merklich größere Geschlossenheit der Kalksteinschichten als bisher. Sie werden nur selten von Ockerkalk- und Schieferzwischenlagen unterbrochen, besonders an der Obergrenze, in der Nähe des überlagernden Lettenkeupers. Die für die Quaderkalke der Mainnähe leitende Lage aus mit Ton verquälten Kalksteinen über dem Gervillien-Quaderkalk (M.-L.-S.) ist bei Buch noch entwickelt, schwächt sich aber hier immer mehr ab oder wird durch ein ockeriges Mergelband ersetzt. Darüber entwickelt sich, abweichend von den bisherigen Verhältnissen, eine Wand bauwürdiger Quaderkalke. Wir können demnach für unsere Gegend einen oberen und unteren Quaderkalk unterscheiden (*Semipartitus*-Quaderkalk und Gervillien-Quaderkalk). — Für unseren Bereich sind Brüche mit hohen Wänden bezeichnend. Neben den oft sehr mächtigen Quaderbänken wird auch deren Unterlage, dünnbankige Mergelkalkschichten, gewonnen.

Der Bereich der Quaderkalke S. von Rothenburg und der durch Verwerfungen aus dem Keuper herausgehobene Quaderkalk bei Diebach ist im Nordwesteck des Blattes Ansbach der Geognostischen Karte von Bayern 1:100 000 dargestellt.

Bezirk S. von Rothenburg: Hier erreichen die oberen und unteren Quaderkalke bis zu 8 m Mächtigkeit. Die Bänke erlauben aber trotzdem in der Regel die Gewinnung von sehr großen Blöcken nicht (wie bei allen Quaderkalken des Kalkbereichs), im Gegensatz zu denen des Kalk-Tonbereichs. Die oben erwähnte tonig-mergelige bis kalkig-tonige Leitschicht trennt sie in zwei Hälften; die untere, der Gervillien-Quaderkalk, ist die geschlossenere und liefert den eigentlichen Baukalkstein (Rothenburger Baustein).

Die unteren Quaderkalke (auch hier „Schaumkalk" genannt) unterscheiden sich von den anderen Quaderkalken des Kalkbereiches durch ein meist rauheres Korn und durch sehr zahlreiche feine bis gröbere Hohlräume. Die Rauhheit wird verursacht durch zusammengeschwemmte und in Kalk umgewandelte Schalenreste. Diese sind oft wie mechanisch zu feinem, gleichmäßig millimetergroßem Schalenzerreibsel zermalmt, das von kleineren und größeren Poren durchsetzt ist. Das hierdurch spezifisch leichte Gestein läßt sich gut behauen.

Feinkörnig, fast sandsteinartig, ist z. B. das Gestein aus den Brüchen beim Siechenhaus (1, 2), grobkörnig das von dem Bruch bei Diebach (5), doch wechseln in einem Bruch die Korngrößen. — Die Färbung der Quaderbänke ist warm gelblich, manchmal durch Beimengung von Ockerspat und Gesteinsrost bräunlich.

SW. von Gebsattel beginnen die Gervillien-Quaderbänke sich in einzelne dünne Lagen aufzulösen.

Bezirk N. von Rothenburg: Die Schichten mit den Quaderkalken sind hier etwas anders als südlich der Stadt entwickelt. Der untere Quaderkalk ist etwa 2 m stark, der obere meist nur rd. 1—1,2 m und darüber folgen bis zur Grenze zum Lettenkeuper bis metermächtige kristalline Kalkschichten vom gewöhnlichen Aussehen der eichenen Kalke des Hauptmuschelkalks. Sie sind deutlich sandig (3, 7, 9) und enthalten Einschaltungen von sandigen Schiefern, die ein Brechen dieser Schichten in Platten erleichtern. Man stellt aus ihnen flache Gegenstände, Gesimse und Türschwellen her.

Diese Bänke können aber auch in geschlossener Folge auftreten, wie im Bruch beim Chaussee-Haus N. von Rothenburg (7). Die oberste Bank in diesem Bruch entwickelt sich in der Nähe zum „Kristallkalk" des Kalk-Tonbereichs, wie er weiter nördlich, S. von Steinsfeld, schön ausgebildet ist (S. 55).

Der Quaderkalk (Schaumkalk) von Rothenburg fand beim Bau der Stadt bis heute ausgedehnte Verwertung. Kaum verwitterbar und rauchgeschwärzt, bedingt er den guten Erhaltungszustand der Bauten und paßt gut zum Renaissance-Stil der meisten Gebäude. Verständigerweise werden jetzt auch die aus Sandsteinen des Unteren Keupers erbauten Türme der St. Jakobs-Kirche (erst um 1850 erneuert) mit dem bodenständigen Quaderkalk ausgebessert.

In München ist Rothenburger Quaderkalk verwendet worden beim Bau folgender Gebäude: Landtagsgebäude, Künstlerhaus, Nationalmuseum, Martins-spital, Zentralfeuerhaus, Schulhaus Laim; weitere Verwendung: Berlin: Amtsgericht am Wedding; Charlottenburg: Landgericht III; Turm des neuen Verwaltungsgebäudes; Danzig: Kriegerdenkmal; Hamburg: Eisen-bahninspektionsgebäude; Stuttgart: Koppental-Brunnen; Aeschach bei Lindau: protestantische Kirche („Der Steinbruch", 1912, S. 253).

Rothenburger Kalkstein (wahrscheinlich aber auch der Steinsfelder Kristall-kalk) wird außer zur Herstellung von Fassaden, Denkmälern und sonstigen Bauten, auch zur Erzeugung von Kunststeinen, Zementröhren und von Muschel-kalknachahmungen verwendet.

Steinbrüche und Aufschlüsse: 1. rechts an der Hauptstraße S. von Rothenburg, in der Nähe des Siechenhauses; — 2. zwischen diesem und dem Wildbade im Taubertale und N. darüber; — 3. SW. vom Siechenhaus, an der Straße nach Lohr; — 4. SW. von Gebsattel im Tälchen bei P. 388 (Straße nach Lohr); — 5. bei Diebach, S. von Rothenburg (die Gesteine dienen hier zum Kalkbrennen); — 6. N. der Stadt, am Katzenbühl, bei Dettwang; — 7. W. vom Chaussee-Haus, an der Straße von Rothenburg nach Uffenheim; — 8. am Steffeleins-Brunnen, weiter W. von 7; — 9. an der Straße von Tauber-scheckenbach nach Adelshofen, an der Straßenabzweigung nach Hart; — 10. am Talende SW. von Gickelhausen, bei Tauberscheckenbach (Grenze zwi-schen den beiden Quaderkalk-Entwicklungen); — 11. S. von Gattenhofen, Gemarkung Hahnebühl (beide Ausbildungen übereinander).

Anhang: In den Brüchen 1, 2, 6 und 7 werden auch die den Quaderkalk unterlagernden welligen oder ebenen, mit Schieferzwischenlagen abwechselnden, buchenen und eichenen Kalke (Ceratiten-Schichten) zu Schotterzwecken ab-gebaut.

## 9. Gegend Leuzenbrunn — Bettenfeld.

Quaderkalk-Entwicklung: Die Terebratel-Schichten.

Zwischen Rothenburg, der Landesgrenze im Westen und Bettenfeld im Südwesten treten Quaderkalke auf, die sich deutlich in Ausbildung und Schichtenverband von dem benachbarten Rothenburger „Schaumkalk" unter-scheiden. Sie liegen geologisch über dem Rothenburger unteren Quaderkalk, in den sog. Terebratel-Schichten. Nur im frischen Zustande sind sie als Quaderkalke anzusprechen, denn sie sind meist aufgelöst in dünne, etwas wellig begrenzte und von Tonzwischenlagen getrennte Kalkbänke, die nur als Steinschlag oder als Brennkalk zu gebrauchen sind. Sie werden von dem unteren Rothenburger Quaderkalk, der da und dort mit erschlossen ist, durch ein verlettetes Ton-band oder durch eine bis 30 cm dicke Kalk-Tonlage getrennt (M.-L.-S.).

Die Bänke fallen auf durch ihre starke Zerfressenheit und ihren Reichtum an sonderbaren Hohlräumen. Die Ursache davon sind Ockerkalk-Einschlüsse, die rasch herauswittern und einen tonigen bis sandigen Rückstand hinterlassen.

Eine einheitliche oder sonst bezeichnende Ausbildung fehlt an diesen Kalksteinen. Im allgemeinen sind sie feinkörnig-kristallinisch und manchmal feinporig. Ehemalige Schalenreste sind dann nicht mehr bemerkbar. Ab und zu (6, 7) besteht der Kalk aus einem gleichmäßig-feinsten Schalengemengsel, das aber äußerlich nicht rauh ist. In den unteren Anteilen geht der plattige Kalk (z. B. 6) in geschlossene, z. T. rauhe und in größeren Blöcken brechende Schalentrümmer-Kalke über.

Steinbrüche und Aufschlüsse: 1. an der Straße Leuzenbrunn—Rothenburg bei P. 412 (Blatt Rothenburg-Ost 1:50000, Nr. 32); — 2. N. davon, über der Fuchs-Mühle; — 3. W. von Vorbach; — 4. S. von Hemmendorf im Tälchen; — 5. NW. von Leuzenbrunn bei P. 449; — 6. in Bettenfeld beim Gasthaus „Grüner Baum"; — 7. ebenda, 200 m N. von der Kirche; — 8. mehrere Brüche bei der Gemarkung „Steinbruch" S. von Bettenfeld.

### Kalksteine des Keupers.

Der Keuper ist die oberste Abteilung der Trias; im Gegensatz zu den Meeresablagerungen des Muschelkalks besteht er, ähnlich wie die untere Stufe der Trias, der Buntsandstein, aus tonigen und sandigen Absätzen des Festlandes, zum Teil nahe der Küste eines Flachmeeres gebildet, das selten kalkige Absätze hinterließ. Man teilt den Keuper ein in 1. Unteren Keuper oder Lettenkeuper, 2. Mittleren Keuper oder Bunten Keuper und 3. Oberen Keuper oder Rhät.

### Kalksteine des Unteren Keupers oder Lettenkeupers.

Der fränkische Untere Keuper oder Lettenkeuper (früher auch Lettenkohlen-Keuper oder „Lettenkohle" genannt)[1]) besteht aus einer etwa 20 bis 45 m mächtigen Schichtfolge aus Schiefertonen, einzelnen Lagen von Gelb-, Braun- und Zellenkalken und aus Sandsteinen, deren abbauwürdigster in der Mitte der Schichtenreihe liegt (Haupt- oder Werksandstein, s. d.). Die über und unter diesem Sandstein gelegenen Schichten nennt M. Schuster „Obere" und „Untere Schiefer-Gelbkalkschichten". Die Schiefer werden gelegentlich zur Verbesserung von kalkreichen Böden (Weinbergen!) gegraben, so z. B. oberhalb Escherndorf bei Volkach.

**Die Braun- und Gelbkalke.** — Die bis spanndicken Kalkeinschaltungen im Lettenkeuper (gewisse Schalenbänke von geringer Stärke kommen nicht in Betracht) heißen nach ihrer auffälligen Farbe Braunkalke und Gelbkalke. In den Braunkalken ist der färbende Stoff Eisenoxyd, in den Gelbkalken, die

---

[1]) Die Lettenkohle ist entweder eine lettig-mulmige, selten blätterige, schwarze Kohle oder sie ist als Kohlenton entwickelt. Sie kann 50—135 cm stark werden und ist als Anhäufung kohligen Stoffes an die Sandanschwemmungen des Werksandsteins und Oberen Sandsteins gebunden. Sie ist vollkommen wertlos; der brennbare Stoff beträgt nur einige Hundertteile.

66

durch Verwitterung der Braunkalke entstehen, Eisenoxydhydrat. Die etwas Magnesiakarbonat führenden Kalksteine sind eisenoxydisch verwitterte dichte Kalke von blaugrauer Farbe (Blaukalke), z. T. erst nachträglich (nach Absatz der Schieferschichten) als Kalkzusammenballungen gebildet (Anal. I, unten). Sie werden nur dort, wo der Muschelkalk nicht mehr in den Talgründen ausstreicht und wo auch der Grenzdolomit sich noch nicht einstellt, aufgelesen und zu Kalk gebrannt. Wegen der Unbeständigkeit der Kalkbänke können sie nicht nachhaltig durch Brüche oder Gruben gewonnen werden.[1]

Erst der den Lettenkeuper nach oben abschließende Grenzdolomit mit seiner größeren Mächtigkeit, der oft weit entfernt vom Muschelkalk der Täler auf den flachen Höhen im Vorland der Keuperberge, besonders im Ochsenfurter und Schweinfurter Gäu, ausstreicht, reizt da und dort zur Gewinnung.

|  | I | II | III | IV | V | VI |
|---|---|---|---|---|---|---|
| Kieselsäure ($SiO_2$) . . . . . . . . | — | — | — | — | — | — |
| Aluminiumoxyd ($Al_2O_3$) . . . . . | } 1,08 | } 1,90 | } 0,10 | } 1,94 | 0,10 | 1,22 |
| Eisenoxyd ($Fe_2O_3$) . . . . . . . . | | | | | 2,68 | 8,23 |
| Eisenoxydul ($FeO$) . . . . . . . . | 0,43 | — | 0,29 | 0,50 | — | — |
| Manganoxydul ($MnO$) . . . . . . . | — | — | — | — | 0,28 | 1,02 |
| Kalkoxyd ($CaO$) . . . . . . . . . | 52,25 | 44,60 | 47,04 | 31,07 | 34.65 | 40,10 |
| Magnesia ($MgO$) . . . . . . . . . | 1,08 | 1,74 | 3,97 | 19,18 | 14,18 | 4,23 |
| Wasser ($105^0$) . . . . . . . . . | Sp. | 0,95 | — | Sp. | 0.32 | 0,57 |
| Glühverlust (i. d. H. Kohlensäure, $CO_2$) . . | 41,59 | 36,66 | 41,30 | 45.25 | 43,04 | 37,37 |
| Unlösliches . . . . . . . . . | 3,58 | 13,70 | 7,55 | 2,30 | 5,00 | 7,75 |
|  | 100,01 | 99,55 | 100,25 | 100,24 | 100,25 | 100,49 |
| Kohlensaurer Kalk ($CaCO_3$) . . . . . | 93.26 | 79,60 | 83,96 | 55.45 | 61,83 | 71.55 |
| Kohlensaure Magnesia ($MgCO_3$) . . . . . | 2,36 | 3,65 | 19,10 | 40,27 | 29,64 | 8,84 |

I = Sog. Dolomit des Unteren Lettenkeupers (Gelbkalk), Rotkreuz-Steige bei Würzburg (H. FISCHER, Geogn. Jh., 24, München 1912, S. 228).

II = Grauer Grenzdolomit, NW. von Rügshofen bei Gerolzhofen (Unt.: U. SPRINGER).

III = Grenzdolomit (Zellenkalk), Faulen-Berg bei Würzburg (H. FISCHER, 1912, S. 228).

IV = Grenzdolomit (Zellenkalk), Unken-Mühle bei Grettstadt, SO. von Schweinfurt (H. FISCHER, 1912, S. 228).

V = Grenzdolomit (Gelbkalk, oolithisch, mit Myophorien und winzigen Schnecken), Hundelshausen, NO. von Gerolzhofen (westlicher Ortsausgang) (Unt.: U. SPRINGER).

VI = Grenzdolomit (Braunkalk, dicht), Steinbruch S. von Gerolzhofen (Unt.: U. SPRINGER).

Anm.: Nach M. LECHLER, Die chem. u. hydrogr. Verh. d. fränk. Keuperformation, Erlangen 1892, hat ein Grenzdolomit von Dürrfeld, SO. von Schweinfurt, einen Magnesiakarbonatgehalt von 37,0 v. H.; derselbe Gehalt ist bei folgenden Vorkommen: Schwebheim, SO. von Schweinfurt, 24,72 v. H.; Klein-Langheim, NO. von Kitzingen, 6,13 v. H.

**Der Grenzdolomit.** — Der Grenzdolomit, der über 4 m Mächtigkeit erreichen kann, ist ein Meeresabsatz und ursprünglich ein bläuliches bis graues

---

[1] Im Quaderkalk-Steinbruch S. von Steinsfeld bei Rothenburg o. d. T. wird eine 40 cm dicke Gelbkalkbank aus den Schichten über den Quaderkalk mitgewonnen. — Die Verwitterung der Gelbkalke kann bis zur Ockerbildung gehen (s. d.).

Gestein (Analyse II). Er bildet entweder fahlgelbliche, feinkristalline, schlecht geschichtete bis klotzige Bänke oder er ist durch zahlreiche eckige Hohlräume zellig und zum Zellenkalk geworden (Anal. III und IV); oder er kann dicht entwickelt sein, hell und dunkelgelb bis bräunlich, nach Art gut gebankter Gelb- und Braunkalke (Anal. V und VI). Gelegentlich ist er auch feinoolithisch (rogensteinartig) (Anal. V). Seltener ist seine Entwicklung als z. T. groß-schaliger Sinterkalk. — Der Grenzdolomit wird unmittelbar von den roten Tonen und Mergeln oder von dem unteren Grundgips des Gipskeupers überlagert.

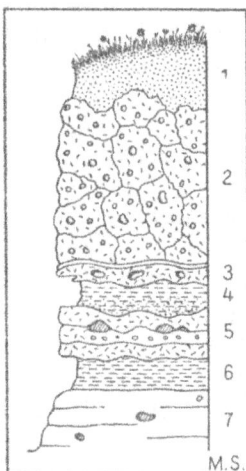

**Abb. 13**
**Profil durch den Grenz-
dolomit im Steinbruch
SW. von Iphofen.** *
(Von M. SCHUSTER)

Der Magnesiagehalt schwankt in weiten Grenzen. Er nähert sich aber nur selten der für einen echten Dolomit nötigen Menge (Anal. IV). Vielfach ist das Gestein ein dolomitischer Kalk oder ein nur wenig Magnesiakarbonat führender Kalkstein. Er braust immer leicht mit schwacher Salzsäure auf. — Bezeichnend für die geschichteten Bildungen ist deren nicht selten reichliche Führung der Muschel *Myophoria goldfussi*.

Verbreitung: In dem kalkarmen Gebiet des Oberen Lettenkeupers und des Unteren Gipskeupers ist der Grenzdolomit in zahlreichen meist kleinen Brüchen zum Abbau als Brennkalk erschlossen, zum Beispiel in einem ansehnlichen Bruch mit Kalkofen bei der Ranna-Mühle N. von Burgbernheim (plattiger versteinerungsreicher, oolithischer Kalk); NO. von Lengfeld bei Würzburg (mächtige Zellenkalkklötze neben oolithischer Ausbildung); SW. von Iphofen (Sinterkalk, Profil Abb. 13) und SO. von Groß-Langheim NO. von Kitzingen (großschaliger Sinterkalk und Zellenkalk); in der Gegend von Klein- und Groß-Wenkheim O. von Münnerstadt (Zellenkalk, Gelbkalk); W. von Unter-Pleichfeld (NO. von Würzburg; mehrere kleine Gruben mit Kalkofen, Zellenkalk).

In der Gerolzhofer Gegend wird der Grenzdolomit (teils für sich, teils mit dem Oberen Sandstein des Lettenkeupers) als Kalkbrenngut abgebaut (O. von Schallfeld, W. von Düttingsfeld, S. von Gerolzhofen, SO. von Klein-Rheinfeld an der Donnersdorfer Straße und in Unter-Schwappach). In Sulzheim und Klein-Rheinfeld wird er, z. T. stark vergipst, in den Gipsbrüchen als Mauerstein mitgebrochen.

---

* Erklärung der Abb. 13. — 1 = Sand; — 2 = 2,50 m Zellenkalk, z. T. sinterartig und schichtungslos; — 3 = bis 25 cm kristalline, feinporige bis groblöcherige Bank, darüber bis 10 cm welliger Ockerschiefer; — 4 = bis 25 cm Ockermergel, unten feinsandig; Gemengsel von Schalenteilen und Steinkernen von *Myophoria goldfussi*; Hohlkehle; — 5 = 1,00 m Zellenkalk mit löcherig auswitternden, mulmigen Zwischenfüllungen; — 6 = bis 25 cm sandig-rauher, gelber Mergel mit zahlreichen dünnen Schalendurchschnitten, Hohlkehle; — 7 = 1,00 m aufgeschlossen: massiger, wagrecht geriffelter Kalk mit einzelnen größeren Löchern.

Im Oberfränkischen, wo der Grenzdolomit eine Höchstmächtigkeit von 4,80 m erreicht, ist er (ähnlich wie in Unterfranken) bei Schwingen, SO. von Kulmbach und bei Unter-Steinbach, NO. der Stadt, aufgeschlossen, erfährt aber wegen der steilen Lagerung und der Nähe des Muschelkalks keinen nennenswerten Abbau als Brennkalk.

## Kalksteine des Mittleren oder Bunten Keupers.

Die mittlere Abteilung des Keupers ist mit 260—430 m die stärkste. Sie gliedert sich in eine untere Stufe, den Gipskeuper, und eine obere, den Sandsteinkeuper. — Die Ablagerungen des Gipskeupers sind, wie der Gips, z. T. Bildungen eines flachen Küstenmeeres, im Wechsel mit festländischen Absätzen. Doch ist es recht selten zum Absatz von Bänken gekommen, die man wegen ihres Kalkgehaltes noch zu Kalksteinen oder bei stärker beibrechendem Magnesiagehalt, zu dolomitischen Gesteinen rechnen kann.

### Steinmergel des Unteren Bunten Keupers oder Gipskeupers.

Über der meist sanftwelligen Hochfläche des Lettenkeupers steigt in der Frankenhöhe und im Steigerwald der Gipskeuper zu einer etwa 150 m hohen Landstufe an, bekrönt von der zerschlitzten Platte des Blasensandsteins, der den Sandsteinkeuper einleitet. Der Steilhang des Gipskeupers wird vorwaltend von roten, grauen, bläulichen bis violetten Tonen und Mergeln gebildet. Ihnen sind, besonders an ihrem Grunde, über dem Grenzdolomit, z. T. ansehnliche Gipslager eingeschaltet. In mittlerer Höhe werden die bunten Tone und Mergel unterbrochen von einer kieselig-kalkigen bis dolomitischen Hartsteinbank, der sog. Bleiglanz-Bank, weiter höher von dem sandigen Dolomit der *Corbula*-Bank und der Hartsteinbank der *Acrodus*-Schicht. Dann schaltet sich der Schilfsandstein den Schichten ein. In den roten Tonen zwischen diesem und dem Blasensandstein der Höhen (Berggips-Schichten) sind ein paar kieselig-kalkige, auch dolomitische Bänke eingelagert, die sog. Lehrberg-Kalke oder -Steinmergel.

Die Bleiglanz-Bank, die *Acrodus*-Bank und die Lehrberg-Bänke kann man als Steinmergel bezeichnen. Man versteht darunter steinig-harte, druckfeste, zähe Mergel, die einem Verkieselungsvorgang ohne Auslaugung des Kalk- und Dolomitgehaltes unterlegen sind, wodurch sie ihre bezeichnende Härte erhielten. Sie lassen sich gut bearbeiten.

Die Bleiglanz-Bank. — Sie tritt 15—40 m über dem Grenzdolomit auf und ist eine bis 0,25 m dick werdende blaugraue, dichte bis feinkörnige Bank, die auch manchmal oolithisch oder sandig bis zur Quarzitbildung ausgebildet sein kann. Ihren Namen hat sie nach der Führung von glänzenden Bleiglanz-Würfeln. Wegen ihrer Härte und Zähigkeit eignet sie sich als Wegeverbesserungsgut und wird aus den Feldern gelesen, selten aber ihrer geringen Stärke wegen gegraben, so z. B. in kleinen Gruben am Eichel-Berg bei Ober-Schwappach SW. von Haßfurt und bei Hüttenheim SO. von Ochsenfurt. Die Bleiglanz-Bank ist eine der besten Stufenbildner im Gipskeuper.

Die *Corbula*-Bank. — Diese Bank ist im Urzustande ein grauer, dichter Dolomit, der örtlich entkalkt und dafür verkieselt sein kann. Dann erhält sie ein sandsteinartiges Aussehen und poriges Gefüge. Der Name kommt von kleinen Muscheleindrücken *(Corbula)* auf ihren wulstig-unregelmäßigen Schichtoberflächen her. Sie wird nur im ursprünglichen Zustande gelegentlich als Schottergut gesammelt und gebrochen.

Die *Acrodus*-Bank. — An manchen Stellen im Keuper folgt im geringen Abstand über der *Corbula*-Bank eine der Bleiglanz-Bank äußerlich sehr ähnliche Steinmergelbank, die ihren Namen von den in ihr vorkommenden Zähnen des Fisches *Acrodus* hat. Sie wird bis 60 cm stark und zur Beschotterung von Feld- und Waldwegen an einigen Stellen gewonnen, so z. B. W. von Ober-Scheinfeld und im Forstamtsbereich Ober-Schwappach.

Die Lehrberg-Steinmergel. — Sie bestehen aus 1—3 sehr harten, dolomitischen Bänken von je 0,10—0,70 m Dicke, die durch rote, an den Bänken grün entfärbte Tone getrennt sind. Durch zahlreiche Schnecken- und Muschelschalen sind sie manchmal tuffig-porig. Die dichten harten Bänke werden als „Heigelsteine“ örtlich für Bau-, Pflaster- und Schottersteine aus den Tonen herausgelöst. Das Straßenpflaster von Ansbach besteht aus den heute abgebauten Steinmergeln von Lehrberg, N. davon. Auch Lehrberg selbst und Leutershausen, sowie eine Reihe anderer Ortschaften im Gipskeuper-Gebiet sind mit dem gleichen Gestein gepflastert.

Die chemische Zusammensetzung der vorgebrachten Bankeinschaltungen wechselt sehr, je nach der Frische und der Veränderung der Gesteine durch Stoffzu- und -wegfuhr. Von der Bleiglanz-Bank vom Galgen-Berg, S. von Thundorf bei Stadtlauringen gibt U. Springer an: Kieselsäure = 43,05 v. H.; Tonerde + Eisenoxyd = 4,84; Eisenoxydul = 0,26; Kalkoxyd = 27,78; Magnesia = 0,94; Kohlensäure = 20,40; Schwefelsäure = 0,93; Wasser (105⁰) = 0,34; Wasser (Rotglut) = 1,58; Summe = 100,12. — An einer anderen Stelle zeigte sich die gleiche Bank als ein Dolomit entwickelt. Sie besteht nach U. Springer aus: Unlöslichem = 12,97 v. H.; — $Al_2O_3$ + $Fe_2O_3$ = 1,32; — $FeCO_3$ = 1,21; — $CaCO_3$ = 44,30; — $MgCO_3$ = 35,28; — MgO (silik.) = 2,47; — $H_2O$ (105⁰) = 0,36; — $H_2O$ (Rotglut) = 2,07; — Summe = 99,98. Man könnte aus der Analyse einen Normaldolomit errechnen [79,42 v. H. $CaMg(CO_3)_2$], der dem obigen Wert von 79,58 % $CaCO_3$ + $MgCO_3$ sehr nahe kommt.

Nach M. Lechler (angef. S. 67 Anm., S. 11) hat die Bank von Lehrberg 52,87 v. H. kohlensauren Kalk und 41,66 v. H. kohlensaure Magnesia, ähnelt also stark einem echten Dolomit. Die Zahlen wechseln aber bei jedem Handstück.

Von einem dichten, sandigen Lehrberg-Steinmergel von Mönchsambach O. von Burgwindheim im Steigerwald verfertigte U. Springer eine chemische Analyse, deren Ergebnisse folgen. Die eingeklammerten Zahlen beziehen sich auf eine kristalline Lehrberg-Steinmergelbank S. von Eltmann am Main, untersucht von G. Abele:

Unlösliches 17,14 (5,89); — $Al_2O_3 + Fe_2O_3 = 3,04$ (0,65); — $CaO = 25,49$ (28,52); — $MgO = 15,84$ (20,84); — $H_2O$ (105°) $= 0,58$ (0,14); — $H_2O$ (Rotglut) $+ CO_2 = 37,88$ (44,26); — Summe 99,97 (100,30).

## Kalksteine des Mesozoikums:

### b. Des Juras.[1]

Der Jura mit seinen drei Abteilungen, dem Unteren oder Schwarzen Jura (Lias), dem Mittleren oder Braunen Jura (Dogger) und dem Oberen oder Weißen Jura (Malm), lagert auf der breitausstreichenden Trias-Unterlage und zieht im geschwungenem Verlauf von der Ulmer Gegend bis über den oberen Main ins Oberfränkische hinein. — Der Hauptspender von Kalksteinen ist der Weiße Jura oder Kalk-Jura, der ganz aus Kalksteinen besteht.

[1] Wichtigstes Schrifttum:

DIENEMANN, W. & BURRE, O.: Die nutzbaren Gesteine Deutschlands und ihre Lagerstätten mit Ausnahme der Kohlen, Erze und Salze. II. Bd., Stuttgart 1929.

DORN, P.: Beiträge zur Geologie des Frankendolomits. — Z. D. Geol. Ges., 78, 1926.

— Abschnitt: Frankendolomit in M. SCHUSTER's Abriß der Geologie von Bayern r. d. Rh., VI. Abt., S. 120—121, München 1928.

— Geologischer Exkursionsführer durch die Frankenalb und einige angrenzende Gebiete. I. Bd., Nürnberg 1928, II. Bd., Erlangen 1929.

FRIZ, O.: Vorkommen und Verwendung nutzbarer Kalksteine in Süddeutschland, Berlin 1925.

HASSELMANN, F.: Die Steinbrüche des Donaugebietes von Regensburg bis Neuburg, München 1888.

— Neuburg a. D. und seine Umgebung mit seinen Mineralien, in Bezug auf Abbau von Kalk, Dolomit und Kreide, München 1895.

HERMANN, O.: Gesteine für Architektur und Skulptur, Berlin 1914.

— Steinbruchindustrie und Steinbruchgeologie, II. Aufl., Berlin 1916.

KRUMBECK, L.: Faltung, untermeerische Gleitfaltung und Gleitstauchung im Tithon der Altmühlalb. — N. J. f. Min. usw., Beil.-Bd. 60, Abt. B, Stuttgart 1928.

LAUBMANN, H.: Über Marmor, Kalkstein, Dolomit und Mergel, deren Vorkommen und Verwendung zu Bauten und Dekorationen, München 1881.

PFAFF, F. W.: Über Dolomit und seine Entstehung. — N. J. f. Min. usw., Beil.-Bd. 23, Stuttgart 1907.

RAUMER, E. v.: Beitrag zur Kenntnis der fränkischen Liasgesteine. Diss. Erlangen, S. 17ff., Berlin 1878.

REINSCH P.: Chemische Untersuchung der Glieder der Lias- und Jura-Formation in Franken. — N. J. f. Min. usw., 1859, S. 385—420, Stuttgart 1859.

REUTER, L.: Die Ausbildung des oberen Braunen Jura im nördlichen Teile der fränkischen Alb. — Geogn. Jh. 20, München 1907.

— IV. Abt. von M. SCHUSTER's Abriß der Geologie von Bayern r. d. Rh., München 1927.

SCHMIDT, K. G.: Aus der Geologie von Neumarkt i. O. — Ber. d. Naturforsch. Ges. z. Freiburg i. B., 26, Freiburg i. B. 1926.

SCHNEID, TH.: Die Geologie der fränkischen Alb zwischen Eichstätt und Neuburg a. D. — Geogn. Jh. 27 und 28, München 1915 und 1916.

SCHWERTSCHLAGER, J.: Die lithographischen Plattenkalke des obersten Weißjura in Bayern. München 1919.

WALTHER, JOH.: Die Fauna der Solnhofer Plattenkalke, bionomisch betrachtet, Jena 1904.

WEGELE, L.: Stratigraphische und faunistische Untersuchungen im Oberoxford und Unterkimmeridge Mittelfrankens. — Palaeontographica 71/72, Stuttgart 1929.

## Kalksteine des Unteren oder Schwarzen Juras (Lias).

Der Schwarze Jura besteht zumeist aus grauschwarzen Mergeln, Schiefertonen und Schiefermergeln, in denen einige Sandsteinablagerungen und Kalkbänke eingeschaltet sind (Profil-Tabelle V). Bemerkenswerte Mergelablagerungen sind die *Numismalis*-Mergel, Amaltheen- oder Costaten-Mergel, dann die Posidonien-Schiefer, die Kalksteinbänke enthalten und zuhöchst die *Jurensis*-Mergel. — Tiefer spielt der Arieten-Kalksandstein eine gewisse Rolle als Sandstein und als Kalk. Er wird bei den Sandsteinen aufgeführt.

### Die Numismalis-Mergel (Schwarzjura-Gamma).

Diese Mergel haben ihren Namen von der in ihnen vorkommenden Armfüßer-Versteinerung *Waldheimia numismalis*. Sie liegen zwischen dem meist fehlenden oder schlecht entwickelten Lias-Beta (Raricostaten-Schichten) und dem Lias-Delta (Amaltheen-Schichten) und werden bis zu 15 m mächtig (in der Erlanger Gegend 4—8 m).

Eigenschaften: In fahlgrauen, durch Verwitterung gelb werdenden, weichen Mergeln (mit oder ohne Quarzkörner) sind neben Eisentonknollen und Knollen von Phosphorit auch härtere hellgraue, dunkelgefleckte Mergelkalk-

Profil-Tabelle V.

| Mittlerer oder Brauner Jura (Dogger) | | | m |
|---|---|---|---|
| | ζ | *Jurensis*-Mergel | 1—4 |
| | ε | Posidonien-Schiefer (Ölschiefer) mit *Monotis*- und *Communis*-Kalk („Lias-Marmor") | 3—20 |
| | δ | Amaltheen- oder Costaten-Mergel | 25—60 |
| | γ | *Numismalis*-Mergel | 4—15 |
| | β | Raricostaten-Mergel | 0—0,1 |
| | α₃ | Arieten-Kalksandstein | 0—5 |
| | α₂ | Angulaten-Sandstein | 0—10 |
| | α₁ | Psilonoten-Schichten | 0—4 |
| Keuper | Marines Rhät | | — |

Kontinentaler Rhäto-Lias = Rhät + Psilonoten-Schichten + Angulaten-Sandstein?

Die Schichtenfolge des Unteren oder Schwarzen Juras (Lias).

Aufn. v. A. WURM

Fig. 1

**Amaltheen-(Costaten-)Mergel. Ziegelei bei Schnaittach**
(zu S. 71).

Aufn. v. A. WURM

Fig. 2

**Amaltheen-(Costaten-)Mergel, darüber Posidonien-Schiefer. Trimeusel bei Nedensdorf**
(zu S. 75).

bänke eingelagert. Diese härteren Bänke, welche grobe Quarzkörner (bis 10 v. H. in den unteren Lagen) führen können, bestehen aus einer kristallinen Kalkmasse von durchschnittlich 0,05 mm Korngröße und aus Flocken von tonigem Stoff mit feinen Quarzteilchen, Tierschalen-Bruchstücken, Echinodermen, Foraminiferen, Schwammnadeln und Kohleteilchen. Glaukonit ist selten. Beim Auflösen in Salzsäure bleiben im Rückstand mikroskopisch kleine Nebengemengteile: Zirkon, Rutil, Turmalin und Granat.

Der Karbonatgehalt und damit der Tongehalt wechselt in den weichen Mergeln sehr (Karbonate von Kalk, Magnesium und Eisen = 5—70 v. H.). In den harten Kalkzwischenlagen schwankt der Tongehalt weniger.

|  | I | II | III |
|---|---|---|---|
| Kalkoxyd (CaO) . . . . . . . . . . . . . | 42,60 | 49,77 | 2,32 |
| Magnesia (MgO) . . . . . . . . . . . . . | 0,90 | 0,88 | 1,50 |
| Tonerde ($Al_2O_3$) . . . . . . . . . . . . | 4,41 | 2,27 | 23,55 |
| Eisenoxyd ($Fe_2O_3$) . . . . . . . . . . . | 1,25 | 0,14 | 7,00 |
| Eisenoxydul (FeO) . . . . . . . . . . . . | 0,73 | 0,60 | — |
| Manganoxydul (MnO) . . . . . . . . . . . | 0,16 | 0.27 | — |
| Natron ($Na_2O$) . . . . . . . . . . . . . | 0,11 | 0,20 | 0,42 |
| Kali ($K_2O$) . . . . . . . . . . . . . . | 0,60 | 0,18 | 2,65 |
| Kieselsäure ($SiO_2$) . . . . . . . . . . . | 13,61 | 4,82 | 56,74 |
| Titansäure ($TiO_2$) . . . . . . . . . . . | Sp. | Sp. | — |
| Wasser, Ton, Organisches . . . . . . . . | 4,14 | 1,76 | 5,82 |
| Kohlensäure ($CO_2$) . . . . . . . . . . . | 31.49 | 39,56 | — |
|  | 100,00 | 100,45 | 100,00 |
| Kohlensaures Eisenoxydul ($FeCO_3$) . . . . . . | 1.18 | 0,97 | — |
| Kohlensaurer Kalk ($CaCO_3$) . . . . . . . . . | 68,86 | 86,94 | — |
| Kohlensaure Magnesia ($MgCO_3$) . . . . . . . . | 1,88 | 1,84 | — |

I = Kalk der unteren Lagen der *Numismalis*-Schichten; Weiltingen bei Wassertrüdingen.
II = dsgl. von Mittelricht bei Neumarkt ($P_2O_5$ = 0,09; $SO_3$ = 0,10; Cl = 0,02; Cu, Co, Ni = Spuren).
III = Toniger Rückstand der Lias-Gamma-Schichten nach dem Auflösen der Karbonate. (I—III GÜMBEL, Fränk. Alb, S. 69—71).

Steinbrüche und Verwendung: Die Mergelkalkbänke werden in kleinen Steinbrüchen als Mauer- und Schottersteine gebrochen [z. B. in der Gunzenhausener Gegend, bei Weißenburg (Fiegenstall), Neumarkt (zwischen Mittelricht und Röckersbühl) und Erlangen (z. B. bei Kunreuth)]. Sie dürften sich auch zum Kalkbrennen eignen. Harte graublaue, dolomitische Kalke werden auch bei Groß-Albersdorf N. von Sulzbach in kleinen Löchern aus dem Boden geholt. In der Gegend N. von Erlangen werden die Mergel zur Düngung sandiger und toniger Böden und saurer Wiesen verwendet.

## Amaltheen-Mergel (Costaten-Mergel) (Schwarzjura-Delta).

Der Name dieser Gesteine kommt von dem für diese Schichtstufe leitenden Ammoniten *Amaltheus costatus* REIN.

Als ein Glied des Unteren Juras treten die Amaltheen-Mergel rings um das Juragebirge, mit Ausnahme von dessen Südrand, auf.

Im geologischen Verband liegen die Amaltheen-Mergel zwischen den Kalkmergeln der *Numismalis*-Schichten und den Posidonien-Schiefern (Profil-Tabelle IV). Die Abgrenzungen nach unten und oben prägen sich im Wechsel der Versteinerungen deutlicher aus als durch einen Gesteinswechsel. Die Mächtigkeit beträgt im südlichen Franken durchschnittlich 25—30 m, im nördlichen Franken wechselt sie ziemlich stark: Neumarkt 30 m; Altdorf 40 m; im Pegnitz-Tal 35 m; Erlangen 25—35 m; Bamberg 30 m; Banz-Coburg und Burgkundstadt 35—40 m; Bayreuth-Sophienthal 50—60 m. Bei Amberg besteht die ganze Stufe nur noch aus 2—3 m eisenschüssigen weichen Mergeln, in denen (wie bei Roßbach auf der Westseite des Gebirges) Eisenoolith-Körnchen eingestreut sein können. Aus dieser Ausbildung geht das Bucher Eisenerz im Bodenwöhrer Becken hervor.

Eigenschaften: In den tieferen Lagen der Schichten hat man heller gefärbte mehr schieferige Mergel mit kleinen kalkigen, oft phosphorithaltigen Knollen vor sich. Nach oben hin wird die Farbe dunkler, die schieferige Ausbildung verschwindet mehr und mehr und die Mergel sind erfüllt von großen und kleinen linsen- oder brotlaibartigen harten Knollen eisenhaltiger, mergeliger Kalke, deren Eisengehalt sich bis zu richtigen Toneisensteinen anreichert. Diese Knollen enthalten in inneren Hohlräumen oft Kalkspat, Eisenspat, Zinkblende, Bleiglanz, Schwerspat und Schwefelkies. Auch die Versteinerungen bestehen meist aus Schwefelkies.

Der Kalkgehalt der Amaltheen-Mergel wechselt sehr. Die schieferig-tonigen, zu einem grauen Lehm verwitternden Lagen sind eher als Ton, denn als Mergel zu bezeichnen (Analyse I). Sie bedingen den Namen Amaltheen- oder Costaten-Ton (Fig. 1, Tafel 7). Auf einen tonigen Kalkstein bezieht sich die Analyse II.

| | Ton | Sand | $CaCO_3$ | $MgCO_3$ | $FeCO_3$ | $H_2O + Org.$ | Summe |
|---|---|---|---|---|---|---|---|
| I | 74,06 | 6,32 | 5,87 | 1,17 | 4,54 | 7,48 | 99.44 * |
| II | 22,10 | 2,20 | 64,45 | 1,25 | Spur | 10,00 | 100,00 |

I = Kalkhaltiger Schieferton, Geisenfeld bei Bamberg (* abgerundet auf Hundertstel).
II = Mergeliger Kalk, Zwischenlagen im Amaltheen-Mergel, Ludwigs-Donau-Main-Kanal bei Neumarkt. (I und II aus GÜMBEL, Fränk. Alb, S. 72.)
Das R.-Gew. eines Amaltheen-Mergels von Marloffstein beträgt 2,312, eines Kalksteins von ebendaher 2,538; Härte des Kalks = 2,4 (nach REINSCH).

Vorkommen: Zur Zeit sind nur noch wenige Tongruben im Costaten-Mergel offen. W. der Lehnwiesen-Mühle (W. von Weißenburg) wird in einer Ziegelgrube unter 6 m Diluvialsand-Bedeckung schwarzgrauer Amaltheen-Ton abgebaut und nach Vermischung mit dem Sand verarbeitet. — Bei Altdorf bestehen noch einige Gruben, so die große Tongrube bei Ludersheim W. von Altdorf. — Im unteren Teil der Amaltheen-Schichten liegt die Ziegelgrube von Reichenschwand bei Hersbruck. — Bei Schnaittach erreichen die Costaten-Mergel eine ziemlich große Verbreitung. Sie sind NW. vom Ort und östlich an der Straße nach dem Rothen-Berg aufgeschlossen (Fig. 1, Tafel 7). Das 6,30 m mächtige Profil an dieser Stelle zeigt zu unterst dunkelgraue, geschichtete Tone, die nach oben in gelbbraune bröckelige Tone übergehen. Der Stoff ist knetbar und brennt sich bei verhältnismäßig niederer Hitze ziemlich dicht. Er wird nach Vermischung mit Ziegelabfall oder Sand zu Backsteinen und Entwässerungsröhren verarbeitet. Der etwas wechselnde Kalkgehalt erfordert Vorsicht. — Amaltheen-Tone vom Luginsland N. von Marloffstein bei Erlangen werden nach Vermischung mit Lößlehm in Spardorf zu Dachziegeln gebrannt.

### Posidonien-Schichten (Schwarzjura-Epsilon).

Die Posidonien-Schichten liegen am Fuße der Fränkischen Alb rings um diese. Nur am Südrand treten sie nicht auf. Im geologischen Profil sind sie zwischen den Amaltheen-Mergeln und den *Jurensis*-Mergeln eingelagert. Die Ausbildung und Mächtigkeit im einzelnen wechselt rasch. Am Hessel-Berg beträgt die letztere 10 m, weiterhin östlich am Fuße der Fränkischen Alb 12—20 m; in der Gegend von Hausheim bei Neumarkt 4—4,5 m; bei Nürnberg-Erlangen 3—5 m; bei Nebensdorf 7,5 m; am Hetzles bei Erlangen 4,6 m; bei Bamberg 6 m; bei Banz 8 m; bei Coburg 10 m; zwischen Creußen und Bayreuth 3—5 m und bei Amberg 13 bis einige Meter (vgl. auch Fig. 2, Tafel 7).

Die Schichtenfolge besteht aus dünnblättrigen bis dünnplattigen, dunklen, örtlich bitumenreichen S c h i e f e r n (Stinkschiefern) und eingelagerten dunklen K a l k b ä n k e n, die gleichfalls bitumenhaltig sein können (Stinkkalke). Als Normalausbildung sei das Profil S. v o n R a s c h, a m K a n a l b e i A l t d o r f, nach L. REUTER (1927, S 56) in vereinfachter Form angeführt:

1. hellgrauer bröckeliger Mergel mit Belemniten . . . . . . . . . . 0,10 m;
2. bröckelig-schieferiger Mergelkalk mit zahllosen Ammonitenabdrücken auf den Schichtflächen . . . . . . . . . . . . . . . . . . . . . 0,10 m;
3. dunkelgrauer Mergelschiefer mit Belemniten, Posidonien- und Ammonitenabdrücken auf den unebenen rauhen Schichtflächen und Gagat (Kohle) . . . . . . 1—2 m;
4. *Monotis*-Bank (Kalkbank) blaugrau, hart und zäh . . . . . . . 0,08—0,10 m;
5. dunkelbrauner Mergel mit Wirbeltier-Zähnen und -Knochen . . . . 0,05—0,10 m;
6. *Communis*-Bank, schwärzlicher Kalk, voll von mit weißem Kalkspat erfüllten Ammoniten . . . . . . . . . . . . . . . . . . . . . . . 0,20 m;
7. Posidonien-Schiefer mit Muschel- und Ammonitenabdrücken. In der Mitte des Schichtpakets liegt eine Kalklinsen-Bank. Die einzelnen Kalklinsen sind bis 50 cm lang und bis 20 cm dick. Oft ist Gagatkohle mit ihnen verwachsen; bis . . . . . 2 m;
8. Untere Kalkbank, stellenweise auch als Kalklinsen-Bank ausgebildet oder ganz fehlend (Wasseraustritt!) . . . . . . . . . . . . . . . 0,20—0,30 m;
9. Amaltheen-Mergel bezw. -Ton, blaugrau, mit vielen z. T. phosphoritischen Konkretionen.

Unter den eingelagerten Kalkbänken sind die *Monotis*- und *Communis*-Kalkbank hervorzuheben (vgl. Abb. 14).

Die mit senkrechten Wänden anstehenden Schichtpakete der schwarzgrauen Schiefer blättern durch Verwitterung an der Oberfläche zu pappdeckelartigen Gebilden auf. Im Gebiet zwischen Reichenschwand und Altdorf treten die Kalkbänke mehr hervor und die Mergelschiefer zurück. K. G. SCHMIDT gibt ein Profil in den Stinkkalken von Möning:

1. *Monotis*-Kalk . . . . . . . . . . . . . . . . . . . . . . . . . . 0,07—0,17 m;
2. Papierschiefer . . . . . . . . . . . . . . . . . . . . . . . . . . . 0,05—0,10 m;
3. bituminöser *Monotis*-Kalk, in zwei Bänke gegliedert . . . . . . . . 0,15 m;
4. weicher Schiefermergel . . . . . . . . . . . . . . . . . . . . . . . 0,40 m;
5. große Platten weißgrauen Kalkmergels (Stinkkalk) . . . . . . . . . . 0,20 m.

Bitumenreich sind die Posidonien-Schiefer besonders in der Bayreuther Gegend von Mistelgau bis Creußen, dann im Bamberger Bezirk, bei Amberg (Götterhain bei Neuricht, Wachtel-Graben bei Raigering, Aschach und Lintach) und bei Thalmässing.

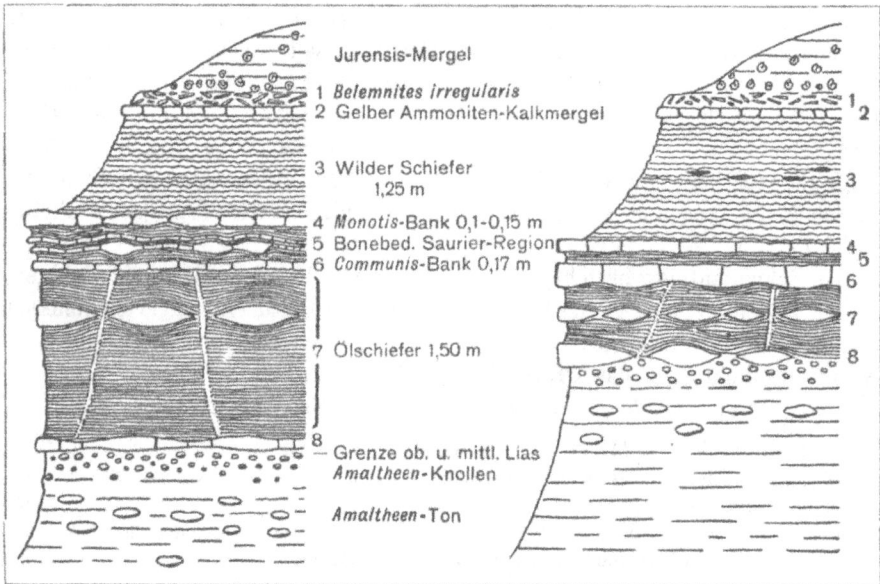

Abb. 14
**Profile durch die mittelfränkischen Posidonien-Schichten.**
(Nach L. REUTER, „Abriß" IV., S. 55.)
Linkes Profil von Möning SW. von Neumarkt i. Opf.; rechtes Profil von Rasch SW. von Altdorf.

In der Bodenwöhrer Gegend sind die Posidonien-Schichten durch eisenschüssige, gelbe dünnblätterige Schiefer im Wechsel mit weißlichen Ton- und knolligen Kalklagen und zu oberst durch 8 m sandige Schiefer vertreten. Überlagert werden diese Schichten von gelben sandigen Kalken.

Am Keil-Berg bei Regensburg liegen über dem Roteisen-Oolith des Mittleren Lias' weiße, weiche Tone, gelbe blätterige Schiefer, graue Schiefer, wie sie auch sonst für die Posidonien-Schiefer bezeichnend sind, und zu oberst graue Mergelkalke.

Eigenschaften: Die bituminösen Schiefer zeigen in Dünnschliffen gleichlaufend mit der Schichtfläche (z. B. von Geisenfeld bei Bamberg, Banz und Aschach bei Amberg) eine lichtgelblichbraun durchscheinende, amorphe, anscheinend häutige Hauptmasse. Darin sind eingelagert in größter Menge kleinste, rundliche, stark braune Körnchen (wohl Bitumen), kleine, eckige Schwefelkieskriställchen, häufig in Formen organischer Einschlüsse angeordnet, wasserhelle staubfeine Quarzkörnchen und einzelne größere tiefbraune Fäserchen und Schüppchen von organischem Gefüge.

In Dünnschliffen quer zur Schichtfläche erkennt man äußerst dünne, meist nicht über 0,01 m dicke, abwechselnd helle, durchsichtige, gelbliche und dunkle braune Lagen. Eingeschaltet sind zuweilen kleine Kalklinsen, oft mit eingestreuten Schwefelkieskriställchen. Die dunklen Bestandteile färben sich bei Behandlung mit chlorsaurem Kali und Salpetersäure unter Chlorentwicklung gelblichbraun. Dabei schwellen sie etwas an und färben die Flüssigkeit braungelb. Sie verhalten sich also wie kohlige Stoffe und dürften in der Hauptsache auf pflanzliche Gebilde zurückzuführen sein.

| | I | II | III |
|---|---|---|---|
| Kalkoxyd ($CaO$) . . . . . . . . . | 21,63 | 41,90 | 46,11 |
| Magnesia ($MgO$) . . . . . . . . . | 1,05 | 4,62 | 2,84 |
| Tonerde ($Al_2O_3$) . . . . . . . . | 3,75 | 5,58 | — |
| Eisenoxyd ($Fe_2O_3$) . . . . . . . | 7,40 | 3,14 | — |
| Kieselsäure ($SiO_2$) . . . . . . . | — | 2,41 | — |
| Wasser + Organisches . . . . . . | 21,13 | 4,44 | 11,50 |
| Kohlensäure ($CO_2$) . . . . . . . | 18,05 | 37,91 | 39,32 |
| Unlösliches (Ton) . . . . . . . . | 26,99 | — | 0,22 |
| | 100,00 | 100,00 | 99,99 |
| Kohlensaurer Kalk ($CaCO_3$) . . . . . . . | 38,62 | 74,77 | 82,34 |
| Kohlensaure Magnesia ($MgCO_3$) . . . . . . | 2,11 | 9,66 | 5,93 |

I = Posidonien-Schiefer, in dünne Blätter zerspaltend, Hetzles bei Erlangen (Unt.: REINSCH, R.-G. = 2,297; Härte = 2,3). Nach E. VON RAUMER, S. 18.
II = Posidonien-Schiefer, Banz bei Staffelstein (Unt.: REINSCH, R.-G. = 2,415).[1]
III = *Monotis*-Kalk, Herolds-Berg bei Nürnberg (Unt.: REINSCH, R.-G. = 2,434; Härte = 2,86).[2]

[1] [2] Kalkoxyd, Magnesia und Kohlensäure wurden aus den die Karbonate angebenden Analysen errechnet.

Die Schiefer sind meist kalkhaltig, doch kommen auch fast ganz kalkfreie vor, die mit Säuren nicht aufbrausen. Der Schwefelkiesgehalt führt bei der Verwitterung zu oberflächlichen Gipsausscheidungen. Viele dieser Schiefer sind so reich an Bitumen, daß sie beim Entzünden unter lebhafter Lichterscheinung aufflammen und ohne äußere Formänderung abbrennen (Ölschiefer). Mit Schwefelkohlenstoff, Chloroform, Äther und Alkohol lassen sich bis 0,0068 v. H. bituminöse Bestandteile ausziehen. Der Gesamtbitumengehalt beträgt aber bis 7 v. H. Mit wachsendem Tongehalt steigt auch der Bitumengehalt, während umgekehrt bei steigendem Kalkgehalt der Bitumengehalt sinkt. In der Mitte eines zwischen zwei Kalkbänken liegenden Schieferstoßes ist das meiste Bitumen angereichert und zwar um so mehr, je mächtiger der betreffende Schieferstoß ist.

Die Hauptmasse der *Monotis*-Kalkbank (-Platte) wird von durchschnittlich 0,05 mm großen kristallinen Kalkspatkörnern und tonigen Flocken aufgebaut. Gerundete Quarzkörnchen von 0,05 mm Größe, Turmalin, Glimmer, Schwefelkies, Gips und organische Flocken sind Nebengemengteile.

Verwendung: Zuerst hat man wohl in der Bamberger Gegend die bituminösen Bestandteile aus den Ölschiefern zu gewinnen versucht. Kurz nach dem Kriege wurden die am Bahnhof Mistelgau bei Bayreuth ausstreichenden Posidonien-Schiefer zwecks Ölgewinnung abgebaut. Die Werke in Mistelgau gaben die folgende Zusammensetzung der Schiefer (in Gewichts-H.-T.) an: Öl 7,57; Gas 2,90; Wasser 7,00; Kohlensäure 20,20; Stickstoff 0,30; mineralische Rückstände 62,03. Sie empfahlen den Ölschiefer 1. zur Gewinnung des darin enthaltenen Öles; — 2. als Brennstoff für Dampfkessel und industrielle Feuerungen, auf entsprechenden Rostanlagen für sich allein oder in Mischung mit minderwertigen Brennstoffen. Der Heizwert wird zu etwa 1400 W.-E. angegeben; — 3. als Vergasungsmaterial in Gasgeneratoren, ebenfalls für sich allein oder nach Mischung mit für den Zweck weniger geeigneten Kohlen, die durch den Ölschiefer luftdurchlässiger gemacht werden; — 4. als Ersatz für Steinkohlen in Gasanstalten. 100 kg Ölschiefer sollen 12,2 m³ Gas liefern bei einer nur ein Drittel im Vergleich zu der der Steinkohlen betragenden Vergasungszeit. An Nebenprodukten fallen Schieferöl, Ammoniakwasser, Cyan usw. an; — 5. die Rückstände der Ölschiefer-Verfeuerung oder -Vergasung sollen vermahlen als Düngemittel (Ca-, Mg-, Na-, K-Oxyde) brauchbar sein oder mit Wasser angemacht zu Ziegeln gepreßt werden können, wobei der Kalk und die Magnesia als Bindemittel dienen.

Bitumenhaltiger Posidonien-Schiefer von Aschach und Lintach, beide Orte NO. von Amberg, enthielten folgende Stoffe (die eingeklammerten Zahlen beziehen sich auf den Schiefer von Lintach): Feuchtigkeit 2,00 v. H. (2,53 v. H.); — Asche 66,52 (71,50); — Schwefel 1,42 (1,41); — Kohlenstoff 8,38 (5,00); — Wasserstoff 1,08 (1,50); — Kohlensäure 19,00 (16,29); — Gasmenge bei der Verschwelung je 100 kg 18,0 m³ (9,8 m³); — Teeröl-Ausbeute 2,82 v. H. (2,0 v. H.). (Mitt. der Gen.-Dir. d. Bay. Berg-, Hütten- und Salzwerke A.-G., München).

Die *Communis*- und *Monotis*-Kalke werden als Bausteine, die Stinkkalke zum Schottern der Feldwege und zum Mergeln der schweren Lias-Tonböden verwendet. Ebenflächige, zähe Stinksteinplatten von Dobenreuth und Weingarts N. von Erlangen liefern Mauersteine. — Der Abbau erfolgt nur in kleinen nach der Steinentnahme gleich wieder zugefüllten Gruben. Da der als Wegschotter gebrauchte Stein rasch zerfällt und bei nasser Witterung einen zähen Brei bildet, führt er in der Neumarkter Gegend den Namen „Seifenstein".

Die *Communis*-Platten wurden ebenfalls in früheren Zeiten bei Berg und Altdorf (z. B. im Willitzleithener Wald, 2 km N. von Altdorf) in flachen Gruben gebrochen, geschliffen und poliert und als „Bayerischer Muschelmarmor" zu Tischplatten, Grabstein- und Gedenktafeln, sowie zu Briefbeschwerern verarbeitet. Die mit weißem Kalkspat erfüllten Ammoniten verliehen dem Stein eine auffällige Zeichnung, da sie sich von der dichten schwarzen Grundmasse grell abhoben („Lias-Marmor").

Aus den in diesen Schichten öfter vorkommenden sehr dichten tiefschwarzen, zähen Pechkohlen (Gagatit) wurden Schmuck- und Nippsachen gedrechselt. Bei Großgeschaid (SO. von Erlangen) kommen in den Schiefern zuweilen kleine Flözchen von dieser Gagatkohle vor.

### Jurensis-Mergel (Schwarzjura-Zeta).

Diese Gesteine, die ihren Namen von dem Ammoniten *Lytoceras jurense* führen und auch *Radians*-Mergel genannt werden (nach dem Ammoniten *Grammoceras radians*), bilden das oberste Glied des Schwarzen Juras (Profil-

| | I | II | III a | III b |
|---|---|---|---|---|
| Kalkoxyd (CaO) . . . . . . . . | — | 14,98 | — | 0,50 |
| Kohlensaurer Kalk (CaCO₃) . . . . | 76,46 | — | 24,18 | — |
| Magnesiumoxyd (MgO) . . . . . | — | 0,17 | — | 1,08 |
| Kohlensaure Magnesia (MgCO₃) . . | 5,35 | — | 0,76 | — |
| Kohlensaures Eisenoxydul (FeCO₃) . | — | — | 1,93 | — |
| Kohlensäure (CO₂) . . . . . . . | — | 11,24 | — | — |
| Tonerde (Al₂O₃) . . . . . . . . | 4,62 | 3,11 | Spur | 23,50 |
| Eisenoxyd (Fe₂O₃) . . . . . . . | 4,16 | 4,46 | Spur | 9,00 |
| Eisenoxydul (FeO) . . . . . . . | — | — | — | — |
| Manganoxydul (MnO) . . . . . . | — | — | 0,33 | — |
| Kieselsäure (SiO₂) . . . . . . . | — | 0,08* | — | 51,50 |
| Titansäure (TiO₂) . . . . . . . | — | — | — | Spur |
| Phosphorsäure (H₃PO₄) . . . . . | — | Spur | 0,01 | — |
| Salzsäure (HCl) . . . . . . . . | — | Spur | — | — |
| Schwefelsäure (H₂SO₄) . . . . . | — | — | Spur | — |
| Kaliumoxyd (K₂O) . . . . . . . | — | 0,13 | — | 3,28 |
| Natriumoxyd (Na₂O) . . . . . . | — | 0,08 | — | 0,39 |
| Organisches . . . . . . . . . | } 2,60 | C = 1,15 | — | } 10,00 |
| Wasser . . . . . . . . . . . | | 8,89 | — | |
| Unlösliches (Ton) . . . . . . | 6,81 | 55,11 | 72,79** | — |
| | 100,00 | 98,99 | 100,00 | 99,25 |

I = Schieferiger Kalkmergel, Moritz-Berg bei Erlangen. R.-G. = 2,592 (E. VON RAUMER, Unt.: REINSCH).

II = *Jurensis*-Mergel aus der Gegend von Erlangen (E. VON RAUMER, Unt.: derselbe). (* lösliche Kieselsäure; unlösliche: 36,90.)

III a = In verdünnter Salzsäure löslicher Anteil eines *Jurensis*-Mergels, reich an Mikrofossilien, von Möning bei Neumarkt. (** Davon 1,50 v. H. grobe, über 1,5 mm große Mineralteilchen, hauptsächlich Quarz- und Gipskriställchen.)

III b = Unlöslicher Anteil des gleichen Mergels nach Abzug der groben, über 1,5 mm großen Mineralkörner (GÜMBEL, Fränk. Alb, S. 82).

Tabelle V). Sie bestehen aus grauen Mergelschiefern mit wulstigen Mergel-knollen und Toneisensteinen. An der West- und Nordseite der Frankenalb sind sie 1—2 m stark; auf der Ostseite beträgt ihre Mächtigkeit bei Schnabel-waid 4 m, bei Amberg 2—3 m. Über ihnen folgt der *Opalinus*-Ton des untersten Braunen Juras. Sie gehen in diesen allmählich über.

Eigenschaften: Die geodenartigen, harten Mergeleinlagerungen ent-halten stets Phosphorsäure in wechselnder Menge, meist aber viel weniger als die Knollen in den Amaltheen-Mergeln und im Ornaten-Ton des obersten Braunen Juras. In der Beschaffenheit ähneln die Mergel den Amaltheen-Mergeln.

Verwendung: Verwitterte *Jurensis*-Mergel wurden bei Emetzheim SW. von Weißenburg für eine Ziegelei gewonnen. — In der früheren Ölschiefer-grube Mistelgau baute eine Ziegelei die Mergel ab. — Vor dem Kriege waren Tongruben zwischen Altdorf und Neumarkt bei Rasch, Berg und Hausheim in den Posidonien- und *Jurensis*-Mergeln.

Auch in den *Jurensis*-Mergeln kommen noch, wie in den Posidonien-Schiefern stellenweise Stücke von dichter, zäher, tiefschwarzer Gagatkohle vor, aus der Schmuck- und Nippsachen gedrechselt wurden.

## Kalksteine des Mittleren oder Braunen Juras (Dogger).

Der Braune Jura besteht in der Hauptsache aus mächtigen Schiefertonen (*Opalinus*-Ton) und aus ansehnlichen Sandsteinen (Dogger-Sandstein, Eisen-sandstein, vgl. die Profil-Tabelle VI und Abb. 15). Die in den höheren Stufen eingeschalteten Kalkmergel-Bänke und Tonmergel (Braunjura-Gamma bis -Epsilon) haben im nördlichen Frankenjura eine Mächtigkeit von höchstens 7 m; am Leyer-Berg bei Erlangen 25 m; im Amberger Gebiet können sie bis auf 15—20 cm zusammenschrumpfen; am Hessel-Berg 8 m; in der Neu-markter Gegend 3,30—4,30 m.

Profil-Tabelle VI.

| | | Oberer Jura, Weißer Jura oder Malm | | m |
|---|---|---|---|---|
| Mittlerer oder Brauner Jura (Dogger) | ζ | Ornaten-Ton (Wasserstockwerk) | Phosphate | 1—3 |
| | γ—ε | Eisenoolith-Kalke | | 0,15—25 |
| | β | Dogger-Sandstein (Eisensandstein) mit Rauheisensandstein-Lagen, Roteisenerz-Flözen und Rötel (Bolus) | | 16—120 |
| | α | *Opalinus*-Ton (Wasserstockwerk) | | 60—100 |
| | | Unterer Jura, Schwarzer Jura oder Lias | | |

Die Schichtenfolge des Mittleren oder Braunen Juras (Dogger).

Aufn. v. A. Wurm
Fig. 1
Werkkalk (Weißjura-Beta) z. T. verschwammt. Steinbruch bei Vorra (zu S. 83).

Aufn. v. A. Wurm
Fig. 2
Treuchtlinger (Weißenburger) Marmor (Pseudomutabilis-Kalke, Weißjura-Delta).
Steinbruch im Weißenburger Forst (zu S. 90).

Die kalkigen Schichten haben technisch nur geringe Bedeutung. Nur am Südostabhang des Hessel-Berges wurden die Kalke des Oberen Doggers (Obergamma bis Epsilon) von einem Kalkwerk zur Herstellung von hydraulischem Kalk und Zement abgebaut. Am wertvollsten sind die einige Meter starken sog. „Blaukalke" der *Sowerbyi*-Schichten (Obergamma).

## Kalksteine des Oberen oder Weißen Juras (Malm).

Der Weiße Jura, auch Kalkjura genannt, erhebt sich mit steilem Anstieg aus dem Vorlande der tieferen Jura- und der Keuper-Schichten zu einer Hochfläche, an deren Aufbau nur Kalk-, Mergel- und Dolomitgesteine beteiligt sind. Seine Mächtigkeit beträgt über 200 m. Mehr noch als der Muschelkalk ist der Weiße Jura der Kalkspender Nordbayerns.

Die Gliederung des Weißen Juras in die einzelnen Gesteinsabteilungen, die praktisch wichtig sind, zeigt die Abb. 15 und die Profil-Tabelle VII.

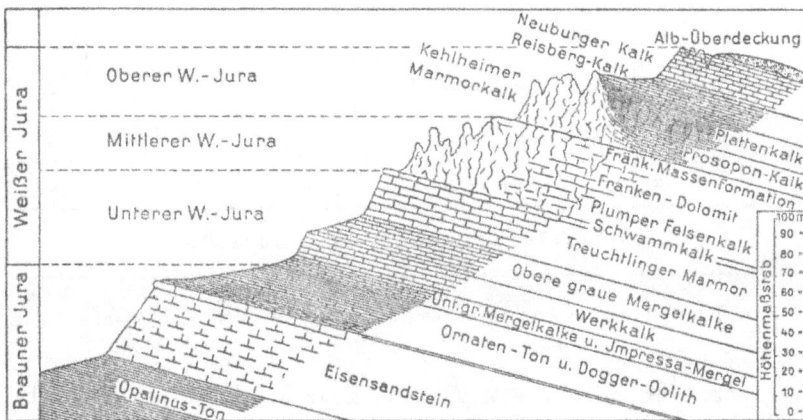

Abb. 15
Übersicht des Weißen Juras in der südlichen Frankenalb.
(Nach L. REUTER)

## Untere graue Mergelkalke und Impressa-Mergel (Weißjura-Alpha).

Der Weiße Jura beginnt im südlichen Franken meist mit einer bis 0,30 m dicken, harten, glaukonitführenden Kalkbank, der im Norden eine Mergelkalk-Knollenlage entspricht (*Transversarium*-Zone). Darüber liegen bis 20 m Mergel- und Mergelkalk-Schichten. Von der Landesgrenze im Westen bis in die Weißenburger Gegend (Thalmässing) sind es weiche, hellgraue Mergel mit einzelnen Mergelkalk-Bänken in den oberen Anteilen: die *Impressa*-Mergel. Von der Umbiegung des Juras, von Freistadt—Berching—Neumarkt ab, nehmen diese Mergelkalk-Bänke überhand; die Mergel sind nur noch Zwischenlagen: *Alternans*-Schichten.

Die Mergel werden zum Düngen der Äcker verwendet. An manchen Stellen könnten die Schichten als Rohgut für Zementherstellung dienen.

| Cenomane Kreide | | | | | m |
|---|---|---|---|---|---|
| Oberer Jura oder Weißer Jura (Malm) | Oberer Malm | ζ | Neuburger Kalk (*Ciliata*-Kalk) | | 40 |
| | | | Reisberg-Kalk | Kelheimer Marmorkalk (*Diceras*-Kalk und Nerineen-Oolith). | 25 |
| | | | Plattenkalk | | 20 |
| | | | Krebsscheren-Kalk und Bronner Plattendolomite (*Beckeri*-Stufe) | | 15—25 |
| | Mittlerer Malm | ε | Frankendolomit und Plumper Felsenkalk | Frankendolomit und Plumper Felsenkalk | 50—100 |
| | | δ | „Treuchtlinger Marmor" (*Pseudomutabilis*-Stufe) | Schwamm-kalke | 30—40 |
| | | γ | Obere graue Mergelkalke | | 25 |
| | Unterer Malm | β | Werkkalk | | 20 |
| | | α | Untere graue Mergelkalke | | 20 |
| Mittlerer Jura, Brauner Jura oder Dogger | | | | | |

Die Schichtenfolge des Oberen oder Weißen Juras (Malm).

Ein glaukonitischer Kalk vom Plössen-Tale bei Kirchleus (Kulmbacher Gegend) hat nach A. Schwager (Gümbel, Fränk. Alb, S. 128—129) folgende chemische Zusammensetzung: Kieselsäure = 6,70 v. H.; Titansäure = Spur; Tonerde = 3,25; Eisenoxyd = 1,62; Kalkoxyd = 46,56 (entspr. 83,10 v. H. kohlensaurem Kalk); Magnesia = 1,51 (entspr. 3,17 kohlensaurer Magnesia); Kali = 0,65; Natron = 0,15; Kohlensäure = 38,21; Wasser + Org. 1,40 v. H.; Summe 100,05.

Wie alle Weißjura-Stufen, kann auch diese in Form riffartiger, ungeschichteter Schwammstotzen (Schwamm-Fazies) auftreten. In der verschwammten *Alternans*-Zone (oberer Weißjura-Alpha) sind unterhalb Wolfsberg und bei Ober-Rüsselbach in der Gräfenberger Gegend kleine Steinbrüche angelegt.

## Werkkalk (Weißjura-Beta).

Der Werkkalk bildet die erste Steilstufe im Weißen Jura. Er tritt an dessen ganzer Umrahmung auf, mit Ausnahme seines Südrandes, wo er nicht mehr zutage tritt. Von den Steilstufen aus zieht er eine Strecke weit in die Täler hinein.

Man gliedert die Werkkalkstufe in eine untere Abteilung: *Bimammatum*-Zone (nach dem Ammoniten *Peltoceras bimammatum* Qu.) und in eine obere Abteilung: *Planula*-Zone (nach dem Ammoniten *Idoceras planula* HEHL).

Der Übergang aus den unterlagernden *Impressa*-Mergeln geschieht allmählich durch Einschaltung von Kalkbänken. Die Mergelzwischenlagen werden dabei immer dünner. In Mittelfranken folgen erst in der *Planula*-Zone die Kalkbänke dicht aufeinander. Von der Gesamtmächtigkeit von 20 m treffen auf die *Planula*-Zone in Mittelfranken 6—8 m. Diese schließt weithin mit einer 0,40 m dicken Kalkbank nach oben ab. Darüber beginnen die dunkleren, mergeligen *Platynota*-Schichten der nächsten Stufe.

Mitten in den geschichteten Absätzen können auch ungeschichtete, massige Schwammstotzen auftreten; auch kann die Dolomitentwicklung der höheren Weißjura-Schichten bis in unsere Schichten herabreichen (Tabelle).

Eigenschaften: Die *Bimammatum*-Kalke sind hellgrau, der Bruch ist muschelig-rauh. Die Farbe der *Planula*-Kalke ist gelblich-grau oder weißlichgelb, der Bruch muschelig-glatt und scherbig. Hornsteinknollen sind im Werkkalk des östlichen Frankens und bei Hersbruck häufig (vgl. auch Fig. 1, Tafel 8).

Das Raumgewicht eines Kalkes vom Moritz-Berg bei Forchheim beträgt 2,65; eines Kalkes vom Hetzles bei Gräfenberg 2,644, die Härte 2,7 (nach REINSCH). In chemischer Hinsicht sind die Werkkalke recht reine Kalke (mit Ausnahme der hornsteinreichen Lagen) mit geringem Tongehalt; die Schwammkalke (Anal. IV) können bis 99 v. H. aus kohlensaurem Kalk bestehen.

| | I | II | III | IV |
|---|---|---|---|---|
| Kalkoxyd (CaO) . . . . . . . . . . . . . | 50,61 | 51,20 | 54,04 | 55,12 |
| Magnesia (MgO) . . . . . . . . . . . . . | 0,56 | 0,34 | 0,31 | Sp. |
| Eisenoxyd (Fe$_2$O$_3$) + Tonerde (Al$_2$O$_3$) . . . . . | 0,92 | 0,95 | 0.32 | 0,12 |
| Glühverlust . . . . . . . . . . . . . | 40,93 | 41,05 | 42,92 | 43,62 |
| Unlösliches . . . . . . . . . . . . . | 7.00 | 6,41 | 2,40 | 0,84 |
| | 100,02 | 99,95 | 99,99 | 100,00 |
| Kohlensaurer Kalk (CaCO$_3$) . . . . . . . . . | 90,38 | 91,43 | 96,50 | 98,43 |
| Kohlensaure Magnesia (MgCO$_3$) . . . . . . . | 1,17 | 0,71 | 0,64 | Sp. |
| Wasser (H$_2$O) . . . . . . . . . . . . | 0,55 | 0,45 | 0,13 | 0,31 |

I = Grauer Werkkalk, Vorra NO. von Hersbruck.
II = Gelber Werkkalk, Vorra (Fig. 1, Tafel 8).
III = Werkkalk, Rupprechtstegen, O. von Hersbruck.
IV = Schwammkalk, Rupprechtstegen.
(Unt.: Bay. Landesgewerbe-Anstalt, Nürnberg).

Die Bay. Landesgewerbe-Anstalt, Nürnberg, untersuchte Kalksteine von Vorra und Rupprechtstegen auf Frostbeständigkeit. Sie begutachtete die Gesteine als „sehr gut frostbeständig", da nach 25maligem Gefrieren und Wiederauftauen keine Abblätterungen und Kantenrisse eintraten. — Ge-

6*

steine anderer Vorkommen erwiesen sich praktisch freilich als wenig wetterfest. So bewährte sich der Werkkalk beim Bau der über Schnaittach gelegenen
alten Feste Rothenberg nur im Untergrund. Die oberirdischen Teile litten
stark unter Frost.

| | Druckfestigkeit (kg/cm²) im trockenen Zustande | | Druckfestigkeit (kg/cm²) im nassen Zustande | |
|---|---|---|---|---|
| | Grenzwerte | Mittelwert | Grenzwerte | Mittelwert |
| Gelblichgrauer Kalkstein, Vorra . . . | 1689—2158 | 2037 | 1460—2239 | 1871 |
| Hellgrauer, dichter Kalkstein, Rupp-rechtstegen . . . . . . . . . | 1860—2200 | 2007 | — | — |

Verwendung: Die ebenflächigen, plattigen Kalksteine werden zu Haus-
grundsteinen, Mauer- und Pflastersteinen, als Belegplatten für Fußwege verwendet. Im übrigen wird der Werkkalk zu Ätzkalk gebrannt und als Straßenschotter verwertet. Weitere Verwendungen siehe S. 85 bei Besprechung der
großen Steinbrüche der Hersbrucker Gegend.

Steinbrüche und Aufschlüsse:

1. Gegend zwischen Bamberg und Weismain.[1]) — Zwischen dem
Kordigast bei Weismain und dem Staffelstein bei Bamberg gehen auf den
hoch über dem Main gelegenen und bahnentfernten Werkkalken nur kleinere
Brüche (Werksteine und Schotter) um. — Brüche an der Würgauer Steige bei
Scheßlitz; Brüche im grauen, glatten Werkkalk W. von Ludwag und mehrere
Brüche gegen Zeckendorf zu, beide SO. von Scheßlitz; an der Kante der Alb-
hochfläche, auf der Friesener Warte SO. von Bamberg, bei Ober-Friesen und
W. von Zeegendorf;

2. Gegend von Ebermannstadt. — Brüche im Wiesent-Tal zwischen
Ebermannstadt und Muggendorf; alte Brüche um den Wachtknock bei Ebermannstadt; am Potschen-Berg (wohlgeschichtete Beta-Kalke, Kalkofen!);

3. Gegend von Gräfenberg. — Brüche bei Gräfenberg; S. von Ittling
und S. von Großengsee, beide O. von Gräfenberg; S. von Ober-Windsberg
SO. von Gräfenberg; zwischen Sollenberg und Weißennohe nahe Gräfenberg;
oberhalb Wolfsberg im NO. davon; am Streitbaum bei Hetzles, NO. von
Erlangen; am Nordrand des Leyer-Berges; NW. von Pommer (W. von
Gräfenberg);

4. Gegend von Hersbruck. — Riesenbrüche im Pegnitz-Tal und Högen-
bach-Tal, bei Vorra, Rupprechtstegen und Hartmannshof.

Vorra NO. von Hersbruck: Der westliche Pegnitz-Hang ist durch
große Steinbruchanlagen entblößt; Abbau hauptsächlich auf den wohlgeschichteten Werkkalken, aufgeschlossen 15—20 m. In den obersten Lagen, an der

---

[1]) In der Jura-Insel N. von Kulmbach, zwischen Kirchleus und Unter-Dornlach, ist ein
Bruch; ein anderer, an der Straße W. von Menchau, liegt schon auf der eigentlichen Alb.

Grenze zu Weißjura-Gamma Verschwammungserscheinungen; im höher liegenden alten Bruch ist die ganze Schichtfolge davon ergriffen. Kalkofen und Schotterwerke gleich unterhalb der Brüche. Der gewonnene Stückkalk wird verwendet zu Bauzwecken und in der chemischen Industrie, in kleineren Stücken (sog. Abfallkalk) als Düngemittel. Zerkleinerter Kalk liefert Schottergut, Juragrus als Betonzuschlag, und Quetschsand (vgl. Fig. 1, Tafel 8);

Rupprechtstegen SW. von Velden: Abbau auf wohlgeschichteten Kalken, die z. T. auf größere Ausdehnung hin verschwammt sind. Außer der üblichen Verwertung der Kalke dienen die sehr reinen, bis zu 99 v. H. Kalkkarbonat enthaltenden Schwammkalke gebrannt für die chemische Industrie, für die Landwirtschaft und das Baugewerbe;

Hartmannshof O. von Hersbruck: Der ganze nördliche Hang des Högenbach-Tales bildet auf 1 km Länge eine einzige Steinbruchwand. Das

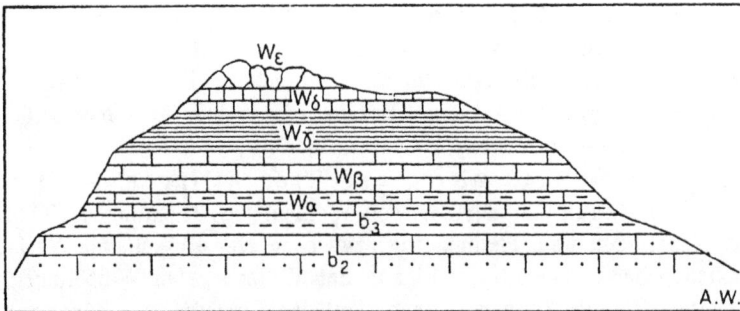

**Abb. 16**
**Profil durch den Weißen Jura nördlich von Hartmannshof.**
(Nach C. W. Gümbel und A. Wurm).

$W_\varepsilon$ = Frankendolomit
$W_\delta$ = Weißjura-Delta . . . . . . . . . . . . . . . . . . . . . . 13,20 m;
$W_\gamma$ = Weißjura-Gamma (Obere graue Mergelkalke) . . . . . . . . . . . . 20,40 m;
$W_\beta$ = Weißjura-Beta (Werkkalk) . . . . . . . . . . . . . . . . . 23,30 m;
$W_\alpha$ = Weißjura-Alpha (Untere graue Mergelkalke) . . . . . . . . . . . 14,65 m;
$b_3$ = Oberer Dogger (Ornaten-Ton usw.) . . . . . . . . . . . . . . 11,50 m.
$b_2$ = Mittlerer Dogger (Dogger-Sandstein).

Weißjura-Profil von der Dogger-Grenze bis zum Frankendolomit ist hier fast lückenlos erschlossen (Abb. 16). Mehrere Werke bauen teils im Rolloch-, teils im offenen Betrieb ab. Der Abbau bewegt sich hauptsächlich in den Werkkalken (Beta), in den „Oberen grauen Mergelkalken" (Gamma) und in den *Pseudomutabilis*-Kalken oder klotzigen Schwammkalken, Hornsteinkalken (Weißjura-Delta). Der Werkkalk (95 v. H. kohlensaurer Kalk) liefert Ätzkalk (Stückkalk) und Abfallkalk. Kalköfen im Tal und im Bruch selbst. — Der über den Werkkalken folgende graue Jura-Kalk (85—90 v. H. kohlensaurer Kalk) wandert als Rohkalk in die Eisenhütten-Werke der Umgebung oder er wird getrocknet, gemahlen und als kohlensaurer Düngerkalk versendet. Die hornsteinreichen Kalke werden mit dem Dolomit darüber gemischt, gebrannt, gedämpft, gemahlen und liefern Tüncherweiß und Edelputze. Auch für die

Zementherstellung eignen sich die Werkkalke, neben den Delta-Kalken, gut. Der als Zuschlag nötige Ton wird dicht unterhalb der Steinbrüche aus der Ornaten- und Macrocephalen-Zone des obersten Doggers gewonnen.

Kleinere Brüche am Stein-Berg N. von Hersbruck; an der Houbürg bei Happurg; zwischen Edelsfeld und Schnellersdorf bei Königstein, NO. von Hersbruck;

5. Gegend von Neumarkt i. Oberpfalz. — Brüche am Jurasteilrand O. von Neumarkt: am Maria-Hilfs-Berg und am Fuchs-Berg NNO. von Höhenberg (dunkelgraue, dichtgepackte, bis 0,40 m dicke Kalkbänke, zur Hangverbauung und als Schottergut verwertet);

6. Gegend von Beilngries. — Brüche bei Berching, am Arz-Berg bei Beilngries; bei Greding SW. von Berching; über Greding, am rechten Hang des Sulzbach-Tales [oberer Teil: feste geschlossene Kalkbänke (9 m), unterer Teil: mergelige Gesteine (11 m). Die oberen Bänke liefern Kalkbrenngut, Pflastersteine, einzelne Bänke eignen sich auch zu Steinmetzarbeiten; Farbe: hellgrau, Bruch rauh]. — W. über Greding, an der Straße nach Kraftsbuch, wird die *Planula*-Zone als Schotterstein gebrochen. Farbe: dunkelgrau bis bräunlich; Bruch: glatt; — kleine Brüche darin: bei Groß-Nottersdorf, an der Straße Emsing—Grafenberg, W. von Kinding;

7. Gegend von Weißenburg und Treuchtlingen. — Werkkalkbrüche bei Bechtal und Gersdorf, O. von Weißenburg; Nenslingen NO. davon; zwischen Nenslingen und Thalmässing; zwischen Nenslingen und Weißenburg (Kaltenbuch, Ober-Hochstadt); Südhang der Wülzburg bei Weißenburg (zwei Brüche, ganze *Planula*-Zone mit einem Teil der *Bimmamatum*-Zone in grauen und gelben Bankkalken, bis 0,40 m Dicke. Gesteine mit ganz glattem Bruch = Glaskalk); — Brüche auf dem Nagel-Berg bei Treuchtlingen; an den gegen Weißenburg zu gelegenen Höhen (Schambach); bei Dietfurt; gegenüber dem Bahnhof Pappenheim, an der Straße nach Solnhofen;

8. Gegend des Hahnenkamms. — Brüche über Markt Berolzheim; SO. von Degersheim im SO. von Heidenheim; auf dem „Gelben Berg" bei Dittenheim SO. von Gunzenhausen; Höhe gegenüber dem Berge (flache ausgedehnte Brüche); Ursheim S. von Heidenheim, an der Straße nach Döckingen; Größerer Bruch auf der Höhe N. von Heidenheim (8 m mächtige *Bimmamatum*-Schichten; obere Lagen überwiegend Mergelschichten, untere diese zurücktretend; Kernsteine = 0,17—0,40 m dicke Kalkbänke. Reich an Brauneisenputzen, aus Schwefelkies entstanden); — O. über dem Obels-Hof bei Spielberg (die rd. 0,20 m dicken, dunkelgrauen Kalkbänke der *Planula*-Zone, die glaukonitumgebene Kalkeinschlüsse enthalten, gehen in klotzigen, gelblichgrauen, glaukonitfreien Kalk über); — an der Südkante des Hessel-Berges (die Werkkalkbänke dienen zur Zementherstellung: unten liegen rauhe graue Kalke mit Mergelzwischenlagen, oben mehr gelbe Kalke); — am und im Ries Werkkalkbrüche am östlichen Riesrand, besonders bei Wemding. Verbreschte Schichten in der Riesgegend werden in vielen Gruben als Schotter gewonnen, z. B. in der Kiesgrube S. von Hürnheim und im Ort Groß-Sorheim;

9. Gegend zwischen Bayreuth und Vilseck. — Steinbrüche in den schmalen Schollen, die längs der östlichen Jura-Randverwerfung dem Frankendolomit vorgelagert sind: Altneuwirtshaus bei Waischenfeld SW. von Bayreuth; Weißjura-Insel der Neubürg bei Wohnsgehaig (NO. von Waischenfeld); Bruch O. von Neuhof bei Pegnitz; Kalkwerk in Kirchenthumbach W. von Eschenbach;

10. Gegend von Vilseck. — Kalk- und Schotterwerk in Schlicht bei Vilseck; die Brüche bei Groß-Schönbrunn (NW. von Hirschau) liegen in nicht näher bekanntem Unteren oder Mittleren Weißjura;

11. Gegend von Amberg. — Brüche auf dem St. Anna-Berg; NW. von Rosenberg; an der Amberger Verwerfung N. von Krumbach bei Amberg; in dem dortigen schmalen Weißjurastreifen sind Steinbrüche auf dicke, z. T. hornsteinführende Kalkbänke angelegt, die wahrscheinlich unsere Werkkalke sind; — im Vils-Tal S. von Amberg eine Reihe von kleinen Brüchen in grauen, gefleckten, rauhen, dichtgepackten Kalkbänken mit vielen weißen Kieselknollen zwischen Hasel-Mühle und Lengenfeld (bis 12 m Kalkbänke: bis 0,70 m starke Bausteinbänke; sanderfüllte Rinnen, bis 4 m tief von oben eingegraben, d. s. Auslaugungsspalten, mit lehmig-sandigen Massen mit Kieselknollen und Manganverkittung erfüllt); — Profil im Kalkwerk Lengenfeld, von oben nach unten: Dickbänke mit Kieselschnüren 10 m; Mergel „blaues Band" 1,5 m; guter Stein: Dickbänke 2 m; der Kalk wird in einem Ringofen für Hüttenzwecke gebrannt. Die Kieselknollen zersprengen dabei den Kalk; — Kalkwerk Theuern am rechten Vils-Ufer zwischen Lengenfeld und Theuern (großer Steinbruch in drei Sohlen; 31 Dickbänke, außer Beta-Kalken mindestens noch Mittel-Gamma und wahrscheinlich auch noch Delta vertreten; senkrechte Zerklüftung in mächtige Schichtenklötze); — Lauterhofen SW. von Amberg (Bruch).

## Obere graue Mergelkalke (Weißjura-Gamma).

Auf die Steilstufe des Weißjura-Beta folgt in der Frankenalb meist eine schwach ansteigende Verebenung, gebildet von den Gesteinen des Weißjura-Gamma. Sie sind zumeist dünnbankige mergelige, graue Kalke, nicht mehr gelb wie die Werkkalke. Gerade diese Stufe wechselt senkrecht und in der wagrechten Verbreitung ziemlich häufig in der Gesteinsbeschaffenheit. Auch der Tongehalt ändert sich regional. Manchmal sind die höheren und die tieferen Schichten tonhaltig und die mittlere Gesteinsfolge ist vorherrschend kalkig entwickelt. Dann ist das Gestein ähnlich wie der Werkkalk zu verwerten. Im allgemeinen sind die Oberen grauen Mergelkalke viel weniger steinbruchmäßig aufgeschlossen als die Werkkalke. An einigen Stellen werden sie für Zementherstellung abgebaut. Für Bausteinverwertung scheint die geringe Frostbeständigkeit besonders der dichten, splitterigen Lagen (Glas- oder Splitterkalke) zu gering zu sein. Die Gamma-Kalke aus den Brüchen von Hartmannshof zerspringen im Feuer und werden daher nicht gebrannt. Die härteren Lagen werden zu Schottern verarbeitet. — Bei Hartmannshof durchziehen das Profil an der unteren Grenze von Gamma zwei versteinerungsreiche Mergelkalkbänder, die sog. „blauen Bänder". Gamma ist hier vorwiegend kalkig entwickelt.

| | $SiO_2$ | $Al_2O_3$ | $Fe_2O_3$ | CaO | MgO | $K_2O$ | $Na_2O$ | $P_2O_5$ | $CO_2$ | $H_2O$ + Org. |
|---|---|---|---|---|---|---|---|---|---|---|
| I | 4,79 | 1,74 | 0,43 | 50,15 | 0,95 | 0,34 | 0,19 | 0,03 | 40,44 | 0,89 |
| II | 7,64 | 2,98 | 0,99 | 47,52 | 0,88 | 0,35 | 0,18 | 0,18 | 38,27 | 1,18 |

I = Grauer, mergeliger Kalk aus Unter-Gamma, Hammer-Berg bei Streitberg ($TiO_2$ = 0,02; $CaCO_3$ = 90,16; $MgCO_3$ = 1,99 v. H.);

II = Grauer, mergeliger Kalk aus Ober-Gamma, Kalk-Berg bei Weismain ($TiO_2$ = 0,01; $CaCO_3$ = 84,82; $MgCO_3$ = 1,84 v. H.).

(Unt.: A. SCHWAGER in GÜMBEL, Fränk. Alb, S. 128).

Die mergelige Beschaffenheit der Kalke drückt sich im Kieselsäure- und Tonerdegehalt aus.

Im Mittelfränkischen wurde die ganze Schichtfolge nach Ammoniten in drei Zonen gegliedert. Von unten nach oben (nach WEGELE):

a) Zone der *Sutneria platynota* REIN. — Mächtig: 2—3,5 m. Scharf abgegrenzt gegen die unterlagernde *Planula*-Zone mit ihren dichtgepackten, hellen Kalkbänken durch eine graue bis dunkelgraue Mergelbank mit dünnen Kalklagen. Technisch nicht verwertet;

b) Zone des *Ataxioceras suberinum* v. AMMON; — (= Mittel-Gamma, Polyploken-Schichten: Obere graue Mergelkalke i. e. S.); Stärke: 10—12 m; fester gepackte Kalkbänke mit nach oben abnehmendem Tongehalt. Untere Lagen meist gelblich, oft etwas unebenplattig; obere Lagen: grau bis dunkelgrau, unmerklich in die höheren Schichten (c) übergehend. Obere Kalkbänke härter und daher stellenweise als Bau- und Schotterstein verwertbar;

Brüche: W. über Dürrenberg bei Heidenheim (in Abbau: die rd. 0,20 m dicken Bänke des unteren Teils der Zone für einen Kalkofen); bei Degersheim auf dem Hahnenkamm, etwas rechts der Straße nach Auernheim (Werkkalkentwicklung der oberen Lagen); Efferaberg bei Hechlingen, S. von Heidenheim; bei Euerwang gegen Heimbach zu (Gredinger Gegend);

c) Zone des *Oecotraustes dentatus* REIN. — In Mittelfranken rd. 12 m stark; zunächst feste graue Kalke wie unten; meist etwas dicker bankig werdend; Mergellagen zurücktretend; im oberen Drittel eine 1 m starke Mergelfolge. Kalkbänke darüber sind dicker und rauher als die tieferen Lagen. Grenze gegen die *Pseudomutabilis*-Zone teils scharf, wenn die pseudoolithischen Dickbänke des Treuchtlinger Marmors auflagern; teils unscharf, wenn diese Ausbildung schon tiefer, in der *Dentatus*-Zone beginnt;

Brüche: Bruch an der Straße von Dietfurt nach Monheim (Zone, ganz erschlossen, 14 m mächtig; sehr wechselnde Gesteinsbeschaffenheit: bräunlichgrau, glattmuschelig brechend; hellgrau und fest, undeutlich pseudoolithisch, rauh brechend; bläulichgrau, splitterig mit kleinen dunklen Flecken. Oberste Bänke

Fig. 1
Klotziger, ungeschichteter Frankendolomit bei Pottenstein
(zu S. 94).

Aufn. v. A. WURM
Fig. 2
Steinbruch auf Wiener Putzkalk, wohlgeschichteten Dolomit, bei Bronn
(zu S. 94 und 96).

bereits der *Pseudomutabilis*-Zone angehörig). — Brüche weiter südwestlich gegen Harburg zu; Steinbühl bei Wemding (Ausbildung der Zone bereits nach der Art des Treuchtlinger Marmors; diese gültig z. T. auch für den Südrand des Rieses; auch bei Wiesenhofen zwischen Greding und Beilngries erkennbar; im Bruch von Steinbühl das untere Drittel = *Dentatus* - Zone; darüber 1 m mächtige Dickbänke der *Pseudomutabilis*-Zone oder des Treuchtlinger Marmors). — Die zertrümmerten Schichten im Ries und in seiner Umgebung können nur als Schotter verwendet werden [z. B. Bruch S. von Monheim (*Dentatus*-Zone)].

Nördliche Frankenalb. — Die Mächtigkeit von Weißjura-Gamma beträgt im nördlichen Frankenjura 35—40 m, bei Hartmannshof aber nur 20 m. Die Gliederung ist hier von unten nach oben: *Platynota*-Zone = Mergel und Mergelkalkknollen 2 m; — Polyploken-Schichten: dicke, mächtige Kalkbänke; — *Monotis similis*-Zone: Mergel und Mergelkalkknollen 1 m; dünne Mergelkalkbänke mit viel Mergelzwischenlagen. Die Polyploken-Schichten geben in der nordwestlichen Frankenalb harte und wetterfeste Werksteine ab; in der nordöstlichen Alb sind diese Schichten mehr mergelig entwickelt;

Brüche: außer in den Brüchen bei Hartmannshof O. von Hersbruck sind die Gamma-Schichten in kleineren Brüchen bei Gräfenberg (viele Kieselknollen im Kalk), Thuisbrunn bei Egloffstein und Würgau bei Scheßlitz erschlossen.

Gegend zwischen Amberg und Regensburg. — Die Mergelkalke sind durch dichte, dickbankige bis klotzige Kalksteine mit Hornsteinknollen ersetzt (Splitterkalke). Brüche: am Galgen-Berg bei Regensburg in einer überkippten Jurascholle; am Gangel-Berg bei Pirkensee SO. von Burglengenfeld und an der Straße nach dieser Stadt; bei Leonberg SO. von Burglengenfeld, östlich am Weg nach Roßbach; am Braun-Berg bei Burglengenfeld (Zementwerk).

## Treuchtlinger oder Weißenburger Marmor, Pseudomutabilis-Kalk (Weißjura-Delta).

Die Bezeichnung der Gesteine leitet sich von dem Ammoniten *Aulacostephanus pseudomutabilis* DE LOR. her. — Das Gestein kommt im ganzen Juragebirge vor, besonders an dessen steilem Nord- und Westrand und in den ins Innere der Alb ziehenden Tälern. In der Weißenburger Gegend und im Altmühltal-Gebiet, von Treuchtlingen bis über Eichstätt hinaus, folgen auf die Dickbänke der *Dentatus*-Zone, oft von diesen kaum zu unterscheiden, dickbankige Schichtkalke (Werkkalke), mit Bankmächtigkeiten von 0,40—1,00 m; vereinzelt sind Bänke von 0,20 m Stärke. Selten sind bis 0,20 m dicke Tonzwischenlagen (sog. Pappschichten) (Bruch bei der Schlag - Brücke unterhalb der Willibalds-Burg in Eichstätt; überm Friedhof Solnhofen). — In den obersten 4—6 m sind die Bänke oft dünner, hellfarbiger bis weiß; der Bruch ist rauh und mehlig. Durch Verschwammung können die Schichtflächen verschwinden; das Gestein wird dann massiger. In Oberfranken ist die Verschwammung der ganzen Zone die Regel. Weitere Ausbildungsformen neben dem grobklotzigen Schwammkalk: mehr mergelige Schwammkalke und Hornsteinkalke (helle, dichte oder pseudoolithische Kalksteine mit Schnüren und Knollen von Hornstein; untere Lagen: dicke Bänke vorherrschend; nach oben hin dolomitisch oder kalkig-massig werdend).[1]) (Vgl. Fig. 2, Tafel 8.)

Die Mächtigkeit der Zone ist im Süden 30—40 m, nach Norden und Osten zu tritt eine starke Verschwächung der Mächtigkeit ein.

Eigenschaften: Hellgelbe, graublaue, oft breschenartige Kalke (durch rundliche oder eckige Einschlüsse); längliche, weißliche Knöllchen, in die Kalkzwischenmasse eingesprengt, täuschen oolithisches Aussehen vor; der Bruch ist rauh; die Bänke sind hart und ziemlich schwer zu bearbeiten. Dickbänke heißen Eichensteine.

Die Dickbänke sind ziemlich reiner Kalk mit sehr geringer Tonbeimengung.

| | $SiO_2$ | $Al_2O_3$ | $Fe_2O_3$ | $CaO$ | $MgO$ | $K_2O$ | $Na_2O$ | $P_2O_5$ | $CO_2$ | $H_2O$ + Org. |
|---|---|---|---|---|---|---|---|---|---|---|
| I | 0,85 | 0.25 | | 54,75 | 0.56 | — | — | — | 43,66 | 0.13 |
| II | 1,41 | 0,57 | 0,28 | 53,60 | 0,50 | 0,14 | 0,11 | 0,09 | 42,67 | 0,57 |
| III | 2.51 | 0,56 | 0,30 | 53,41 | 0,26 | 0,30 | 0,04 | 0,08 | 42,24 | 0,43 |

I = *Pseudomutabilis*-Kalk (Treuchtlinger Marmor), Treuchtlingen (Fig. 2, Tafel 8).
II = Gewöhnlicher Schwammkalk ohne Kieselausscheidungen, Haardt bei Weißenburg ($CaCO_3$ = 95,67 v. H.; $MgCO_3$ = 1,05 v. H.).
III = Pseudoolithischer Schwammkalk, Schaf-Hof bei Löblitz SW. von Bayreuth ($CaCO_3$ = 95,33 v. H., $MgCO_3$ = 0,54 v. H.).
   (Unt.: I: U. SPRINGER; II und III: A. SCHWAGER, in GÜMBEL, Fränk. Alb, S. 128).

Technisch bedeutsam ist die meist große Schichthöhe der Werkbänke, die wagrechte Lagerung und ein Netz von Klüften. Sie gestatten oft die Gewinnung mächtiger Blöcke (bis zu 10 m³). Die Bänke halten auf große Strecken in ähnlicher Beschaffenheit an.

Bergfeucht friert das Gestein zwar leicht auf. Ausgetrocknet aber ist es sehr wetterfest; alte Bauten daraus zeigen kaum irgend einen Schaden (vgl. die Säulenschäfte am Hauptbahnhofs-Gebäude in München).

Druckfestigkeit und Wetterbeständigkeit des Treuchtlinger und Weißenburger Gesteins („Marmors") lassen sich aus nebenstehender Tabelle erkennen (Bestimmung durch das Mech.-techn. Laboratorium der Technischen Hochschule, München).

Gefrierprobe: Die Wasseraufnahme der 25 mal gefrorenen und wieder aufgetauten Gesteinsproben beträgt nur um weniges mehr als vor der Gefrierprobe (beim Treuchtlinger Gestein um 0,06—0,15 Raum-H.-T., beim Weißenburger Gestein um 0,1—0,2 Raum-H.-T.). Die Gefrierprobe setzte die Druckfestigkeit nicht viel herab; feine Risse erweiterten sich etwas, neue Risse und Ab-

---

[1]) Die oberen dolomitischen Lagen („Baster") von Hartmannshof werden zu „Sackkalk" gebrannt; die unteren werden zu Schotter gequetscht.

blätterungserscheinungen zeigten sich nicht. Unter den Treuchtlinger Gesteinen sind die grauen druckfester als die gelben und weißen.[1]

| | Druckfestigkeit (kg/cm²) im trockenen Zustande | | Druckfestigkeit (kg/cm²) im nassen Zustande | |
|---|---|---|---|---|
| | Grenzwerte | Mittelwert | Grenzwerte | Mittelwert |
| **Treuchtlinger Gestein:** R.-Gew. = 2,55—2,64 | | | | |
| gut geschlossener Stein von gleichmäßigem Bruch . . . . . . . | 1120—1390 | 1200 | 1140—1570 | 1335 |
| bei Steinen mit rostbraunen Adern . | 998 | | | |
| nach dem Gefrierversuch (Steine ohne porige Stellen) . . . . . . . | 1240—1390 | 1260 | | |
| bei Steinen mit rostbraunen Adern . | 1180—1280 | | | |
| Wasseraufnahme: 2,21—3,28 Raum-H.-T. | | | | |
| Wasseraufnahme nach 25 mal. Gefrieren u. Auftauen: 2,32—3,34 Raum-H.-T. | | | | |
| **Weißenburger Gestein:** R.-Gew. = 2,55—2,62 | | | | |
| gut geschlossen, von gleichmäßigem Bruch . . . . . . . . | 1520—1640 | 1430 | 1190—1390 | 1290 |
| bei Steinen mit porigen Stellen . . | 1051—1480 | | | |
| nach dem Gefrierversuch (Steine ohne porige Stellen) . . . . . . . | 1450—1570 | 1395 | | |
| bei Steinen mit porigen Stellen . . | 1220—1330 | | | |
| Wasseraufnahme: 2,3—4,2 Raum-H.-T. | | | | |
| Wasseraufnahme nach 25 mal. Gefrieren und Auftauen: 2,4—4,4 Raum-H.-T. | | | | |

Brüche und Aufschlüsse:

Gegend von Weißenburg. — Im Weißenburger Stadtwald, an der Eichstätter Straße drei Brüche, davon einer im Betrieb (mittlere Abteilung der rd. 7 m starken *Pseudomutabilis*-Kalke; auch in den tieferen Lagen scheinbar einige brauchbare Bänke; nach oben Auflösung der Bänke in plattige Lagen);

Gegend von Treuchtlingen. — Die sog. Treuchtlinger Marmorindustrie gründet sich auf die Gewinnung der Delta-Kalke besonders im Möhrener Tal S. der Matten-Mühle (neben gelben Gesteinen auch graublaue Bänke in tieferen Lagen. Steinsägewerk bei den Brüchen); — weitere Brüche dicht S. über Treuchtlingen am Mühl-Berg; bei Rehlingen SSW. von Treuchtlingen; beim Bahnhof Möhren und an der Bahn in der Nähe von Gundelsheim; Bruch an der Bahn Möhren—Gundelsheim (hier werden folgende, nach Schicht-

---

[1] Das Druckfestigkeitsmittel des trockenen Treuchtlinger Gesteins von 1200 kg/cm² wird durch die eine Probe mit den rostbraunen Adern (998 kg/cm²) ungünstig beeinflußt.

nummern geordnete Lagen gewonnen: 1. Jura-Feuer; 2. Jura-Travertin; 3. Jura-Travertin-rahmweiß, 4. Jura-Taubengrau, 5. Jura-Deutschgelb, geschlossen; 6. Jura-rahmweiß). (Anm.: Im Süden stellen sich häufiger Verschwammungen ein, welche die technische Verwertung des Gesteins beeinträchtigen);

SO. von Treuchtlingen im Altmühl-Tal viele Brüche (der Delta-Kalk steigt immer tiefer die Talhänge herab): Grafen-Mühle W. von Pappenheim; bei Pappenheim; Solnhofen;

Gegend von Eichstätt. — Brüche (meist wenige Meter über der Talsohle) bei Eichstätt (Schlag-Brücke unterhalb der Burg; Rebdorf; Marienstein); im Buch-Tal bei Eichstätt; Pfünz und Walting O. von Eichstätt (Treppensteine, Torsäulen, Grabsockel, Pflaster- und Mauersteine);

Weitere südliche Alb. — Brüche bei Kaisheim und Wemding (die Wemdinger Delta-Kalke werden gebrannt, mit Sand von der Schwalb-Mühle gemischt; aus der Mischung werden Hartsteinziegel hergestellt); — im westlichen Ries bei Holheim (SW. von Nördlingen) werden verbreschte Delta-Hornsteinkalke zusammen mit verbreschten Epsilon-Kalken als Schottersteine gewonnen; — bei Hirschberg nahe W. von Beilngries und Paulushofen SO. der Stadt (Abbau als Werksteine u. a. m.);

Nördliche Frankenalb. — Eine Kalkmühle NW. von Etzelwang (O. von Hersbruck) verarbeitet anscheinend Delta-Kalke zu kohlensaurem Düngekalk; mehrere Brüche bei Kasendorf SW. von Kulmbach [normal dickbankige und klotzig-dickbankige Kalke (gelb bis blaugrau, breschig, falsch-oolithisch, z. T. Hornsteine führend)];

Südöstliche Frankenalb. — Die Hornstein-Delta-Kalke werden mit den Splitter- und Werkkalken von Gamma und Beta in einem großen Steinbruch S. von Groß-Saltendorf (NO. von Burglengenfeld) abgebaut und zu Portland-Zement verarbeitet.

Verwendung: Die Art des Vorkommens, die Härte, die auf große Strecken gleichmäßige schwammstotzenfreie Beschaffenheit lassen das Gestein vielseitig verwerten. Die besonders wertvollen Werksteine der Treuchtlinger und Weißenburger Gegend werden meist in der Innenarchitektur verwendet. Das Gestein hat hohe Druck- und Belastungsfähigkeit. Es lassen sich 4—5 m lange Formen für Brüstungen, Säulen und Pfeilern gewinnen. Man verwendet den Kalkstein auch für künstlerische Arbeiten und für die Möbelindustrie. Für elektrische Schalttafeln eignen sich die Treuchtlinger „Marmore" ähnlich wie der Carrarische Marmor, von dem sie sich in Bezug auf die Isolationsfähigkeit und deren Beeinträchtigung durch Feuchtigkeit nicht wesentlich unterscheiden. Ihr Eisengehalt beträgt weniger als 0,03 v. H. des Gewichtes. Nur in Hinsicht auf Bearbeitbarkeit durch Bohrung bleiben sie hinter dem italienischen Marmor zurück (Phys.-techn. Reichsanstalt, Berlin). — In einzelnen Lagen ist das Gestein frei von porigen Stellen und besitzt dann ausgezeichnete Politurfähigkeit.

Aus Treuchtlinger Marmor sind u. a. die 60 Säulen des Nürnberger

Justizpalastes und die Pfeiler und Brustlehnen im Treppenhaus des ehemaligen Kriegsministeriums in München hergestellt. U. a. wurde das Gestein verwendet beim Neuen Stadttheater in Chemnitz, bei der Technischen Hochschule in Darmstadt, bei der Universitäts-Bibliothek in Heidelberg, bei der Musikhalle in Görlitz. Auch zu Grabdenkmälern und Treppenanlagen, zu Zierbrunnen (Wolfsbrunnen in München), zu Altären (St. Ottilien bei Landsberg)[1]) ist das Gestein vielfach verwendet worden. Geschliffen und poliert geht es in der Industrie unter der Bezeichnung „Marmor", die ihm aber im gesteinskundlichen Sinne nicht zukommt. Im Handel wird es als „Jura-blaugrau", „Jura-gelb", „Jura-geblümt" geführt.

Die ruhige, vornehme Farbe macht sich namentlich bei polierten Wandverkleidungen oder geschliffenen Säulen geltend (so in München im Verkehrsministerial-Gebäude, im Müller'schen Volksbad, im Hotel Königshof, in der Eingangshalle des Mineralogischen Instituts der Technischen Hochschule, im Universitäts-Neubau, im Cafe Mack und an anderen Gebäuden); bei Schaltbrettern, Tisch- und Fensterplatten, Inschrifttafeln u. a. m.

Die Weißenburger Brüche verarbeiten das Gestein zu Grabdenkmälern.

Die mehr dünnbankigen, weniger wertvollen Lagen werden zu Mauersteinen, Flußverbauungen und Schottersteinen verwertet. Diese Gesteine und der Abfall der Werksteine liefern noch guten Brennkalk (Weißkalk). Die kleinen Brüche stellen neben Schottern und Brennkalk meist Mauersteine, Grenz- und Pflastersteine, Eck- und Unterlagsquadern, Wassertröge u. ä. her.

### Die Dolomite des Weißen Juras, insbesondere der Frankendolomit.

**Der Frankendolomit.** — An der Zusammensetzung des bayerischen Juragebirges hat dieses Gestein einen erheblichen Anteil. Vom Kordigast bei Weismain im Norden bis in die Gegend von Solnhofen ist er, namentlich auf der Albhochfläche, weit verbreitet. Im Norden, z. B. in der Fränkischen Schweiz, bildet er das überwiegende Gestein der Weißjurastufe-Epsilon. Weiter im Süden, z. B. in der Altmühl-Alb, setzt er diese Stufe im Verein mit den „Plumpen Felsenkalken" zusammen. Es vertreten sich da häufig Kalk und Dolomit in der wagrechten und senkrechten Verbreitung gegenseitig, wie auch in der chemischen Zusammensetzung der größte Wechsel herrscht. Der massige oder undeutlich geschichtete Dolomit kann durch recht gut gebankten Schichtdolomit vertreten sein. — Auch die Albhochfläche zwischen Neumarkt und Regensburg besteht noch vorwiegend aus Dolomit. Im Laaber-Tal wechseln Felsbildungen von Kalk und Dolomit ab.

Es ist jedoch nicht richtig, den Frankendolomit mit GÜMBEL und einigen anderen Geologen allgemein als dolomitische Fazies des Weißjura-Epsilon aufzufassen. Der Frankendolomit i. e. S. ist zwischen der *Pseudomutabilis*-Stufe (Delta) und der *Beckeri*-Stufe (Zeta) entwickelt. Die Dolomitisierung aber greift oft in die *Beckeri*-Stufe hinauf und in die *Pseudomutabilis*-Stufe und

---

[1]) Der Eichstätter Bildhauer Loy Hering (geboren um 1485) hat die Vollfiguren auf dem Altar der Pappenheimer Kirche aus dem Kalkstein hergestellt.

noch tiefer herab. Nach P. Dorn kann die dolomitische Fazies bis ins Beta herabsteigen (Profil-Tabelle VII auf S. 82). Eine scharfe Abgrenzung der schichtigen Stufen des Weißen Juras wird dadurch oft unmöglich. — Die Mächtigkeit der dolomitischen Ausbildung des Weißen Juras, die man als Frankendolomit i. a. oder als „Fränkische Massenformation" zusammenfaßt, ist im oberfränkischen Jura bis 130 m.

Die Entstehung der Dolomitmassen ist noch nicht sicher geklärt. Vor allem ist die Frage ungelöst, ob der Dolomit als solcher aus dem Meere abgesetzt worden ist oder ob ehemalige Kalkriffe meerischer Entstehung erst nachträglich, unter Zerstörung ihres Versteinerungsinhaltes, in Dolomit umgewandelt worden sind.

Eigenschaften: Der Frankendolomit ist ein hell- bis dunkelgraues, selten gelbliches Gestein von rauhem, zuckerkörnigem Gefüge, bei feinem bis mittlerem, kristallinem Korn. Stellenweise enthält er weiße Hornsteine. Das Raumgewicht eines Dolomits vom Staffel-Berg bei Staffelstein ist 2,756, von Egloffstein bei Gräfenberg 2,771 (nach Reinsch). Der Dolomit bildet meist klotzige, ungeschichtete Massen, pfeiler- und burgartige Felsformen, welche die landschaftliche Schönheit vieler Juratäler, besonders der Fränkischen Schweiz, verursachen. Seltener tritt der Dolomit in dicken Bänken auf (Fig. 1 und 2, Tafel 9).

Die Druckfestigkeit des Massendolomits aus dem Steinbruch von Neuensorg bei Velden an der Pegnitz beträgt 1950—3125 kg/cm², im Mittel 2420 kg; der Dolomit von Lohstadt bei Regensburg hat als entsprechende Zahlen 980—1100 kg.

Chemisch ist der Frankendolomit meist kein Normaldolomit. Das Verhältnis von $CaCO_3$ zu $MgCO_3$ wechselt und der Magnesiumkarbonat-Gehalt überschreitet selten 41,5 v. H. In den Übergängen zur Kalkausbildung kommt es zu den verschiedensten Mischungen in Bezug auf das Gewichtsverhältnis und dem Raume nach (Halbdolomite).

Aus den zahlreichen chemischen Analysen von Frankendolomit (vgl. auch die Zusammenstellung von F. W. Pfaff) seien nur einige angeführt.

| | 1 | II | III | IV | V | VI | a | b | c | d |
|---|---|---|---|---|---|---|---|---|---|---|
| Kohlensaurer Kalk ($CaCO_3$) . . | 54,68 | 57,85 | 63,09 | 56,04 | 58,31 | 60,20 | 54,27 | 56.26 | 62.76 | 56,55 |
| Kohlensaure Magnesia ($MgCO_3$) | 40,92 | 41,43 | 36.01 | 42,17 | 38,45 | 37,04 | 40,88 | 39.43 | 30,87 | 42,99 |
| Kieselsäure ($SiO_2$) . . . . . | 3,38 | 0,17 | 0,07 | 0,70 | 0,46 | 0,09 | 1,16 | 1,47 | 2,57 | 0,16 |
| Tonerde ($Al_2O_3$) . . . . . | 0.09 | 0,11 | 0,05 | 0,11 | 0,27 | 0,05 | } 1,65 | 1,19 | 0,93 | Sp. |
| Eisenoxyd ($Fe_2O_3$) . . . . . | 0,05 | 0,05 | 0.07 | 0,30 | 0.19 | 0,08 | | | | |
| Kaliumoxyd ($K_2O$) . . . . . | 0,21 | 0,11 | 0,24 | — | 0,41 | 0,24 | — | — | — | — |
| Natriumoxyd ($Na_2O$) . . . . | 0,31 | 0,28 | 0,32 | — | 0,64 | 0,30 | — | — | — | — |
| Phosphorsäure ($P_2O_5$) . . . | 0,01 | — | 0,09 | — | — | 0,09 | — | — | — | — |
| Wasser ($H_2O$) und Organisches | — | — | — | — | 1,13 | — | 1,78 | 1,92 | 2,62 | 0,49 |

I = Dolomit aus dem Steinbruch im „Weißen Buben" im Köschinger Forst (Cl + $SO_3$ = 0,18).
II = Dolomit aus dem Steinbruch im Demlinger Holz bei Ingolstadt (früheres Festungsbaumaterial).
III = Dolomit aus dem Steinbruch vom Schwarzfeld bei Mündling, unfern Donauwörth.
IV = Dolomit aus dem Steinbruch von Neuensorg bei Velden (Unt.: Bay. Landesgewerbe-Anstalt, Nürnberg)
V = sog. Putzkalk von Bronn bei Pegnitz (Fig. 2, Tafel 9).
VI = Sandiger Dolomit bei Brunn, unfern Laaber
(Untersucher, mit Ausnahme von IV, A. SCHWAGER in GÜMBEL, Fränkische Alb, S. 136). Die Analysen wurden z. T. auf Karbonate umgerechnet.
a = Normaldolomit, Sorg bei Wolfsberg (Unt.: DORN, in P. DORN 1926, S. 149).
b = Normaldolomit, Thuisbrunn bei Egloffstein (Unt.: DORN, 1926, S. 149).
c = Dolomit vom Eberhardsberg bei Gräfenberg (Unt.: DORN, 1926, S. 151).
d = „Putzkalk" vom Gais-Berg bei Bronn (Unt.: Bay. Landesgewerbe-Anstalt, Nürnberg).

Steinbrüche: 1. Dickbankiger Dolomit. — Größere Brüche nahe der Kirche von Klein-Ziegenfeld, S. von Weismain (W. von Kulmbach) [gewonnen wird für Bauzwecke Dolomit der *Pseudomutabilis*-Stufe (Delta). Die bis 1,7 m dicken Bänke des etwas luckigen Gesteins liefern große Blöcke, die im Bruch zerschnitten und zu Pfeilern, Gesimsen und Denkmalsockeln verarbeitet werden. Der Abfall gibt Schottergut. Das Gestein findet Absatz trotz seiner nicht bahngünstigen Lage und der Abfuhr mittels Lastkraftwagen]; — Brüche an vielen Stellen der Alb, die auch günstiger zur Bahn liegen (zum Beispiel N. von Michelfeld an der Bahn Pegnitz—Neuhaus; W. vom Halteplatz Pattershofen an der Bahn Amberg—Lauterhofen);

2. Ungeschichteter, massiger Dolomit. — Größerer Bruch bei Neuensorg unweit Velden a. d. Pegnitz (verwertet als Baustein, Schotter und Betonzuschlag und für die chemische und Eisenindustrie); — Steinbrüche in Hartmannshof (nur im geringen Umfange wird Dolomit gebrochen); am St. Anna-Berg O. von Sulzbach (größerer Bruch, dessen Gestein, meist Dolomit, in die Hochöfen wandert); bei Lehenhammer SW. von Sulzbach und bei Oed im Hammersbach-Tal bei Hartmannshof (ähnliche Verwertung wie beim Bruch vom St. Anna-Berg); bei Marienstein und Denkendorf bei Eichstätt, besonders am Bahnhof Eichstätt; Ebenwies im Naab-Tal bei Regensburg; am Donauhang des Hausel-Bergs bei Oberndorf unweit Regensburg; bei Lohstadt nahe Regensburg (der Dolomit wurde beim Bau der Donaubrücke von Poikam bei Kelheim verwendet); — Bruch am Kalkofen NW. von Abbach (an der Donau gelegen; Frankendolomit wird von Grünsandstein überlagert); Steinbrüche auf der Demlinger Höhe bei Ingolstadt (versteinerungsreicher Frankendolomit; Baustoff für den Ingolstädter Festungsbau); zwischen Sieglohe und Mauern im Wellheimer Trockental (blaugrauer Dolomit, Pflastersteine und Straßenschotter liefernd); SO. von Mündling am Ries (Straßenschotter).

Verwendung: Größere Blöcke des Dolomits werden für Bauzwecke verwendet, für welche er in Druckfestigkeit und Frostbeständigkeit allen Anforderungen genügt. (Der Römerturm von Schloß Prunn im Altmühl-Tal ist aus Dolomit erbaut.) Wo ein Angriff durch Säuren (Abwässer u. dgl.) zu befürchten ist, verdient der weniger leicht lösliche Dolomit den Vorzug vor dem Jurakalk. Vor Halbdolomiten aber ist hier zu warnen, denn durch die Herauslösung des leichter löslichen Kalkanteils zerfällt das Gestein.

Weiters verwertet man Dolomitblöcke bei Flußverbauungen, zerkleinert als Bahn- und Straßenschotter und Steinzuschlag für Beton. Sehr gut geeignet ist Dolomitsplitt für Beton, der auf Zug- und Druckfestigkeit besonders beansprucht wird. Denn bei hoher Druckfestigkeit gibt er wegen seines rauhen, feinkörnigen Gefüges gute Haftflächen für das Zementbindemittel ab. — Die chemische Industrie verwertet den Dolomit wegen seines hohen Magnesiumgehaltes; die Eisenindustrie verbraucht gesinterten Dolomit in Vermischung mit Teer für die Erzeugung von basischen Futtermassen der Konverterbirnen.

In massiger, ungeschichteter Ausbildung ist der Dolomit als Werkstein schwer zu verarbeiten; leichter anscheinend die grobkörnigen Gesteine, denen man in der Neuburger Gegend für die Schotter- und Pflastersteingewinnung den Vorzug gibt. Gebankter Dolomit kann dagegen in großen Blöcken gewonnen werden; er wird im Bruch zersägt und zu Bau- und Ziersteinen verarbeitet. — Gebrannter und gelöschter Frankendolomit liefert Tüncherweiß von schneeweißer Farbe, das nicht abblättert, im Gegensatz zu der aus Weißkalk hergestellten Farbe. — Dolomitasche, d. i. feinsandig zerfallener Dolomit, wird an vielen Stellen der Albhochfläche als Bausand gegraben.

**Dolomit von Bronn.** — Im nördlichen Frankenjura, in der Gegend von Bronn und Weidensees, SW. von Pegnitz, tritt ein Dolomit (vermutlich in einer tektonischen Einsenkung) nicht in seiner gewöhnlichen klotzigen Entwicklung auf, sondern in einer wohlgeschichteten Abart, welche der *Beckeri*-Stufe angehört (S. 98). Auch NW. von Neuhaus a. d. Pegnitz ist zwischen massigem Frankendolomit ein z. T. zu Dolomitasche verwitterter Schichtdolomit eingesenkt.

Eigenschaften: Die Bänke werden bis zu 0,40 m mächtig. Das Gestein ist hellgrau bis bräunlich, fast dicht, fein- und gleichmäßig-körnig, hart oder auch wenig gebunden, weich und sandig. Die aufgeschlossene Mächtigkeit beträgt 2—15 m. Bei Weidensees gehen die unteren dolomitischen Anteile nach oben hin in reinen Kalk über (vgl. Fig. 2, Tafel 9).

Chemisch unterscheidet sich das Gestein kaum von gewöhnlichem Frankendolomit (vgl. Analysen V und d, S. 94).

Verwendung: Die Dörfer Bronn und Weidensees sind die Mittelpunkte einer eigenartigen, nicht unbedeutenden Industrie. Zahlreiche Steinbrüche in der Nähe der beiden Dörfer liefern nämlich den Stoff für sog. Wiener Putzkalk, der seinen Namen von dem ähnlich verwerteten Kalkvorkommen von Nußdorf bei Wien hat. Der Dolomit wird bei 1100—1200° C in Schacht- und Kammeröfen an Ort und Stelle gebrannt. Die äußere Sinterkruste wird abgehauen und das Innere im Ganzen (oder in Pegnitz vermahlen) verkauft. Je nach der Beschaffenheit des Ausgangsstoffes wird eine harte und eine weiche Sorte geliefert. Der Bronner Putzkalk wird hauptsächlich zur Politur von Metallgegenständen (Blechen) verwendet, ferner bei der Herstellung dickflüssiger Fette.

Aufn. v. A. Wurm

Fig. 1
Kelheimer Diceras- und Plattenkalke, darüber diskordant Grünsandstein.
Steinbruch bei Kapfelberg a. d. Donau
(zu S. 100).

Aufn. v. J. Knauer

Fig. 2
Plumper Felsenkalk bei Prüfening a. d. Donau
(zu S. 97).

## Plumper Felsenkalk (zu Weißjura-Epsilon).

Der Plumpe Felsenkalk ist ein Massenkalk von 50—100 m Mächtigkeit. Er baut die Weißjura-Stufe Epsilon besonders im südlichen Frankenjura auf. In der nördlichen Frankenalb herrscht statt dessen der Frankendolomit vor (Profil-Tabelle VII). Da der Felsenkalk auf große Strecken hin das höchste erhaltene Glied des Weißen Juras ist, bildet er besonders den Untergrund der Hochfläche der südlichen Alb. Die äußere Beschaffenheit des Gesteins zeigt gut die Figur 2 der Tafel 10.

Eigenschaften: Seiner inneren Beschaffenheit nach lassen sich die folgenden Abarten unterscheiden: 1. dichter Felsenkalk mit glattem, halbmuscheligem Bruch, von heller, leicht gelblicher bis fleischfarben - rötlichbrauner Farbe; — 2. zuckerkörniger Kalk oder „Zuckerkorn", aus kristallinem Kalkspat bestehend; — 3. Trümmerfels, aus rundlichen Kalktrümmern in einem dichten Kalkbindemittel zusammengesetzt. Dieses Gefüge tritt oft nur an angewitterten Flächen deutlich sichtbar hervor. Im frischen Bruch erscheinen diese Gesteine meist gleichmäßig dicht; — 4. Fladenkalk, mit häufig verkieselten fladenförmigen Tellerschwämmen.

In chemischer Beziehung treten alle Übergänge zu Dolomit infolge Einlagerungen von Dolomitnestern und -putzen in den verschiedensten Größen auf. Das Gestein wird dadurch fleckig. Derartige Halbdolomite werden von den Steinbrechern Baster (= Bastard) genannt. — Die Größe der das Gestein aufbauenden kristallinen Kalkspatteilchen beträgt nach GÜMBEL 0,010 bis 0,015 mm (im Plumpen Felsenkalk), 0,05—0,075 mm (im zuckerkörnigen Kalk).

|   | $SiO_2$ | $Al_2O_3$ | $Fe_2O_3$ | $CaO$ | $MgO$ | $K_2O$ | $Na_2O$ | $CO_2$ | $H_2O$ + Org. | Summe |
|---|---|---|---|---|---|---|---|---|---|---|
| I | 0,08 | 0,09 | 0,09 | 55,33 | 0,23 | 0,20 | 0,17 | 43,78 | — | 99,97 |
| II | 0,25 | 0,50 | 0,05 | 55,10 | 0,15 | 0,03 | 0,04 | 43,75 | Spur | 99,87 |

I = Plumper Felsenkalk von Walhalla - Straße bei Regensburg ($CaCO_3$ = 98,76; $MgCO_3$ = 0,48 v. H.).

II = Plumper Felsenkalk von Kelheim ($CaCO_3$ = 98,35; $MgCO_3$ = 0,31 v. H.). In I und II Spuren von Titan- und Phosphorsäure.
(Unt.: A. SCHWAGER in GÜMBEL, Fränk. Alb, S. 126/127.)

Verwendung und Steinbrüche: Infolge des splitterigen Bruches läßt sich der Plumpe Felsenkalk kaum in größeren Blöcken gewinnen und verarbeiten. Dagegen liefert besonders der dichte Felsenkalk guten Weißkalk. Als Schottergut steht er hinter dem Dolomit zurück.

Ein Gebiet recht bedeutender Steinindustrie ist die Gegend NO. von Regensburg bei Station Walhalla-Straße. Hier steht Plumper Felsenkalk in bis 60 m hohen Abbauwänden an. Mehrere große Steinbrüche liefern das Rohgut zu gebranntem Kalk. Das Gestein ist ein gelblich-weißer bis gelber dichter, manchmal etwas löcheriger, poriger Kalk. Er zeigt fast keine Schichtung, nur zuweilen eine unregelmäßig-bankige Absonderung. Der Kalk ist tektonisch sehr stark zerklüftet, stellenweise breschenartig zerdrückt. Deshalb, und wegen seines splitterigen Bruchs überhaupt, können größere Werkstücke aus ihm nicht gewonnen werden. Dagegen ist er seiner großen Reinheit wegen (96—99 v. H. $CaCO_3$) zu Weißkalk und Düngekalk, sowie für chemische Zwecke sehr gut geeignet. Das gemahlene Rohgestein dient auch zur Bodenverbesserung. Zuweilen treten linsenförmige, rötlichbraune, kristallinische harte Einlagerungen auf. Große Taschen im Gestein sind oft von oben her mit grauweißem oder gelblichem Sand oder lockerem Sandstein ausgefüllt (sog. Schutzfels-Schichten). Die Gewinnung der Kalksteine erfolgt durch Sprengen.

Ein Bruch im Plumpen Felsenkalk bei Eichhofen W. von Regensburg liefert das Rohgut für ein Kalkwerk. — In der Altmühlgegend ist O. von Konstein ein Steinbruch in dickgebanktem Felsenkalk mit Hornsteinknollen. — Im Kaisheimer Tal N. von Donauwörth am sog. Rothen Bruch wird schwammführender Plumper Felsenkalk abgebaut, ebenso in mehreren Brüchen am Donautalrande bei Donauwörth und bei Lechsgemünd.

In Harburg am Riesrand wird der dichte Felsenkalk zu Weißkalk gebrannt und mit diluvialem Lehm gemischt zu Portland-Zement verarbeitet. Mischungen von Ries-Traß—Kalk wurden aus dem kristallinen Kalk von Bollstadt und dem dort ebenfalls abgebauten Ries-Traß (S. 27/28) in dem Werk in Möttingen hergestellt. — Ein Bruch im verbreschten Felsenkalk und Dolomit liegt an der Straße Gunzenheim—Kaisheim.

Zertrümmerter Felsenkalk und Dolomit der Riesgegend wird vielfach als Schotter verwertet, so N. von Schmähingen. Ausgedehnte Kiesgruben sind auf der Höhe SW. von Hohlheim.

Der reinweiße Kalk aus dem Steinbruche von Haunsheim bei Dillingen ist stark zerklüftet und läßt sich nicht in großen Blöcken gewinnen, sonst wäre er geschliffen von guter Wirkung. Er wird deshalb hauptsächlich zur Erzeugung von Kunststeinen (Terrazzo), Körnungen, Sanden und Mehlen verarbeitet. Auch als Mosaik-Pflasterstein fand er Verwendung. Weiter wird er für Entsäuerungszwecke in Trinkwasseranlagen und für die chemische Industrie verwertet. Den örtlichen Bedarf an Schotter und Splitt für Wegebau und Betonherstellung, für Pflaster- und Grenzsteine decken die nicht ganz weißen Abarten.

### Krebsscheren-, Prosopon- oder Beckeri-Kalke (zu Weißjura-Zeta).

Diese Gesteine sind benannt nach dem Ammoniten *Waagenia beckeri* NEUMAYER. Die (früher häufigere) Bezeichnung Krebsscheren- oder *Prosopon*-Kalke bezieht sich auf die in ihm häufig eingeschlossenen Scheren eines kleinen Krebses der Gattung *Prosopon*.

Geologisch liegen diese Kalke unter den lithographischen Plattenkalken (Profil-Tabelle VI). Ihr Hauptverbreitungsgebiet ist bei Langenaltheim—Eichstätt—Kelheim. Die Überdeckung mit den Lithographie-Kalken fehlt aber oft, so z. B. S. von Eichstätt bei Biesenhart, Ochsenfeld, Adelschlag, Pietenfeld.

Weitere Einzelvorkommen sind: Ensfeld, Trugenhofen, Buchenhüll, Schelldorf, Stammham, Demling und Pföhring. N. von Hemau liegen nur noch vereinzelte Nester: Parsberg, Regensburg (Ebenwies, Kager, Wutzelhofen), Kallmünz, Hohenfels. Weiter im Norden sind die Vorkommen von Poppberg bei Lauterhofen und Illschwang—Fürnried bei Sulzbach, am Alten-Berg bei Heiligenstadt, bei Wiesentfels, bei Kaltenherberg—Groß-Ziegenfeld—Fesselsdorf—Krögelstein—Mährenhüll—Wattendorf und Rottmannstal. Tektonisch in den Frankendolomit eingesenkt liegen 20—30 cm dicke Kalkbänke bei Weidensees und Bronn, zwischen Pegnitz und Betzenstein, die nach unten hin in Schichtdolomite übergehen. In Restschollen reichen die *Beckeri*-Kalke nördlich bis an den Main und nach Westen bis an die württembergische Grenze S. vom Ries.

Eigenschaften: Die lithographischen Plattenkalke gehen schon bei Pappenheim, nördlich von ihrem Hauptverbreitungsgebiet, nach unten in einen dickbankigen, weniger fein- und gleichmäßig-körnigen, nicht ganz ebengeschichteten Kalk über. Das sind unsere *Prosopon*-Kalke, die ihrerseits wieder den Massenkalken und -dolomiten auflagern. Ihre Mächtigkeit beträgt 15—25 m. Die Bänke werden zuweilen ruppig bis klotzig. In den unteren Lagen sind sie meist mittel- bis dickbankig, in den oberen plattig bis dünnschieferig. Unten führen sie Hornsteinknollen und -schnüre, oben Hornsteinplatten. Beim Anschlagen riechen sie nach Bitumen. Ihre Gesteinsfarbe ist hellgrau, oft auch weißlich. Sie sind dicht und hart und haben glasartigen Bruch.

Ein dichter Krebsscheren-Kalk von Kaltenhausen W. von Kasendorf besteht nach A. Schwager (Gümbel, Fränk. Alb, S. 126/127) aus Kalkoxyd = 53,91 v. H. (entspr. 97,73 v. H. kohlensaurem Kalk); Magnesia = 1,07 (entspr. 2,24 v. H. kohlensaurer Magnesia); Kieselsäure 0,14; Tonerde + Eisenoxyd = 0,97; Kohlensäure = 43,53; Alkalien nicht bestimmt; Summe 99,62.

Verwendung: Die *Prosopon*-Kalke werden als Mauersteine beim Bau von Bauernhäusern verwendet. Zum Brennen von Weißkalk eignen sie sich weniger, da sie im Feuer zerspringen.

Steinbrüche: In der Eichstätter Gegend liegen kleine Steinbrüche bei Bieswang, Schernfeld, Seubersholz, Buchenhüll, Pietenfeld, Adelschlag, Möckenloh, Meilenhofen, Biesenhart, Wellheim, Ried, Ensfeld, Altstätten und Trugenhofen. — Der *Prosopon*-Kalk über dem geschichteten Dolomit bei Bronn in Oberfranken wird von den Arbeitern „Schneller" genannt. Er wird als Zuschlag bei der Kupferverhüttung verwendet. — Der Eichstätter Bildhauer Loy Hering (um 1500) soll *Proposon*-Kalke für künstlerische Reliefarbeiten verwendet haben.

### Kelheimer Marmorkalk (Diceras-Kalk) und Nerineen-Oolith (zu Weißjura-Zeta).

Das fälschlich in der Industrie „Kelheimer Marmor" genannte Gestein hat auch die Bezeichnung Korallenkalk von Kelheim. In der Wissenschaft wird es meistens nach einer großen, dickschaligen Muschel *Diceras bavaricum* und *münsteri* als *Diceras*-Kalk bezeichnet.

Verbreitung: Das Hauptverbreitungsgebiet erstreckt sich von Neustadt a. D.—Abensberg bis zur Naabmündung und vom Weltenburger Donaudurchbruch bis zur unteren Altmühl bei Kelheim. Hierher zu rechnen sind ferner noch die Nerineen-Oolithe der Ingolstädter Gegend und die Korallenkalke vom Laisacker bei Neuburg a. D.

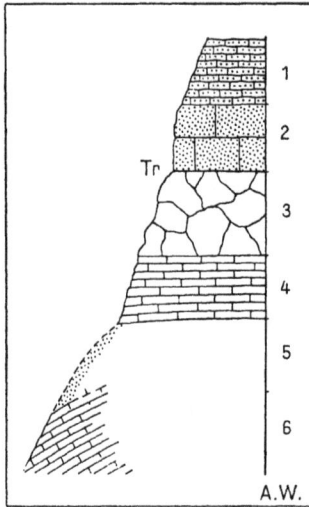

Abb. 17

**Profil im Steinbruch SW. von Kapfelberg.**

1 = dünnschichtige kalkige Sandsteine, rd. 7 m; — 2 = Grünsandstein, rd. 6 m; — (Tr = Trausgressionsfläche). — 3 = Kelheimer Marmorkalk, rd. 8 m; — 4 = Plattenkalke, rd. 5 m; — 5 = verschüttet, rd. 5 m; — 6 = Plattenkalke, schräggelagert, rd. 10 m. (Von A. WURM.)

Die *Diceras*-Kalke bilden klotzige Felsmassen von meist beträchtlicher Mächtigkeit. Sie treten aber auch in Form kleinerer Linsen als Einlagerungen in den Plattenkalken auf (bei Kelheimwinzer). Bei Kelheim liegt der massige Kalk in gleicher Höhe mit den Plattenkalken. Beide gehen ineinander über (Profil-Tabelle VII). Die Nerineen-Oolithe können wegen ihrer innigen Verbindung mit den *Diceras*-Kalken von diesen wieder nicht getrennt werden. Nach unten gehen die Kelheimer Marmorkalke ohne scharfe Grenze in die Plumpen Felsenkalke über. So zeigt z. B. der Bruch in den *Diceras*-Kalken SW. von Kapfelberg an der Sohle abgerundete Köpfe von Plumpem Felsenkalk. Daran an- und aufgelagert sind Plattenkalke. In diesen wieder treten Klötze von *Diceras*-Kalk auf und nach oben hin gehen die Plattenkalke in eine 40 m hohe Wand von *Diceras*-Kalk über. Darüber folgen 10—12 m Grünsandstein (Abb. 17 und Fig. 1, Tafel 10).

Hohlräume in Form von Schläuchen, Säcken und Spalten an der Obergrenze des *Diceras*-Kalkes sind erfüllt mit grauweißem, mürbem, grobkörnigem Sandstein, stellenweise auch mit hochroten und violetten Letten oder auch mit feinen, glimmerigen Quarzsanden, von oben her eingewaschenen Zersetzungsrückständen des Grünsandsteins (Abb. 19). Das sind die schon erwähnten „Schutzfels-Schichten" der Kreide-Formation nach GÜMBEL. — Der Entstehung nach sind die *Diceras*-Kalke strandnahe Bildungen in der Nähe von Korallen-Atollen.

Eigenschaften: Die Farbe des Kelheimer Marmorkalks ist rein weiß, doch kommen auch gelbliche Lagen vor. Dunkelgelbe bis bräunliche Abarten werden als „Weltenburger Marmor" bezeichnet. Sie nehmen bei Weltenburg die obersten Lagen ein. Ihre Farbe rührt von einer Durchtränkung des Gesteins mit Eisenlösungen von oben her. Der *Diceras*-Kalk ist grob- bis feinlückig und besteht aus Resten organischer Hartgebilde von verschiedener Größe (Trümmern von Korallen, Seeigel-Stacheln, Muschel- und Schneckenschalen), die durch eine dichte bis feinkristalline Kalkmasse aus zerriebenen organischen Hartteilen verkittet sind. Oft kommt es zu einer ziemlich dichten, den Plumpen Felsenkalken ähnlichen Ausbildung. Dolomitnester können in ihnen enthalten sein. — Oolithische Lagen (Nerineen-Oolithe) kommen vor bei Groß-Mehring (in der Nähe von Ingolstadt), Offenstetten bei Abensberg und bei Kelheim, wo sie Breisteine genannt werden.

Im Gesteinsdünnschliff sieht man, wie die Trümmer der Organismen von Kalk umhüllt sind. Auch Gyroporellen, Lithothamnien, Foraminiferen und Schwammteile werden sichtbar. Die Oolithe zeigen nicht den gewohnten schaligen Bau, sondern nur Überrindungen staubgroßer Körperchen. Der Offenstettener hellklingende Kalk besteht aus feinen Kalkbällchen, feinem Zerreibsel und kristallinem Bindemittel.

Chemisch ist der *Diceras*-Kalk fast reines Kalkkarbonat (etwa 99 v. H. kohlensaurer Kalk). Beim Auflösen in Salzsäure verbleiben eine geringe Menge organischer Flocken und Fäserchen, kleinste Quarzkörnchen und manchmal Glaukonit-Körnchen. Eine Probe von „Bildhauermarmor" aus dem Lang'schen oder Ihrler'schen Bruch am Brandler-Berg bei Neu-Kelheim hat nach A. SCHWAGER (GÜMBEL, Fränk. Alb, S. 126/127) folgende Zusammensetzung: Kalkoxyd = 55,25 v. H. (entspr. 98,62 v. H. kohlensaurem Kalk); Magnesia = 0,21 (entspr. 0,44 v. H. kohlensaurer Magnesia); Kieselsäure = 0,04; Tonerde = 0,03; Eisenoxyd = 0,09; Kali = 0,23; Natron = 0,12; Kohlensäure = 43,63; Titansäure = 0,01; Summe = 99,61.

Verwendung: Vermöge seiner Reinheit ist der Kelheimer Kalk ein vorzüglicher Rohstoff für die Herstellung von Weißkalk, der für Bau- und Düngezwecke verwendet wird oder durch die chemische Industrie auf Kalkstickstoff und Karbid weiterverarbeitet wird. Zu Zement eignet er sich nach Vermischen mit Ton. — Druckfestigkeit: 285 kg/cm² (nach J. BAUSCHINGER 485, 590 und 781 kg. O. HERMANN, 1899, S. 378).

Als „Kelheimer Marmor" ist der *Diceras*-Kalk ein geschätzter Werk- und Bildhauerstein. Die lückige, wenig dichte Beschaffenheit und die verhältnismäßig geringe Härte, besonders im bruchfeuchten Zustande, erleichtern die Bearbeitung. An der Luft erhärtet er durch Austrocknen. Beim Schlagen splittert er nicht spröde, sondern er läßt sich mild bearbeiten. Da er dickbankig oder massig ist, ist die Gewinnung von größeren Blöcken nicht schwierig. Er ist daher wie geschaffen für Großbauten und Bildhauerwerke. Lagenweise wird der Kalk oolithisch und dicht und zugleich weicher (z. B. im Lang'schen Bruch bei Neu-Kelheim). Diese Lagen eignen sich besonders gut für Bildhauerarbeiten.

Der fein oolithische Offenstettener Stein (Abb. 19) hat gleiche Eigenschaften und Eignungen. Im bruchfeuchten Zustande ist er nicht ganz frostbeständig, wohl aber im ausgetrockneten. Selbst die mehr kreidig-erdigen dickeren Bänke liefern trotz ihrer Weichheit nach dem Austrocknen einen ausgezeichneten wetterfesten Baustein. — Die bei Sandharlanden unweit von Weltenburg vorkommende gelbmarmorierte Art des *Diceras*-Kalkes wirkt für Zierarbeiten besonders schmuckvoll.

Einzelvorkommen und Steinbrüche: — Der *Diceras*-Kalk wird in zahlreichen Steinbrüchen in der näheren und weiteren Umgebung von Kelheim abgebaut. Die bedeutendsten Brüche liegen W. und NW. der Stadt, so der jetzt verlassene Lang'sche Bruch bei Neu-Kelheim, der die Überlagerung des Grünsandsteins auf einer mit Bohrlöchern dicht besetzten Transgressionsfläche sehr schön zeigt. Die jetzt betriebenen Steinbrüche liegen am Nordhang des Altmühl-Tales bei Grohnsdorf, Oberau und im Ziegel-Tal. (Der Bruch O. von Grohnsdorf ist sehr reich an Versteinerungen. Die mächtigen Quader werden mit der Hand herausgehauen. Ein kleiner, zur Zeit anscheinend verlassener Bruch in den unteren Lagen des *Diceras*-Kalkes liegt am Eingang ins Ziegel-Tal. O. von Oberau ist ein neuzeitlicher Bruchbetrieb in den mittleren Schichtlagen. Die Blöcke werden vom anstehenden Gestein abgesägt. Ein weiterer Bruch in den höchsten Lagen des Kelheimer Kalkes findet sich gerade über Oberau.)

Ein sehr großer Steinbruch, dessen Bruchgut zum größten Teil in die Kalköfen wandert, liegt im Feckinger Tälchen gegenüber Haunersdorf. Das genannte Tälchen mündet bei Ober-Saal O. von Kelheim ins Donau-Tal ein. Der gebrannte Kalk wird von der chemischen Industrie auf Kalkstickstoff und Karbid verarbeitet oder als Weißkalk für Bau- und Düngezwecke verwendet. Vereinzelt vorkommende Kieselknollen werden ausgelesen. Die gleichzeitig anfallenden guten Rohblöcke werden in einer mit dem Werk verbundenen Steinsägerei in kleinere Blöcke und Platten für Bau- und Kunstzwecke zerschnitten. Die Gesamtabbauhöhe von etwa 60 m wird auf zwei Sohlen bewältigt.

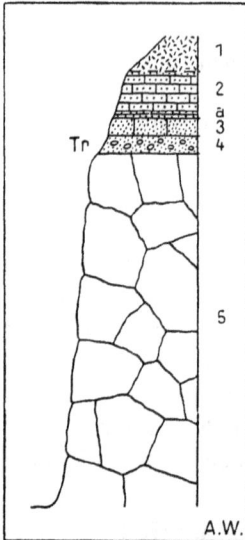

Abb. 18

**Profil durch den Lang'schen Bruch bei Neu-Kelheim.**

1 = Abraum, 3 m; — 2 = Grünsandstein der Kreide-Formation, die unteren 50 cm dünngeschichtet, 2,50 m; — 3=Glaukonit-Sandstein, 1,10 m; — 4 = Glaukonit-Kalkknollen in sandig-lockerem Bindemittel, 0,90 m; — (Tr = Transgressionsfläche); — 5=Kelheimer Marmorkalk, rd. 20,0 m
(Von A. WURM.)

Ein großer Bruch oberhalb Kelheim, gegenüber der Befreiungshalle, liegt jetzt still. Weiter donauabwärts, SW. von Kapfelberg wurden Plattenkalk und *Diceras*-Kalk (bis 40 m), die diskordant von Grünsandstein überlagert werden, abgebaut (Abb. 17 und Fig. 1, Tafel 10). Die Plattenkalke enthalten hier oft mehrere Meter mächtige und lange Linsen von sog. „Wildem Fels". Die Unterlage des Plattenkalkes wird von Plumpem Felsenkalk gebildet, an den sich die Plattenkalke anlagern. (In diesem Bruch sind auch die „Schutzfels-Schichten" in Spalten und Schlotten im Kalk zu beobachten.) Der gebrochene Kalk wurde mit Drahtseilbahn über die Donau in die Zementfabrik befördert und hier mit tertiärem Braunkohlen-Ton gemischt, der ganz in der

Nähe, O. von Kapfelberg, gewonnen wird, zu Portland-Zement verarbeitet. Weiter nördlich sind in dem Bruche von Ebenwies noch 15 m Kalk aufgeschlossen, der dem Kelheimer gleicht.

Die leichtbearbeitbaren Nerineen-Kalke von Sandharlanden wurden früher in mehreren Steinbrüchen im Walde SO. davon zu Bauzwecken gebrochen.

Weiter südlich ragen aus der tertiären Überdeckung bei Abensberg noch einige Kalkklippen heraus. Im See-Holz zwischen Abensberg und Offenstetten liegen darin sehr große Steinbrüche, in denen auch heute noch abgebaut wird.

Hierher zu stellen sind auch noch die Nerineen-Kalke und Korallen-Oolithe von Laisacker NW. von Neuburg a. d. D. (Kleine Anbrüche im Korallenriff am Nordende von Laisacker.) Der versteinerungsreiche Kalk liefert einen sehr reinen Stoff für Brennzwecke und für Mauer- und Pflastersteine für den örtlichen Bedarf.

Geschichtliches: Werkzeugfunde haben es wahrscheinlich gemacht, daß die Römer die Korallenkalke im Bruch SW. von Kapfelberg und bei Lengfeld gewonnen haben. Die Porta praetoria in Regensburg besteht aus dem Gestein. Der Turm des Schlosses Randeck bei Neu-Essing ist aus unserem Kalk erbaut; die Bausteine für den Regensburger Dom und die Steinerne Brücke stammen aus den Kapfelberger Brüchen. Seit Mitte des 15. Jahrhunderts tritt im Wettbewerb mit dem Kalkstein der Regensburger Grünsandstein auf, der sich aber im Gegensatz zu jenem schlecht bewährt hat.

Durch die Kunstbauten König Ludwigs I. ist das Gestein als Kelheimer Marmorkalk bekannt geworden. Der Lang'sche Bruch bei Neu-Kelheim lieferte einen wegen seines gleichmäßigen Kornes neben reichlich beigemengten Oolithkörnern und wegen seiner weißen Farbe gesuchten Stoff. Er fand Verwendung am Siegestor[1]) in München, an der Walhalla bei Regensburg, für die Denkmäler von König Ludwig I. und Max II. in Kelheim und für die Kreuzigungsgruppe in Ober-Ammergau.

Aus den Brüchen im Ziegel-Tal und am Kapfel-Berg (Abb. 17) stammt das Gestein für die Kandelaber an der Befreiungshalle bei Kelheim und für Festungsbauten in Ingolstadt. — Brüche bei Oberau lieferten für die Befreiungshalle, die Ludwigsbrücke und Feldherrnhalle in München und für das Kanaldenkmal in Erlangen. — Kelheimer Marmor wurde ferner verwendet in München für die Propyläen, für den Justizpalast, das National-

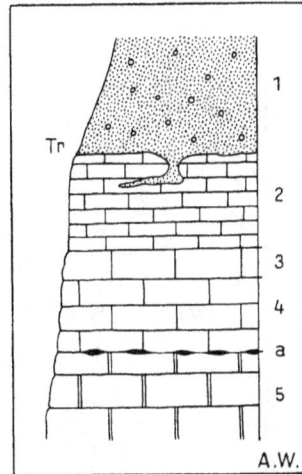

Abb. 19

**Profil im Steinbruch von Offenstetten bei Abensberg.**

1 = gelber Sand mit Geröllen, 3,5 m; — (Tr = Transgressionsfläche); — 2 = dickplattige Kalke mit sanderfüllten Hohlräumen an der Oberfläche, 2,80 m; — 3 = kreidiger weisser Kalk, 0,80 m; — 4 = Marmorkalk mit Hornsteinbank (a), 1,80 m; — 5 = Glaskalk, nach unten in kreidigen Kalk übergehend. (Von A. WURM.)

---

[1]) Nach F. HASSELMANN-Neuburg a. d. D. stammt aber das ganze zum Siegestor verwendete Gestein aus dem Ziegel-Tal (s. o.).

museum, für die Säulenhalle des östlichen Friedhofes, für die Ausbesserungsarbeiten am Regensburger Dom, in Wien für das Operntheater. — Sandharlanden lieferte Steine für die alte Dorfkirche in Gögging, Offenstetten für das Aventin-Denkmal in Abensberg.

Der gelbgeflammte, dichte sog. Weltenburger Marmor vom Dorf Weltenburg und Stausacker fand Verwendung zu Altären, Beichtstühlen und Weihwasserkesseln in der Klosterkirche zu Weltenburg, als Bekleidung der Sockel im Innern der Walhalla und bei der Thurn und Taxis'schen Gruftkirche in Regensburg.

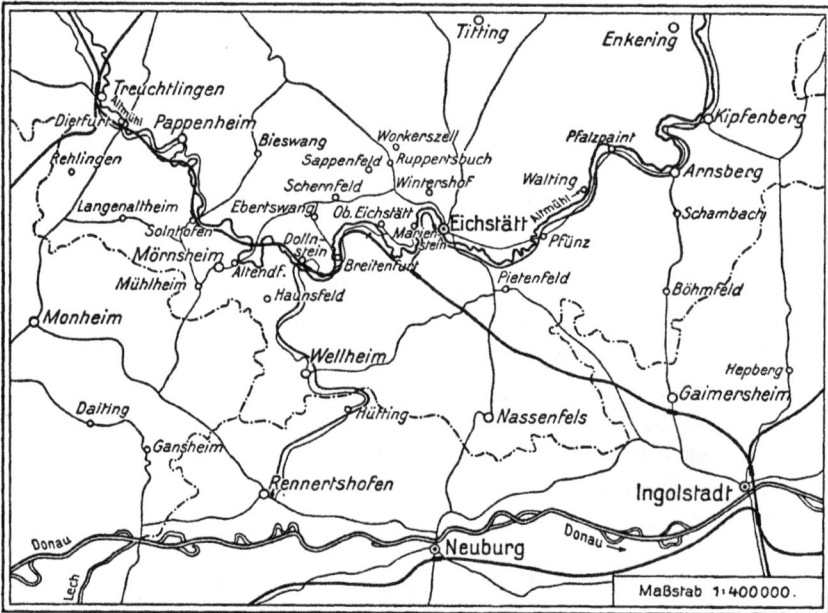

Abb. 20
Das Verbreitungsgebiet der Plattenkalke in der südlichen Fränkischen Alb.

## Plattenkalk (zu Weißjura-Zeta).

Der Plattenkalk (Solnhofer Plattenkalk, Solnhofer Schiefer, Solnhofer Lithographiestein) entwickelt sich langsam aus den dickeren Bänken der *Beckeri*-Stufe (Stufe des Ammoniten *Waagenia Beckeri* NEUM., früher *Prosopon*- oder Krebsscheren-Kalk genannt). Geologisch gehört er zur Stufe der *Oppelia lithographica* (*Lithographica*-Stufe). — Er bildet im Süden der Fränkischen Alb auf größere Strecken hin, zwischen den klippenartig aufragenden Massenkalken (Abb. 22) die Landoberfläche. Noch jüngere Schichten, welche den Weißen Jura geologisch nach oben abschließen, sind nur bei Neustadt an der Donau erhalten (Oberes Tithon, vgl. Tabelle und Kärtchen).

Die Plattenkalke sind auf den Süden der Alb beschränkt. Das Hauptverbreitungsgebiet wird (vgl. Kärtchen) im Westen begrenzt durch die Orte Langenaltheim (SW. von Pappenheim), Daiting (NO. von Donauwörth); im

Fig. 1
**Solnhofer Plattenkalk (blauer Stein). Steinbruch bei Mörnsheim**
(zu S. 105)

Fig. 2
**Solnhofer Plattenkalk und Wilder Fels.
Steinbruch bei Mörnsheim** (zu S. 105).

Süden durch Daiting, Neuburg an der Donau, Hepberg (NNO. von Ingolstadt); im Osten durch Hepberg, Böhmfeld (NW. von Ingolstadt), Schambach (SSW. von Kipfenberg), Pfalzpaint an der Altmühl (SW. von Kipfenberg); im Norden durch die Orte Pfalzpaint, Ruppertsbuch (NW. von Eichstätt), Bieswang (O. von Pappenheim) und Langenaltheim.

Durch die Abtragung davon getrennte Vorkommen liegen S. von Zandt und Breitenhill (beide WSW. von Riedenburg), bei Painten NW. von Kelheim, Neukelheim und Dorf Weltenburg. Die letzten Reste der einst zusammenhängenden Decke der Plattenkalke sind im Osten in der Gegend von Regensburg—Kallmünz (NNW. der Stadt). Die eigentlichen Lithographiesteine können aber nur bei Langenaltheim, Solnhofen und Mörnsheim (angeblich auch bei Painten gewonnen werden.

Die Stufe der Plattenkalke besteht aus dem „Wilden Fels" und den eigentlichen lithographischen Plattenkalken. Die Mächtigkeit der letzteren beträgt bei Mörnsheim 20 m. Die Gesamtmächtigkeit der Stufe ist bei Solnhofen 30—40 m, bei Mörnsheim rd. 60 m, bei Lichtenberg, zwischen Solnhofen und Mörnsheim, steigert sie sich scheinbar auf 60—80 m (nach Schneid durch Gebirgsstörungen vorgetäuscht). Bei Eichstätt beträgt die Gesamtmächtigkeit nur noch 20—25 m. Die höheren Lagen sind hier nämlich zum größten Teil abgetragen.

**Der „Wilde Fels".** — Diese übliche Bezeichnung gilt für ein dickbankiges bis halbmassiges, felsig-ruppiges Gestein, das die Plattenkalke i. e. S. unter- und überlagert. Der untere, örtlich verkieselte Wilde Fels hat eine Stärke von 10—15 m. Der obere Wilde Fels ist bei Mörnsheim 20—25 m stark. Er wird am Reis-Berg bei Böhmfeld (NNW. von Ingolstadt) und Nassenfels (NNO. von Neuburg) durch die bis 25 m mächtigen Reisberg-Schichten vertreten (vgl. Fig. 2, Tafel 11).

**Der lithographische Plattenkalk.** — Der zwischen den beiden Wilden Felsen liegende Plattenkalk besteht bei Mörnsheim und Solnhofen (Langenaltheimer Haardt-Bruch und Bruch am Humel-Berg) nach J. Walther aus 134 Flinzlagen (= dickere, feinkörnige Platten) von 10—24 cm Dicke; darunter sind 16 Lithographiestein-Lagen. Gümbel gibt 25 Lithographiestein-Lagen an. Die Höhe des Aufschlusses beträgt bei Solnhofen 25 m. In den tieferen, bis 40 m hohen Brüchen bei Solnhofen—Langenaltheim—Mörnsheim dürfte die Zahl der aufeinandergepackten Platten 250 betragen (Fig. 1, Tafel 11).

Bei Eichstätt betragen die zwischen den beiden Wilden Felsen eingeschlossenen Lagen etwa 10 m. Sie zerfallen, von den Fäulen (= mergelig-tonige, weiche, papierdünn spaltbare Lagen) abgesehen, in 52—56 Platten; darunter sind 32 dickere Flinze. Der Rest besteht aus dünnen Dachplatten. Eigentliche Lithographiesteine sind nicht darunter.

Im Haardt-Bruch und im Bruch am Humel-Berg O. von Langenaltheim lassen sich nach Walther von der sog. „krummen Lage" (vgl. Abb. 21) aus nach abwärts folgende Schichten unterscheiden (Bezeichnungen der Steinbrecher): 36 Flinze — der erste Dicke — 4 Flinze — der zweite Dicke (spaltet oft in 4 Flinze) — die 16 lithographischen Steinflinze — die Weißfädigen (12 Flinze, die von Kalkspatadern durchzogen werden und keine großen Platten liefern) — die 4 Dicken — eine Plattenfolge von 2 dicken und mehreren dünnen Steinlagen, die auf der Unterseite mit einer sehr tonreichen Fäule überzogen sind — die 6 Dicken — 52 Flinze, mit Fäulen wechsellagernd.

Die Mächtigkeit der Schichten ist rd. 25 m. Die Flinze sind meist 10 bis 15 cm dick und werden bis 24 cm stark. Sie werden von weichen Fäulen begrenzt. Auch gute Lithographiesteine gehen oft nach unten in Fäulen über. Diese werden abgeschliffen. Steine mit Fäulen oben und unten heißen „eingewickelt". Nach Langenaltheim zu verschwächen sich die Flinze auf meist 7—8, seltener 10 cm Dicke. Die Fäulen nehmen hierbei an Mächtigkeit zu bis zu Schichtenstößen von mehreren Metern. — Von den in den besten Solnhofer Brüchen abgebauten Platten sind nach GÜMBEL nur 17 v. H. technisch verwertbar (für Lithographiesteine nur 10 v. H.). In schlechteren Brüchen muß man rechnen mit 60 v. H. Haldensturz und 40 v. H. technisch verwertbaren Steinen: nämlich 26 v. H. Belegsteinen, 7 v. H. Dachplatten und 7 v. H. Lithographiesteinen.

Die Schichtfolge veranschaulicht Abb. 21, ein Profil durch einen Steinbruch bei Mörnsheim (nach GÜMBEL, Fränkische Alb, S. 280).

Entstehung: Über die Versteinerungen der Solnhofer Plattenkalke sind wir durch den ausgedehnten und sorgfältigen Abbau (wobei Rücksicht auf das Vorkommen von Versteinerungen gelegt wird) gut unterrichtet. Die Lagerungsart und die Entstehungsweise der Plattenkalke aber ist trotz der Arbeiten hervorragender Forscher noch nicht geklärt.

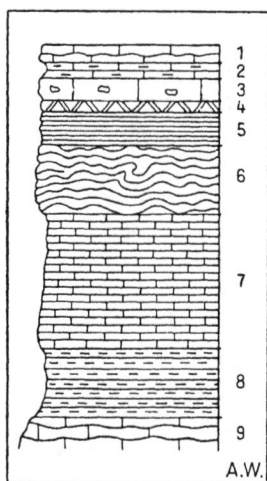

Abb. 21
Schematisches Profil durch den „Horst-Bruch" bei Mörnsheim.*
(Von A. WURM nach GÜMBEL, Fränk. Alb, S. 279, vereinfacht.)

Schon GÜMBEL erkannte, daß die Plattenkalke den klotzigen Dolomiten und Massenkalken auflagern, daß sie also jünger als diese sein müssen; untergeordnet lagern sie in Mulden der Massenkalke. — Nach JOH. WALTHER liegen die Plattenkalke immer in flachen Vertiefungen zwischen den Massenkalken und Dolomiten (Abb. 22). Sie sind z. T. gleichaltrig mit den Massenbildungen, da große, ungeschichtete Linsen von Korallenkalk mitten in den dünnge-

---

* Erklärung der Abb. 21: 1 = kieselreicher Kalkstein; gewundene Schichten, mit zahlreichen Versteinerungen, namentlich Ammoniten, 3 m; — 2 = dünner, mergeliger Kalkschiefer, sog. Fäule, 2 m; — 3 = dicke Kalkbank mit Hornsteinknollen, ammonitenreich, 4 m; — 4 = breschige, hornsteinreiche und ammonitenreiche Lage, 1 m; — 5 = kieselreicher, dünngeschichteter Kalk, versteinerungsreich, 5 m; — 6 = verschlungene und verbogene Schichten kieseligen Kalkes = Krumme Lage, 10 m; (1—6 = Oberer „Wilder Fels"); — 7 = „Flinz"-Schichten, 260 dünne und 25 dicke, zu Lithographiesteinen taugliche Lagen, 20 m; — 8 = unbrauchbarer, mergeliger Kalkschiefer, sog. Fäule, 10 m; — 9 = unregelmäßig gelagerte, ins Dichte übergehende Kalkbänke = Unterer „Wilder Fels", 5 m.

schichteten Plattenkalken auftreten können. Auch aus der Kelheimer Gegend, besonders in einem Bruch an der Straße von Kelheim nach Hemau, läßt sich das allmähliche Übergehen von Felsenkalk und sog. „Zuckerkorn" in die geschichteten, dichten Plattenkalke beobachten.

WALTHER läßt die Plattenkalke in einem subtropischen Meere auf dem Grunde von Mulden und Becken zwischen Korallenriffen entstehen, die später in die Frankendolomite und Massen- oder Felsenkalke umgewandelt worden sind. — J. SCHWERTSCHLAGER vergleicht die Entstehungsbedingungen der Plattenkalke mit den Verhältnissen eines Wattenmeeres oder mit seichten Strandseen. An einem Absatz in einer seichten Strandgegend wurde auch von den meisten anderen Forschern festgehalten (der Absatz muß geologisch sehr rasch vor sich gegangen sein). Die Art der Kalkzufuhr aus dem flachen Festland im Norden oder Nordwesten ist durchaus unklar. Nach WALTHER brachten Überflutungen den gelösten Kalk mit sich, der in seinen angenommenen Becken chemisch ausgefällt worden sei. Andere Vorstellungen sind: Zu-

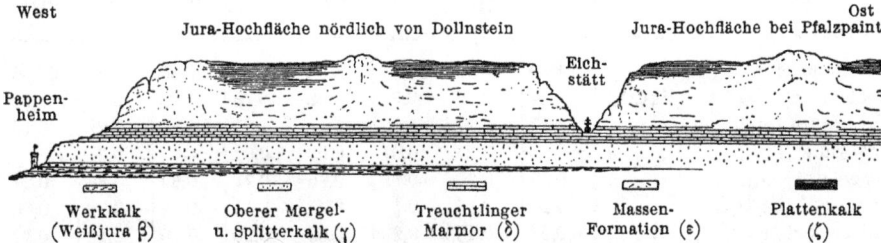

**Abb. 22. Profil durch das Altmühl-Gebiet von Pappenheim und Eichstätt**
(nach der Auffassung von JOHANNES WALTHER 1904).
Längen 1 : 200 000; 20fach überhöht.

fuhr des feinen Kalkschlicks durch Flüsse; Hereinwehen des Kalkstaubes durch Wind; Zerreibung von Kalkküsten durch die Brandung; meerische Abkunft des Kalkes von Coccolithen, die durch Diagenese in kristalline Kalkteilchen übergeführt wurden; Ausfällung des Kalks durch *Bacterium calcis;* durch Meeresströmungen herbeigefrachteter Kalkschlamm.

Im Gegensatz zu WALTHER hält TH. SCHNEID die Plattenkalke und Massenkalke für ganz verschieden alt. Beim Vorliegen gleicher Höhenlage beider sind die Plattenkalke tektonisch in die Dolomite und Felsenkalke eingelagert. Es läßt sich an vielen Stellen tatsächlich nachweisen, daß die Plattenkalke an Verwerfungen eingesunken sind. Allgemeine Gültigkeit hat aber, nach dem oben Vorgebrachten, die SCHNEID'sche Ansicht nicht.

Physikalische und chemische Eigenschaften: Die Plattenkalke sind gelblichweiß bis grauweiß, seltener tiefgelb, rötlich geflammt oder graublau („blaue Lithographiesteine"). Sie brechen muschelig. Das Raumgewicht ist nach LEUBE 2,640, nach DIENEMANN-BURRE 2,714—2,728. Der ursprüngliche Kalkschlamm läßt sich in weichen, tonigen Lagen unterm Mikroskop noch erkennen; in den kernfesten Platten ist er in ein Haufwerk kleinster, verfilzter und verzahnter Kalkspatkriställchen umgewandelt. Ihre

Größe ist nach Gümbel 0,001—0,009 mm, nach F. Pfaff 0,006—0,002 mm. Die Kleinheit der Kriställchen läßt das versteckt kristalline Gestein nach außen als dicht erscheinen; ihre Größe bedingt auch die Feinheit des Gesteinskorns. Erdiges Zerreibsel von Schalen von Muscheln, Bryozoen, von Korallen usw. beeinträchtigen die Festigkeit und das Korn des Gesteins.

Die Plattenkalke bestehen (Analysentabelle!) aus über 95 v. H. kohlensaurem Kalk. Beigemengt sind ein paar Hundertteile kohlensaurer Magnesia. Der säureunlösliche Rest besteht aus kleinsten Quarzkörnchen, Tonflocken (die winzige Quarzsplitterchen einschließen) und organischen Fäserchen und Häutchen. Die blaugraue Farbe mancher Plattenkalke rührt nach Gümbel von kohligen Fäserchen und Körnchen her, nach anderen von Manganverbindungen. Diese sind auch in Gestalt der bekannten baumförmigen schwarzen Zeichnungen (Dendriten) auf den Schichtflächen ausgefällt. Die gelbliche oder rötliche Farbe der Plattenkalke ist auf Eisenoxydgehalt zurückzuführen.

| | I | II | III | IV | V | VI | VII | VIII |
|---|---|---|---|---|---|---|---|---|
| Kohlensaurer Kalk ($CaCO_3$) . . | 94,60 | 97,83 | 93,21 | 96,06 | 96,74 | 96,60 | 97,69 | 97,35 |
| Kohlensaure Magnesia ($MgCO_3$) | 1,61 | 0,65 | 2,75 | 1,93 | 0,75 | 0,75 | 0,77 | 1,53 |
| Kieselsäure ($SiO_2$) . . . . . | 1,17 | 0,97 | 1,75 | 1,17 | 1,05 | 0,84 | 0,92 | 0,13 |
| Titansäure ($TiO_2$) . . . . . | — | — | 0,01 | 0,02 | 0,01 | — | 0,01 | — |
| Tonerde ($Al_2O_3$). . . . . . | 0,95 | 0,72 | 0,99 | 0,65 | 0,71 | 0,60 | 0,66 | 0,27 |
| Eisenoxyd ($Fe_2O_3$) . . . . | 0,22 | 0,16 | 0,17 | 0,09 | 0,14 | 0,12 | 0,09 | 0,09 |
| Kaliumoxyd ($K_2O$) . . . . . | 0,27 | 0,16 | 0,25 | 0,03 | 0,28 | 0,20 | 0,13 | 0,17 |
| Natriumoxyd ($Na_2O$) . . . . | 0,59 | 0,12 | 0,38 | 0,04 | 0,05 | 0,18 | 0,19 | 0,23 |
| Phosphorsäure ($P_2O_5$) . . . | 0,01 | 0,04 | 0,04 | 0,02 | 0,01 | 0,05 | 0,06 | 0,05 |
| Wasser ($H_2O$) und Organisches | 0,59 | 0,20 | 1,31 | 0,72 | 0,40 | 0,67 | 0,52 | 0,22 |
| | 100,01 | 100,35 | 100,86 | 100,73 | 100,14 | 100,01 | 100,04 | 100,04 |

I = Blauer Lithographiestein (1. Güte), Solnhofen.
II = Gelber Lithographiestein (1. Güte), Solnhofen.
III = Dunkelgrauer Lithographiestein (1. Güte), Solnhofen.
IV = Gelber Lithographiestein (2. Güte), Solnhofen.
    V = Gewöhnlicher Plattenkalk, Dachschieferbrüche vom Blumen-Berg bei Eichstätt.
VI = Dachplattenkalk, Kelheim.
VII = Rauhe Platten zu Bodenbelagsteinen, Solnhofen.
VIII = Plattiger Jurakalk, Schwefelquelle bei Abbach.
    (Gümbel, Frankenjura, S. 126/127; Unt.: A. Schwager.)

### Technische Eigenschaften und Verwendung.

Je nach der Dicke haben die Plattenkalklagen eine verschiedene Verwendung. Die dünnen, mergeligen Zwischenlagen, die sog. „Fäulen", sind Haldenschutt; aus dicken Platten können Lithographiesteine gewonnen werden, aus dünneren Bodenbelegsteine, Dachschiefer; aus den Platten, Schiefern und dem Abfall kohlensaurer Düngekalk.

a) Lithographiesteine. — Das außerordentlich feine und gleichmäßige Korn der Flinzplatten ist die wesentliche Voraussetzung für ihre Verwendung zu Lithographiesteinen. Diese Platten müssen eine Dicke von mindestens 5 cm haben, um bis zu einem Ausmaß von 14:16 cm brauchbar zu sein. Lithographiesteine von 10 cm Dicke können bis zu einem Ausmaß von 125:170 cm und mehr gebraucht werden. Lithographiesteine müssen die höchsten Anforderungen erfüllen in Bezug auf Ebenflächigkeit, feines und gleichmäßiges Korn, hohes und gleichmäßiges Aufsaugevermögen für Flüssigkeiten und bedeutende Druckfestigkeit (diese ist nach DIENEMANN und BURRE 300 kg/cm²).

Flecken oder Streifen auf dem Stein lassen die Zeichnung beim Drucken an diesen Stellen dunkler werden. Dünne durchsetzende Kalkspatadern verhindern beim Zeichnen das tiefe Eindringen der Fettfarbe in den Stein, erzeugen beim Druck helle Flecken und können den Stein unter der Presse zum Zerspringen bringen. Auch die Härte spielt eine Rolle. Im Handel werden nach der Farbe, die wohl mit der Härte zusammenhängt, folgende Sorten unterschieden: 1. dunkelblaugrauer Stein, 2. blauer (auch grauer), 3. gelber Stein. Der blaue Stein, der etwas härter als der gelbe ist, gilt als der wertvollere. Für den Steinstich werden nur die grauen oder blauen Steine, als die härtesten, benützt. Für die Federzeichnung kann ein nicht zu weicher, gelber Stein genommen werden; für die Kreidezeichnung ist dagegen ein etwas härterer Stein nötig. Auch rötlich gefärbte Steine sind begehrt.

Trotz des Zink- und Aluminiumflachdrucks und des Offset-Druckverfahrens sind für feine Arbeiten die Solnhofer Lithographiesteine immer noch nicht zu entbehren. Gute Steine sind auch heute noch nicht billig, zumal nur wenige Lagen in den Plattenkalkbrüchen zu Lithographiesteinen geeignet sind.

b) Bodenbelagsteine und Dachplatten. — Steine von rauherem Korn — auch rein kalkig ausgebildete Platten des Unteren Wilden Felsens — von 2—7 cm Dicke werden als Bodenbelag, besonders für Kirchenpflaster, als Fenstersimse, als elektrische Schaltbretter usw. verwendet. Die 4—6 mm dünnen Platten dienen als Dachbelag entweder im rohen Zustande oder werden zu „Zwicktaschen" oder Schablonenschiefern mittels Blechschablone und Beißzange zugeschnitten. Das Loch für den Haftnagel wird gebohrt. Die hellen, wegen der Schwere der Dachplatten flachen Dächer der Orte in der Solnhofer und Eichstätter Alb sind für diese bezeichnend. Die Verwendung der recht wetterfesten Dachschiefer weicht leider vor dem Dachziegel mehr und mehr zurück.

c) Kohlensaurer Düngekalk. — Die Frage, ob die gewaltigen Abraumhalden der Plattenkalkbrüche zur Herstellung von Weißkalk ausgenutzt werden könnten, ist noch nicht gelöst. Die Schiefer zerspringen im Feuer zu kleinen Stückchen und hemmen so den Zug des Ofens. Hingegen läßt sich der Abraum trocken zu kohlensaurem Düngekalk vermahlen. So stellt diesen das Kalkwerk am Bahnhof Solnhofen aus dem durch eine Drahtseilbahn ins Tal beförderten Haldensturz des Haardt-Bruches her. Auch in Ober-Eichstätt liefert ein Betrieb gemahlenen Kalkschiefer zu Düngezwecken. Die Verfrachtungsverhältnisse sind leider durch die hohe abseitige Lage der Brüche von der Bahn nicht günstig.

d) Sonstige Verwertung. — Die Platten werden auch als Spiegelschleifsteine und Lederstreckplatten verwendet. Die mit schönen Ringen gezeichneten Schichten des Oberen Wilden Felsens bei Mörnsheim werden gelegentlich zu Briefbeschwerern verarbeitet. Auch zur Herstellung von Positivformen für den Medaillenguß und für Tiefreliefs können die Plattenkalke verwendet werden; ebenso werden sie in der Goldschlägerei gebraucht.

In einem kleinen Steinbruch in Walddorf, N. von Kelheim, enthalten die Plattenkalke viel Kieselzwischenlagen und Kieselschnüre. Auch Dolomitlagen kommen dort vor. Das Gestein wird wegen seiner Härte als Straßenkleinschlag verwendet.

Gewisse Versteinerungen können einen erheblichen Geldwert darstellen. So kam von den beiden im Plattenkalk gefundenen versteinerten Urvögeln *Archaeopteryx* der eine für 20 000 RM. in das Museum für Naturkunde in Berlin, der andere um 12 000 RM. ins Britische Museum.

Steinbrüche.

a) Lithographiesteine. — Hauptgebiet die Solnhofer Haardt; Brüche bei Lichtenberg zwischen Solnhofen und Mörnsheim; Mörnsheim; Altendorf W. von Dollnstein, Mühlheim SW. von Mörnsheim, Langenaltheim SW. von Pappenheim; Humel-Berg O. von Langenaltheim; Solnhofen; Gansheim SO. von Monheim (geringere Ausbeute); Eichstätter Gegend (gelegentlich etwas Steine für Autographiezwecke); — Painten, zwischen Kelheim und Hemau (angeblicher Anfall von 10 v. H. Lithographiesteinen neben 1 v. H. Dachplatten, 22 v. H. Bodenbelagplatten und 66 v. H. Haldensturz; Gewinnung schon in früherer Zeit; die Steine erreichen die Güte der Solnhofer nicht);

b) Dachschiefer und Bodenbelagplatten. — Außer den genannten Brüchen zahlreiche Steinbrüche um Eichstätt: Marienstein W. der Stadt; Workerszell, Ruppertsbuch, Sappenfeld, Eberswang, Bieswang, Schernfeld, Ober-Eichstätt (alle WNW. der Stadt); Blumenberg NW. von Eichstätt; Langensallach N. von Eichstätt; Pietenfeld SO. von Eichstätt; Breitenfurt O. von Dollnstein; Haunsfeld S. von Dollnstein; bei Neuburg a. d. Donau (kleinere Brüche); Daiting und Gansheim SO. von Monheim; Pfalzpaint SW. von Kipfenberg; Breitenhill SW. von Riedenberg; Böhmfeld NNW. von Ingolstadt; Neukelheim und Dorf Weltenburg; Bachhagel bei Gundelfingen (vgl. auch das Kärtchen, Abb. 20).

Die Gewinnung der Lithographie-Plattenkalke geschieht sehr vorsichtig. Die Schichtfugen werden durch längeres behutsames Hämmern gelockert, und die Platten mit dem Brecheisen abgehoben. — Da das Solnhofer Gebiet geologisch leicht gewellt ist, wird man Steinbrüche vorzugsweise auf den flachen Sattelkuppen und nicht in den stärker verdrückten Mulden anlegen (nach L. KRUMBECK).

---

Geschichtliches: Man hat Solnhofer Schiefer im römischen Limeslager bei Pfünz an der Altmühl und in der Gegend von Denkendorf, Zandt und Ichenhausen gefunden, als Baustein und Fußbodenbelag, so im Tepidarium und Caldarium des dortigen Militärbades (rechtwinkelig zugehauene Platten); in den Kastellen von Weißenburg i. B. und Dambach als Inschrifttafeln und als einen Salbenreibstein. — Im Mittelalter dienten die Schiefer dem Eichstätter Bildhauer LOY HERING (etwa 1485 geboren), seiner Schule und seinen Nachahmern zu Bildhauerarbeiten, von denen Beispiele zu sehen sind im Mortuarium und Kreuzgang des Eichstätter Domes und im Nationalmuseum in München. Durch Schleifen und Polieren suchte er sie dem echten Marmor ähnlich zu machen. Ein dauernder Steinbruchbetrieb dürfte vom 15. Jahrhundert ab vorhanden gewesen sein. Der Bodenbelag aus Solnhofer Platten der großen Moschee Hagia Sophia in Konstantinopel soll aus der Mitte des 15. Jahrhunderts stammen.

Die Würzburger Marienfeste erhielt 1536 einen Bodenbelag aus unseren Schiefern. Im 16. Jahrhundert erzeugte man schon auf dem Stein durch Hochätzung künstlerische Verzierungen. Dem Hochdruck mittels Stein war man damals unwissentlich sehr nahe. — Die Herstellung von geschliffenen Bodenplatten, Treppen, Fensterbänken, Tisch- und Grabsteinplatten stand im 18. Jahrhundert in hoher Blüte. Aus den Brüchen zwischen Herrensaal und Kelheimwinzer wurden im Jahre 1805 Bodenbelagplatten für die Frauenkirche und die Residenz in München geliefert.

Die Erfindung der Lithographie durch ALOIS SENEFELDER in München (1796) verhalf den Solnhofer Schiefern zu ihrer einzigartigen Weltstellung und zu dem damit verbundenen starken Anwachsen der Förderung.

## Reisberg-Kalk (zu Weißjura-Zeta).

Die nach TH. SCHNEID über den Lithographie-Kalken lagernden 25—30 m mächtigen Schichten des Reisberg-Kalks (nach dem großen Aufschluß am Reis-Berg bei Böhmfeld N. von Ingolstadt so benannt) sind blaugraue, rostfleckige und hornsteinarme Kalkbänke. Sie sind etwa gleichalterig mit dem Nerineen-Kalk und Korallen-Oolith von Laisacker NW. von Neuburg a. d. Donau (S. 100).

Die Kalksteine dienen als Mauersteine. Steinbrüche liegen außer am Reis-Berg bei Zell a. d. Speck, Mauern, Hütting, Gammersfeld, Erlbach, Neuhausen, Ammerfeld und Riedensheim, sämtliche Orte NW. von Neuburg; bei Stepperg W. der Stadt; bei Nassenfels, Unterstall und Joshofen NO. von Neuburg und bei Sehensand SO. davon (s. auch das Kärtchen auf S. 104).

## Der Neuburger Kalk (oberstes Weißjura-Zeta).

Der Kalkstein wird wissenschaftlich als Stufe der *Berriasella ciliata* oder als *Ciliata*-Kalk nach einem nur in diesen Schichten vorkommenden Ammoniten bezeichnet.

Die Verbreitung dieser von TH. SCHNEID als die jüngsten Jura-Schichten Frankens (= Ober-Tithon) erkannten Kalkbänke ist fast nur auf die südlich der Donau gelegenen Juraschollen bei Neuburg beschränkt. Sie sind hier vom Ostrand des Burg-Holzes (Burgholzäcker) W. von Neuburg (Steinbrüche) über Ober- und Unterhausen nachzuweisen, wo sie auch nördlich davon, 20—25 m mächtig, die Südhänge des Flachs-Berges bilden. Nach Westen ziehen sie dann weiter bis zum östlichen Stepp-Berg. Nördlich der Donau sind sie im Muster-Holz O. von Riedensheim in Brüchen 15 m mächtig erschlossen über 25 m ruppigen, uneben schieferigen, blauen Plattenkalken, die mit dicken Bänken wechsellagern (Reisberg-Schichten); ferner O. von Treidelsheim an der Straße nach Sieglohe und auf der Kuppe des Hain-Berges O. von Ellenbrunn. Alle Vorkommen verdanken ihre Erhaltung dem Umstande, daß die Kalkschichten an Verwerfungen eingesunken sind. Nur der Hain-Berg kann als eigentlicher Zeugenberg der einst zusammenhängenden, nun aber abgetragenen Decke dieser Bankkalke betrachtet werden.

Die Unterlage der Neuburger Kalksteine auf dem Hain-Berg bilden 90—100 m dickbankige bis plattig-schieferige Kalke, darunter bei Mauern Dolomit. Bei Neuburg-Unterhausen am Donauhang sind blaugraue Kalkbänke (Vertreter der oberen Plattenkalke) das Liegende.

Die Mächtigkeit der *Ciliata*-Kalke mag ungefähr 40 m betragen. Die Stärke der einzelnen Bänke ist durchschnittlich 30—60 cm und steigt bis zu 1 m. Die unteren Lagen werden fast massig-felsig.

Das Gestein ist ziemlich dicht, weich und rauh im Bruch und mehlig abfärbend. Die Farbe wechselt von blendend-weiß bis gelblich-weiß und hellockergelb. Auch gelbgefleckte Lagen kommen vor. Dunklere Farbtöne deuten auf Tongehalt. Verkieselungen und Hornsteinknauern sind selten. Ein großer Steinbruch zwischen Oberhausen und Unterhausen in der Nähe des Bahnhofes Unterhausen hat eine Abbauhöhe von rd. 30 m und liefert das Rohgut, das in dem dortigen Kalkofen zu Bau- und Düngekalk gebrannt wird. Gelegentlich werden die Neuburger Kalksteine auch als Mauersteine verwertet.

## Kalksteine des Mesozoikums:

### c. Der Kreide.

Die Kreide-Schichten Bayerns, vorwiegend Sandsteine, Kalksandsteine, Sande, Kieselgesteine mannigfacher Art, im Wechsel mit Tonen oder Mergeln, sind im Bereich der stärksten Entwicklung weit über hundert Meter mächtig. Das Hauptverbreitungsgebiet ist der südöstliche Teil der Jura-Tafel von Kelheim—Regensburg im Süden bis Amberg—Schwarzenfeld im Norden. NW. von Amberg reicht ein vielfach unterbrochener Zug von Kreide-Bildungen über Sulzbach und den Veldensteiner Forst bis über Hollfeld hinaus; SO. von Schwandorf greift die Kreide des Bodenwöhrer Beckens buchtförmig über 40 km in den Bayerischen Wald hinein. Außerhalb des hier umrissenen Verbreitungsgebietes gehören zur Kreide noch gewisse Vorkommen der sog. Alb-überdeckung des Jura-Gebirges.

Aufn. v. M. Schuster

Fig. 1
**Geschichteter Seekalk des Rieses, O. von Niederhofen bei Öttingen**
(zu S. 116).

Aufn. v. M. Schuster

Fig 2
**Sinterartiger Süßwasserkalk des Rieses, Adler-Berg bei Nördlingen**
(zu S. 115).

| Senon | | Hellkofener Mergel (in der Donauniederung erbohrt) | m 100 |
|---|---|---|---|
| Turon | Ober-Turon | Großberg-Sandstein b. Regensburg; — Glaukonitsandstein und Feldspatsandstein bei Freihöls; — Veldensteiner Sandstein; — Farberden. Karthauser Baculiten-Mergel (ob. Teil) | 8—80 |
| | Mittel-Turon | Karthauser Baculiten-Mergel (unt. Teil) Pulverturm-Schichten  } = „Obere Kalke" Eisbuckel-Schichten | bis 25 |
| | Unter-Turon | Hornsandstein Winzerberg-Schichten = Knollensand | bis 40 |
| Cenoman | Ober-Cenoman | Reinhausener Schichten (= „Untere Kalke") von Regensburg; — „Amberger Tripel"; — Kieselkreide von Neuburg = „Neuburger Weiß" | bis 20 |
| | Mittel-Cenoman | Eibrunner Tone und Mergel von Regensburg; — „Erzletten" (Haidweiher Gebiet) | bis einige Meter |
| | Unter-Cenoman | Grünsandstein von Regensburg; — „Geröllerz" von Amberg | bis 16 |
| Vorcenoman | | „Schutzfels-Schichten" und „Amberger Erzformation" | 0—80 |
| Vorcenomane Landoberfläche: Malm, Dogger, Lias, Granit | | | |

Die Schichtenfolge der oberpfälzisch-fränkischen Kreide-Formation.

Die Kreide-Schichten sind weit vorwiegend Ablagerungen eines Meeres der Oberen Kreide-Zeit (Cenoman, Turon und Senon). Nur gewisse, örtlich erhaltene unterste Schichten der Kreide, wie die sog. Amberger Erzformation und die Schutzfels-Schichten, sind als Festlandsbildungen entstanden in einer Zeit (Vorcenoman), in der in unser Gebiet nach Ablagerung des Juras vorübergehend über den Meeresspiegel gehoben war. Da das vorcenomane Land eine starke flächenhafte Abtragung erlitten hatte, kam die Kreide auf sehr verschiedenalterigem Untergrund zur Ablagerung. Vorwiegend freilich liegt sie der Weißjura-Tafel auf. Zwischen Amberg und Bodenwöhr aber bilden Eisensandstein oder *Opalinus*-Ton des Doggers, Lias oder Keuper, gegen Roding zu sogar Granit, die Unterlage (vgl. hierzu die Profil-Tabelle VIII und Tafel 10). Kreide-Bildungen nach Art der Schreibkkreide gibt es nicht.

**Eibrunner Mergel.** — In den Profilen der Grünsandstein-Brüche um Regensburg sieht man öfters die Sandsteine überlagert mit Tonen und Mergeln der sog. Eibrunner Schichten (mittelcenoman, nach dem Weiler Eibrunn NW. von Regensburg benannt) (Fig. 2, Tafel 18). Die weichen, geschichteten, z. T. blätterigen Mergel bilden das Hauptwasserstockwerk der Regensburger Kreide-

Schichten (zahlreiche Quellen, z. B. von Nieder-Winzer bei Regensburg, von Adlersberg oder am Ausgang der Wolfschlucht beim Schwalbennest W. der Stadt).

**Kieselkalke der Reinhausener Schichten.** — Diese von A. BRUNHUBER[1]) als „Untere Kalke" bezeichneten obercenomanen Gesteine sind unregelmäßig gebankte, hellgelbe, kieselige Kalke, die mit örtlich zu Kieselknollen angereichertem, feinstverteiltem Quarzstoff durchtränkt sind. Sie klüften leicht. Ihre Mächtigkeit beträgt 10—20 m. Durch die Herauslösung des Kalkes bei der Verwitterung der Gesteine können, schon innerhalb eines Bruches verfolgbar, sehr porige, leichte, mehlig abfärbende Gesteine entstehen („Tripel") (Fundorte: Reinhausener Berg, Kareth NW. von Regensburg, Poikam W. von Abbach, bei Kelheim, Kapfelberg NO. davon).

S t e i n b r ü c h e: auf dem Reinhausener Berg; S. von Groß-Prüfening und NW. von Weillohe (SO. von Abbach). — V e r w e r t u n g: die nicht ausgelaugten Kieselkalke werden als Bausteine verwendet (Ulrichs-Kirche, Nieder-Münster und andere Regensburger Bauten). Der kleinquadrige Bruch läßt feinergegliederte Arbeiten nicht zu.[2])

In der Gegend von A m b e r g — S c h w a n d o r f — R o d i n g entspricht diesen Schichten der „Amberger Tripel", der wegen seines teilweise höheren Sandgehaltes bei den Sandsteinen der Kreide-Formation besprochen wird.

**Kieselkalke der Eisbuckel- und Pulverturm-Schichten.** — Bei Regensburg sind diese mittelturonen Kalke die „oberen Kalke" BRUNHUBER's. Es sind gut geschichtete, muschelig brechende, gelblichgraue, kieselige Kalke, die als B a u - u n d M a u e r s t e i n e verwendet wurden. — S t e i n b r ü c h e (meist aufgelassen): am Eisbuckel bei Kumpfmühl S. von Regensburg; im Kaffeegarten W. von der Seidenplantage; auf der Winzer- und Kager-Höhe NW. der Stadt; bei der Heil- und Pflegeanstalt Karthaus; am ehemaligen Pulverturm S. von der Stadt; im Tal von Leoprechting; bei Ober-Isling; bei Thalmassing und Unter-Massing; NW. von Weillohe (alle Orte S. der Stadt).

Ö s t l i c h v o n B o d e n w ö h r kommen harte, sandige Kalke (örtlich nur 0,5—2,0 m Stärke) in den obersten Lagen der Knollensande bezw. über diesen vor. Sie werden in der Formsandgrube W. von Hinter-Randsberg (Fig. 2 Taf. 24) als S c h o t t e r abgebaut und O. von Bodenwöhr gebrochen (vgl. u. Sandsteine). — Versteinerungsreiche, harte Kalksteine und Kalksandsteine (4 m), in Bänken von 0,4 m Stärke, liegen in und um Roding angeblich über dem Knollensand (Schottergruben O. und W. von Altenkreith).

A n h a n g: Die Kreidekalke von B e t z e n s t e i n in der nördlichen Frankenalb sind bedeutungslos (2 m); die Kreide-Kalke von Leinsiedel (Ober- und Unter-Leinsiedel SW. von Amberg) und Neukirchen (W. von Sulzbach) kommen nur in losen Blöcken vor.

---

[1]) BRUNHUBER, A.: Die geologischen Verhältnisse von Regensburg und Umgebung. 2. Auflage. Im Selbstverlag d. naturw. Ver. Regensburg, Regensburg 1921.

[2]) STEINMETZ, H.: Über die Gesteinsverwitterung an Regensburger Bauten. — Jbr. u. Mitt. d. Oberrhein. Geol. Ver., N. F., **24**, 1935, Stuttgart 1935.

# Kalksteine des Neozoikums:

## a. Des Tertiärs.

### Oberoligozäne Landschneckenkalke.

Die Landschneckenkalke der *Rugulosa*-Schichten treten bei Thalfingen in der Ulmer Gegend von Württemberg her noch auf kurze Strecken ins Bayerische. Von hier ziehen sie am Donautalrand östlich gegen Ober- und Unter-Elchingen und biegen hier nach Norden gegen Langenau um. Bei Thalfingen liegen zu unterst grünliche Sande mit Mergelstreifen, darüber 18—20 m teils dichte, plattige Kalke in geschlossenen Bänken, teils knollig-bröckelige Kalke, die in den oberen Lagen in Mergel oder weiche tuffige Kalke, sog. Süßwasserkreide, eingelagert sind. Diese leicht verwitternden oberen Lagen wurden zur Herstellung einer Art Kreide verwendet.

### Tertiär-Kalk des Rieses.[1]

Der heutige Rieskessel ist im jüngeren Ober-Miozän durch ein vulkanisches Ereignis herausgesprengt worden. In dem Sprengtrichter sammelten sich Gewässer zu einem See, vielleicht zeitweise auch zu mehreren Seen. Die Seeabsätze sind uns in Form von schichtigen und tuffigen Kalken, Dolomiten, Mergeln, Tonen, Braunkohlen und Papierkohlen (Dysodil) erhalten.

Was die Entstehung der Kalkabsätze anlangt, so hält H. KLÄHN die porigen, zelligen, auch sinterartig gebänderten Kalktuffe für einen Absatz heißer Quellen (Sprudelkalke). So ist nach ihm der Gold-Berg bei Goldburghausen, der Wallersteiner Felsen, der Spitz-Berg und Hahnen-Berg bei Appetshofen und der Alerheimer Schloßberg wesentlich aus Sprudelkalk aufgebaut, allerdings unter Beteiligung von normalen Seekalkabsätzen. — Die sog. Seekalke sind nach KLÄHN nicht porig, bis auf ungeschichtete Algenstotzen meist wohlgeschichtet und außerdem versteinerungsführend. Ihr Hauptverbreitungsgebiet sei der nördliche Riesrand bei Öttingen.

---

[1] Wichtigstes Schrifttum:

KLÄHN, H.: Palaeolimnologische Studien im Ries bei Nördlingen. Vorläufige Mitteilung. — C. f. Min. usw., Abt. B, S. 320—335, Stuttgart 1925.

— Vergleichende palaeontolimnologische, sedimentpetrographische und tektonische Untersuchungen an miocänen Seen der Schwäbischen Alb. — N. J. f. Min. usw., Beil.-Bd. 55, Abt. B, S. 274—342 und S. 343—428, Stuttgart 1926.

NATHAN, H.: Geologische Untersuchungen im Ries. Das Gebiet des Blattes Möttingen. — N. Jb. f. Min. usw., Beil.-Bd. 53, Abt. B, S. 31—97, Stuttgart 1925.

REIS, O. M.: Zusammenfassung über die im Ries südlich von Nördlingen auftretenden Süßwasserkalke und ihre Entstehung. — Jahresber. u. Mitt. Oberrhein. Geol. Ver., N. F. 14, 1925, S. 176—190, Stuttgart 1926.

SCHOWALTER, E.: Chemisch-geologische Studien im vulkanischen Ries bei Nördlingen, Dissertation, Erlangen 1904.

O. M. Reis und H. Nathan können die oben angegebene Unterscheidung nicht durchführen. Ein sicheres Anzeichen einer thermalen Sprudeltätigkeit (Aragonit, Kieselsinter) konnte von ihnen nicht aufgefunden werden, auch nicht am Gold-Berg und Wallersteiner Felsen. Reis erklärt daher diese Kalke alle als Seeabsätze. Die bei der Ries-Heraussprengung erfolgte feinste Zerstäubung von älteren Weißjura-Kalken begünstigte einen hochdispersen gallertartigen Niederschlag der Karbonate, der dann bei der Erhärtung durch Austrocknung porig-zellig zerriß. Je nach der Beteiligung am Aufbau der einzelnen Kalkabarten kann man unterscheiden: *Chara*-Kalk mit *Chara*-Stengelchen; Algenkalk aus Algenrasen bestehend; Schalenkalk mit den Schalen von kleinen Muschelkrebsen, Land- und Wasserschnecken; Schwemmkalke und Sinterkalke. Es können jedoch in einem Aufschluß die verschiedenen Kalkarten ineinander übergehen, so daß diese Einteilung keine praktische Bedeutung hat.

Nach der Beschaffenheit der das Gestein zusammensetzenden Bestandteile kann man Breschen, Konglomerate und Süßwasserkalke unterscheiden.

## Breschen.

Sie bestehen aus eckigem Kalkgries und -sand, der durch kalkiges Bindemittel verkittet ist. Ihr Vorkommen ist auf den Südrand des Rieses beschränkt, wo sie am Keller von Klein-Sorheim, am Kühstein bei Deggingen und am Ganzen-Berg bei Nieder-Altheim in kleinen Brüchen abgebaut werden und als Bausteine Verwendung finden. Sie sind offenbar durch Hereinrutschen und Einschwemmung des bei dem Sprengschlag gebildeten Weißjura-Grieses in den Ries-See hinein entstanden.

## Konglomerate.

Sie sind ebenfalls auf die Strandzone des Ries-Sees beschränkt und unterscheiden sich von den vorgenannten Breschen durch die mehr oder weniger gute Abrollung der dem Weiß-Jura entstammenden Gerölle von Gänseeigröße bis Erbsengröße und weniger. Schon lange bekannt ist das Vorkommen vom „Hörele" an der Landesgrenze bei Holheim, an der Straße Nördlingen—Ulm. Das Gestein hat früher beim Pflaster der Stadt Nördlingen Verwendung gefunden. Zwischen Ederheim und dem Karls-Hof und zwischen Nieder-Altheim und dem genannten Hof kommen die gleichen Konglomerate vor. Sie sind aber hier nicht aufgeschlossen.

## Süßwasserkalke.

Wegen ihrer leichten Bearbeitbarkeit werden die tuffig-porigen Lagen des Süßwasserkalkes als Baustoff bevorzugt. Die Fig. 2 der Tafel 12 zeigt einen derartigen Kalkblock vom Adler-Berg S. von Nördlingen, der durch senkrechte röhrenartige Hohlräume ein tropfsteinartiges Aussehen gewinnt. Konzentrische Umkrustungs-Sinterlagen überdecken diese Wachstumsformen der Algenansiedelung. Diese gebänderten, trauben- bis nierenförmigen Umkrustungssinter eignen sich zu mancherlei Zierzwecken. Süßwasserkalke von dieser Beschaffenheit kommen vielfach am Riesrand und auf den Höhen im Inneren des Rieskessels vor. So zieht S. von Nördlingen ein Höhenrücken aus dem Gestein nach Schmähingen. Außer auf dem schon genannten Adler-Berg wird auf der Reimlinger Hochfläche der Kalk in vielen kleinen Gruben ausgebeutet. Der größte Bruch liegt oberhalb des Südendes von Reimlingen. Weitere in Betrieb befindliche Abbaustellen sind im südlichen Ries nur auf dem Kleinen Hühner-Berg bei Klein-Sorheim und auf dem Wenne-Berg bei Alerheim. Der Abbau auf dem durch Funde von versteinerten Vogelknochen bekannten Hahnen-Berg bei Appetshofen und auf dem Alerheimer Schloßberg ist gering.

Im nördlichen Ries sind NW. von Trendel mehrere Brüche in geschichteten S e e k a l k e n mit Hydrobien, Muschelkrebsen und Algen, ebenso unmittelbar N. von Ehingen. Hier sind besonders auch Landschneckenkalke vertreten. Dichte Seekalke mit Schichtandeutung sind auf der Büschelberg-Hochfläche zwischen Mögesheim und Hainsfarth erschlossen. Über der Aufarbeitungszone der grauen Malm-Kalke, welche die Unterlage bilden, folgen Hydrobien-Kalke, die nach oben in traubigen Sinterkalk übergehen. Im Ganzen werden in der Senkrechten etwa 6 m brauchbare Steine abgebaut.

Bei Hochaltingen kommt Landschneckenkalk in größerer Verbreitung vor und wird in mehreren Steinbrüchen gewonnen. Die Schichtung ist am besten ausgebildet in dem Seekalk, der in den Brüchen bei dem Weiler Lohe NW. von Öttingen und W. von Niederhofen erschlossen ist. Die einigermaßen ebenen Bänke werden bis 1 m dick. Der zu Mauersteinen verwendete mergelige, Landschnecken führende Kalk bricht jedoch nicht gut nach seinen Schicht-flächen, doch ist er leicht zu behauen. Das weiße, etwas grünstichige Gestein enthält viele mit Kalkspat erfüllte Hohlräume und eingeschwemmte Land-schneckenschalen (Fig. 1, Tafel 12).

Noch an vielen Orten der Riesumrandung und des Riesinneren kommen tertiäre Kalke vor. Sie sind aber ohne Bedeutung.

Die Ries-Kalke werden verwendet als Mauersteine zur Grundlegung für Haus und Scheuer, zum Unterbau von Wegen; der Abfall dient als Schotter. Zum Kalkbrennen werden sie nicht benützt. Der Abbau erfolgt von der Landbevölkerung nur zur Zeit, wenn es auf dem Felde nichts zu tun gibt.

C h e m i s c h e  V e r h ä l t n i s s e : Die Kalkabsätze des Ries-Sees sind keines-wegs reine Kalke. Es treten alle Mischungsverhältnisse von Kalk- mit Mag-nesiumkarbonat bis zum Dolomit auf. Unlösliches ist außer bei den praktisch bedeutungslosen Mergeln und Mergelkalken nur wenig enthalten. Äußerlich lassen sich Kalke und Dolomite nicht voneinander unterscheiden. Nach-stehend einige Analysen (Unt.: U. SPRINGER, Laboratorium d. Geol. L.-U.).[1]

---

[1] Weitere chemische Analysen finden sich bei KLÄHN (1926) und SCHOWALTER (1904).

|                                              | I      | II      | III    | IV     | V      |
|----------------------------------------------|--------|---------|--------|--------|--------|
| Kohlensaurer Kalk (CaCO₃) . . . . .          | 56,81  | 78.83   | 95,24  | 80,26  | 90,85  |
| Kohlensaure Magnesia (MgCO₃) . . .           | 40,16  | 19.24   | 2,11   | 14,74  | 1,48   |
| Tonerde (Al₂O₃) + Eisenoxyd (Fe₂O₃) . .      | 0,41   | 0,76    | 0,28   | 0,76   | 1,42   |
| Magnesiumoxyd (MgO)*) . . . . . .            | —      | —       | 0,30   | —      | —      |
| Wasser (105°) . . . . . . . . .              | 0.18   | 0,24    | 0,18   | 0,61   | 0,69   |
| Wasser (über 105°) und Organisches .         | 0,71   | 0,47    | 0,40   | 0,73   | 0,38   |
| Unlösliches . . . . . . . . . .              | 1,58   | 1.24    | 1,55   | 2,65   | 5.28   |
|                                              | 99,85  | 100,78  | 100,06 | 99,73  | 100,10 |

I = Großzelliges Gestein vom Adler-Berg bei Nördlingen.
II = Tiefere Lagen des wulstigen Gesteins vom Adler-Berg bei Nördlingen.
III = Zuckerkörniges, lückiges Gestein vom Erbes-Berg bei Nördlingen.
IV = Dichter Kalk vom Erbes-Berg bei Nördlingen.
V = Mergeliger Plattenkalk vom Keller bei Reimlingen.

*) An dessen Stelle auch Kalk (CaO), silikatisch oder organisch gebunden, treten kann. Die Berechnung der Karbonate erfolgte bei III aus der bestimmten Kohlensäure, bei den übrigen Analysen aus dem Glühverlust.

### Süßwasserkalke der Jurahochfläche.

Obermiozäne Süßwasserkalke der *Sylvana*-Stufe lagern an vielen Stellen auf der Jurahochfläche zwischen Eichstätt und Kelheim, auf dem Mittel-marter-Berg NO. von Pappenheim und bei Pfahldorf NW. von Kipfenberg. Bei Adelschlag zwischen Eichstätt und Ingolstadt sind darin Braunkohlen-flözchen eingeschaltet. Auch im nördlichen Juravorland sind solche tertiären tuffigen Kalke noch vorhanden, so auf der Höhe des Bubenheimer Berges bei Treuchtlingen, W. von Pleinfeld und N. davon an mehreren Stellen bis Hohenweiler, dann bei Breitenlohe S. von Georgensgmünd, Georgensgmünd und Rittersbach nördlich davon. Das Georgensgmünder Vorkommen ist in früheren Zeiten als Baustoff ausgebeutet worden. Noch 1906 wurden diese Kalksteine gebrannt und gemahlen.

## Kalksteine des Neozoikums:
## b. Des Diluviums und Alluviums.

### Kalktuff.

Die seit der Diluvialzeit bis in die neuere Zeit entstehenden Kalksteine sind chemische Absätze von Quellwässern und Bächen (Tuffe, Sinter). Ihre Ent-stehung setzt ein als Kalksteinen gebildetes Einzugs- und Durchzugsgebiet der kohlensäurereichen Bergwässer voraus, worin diese reichlich Kalk als Bikarbonat lösen und eine wasserstauende Unterlage, über welcher die Wässer als Quellen austreten können. Am Quellort, an Wasserfällen oder beim raschen

Fließen des Wassers über unebenem Untergrund entweicht die Hälfte der Kohlensäure aus dem doppeltkohlensauren Kalk und der dabei gebildete einfach-kohlensaure Kalk fällt als feines Pulver aus. Er umkrustet dabei die Sohle und Ränder der Quellorte und der Wasserläufe und kann in verhältnismäßig kurzer Zeit eine ziemlich ansehnliche Stärke erreichen.

**Kalktuff im Muschelkalk.** — Die Vorkommen sind gering und haben nur wenig praktische Bedeutung. Bei W o n f u r t, SW. von Haßfurt a. Main, setzt eine aus dem Oberen Muschelkalk kommende bald versiegende Quelle einen gelblichen bis bräunlichen, ziemlich harten Tuff ab, der als Zierstein („Ölbergstein") und Baustein verwendet wird.

An den Mündungen der Nebenflüsse der Tauber, N. von R o t h e n b u r g, lagerten die darin rasch strömenden Bäche Kalk in Form von porigen Tuffsteinen ab, die z. B. bei Hobach und unterhalb der Schloßruine Selteneck eine kleine Ausbeute als Zierstein erfahren haben.

In der R h ö n scheiden die an der Grenze Muschelkalk-Buntsandstein (Röt) entspringenden Quellen oft Kalktuff ab. Am Westrand von Weisbach NO. von Bischofsheim wurden in einigen kleinen Brüchen 6 m Kalktuff abgebaut; hiervon dienten die härteren Lagen als Baustein, die weicheren wurden im gebrannten Zustande für chemische Zwecke verwendet. — Weitere unbedeutende Kalktuff-Ablagerungen sind S. vom Forsthaus Gangolfsberg (NNW. von Ober-Elsbach); NW. und W. von Ober-Elsbach (NO. von Bischofsheim); W. und SW. von Haselbach (SW. von Bischofsheim); NW. von Ober-Weissenbrunn (W. von Bischofsheim) und am Südhang des Hohen Kreuz-Berges.

Keine technische Bedeutung mehr besitzt der 30 m hohe, schloßgekrönte Kalktuffabsatz von H o m b u r g a. M a i n, der am Ausgang eines Tälchens an einem Wasserfall über dem Quarzit der Röt-Tone gebildet worden ist. Das Wasser entquillt hinter Homburg gleichfalls dem Quellstockwerk an der Grenze des Buntsandsteins zum Muschelkalk. — Der Tuff ist weniger schichtig als klotzig und bis zur Höhlenbildung lückig. Heute ist der eigenartige Homburger Fels ein Naturdenkmal.

**Kalktuff im Jura.** — Die Ausscheidungen von Kalktuffen im Juragebiet sind vor allem an das Quellstockwerk an der Grenze der Ornaten-Tone zum Weißen Jura gebunden. Sie sind meist alluvialen Alters, reichen aber auch bis ins Diluvium zurück.

Der Kalktuff ist in feuchtem Zustand ziemlich weich und läßt sich leicht bearbeiten. Ausgetrocknet gewinnt er sehr an Festigkeit und liefert einen guten Mauerstein. Brauchbar sind nur solche Tuffe, die an der Luft genügend erhärten. Lockere Tuffsande werden manchmal als Mörtelsand verwendet.

E i n z e l v o r k o m m e n. — In Oberfranken: bei Tiefenellern, O. von Bamberg; an der Würgauer Steige bei Scheßlitz; bei Frankendorf (Tiefenhöchstadt) O. von Strullendorf; bei Ober-Küps, bei Schwabthal und an der Lauter bei Uetzing (sämtliche SO. von Staffelstein); im Weismain-Tal oberhalb Weismain an verschiedenen Stellen; bei Kasendorf SW. von Kulmbach; im Leinleiterbach-Tal bei Ober-Leinleiter SO. von Bamberg (zwei Brüche;

die Kalktuffbildung geht hier bis ins Diluvium zurück); oberhalb der Herolds-Mühle bei Ober-Leinleiter; im Langen-Tal bei Streitberg (diluvial);

bei Leutenbach O. von Forchheim; SO. von Ober-Ehrenbach (SO. von Forchheim); auf der linken Trubach-Talseite bei Mostviel (Mostbiel), N. von Egloffstein (Brüche); im Teufelsgraben dicht bei Egloffstein; am Todsfeld O. von Thuisbrunn; am Dörnhof SO. von Egloffstein; bei Großenohe W. von Hilpoltstein; bei Gräfenberg; am Westhang des Leyer-Berges (Fürst-Quellen) bei Hetzles; bei Ober-Rüsselbach S. von Gräfenberg und bei Weißenohe und Dorfhaus S. von Gräfenberg; bei Urspring SO. von Ebermannstadt;

in Mittelfranken: bei Eismannsberg und bei Ober-Riedern NO. von Altdorf; S. von Hartmannshof am Weg nach Waizenfeld (Bruch); SO. von Pommelsbrunn; am Mosen-Hof bei Kainsbach S. von Hersbruck; im Sittenbach-Tal bei Algersdorf und bei Stöppach, in einem Seitental davon (N. von Hersbruck); bei Enzendorf, Vorra, Düsselbach und Alfalter a. d. Pegnitz, NO. von Hersbruck; — bei Schambach NO. von Treuchtlingen; an der Säge-Mühle oberhalb Wolfsbrunn bei Meinheim, NO. von Treuchtlingen; unterhalb von Herrnsberg und bei Röckenhofen, N. von Greding; bei Morsbach und Emsing, in einem Seitental der Anlauter, und bei Heimbach SW. von Greding; bei Landershofen O. von Eichstätt und W. von Kinding im Schwarzach-Tal, S. von Greding;

in der Oberpfalz: bei Deinschwang, O. von Altdorf; bei Traunfeld NO. von Altdorf; bei Döllwang SO. von Neumarkt; an der Schnee-Mühle bei Trautmannshofen NO. von Neumarkt; bei der Habers-Mühle oberhalb Sindelbach, N. von Neumarkt; bei Ransbach im Lauterach-Tal, NW. von Hohenburg; — im „Roten Graben" oberhalb von Biberbach, N. von Beilngries; im Laber-Tal bei der Erb-Mühle, bei Holnstein und bei Hermannsberg NO. von Beilngries;

im nördlichsten Schwaben und Neuburg: bei Wittislingen N. von Dillingen (auf beiden Seiten des Egge-Tales 4—6 m mächtige Kalktuffmassen auf Torf abgesetzt. Früher waren hier mehrere Steinbrüche in Betrieb).

Als eigenartiges Naturdenkmal sei hier das Kalktuff-Vorkommen der „Steinernen Rinne" von Rohrbach bei Weißenburg in Mittelfranken erwähnt. Eine an der Grenze *Opalinus*-Ton—Eisensandstein entspringende Quelle hat sich eine 70 m lange und 60 cm hohe Rinne aus Kalktuff geschaffen, in der das Wasser weiterläuft.

An der Grenze Amaltheen-Mergel—Posidonien-Schiefer liegen zwei Vorkommen von Kalktuff bei Kalchreuth in Mittelfranken. Das eine ist am Nordabhang des Kalchreuther Höhenzuges bei Kalchreuth, das andere am Südwestende der Käswasser-Schlucht bei Käswasser O. von Kalchreuth.

Fig. 1　　　　Aufn. v. E. HARTMANN
**Heigenbrücker Sandstein, Steinbruch am Gräfen-Berg bei Rottenberg** (zu S. 123).

Aufn. v. M. SCHUSTER
Fig. 2
**Miltenberger Sandstein, Steinbruch W. von Reistenhausen a. M.**
(Künstliche Höhlung zur Sandsteingewinnung) (zu S. 125).

II. Bd d. Nutzb. Min., Gesteine u. Erden Bayerns.

# Sandstein

Als Sandsteine bezeichnet man Schichtgesteine, die vorzugsweise aus Quarzteilchen zusammengesetzt und durch ein Bindemittel verkittet sind (eigentliche Sandsteine oder Quarzsandsteine). Andere Sandsteine kommen in Franken und in der Oberpfalz abbauwürdig nicht vor. Beteiligt sich am Sandstein neben Quarz auch noch Feldspat oder dessen kaolinisches Umwandlungserzeugnis in sichtbarer Weise, so spricht man von Feldspatsandstein oder Arkose.

Neben dem Quarz erscheint oft besonders der helle und dunkle Glimmer (Muskovit und Biotit) in der Gesteinszusammensetzung. Er lagert auf den Schichtflächen als Belag und seine Menge bedingt meist den Grad der Spaltbarkeit der Sandsteine. Starkes Vorherrschen des Glimmers drückt sich im Wort „Glimmersandstein" aus, gute Spaltbarkeit in der Bezeichnung „Plattensandstein".

Neben dem Hauptgemengteil Quarz treten in mikroskopischer Kleinheit viele widerstandsfähige Mineralteilchen aus dem kristallinen Grundgebirge auf, aus dessen mechanischer Zerstörung durch das Wasser und aus dem Absatz der schwerzerstörbaren Mineralien, vor allem des Quarzes, die Sandsteine entstanden sind. Sie sind die am besten ausgeprägten Trümmergesteine.

Sehr wichtig für die technische Verwertbarkeit der Sandsteine ist das Bindemittel der Sandkörner, denn von ihm hängt die Härte, die Bearbeitbarkeit und Wetterfestigkeit der Sandsteine ab. Das Bindemittel kann sein 1. kieselig, aus nachträglich zugeführter Kieselsäure (Quarz) bestehend (Kieselsandstein); 2. tonig (Tonsandstein); 3. kalkig-tonig bis kalkig (Mergelsandstein, Kalk- bis Dolomitsandstein); 4. limonitisch bis eisenoxydisch (Eisensandstein); 5. tonig-glaukonitisch (Glaukonit- oder Grünsandstein).

Der Sandstein gehört neben dem Kalkstein zu den wichtigsten Bausteinen und Ziersteinen. Auch das Verwitterungserzeugnis der Sandsteine, der Quarzsand, findet als Formsand (s. d.), Mörtelsand und Fegsand technische Verwertung. — Der Eisensandstein des Braunen Juras enthält oft Eisenerz, manche Keupersandsteine führen Bleierz, andere Sandsteine Kaolin. Diese Mineralbildungen werden im Abschnitt „Lagerstätten" besprochen.

## Sandsteine des Mesozoikums:

### a. Der Trias.

#### Sandsteine des Buntsandsteins.[1])

Der Fränkische Buntsandstein ist eine bis 600 m mächtige Folge von vorwiegenden Sandsteinablagerungen verschiedener Korngröße, Bankmächtigkeit und Bindung. Er beginnt mit Ablagerungen von Schiefertonen (Bröckel-

---

[1]) Neueres Schrifttum:

HEIM, F.: Gliederung und Faziesentwicklung des Oberen Buntsandsteins im nördlichen Oberfranken. — Abh. d. Geol. Landesunters. a. Bayer. Oberbergamt, 11, München 1933.

schiefer des Unteren Buntsandsteins) und wird von Schiefertonen (Röt-Tone des Oberen Buntsandsteins) abgeschlossen (vgl. Abb. 23). Die Buntsandstein-Absätze sind im allgemeinen Ablagerungen in einem gelegentlich vom Meere überfluteten Becken, die zu einem großen Teile aber vom fließenden Wasser breiter Ströme und vom Wind abgesetzt worden sind. Für diese Annahme sprechen: die vorwiegend rote Farbe der Schichten, die an Laterit erinnert, ihre Armut an Meerestier-Resten, ihre Einschlüsse an Fährten lurchartiger Tiere, ihre dünenartige oder flußabsatz-artige Überguß- oder Gezeiten-Schichtung, die Ausbildung von Geröllzonen u. a. m.

Die Buntsandstein-Abteilung gliedert man in 1. den Unteren Buntsandstein (Bröckelschiefer); 2. den Mittleren Buntsandstein oder Hauptbuntsandstein; 3. den Oberen Buntsandstein oder das Röt.

Man unterscheidet einen unterfränkischen und oberfränkischen Buntsandstein-Bereich.

## Unterfränkischer Buntsandstein.

Das Verbreitungsgebiet des unterfränkischen Buntsandsteins ist der Hochspessart, die Sandstein-Rhön, der mainische Odenwald und der Main-Saale-Gau. Die östliche Grenze der Buntsandstein-Verbreitung ist etwa durch eine Linie Homburg a. Main—Gambach a. Main—Bad Kissingen—Neustadt an der Saale—Mellrichstadt angegeben. Im offenen Main-Saale-Gau herrscht der Obere Buntsandstein vor, der leichter verwittert und vielfach dem Ackerbau zugeführt worden ist, in den übrigen genannten Gegenden überwiegt weitaus der Mittlere Buntsandstein, der schwerer verwittert und den Grundstock für die ausgedehnte Waldwirtschaft in diesen Gegenden abgibt. Hier ist auch der Bereich der wertvollen Bausandsteine, die vom Main in langem Laufe und seinen zahlreichen Nebenflüssen trefflich aufgeschlossen sind. Dem kommt die im allgemeinen leicht südöstlich gerichtete Neigung der Buntsandsteinschichten entgegen: Sandsteine verschiedener Höhenlage kommen dadurch in den Bereich des Mainflusses, der die billige Abfuhr der gewonnenen Sandsteine ermöglicht.

Das Hauptgebiet der technischen Verwertung des Buntsandsteins liegt zwischen Miltenberg und Stadtprozelten, ferner im Hochspessart selbst bei Heigenbrücken. Geringere Bedeutung haben die südliche Umrahmung des kristallinen Vorspessarts (Kärtchen S. 2) und die vom Main angeschnittenen Sandsteinvorkommen von Marktheidenfeld, Rothenfels, Gemünden, Gambach und Thüngersheim. Im übrigen Unterfranken sind in der Buntsandstein-Rhön zwischen Miltenberg und Stadtprozelten, ferner im Hochspessart selbst bei Kissingen) nennenswerte Steinbrüche nur noch in der Umgebung des letztgenannten Ortes.

SCHUSTER, M.: Die Gliederung des Unterfränkischen Buntsandsteins. I. Der Untere und Mittlere Buntsandstein. — Abhandlungen usw., **7** München 1932.
— IIa. Die Grenzschichten zwischen Mittlerem und Oberem Buntsandstein. — Abhandlungen usw., **9**, München 1933.
— IIb. Das Untere Röt (Plattensandstein). — Abhandlungen usw., **15**, München 1934.

## Sandsteine des Unteren Hauptbuntsandsteins oder Feinkörnigen Buntsandsteins.

Diese Buntsandsteinstufe besteht aus zwei an Mächtigkeit sehr verschiedenen Unterstufen: aus dem 25—40 m mächtigen Heigenbrücker Sandstein unten und dem rund 150—200 m mächtigen Miltenberger Sandstein darüber (Abb. 23 und Tafel 13).

**Der Heigenbrücker Sandstein.** — Der Name dieses Sandsteins kommt von Heigenbrücken bei Laufach, wo er als Bausandstein in großen Steinbrüchen gewonnen wird (Heigenbrücker Bausandstein). Er besteht aus z. T. ansehnlichen Bänken eines weißen, grünlichweißen, seltener rötlichen oder bräun-

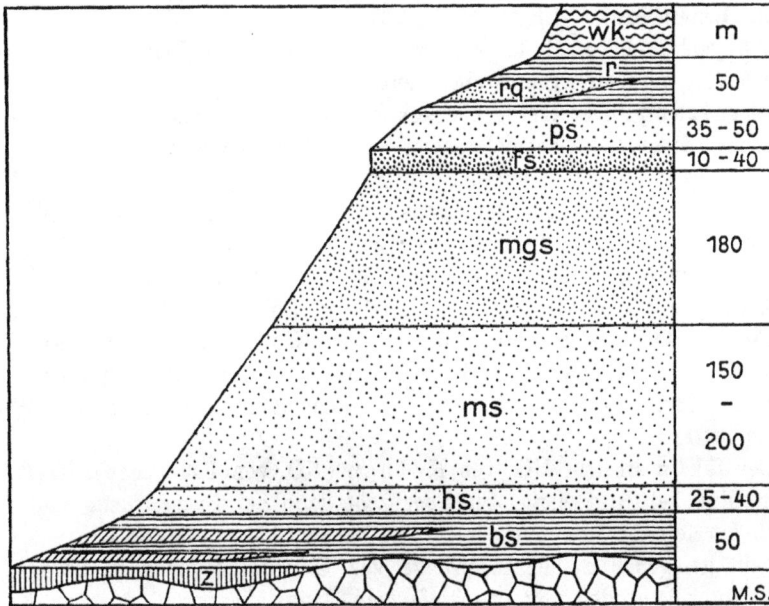

Abb. 23.

**Der unterfränkische Buntsandstein.**

Unterlagerung des Buntsandsteins: Grundgebirge und Zechsteinabsätze (z).

bs = Unterer Buntsandstein: Bröckelschiefer mit Einlagerungen von Unterem Tigersandstein;

hs—fs = Mittlerer Buntsandstein (Hauptbuntsandstein).

hs + ms = Feinkörniger Buntsandstein; hs = Heigenbrücker Sandstein; — ms = Miltenberger Sandstein;

mgs = Mittel- bis grobkörniger Buntsandstein; — fs = Felssandstein (Hauptkonglomerat);

ps + rg + r = Oberer Buntsandstein (Röt): ps = Plattensandstein; — r = Röt-Tone;

rg = Oberer oder Fränkischer Chirotheriensandstein;

Überlagerung des Buntsandsteins: wk = Wellenkalk (Unterer Muschelkalk). (Nach M. SCHUSTER).

lichen Sandsteins. Sein Korn ist fein, die Bindung ist tonig oder kieselig. In den unteren Teilen der Ablagerung sind die Gesteinsbänke toniger und daher technisch wertvoller. Die helle Farbe, die oft mit einer eigenartigen rötlich-weißen Flammung und Streifung verbunden ist, ist wahrscheinlich die Folge einer Ausbleichung (Eisenfortführung) der Schichten, die wohl, wie die der nächst höheren Miltenberger Sandsteine, ehedem rotbraun gefärbt waren. Diese Ausbleichung erfolgte über den wasserundurchlässigen, tonigen Schiefern des Unteren Buntsandsteins (Bröckelschiefer), die im Spessart keine abbauwürdige Sandsteine liefern. Das den Sandsteinen entführte Eisen setzte sich an verschiedenen Stellen als Eisenoxyd-Schwarte über den wasserstauenden Bröckelschiefern ab, ohne aber technische Bedeutung zu erlangen.

Überguß-Schichtung und schwarze Tüpfelung durch Manganerz-Ausscheidung (hessische Bezeichnung: Tigersandstein) ist recht häufig. Durch Manganoxyd, Eisenoxyd oder Limonit, schwarze oder braune, kugelige Sandsteinnester (sog. Pseudomorphosen) hinterlassen bei ihrem leichten Herausfallen kleine Löcher. Tonige Zwischenmittel mit $\pm$ abgerollten Tongeschieben scheiden die Gesteinsbänke (Fig. 1, Tafel 13).

Die augenblickliche Moderichtung in der Baukunst kommt den helleren und lebhafter gefärbten Sandsteinen entgegen.

Verbreitung: Der Heigenbrücker Sandstein bildet gegen den kristallinen Vorspessart einen sehr bezeichnenden Steilabfall, längs welchem eine große Anzahl von älteren und neueren Steinbrüchen angelegt ist: bei Schweinheim; am Find-Berg bei Gailbach (der Sandstein ist für das Aschaffenburger Schloß mitverwendet worden); am Stengerts SW. von Gailbach; am Bisch-Berg SW. von Aschaffenburg; am Geiers-Berg NW. von Soden; bei Vormwald; am Reusch-Berg bei Schöllkrippen; am Keil-Berg NW. von Huckelheim; auf dem Steigküppel SO. von Straßbessenbach; am Kloster-Berg und Gräfen-Berg N. und S. von Rottenberg; im Hochspessart sind die großen Steinbrüche zu nennen bei Heigenbrücken, Brüche bei Partenstein, Frammersbach, Wiesen und Neuhütten.

In der Rhön streicht NO. von Kothen (NO. von Brückenau), im Tal der Großen Sinn bei Brückenau, bei Oberbach, dann bei Bischofsheim und Ober-Elsbach ein feinkörniger, im Schichtprofil etwas höher als der Heigenbrücker Sandstein gelegener Sandstein infolge von Schichtaufwölbungen zutage aus. Kleine Brüche auf den plattig-schieferigen Sandstein liegen zwischen Kothen und der Dammersfelder Trift und O. vom Fuchs-Hof bei Motten.

Der Feinkörnige Sandstein der Rhöngegenden verwittert viel leichter zu einem sandig-tonigen Boden als der über ihm folgende Mittel- bis grobkörnige Sandstein, so daß er dem Ackerbau dienstbar gemacht worden ist. Ziemlich genau mit seiner Obergrenze beginnt oft auch der Wald (z. B. Gegend von Kothen NO. von Brückenau) mit dem steiler geböschten Mittleren Hauptbuntsandstein.

Verwendung: S. 125.

**Der Miltenberger Sandstein.** — Dieser mächtige Bausandstein wird von vorherrschend dunkelrotbraunen, feinkörnigen Bänken gebildet, die meterstark werden und Überguß-Schichtung zeigen. Diese tritt besonders schön in weißlich-, gelb- oder graugeflammten Sandsteinlagen hervor, die in allen Höhenlagen sich einstellen können, in ausgedehnterem Maße aber in den höheren Schichtbereichen der Unterstufe entwickelt sind. Kugelige, kleine Sandsteinnester (sog. Pseudomorphosen) kommen, ähnlich wie beim Heigenbrücker Sandstein, vor. Sie haben dem Sandstein den ungeeigneten Namen „Pseudomorphosen-Sandstein" verschafft. Rötliche und braune, wenig mächtige Schiefertonlagen trennen die Bänke. Die Tonlagen führen Tongallen (Geschiebe) und gehen in weißlichen oder grauen Sandstein über. Weitverbreitet sind im Sandstein auch vereinzelte derartige Gallen. An der Obergrenze der Unterstufe nehmen die tonigen Zwischenlagen zu, das Korn wird gröber und das Gestein ist weniger brauchbar; eine Geröllzone leitet zur höheren Sandsteinstufe über.

Der Miltenberger Sandstein besteht vorwiegend aus einer Anhäufung von meist gut abgerollten Quarzkörnern, nebst frischen und kaolinisierten Feldspäten und weißem Glimmer. Das Bindemittel ist eisenreich (rote Farbe!) und tonig, seltener kieselig (Fig. 2, Tafel 13).

Chemisch besteht der Bausandstein von Miltenberg nach G. Abele aus rund 80 v. H. Kieselsäure (im Quarz, in den Feldspäten und im Glimmer); 0,78 Eisenoxyd; 6,85 Tonerde; 0,09—0,23 Kalk und Magnesia; 2,68 Kali; 1,47 Natron und 1,05 v. H. Glühverlust.

Verbreitung: Der Main schließt zwischen Stadtprozelten und Miltenberg den Sandstein auf etwa 80 m Mächtigkeit auf. Er wird in zahlreichen Steinbrüchen, die bis zu 50 m Höhe erreichen können, gebrochen, so bei Stadtprozelten, Dorfprozelten, Fechenbach, Reistenhausen, Freudenberg, Bürgstadt, Eichenbühl und Miltenberg; im mainischen Odenwald sind die Brüche bei Weilbach, Amorbach und Kirchzell zu nennen. Sie erschließen das höhere Stockwerk der Unterstufe, nahe der Obergrenze.

Zwischen Stadtprozelten und Faulenbach am Main taucht der Miltenberger Sandstein unter das Main-Tal. Die Steinbrüche bei Stadtprozelten sind etwa 30 m unter der Obergrenze des Miltenberger Sandsteins angelegt; je weiter man im Maintal gegen Miltenberg fortschreitet, desto tiefere Schichtlagen werden von den Steinbrüchen ausgebeutet. Die noch tiefer gelegenen Heigenbrücker Sandsteine aber schneidet der Main nicht mehr an. — Die große Gebirgsstörung Eschau—Groß-Heubach, welche den Main W. von Miltenberg nordsüdlich quert, läßt mainabwärts die Miltenberger Bausandsteine in die Tiefe sinken.

Im hinteren Faulbach-Tal, im Hochspessart und im mittleren bis oberen Hafenlohrer Tal, im Sinn-Tale zwischen Mittelsinn und Rieneck und im Main-Tale zwischen Neuhütten—Langenprozelten—Gemünden (Steinbrüche!) kommen durch flache Auffaltungen die Sandsteine gleichfalls an den Talhängen zum Ausstreichen.

Verwendung: Der Miltenberger und der Heigenbrücker Sandstein sind vorzügliche Bausandsteine, die in großen Blöcken gewonnen werden können und sich leicht bearbeiten lassen. Jahrhunderte hindurch wanderten die Bausteine in die Städte von Südwest- und Mitteldeutschland und bestimmten durch ihren warmen Ton die Farbe des Stadtbildes. Das Aschaffenburger Schloß ist aus diesen Sandsteinen erbaut. Außer als Baustein für Gebäude und

Brücken wird der feinkörnige Sandstein als Verblendstein, als Grabstein, Randstein, Grenzstein, für Denkmäler, für Gehsteigplatten, Tür- und Fensterrahmen, für Säuretröge, zu Mühlsteinen und als Zierstein verwendet, wobei er die Herausarbeitung feinen Zierwerks gestattet. Seiner ausgedehnten Verwertung ist der billige Wasserweg sehr förderlich.

### Sandsteine des Mittleren Hauptbuntsandsteins oder Mittel- bis grobkörnigen Buntsandsteins.

Der Feinkörnige Buntsandstein geht nach oben unmerklich und unter Aufnahme von locker eingestreuten Quarzgeröllen in den Mittel- bis grobkörnigen Buntsandstein über. Die mehrere Meter mächtige Geröllzone („Mittlerer Geröllhorizont") bietet keine gewinnbaren Gesteine. Die darüber folgenden 150—200 m mächtige Schichten bestehen aus Quarzsandsteinen mit etwas Feldspatbeimengung und einer Korngröße von 0,25—2 mm. Die Sandsteine sind dunkelrot, lichtrot, fleischfarben, rotweiß gesprenkelt oder, von senkrechten Klüften aus, weiß ausgebleicht. Selten sind in diesen Lagen Quarzkörnchen bis 5 mm Größe. Kreuzschichtung mit z. T. heller Streifung ist häufig. Die Bänke, die mit meist schmalen Schiefertonlagen abwechseln, sind 1 m bis einige Meter stark, senkrecht zerspalten, keilen in der Regel nach wenigen Metern aus oder gehen in sandige Schiefer über. Glimmer kommt meist nur in sandigen und tonigen Zwischenlagen vor. Gegen die Obergrenze zu werden die Sandsteine z. T. feinkörnig und wechseln mit mehreren Metern starken Schiefertoneinschaltungen ab.

Die Bindung ist tonig-eisenoxydisch-hydroxydisch, leicht kieselig bis stark quarzig in raschem Wechsel. Die Sandsteine glitzern in letzterem Falle dann in der Sonne. Wie die feinkörnigen Sandsteine enthalten die mittel- bis grobkörnigen Sandsteine ziemlich häufig flache Geschiebe von Ton, Tongallen, die herauswittern und den Sandstein löcherig machen. Die nächste Umgebung der Gallen ist dabei entfärbt und stärker kieselig.

Die Gewinnung von größeren Steinen tritt gegen die Herstellung von Kleinschlag zurück.

Steinbrüche: Im Spessart finden sich Brüche zum Zwecke der Gewinnung von Schotter- und Gleisbettungssteinen, S. von Lohr (bei Neustadt und Erlach), bei Laudenbach, Trennfurt, Wörth, Erlenbach, Obernburg, Groß-Wallstadt, O. und N. von Klein-Wallstadt und SW. von Groß-Ostheim. Im mainischen Odenwald, SO. von Amorbach, ist am Galgen-Berg (Nordabfall des Beuchener Berges) ein größerer, nunmehr verlassener Bruch in einem etwas feinkörniger entwickelten Sandstein. — Größere Brüche sind im Saale-Tal nahe bei Bad Kissingen; in der Rhön bei Brückenau, Geroda und Oberbach. Auch sonst an geeigneten Stellen wird in der Rhön der Sandstein als Hau-, Bau- und Schotterstein in kleinen Aufbrüchen gewonnen. Seine oft quarzitisch gebundenen Findlinge sucht man gelegentlich zu verwerten.

### Sandsteine des Oberen Hauptbuntsandsteins.

**Der Felssandstein.** — Die flachen Bekrönungen der Spessart-Höhen und eines Teils der Vorrhön sind oft verursacht durch eine 10—40 m mächtige Sandsteinlage, die wetterbeständiger ist als die unter- und überlagernden Sandsteine, Felsen und Felsenschuttmeere bildet und daher den Namen Felssandstein führt.

Es handelt sich um feinzuckerkörnige bis gröberkörnige (2 mm), mehr oder minder stark kieseliggebundene, tonarme und z. T. feldspat- oder kaolinführende, glimmerarme Sandsteine von ursprünglich braunroter bis violettroter Farbe. Sie sind aber meist lichtrot, rötlich-weiß bis weiß entfärbt oder von senkrechten Klüften aus blendend weiß ausgebleicht. Kreuzschichtung und große Wellenschlagfurchen fehlen nicht. Die Bänke wechseln oft mit geringen Tonlagen ab. — Der Reichtum an dem nachträglich dazugekommenen quarzigen Bindemittel läßt die Sandsteine, besonders die losen Findlinge, in der Sonne lebhaft glitzern (Kristallsandsteine).

Durch gleichmäßige Manganputzen ist der Sandstein nicht selten getüpfelt oder Mangan färbt ihn im Ganzen schwärzlich. In den oberen Schichten stellen sich gelegentlich Quarzgerölle bis Taubeneigröße ein („Oberer Geröllhorizont"). Flache z. T. manganvererzte Tongallen sind häufig und machen den Sandstein beim Herauswittern eigentümlich zerfressen und löcherig. Nach unten zu geht der Felssandstein in Aufschlüssen unmerklich in die Bänke des Mittleren Hauptbuntsandsteins über.

Der Sandstein besteht oft aus zwei Abteilungen, die durch ein paar Meter glimmeriger, eine Hohlkehle bildender Schiefertone getrennt sind. Die obersten Lagen sind nicht selten rot, lichtviolett, feinkörnig glimmerreich, plattensandsteinartig und leiten in die Stufe des Plattensandsteins über.

Verbreitung: Der Felssandstein ist wegen der südöstlichen Schichtenneigung des Buntsandsteins besonders im östlichen Teil des Hochspessarts und der südlichen Vorrhön bis in die Gegend von Wernfeld bei Gemünden, vom Soden-Berg bei Hammelburg, von Bad Kissingen, Nieder-Lauer, Bischofsheim und Fladungen entwickelt. Ungefähr bei den genannten Orten schießt er unter Tag ein.

Der Felssandstein entspricht dem Hauptkonglomerat Südwestdeutschlands und dem roten Bausandstein[1]) in Thüringen (M. SCHUSTER, 1933) und Mitteldeutschland. Im Gegensatz zu diesem ist er wegen seiner quarzigen Bindung recht schwer zu bearbeiten („Werkzeugfresser"). Daher fehlen Steinbrüche in ihm fast ganz. Die Gewinnung beschränkt sich in der Hauptsache auf

---

[1]) Das Wort „Bausandstein" ist nicht glücklich gewählt. Es bezeichnet nämlich nicht nur dieses Gestein, sondern mehrere Horizonte im Buntsandstein tragen diesen Namen. So sind die Heigenbrücker, Miltenberger und Plattensandsteine im Schrifttum Bausandsteine. In Mitteldeutschland und in Oberfranken ist Bausandstein teils der Untere oder Thüringische Chirotheriensandstein (gleich über dem Felssandstein), teils der Plattensandstein, teils der Fränkische Chirotheriensandstein in den Röt-Tonen. Hier tut eine genaue Bezeichnungsweise des „Bausandsteins" not, um Mißverständnisse zu vermeiden.

die Zerschlagung der bis in die Talgründe wandernden Findlingsblöcke, die einen guten Baustein für unbehauenes Mauerwerk (Cyclopenbauweise) abgeben. So ist z. B. die stattliche neue Kirche von Hohenroth bei Neustadt a. d. Saale aus roh miteinander vermauerten Sandsteintrümmern erbaut. Da der Sandstein ziemlich zähe ist, dient er auch als Straßenschotter und Gleisbettungsgut. Vielfach sind die Findlinge bis hoch die Hänge empor, durch deren Gewinnung seit Jahrhunderten, ganz entfernt.

Einige Stellen bescheidener Gewinnung sollen genannt sein: Steinbrüche im Saale-Tal bei Bad Kissingen; auf dem Wege zum Opferstein bei Bad Kissingen; bei Hausen und Bocklet; — bei Ober-Ebersbach und Hohenroth in der Neustadter Gegend; über dem Querbachs-Hof bei Neustadt; — bei Euerdorf; — Höhe W. von Thulba; bei Thulba gegenüber der Ortschaft und unterhalb auf der linken Talseite; — auf der Höhe des Häuser-Schlags, S. und von Schlimpfhof (WNW. von Bad Kissingen); bei Lauter N. von Schlimpfhof. — Auch in der Gegend von Schönderling sind kleine Brüche auf ihn am Armens-Berg (NW. vom Ort), bei Ober-Geiersnest, am Kleinseufzig (S. von Schönderling) und in der Waldabteilung „Schnepfenberg", NW. von Schwärzelbach; ferner N. von Völkersleier, an der Straße nach Heiligenkreuz.

### Sandsteine des Oberen Buntsandsteins oder Röts.

Der Obere Buntsandstein Unterfrankens gliedert sich in die tiefere Stufe des Plattensandsteins (30—70 m) und in die höhere der Röt-Tone (50—60 m) (Abb. 23).

#### Sandsteine der Plattensandstein-Stufe.

**Der Untere Chirotherien-Sandstein.** — Die Stufe des Plattensandsteins beginnt in der Regel mit einem weißlichen bis lichtgrünlichen, plattig brechenden, mürben, tonig gebundenen Sandstein, der i. a. nur bis 2 m stark wird. Er lagert entweder unmittelbar dem Felssandstein auf oder ist von ihm durch einige Meter sog. Karneol-Dolomitschichten getrennt. Es ist der Untere oder Thüringische Chirotheriensandstein (M. SCHUSTER 1933).

In unserem Gebiete ist der Sandstein nur ein schwaches Abbild des mächtigeren Sandsteins im Westen und Süden des Thüringer Waldes. Er wird dort als „Bausandstein" gebrochen und zieht auch nach Oberfranken bei gleicher technischer Bedeutung weiter. In Unterfranken ist der Sandstein nur an wenigen Stellen stärker entwickelt, so in der Fladunger Gegend. Hier wird er der gut spaltende, tonige, feinkörnige und lichte Sandstein an einigen Stellen als Baustein gewonnen (W. WAGNER).[1] Seine Mächtigkeit beträgt dort 5 m. Bei sandigem Zerfall dient er zur Sandgewinnung, z. B. SO. von Brüchs (NO. von Fladungen).

**Der eigentliche Plattensandstein (Plattenbausandstein).** — Ein paar Meter grauer Schiefertone (Chirotherienschiefer) trennen den eben besprochenen

---

[1] WAGNER, W.: Geologische Beschreibung der Umgebung von Fladungen v. d. Rhön. — Jb. Pr. Geol. L.-A. f. 1909, **30**, Tl. 2, Berlin 1912.

Aufn. v. M. SCHUSTER

Fig. 1

**Plattensandstein der Amorbacher Ausbildung, Steinbruch bei Neudorf (O. von Amorbach)**
Geschlossene Ausbildung des Sandsteins (zu S. 130).

Aufn. v. M. SCHUSTER

Fig. 2

**Plattensandstein der Main-Saale-Ausbildung, Steinbruch am Bahnhof Gambach b. Karlstadt a. Main**
Sandsteindickbänke abwechselnd mit Schiefertonen (zu S. 131).

Sandstein von einer Folge von Schiefertonen und von meist roten, feinkörnigen Sandsteinen, die an einigen Stellen als geschätzte Bausandsteine entwickelt sind. Die Bausandsteine nehmen entweder die ganze Stufe ein bis hinauf zu den normal mächtigen (20—25 m) Röt-Tonen (Beispiel Gambach am Main); oder sie schreiten über diese Grenze hinaus und gestalten fast die ganzen unteren Röt-Tone sandig (Beispiel Amorbach) oder endlich sie bilden nur wechselnd starke, rasch auskeilende Bänke innerhalb roter, glimmeriger, sandiger oder milder Schiefertone (südliche und östliche Vorrhön).

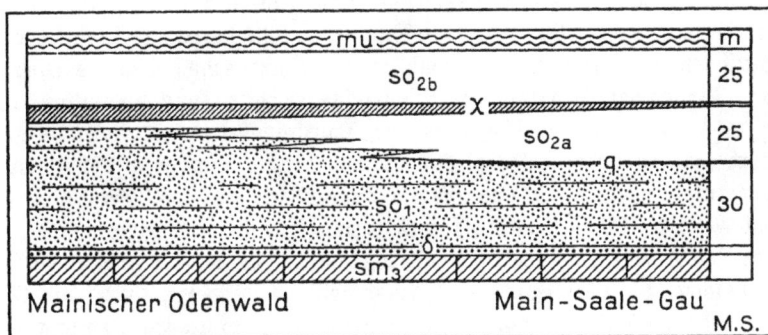

Abb. 24.
**Die Entwicklung des Plattenbausandsteins im mainischen Odenwald und im Main-Saale-Gau**
(Nach M. Schuster).

sm₃ = Felssandstein (Oberer Hauptbuntsandstein); — δ = Karneol-Dolomit-Chirotherienschichten; — so₁ = Plattenbausandstein; — q = Grenzquarzit; — so₂ₐ = Untere Röt-Tone; — χ = Röt-Quarzit (Fränkischer Chirotheriensandstein); — so₂ᵦ = Obere Röt-Tone; — mu = Unterer Muschelkalk (Wellenkalk).
Weitere Erklärung im Text.

Die Obergrenze der Plattensandstein-Stufe zu den unteren Röt-Tonen ist im Südwesten, im mainischen Odenwald (bei Amorbach) und im benachbarten Spessart eine andere als im Nordosten, im Main-Saale-Gau. Sie steigt (Abb. 24) von Nordosten nach Südwesten in die Höhe; in der Amorbacher Gegend sind die unteren Röt-Tone bis auf einige Meter unter dem Fränkischen Chirotherien-Sandstein ($\chi$) von der Sandsteinentwicklung erfaßt. Im Main-Saale-Gau schließt diese auf weite Strecken mit einer hellen Quarzitbank (q der Abb. 24) gegen die sandarmen bis sandfreien unteren Röt-Tone ab. Die Plattensandsteine gehören einem Unterwasserschuttkegel an, der weiter nach Nordosten hinaus immer mehr Ton in seine sandigen Ablagerungen aufnimmt und jenseits der Landesgrenze im Norden seine Eigenschaft als Sandstein fast ganz einbüßt. Vom Odenwald nach Südwesten und Westen zu steigt der Sandstein noch höher in die Röt-Tone empor, bis schließlich der Fränkische Chirotherien-Sandstein seine unmittelbare Bekrönung bildet: in einer ähnlichen Weise, wie es im Main-Saale-Gau der 20—25 m tiefer gelegene Grenzquarzit tut. — Die größere Mächtigkeit und Geschlossenheit der Sandsteinablagerungen ist demnach im Südwesten.

Eigenschaften: Das Aussehen des Plattenbausandsteins bleibt sich fast in allen Bereichen gleich. Die Sandsteine sind braun- bis dunkelrot, rötlich,

Die nutzbaren Mineralien, Gesteine und Erden Bayerns, Bd. II.    9 rötlich-weiß gesprenkelt, selten in einzelnen Bänken weiß ausgebleicht. Sie haben feines Korn und sind reich an meist weißem, seltener schwarzem Glimmer, dessen Blättchen massenhaft die Schichtflächen bedecken und die gute Spaltbarkeit und den leichten schieferigen Zerfall im Freien verursachen. Wellenschlagfurchen und Bohrröhren sind da und dort zu beobachten. Die Bindung ist eisenoxydisch-tonig, selten leicht kieselig. Der Sandstein läßt sich leicht bearbeiten.

Die Bänke werden oft durch zentimeterdicke bis meterstarke rote, grünlichblaue oder graue Schiefertonlagen getrennt, in denen sie gewissermaßen fladenartig eingebettet liegen. Keine Bank hält sehr lange an. In der südlichen und östlichen Vorrhön nehmen allmählich die Tonzwischenlagen die Herrschaft an sich. Manchmal enthalten die Sandsteine reichlich und unerwünscht Tongallen. — Die Sandsteine werden als Bausteine und zu vielen Vierkant-Erzeugnissen verwertet (Bodenbelagplatten, Tröge, Tür- und Fensterrahmen, Treppenstufen u. a. m.). Von Plattenbausandsteinen aus der Wertheimer Gegend werden 1000—1260 kg Druckfestigkeiten je cm$^2$ angegeben.

Nach der Ausbildung der Plattenbausandsteine kann man folgende Bereiche unterscheiden: a) die Gegend von Amorbach—Miltenberg; — b) die Gegend von Marktheidenfeld—Thüngersheim—Gambach; — c) die südliche und östliche Vorrhön. — Von technischer Bedeutung sind fast nur die unter a) und b) genannten Gegenden.

### a) Die Gegend von Amorbach—Miltenberg.

Der Plattenbausandstein hat hier mit rund 50 m die höchste Mächtigkeit. Die feinkörnigen, toniggebundenen, rotbraunen, auch im Handbetrieb leicht gewinnbaren Lagen wechseln mit schmalen Schiefertonlagen ab. Sie enthalten einzelne Tongallen. Kreuzschichtung ist seltener. Eingelagert sind dünne weißliche, graue und grüngraue, feinkörnige, sandige Lagen, Linsen und Putzen. Das Gestein wird zum Hausbau verwendet und liefert sehr gute Schleifsteine für die Metallindustrie.

Steinbrüche: Im mainischen Odenwald: bei Neudorf O. von Amorbach (Fig. 1 Tafel 14); alte Brüche am Sommer-Berg bei Amorbach; S. von Miltenberg; SW. von Schippach (SO. von Miltenberg); bei Umpfenbach (OSO. von Miltenberg); bei Heppdiehl (OSO. von Schippach); in Windischbuchen (SW. von Heppdiehl) und südlich davon, bei Reinhardsachsen (Baden). Im Hochspessart: bei Klingenberg am Main, Schippach (N. davon); zwischen Röllbach (O. von Klingenberg) und Groß-Heubach am Main (NW. von Miltenberg); N. von Reistenhausen am Main (NO. von Miltenberg); O. von Stadtprozelten, bei Haßloch.

### b) Die Gegend von Marktheidenfeld—Thüngersheim und Gambach.

Zwischen Wertheim und Marktheidenfeld geht die sandige Ausbildung in den unteren Röt-Tonen in die für Unterfranken geltende sandarme bis sand-

freie über. Der Grenzquarzit bildet hier genau den Abschluß des Plattensandsteins gegenüber den sandfreien Röt-Tonen. In der Ausbildung unterscheiden sich die Bausandsteine nicht von den bisher besprochenen. Die Schichtfolge aber ist nicht mehr so geschlossen; die tonigen Zwischenlagen können
sich reichlicher zwischen die Sandsteinbänke einschalten.

Verbreitung: Die Plattensandstein-Stufe bildet im südöstlichen Spessart,
zwischen Kreuzwertheim und Lohr, vielfach flache Kappen über dem Felssandstein. Gemäß dem südöstlichen Schichteinfallen und infolge einer Schichten-
einmuldung in der Gegend von Marktheidenfeld—Lengfurt senken sich die
Plattensandstein-Felder rasch gegen den Main und erreichen bei Marktheidenfeld den Mainspiegel. Die große Mainschlinge Wertheim—Gemünden—Würzburg trennt diesen Bereich des Plattenbausandsteins von dem Vorkommen bei
Wernfeld—Gambach und von Thüngersheim, alle Orte am Main gelegen.
Südöstlich von Gambach schießt der Plattensandstein in das Maintal ein,
wird aber bei Thüngersheim, halbwegs zwischen Gambach und Würzburg,
durch eine Schichtenaufwölbung (Thüngersheimer Sattel) über den Mainspiegel gehoben, so daß er abgebaut werden kann.

Steinbrüche: a) Südostrand des Hochspessarts: NO. von Kreuz-
wertheim auf dem Rain-Berg (große Bruchanlagen); SW. und W. von Michel-
rieth; W. (am Tiergarten-Pfads-Berg) und S. von Röttbach (beide Orte N. von
Kreuzwertheim); auf dem Rött-Berg SW. von Röttbach; auf dem Bettinger
Berg O. von Kreuzwertheim; S. von Unter-Wittbach an der Straße nach
Wertheim (W. von Homburg am Main); W. und N. von Wüstenzell (SO. von
Homburg); SW. von Marktheidenfeld, am Nordrand des Dill-Berges (große
Brüche bei den letztgenannten zwei Orten); N. von Hafenlohr (zahlreiche alte
Brüche); NW. und NO. von Rothenfels am Main (Zimmern und Roden);

b) bei Wernfeld, Gambach und Thüngersheim am Main: zwi-
schen Wernfeld und Gemünden; auf dem Haardt-Berg über Wernfeld und am
Bahnhof von Gambach [mehrere Meter geschlossene Felsen unten und oben (mit
dem Grenzquarzit), in der Mitte abwechselnd mit roten Schiefertonen (Fig. 2
Tafel 14); Mächtigkeit 30 m, die ganze Stufe umfassend]; Steinbruch am
„Schloß" W. von Thüngersheim (ansehnliche Bänke bietend; am Fuß des Hals-
Berges (NO. vom Ort); O. vom Thüngersheimer Friedhof; im Kerntal-Graben
und Maintal-Graben N. von Erlabrunn; älterer Steinbruch zwischen Ober-
und Unter-Leinach SW. von Retzbach am Main.

### c) Die südliche und östliche Vorrhön.

Im Gebiete des Saale- und Streu-Tales und ihres westlichen und nordwestlichen Vorlandes wird die Plattensandstein-Stufe gebildet von einer Folge von
vorwiegend roten Schiefertonen und sandigen Schiefern, in denen zurücktretend einzelne Bänke von feinkörnigem, glimmerreichem Sandstein eingelagert sein können. Die Bänke können zwar örtlich bis auf ein paar Meter
Stärke anschwellen, sie keilen aber ebenso rasch wieder aus. Steinbrüche
darauf sind selten und ohne Bedeutung. In der Gegend zwischen Neustadt an

der Saale und Steinach sind die Sandsteine dolomitisch-quarzitisch, brechen in eigenartigen dünnen Scheitern und sind infolge Auslaugung von Dolomit feinlöcherig („Löchersandstein"). Schieferzwischenlagen sind reichlich.

In der Gegend von G r ä f e n d o r f, NO. von Gemünden am Main, sind Brüche auf den Sandstein im Waldgebiet „Neuscheuer" SW. vom Ort; am Kehrles-Berg bei Dittlofsroda (NO. von Gräfendorf; Gewinnung in Gruben mittels Winden); N. von Morlesau (Bänke mit wenig Zwischenlagen). Bei T h u l b a, NNO. von Hammelburg, werden die Sandsteinbänke etwas geschlossener, so daß sie bei der Reither Mühle gewonnen werden können. Auch bei Elfershausen, W. von Euerdorf, kommen noch abbaufähige Sandsteine vor, in der übrigen Vorrhön aber sind die Sandsteine fast ganz durch Schiefertone ersetzt.

### Der Sandstein innerhalb der Röt-Tone.

**Der Obere oder Fränkische Chirotheriensandstein.** — Dieser Sandstein ist im Main-Saale-Gau etwa in der Mitte der 50—60 m mächtigen Röt-Tone eingeschaltet. Im Spessart liegt er infolge Heraufgreifens der Sandsteinentwicklung in die unteren Röt-Tone hinein (Abb. 24) nur ein paar Meter von der Obergrenze der dortigen Plattensandsteine entfernt. Der feinkörnige Sandstein, der häufig durch stärkere kieselige Bindung zum Quarzit wird, ist weißlich, grünlich, rötlich oder in diesen Farben gesprenkelt, auch bräunlich- oder schwarz-weiß-getüpfelt. Im Bayerischen Odenwald ist er 12—20 m stark, an der unteren Fränkischen Saale erreicht er noch ein paar Meter Stärke, in der übrigen Vorrhön und Rhön ist er sehr verschwächt. Wie der Plattensandstein erhielt er im Südwesten seine stärkste Aufschüttung (Unterwasserschuttkegel) und keilt nach Nordwesten und Norden zu aus. — In Oberfranken erscheint der Sandstein wieder als Ruppener Bausandstein (S. 136).

S t e i n b r ü c h e: Im Mainischen Odenwald O. von Wenschdorf, SO. von Miltenberg (Bausand); NO. von Schippach (S. der Heppdiehl-Höfe); NW. von Gottersdorf (O. von Amorbach, bei den Steinbruch-Äckern); in der H a m m e l b u r g e r G e g e n d: NW. von Ober-Erthal (NW. von Hammelburg); im Rehbach-Tal, N. von Hammelburg; N. von Westheim (O. von Hammelburg) und SO. von Waitzenbach (NW. dieser Stadt).

---

### Oberfränkischer und Oberpfälzischer Buntsandstein.

Im nordöstlichen Bayern finden sich drei getrennte Vorkommen von Buntsandstein im Vorland des Frankenwaldes und Fichtelgebirges. Am wichtigsten ist der stellenweise mehrere Kilometer breite Buntsandstein-Streifen, der von der Landesgrenze über Kronach, Kulmbach, Bayreuth und Weidenberg nach Kulmain zieht. Ein viel kleinerer Streifen bildet den östlichen Steilabfall des sog. Creußener Muschelkalk-Zuges im Süden von Bayreuth. Das dritte unbedeutende Vorkommen liegt S. von Eschenbach unfern Grafenwöhr i. Opf.

## A. Der Buntsandstein-Zug von Kronach—Kulmbach—Trebgast.

### I. Sandsteine.

### 1. Sandsteine des Mittleren Buntsandsteins (Hauptbuntsandsteins).

Vom Mittleren Buntsandstein kommt zur Gewinnung von Bausteinen nur die größere obere Abteilung in Betracht, der „Grobkörnige Sandstein" (vgl. Abb. 25).

„Grobkörniger Sandstein." — Dieser ist 80—100 m mächtig, hat rote oder bunte Farbe und bildet meist steile Hänge. Im Norden ist er, im Wider-

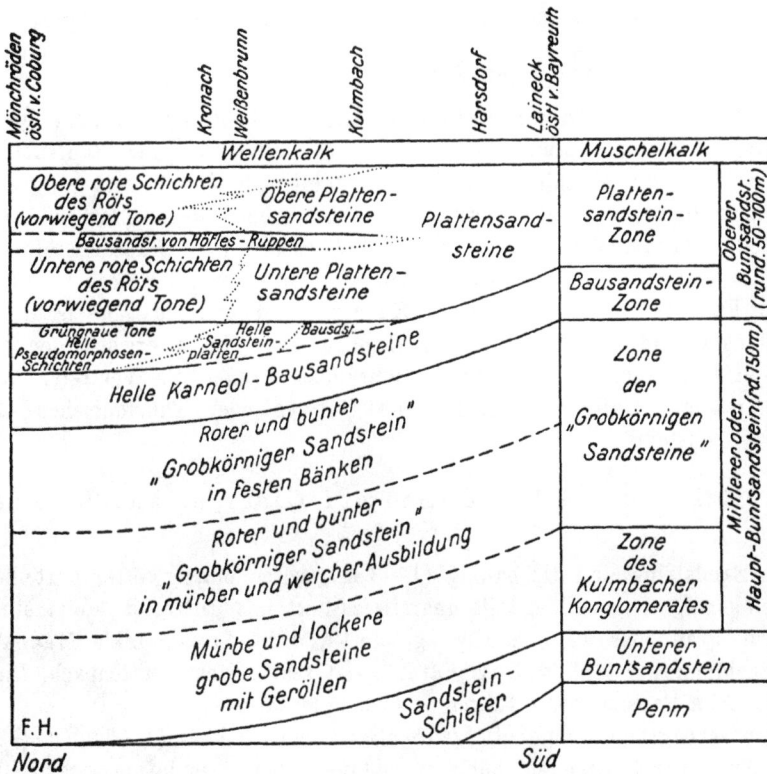

Abb. 25.

**Die Ausbildung des Oberfränkischen Buntsandsteins.**

(Von F. Heim).

spruch zur Gesteinsbezeichnung, noch vorherrschend fein- bis mittelkörnig und nur lagenweise etwas gröber. Erst von Kulmbach südwärts wird er mittel- bis grobkörnig; hier stellen sich in seinem unteren Teil auch Gerölle und Geröllbänke ein. Feste, bis mehrere Meter dicke Bänke, oft auch nur Platten, wechseln mit mürben oder weichen Sandsteinlagen und mit glimmerreichen roten Tonschichten.

Im allgemeinen wiegen in der unteren Hälfte der Abteilung weiche und mürbe Schichten vor, ganz wie in der darunter liegenden, zur Baustein-gewinnung nicht geeigneten „Kulmbacher Konglomerat-Zone". In der oberen

Hälfte häufen sich die festen Sandsteine, werden quarzitisch und geschlossener bis zur Herausbildung eigentlicher Felssandsteine.

Die Sandsteine werden heute nur wenig genutzt.

Steinbrüche: in den oberen Steilhängen bei Mittelberg und Weimarsdorf (Itz-Tal, im Coburgischen); — in der Nähe des Bahnhofs Kronach (ältere Brüche); — in der Umgebung von Kulmbach bei Wolfskehl; W. von Hölle; an und O. der Plassenburg; oberhalb von Blaich und Kauernburg; — SO. von Kulmbach an der Rehleite (P. 529 der topogr. Karte Bl. Kulmbach-West, bei Spitzaichen) und beiderseits des Trebgast-Tales bei Trebgast.

## 2. Sandsteine des Oberen Buntsandsteins.

**Der Untere oder Thüringische Chirotherien-Sandstein (Kronacher Bausandstein = Karneol-Bausandstein).** — Der Steilanstieg der Buntsandsteinberge schließt überall mit hellen Bausandsteinen ab, die $\pm$ ausgeprägte Verebnungen bilden und sich durch ihre vorherrschend hellen Farben allerorts genügend scharf von der roten Unterlage abheben. Diese „Bausandstein-Zone" ist 20 m mächtig und verschwächt sich im Norden von Kronach.

Die Führung von Quarzdrusen, Karneol- und anderen Kieselsäure-Ausscheidungen und von dolomitischen Knollen und Linsen erweist den Sandstein nach F. Heim[1]) als Karneol-Bausandstein oder als Vertreter des in Thüringen gleichfalls karneolführenden Unteren oder Thüringischen Chirotherien-Sandsteins.

### a) Ausbildung und Vorkommen auf Coburger und Kronacher Gebiet.

Die Sandsteine sind dickbankig (1—3 m), selten plattig, öfter mittelkörnig als feinkörnig, teils milde, teils quarzitisch-hart und glitzernd. Meist sind sie gelblich, grau oder weiß, häufig „getigert", d. h. durch dunkle Manganerz-Ausscheidungen getüpfelt. Rote Färbung ist sehr selten (Rottenbach, Mönchröden). Alle Bausandsteine führen frische Feldspäte.

Dazwischengelagert sind oft weiche Sandsteinschichten (1—3 m stark) mit oder ohne Einschaltungen härterer, dünner Sandsteinplatten oder -linsen. In solche „faule" Lagen können die Bausandsteine übergehen. Grünliche tonige oder sandig-tonige Zwischenlagen sind seltener.

Coburger Gebiet: Steinbruch in Neukirchen (in einem schmalen Zug von Bausandsteinen von der Landesgrenze bei Rottenbach zur „Roten Kehr"); Bruch am Gaiers-Berg bei Weißenbrunn (in einem Zug auf der Westseite des Itz-Tales); mehrere verlassene 6—8 m tiefe Steinbrüche im Walde an der Straßenkreuzung NO. von Rüttmannsdorf; Steinbruch N. hinter Mönchröden (die Bausandstein-Zone schießt hier nach Südwesten ein und quert das Rötha-Tal); Gipfel des Mupp-Berges; Steinbrüche auf der Nordseite des Fechheimer

---

[1]) Heim, F.: Gliederung und Faziesentwicklung des Oberen Buntsandsteins im nördlichen Oberfranken. — Abh. d. Geol. Landesunters. am Bayer. Oberbergamt, **11**, München 1933.

Waldes und oberhalb Fürth am Berg (schöner, weißer, ziemlich feinkörniger, schwach getüpfelter Sandstein, nach Südwesten einfallend, 10 m hoch erschlossen); mehrere Steinbrüche auf den Höhen W. des Steinach-Tales bis Leutendorf.

Kronacher Gebiet: — Zahlreiche alte und neue Steinbrüche in der tektonisch verbogenen Bausandstein-Zone W. des Rodach- und Steinach-Tales; am Neuseser Berg; S. und O. von Ziegelerden; besonders W. und NW. von Kronach am P. 330, Bl. Lichtenfels-Ost 1 : 50000; in den Tälern N. und S. von Breitenlohe; am Seelacher Berg (Fig. 1, Tafel 15); bei Strässenberg und Blumau; ferner an der Bürg oberhalb Burgstall und am Fuchs-Berg bei Mitwitz; Brüche auf der Höhe des Hasen-Berges bei Katharagrub.

Die Stadt Kronach steht zum großen Teil auf dem Bausandstein; Brüche N. der Stadt bei Bierberg, auf den Höhen des Pfarr-Holzes W. von Friesen und im Seitentälchen NW. von Dörfles.

Steinbrüche S. und SO. von Kronach: obere Steilhänge von Weißenbrunn; bei Kaltbuch; oberhalb der Hammer-Mühle an der Weißenbrunner Straße; bei Wüstbuch und Stüben; am südlichen Talrand der Rodach zwischen der Hammer-Mühle und Vogtendorf. (Die Brüche im Rodach-Tal um Ruppen und Höfles und die des Fischbacher Tales gehören bereits höheren Schichten des Oberen Buntsandsteins an.)

Die Ausbildung des Bausandsteins in der Kronacher Gegend zeigt folgendes Schichtprofil aus dem großen Steinbruch bei Stüben, SO. von Kronach:

Von oben nach unten:

1. Feste oder weichere gelbe, mittelkörnige Sandsteine mit gröberen Lagen und größeren Manganflecken . . . . . . . . . . . . . . . . . . . . . . . . . . . 3—4 m;
2. weicher, gelber, mittelkörniger Sandstein mit festeren Sandsteinlinsen . . 1,0 m;
3. fester gelber, mittelkörniger und getigerter Bausandstein; örtlich Löcher mit Mangan-mulm . . . . . . . . . . . . . . . . . . . . . . . . . . . . . . . . . 1,5 m;
4. blaugrauer und brauner, sandiger Ton mit weißen, festen Sandsteinlinsen . . 0,5 m;
5. fester, weißgrauer, mittelkörniger Bausandstein . . . . . . . . . . 2,0 m;
6. blaugrauer Ton . . . . . . . . . . . . . . . . . . . . . . . . . . . 0,3 m;
7. fester, gelber, feinkörniger Bausandstein, mit Manganflecken und Löchern mit Mangan-mulm . . . . . . . . . . . . . . . . . . . . . . . . . . . . . . . 4,2 m.

Zusammen rd. 12—13 m.

Sohle des Bruches etwa 4 m über der Untergrenze der Bausandstein-Zone.

Verwendung: Die hellen Bausandsteine sind in der Kronacher Gegend Grundlage zu einer beachtenswerten Industrie geworden. An Bauwerken, bei denen der Kronacher Bausandstein Verwendung gefunden hat, sind zu erwähnen: in München: Technische Hochschule, Rathausanbauten, Bay. Hypotheken- und Wechselbank, Militärbauten des Marsfeldes (ehem. Kriegsschule, Turnhalle und Kadettenschule); neue Sendlinger Kirche; — in Augsburg: Anna-Gymnasium; — Herrenchiemsee: Schloß; — in Nürnberg: Sebaldus-Kirche, Mitteldeutsche Bank; — in Darmstadt und Weimar: Hoftheater; — in Bad Steben: Kurhotel; — in Steinwiesen: Kirche; — in Steinach, Sonneberg und Rudolstadt: verschiedene Schulen; — bei Bingen: Niederwald-Denkmal; — in Heidenheim: Schul- und Kirchenbauten.

## b) Ausbildung und Vorkommen im Kulmbach-Trebgaster Gebiet.

Kulmbacher Gegend: Die Mächtigkeit der Zone beträgt 20 m; die 1—3 m starken Bausandsteine sind in den tieferen Lagen noch von fein- bis mittelkörnigen Bänken, wie weiter im Norden, gebildet; sonst sind sie vielfach schon mittel- bis grobkörnig. Die Gesteine sind meist milde, seltener quarzitisch. Die Farbe ist neben dem vorherrschenden Weiß, Grau und Gelb („Weißer Mainsandstein") oft lichtrötlich, buntgestreift und lichtbräunlich. Die Bänke sind vielfach nicht mehr so geschlossen wie bei Kronach. Weiche, bunte schieferige Sandsteine, sandig-tonige Zwischenlagen, mürbe, grobe, fast arkosenartige Feldspatsandsteine (0,5—3,0 m) stellen sich ein. „Tigerung" ist häufig.

Brüche: N. von Blaich; am oberen Steilhang zwischen Blaich und Kauernburg; östlich oberhalb der Plassenburg und bei Hölle (aufgelassen).

Gegend von Trebgast: Die Bausandstein-Zone ist hier in Brüchen erschlossen bei: W. von Spitzaichen; oberhalb Weiherhaus bei Trebgast; am oberen Steilhang des Tausch-Tales zwischen Trebgast und Ober-Laitsch; — unterhalb von Unitz bei Harsdorf.

Ein Steinbruch zwischen Hölle und Leithen (S. von Kulmbach) auf dem östlichen Talhange der Wolfskehle zeigt nachstehende Schichtfolge:

1. Fester, mittelkörniger, grauer Sandstein, braun verwitternd, unten getigert; mit Ton- und Manganschmitzen. Zu unterst mit harten, gelben Dolomitsandsteinknollen und Quarzdrusen. Unterfläche unregelmäßig wellig verbogen . . . . . . 1,0 m;
2. weiche, bunte, schieferige, sandig-tonige Schichten. Oben mit gelben dolomitischen Knollen und mit Manganflecken. Einlagerungen von mittel- und grobkörnigen Sandsteinlinsen mit karneolumrindeten Quarzdrusen . . . . . . . . . 2—3 m;
3. fester, mittelkörniger, grünlicher und violetter Bausandstein, reich an Feldspat. Mit groben, auch kiesartigen Lagen. Sehr unruhige Oberfläche . . . . . . 3,0 m;
4. weiche, bunte, sandig-tonige Schicht . . . . . . . . . . . . 1,5 m;
5. fester, mittelkörniger, feldspatreicher, grauer und rötlicher Bausandstein, örtlich im oberen Teil mit sandig-tonigen Einlagerungen . . . . . . . . . 2,0 m.

Ein davon abweichendes Schichtprofil führt ein Steinbruch im Laitsch-Wald zwischen Trebgast und Harsdorf:

1. Harte, dünne, weiße, feinkörnige Sandsteinplatten . . . . . . . . . 0,5 m;
2. weiche, violette und grüne, sandig-tonige Schichten (Wasserstockwerk!) mit dünnen, harten Sandsteinplatten . . . . . . . . . . . . . . . . . . 1,5 m;
3. feste, fein- bis mittelkörnige, weißgraue, plattige Sandsteine (Bau- und Schmucksteine), 0,3—0,8 m stark, z. T. löcherig und mit Manganflecken; im Wechsel mit weichem, 0,2—1,0 m mächtigem Sandstein . . . . . . . . . . . 4—5 m;
4. Bausandstein in dicken Bänken, bräunlich oder grau, grobkörnig . . . . . 4—5 m; Die festen Bänke sind quarzitisch; Gesamtmächtigkeit der Bänke 10—12 m.

**Der Obere oder Fränkische Chirotherien-Sandstein (Bausandstein von Höfles-Ruppen in der Kronacher Gegend).** — Dieser Sandstein liegt in der Coburger und Kronacher Gegend etwa 30 m über dem Unteren Chirotherien-Sandstein inmitten der rd. 60 m mächtigen Schichtfolge des „Röts", das hier aus vorwiegenden roten Schiefertonen und zurücktretenden dünnen Sandsteinplatten besteht. Er ist im Schrifttum als Chirotherien-Bausandstein bezeichnet und zumeist mit dem Unteren Chirotherien-Sandstein oder Kronacher Bau-

Aufn. v. F. HEIM

Fig. 1
**Steinbruch im Kronacher Bausandstein am Südhang des Seelacher Berges (NW. von Kronach)**
(zu S. 135).

Aufn. v. F. HEIM

Fig. 2
**Steinbruch im Bausandstein von Höfles-Ruppen S. von Höfles (O. von Kronach)** (zu S. 135).

sandstein verwechselt worden. Zum Unterschied von diesem nennt ihn F. Heim den Bausandstein von Höfles-Ruppen.

Er ist 5—8 m mächtig, gut gebankt, feinkörnig und quarzitisch, weiß und seltener rot oder buntgefleckt. Zwischen den Bänken und über ihm erscheinen weiche, schieferige Feinsandsteine (Formsande). (Vgl. auch Fig. 2, Tafel 15.)

Vorkommen: Coburger Gegend: zwischen Fechenheimer Berg und Leutendorf; — Kronacher Gebiet: Höhen bildend über den „Unteren Roten Tonen des Röts" um Ziegelerden-Breitenschrot-Brand (Gruben z. B. Höhe P. 466 der topogr. Karte Bl. Lichtenfels-Ost); N. der Veste Kronach vom Vogelherd steil zum Kronach-Tal einfallend; W. von Friesen mit 40° unter den Muschelkalk-Zug des Weinberges einschießend; bei Ruppen in den untersten Schichten der dortigen Formsand-Gruben erschlossen; S. von Höfles in mehreren Steinbrüchen ausgebeutet. Von diesen Brüchen zieht der Sandstein über Altern und Hinterstöcken (mehrere Brüche) hinauf zur Hochfläche

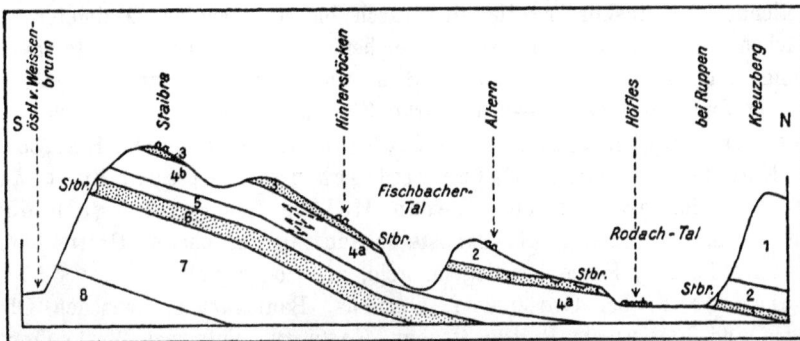

Abb. 26.
**Geologischer Querschnitt durch den Buntsandsteinzug SO. von Kronach.**

1 = Muschelkalk; — 2—6 = Oberer Buntsandstein; — 2 = Obere Rötschichten; — 3 = Bausandstein von Höfles—Ruppen; — 4a = Untere Rote Rötschichten; — 4b = Untere Plattensandsteine; — 5 = Helle Pseudomorphosen - Schichten; — 6 = Karneol - Bausandstein = Kronacher Bausandstein; — 7—8 = Mittlerer Buntsandstein; — 7 = „Grobkörniger" Buntsandstein; — 8 = Kulmbacher Konglomerat-Zone.
(Von F. Heim).

von Staibra (vgl. Abb. 26). Auch in der Kulmbacher Gegend ist unser Sandstein wohl noch zu erkennen (z. B. am Weg von Eggenreuth nach Kauernburg oder auf der Höhe P. 496 O. von der Plassenburg), verhält sich hier aber wie die darüber liegenden Plattensandsteine, und muß mit diesen zusammengefaßt werden.

In einem Steinbruch S. oberhalb Höfles (O. von Kronach) sind erschlossen:

1. Dünne weiße, quarzitische Feinsandsteinplatten . . . . . . . . . . . 0,5 m;
2. weicher, schieferiger, schwach toniger Feinsandstein (Formsand) . . . . 0,7 m;
3. plattig spaltender Sandstein wie 1, örtlich flach-rinnenartig in die Unterlage eingesenkt (Baustein) . . . . . . . . . . . . . . . . . . . . . . . 1—1,5 m;
4. weißer Schiefersandstein . . . . . . . . . . . . . . . . . . . . . 0,1 m;

5. bunter Formsandstein wie 2, mit roten Sandsteinplatten; örtlich zu unterst fester, roter Sandstein . . . . . . . . . . . . . . . . . 1,0 m;
6. fester, feinkörniger, quarzitischer Bausandstein; weiß, leicht rosa getönt, ganz oben auch rot. In Platten und Bänken bis 1 m . . . . . . . . . . 1,8—2,5 m;
7. örtlich weicher, bunter Sandstein mit grünen Tonlagen . . . . . . 0—0,3 m;
8. fester, geschlossener Bausandstein wie 6 . . . . . . . . . . über 2,0 m.
Ein Profil findet sich auch bei den Formsanden (s. d.).

**Plattensandsteine.** — Die im Norden vorwiegend tonigen Schichten des Oberen Buntsandsteins (Röts) zwischen dem Karneol-Bausandstein und dem Muschelkalk gehen südwärts etwa bei Weißenbrunn-Fischbach (4 km SO. von Kronach) in die Plattensandstein-Stufe über. — Diese ist um Weißenbrunn rd. 60 m, bei Kulmbach 70—80 m, bei Trebgast 40—50 m mächtig. Sie besteht aus festen, oft quarzitischen Sandsteinplatten und -bänken im Wechsel mit sandig-tonigen oder tonigen Schichten und weichen Sandsteinen. Um Weißenbrunn sind die Platten meist kaum halbmeterstark, bei größerer Mächtigkeit mehr plattig spaltend als geschlossen. Es handelt sich um auf- und abschwellende Gesteinskörper, die sich rasch bis auf wenige Dezimeter verschwächen können. Bei Kulmbach erreichen sie 2 m. Dichte Aufeinanderpackung der Sandsteine bis zu 4—6 m scheint seltener zu sein als die Trennung durch weiche 0,5—2 m starke Zwischenlagen.

Gesteinsbeschaffenheit: Bis Trebgast in der unteren Hälfte der Stufe Korn fein- bis mittel, Farbe vielfach noch rot oder bunt, auch lichtrötlich oder grau; in der oberen Hälfte feinerkörnig, gelb oder weiß. — S. von Trebgast: Sandsteine auch in der oberen Hälfte häufig schon mittelkörnig; Farbe vorwiegend gelb, grau oder weiß.

Steinbrüche: bei Gössersdorf, Gemlenz, Baumgarten; zwischen Ober-Purbach und Blaich; am P. 425 (topogr. Karte Bl. Kulmbach-West) O. von Blaich; bei Eggenreuth; zwischen Kauernburg und Kauerndorf (im Steilhang); zwischen Kauerndorf und Trebgast (im Weißmain-Tal), wo Ködnitz der Sitz einer lebhaften Steinindustrie war; auf den Höhen von Trebgast; W. unterhalb Michelsreuth, im Laitsch-Wald zwischen Trebgast und Ober-Laitsch; kleine Gruben für örtlichen Bedarf um Harsdorf und Ramsenthal.

Im großen Steinbruch in den Unteren Plattensandsteinen bei P. 425, NO. von Blaich bei Kulmbach sind aufgeschlossen:

Oben: Schutt . . . . . . . . . . . . . . . . . . . . 1—2 m;
1. fester, feinkörniger, grauer Sandstein . . . . . . . . . . . 0,3—1,0 m;
2. weiche, bunte, sandig-tonige, schieferige Schichten . . . . . . . . 1,0 m;
3. fester, feinkörniger, rötlichgrauer Sandstein . . . . . . . . . 0,1—0,5 m;
4. weiche Schichten wie 2 . . . . . . . . . . . . . . . . 2,0 m;
5. fester, feinkörniger, unten grober Sandstein, lichtrötlich bis grau; großwellige Unterfläche . . . . . . . . . . . . . . . . . . . 1,8—2,0 m;
6. weicher, grünlicher und roter toniger Sandstein; oben mit harten Sandsteinknollen . . . . . . . . . . . . . . . . . . . . 1,5 m;
7. fester, feinkörniger, rötlichgrauer Sandstein . . . . . . . . . 0,6—0,7 m;
8. weicher, bunter, toniger Sandstein wie 4 . . . . . . . . . . 2,0 m;
9. fester Sandstein wie 7 . . . . . . . . . . . . . . . . 0,6—0,9 m;
10. weicher Sandstein wie 8, mit festen, dünnen Platten . . . . . . 0,2—0,6 m;

11. fester Sandstein wie 9 . . . . . . . . . . . . . . . . . 0,8 m;
12. fester, fein- bis mittelkörniger, rötlicher Sandstein, geschlossen . . . . . 1,8 m;
13. fester Sandstein wie 12, mit Neigung zu dünnplattiger Aufspaltung . . . 1,3 m;
14. dünnschieferiger Sandstein . . . . . . . . . . . . . . . . 0,3 m;
15. fester, fein- bis mittelkörniger Sandstein, grau oder rötlich gefleckt, in Platten
von 0,1—0,5 m . . . . . . . . . . . . . . . . . . . 2,0 m;
Gesamtmächtigkeit der aufgeschlossenen Schichten rd. 18 m.

Die Oberen Plattensandsteine (wenig unter der nicht erschlossenen Untergrenze des Muschelkalks) sind S. von Michelsreuth bei Trebgast wie folgt
erschlossen:

Oben: blaue Schiefertone mit Sandsteinlinsen . . . . . . . . . . 1,2 m;
1. fester, fein- bis mittelkörniger Sandstein, braun, fleckig, mit unregelmäßig-gewellter
Unterfläche . . . . . . . . . . . . . . . . . . . . 0,6—0,8 m;
2. blaue Schiefertone mit Sandsteinlinsen . . . . . . . . . . . . 0,3 m;
3. feste Platten von Feinsandstein . . . . . . . . . . . . . 0,5—0,6 m;
4. fester, weißer bis gelblichgrauer, geschlossener Sandstein . . . . . . 0,8 m;
5. fester Feinsandstein wie 4 . . . . . . . . . . . . . . . . 0,5 m;
6. blauer Schieferton . . . . . . . . . . . . . . . . . . . 0,2 m;
7. fester, fein- bis mittelkörniger, weißgrauer Sandstein . . . . . . . . 0,5 m;
8. blauer Schieferton . . . . . . . . . . . . . . . . . . . 0,1 m;
9. fester, fein- bis mittelkörniger, weißgrauer Sandstein, etwas getigert, geschlossen 2,0 m.
Zusammen rd. 6 m.

## II. Sande.

### 1. Sande des Mittleren Buntsandsteins (Hauptbuntsandsteins).

Der Hauptbuntsandstein liefert Sande für Baugewerbe und keramische Industrie (Quarzsande), auch Formsande hauptsächlich in seiner unteren Abteilung (Zone des Kulmbacher Konglomerats) und in der tieferen Abteilung
der Zone des Grobkörnigen Sandsteins (vgl. Abb. 25).

**Sande der Zone des Kulmbacher Konglomerats.** — Die Formationsstufe
besteht aus 50 m mächtigen, mürben und lockeren Sandsteinen und Sanden,
für die grobes Korn, Feldspatreichtum und zonenweise gehäufte oder lose verteilte Geröll- und Kieselführung bezeichnend sind. Im Wechsel mit groben und
sehr groben, manchmal sogar kiesartigen Schichten fehlen mittel- und feinsandige Lagen, von gelegentlich mehreren Metern Mächtigkeit, durchaus nicht.
Harte Quarzitbänke, häufig förmlich konglomeratisch, treten zurück. Die
Färbung ist bunt: weiß, gelblich und rötlich. Die groben Sande sind oft auffallend hell; feinere Schichten zeigen mit Vorliebe weiß-rote Streifung in
raschem Wechsel.

Einzelvorkommen: Das nördlichste Vorkommen ist im Coburgischen
bei Neustadt a. d. Heide, in der niederen Landschaft am Fuße der Bunt-
sandsteinhöhen. Gruben sind besonders bei Ketschenbach und an der Staatsstraße bei Haarbrücken (Bau- und Formsande). — Am Sockel des Mup-
perges treten die in vielen Metern Mächtigkeit oft mittelkörnigen, sonst groben
Sande gut zutage und sind besonders zwischen Neustadt und Heubisch in
Gruben und Hohlwegen gut erschlossen. — Von Diluvium verhüllt, bilden sie

auch den Untergrund der südlich anschließenden Hügellandschaft bis Kemnaten—Birkig. Ein Aufschluß über der Talaue S. von Horb bei Fürth zeigt ein Bild, das an die Schichtfolge und Ausbildung in den Gruben von Haarbrücken erinnert.

Weitere Aufschlüsse sind W. von S t e i n a c h und längs des Flusses bei M i t w i t z, von wo sich die Formationsstufe (mit Gruben bei Burgstall) im Vorland der Buntsandsteinberge gegen die Rotheuler Wüstungen und die Senke von H a i g (Putzsand-Gruben) zu verbreitet. Auch O. des Haßlach-Tales liegen an der Straße G u n d e l s d o r f—B i r k i g größere Putzsandgruben in weißem, mürbem und geröllreichem mittel- und grobkörnigem Sandstein.

Am lebhaftesten ist die Ausbeutung des Kulmbacher Konglomerates am Südwestrand des K r o n a c h e r  B u n t s a n d s t e i n z u g e s längs der Straße F r i e d r i c h s b u r g—W e i ß e n b r u n n. Bei Friedrichsburg sind in einem 25 m hohen natürlichen Aufschluß am Rodach-Ufer die tieferen Schichten der Formationsstufe sehr gut bloßgelegt, die, in der Hauptmasse grob und geröllreich, zu unterst sich doch mehr mittel- und sogar feinkörnig erweisen. Im Orte selbst zeigt eine 10 m hohe Grubenwand wechselnd mittel- und grobkörnige, bald weiße, bald rötliche, oft lebhaft gestreifte Schichten. Zwei weitere Gruben über der Ortschaft an der Straße, wo diese am Oberrand des erwähnten Rodach-Aufschlusses hinführt, liegen noch 10—12 m unter der Obergrenze der Konglomerat-Zone. Verwendung zu Putz- und Mauersand, angeblich auch zu Formsand.

In der Talmulde oberhalb N e u e n r e u t h wird in verschiedenen Höhenlagen Sand entnommen. Zwei größere Sandgruben (Quarzsand) liegen bei S e c h s p f e i f e n. — Die harten weißen Platten, die man in dieser Gegend in den Sanden öfter antrifft, sind verkieselte Ruscheln, die gangartig die Schichten durchsetzen.

In großartigem Maßstab werden die Sande in W e i ß e n b r u n n von Quarzwerken ausgebeutet. Die Gruben sind 25 m hoch. Zwischen den vorwiegend mürben Sandsteinmassen erscheinen hier, allerdings völlig zurücktretend, einige rote und bunte sandige Tonlagen. Genaue Profile sind von P. DORN[1]) (1926) und E. KAUTZSCH[2]) (1933) mitgeteilt. Verwendung für industrielle Zwecke (Porzellanquarz- und Glassand, Quarzmehl, Stanz- und Geschirrmasse).

Nordwestlich von P ö r b i t s c h bei Kulmbach liegen zwei Gruben. In der tieferen östlichen Grube an der Straße sind erschlossen:

Hangendes Lößlehm . . . . . . . . . . . . . . . . . . . . . . 0,50 m;
Lehm mit Schutt der 25 m - Diluvial-Terrasse . . . . . . . . . 0,50 m;
1. weißer, zu oberst auch violetter, grob- und mittelkörniger, kaoliniger, Feldspat führender Sandstein mit Geröllen, teils mürbe, teils etwas verfestigt; Kreuzschichtung . . . . . . . . . . . . . . . . . . . . . . . 4,00 m;
2. örtlich harte, grobkörnige Sandsteinbank mit Kies und Geröllen . . 0—0,50 m;

---

[1]) DORN, P.: Zur Kenntnis des oberfränkischen Buntsandsteins. — Geogn. Jh., **39**, München 1926.

[2]) KAUTZSCH, E.: Der Einfluß der Böhmischen Masse auf die Entwicklung des Buntsandsteins an ihrem Nordwestrand. —N. Jb. f. Min., Bl.-Bd. **70**, Abt. B, Stuttgart 1933.

3. bunter Ton . . . . . . . . . . . . . . . . . . . . 0,10—0,30 m;
4. grober, auch mittelkörniger, mürber Sandstein mit Geröllen wie Nr. 1; meist weiß, untergeordnet auch bunt; mit großen Tonfetzen . . . . . . . bis 6 m.

Am Ostrand beider Gruben werden die Grobsandsteinmassen von einer Verwerfung abgeschnitten. Jenseits derselben stehen mittelkörnige, rote und grünliche Sandsteine des Mittleren Hauptbuntsandsteins an, die nicht die Eignung der Grobsande in den Gruben aufweisen. Die Störung fällt mit 60—70° nach Südwesten ein und ist durch eine weiße verkieselte gangartige Platte von 0,70 m Dicke kenntlich.

In Kulmbach wird in einer 7 m hohen Grube Bausand gewonnen. Die Konglomerat-Zone bildet hier eine Terrasse, die an der Beethoven-Straße endet.

Halbwegs Trebgast und Lindau ist an der Straße eine 10 m hohe Bausandgrube in groben, geröllführenden bunten Sanden mit zahlreichen mittel- und sogar feinkörnigen Sandschmitzen. Auch südlich davon liegen in diesen Schichten einige Gruben zwischen Lindau und Waldau. — Es ist anzunehmen, daß der Untergrund der von Diluvial-Schotter bedeckten Terrassen zwischen Waldau und der Zolt-Mühle (SW. von Harsdorf) ebenfalls von Kulmbacher Konglomerat gebildet wird; jedenfalls stehen die geröllführenden Grobsande hinter dieser Mühle an. — Auf der Ostseite des Trebgast-Tales hingegen kommt das Konglomerat nicht mehr vor. Die unteren Steilhänge oberhalb von Harsdorf und Ramsenthal liegen im Mittleren Hauptbuntsandstein, dessen fein- und mittelkörnigen Schichten Lagen mit Geröllen und förmliche Kiesbänke allerdings nicht fehlen.

**Sande im unteren Teil der „Zone der Grobkörnigen Sandsteine".** — Im Gegensatz zur festen Ausbildung der oberen Hälfte der „Grobkörnigen Sandsteine" sind die feldspathaltigen Sandsteinschichten in der unteren Hälfte dieser Zone in rd. 30—40 m Mächtigkeit vorwiegend mürbe und locker (s. Abb. 25). Sie unterscheiden sich von denen des darunter liegenden Kulmbacher Konglomerates nur durch geringeres Korn und Zurücktreten der Gerölle. Bezeichnend sind sehr glimmerreiche rote, sandig-tonige Zwischenschichten.

Einzelvorkommen: In diesen mürben Schichten liegen N. von Kronach in den Steilhängen W. von Knellendorf und im Tal nach Katharagrub zahlreiche Aufschlüsse und große Sandgruben bis 20 m Höhe. Die weiß, rot und gelb gestreiften Sande bestehen aus rasch wechselnden Lagen von feinem und mittlerem, zurücktretend auch grobem Korn. Feinsandige bunte Tonbänder und bis meterstarke feste, auch leicht quarzitische Grobsandsteinbänke erscheinen untergeordnet.

In der Kulmbacher Gegend wird die Zone nur für gelegentlichen kleinen Bedarf genutzt. Am besten ist sie in Wasserrissen am Kessel erschlossen. Das Korn ist hier allgemein etwas gröber als bei Kronach, grobe Schichten sind häufiger und dicker, auch erscheinen Kies- und Geröllbänke bis 2 m Mächtigkeit mit Geröllen bis 5 cm. — Oberhalb Harsdorf ist die Zone in ähnlicher Ausbildung gut erschlossen.

## 2. Sande des Oberen Buntsandsteins.

Bausande werden in dieser Zone wegen der Festigkeit der Sandsteine nur selten gewonnen; auf der Hochfläche bei Ramsenthal liefern durch Verwitterung zerfallene mittelkörnige graue Plattensandsteine Sand für örtlichen Bedarf. — Hingegen eignen sich gewisse tonige Feinsande zwischen den harten Platten-sandsteinen besonders in der Kronacher Gegend gut als Formsande (s. d.).

## B. Der Weidenberger Buntsandsteinstreifen O. und SO. von Bayreuth.

## I. Sandsteine.

Auch in dem von Friedrichsthal (O. von Bayreuth) über Weidenberg nach Kulmain ziehenden Buntsandstein-Streifen kommt für Bausteingewinnung nur die höhere Abteilung des Mittleren Buntsandsteins (= Stufe des „Grobkörnigen Sandsteins") und der Obere Buntsandstein in Betracht. Allgemein sind die Sandsteine dieser Schichten gröber, feldspatreicher und mürber als weiter im Norden. Feste und quarzitische Bänke treten zurück und verschwinden im Süden fast ganz.

Die Stufe des „Grobkörnigen Sandsteins" enthält dickbankige, vorwiegend rote, lichtrötliche oder bunte Feldspatsandsteine mit weichen roten sandig-tonigen Zwischenschichten. Örtlich sind die Sandsteine auch heller, mitunter durch Kaolinisierung der Feldspäte sogar weiß. Felsige und halbfelsige Lagen kommen noch bei Friedrichsthal und um Weidenberg vor, werden aber als Bausteine kaum für örtlichen Bedarf genutzt [Grube auf Kuppe NW. von P. 454, S. von Weidenberg (topogr. Karte Bl. Bayreuth-Ost)].

Der Obere Buntsandstein, rund 40 m mächtig, zeichnet sich gegenüber dem „Grobkörnigen Sandstein" durch festere, selbst quarzitische Bänke und Platten von hellfarbigen Feldspatsandsteinen aus, zwischen denen bunte Feinsande oder rote und grüne Tone liegen.

Eine untere Abteilung (20 m) führt Karneolplatten und -knollen, selten Quarzdrusen. Sie entspricht somit dem Kronacher oder Karneol-Bausandstein, läßt aber dessen technische Eignung vermissen.

Steinbrüche von nur 3 m Tiefe in der Umgebung von Weidenberg: Ostseite des Kulms (am südlichen Ortsausgang der Stadt, oberhalb des Waizenreuther Weges); — Höhe P. 480 oberhalb Rosenhammer; — Höhe SW. von Fischbach.

Darüber folgen Bänke und Platten von demselben Aussehen (15—20 m). Sie vertreten die nordoberfränkische Plattensandstein-Stufe, besitzen aber auch nicht mehr deren praktische Bedeutung. Hieher gehören die dickbankigen weißen, getigerten Sandsteine im Rodersberger Graben bei Friedrichsthal; — alter Steinbruch S. oberhalb von Unter-Steinach.

Von Tressau südwärts fehlen auch im Oberen Buntsandstein zu Bausteinen brauchbare Lagen. Eine Zone von Bausandsteinen, die man in dieser Gegend bisher dem obersten Buntsandstein zugerechnet hat, findet sich bei den Sandsteinen des Muschelkalks besprochen (s. S. 147).

## II. Sande.

Feldspatreiche helle, sehr geröllreiche Grobsande (Arkosen) finden sich besonders im Kulmbacher Konglomerat (unterer Hauptbuntsandstein), das N. des Bahnhofs Weidenberg am Heßlacher Weg in mehreren Gruben am Rand einer 25 m-Terrasse erschlossen ist. Der Sand wird gewaschen als Bausand und für Zementwaren verwendet. — Wahrscheinlich gehören hieher auch die groben Sande und Arkosen, mit Geröllen bis 12 cm Größe, in denen am unteren Westhang des Weidenberger Kulm-Bergs eine Sandgrube oberhalb der alten Ziegelei O. von P. 454 (Top. Atlasbl. Bayreuth-Ost 1:50000) angelegt ist. Die Schichten stoßen hier gegen den Muschelkalk des Kulms an einer Verwerfung ab.

Im höheren Hauptbuntsandstein wird auf der Südseite des Steinach-Tales bei Weidenberg, W. von Rosenhammer, eine 15 m hohe Grube auf Sand ausgebeutet, der nach dem Waschen außer als Bausand für Glasperlenherstellung und Schleifzwecke benützt wird. Es handelt sich um feldspatreiche Sandsteine und Sande von bunter, weißer, gelber und rötlicher Färbung, mit Geröllführung und häufiger Kreuzschichtung. Festere Bänke und lockere Lagen wechseln miteinander. Die festeren Bänke sind mittel- bis grobkörnig, führen oft förmliche Kiesschmitzen und sind mürb genug, um leicht zu Sand zu zerfallen. Die weichen Schichten sind fein bis mittelkörnig, enthalten ebenfalls Grobsandschmitzen und sind oft reich an Glimmer. Die Feldspäte, bis zu 2 cm groß, sind bald frisch und rötlich, bald völlig kaolinisiert, besonders in einzelnen der festeren weißen Bänke.

Südöstlich von Weidenberg liegen bei Waizenreuth und W. von Langengefäll (bei Kirmses) weitere Sandgruben in verschiedenster Höhenlage und verschiedenen Horizonten des Hauptbuntsandsteins, teils in mürbem, grobem und geröllführendem Feldspatsandstein, teils in lockeren mittelkörnigen Schichten. In einer Grube bei P. 560 an der Kirchenpingartener Straße sind grobe, geröllführende lockere Arkosen von grüngrauer Färbung 8—10 m mächtig erschlossen.

Auch im Oberen Buntsandstein kommen zwischen Weidenberg und Kulmain genügend mächtige, grobe und mürbe Feldspatsandsteine und Arkosen vor, finden aber bei dem sonstigen Sandreichtum des Gebietes wenig Verwendung. Als Beispiel der Ausbildung sei die Sandgrube bei P. 486 N. von Kulmain, am Hang westlich unterhalb der Straßengabel genannt. Hier ist 6 m mächtig eine massige, mürbe, grünliche Arkose erschlossen, die dem Bausandstein der Kronacher Gegend entsprechen dürfte. Von grobem und sehr grobem Korn, ist sie durch frische rote Feldspäte und wenig Gerölle ausgezeichnet. Die Schichten liegen rund 12 m unter dem pflanzenführenden Bausandstein von Kulmain (S. 147).

143

## C. Buntsandstein im Höhenzug von Emtmannsberg-Altencreußen.

Auf dessen steilem Ostabfall ist der Buntsandstein in sehr schmalem Streifen entblößt, nach Ausbildung und Gliederung aber noch kaum bekannt.

Bei Tiefenthal besteht der oberste Hauptbuntsandstein von unten nach oben aus 1. groben, hellen Feldspatsanden mit wenigen festen, dünnen Sandsteinbänken (15 m); — 2. mürben und halbfesten, gelben und grauen, fein- und mittelkörnigen, kaolinigen Bänken und Platten (5 m); — 3. mürben und festen, mittel- bis grobkörnigen Feldspatsandsteinen mit roten Tonzwischenlagen (15 m).

Darüber folgt ein fester, als Baustein geeigneter Sandstein, den P. DORN[1]) (S. 27) dem Kronacher oder Karneol-Bausandstein zurechnet. Er wird N. von Tiefenthal am östlich vorspringenden Bergsporn gebrochen.

Das Schichtprofil in diesem Bruch ist von oben nach unten:

1. Fester, weißer, kaoliniger Grobsandstein, mit Kieseln und Kieslagen, geschlossen oder plattig spaltend . . . . . . . . . . . . . . . . . . . . 1,5 m;
2. violetter und grüner Feinsandstein mit unregelmäßig verbogener Unterfläche 0,3—1,0 m;
3. violetter sandiger Ton . . . . . . . . . . . . . . . . . . . . . . 0,1 m;
4. gelber Grobsandstein . . . . . . . . . . . . . . . . . . . . . . 0,5 m;
5. violetter sandiger Ton . . . . . . . . . . . . . . . . . . . . . . 0,5 m;
6. fester, milder, weißer Grobsandstein mit verbogener Oberfläche (Baustein) . 2,0 m;
7. sehr fester weißer, grobkörniger Baustein (Kernstein) mit einzelnen Kieseln; durch Fortwachsen der Quarzkörner leicht quarzitisch; Feldspäte kaolinisiert . . . 1,5 m.

Auf der Geländeverflachung über dem Steinbruch liegen (8—12 m über dem Kernstein Nr. 7) Gruben in grauen, groben Feldspatsandsteinen, die vielleicht noch der gleichen Bausandstein-Zone angehören. Weitere 15—25 m höher werden auf der Verebenung des Bergsporns plattige oder dickbankige, leicht verkieselte, mittel- bis grobkörnige Sandsteine von gelber und rötlicher Farbe gebrochen. Mit den Plattensandsteinen nördlicherer Gebiete haben diese Gesteine nur noch den gleichen geologischen Horizont gemeinsam. — (Anmerkung: Die zahlreichen Steinbrüche am Osthang des Bergsporns liegen nicht, wie die alte Geognostische Karte 1:100000 Blatt Erbendorf von GÜMBEL angibt, im Buntsandstein, sondern im Burgsandstein des Keupers).

## D. Buntsandstein der Gegend von Stegenthumbach bei Eschenbach (Opf.).

Hier kommt unter dem der Muschelkalkstufe angehörigen Eschenbacher Bausandstein (vgl. S. 149) bei Stegenthumbach zwar der Buntsandstein zum Ausstrich, enthält aber nirgends, auch nicht über oder unter der bei Stegenthumbach und Weihern anstehenden Karneol-Bank, abbauwürdige Sandsteine.

Eine Bausandgrube bei P. 438 N. von Weihern (Bl. Pegnitz-Ost) im Oberen Buntsandstein zeigt massige grobe, helle, geröllführende Feldspatsandsteine von mürber Beschaffenheit.

---

[1]) P. DORN, Der oberfränkisch-oberpfälzische Buntsandstein. — Z. deutsch. geol. Ges., **83**, Berlin 1931.

**Für Schotterungszwecke geeignete Gesteine des Buntsandsteins.** — Im Oberen Buntsandstein der Weidenberger Gegend und der nördlichen Oberpfalz eignen sich Karneole, Hornsteine und Kieselsandsteinplatten der sog. Karneol-Zone zur Beschotterung von Feldwegen. Die Zone mag nach F. Heim 20—25 m mächtig sein, besteht wesentlich aus groben hellen Sandsteinen mit bezeichnenden rötlichen Feldspäten und aus roten Tonen. Sie entspricht dem Kronacher Bausandstein = Karneol-Bausandstein (Abb. 25). Ihre obere Grenze liegt um 15 m unter dem Wellenkalk bzw. den Bausandsteinen von Kulmain und Eschenbach (Pflanzensandstein des Muschelkalks, S. 147). Die genannten harten Lagen erscheinen darin völlig untergeordnet, sind nur örtlich entwickelt und keineswegs an bestimmte Horizonte gebunden. Einzelne Karneolbänke erreichen in diesem südlichen Verbreitungsgebiet Stärken von 0,6 m. Häufig werden sie von intensiv-roten Tonen begleitet, durch die man auf sie aufmerksam wird. In der Regel werden nur die losen Trümmer aufgelesen, die durch Zerfall der scharf und reichlich zerklüfteten Bänke entstanden sind. Nur die Kieselsandsteinplatten werden in flachen Gruben abgebaut.

Karneolbänke erscheinen W. von Unter-Steinach (bei Weidenberg) wenig über dem Bachbett und steigen am östlichen Steilhang der „Bocksleite" nach Süden immer höher. Bei Görschnitz liegt rd. 50 m über Tal und 15 m unter dem Wellenkalk eine kleine Grube in verkieselten, karneolführenden Sandsteinplatten. Westlich von St. Stephan bei Weidenberg, rd. 30 m über Tal, liegen große Karneolplatten von 0,5 m Dicke. Die Karneole sind auf der ganzen Ostseite des Fischbacher Tales schon von der Schuh-Mühle an zu verfolgen. Auf der Hochfläche S. von Fischbach und zwar im Wäldchen W. von P. 550 werden sie in mehreren Gruben gewonnen. Auch auf der Nordostseite des Weidenberger Kulms streichen Karneolbänke etwa 15 m unter der Muschelkalkgrenze aus.

Weiter südlich haben Flinsberg und Flints-Berg ihren Namen von den Flinssteinen (Karneolen), die auch gegen Beerhof hin massenhaft verbreitet sind. Östlich unterhalb von Bleyer werden bis 0,3 m starke verkieselte und karneolhaltige harte Sandsteinplatten, die eine Terrasse bedingen, in flachen Gruben abgebaut.

Bei Stegenthumbach stehen grüne Kieselsandsteinbänke mit zahlreichen Einschlüssen aufgearbeiteter Karneolbrocken, insgesamt wohl 4 m mächtig, oberhalb der Bahnhofwirtschaft an. Bei Weihern zieht eine 0,40 m starke, weiße Hornsteinbank mit Karneolflecken durch. Die großartigste Entwicklung und Verbreitung von Karneolen findet sich im nördlichen Teil des Truppen-Übungsplatzes Grafenwöhr. Im Wald „Im Hetzer" SO. von Weihern liegen zahlreiche große, viele Zentner schwere reine Karneolplatten von 0,6 m Mächtigkeit, stellenweise in dichter Häufung. Über die Grünhunder Höhe (P. 451 und P. 444 N. von Grünhund, Bl. Pegnitz-Ost 1:50 000) und den Kramer-Berg (P. 439, P. 440 SW. von Grafenwöhr, Bl. Weiden-West 1:50 000) zieht eine breite Zone von Karneolblöcken und von förmlichem Karneolschutt und Karneolgrus bis über die alte Amberger Straße hinaus. In loser Verstreuung sind Karneole in einer Zone östlich der Linie Weihern—Hirsch-Mühle ebenfalls außerordentlich verbreitet.

Die Kriegerdenkmäler in Stegenthumbach und Grafenwöhr, der „Gedenkstein Hickl" O. von Hermannshof und andere Gedenksteine (z. B. am Ringbahnhof Grafenwöhr-Lager) sind zum Teil aus großen Karneolplatten oder -blöcken, zumeist aus dem Wald „Im Hetzer" stammend, errichtet.

### Sandsteine und Dolomitsandsteine der Muschelkalk-Stufe im nordöstlichen Bayern.

Im südlichen Oberfranken und in der Oberpfalz tritt die Muschelkalk-Stufe in drei getrennten Vorkommen zutage: in dem Streifen von Trebgast—Weidenberg—Kulmain, in dem von Emtmannsberg—Altencreußen (Creußener oder Emtmannsberger Muschelkalk) und im Vorkommen von Eschenbach—Grafenwöhr.

Die Gesteinsausbildung ändert sich hier von Nord nach Süd bei abnehmender Mächtigkeit der gesamten Stufe in auffälliger Weise. Die bezeichnende kalkigmergelige Entwicklung des nordfränkischen Muschelkalks geht zunächst in dolomitische und tonige und schließlich, in der Oberpfalz, in vorwiegend sandige Ausbildung über. Obwohl die Formations-Stufe hier überhaupt keine Muschelkalk-Gesteine mehr aufweist, behält sie ihren Namen „Muschelkalk" bei.

Im Unteren Muschelkalk, dem Wellenkalk, gehen die Wellenkalke und Mergel schon bei Trebgast in Dolomite und Tone über. S. von Weidenberg und S. von Emtmannsberg (NNO. von Creußen) treten in steigendem Maße Sandsteine hinzu. Insbesondere in den tiefsten Lagen dieser Unterstufe entwickelt sich nach Süden hin ein Pflanzensandstein, der als Bausandstein Bedeutung erlangt.

Der Mittlere Muschelkalk, schon vom nördlichen Oberfranken her dolomitisch-mergelig, nimmt etwa bei Heidenaab (S. von Weidenberg) und bei Ober-Ölschnitz (Creußener Höhenzug) sandig-dolomitische Beschaffenheit an. Bei südwärts zunehmender Versandung und gleichzeitiger Mächtigkeitsabnahme ist er S. von Kötzersdorf (W. von Kemnath) und bei Funkendorf (SO. von Creußen) vom Unteren Muschelkalk nicht mehr zu trennen.

Im Oberen Muschelkalk reicht die gewöhnliche kalkige Ausbildung am weitesten nach Süden. — Im Weidenberger Muschelkalk-Zug ist diese Unterstufe noch bei Döberschütz (S. von Weidenberg) normal entwickelt. Wenig südlicher, bei Fenkensees und Kirmses wird sie unter plötzlicher Verschwächung von 30 auf 15 m dolomitisch. Bei Kötzersdorf gesellen sich zunächst in der unteren Abteilung, der Trochiten-Stufe, bei Kulmain und Eisersdorf (unfern Kemnath) schließlich auch in der oberen Abteilung, der Ceratiten-Stufe, Dolomitsandsteine und Sandsteine zu Dolomiten und Tonen. Die Mächtigkeit ist bis auf einige Meter zusammengeschrumpft. — Im Creußener Muschelkalk-Zug werden die Trochiten-Schichten bei Ober-Ölschnitz, die Ceratiten-Schichten etwas südlicher, bei Seidwitz, dolomitisch und tonig. Am

Südende des Höhenzugs erst treten zu den Dolomiten und Tonen des hier noch 15—20 m mächtigen Oberen Muschelkalks auch eigentliche Sandsteine.

Ganz im Süden, bei Eschenbach und Grafenwöhr, besteht der gesamte Muschelkalk (40—50 m) in seiner unteren Hälfte vorwiegend aus Sandsteinen, in der oberen Hälfte aus einer wechselvollen Folge von Sandsteinen, Dolomit- oder Kalksandsteinen, Dolomiten und blaugrauen, seltener roten Tonen.

Die gegen Süden hin eintretenden Änderungen der Gesteinsausbildung des Muschelkalks erklären sich daraus, daß wir uns in der Oberpfalz der ehemaligen Südküste des Muschelkalk-Meeres nähern. Während im tieferen Meere im Norden Kalk abgesetzt wurde, gelangte in den küstennahen Flachmeerzonen Dolomit und unmittelbar vor der Küste Sand zur Ablagerung. Die Erscheinung, daß die Versandung im Unteren Muschelkalk schon in nördlicheren Gebieten eintritt als im Oberen Muschelkalk, beruht auf der im Laufe der Muschelkalk-Zeit nach Süden hin erfolgten Ausdehnung des Meeres, also auf einem Südwärtswandern der Küste.

## 1. Der Bausandstein (Pflanzensandstein) des Unteren Muschelkalks.

### a) Der Bausandstein von Kulmain.

— Im Weidenberger Muschelkalk-Zug erscheint zwischen Tressau und Kulmain unmittelbar über dem Buntsandstein eine 6—8 m mächtige Bausandstein-Zone. Sie wird hier allgemein zum Oberen Buntsandstein gerechnet, F. Heim stellt sie aus vergleichend-petrographischen Gründen zum Muschelkalk.

Der Bausandstein von Kulmain ist ein weißer oder gelblicher fester Feldspatsandstein von mittlerem bis grobem Korn. Den meterstarken Bänken sind gewöhnlich graue Tone oder plattige Feinsandsteine zwischengelagert.

Die Buntsandstein-Schichten darunter bestehen aus arkoseartigen Sandsteinen von vorherrschend grobem Korn und mürber Beschaffenheit mit roten Toneinlagerungen. Der Muschelkalk über dem Bausandstein baut sich auf aus gelben und braunen, oft tiefviolett verwitternden Feinsandsteinen, Dolomitfeinsandsteinen und dichten, z. T. drusigen Dolomiten im Wechsel miteinander und mit grauen (blaugrauen), seltener roten Tonen; bei Kulmain treten unbedeutende weiße Sandsteinbänke vom Aussehen des Bausandsteins als Zwischenlagen hinzu.

Westlich und östlich von Bleyer (NW. von Kemnath) ist am Oberrand des hier nach Norden gekehrten Steilhanges im Bausandstein eine ganze Reihe von rd. 5 m tiefen Steinbrüchen angelegt.

Schichtfolge in einem Steinbruchbetrieb O. von Bleyer.

| | |
|---|---|
| 1. Mittelkörniger, weißer Feldspatsandstein . . . . . . . . . . . . | 0,5 m; |
| 2. blaugraue Tone . . . . . . . . . . . . . . . . . . | 0,5 m; |
| 3. weißer Feldspatsandstein, oben mittelkörnig, unten etwas gröber . . . . | 1,0 m; |
| 4. blaugraue Tone . . . . . . . . . . . . . . . . . . . | 0,5 m; |
| 5. feinkörniger, schieferiger bis dünnplattiger Feldspatsandstein . . . . . | 0,5 m; |
| 6. mittel- und grobkörniger, weißer und gelblicher Feldspatsandstein (Bausandstein) | 2,0 m. |

In einem Bruch bei Berndorf werden unter einer geringmächtigen Folge von 10—30 cm starken Sandsteinplatten die Bänke des mittel- und ungleichkörnigen Bausandsteins in Stärke von 1,5 m abgebaut.

Am Oberrand des Steilhanges der Höhe zwischen Berndorf und der Immenreuther Straße (bei Oberbruck) liegen drei aufgelassene Brüche, in denen über den roten Schichten des Buntsandsteinsockels die gelben und grauen Bausandsteine schätzungsweise 6 m Mächtigkeit haben. Das Korn ist oben fein bis mittel, in den tieferen Lagen abwechselnd mittel und grob, manchmal sehr grob; sogar Kiesschmitzen kommen vor. Das Hangende (4 m Abraum) bilden gelbe Feinsandsteinplatten und Drusendolomite im Wechsel mit blaugrauen Tonen und Schiefersandsteinen des Muschelkalks.

Über den Hügel P. 499 bei Oberbruck führt die Kulmainer Straße zweimal durch den Bausandstein, wie verfallene Brüche dort anzeigen.

In Steinbruchbetrieben N. von Kulmain und in der Nähe der großen Straßengabel dort läßt der Bausandstein bei 6—8 m Mächtigkeit folgende Lagerung erkennen:

Von oben nach unten:

1. veilfarbige und blaugraue Tone . . . . . . . . . . . . . . . 3,0 m;
2. fester, weißer, auch gelblicher, mittel- und feinkörniger pflanzenführender Feldspatsandstein, kaolinig, geschlossen oder mit blaugrauen Tonschmitzen . . 4—5,0 m;
3. gelblicher, grober und sehr grober Feldspatsandstein mit grünen Tongallen 1,5—2,5 m.

Darunter noch 2—3 m ähnliche, aber weniger feste, mittel- bis grobkörnige, weiße Feldspatsandsteine und bunte oder rötliche, herrschend grobe, doch auch feinere Arkosen bis Feldspatsandsteine mit roten Tonschmitzen (Oberer Buntsandstein).

Auch im Bahneinschnitt an der Straße von Kulmain nach Marktredwitz ist der Bausandstein erschlossen, ebenso O. von Eiersdorf (NO. von Kemnath), wo er in einem kleinen Bruch abgebaut wird.

**b) Der Pflanzensandstein im Creußener Muschelkalk-Zug.** — Auch im Creußener Muschelkalk-Zug kommt ein hierher gehöriger pflanzenführender Sandstein vor. Aus den sehr schwankenden Angaben des Schrifttums über die Mächtigkeit des Unteren Muschelkalks läßt sich ersehen, daß dieser Sandstein bisher bald zum Röt, bald zum Muschelkalk gerechnet worden ist.

Gegenüber dem Kulmainer Bausandstein sind hier die Sandsteine von durchwegs feinem Korn. Sie sind weißgrau oder gelbgrau und enthalten weißen, zersetzten Feldspat und Muskovit, bilden dünne Platten und Bänke bis Meterstärke, die insgesamt nach roher Schätzung bis 10 m aufeinander liegen.

Durch ihre Feinkörnigkeit und Geschlossenheit und den Mangel roter Toneinlagerungen treten sie in Gegensatz zum unterlagernden Buntsandstein, in dem mittel- und grobkörnige feste Feldspatsandsteinbänke roten und bunten Tonen zwischengeschaltet sind. Die überlagernden Sandsteine des Muschelkalks sind wohl auch feinkörnig, aber von mehr ausgesprochen gelber oder brauner Farbe, auch sind ihnen harte Dolomitsandsteine eingeschaltet.

Über die Verwendung des Pflanzensandsteins ist wenig bekannt. Sie sind am Stein-Berg bei Altenkünsberg (NO. von Creußen) abgebaut worden.

**c) Der Bausandstein von Eschenbach.** — Weiter im Südosten bildet der Pflanzensandstein als Bausandstein von Eschenbach den Sockel des Höhenzuges von Grafenwöhr—Eschenbach—Tremmersdorf, dessen Schichten stark nach Nordosten einfallen. Er ist am südwestlichen Steilabfall und in tieferen Taleinschnitten gut erschlossen. Die nach Nordost geneigte Abdachung wird von Sandsteinen, Tonen und Dolomiten des übrigen Muschelkalks eingenommen.

Hier hat Gevers[1]) auf Grund von Fossilbankfunden die Zugehörigkeit des von Gümbel zum Buntsandstein gestellten Pflanzensandsteins zum Muschelkalk erkannt (s. Tab.).

Profil-Tabelle IX.

| | Mittlerer Keuper:<br>Stufe des Benker Sandsteins | | |
|---|---|---|---|
| | Unterer Keuper (Lettenkeuper) | | |
| rd. 25 m<br>oder mehr | Höherer Muschelkalk | | Gümbel's Muschelkalk |
| | | | Gümbel's<br>Dolomitische Grenzbank |
| | Fossilführende Bank = Schicht B | | |
| rd. 20 m | Pflanzensandstein<br>oder<br>Eschenbacher Bausandstein | Tieferer<br>Muschelkalk<br>Gevers' | Gümbel's Buntsandstein |
| | Fossilführende Bank = Schicht A | | |
| | Oberer Buntsandstein | | |

Stratigraphische Stellung des Eschenbacher Bausandsteins.

Die Mächtigkeit des Eschenbacher Bausandsteins beträgt 16—20 m. Er ist ein fester, weißer, weißgrauer oder gelbgrauer, bald fein- und mittelkörniger, bald grober Feldspatsandstein in sehr dicken Bänken, denen nur wenig Tonlagen, öfter weiche (faule) Sandsteinlagen zwischengeschaltet sind. Er führt verkohlte Pflanzenreste. Die Feldspäte sind schwach kaolinisiert, das Bindemittel ist hell tonig oder kaolinig. Im Handstück ist er vom Kulmainer Bausandstein nicht zu unterscheiden.

Wie bei Kulmain wird er z. B. oberhalb von Stegenthumbach unfern Eschenbach von Arkosen des Buntsandsteins unterlagert, die zwar dem Bausandstein einigermaßen ähnlich erscheinen, aber viel gröber und vor allem viel mürber und lockerer als dieser sind.

Der über dem Bausandstein liegende höhere Muschelkalk, durch eine versteinerungsführende Dolomit-Sandsteinbank („Grenzdolomit" Gümbel's, Ostbay. Grenzgebirge S. 684 = Schicht B bei Gevers, S. 322, 346) eingeleitet (s. Tab.), enthält zwar auch noch ähnliche, weißgraue, sogar pflanzenführende Feinsandsteine, daneben aber stets auch auffallend gelbe und braune, oft

---

[1]) Gevers, T. W.: Der Muschelkalk am Nordwestrande der böhmischen Masse. — N. Jb. f. Min., Bl.-Bd., **56**, Abt. B, Stuttgart 1926.

manganig tiefbraun oder tiefveilfarbig verwitternde Feinsandsteine, gelbe und harte Dolomit- bzw. Kalksteine und dichte Dolomite, sowie reichlich blaugraue, seltener rote Tone und gelbe Mergel, so daß er sich wenigstens in seiner Gesamtheit wohl von der geschlossenen Bausandstein-Zone abhebt.

In Grafenwöhr, wo Gevers den Bausandstein wohl versehentlich auf seiner Karte noch als Buntsandstein verzeichnet, wird er gegenwärtig in mehreren größeren Steinbrüchen NW. und O. vom Ort, besonders an der Fels-Mühle, abgebaut; auch am Kalvarien-Berg liegen in ihm alte Brüche. Große Brüche sind im Steilhang am Ort Netzaberg.

Steinbruch N. des Kalvarien-Berges, NW. von Grafenwöhr.

Von oben nach unten:

1. Oben, in den höheren Lagen der Bausandstein-Zone, fester, heller Feinsandstein   0,4 m;
2. blaugraue Tonlage . . . . . . . . . . . . . . . . . . . 0,1—0,2 m;
3. weicher, hellgrauer, feinkörniger Sandstein . . . . . . . . . . 1,0 m;
4. fester, grauer, auch gelblicher, fein- bis mittelkörniger Feldspatsandstein . . 2,5 m;
5. weiche auskeilende Sandsteinlage . . . . . . . . . . . . . 0,1 m;
6. fester Feldspatsandstein wie oben . . . . . . . . . . . . 0,8—1,0 m;
7. blaugraue und gelbe, sandig-tonige, schieferige Schichten . . . . . . 0,5 m;
8. geschlossener, fester, weißer oder gelblicher, schichtweise fein- und grobkörniger Feldspatsandstein in Quadern von 1—3 m Stärke. Mit kohligen Pflanzenresten, wenig Tongallen. Manche Schichtflächen schwarz von Biotit . . . . . . 6,0 m.

Zwischen Eschenbach und Stegenthumbach ist der Bausandstein in mehreren Steinbrüchen, außerdem im Eisenbahneinschnitt, gut erschlossen.

Steinbruch auf der Westseite des von der Bahnlinie benützten Tales S. von Eschenbach, unterhalb der Straßenkehre.

1. oben harter, dickbankiger, brauner Dolomitsandstein mit auffälligen, gelben eckigen Fetzen eines bei der Ablagerung aufgearbeiteten, dichten Dolomits (Schicht B von Gevers, S. 322ff.) . . . . . . . . . . . . . . . . . 2,0 m;
2. blaugraue, sandig-tonige Schicht . . . . . . . . . . . . . 0,1 m;
3. fester, weißer, sehr feinkörniger Feldspatsandstein . . . . . . . . 1,0 m;
4. fester, weißgrauer, gelblicher oder grünlicher, fein- bis mittelkörniger Feldspatsandstein . . . . . . . . . . . . . . . . . . . . 2—3,0 m.

Großer Steinbruch zwischen Fleder-Mühle und Hotzaberg W. von Eschenbach.

Von oben nach unten:

1. Fein- und grobkörniger, brauner Dolomitsandstein in ruppig brechenden, dünnen Platten mit Muschelabdrücken und großen Fetzen und Bruchstücken eines harten, gelben dichten Dolomits (Schicht B von Gevers) . . . . . . . . 2,0 m;
2. feste, aufspaltende, weiße Sandsteinbank mit Pflanzenresten . . . . . . 1,5 m;
3. blaugraue, ebenflächige, glimmerreiche Sandsteinschiefer mit Pflanzenresten 0,2—0,3 m;
4. geschlossener, fester, feinkörniger, oben örtlich auch mittelkörniger, weißer, kaoliniger Feldspatsandstein in Bänken von 1—3 m . . . . . . . . . 6—7,0 m;
5. plattiger Dolomitsandstein mit undeutlichen Versteinerungsresten, z. T. tiefbraun und tiefveilfarbig verwitternd, schieferige Sandsteinlagen mit viel Glimmer und Pflanzenhäcksel und dünne, blaue Tonlagen . . . . . . . . . . . . 1,0 m;
6. fester, feiner, örtlich auch mittelkörniger (rauher) kaoliniger Feldspatsandstein, oben örtlich mit braunen mulmigen Einlagerungen . . . . . . . . . . 1,0 m;
7. fester Feldspatsandstein wie oben, weiß oder gelblich, mit Pflanzenresten . . 2,0 m.

Beim Aufstieg zu diesem großen Bruch, der u. a. die Bausteine für die evangelische Kirche in Weiden geliefert hat, ist gleich am Weg wenig oberhalb der Fleder-Mühle und einige Meter unter der Sohle des Bruches, zwischen pflanzenführenden und plattigen Sandsteinen die braune, versteinerungsführende Dolomit-Sandsteinbank aufgeschlossen, die GEVERS auch an anderen Stellen wiedergefunden und als beweisend für die Zugehörigkeit des Eschenbacher Bausandsteins zum Muschelkalk angesehen hat (Schicht A bei GEVERS).

## 2. Sonstige Sandsteine und Dolomitsandsteine der Muschelkalk-Stufe.

Im Verbreitungsbereich des Pflanzenbausandsteins werden gelegentlich auch die darüber vorkommenden Sandsteine und Dolomit- bzw. Kalksandsteine des Muschelkalks in kleinen Brüchen für örtlichen Bedarf abgebaut.

In den alten Brüchen bei Ober-Bruck SW. von Kulmain dürften neben dem Pflanzenbausandstein bereits höhere Sandsteinbänke mit gewonnen worden sein, ebenso in dem jetzt aufgelassenen Bruch bei P. 543 NNO. von Kulmain (Top. Blatt Tirschenreuth-West, 1:50000). In mehreren 2—3 m tiefen Gruben in der Talmulde nordöstlich von dieser Ortschaft werden für den Bau von Feldwegen harte, gelbe, plattige Dolomitsandsteine gegraben. Die Platten sind 5—20 cm stark.

Östlich von Kulmain, nahe am Orte, sind in einem Hohlwege für Wegebauzwecke die Gesteine der nachstehenden Schichtfolge verwendet worden. Sie sei für diese Gegend als Beispiel der Ausbildung des Muschelkalks wenig über dem Bausandstein angeführt:

Von oben nach unten:
1. Oben Platten von gelbem Dolomitsandstein und weißem, schwach dolomitischem Sandstein zwischen blaugrauen sandig-tonigen Lagen . . . . . . . . . . 0,8 m;
2. feste Platten von weißem Sandstein mit sandig-tonigen Zwischenlagen . . 1,2 m;
3. schwarzblauer Ton, seitlich in grauen, schieferigen Sandstein übergehend 0,2—0,3 m;
4. oben plattiger, gelber Dolomitfeinsandstein, unten plattiger und dickbankiger, weißer Feinsandstein . . . . . . . . . . . . . . . . . . . . 1,0 m;
5. blaugrauer Ton . . . . . . . . . . . . . . . . . . . . . . 0,3 m;
6. teils braungelber, fester Feinsandstein, teils gelber bis grüngelber, feinsandiger Dolomit, in Dolomitsandstein übergehend . . . . . . . . . . . . 0,7 m;
7. fast schwarzer, sehr biotitreicher Schieferton . . . . . . . . . . 0,1 m;
8. fester, weißer, mittelkörniger Sandstein vom Aussehen des Kulmainer Bausandsteins . . . . . . . . . . . . . . . . . . . . . . . . 1,3 m;
9. tiefbrauner Feinsandstein . . . . . . . . . . . . . . . . . . 0,2 m;
10. blaugraue, sandig-tonige Schicht . . . . . . . . . . . . . . . 0,1 m;
11. fester, weißer Sandstein wie Nr. 8 . . . . . . . . . . . . . . 0,3 m;
12. teils braungelbe, teils graue, feste Sandsteinplatten mit blaugrauen Tonzwischenlagen . . . . . . . . . . . . . . . . . . . . . 1,3—1,5 m.
13. blaugraue Schiefertone . . . . . . . . . . . . . . . . . 1—2 m.

Auch im Creußener Muschelkalk-Zug werden die Sandsteine und Dolomitsandsteine des Unteren, mit dem Mittleren verschmelzenden Muschelkalks abgebaut, so bei Alten-Künsberg gelbbraune und gelbgraue, feldspathaltige Feinsandsteine in fast meterstarken festen Bänken mit ebenso starken Einlagerungen von fest gepackten, harten plattigen Dolomitsandsteinen.

Hieher gehörige Gesteine wurden besonders im Eschenbacher Höhenzug, wo sie bereits den höheren Muschelkalk vertreten, gewonnen, so am Bahnhof Grafenwöhr, bei Runkenreuth, bei Netzaberg, auf der Abdachung S. von Eschenbach und auf den Höhen um Hotzaberg.

Nachstehende Schichtfolge und Ausbildung war in einem aufgelassenen Bruch S. von Runkenreuth aufgeschlossen:

1. Gelber, feiner, z. T. aufgeschieferter Plattensandstein, manganig braun und tief-veilfarben verwitternd . . . . . . . . . . . . . . . . . . . . 0,5 m;
2. bunte, auch rote Tone mit harten, gelben, unebenflächig wulstigen, dolomitischen Kalkplatten . . . . . . . . . . . . . . . . . . . . . . . . 0,5 m;
3. harte, gelbe, stark feinsandige Dolomitbank bzw. Dolomitfeinsandstein-Bank mit großen Dolomitdrusen, Unterfläche mit Kriechspuren und Pseudomorphosen nach Stein-salz . . . . . . . . . . . . . . . . . . . . . . . . . 0,2—0,3 m;
4. feste, hellgraue und gelbe, auch braune, schwach kalkhaltige, etwas aufschiefernde Feinsandsteinbank mit grünlichen Schichtflächen und Tongallen . . . 0,3—0,4 m;
5. harte, dünne, gelbe Platten von Dolomitfeinsandstein . . . . . . . . 0,4 m;
6. feste, gelbgraue und hellgraue, dolomitische Feinsandsteinbank . . . . . 0,6 m;
7. feste, gelblichgraue Sandsteine, aufgeschlossen auf . . . . . . . . . 2,5 m.

Neuerdings hat F. Heim festgestellt, daß die Muschelkalk-Stufe noch etwas weiter nach Süden reicht, als man bisher angenommen hat. Sie läßt sich O. von der Straße Stegenthumbach—Hermannshof in schmalem, westlich einfallendem Streifen bis über die Hirsch-Mühle hinaus im Grafenwöhrer Truppenübungs-Platz verfolgen. Die mit blaugrauen Tonen und dichten Dolomiten wechsellagernden, dünnen, gelben Feinsandsteinplatten (mit Steinsalz-Nachkristallen) des höheren Muschelkalks sind im Hohlweg an der Schlatter-Mühle sehr gut erschlossen. Der östliche Steilhang des Hügels „Auf der Stube" (P. 477 SO. der Schlatter-Mühle auf dem Top. Blatt 1:50000 Pegnitz-Ost) dürfte den höheren Lagen des Eschenbacher Bausandsteins angehören. — Praktische Verwendung haben diese Gesteine hier bisher nicht gefunden.

## Sandsteine des Keupers.

Diese obere Abteilung der Trias ist wie die untere, der Buntsandstein, zu einem großen Teil aus Sandsteinen aufgebaut, deren Vorherrschaft im Oberen Mittleren Keuper diesem auch den Namen „Sandsteinkeuper" verschafft hat.

Im Unteren Keuper oder Lettenkeuper ist fast nur ein Sandstein von technischer Bedeutung; der Mittlere Keuper bietet Sandsteine aller Korngrade in großer Fülle; der Obere Keuper oder das Rhät wird in der Hauptsache von einem Bausandstein, dem rhätischen Bausandstein, aufgebaut.

### Sandsteine des Unteren Keupers (Lettenkeupers).

Der Lettenkeuper (früher „Lettenkohle" genannt) besteht aus einer Folge von Schiefertonen und Gelbkalken (Schiefer-Gelbkalk-Schichten Schuster's) von 30—40 m Mächtigkeit, unterbrochen von drei Sandsteinlagen, deren mittlere der Haupt- oder Werksandstein ist und der besonders früher eine recht große Bedeutung als Bausandstein hatte. Der Untere Sandstein, wenige Meter

Aufn. v. M. SCHUSTER

Fig. 1
**Werksandstein (Hauptsandstein) des Lettenkeupers, Steinbruch bei Groß-Harbach (SW. von Uffenheim).**
Die mächtigen waagrechten Bänke sind von schrägen, steilen „Schlechten" durchzogen
(zu S. 154).

Fig. 2
**Schilfsandstein des Gipskeupers, Steinbruch bei Schnelldorf (SW. von Dombühl)**
(zu S. 169).

über der Untergrenze des Lettenkeupers eingeschaltet, ist bedeutungslos, der Obere, einige Meter unter der Obergrenze, wird bei seiner meist geringen Stärke nur an wenigen Stellen im östlichen Unterfranken als eigene Sandsteinlage gebrochen. Mancherorts verschmilzt er mit dem Hauptsandstein. (Hierzu die Abb. 27). — Die Hauptverbreitung des Sandsteine führenden Lettenkeupers ist in Unterfranken etwa östlich einer Linie von Würzburg—Bad Kissingen—Neustadt a. d. S.—Mellrichstadt. Sein Vorkommen in Oberfranken ist auf die Gegend NNO. und NO. von Coburg, von Kronach, Kulmbach und Bayreuth beschränkt.

### Sandsteine im unterfränkischen Lettenkeuper.

**Der Werksandstein.** — Dieser Sandstein hat in seiner Verbreitungsform und in seinem Aussehen eine große Ähnlichkeit mit dem Schilfsandstein des Bunten Keupers (S. 166). Wie bei diesem kann man eine normale und eine Flutausbildung an ihm unterscheiden. In der normalen Entwicklung ist er nur ein paar Meter stark, in der Flutausbildung aber ist er durch seine Lagerung in wannenartigen Vertiefungen bis zu 20 m mächtig (Abb. 27).

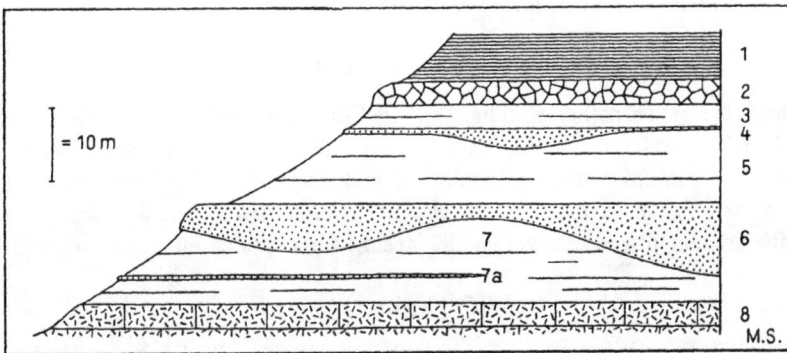

Abb. 27.
**Allgemeines Schichtenprofil durch den unterfränkischen Lettenkeuper.**
1 = Unterster Gipskeuper; — 2 = Grenzdolomit; — 3 = „Drusendolomite" und rote Schiefertone; — 4 = Oberer Sandstein; — 5 = Obere Schiefer-Gelbkalk-Schichten; — 6 = Werksandstein; — 7 = Untere Schiefer-Gelbkalk-Schichten (darin nahe der Untergrenze der unbedeutende, nicht aushaltende Untere Sandstein 7 a); — 8 = Oberer Muschelkalk.
(Nach M. Schuster.)

Eigenschaften: Der Sandstein ist feinkörnig, tonig gebunden, in den höheren Lagen meist von schmutziggrüner Farbe, die nach der Tiefe zu in eine dunkelrotbraune, braunveile bis bläulichveilfarbige übergeht. Geflammte und geäderte Sandsteine in den beiden Farben entsprechen einer mittleren Sandsteinlage. Die braunen bis veilfarbigen Sandsteinlagen sind fester und frischer als die schmutziggrünlichen bis gelblichen, die stärker verwittert erscheinen. Der reichliche weiße, seltener schwarze Glimmer läßt das Gestein gut spalten, der Tongehalt erleichtert seine Verarbeitung. Es können Blöcke von mehreren Metern im Geviert gewonnen werden. Gute Profile durch den

Werksandstein sind selten. — Die Schichtfolge ist nicht immer geschlossen: teils können den Sandsteinen Schiefertonlagen oder Schiefer-Gelbkalkschichten eingeschaltet sein, oder die Sandsteine gehen in quarzitische Schiefer oder nach oben in Schiefertone mit Sandsteinbänken über. Der warme, bräunlich-grünliche Ton des Sandsteins, der im Laufe der Zeit eine schöne Alterspatina erhält, fügt sich gut in das Landschafstbild (vgl. auch Fig. 1, Tafel 16).

**Der Obere Sandstein.** — Dieser dem Werksandstein oft recht ähnliche, im allgemeinen pflanzenreichere und etwas bläulichere Sandstein erreicht in der Würzburger Gegend (z. B. auf der Rimparer Höhe bei Estenfeld, bei Gollach-ostheim O. von Aub und bei Mönchsontheim) eine Stärke von 2—3 m, bei Höchheim NNW. von Königshofen i. Gr. sogar von 6 m, so daß er abgebaut werden kann. An anderen, oft diesen benachbarten Orten keilt er fast ganz aus. — Im allgemeinen ist der Obere Sandstein vom Werksandstein durch etwa 10 m Obere Schiefer-Gelbkalkschichten getrennt. Diese aber keilen in der Hofheimer, Haßfurter und Gerolzhofer Gegend aus, so daß der Obere Sandstein mit dem Werksandstein zu einem einheitlichen Sandsteinabsatz sich vereinigt. Die ansehnlichen Mächtigkeiten des Werksandsteins in diesen Gegenden beruhen zu einem Teil auch auf diesem Umstand.

### Steinbruchprofile.

Einige Profile sollen Einblick in die Beschaffenheit der Sandsteine geben (die Brüche bei Düttingsfeld, unterhalb Schallfeld, am Pumpwerk bei P. 252 S. von Gerolzhofen, zwischen Bischwind und Vögnitz, in Traustadt und Unter-Schwappach liegen in der Hauptsache im Oberen Sandstein, der hier mit dem Hauptsandstein durch Auskeilen der trennenden Schichten verschmolzen ist).

### a) Werksandstein.

In den Brüchen über Wermerichshausen ist z. B. folgendes Profil, das aber nicht ganz durchhält, aufgeschlossen: 5 m unter dem Grenzdolomit treten auf: 1. tonige Lettenkohle 0,20 m; — 2. sandige Schiefer 0,20 m; — 3. sandige Schiefer mit härteren Bänkchen 3,00 m; — 4. dunkle Schiefer 0,20 m; — 5. rauh und höckerig brechender, unbrauchbarer Sandstein 1,40 m; — 6. grünlicher Lettenschiefer 0,40—0,60 m; — 7. mürber Sandstein 0,40 bis 0,50 m; — 8. gut gebankter, etwas ockerig zermürbter Sandstein, nicht ganz aufgeschlossen 8,50 m.

Beim Brünauer Sandstein, der bis 20 m stark wird, ist zu unterscheiden; von oben nach unten: 1. gelber Sandstein 7 m; — 2. veilfarbiger Sandstein 8 m, letzterer örtlich in blaugrauer, braun verwitternder Dolomit-Sandstein-Aus-bildung (Eisengall), zu unterst mit einer 0,40 m starken Bank von auffallend lichtblaugrauem Dolomit-Sandstein (== Bayrisch-Blau). — Ein aufgelassener Bruch an der Au-Mühle, N. von Brünau zeigt, daß die brauchbaren Werksand-steine roh 10 m unter dem Grenzdolomit, der oberen Abschlußbank des Letten-keupers, liegen.

### b) Oberer Sandstein.

Im Bruch W. von Düttingsfeld liegen unter 3,7 m aufgeschlossenen Gelb- und Braunkalken des Grenzdolomits 1. grüngelbe Mergel mit Drusenkalkschmitzen und Kalkspatgeäder 1,2—1,5 m; — 2. blaugraue, sandige Schiefertone mit Pflanzenhäksel 0,5—0,8 m; — 3. grüngrauer, auch gelber, dickbankiger Sandstein mit Eisenhydroxyd-Bänderung 2—3 m.

Der Steinbruch bei P. 252 S. von Gerolzhofen zeigt 0,5 m Braunkalkplatten des Grenzdolomits, dann 1. grüngelben Mergel mit Kalkspatnetzwerk 1,0 m; — 2. veilfarbige und graugrüne Tone 2,0 m; — 3. dünnbankige Sandsteine 2,5 m; — 4. grünbraune Sandsteinbank mit rostigen Flecken 0,6 m; — 5. dünnbankige Sandsteine, braun 1,0 m; — 6. geschlossene Sandsteinbank wie oben, 1,0 m.

Im Steinbruch bei P. 286 (Kapelle) W. von Bischwind sind unter blaugrauen Tonen rd. 8 m Sandsteine in Abbau. Die oberen 3 m bestehen aus dünnplattigen grauen Sandsteinen mit dunkelgrauen Tonzwischenlagen, die tieferen 5 m aus geschlossenem dickbankigem braunem Sandstein, der ganz örtlich und untergeordnet blaugraue Lagen mit Kalkbindemittel (= Bayrisch-Blau) enthält.

In Traustadt sind 4 m blaugraue Sandsteine erschlossen. In der oberen Hälfte sind sie zwischen dunkelblaugrauen Tonen dünnbankig, mit Wellenfurchen, Trockenriß-Leisten, Wülsten, Kriechspuren, Tubicolen-Röhren und Pflanzenhäksel; die unteren 2 m sind dickbankig und geschlossen.

Im Unterschwappacher Steinbruch liegen von oben nach unten: 1. Gelbkalke des Grenzdolomits 1,0 m; — 2. graublaue, auch schwarze kohlige Tonlage 0,2 m; — 3. gelbe Mergel 2,0 m; — 3. graublaue Tone 0,5 m; — 4. dünnplattige Sandsteine mit graublauen Tonen wechsellagernd 4,0 m; — 5. graue und gelbe Sandsteine in dicken Bänken, geschlossen, mit kohligen Pflanzenresten, Kriechspuren und Tongallen, 4,0 m.

Verbreitung: Die Hauptverbreitung der Sandsteine liegt in einem Bereich zwischen Würzburg, Münnerstadt, Saal, Schweinfurt, Gerolzhofen, Uffenheim, Reichenberg, Hettstadt, Würzburg. Sie sind demnach in der Hauptsache auf Unterfranken beschränkt.

Die Mächtigkeit des Werksandsteins ist im Osten und Nordosten von Unterfranken am größten [Lendershausen bei Hofheim, Holzhausen bei Bad Kissingen, Oberhohenried bei Haßfurt, Schweinfurt—Münnerstädter Gegend, Neuses am Sand bei Gerolzhofen, Ober-Schwarzach bei Gerolzhofen (10—20 m)]. Sie nimmt im allgemeinen nach Südwesten, Norden und Westen ab, wenngleich sich an einzelnen Stellen noch recht erhebliche Mächtigkeiten entwickeln können (10—15 m W. von Groß-Harbach bei Uffenheim, 7—10 m bei Würzburg—Estenfeld, bei Waldbüttelbrunn W. von Würzburg u. a. a. O.).

Steinbrüche: In der Umgebung von Würzburg: bei Waldbüttelbrunn und Hettstadt W. von Würzburg; bei Reichenberg S. der Stadt; am Faulen-Berg O. der Stadt (aus dem Sandstein wurde das Schloß in Würzburg erbaut, 1722—1740); bei Estenfeld NO. von Würzburg; — im Main-

Tauber-Gäu: N. von Rothenburg o. d. T. (viele Bauten der Stadt daraus, besonders die Jakobs-Kirche; die Sandsteine werden nunmehr durch Quaderkalk ersetzt); zwischen Ochsenfurt und Marktbreit; bei Obernbreit nahe Marktbreit; Gaukönigshofen, Acholzhausen, Oellingen, Gülchheim, Röttingen, alle Orte SW. von Ochsenfurt; Gnodstadt SO. der Stadt; Iffigheim SO. von Marktbreit; Ermetzhofen SO. von Uffenheim; besonders Groß-Harbach SW. dieser Stadt (Fig. 1, Tafel 16); — im Kitzinger-Schweinfurter Gäu: zwischen Kitzingen, Repperndorf und Biebelried, NW. von Kitzingen; bei Neuses N. von Dettelbach; bei Gänheim SO. von Arnstein; bei Holzhausen und Kronungen NW. von Schweinfurt; bei Schwebenried und Stettbach (NW. von Werneck) und Vasbühl W. von der Stadt (von dort stammen die bekannten „Schweinfurter Schleifsteine"); bei Waigoldshausen SW. von Schweinfurt (Baustein für das Wernecker Schloß); Schleerieth WSW. von Schweinfurt; Kronungen NW. von Schweinfurt (Fenstersimse); bei Heiligenthal NW. von Volkach; — im Haßgau und Grabfeld: bei Lendershausen, Kerbfeld und Happertshausen W. von Hofheim; bei Ober-Hohenried N. von Haßfurt; bei Groß-Eibstadt und Wülfershausen W. von Königshofen i. Gr.; am östlichen Ortsrand von Höchheim; W. vom Ort; am Hunger-Berg NW. vom Ort; im Höchheimer Holz SSO. von Rappertshausen; NO. von Wargolshausen (alle Orte NW. von Königshofen); — in der Münnerstädter Gegend: bei Groß-Wenkheim und besonders bei Wermerichshausen O. von Münnerstadt (in großen Blöcken gewinnbar; Baustoff für das alte Kurgebäude in Bad Kissingen); — im Steigerwald-Vorgelände: bei Ober- und Unter-Schwappach, Ober-Schwarzach, Brünau, bei Gerolzhofen, Bischwind und Traustadt.

### Sandsteine im oberfränkischen Lettenkeuper.

Nordwestlich von Coburg zieht der etwa 35 m mächtige Lettenkeuper von Heldtritt N. von Rodach bis Wohlbach an der Itz. -- Brüche auf Sandsteine bei Heldtritt; S. von Öttingshausen; bei Klein-Walbur und Meeder (3 m).

Die in der südöstlichen Fortsetzung dieses Zuges erscheinenden tektonisch bedingten Vorkommen längs der großen Kulmbacher Verwerfung bei Kipfendorf NO. von Coburg, bei Beikheim—Schmölz SW. von Kronach und bei Kulmbach weisen bei Schwingen S. von Kulmbach stärkere, aber nicht genutzte Sandsteinlagen auf.

In dem Lettenkeuper-Zug (25—30 m) am Rand und im Vorland des alten Gebirges von Ober-Rodach über Seibelsdorf und Rugendorf bis Stadt-Steinach und von Unter-Steinach über Lanzendorf und Benk bis Allersdorf NO. von Bayreuth wurden im südlichen Abschnitt da und dort Bausandsteine gebrochen.

Technisch bedeutender sind die Sandsteinvorkommen vom „Pensen" OSO. von Bayreuth. Der Lettenkeuper ist noch 15—20 m mächtig; der dem unterfränkischen Werksandstein entsprechende Sandstein ist hier feinkörnig, 3—4 m stark und (im Gegensatz zu jenem) grauweiß. — Brüche: bei Lohe SO. von Seulbitz (von hier sind die Steine für die Eisenbahnbrücke über den Main bei Aichig nahe Bayreuth); W. von Hartmannsreuth (3 m weiße, gelbliche, schwach dolomitische Feinsandsteine); SO. von Hartmannsreuth (6 m braunrötliche bis graubraune, weniger beliebte Sandsteine); bei Lessau (3—4 m grauweiße bis gelbliche, pflanzenreiche Sandsteine in Bänken von 0,6—1,4 m Stärke). Auch am Adel-Berg bei Uetzdorf und bei Lankendorf W. von Weidenberg, dann bei Fenkensees S. von Weidenberg wurden früher Sandsteine abgebaut.

Auf dem Emtmannsberger Höhenzug SO. von Bayreuth kommen im 10—15 m mächtigen Lettenkeuper auch härtere Sandsteine vom Schlehen-Berg an (N. von Emtmannsberg) bis über Alten-Creußen hinaus vor. — Brüche: S. von Emtmannsberg (bis 6 m gelbliche, graue und braune, pflanzenreiche Sandsteine in meterstarken Bänken); bei Neuhof O. von Creußen [feine, grünlichgraue, harte Werksandsteinbank (1,4 m) unter schieferigem Sandstein und Dolomiten] (vgl. das Kärtchen der Abb. 29).

## Sandsteine des Mittleren Keupers (Bunten Keupers).

### Sandsteine des Unteren Gipskeupers.

Der Untere Gipskeuper besteht im westlichen und nördlichen Franken aus Tonen und Mergeln mit Gipslagen, Steinmergel- und Kieselsandstein-Bänken. Eine stärker hervortretende Steinmergel-Doppelbank (*Corbula*- und *Acrodus*-Bank)[1]) gliedert den Unteren Gipskeuper in die Myophorien-Schichten unten (80—90 m) und in die Estherien-Schichten oben (30—40 m). In den Myophorien-Schichten liegt 15—30 m über der Untergrenze die Bleiglanz-Bank (Steinmergel) (vgl. die Profil-Tabelle X).

**Der Benker Sandstein und der Freihunger Sandstein.** — In der Gegend von Ansbach und Bayreuth schalten sich in den Myophorien-Schichten, in der Oberpfalz auch in den Estherien-Schichten, Sandsteine im Wechsel mit bunten oder grüngrauen Tonschichten ein. Die in den Myophorien-Schichten eingelagerten, gleichalterigen Sandsteine heißen Benker Sandsteine (nach dem Orte Benk NO. von Bayreuth). Die den Estherien-Schichten gleichaltigen Sandsteine gehören den Freihunger Schichten oder Freihunger Sandsteinen an, die sich bei Freihung und Pressath durch Bleierzführung (s. d.) auszeichnen. Doch entsprechen nur die oberen Freihunger Sandsteine den Estherien-Schichten; die unteren Freihunger Sandsteine aber gehören den obersten Benker Sandsteinen an und vertreten somit die obersten Myophorien-Schichten (vgl. die Skizze, Abb. 26). GÜMBEL (1894, S. 758) hat diese Beziehungen und die Lage der Freihunger Schichten unter dem Schilfsandstein bereits erkannt. Aber im geologischen Schrifttum hat sich bis heute die ältere Auffassung von H. THÜRACH (1888, S. 154[2]), daß der Freihunger Sandstein über dem Schilfsandstein liege, erhalten. In neuester Zeit hat F. HEIM

---

[1]) Die dolomitische *Corbula*-Bank (S. 70), die mit feinstem Quarzstaub erfüllt ist, ist oft verkieselt und sieht wie ein dichter Feinsandstein aus, der gelegentlich einmal zu Wegschottern benützt wird. Ähnlich verhält sich im Steigerwald die *Acrodus*-Bank.

[2]) THÜRACH, H.: Übersicht über die Gliederung des Keupers im nordöstl. Franken im Vergleiche zu den benachb. Gegenden. I. — Geogn. Jh., 1, 1888. — II., G. J., 2, 1889.

Profil-Tabelle X: Gliederung und Ausbildung des Fränkischen Keupers.

| Gliederung | | | NW — Faziesentwicklung — SO |
|---|---|---|---|
| | | Lias-α (0—30 m) | Arieten-Sandstein |
| | | | Angulaten-Sandstein |
| Oberer Keuper | | Rhät (0—25 m) | Pflanzentone |
| | | | Rhät-Sandstein |
| | | Zanclodon-Schichten (10—50 m) | Knollenmergel, Feuerletten |
| | Oberer Bunter Keuper = Sandsteinkeuper | Burgsandstein (bis 100 m) | mit Dolomit u. Dolomitsandst. — Oberer Burgsandstein; Stufe der „Dolomitischen Arkose" mit dem — Mittlerer Burgsandstein; Coburger Festungssandstein; Heldburger Ausbildung mit Oberem Semionoten-Sandstein — Nürnberger Ausbildung des Unteren Burgsandsteins |
| Mittlerer oder Bunter Keuper | | Unterer Semionoten-S. (0—20 m) | feinkörnige Ausbildung d. Coburger oder Eltm. Bausandsteins — grobkörnige Semionoten-Sandsteine und Dolomitsandsteine |
| | | Blasensandstein (20—40 m) | Tone und Mergel — Blasen- und Plattensandsteine |
| | Unterer Bunter Keuper = Gipskeuper | Oberer Gipskeuper (30 m) | Lehrberg-Bänke |
| | | | Lehrberg- oder Berggips-Schichten (-Stufe) |
| | | Schilfsandstein (0—40 m) | Schilfsandstein, auskeilend ⟶ |
| | | Unterer Gipskeuper (bis 120 m) | Estherien-Schichten — Freihunger Sandstein; Corbula- und Acrodus-Bank; Obere Myophorien-Schichten; Bleiglanz-Bank; Untere Myophorien-Schichten — Benker Sandstein; Grenz-Grundgips |
| Unterer Keuper | | Lettenkeuper (30—50 m) | Grenzdolomit |
| | | | Obere Schiefer-Gelbkalk-Schichten |
| | | | Haupt- oder Werksandstein |
| | | | Untere Schiefer-Gelbkalk-Schichten |
| | | | Muschelkalk |

(Sulzfelder Sandstein = Ob. Sem.-S. + Mittl. + Ob. Burgs. (nördl. Haß-Berge))

(Rhäto-lias)

die GÜMBEL'schen Beobachtungen bestätigt, so daß gewisse Sandsteine über dem Schilfsandstein, die außerhalb der Oberpfalz, besonders in Mittelfranken, bisher als Freihunger Sandstein bezeichnet worden sind, diesen Namen nicht mehr zu Recht führen. Sie heißen „Ansbacher Sandsteine", nach einem bezeichnenden Vorkommen bei Ansbach (S. 171).

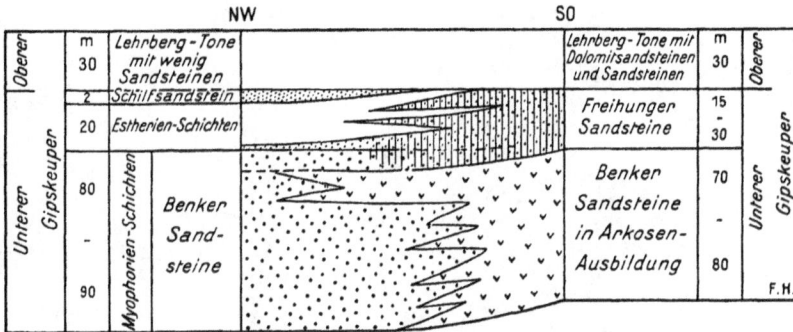

**Abb. 28**
**Schematischer Aufbau des Gipskeupers bei Pressath (Opf.).**
Beziehungen der Freihunger Sandsteine zu den Benker Sandsteinen, zu den Estherien-Schichten und zum Schilfsandstein.
(Von F. HEIM.)

Der Benker Sandstein mit dem darüber liegenden Unteren Freihunger Sandstein verhält sich zu den tonigen Myophorien-Schichten und ebenso der Obere Freihunger Sandstein zu den tonigen Estherien-Schichten wie die Plattensandsteine des Oberen Buntsandsteins zu den Röt-Tonen (S. 128). Gleichalterige Horizonte gehen von Süd nach Nord bezw. von Südost nach Nordwest von der sandigen in eine tonige Ausbildung über. Auch in höheren Keuperstufen zeigt sich diese Erscheinung. Sie erklärt sich aus der von Süden bezw. Südosten her erfolgten Zufuhr der Ablagerungsstoffe. Im südlichen Bayern und im ostbayerischen Grenzgebirge lag zur Trias-Zeit das Hoch- und Abtragungsgebiet, das Vindelizische Land, von dem die Zerstörungsstoffe in das deutsche Trias-Becken hinausgetragen wurden. Die Sande kamen mit nordwärts abnehmenden Korngrößen hauptsächlich unmittelbar vor dem Abtragungsgebiet am Beckenrande zur Aufschüttung; darüber hinaus in das Beckeninnere wurden nur tonige Stoffe verfrachtet.

### Der Benker Sandstein.

Bei Ansbach scheinen sich die Benker Sandsteine zuerst unter der *Corbula*-Bank, bald aber ziemlich schlagartig in den ganzen oberen Myophorien-Schichten (40 m), weiter ostwärts dann auch unter der verschwindenden Bleiglanz-Bank einzustellen.[1] — Nördlich von Bayreuth (vgl. das Kärtchen)

---

[1] Im tieferen Untergrund von Nürnberg liegen unter den vorwiegend tonigen Estherien-Schichten schätzungsweise 90 m feinkörnige Benker Sandsteine im Wechsel mit Tonen (A. WURM, Die Nürnberger Tiefbohrungen, ihre wissenschaftliche und praktische Bedeutung. — Abhandlg. d. Geol. Landesuntersuchung am Bayer. Oberbergamt, Heft 1, München 1929).

entwickeln sich Benker Sandsteine zuerst über den 15 m mächtigen Grundgips-
Schichten, in einer Zone, die ihrer Lage nach etwa den Schichten unter und
über der hier nicht nachweisbaren Bleiglanz-Bank entspricht. Bei Schwingen

Die wichtigsten
Brüche und Gruben

im Lettenkeuper-Sandstein (L).
Benker Sandstein (B).
Freihunger Sandstein (F).
• Steinbrüche  ( Sandgruben
Freihunger Sandstein-Vorkommen
0        5         10 Km

Abb. 29

S. von Kulmbach ist diese noch nicht nutzbare Sandsteinzone 15 m mächtig;
südöstlich davon, bei Benk, schwillt sie durch Hinzutreten neuer Sandsteinbänke darüber auf 20—40 m an; zugleich werden die Bänke stark genug für

den Abbau. Die höheren Myophorien-Schichten (30—40 m) enthalten nur schwache Kieselsandstein-Bänkchen.

Ganz ähnlich ist der Aufbau im Rotmain-Tal unterhalb der Boden-Mühle und am Hühl-Berg S. von Bayreuth. Wenig südlich davon, sowie am „Pensen" O. von der Stadt, stellen sich auch in diesen höheren Schichten und unter der Sandsteinzone an Stelle von Kieselsandstein-Bänkchen stärkere und z. T. geschlossene Sandsteinlagen ein.[1])

Im Bereich um Ansbach und Bayreuth sind die Benker Sandsteine fein- oder mittelkörnig, vorwiegend weiß und infolge leichter Verquarzung gut als Werk- steine geeignet. Ziemlich rasch erscheinen S. vom „Pensen" und S. von Emt- mannsberg herrschend grobe, gelbe Feldspatsandsteine, die besonders in ver- kieselten Lagen noch als Bau- und Mauersteine brauchbar sind und gegen Süden zu als Bausand gegraben werden. Bei Pressath gehen sie in nicht nutz- bare Schichten und bunte Arkosen über, ausgenommen die obersten Lagen, die noch als Bausandsteine abgebaut werden (vgl. Abb. 30).

### Verbreitung des Benker Sandsteins (Abb. 29).

1. **Die Ansbacher Gegend.** — Nordöstlich von Ansbach streichen die Benker Sandsteine zwischen Weihenzell, Vestenberg und Bruckberg in 20 m Mächtigkeit aus. Es sind meterstarke, teils feste, gut bearbeitbare, teils mürbe, weiße bis hellbräunliche, z. T. quarzitische, fein- bis mittelkörnige Sandstein- bänke im Wechsel mit harten Kieselsandstein-Bänkchen und (bis zu 1 m) grauen Lettenschiefern. — **Brüche:** S. von Weihenzell. — **Verwendung:** Bau- und Sockelsteine.

2. **Die Gegend von Benk (NO. von Bayreuth).** — Das technisch wichtigste Vorkommen von Benker Sandstein ist NO. von Bayreuth zwischen dem Bindlacher Muschelkalk-Streifen und dem Fichtelgebirgs-Rande bei Lanzen- dorf, Benk und Dressendorf. Die Bänke erreichen 2—3 m; die Gesamtmächtig- keit ist etwa 40 m.

Der weiße, seltener rötliche Sandstein ist fein- bis mittelkörnig; das Korn ändert sich in einer Bank lagenweise. Der gut gerundete Quarz überwiegt den Feldspat weitaus; das wenig auffällige Bindemittel ist teils tonig oder glim- merig, teils quarzitisch infolge Fortwachsens vieler Quarzkörner, wodurch kleine Körnergruppen verkittet werden und das Gestein gefestigt wird. Ganz verquarzt sind nur dünne Sandsteinplatten. Das Gestein ist sehr wetterfest.

**Schichtfolge in einem großen Steinbruch beim Weiler Katzen- eichen SO. von Benk:**

Hangendes: feinkörniger, rötlicher Sandstein . . . . . . . . . . 0,5 m;
1. roter Ton mit Sandsteinplatten . . . . . . . . . . . 2,0 m;
2. feinkörniger, weißer Bausandstein mit großwelliger Unterfläche . . . . 2,0 m;

---

[1]) Die Tiefbohrung bei Laineck O. von Bayreuth zeigt bei 90 m Gesamtmächtigkeit der Myophorien-Stufe einen Aufbau wie bei der Boden-Mühle und bei Benk, doch ist hier auch unter der *Corbula*-Bank eine obere geschlossene Sandstein-Zone (14 m) ent- wickelt (F. HEIM).

3. roter Ton . . . . . . . . . . . . . . . . . . . . . . . . . . 1,0 m;
4. fein- und mittelkörniger, weißer W e r k s a n d s t e i n . . . . . . . . . 3,0 m;
5. feinkörniger, weißer Sandstein . . . . . . . . . . . . . . 1,0 m.

Der Werksandstein Nr. 4 wird in der Bayreuther Gegend für Steinmetzarbeiten sehr geschätzt; die feinkörnige Lage Nr. 5 liefert Schleifsteine erster Güte und Mähmaschinensteine.

S t e i n b r ü c h e : im Dorfe Benk und N. von Döbitsch bei Benk (feinkörniger Bausandstein, 4 m mächtig); auf der Hochfläche zwischen Weiler Katzeneichen und Einöde Lindenberg O. von Benk (vier Brüche auf gleichmäßig mittelkörnige und lagenweise fein- und mittelkörnige Quader). Die früher ergiebigen Brüche um Lindenberg selbst und bei Dressendorf sind verfallen.

3. D a s  G e b i e t  z w i s c h e n  d e m  „ P e n s e n "  (O. v o n  B a y r e u t h)  u n d  K e m n a t h. — Der langgestreckte H ö h e n z u g  des  „ P e n s e n "  trägt feinkörnige, hell- oder gelbgraue, mitunter auch rötlichgraue Sandsteine. Die halbmeterstarken Bänke liegen mindestens 3 m aufeinander. — B r ü c h e : im Walde SO. von Seulbitz O. von Bayreuth.

Weiter nach S ü d o s t e n  zu wurde SW. von Döberschütz an der Straße Weidenberg—Seybothenreuth mittelkörniger Sandstein und beim nahen Weiler Forst bereits grobkörniger, hier ausnahmsweise bunter Sandstein gebrochen. Im Waldgebiet O. und S. von Seybothenreuth (NW. von Kirchenlaibach) ist der Benker Sandstein weit verbreitet. Er ist recht grobkörnig, feldspatreich, gelb, grau, mürbe bis quarzitisch. — B r ü c h e  u n d  G r u b e n : am Einzigen-Hof; N. von der Pezzel-Mühle; nahe am Osterbrunnen und am Bahnübergang oberhalb Wallenbrunn (alle Orte S. und SO. von Seybothenreuth).

Auf dem H ö h e n z u g  „ B l ö ß e "  zwischen Tressau und Kirchenlaibach bildet das leicht verkieselte Gestein unebenflächige Bänke, lagenweise wechselnd grob- und feinkörnig, mit Tongallen und Kieselgeröllen. Die gelben und rötlichen Feldspäte sind recht frisch, seltener weiß und kaolinisiert. — Mehrere B r ü c h e  lieferten u. a. die Bausteine für die neue Kirche in Speichersdorf. — Im Wäldchen oberhalb des Letten-Hofes O. von Kirchenlaibach wurden unter den Estherien-Schichten neben weicheren, grauen oder bunten Sandsteinplatten als Wegschotter sehr harte, quarzitische, weiße Grobsandsteine gewonnen. Beim Schlacken-Hof nahe SW. von Kemnath sind mehrere B r ü c h e  in lichtbräunlichem oder kaolinig-weißem, mittel- bis grobkörnigem Benker Sandstein, der stark verkieselt ist.

4. D a s  G e b i e t  v o n  K e m n a t h  u n d  W a l d e c k  (NW. v o n  E r b e n d o r f). — Neben festen Sandsteinbänken kommen O. und SO. von Kemnath reichlich mürbe Sandsteinschichten vor. Außer Bau- und Mauersteinen können so auch Bausande gewonnen werden. Die gelbe und weiße Farbe ist für die Sandsteine hier noch bezeichnend. — B r ü c h e : lebhafte Bausandgewinnung in vielen flachen oder bis 8 m tiefen Gruben im Wald O. von Eisersdorf (geschlossene Massen von mittel- bis grobkörnigem, feldspatführendem, mürbem Sandstein mit vereinzelten dünnen Tonzwischenlagen; Hauptgegenstand des

Abbaues ist ein kaolinig-weißer, scharfer Sand, der von gelbem Sand überlagert wird). — Weitere Brüche: auf dem Anzen-Berg O. von Kemnath (dünn-
und dickbankige, verkieselte, kaolinig-weiße Sandsteine mit lagenweise rasch
veränderlichem Korn; Bruch- und Mauersteine); Steilhänge N. von Waldeck
(mehrere Gruben auf Bausteine und grobe Bausande); bei Schweißenreuth SO.
von Waldeck (große Brüche in geröllreichen quarzitischen, z. T. sehr grobkörnigen, weißen Sandsteinen; früher als Burgsandstein aufgefaßt; Bausteine
für die evangelische Kirche in Weiden und die neue Kapelle in Guttenberg;
einst als Hochofengestellsteine geschätzt).

5. Der Höhenzug von Emtmannsberg—Altencreußen (O. von
Creußen). — Auf der Westabdachung dieses Höhenzuges streichen Benker
Sandsteine auf 15 km Länge aus. — Beiderseits des Durchbruchs des Roten
Mains SO. von Bayreuth ist der Sandstein noch vorwiegend feinkörnig, wie in
der Benker Gegend und glitzert infolge Verquarzung in der Sonne. Er ist weiß
und gelblich, manchmal lichtbräunlich und sogar rotbraun. Die Bänke sind oft
in vielen Metern geschlossen aufeinander gepackt. — Brüche SO. von
Bayreuth: am P. 418 (topogr. Blatt Bayreuth-Ost 1:50000) und auf dem
Hühl-Berg, beide S. von Aichig; auf der bewaldeten Höhe am P. 520 bei
Schamelsberg (schöne, weiße Feinsandsteine mit kaolinisierten Feldspäten in
Bänken von 0,6 m Stärke).

Die tieferen Schichten der Benker Sandsteinstufe sind auf der Höhe
und an den Westabhängen bei Emtmannsberg schon ziemlich mittelkörnig. Die
schichthöheren Sandsteine aber, die mit westlicher Neigung im Rot-Maintal
O. von Ottmannsreuth (SW. von Emtmannsberg) auftreten, sind noch gleichmäßig feinkörnig; die meterstarken Bänke liegen bis zu 5 m Höhe aufeinander.
Das Vorkommen der als Werksteine brauchbaren Sandsteine liegt leider verkehrsungünstig.

Weiter südlich, etwa W. von Altenkünsberg an, wird die ganze Stufe schon
allgemein gröberkörnig; doch kommen Feinsandsteinbänke noch weit im Süden
vor. Gelbe und braune Farben überwiegen, Feldspäte werden auffälliger. Brüche
sind selten.

6. Das Gebiet von Ober-Bibrach—Kirchenthumbach. — Im
Südosten des Altencreußener Höhenzuges erlangen die Benker Sandsteine
wieder größere flächenhafte Verbreitung. Über ihre Ausbildung ist wenig
bekannt, obwohl sie früher vielfach abgebaut wurden. In einem Bruch an
der Neu-Mühle bei Schlammersdorf treten mittel- bis grobkörnige, gelbliche
Sandsteine mit lichtrötlichen Feldspäten und sehr groben Schmitzen von Quarz
und Feldspat auf; ein Steinbruch bei Frohnlohe O. von Kirchenthumbach
liefert außerdem auch feinkörnige, dünne Platten zwischen grauen Tonlagen.
Südlich davon, im tieferen Vorland der Alb, bis zum Schwarzen Berg NW.
von Freihung, gehört ein Teil der bisher als Blasen- und Burgsandstein be-
trachteten Schichten nach F. HEIM ebenfalls zum Benker Sandstein. Die
gelben, braunen, grauen, seltener kaolinig-weißen Feldspatsandsteine sind fest
oder mürbe. Das Korn wechselt sprunghaft in den 1—3 m starken Bänken. —

Steinbrüche: am Brühlweiher und auf der Zeidelweide zwischen Pappenberg und Annahütte; auch bei Annahütte.

Eine Sandgrube W. vom Hermanns-Hof bei Pappenberg zeigt von oben nach unten:

1. feste Sandsteinbank: oben gelb, feinkörnig; in der Mitte gelb, grobkörnig; unten weiß, kaolinig, mittelkörnig . . . . . . . . . . . . . . . . . . . . . . . 2,0 m;
2. mürber, gelber oder bräunlicher, grobkörniger Feldspatsandstein (Bausand) . 1,5 m;
3. mürber, weißer, kaoliniger Feldspatsandstein, herrschend mittel-, unten grobkörnig (Bausand) . . . . . . . . . . . . . . . . . . . . . 2,0—3,0 m;
4. grüner Ton . . . . . . . . . . . . . . . . . . . . . . . . . . . . 0,5 m;
5. fester, gelber, grobkörniger Feldspatsandstein . . . . . . . . . . . 0,5 m.

7. Das Gebiet von Vorbach—Speinshart—Pressath. — Nördlich von Vorbach (halbwegs Creußen und Neustadt a. Kulm) beginnen sich zwischen jüngerem Keuper gleichfalls Benker Sandsteine herauszuheben. Sie ziehen über Speinshart gegen Pressath und Parksteinhütten. Im Norden durchfährt der Vorbacher Eisenbahntunnel die 90 m mächtige Stufe. Vereinzelte Steinbrüche um Tremau.

In der Speinsharter Gegend kann man die Stufe nicht ganz scharf in drei Abteilungen gliedern (Abb. 30). In einer unteren (60 m) herrschen 1—2 m

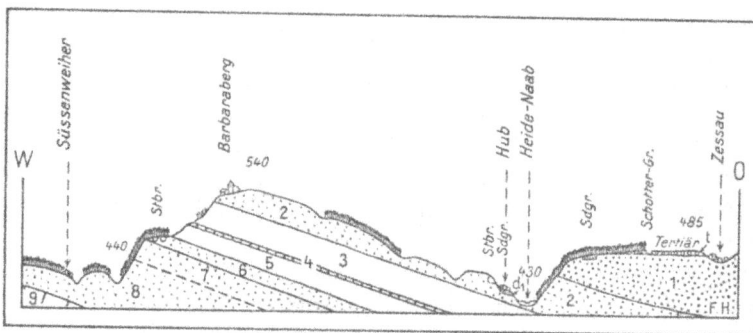

Abb 30.

**Schematischer Aufbau der Keuper-Landstufe von Barbaraberg NW. von Pressath (Opf.).**

1. Stufe des Burgsandsteins, 80—100 m; — 2. Stufe des Blasen- und Semionoten-Sandsteins, 40—50 m; — 3. Lehrberg-Stufe, 25—30 m; — 4. Schilfsandstein, 1—3 m; — 5.—8. Unterer Gipskeuper: 110 m: 5. Estherien-Schichten (bei Pressath in die Oberen Freihunger Schichten übergehend), 20 m; — 6. Obere Zone der Benker Sandsteine = Untere Freihunger Schichten, 10 m; — 7. Mittlere (bunte, arkosige) Zone, 20 m; — 8. Untere Zone der Benker Sandsteine, 60 m; — 9. Muschelkalk-Stufe in Sandsteinausbildung (mit Lettenkeuper), 45—50 m; — Überdeckung: Tertiäre Hochflächen-Schotter bei Zessau; — Diluvialsand der Niederterrasse im Heidenaab-Tal bei Hub (Sdgr.)

(Von F Heim.)

starke, gelbe, mittel- bis grobkörnige Feldspatsandsteine, die mit groben, kreuzgeschichteten Sandlagen, seltenen feinkörnigen weißen Bänken und bunten Tonen wechsellagern. — Verbreitung: im Vorland des Schecken-Berges NW. von Pressath und in der Creußen-Niederung bis zur Schmierhütte NW. von Pressath. — Steinbrüche und Sandgruben: bei Schneid-Mühle, Münchsreuth und Speinshart. — Die darüber folgende mittlere Abteilung (bis 25 m) besteht vorherrschend aus roten oder bunten, mürben Schichten. Sie bildet die mittleren Hänge des Schecken-Berges und die untersten Steilhänge der Keuper-Landstufe bei Seitenthal, Zettlitz und oberhalb der Straße Schmierhütte—Grub—Pressath. Die gelben, festeren Bänke der nördlicheren Gebiete sind fast verschwunden. Die Gesteine sind für Baustein- und Sandgewinnung unbrauchbar. — Die obere Abteilung von Benker Sandsteinen (8—10 m) besteht wieder aus festen, gelblichen Feldspatsandsteinen. Da sie von den weichen Estherien-Schichten überlagert wird, tritt sie im Gelände deutlich hervor. Sie bildet den oberen Steilhang des Schecken-Berges[1]) und die Terrassen unterhalb von Barbaraberg und oberhalb von Seitenthal und ist in mehreren Steinbrüchen erschlossen.

Südlich von Pressath verlieren sich in der unteren Abteilung die festen gelben Sandsteine. Untere und mittlere Abteilung gehen hier in mürbe, bunte Arkosen, mürbe Feldspatsandsteine und bunte Tone über. — Verbreitung: unter ausgedehnter Diluvialbedeckung im Bürger-Wald und in der „Mark" O. von Grafenwöhr; im Manteler Wald um Parksteinhütten und am Fuß der Keuper-Landstufe von Eichelberg und des Hohen Schachtes SO. von Pressath. Die Arkosen, Sandsteine und Sande werden nicht genutzt. Weiße Sandsteine mit kaolinisierten Feldspäten in einem aufgelassenen Bruch am P. 430 SO. von Parksteinhütten (topogr. Blatt Weiden-West 1:50000) zeigen starke Aufwitterung. Am Fuß des Tannen-Berges SO. von Pressath kommen auffallenderweise Kalksandsteinbänke vor; sie sind nicht verwertbar. Dafür liefern die darüber liegenden Freihunger Schichten brauchbare Bausteine.

### Die Freihunger Schichten.

1. Unterer Freihunger Sandstein bei Pressath (Abb. 29). — Die Oberen Benker Sandsteine (8—10 m) des Schecken-Berges nehmen in der südöstlichen Fortsetzung der Abteilung am Miega-Berg NW. von Pressath großenteils weißgraue Färbung an infolge leichter Kaolinisierung der Feldspäte. Von hier gegen Südosten führen diese Sandstein-Schichten die Bezeichnung „Unteren Freihunger Sandstein" (8—10 m) (vgl. Abb. 30). Er bildet ziemlich geschlossene, feste Bänke von 1—4 m, mit vereinzelten bunten Tonlagen bis zu 1 m, ist grob- und mittelkörnig, kaolinig und führt Gerölle. Er hebt sich deutlich gegen die unterlagernden bunten und mürben Schichten ab. Vom Miega-Berg bis gegen Pressath und am Westhang des Tannen-Berges SO. von Pressath bildet er eine Terrasse. — Steinbrüche: auf dem Miega-Berg; oberhalb der Schmierhütte; W. von Grub und zwischen Grub und Pressath; am Ortsausgang von Pressath nach Wollau und am Tannen-Berg (hier 6 m Sandstein). Am Westabfall des Eichel-Berges werden die Schichten mürbe, lagenweise arkosenartig und unbrauchbar. — Verwendung: als Baustein (nicht als Werkstein).

---

[1]) Entgegen der Darstellung Gümbel's auf Blatt Erbendorf 1:100000 wird die Hochfläche des Schecken-Berges nicht von Blasen- und Burgsandstein, sondern von Estherien-Schichten eingenommen.

2. Oberer Freihunger Sandstein bei Pressath. — Bei Grub, Pressath und Eichelberg liegen über dem Unteren Freihunger Sandstein die Oberen Freihunger Schichten (kurz: Oberer Freihunger Sandstein, bis 20 m Stärke, gegen Südosten auf die Hälfte abnehmend). Weiße, graue oder gelbliche Sandsteinbänke mit Pflanzenresten und weiße quarzitische Feinsandstein-platten mit Steinsalz-Nachkristallen wechsellagern mit auffälligen grünen. seltener veilen Tonen ab. Im Gegensatz zum Unteren Freihunger Sandstein sind die Sandsteine nur fein- und mittelkörnig und geröllfrei. Die Oberen Frei-hunger Schichten vertreten die Estherien-Schichten. Diese bestehen noch am Schecken-Berg und bei Seitenthal aus dunklen Tonen (20 m) mit Stein-mergeln; nur zu unterst führen sie hier quarzitische Feinsandsteinplatten mit Nachkristallen (*Corbula*-Bank?). Bei Grub nehmen die Tone der Estherien-Stufe grüne Farben an und zugleich stellen sich in ihnen auch in höheren Lagen Quarzit- und Sandsteinbänkchen ein, welche noch mit Steinmergeln wechsellagern. Hier etwa verschwindet auch der darüber liegende Schilf-sandstein (1—2 m) (Abb. 28). Bei Pressath fehlen die Steinmergel, die Sand-steinbänke werden häufiger, mächtiger und zu unterst auch gröber. Hier und am Eichel-Berg werden die Freihunger Schichten von roten Sandsteinen und Tonen der Lehrberg-Stufe unmittelbar überlagert. — Steinbrüche: am „Berg" und am „Berghäusl" NW. von Eichelberg (topogr. Blatt Weiden-West 1:50000). Ein Abbauversuch etwas südlich davon, im Steilhang des „Eichel-berger Ranken" wurde aufgegeben. — Westlich von Sogritz SO. von Eichel-berg wird ein den Freihunger Schichten angehöriger, grober, gelber Feldspat-sandstein (2—3 m) abgebaut; im „Steinbruch" am Nordfuß des Hohen Schachtes W. von Parkstein ein ebenso mächtiger weißgrauer Sandstein mit sehr groben Schmitzen, Geröllen und Tongallen.

3. Freihunger Sandstein bei Freihung. — Während N. vom Schwarzen Berg die Freihunger Schichten nicht bekannt sind, treten sie bei Freihung W. von Flügelsburg und Forsthof auf, ziehen in schmalem Zug gegen Südosten und enden 1,5 km N. von Massenricht. Sie sind gelb und grau, oft recht fest und enthalten grüne und rote Tonzwischenlagen. Häufig sind sie verkieselt. Als Bausteine scheinen sie nicht verwendet zu werden (Abb. 29).

### Sandstein der Schilfsandstein-Stufe.

**Der Schilfsandstein.** — Der Schilfsandstein („Grüner Mainsandstein" der Steinhauer) lagert zwischen den vorwiegend dunklen oder grauen Estherien-Schichten des Unteren Gipskeupers und den roten Tonen und Mergeln des Oberen Gipskeupers (= Lehrberg-Schichten) (Profil-Tafel X). Infolge seiner Härte zwischen mächtigen weichen Schichten macht er sich im Gelände fast überall in guten Terrassen bemerkbar. Seine Hauptentwicklung erlangt er in der großen fränkischen Keuper-Landstufe von Unter- und Mittelfranken. Im Coburgischen und im oberfränkischen Keuper-Gebiet hat er nur geringe Bedeutung (vgl. auch Abb. 31).

Sein Name bezieht sich auf die reichlich in ihm vorhandenen, früher für Schilf gehaltenen Abdrücke und kohligen Reste von Schachtelhalmen, Farnen und anderen Pflanzen, die manchmal zu unreinen Schmitzen von Kohle angereichert sind. Oft wurde versucht diese Kohle zu gewinnen, aber vergeblich, ähnlich wie bei der „Lettenkohle". [Alte Bergbauversuche darauf am Ziegelhaus bei Schillingsfürst (Mfr.) und bei Ludwigschorgast (Ofr.), neuere bei Ober-Lauringen im Grabfeld.]

Eigenschaften: Die Mächtigkeit des Sandsteins schwankt selbst an benachbarten Stellen oft sehr stark. Das erklärt sich aus den Bildungsvorgängen der Schilfsandstein-Zeit. Die Sandablagerung erfolgte in einem sehr ausgedehnten, flachen Deltagebiet. Ströme, die aus dem vindelizischen Lande im Süden und Südosten kamen, gruben sich ein mannigfach verzweigtes Netz von Ausnagungs- oder Flutrinnen in die weichen Estherien-Schichten. Wo der Sand sich über einen unzerstörten Untergrund ausbreitete, erlangte der Schilfsandstein eine verhältnismäßig geringe, normale Mächtigkeit. Wo der Sand aber Rinnen ausfüllte, wurde der Sandstein um den Betrag der Ausnagungstiefe mächtiger als außerhalb der Flutrinnen. Man unterscheidet darnach mit Thürach „normal abgelagerten Schilfsandstein" und „Flutbildungen des Schilfsandsteins" und spricht kurz von Normalausbildung und Flutausbildung des Sandsteins; in der gleichen Weise wie beim Werksandstein des Lettenkeupers. Die Normalausbildung besitzt im Süden (Feuchtwangen, Ansbach) und im Osten (Oberfranken, Coburger Land) nur wenige Meter Mächtigkeit, schwillt aber im Steigerwald, in den Haß-Bergen und im Grabfeld auf über 20 m an. Die größten Flutbildungen erreichen 40 m (Steigerwald).

Am Aufbau beider Arten von Schilfsandstein-Bildungen beteiligen sich feinkörnige, feste Sandsteine, Sandsteinschiefer und zurücktretend grüngraue, schwarze und veilfarbige Tone. Zu Bausteinen geeignete Sandsteine sind keineswegs auf Flutbildungen beschränkt, doch ist die Aussicht auf wirtschaftliche Gewinnung bei sehr schwachen Normal-Vorkommen (unter 5 m!) nur gering. Sie bilden bald gleichmäßig starke, bald anschwellende und auskeilende Bänke von wenigen Dezimetern bis zu 3 m Mächtigkeit, die im Bereich stärkerer Entwicklung oft in großer Zahl ziemlich geschlossen aufeinander liegen. Dickbankigkeit und Geschlossenheit zeigen sich mitunter erst beim Abbau, während oberflächlich vielleicht nur dünnbankige Ausbildung beobachtet wird. Das Gestein besitzt feine Kreuzschichtung und hat im tieferen und mittleren Teil der Schichtstufe in der Regel eine grüngraue oder gelb- bis braungraue Farbe. Sandsteine dieser Farbe sind besonders begehrt. Im oberen Teil der Stufe treten vielerorts veilfarbig gefleckte, ebenfalls dickbankige Sandsteine auf, geschlossen bis zu einigen Metern oder durch Tonzwischenlagen getrennt. Auch sie werden gewonnen, sind aber weniger geschätzt.

Nuß- bis faustgroße Roteisenstein-Knollen finden sich in großer Zahl in den oberen, seltener mittleren Teilen der Stufe von der Frankenhöhe bis ins Coburger Land und haben ebenso wie seltene Roteisenerz-Flözchen

(Sugenheim, Grabfeld) gleichfalls schon bergmännische Hoffnungen geweckt. Sie sind wirtschaftlich nicht gewinnbar.

In einzelnen Lagen, auch in massigen Sandsteinbänken, kommen Kristall-gruppen oder Knollen von Schwefelkies vor. In allgemeiner und feiner Verteilung scheint dieses hier unerwünschte Mineral zu fehlen (nach F. HEIM), ist aber im Hinblick auf die Gegenwart reduzierender Stoffe nicht ausge-schlossen. J. HIRSCHWALD[1]) hat bei der Untersuchung verwitterter Bild-werke eines bestimmten Sandsteinvorkommens des Main-Gebietes in einzelnen Proben Schwefelkiesteilchen nachgewiesen. Gips ist sehr selten und wird von E. CHRISTA[2]) vom Schwan-Berg bei Kitzingen als Pseudomorphosen nach Schwefelkies angegeben.

Das Gestein zeigt günstig verteilte Klüfte und manchmal leicht gewölbte Absonderungsflächen, welche die Gewinnung von großen Quadern er-leichtern. Die Klüfte sind mit Rinden von Kalkspat überzogen. Neben herr-schendem Quarz, der teils scharfeckig, teils gerundet ist, kommen frische bis tonig zersetzte Kalifeldspäte, frische Kalkfeldspäte, sowie dunkle und helle Glimmer reichlich vor. Unter den üblichen winzigen Schwermineralien wie Zirkon, Magnetit, Anatas, Rutil u. a. fällt in manchen Vorkommen Schwer-spat besonders auf. Das gleichmäßig feine Korn zeigt fast im Gesamtbereich der fränkischen Schilfsandstein-Verbreitung eine mittlere Größe von 0,15 bis 0,22 mm. Feineres Korn kommt nur in den dünnsten Platten vor, gröbere Ausbildung mit Korngrößen von 0,5 mm und mehr trifft man um Ansbach (der Sandstein bei Lichtenau enthält weiße, graue und rötliche Quarzgerölle), Kulmbach und Bayreuth. — Das Bindemittel ist tonig und ziemlich gleich-mäßig verteilt, in Mittelfranken auch tonig-dolomitisch. Die veilfarbigen Abarten sind stark eisenschüssig und daher vielfach mürbe. Die Quarzkörner weisen wohl in der Regel, aber nur zu einem mäßigen Anteil, Fortwachsungen von Neuquarz auf, welche zu leichter Verbackung von Körnergruppen, aber nicht zu allgemeiner Verfestigung des Gesteinsgefüges, führen; nur dünne und sehr feinkörnige Platten sind stärker eingekieselt. Feldspate einzelner Vorkommen zeigen Umwachsung mit Albit-Neubildungen, die für die Festigkeit ebenfalls belanglos sind. Der Schilfsandstein ist daher weich und milde und als Werkstein leicht zu bearbeiten.

Die Druckfestigkeit wird für benachbarte sehr feinkörnige Vorkommen im württembergischen Schwaben zwischen 500 und 700 kg/cm² angegeben. Die Wetterbeständigkeit ist bei sehr dickbankigen (massigen) Vorkommen erstaun-lich gut und wird neuerdings für die in München verwendeten Gesteine von O. M. REIS[3]) gelobt. Doch liegen auch weniger günstige Erfahrungen vor, nach denen Feuchtigkeit und Frost zu starken Abblätterungen führten.

---

[1]) HIRSCHWALD, J.: Bautechnische Gesteinsuntersuchungen. — Mitt. a. d. Min.-Geol. Inst. d. Techn. Hochschule Berlin, **3**, Berlin 1912.

[2]) CHRISTA, E.: Der Schwanberg im Steigerwald (Piloty & Loehle), München 1925.

[3]) REIS, O. M.: Die Gesteine der Münchner Bauten und Denkmäler. — Veröff. d. Ges. f. Bay. Landeskunde, München 1935.

Bei sorgfältiger Auswahl ist der Schilfsandstein als Bau- und Werkstein (auch unter Wasser), sowie als Schleifstein gut geeignet. Infolge seiner warmen Farbtönung war er besonders früher sehr beliebt und ist auch außerhalb seines fränkischen Verbreitungsgebietes als Baustein, für Brüstungen, Tür- und Fensterstöcke, Bildhauerarbeiten (besonders Grabmäler und Bildstöcke) viel verwendet worden.

Verbreitung:

Frankenhöhe (zwischen Schnelldorf und Markt Bergel): Der normal gelagerte Schilfsandstein ist im allgemeinen hier 3—5 m mächtig und kann sich sogar gegen Süden zu (Feuchtwangen) und gegen Osten zu (Ansbacher Gegend) bis auf 1—3 m verschwächen; stellenweise keilt er auch vollständig aus.

Nur im Bereiche von Flutbildungen in der südlichen Frankenhöhe am Gebirgsrand und in der Gegend von Schnelldorf (Fig. 2, Taf. 16) erreicht der Schilfsandstein 12—15 m Stärke und wird dort in großen Steinbrüchen abgebaut. Diese Flutbildungen ziehen in mehreren Armen und an Mächtigkeit gewinnend über Schillingsfürst in nordöstlicher Richtung weiter bis zum oberen Zenn-Grund hin (Brüche bei Ober-Gailnau; W. von Schillingsfürst und Mittelstetten S. von Dombühl; bei Poppenbach S. von Markt Bergel und bei Ober-Dachstetten).

Ansbacher Land: Eine Flutrinne zweigt von Ober-Dachstetten gegen Lehrberg NW. von Ansbach ab. In ihrem weiteren Verlauf zeigt sie bedeutende Mächtigkeitsentwicklung (30 m) bei Lichtenau SO. von Ansbach. Der dort in großen Brüchen ehedem in stärkerem Maße als heute gewonnene, grobkörnige, geschätzte und dauerhafte Lichtenauer Sandstein wurde beim Bau der Festung Lichtenau (1558—1680), ferner an den großen Kirchen in Ansbach, bei der Klosterkirche in Heilsbronn (Mfr.) und an den Bahnhofsgebäuden in Regensburg, Landshut und Kempten verwendet.

Keuper-Steilrand rechts der Aisch zwischen Markt Bergel, Neustadt a. d. Aisch und das Hinterland: Flutausbildung und Normalausbildung wechseln hier stark ab. Letztere ist besonders ausgeprägt zwischen Ickelheim und Ipsheim (Brüche unterhalb der Burg Hoheneck) und stellenweise im Zenn-Grund und dessen Seitentälern. Im allgemeinen herrscht aber Flutausbildung vor. — Brüche: bei Markt Bergel an der alten Steige nach dem Felsenkeller; am Secherstein-Berg bei Obernzenn (zahlreiche alte Brüche); in Obernzenn selbst; bei Egenhausen, in Breitenau N. von Obernzenn; im Zenn-Grund bei Ober-Altenbernheim, Wimmelbach, Buch und Fröschendorf; aischtalabwärts SW. von Neustadt a. d. Aisch beim Weiher-Hof im Schweinbach-Tal (größere Brüche).

Südliche Steigerwald-Vorhöhen zwischen Uffenheimer Pforte und Neustadt a. d. Aisch—Hellmitzheim: Hier am Übergang zwischen Frankenhöhe zum Steigerwald wird die Normalausbildung im Mittel 8—12 m mächtig, kann aber auch fast ganz verschwinden, während die Flutausbildung (20—40 m) in diesem Bereich ihre größten Mächtigkeiten hat.

Brüche: Uffenheimer Gegend: Am Berg-Holz und Schloß-Berg O. von Uffenheim; am „Alten Schloß" bei Ulsenheim; an der Ruine Hohen-Kottenheim OSO. vom Hohen Landsberg; NO. von Schloß Frankenberg; am Westhang des Bullenheimer Berges (große Bruchanlagen); W. vom Iffigheimer Berg und am Iffigheimer Berg selbst an der Steinbürg; — Gegend zwischen Ehe und Aisch-Grund: Zahlreiche Brüche in der Flutausbildung des Schilfsandsteins: am Kehren-Berg NW. von Windsheim; auf dem Ossing zwischen Humprechtsau und Rüdisbronn; bei Deutenheim, Sugenheim; am Buch-Hof bei Ullstadt und bei Langenfeld; auf der langgestreckten Höhe zwischen den Tälern von Sugenheim (Ehe-Grund) und von Markt Bibart (Laimbach-Grund); bei Ober-Nesselbach (35 m), Schauerheim und am Hausen-Hof O. von Rüdisbronn.

Steigerwald-Gebiet N. von Neustadt a. d. Aisch—Kitzingen: 1. Scheinfelder-Tal: Brüche am Schloß Schwarzenberg bei Scheinfeld (Bausteine für das Schloß); zwischen Klosterdorf und Ober-Laimbach; bei Baudenbach; zwischen Hambühl und Stübach im Ehe-Grund; NW. von Scheinfeld auf dem Enzlar-Berg und bei Prühl (verwendet zur Eisenbahnbrücke von Einersheim und zur evangelischen Kirche in Würzburg);

2. westlicher Steigerwald-Rand: Im südlichen Steigerwald ist der normal gelagerte Schilfsandstein bis zu 17 m mächtig, verschwächt sich aber bis gegen Castell stellenweise auf wenige Meter. Nördlich davon wird die Normalmächtigkeit von 18—22 m nur selten unterschritten. Flutbildungen (bis 40 m) werden seltener. — Brüche am Gebirgsrand von Süd nach Nord: am Schwan-Berg bei Iphofen (mehrere große Brüche, Stufenmächtigkeit 15 bis 17 m); bei Wüstenfelden-Castell, Greuth-Abtswind, Kirchschönbach (über 35 m), Schönaich (21—27 m), Ober-Schwarzach; am Murrleinsnest S. von Michelau; im Zabelstein-Gebiet (Stufe 20 m stark); SSW. von Eschenau; am Großen Knetz-Berg; vereinzelt im Böhl-Grund und Marsbach-Tal bei Zell. — Hauptabbaustelle auf Schilfsandstein für die Steinindustrie von Zeil und Eltmann ist der Hermanns-Berg bei Sand (20 m). Auf der Südseite des Main-Tals zieht sich der ostwärts absinkende Schilfsandstein bis zum Stephanskeller O. von Eltmann. Brüche S. von Limbach und zwischen diesem Ort und Eltmann;

3. innere Steigerwald-Täler: Im Oberlauf der Steigerwald-Täler finden sich Schilfsandstein-Terrassen im Rimbach- und Haslach-Tal oberhalb Burghaslach; einige Brüche zwischen diesem Ort und Freihaslach (20—30 m, örtlich weniger). Im Tal der Reichen Ebrach ziehen sie vom westlichen Stufenrand durch die Lücke von Geiselwind gegen Füttersee und talab bis Schlüsselfeld. — Brüche: bei Füttersee (40 m) und zwischen Wasserberndorf und Schlüsselfeld (um 20 m). — Im Rauhen-Ebrach-Tal tritt der Schilfsandstein von der Gebirgslücke an der Vollburg (oberhalb Michelau) bis Unter-Steinbach zu Tage, wird wegen des Vorkommens besserer Bausteine im höheren Keuper aber trotz örtlicher Flutentwicklung (um 40 m bei Wustviel) kaum genutzt. Durch die Täler des Kar-Baches und Fries-Baches (Steinbrüche bei Karbach

und Ober-Steinbach) tritt er in Normalentwicklung (20 m) über Fabrik-Schleichach mit den Vorkommen des Böhl-Grundes in Verbindung. Von hier zieht er im Quelltal der Aurach bis Neu-Schleichach, durch die Gebirgslücke bei Zell bis Ober-Schleichach.

Haß-Berge: am Westabfall der Haß-Berge und im Grabfeld erreicht normal gelagerter Schilfsandstein 15—25 m Mächtigkeit. Flutausbildung (35 m) zeigt sich bei Königsberg; eine große Flutrinne zieht aus der Gegend von Euershausen zwischen Herbstadt und Breitensee hindurch gegen Milz bei Römhild. — Brüche bei Zeil am Main; in der Umgebung von Königsberg und Hofheim; Königshofen, Sternberg, Ober-Eßfeld, Trappstadt, Euershausen und Herbstadt; N. von Ober-Lauringen, um den Roth-Hof zwischen Ober-Lauringen und Sulzfeld; NO. von Birnfeld.

Coburger Land: der Schilfsandstein ist höchstens 10—14 m mächtig; meist ist er schwächer und keilt stellenweise aus, so z. B. SW. von Rodach. Brüche waren bei Breitenau und Herbartsdorf (beide NW. von Coburg); heute wird nirgends mehr abgebaut. — In einem Aufschluß an der Bahn bei Creidlitz (S. von Coburg, wo Gestein für die Einebnung der Bahnhofs-anlage gewonnen wurde), liegen unter 5 m bunten Tonen mit Dolomitbänken der untersten Lehrberg-Schichten von oben nach unten: weicher, grünlicher, dünnbankiger Schilfsandstein 0,3 m; bunte, schieferige, sandige Tone 0,45 m; fester, roter und grüner Schilfsandstein mit veilfarbigen Flecken 3,0 m.

Oberfranken: Steinbrüche liegen bei Losau, Ludwigschorgast, Mot-schenbach und Schwingen (Kulmbacher Gegend) in der nur 5 m mächtigen Schilfsandstein-Stufe; abgebaut wurde eine nur 2 m starke Bank. Südlich von Bayreuth zeigt sich bei Grunau und an der Boden-Mühle nochmals Flut-ausbildung (10—15 m) mit einigen dickbankigen Lagen, die nicht genutzt werden. Weiter südwärts ist die Stufe nur noch 2—4 m stark und keilt NW. von Pressath (Opf.) ganz aus.

### Sandsteine des Oberen Gipskeupers oder der Lehrberg-Stufe.

**Der Ansbacher Sandstein.** — In dem Gebietsdreieck Feuchtwangen—Langenzenn—Windsheim tritt über dem Schilfsandstein, von diesem durch 1—4 m bunte Tone getrennt, ein ihm ähnlicher Dolomitsandstein auf (0,5 bis 4,0 m). Das fein- oder mittelkörnige Gestein, das mitunter in zwei durch Tone getrennten Bänken vorkommt, ist infolge seines dolomitischen Bindemittels härter als der Schilfsandstein, so daß es oft bessere Geländeterrassen bedingt als dieser. In frischem Zustand weiß- bis blaugrau oder schmutziggrün, er-scheint es verwittert rötlich oder tiefbraun. H. THÜRACH (1888, S. 149, an-geführt S. 157) hat den Sandstein dem Freihunger Sandstein gleichgestellt. Da der letztere in der Oberpfalz aber nicht über, sondern unter dem Schilfsand-stein liegt (s. S. 157), ist für das mittelfränkische Gesteinsvorkommen die bisherige Bezeichnung Freihunger Sandstein unzulässig. O. M. REIS hat in seinem Buche „Die Gesteine der Münchner Bauten und Denkmäler", München 1935, S. 116 für den Sandstein den Namen „Ansbacher Sandstein" geprägt.

Verbreitung: Der Ansbacher Sandstein findet sich im obersten Wörnitz- und Sulzach-Tal der Gegend von Feuchtwangen, Schillingsfürst und Leutershausen. Im oberen Altmühl-Tal erreicht er um Ansbach seine größte Mächtigkeit (4 m) und seine gröbste Ausbildung (Bausandstein-Gruben am Nordhang der Ludwigshöhe und bei Eyb nahe Ansbach). Im Bibert-Grund kommt er zwischen Flachslanden und Dietenhofen vor. Im Zenn-Grund zeugen kleine Anbrüche zwischen Neuhof, Trautskirchen und Unter-Altenbernheim von örtlicher Gewinnung. Seine Mächtigkeit beträgt hier bis 2,5 m und nimmt nach H. ARNDT talauf- und abwärts und ebenso gegen Norden zu ab. Bei Langenzenn tritt er infolge einer Schichtaufwölbung zutage. Bei Ipsheim nahe Windsheim schwillt er örtlich nochmals auf 2,6 m an. Unbedeutend und nur örtlich ist sein Vorkommen am rechten Aurach-Ufer bei Schauerberg SW. von Emskirchen, bei Kirchrimbach unfern Burghaslach (NO. von Scheinfeld) und am Ort seines nördlichsten Auftretens, bei Füttersee W. von Schlüsselfeld, wo er 0,6 m mächtig in einer Grube am Weg nach Ilmenau erschlossen ist. — In der St. Pauls-Kirche in München sollen die großen, das gotische Gewölbe tragenden Säulen diesem Sandstein zugehören (REIS). — Verwendung: als Bau- und Schotterstein, früher auch als Stubensand.

**Sonstige Sandsteine der Lehrberg-Stufe.** — In Süd- und Südost-Franken führt die Lehrberg-Stufe auch noch rote mürbe Sandsteine, z. B. bei Wattenbach, Bechhofen und Ismannsdorf (SO. von Lichtenau bei Ansbach). Auch in der Oberpfalz, bei Kemnath und Pressath, kommen solche Sandsteine vor. Hier treten außerdem Bänke von harten groben Dolomitsandsteinen mit frischen roten Feldspäten (dolomitische Arkosen) und von manganreichen löcherigen Grobsandsteinen (Quacken) dazu.

Soweit bekannt, finden diese Gesteine nur selten Verwertung. Südöstlich von Pressath liegt am Fahrweg nach Eichelberg ein 4 m tiefer Bruch wenig über dem Freihunger Sandstein (Bleiloch) (meterstarke Bänke eines mittel- bis grobkörnigen, roten Feldspatsandsteins mit veilfarbigen Tonzwischenlagen).

### Sandsteine des Sandsteinkeupers.

Über dem Oberen Gipskeuper [Lehrberg- oder Berggips-Schichten (Abb. 31) und Profil-Tabelle X] lagert die Stufe des Blasen- oder Kieselsandsteins und darüber die Stufe des Unteren Semionoten-Sandsteins, zusammen rd. 40—50 m mächtig. Die feinkörnige Ausbildung des letzteren ist der Coburger oder Eltmanner Bausandstein. Zwischen dem Gipskeuper und dem Unteren Burgsandstein eingeschaltet, bilden die Sandsteine ausgeprägte Geländestufen und Verebnungen (Frankenhöhe, Steigerwald, südliche Haß-Berge). Sie sind zwischen dem Nürnberger Becken und der Frankenhöhe flächenhaft weit verbreitet. Im Coburger, Kulmbacher und Bayreuther Gebiet und in der nördlichen Oberpfalz streichen sie schmäler aus.

**Die Blasensandstein-Stufe.** — Aufbau und Ausbildung. — Die 20—40 m mächtige Stufe besteht aus dickplattigen Sandsteinen im Wechsel mit roten oder bunten Ton- und Mergelschichten; diesen sind plattige oder knollige Dolomit-Steinmergel eingelagert. Die Sandsteine sind selten über 2—3 m, oft nur wenige Dezimeter mächtig, schwellen langsam an und ab und halten im allgemeinen nicht aus. Rinnenförmiges Herabgreifen der Sandsteine in die Tonunterlage oder tonerfüllte Ausnagungsrinnen in den Sandsteinoberflächen verursachen manchmal einen plötzlichen Mächtigkeitswechsel. Die Sandsteine können sich, stets bankig entwickelt, zu ziemlich mächtigen Sandsteinfolgen zusammenschließen; hierbei verschwächen sich die Tonzwischenlagen. Die ebenen oder welligen Schichtflächen enthalten einen grünen, glatten Tonbelag mit viel dunklem Glimmer und (besonders in den tieferen Lagen) Wülste,

Abb. 31

**Die geologische Entwicklung des Sandstein-Keupers und des Oberen Gipskeupers im randlichen Steigerwald.**

SS = Schilfsandstein; — Lb.S. = Lehrberg-Schichten; — b = Lehrberg-Bänke; — Bl.S. = Blasensandstein. (Von F. HEIM)

Kriechspuren, Netzleisten, Wellenfurchen, Steinsalznachkristalle usw. Rasch absetzende, grüne Tonflasern oder Tonhäute durchziehen das Gesteinsinnere.

Die Gesteine sind grob- und feinkörnige Sandsteine mit tonigem Bindemittel, Dolomitsandsteine und quarzitische Sandsteine (Kieselsandsteine) in wiederholtem Wechsel. Dolomitisches Bindemittel findet sich manchmal neben dem quarzitischen. Bezeichnend sind oft reichliche kleine Trümmer und Knöllchen von Ton, Mergel und Dolomit, deren blasige und löcherige Auswitterung den Namen Blasensandstein veranlaßt hat. Die Gesteine sind weißgrau, bräunlich, rotbraun; feinkörnige Lagen sind grüngrau, seltener veilfarbig. Braune und schwarze „Tigerung" und Fleckung durch Eisen- und Manganabscheidung ist sehr verbreitet. Die Blasenräume enthalten meist Manganmulm. Dolomitische Sandsteine können völlig tiefbraun bis schwarz verwittern.

Wie in allen sandigen Keuperbildungen nimmt Zahl, Mächtigkeit, Korngröße und Feldspatführung der Sandsteine nach Norden und Westen zu allmählich ab. In der Oberpfalz und im südöstlichen Mittelfranken treten feldspatreiche, quarzgeröllführende Ausbildungen mit schlecht gerundetem, ungleichem Korn am stärksten hervor, neben fein- und mittelkörnigen, feldspatärmeren Lagen mit besser gerundeten Quarzen; sie kommen aber auch noch im Main-Gebiet öfters vor. Zahl und Stärke der Bänke nimmt hier im tieferen Stufenteil, weiter nördlich auch im höheren Teil, rasch ab. Die Gesteine werden immer plattiger, feinerkörnig und zugleich allgemein quarzitischer. Im nördlichen Coburger Land und in den nördlichen Haß-Bergen verlieren sich auch die letzten Kieselsandstein-Ausläufer: die Blasensandstein-Stufe wird hier fast ausschließlich durch Mergel und Tone vertreten (30—40 m, nach M. SCHUSTER; vgl. auch Profil-Tabelle X).

**Die Stufe des Unteren Semionoten-Sandsteins (Coburger oder Eltmanner Bausandstein).** — Aufbau und Ausbildung. — Die 10—20 m mächtige Stufe ist nach den seltenen Resten eines Fisches *(Semionotus)* benannt. Sie kann in manchen Strichen der Blasensandstein-Stufe sehr ähnlich werden. L. REUTER und P. DORN bezeichnen sie daher auch als Oberen Blasensandstein („Abriß" IV, S. 35, V, S. 52, VI, S. 96). Die Sandsteinlagen sind meist mächtiger (3—4 m und mehr) als in den Blasensandsteinen, schwellen jedoch rascher an und ab, halten weniger aus oder gehen seitlich in bunte, sandig-tonige Schichten über. Der Aufbau wechselt daher an benachbarten Orten noch mehr als in der tieferen Stufe.

Tonig gebundene Sandsteine und weiße Farben herrschen, besonders im Norden und Westen, vor. Bezeichnend sind rötliche oder rote Feldspäte in ihnen; sie sind aber nicht überall vorhanden und entscheiden nicht über die Zugehörigkeit eines Sandsteins zur Unteren Semionotensandstein-Stufe, da sie auch in vielen Blasensandsteinen und z. B. im schichthöheren Sulzfelder Sandstein der nördlichen Haß-Berge vorkommen (s. d.).

Grob- und mittelkörnige Ausbildung herrscht in Mittelfranken südlich der Aisch, in Oberfranken südlich des Mains und in der Oberpfalz; die feinkörnige überwiegt im nordwestlichen Steigerwald und im Coburger Land (Coburger und Eltmanner Bausandsteine). Übergangsgebiete sind der südliche Steigerwald zwischen Aisch-Tal und Ebracher Gegend und ein von Burgebrach-Burgwindheim zum Main-Tal bei Viereth-Roßstadt ziehender Streifen. Hier wechselt das Korn der Sandsteine lagenweise rasch. Feinkörnige, verschieden mächtige Bänke sind nur örtlich in mittel- und z. T. grobkörnigen Gesteinen eingeschaltet. Der Übergang in vorherrschend feinkörnige Ausbildung tritt im Süden zuerst in den höheren Teilen der Unteren Semionotensandstein-Stufe ein, nordwärts erst in tieferen.

Im Bereich der grob- und mittelkörnigen Ausbildung und in den Übergangsgebieten kommen neben den gewöhnlichen, toniggebundenen Gesteinen häufig Sandsteine mit harten Lagen oder Knauern von Dolomitsandstein vor, ferner eigentliche Dolomitsandsteinbänke und quarzitische, $\pm$ kieselige Sandsteine. Neben den vorherrschenden weißen Sandsteinen erscheinen auch bräunliche, rotbraune und schwärzliche. Sie sind, wie die Blasensandsteine, z. T. getigert, gefleckt und verwittern blasig-löcherig. Die sehr schwierige Unterscheidung dieser Sandsteine von der tieferen Stufe des Blasensandsteins ist bisher nur selten versucht worden.[1]

Im Bereich der feinkörnigen Entwicklung im nördlichen Franken erreichen dolomitische und quarzitische Ausbildungen nur in den nördlichsten dünnplattigen Ausläufern der Semionotensandstein-Stufe wieder örtliche Bedeutung. An einigen Stellen des nordwestlichen Steigerwaldes wird in den meist tonig gebundenen Eltmanner bezw. Coburger Bausandsteinen das Bindemittel quarzig. Unerwünscht sind unregelmäßig im Sandstein verteilte, harte Stellen mit dolomitischem Bindemittel, sog. „Eisengallen", wie sie auch aus dem Schilfsandstein bekannt sind (ARNDT, unten angeführt; S. 22).

Die besten Bausandsteinlagen sind in der Eltmanner und Coburger Gegend im oberen Teil der Stufe. Meist werden zwei, seltener drei Lagen von je 2—3 m Stärke durch schieferige Sandsteine, durch rote, grüne, tonige, mürbe Sandsteine oder durch bunte Tone mit dünnen Sandsteinplatten getrennt.

Ähnliche Bänke treten auch im tieferen Teil der Stufe auf; sie sind aber in den Hauptsteinbruchgebieten nur zum Teil für Bau- und Schleifsteine feinkörnig genug. Auch im Coburger Gebiet werden vorzüglich die oberen Lagen gebrochen, obwohl hier auch die tieferen Lagen feinkörnig sind.

Die Bausandsteinlagen halten nicht aus; sie keilen bald hier, bald da aus und sind örtlich für einen Abbau überhaupt zu unbedeutend. Die Bausandsteine des nördlichen Frankens werden von den Heldburg-Schichten (Unterer Burgsandstein) mit ihren bezeichnenden grünen Tonen und Feinsandsteinplatten (Profil-Tabelle X) überlagert. Von diesen können einzelne bis zu 2—3 m Stärke

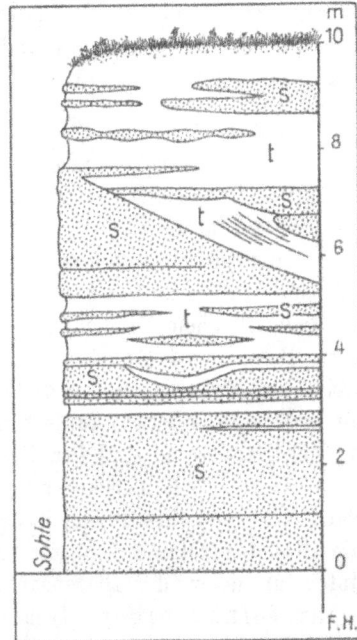

Abb. 32

**Großer Steinbruch im Eltmanner Bausandstein W. von Tretzendorf.**

s = weiße, harte Dolomitfeinsandsteine und Sandsteine; — t = vielfarbige, rote und grüne Tone, sandige Tone und vielfarbige, tonige, weiche Feinsandsteine.

(Von F. HEIM)

anschwellen und werden als Bausteine mit abgebaut. Die Grenze gegen Oben ist somit nicht überall klar erkennbar, doch liegen die Bausandsteinlagen meist noch im Bereich von vorwiegend bunten und roten Zwischenschichten, welche den Tonen der Heldburg-Stufe im allgemeinen fehlen (vgl. Abb. 32).

Die Bausandsteine haben eine ansprechende, weiße bis schwach rötliche

---

[1] FICKENSCHER, K.: Geologische Karte des Stadtgebietes von Nürnberg 1:25000. Mit Erläuterungen, Nürnberg 1930.

ARNDT, HCH.: Blatt Windsheim (Nr. XXII) der Geognostischen Karte von Bayern 1:100000: Teilblatt Windsheim. München (Piloty & Loehle) 1933.

Farbe, die Schichtflächen sind (wie bei den Blasensandsteinen und den Sand-steinen in den Heldburg-Schichten) tonig, grün und mit zweierlei Glimmer-plättchen, Steinsalznachkristallen, Kriechspuren u. a. m. bedeckt. Der Glimmer kann sich auf Flächen anreichern, nach denen das Gestein unerwünscht spaltet. Tongallen, Tonschmitzen und verkohlte Pflanzenreste treten lagenweise ört-lich auf, öfters mitten in den Bausteinlagen. Das Korn ist besonders nördlich des Mains gleichmäßig fein (0,2—0,3 mm). Südlich des Mains werden die Lagen manchmal weniger feinkörnig oder enthalten mittel- und selbst grob-körnige Schmitzen. Ihre Verwendbarkeit als Baustein leidet darunter nicht. Für feineres Bildhauerwerk und zur Schleifstein-Herstellung sind aber solche Vorkommen nicht geeignet.

### Verwendung.

a) **Blasensandsteine.** — Die im Korn und Bindemittel sehr ver-schiedenen Sandsteine wurden nur örtlich verwertet. **Bau- und Mauer-steine** geben ab: die festen, gewöhnlichen Sandsteine mit tonigem Binde-mittel, die harten, feinkörnigen Dolomitsandsteine und die mäßig verkieselten „Kristallsandsteine" (glitzernde porige Gesteine, neben dem Quarzkitt häufig mit dolomitischem Bindemittel). Die mürberen gewöhnlichen Sandsteine liefern auch **Bau- und Stubensand.** **Wegeschotter** geben alle Dolomitsand-steine und die eigentlichen dichten Quarzitsandsteine mit lückenarmem Quarz-bindemittel und mikroskopischem Pflastergefüge. Die lückenhaft verkieselten porigen Sandsteine sind für diesen Zweck nicht fest genug.

b) **Semionoten-Sandsteine.** — Die **grob- und mittelkörnigen** Sandsteine und ihre dolomitischen und quarzitischen Ausbildungen werden wie die Blasensandsteine zu örtlichem Bedarf verwendet. Ihre Vorkommen werden unten mit denen der Blasensandsteine zusammen angeführt.

Die **feinkörnigen Semionoten-Sandsteine** (Coburger oder Elt-manner Bausandsteine) haben große wirtschaftliche Bedeutung als **Bau-, Werk- und Schleifsteine.** Sie sind früher auch ins Ausland versandt worden. In der Technik gehen sie unter dem Namen „Weißer Mainsandstein".[1]

### Vorkommen.

### 1. Ansbach-Nürnberger Gegend.

Das Verbreitungsgebiet der Blasensandsteine und der meist grob- und mittelkörnigen Semionoten-Sandsteine ist die Frankenhöhe und das östlich anschließende Gebiet, das in folgender Weise umgrenzt ist: im Süden die Burg-sandstein-Höhen von Dinkelsbühl-Windsbach, im Osten die gleichen Höhen O. der Rednitz-Regnitz, im Norden die Burgsandstein-Berge von Neustadt a. d. Aisch—Emskirchen—Erlangen. Von den zahlreichen, oft nur vorüber-gehend betriebenen **Steinbrüchen, Schotter- und Sandgruben** können nur wenige genannt werden.

---

[1] Die Werksteine des **Oberen Buntsandsteins** der Gegend von Kronach bis Trebgast (S. 136) führen gleichfalls diesen Namen, was zu Verwechslungen führen kann.

Steinbrüche im Gebiet der Fränkischen Rezat: in der Umgebung von Lehrberg und Ansbach (feinkörnige Dolomitsandsteine und grober Bau- und Stubensand); südöstlich davon, bei Zant, Wolframs-Eschenbach, Neuendettelsau und Windsbach (blasige Kieselsandsteine als Schotter);

im Schwabacher-Aurach-Grund zwischen Heilsbronn und Roth: bei Aich, Geichsenhof, Wollersdorf und Bechhofen NO. von Abenberg; — im Schwabach-Gebiet: bei Rohr und Regelsbach (W. und NW. von Schwabach); — im Bibert-Grund: bei Groß-Habersdorf, Wendsdorf, Clarsbach, Roßstall; — im Zenn-Grund bei Wimmelbach W. von Trautskirchen (Bausandsteine des Blasensandsteins); bei Keidenzell W. von Cadolzburg (Schotter in meterstarken quarzitischen Sandsteinen, die in der Gegend von Cadolzburg—Emskirchen die oberste Lage der Semionotensandstein-Stufe bilden); — im Gebiet der Emskirchener Aurach: bei Buchklingen W. von Emskirchen (Schotter des Blasensandsteins) und im Aisch-Grund bei Weimersheim O. von Windsheim (Bausteine des Blasensandsteins);

zwischen Emskirchen und Neustadt a. d. Aisch und bei Klein-Erlbach NO. von Neustadt (südlichste Vorkommen feinkörniger Semionoten-Sandsteine); — in der Regnitz-Senke von Roth über Schwabach und Nürnberg bis Erlangen (kleine Gruben auf Schottergut für Feldwege, z. T. Gewinnung von Sandsteinen in älteren und neuen Keuper-Tongruben [S. 241]).

Weiche, weiße oder graue, mittelkörnige Sandsteine, von K. FICKENSCHER (angef. S. 188) zum Semionoten-Sandstein gerechnet, gewann man früher in Gruben und Höhlen als Feg- und Stubensand, z. B. in Wildenbergen W. von Schwabach und bei Gutzberg (NW. von Schwabach), zwischen Gaulenhofen und Kornburg NO. von Schwabach und in Nürnberg am Sand-Berg (Vorstadt St. Johannis).

## 2. Südlicher Steigerwald zwischen Aisch und Mittel-Ebrach.

a) Blasensandsteine. — Steinbrüche: N. von Neustadt a. d. Aisch (Dolomitsandsteine für Schotter); bei Ullstadt S. von Scheinfeld (Bausteine und Schottergut); bei Kornhöfstadt NO. von Scheinfeld; zwischen Prühl und Haag NO. von Ober-Scheinfeld; um Burghaslach und östlich davon bei Niederndorf (Bausteine) (Abb. 32); um Schlüsselfeld (z. T. schöner, feinkörniger Dolomitsandstein als Baustein); bei Debersdorf NW. von Schlüsselfeld; bei Büchelberg und Herrnsdorf O. von Burgwindheim; bei Schrappach S. von Burgwindheim; Umgebung von Ebrach [der Zuchthaus-Bruch S. von Ebrach, einer der größten Steinbrüche auf Blasensandsteine, ist jüngst durch die von F. HEIM und nach ihm von anderen gemachten Funde zahlreicher Schädel von Sauriern berühmt geworden. Er liegt, 10 m tief, großenteils in harten, feinkörnigen, bis zu 2 m mächtigen Dolomitsandstein-Bänken, die durch Tone getrennt werden; Verwertung zu Bausteinen].

b) Semionoten-Sandsteine. — In der Semionotensandstein-Stufe kommen westlich der Linie Neustadt—Schlüsselfeld—Burgwindheim örtlich schon

Eltmanner Bausandsteine vor; im wesentlichen aber beherrschen den südlichen Steigerwald grob- und mittelkörnige Sandsteine. Die weißen, nur selten schwach kaolinigen Sandsteine sind manchmal ungleichkörnig und lagenweise verschiedenkörnig, führen gröbere Quarzkörner und kleine Quarzgeröllchen (1—2 cm), Tongallen, Dolomitknöllchen und knauerige Dolomitsandstein-Anteile. Ihre Festigkeit wechselt stark.

Steinbrüche im feinkörnigen Eltmanner Bausandstein: Umgebung von Dachsbach und Ühlfeld NO. von Neustadt a. d. Aisch; bei Altershausen N. von Neustadt (4 m); bei Prühl N. von Ober-Scheinfeld (2 m); um Kirchrimbach SW. von Burghaslach; in der Gegend von Burgwindheim:

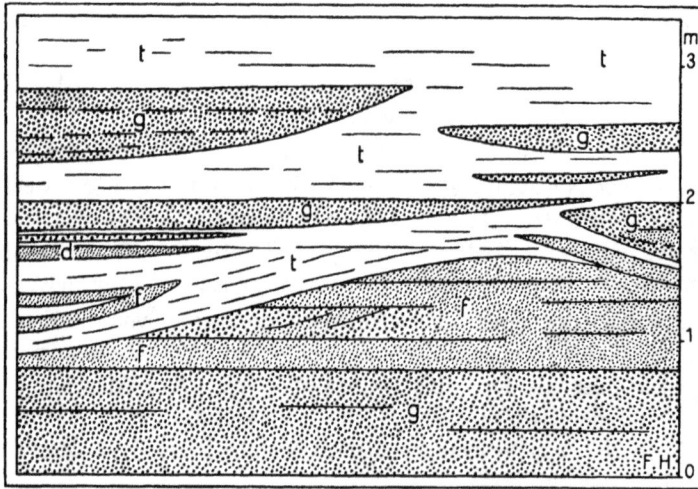

Abb. 33

**Steinbruchwand in Blasensandstein-Schichten am Galgen-Berg S. von Burghaslach.**

Sandsteine und Tonschichten in Ausnagungsrinnen. — t = veilfarbige, rote und grüne Tone und sandige Tone; — g = grober Sandstein mit feinkörnigen Lagen und viel grünen Tonschnüren; — f = feinkörniger Sandstein mit Kreuzschichtung; — d = feinkörniger Dolomitsandstein (Von F. HEIM.)

bei Schrappach (4—6 m); Unter-Weiler (unter dem Abraum Eltmanner Bausandstein, 3 m, auskeilend, darunter 4 m verschiedenkörniger, unten grober Sandstein); bei Unter-Steinach[1]); — in der Ebracher Gegend (stets auch etwas mittelkörnig): bei Groß-Birkach, Winkelhof, Klein-Gressingen (3 m feinkörniger, über 2 m grobkörnigem Sandstein) und S. vom Rad-Stein (W. von Ebrach);

Steinbrüche in vorherrschend mittel- bis grobkörnigem Sandstein und lagenweise verschiedenkörnigen Sandsteinen:

---

[1]) Profil durch den Eltmanner Bausandstein von Unter-Steinach: Von oben nach unten: 1. dünne Sandsteinplatten (2 m); — 2. rote Tone (1 m); — 3. Sandstein, teils fein-, teils grobkörnig (2—3 m); — 4. örtlich grüne Tone mit Sandsteinplättchen (0—1 m); — 5. Sandstein wechselndkörnig wie Nr. 3, über 3 m.

im Weisach-Gebiet W. von Höchstadt a. d. Aisch bei Kienfeld (6 m grobkörnige Sandsteine mit mittel- bis feinkörnigen Lagen, Tongallen und Kieselchen); um Dutendorf in verschiedenen Schichthöhen (je etwa 4 m); bei Dietersdorf; im Tal bei Frickenhöchstadt; — im Haslach-Talgebiet S. von Schlüsselfeld: bei Gleissenberg und S. von Kirchrimbach; bei Burg-haslach (vgl. Abb. 33, S. 178); — im Gebiet der Reichen Ebrach: N. von Simmersdorf bei Mühlhausen; N. von Weingartsgreuth; bei Wachenroth, Volkersdorf (3 m), Reumannswind; SW. von Lach; NO. von Schlüsselfeld; bei Sixtenberg W. von Schlüsselfeld (3—4 m, mittelkörnig, mit Tongallen, Quarzgeröllchen und sandig-tonigen Zwischenlagen; Baustein- und Sand-gewinnung); bei Aschbach und Groß-Birkach; — im Bereich der Mittel-Ebrach (einige kleinere Brüche bei Burgebrach und Burgwindheim; z. B. S. von Mönchsambach; bei Büchelberg und NO. von Burgwindheim; bei Ebrach, bei Klein-Gressingen (2 m Grobsandstein unter 3 m Eltmanner Bau-sandstein); S. von Buch (3—5 m Grobsandstein).

### 3. Nördlicher Steigerwald.[1])

a) Blasensandsteine. — Wegen andersartiger, besserer Bau- und Schottersteine werden die Sandsteine wenig genutzt. Kleine Steinbrüche: im Rauhen-Ebrach-Tal bei Halbersdorf; Prölsdorf, Fallsbrunn, Unter-Steinbach; — am Main bei Trunstadt und Roßstadt; — im Zabelstein-Gebiet am Schern-Berg und Dachs-Berg (S. von Ober-Schwappach) und auf dem Zabelstein.

b) Semionoten-Sandsteine. — Diese an 20 m mächtige Ablagerungen sind in dem Streifen Burgwindheim—Burgebrach bis Roßstadt—Viereth am Main häufig noch grobkörnig oder fein- und grobkörnig in lagenhaftem Wechsel. Sie führen nur vereinzelt gleichmäßig-feinkörnige Lagen im höheren Stufenteil; häufig sind harte Lagen, Knauern und Knollen von Dolomitsand-stein. Die Sandsteine eignen sich wenig für Bausteingewinnung. — Stein-brüche: im Tal der Rauhen Ebrach NW. von Burgebrach bei Ampfer-bach (mittelkörnig, bis 2 m feinkörnig); bei Niederndorf (mittelkörniger Bau-stein und Sand); bei Schönbrunn (mittel- bis grobkörnig); — im Main-Tal bei Hohenmühle und Weiher SW. von Viereth und besonders S. und W. von Trunstadt (hier schon öfters feinkörnige Bänke).

Eltmanner Bausandsteine (feinkörnige Semionoten-Sandsteine) wer-den mit Vorteil als Bau- und Schleifsteine gebrochen, hauptsächlich in den höheren Lagen der Stufe und im nördlichen Teil des Gebietes. In tieferen Lagen und im Gebiet zwischen Mittel-Ebrach und Bamberger Aurach sind die Sandsteine weniger feinkörnig oder noch recht ungleichkörnig; sie werden

---

[1]) Gering ist die Ausbeute von Sandsteinen und Sand aus dem Blasensandstein am Westrand des Steigerwaldes; ein Bruch befindet sich auf dem Schwan-Berg SW. vom Schloß, nahe der Straßenbiegung (CHRISTA, E.: Der Schwan-Berg im Steigerwald. Mit einer geol. Karte 1:12500, 1925, Verlag Piloty & Loehle, München).

aber als Bausteine allgemein gerne verwendet. Zu feineren Ziersteinen eignen sich nicht alle Sandsteine; Schleifsteine werden aus ihnen kaum gewonnen.

Steinbrüche [in vorwiegend feinkörnigen Lagen (Eltmanner Bausandstein) und in wechselndkörnigen Sandsteinen]:

im Bereich der Rauhen Ebrach: bei Zettmannsdorf, Prölsdorf, Spielhof, Fürnbach, Fallsbrunn—Kehlingsdorf, Koppenwind (2—3 m stärkere Bausandsteinlagen, fein- bis mittelkörnig; Bauwerke: z. B. Pfarrkirche in Gerolzhofen, Studienseminar in Würzburg); bei P. 376 (der Topographischen Karte 1:50000, Blatt Gerolzhofen-Ost) SO. von Unter-Steinbach (bis 6 m fein- und wechselndkörnig); NO. von Unter-Steinbach und bei Karbach (fein- bis mittelkörnig, z. T. quarzitisch); am Stein-Berg und im Forstteil „Schwarzer Fuchs" NW. von Unter-Steinbach (feinkörnig, z. T. quarzitisch; von hier Gesteine für die Ausbesserung des Bamberger Domes); bei Wustviel und Waldschwind; auch nördlich davon (NO. von Neuhausen);

im Bamberger-Aurach-Gebiet: bei Dankenfeld, Trossenfurt, Tretzendorf (viele große Brüche auf Werk- und Schleifsteine; vgl. Profil nebenan); bei Unter-Schleichach (Bau- und Schleifsteinanlagen, Gesteine von 4—6 m Mächtigkeit); bei Ober-Schleichach und Neu-Schleichach (unter Abraum bis 6 m Bau- und Schleifsandstein, meist durch eine Tonlage in zwei Lagen getrennt); im Fatschenbrunner Tal und bei Fatschenbrunn.

Schichtfolge im großen Steinbruch im Eltmanner Bausandstein W. von Tretzendorf (Abb. 34).

Von oben nach unten:

1. plattig-unebener Sandstein . . . . . . . 0,80 m;
2. Sandsteinbänke mit dünnen Tonlagen . . 1,20 m;
3. geschlossene Sandsteinbänke . . . . . . 3,00 m;
4. kohliger Sandsteinschiefer mit Pflanzenhäcksel 0,40 m;
5. Sandstein mit Neigung zu dünnschieferiger Ausbildung 1,70 m;
6. grüner Ton . . . . . . . . . . 1,00 m;
7. plattiger Sandstein . . . . . . . 0,50 m;
8. grüne und rote Tone . . . . . 2,00—3,50 m;
9. Bausandstein, Schleifstein . . . . 1,50—3,00 m;
10. Ton, örtlich Sandstein . . . . . . 0,40 m;
11. Sandstein mit Tonschmitzen . . . . 1,00 m;
12. Bausandstein, Schleifstein . . . . . . 3,00 m.

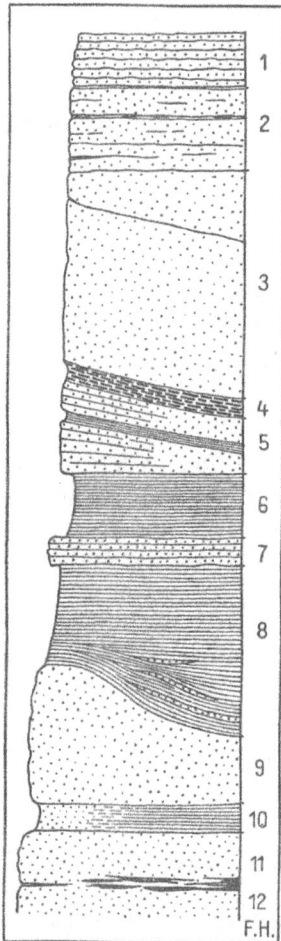

Abb. 34

**Profil aus dem großen Bruch im Eltmanner Bausandstein W. von Tretzendorf bei Haßfurt.**

Zur Profilbeschreibung nebenan.

(Von F. Heim.)

Steinbrüche am südlichen Maintal-Rand: bei Roßstadt (unterer Bruch in 3 m, höherer Bruch in 4—5 m Eltmanner Bausandstein); bei Neu- und Mittel-Mühle S. von Dippach (2—3 m); am P. 279 (der Topogr. Karte 1:50000 Blatt Bamberg-West) (Winterleite); O. von Weisbrunn (je 3 m Bausandstein, getrennt durch 2 m mürben, tonigen Sandstein mit Tonlagen); bei Eschenbach (kleine Brüche); an der Wall-Burg bei Eltmann (große Brüche auf mehrere Werk- und Schleifsteinlagen in den höheren Schichten der Semionotensandstein-Stufe); am Öl-Berg SW. von Eltmann (in tieferen Lagen der Stufe).

## 4. Haß-Berge.

a) Blasensandsteine. — Die z. T. noch grobkörnigen, quarzitischen und dolomitischen Sandsteine werden kaum ausgenützt.

b) Eltmanner Bausandsteine. — Diese bilden mehrere, durch Tone getrennte Lagen; sie können sich aber auch zu tonfreien Bänken bis zu 6 m Stärke zusammen-schließen. Wie südlich des Mains schwellen in den Heldburg-Schichten darüber vereinzelte Bänke zu abbauwürdiger Mächtigkeit an.

Zahlreiche Steinbrüche am Nordrand des Main-Tales: bei Stettfeld; zwischen Stettfeld und Ebelsbach; um Ebelsbach; bei Steinbach; auf den Höhen der Landstufe bei Schmachten-berg und Zeil (hier z. T. geschlossen 4—5 m Bau- und Schleifsteine); in dem bei Ebelsbach mündenden Tal bei Schönbach, Schönbachs-Mühle und Breitbrunn [bedeutende Brüche; das Profil Abb. 35 zeigt unten zwei durch Tone ge-trennte Bausandsteinlagen (11 und 15), die in einem nahen Bruch eine geschlossene Sandstein-masse von 5,6 m Stärke bilden; darüber die Heldburg-Stufe (1—10) mit ihren grünen Tonen, dünnen Sandsteinplatten und Steinmergelbänk-chen und mit einer rinnenförmig in die Unter-lage hinabgreifenden, zu Bausteinen brauch-baren Sandsteinbank (2)].

Steinbruch im Eltmanner Bausandstein an der Schönbachs-Mühle N. von Ebels-bach—Eltmann (Abb. 35).

Von oben nach unten:

1—10 = Heldburg-Schichten.
1. plattiger, weißer Sandstein . . . . 1,50 m;
2. blätteriger Sandstein, mit Steinsalznachkristallen und Bohrlöchern auf der Unterseite und bis 2 m tiefe Ausnagungsrinnen ausfüllend . . 1,20 m;

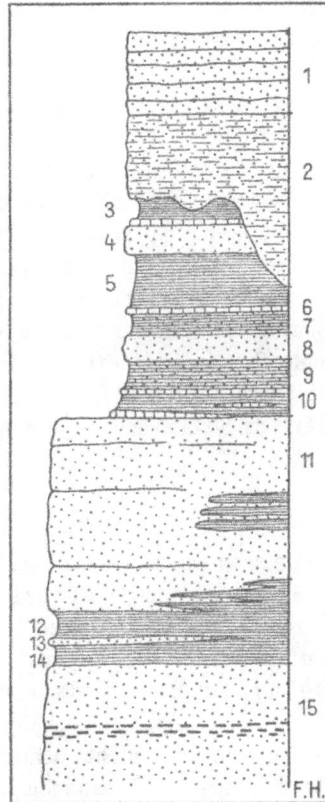

Abb. 35
Profil aus dem großen Bruch im Elt-manner Bausandstein bei Schön-bachsmühle b. Eltmann.
Zur Profilbeschreibung nebenan.
(Von F. Heim.)

3. grüne Tone . . . . . . . . . . . . . . . . . . . . . . . . 0,35 m;
4. gelber Sandstein mit Steinmergelbänkchen im Hangenden . . . . . . . . 0,50 m;
5. grüne Tone . . . . . . . . . . . . . . . . . . . . . . . . 1,00 m;
6. Steinmergelbänkchen . . . . . . . . . . . . . . . . . . . . 0,10 m;
7. sandige Tone, rot und grün gefleckt . . . . . . . . . . . . . . 0,40 m;
8. gelber Sandstein mit Trockenrissen . . . . . . . . . . . . . . . 0,45 m;
9. sandige Tone, grün-rot gefleckt und geädert . . . . . . . . . . . 0,50 m;
10. Steinmergelbänkchen und darunter grüne und rote Tone mit Steinmergelschmitzen
0,50 m;
11—15 = Eltmanner Bausandsteine.
11. Bausandstein . . . . . . . . . . . . . . . . . . . . . . . 3,00 m;
12. grüne und rote Tone . . . . . . . . . . . . . . . . . . . . 0,50 m;
13. Sandsteinbänkchen . . . . . . . . . . . . . . . . . . . . . 0,10 m;
14. rote und grüne Tone . . . . . . . . . . . . . . . . . . . . 0,60 m;
15. Bausandstein mit Tongallen und Pflanzenlagen in der Mitte . . . . . 3,00 m.

Nordwärts zu verschwächen sich die bisherigen Bausandsteinlagen zusehends bis auf eine oder (z. B. O. von Königsberg) auf zwei Sandsteinbänke von 2—3 m Stärke. Sie werden in kleinen B r ü c h e n gewonnen.

Am Westrand der nördlichen Haß-Berge deuten nur noch bis einige Meter starke, plattige, z. T. quarzitische, z. T. dolomitische und feinkörnige Sandsteine die Eltmanner Bausandsteine an. Die preußischen Landesgeologen, welche diese Grenzgegenden z. T. mitkartierten, hießen sie „stärkere Sandsteinbänke" oder „Plattensandsteine". Die Sandsteine können örtlich ganz fehlen, streichen aber am Ostabfall der Haß-Berge und im G r a b f e l d in breiten Landstufen und Ebenen über bunten Tonen aus. Besonders früher gingen kleine S t e i n b r ü c h e auf den leicht bearbeitbaren, aber nicht in großen Blöcken brechenden Sandstein um: NW. von Neuses, bei Bundorf; bei Serrfeld; S. von Sulzdorf; bei Schwanhausen und NO. von Zimmerau; O. von Trappstadt; N. von Ermershausen (am Hellinger Weg); N. von Allertshausen; NO. von Eckartshausen und bei Waßmuthshausen (Gewinnung in den Feldern).

### 5. Coburger Land.

B l a s e n s a n d s t e i n e treten hier nur noch als spärliche, unverwertbare Kieselsandsteinbänkchen auf.

S e m i o n o t e n - S a n d s t e i n e. — Die oben erwähnten „Plattensandsteine" werden, im Zuge von Rudelsdorf über Niederndorf, Mährenhausen, Herbartsdorf und Callenberg gegen Coburg, im Itz-Gebiet mächtiger und gehen in den C o b u r g e r B a u s a n d s t e i n, einen weißen, feinkörnigen Sandstein über (Obere Bausandstein-Lage). Darunter schalten sich hier in bunten und roten Tonen weitere, nicht schichtlagebeständige und nicht aushaltende Sandsteinbänke ein. Sie können zu Bausandsteinlagen anschwellen (Untere Bausandstein-Lage). Stellenweise mögen die obere oder untere oder beide Lagen für einen Abbau zu geringmächtig sein. Die Mächtigkeit, insbesondere der Oberen Bausandsteinlage, erreicht 5 m. Beide Bausandsteinlagen wurden früher mehr als heute gewonnen. — S t e i n b r ü c h e: bei Ketschendorf, Haardt, Meschenbach, Weißenbrunn a. Forst, Niederfüllbach, Grub a. Forst; unter-

halb des Gruber Steins; bei Seidmannsdorf; bei Altenhof im Tambach-Tale
(S. von Weitramsdorf) und bei Waldsachsen NO. von Coburg.

### 6. Keupergebiet O. der Frankenalb.

Hier haben Blasensandsteine und Semionoten-Sandsteine, die südlich des
Mains fast durchwegs grob- oder mittelkörnig, selten in einzelnen Lagen fein-
körnig sind, nur geringe technische Bedeutung. Die Dolomitsandsteine der
Gruppe ähneln ganz denen der „Dolomitischen Arkose".

1. **Kulmbacher Gegend.** — Das Verbreitungsgebiet der Sandsteine liegt
im Main-Tal zwischen Maineck und Kulmbach und im Rotmain-Tal beiderseits
des Flusses bis Drossenfeld und reicht ostwärts hinüber bis zu den Muschel-
kalkhöhen bei Schwingen. Die meterstarken, dolomitischen oder dolomitfreien
Sandsteinplatten der Blasensandstein-Stufe sind sehr gut am Fuß der neuen
Straße O. von Willmersreuth bei Mainleus aufgeschlossen. In der Ziegelgrube
in Katschenreuth SW. von Melkendorf werden feinkörnige Dolomitsandsteine
des Blasensandsteins mit den zwischengelagerten bunten, sandig-tonigen
Schichten abgebaut; auf der Höhe des Ortes an der Kasendorfer Straße gewinnt man mittelgrobe Dolomitsandsteine und mürbe weiße Sandsteine. Bei
Dreschen im Rotmain-Tal liegt im Semionoten-Sandstein ein kleiner Bruch;
südlich davon beiderseits von Langenstadt und am „Horn" S. davon werden
gelegentlich quarzitische Sandsteinbänke und Dolomitsandsteine gewonnen;
noch weiter südlich auch Sand in Gruben zwischen Neuenreuth und Drossenfeld. Knollige Dolomite werden überall zur Wegschotterung gegraben.

2. **Bayreuther Gegend.** — Östlich von Bayreuth erscheint die Blasen-
und Semionotensandstein-Gruppe wieder im Main-Tal unterhalb der Steinach-
Einmündung. Die Ausbildung eines Teiles der Semionoten-Sandsteine zeigt
eine Grube auf Schottersteine und Sand halbwegs der Walk-Mühle und Hölz-
leins-Mühle bei St. Georgen. — Das Profil folgt.

Unter Main- und Steinach-Schotter liegen:

1. sehr harter und grober, grüngrauer, veilgefleckter Dolomitsandstein mit bis zenti-
   metergroßen roten Feldspäten (Arkose), mit Knollen von Dolomit und Fetzen von
   veilfarbigem Ton; Oberfläche manganig-mulmig verwittert; ebensolche Butzen im
   Gestein . . . . . . . . . . . . . . . . . . . . . . . . 1,5—2,0 m;
2. veilfarbige sandige Mergel mit viel weißem und grünem Glimmer, zu unterst mit
   Dolomitknollen . . . . . . . . . . . . . . . . . . . . . . 0,5 m;
3. weicher, schieferiger, sehr feinkörniger, grüner und roter, mergeliger Sandstein mit
   auffallendem Reichtum an grünem und braunem Glimmer . . . . . . 0,2 m;
4. Linse von sehr hartem Dolomitsandstein wie Nr. 1 . . . . . . . 0—0,1 m;
5. mürber, grünlicher, grober Sandstein, erschlossen . . . . . . . . 0,4 m.

**Aufschlüsse und Steinbrüche:** die harten Dolomitsandsteine stehen
O. von Bayreuth bei Röth an; ferner O. von Pfaffenfleck und SO. von Ober-
Konnersreuth an der neuen Staatsstraße, wo der Weg nach der Boden-Mühle
abzweigt; Sandgewinnung um Colmdorf (grobe, mürbe Sandsteine der oberen
Schichten); Gruben auf harte Quarzitsandsteine und Dolomitsandsteine auf
dem Eichel-Berg SO. von Bayreuth und von hier gegen Meyernreuth und

Wolfsbach. In einem Bruch oberhalb der Boden-Mühle auf Semionoten-Sandstein wurden früher Wetzsteine gewonnen; — alter Bruch und natürliche Aufschlüsse in gewöhnlichen weißen Sandsteinen bei der Eimers-Mühle S. von Ottmannsreuth; Aufschluß am Bahnhof Creußen am Weg nach Ober-Ölschnitz (5—6 m felsbildender, grobkörniger, massiger Semionoten-Sandstein; im oberen Hang stark zum Main einfallende Blasensandsteine).

Weiter südwärts, am Fuß des Frankenjuras, sind diese Schichten noch nicht durchgehend verfolgt; sie treten zum letzten Male als mürbe Arkosen und feste Dolomitsandsteine im Hang unterhalb des Schwarzen-Berges N. von Vilseck auf.

3. Kemnath-Pressather-Gebiet. — Verbreitung: ein Gesteinsstreifen zieht von Neunkirchen SO. von Bayreuth (an der Staatsstraße anstehende Grobsandsteine der höheren Schichten) auf der Westseite des Ölschnitz-Tales W. von Lehen gegen Hauendorf und Vorbach W. von Neustadt a. Kulm. Getrennt davon ist das Verbreitungsgebiet Kirchenlaibach—Pressath (mit der Burgsandsteinmasse um den Rauhen Kulm). Örtlich werden die Sandsteine mächtiger und liegen dicht aufeinander.

Steinbrüche und Sandgruben: Sandgrube auf der Höhe SO. von Kemnath (grobe, mürbe Feldspatsandsteine); Brüche S. von Kemnath bei Löschwitz, Unterbruck und Alt-Köslarn und auf der Westseite der Heide-Naab zwischen Trabitz und Zintlhammer. Der Steinbruch an der Straße NW. von Pressath (einer der größeren Brüche auf Bausandstein dieser Stufe in der Oberpfalz) zeigt folgendes Schichtenbild:

Steinbruch an der Staatsstraße NW. von Pressath.

Unter feinkörnigen, roten, dünnplattigen Sandsteinen folgen:

1. sehr grober, rötlicher Dolomitsandstein, braun verwitternd; mit viel roten Tonfetzen . . . . . . . . . . . . . . . . . . . . . . . . . 0—1,5 m;
2. oben: weicher, grober, roter, arkoseartiger Sandstein mit viel roten Tonfetzen und Tongallen und mit Geröllen von Sandsteinen und von Kieseln; mit Einschaltungen grober, roter, Kieselgeröll-führender Dolomitsandstein-Lagen; unten: weicher, mittelkörniger, roter Sandstein . . . . . . . . . 0,70 m;
3. oben grober, in der Mitte und unten sehr grober, grünlicher und rötlicher Arkosesandstein = Obere bauwürdige Lage . . . . . . . . . . 2,00 m;
4. grüner, dichter Dolomit, örtlich in zwei Bänken, getrennt durch roten, dolomitisch gebundenen Feinsandstein mit Dolomitgeröllen . . . . . . . 0,20—0,50 m;
5. grünes Tonband mit Dolomitknollen . . . . . . . . . . . . . 0,10 m;
6. vielfarbige, feinsandige Tone, besonders unten mit Dolomitausscheidungen 1,50—1,80 m;
7. fein- und mittelkörniger, grüner Sandstein mit frischen, roten Feldspäten; mit Dolomitknollen und Hornsteinausscheidungen . . . . . . . . . 1,00 m;
8. mittel- und grobkörniger, grüner Sandstein mit roten Feldspäten; mit grünen und roten Tonfetzen = Untere bauwürdige Lage . . . . . . . . . . 2,00 m.

Die ausgeprägten Landstufen von Barbaraberg, Eichelberg und O. von Pressath bauen solche Gesteine auf, im Verein mit löcherigen und quarzitischen oder dolomitischen, eigentlichen Blasensandsteinen zwischen roten, sandigtonigen Schichten (Abb. 30).

4. **Amberger Gegend.** — In der Hahnbacher Keuper-Bucht (N. von Amberg) treten unter der Burgsandstein-Stufe bei Frohnberg und S. von Luppersricht rotbraune, manganfleckige, feldspatreiche Sandsteinbänke (im Wechsel mit Tonen) in einer bis 30 m mächtigen Folge auf; harte Dolomitsandsteine schließen diese oben ab. Die Sandsteine haben sich an der Frohnberger Kirche schlecht bewährt; die Dolomitsandsteine dienen als Wegeschotter.

**Die Burgsandstein-Stufe.** — Aufbau und Ausbildung. — Die an 100 m mächtige Burgsandstein-Stufe erhebt sich, soweit sie vorwiegend aus Sandsteinen aufgebaut ist, in Höhen und Terrassen aus den Verebenungen der Blasen- und Semionotensandsteine und bildet ausgedehnte Hügellandschaften und Hochflächen, über die in erneutem Steilanstieg die Feuerletten mit den Rhät-Terrassen aufragen. Die Burgsandstein-Stufe gliedert sich in drei Unterstufen, den Unteren, Mittleren und Oberen Burgsandstein (vgl. Abb. 31). Verbreitung, Aufbau und Ausbildung wird in regionaler Anordnung einzeln besprochen.

Alle Sandsteine sind Feldspatsandsteine, meist mit tonigem und kaolinigem, zurücktretend mit quarzitischem, selten mit kalkigem oder serizitischem Bindemittel. Dolomitische Sandsteine („dolomitische Arkosen") sind auf das nördliche Franken beschränkt. In der mittleren Oberpfalz überwiegen lockere, tonige Arkosen. Die Feldspäte sind großenteils tonig, kaolinig oder serizitisch (glimmerig) zersetzt, seltener frisch; in dolomitisch und kieselig gebundenen Ausbildungen sind sie häufig noch unzersetzt. Kreuzschichtung, Tongallen und Tonfetzen, sowie Gerölle (vorherrschend Quarz) sind weit verbreitet, rascher seitlicher Wechsel der Schichtfolge und Ausbildung, öfters bedingt durch rinnenförmige Ablagerung von Sandsteinen und Tonlagen (s. Abb. 36), ist Regel. Das Korn wechselt in den verschiedenen Gesteinslagen des Schichten-

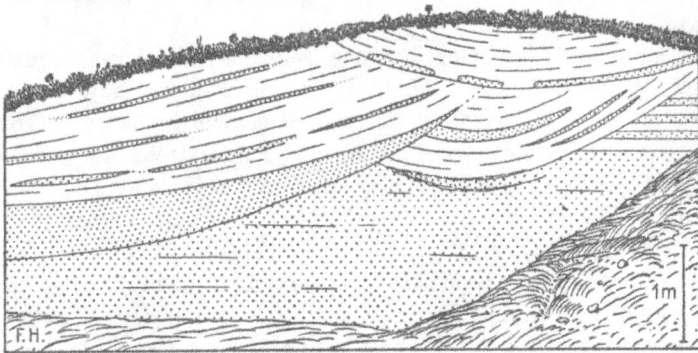

Abb. 36

**Wand eines kleinen Steinbruchs im Unteren Burgsandstein. „Hohe Warte"**
**S. v. Burghaslach.**

Das Bild soll die Ablagerungsvorgänge zur Burgsandstein-Zeit anschaulich machen. — Oben: veile und grüne Sande und sandige Tone mit Bänkchen und Schmitzen von Grobsand und Grobsandstein. — Unten: Grobsandstein mit kohligen Pflanzenresten und Tongallen (2 m); auf einzelnen Schichtflächen Netzleisten.
(Von F. HEIM.)

stoßes; in der Oberpfalz und in dem südöstlichen Mittelfranken ist es am gröbsten. Korngröße, Bankmächtigkeit, Feldspatgehalt und Geröllführung nehmen nach Norden und Westen ab, in gleicher Richtung vermehren und verstärken sich die Tonzwischenschichten. Im nördlichen Franken stellt sich im unteren Teil der Stufe sogar vorwiegend tonige Ausbildung ein (Profil-Tabelle X; Heldburger Ausbildung), über der im höheren Teil der Stufe grobe und mittelkörnige Sandsteine bis an den Nordrand des bayerischen Verbreitungsgebiets hinausgreifen.

Die Dolomitsandsteine und die damit vorkommenden Dolomite sind S. 203 wegen ihrer besonderen Verwertung für sich dargestellt.

Verwendung. — Die gewöhnlichen, hier zu besprechenden Burgsandsteine werden heute hauptsächlich als Sand genutzt, sind aber im Nürnberg—Fürth—Erlanger Gebiet, im Steigerwald und in der Gegend von Creußen auch in zahlreichen Bausandsteinbrüchen erschlossen. Sie wurden früher sehr viel verwendet, unterliegen aber erfahrungsgemäß, soweit sie nicht stark kieselig gebunden sind, leicht den Witterungseinflüssen, besonders in den Großstädten.

Verbreitung:

### 1. Gegend von Dinkelsbühl bis Nürnberg.

Im mittelfränkischen Vorland der Alb zieht der Burgsandstein in breitem Streifen aus der Gegend S. von Dinkelsbühl über Gunzenhausen nach Pleinfeld und Spalt und von hier zwischen dem Rednitz-Becken und der Alb nordwärts über Hilpoltstein gegen Nürnberg. Westlich des Beckens weniger geschlossen und westwärts selbst in Inseln aufgelöst, endet er im Norden schon vor Schwabach und erscheint erst wieder im Zirndorfer Forst bei Fürth, von wo er in dem Höhenzug von Cadolzburg weit nach Westen bis zum Dillen-Berg vorspringt.

Die weißen oder rötlichen und braunen, seltener veilfarbigen Sandsteine mit ihren leicht glimmerig oder kaolinig zersetzten Feldspäten und mit kleinen Quarzgeröllen (1—4 cm) sind vorwiegend mittel- und grobkörnig. Grobkörnigkeit bei schlechtem Rundungsgrad der Körner, Feldspatreichtum (arkosige Ausbildung) und Geröllführung sind am ausgeprägtesten im mittleren und südlichen Rednitz-Gebiet. Feinerkörnige Sandsteine kommen vor; insbesondere sind die tieferen Schichten (etwa 30 m) im Südwesten (Dinkelsbühl) einigermaßen feinkörnig; bei Gunzenhausen kommt auch in den obersten 5—10 Metern feinere Ausbildung vor. Die Gesteine sind teils mäßig fest, teils mürbe; am festesten pflegen sie in der unteren Abteilung zu sein, wo sie auch am geschlossensten erscheinen. Das Bindemittel ist meist tonig, zuweilen auch etwas kaolinig. Bei Hilpoltstein sind die höheren Schichten kalkig gebunden (Brüche bis 4 m für Schottergewinnung, z. B. bei Zell unfern Eysölden, Heubühl N. von Hilpoltstein, um Allersberg). Westlich der Sulzach in der Dinkelsbühler Gegend treten in der mittleren Abteilung dolomitisch gebundene Sandsteine auf; im Osten sind Dolomit-Sandsteine nur in einem vereinzelten Vorkommen auf dem Schmausenbuck O. von Nürnberg (eine 1,5 m starke Bank) bekannt. Weit verbreitet zeigt sich quarzitische Fortwachsung der Quarzkörner (Glitzern der Sandsteine), ist aber in der Regel zu unbedeutend, um die Festigkeit wesentlich zu erhöhen. Doch kommt lagen- oder zonenweise stärkere Einkieselung vor, besonders in der unteren Hälfte der Stufe im Nürnberger Gebiet, wo sie örtlich sogar große praktische Bedeutung erlangt (Quarzite von Wendelstein). — Brüche, hauptsächlich auf Bausteine für örtlichen Bedarf, und Sandgruben in großer Zahl und stellenweiser Häufung sind über das ganze Verbreitungsgebiet verteilt. Größere und z. T. wichtige Brüche liegen in der Nürnberger Gegend.

Der Burgsandstein in seiner gewöhnlichen Ausbildung wurde früher um Nürnberg stark abgebaut, wie die vielen Steinbruchzeichen auf der geologischen Karte des Stadtgebietes von FICKENSCHER zeigen, neigt aber als Baustein sehr zur Verwitterung. — Steinbrüche: in der Feuchter Gegend (z. B. bei Ochenbruck, Unter-Mimberg, Unter-Lindelburg); im Wendelsteiner Höhenzug (s. u.); nördlich davon auf der Höhe Langenlohe—Zollhaus; an der „Lehmgrube" (zwischen Dutzendteich und Altenfurt) und besonders am Schmausenbuck O. von Nürnberg. Der mittel- bis grobkörnige, rötliche, massige, mittelharte Sandstein dieses großen, noch zeitweise betriebenen Bruchgebietes fand Verwendung an der Sebaldus- und Lorenzer Kirche, an Mauern und Türmen und zahlreichen Bürgerhäusern; die Steine aus den Brüchen von Laufamholz und Schwaig [Druckfestigkeit nach OEBBEKE[1]) 280 kg/cm²] auch am Theater, Künstlerheim, Grandhotel, Gewerbemuseum, Waisenhaus und an Schulhäusern. Im Stadtgebiet besteht der Burg-Berg und Hasenbuck (verlassene Brüche) aus Burgsandstein. Nordöstlich der Stadt liegen große alte Brüche im Sockel des Haid-Berges bei der Siedlung Buchenbühl, wo z. T. auch harte kieselige Einlagerungen abgebaut wurden, und bei Rückersdorf (s. a. Fig. 1, Taf. 17).

Wendelsteiner Quarzit. — Auf dem Höhenzug von Wendelstein—Worzeldorf S. von Nürnberg ist der Burgsandstein in einer in ihren Ausmaßen im Keuper einzigartigen Weise quarzitisch ausgebildet. Er hat hier einen ausgedehnten Steinbruchbetrieb hervorgerufen. In einem 4 km langen und 1 km breiten, südöstlich ziehenden Streifen ist der Burgsandstein mehr oder weniger stark eingekieselt. Die Einkieselung hat nicht das gesamte Gestein erfaßt, sondern ist auf wechselnd breite Einzelzonen beschränkt, welche die zahlreichen, dem Höhenzug gleichlaufenden Klüfte und Verwerfungen begleiten. Die Quarzite stoßen an gewissen Kluftflächen scharf und unvermittelt an gewöhnlichem Burgsandstein ab. Anderwärts greifen sie in Lagen und Bänken in das unverkieselte Gestein hinein und verzahnen sich mit diesem. Die kieselige Ausbildung erreicht bis zu 15 m Mächtigkeit. In einigen Brüchen ist sie nur schwach erkennbar oder fehlt ganz; in manchen Quarzitbrüchen sind die obersten Sandsteinschichten unverkieselt. — Erwähnenswert ist die Mineralführung der Klüfte: Schwerspat, Flußspat, Quarzkristalle, Phosphorit u. a.

[1]) OEBBEKE, K.: in „Der Steinbruch", S. 254, Frankfurt 1912.

Näheres darüber, auch über die einzelnen Steinbrüche, bei Dorn, Klein und Fickenscher.[1])

Die Wendelsteiner Quarzitsandsteine (Quarzitarkosen) sind gelblich-rötlich bis oft fast blaugrau, mittel- bis sehr grobkörnig (ungleichkörnig) und reich an frischen oder teilweise schwach verglimmerten, rötlichen Feldspäten. Im unverkieselten mürben Nebengestein sind die Feldspäte kaolinig zersetzt. Das kieselige Bindemittel macht die Gesteine gut wetterfest und frostbeständig; beim Liegen an der Luft härten sie nach. Die Wasseraufnahmefähigkeit ist sehr gering. Die durchschnittliche Druckfestigkeit verschiedener Proben betrug nach Prüfung der Bayer. Landesgewerbeanstalt in Nürnberg bei:

Sorte   I: schwach rötlich, stark mit Quarz durchsetzt, dichtgebunden, lufttrocken 1702,4 kg/cm$^2$, feucht 1605,2 kg/cm$^2$;

Sorte  II: schwach rötlich, deutlich ausgeprägte Schichtung, leicht abbröckelnd,
lufttrocken 765,0 kg/cm$^2$, feucht 665,4 kg/cm$^2$;

Sorte III: blaugrau, gleichmäßige Schichtung 374,5 bis 440,5 kg/cm$^2$.

Die „Wendelsteiner", nachweislich seit über 600 Jahren verwendet, eignen sich als Bau- und Grundsteine, Straßenschotter, Mühl-, Pflaster-, Rand- und Ecksteine und kommen für Ausbesserungen an Sandsteinbauten in Betracht. Früher verfrachtete man sie bis nach Ungarn, in die Balkanländer und in die Türkei. Vor Einführung des Granitpflasters wurden die Straßen in Nürnberg und Nachbarorten damit gepflastert. Mittelharte Sorten sind in Nürnberg am neuen Stadttheater und am Künstlerhaus, am Krankenhaus auf der Haller-wiese, am Lauferschlag-Turm und Weißen Turm verwendet.

Westlich von Nürnberg besteht der langgestreckte Höhenzug von Cadolzburg aus Unterem Burgsandstein. Die Umgebung der Alten Veste bei Zirndorf lieferte viele grobkörnige, bräunliche Bausteine für die Stadt Fürth. Von den vielen Brüchen des anschließenden Zirndorfer Forstes bis Cadolzburg wurden einige in neuerer Zeit auf Grund des Arbeitsbeschaffungs-Programms der Städte Nürnberg und Fürth wieder in Betrieb gesetzt. Bei Weiherhof an der Bahnlinie Fürth—Cadolzburg waren große Brüche auf mehr oder weniger eingekieselten, groben, weißen, z. T. geröllführenden Burgsand-stein noch nach dem Weltkrieg in Betrieb. Notstandsarbeiten der damaligen Zeit haben ergeben, daß unter den Bausandsteinen nur mürbe, als Bau- und Schottersteine unbrauchbare Lagen vorkommen (S. Klein). — Groß war die Zahl der Steinbrüche auch im Dillenberg-Zug zwischen Cadolzburg und

---

[1]) Dorn, P.: Geologie des Wendelsteiner Höhenzuges bei Nürnberg. — Z. Deutsch. Geol. Ges., **78**, Berlin 1926.

Klein, S.: Schwerspatanreicherung durch alkalische Verwitterungslösungen in einer fränkischen Keuper-Arkose und ihre regionale und chemische Bedeutung. — Z. Deutsch. Geol. Ges., **87**, Berlin 1935.

—: Paragenetische Verhältnisse und Bildungsweise der Mineralien und Pseudomorphosen des Wendelsteiner Höhenzuges bei Nürnberg. — Z. f. Min. usw. Abt. A, Stuttgart 1935.

Fickenscher, K.: Erläuterungen zur geologischen Karte des Stadtgebietes von Nürn-berg, Nürnberg 1930.

Kirchfarrnbach, wo früher viele weißliche, teilweise kaolinige Grobsandsteine als Bausteine für Nürnberg und Fürth gewonnen wurden. Heute werden nur verkieselte Lagen zur Beschotterung von Forstwegen gebrochen.

## 2. Gegend von Erlangen bis zum Aisch-Grund.

Im Norden Nürnbergs bildet Burgsandstein O. der Regnitz den Sockel der Alb bis Baiersdorf N. von Erlangen, wo er unter Diluvialsand-Bedeckung verschwindet. Westlich der Regnitz ist zwischen der Cadolzburger Höhe und dem Aurach-Tal der Burgsandstein bis auf wenige Reste abgetragen, deren größter im Burger-Wald und in den Weiher-Äckern (S. von Herzogenaurach) die Blasen-Semionotensandstein-Verebenung überragt. Zwischen dem Aurach- und Aisch-Grund baut er die Landschaft von Erlangen—Forchheim bis nach Emskirchen und Neustadt a. d. Aisch auf.

Aufbau und Ausbildung schließen sich an die der Nürnberger Gegend an; doch werden manche Bänke schon fein- bis mittelkörnig und die Tonzwischenlagen reichlicher und stärker. Der Untere Burgsandstein liegt noch in vorwiegender Sandstein-Ausbildung (Nürnberger Ausbildung) vor. Im Aisch-Grund stellen sich in der mittleren Abteilung allmählich jene „dolomitischen Arkosen" ein, deren stärkere Entwicklung von hier an nordwärts eine Gliederung der Stufe erlaubt. Neben dem gewöhnlichen tonigen Bindemittel treten Kaolin und Quarz-Chalzedon häufiger auf als im Süden. Kalkiges Bindemittel findet sich örtlich im Oberen Burgsandstein um Erlangen.

Erlanger Gebiet. — Hier kommen nach KRUMBECK[1] zu oberst drei in ihrer Mächtigkeit schwankende Werksteinbänke vor (4—6 m), durch Lettenschichten getrennt oder stellenweise aufeinander liegend. Die Schichten darunter zeigen unregelmäßigen Wechsel bei geringeren Sandsteinmächtigkeiten. Der oberste Werkstein ist grobkörnig bis konglomeratisch und ziemlich fest; die beiden tieferen sind fein- bis mittelkörnig und (am Burg-Berg) fest, teilweise kalkig gebunden (links der Regnitz) und örtlich lagenweise quarzitisch. Auch in tieferen Schichten kommt Verkieselung vor. Sie wird erwähnt von der Kalchreuther Höhe, vom Bischofs-Meil-Wald (N. von Erlangen) und vom Mark-Wald, namentlich O. von Röttenbach (NW. von Erlangen); auch der alte „Mühlsteinbruch" am Fürst-Berg deutet auf ihr Vorkommen hin. — Steinbrüche rechts der Regnitz: an der Ohrwaschel (große Brüche) und im Tennenloher Forst (SO. von Erlangen); zwischen Sieglitzhof und Uttenreuth; am Burg-Berg bei Erlangen (verwendet u. a. am Kollegien-Haus, an der Augenklinik, neuen Anatomie, an den Kasernen in Erlangen). — Viele Sandgruben. — Steinbrüche links der Regnitz: Gies-Berg NW. von Erlangen; Klein-Seebach N. von Erlangen; zwischen Hausen und Burk (SW. von Forchheim), weiter westlich um Röttenbach; S. und O. von Hemhofen; S. von Heroldsbach. — Viele Sandgruben, u. a. am Drei-Berg, bei

---

[1] KRUMBECK, L.: Erläuterungen zu Blatt Erlangen-Nord der Geologischen Karte von Bayern 1:25000, München 1931.

Unter-Membach, Reinersdorf—Weißendorf (alle W. von Erlangen); bei Kleb-
heim und Röttenbach (NW. von Erlangen).

Aisch-Gebiet. — Brüche: bei Strahlbach, im Streit-Wald und bei
Eggensee (S. und O. von Neustadt a. d. A.); bei Hoholz, Göttelhöf—Willmers-
bach und am Häfners-Berg bei Pahres (NO. von Neustadt); bei Dachsbach—
Oberhöchstadt; östlich davon bei Steinsberg; in der Höchstadter Gegend;
W. und S. von Gremsdorf; O. von Adelsdorf u. a. a. O. — Viele Sand-
gruben, u. a. bei Heppstädt—Neuhaus (O. von Höchstadt a. d. A.).

### 3. Steigerwald-Gegend nördlich der Aisch.

Im mittleren und östlichen Steigerwald nördlich der Aisch bis zur Regnitz
und zum Main läßt sich der Burgsandstein in seine drei Unterstufen gliedern.

a) Der Untere Burgsandstein. — Im Unteren Burgsandstein vollzieht sich von Ost nach West der Übergang von der vorwiegend sandigen
„Nürnberger Ausbildung" in die überwiegend tonige „Heldburger Ausbildung".
Östlich einer ungefähren Linie Höchstadt—Mühlhausen—Frensdorf (—Walsdorf) liegt noch, wie südlich der Aisch, die „Nürnberger Ausbildung"
vor mit herrschenden mächtigen Sandsteinfolgen und untergeordneten Toneinlagerungen. Die Gesteine sind mittel- bis grobkörnig, ziemlich fest, häufig
kaolinig und weiß, führen zersetzte Feldspäte, reichlich verkohlte Pflanzenreste und verhältnismäßig wenige und kleine Quarzgerölle (Mittel 1—2 cm).

Der westwärts anschließende Streifen bis zur ungefähren Linie Burghaslach—Burgwindheim—Staffelbach (am Main) ist ein Übergangsgebiet,
in dem sich die Gesteine der beiden Ausbildungsbereiche miteinander verzahnen: in unregelmäßigem Aufbau wechseln hier die geschlossenen oder in
Einzelbänke aufgelösten mittelgroben Sandstein-Ausläufer der Nürnberger
Ausbildung mit bezeichnenden grünen, örtlich mitunter auch roten Tonen,
grünen, tonigen Feinsanden und weißen, festen Feinsandsteinbänken und
-platten der Heldburger Ausbildung. Besonders im oberen Teil, unmittelbar
oder wenig unter den dolomitischen Gesteinen des Mittleren Burgsandsteins,
bilden eigentliche „Burgsandsteine" eine in ihre Mächtigkeit schwankende,
westwärts sich verschwächende, stellenweise allerdings auskeilende Bausandstein-Zone. Im Norden führt dieser Sandstein lagen- und fleckenweise dolomitisches Bindemittel.

Der westlich folgende „Heldburger Ausbildungsbereich" besteht
vorwiegend aus meeergrünen, unten und oben zuweilen auch roten oder bunten
Tonen, in denen Sandsteine sehr zurücktreten. Diese sind im größeren
unteren Teil der Unterstufe (um 30 m) nur noch selten mittelkörnig, zumeist
feinkörnig, selten dickbankig und geschlossen (z. T. Ablagerungen in Flutrinnen), in der Regel dünnbankig und plattig (mit Steinsalz-Nachkristallen,
Kriechspuren, Bohrwurmsandröhren u. ä.) und öfter verkieselt. Daneben sind
Steinmergel-Bänkchen bezeichnend. Nur im geringmächtigen oberen Teil treten
auch hier noch $\pm$ zusammenhängend und geschlossen, an- und abschwellende,
grobe Sandsteine (mit roten Tonschichten) als letzte Ausläufer der Nürn-

berger Burgsandstein-Ausbildung auf. Sie sind weiß bis bräunlich und braun und gelegentlich verkieselt. — Die meisten und größten Steinbrüche des Burgsandsteins liegen im Unteren Burgsandstein, soweit dieser in mittel- und grobkörniger Ausbildung vorliegt.

b) Der Mittlere Burgsandstein. — Die mittlere Unterstufe (= „Dolomitische Arkose") setzt in der Regel, nicht immer, mit unregelmäßig-wulstigen bis klotzigen harten Dolomitsandsteinen und Dolomiten ein (Vorkommen und Ausbildung s. S. 200) und baut sich aus diesen bezeichnenden Gesteinen im Wechsel mit stark roten und veilen, häufig Dolomitknollen führenden Tonen, veilen, tonigen Feinsanden und eigentlichen Burgsandsteinen auf. Letztere erreichen nur im östlichen Verbreitungsgebiet die im Unteren Burgsandstein häufige Mächtigkeit und Geschlossenheit. Örtlich und besonders im Westen treten die Tone stark hervor. Das Korn ist gröber wie in der tieferen Abteilung, öfters sehr grob; Kaolinisierung ist seltener; neben weißen treten braune und rötliche Gesteine stärker hervor.

c) Der Obere Burgsandstein. — In der oberen Unterstufe herrschen wieder Sandsteine von ziemlicher Mächtigkeit und in ähnlicher Ausbildung, manchmal auch weniger grobkörnig wie darunter, vor. In der Bamberger Gegend kommt dolomitisches Bindemittel vor. Die Abgrenzung gegen unten ist schwierig und einigermaßen willkürlich und gefühlsmäßig. — Lagenweise Häufung von Geröllen, vorherrschend Quarzen, ist beiden höheren Unterstufen gemeinsam, die Geröllgröße (2—5 cm und mehr) und die starke Beteiligung von Granit, Gneis, Porphyr, Kieselhölzern u. a. gegenüber dem Unteren Burgsandstein ist kennzeichnend. — Die Gesteine werden als Bausteine und Bausand gewonnen.

Einzelvorkommen und Steinbrüche. — Links der Aisch: Altershausen—Abtsgreuth (N. von Neustadt a. d. A.); Lonnerstadt (6 m); Nackendorf bei Höchstadt; Greuth bei Zentbechhofen. Viele Brüche im Bereich der Kleinen Weisach (Geis-Grund) und ihrer Nebentäler (W. von Lonnerstadt): Hohe Warte bei Pretzdorf; S. von Frimmersdorf (4 m, mittelkörnig, weiß, mäßig fest); zwischen Ochsenschenkel und Frickenhöchstadt (7 bezw. 3 m, mittelgrob, mit Kleingeröllen und kohligen Resten); Warmersdorf, Buchfeld und Ailsbach (auch Sandgewinnung) (s. a. Abb. 36).

Reiche Ebrach und Seitentäler: Thüngbach N. von Schlüsselfeld (6 m, fein- bis mittelkörnig, kaolinig, Pflanzenreste); S. von Elsendorf; NW. von Wachenroth (z. T. feinkörnig); Weingartsgreuth, Horbach, Schirnsdorf, Mühlhausen (bis 7 m); Pommersfelden; N. von Steppach (8 m, mittelkörnig, kaolinig); in den nördlichen Seitentälern bei Ober- und Unter-Albach, Decheldorf, besonders Reichmannsdorf (Schichtfolge: von oben nach unten: 1. Dolomitbänke 2 m; 2. mittelgrober Kaolinsandstein 3 m; 3. bunte Tone mit Dolomiten usw. 2 m; 4. kaoliniger Grobsandstein mit Pflanzenresten 5—6 m); — Treppendorf (3—4 m); Hirschbrunn; Ober-Köst (5 m, Abb. 37).

Mittlere und Rauhe Ebrach: Dippach SW. von Burgebrach (Schichtfolge von oben nach unten; 1. dünnbankiger Dolomitsandstein 1,5 m; 2. grober

weißer (kaoliniger) und grünlicher Sandstein mit Dolomitknollen 2,0—2,6 m;
3. sandig-tonige, schieferige Schichten mit Sandsteinplatten 0,6—1,2 m; 4. fein-
bis mittelkörniger, örtlich grober, kaoliniger Sandstein mit Pflanzenresten,
bis 4,5 m); — SW. von Schönbrunn; Windeck bei Burgebrach; SO. von
Burgebrach (5 m grob, weiß, unter 1,5 m Dolomit); Graßmannsdorf (3—4 m

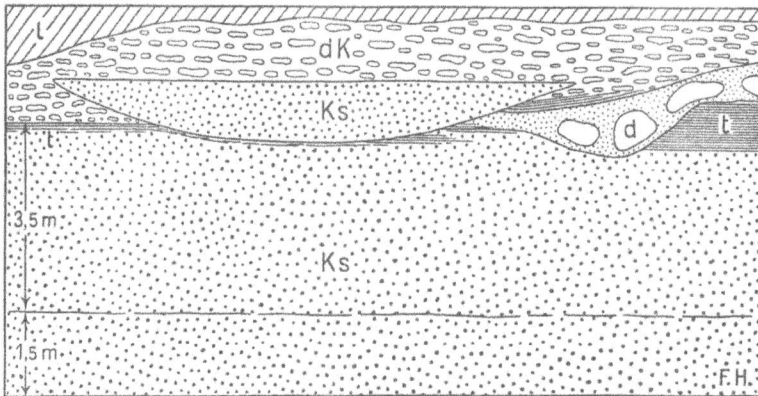

Abb. 87

**Steinbruch an der Grenze von Unterem und Mittlerem Burgsandstein bei Ober-Köst
S. von Burgebrach.**

l = Verlehmung; — dK = Knollendolomite; — t = grüne Letten; — Ks = wechselnd fein- bis
grobkörniger Kaolinsandstein; — d = Dolomitknauern.
(Von F. Heim.)

sehr grob, reich an Kieseln und Tongallen); Stappenbach; Vorra bei Frensdorf
(z. T. alte Brüche und Sandgruben); Frensdorf—Ober-Greuth (z. T. Sandgruben); S. und O. von Reundorf.

A u r a c h : NW. von Kirchaich (6—7 m grob, weiß bis bräunlich); Dankenfeld; Kolmsdorf; Walsdorf (5—6 m, z. T. dolomitisch gebunden); Stegaurach,
Debring und Waizendorf (z. T. Sandgruben).

S ü d s e i t e   d e s   M a i n - T a l s   u n d   R e g n i t z - T a l   bei Bamberg: um Bug
S. von Bamberg (auch Sandgruben); am Stephans-Berg in Bamberg (mittel-
körnig, kaolinig, z. T. dolomitisch); alte Brüche bei Gaustadt, Bischberg (hier
auch Sandgrube am Roth-Hof, grobkörnig, kaolinig-weiß); um Trosdorf
(z. T. fein- bis mittelkörnig); Tütschengereuth; Weiher; SW. von Trunstadt;
um Lembach bei Roßstadt (3 m, grobkörnig, örtlich mit Dolomitbindemittel).

### 4. Südliches Haßberg-Gebiet bis Seßlacher Gegend.

Nördlich des Mains zeigt der U n t e r e   B u r g s a n d s t e i n  unterhalb von
Bamberg um Staffelbach in seinen oberen Lagen noch mittelgrobe Sandsteine;
zum größeren Teil liegt er in Heldburger Ausbildung vor, deren grüne Tone
gegen Norden (Haßberg-Gebiet) immer herrschender, während feinkörnige
Sandsteineinlagerungen immer schwächer und spärlicher werden. Um so
schärfer ist der Gegensatz zu den höheren Unterstufen (Main um

192

Fig. 1     Aufn. v. S. KLEIN
**Oberer Burgsandstein, Laufamholzer Steinbruch (O. von Nürnberg)** (zu S. 187).

Fig. 2     Aufn. v. A. WURM
**Rhät-Sandstein (unten), darüber Schiefertone und plattige Angulaten-Sandsteine,
Steinbruch bei Ebing (S. von Zapfendorf bei Bamberg)** (zu S. 211).

Bamberg, Baunach, untere Itz, Seßlacher Gegend), die auch noch ganz im Norden und Nordwesten durch grobe Sandsteine, rote Tone, Dolomitsandsteine und Dolomite ausgezeichnet sind. Die Ausscheidung eines Oberen Burgsandsteins ist in dieser Gegend kaum durchführbar, da von Bamberg nordwärts dolomitische Gesteine nicht auf die mittlere Abteilung beschränkt bleiben, sondern bis zu den Feuerletten hinaufreichen (vgl. Profil bei Ebern S. 202). Geschlossene Burgsandsteinlagen überschreiten im östlichen Verbreitungsgebiet mitunter 6 m Mächtigkeit. Im Südosten sind sie an einigen Stellen bankweise quarzitisch. Die Festigkeit nimmt nördlich von Baunach rasch ab, ebenso Zahl und Größe der Gerölle (bei Maroldsweisach noch 1—3 cm).

Bausteingewinnung ist fast ganz auf die Bamberger Gegend beschränkt, z. B. Brüche mainaufwärts von Bamberg: an der Bahn 1,5 km NNO. von Unter-Oberdorf (bei Breitengüßbach); N. von Baunach (auch Sandgruben) und SW. von Baunach (unter Feuerletten in Ziegeleigrube; auch alte Sandgruben); unterhalb von Bamberg: Dörfleins (sehr grob, kaolinig, viele Kiesel, bankweise erhärtet); zwischen Ober-Haid und Stettfeld, besonders O. und N. von Staffelbach [6—7 m, grobkörnig, weiß, fest, örtlich dolomitisch erhärtet („Eisengall") oder mit Dolomitbänken]; im Stiegl-Holz SW. von Lauter (4 m), auch im Lauter-Tal. — Weiter nördlich nur vereinzelte Brüche [z. B. bei Gräfenholz (SSO. von Ebern im Baunach-Tal), Mürsbach (SO. von Ebern im Itz-Tal); bei Dietersdorf und Merlach NW. von Seßlach und am Büchel-Berg W. von Ditterswind (NO. von Hofheim). — Sandgruben sind besonders im Baunach-Gebiet sehr verbreitet, z. B. bei Baunach, Godeldorf, Gerach—Salmsdorf, Sendelbach, Treinfeld—Rentweinsdorf, Ruppach bei Ebern; ferner bei Maroldsweisach (4 m, weiß, kaolinig, wechselnd fein- und grobkörnige Lagen); SO. von Ermershausen, früher auch bei Neuses, Serrfeld und Dippach.

### 5. Gebiet der nördlichen Haß-Berge.

Wie die Abb. 38 erkennen läßt, treten in den nördlichen Haß-Bergen („Großer Haß-Berg") abbauwürdige Sandsteine nur in den Stufen des Mittleren und Oberen Burgsandsteins (3) auf. Die Untere Burgsandstein-Stufe ist in Gestalt der tonigen Heldburger Schichten entwickelt (4), welche das Gipslager von Sternberg-Zimmerau (y) einschließt und in einigen, z. T. dolomitischen Sandsteinbänken (v) die Sandsteinfolge des Mittleren und Oberen Burgsandsteins einleitet.

Das für diese beiden Abteilungen bezeichnende Gestein ist der sog. Sulzfelder Sandstein.

Sulzfelder Sandstein. — Gerade am Nordabfall der Haß-Berge, über dem Dorfe Sulzfeld, ist der Mittlere und Obere Burgsandstein bei südlichem und südwestlichem Einfallen als ein einziger 30—40 m mächtiger Sandstein entwickelt, der von den Heldburger Schichten unterlagert und von den Feuerletten überlagert wird. Zwischen dem Juden-Hügel, der äußersten nordwestlichen Erhebung der Berge und dem südöstlich davon gelegenen Höh-Berg ist der Sandstein, den M. Schuster den Namen Sulzfelder Sandstein gegeben hat, in zahlreichen alten und neuen Steinbrüchen sehr gut aufgeschlossen. Das offenbar früher sehr viel als Baustein verwendete Gestein ist ein fein-,

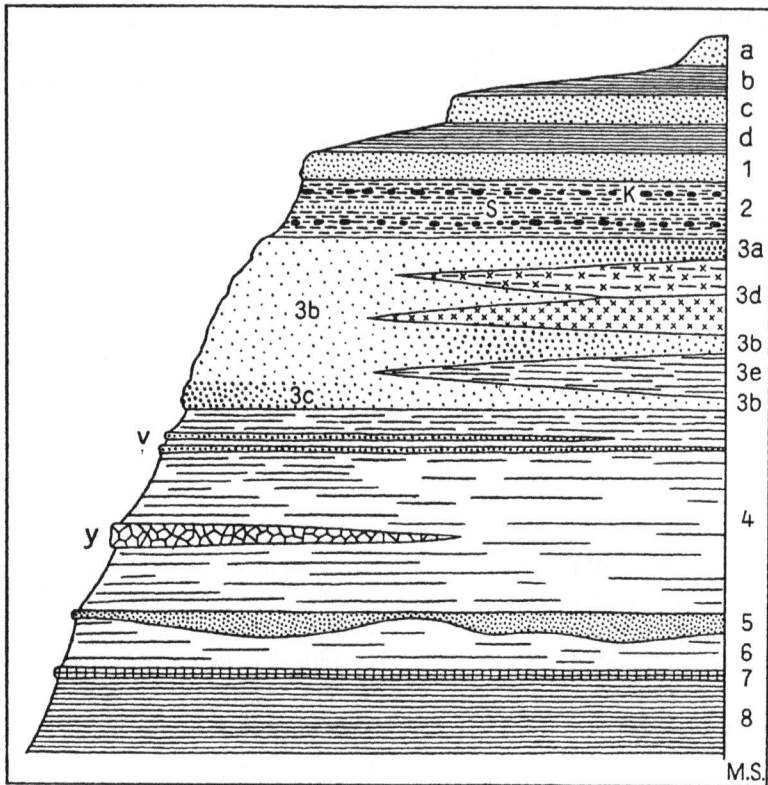

**Abb. 88**

**Der Schichtenaufbau der nördlichen Haß-Berge und ihres Vorlandes.**

a = Angulaten-Sandstein (Unterer Schwarzer Jura), nur in vereinzelten Restblöcken; — b = Lias-Tone; — c = Angulaten-Sandstein; — d = Rhät-Tone; — 1 = Rhät-Sandstein; — 2 = Feuerletten mit Dolomitknollen (k) und Sandsteinbänken (s); — 3 = Mittlerer und Oberer Burgsandstein; 3a = Oberer Burgsandstein, grobkörnig; 3b = Sulzfelder Sandstein; 3c = grobkörnige, tiefste Lage des Sulzfelder Sandsteins; 3d = Dolomitische Arkose, in Sulzfelder Sandstein übergehend; 3e = rote und graue Tone, nach SO. und O. zu immer mehr zunehmend; auch in höheren Lagen; — 4 = Heldburger Stufe (bunte Tone) mit Sandsteinbänken an der Obergrenze, Vorläufer von 3 (v) und Alabastergips-Einschaltungen (y) (Sternberg-Zimmerau); — 5 = Semionoten-Sandstein („Plattensandstein“), Vertreter des Eltmanner oder Coburger Bausandsteins; — 6 = rote Tone, Vertreter des Blasensandsteins; — 7 = Lehrberg-Bänke; — 8 = Lehrberg-Schichten, darunter Schilfsandstein u. s. w.

(Von M. Schuster.)

mittel- bis grobkörniger Feldspatsandstein, von heller Farbe (sog. „weißer Sandstein“), durch den reichlichen Feldspatgehalt entweder rötlich gesprenkelt oder durch Kaolin aus den Feldspäten weißlich getüpfelt bis mehlig angefärbt. Tonzwischenlagen in den z. T. ansehnlich mächtigen Sandsteinbänken sind nur in den tiefsten Lagen über Sulzfeld rd. 8—10 m mächtig entwickelt.

Die Sandsteinfolge wird von grobkörnigen Lagen eingeleitet (Bruch über der Ziegelei von Sulzfeld); auch in den Steinbrüchen der Gemarkung „Steinbruch" am Nordostabfall des Bergzuges kommen grobkörnige Ausbildungen vor. Am geschätztesten sind die feinkörnigen Sandsteine, die zum Verwechseln ähnlich mit dem Eltmanner Bausandstein weiter südlich, dem Unteren Semionoten-Sandstein, sein können. Im Sulzfelder Sandstein bei Sulzfeld ist der Obere Semionoten-Sandstein der Heldburger Ausbildung des Unteren Burgsandsteins verborgen.

Nur bei Sulzfeld ist der Sandstein so mächtig und von technischer Bedeutung. Nach Osten und Südosten zu werden die Einschaltungen von roten und grauen Tonen immer häufiger (3 e) und greifen von unten nach oben über, bis die Sandsteine auf einzelne Bänke zurückgedrängt sind, die gelegentlich noch gewonnen werden.

Oberhalb Nassach geht der Sulzfelder Sandstein einmal in feinkörnige dolomitische Sandsteine (tiefer) und in rote und graue Tone mit Dolomiteinschaltungen (höher) (3 d) über, Vertretern der Dolomitischen Arkose. Bei Nassach folgt auf die Dolomitische Arkose der z. T. sehr grobkörnige, Obere Burgsandstein (3 a), der den obersten Schichten des Sulzfelder Sandsteins bei Sulzfeld entspricht. Er ist in Steinbrüchen erschlossen: bei Nassach; im Heeg-Holz oberhalb Rottenstein und N. von Eichelsdorf (Sandgewinnung). — Der Obere Burgsandstein kann eine Stärke von 15—30 m haben.

Verwendung: Der Sulzfelder Sandstein in seiner feinkörnigen und grobkörnigen Ausbildung wurde besonders früher in festem Zustande als Baustein, in zerfallenem Zustande als Stuben- und Bausand gewonnen.

Steinbrüche: NO. über Sulzfeld (viele und z. T. große Steinbrüche; meist feinkörniger, stellenweise grobkörniger Sandstein); auf dem Kloster-Berg O. von Sulzfeld (Brüche und Sandgruben); in der Waldabteilung „Mausbronn" SW. von Aub; — NO. über Nassach (großer Bruch im z. T. sehr grobkörnigen Oberen Burgsandstein; sandiger Zerfall des Sandsteins); im Herren-Holz und S. vom Molken-Brünnlein (NO. von Birnfeld; grobkörniger Burgsandstein); — Sandgruben: NW. vom Sambachs-Hof (SSW. von Althausen i. Grabf., weißer, zuckerkörniger Verwitterungssand); an der Straße von Bundorf nach Birnfeld (S. der Gemarkung „Sandgrube" und in dieser); am Roth-Hügel W. von Bundorf; auf dem „Sand-Hügel" NO. von Serrfeld.

6. Coburger Land und Obermain-Gebiet von Lichtenfels bis Kulmbach.

Im nördlichsten Bayern zieht der Burgsandstein auf Coburger Gebiet in breitem Streifen vom Rodach-Tal bei Mährenhausen—Ummerstadt zum Itz-Tal unterhalb von Coburg, weiter von hier, zwischen Frankenalb und Coburger Jura-Insel auf oberfränkisches Gebiet übertretend, zum Main-Tal bei Lichtenfels und zum unteren Steinach- und Rodach-Tal der Gegend von Graitz und Marktzeuln; von hier beiderseits des Mains gegen Kulmbach. Abgetrennte

Vorkommen liegen ganz im Nordwesten W. von Gauerstadt und bei Oeslau—Einberg unfern Coburg.

a) Der Untere Burgsandstein: Im Coburger Land ist der Untere Burgsandstein noch vorwiegend in Heldburger Ausbildung entwickelt, deren grüne Tone und Mergel (unten auch Gipsmergel) örtlich stark von roten Tonen, wie sie für die höheren Unterstufen bezeichnend sind, vertreten werden. Die zwischenlagernden Sandsteine sind in der Regel feinkörnig, weiß mit grünen Schichtflächen, fest, öfters dolomitisch oder quarzitisch erhärtet und fast durchweg dünnbankig bis plattig. Dickere Feinsandsteinbänke, die den abbauwürdigen Oberen Semionoten-Sandsteinen der Gegend von Heldburg (Thüringen) entsprechen würden, sind kaum entwickelt. Gegen oben tritt örtlich mittleres Korn und mürbe Ausbildung in ost- und südostwärts steigendem Maße hervor. Bei Burgkundstadt erreichen in dieser Lage mittelkörnige mürbe Burgsandsteine schon 10 m geschlossene Mächtigkeit. Gegen Kulmbach zu vollzieht sich allmählich in der ganzen Unterstufe der Übergang in eigentliche Burgsandsteine von dickbankiger und mittelkörniger, neben feinkörniger Ausbildung im Wechsel mit Tonen und tonig-feinsandigen Schichten.

b) Der Mittlere und Obere Burgsandstein: Die Entwicklung der beiden höheren Unterstufen schließt in ihrer äußerst wechselvollen Folge und Ausbildung an die der Seßlacher Gegend an; der einleitende „Coburger Festungssandstein" erlangt zwischen Coburg und Burgkundstadt seine größte Mächtigkeit und Geschlossenheit, um sich dann in der Kulmbacher Gegend zu verlieren. Die gewöhnlichen, tonig oder kaolinig gebundenen Burgsandsteine, häufiger mittel- als feinkörnig, manchmal grob- und selbst sehr grobkörnig, mit walnußgroßen Geröllen, sind vorherrschend mürbe und zerfallen in der Regel leicht zu Sand, auch wenn etwas dolomitisches, unregelmäßig verteiltes Bindemittel dazutritt. Ihre Mächtigkeit schwankt westlich der Itz um 2—4 m und nimmt ostwärts rasch zu (6—10 m); sie halten nicht aus und werden auf Coburger Gebiet stellenweise durch vorherrschende rote Tone vertreten. Nur im Oberen Burgsandstein treten sie enger zusammen, besonders im Nordwesten (Rodach-Gebiet) und bei Oeslau; da sie aber auch in diesen höheren Lagen im Coburger Land mit Dolomit-Gesteinen wechseln und durch rote Tone vertreten werden können, bleibt noch im ganzen Itz-Gebiet ihre Abgrenzung vom Mittleren Burgsandstein willkürlich. Erst am Main bei Burgkundstadt erscheint Oberer Burgsandstein infolge vorherrschend sandiger Entwicklung wieder als selbständige Unterstufe.

Bausteine sind in dem ganzen Burgsandstein-Streifen von Ummerstadt bis Kulmbach nur selten; um so allgemeiner ist Sandgewinnung.

Sandgruben: Westlich der Rodach: unfern Gauerstadt [Jägersruh (3 m, oben fein-, unten grobkörnig), ONO. vom Hohen Stein]; — zwischen Rodach und Itz: S. von Sülzfeld (mit Dolomitsandsteinen); Waldgebiet NW. und W. von Schlettach; NW. von Gersbach (6 m, grob, kaolinig); S. von Callenberg (unfern Coburg) und oberhalb des Schaf-Grundes, 1,5 km W. von Callenberg; am Wein-Berg bei Weitramsdorf; in der Umgebung von Weidach, bei Dörfles, Scheuerfeld, Schorkendorf—Eicha, Wüstenahorn, Ahorn und Stöppach; — östlich der Itz: S. von Oeslau [6 m, kleinkörnig, auch grob, weiß, mit Lettennestern (früher Rohstoff für Tonwaren- und Porzellanherstellung)]; O. der Feste Coburg; Löbel-Stein; Lützelbuch (bis 10 m, oben fein-, unten grobkörnig, locker); Seidmannsdorf, Gruber Stein, Grub a. Forst und südlich davon am Forsthaus Gleisenau; Meschenbach, Bahnhof Scherneck, Unter-Siemau. — Im Main-Gebiet: Kleinere Gruben in der Landschaft zwischen Buch a. Forst—Lichtenfels (besonders um Schney) und Sonnefeld—Waidhausen; Obristfeld bei Burgkundstadt (10 m); Burgkundstadt (3,5 m, rötlicher und weißer grober bis sehr grober Sandstein); mainaufwärts bei Theisau (3 m, fein- bis mittelkörnig); Mainklein (2—3 m, mittel- bis grobkörnig); Schwarzach, Mainleus, Burghaig W. von Kulmbach; auf der Stirn bei Katschenreuth, bei Appenberg und Proß (SW. von Kulmbach).

**Profil einer Sandgrube bei Burghaig W. von Kulmbach.**

Oben rote Tone:

1. grober Burgsandstein . . . . . . . . . . . . . . . . . . . 1—1,5 m;
2. dünnbankiger, gelblicher Feinsandstein mit veilen Tonbändern und mit Lagen und Knollen von Dolomit und Dolomitsandstein . . . . . . . . . 2—3 m;
3. weiche veile und bunte, tonig-feinsandige Schichten mit Dolomitknollen 1—1,5 m;
4. mürber, grünlicher, feinkörniger Sandstein . . . . . . . . . . 1—2 m;
5. mürber, weißer (kaoliniger) oder grünlicher (toniger), mittelkörniger Burgsandstein in meterstarken Bänken, geschlossen . . . . . . . . . . . . . . 4—6 m.

## 7. Gegend von Bayreuth und Creußen.

Südlich von Kulmbach ist eine Gliederung der Burgsandstein-Stufe nicht oder doch nur in allgemeinsten Zügen möglich. Die geröllführenden Feldspatsandsteine werden, mit vorherrschend roten und veilfarbigen Tonen und weichen, tonigen Feinsandsteinschichten wechselnd, immer mächtiger und gröber, doch sind bis über Bayreuth hinaus noch vielfach mittelkörnige, bankweise selbst feinkörnige Sandsteine neben örtlich beschränkten grünen Tonen für die untere Abteilung bezeichnend. Die Ausbildung ist vorwiegend mürbe bis mäßig fest, nur hier und da, besonders in ausnahmsweise verkieselten Vorkommen der Gegend von Creußen, fest genug für Bausteingewinnung. Im allgemeinen wird Burgsandstein als Sand gegraben, besonders im Bayreuther Land. Verbreitung und Ausbildung im Einzelnen ist aus der Darstellung der nutzbaren Vorkommen zu ersehen.

Rotmain-Tal NW. von Bayreuth.[1] — Sandgruben: S. von Langenstadt am P. 312 und südlich davon (grob und kiesig) und am Amos-Hügel (mittel- bis grobkörnig); bei Neu-Drossenfeld (gegen Eberhardsreuth und Dreschenau, bis 3 m, grob und sehr grob); um Heinersreuth, z. B. am Hahnen-Hof (4—5 m, mittelkörnig); auf dem Bleyer (Schichtfolge von oben nach unten: 1. alte Mainschotter 0,5 m; 2. geröllführender Grobsandstein 3—4 m;

---

[1] Vgl. auch im folgenden die top. Blätter Bayreuth-West und -Ost 1:50 000.

3. feinkörniger Sandstein 0,5—1,0 m; 4. Grobsandstein wie oben 1 m); — kleiner Bruch auf festen, mittel- bis grobkörnigen Baustein O. von P. 375 (Grün-Graben) W. von Unter-Waiz.

Nähere Umgebung von Bayreuth. — Nur Sandgruben: um Wendelhöfen (mehrere Gruben, 3—4 m, mittelkörnig mit groben Schmitzen); Skt. Georgen; am Kreuz-Stein; im Studenten-Wald S. des Röhren-Sees (städtische Sandgruben); um Saas; bei der Stadtförsterei NW. von Saas (am Weg von der Pottaschhütte zum Exerzierplatz Eben (Schichtfolge: 1. gelber oder grünlicher, auch rötlicher weicher Feinsandstein mit Kieseln 1—1,5 m; 2. veile harte, arkoseartige Grobsandsteinbank mit vielen Kieselgeröllen, bis 0,5 m; 3. grünliche, auch rötliche Tone mit Feinsandsteinlagen und lockeren arkoseartigen Grobsandschmitzen 1,0—1,8 m; 4. weißer, fein- bis mittelkörniger weicher Sandstein 1,0—1,5 m; 5. weißer oder bräunlichgrauer, grober bis sehr grober, kieselführender Feldspatsandstein 2—3 m); — in der Altstadt: am Bahnhof (4—5 m, mittel- bis grobkörnig); — Hetzennest (6 bezw. 4 m); Grube der Aktienziegelei (vier mittel- und grobkörnige, mürbe Sandsteinschichten von je 2—4 m zwischen ebenso mächtigen Tonschichten; Sande und Tone für Ziegeleizwecke).

Südlich von Bayreuth. — Sandgruben: N. und NW. von Destuben (2 m, grob; hier auf dem Schießfang auch grobe Bausteine 2—3 m); Plantage NW. von Destuben (2 m); S. von Thiergarten; an der Bahn zwischen Thiergarten und Wolfsbach (fein- bis mittelkörnig, örtlich gröber); S. von Krugshof (3 m, mittelkörnig mit sehr groben Lagen); N. und S. vom Bahnhof Neuenreuth.

Creußener Gegend. — Steinbrüche: O. von Lankenreuth (6 m); besonders N. von Bühl bei Creußen (weißer und gelblicher, grober bis sehr grober, verkieselter, fester Bausandstein mit kaolinisierten Feldspäten und vielen Geröllen; geschlossen 10 m, in Bänken von 1—2 m); weitere große Brüche beiderseits des Maindurchbruchs S. von Bühl und am Kapellen-Berg bei Creußen, sowie in Engelmannsreuth (8 m). — Sandgruben: N. von Creußen am Hehr-Hof und bei Lankenreuth (3—4 m). Südlich von Creußen wurde bis vor kurzem bei Neuhaus 10 m mächtiger weißer, stark kaoliniger, mürber Grobsandstein von einem Sand- und Kaolinwerk ausgebeutet (Sand für Spiegel- und Tafelglas-Herstellung).

Im östlichen Vorland des Höhenzugs von Emtmannsberg—Altencreußen (vgl. auch das Kärtchen, Abb. 29) zieht ein Burgsandstein-Streifen von Laineck (bei Bayreuth) im Norden bis Vorbach im Süden. Er liefert Bausteine und Sande. — Steinbrüche: S. von Aichig bei Bayreuth (östlich von P. 418); besonders bei Tiefenthal (NO. von Creußen) auf dem östlichen Teil des Stein-Berges in Vorkommen, die denen von Creußen vergleichbar sind (gelblicher und grauer, verkieselter grober, lagenweise kiesiger Feldspatsandstein mit Geröllen und Hornstein-Ausscheidungen; in Bänken von 0,4 bis 2,0 m; einzelne Brüche 9 m tief in geschlossenem, gebanktem Sandstein); nach Gümbel[1]) auch O. von Prebitz und SW. von Vorbach. — Sand-gruben: besonders im Norden (Bayreuther Gegend) bei P. 347 N. von St. Johannis; S. von Rodersberg (weißer, kaoliniger, fein- bis mittel-, lagenweise gröberkörniger, mürber Feldspatsandstein); an der Eremitage; südlich davon bei Mooshügel, Aichig und gegen Neunkirchen; Sorg S. von Neunkirchen; nach Gümbel bei Höflas W. von Vorbach.

## 8. Gegend von Kemnath, Pressath und Weiden.

Burgsandstein-Schichten bilden bei Kemnath den Sockel des Rauhen Kulms und ziehen in einigem Abstand östlich der Heide-Naab vom Kastler Berg bei Kastl über Parkstein gegen Weiden. Verbreitung, Aufbau und Ausbildung sind noch nicht näher bekannt. Es sind durchweg nur Abtragungsreste erhalten. In tieferen Lagen kommen neben groben noch mittel- und selbst feinkörnige Bänke bis in die Pressather Gegend vor. Für Bausteingewinnung sind die weißen, grünlichen oder rötlichbraunen Gesteine zu mürbe. Von Parkstein gegen Weiden gehen die Sandsteine allmählich in besonders feldspatreiche, mürbe und lockere Schichten (Arkosen) über.

Sandgruben: Westseite des Rauhen Kulms bei Neustadt und Sandberg; im Höllriegel-Holz auf der Höhe SO. von Trabitz (3 m, grüngrau und gelbbraun, mittel- bis grobkörnig, reich an zersetzten Feldspäten und kleinen Kieselgeröllen, ungebankt bis schieferig); im „Adelbauer" SO. von Riggau (mittelkörnig); bei P. 527, 1,3 km O. von Wollau bei Pressath (s. Profil unten); zwischen Pressath und Weiden: am Pinzen-Hof NW. von Parkstein (Gümbel); um den Park-Stein bei Hämmerles, Scharl-Mühle, Meerbodenreuth und Buch; NW. von Weiden auf dem Reh-Bühl, S. der Mooslohe und an der Mündung der Schwein-Naab (je 2—3 m, grünlicher, arkoseartiger, grober, lockerer Sandstein mit Quarzgeröllen, an genannter Bachmündung z. T. unter Diluvialsand-Decke).

Schichtfolge im tieferen Burgsandstein bei P. 527 O. von Wollau bei Pressath.

Oben braunroter Verwitterungs-Sandlehm über dünnen Sandsteinbänkchen, darunter:

1. mürber, weißer (kaoliniger) und roter, mittel- und grobkörniger Sandstein, unten mit vielen Tongallen . . . . . . . . . . . . . . . . . . . . 2,5 m;
2. weicher, veiler, schieferiger Feinsandstein, örtlich mit festen dünnen Platten (Kriechspuren und Knoten auf den Schichtflächen) . . . . . . . . 0,3—1,2 m;
3. mürber, grünlicher, örtlich stark grüngelber oder rötlicher, mittelkörniger, auch feinerer Sandstein, unten etwas fester . . . . . . . . . . 1—2 m;
4. weicher, veiler, schieferiger, toniger Feinsandstein mit einigen weißen fein- und mittelkörnigen Sandsteinbänkchen und -linsen . . . . . . . . 1,0 m;
5. festere, weiße oder rote Feinsandsteinplatten mit Kriechspuren und senkrechten Bohrwurm-Sandröhren (südlichste bekannte Spuren tierischen Lebens im Burgsandstein dieser Gegend) . . . . . . . . . . . . . . . . . . 0,2—0,3 m;
6. mürber, weißer oder roter, auch gefleckter mittelkörniger Sandstein . . . 1,8 m.

---

[1]) Gümbel, C. W.: Geognostische Karte von Bayern 1:100000, Blatt Erbendorf.

## 9. Gegend von Grafenwöhr, Schnaittenbach, Hahnbach und Bodenwöhr.

Es ist unsicher, ob die durchweg mürben bis lockeren, mittelkörnigen bis sehr groben und geröllreichen weißen, gelben, grünlichen und roten Feldspatsandsteine und Arkosen im Truppenübungsplatz von Grafenwöhr und gegen Mantel, sowie in der Schnaittenbacher Senke dem Burgsandstein und überhaupt dem Keuper angehören. In diesen Schichten liegen die nordoberpfälzischen Kaolinsandstein-Vorkommen, die im Großen Sande für die verschiedensten Verwendungen liefern (s. auch S. 380). Sie werden außerhalb der bekannten Kaolin-Fundorte kaum auf Sand ausgebeutet [S a n d g r u b e n bei Hütten (6 m) und im Truppenübungsplatz], teils wegen Sandgewinnung in den Kaolinwerken, teils wegen der Nähe reichlich vorhandener diluvialer Sand-Vorkommen.

Westlich von Hirschau, in der Hahnbacher Senke (N. von Amberg) und im südlichen Bodenwöhrer Becken, ist der Burgsandstein in der Regel so arkosigtonig, daß nur selten einzelne geringmächtige, halbfeste und mürbe Bänke in kleinen S a n d g r u b e n erschlossen sind.

### Dolomitsandsteine und Dolomite der Burgsandstein-Stufe. [1])

**Unterer Burgsandstein.** — Dolomitische Gesteine [2]) sind fast ganz auf dessen tonreiche und sandsteinarme Ausbildung, die „Heldburg-Stufe" im Gebiet N. des Mains und im nordwestlichen Steigerwald beschränkt. Feinkörnige D o l o m i t s a n d s t e i n e bilden hier untergeordnet plattige und dünnbankige Einzellagen (0,1—0,3 m), seltener plattige Schichtfolgen bis zu etwa 2 m Stärke, die gelegentlich Wegschottergut abgeben. Daneben kommen tonreiche Dolomitlagen (S t e i n m e r g e l, Anal.-Tab. S. 204) vor, wie sie auch im Gipskeuper weit verbreitet sind. Sie erreichen höchstens $^3/_4$ m Stärke und werden nicht genutzt; früher wurden sie bei Neuses W. von Coburg als Zementrohstoff ausgebeutet.

**Mittlerer Burgsandstein oder „Dolomitische Arkose".** — In dieser Abteilung des Sandsteinkeupers erlangen d o l o m i t i s c h e  S a n d s t e i n e bezw. A r k o s e n starke Entwicklung und praktische Bedeutung westlich einer ungefähren Linie Dinkelsbühl—Neustadt a. d. Aisch—Forchheim—Kulmbach. Ihr Auftreten verschaffte diesem Teil des Burgsandsteins die Bezeichnung „D o l o m i t i s c h e  A r k o s e". — A n m.: Dolomitische Arkosen kommen auch in der Stufe des Blasen- und Semionoten-Sandsteins, z. T. auch in der Lehrberg-Stufe (Oberpfalz) und im Oberen Burgsandstein, vor, erreichen aber doch nirgends Mächtigkeiten wie im Mittleren Burgsandstein.

Die harten dolomitischen Sandsteinschichten sind gewöhnlichen Burgsand-

---

[1]) Vgl. hierzu die Profil-Tabelle X, S. 158.

[2]) Die im Burgsandstein vorkommenden dichten D o l o m i t e werden hier gemeinsam mit den Dolomitsandsteinen besprochen, da sie heute fast durchwegs wie diese verwendet werden.

steinen oder weichen, tonigen Feinsandsteinen oder roten Tonen und Mergeln in wiederholtem Wechsel eingeschaltet und mit dichten Dolomiten eng verbunden. Sie halten nur wenig aus, zerschlagen sich in mehrere Bänke oder keilen aus. Seitlich können sie in karbonatfreie Sandsteine oder in Dolomit übergehen.

Der Coburger Festungssandstein. — Die 6—12 m mächtige Folge dieses den unteren Teil des Mittleren Burgsandsteins bildenden Sandsteins wird von mächtigen und geschlossenen dolomitischen Arkose-Sandsteinbänken und Dolomiten gebildet. In Mächtigkeit und Ausbildung wechseln sie ständig und sind nicht frei von Sandstein- und Tonzwischenlagen. — Der Coburger Festungssandstein (er trägt die Feste Coburg) bildet ausgeprägte Terrassen oder er steht als Felsen an, besonders im Main- und Aurach-Tal W. von Bamberg, im Main-Tal um Marktzeuln und Burgkunstadt, in der Coburger und Seßlacher Gegend.

Schichtfolge aus dem Mittleren Burgsandstein („Dolomitische Arkose") bei Obristfeld unfern Burgkunstadt
(nach H. Thürach 1889, S. 58, gekürzt)[1]:

Von oben nach unten:
1. veilfarbige Mergel;
2. hellgraue Dolomitbank . . . . . . . . . . . . . . . . . . . . 2,0 m;
3. rotbraune Letten . . . . . . . . . . . . . . . . . . . . . . 1,5 m;
4. rotbraune Letten mit grau und veil geflammten Dolomitknollen und einzelnen Lagen von weißem Stubensandstein (Burgsandstein) . . . . . . . . 4,0—5,0 m;
5. weißer Stuben-(Burg-)sandstein mit festen, dolomitischen Sandsteinknollen . 1,5 m;
6. braungrauer, sandiger Dolomit und dolomitischer Sandstein in Knollen . . 1,2 m;
7. veilfarbige Letten und Mergel mit Dolomitknöllchen . . . . . . 2,5—3,0 m;
8. grobkörniger dolomitischer Sandstein und sandiger Dolomit . . . . . 2,5 m;
9. veilfarbige Mergel mit bis 0,3 m großen Dolomitknollen . . . . . 1,5—2,0 m;
10. hellgrauer, z. T. auch veilfarbiger, sandiger Dolomit in bis $1/2$ m großen, dicht aufeinander liegenden Knollen, eine förmliche Bank bildend, in Nr. 11 übergehend 1,5 m;
11. weißer bis hellrötlicher, grobkörniger Sandstein und Arkose, teils fest und dolomitisch, teils locker; mit Lagen von Dolomitknöllchen (Coburger Festungssandstein) . . . . . . . . . . . . . . . . . . . . . . . . 5,0 m;
12. rotbraune Letten und Mergel mit Dolomitknöllchen . . . . . . 4,0—5,0 m;
13. veilfarbige, sandige Letten mit Dolomitknöllchen . . . . . . . . 2,0 m;
14. weißer, mittel- bis grobkörniger, dolomitischer Sandstein mit Dolomitknöllchen 4,0 m.

Darunter Unterer Burgsandstein: bunte Letten mit $1/2$ m dicken Sandsteinlagen (2 bis 3 m); weißer, mürber Sandstein mit bunten Letteneinlagen (10 m).

Ausbildung der dolomitischen Sandsteine und Arkosen. — Die dolomitischen Feldspatsandsteine sind meist weißgrau, auch bräunlichgrau oder rötlich bis lichtveilfarbig und können fein-, mittel- und grobkörnig sein. Sie sind in der Regel auffallend ungleichkörnig und durchsetzt mit größeren Quarz- und Feldspatkörnern und mit Quarzgeröllen bis zu 1—2 cm Größe. Je nach dem Vorwiegen des karbonatischen Anteils oder der sandigen Gemengteile wechselt das Aussehen der Gesteine sehr stark, ebenso die Menge, Verteilung

---

[1] Thürach, H.: (angeführt S. 157, Anm. 2).

201

und Korngröße des Sandes. Die Bezeichnung Arkose (aus dem Französischen arcôt) pflegt man auf die grobkörnigen Gesteine zu beschränken.

Die karbonatreichen Sandsteine und Arkosen sind unebenflächig wulstig dünn- oder dickgebankt und brechen ruppig. Die rauh sich anfühlenden sandigen Gesteinsteile sind oft mit glatten, sandfreien Schlieren, Bändern und Knollen von dichtem Dolomit fest durchwachsen; ganze Gesteinslagen können in sandarme oder sandfreie Dolomite übergehen.

Sehr bezeichnend sind Einlagerungen oder selbständige Lager von bunten Bröckel- oder Breschenbänken mit Geröllen und Brocken von aufgearbeitetem, dichtem Dolomit, Dolomitsandstein und rotem und grünem Ton in sandig-karbonatischer Hauptmasse. Auch unterm Mikroskop zeigt sich diese Ungleichförmigkeit der Ausbildung. In der im raschen Wechsel dichten oder kristallisierten Karbonatgrundmasse liegen lose verteilt oder angehäuft die Sandkörner neben ± scharf abgegrenzten Knöllchen und Bröckchen von dichtem, mergeligem Dolomit.

Karbonatärmere Dolomitsandsteine sind mit den geschilderten auffälligen Gesteinen durch Übergänge verbunden oder treten als selbständige Schichten auf. Sie sind immer noch sehr hart, massig oder dickbankig, bei feinkörniger Ausbildung auch plattig und gut geklüftet. Das Karbonatbindemittel ist ziemlich gleichförmig verteilt und wechselnd dicht und kristallisiert. Seitlich können die Gesteine in Burgsandsteine übergehen, in denen härterer Dolomitsandstein nur noch in Bänken, Bändern, Linsen oder Knauern vorkommt oder das Karbonatbindemittel nur noch spärlich verteilt ist. — Verwendung: Die Dolomitsandsteine und dolomitischen Arkosen werden in zahlreichen, oft tief in den Wäldern versteckten Gruben und Brüchen als Grundbau-, Roulier-, Pflaster- und Mauersteine, besonders aber als Straßenschotter, abgebaut.

**Oberer Burgsandstein.** — Etwa N. von Bamberg—Lichtenfels stellen sich nordwärts zunehmend, Dolomitsandsteine, dolomitische Arkosen und dichte Dolomite auch im Oberen Burgsandstein ein. Sie machen die Abgrenzung gegen den Mittleren Burgsandstein (= „Dolomitische Arkose") schwierig bis unmöglich; ihre Beteiligung am Aufbau der Unterstufe scheint sehr zu wechseln und örtlich recht zurückzutreten; Dolomitsandsteine werden kaum über 4 m, Dolomite nicht über 2 m stark. Aufwärts reichen sie bis unmittelbar unter die Feuerletten. — Verbreitung: in der Eberner Gegend, im Gebiet von Burgpreppach, Seßlach und von Coburg. — Ausbildung und Verwertung wie beim Mittleren Burgsandstein.

Den Aufbau des Oberen Burgsandsteins in seiner dolomitreichen Entwicklung zeigt folgendes Profil:

Schichtfolge des Oberen Burgsandsteins in einem Hohlweg
am Stein-Berg bei Ebern (nach FR. HEIM).

Unter Feuerletten (rd. 40 m) mit *Zancolodon*-Bresche folgen:

1. harte, ebenflächige, 0,1—0,2 m starke Platten von weißem feinkörnigem Dolomitsandstein . . . . . . . . . . . . . . . . . . . . . . . . . . . . . . . 0,5 m;

2. rote Tone . . . . . . . . . . . . . . . . . . . . . . . 1,0 m;
3. knolliger, dichter Dolomit . . . . . . . . . . . . . . . 0,7 m;
4. harte Platten von Dolomitsandstein . . . . . . . . . . . 3,0—4,0 m;
5. fester, dünnbankiger, mittelkörniger, oben auch feinkörniger Sandstein . . 1,0 m;
6. harte Dolomitsandstein-Platte . . . . . . . . . . . . . . 0,1 m;
7. bunter Ton . . . . . . . . . . . . . . . . . . . . . . . 0,3 m;
8. harte, mittelkörnige Dolomitsandstein-Platte . . . . . . . . . 0,1 m;
9. veilfarbiger Ton . . . . . . . . . . . . . . . . . . . . 1,0 m;
10. harte, ruppig brechende Dolomitsandstein-Bänke mit vielen grünen Tonfetzen 1,0 m;
11. grüne und veilfarbige Tone . . . . . . . . . . . . . . . 1,0—2,0 m;
12. harte Dolomitsandstein-Bänke . . . . . . . . . . . . . . 0,5 m;
13. knolliger dichter Dolomit . . . . . . . . . . . . . . . . 0,5 m;
14. veilfarbiger Ton . . . . . . . . . . . . . . . . . . . . 0,2 m;
15. grünlich-weißer, fein- bis mittelkörniger Sandstein . . . . . . . . 3,0 m;
16. weißer, kaoliniger, mittel- und grobkörniger Sandstein . . . . . . . 4,0 m;
Zusammen 18—20 m.

## Dolomite des Mittleren und Oberen Burgsandsteins.

Die in der Regel dichten Dolomite und kalkigen Dolomite in der „Dolomitischen Arkose" und des Oberen Burgsandsteins sind häufiger, mächtiger und praktisch wichtiger als im Unteren Burgsandstein. Sie sind verhältnismäßig tonarm (Analysen-Tabelle unten) und daher viel härter als die Steinmergel der Heldburg-Stufe und der tieferen Keuper-Schichten. Sie treten in den verschiedensten Schichten der Unter-Stufen auf: in Tonen bzw. Mergeln, in weichen tonigen Feinsandsteinen, in festen oder lockeren Burgsandsteinen und in harten Dolomitsandsteinen bzw. dolomitischen Arkosen. Sie bilden teils Linsen, Laibe oder mannigfach gestaltete Einzelknollen und -knauern von nur angenäherter Schichtlagebeständigkeit, teils eigentliche Lager entweder von dichtgepackten Knollen und dünnen wulstigen Platten oder von ebenflächigplattigen Bänken bis klotzigen Massen. Mit den harten Dolomitsandsteinen und Arkosen sind sie fest verwachsen, seitlich gehen sie öfter in diese Gesteine über. Ihre gewöhnliche Mächtigkeit schwankt zwischen 0,1 und 2,0 m; im Coburger Festungssandstein oder wenig darüber schwellen sie zwischen Hochstadt—Marktzeuln und Coburg auf 5—7 m an. — Verwendung: Die Dolomite werden hauptsächlich als Wegeschotter genutzt und meist mit den Dolomitsandsteinen gemeinsam gewonnen; seltener werden sie gebrannt (z. B. Treppendorf im Steigerwald, Serrfeld—Dippach in den Haß-Bergen, Seßlach bei Coburg, Sülzfeld—Mährenhausen im nördlichen Coburger Land).

| | $CaCO_3$ | $MgCO_3$ | $Al_2O_3$ | $Fe_2O_3$ | $H_2O$ | Glüh-verlust | Un-lösliches | Summe |
|---|---|---|---|---|---|---|---|---|
| 1 | 26,77 | 20,93 | 2,40 | | 0,54 | 1,81 | 47,45 | 99,90 |
| 2 | 39,39 | 31,30 | 1,56 | 2,28 | 1,27 | 1,17 | 22,57 | 99,54 |
| 3 | 49,80 | 36,71 | 3,15 | | 0,44 | 1,97 | 8,25 | 100,32 |
| 4 | 51,68 | 37,88 | 0,41 | Sp. | 1.01 | — | 8,43 | 99,46 |

1 = Dolomitische Arkose aus der Stufe der „Dolomitischen Arkose" (Mittl. Burgsandstein), Hahnwald S. von Eltmann a. Main. — Unt.: U. SPRINGER & G. ABELE,
   Labor. d. Geol. Landesuntersuchung am Oberbergamt, München.
2 = Steinmergel, Heldburger Ausbildung des Unteren Burgsandsteins, Trossenfurt bei
   Eltmann. Unt.: G. ABELE, Lab. d. L.-U., München.
3 = Dichter Dolomit aus der „Dolomitischen Arkose", Treppendorf bei Burgebrach. —
   Unt.: U. SPRINGER & G. ABELE.
4 = Dichter Dolomit aus der „Dolomitischen Arkose", Gruber Stein bei Coburg. — Unt.:
   G. FISCHER (S. 449)[1]. Daneben: $SiO_2 = 0,03$; $Mn_3O_4 = Sp$; $P_2O_5 = 0,02$ v. H.

### Einzelvorkommen.

Die südlichsten Vorkommen dolomitischer Arkosen und von Dolomiten bei
Dinkelsbühl—Flinsberg bis gegen Wieseth sind unbedeutend.

Steigerwald. — Die „Dolomitische Arkose" tritt hier in einem breiten
Streifen auf, der etwa halbwegs zwischen dem Gebirgsrand und der Regnitz-
senke von Neustadt a. d. Aisch zum Main-Tal bei Viereth und Eltmann zieht.

Im Süden sind Zahl und Mächtigkeit der Bänke gering. Viele Gruben
darin: auf den Höhen von Dettendorf und Hohholz O. von Neustadt a. d. Aisch;
im Winkel zwischen Aisch und Kleiner Weisach (Geis-Grund) um Rauschenberg, Altershausen und Vestenbergsgreuth; zwischen Neustadt a. d. Aisch und
Schlüsselfeld (besonders auf den Höhen bei Frickenhöchstadt, S. von Gleißenberg und zwischen Elsendorf und Warmersdorf).

Zwischen der Reichen und Rauhen Ebrach werden die Bänke mächtiger und häufiger, besonders im unteren Teil der „Dolomitischen Arkose"
(bei Reichmannsdorf, Treppendorf, Ober-Köst und Burgebrach dichte Dolomite
von fast 2 m Stärke, bei Treppendorf zum Brennen genutzt). — Abbaue: bei
Thüngbach NO. von Schlüsselfeld; Wachenroth, Reichmannsdorf—Dippach;
Decheldorf—Ober-Köst; Unter-Köst; N. von Mühlhausen und Steppach; S. und
SO. von Burgebrach; S. von Unter-Neuses; N. von Kötsch und Mönch-
herrnsdorf bei Burgwindheim.

Nördlich der Rauhen Ebrach schwillt die den Mittleren Burgsandstein einleitende Zone harter Gesteine (etwa dem Coburger Festungssandstein
entsprechend) stellenweise auf etwa 7 m an; an ihre Stelle können quarzitische
Grobsandsteine treten (z. B. S. von Dankenfeld). — Gruben und Steinbrüche: bei Schindelsee, Grub—Frenshof—Steinsdorf; bei Lisberg (Fels-
bastionen); bei Graßmannsdorf NO. von Burgebrach und bei Walsdorf.

Zwischen dem Aurach- und Main-Tal ist die Zahl der Gruben auf
den Höhen sehr groß: [Bürger- und Hahn-Wald S. von Eltmann (Bruch des
Forstamtes) in 7 m dolomitischen Arkosen und Breschen des Coburger Festungs-
sandsteins]; bei Weisbrunn—Trossenfurt; bei Tütschengereuth S. von Viereth.
Die vielen bis 8 m tiefen Brüche von hier haben Pflastersteine geliefert; auch
die Mauersteine für die Staustufe des Mains bei Viereth stammen daraus.

In einem Steinbruch bei Tütschengereuth fand sich diese Schichtfolge:
1. Verwitterungslehm oder roter Ton (0,5—1,0 m); — 2. dichter Dolomit

---

[1] FISCHER, G.: Zur Kenntnis der Entstehung der Steinmergel im fränkischen
Keuper. — N. J. f. Min. usw., B.-Bd. 51, Stuttgart 1925.

(0,2—0,3 m); — 3. mürber Burgsandstein mit Knollen und Linsen von hartem Dolomitsandstein (1,0 m); — 4. Dolomitsandstein (3—4 m); — 5. Burgsandstein, örtlich dolomitisch gebunden (1—2 m); — 6. Dolomitsandstein (2 m).

Haß-Berge und Baunach-Gebiet. — Unterhalb von Bamberg sind nördlich des Mains in dem z. T. bastionsartig anstehenden Coburger Festungssandstein und in höheren Schichten viele Gruben angelegt (Unter-Haid; NO. und O. von Staffelbach (Abb. 39); NO. von Stettfeld; in der Stettfelder Gemeindewaldung; bei Schönbrunn und Breitbrunn (N. von Ebelsbach—Eltmann). Die westliche Verbreitungsgrenze dolomitischer Gesteine ist etwa die Linie von hier aus über Köslau, Bramberg, Bram-Berg, Ibind und Üschersdorf (W. von Burgpreppach) bis Serrfeld —Dippach (W. von Maroldsweisach), wo häufig die Dolomitische Arkose als Straßenschotter, z. T. als Kalkbrenngut und als Mörtelsand, gewonnen wird. Im Großen Haß-Berg springt sie nach Nordwesten bis über Nassach vor; die Stufe der Dolomitischen Arkose besteht hier aus dolomitischen Sandsteinen unten und Schiefertonen mit Dolomitknollen und -Dünnbänken oben (vgl. Abb. 39). — Brüche in der Dolomitischen Arkose sind u. a. an der Steige bei Eichelsdorf, bei Walchenfeld (Kalkbrenngut) und vor allem bei Rottenstein.

Das östlich der genannten Linie gelegene Talgebiet der Lauter, Baunach und Weisach ist von Bamberg bis Maroldsweisach großenteils im Mittlerem Burgsandstein eingeschnitten. Die dolomitische Entwicklung

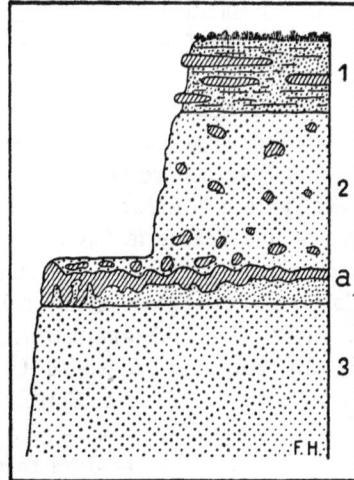

Abb. 39

**Verlassener Bruch im Burgsandstein N. von Staffelbach bei Bamberg.**

1 = 3—4 Dolomit-Bänke und -Linsen in mürbem, veilfarbigem, schieferigem Tonsandstein (rd. 1,00 m); — 2 = weißer, fester Burgsandstein mit reinen Dolomitgeröllen (mit grüner Tonhaut); besonders gegen unten zu aufgearbeitete Knollen des Dolomits (2,00 m); a = reiner und sandiger Dolomit in mürbem, veilfarbigem Sandstein (0,25—0,50 m); — 3 = Burgsandstein (2,00 m). (Von F. HEIM.)

in Mittlerem Burgsandstein eingeschnitten. Die dolomitische Entwicklung greift hier (nordwärts zunehmend) in wechselndem Maße auch auf den Oberen Burgsandstein über, besonders in der Gegend von Ebern—Burgpreppach (Profil S. 202). Bis 2 m starke dichte knollige oder plattige Dolomite in beiden Unterstufen (Üschersdorf bei Burgpreppach; W. von Maroldsweisach; Preppach bei Ebern). Zahlreiche Schottergruben; bei Serrfeld wurden kalkige Dolomite (0,5 m) zu Kalk gebrannt.

Steinbruchprofil zwischen Preppach und Reutersbrunn: Feuerletten, die Hochfläche bildend, darunter: 1. dünne Platten von hartem Dolomitsandstein und Dolomit (1,0 m); — 2. weißer, quarzgeröllführender Grobsandstein (0,6—0,7 m); — 3. dünnplattiger, weißer dichter Dolomit (2,0 m).

Seßlacher Gegend. — Gesteine des Mittleren und Oberen Burgsandsteins treten auf an der mittleren Alster, beiderseits der Rodach und Kreck (von Seßlach über Gemünda bis Autenhausen) und auf den Höhen zwischen Rodach- und Tambach-Tal. — Zahlreiche Steinbrüche und Gruben auf Schotter und Mauersteine, seltener auf Pflastersteine: in der Umgebung von Seßlach (großer Bruch S. von Geiersberg); zwischen Dietersdorf und Ober-Elldorf; im Alster-Tal nahe der Muggenbacher Mühle, bei Lechenroth und Dürrenried; S. der Kreck bei Autenhausen und Merlach u. a. a. O. Bei Seß-lach und Sülzfeld (Mährenhausen) werden Dolomite gebrannt.

Coburger Gegend. — Südwestlich und W. von Gauerstadt gehen vom Hohen Stein nordwärts gegen Jägersruh die harten Dolomitsandsteine in lockere Burgsandsteine mit Dolomitknollen über. Mustermäßig sind erstere entwickelt zwischen dem Tambach-Tal (bei Weitramsdorf—Tambach) und dem Itz-Tal (von Coburg abwärts bis Scherneck). — Steinbrüche: am Johannes-Berg unfern Tambach; um Eicha bei Witzmannsberg; bei Scherneck; um Ahorn und Scheuerfeld SW. von Coburg.

Östlich der Itz sind innerhalb des Terrassen und Felsen bildenden Coburger Festungssandsteins dolomitische Arkosen (10 m) und massige, dichte Dolomite (5—7 m) am mächtigsten entwickelt. — Steinbrüche: bei der Feste Coburg; bei Lützelbuch O. von Coburg; am Buch-Berg und Gruber Stein (7—10 m); bei Grub a. Forst (7—8 m); um Buch a. Forst u. a. a. O.

Obermain-Gebiet. — Im Burgsandstein-Gebiet zwischen dem Franken-jura und der Coburger Jura-Insel oberhalb Lichtenfels verlieren sich die dolo-mitischen Gesteine im Oberen Burgsandstein. Der Mittlere Burgsandstein hin-gegen behält hier und mainaufwärts bis gegen Mainroth bei Burgkundstadt seine bezeichnende Entwicklung als „Dolomitische Arkose" bei. Gegen Kulm-bach zu und im Keuper südlich davon sind technisch nutzbare Dolomitgesteine des Burgsandsteins kaum mehr anzutreffen.

1. Nördlich des Mains sind viele Gruben in und um Schney bei Lichten-fels (mächtige Dolomitsandsteine mit eingewachsenen weißen Dolomitbänken im Orte, im Bahneinschnitt und an den Hängen); am Hühner-Berg bei Schwür-bitz (4—6 m mächtige, schräg gestellte Dolomitsandsteine; Rouliersteine, Groß-und Kleinpflaster); bei Marktzeuln [großer Steinbruch in den Felsen des Berg-kopfes P. 308 (Top. Blatt Lichtenfels-Ost 1 : 50 000): oben 3 m dolomitische Arkosen, darunter 4—5 m weiße, dichte Dolomite]; bei Graitz; um Weid-hausen bei Sonnefeld [mehrere große Brüche (7 m)]; — (im Rodach-Tal S. von Kronach bei der Neuseser Mühle ein Einzelvorkommen mächtiger, harter Dolomitsandstein-Felsen); — zwischen Obristfeld—Burgkundstadt (Profil S. 201) und Mainroth nördlich vom Main (mehrere Gruben; Felsbildungen an der Straße).

2. Südlich des Mains steht „Dolomitische Arkose" im Bahneinschnitt O. von Lichtenfels an; am Bahnhof Hochstadt wurde eine Dolomitmasse (4—5 m) mit etwas Dolomitsandstein abgebaut; von hier bis über Altenkundstadt hinaus wurden Dolomitbänke bis 2 m und dolomitische Arkosen bis 5 m Stärke ge-wonnen.

### Dolomitischer Kalkstein in den Feuerletten.

Im Baunach-Grund bei Bamberg sollen nach H. Thürach 1889, S. 73 und C. W. Gümbel 1894, S. 752, auch bis 4 m starke Bänke von dolomitischem Kalkstein in den Feuerletten auftreten, so: auf Coburger Gebiet bei Scherneck—Hohenstein, Einfeld, Sonnefeld und Trübenbach (z. T. oolithisch); bei Bindlach NO. von Bayreuth; SW. von Neuenreuth bei Creußen; bei Creußen und Preunersfeld (gut entwickelt); örtlich in der Hahnbacher Keuper-Senke N. von Amberg (auf der Westseite der Senke treten über der Bank bis 5 m starke Dolomitsandstein-Bänke auf, z. B. bei Groß-Albershof).

### Anhang: Trümmergesteine.[1])

Im mittleren oder unteren Teil der Feuerletten des Mittleren Keupers tritt örtlich eine Gesteins-Trümmerbank auf, die nach Knochenresten in ihr *Zanclodon*-Bresche oder *Plateosaurus*-Konglomerat heißt.

Eigenschaften: Sie ist eine 0,1—3,00 m starke, kalkige oder dolomitische Bank (mitunter zwei Lagen), in die Gerölle und Trümmer von Dolomiten, Kalken, Mergeln, Tonen und reichliche Quarz- und Feldspatkörner eingebacken sind. Die Trümmer machen das Gestein konglomeratartig, breschig oder falschoolithisch und bei ihrer roten, weißen, gelben, grünen und schwarzen Farbe „porphyrartig".

Vorkommen: Die Bank scheint nur örtlich, besonders im Westen der Frankenalb, in abbauwürdiger Form entwickelt zu sein: zwischen Dinkelsbühl und Gunzenhausen (alte Brüche, anstehend als 0,5 m starke Bank zwischen Gräfensteinberg und Brombach NO. von Gunzenhausen); auf dem Massen-Berg N. von Spalt (gelegentlich gebrochen); bei Fäßleinsberg, NO. von Allersberg, und Eichelberg O. von Roth a. Sand (Terrasse, kleine Gruben, 3 m stark); am „Hühnerbrunn" NO. von Birnthon (NO. von Feucht, 1,5—2 m stark); zwischen Schönberg und Lauf, O. von Nürnberg; bei Nuschelberg und zwischen Günthersbühl und Heroldsberg NO. von Nürnberg (alte Steinbrüche, bis einige Meter stark); — am Nordwest-, West- und Südhang des Raths-Berges bei Erlangen (0,6 m, alte Brüche); — im Baunach- und Itz-Tal bei Bamberg (terrassenbildend, z. B. bei Ebern, 0,3—0,6 m stark). — Im Keuper-Gebiet östlich der Frankenalb hat die Bank meist keine praktische Bedeutung mehr.

Verwertung: zur Wegebeschotterung und (früher) als Straßenpflaster (z. B. in Erlangen und, nach L. Reuter, in Gunzenhausen).

---

[1]) Neueres Schrifttum:

Dorn, P.: Erläuterungen zu Blatt Erlangen-Süd der Geologischen Karte 1:25 000 von Bayern, München 1930.

Krumbeck, L.: Erläuterungen zu Blatt Erlangen-Nord 1:25 000, München 1931.

Dehm, R.: Beobachtungen im oberen Bunten Keuper Mittelfrankens. — Z. f. Min. usw. Abt. B, S. 97—109, Stuttgart 1935.

## Sandstein des Oberen Keupers (Rhäts).

**Der Rhät-Sandstein.** — Der Rhät-Sandstein bildet mit den z. T. pflanzen-führenden Tonen in und über ihm den Oberen Keuper oder das Rhät (vgl. Profil-Tabelle X, S. 158). Gemeinsam mit den nächst höheren, schon zum Unteren Jura gehörigen Sandsteinen, dem Angulaten-Sandstein und dem Arieten-Kalksandstein (s. S. 217 und 221), umsäumt er die Fränkische Alb (mit Ausnahme von deren Südrand) und die vom Albkörper abgetrennten „Jura-Inseln" Frankens und der Oberpfalz. Zwischen den weichen Feuerletten des Keupers und den vorwiegend ebenfalls tonigen Schichten des Lias' eingeschaltet, bilden diese Gesteine infolge ihrer Härte deutliche Geländestufen über dem Burgsandstein-Vorland und unterhalb der Jura-Höhen.

Die Mächtigkeit des Rhät-Sandsteins schwankt von Ort zu Ort und beträgt im Durchschnitt: am Westrand der Alb von Weißenburg i. B. bis in die Haß-Berge 6—10 m, im Itz- und Obermain-Gebiet, sowie am Ostrand der Alb 10—15 m. Örtlich keilt das Rhät fast oder ganz aus, so im Hesselberg-Gebiet, an einigen Stellen der Erlanger und Forchheimer Gegend, im Bodenwöhrer Becken und bei Regensburg.

Ausbildung: Der Rhät-Sandstein ist gelblich (Oberer oder „Gelber Keuper") oder weiß, seltener bräunlich, dickbankig oder massig und S. des Mains herrschend mittel- bis grobkörnig, N. von Bamberg lagenweise oder völlig feinkörnig. Im Obermain-Gebiet (Lichtenfels—Bayreuth) und O. von Coburg sind feinkörnige, mehrere Meter mächtige Sandsteine über grobem Rhät-Sandstein verbreitet. Die grobe Ausbildung führt häufig Baumstamm-abdrücke und verkohlte Pflanzenreste. Feldspat fehlt nicht, besonders im mittleren Franken und im Osten; hier kommen auch kiesartig-grobe Schmitzen oder Bänke, sowie kleine Gerölle (Kiesel) vor. Allgemein verbreitet sind linsenförmige Einlagerungen von grauen Tonen. Die Feinsandsteine enthalten Glimmer und seltene Muschelabdrücke. Das zurücktretende Bindemittel ist tonig, kaolinig oder quarzig; in letzterem Falle verursacht es das Glitzern des Gesteins. Feste und mürbe Ausbildung finden sich oft dicht benachbart.

Die gröberen pflanzenführenden Rhät-Sandsteine gelten als festländische, die feinkörnigen, mitunter Muscheln führenden Vorkommen im Obermain-Gebiet und nördlich davon als meerische Ablagerungen. Da die Pflanzentone der höheren Sandsteinlagen im Obermain-Gebiet und südlich davon teils noch rhätisches, teils schon unterliasisches Alter besitzen, faßt man hier Sandsteine und Tone auch unter dem Begriff „Rhätolias" zusammen.

Verwendung: Der Rhät-Sandstein bricht in großen Quadern. Er ist der meist verwendete Bau- und Werkstein des Keupers, der das Städtebild in Franken stark beeinflußt hat. Gewisse Vorkommen waren als Schleifsteine sehr begehrt. Mürbe Sandsteine liefern Sand für Baugewerbe und Zementwaren, mitunter auch Glassand.

Anmerkung: Ähnlich wie im Lettenkeuper („Lettenkohle"!) kommen im Rhät vereinzelt unbeständige, unbrauchbare und nicht abbauwürdige Kohlen·

flözchen vor, besonders bei Bayreuth (Fantasie 0,2 m; Tongrube Meyernberg 0,25 m, an der Grenze zum Feuerletten; Gesees; Theta 0,2—0,5 m, Versuchsschacht der 60er Jahre; s. Profil in GÜMBEL, Geologie von Bayern, II, 1894, S. 761). Auch an der Teufelsbrücke bei Hunnenberg (N. von Burgkundstadt) war eine Pflanzentonlage von so kohliger Beschaffenheit, daß man Hoffnungen auf Gewinnung von Kohle daran knüpfte.

Anreicherungen und Flözchen von Schwefelkies hat man bei Theta (s.o.), am „Silberloch" (s. S. 210) bei Rasch (SO. von Nürnberg) und bei Dambach und Beyerberg (Hesselberg-Gebiet; GÜMBEL, Frankenalb, S. 241) vergeblich bergmännisch zu gewinnen gesucht.

### Verbreitung des Rhät-Sandsteins:

1. **Nördliches Vorland der Altmühl-Alb.** — Hier, zwischen der württembergischen Grenze und der Schwäbischen Rezat bei Weißenburg, wird der Rhät-Sandstein nur örtlich als weißer, mürber Grobsandstein bis etwa 1 m Stärke angetroffen (Unter-Asbach bei Gunzenhausen und an den „Lias-Inseln" von Absberg und Spalt NO. ersterer Stadt). — Über den Feuerletten liegt hier entweder feinkörniger Angulaten-Sandstein (Lias-$\alpha_2$) oder grobkörniger Arieten-Sandstein (Lias-$\alpha_3$).

2. **Juravorland zwischen Weißenburg und Altdorf.** — Von Weißenburg bis Freystadt O. von Hilpoltstein überschreitet der Rhät-Sandstein kaum 8 m Stärke; er ist mitunter nur 3 m und weniger mächtig. Er wird oft von verrutschenden roten Rhät-Tonen über ihm (1—7 m Stärke) verschüttet. — Der Sandstein ist weiß, grau oder gelb, selten rotbraun, oft schwarz oder braun getüpfelt, führt Feldspat und bildet dicke Bänke von mittlerem bis grobem Korn. Das Bindemittel ist tonig oder kaolinig. Tupfenförmig im Gestein verteiltes Kalkkarbonat kommt bei Weißenburg und Eysölden S. von Hilpoltstein vor. Schwefelkies ist besonders in den obersten Lagen vorhanden (bei Fiegenstall NO. von Weißenburg, Hilpoltstein und Freystadt). Das Gestein von Weiboldshausen NO. von Weißenburg enthält viel feinverteilten, mikroskopischen Schwerspat.

Zwischen Ebenricht (NW. von Freystadt) und der Bahnlinie Feucht—Neumarkt (S. von Altdorf bei Nürnberg) ist der weit verbreitete Sandstein 5—10 m mächtig, vielfach mürbe und locker (Sandgewinnung); bei Ober-Ferrieden (S. der Bahnlinie) nimmt die Festigkeit nordwärts wieder zu.

Steinbrüche: bei Weiboldshausen, Höttingen und Fiegenstall NO. von Weißenburg; bei Ottmarsfelden S. von Pleinfeld; bei der Dennenlohe-Mühle O. von Pyrbaum.

Der Steinbruch bei Fiegenstall zeigt folgende Schichten: Von oben nach unten: 1. Arieten-Kalksandstein 2,00 m; 2. graugrüne Tone 0,5 m; 3. rote Tone 3,4 m; 4. veilfarbige, mürbe Sandsteine 0,3 m; 5. veile, sandige Schiefertone 0,3 m; 6. feinkörniger, gelblichweißer Sandstein 1,1 m; 7. dickbankiger, grober getigerten Bausandstein mit Kohleresten 2,7 m; 8. weicher, grober Sandstein 0,5 m.

3. Gegend von Altdorf SO. von Nürnberg. — Mächtigkeit des Rhät-Sandsteins 5—10 m; in Brüchen und Tälern erschlossen [romantische Schluchten im Schwarzach-Tal S. von Altdorf oberhalb der Prethal-Mühle; bei Prackenfels und Grünsberg (Teufels-Graben); Rumpelbach-Klamm N. von Altdorf]. Der Sandstein enthält graue Schiefertonlagen; die an- und abschwellenden teils roten, teils grauen und pflanzenführenden Tone über ihm werden vom Arieten-Kalksandstein überlagert.

Steinbrüche: bei Rasch SO. von Altdorf; Westhaid und Burgthann W. davon (5—6 m); an der „Geisleite" WNW. von Altdorf (10 m) und östlich davon am „Steinbruch"; bei Ungelstetten NW. von Altdorf (10 m); bei Heimendorf S. von Lauf (5 m).

Profil an der „Teufels-Kirche" bei Rasch nach E. Stromer.[1]

Hangendes: Harter, brauner Arieten-Sandstein.
1. Sandstein, oben gelb, unten weiß . . . . . . . . . . . . . . . . 0,30 m;
2. Sandstein, mittelgrob, hellbraun . . . . . . . . . . . . . . . 0,15 m;
3. Sandstein, unten gröber, weiß und hellgelb, mit Pyritknollen und verkohlten Baumstämmen . . . . . . . . . . . . . . . . . . . . . . . . . 2,50 m;
4. örtlich sandige Schiefertone, dunkel, mit Glimmer und voll Pflanzenhäcksel 0—0,18 m;
5. dickbankiger Sandstein, grobkörnig, hellgelb bis weiß, z. T. weich und leicht verwitternd, mit Pyritknollen und verkohlten Baumstämmen. Darin 2 alte Stollen, deren einer zu einem Schacht („Silberloch") führt . . . . . . . . . 2,50 m;
6. Sandstein, grobkörnig, gelb und gelbbraun . . . . . . . . . 0,60 m;
7. sandige Schiefertone, weißgrau . . . . . . . . . . . . . über 0,30 m.

4. Gegend zwischen Pegnitz- und Wiesent-Tal. — Der Bausandstein des Rhäts ist hier auf größere Strecken nicht mächtiger als 5—8 m; schwillt stellenweise auf 12 m an und kommt (in der Erlanger Gegend) örtlich fast ganz zum Verschwinden (NW. von Luginsland bei Marloffstein, NW. von Ebersbach und NNO. von Langensendelbach, beide Orte NO. von Erlangen). Er ist weißgrau oder gelbbräunlich, fest, bisweilen mürb, mittel- bis grobkörnig, seltener feinkörnig (Wolfshöhe bei Schnaittach; Marloffstein NO. von Erlangen). Mittlere Lagen sind mitunter ausnahmsweise sehr grob und führen Gerölle [W. von Kalchreuth (SO. von Erlangen; in zwei kleinen Brüchen an der Staatsstraße über den Haid-Berg S. von Heroldsberg und an anderen Stellen im Erlanger Gebiet)]. — Über dem Sandstein liegen hell- oder dunkelgraue, seltener rote Tone (1—2 m, selten 4 m), etwas aushaltender und häufiger als weiter südlich. Sie können dünne Feinsandlagen führen oder seitlich in Sandsteinschiefer und Feinsandsteine übergehen. Oft fehlen sie ganz und der Arieten-Kalksandstein ruht dem Rhät-Sandstein unmittelbar auf.

Steinbrüche: bei Reichenschwand und Schnaittach (unfern Lauf); am Buchen-Bühl und Haid-Berg NO. von Nürnberg; bei Klein-Sendelbach, Schellenberg, Neunkirchen und Großenbuch (O. von Erlangen); bei Ebersbach, Marloffstein, Adlitz, Langensendelbach und Effeltrich (NO. von Erlangen); bei Pinz-

---

[1]) Stromer, E.: Über Fossilfunde im Rhät und im unteren Lias bei Altdorf in Mittelfranken. — Abh. d. naturhist. Ges. Nürnberg, **18**, Nürnberg 1909.

berg, Elsenberg, Kunreuth, Dobenreuth, Gosberg und Wiesenthau (SO. und O. von Forchheim).

5. **Gegend zwischen Forchheim und Bamberg.** — Der Sandstein erreicht 6—10 m, ist aber auch schwächer. — a) **östlich der Regnitz:** Alte Brüche bei Reuth und Wiesenthau O. von Forchheim und am Keller-Berg NO. der Stadt (die Bierkeller sind im Rhät-Sandstein angelegt); bei Serlbach NO. von Forchheim. In Steinbrüchen am Örtel-Berg (NNO. von Forchheim) sind unter dem Angulaten-Sandstein von dem einst abgebauten Rhät-Sandstein heute nur die obersten Lagen mit erschlossen. — Bei Strullendorf SO. von Bamberg lieferte einst in einer Reihe großer Brüche der grobkörnige Rhät-Sandstein (8 m) viel Bausteine für Bamberg.[1]) Auch am Besenplatz N. von Kunigundenruhe (O. von Bamberg) liegen alte Steinbrüche an der Grenze von Rhät- und Angulaten-Sandstein. — b) **westlich der Regnitz:** Rhät- und Angulaten-Sandsteine bilden hier den Fürst-Berg und die Hochfläche des Forchheimer Waldes. Der Rhät-Sandstein wird kaum genützt; Sandgrube am „roten Knöchel" W. von Forchheim. Die meisten Brüche dieses Gebietes liegen im Angulaten-Sandstein (S. 219), in dem die oberen Lagen infolge grobkörniger Ausbildung dem Rhät-Sandstein sehr ähnlich sehen. — Weiter nördlich liegen verfallene Steinbrüche in grobkörnigem Rhät-Sandstein am Julius-Hof NO. von Schnaid, im Schlüsselauer Forst (NW. von Schnaid) und im Mainberg-Wald (heller bis gelblicher Sandstein mit lagenweise rasch wechselndem, mittlerem bis sehr grobem Korn, 4—6 m, unter mitabgebauten harten Platten des Angulaten-Sandstein). Hier scheint Rhät-Sandstein örtlich auch zu fehlen. Auf dem Distelberger

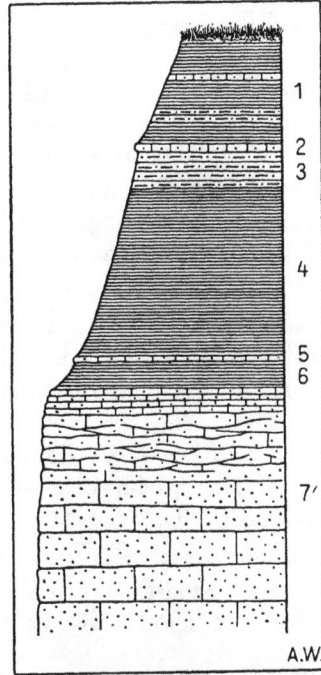

Abb. 40
**Rhät-Sandstein und Angulaten-Schichten, großer Sandsteinbruch bei Ebing, S. von Zapfendorf.**
(Vgl. Fig. 2, Tafel 17.)
1 = tonig - feinsandige Schichten rd. 4,00 m; — 2 = fester, feinkörniger, grünlichweißer Plattensandstein 0,40 bis 0,80 m; — 3=bröckelige graue, graublaue und gelbe sandige Schiefertone mit Sandsteinen 0,30—0,90 m; — 4 = oben schwärzliche, unten graue Tone 5,60 m; — 5=feinkörnige, glimmerige, graugrüne Sandsteinbank 0,20 m; — 6=bröckelige, graue, sandige Tone mit dünner Sandsteinlage 1,00 m; — 7 = feinkörniger, gelber rhätischer Bausandstein, oben (1—3 m) in dünne Schichten angelöst, darunter in geschlossenen Bänken rd. 8,00 m. — Höhe der Bruchwand 20 m. (Von A. WURM.)

---

[1]) In Bamberg sind nach Angaben des städtischen Landbauamtes folgende Kunstbauten aus Rhät-Sandstein errichtet: Ältere Bauten: Martinskirche, Stefanskirche, Obere Pfarrkirche, Karmeliterkirche, Jakobskirche, Ebracherhof (Bezirksamt), altes Rathaus, Obere Brücke, Alte Hofhaltung, Neue Residenz, Michels-Berg (Kloster und Kirche), Altenbürg. — Neuere Bauten: Reichspostdirektion, Synagoge, Kreisarchiv (diese drei aus Medlitzer Stein); Justizgebäude (aus Medlitzer und Sassendorfer Stein), Hebammenschule und Bauämtergebäude.

Wald besteht er aus drei durch graue Tone getrennten fein- bis mittelkörnigen Sandsteinlagen von je 2—3 m.

6. Main-Tal N. von Bamberg. — Hier zieht fein- und mittelkörniger Rhät-Sandstein (6—8 m) bis Ebensfeld (SW. von Staffelstein), wo er unter die Talaue taucht. — a) Linke Mainseite: Steinbrüche bei Zückshut (NNO. von Bamberg) in mittelkörnigem Gestein (6 m), besonders bei Ebing, Sassendorf, Zapfendorf (Abb. 39, Profil und Fig. 2, Tafel 17) und Unter-Leiterbach. — b) Rechte Mainseite: Zahlreiche, verfallene, heute von Hochwald bestandene Steinbrüche auf der Lands-Weide und dem Cent-(Senn-)Berg N. von Bamberg in 6 m mächtigem Rhät-Sandstein und plattigen Angulaten-Sandsteinen; große Brüche bei Medlitz N. von Bamberg und bei Birkach—Oberbrunn SW. von Staffelstein.

7. Gegend O. der Itz und zwischen Itz und Rodach. — Der Sandstein wird bis 15 m mächtig; die Ausbildung schließt sich an die im Main-Tal bei Oberbrunn und Zapfendorf an. Zwischen Rodach und Itz umsäumt er die Lias-Hochflächen von Schottenstein (SO. von Seßlach) und Witzmannsberg (SW. von Coburg). — Steinbrüche: W. von Birkach (W. von Oberbrunn); bei Kaltenbrunn (SSW. von Schottenstein), Schottenstein, Schloß Hohenstein, Ziegelsdorf, Watzendorf und Neuses a. Eichen; Seßlach, Wohlbach (NO. von Seßlach) und Witzmannsberg.

8. Gegend zwischen Itz- und Baunach-Tal. — Die Mächtigkeit des Rhät-Sandsteins beträgt hier wie bei Bamberg nur noch 6—10 m. Das Gestein ist mittelkörnig, im unteren Teil mitunter feinkörnig. — Brüche: am Vordergereuth-Berg (Greh-Berg) N. von Baunach; Reckendorf NW. von Baunach; in den Tannen-Hölzern und am Birken-Rangen SO. von Rentweinsdorf; auf dem Stein-Berg bei Ebern und nördlich davon bei Lichtenstein.

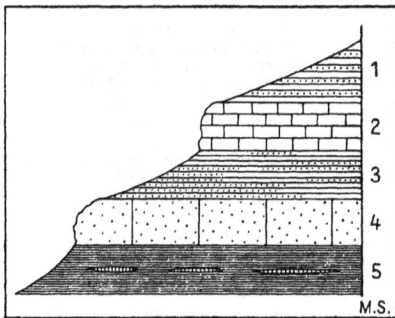

Abb. 41

Schichtenfolge von Rhät und Unterem Schwarzem Jura (Lias) in den Haß-Bergen. Über 1, auf der Hochfläche, Restblöcke eines höheren Angulaten-Sandsteins; — 1 = Lias-Tone mit plattigen, feinkörnigen Sandsteinbänkchen; — 2 = tieferer Angulaten-Sandstein; — 3 = Rhät-Tone (Töpfertone) mit feinkörnigen Sandstein-Einschaltungen; — 4 = Rhät-Sandstein, wie der Angulaten-Sandstein feinkörnig; — 5 = Feuerletten (*Zanclodon*-Letten) mit Dolomit-Linsen. Die Mächtigkeiten sind jeweils 5—10 m.
(Von M. SCHUSTER.)

9. Gegend W. des Baunach-Tales. — Brüche: am Lus- (Lust-) Berg (NW. von Baunach); am Thon-Berg bei Kirchlauter (SW. von Ebern); auf dem Büchel-Berg und Rauhen-Berg bei Burgpreppach (NW. von Ebern; hier feinkörniger Sandstein; Bausteine für das Reichstagsgebäude).

10. Bereich der Haß-Berge. — Der Sandstein bildet in den nördlichen Haß-Bergen die Kronen einiger Berge bei merklichem südwestlichem Einfallen, weiter nach Südosten zu streicht er an den Bergoberkanten aus. Er ist in den

nördlichen Bergen 5—10 m, in der Hofheimer Gegend anscheinend mächtiger und ist feinkörnig (wie Rübenzucker kristallinisch),[1] weißlich, gelblich, seltener graurötlich, gelegentlich mit weißen Feldspatpünktchen durchsetzt. Er streicht manchmal in mächtigen Bänken aus (Wasserfall SO. vom Johannis-Hof bei Sulzdorf) und bildet wahre Felsenmeere auf dem Südwesthang der nördlichen Haß-Berge (Abb. 41).

Seine Verwertung beschränkt sich auf die Gewinnung von Wegeverbesserungs-Steinen für die Forstwege und den „Rennweg", der auf der Höhe der Haß-Berge verlaufenden alten Straße. Die Wege sind vielfach in den unergründlichen Schiefertonen über dem Rhät-Sandstein und über dem Angulaten-Sandstein angelegt. Der Sandstein ist den letzteren Sandsteinen sehr ähnlich, ist aber versteinerungsfrei.

Steinbrüche: W. vom Molken-Brünnlein NO. von Leinach; NO. von Birnfeld (zwei Brüche nahe beieinander; ansehnliche Felsen von fahlweißlichem Gestein anstehend); OSO. vom Johannis-Hof (alter Bruch, nur mehr gelegentlich benützt, schöne Felsen); auf der Höhe der Schweden-Schanze NW. von Eichelsdorf und bei Rottenstein unterhalb der Nassacher Höhe. Sandgruben in dem gelegentlich tiefgründig zu einem rotgelben bis gelben Sand verwitternden Sandstein werden an vielen Stellen zu örtlichem Baubedarf angelegt.

11. Gegend von Coburg. — Der weiße, manchmal rötliche oder veilfarbige Rhät-Sandstein ist 8—18 m mächtig. Er ist meist grobkörnig, enthält aber auch feinerkörnige Lagen und scheint (bei großer Mächtigkeit) in den oberen Teilen (bis 8 m) mitunter vorherrschend feinkörnig zu sein. — Steinbrüche: In der Umrandung der „Coburger Jura-Insel" O. von Coburg bei Ebersdorf, Ober-Füllbach und Neershof (SO. von Coburg, vgl. Profil S. 220); O. von Waldsachsen; am Kiefern-Berg bei Einberg; um Spittelstein; bei Theißenstein und Blumenrod (alle Orte NO. von Coburg). — In der Tongrube von Kipfendorf NO. von Coburg wird unter dem Ton (S. 245) auch der Rhät-Sandstein gewonnen. Mürbe Sandsteine liefern Bausand; feinkörnige Glassand für Glashütten (Theißenstein).

12. Gegend von Lichtenfels und Kulmbach. — Bei Lichtenfels kommt der weiter westlich im Maingrund bei Ebensfeld untergetauchte Rhät-Sandstein an der großen Lichtenfelser Spalte wieder hoch zutage. Beiderseits des Mains bis in die Gegend von Kulmbach und Thurnau, sowie im unteren Steinach- und Rodach-Tal (SW. von Kronach) wird er bis 12 m mächtig und zeigt sich zu oberst in schwankender Mächtigkeit (1—5 m) an vielen Orten feinkörnig ausgebildet. Auf der nördlichen Mainseite schwillt er bei Veitlahm—Lindig (W. von Kulmbach) auf 25 m an. — Steinbrüche: Am Her-Berg und bei Schönsreuth (NW. von Lichtenfels); am Krappen-Berg und im Langheimer Wald (SO. von Lichtenfels); am „Goritzen" bei Schwürbitz und am Kreibitzer Berg bei Hochstadt (O. von Lichtenfels); im unteren Rodach-Tal

---

[1] Der „grobkörnige Rhät-Sandstein" der nördlichen Haß-Berge (nach H. THÜRACH's Annahme) ist schollenartig gelagerter Burgsandstein (nach M. SCHUSTER) (s. S. 195).

am Kümmel-Berg und bei Hunnenberg (beide unfern Küps), sowie bei Thonberg S. von Kronach; auf den Höhen N. von Burgkundstadt um Ebneth, Pfaffegeten und Reuth-Kirchlein; bei Lindig W. von Kulmbach. — Sandgruben: bei Veitlahm (3 m Feinsandstein über 4 m grobem Sandstein mit kiesartigen Schmitzen; Silbersand, Bausand). — Südlich des Mains, von Altenkundstadt gegen Thurnau, findet sich das Rhät in einem von zwei Verwerfungen begrenzten Schollenstreifen. Steinbrüche und Sandgruben: bei Woffendorf S. von Altenkundstadt; NO. von Weismain; auf der Höhe N. von Buchau [W. von Kulmbach; gelber, mittel- und grobkörniger Sandstein (6—8 m) in guten Quadern, oben feinkörnige Bänke, von grauem Pflanzenton überlagert]; „Krumme Föhre" bei Peesten SW. von Kulmbach [mehrere Brüche auf fein- bis mittelkörnigen Sandstein (8 m); Bausteine und Sand für Zementwaren]; bei Thurnau (hier über dem gröberen Bausandstein ein bis 3 m anschwellender harter, glimmerführender Feinsandstein, der zu Schleifsteinen verarbeitet wurde, die früher guten Ruf hatten und ins Ausland gingen); bei Forstleithen O. von Limmersdorf.

13. Das Bayreuther Gebiet. — Am Ostrand der Frankenalb setzt sich der Schollenstreifen, in dem das Rhät zutage tritt, S. von Thurnau bis Creußen (S. von Bayreuth) fort. Bis hierher läßt sich seine östliche Verwerfung, die bisher nur im Norden als Motschenbacher Spalte bekannt war, genau verfolgen. An dieser Störung sind die Sandsteine örtlich sehr zerrüttet und verruschelt, stark verkieselt und mit weißen Kieselsäure-Adern durchzogen. Die tiefsten Schichten sind mitunter sehr grob und geröllführend. Feinkörnige obere Lagen, wie weiter nördlich, finden sich noch bis SO. von Bayreuth, sind aber stellenweise durch gröbere Sandsteine ersetzt. Feste und mürbe Ausbildung wechseln rasch, so daß Steinbrüche und Sandgruben oft nahe beieinander liegen. Etwa von Heinersberg bei Destuben (S. von Bayreuth) südwärts läßt die Festigkeit der Sandsteine allgemein nach; lagenweise und örtlich stellen sich mürbe Schichten von brauner, veiler oder roter Färbung mit reichlichen Eisensandsteinschwarten ein.

Steinbrüche und Sandgruben: a) nordwestlich von Bayreuth (nur für örtlichen Bedarf): im Limmersdorfer Forst (SO. von Thurnau; der Rhät-Sandstein hat hier zugunsten der Feuerletten geringere Verbreitung als das geologische Blatt Kronach 1:100 000 angibt); bei Neustädtlein und Waldhütte; bei Grüngraben unfern Altenplos (stark verkieselte „Mauersteine" von überaus wechselndem Korn); W. von Weikenreuth bei Unter-Waiz (mittelkörnige, feste Bausteine); SW. von Tannenbach bei Heinersreuth (Bausteine neben sehr groben Bausanden); — b) westlich von Bayreuth: das Gebiet ist wichtiger für Bausteingewinnung. Steinbrüche bei Ober-Waiz und Forst (s. Prof., S. 215; geschätzte Bausteine); bei Dörnhof (15 m grobe Bausandsteine), bei Ober-Preuschwitz (hier auch große Sandgruben in der 20 m mächtigen Sandstein-Zone); bei Einöde Teufelsgraben unfern Meyernberg und besonders in Donndorf (mehrere bis 7 m tiefe Brüche in den höheren fein- bis mittelkörnigen Lagen des Rhäts; sehr geschätzte Bau- und Werksteine); —

c) südwestlich und südlich von Bayreuth: Steinbrüche: an der Stein-Mühle bei Mistelbach (Baustein 6—10 m in guten Quadern); bei Forkendorf; W. von Heinersberg bei Destuben (verkieselte Bänke, auch Bausand); am „Spitzigen Stein" S. von Destuben (gut gebankt, aber nicht mehr so fest als weiter nördlich); — Sandgruben: bei Hardt N. von Mistelbach; in Mistelbach (für Zementwaren); beim Weiler Eben auf der Höhe des Saaser Berges; O. von Untern-Schreez (mittelgrober Bausand); — d) nördlich von Bayreuth: Hier umsäumen 20—25 m mächtige, oben feinkörnige (bis 6 m), unten grobe Sandsteine die „Lias-Insel" von Theta. Abbaue auf Bausteine, Bau- und Silbersand: am Siegesturm N. von Bayreuth und nördlich davon; O. von Euben und bei Theta.

Steinbruch-Profil von Forst W. von Bayreuth:

1. Grober Arieten-Sandstein, eisenschüssig . . . . . . . . . . . 0,50 m;
2. dunkelgrauer oder gelber Lias-Ton . . . . . . . . . . . . . 0,10 m;
3. feinkörniger Angulaten-Sandstein, dünnplattig, gelblich, mit grauen oder gelben Tonzwischenlagen . . . . . . . . . . . . . . . . . . . . 1,60 m;
4. rauher Sandstein . . . . . . . . . . . . . . . . . . . . 0,08 m;
5. örtlich dunkelgraue Pflanzentone in Vertiefungen von Nr. 6 . . . . . 0—0,30 m;
6. weißer Feinsandstein, dünnschieferig, mit Glimmer, der Lage nach dem Schleifstein-Horizont von Thurnau entsprechend . . . . . . . . . . . . . 2,50 m;
7. schwarze oder graue Pflanzentone, z. T. sandig, mit Glimmer, Schwefelkies und gelegentlich Gagatkohle . . . . . . . . . . . . . . . . 1,00—1,25 m;
8. Bausandstein des Rhäts, mittel- bis grobkörnig, auch feinere Lagen, in großen Quadern, weiß oder gelb . . . . . . . . . . . . . . . . . . bis 10,00 m.

14. Gegend von Creußen. — Auf der „Hohewart" SW. von Creußen ist der Rhät-Sandstein meist mürbe und bei guter Kreuzschichtung in raschem Wechsel von verschiedenstem Korn. Buntfärbung, Tongallen und Kieselgeröllführung machen ihn burgsandsteinähnlich. Das geologische Blatt Erbendorf 1:100 000 verzeichnet hier irrigerweise „Oberen Bunten Keuper". Der kaum 10 m mächtige Sandstein fällt stark nach Westen ein, so daß der tief gelegene Eisenbahneinschnitt an der Straße Creußen—Schnabelwaid ebenfalls im Rhät verläuft. — Mehrere Gruben auf Mauersteine, vor allem aber auf Bausand, zu dem der mürbe Sandstein beim Sprengen von selbst zerfällt (8 m tiefe, große Sandgrube der Stadt Creußen). — Bei Heinersberg S. von Creußen ist der Rhät-Sandstein nur noch 4 m mächtig. Er verschwindet hier an der Kirchenthumbach—Freihunger Verwerfung (Albrandspalte). Weiter südlich hat GÜMBEL entlang dieser Störung den sog. „Mühlsteinzug" von Freihung bis Ehenfeld für Rhät gehalten. Nach F. X. SCHNITTMANN (1929, angeführt S. 225) gehören diese Mühlsteine von Massenricht jedoch dem Dogger-Sandstein an (S. 225).

15. Gegend von Ehenfeld—Amberg. — In natürlichem Verband erscheint der Sandstein wieder O. von Ehenfeld, am Südrand des Vilsecker Jura-Gebirges, und umsäumt von hier an die nördlich von Amberg sich weitende „Hahnbacher Keuperbucht". Bei Ehenfeld (12 m) erinnert er noch an die burgsandsteinähnliche Ausbildung der Creußener Gegend, sonst ist er bei

6—13 m, örtlich bis 18 m Mächtigkeit gelb oder weiß, mittel- bis grobkörnig, öfters quarzgeröllführend, sehr dickbankig und fest oder mürbe. Östlich von Amberg nimmt er von Lintach gegen Paulsdorf von 10 auf 3 m ab. — Steinbrüche: bei Mühles-Frohnhof N. von Hahnbach (6—7 m); bei Groß-Albershof N. von Sulzbach (unten 14 m weiß, darüber 3—4 m gelb); bei Häringlohe SO. von Rosenberg; bei Neuricht NW. von Amberg (6 m; von hier die weißen Grobsandsteine des Turmes der Mariahilfberg-Kirche bei Amberg); bei Raigering (18 m; unten weiße, oben gelbe Bausteine) und bei Aschach (10 m) NO. von Amberg; bei Höhengau und Gebenbach O. von Hahnbach. — Überall auch Gewinnung von grobem B a u s a n d (z. B. Häringlohe; Mariahilf-Berg).

16. S c h w a n d o r f e r  G e g e n d. — In der „Haselbacher Keuperbucht" W. von Schwandorf ist Rhät-Sandstein geringmächtig und scheint stellenweise überhaupt zu fehlen (kleiner Bruch O. von Hartenried bei Gögglbach). Weiter südlich erreicht er bei Bubach nochmals 10 m. — In das Bodenwöhrer Becken hinein keilt er wenige Kilometer SO. von Schwandorf aus. Die auf den geologischen Karten als Rhät bezeichnete Zone des Höhenzugs von Grafenricht—Bruck ist Angulaten-Sandstein. Die ebenfalls für Rhät gehaltenen Bausandsteine von Erzhäuser—Ober-Kreuth am Nordrand des Bodenwöhrer Beckens gehören nach F. HEIM der höheren Oberkreide (Ober-Turon) an. — In der Regensburger Gegend fehlt Rhät-Sandstein.

## Anhang: Hornsteine.

Hornsteine sind dichte, verschiedenfarbige, undurchsichtige Quarzgebilde, die einen hornartigen Bruch haben. Sie kommen in manchen Schichtgesteinen meist in Form von Knollen, seltener in Bankform eingelagert vor. Die Hornsteine des O b e r e n  M u s c h e l k a l k s, die in Unterfranken an einigen Stellen aus den Feldern gelesen werden, haben keine praktische Bedeutung.

**Hornsteine des höheren Keupers.** — Bei den buntfarbigen Hornsteinen mancher Keupergegenden handelt es sich um $\pm$ dicht verstreute Lesestücke, seltener um anstehende Bildungen; sie sind als Knollen, Adern, Linsen und in förmlichen Bänken Sandsteinen oder Dolomiten eingewachsen. Die Lagen sind meist nur wenige Dezimeter stark, können aber auch Meterstärke erreichen. Die meisten Vorkommen gehören dem Mittleren Burgsandstein, dem Unteren Burgsandstein und dem Blasensandstein an. — Beim Zerfall der Schichtgesteine reichern sich die widerständigen Hornsteine an und werden auch verschwemmt. Man sammelt seit Alters her die losen Trümmer zur Beschotterung von Straßen und Feldwegen.

V e r b r e i t u n g  u n d  G e w i n n u n g : Im Gebiete des Unteren und Mittleren Burgsandsteins zwischen Dinkelsbühl und Bechhofen (SW. von Ornbau; bis $^1/_2$ m große Blöcke); bei Burk; Flinsberg (Name!) bei Dürrwangen; Königshofen und Bechhofen; — im Blasensandstein-Burgsandsteinbereich um Abenberg und Georgensgmünd (bis 2,7 m mächtiges Chalzedonriff W. von Georgensgmünd, auf der Westseite des Steinbacher Bächleins; ein größeres

Hornsteinknollenfeld am Fuße des nahegelegenen „Bühls"[1]); — im Gips-keuper-Bereich bei Sugenheim und Ullstadt, S. von Scheinfeld (hier Hornstein-Schotterreste); — im Blasensandstein-Burgsandsteinbereich zwischen Neu-stadt a. d. Aisch—Hagenbüchach und Herzogenaurach (Hornstein-Restschotter-anhäufungen an hochgelegenen Stellen); — im Burgsandstein-Bereich am Dillen-Berg bei Cadolzburg W. von Fürth; zwischen Neustadt a. d. Aisch—Ühlfeld—Höchstadt a. d. Aisch—Forchheim (Hornstein-Restschotter und ort-ständige Hornsteinvorkommen in der Dolomitischen Arkose bei Dettendorf, Peppenhöchstadt—Schwarzenbach, Sterpersdorf und Adelsdorf); verschiedene Vorkommen bei Bruck, Erlangen, Baiersdorf und Forchheim; — im Burgsand-stein S. von Eltmann; zwischen Stöppach und dem Sand-Berg bei Ahorn im Itz-Tal (S. von Coburg); im Birkenschlag bei Dörfles W. von Coburg (meter-starke Bänke); O. von Grub a. Forst (auf der Südseite des Gruber Berges); — in der Dolomitischen Arkose SO. von Rögen (O. von Coburg; in großer Menge in Felsen); um Schney bei Lichtenfels (sehr verbreitet; in den Dolomitgruben mitgewonnen); zwischen Burghaig und Kulmbach (seltener); bei Neu-Drossen-feld; bei Bayreuth („Zur Birken", Exerzierplatz, Destuben); bei Seulbitz OSO. von Bayreuth; am Rauhen Kulm bei Neustadt a. Kulm; bei Seidwitz O. von Creußen; bei Atzmannsberg unfern Kemnath (vereinzelt); — in der Blasen- und Burgsandstein-Gruppe auf den Höhen NW. und SO. von Pressath; zwischen Pressath und Trabitz (auf der Westseite des Heidenaab-Tales); — im Burgsandstein SO. von Parkstein und bei Buch, östlich davon; auf den Höhen im Norden der Hirschau-Schnaittenbacher Senke (SW. von Weiden; karneolartige, starke, Terrassen bildende Bänke); in der Hahnbacher Senke N. von Amberg.

## b. Sandsteine des Juras.

### Sandsteine des Unteren Juras, Schwarzen Juras oder Lias'.

### Der Angulaten-Sandstein.

Dieser tiefste Sandstein der Jura-Formation gehört der mittleren Zone des Lias-Alpha an. Er ist zum größten Teil meerischer Entstehung. Der Name be-zieht sich auf den seltenen *Ammonites angulatus*. Häufig sind Muschelabdrücke, nach denen das Gestein auch Cardinien-Sandstein heißt. Das Verbreitungsgebiet schließt sich an das des unterlagernden Rhät-Sandsteines an. Von diesem trennen ihn in der Regel nur geringmächtige, z. T. feuerfeste Tone (s. S. 244), die nur örtlich stärker anschwellen und oft auch fehlen. In vielen Steinbrüchen wird er gemeinsam mit dem Rhät-Sandstein abgebaut. Wo das Rhät fehlt, ruht er den Feuerletten auf. Zusammenhängend und in größerer Mächtigkeit (9 m

---

[1]) KLEIN, S.: Über Entstehung und Alter primärer Hornsteinvorkommen in Böden und im Untergrund der dem Frankenjura benachbarten Landoberfläche des oberen bunten Keupers. — Jahresb. u. Mitt. d. Oberrhein. Geol. Ver., N. F., **21**, Jg. 1932, S. 125, Stuttgart 1932.

und mehr) ist er fast nur von Forchheim bis in die Haß-Berge und in der Schwandorfer Gegend entwickelt. Überlagert wird er meist von dunklen Tonen mit dünnen Feinsandstein-Platten oder unmittelbar von dem Arieten-Sandstein (1—2 m) (vgl. S. 221).

Eigenschaften: Der Angulaten-Sandstein ist vorwiegend dünnplattig, fein- bis sehr feinkörnig und in dieser Ausbildung häufig ± verkieselt; stärkere Bänke sind tonig gebunden. Er ist weiß, gelb, bräunlich und seltener veilfarben, häufig rostfleckig oder getigert. Gewöhnlich ist er (im Gegensatz zu den Cardinien-Sandsteinen in Schwaben) karbonatfrei oder karbonatarm; doch kommen örtlich und lagenweise besonders im Norden blaugraue Kalksandsteine vor. Gelegentlich treten in ihm Sandsteinkugeln (Schwedenkugeln) auf, die durch Anreicherung von Eisenkarbonat entstanden sind. In der Forchheimer Gegend erlangt eine grobkörnige, festländisch entstandene Ausbildung praktische Bedeutung. In der Lichtenfelser Gegend kommen grobkörnige, harte, dicke Bänke mit Cardinien vor. Platten und Bänke sind in der Regel durch Lagen oder Häute von dunklem Ton getrennt. — Verwendung: als Baustein und Schotter. Weiche Lagen und verwitterte Gesteine liefern Bausand und Silbersand.

### Verbreitung des Angulaten-Sandsteins.

Im Hesselberg-Gebiet wird der feinkörnige plattige Sandstein bis 4 m mächtig. Sonst fehlt er in ganz Mittelfranken oder ist ohne praktische Bedeutung. — Brüche: im „Steinbruchranken" S. von Wassertrüdingen, dessen Rathaus wahrscheinlich aus Gesteinen von hier erbaut ist (L. REUTER, „Abriß" IV, S. 53); bei Sinnbronn W. vom Hessel-Berg [dünne, durch graue Tone getrennte Platten (4 m), gemeinsam mit Arieten-Sandstein gewonnen].

Erst in der Forchheimer Gegend stellen sich beiderseits der Regnitz wieder nutzbare Angulaten-Sandsteine ein. Ihre Mächtigkeit nimmt von Süd nach Nord und von Ost nach West zu. Eine Besonderheit dieser Gegend ist das Auftreten von Grobsandsteinen vom Aussehen des Rhät-Sandsteins an Stelle oder neben den sonst für diese Zone bezeichnenden Feinsandsteinen. Dunkle Tone unter, zwischen und über den Sandsteinen treten N. und W. von Forchheim stark in Erscheinung. Gesamtschichtfolge, sowie Ausbildung und Stärke der Einzelschichten wechseln fast von Steinbruch zu Steinbruch.

Östlich der Regnitz ist zwischen Reuth und Serlbach (O. von Forchheim) der Angulaten-Sandstein wie weiter südlich noch sehr schwach entwickelt. — Ein Rhät-Sandsteinbruch bei Reuth zeigt von oben nach unten: 1. Arieten-Sandstein 1 m; 2. Angulaten-Schichten: a) blaugraue Tone 0,4 m; b) fein- bis mittelkörnige Sandsteinplatten 0,6 m; c) blaugraue Tone mit sehr dünnen Sandsteinplatten 1—2 m; 3. rhätischer Bausandstein, ziemlich grob, weiß 8—10 m.

Am Oertel-Berg NO. von Forchheim ist der lagenweise im Korn rasch wechselnde Angulaten-Sandstein bereits 4—5 m mächtig. Viele Steinbrüche. — Noch mächtiger sind die stark nach Nord einfallenden Schichten in den Steinbrüchen W. und NW. von Bammersdorf (NNO. von Forchheim).

Profil eines Steinbruchs NW. von Bammersdorf.

Hangendes: frisch blaugraue, sonst gelbliche Tone (Lias-Beta) . . . . . 2,0 m;

1. Arieten-Sandstein, braun, mittelkörnig bis sehr grob . . . . . . . . 0,4 m;
2. Angulaten-Schichten:
   a) oberer Ton, Töpferton, dunkelgrau; mit Sandschiefern und örtlichen Sandstein-
      bänkchen . . . . . . . . . . . . . . . . . . . . . . . . . . 0,5 m;
   b) Oberer Sandstein, Baustein, mittelkörnig, mit bandweise wechselndem Korn 2,5 m;
   c) Zwischenton, blaugrau bis weiß . . . . . . . . . . . . 0,5—1,0 m;
   d) Unterer Sandstein, Baustein, gelblich, mittel- bis grobkörnig, stellenweise auch
      feiner . . . . . . . . . . . . . . . . . . . . . . . . . 4—5,0 m;

A n m .: In benachbarten Brüchen schwillt der obere Ton auf 2 und 3 m, der Obere Sandstein bis auf 4 m an.

Westlich der Regnitz bei Forchheim bilden die Angulaten-Schichten den
Fürst-Berg und die Hochfläche des Forchheimer Waldes (Oesdorfer Revier,
Hohenzorn, Rabens-Berg, Burker Wald, Musel-Berg, die „Mark"). Ihre Schicht-
folge und Ausbildung zeigt nach Beobachtungen von L. KRUMBECK[1]) Abb. 42.
Der Untere Sandstein (bis 7 m) ist massig
oder plattig und vorherrschend feinkörnig,
zu oberst mitunter auch grobkörnig. Er
eignet sich nur zur Gewinnung von Mauer-
und Bruchsteinen, nicht von großen
Quadern. — Brüche: SO. von Oesdorf
(WSW. von Forchheim); am Rabens-
Berg und besonders in der östlichen
„Mark" (NW. von Forchheim). — Der
Obere Sandstein ist massig und grobkörnig, liefert Quader und gilt als guter
Bau- und Werkstein. Normal ist er 1,6
bis über 3 m stark, erreicht aber örtlich 5—6 m, indem er in Flutrinnen
in den Unteren Sandstein hinabgreift.
Auch der über dem Oberen Sandstein
liegende Ton (bis 3 m) enthält Grobsandsteinbänke, die örtlich den Ton ver-
drängen und sich mit dem Oberen Sandstein zu einer mächtigen Sandsteinmasse
vereinigen können. — Steinbrüche:
SO. von Oesdorf, am Hohenzorn, Rabens-
Berg, in der „Mark" und SW. von
Pautzfeld.

In der Gegend von Schnaid (NW.
von Forchheim) werden die Angulaten-

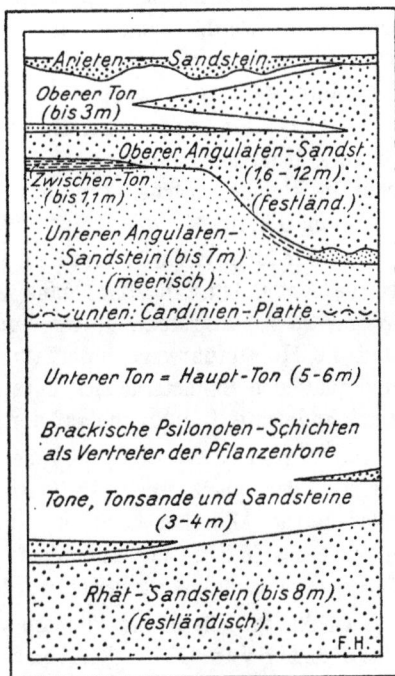

Abb. 42

**Aufbau des „Rhätolias" (bis 30 m) im Forch-
heimer Wald (schematisch).**

(Nach L. KRUMBECK 1933 und Beobachtungen
von F. HEIM.)

[1]) KRUMBECK, L.: Beiträge zur Geologie von Bayern. — X. Zur Rätolias-Stratigraphie
und Geologie des Forchheimer Waldes (Regnitzbecken), sowie angrenzender Gebiete. —
Sitz. Ber. d. phys.-med. Sozietät zu Erlangen, **63/64**, Erlangen 1933.

Schichten mächtiger, der Obere Sandstein ist aber nur örtlich grobkörnig, sonst feinkörnig. — Brüche am SO.-Hang des Galgen-Berges N. von Trailsdorf (O. von Schnaid) in fein- bis grobkörnigem getigerten Sandstein (2,8 m) und SSW. von Groß-Buchfeld (NO. von Schnaid) in feinstkörnigem glitzerndem, felsigem Werkstein (jetzt 1 m, früher 6 m erschlossen). — Auf dem Mainberg-Wald werden plattige Feinsandsteine mit dem Rhät-Sandstein abgebaut.

In der Bamberger Gegend liegen auf dem Distelberger Wald (SW. von Bamberg) über dem Rhät-Sandstein etwa 12 m Angulaten-Feinsandsteinplatten mit Tonzwischenlagen (einige Gruben). Darüber folgen mittel- bis grobkörnige, für Bausteingewinnung zu mürbe Sandsteine als Ausläufer der groben Forchheimer Ausbildung, und darüber noch Tone (2 m) und quarzitische Feinsandsteinplatten (2 m), die früher gewonnen wurden. — Im Bruder-Holz S. von Bamberg, am Roth-Hof W. von Bamberg, am Besenplatz bei Kunigundenruhe O. von Bamberg, auf dem Sem- (Cent-) Berg NW. von Bamberg und im Maintal oberhalb von Bamberg bis Zapfendorf (Abb. 39 und Fig. 2, Tafel 17) und Ober-Brunn werden zumeist plattige und feinkörnige Angulaten-Sandsteine von wenigen Metern Mächtigkeit teils in Gruben für sich, teils gemeinsam mit Rhät-Sandstein abgebaut.

Im Itz-, Rodach- und Baunach-Tal schließt sich die Verbreitung an die des Rhät-Sandsteins an, die Gewinnung erfolgt gemeinsam mit letzteren oder in kleinen Brüchen für sich (Seßlach, Stein-Berg bei Ebern, Thon-Berg SW. von Ebern).

Auf der Höhe der nördlichen Haß-Berge gibt der an Muschelabdrücken reiche Angulaten-Sandstein, ganz wie der ihm sehr ähnliche Rhät-Sandstein, Wegeverbesserungssteine ab für den „Rennweg" auf dem Kamm des Bergzuges und die Holzabfuhrwege innerhalb der tiefgründig verwitternden Schiefertone und plattigen Sandsteine des unteren Lias'. — Steinbrüche: verschiedene flach angelegte Steinbrüche auf der Nassacher Höhe N. von Hofheim (Abb. 40).

Im Coburger Gebiet ist der sehr feinkörnige, seltener gröberkörnige, weiche oder quarzitische Angulaten-Sandstein für eine Gewinnung meist zu dünnplattig. Mit ihm kommen harte, blaugraue Kalksandstein-Bänkchen vor, deren eines (0,2 m) in Kipfendorf (ONO. von Coburg) früher zu Wetzsteinen für Sensen u. dgl. verarbeitet worden ist.

Den Aufbau der Grenzschichten von Keuper und Lias in diesem Gebiet zeigt das Profil von Ober-Füllbach O. von Coburg:

1. Grober Arieten-Sandstein . . . . . . . . . . . . . . . 0,50 m;
2. Sandsteinplatten mit Tonzwischenlagen . . . . . . . . . 5,00 m;
3. Tone mit Sandsteinplatten . . . . . . . . . . . . . . . 3,90 m;
4. eisenschüssiger, feinkörniger Sandstein . . . . . . . . . 0,30 m;
5. gelbe Tone . . . . . . . . . . . . . . . . . . . . . 0,70 m;
6. grauer Sandsteinschiefer mit Pflanzenresten . . . . . . . 1,80 m;
7. grobkörniger Sandstein . . . . . . . . . . . . . . . . 0,25 m;
8. grauer Pflanzenton . . . . . . . . . . . . . . . . . . 2,60 m;
9. gelblichweißer, z. T. feinkörniger Rhät-Sandstein . . . . . . . . 15,00 m.

In der Gegend von Lichtenfels, Kulmbach und Bayreuth liegt über dem Rhät-Sandstein ein feinkörniger, in der Mächtigkeit zwischen 1 und 6 m schwankender Sandstein, der bis SW. von Bayreuth zu verfolgen ist. Da er stellenweise in grobkörnige Ausbildung übergeht und dann kaum vom eigentlichen Rhät-Sandstein zu trennen oder zu unterscheiden ist, auch fast durchwegs gemeinsam mit diesem gewonnen wird, wurde er aus Zweckmäßigkeitsgründen für diese Gegend mit dem Rhät-Sandstein zusammen besprochen. Die Schleifsteinlage von Thurnau und Forst (s. S. 214) gehört hieher. Örtlich auftretende, besonders harte, grobkörnige, z. T. dickbankige Lagen mit Cardinien in den Feinsandsteinschichten werden u. a. S. von Lichtenfels und auf dem „Goritzen" bei Schwürbitz als Feldwegeschotter gebrochen.

Erst in der Amberger Gegend erlangt Angulaten-Sandstein wieder größere Mächtigkeit (4—5 m) bei Paulsdorf und Lintach (O. von Amberg). Im Schwandorfer Gebiet schwillt der feinkörnige, dünnbankige, weiße, gelbe oder bräunliche Sandstein auf 10 m an; hier wurde er bei Bubach SSW. von Schwandorf als Baustein verwendet. Örtlich enthält er stärkere Kiesschmitzen, die bei Grein und Krumlengenfeld (W. von Schwandorf) gegraben werden. — Im Bodenwöhrer Becken, wo der Rhät-Sandstein SO. von Schwandorf auskeilt, setzt Angulaten-Sandstein, die Feuerletten überlagernd und allmählich von 10 auf 4 m abnehmend, bis über Bodenwöhr—Bruck hinaus fort; er ist hier teils mürbe, teils verkieselt, und liefert W. von Meldau (SO. von Schwandorf) und bei Vorder-Thürn (unfern Bodenwöhr) feinen Quarzsand, der gemeinsam mit kiesartig grobem Sand des überlagernden Arieten-Sandsteins (1—2 m) gegraben wird. — Auch NO. von Regensburg liegt er den Feuerletten unmittelbar auf; er ist hier bei Keilberg und Irlbach noch 7—10 m mächtig, weiß oder rot, auch gebändert, bald weich, bald quarzitisch.

## Der Arieten-Kalksandstein.

Der Arieten-Kalksandstein, nach der Ammonitengattung *Arietites* so genannt, ist eine Meeresablagerung und liegt als Lias-$a_3$ normalerweise zwischen dem Angulaten-Sandstein (Lias-$a_2$) und dem Mergel des Lias-$\beta$ (vgl. die Profil-Tafel V). Letzterer kann aber sehr oft fehlen und ist dann vielleicht durch die oberste Zone des Arieten-Kalksandsteins vertreten. Auch der Angulaten-Sandstein fehlt häufig, so daß der Arieten-Sandstein auf die Tone und Sandsteine des Rhäts zu liegen kommt.

Eigenschaften: Das meist dunkelbraune, frisch graue Gestein ist je nach dem Bindemittel entweder ein kalkig gebundener, grobkörniger Sandstein oder ein mit Quarzkörnern voll gespickter, schwarzgrauer Kalk. Das eisenschüssige Bindemittel verwittert leicht zu einer ockerfarbigen Erde. Im Norden, gegen die Coburger Gegend zu, tritt der Quarzgehalt immer mehr zurück. Die sandige Ausbildung reicht bis in die Umgebung O. von Bamberg und in den Itz-Grund. Die Quarzkörner sind bis 5 mm groß und gut gerundet. Feldspatteilchen sind selten, ebenso Turmalin und Zirkon. Bei Zentbechhofen S. von Bamberg ist Bleiglanz und Schwerspat in den Sandstein eingesprengt. Nördlich von Erlangen führen die dolomitisch gebundenen Sandsteine Schwefelkies.

Ein grobkörniger Sandstein aus dem Steinbruch von Burgthann bei Nürnberg ist nach Gümbel (Fränkische Alb, S. 67) zusammengesetzt aus: Quarz 56,09 v. H.; toniger Beimengung 10,69, kohlensaurem Kalk 30,43; kohlensaurem Eisen 1,04; kohlensaurem Magnesium 0,30; kohlensaurem Mangan 0,64; Phosphorsäure und Schwefelsäure in Spuren; Wasser und Organisches 0,81 v. H. — Stark zersetzte Gesteine bestehen aus 75 v. H. Quarzkörnern und bis 12 v. H. Eisenhydroxyd (aus Eisenkarbonat entstanden).

Die chemische Zusammensetzung der Sandsteine ist übrigens sehr wechselnd. So enthält nach E. von Raumer (angef. S. 71) ein braungelber Arieten-Sandstein der Erlanger Gegend 26,46 v. H. Kalkoxyd, ein anderer Sandstein dieser Gegend 4,56 v. H. Im ersteren Falle ist Quarz mit 27,54 v. H., im zweiten Falle mit 75,02 v. H. vertreten.

Verbreitung: Der Arieten-Sandstein ist rings um das Jura-Gebirge, mit Ausnahme von dessen Südrand, wo er unter tage liegt, anzutreffen. Seine Mächtigkeit (wobei Lias-Beta und stellenweise Lias-Gamma mitvertreten sein können) schwankt zwischen 0—5 m. — Beispiele: Hessel-Berg 2—3 m; Stetten bei Gunzenhausen 2,5 m; Höttingen bei Weißenburg 2,2 m; Klein-Weingarten bei Pleinfeld 4,7 m; Gnotzheim am Hahnenkamm 1,35 m; Mindorf bei Hilpoltstein 1,5 m; Heblersricht und Mittelricht bei Neumarkt 0,85 bis 0,90 m; Rasch bei Altdorf 1,6 m; Burgthann bei Nürnberg 2,3—4,5 m; Ober-Ferrieden bei Altdorf 2—3 m; Altdorf 4,5 m; Moritz-Berg S. von Lauf 2,4 m; S. von Erlangen 1 m; am Raths-Berg N. von Erlangen 1,6—2,8 m; Effeltrich bei Erlangen 0,10—1 m; Pinzberg bei Forchheim 0 m; Bamberg 3 m; Kloster Banz am Main 5 m; Coburg 0—2 m; Gegend Kulmbach—Bayreuth 1—2 m; Amberg 1,55 m; Mögendorf bei Bodenwöhr 1,35 m; Bubach bei Schwandorf 0,7 m und am Keil-Berg bei Regensburg 1 m.

Einzelvorkommen: Mehrere kleine Brüche am Südfuß des Hessel-Berges bei Wassertrüdingen (so S. und O. von Illenschwang); größerer seichter Bruch in braunem, grobsandigem Arieten-Sandstein auf der Sandsteinterrasse über dem Hohlweg von Opfenried nach Röckingen bei Wassertrüdingen. (Er enthält vereinzelte weiße Quarzgerölle bis 2 cm Länge, bis eigroße Gerölle von grauem oder hellgelbem Kalk und Muschelbruchstücke in allen Größen. Im frischen Anbruch ist der Sandstein grau. Die Nordwand des Bruches zeigt folgendes Profil: 1. Überdeckung: 1,00 m gelbbrauner, sandiger Lehm und 0,15 m grober, brauner Sand; 2. gelbgrauer Letten 0,20 m; 3. dunkelgraue Kalkbank 0,20 m; 4. gelbgraubrauner, versteinerungsreicher Ton 0,30 m; 5. braunes Kalkbänkchen mit weißschaliger Muschelbrut und vereinzelten Quarzkörnern 0,02 m; 6. graugelbe Mergel 0,20 m; 7. Arieten-Sandstein, mehr als 2,00 m); — kleine Brüche S. von der Kirche von Röckingen und ein Bruch 500 m S. von diesem Orte zeigen ähnliche Profile wie eben mitgeteilt.

Viele kleine Gruben sind in der Gegend von Gunzenhausen—Spalt—Pleinfeld—Weißenburg; meist kleine Gruben in der Neumarkter Bucht [gewerbsmäßige Betriebe bei Mittelricht, Pavelsbach, W. von Möning, Thundorf, Kiesenhof, Kruppach, Thannhausen, Ohhausen, Sulzkirchen und Forchheim S. von Freystadt. Bei Mittelricht besteht der Sandstein aus zwei Lagen; die obere 35 cm starke ist ein blauer, sehr harter Kalksandstein mit wenig Quarzkörnern („Eisenstein"); die untere 30 cm mächtige Schicht ist ein blauroter, harter, zäher Kalksandstein mit viel Quarzkörnern („Roter Bodenstein"). Er wird aus dem Boden gesprengt (K. G. SCHMIDT, angef. S. 71)].

Verwendung: Die harten Sandsteine (in Schnaittach „Eisengäller" genannt) werden zu Hausbauten verwendet.

## Sandsteine des Mittleren Juras, Braunen Juras oder Doggers.
## Der Dogger-Sandstein.

Im Braunen Jura bildet der Dogger-Sandstein die zweite Abteilung der Formationsstufe (Braun-$\beta$) (vgl. Profil-Tabelle VI). Er heißt wegen seines gelegentlichen Eisenreichtums auch „Eisensandstein". Der ferner gebräuchliche Name „Personaten-Sandstein" bezieht sich auf die leitende Versteinerung in ihm *Pecten personatum*. Örtlich wird er auch „Griessandstein" genannt.

Der Sandstein bildet über dem *Opalinus*-Ton die erste Steilstufe am Westrand des Fränkischen Jura-Gebirges und kommt überhaupt rings um dieses vor, mit Ausnahme seines Südrandes. Die unteren Lagen über dem *Opalinus*-Ton enthalten stellenweise graue, schieferige Tonzwischenlagen, die ziemlich mächtig werden können. Die Farbe ist ein warmes Gelb bis Gelbbraun. — Die Grenze zwischen dem *Opalinus*-Ton und dem Sandstein ist ein wichtiges Wasserstockwerk, das viele und starke Quellen speist.

Eigenschaften: Das Gestein ist ein fein- bis mittelkörniger Quarzsandstein mit einem $\pm$ stark eisenschüssigen, tonigen Bindemittel. In den höheren Lagen sind in ihm 1—3 horizontbeständige Roteisenerz-Flöze und Rötellagen (Bolus) eingeschaltet (s. d.). — Die wenig abgerollten Quarzkörner und Quarzsplitter sind von einer mittleren Korngröße von 0,2—0,3 mm und durch Brauneisen, toniges oder kalkiges Bindemittel verkittet. Die Quarzkörner können auch von einem hauchdünnen Eisenbelag überzogen sein. Vereinzelte echte Brauneisen-Oolithe trifft man im ganzen Dogger-Sandstein der nachstehend behandelten Seichtwasser-Ausbildung mit Ausnahme der versteinerungsarmen oder -freien Lagen. Aber auch ganze Schichten sind oft gleichmäßig mit Oolithen durchsetzt. Wirtschaftliche Bedeutung erlangen diese in den aus Eisenoolithen bestehenden Roteisenoolith-Flözen (s. d.). Als Nebengemengteile des Sandsteins werden Glimmer, Zirkon und Rutil angegeben.

Der Entstehung nach unterscheidet E. SCHMIDTILL[1]) in Nordfranken 1. eine Strandfazies (-Ausbildung), die durch Hereinwandern von Küstendünen und

---

[1]) SCHMIDTILL, E.: Zur Stratigraphie und Faunenkunde des Dogger-Sandsteins im nördlichen Frankenjura. — Palaeontographica, **67**, Stuttgart 1925/26.

zurücktretender Einschwemmung durch Flüsse in das breite Strandgebiet des Dogger-Meeres entstanden ist. Sie ist kalk-, ton- und versteinerungsfrei; der Sandstein ist also wenig gebunden. Bei Vilseck sind grobkörnige Ablagerungen eines Flußdeltas; — 2. eine Seichtwasserausbildung, die sehr fein- und gleichmäßig-körnig, ziemlich ton- und versteinerungsreich und teilweise kalkig ist. Durch den Wind wurde der Quarz und Ton, der letztere auch durch Flüsse, vom damaligen böhmischen Festland ins Meer getragen. Auch Eisensulfid gelangte durch Flüsse hinein und wurde in Eisenocker umgewandelt. Die Roteisenerz-Flöze gehören dieser Ausbildung an.

Die Grenze zwischen Strand- und Seichtwasserausbildung verläuft folgendermaßen: Engelsdorf—Paulsdorf und Krumbach (O. und NO. von Amberg) — Ostrand des Höhenrückens zwischen Urspring und Burgstall (N. von Amberg) — Herolds-Mühle und Gumpenhof (S. von Vilseck) — Auerbach—Gunzendorf N. von Auerbach — (sie springt bei Troschenreuth NO. von Pegnitz nach Osten zurück, zieht N. von diesem Ort nach Westen bis an den Osthang des Lindenhardter Forstes) — Neubürg SW. von Bayreuth — Neustädtlein im Forst und Lochau NW. von Bayreuth. — Westlich von dieser Grenze liegt die Seichtwasserausbildung; auch die Kirchleuser Scholle und das Coburger Land gehören dazu. Östlich dieser Grenze ist der Bereich des Hereinwanderns der Küstenausbildung.

Die Mächtigkeit des Dogger-Sandsteins wechselt: bei Bopfingen an der württembergischen Grenze 30—35 m; — Hessel-Berg 36 m; — Weißenburg 20 m; — Sulzbürg 58 m; — Mariahilf-Berg bei Neumarkt 78 m; — Ebermannstadt 45 m; — Leyer-Berg bei Erlangen 30—45 m; — Bamberg 120 m; — Bayreuth 45 m; — Pegnitz 100 m; — Ehenfeld N. von Hirschau 166 bis 168 m (?); — Paulsdorf bei Amberg 45 m; — Bubach bei Schwandorf 16 m; — Regensburg 25 m. Am Ostrand des Frankenjuras ist der Dogger-Sandstein bis zum Tegernheimer Keller am Regensburger Donaurand zu verfolgen. Nördlich vom Main kommt er, nur noch 30 m mächtig, am Krai bei Coburg, von der Verwerfungslinie Weikenbach-Plesten gegen die Trias abgeschnitten, und im Gebiet zwischen Weißenbrunn und Veitlahm vor.

Chemische Verhältnisse: Die chemische Zusammensetzung wechselt je nach dem Anteil des kalkigen oder eisenschüssigen Bindemittels. Eine Analyse nach GÜMBEL (Frankenjura, S. 92) eines Sandsteins aus der Main-Gegend gibt einen stark eisenschüssigen Sandstein wieder: Kieselsäure als Quarz 81,10 v. H.; Eisenoxyd 10,76; Tonerde 2,95; Manganoxydul 2,10; Kalk 0,35; Magnesia 0,25; Alkalien Spuren; Kalkphosphat 0,70; Wasser und Organisches 1,79 v. H.

REINSCH (angef. S. 71) verzeichnet für den Dogger-Sandstein vom Hezles-Berg: Kieselsäure 84,58 v. H.; Eisenoxydul 13,55; Magnesiakarbonat 0,60; Wasser 0,27 v. H.; spez. Gew. 2,394.

In den oberen Lagen der Seichtwasserausbildung des Sandsteins sind am Westrand des oberfränkischen Juras zwei horizontbeständige, von einander getrennte eisenarme Kalksandsteinbänke eingeschaltet; sie sind harte und

Aufn. v. J. Schörner

Fig. 1
**Bausandgewinnung im Dogger-Sandstein, „Hasenloch" bei Winn (N. von Altdorf bei Nürnberg)**
(zu S. 226).

Aufn. v. A. Wurm

Fig. 2
**Grünsandstein als Werkstein, darüber Eibrunner Mergel. Steinbruch bei Lengfeld a. d. Donau**
(zu S. 226).

brauchbare Sandsteine. Weiter gegen den Nordrand nimmt deren Zahl zu, gegen den Ostrand zu keilen sie aus. Im Südwesten bilden sie eine zusammenhängende Kalksandsteinmasse von 4—5 m Mächtigkeit. Wenn der Sandstein aber wenig Bindemittel besitzt, wird er sehr locker. Äußerlich überzieht er sich dann oft mit einer Kruste, unter der er zermürbt und zu Sand zerfallen ist. Limonitlagen und -schwarten in ihm sind an keine bestimmte Lage gebunden.

Einzelvorkommen und Verwendung: a) Sandstein: Der Dogger-Sandstein war früher ein geschätzter Baustein. Wegen seiner warmen Tönung wurde er für Bildhauerarbeiten gerne verwendet. Dafür kommen aber nur die fester gebundenen, eisenärmeren Lagen in Frage, da er im allgemeinen wenig widerstandsfähig ist.

In der Neumarkter Gegend, (Kulch-Berg, Eyer-Berge) werden die oberen härteren und durch Kalk verfestigten Lagen noch in kleinen Brüchen als Bausteine gewonnen. Weitere Brüche sind beim Kloster Banz am Main; Staffelstein (Staffel-Berg); Vierzehnheiligen; Trockau bei Pegnitz; am Nagel-Berg bei Treuchtlingen; bei Gräfenberg; Ebermannstadt; Seugast bei Amberg; am Holz-Berg und Wein-Berg bei Schwandorf und am Tegernheimer Keller bei Regensburg. Viele Brüche sind heute verfallen.

In der Gegend von Hirschau-Ehenfeld wird nach Fr. X. Schnitt-mann[1]) der Dogger-Sandstein sehr mächtig. Es treten feinkörnige, gelbe und weiße und darüber grobkörnige, weiße, tonige Sandsteine auf, von denen die letzteren als Mühlsteine gebrochen werden. Diese wurden früher für Rhät-Sandstein gehalten.

In der Weißenburger Gegend zeichnen sich die weißlichen oberen Lagen durch solche Härte aus, daß sie sich sogar zu Pflastersteinen eignen (Schafscheuer bei Weißenburg). Diese Steine brausen mit Salzsäure lebhaft auf und bestehen aus 28,87 v. H. Karbonatbindemittel (28,51 v. H. $CaCO_3$, 0,30 v. H. $MgCO_3$ und etwas Eisen- und Tonbeimengung). Einzelne Glimmerschüppchen sind eingestreut.

b) Verwitterungssand: — Der aus den wenig verkitteten Bänken durch Zerfall entstandene lose Sand wird vielfach in kleinen Gruben gewonnen und in der Glasindustrie als Schleifmittel verwendet. Die oberen Lagen am Krai bei Coburg sind z. T. reine, tonfreie Quarzsande, die als Silbersande verkauft werden. — In dem am rechten Talhang zwischen Dorfhaus und Weißenohe bei Gräfenberg gelegenen Bruch ist der Sandstein so mürbe, daß er gegraben werden kann. Der rotgelbe fein- und gleichmäßig-körnige Sand wird als Schleifmittel oder als Formsand (s. d.) für Gießereien verwendet. Der abgeschlämmte Teil kann als Stoff für braune und rote Anstrich-

---

[1]) Schnittmann, Fr. X.: Beiträge zur Stratigraphie der Oberpfalz. Stratigraphie und Tektonik der Gegend von Hirschau nördlich Amberg unter besonderer Hervorhebung der dortigen Karneolbänke und kaolinführenden Keupers. — Z. d. D. Geol. Ges. 81, Berlin 1929.

farbe verwertet werden. — Zu Sand zerfallener Dogger-Sandstein wird ferner O. von Postbauer bei Neumarkt gegraben (Formsand) und, unterirdisch, im „Hasenloch" bei Winn N. von Altdorf bei Nürnberg (s. Fig. 1, Tafel 18).

Geschichtliches: Die Kirchenruine von Gnadenberg bei Altdorf, die Wallfahrtskirche Maria-Hilf bei Amberg und Teile der Kirche von Kloster Vierzehnheiligen und Banz am Main bestehen aus Dogger-Sandstein.

## c. Sandsteine der Kreide.
### Sandstein des Unter-Cenomans.
### Der Grünsandstein.

Der Grünsandstein, eine Ablagerung aus einem seichtem Meer, das zur Unteren Ober-Kreidezeit über das Jura-Gebirge vorgedrungen ist (cenomane Meeres-Transgression) liegt auf der meist ebenen mit Bohrlöchern von Meerestieren bedeckten Jura-Oberfläche oder auf den sog. „Schutzfels-Schichten". Diese sind Einlagerungen von bunten Sanden und Tonen in rinnenförmigen Vertiefungen und in Taschen der Jura-Oberfläche. Über dem Grünsandstein lagern die Eibrunner Mergel (vgl. die Profil-Tafel VIII S. 113, die Abb. 17 u. 18 und Fig. 2 Tafel 18).

Der Sandstein beginnt im Schichtprofil in der Regel mit dem Grundkonglomerat, einer eisenreichen Lage mit Quarzgeröllen und Muscheltrümmern. Darauf folgt der glaukonitreiche, dickbankige Bausandstein in einer Stärke von mehreren Metern; hierauf kommen dünnere, glaukonitärmere Kalksandsteine, die mit weicheren, mergeligen Schichten wechsellagern.

Verbreitung: Das Hauptverbreitungsgebiet des Sandsteins ist die Umgebung von Regensburg und Kelheim; er findet sich ferner in der Bodenwöhrer Bucht bei Schwandorf.

**Der Grünsandstein von Regensburg.** — Er ist ein fein- bis mittelkörniger Quarzsandstein, der durch ein kalkiges oder mergeliges Bindemittel verkittet ist (Kalksandstein). Zahlreiche Glaukonit-Körner liegen zwischen den Quarzkörnchen eingestreut und verleihen ihm die grünliche Farbe und den Namen „Grünsandstein" oder „Glaukonit-Sandstein". Seine Mächtigkeit wechselt stark: bei Abbach 16 m, am sog. Schwalbennest bei Sinzing 10 m, beim Kreuz bei Pfaffenstein (Stadtamhof) 6 m.

Verwertung: Der Regensburger Grünsandstein ist leicht zu bearbeiten und bricht in mächtigen Bänken. Seine Druckfestigkeit besteht nach I. Bauschinger (in O. Hermann, S. 398)[1] bei folgenden Vorkommen: Regensburg 385 kg/cm²; Naabeck 230 und 307, Alling 156 und 188, Kapfelberg 310, Abbach 350 kg, gleichlaufend zum Lager 410 kg/cm².

In früheren Zeiten galt der Grünsandstein als ein geschätzter Baustoff und ist in Regensburg und auswärts viel verwendet worden. Heute ist die steinbruchmäßige Ausbeute fast ganz zum Erliegen gekommen. Die großen Sand-

---

[1] Hermann, O.: Steinbruchindustrie und Steinbruchgeologie. I. Auflage, Berlin 1899.

steinbrüche bei Regensburg sind seit langem nicht mehr in Betrieb. Die guten und günstig gelegenen Vorkommen sind abgebaut und der Sandstein ist infolge des nicht gleichmäßig verteilten Bindemittels und der eisenhydroxydischen Verwitterung des Glaukonits nicht immer wetterfest, besonders in den Städten mit Industrieabgasen. In München haben die Sockelsteine der Residenz, der Staatsbibliothek und des Blindeninstituts (hier durch Granit nunmehr ersetzt) stark gelitten. Man gibt der falschen Legung der Schichten schuld, aber auch die richtig gesetzten Steine sind angegriffen. Die in den 60er Jahren des letzten Jahrhunderts ausgebauten Türme des Regensburger Doms und die Querschiffgiebel zeigen deutliche Spuren der Zerstörung. Der Zerfall des Sandsteins wird wie bei allen derartigen Gesteinen durch beigemengten Schwefelkies gefördert, welcher bei seiner Zersetzung schwefelige Säure und Schwefelsäure liefert, die das kalkige Bindemittel des Sandsteins auflösen. — In sorgfältiger Auswahl aber erweist sich auch der Grünsandstein als ein guter Baustein, wie das z. B. die Kapitälle und Säulen der Vorhalle der Kirche in Oberndorf bei Abbach oder der Schloßturm in Abbach beweisen.

Geschichtliches: Die Römer nahmen zu ihren Bauten in der Regensburger Gegend keinen Grünsandstein, sondern nur Jura-Kalk. In romanischer und gotischer Zeit wurde der Grünsandstein besonders in der Regensburger Gegend viel verwendet, so am Dom und an der Steinernen Brücke in Regensburg. Er fand am Dom von Eichstätt und in dessen Kreuzgang, an der Giesinger Kirche in München, bei der Residenz, der Staatsbibliothek, dem Blindeninstitut und an beiden Pinakotheken Verwendung.

Einzelvorkommen: Früher bedeutende Steinbruchbetriebe um Pettendorf NW. von Regensburg [aus deren Stoff sind Teile des Regensburger Doms und der Steinernen Brücke erbaut worden; z. B. die ausgedehnten Brüche am Rand des Haslbauern-Holzes NO. von Reifenthal; die Brüche bei Tremmelhausen, bei Eibrunn (NW. und NO. von Pettendorf)]; bei Kneiting; zwischen Groß-Prüfening und dem „Schwalbennest" gegenüber Sinzing, Bruch am Ziegelstadel bei Kapfelberg W. von Abbach (zu den urkundlich ältesten Grünsandsteinbrüchen gehörig; aus ihm stammt das Gestein für das Löwendenkmal bei Abbach); Bruch O. von Kapfelberg (Gestein für die Giesinger Kirche in München, z. T. auch für den Regensburger Dom und für die Kunstbauten auf der Bahnstrecke Regensburg—Ingolstadt). Altberühmte Brüche bei Neu-Kelheim (im großen Ihrler-Bruch Aufschluß der Transgressionsfläche des Cenoman-Meeres über dem Kelheimer Jurakalk); große Bruchanlagen an der Dantscher-Mühle bei Lengfeld SW. von Abbach [Abb. 43; vollständiges Profil durch den Grünsandstein: über den rd. 6 m mächtigen Werksteinen folgen ungefähr 8 m glaukonitarme, kalkgebundene Sandsteine (Kalksandsteine), die mit Mergellagen wechseln; darüber die Eibrunner Mergel].

**Der Grünsandstein im Bodenwöhrer Becken.** — Der feinkörnige, glaukonitreiche Kalksandstein ist selten frisch, hart und hellgrau, meist ist er mürbe und eisenschüssig dunkelbraun, selten mehr als 1—2 m mächtig. Er ist technisch nicht verwertbar. Größere Härte erreichen im Südosten um Neubäu und Roding geringmächtige Einlagerungen von sehr groben geröll- und feldspatreichen Konglomeraten (mit Granit-, Quarz- und Malmhornstein-Geröllen). Sie kommen nur örtlich vor und werden kaum genutzt.

Im Amberger Gebiet wird der Grünsandstein durch das sogen. Geröllerz (S. 327) vertreten.

## Sandsteine des Ober-Cenomans (Reinhausener Schichten).

Im Bodenwöhrer Gebiet sind die Reinhausener Schichten (S. 114) 6—9 m mächtig; sie treten infolge ihrer Härte und Wetterfestigkeit auf dem Höhenzug von Pittersberg—Schwandorf—Bruck—Roding (Palm-Berg) gut hervor und fallen stark nach Nordosten ein. Gegen Südosten (Michelsneukirchen) und gegen Nordwesten (Amberger Gegend, Hirsch-Wald) verschwächen sie sich. Die Gesteine sind im ursprünglichen Zustande Sandsteine mit kalkigem Bindemittel (Kalksandsteine), wie sie z. B. bei Roding und im Untergrund von Alten-Kreith noch vorkommen (massige, harte kieselige Kalksteine und glaukonitführende Kalksandsteine).

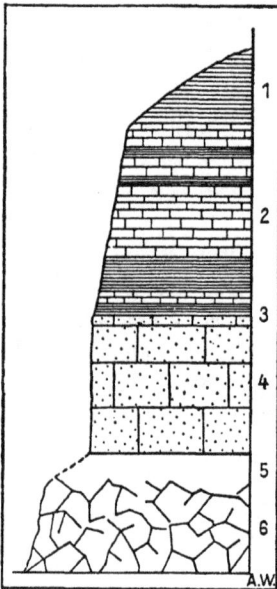

Abb. 43

**Profil durch den Grünsandstein an der Dantscher-Mühle bei Lengfeld**

1 = Eibrunner Mergel rd. 3—4 m; 2 = kalkige Sandsteine, abwechselnd mit sandigen Mergeln, rd. 8 m; — 3 = Sandkalkbank 0,60 m; — 4 = geschlossene Bänke von Grünsandstein (Bausandstein) 5,70 m; — 5 = nicht aufgeschlossen; — 6 = Marmorkalk.

(Nach A. WURM.)

**Der Amberger Tripel.** — Im Gegensatz zu der Entwicklung bei Regensburg haben die Reinhausener Schichten im Bodenwöhrer Becken ihren ursprünglichen Kalkgehalt durch Auslaugung fast vollkommen verloren, wodurch überaus porige, sehr leichte und mehlig abfärbende Gesteine entstanden sind, die man „Amberger Tripel" nennt.

Eigenschaften: In der gewöhnlichen ausgelaugten Ausbildung sind die Gesteine gelbe, graue, häufig dunkel gefleckte sandsteinähnliche Absätze. Die geschlossenen Massen brechen in ebenflächigen Platten von 0,5—1,0 m Stärke, spalten leicht in dünne Lagen und zerfallen flachscherbig, nicht knollig. Sie bestehen vorwiegend aus organischen Kieselresten mit einem wechselnden Sandgehalt und schwacher Glaukonitführung. In der Rodinger Gegend werden sie stärker sandig. — Die kennzeichnende Fleckung und Maserung erinnert an Allgäuer Fleckenmergel. Sie beruht auf Ausscheidungen von dichter Kieselsäure (Hornstein) in dem porigen Gestein. Manche Lagen sind hornsteinartig dicht (Pittersberg NW. von Schwandorf). Ein Kalkgehalt fehlt oder ist ganz gering.

Ein „Amberger Tripel" vom Bahneinschnitt bei Bodenwöhr-Ort enthält: in Salzsäure Unlösliches = 80,25 v. H. (davon $SiO_2 = 73,55$, $R_2O_3 = 4,40$; CaO,

MgO und Alkalien = 2,30); $R_2O_3$ = 3,0; CaO = 6,8; MgO = 0,58; $H_2O$ (105°) = 1,80; Glühverlust = 7,30 v. H.; Summe = 99,73 (Unters.: G. ABELE, Chem. Lab. d. Geol. L.-U.).

Verwendung: als Bau- und Mauersteine und für Straßengrundbau; keine Verwendbarkeit nach Art des echten Tripels (Diatomeen-Erde, Kieselguhr); Diatomeen fehlen den Gesteinen gänzlich.[1]

Steinbrüche: zahlreiche große und kleine Brüche zwischen Schwandorf und Roding; am Holz-Berg bei Schwandorf; früher auch bei Fronberg NO. von Schwandorf; N. von Brückelsdorf und O. von Grafenricht (bei Wackersdorf); auf dem Kneiblitz-Berg SW. von Neuenschwand; W. von Neuenschwand (NW. von Bodenwöhr); N. von Schöngras (SW. davon); am Schießl-Keller W. von Bodenwöhr; W. von Vorder-Randsberg (S. davon); am Weg von Bruck nach Birkhof; in der Gegend von Mappach ONO. von Bruck; im Trollbach-Tal NO. von Sollbach (SO. von Bruck); am Gipfel-Berg O. davon; bei Riedhöfl und auf dem Kellner-Berg O. und SO. von Sollbach; beim Forsthaus Einsiedl (SO. von Sollbach); an der Bäuer-Mühle S. von Neubäu (NW. von Roding); am Weg von Roding nach „auf der Hub" (W. von Roding; Schotter im Kalksandstein und Kalkstein).

Am Südrand der Freihölser Senke und im Amberger Gebiet ist der Amberger Tripel stark aufgearbeitet. R. SEEMANN[2] gibt folgende Punkte anstehender Gesteine an: S. von Köfering (S. von Amberg); Lehmgrube N. von Köfering; Straße Köfering—Waldhaus; bei Ödgötzendorf S. von Amberg; bei Hohenkemnath, bei Lengenlohe, Haag, Ullersberg und Weiherzant, alle SW. von Amberg.

## Sandsteine des Unter-Turons.

**Der Knollensand.** — Mit diesem Namen werden die unterturonen Winzerberg-Schichten bezeichnet, die in der Regensburger Gegend und am Süd- und Nordwestrand der Freihölser Senke (Fortsetzung des Bodenwöhrer Beckens zwischen Schwandorf, Schwarzenfeld, Amberg, Freihöls und Sulzbach) vorkommen; Profil-Tabelle VIII, S. 113). Sie bestehen aus versteinerungsreichen Sandsteinen und daraus entstandenen Sanden, denen oft quarzitische Lagen und hornsteinartige Knollen eingebettet sind. Bei Pfaffenstein unfern Stadtamhof sind sie 40 m mächtig.

Gegend von Regensburg. — Sandgruben auf der Kuppe des Reinhausener Berges (Fegsand).

Bodenwöhrer Gegend. — Die bis 9 m mächtigen feinkörnigen und tonigen Knollensande werden hier als Formsande ausgebeutet: O. von Bodenwöhr; bei Hinter-Randsberg (Fig. 2, Tafel 24); N. von Schöngras (NW. von Bruck); bei Neuenschwand; am Schießl-Keller bei Bodenwöhr; am Weg von Bruck gegen Birkhof (in Steinbrüchen auf Amberger Tripel).

---

[1] Diatomeen-Erde kommt nur als geringmächtige, linsenförmige Einlagerungen in den Oberpfälzer Braunkohlen-Tonen vor (S. 257).

[2] SEEMANN, R.: Die geologischen Verhältnisse längs der Amberg-Sulzbacher und Auerbach-Pegnitzer Störung. — Abh. d. naturhist. Ges. Nürnberg 1925.

Gegend von Schwandorf—Amberg. — In der Gegend von Schwandorf, am Südrand der Freihölser Senke und im Amberger Gebiet bilden die stark aufgearbeiteten und umgelagerten Knollensande selten zusammenhängende Decken (Nordhang des Pittersberg—Schwandorfer Höhenzuges; nach R. SEE-MANN: bei Richt W. von Schwandorf[1]); O. von Pittersberg; um Diebis SW. von Freihöls (Sandgrube O. davon); N. von Ipflheim; Götzenöd und Gleicheröd; zwischen Ebermannsdorf—Moos (oft von jungen Sanden und Schottern über-lagert); bei Moos und Gärmersdorf; im Hirsch-Wald S. von Amberg; auf den Höhen von Köfering, Gailohe, Atzlricht, Fuchsstein; Sandgruben O. von Weiherzant (SW. und W. von Amberg); S. und O. von Stifterslohe (S. von Sulzbach); S. von Prangershof (NW. der Stadt). — Verwertung: zu Bau-und Fegsanden. — In schmalen Streifen sind sie von hier bis über Sulzbach verfolgt worden.

### Sandsteine des Mittel-Turons.

Derartige, den Eisbuckel- und Pulverturm-Schichten (Profil-Tabelle VIII) entsprechende, Gesteine kommen im Bodenwöhrer Becken auf dem Höhen-zug Schwandorf—Bruck—Roding vor. Die untersten Schichten gleich über den Knollensanden sind bis 4 m mächtige, leichte Kieselgesteine, die dem Amberger Tripel sehr ähneln, aber unregelmäßig knollig zerfallen. Örtlich sind sie harte, spezifisch schwere Kalksandsteine (1—2 m). — Gewinnungs-stellen: S. und SO. vom Bahnhof Bodenwöhr (Blechhammer; Aufgrabungen); O. von Bodenwöhr (am P. 406 des Atlasbl. Burglengenfeld-Ost); in der Form-sandgrube bei Hinter-Randsberg; an beiden Stellen harte Gesteine). — Ver-wertung: zu Wegeschottern.

Mittelkörnige, gelbe Feldspatsandsteine lagern über den eben erwähnten Schichten. Sie werden als Straßenschotter- und Bausteine besonders zwischen Bodenwöhr und Neubäu in 3—4 m tiefen Sandgruben gewonnen. — Sandgruben: auf den Höhen SO. von Vorder-Randsberg; O. von Birkhof und O. von Mappach; auf dem Gipfel-Berg SO. von Bruck; im „Oberen Buchet" und auf dem Kellner-Berg O. von Sollbach.

Kalksandsteine, zwischen der Fabrik Blechhammer und Neubäu, jünger als die eben besprochenen, versteinerungsreich und unebenflächig-bankig (3—5 m) wurden früher als Schottergut gegraben („Postlohe" NW. vom Bahn-hof Bodenwöhr; am P. 398 (Atlasblatt Burglengenfeld-Ost); W. von der Halte-stelle Neukirchen-Balbini; O. vom Brünnel-Weiher (NW. von Neubäu); bei Altenkreith NW. von Roding und bei Roding.[2]

---

[1]) Es ist fraglich, ob die glimmerig-feinsandigen, geschichteten Ablagerungen in den Sandgruben von Richt NW. von Schwandorf zu den Knollensanden zu rechnen sind.

[2]) In der Schwandorfer Gegend und im Freihöls-Amberger Gebiet sind mittel-turone Absätze durch verstreute Restblöcke von Kalksandsteinen angedeutet (Leinsiedel SW. von Amberg), wie sie weiter im Nordwesten auch von Neukirchen und Betzenstein vorkommen.

### Sandsteine des Ober-Turons.

**Bodenwöhrer Sandsteine.** — Im nördlichen Bodenwöhrer Becken kommen Sandsteine vor, die man bisher zum Burgsandstein[1]) und Rhät gerechnet hat, die aber nach F. HEIM in die jüngere Kreide-Formation gehören. — Beschaffenheit: Sie sind massig bis sehr dickbankig, seltener unebenflächig-dünnbankig, grau und gelblich und bilden viele Meter mächtige Lagen, die in unregelmäßiger Weise durch gleichmächtige weiße, gelbe, dunkle oder, seltener, lichtrötliche Tone getrennt werden. Die Mächtigkeit der gesamten Schichtfolge mag etwa 100 m erreichen. Die Sandsteine sind fein-, mittel- bis grobkörnig und reich an Quarzgeröllen; Feldspäte treten selten stärker hervor. Das Bindemittel ist niemals kalkig oder dolomitisch, meist tonig, örtlich auch quarzitisch.

Verbreitung: die Sandsteinfolge ist zwischen dem Grundgebirge des Oberpfälzer Waldes und der älteren Ober-Kreide des Höhenzuges Schwandorf—Bruck—Roding grabenartig versenkt. Ziemlich gleichmäßig-körnige, in guten Quadern brechende Bausandsteinlagen („Bodenwöhrer Bausandsteine") treten am Nordrand des Beckens in Terrassen in dem Zuge auf, den man nach GÜMBEL bisher als Rhät bezeichnet hat; doch wechselt hier die Ausbildung der Sandsteine auch seitlich und lagenweise ziemlich stark. Diese Bausandstein-Zone zieht von den Höhen um Taxöldern (N. von Bodenwöhr) über Erzhäuser (an der Bahnstrecke Bodenwöhr—Neunburg v. W.) gegen Ober-Kreith (N. von Roding) und greift auf das Ostufer des Regenflusses über.

Steinbrüche: bei Erzhäuser und um Ober-Kreith [beste Vorkommen Werksteine[1]) für die evangelische St. Lukas-Kirche (1500 m³) und für zahlreiche andere Bauten in München; Gymnasium in Straubing; Filialbank in Amberg]; bei Taxöldern (u. a. O. „Hohe Brunst"); bei Turesbach W. von Erzhäuser; im Pentinger Forst SO. von Windmais bei Erzhäuser (u. a. von der „Kreuzlohe" die Mauersteine für den Tiefenstollen des Bucher Erzbergwerkes); am Kaiser-Weiher (SW. von Neukirchen-Balbini) und um den Weiler Rothsal (NO. von der Haltestelle Neukirchen-Balbini); bei der Fronauer Mühle S. von Neukirchen-Balbini; N. von Mitter-Kreith (NW. von Roding); bei Piendling (NO. von Roding) und O. von Roding im „Eisenhart"-Gebiet.

**Fronauer Sandstein.** — Schichthöher als der Bodenwöhrer Sandstein liegen grobe, z. T. stark geröllführende Sandsteine und Sande auf den Höhen zwischen Fronau und Ober-Kreith. — Steinbrüche: SO. von Fronau (z. B. im Spital-Holz); zwischen Eisenbahn und Ruine Schwerzenberg NW. von Roding. — Sandgruben: O. von Fronau und zwischen Strahlfeld und Ober-Kreith N. von Roding.

**Altenschwander Grobsandstein.** — Dem tieferen Ober-Turon in der Senke des nördlichen Bodenwöhrer Beckens gehören ebenfalls grobkörnige Sandsteine und Sande mit auffälliger Geröllführung an, die im Gelände hervortreten. Man verwertet sie als Bausand. — Sandgruben: bei Freihöls NO. von Schwan-

---

1) O. M. REIS (angef. auf S. 171/172) S. 113—114.

dorf; am Charlotten-Hof und im Spital-Holz (NO. und O. von Schwandorf); im Angst-Holz NW. vom Bahnhof Altenschwand; in der Umgebung des Bahnhofes; bei Mitter-Kreith, NW. von Roding.

**Eisensandsteine.** — Den oberturonen Sandsteinen können in verschiedensten Schichthöhen sehr harte, bis meterstarke Eisensandstein-Ausbildungen eingeschaltet sein. Auf Terrassenflächen, Terrassenkanten und in Einzelhügeln stehen sie oft gut an und haben die vielen Blöcke geliefert, die in der Senke, auf den nördlichen Höhen und im „Eisenhart" bei Roding, sowie im nördlichen Bodenwöhrer Becken weit verbreitet sind. Sie werden als S c h o t t e r - g u t verwertet. — G r u b e n: besonders W. und S. der Haltestelle Neukirchen - Balbini und am „Eisenhart".

**Freihölser Glaukonit-Sandstein („Grünsandstein").** — Die Freihölser Senke NW. von Schwandorf, die nordwestliche Fortsetzung der Bodenwöhrer Bucht, ist mit oberturonen Ablagerungen bis zu 80 m erfüllt (R. SEEMANN). Dem höheren Teil dieser Folge in der nördlichen Hälfte der Senke, gehören die Freihölser Glaukonit- oder Grünsandsteine an. Sie sind lange Zeit für cenomane (Regensburger) Grünsandsteine gehalten worden. — B e s c h a f f e n - h e i t: Die Sandsteine sind sehr feinkörnig, hellgrau bis grünlich, dünn- bis dickbankig, manchmal reich an weißem Glimmer. Sie enthalten bisweilen fingerdicke Sandröhren und wechsellagern mit schwärzlich-grünen, gelb verwitternden und manchmal rot gemaserten Glaukonit-Tonen und mit glaukonitfreien Sandsteinen, die fein-, mittel- bis grobkörnig, grünlich und hellbraun sind und auffällig aus dem Gestein herausleuchtende Feldspäte einschließen. — V e r w e n d u n g: Die Freihölser Glaukonit-Sandsteine werden als Bausteine in mehreren Brüchen abgebaut, bei Jeding und Högling, beide N. von Freihöls (hier Steine u. a. für die Pfarrkirche in Amberg); S. von Hiltersdorf O. von Amberg. Weitere Vorkommen sind bei Knölling NO. von Freihöls und in der Gegend von Paulsdorf bis Krumbach (NW. von Hiltersdorf); am Erz-Berg bei Amberg; N. von Eglsee und bei Schäflohe NW. von Amberg. Ein Schichtprofil folgt.

Steinbruch zwischen Jeding und Högling (nach L. KRUMBECK).[1]

1. Gehängelehm mit Quarzgeröll . . . . . . . . . . . . . . . 0,20 m;
2. grünlichgrauer, zu unterst bräunlicher, feinsandiger Glaukonit-Ton . . . . 2,20 m;
3. grüngrauer, gelblichbraun gefleckter, feinkörniger Glaukonit-Sandstein mit Schalenresten . . . . . . . . . . . . . . . . . . . . . . . . 0,45 m;
4. ebensolcher Sandschiefer . . . . . . . . . . . . . . . . . . 0,75 m;
5. graulichweißer, stellenweise bräunlicher, ziemlich weicher massiger, feinkörniger, glaukonitführender Sandstein, in dicken unregelmäßigen Bänken brechend . 6,00 m.

**Freihölser Feldspatsandsteine.** — Den tieferen Teil des Ober-Turons in der s ü d l i c h e n Hälfte der Freihölser Senke nehmen hauptsächlich die Freihölser Feldspatsandsteine ein. — B e s c h a f f e n h e i t: Sie sind hellgrau und

---

[1] KRUMBECK, L.: Beiträge zur Geologie von Nordbayern III. — Sitz.-Ber. d. Phys.-med. Sozietät in Erlangen, **48** und **49**, Erlangen 1918.

hellgelbbraun, mittel- und grobkörnig, mit ungleichem Korn, mit kiesartigen, groben Schmitzen und Quarzgeröllen, meistens reich an gelben oder grauen, auffälligen Feldspäten; sie sind massig bis dickbankig oder wulstig dünnbankig, fest oder mürbe. Einschlüsse sind Pflanzenreste und, wie bei den Glaukonit-Sandsteinen, fingerstarke Sandröhren. — Verwendung: zu Bausteinen. — Vorkommen: W. und N. vom Bahnhof Irrenlohe bei Schwandorf (alte Brüche); N. von Irrenlohe; am Lichtenecker Weiher zwischen Pittersberg und Schaf-Hof an der Amberger Straße, SO. von Haidweiher (große Sandgruben); NO. von der Haltestelle Hiltersdorf (alte Brüche); S. vom Schuster-Berg bei Högling; in Götzendorf O. von Hiltersdorf; zwischen Högling und der Bahnlinie (kleine Gruben); N. und W. von Freihöls (Sandgruben). (Anm.: Mit den Sandsteinen sind häufig Eisensandsteine verwachsen, die als lose Blöcke in der Senke verbreitet sind und als Schottergut verwertet werden.)

**Veldensteiner Sandstein.** — Dieser, nach der Burg Veldenstein in Neuhaus bei Velden benannte Sandstein ist graugelb, fein- bis grobkörnig, mürbe, feldspatreich und auf der Hochfläche der nördlichen Frankenalb um das Pegnitz-Tal, im Veldensteiner Forst und um Hollfeld ziemlich weit verbreitet. Der Sandstein ist oft nur lose gebunden und zu Sand verwittert, wobei er ausgedehnte Sandflächen bildet (Veldensteiner Forst, Michelfelder Wald bei Auerbach, Krottensee, Königstein, Vilseck und Kirchenthumbach). — Steinbrüche: in Veldensteiner Forst, W. vom Bahnhof Michelfeld am Weg nach Horlach; O. vom „Kühkopf" bei Horlach und in der Waldabteilung „Schutzengel" (Schottersteine); bei Auerbach (Bausteine). — Sandgruben: zwischen Horlach und Bronn und an vielen anderen Stellen.

**Großberg-Sandstein.** — Dieser etwa 8—15 m mächtige Kalksandstein ist im wesentlichen südlich von Regensburg verbreitet [Großberg NO. von Abbach, SW. von Burgweinting (P. 344, Top.Karte 1:50000, Blatt Eggmühl-Ost), Rogging und Eggmühl] und wird im III. Band besprochen.

## Anhang: Kreidezeitliche Grobsande.

Auf den Jura-Höhen zwischen Altmühl und Donau liegen häufige Reste einer ehemaligen Decke von hellen, aber auch ockergelben, roten bis veilfarbigen, groben Sanden (Erbsen- bis Schussergröße). Sie vergröbern sich teils zu Schotter- und Kieslagern, die neben Flußkieseln vorwiegend aus schlecht gerundeten, eckigen und splitterigen Hornsteinknauern (aus dem Weiß-Jura) bestehen (sog. Hornstein-Schotter). Anderntteils gehen sie nicht selten über in Neuburger Kieselkreide. Eine kieselige Zusammenbackung der Sande zu Sandsteinen, Quarziten, kieseligen Konglomeraten und Breschen oder auch tripelartigen Gebilden, sogar zu den häufigen quarzitischen Brocken, Blöcken und Felsen bis zu einigen Metern Höhe ist weit verbreitet. Auch Eisensandsteine, Roteisensandsteine und durch Limonit verbundene Grobsandsteine sind gelegentlich in den Grobsanden ausgeschieden.

Steinbrüche: a) auf Hornstein-Schotter und -Konglomerate: NW. von Emskeim (SW. von Wellheim; Breschen in Bänken anstehend, die Grobsande überlagernd); am Osthang des Hain-Berges, am Anstieg der Bergener Straße; W. von Gietlhausen und bei Forsthof (beide NW. von Neuburg); NO. von Hesselohe am Waldsaum (N. von Neuburg). — Verwertung: Die Hornstein-Schotter wurden schon von den Römern zum Bau und Unterhaltung der zwischen Donau und Altmühl ziehenden Straßen verwendet; Abbaue bei Gietlhausen NW. von Neuburg; am „Pfahlstriegel" bei Biesenhart O. von Wellheim; Straßenschotter für Forstwege (z. B. zwischen Gietlhausen und Forsthof NW. von Neuburg; bei Emskeim SW. von Wellheim). — b) Steinbrüche auf Sandsteine: W. von Neuburg im Burg-Holz (mitten in ausgedehnten Sandablagerungen mächtige Blöcke und deutliche Dickbänke eines hellen, halbquarzitischen Sandsteins); am Waldsaume W. von Gigelsberg (SO. von Wellheim); — Verwertung: zu Treppen, Säulen und Grabdenkmälern; — c) Steinbrüche auf Quarzite: bei Rennertshofen WNW. von Neuburg; bei Siegloh und Rohrbach NW. von Rennertshofen; OSO. von Bergen[1]) [SO. von Wellheim, an der Neuburger Straße (hornsteinartiger Quarzit mit Sandgehalt, großer Bruch)]; zwischen Gietlhausen und Forsthof (s. o.; neben Hornstein-Schottern graue bis weiße dichte Quarzite, gebankt, z. T. breschig); am Sandbuck NW. von Emskeim (W. von Wellheim; durch sandigen Quarzit verbackene Haufwerke von Jura-Quarzitstücken); am Hohenstein NW. von Nassenfels (O. von Wellheim; mächtige, weiße Quarzitsandsteinblöcke, z. T. abgebaut); NO. von Hennenweidach (SO. von Nassenfels). — Verwertung: zum Straßenbau (schon zu Römerzeiten, z. B. bei Riedensheim WNW. von Neuburg). Die oberflächlich liegenden Quarzitblöcke bei Treidelheim, Siegloh und Rohrbach in der Umgebung von Mauern wurden als Pflastersteine für Rennertshofen verwendet.

Sandgruben: im Forstteil „Konsteiner Sandgrube" (W. von Wellheim) an der Straße Gammersfeld—Wielandshöfe (zwei große Gruben in hellen Grobsanden, die teilweise zu lockerem Sandstein und zu Quarzit gebunden sind); auf der Höhe O. von Bergen (NW. von Neuburg) gegen Igstetten, an der Neuburger Straße (helle Grobsande); im Burg-Holz W. von Neuburg; bei Emskeim; bei Schönau und Ebertswang W. von Eichstätt; bei der Sächenfart-Mühle SW. von Meilenhofen (O. von Wellheim; leicht zerreiblicher Sand, z. T. zu harten, ungeschichteten Sandstein verfestigt).

Anmerkung: Auf den Jura-Höhen zwischen Wörnitz- und Altmühl-Tal lagern 2—5 m mächtige jungkreidezeitliche oder alttertiäre Höhensande. Feinsande und mittel- und grobkörnig-grandige Sande mit dünnen hellen Tonzwischenlagen wechseln miteinander ab. Die mittelkörnigen Sande sind fast tonfrei. Im Liegenden sind bunte Tone zu erwarten, wie sie in den Ziegelgruben N. von Monheim (S. 253) abgebaut werden. — Vorkommen: bei Buch-

---

[1]) LEHNER, L.: Beobachtungen an Cenomanrelikten der südlichen Frankenalb. Herausgegeben von R. DEHM. — Z. f. Min. usw., Abt. B, S. 458—470, Stuttgart 1933. Mehrere Angaben über Quarzite und Sandgruben sind dieser Arbeit entnommen.

dorf—Hafenreuth (NO. von Donauwörth); am Stützel-Berg S. von Monheim; besonders um Rothenberg N. von Monheim. Zahlreiche Sandgruben für Bausandgewinnung.[1])

Im Bodenwöhrer Becken sind die mittelturonen Feldspatsande reich an plattigen und knolligen Hornsteinen und Hornsandsteinen (auf dem Höhenzug Schwandorf-Bruck und dessen nördlichen Flachhängen); die ausgewitterten, angereicherten und umgelagerten Hornsteine sind in Gehänge- und Diluvialsanden weit verbreitet, werden aus den Feldern aufgelassen, in Sandgruben mitgewonnen und als Wegschotter verwertet.

## Tongesteine.

Unter Tongesteinen faßt man eine Gruppe von Gesteinen zusammen, an deren Zusammensetzung das Mineral Kaolin in wechselnder Menge beteiligt ist. Kaolin ist ein wasserhaltiges Aluminiumsilikat ($Al_2O_3 \cdot 2\,SiO_2 \cdot 2\,H_2O$ oder 45,5 v. H. $SiO_2$; 39,5 $Al_2O_3$; 14 v. H. $H_2O$). Die wichtigsten für unsere Zwecke in Betracht kommenden Tongesteine sind a) Kaolin, b) Ton und Schieferton. Der gemeinhin zu den Tongesteinen gestellte Löß gehört in Wahrheit nicht hierher. Er wird bei den Überdeckungsbildungen S. 265 besprochen.

Im stofflichen Bestand nähert sich ein Teil der Tongesteine (reinere Töpfertone) dem Kaolin, in einem anderen (Letten und Lehm) ist der Gehalt an diesem Mineral wesentlich geringer (15—25 v. H.); der Kieselsäuregehalt ist dabei oft stark erhöht, wobei der Tonerdegehalt sich entsprechend erniedrigt; einige Hundertteile Alkalien (mit Kali aus der Feldspat-Zersetzung) vorherrschend, sind für diese Tongesteine bezeichnend.

### Kaolin.

Der Kaolin und sein Vorkommen wird bei den „Lagerstätten" auf S. 374 besprochen.

### Ton und Schieferton.

Der Ton ist im trockenen Zustande ein feinerdiges, leicht zerbröckelndes und leicht zerstäubendes, ungeschichtetes Gestein, welches den bekannten Tongeruch hat und große Mengen Wassers in sich aufnehmen kann, das erst beim Trocknen unter Rissebildung verschwindet. Durch die Wasseraufnahme wird der Ton knetbar und wasserundurchlässig. Bei hohem Kaolingehalt fühlen sich die Tone fett an. Entstehungsgeschichtlich sind sie die zu geologischen Körpern gewordenen Schlammabsätze aus Gewässern.

„Töpferton". — Der Töpferton nähert sich in seinen Eigenschaften dem Kaolin. Er ist eisen- und kalkarm, meist hellfarbig und erhärtet beim Brennen, wobei er nicht schmilzt und stehen bleibt, d. h. seine Form nicht wesentlich verändert. Im allgemeinen dient er zur Herstellung von gewöhnlichen Töpferwaren.

---

[1]) DEHM, R.: Geologische Untersuchungen im Ries. Das Gebiet des Blattes Monheim. — N. Jahrb. f. Min. usw. B.-Bd. 67, Abt. B, Stuttgart 1930.

„Feuerfester Ton" (Kapselerde, Pfeifenton usw.). — Er ist ein reinerer, grauer oder weißer Töpferton, der auch bei höheren Hitzegraden seine Form behält. Er ist der wertvollste Ton.

„Letten". — Diese Bezeichnung, die freilich landstrichweise veränderlich ist, bezieht sich im allgemeinen auf einen unreinen, oft an kohligen Stoffen und Eisen reichen, gerne mit Sand vermengten, verschiedenfarbigen Ton. Er ist von Wasser schwer durchtränkbar, ist in diesem Zustande zäh und fett und trocknet nur schwer aus. Er brennt sich wegen seinem Eisengehalt tiefrot, bleibt aber oft im Feuer nicht stehen.

„Lehm" (Ziegellehm). — Ein kalkarmer, aber stark kieselsäurehaltiger, durch Eisenhydroxyd gelb bis bräunlich gefärbter Ton. Er nimmt Wasser rasch auf, wird aber nicht völlig bildsam, bleibt bröckelig-mulmig und ist nicht fett, sondern rauh. Über den Lößlehm siehe S. 291.

„Walkerde". — Diese Tonart kommt in gewissen Jura- und Keuper-Schichten als meist lichtgrünliche Bildung vor, die sich fettig anfühlt, im Wasser zerfällt und Öle und Fette begierig aufsaugt. Sie ist daher besonders früher zum Walken der Tücher verwendet worden.

„Schieferton". — Der Schieferton entspricht stofflich dem Ton und ist von ihm nur durch seine größere Festigkeit und seine meist blätterige Teilbarkeit unterschieden. Die Schiefertone sind in unserem Darstellungsbereich meist grau, braun und rötlich (Rötelschiefer) gefärbt. Übergänge zwischen Schieferton und Ton sind vorhanden. — „Schieferletten und Lettenschiefer" sind zu Letten verwitterte Schiefertone.

Anmerkung: Die sog. Farbtone werden bei den „Lagerstätten" besprochen.

## Tone des Palaeozoikums:

### Permische Tone.

#### Tone des Rotliegenden.

Das Rotliegende im Spessart liefert keine technisch verwertbaren Tone. Dagegen baut sich das Rotliegende am Rande des ostbayerischen Grenzgebirges aus Sandsteinen, Konglomeraten und zwischengeschalteten tonreichen Schichten auf, wobei diese an ein paar Stellen abgebaut werden.

**Tone der Brandschieferzone des Unter-Rotliegenden.** — Eine Ziegelei O. von Weiden gewinnt als Ziegelstein eine Folge abwechselnd grauer und und roter, stark toniger Lagen. Besonders die letztgenannten weisen in einem ausgesprochen tonigen Zwischenmittel wenige eckige Körner von Quarz und sehr viel roten Kalifeldspat auf. Diese Schichten werden in der Ziegeleigrube von hellen Arkosen unterlagert (G. H. R. Königswald, 1929, S. 203).[1] Der Mineralbestand dürfte aus dem kristallinen Gebirge bei Luhe stammen.

---

[1] Koenigswald, G. H. R.: Das Rotliegende der Weidener Bucht. Beitrag zur Geologie der nördlichen Oberpfalz. — N. J. f. Min. usw. 61. B.-Bd., S. 185—242, Abt. B, Stuttgart 1929.

Die Brandschiefer gehören zu den untersten Schichten des Rotliegenden, die in der Weidener Bucht über Tage zu beobachten sind. Nach DE TERRA[1]) entsprechen sie den Kuseler Schichten der Pfalz. — Verwertung: zur Herstellung von Ziegelsteinen und Blumentöpfen.

**Tone der Anhydrit-Zone des Unter-Rotliegenden.** — Zwischen Etzenricht SW. von Weiden, Rothenstadt und Ullersricht SSW. der Stadt kommen nach G. H. R. KOENIGSWALD (S. 211) Schichten zum Vorschein, welche der sogen. Anhydrit-Zone des Unter-Rotliegenden (Lebacher Schichten nach O. M. REIS) entsprechen. Die feinsandigen Schiefertone und tonigen Sandsteine werden in einer Ziegelei bei Etzenricht abgebaut. — Verwertung: zur Ziegelsteinherstellung.

## Tone des Zechsteins.

Der Obere Zechstein in der Umrahmung des kristallinen Spessarts bei Aschaffenburg besteht aus bläulichroten, bläulichen grauen oder weißen Letten (nahe der Untergrenze des Zechsteins) von 1—8 m Stärke (Huckelheim 5—8 m, Feldkahl rd. 5 m, Laufach 3—5 m, Schweinheim 1—4 m). — Verwertung: für Ziegelherstellung wohl geeignet. Die Gewinnung fand besonders früher statt (Heiligkreuz-Ziegelhütte bei Groß-Kahl; O. oberhalb von Huckelheim; O. von Geiselbach; W. von Eichenberg; Rottenberg; SO. von Feldkahl und S. von Schweinheim).

## Tone des Mesozoikums:
### a. Tone der Trias.
#### Tone des Buntsandsteins.

**Bröckelschiefer des Unteren Buntsandsteins.** — Sie setzen in der Hauptsache den Unteren Buntsandstein (50—70 m, vgl. Abb. 23) zusammen als meist braune, rote oder bräunlich-violette Schiefertone, die manchen Schiefertonen des Oberen Buntsandsteins (Röt-Tonen) oder des Bunten Keupers ähneln; sie sind mager, manchmal fleckenartig oder schichtweise heller gefärbt und, wenn glimmerig-sandig, gut geschichtet und zerfallen bröckelig. — Verwertung: gelegentliche Gewinnung als Ziegelrohgut, z. B. unterhalb Kempfenbrunn SW. von Lohrhaupten.

**Chirotherienschiefer des Oberen Buntsandsteins.** — Die Chirotherienschiefer überlagern den meist gering mächtigen Unteren oder Thüringischen Chirotherien-Sandstein in der Vorrhön und Rhön, der den Oberen Buntsandstein einleitet, in wechselnder, bis zu 8 m gehender Stärke. Die grünlich-, bläulich- bis dunkelgrauen Schiefertone sind feinblätterig, mager und zerfallen zu einem Grus kleiner, durch die Finger rieselnder Stückchen. Sie verwittern zu einem bräunlich-weißfleckigen, sehr bildsamen Ton, der sich weithin verschwemmen kann. Der Ton wird nur selten genutzt. — Ein Chirotherienschiefer vom Kalten Brunnen im Feuerbach-Tal W. von Neuwirts-

---

[1]) DE TERRA, H.: Die Umgebung von Erbendorf. Beiträge zur Geologie der nördlichen Oberpfalz. — N. J. f. Min. usw. 51. B.-Bd., Abt. B, S. 353—412, Stuttgart 1925.

haus (NW. von Hammelburg) besteht nach A. Spengel (Chem. Lab. d. Geol. L.-U.) aus $SiO_2 = 56,67$ v. H.; $Al_2O_3 = 28,51$; $Fe_2O_3 = 4,97$; $K_2O = 0,79$; $Na_2O = 0,58$; $H_2O$ $(105^0) = 3,51$; Hydratwasser $= 4,88$; Summe $= 99,91$ v. H. Verwertung: als sehr gutes Ziegelrohgut (Ziegelei von Erbenhausen bei Fladungen); als Töpfer- und Hafnerton [auf der Höhe des Schlupp-Waldes NO. von Wildflecken (N. von Brückenau), von wo der Ton auf der sog. Tonlinie zu Tal gebracht wird]; NW. von Gräfendorf an der Saale (bei Punkt 347 der Geologischen Karte Blatt Gräfendorf 1:25 000). — Ehemalige Ziegeleien: in der Brückenauer Gegend bei Brückenau; bei Volkers; S. von Oberbach und SO. von Wildflecken an der Sinn; zwischen Schondra und Geroda; bei Hirschberg W. von Ober-Zell.

**Röt-Tone des Oberen Buntsandsteins.** — Der Obere Buntsandstein oder das Röt Unterfrankens besteht in seiner oberen Abteilung (die untere sind die Plattensandsteine, vgl. Abb. 23 und S. 128) aus einer Folge von meist dunkelroten, seltener, besonders an der Obergrenze, grauen, mageren, leicht zerfallenden, meist ungeschichteten oder schlecht geschichteten Tonen, die einen nicht unbeträchtlichen Gehalt an kohlensaurem Kalk aufweisen, der wenigstens zum Teil aus der Auflösung von Kalk der darüber folgenden Muschelkalk-Stufe herstammt. Die Mächtigkeit beträgt rd. 20—40 m. Nach A. Hilger[1]) ist ein Röt-Ton von Thüngersheim zusammengesetzt aus: $SiO_2 = 82,79$ (löslich 0,02); $Al_2O_3$, nicht gelöst $= 4,17$; $Fe_2O_3 = 2,97$ (löslich 1,73); CaO, unlöslich $= 0,02$; MgO, unlöslich $= 1,25$; lösliche Salze: $CaCO_3 = 4,82$; $MgCO_3 = 0,02$; $CaSO_4 = 0,002$; $Ca_3(PO_4)_2 = 0,78$; $K_2O = 2,88$ (löslich 0,41); $Na_2O = 0,06$ (löslich Spuren); $H_2O = 1,06$, Summe 100,82 v. H. — Verwertung: die Phosphorsäure und Kali enthaltenden, verwitterten Röt-Tone können als Verbesserungsmittel der Böden von Weinbergen, die auf nährstoffarmem Wellenkalk stehen, dienen. Führt man alle drei Jahre etwa 0,1 m³ auf den Zwischenraum zweier Weinstöcke, so erzielt man eine auffallende Steigerung im Ertrag (A. Hilger & F. Nies).[2]) — Bei Thüngersheim und Erlabrunn am Main (NW. von Würzburg) werden die Oberen Röt-Tone an einigen Stellen abgegraben. — Bei der Ziegelhütte zwischen Ober-Weißenbrunn und Wildflecken i. d. Rhön gewinnt man verschwemmte Röt-Letten, abgeschwemmte Tone und Feinsande der Röt-Tone, des Plattensandsteins und der Chirotherienschiefer in kleinen Gruben als Ziegelgut.

## Tone des Muschelkalks.

Der Unterfränkische Muschelkalk enthält keine ausbeutbaren Tonlagen (auch die nahe an der Grenze vom Oberen Muschelkalk zum Lettenkeuper gelegenen, bis ein paar Meter starkwerdenden Ostrakoden- oder Bairdien-Tone (vgl. Profil-

---

[1]) Hilger, A.: Die chemische Zusammensetzung von Gesteinen der Würzburger Trias. — Mitt. a. d. pharm. Inst. u. Lab. f. angew. Chemie d. Univ. Erlangen, 1. Heft, S. 141, Erlangen 1889.

[2]) Hilger, A. & Nies, F.: Der Röt Unterfrankens und sein Bezug zum Weinbau. — Mitt. a. d. chem. Lab. von Dr. Hilger, S. 93, Würzburg 1873.

Tabelle IV, S. 48) können nicht ausgewertet werden. Dagegen ist in O b e r - f r a n k e n , in der Bayreuther Gegend, der Untere Muschelkalk (Wellenkalk) in seiner unteren Hälfte in einer Tonfazies entwickelt, die bei Weidenberg die Anlage großer Ziegelgruben veranlaßt hat.[1]

In der großen Tongrube der unteren Ziegelei bei W e i d e n b e r g sind von oben nach unten an tonigen Schichten aufgeschlossen: zähe, hellgraue, eben-schichtige Tone (5 m); darunter meterstarke, hellgraue, ebenschichtige feste Tone und Letten, ohne irgendwelchen merklichen Sandgehalt, mit sehr unter-geordneten Einschaltungen von sandigen Dolomitbänken und dolomitischen Sandsteinbänkchen (5—7 m). — V e r w e n d u n g : zu Backsteinen, Lochsteinen, Deckensteinen, Dachziegeln und Dränröhren.

## Tone des Keupers.

**Tone des Lettenkeupers.** — Im Unteren Keuper oder Lettenkeuper haben nach HEINR. LAUBMANN [2] (S. 135) lichtschmutziggrüne oder braune Tone („Letten", 5—7 m) unter dem Werksandstein im Vorland des Steigerwaldes, der Haß-Berge und in der Gegend zwischen Kitzingen und Würzburg als Ziegeltone, vereinzelt auch als Hafnertone, Verwendung gefunden, z. B. bei Uffenheim; Ippesheim N. der Stadt; Willanzheim SO. von Kitzingen; Stamm-heim NW. von Volkach; am Eisenbahneinschnitt von Effeldorf W. von Dettelbach; bei Gochsheim SO. von Schweinfurt; O. von Mellrichstadt; zwischen Maßbach und Stadtlauringen; bei Ebertshausen SSW. der Stadt; W. von Poppenhausen (NW. von Schweinfurt); bei Schweinfurt, Kitzingen, Marktbreit, Ochsenfurt und Würzburg.[3]

**Tone des Unteren Gipskeupers.** — Die Myophorien- und Estherien-Schichten des Unteren Gipskeupers (vgl. Profiltabelle IX) werden wegen ihres Karbonat- oder Gipsgehaltes kaum genutzt. Am Westabfall des Steiger-waldes sind sie nach H. LAUBMANN (1881, S. 135) nur nach längerem Ab-lagern, Durchfrieren und Vermischen mit Sand zu Ziegeln und gewöhnlichem Geschirr verwendbar. In der Uffenheimer Gegend werden Mergel dieser Stufe gelegentlich zur Bodenverbesserung gebraucht.

**Tone des Oberen Gipskeupers (Lehrberg-Stufe).** — Diese Schichtstufe (15—30 m, vgl. Profiltabelle X) besteht im nördlichen Franken vorwiegend aus roten Dolomitmergeln und dolomitischen Tonen, im Steigerwald und im Gebiet von Kulmbach—Bayreuth aus mergeligen (dolomitischen) und kar-bonatischen Tonen im Wechsel, in Mittelfranken und in der Oberpfalz vor-wiegend aus Tonen. Gips ist darin südlich des Mains selten (der auch ge-

---

[1] GEVERS, T. W.: Der Muschelkalk am Nordwestrande der Böhmischen Masse. — N. J. f. Min. usw. B.-Bd. 56, Abt. B, S. 269, Stuttgart 1926.

[2] LAUBMANN, H.: Die Thone und die Thonwaren-Industrie in Bayern. — Bayer. Industrie- und Gewerbeblatt, **13**, München 1881.

[3] Am Ortsrand von S t a d t l a u r i n g e n baut eine Ziegelei Schiefertone samt dem darüber lagernden Lößlehm als Ziegelgut ab (M. SCHUSTER). In einem Bruch SO. vom K l o s t e r B i l d h a u s e n (SO. von Neustadt a. d. Saale) wird der quarzitische Schiefer des Lettenkeupers gegraben.

bräuchliche Name Berggips-Schichten besteht hier nicht ganz zu recht). Die in Mittelfranken an der Obergrenze der Lehrberg-Stufe eingelagerten 2—3 Steinmergelbänke, die Lehrberg-Bänke, wurden schon S. 70 erwähnt. Fast überall treten daneben dünne Steinmergelbänkchen, in Mittelfranken auch quarzitische Sandsteinbänkchen, und Lagen dolomitischer Knollen auf.

Die Lehrberg-Tone liefern einen rohkeramisch gut verwertbaren Stoff, der besonders in Mittelfranken für Ziegeleien abgebaut wird. Die erwähnten Steinmergelbänkchen haben lange Zeit die Verwertung der Tone zu besseren Ziegelwaren erschwert.

Gegend zwischen Ansbach und Nürnberg. — Der Schwerpunkt der heute wieder gut beschäftigten,[1]) die Lehrberg-Tone verarbeitenden Qualitäts-Ziegelindustrie liegt im Gebiet der Unteren Zenn und der Aisch. Hier sind die größten Ziegeleien Mittelfrankens. — Ziegeleien: bei Langenzenn (Fig. 1, Taf. 19); O. von Wilhermsdorf bei Langenzenn; bei Raindorf und Siegelsdorf; am Huths-Berg, bei Neustadt a. d. Aisch gleich am Bahnhof. — Die Stärke der Lehrberg-Tone beträgt 16—20 m. Die oben genannten Stein-mergelbänkchen gehen hier allmählich in Lagen dolomitischer Knollen oder in Sandsteinbänkchen über. Die bis Kopfgröße erreichenden Karbonat- bezw. Steinmergelknollen werden mit der Hand aus dem Tone ausgelesen. — Nach KAUL[2]) schwankt der Kalkgehalt (CaO) der hier abgebauten Tone zwischen rd. 2 und 10 v. H.; der Gipsgehalt beträgt nur 0,6 v. H. Fette Lehrberg-Tone wurden früher durch Zuschlag von sehr tonigen, mürben Lagen des Ansbacher Sandsteins gemagert und kalkärmer gemacht.

Chemische Zusammensetzung: vgl. Analyse I und II der Analysen-Tabelle auf S. 243.

Verwendung: Zur Herstellung von Ziegelsteinen (einzelne Werke er-zeugen bis zu 14 Millionen Steine im Jahr), von Dachziegeln, Dränröhren, Spezialdecken- und Gewölbesteinen, hochgebrannten Radialsteinen für den Schornsteinbau, von säure- und druckfesten Kanalverblendsteinen und von Formsteinen verschiedener Art.

---

[1]) Den großen Bedarf an Ziegeln der Städte Nürnberg, Fürth, Erlangen und Bamberg deckte noch um 1900 eine aufblühende Ziegelindustrie, deren Rohstoff hauptsächlich die Lehrberg-Tone waren. Nach F. GÖTZ, Geographisch-historisches Handbuch von Bayern, 2. Aufl., 1903, waren damals in Mittelfranken 222 Ziegeleien, zum größten Teil ohne Ringofenbetrieb. Die 75 Ziegeleien der Bezirksämter Fürth (24), Erlangen (11), Schwabach (10) und Hersbruck (16) stellten zusammen 160—165 Millionen Ziegelsteine jährlich her (Wert rd. 5 Millionen Goldmark). Dazu wurden rd. 330000 m³ Ton und Lehm verbraucht und 1500 Arbeiter waren beschäftigt. Einige Großziegeleien erzeugten jährlich bis zu 12 Millionen Steine. Kurz vor dem Kriege bestanden in Mittelfranken 56 Dampfziegeleien mit einer Jahreshöchstleistung von 250 Millionen Ziegel. Heute sind kaum ein Drittel davon noch in Betrieb. Außer der wirtschaftlichen Lage und der erhöhten Leistungsfähigkeit einiger Werke durch technische Rationalisierung ist hieran auch der Wettbewerb durch Zement, Beton und Kalksandstein schuld. Das Arbeits-beschaffungsprogramm und die günstiger gewordene Lage der Landwirtschaft hat neuer-dings die Ziegeleiindustrie sehr stark belebt.

[2]) Angeführt S. 279.

Aufn. v. J. Schörner

Fig. 1
**Lehrberg-Tone, Tongrube am Bahnhof Langenzenn (WNW. von Fürth)**
Am Grunde der Grube Schilfsandstein (zu S. 240).

Aufn. v. S. Klein

Fig. 2
**Blasensandstein-Letten, Steinbruch SO. von Leichendorf bei Zirndorf (SW. von Fürth)** (zu S. 242).

Ansbacher Gegend: Die Lehrberg-Tone werden in zum Teil ansehnlich großen Anlagen gewonnen: am Bahnhof Ansbach (am oberen Veitlach); zwischen Heilbronn und Zumberg (nahe O. von Feuchtwangen); in Lichtenau SO. von Ansbach [Grube der Bayer. Obsorge-Anstalt: wasserlösliche Salze im Ton (Chloride und Sulfate des Calciums) nur 0,056 v. H.; Schlämmrückstand einer Tonprobe 2 v. H. = feinkörniger Quarzsand und bis erbsengroße Dolomitstückchen, die zur Vermeidung von Treiberscheinungen in einem Walzwerk sorgfältig zerkleinert werden; Herstellung von Mauersteinen, Dachziegeln (Biberschwänzen) und von Dränröhren].

Anderweitige Vorkommen: bei Ebelsbach (nahe N. von Eltmann, aufgelassen; Gipsbänder im Ton); bei Creidlitz und Cortendorf unfern Coburg.

**Tone der Blasensandstein-Stufe.** — Die roten und bunten Tone über den Lehrberg-Steinmergeln[1]) und zwischen den Sandsteinen und Quarzitbänken enthalten in den oberen Lagen oft knollenförmige, dolomitische Einlagerungen („Quacken"), sind aber gipsfrei (vgl. Analysen-Tabelle, Analyse Nr. III). — Verwendung: Die Tone wurden besonders früher in der Nürnberger Gegend nach Ausfrieren und Vermengung mit Lehm und Sand zu einfachen Ziegeleierzeugnissen verwendet. — In der Zirndorfer Gegend stand die Ziegelei-Industrie bis zum Weltkrieg der von Langenzenn—Siegelsdorf wenig nach.

Die untersten Tone der Stufe werden in einigen der angeführten Lehrberg-Tongruben mitgewonnen. Bis 4 m mächtige, nicht immer aushaltende oder in sandig-tonige Schichten übergehende Tone werden und wurden im unteren Bibert-Grund bei Zirndorf, Leichendorf und Altenberg SW. von Nürnberg abgebaut.

Profil einer Tongrube in Blasensandstein-Schichten bei Leichendorf
(nach S. KLEIN).

Von oben nach unten:
1. verwitterter, braunvioletter Letten, etwa . . . . . . . . . . . . . 1,0 m;
2. feinsandige Lettenschichten, wechsellagernd, hellgrauveilfarbig und dunkelbraunveil, etwa . . . . . . . . . . . . . . . . . . . . . . . . . . . . . 4,00 m;
3. veilgrauer bis blaßbräunlich-veiler, schieferiger bis bankiger, ziemlich mürber, feinsandiger Sandstein mit sehr glimmerreichen Schichtflächen etwa . . 1,5—2,0 m;
4. braunveile Schieferletten etwa . . . . . . . . . . . . . . . . . 3,60 m;
Zusammen 10—11 m. Die ganze ausnutzbare Mächtigkeit beträgt hier bis 22 m.

Weitere, z. T. aufgelassene Gruben: a) in Mittelfranken: bei Altendettelsau (im mittleren Rezat-Tal zwischen Ansbach und Schwabach); bei Groß-Habersdorf (im Bibert-Tal NW. von Schwabach); am Rothbuck bei Schwabach (Mauerziegel und Klinkersteine); am rechten Ufer der Aurach und Bibert bei den Bahnhöfen Hauptendorf, Niederndorf und Frauenaurach; um Nürnberg bei Worzeldorf und am Westfuß des Schmausenbucks (bei Stadelhof) bei Leichendorf; zwischen Braunsbach—Boxdorf; bei Vach und Eltersdorf (NW. von Fürth, Analyse Nr. III auf S. 243); im Windsheimer Gebiet an

---

[1]) Die Stufe des Blasensandsteins beginnt stratigraphisch mit den roten Tonen über den Lehrberg-Bänken; praktisch ist im mittelfränkischen Keuper die Untergrenze des Blasensandsteins zugleich der Beginn des Stufe.

mehreren Stellen. — b) in Oberfranken: bei Katschenreuth W. von Kulmbach und bei Coburg (hierzu Fig. 2, Tafel 19).[1])

**Tone der Burgsandstein-Stufe.** — Innerhalb des in Franken und in der Oberpfalz bis 100 m Stärke erreichenden Burgsandsteins sind die eingeschalteten Tone — trotz mannigfacher Einlagerungen von Steinmergeln und Dolomitknollen-Zügen — im Gegensatz zu den tieferen Keuper-Tonen verhältnismäßig frei von Karbonaten und Gips. Nur im Grabfeld und W. und N. von Coburg treten mergelige Zwischenlagen und — im tiefsten Teil der Stufe — Gipsmergel auf. Jedenfalls liegen in den Burgsandstein-Gebieten große Vorräte an Rohstoffen für gewöhnliche Ziegelei-Erzeugnisse bereit. Gegenwärtig finden sie wenig Beachtung. Sie wurden abgebaut bei Scheuerfeld und bei Weißenbrunn a. F. (W. und SSO. von Coburg); in der Erlanger Gegend bei Sieglitzhof (Analyse Nr. IV) und bei Hoholz O. von Neustadt a. d. Aisch. Ferner in der Vorstadt Altstadt von Bayreuth, bei Creussen SO. davon, bei Zessau N. von Pressath und N. von Hirschau bei Amberg.

„Walkerde". — Gewisse, im Steigerwald, Haßberg-Gebiet und Coburger Land sehr verbreitete, grüne Letten des Unteren Burgsandsteins haben die Eigenschaft, sich im Wasser fein und schnell zu verteilen und in diesem Zustande fettige Stoffe zu adsorbieren. Darauf beruht ihre Verwendungsmöglichkeit zur Entfernung von Fettflecken und zum Walken von Tüchern. Walkerde wurde bei Groß-Lellenfeld (W. von Gunzenhausen), Beutelsdorf bei Herzogenaurach und Tütschengereuth W. von Bamberg gegraben. Im Kriege verwendete man sie als Seifenersatzmittel (Chem. Analysen Nr. V, VI, VII).

**Feuerletten (Zanclodon-Letten).**[2]) — Der über der Burgsandstein-Stufe in ganz Franken lagernde grellrote Feuerletten ist im Norden, Osten und Westen des Frankenjuras 40—50 m mächtig. Von der Hahnbacher Gegend N. von Amberg gegen Schwandorf und Bodenwöhr und von Gunzenhausen gegen das Ries zu nimmt die Mächtigkeit unter Schwankungen allmählich bis auf etwa 10 m ab. Der Feuerletten ist im allgemeinen karbonatfrei oder -arm (Analysen Nr. VIII, IX), besonders im südlichen Mittelfranken und im östlichen Verbreitungsgebiet. Mergelige Zwischenlagen stellen sich in der Erlanger, Bamberger und Coburger Gegend ein. Mergelknollen, mitunter in Lagen angehäuft, und Steinmergelbänkchen sind allgemein verbreitet mit Ausnahme des Gebietes um Schwandorf-Bodenwöhr und von Bayreuth-Creussen. Die Mergeleinlagerungen haben den Feuerletten auch den Namen „Knollenmergel" verschafft. Sie hindern heute die Aufbereitung der Tone nicht mehr.

Verwendung: Die Feuerletten sind für bessere Ziegeleierzeugnisse gut geeignet, aber bisher wenig ausgenutzt worden. Die Letten haben einen hohen Tongehalt (etwa dem der Lehrberg-Tone gleich) und einen meist gleichmäßig fein verteilten Gehalt an Eisenoxyd, der den gebrannten Gegenständen eine angenehme tiefrote Färbung gibt.

---

[1]) Aus dem Glassand von Freihungsand (Freihunger Kaolin-Sandstein) wird Ton durch Schlämmen gewonnen.

[2]) So benannt nach darin vorkommenden Resten des Sauriers *Zanclodon laevis*.

Tongruben: bei Unter-Mimberg SO. von Feucht; am Buchen-Bühl NO. von Nürnberg; bei Lauf-Ottensoos; auf der Wolfshöhe bei Schnaittach (NO. von Lauf, Klinkerherstellung unter Zusatz von Rhät-Tonen und Lehm); bei Forchheim (Mauerziegel-, Dachplatten-, Drainagerohre-Fabrikation) unter Mitverwendung von Rhätolias-Tonen; bei Spardorf O. von Erlangen und S. von Allersberg bei Roth; ferner in der Bayreuther Gegend bei Bindlach, Altstadt, St. Georgen, Meyernberg (hier werden außer den tieferen roten Tonen auch organisch-dunkle und durch Entfärbung weiße, fette Tone unmittelbar unter dem Rhät-Sandstein mitgegraben. Solche Grenzschichten finden sich auch anderwärts bis zu 5 m Stärke, z. B. bei Ober-Preuschwitz W. von Bayreuth; Destuben S. der Stadt; in der Erlanger Gegend; bei Hohenstein SW. von Coburg; Kipfendorf ONO. dieser Stadt und bei Bodenwöhr-Bruck). — Südwestlich von Baunach bei Bamberg werden die Feuerletten als Ziegelgut unmittelbar über dem anstehenden Burgsandstein abgebaut. Dieser wird als Baustein mitgewonnen.

(Anmerkung: Ein Feuerletten O. von Forchheim besteht aus: Kieselsäure 44,98 v. H.; Aluminiumoxyd einschl. Titanoxyd 14,35; Eisenoxyd 5,99; Manganoxyd 0,46; Calciumoxyd 10,99; Magnesiumoxyd 1,66; Kohlensäure 10,70; chem. geb. Wasser und org. Substanz 4,62; Schwefelsäureanhydrid Spur; Alkalien aus der Differenz 6,25 v. H.; Summe 100,00; Unt.: Landesgewerbeanstalt-Nürnberg 1931.)

Analysen von Tonen des Mittleren oder Bunten Keupers.

| | I | II | III | IVa | IVb | V | VI | VII | VIII | IX |
|---|---|---|---|---|---|---|---|---|---|---|
| Kieselsäure ($SiO_2$) ⎱ | 57,10 | 48,80 | 48,95 | 60,6 | 56,9 | 60,00 | 59,16 | 49,00 | 59,24 | 55,5 |
| Titansäure ($TiO_2$) ⎰ | | 0,66 | | | | | 0,75 | 0,50 | | |
| Tonerde ($Al_2O_3$) . . . | 23,95 | 16,69 | 14,22 | 13,9 | 12,8 | 14,50 | 17,16 | 21,90 | 21,05 | 16,7 |
| Eisenoxyd ($Fe_2O_3$) ⎱ | 4,15 | 8,15 | 6,48 | 7,4 | 7,8 | 11,70 | 2,45 | 5,48 | 6,16 | 8,9 |
| Eisenoxydul (FeO) ⎰ | — | — | — | — | — | | 1,47 | 0,55 | 2,19 | — |
| Manganoxydul (MnO) | — | n. b. | 1,27 | — | — | 0,75 | n. b. | 0,05 | n. b. | — |
| Kalkoxyd (CaO) . . . | 2,60 | 2,80 | 7,21 | 0,9 | 2.5 | 0,60 | 0,64 | 0,80 | — | 2,2 |
| Magnesia (MgO) . . . | 1,01 | 6,72 | 3,37 | 2,0 | 3,6 | Sp. | 3,77 | 4,78 | Sp. | 1,5 |
| Kali ($K_2O$) . . . . . ⎱ | 6,00 | 3,65 | 4,21 | 3,7 | 2,6 | 4,85 | 4,34 | 6,15 | 2,52 | 3,0 |
| Natron ($Na_2O$). . . ⎰ | | 1,08 | 2,52 | 0,7 | 0,9 | 1,55 | 1,15 | 0,70 | 2,06 | 2,0 |
| Phosphorsäure ($P_2O_5$) | — | n. b. | — | 0,5 | 0,5 | — | 0,06 | 0,06 | — | 0,6 |
| Schwefelsäure ($SO_3$) | 0,35 | — | Sp. | Sp. | Sp. | — | — | — | Sp. | Sp. |
| Kohlensäure ($CO_2$) . . | — | vorh. n. b. | — | — | — | Sp. | — | — | — | — |
| Wasser (105°) . . . ⎱ | 6,17 | 3,25 | 11,31 | 9,2 | 11,4 | 7,00 | 4,60 | 5,10 | 8,20 | 9,2 |
| Wasser (Rotglut) . ⎰ | | 8,20 | | | | | 4,99 | 5,84 | | |
| | 101,33 | 100,00 | 99,54 | 98,9 | 99,0 | 100,95 | 100,54 | 100,91 | 101,42 | 99,6 |
| Nach H. Kaul: | | | | | | | | | | |
| Tonsubstanz . . . . . | 63,50 | — | 48,24 | 64,77 | — | — | — | — | 66,15 | — |
| Quarz, Feldspat, Glimmer . . . . . . | 36,50 | — | 51,77 | 35,23 | — | — | — | — | 33,85 | — |
| Schmelzpunkt (S.-K.) | — | — | 5 | 5 | — | — | — | — | 15 | — |

16*

I = Roter Letten der Lehrberg-Stufe, Langenzenn, nach H. KAUL;

II = dsgl. Eltmann a. Main; Unt. U. SPRINGER, Chem. Lab. d. Geolog. L.-U.;

III = roter Letten der Blasensandstein-Stufe, Eltersdorf, nach H. KAUL;

IVa = grauer Letten; IVb = roter Letten der Burgsandstein-Stufe, Sieglitzhof
b. Erlangen, nach A. MÜLLER, Z. Kenntnis d. Mergel, Diss. Erlangen 1894;

V = „Walkerde" (grüner Letten), Heldburger Ausbildung der Burgsandstein-
Stufe, Tütschengereuth bei Bamberg, Unt. A. SCHWAGER (SCHWAGER, A. und
VON GÜMBEL, C. W., Mitt. a. d. chem. Labor. d. geogn. Abt. d. K. B. Oberberg-
amts, nach Analysen, ausgef. von SCHWAGER, erläut. v. Dr. VON GÜMBEL, Geogn.
Jhft. 7, 1894, München 1895, S. 82);

VI = Walkerde von Trossenfurt b. Eltmann, Unt.: U. SPRINGER & G. ABELE, Chem.
Lab. d. Geol. L.-U.;

VII = dsgl. (besonders rein), Zone d. Oberen Semionoten-Sandsteins, Kernleite b. Heldburg; Unt.: G. ABELE;

VIII = rote Feuerletten, Ottensoos b. Lauf; nach H. KAUL;

IX = dsgl., Spardorf b. Erlangen, nach A. MÜLLER.

**Tone des Oberen Keupers (Rhäts) und des Rhätolias' (Rhät-Tone, Pflanzentone).** — Die pflanzenführenden, bildsamen Tone, welche über dem Rhät- bezw. Rhätolias-Sandstein und in den oberen Lagen des letzteren auf-treten, sind als keramische Tone viel wichtiger als die übrigen Keupertone.

Beschaffenheit: sie sind schwarz bis blaugrau oder grauweiß bis zart-rosenfarben, seltener rötlich oder rotgefleckt, deutlich schieferig und manchmal glimmerig-feinsandig; sie gehen seitlich auch in sandige Tone über. Die tech-nische Beschaffenheit wechselt lagenweise in dem gleichen Tonvorkommen, so daß einzelne Lagen verschiedene Tonsorten liefern können. Die pflanzlichen Beimengungen führen stellenweise zu fast kohliger Ausbildung. Manchmal finden sich Schwefeleisenknollen in den Tonen.

Die Pflanzentone haben hohen Tonerdegehalt und niedrigen Gehalt an Eisen, Alkalien und Erdalkalien. Der geringe Basengehalt bedingt nach KAUL die hohe Feuerfestigkeit der Tone (Segerkegel 30—33) (Analysen S. 249).

Verbreitung: Die Tone sind nur lückenhaft verbreitet; die meist ge-ringe Mächtigkeit schwankt von Ort zu Ort. Die nutzbaren Vorkommen sind fast ganz auf das fränkische Verbreitungsgebiet des Rhäts etwa nördlich der Linie Neumarkt i. Opf.—Creußen beschränkt. Die seltenen Vorkommen in der Oberpfalz (Umrandung der Hahnbacher Keuper-Bucht) sind ohne Bedeutung. Wo die Pflanzentone durch pflanzenfreie, rote Tone vertreten werden, fehlt diesen die technische Eignung der Pflanzentone, so im Gebiet zwischen Neu-markt und Weißenburg, bei Ehenfeld (S. von Freihung) und z. T. in der Schwandorfer Gegend.

In der Altdorfer, Nürnberger und Erlanger Gegend liegt meist nur eine nicht durchgehende Pflanzentonschicht in flachen Vertiefungen der Oberfläche des Rhätsandsteins. Sie wird nur selten mächtiger als 1—2 m. Überlagert wird sie gewöhnlich gleich von dem tiefbraun verwitternden, grob-körnigen Arieten-Sandstein, seltener von ganz gering mächtigen Sandstein-bänken, welche die in diesem Gebiet kaum entwickelten Angulaten-Schichten vertreten. Häufig liegt der Arieten-Sandstein dem rhätischen Bausandstein ohne Zwischenschaltung von Pflanzentonen oder Angulaten-Sandstein unmittelbar auf.

Im Forchheimer Gebiet sind drei Tonlagen entwickelt, wovon die beiden oberen bereits in den mächtiger gewordenen Angulaten-Sandsteinen liegen.

In der Bamberger Gegend, im Gebiet der Haß-Berge und im Obermain-Gebiet bis Bayreuth und Coburg liegen eigentliche Pflanzentone nur unter den Angulaten-Sandsteinen. Von den häufigen drei Lagen hält keine aus, die mittlere scheint am schichtlagebeständigsten und technisch am wichtigsten zu sein. Die tiefste bildet linsenförmige Einlagerungen im rhätischen Bausandstein. Die beiden höheren umschließen einen Sandstein, der dem tieferen Rhät-Sandstein ähnlich sein kann. Fehlt das mittlere Tonlager, so vereinigt sich der Sandstein mit dem Rhätsandstein (vgl. Profil von Ober-Brunn, S. 248).

Über den Pflanzentonen folgt die Hauptmasse der Angulaten-Schichten, plattige Feinsandsteine mit dunklen Tonen dazwischen, die den dunklen Pflanzentonen sehr ähnlich sind.[1]) Auch diese pflanzenfreien Tone werden gelegentlich als Töpfertone, wohl nur für Kleinbedarf, gewonnen.

Die Stellung der Pflanzentone im Schichtensystem ist noch nicht ganz geklärt. Früher hießen sie allgemein „Rhät-Tone", obwohl ihre Pflanzeneinschlüsse rhätische und unterliassische Formen aufweisen. Nunmehr spricht man den Vorkommen in Mittelfranken und im Obermain-Gebiet ein unterliassisches Alter zu. Nach der Lagerung der Tone bei Forchheim mögen sie hier die Psilonoten-Schichten und z. T. die Angulaten-Schichten vertreten. Nördlich davon, wo sie die Grenzschichten zwischen dem Rhät-Sandstein und den Angulaten-Schichten bilden, werden sie, samt den von ihnen eingeschlossenen Sandsteinen, z. T. als Vertreter der Psilonoten-Zone aufgefaßt, z. T. in herkömmlicher Weise zum Rhät gestellt.

Verwertung: Die sich hellbrennenden Pflanzentone gehören trotz ihrer meist geringen Mächtigkeit zu den technisch wertvollsten Tonen des fränkischen Keupers. Sie sind als Töpfererde, Tiegelerde und Kapselerde begehrt; sie dienten zur Herstellung von Ofenkacheln, von Glasschmelztiegeln, als Ofenfutter für Eisen- und Metallschmelzöfen. Über ihre Verwendung im Einzelfalle vgl. die örtlichen Vorkommen. Früher wurden sie an vielen Orten gewonnen und z. T. im Bergwerksbetrieb abgebaut. Sie bildeten die Grundlage des einst blühenden Töpfereigewerbes besonders um Nürnberg, Erlangen, Bamberg, Ebern, Seßlach, Coburg, Thurnau, Bayreuth und Creußen. Heute beschränkt sich der Abbau im Großen auf die Vorkommen bei Nürnberg und Coburg (Kipfendorf).

---

[1]) Die Bank über den Pflanzentonen, welche die Angulaten-Schichten einleitet, ist stellenweise eine dünne, besonders grobe, luckige und eisenschüssige Sandsteinbank, welche bezeichnende Knochenreste, Lias-Versteinerungen und Schwefelkies enthält. Diese Grenzbank ist schwer erkennbar und nicht überall entwickelt (vgl. Profil S. 248).

Einzelvorkommen.

In der Hilpoltsteiner Gegend bei Eysölden, Jahrsdorf und Ebenricht (LAUBMANN 1881, angeführt S. 239; südlichste mittelfränkische Vorkommen; in den roten Tonen über dem Rhät-Sandstein); — in der Altdorfer Gegend bei Unter-Ferrieden, Penzenhofen und N. von Winkelhaid (feuerfeste, nur örtliche Pflanzentone). Der besonders reine Winkelhaider Ton wird von KAUL (1900) als der wertvollste mittelfränkische Ton bezeichnet. Er kann auf der Drehbank bearbeitet werden und hat unter allen „Rhät-Tonen" die größte Feuerfestigkeit (zwischen Segerkegel 32 und 33). Er besteht aus Tonstoff 91,07 v. H. und aus Quarz, Glimmer 8,93 v. H. (Gesamtanalyse S. 249). Der Ton wird für Töpfereien und als Kapselrohstoff verwertet.

Das Profil der Winkelhaider Tongrube ist nach KAUL, S. 66, folgendes:

Abraum, zu unterst Arieten-Sandstein . . . . . . . . . . . . . 2,30 m;
1. grauer, zäher Letten, rot gefleckt . . . . . . . . . . . . . . 0,50 m;
2. roter Ton . . . . . . . . . . . . . . . . . . . . . . . . . 1,50 m;
3. hellveilfarbiger Ton . . . . . . . . . . . . . . . . . . . . 1,50 m;
4. graublauer Ton, nach unten immer dunkler werdend, mit kohligen Teilchen 1,20 m;
5. Rhät-Sandstein.

Nürnberg-Hersbrucker Gegend. — a) südlich der Pegnitz: alte Gruben W. von Rockenbrunn (W. vom Moritz-Berg, sandige Tonschicht 2,9 m, mit schwefelkieshaltigen Kohlestückchen; Tonstoff nach KAUL[1]) 56,26 v. H.; Quarz 39,97; Glimmer 3,77 v. H.; Gesamtanalyse S. 249); bei Ottensoos; Sendelbach S. von Reichenschwand; Engelthal; Henfenfeld (neben dem Rhät-Ton auch Lias-Ton für Hafnerzwecke); — b) nördlich der Pegnitz: bei Groß-Bellhofen und bei Wolfshöhe bei Schnaittach (wirtschaftlich wichtigste Tonlager der Gegend; Höchstmächtigkeit des Tons in Groß-Bellhofen 5 m. Feuerfestigkeit S.-K. 30—31; Tonstoff 69,80 v. H.; Quarz 29,14; Glimmer 1,06 v. H. Gesamtanalyse S. 249). — Der Ton von Wolfshöhe hat nach KAUL eine Feuerfestigkeit von S.-K. 30—32; zwei Tone aus verschiedenen Gruben bei Rollhofen S. von Schnaittach enthalten: Tonstoff 40,01 v. H. (63,34 v. H.); Quarz 54,69 (36,66); Glimmer 5,30 (—) v. H. (Gesamtanalyse S. 249). — Verwertung: Herstellung von Bau- und Dachziegeln, schwarzen Klinkern für Kanalbauten, von hochfeuerfesten Waren (Schamottesteine für Rauchkanäle, Backöfen und Ziegelringöfen und Waren höchster Feuerbeständigkeit (S.-K. 36); aus Feuerletten (Grube bei Wolfshöhe) werden unter Zusatz von eisenhaltigem feuerfestem Ton und gelbem Lehm Klinker erzeugt. — Nachstehend folgt ein Profil der Tongrube Wolfshöhe (nach A. WURM):

Abraum (Lehm, Lias, zu unterst Arieten-Sandstein) . . . . . . . . 4,0 m;
1. sandige Schiefer, nach oben in rot und grau gefleckte sandige Tone übergehend 1,3 m;
2. unregelmäßig spaltende, grüngraue, glimmerige, sandige Schiefer und Sandsteine 0,75 m;
3. grünlichgraue, stark glimmerige Sandsteine . . . . . . . . . . . 0,5 m;
4. graue, dünnspaltende Sandsteine, voll Pflanzenhäcksel . . . . . . . 10,2 m;
5. grünlichgrauer, dünngeschichteter, feiner, toniger Sandstein . . . . . . 1,3 m;
6. dickbankiger, weißer Bausandstein (Rhät), aufgeschlossen . . . . . . . 1,2 m.

---

[1] Auch die rationellen Analysen der übrigen Rhät-Tone entstammen der Arbeit von KAUL (angeführt S. 279).

Tongruben: auf der Nord- und Südseite des Heuchlinger Berges NO. von Lauf; bei Simonshofen zwischen Lauf und Eschenau; bei Heroldsberg und Eschenau und bei Kalchreuth [seit altersher abgebaut; weiße und blaue Tongrube, Tegel-Berg. Der wichtigste Ton vom Tegel-Berg (nicht ganz gleichmäßig, stellenweise sandig, tiefdunkel, über 3 m mächtig) hat eine Feuerfestigkeit von S.-K. 31. Tonstoff 52,81 v. H.; Quarz 41,63; Glimmer 5,56 v. H. — Ton der blauen Tongrube: Tonstoff 66,24 v. H.; Quarz 33,76; Quarz 33,76 v. H. Gesamtanalyse des Tons aus der weißen Tongrube S. 249]. — Verwertung: zur Majolika-Herstellung; mit Graphit vermengt zu Schmelztiegeln und, in der geringeren Sorte, zu feuerfesten Steinen.

Erlanger Gegend. — Tongruben bei Klein-Sendelbach O. von Erlangen (helle und schwarzgraue, auch rote Tone, über 4 m mächtig); O. von Marloffstein (im Wechsel mit Sandsteinen) über 6 m mächtig.

Forchheimer Gegend. — Tongruben südlich von Forchheim bei Kersbach; N. von Forchheim am Schloß Jägersburg (Kapselerde) und unfern davon bei Bammersdorf (dunkle Tone, 1—3 m, als Töpfertone in den dortigen Brüchen mit dem Angulaten-Sandstein mitgewonnen); O. von Dobenreuth (SO. von Forchheim); W. der Pegnitz Tonvorkommen am Fürst-Berg und im Forchheimer Wald (unter und in dem Angulaten-Sandstein der Hochflächen); Tone aus den Steinbrüchen der östlichen „Mark" S. von Pautzfeld sind Töpfertone.

Gegend zwischen Eggolsheim und Bamberg. — LAUBMANN (1881) erwähnt ehemalige Fundorte O. der Pegnitz bei Unter-Stürmig, aus der Gegend O. von Hirschaid; von Roßdorf bei Strullendorf; von der Kunigundenruhe und von Memmelsdorf O. und NO. von Bamberg.

Bamberger Gegend. — Gewinnung feuerfester Tone am Sem-Berg und Luß-Berg NW. von Hallstadt, am Bahnhof Heilgersdorf bei Seßlach und weiter bis zum Großen Haß-Berg. — Am Ton-Berg bei Kirchlauter und im Eberner Wald (SW. von Burgpreppach) [heute nur gelegentlicher Abbau; früher starke Gewinnung im Bergbau. Abgebaut wurde eine fette, graue, bildsame Pflanzenton-Schicht (1—1,5 m), die dem geschlossenen Rhät-Bausandstein aufruhte; darüber kam eine dünne blasige Grobsandsteinbank und über dieser wieder bis 1 m tiefschwarze, unbeachtet gebliebene Pflanzentone. Die Schächte gingen 15 m tief durch die Angulaten-Feinsandsteine mit ihren dunklen Tonzwischenlagen bis zur gewinnbaren Tonlage; Analyse S. 249]. — Verwertung: zu Töpfereiwaren und Glashäfen.

Ähnlich gelagert sind die Tone auf den Höhen zwischen Baunach und dem Stein-Berg bei Ebern (hier Gruben); nordwärts, gegen Lichtenstein zu, fehlen die Tone. — Gruben zu örtlichem Bedarf sind O. von Seßlach und auf dem Ton-Berg bei Gemünda. Die ehemals blühende Töpferei-Industrie dieses ganzen Landstriches ist heute fast ganz erlegen.

Maintal-Gebiet zwischen Bamberg und Lichtenfels. — Tonvorkommen bei Merkendorf NO. von Hallstadt; von Unter-Leiterbach zwischen Zapfendorf und Ebensfeld und bei Ober-Brunn O. davon.

In den Steinbrüchen bei Ober-Brunn sieht man folgende Schichten:

1. Arieten-Kalksandstein . . . . . . . . . . . . . . . . . . . . . 1,00 m;
2. Angulaten-Schichten (graue und gelbe Tone mit Feinsandstein-Bänken; zu unterst eine eisenschüssige, luckige Grobsandsteinlage von 0,1 m) . . . . . . . . . . 9,00 m;
3. hellgrauer, bildsamer Pflanzenton . . . . . . . . . . . . . . . 1,30 m;
4. oberer, grobkörniger Bausandstein mit viel kohligen Pflanzenresten . . . 5,00 m;
5. fetter, weißlichgrauer, z. T. rötlicher und schwarzer Pflanzenton . . . 0,70 m;
6. Hauptbausandstein in zwei, durch schwarze Tone getrennten Lagen . . . 10,00 m.

Haß-Berge. — Auf der Höhe der nördlichen Haß-Berge sind über dem feinkörnigen Rhät-Sandstein zwei Tonstockwerke vorhanden, deren Mächtigkeit nicht sicher angegeben werden kann, die aber jeweils mehrere Meter betragen mag (Abb. 41). Das untere Stockwerk, in dem die dunkelgrauen Tone mit bräunlichen, sehr feinkörnigen, plattigen Sandsteineinschaltungen wechsellagern, liegt unmittelbar auf dem Rhät-Sandstein und mag den Pflanzentonen anderer Gegenden entsprechen. Darüber folgt gleich der cardinienreiche Angulaten-Sandstein, der dem Rhät-Sandstein sehr ähnlich ist. Im unteren Stockwerk verläuft (und versinkt) auf eine lange Strecke der „Rennweg" auf dem Kamm des Höhenzuges. — Das obere Tonstockwerk ruht auf dem Angulaten-Sandstein. Eine örtliche Gewinnung als Hafnerton erfährt nur das untere Tonstockwerk. — Gruben: O. von Ober-Lauringen am Rennweg; in der Waldabteilung „Tonlöcher" auf dem Großen Breitenberg SW. vom Sambacher Hof und auf der Nassacher Höhe NNW. von Hofheim.

Coburger Gegend. — Hier sind die wirtschaftlich wichtigsten und z. T. mächtigsten Vorkommen von Rhät-Tonen bei: Ebersdorf (Chamottefabrik), Spittelstein (nutzbare Tonschicht 4 m); Theißenstein (4 m, nach M. Frank[1] S. 155, bis 10 m) und Kipfendorf (bis 10 m; Tonwarenfabrik in Oeslau); am Kiefern-Berg (Einberger Wald) O. von Oeslau („Einberger Ton"). Die Pflanzentone sind auf kurze Entfernungen hin sehr verschieden mächtig: Ober-Füllbach (2,2—2,6 m); Einberger Wald (0,6—4 m). — Verwendung: zu Kapseln, Glasschmelzhäfen, Chamotte- und Ziegelwaren.

Die Schichtfolge in der Tongrube von Kipfendorf ist von oben nach unten:

1. Feinkörnige Angulaten-Sandsteinplatten, zu unterst reich an Versteinerungen, mit Tonzwischenlagen bis . . . . . . . . . . . . . . . . . . . . . . 4,50 m;
2. grauer Schieferton, braun verwitternd, nicht genutzt . . . . . . . . . 3,2 m;
3. harte Kalksandsteinbank, früher für Wetzsteine verwertet . . . . . . . 0,20 m;
4. grauer Schieferton wie 2, nicht genutzt . . . . . . . . . . . . . . . 0,50 m;
5. Kalksteinbänkchen mit Cardinien u. a. . . . . . . . . . . . . . . . 0,10 m;
6. feinkörniger, glimmerreicher, dünngeschichteter Sandstein . . . . . . 3,40 m;
7. nutzbares Tonlager: frisch sehr dunkle, verwittert helle Tone (mit sandigen Einlagerungen); oben rötlich gefleckt, zu unterst sandig und pfanzenreich 8—10,00 m;
8. Rhät-Sandstein mit sehr unruhiger Oberfläche: a) blasiger Sandstein mit Stammstücken (0,7 m); — b) sandiger Ton mit Pflanzen (0,3 m); — c) gelblich-weißer Bausandstein (6,50 m); zusammen . . . . . . . . . . . . . . . . . . . . . 7,50 m.

---

[1] Frank, M.: Beiträge zur Stratigraphie und Palaeogeographie des Lias-α in Süddeutschland. — Mitt. d. Geol. Abt. d. Württ. Stat. Landesamtes, **13**, Stuttgart 1930 (Profil bei Spittelstein, S. 155).

Das Tonlager zerfällt nach H. Loretz[1]) in viele auskeilende linsenförmige Einzellager, mit verschiedenem technischem Verhalten. Der weit verbreitete Schwefelkies muß ausgelesen werden.

Obermain-Gebiet. — Tongruben im Langenheimer Wald SO. von Lichtenfels; bei Burkersdorf unfern Küps (SSW. von Kronach; 6 m mächtiger Tone; für Kapseln und Glasschmelzhäfen); Gruben bei Hummenberg (für Töpfereien und Steingutwaren); bei Gartenroth und Veitlahm bei Kulmbach; S. des Mains bei Geutenreuth, Buchau, Limmersdorf und Thurnau SW. von Kulmbach. (Die bei Thurnau unterirdisch und in Gruben gewonnenen Tone sind sehr geschätzt; sie lassen sich auf der Drehscheibe bearbeiten. — Verwertung: zu „Thurnauer Kochgeschirr", Bauerngeschirr, Bleipfannen, Siegellacktiegel.)

Ein Steinbruch am Ostende von Thurnau zeigte folgendes Profil:

Von oben nach unten:
1. Braun verwitterte Tone . . . . . . . . . . . . . . . . . . . 1,00 m;
2. blaugraue Tone . . . . . . . . . . . . . . . . . . . . . . 3,00 m;
3. gelbe Sandsteine (Horizont des anderwärts bis 3 m anschwellenden Schleifsteines, S. 214) . . . . . . . . . . . . . . . . . . . . . . . . 0,65 m;
4. graue blätterige Tone . . . . . . . . . . . . . . . . . . . 0,45 m;
5. geschlossener Rhät-Bausandstein.

In der Bayreuther Gegend aufgelassene Tongruben (Ton für Töpfereien und Ofenfabriken) bei Neustädtlein am Forst WNW. von Bayreuth; im

Analysen feuerfester Tone über dem Rhät-Sandstein.

| | Ton von | $SiO_2$ | $TiO_2$ | $Al_2O_3$ | $Fe_2O_3$ | CaO | MgO | $SO_3$ | MnO | $K_2O$ | $Na_2O$ | Glüh-verl. | Summe |
|---|---|---|---|---|---|---|---|---|---|---|---|---|---|
| 1 | Winkelhaid . . | 49,80 | 0,10 | 35,72 | 1,38 | 0,15 | Sp. | 0,09 | Sp. | 0,95 | 0,18 | 12,11 | 100,48 |
| 2 | Rockenbrunn[2]) bei Lauf . . . . | 66,70 | | 20,97 | 2,91 | 2,25 | Sp. | Sp. | Sp. | nicht best. | | 7,53 | 100,36 |
| 3 | Groß-Bellhofen bei Schnaittach | 56,62 | | 28,50 | 2,80 | Sp. | Sp. | Sp. | Sp. | 0,52 | 2,13 | 10,28 | 100,57 |
| 4 | Wolfshöhe . . . | 49,61 | | 31,26 | 1,56 | 0,26 | 0,59 | Sp. | Sp. | 1,09 | 0,29 | 14,43 | 99,09 |
| 5 | Heuchlinger Berg bei Lauf | 59,85 | — | 25,30 | 2,45 | 3,10[3]) | 0,57 | Sp. | Sp. | 0,80 | 0,77 | 8,12 | 100,96 |
| 6 | Kalchreuth . . [4]) | 64,46 | | 23,46 | 2,26 | Sp. | Sp. | Sp. | Sp. | 1,49 | 0,04 | 9,27 | 100,98 |
| 7 | Ton-Berg bei Kirchlauter (Haß-Berge) . . | 53,60 | | 27,10 | 1,75 | 1,20 | Sp. | Sp. | Sp. | 1,80 | | 14,55 | 100,00 |
| 8a | Kipfendorf bei Coburg . . . . . | 60,40 | | 24,09 | 3,70 | 0,55 | 0,61 | | | 0,29 | 0,22 | 10,60 | 100,46 |
| 8b | „ | 54,06 | | 26,99 | 2,73 | 0,85 | 0,82 | | | 0,24 | 0,33 | 14,15 | 100,17 |

1.—6. nach Kaul (angef. S. 279); —7. nach Gümbel, Fränk. Alb, S. 532; — 8. nach Bischof 1923.

___

[1]) Loretz, H.: Erläuterungen zu Blatt Oeslau der geologischen Spezialkarte von Preußen, Berlin 1895.
[2]) Spur Phosphorsäure.
[3]) Kalkgehalt stammt aus dem Arietenkalksandstein darüber.
[4]) Weiße Tongrube.

Teufels-Graben (W. von Bayreuth); bei Eckersdorf und Mistelbach (SW. der Stadt); Forkendorf und Eben (SSW. von Bayreuth; Schmelzhäfen für Glasfabriken); bei Euben, Heinersgrund und Ober-Gräfenthal (N. von Bayreuth; dunkle und weiße Tone); beim Weiler Kraimoos SW. von Creussen (Rohgut für die Creussener Geschirr- und Trinkgefäß-Herstellung).

## b. Tone des Juras.

### Tonmergel des Schwarzen Juras oder Lias'.

Nach F. KAUL (angeführt S. 279) kommen Tonmergel des Mittleren und Oberen Lias' an folgenden Orten vor: auf der Kalchreuth—Eschenauer Lias-Insel; auf dem Jura-Massiv zwischen Forth und Schnaittach bis Hersbruck; links der Pegnitz im Moritz-, Nonnen- und Buchenberg-Gebiet und in dem durch weite diluviale Ablagerungen davon getrennten Altdorfer Bezirk.

Bei Kalchreuth (Käswasser-Schlucht) besitzt der *Numismalis*-Letten (Lias-Gamma) nach KAUL nur eine Stärke von 1 m; der darüber befindliche Amaltheen-Ton (Lias-Delta) wird auf 25—30 m Stärke geschätzt. *Numismalis*-Tonmergel enthalten 62,44 v. H. „Ton", Amaltheen-Tonmergel 66,64 v. H. „Ton" (KAUL). — Der Kalkgehalt der Tonmergel wechselt oft rasch; diese enthalten z. T. Kalkspatadern, Kalkspat- und Toneisensteinknollen, Schwefel-kies- und Mangan-haltige Klumpen (meist mit Versteinerungsinhalt).

Im Bezirk von Schnaittach finden sich Ziegelgruben in den Amaltheen-Tonmergeln bei Groß-Bellhofen und in Schnaittach; am Bahnhof Reichenschwand O. von Lauf; aus der oberen Grube wurden nach KAUL nur Oberflächenlehme gewonnen, später nach W. STAHL (S. 113)[1] Amaltheen-Tonmergel und *Jurensis*-Mergel. Die Amaltheen-Tonmergel erreichen bei Hersbruck etwa 35 m Mächtigkeit.

Bei Hersbruck l. d. P. wurden die tonigen Ablagerungen von den Amaltheen-Tonen bis zu den *Jurensis*-Mergeln gewonnen (STAHL); — in der Altdorfer Gegend erreichen nach diesem die Amaltheen-Tone 40 m Mächtigkeit. — Gruben: nahe der Stadt Altdorf; in Ludersheim und Rasch bei Altdorf. Eine Tonprobe von Ludersheim ergab nach KAUL 64,69 v. H. „Ton".

Verwertung: Herstellung von Töpfer- und Ziegelwaren; von Hintermauerungssteinen, billigen Drainröhren u. a. m.

Anhang: *Jurensis*- oder *Radians*-Mergel (Lias-Zeta) dienten früher bei Emetsheim SW. von Weißenburg zur Ziegelherstellung. Einige Angaben über die Eignung der Lias-Mergel als Rohgut für Ziegel- und Tonwarenerzeugung wurden auf S. 72—80 bereits gebracht.

### Tone des Mittleren Juras oder Doggers.

**Opalinus-Ton.** — Der Ton, nach dem in ihm vorkommenden Ammoniten *Lioceras opalinum* benannt, ist das wichtigste Tongestein des Braunen Juras oder Doggers. Er kommt rings am Fuße der Frankenalb, mit Ausnahme von

---

[1] STAHL, W.: Geologische Untersuchungen zwischen Unterer Pegnitz und Schwarzach (Mittelfr.). — Sitz.-Ber. d. physik.-med. Soz. z. Erlangen, **61**, S. 93—202, Erlangen 1930.

deren Südrand, wo er nicht mehr zutage ausstreicht, vor. Im geologischen Profil liegt er zwischen den obersten Schwarzjura-Schichten, den *Jurensis*-Mergeln, aus denen er ohne scharfe Grenze hervorgeht, und dem Eisensandstein, in den er gleichfalls durch zunehmende sandige Einschaltungen übergeht (Profil-Tabellen V und VI). Die Mächtigkeit der dunkelgrauen Tone und Mergel beträgt durchschnittlich 50—100 m [Bopfingen an der württembergischen Grenze 100 m; am Hessel-Berg 60 m; am Hahnenkamm 90 m; Weißenburg 70 m; Sulzbürg 55 m; Neumarkt 35 m; Hersbruck—Altdorf 80 m; Erlangen 70—100 m; Bamberg—Staffelstein 30—40 m; Banz bis 100 m; „Kray" bei Koburg 20 m; Paters-Berg bei Kulmbach 40 m; O. von Bayreuth 80 m; Ehenfeld bei Hirschau 58—74 m; Paulsdorf bei Amberg 15 m; Bodenwöhr 20 m; Bubach (N. von Burglengenfeld) 18 m; Regensburg 18 m]. Außer Toneisen-Geoden sind weißschalige, opalisierende oder verkieste Meeresversteinerungen in den Tonen eingeschlossen, wodurch sich der *Opalinus*-Ton als Meeresabsatz erweist.

Beschaffenheit: Ähnlich wie die Amaltheen- oder Costaten-Tone und die *Jurensis*-Tone des Lias', ist auch der *Opalinus*-Ton das Verwitterungserzeugnis von Mergeln. Durch Entkalkung der Mergel bei der Versickerung der Tagwässer, von der Erdoberfläche aus in die Tiefe gehend, entstehen bildsame Tone. Im Gesteinsdünnschliff erkennt man dann neben den dunklen Tonmassen nur kleine Quarzkörnchen von 0,005—0,015 mm Durchmesser. Mit Zunahme des Kalkgehaltes, der sich bis zur Herausbildung von Kalkbänken steigern kann, werden dann auch winzige Kalkspatteilchen erkennbar. Die obersten Lagen des Tons leiten durch eingeschaltete Sandlagen und Sandsteinbänke in den Eisensandstein über. In der oberen Zone des Tons reichern sich auch Toneisensteinknollen an. Schwefelkieskörnchen und Gipskristalle sind reichlich eingestreut. Als seltene Nebengemengteile sind zu erwähnen: Glimmerschüppchen, Zirkon, Turmalin, Glaukonit und schwarze, kohlige Fläserchen.

Chemische Verhältnisse: Das Verhältnis von Kalkkarbonat zu Ton wechselt vom kalkarmen Schieferton bis zum tonreichen Mergel. Doch erreicht der Kalkgehalt meist nicht 50 v. H.; in einzelnen Kalkbänken kann er aber doch bis zu 80 v. H. steigen. Als Beispiele seien die folgenden Verhältnisse von Karbonat (überwiegend $CaCO_3$, mit kleinen Mengen $MgCO_3$, $FeCO_3$ und $MnCO_3$) und tonigem Rückstand (Ton, Quarzkörnchen, organische Beimengungen und Wasser) angeführt (nach GÜMBEL, Fränkische Alb, S. 88).

| | I | II | III | IV | V | VI |
|---|---|---|---|---|---|---|
| Karbonat . . . . . | 7,92 | 13,65 | 14,50 | 19,00 | 66,62 | 73,62 |
| Rückstand . . . . . | 92,08 | 86,35 | 85,50 | 81,00 | 33,38 | 26,38 |

   I. *Opalinus*-Ton von Geisfeld bei Bamberg;
  II. *Opalinus*-Ton von Kunreuth bei Forchheim;
 III. *Opalinus*-Ton vom Paters-Berg bei Kulmbach;
 IV. *Opalinus*-Ton von Berg bei Neumarkt;
  V. Mergelige Kalkzwischenlagen, Umgebung von Neumarkt;
 VI. Mergelige Kalkzwischenlagen von Burgkundstadt.

Verwertung: Der *Opalinus*-Ton bildet ähnlich wie die Tone des Schwarzen Juras ein wertvolles Rohgut. Er wird aber wenig in Ziegeleien abgebaut (z. B. bei Igensdorf S. von Gräfenberg). Mancherorts wird der Ton zum Mergeln der Felder gegraben [z. B. viele Gruben auf der Ostseite des sog. Mühlstein-Zuges von Freihung (Opf.) bis gegen Massenricht; z. T. auch in Lias-Tonen]; zahlreiche Gruben im Bodenwöhrer Becken (im oberen Südhang der von Alberndorf gegen Bruck ziehenden Höhe bei Grafenricht, Mappenberg, Kölbldorf, Schöngras, Vorder-Thürn, Mögendorf).

**Ehenfelder Ton.** — In der Umgebung von Ehenfeld N. von Hirschau bei Amberg kommt feuerfester Ton in mehreren Lagen innerhalb einer mächtigen Folge von Sandsteinen vor, die beide von GÜMBEL zum Tertiär gerechnet worden sind. FRZ. X. SCHNITTMANN[1]) stellt die Tone zum Dogger-Sandstein. Die Farbe der Toneinlagerungen ist vorwiegend rot; rote Lagen wechseln mit weißlichen Schichten.

SCHNITTMANN gibt einen Schnitt durch das unterste Tonlager (zwischen Kirche und Kalvarien-Berg):

1. grauweißer, braungefleckter Ton . . . . . . . . . . . . . . . . . 1,35 m;
2. blutrote Tonlage . . . . . . . . . . . . . . . . . . . . . . . 0,20 m;
3. leberbraune Tonlage . . . . . . . . . . . . . . . . . . . . . . 0,45 m;
4. weißer, unten rot gefleckter Ton . . . . . . . . . . . . . . . . 0,65 m;
5. grobkörniger Tonsandstein . . . . . . . . . . . . . . . . . . . 6,00 m.

Gesamtmächtigkeit der Tonablagerung, deren Lagen in der Stärke sehr wechseln, ist 2,65 m.

Ein Schachtprofil nach Angabe eines Betriebsleiters folgt (von oben nach unten): 1. gelbrote, sandig-lehmige Überdeckung (6 m); — 2. weißer Ton (0,5 m); — 3. fein- bis mittelkörniger, weißlicher Sandstein (1 m); — 4. gelber, feinkörniger Dogger-Sandstein (= Kellersandstein von Ehenfeld); — 5. weißer Ton mit 0,3—0,5 m starken, stellenweise bis zu 2,5 m mächtigen Zwischenlagen von rotem Ton und (selten!) von mittelkörnigem, gelbem Sand; bisweilen Flecken und Bänder von Eisenoxyd im Ton (2—2,5 m). — Die Schichten fallen mit 20—25° nordwärts ein.

Südlich diesem 1. nutzbaren Tonlager folgen nach SCHNITTMANN auf dem Weg zum Kalvarien-Berg bei Ehenfeld in rd. 470 m von unten nach oben: etwa 54 m Tonsandstein, darüber 3—4 m veilfarbiger Ton, darauf 2 m Sandstein, 2 m ziegelroter Ton und 6,5 m Tonsandstein (2. Tonlager). Bei 491 m beginnen über den ungefähr 54 m mächtigen Sandsteinen mächtige, veilfarbige Tone, welche nach oben durch eine 5 cm starke Limonitschicht abgeschlossen werden, die Quarzkörner enthält (3. Tonlager). Über diesem Tonlager folgt der gelbe Eisensandstein.

Nach H. SPERBER[2]) wurden im Groß-Schönbrunner Gebiet S. von Seugast bei Freihung weißgraue, feinsandige Tone in einer Stärke von 14,8 m ange-

---

[1]) SCHNITTMANN, F. X.: Beiträge zur Stratigraphie der Oberpfalz. — Z. d. Deutsch. Geol. Ges. **74**, 1922.

[2]) SPERBER, H.: Geologische Untersuchungen im Bereiche des Hahnbacher Sattels. Sulzbach i. d. Opf., 1932.

troffen (nach Schnittmann in 24 m Tiefe); sie dürften den Ehenfelder Tonen entsprechen. Das Gleiche gilt von rötlichen Tonen, welche Sperber vom Pessels-Berg und von der Forstlohe bei Vilseck erwähnt.

Anhang: Der Ornaten-Ton findet auf der Frankenalb, da er meist von Weißjura-Schutt bedeckt ist, nur selten eine örtliche Verwendung als Ziegelgut.

### c. Tone der Kreide-Formation.

Tone aus dieser Formation haben nur wenig Bedeutung. Sie sind auf die Fränkische Alb beschränkt; manche Vorkommen sind nicht sicher kreidezeitlicher Entstehung.

Bunte, rote, hellgraue bis weiße Tone kommen zusammen mit Neuburger Kieselkreide (s. d.) vor und werden gelegentlich als Kapselton gewonnen (Wellheim und N. von Monheim). — Weitere Vorkommen, zusammen mit Kreidesanden und -Quarziten, sind bei Heimberg SO. von Hemau (Obpf.); Thonhausen SO. von Kastl; Fünfeichen NO. von Schmidmühlen bei Schwandorf; bei Bergen N. von Neuburg a. D. und im Burg-Holz bei dieser Stadt (vom 16. Jahrhundert bis 1855 gegraben; Kapselerde). — Verwertung: zu Steinzeug, Steingut, Tonkapseln, zu Schmelztiegeln für Glashütten, steinernen „blauen Krügen", Selterwasserkrügen usw.

Der Kreide-Formation gehören auch die Töpfertone der Tremmelhausener Höhe N. von Stadtamhof an, wo früher in den Großberg-Schichten in einer Anzahl Gruben Töpferton von geringem Kalkgehalt und mit ziemlich guter Bildsamkeit gewonnen worden sind. — Hierher mögen auch Tone von Etterzhausen im W. und von Pettendorf im NW. von Regensburg gehören.

## Tone des Neozoikums:
### a. Tone des Tertiärs.
#### Tone der Albüberdeckung.

Die Absätze der Sandigen Albüberdeckung auf der Frankenalb enthalten stellenweise Tone, die als Ziegelgut abgebaut werden [z. B. N. von Monheim (NNO. von Donauwörth)].

Das Rohgut für die Treuchtlinger und Dietfurter Töpferwaren lieferten früher Tongruben von Pollenfeld; vom Völkers-Berg bei Wörmersdorf (N. von Eichstätt: mit Bohnerzen zusammen auftretender Ton); die Tongruben von Möhren SW. von Treuchtlingen (Gümbel, Frankenalb, S. 268). — Der bildsame Töpferton von Schwarzenthonhausen bei Hemau, 8 m mächtig, eine Ausfüllung einer Vertiefung des Malm-Untergrundes, ging früher als Kapselerde in die staatliche Porzellanmanufaktur Nymphenburg und an benachbarte Steingutfabriken. Der Ton wurde am Prenten-Berg unweit von Beratzhausen gewonnen (Gümbel, Frankenalb, S. 673).

Tongruben zwischen Winden, Bitz, Sandersdorf und Zandt (O. von Kipfenberg) lieferten ehedem einen als Windener Tegel oder Bitzer Töpferton bekannten Ton, der zur Herstellung von Steingutwaren (Fabrik in Sandersdorf)

und von Glashäfen benutzt wurde (GÜMBEL, Frankenalb, S. 302). — Gleichartige Vorkommen dürften sein die von: O. von Ochsenfeld (S. von Eichstätt),
die vorübergehend aus einem Tertiär-Becken gewonnen worden sind (TH.
SCHNEID, S. 47/48, angeführt S. 290); von Bieswang bei Pappenheim und Dietfurt bei Treuchtlingen (Tone für Steinzeuggeschirr, für Töpfereien in Pappenheim und Treuchtlingen und zur Ofenkachelherstellung in Nürnberg); Mörnsheim und Ensfeld SO. von Solnhofen; Adelschlag SO. von Eichstätt; Riedenburg an der Altmühl; Ziegel-Berg NO. von Wemding; Möhren SW. von
Treuchtlingen; Schambach S. von Riedenburg; Schamhaupten SW. von Riedenburg; Denkendorf SO. von Kipfenberg; Unter-Bissingen W. von Donauwörth;
Unter-Liezheim N. von Höchstädt a. d. Donau; Harburg a. d. Wörnitz.

Weiter nördlich auf der Alb sind (mit Vorbehalt) der Lehmigen Albüberdeckung zugehörig die Tonvorkommen vom Steinbühl bei Simmelsdorf—Hüttenbach (bei Lauf). [KAUL (angef. S. 279) fand in einer Grube sandigen Ton mit
rundlichen Kaolinknollen. Der Ton, für eine Nürnberger Tonwarenfabrik gegraben, brannte sich gelblichweiß. Feuerfestigkeit etwas über SK 33 (1790⁰).
Der Ton bestand aus 65,89 „Tonsubstanz".] Weitere Vorkommen bei Gräfenberg, Aichkirchen bei Hemau, Vilseck, Velburg, Ziegelhütte bei Hasel-Mühle
SO. von Amberg; Auerbach; Michelfeld NW. davon; Neukirchen NW. von
Sulzbach; Kirchenthumbach; Fuchsloch und Dachs-Berg bei Parsberg; Litzlohe NO. von Neumarkt.

(Anmerkung: Nicht näher bekannt und angeblich hierhergehörig sind
Tone von folgenden Fundorten: Königstein NW. von Sulzbach; Monheim
SW. von Pappenheim; Painten NW. von Kelheim; Schafshill SW. von Rieden-
burg; Schlicht W. von Vilseck (feuerfeste Tone, in der Nähe Kapselton.);
Tettenwang-Ziegelstadl S. von Riedenburg; Thanhausen SW. von Riedenburg;
Treuchtlingen-Ziegelhütte; Wachenzell S. von Titting (bei Eichstätt); Zwerch-
straß zwischen Wemding und Treuchtlingen).

## Tertiäre Tone unsicheren Alters.

Im Gebiet der Heide-Naab kommen tertiäre (miozäne?) ausbeutbare Tone
besonders bei Pressath und am Hohen Parkstein vor. Rings um den Basaltkegel
des Parksteins finden sich auf Keupergrund lettig-sandige Ablagerungen
mit weißlichen Tonlagen; letztere führen tertiäre Pflanzen (besonders Blatt-
abdrücke) und wurden früher zur Herstellung von Töpferwaren verwendet.

Ähnlich sind die hellen pflanzenführenden Tone bei Pressath ausgebildet.
Sie haben eine Feuerfestigkeit von SK 30 (1670⁰) und bestehen aus: Quarz
32,2 v. H.; „Ton" 54,9; Feldspat 11,9; Glühverlust (900⁰) 8,5 v. H.

Mächtige tertiäre Geröllablagerungen bedecken W. und SW. von Erbendorf
in rd. 600 m Meereshöhe den Albenreuth—Hessenreuther Forst (GÜMBEL's
Albenreuther Konglomerat). Damit stehen möglicherweise in entstehungsge-
schichtlichem Zusammenhang tiefer gelegene, weiße, graue und rote Tonablagerungen, in den Waldabteilungen „Weißer Lehm" und „Degelberg" NO. von
Riggau bei Pressath, sodann an der Schmierhütte SW. von Hessenreuth.

Die Tone bei Riggau wurden schon in alter Zeit abgebaut. Bohrungen bis zu 26 m Tiefe ergaben einen Wechsel von Sanden und weißen, blauen, grauen und roten Tonlagen; letztere erreichen Mächtigkeiten von 0,5—2,5 m. DE TERRA und A. WURM glauben, daß diese Tone der kaolinigen Verwitterung des alten kristallinen Gebirges ihre Bildung verdanken. — WURM[1]) verglich die chemische Analyse eines Riggauer Tones (untersucht vom Chem. Labor. f. Tonindustrie, Berlin) mit derjenigen eines kaolinisierten Fichtelgebirgs-Granites vom Bahnhof Marktredwitz (eingeklammert; Unt. G. ABELE, Chem. Lab. d. Geol. L.-U.): $SiO_2$ 61,85 v. H. (62,50 v. H.); $TiO_2$ — (0,56); $Al_2O_3$ 25,33 (24,96); $Fe_2O_3$ 1,26 (0,88); CaO 0,33 (0,10); MgO 0,64 (0,42); $K_2O$ 2,46 (1,24); $Na_2O$ — (0,26); $H_2O$ — (0,77); Glühverlust 8,22 (8,36); Summe 100,09 (100,05).

Für diese Ablagerungen nimmt WURM mit Vorbehalt ein untermiozänes Alter an. R. ENGELHARDT[2]) (1905) schloß aus den im weißen Riggauer Ton eingeschlossenen Blattabdrücken von Laubbäumen auf ein unteroligozänes Alter.

Ein jungtertiäres Alter (nach WURM) mag der Ton von Kemnath bei Neunaigen haben. Der rd. 3 m mächtige Ton führt einzelne Quarzgerölle. — Eine nachjurassische, wahrscheinlich tertiäre Letteneinlagerung auf Berggips-Schichten beutet eine Ziegelei N. von Hirschau (Opf.) aus. — Bei Pfäfflingen NO. von Nördlingen diente früher ein tertiärer (obermiozäner?) Ton zum Walken des Tuches.

### Tone des Miozäns.

### Tone des Ober-Miozäns (sog. Braunkohlen-Tone).

Mit den obermiozänen Braunkohlen-Vorkommen der Oberpfalz[3]) kommen feuerfeste und technisch wertvolle Tonablagerungen zusammen vor. Sie bilden die Unterlage, Zwischenlage, manchmal auch die Überlagerung der Braunkohlen-Flöze, die oft in den Tonabsätzen eingebettet sind. An manchen Stellen fehlen die Kohlen ganz und man hat eine starke Aufeinanderfolge von Tonen vor sich. — Das Verbreitungsgebiet der Tone ist das gleiche wie das der Braunkohlen zwischen Regensburg und Nabburg (vgl. die Karte zu diesen).

1. Gegend S. von Regensburg. — Südlich der Donau werden die Braunkohlen-Vorkommen (Abbach, Gebelkofen, Wolkering, Hölkering, Kumpfmühl, Dechbetten-Prüfening) von 8—10 m mächtigen Tonen unterlagert.

a) In Dechbetten SW. von Regensburg werden die beibrechenden feuerfesten Tone zusammen mit der diluvialen Löß- und Lößlehmüberlagerung gewonnen. — Verwendung: zu Hourdis, Hohltonplatten, porigen Lochsteinen, Dränröhren usw.

---

[1]) WURM, A.: Zur Geschichte der tertiären Flußsysteme im Osten Bayerns. — Neues Jahrb. f. Min. usw., B.-B. 71, Abt. B, Stuttgart 1934.

[2]) ENGELHARDT, H.: Tertiärpflanzen von Pressath in der Oberpfalz. — Ber. d. naturw. Ver. Regensburg, **10**, Regensburg 1905.

[3]) Auch die Braunkohlen-Ablagerungen auf der Hohen Rhön werden von Tonen begleitet, die aber nicht abbauwürdig sind.

Die Aufeinanderfolge der Tonschichten (von oben nach unten) zeigte ein Bohrloch, das etwa im Muldentiefsten des Dechbettener Braunkohlen-Vorkommens niedergebracht worden war (L. von Ammon 1911, S. 33)[1]): 5,2 m Lehm; rd. 2,5 m gelber Ton; rd. 2,2 m kohlig verunreinigter Ton; 7,3 m blauer Ton; 11,8 m kohlenführende Zone mit drei Flözen und kohlig verunreinigten Tonlagen über und unter den Kohlenflözen; 11 m grüner Ton mit sandigen Zwischenlagen (nicht durchteuft).

Eine Bauschanalyse des oben angeführten „blauen Tones" zeigte folgende Zusammensetzung: Kieselsäure (z. T. Quarzsand) 56,32 v. H.; Titansäure 0,21; Tonerde 23,40; Eisenoxyd 5,52; Eisenoxydul 1,47 (entsprechend 3,15 Schwefeleisen); Manganoxydul 0,09; Kalkerde 1,16; Bittererde 0,60; Kali 2,04; Natron 0,64; Wasser und Organisches 7,44; Schwefel 1,68; Summe 100,57 (Unt.: A. Schwager, chem. Lab. d. Geol. L.-U.).

Das Prüfeninger Tonvorkommen ist durch die Funde gut erhaltener Reste von Vögeln und von Knochengerüstteilen von Reptilien besonders bemerkenswert geworden.

b) Die in der Grube Karolinenzeche bei Eichhofen anfallenden Tone werden zur Herstellung von Ziegelwaren, besonders Hohlziegeln, verwertet. — Keine Verwertung finden die Tone von Kapfelberg, Viehhausen—Alling.

2. Gegend N. von Regensburg, zwischen dem Naab-Tal und dem Waldgebirgsrand. — Hier sind nur wenige nachweislich kohlenführende Tertiär-Vorkommen zu reiner Tongewinnung erschlossen.

a) Bei Abbachhof O. von Zeitlarn wurde im Felde der „Abbach-Zeche" unter einem Kohlenflöz ein rd. 2,5 m starkes Lager von graugrünem Ton erbohrt.

b) Westlich von Regenstauf, bei Diesenbach, baut ein Ziegelwerk einen Ton ab, wobei im Profil von oben nach unten folgen: 1. sandige Überlagerung: meist feine Quarzsande, die als Magerungsmittel verwendet werden (1—3 m); — gelblicher Ton (3—4 m); — blaugrauer, bildsamer Ton (rd. 12 m). Der blaugraue Ton schmilzt bei SK 26 (1650°). — Verwendung: der gelbe Ton zu Dachziegeln, Dränröhren und Klinkern; der blaugraue Ton zur Herstellung von Hohlwaren, besonders von Hourdis. Die chemische Zusammensetzung dieses Tones ist (Mittel aus zwei Bestimmungen): $SiO_2$ 51,85 v. H.; $Al_2O_3$ 27,28; $Fe_2O_3$ 8,50; CaO Spuren; MgO 0,52; $H_2O$ 1,55; Glühverlust 9,53 v. H.; Summe 99,23.

c) Bei Pirkensee wurde bis vor wenigen Jahren ein größeres Tonvorkommen abgebaut und an Ort und Stelle verarbeitet. Von den gewonnenen drei Tonsorten, einem grauen, gelben und einem blauen Ton zeigte letzterer folgende chemische Zusammensetzung (bezogen auf trockenen Stoff) (Unt.: Seger & Cramer, Berlin): $SiO_2$ 47,31 v. H.; $Al_2O_3$ 31,70; $Fe_2O_3$ 3,90; CaO 0,70; MgO 0,78 v. H.; Alkalien nicht bestimmt; Summe 99,77.

Der Schmelzpunkt der einzelnen Tonsorten lag bei: Ton I (grau) etwas

---

[1]) von Ammon, L.: Bayerische Braunkohlen und ihre Verwertung, München 1911.

unter SK 31 (1750⁰); — Ton II (gelb) etwas unter SK 26 (1650⁰); — Ton III (blau) etwas über SK 30 (1730⁰).

Verwendung: Die Pirkenseer Tone wurden hauptsächlich zu Klinkerwaren verarbeitet.[1])

d) Nächst der Einöde Roßbergeröd an der Straße Ponholz-Burglengenfeld liegt ein Tonvorkommen (am Südwestrand der Braunkohlen-Mulde von Haidhof). Es zeigte folgendes Profil (von oben nach unten):

1. sandige Überdeckung mit weißen Quarzkieseln und schwachen grauen, tonig-sandigen Einlagerungen und unebener Unterfläche . . . . . . . . . . . . . . . . 1,5—2,0 m;
2. brauner Ton mit vereinzelten Kohlenschmitzen . . . . . . . . . 2,5 m;
3. blauer, eisenschüssiger Ton mit unebener Unterfläche . . . . . . . 3,0 m;
4. sandige Einlagerung . . . . . . . . . . . . . . . . . . . . 0,5—2,0 m;
5. graugrüner Ton . . . . . . . . . . . . . . . . . . . . . . 3,0—6,0 m;
6. tonig verunreinigte Kohle (Sohle der Grube) . . . . . . . . . 0,5 m;
7. dunkler, blaugrauer Ton (erbohrt) . . . . . . . . . . . . . 12,0 m.

Die Tone entsprechen der geologischen Lagerung nach den gleich zu besprechenden Tonen von Haidhof. Sie werden zum Versand gewonnen.

e) Das Tonvorkommen von Haidhof umfaßt alle Tonabsätze zwischen den fünf Kohlenflözen. Sie werden zum Teil technisch verwertet, lassen sich aber wegen ihrer nicht sehr großen Mächtigkeit schwer aushalten. Die obersten Lagen sind gelb bis grau, nach der Tiefe zu sind sie durch kohlige Beimengungen dunkelbraun bis schwarzbraun gefärbt. Die dunkle Farbe verschwindet beim Brennen.

Der obere Teil des durch ein schwaches Tonmittel abgeteilten Tones II (zweite Tonlage von oben) ist ein auffallend leichter und diatomeenreicher Ton, der schon mehrfach im Schrifttum erwähnt worden ist. L. von Ammon (angeführt S. 256; S. 40) bezeichnet ihn als Saugschiefer oder Diatomeen-Erde, die dem Biliner Polierschiefer (mit 75—80 v. H. $SiO_2$) ähnelt. Nach A. Schwager (Chem. Lab. d. Geol. L.-U.) ist der diatomeenreiche Ton zusammengesetzt aus: Kieselerde 63,94 v. H.; Tonerde 16,92; Eisenoxyd 4,22; Kalkerde 2,95; Bittererde 0,39; Kali 0,46; Natron 0,18; Phosphorsäure 0,32; Kohlensäure 2,74; Organisches und Wasser 8,52 v. H.; Summe 100,64.

Verwendung: Die Haidhofer Tone eignen sich in ihren besten Sorten zur Herstellung hochfeuerfester Waren und als Zusatztone bei der Steinzeug- und Röhrenerzeugung. Die weniger feuerfesten Sorten werden zu Mauerziegeln, porigen Ziegelwaren und zu Dränröhren verwertet.

f) Dicht bei der Ortschaft Verrau, am Nordostende der Haidhofer Braunkohlen-Mulde, wurde in den Nachkriegsjahren ein Tonvorkommen mit zwei Tonsorten ausgebeutet: ein grauer, lignitfreier und ein graubrauner, etwas lignitischer Ton von sehr hohem Gehalt an Tonerde und geringem Eisengehalt.

---

[1]) Ein mitgewonnener Sand bestand aus: $SiO_2$ 92,29; $Al_2O_3$ 4,46; $Fe_2O_3$ 0,77; CaO 0,37; MgO Spur; Alkalien nicht bestimmt; Glühverlust 1,26 v. H.: Summe 99,15. — Schmelzpunkt des Sandes etwas unter SK 33 (1790⁰).

Der zur Verladung kommende Ton, ein Durchschnittston aus der Grube, hat unter dem Namen „Häver-Ton" Eingang in die Industrie gefunden. Das Vorkommen, das heute aufgelassen ist, zeigte eine durchschnittliche Tonmächtigkeit von 10 m.

Die Zusammensetzung von fünf Tonen in verschiedenen Lagen des Vorkommens (bezogen auf trockenen Stoff) ist folgende: $SiO_2$ 44,59—48,44 v. H.; $Al_2O_3$ 35,65—37,45; $Fe_2O_3$ 1,51—2,43 v. H.; Glühverlust 12,96—16,28 v. H. (Unt.: SEGER & CRAMER, Berlin und Lab. d. „Sprechsaal", Coburg).

Die Schmelzbarkeit der Tone lag bei SK 34 (1810—1830⁰). Die Tonablagerungen sind durch Bohrungen bis in die Teublitzer Gegend (SW. davon) nachgewiesen worden.

g) Innerhalb der Braunkohlen-Ablagerung von W a c k e r s d o r f treten Tone als Unterlagerung der Kohle (a), als Zwischenmittel zwischen Unter- und Oberflöz (b) und als Zwischenmittel im Oberflöz auf (c).

Der Ton (a) im Liegenden der Kohle füllt die muldenartigen Vertiefungen des Untergrundes aus, ist bis zu 2 m mächtig, graugrün und vielfach kohlig verunreinigt.

Der Ton (b) z w i s c h e n U n t e r - u n d O b e r f l ö z („Hauptzwischenmittel") ist feucht dunkelgraublau und kann 1,75—2,0 m (manchmal auch mehr) mächtig sein. — Eine chemisch untersuchte Tonprobe war nach L. VON AMMON (angef. S. 256; S. 56/57) sehr bildsam, wurde nach dem Brennen rötlichbraun und schmolz bei SK 34/35 (1810—1830⁰).

Der Ton setzt sich zusammen aus $SiO_2$ 44,08 v. H.; $Al_2O_3$ 30,59; $Fe_2O_3$ 4,83; CaO 0,65; MgO 0,06; $K_2O$ 0,33; $Na_2O$ 0,33; Glühverlust 19,08 v. H.; Summe 100,05 (Unters.: Landesgewerbeanstalt-Nürnberg, Prof. DR. STOCKMEIER). — Hiernach besteht der Ton aus Quarz 3,14 v. H.; „Ton" 75,69; Kalifeldspat 1,07; Natronfeldspat 1,02; Glühverlust 19,08 v. H.; Summe 100,00. — V e r w e r t u n g: Der Ton eignet sich zur Herstellung von feuerfesten Gegenständen.

Die Tone (c) des Oberflözes treten in zwei Lagen auf. Die untere Lage, der „grüne Ton" ist rd. 0.7 m stark, feucht dunkelgraugrün, getrocknet schwarzbraun. Die obere Lage ist hell und hält nicht aus. Sie bildet bis 0,2 m starke flachlinsenförmige Einlagerungen und führt stellenweise Diatomeen.

h) D a s T o n v o r k o m m e n v o n K r o n s t e t t e n liegt in der Verbindungsrinne zwischen dem Becken von Klardorf—Wackersdorf und dem Becken von Rauberweiherhaus. Es werden graue und graugrüne Tone und weiße Kapselerde gewonnen. — Die chemische Zusammensetzung eines getrockneten Tones ist: $SiO_2$ 52,07 v. H.; $Al_2O_3$ 32,23; $Fe_2O_3$ 2,40; CaO Spur; MgO 0,46; Alkalien 1,50; Glühverlust 11,67 v. H.; Summe 100,33 (Unt.: SEGER & CRAMER, Berlin). — Der Schmelzpunkt liegt bei SK 33/34 (1790—1810⁰).

i) D e r T o n v o n S c h w a r z e n f e l d wurde in mehreren größeren Gruben gewonnen. Nach v. KOBELL und von G. BISCHOF (eingeklammerte Zahlen) besteht der trockene Ton aus: $SiO_2$ 53,43 (53,10); $Al_2O_3$ 26,38 (30,69); $Fe_2O_3$ 5,38 (3,41); CaO 0,52 (0,28); MgO 0,05 (0,32); Alkalien 1,02 (1,33

= Kali); Glühverlust 13,08 (10,50) v. H.; Summe 99,86 (99,63). — Prof. Dr. Stockmeier, Landesgewerbeanstalt-Nürnberg, fand den wasserfreien Ton zusammengesetzt aus: $SiO_2$ 61,58 v. H.; $Al_2O_3$ 30,40; $Fe_2O_3$ 6,20; CaO 0,59; MgO 0,06; Alkalien 1,17 v. H.; Summe 100,00. — Der untersuchte Ton war weißlich, sehr bildsam und brannte sich hellrötlichbraun. Schlämmrückstand ist 3,8 v. H. feiner, weißer Quarzsand mit Glimmerblättchen. — Seiner mineralischen Zusammensetzung nach bestand der (wasserfrei gedachte) Ton aus Quarz 14,03 v. H.; „Ton" 81,56; Kalifeldspat 3,14; Natronfeldspat 1,27; Summe 100,00. — Der Schmelzpunkt der untersuchten Probe lag bei SK 29 (1710⁰); von anderen Tonproben werden Feuerfestigkeiten von SK 30/31 (1720—1750⁰) und SK 31/32 (1750—1770⁰) angegeben. — Verwertung: zu feuerfesten Tonwaren, Steinzeug, Glashäfen und Kapseln.

k) Bei Stulln, unweit N. von Schwarzenfeld, wurden hart am Gebirgsrand Tone gewonnen, die i. a. den Schwarzenfelder Tonen entsprechen. Ein 1932 aufgeschlossenes Profil zeigte von oben nach unten: 1. lehmig-sandige Überlagerung (mit eisenschüssigen Sandzwischenlagen und Eisenschwarten) in den unteren Teilen rostrot bis grünlich (3—4 m); — 2. (in Abbau stehend) fetter, graulichweißer Ton, fast sandfrei (SK 31/32) (4 m); — 3. (ohne Übergang) magerer Ton (SK 31/32), in Abbau 4 m, (erbohrt 10 m). Schmelzpunktangaben nach mündlicher Mitteilung.

Der Brunnen im Werk steht auf 25 m in Tonen mit Sandzwischenlagen. — Von dem Ton liegen zwei chemische Analysen von v. Kobell vor; nach ihnen besteht er aus: $SiO_2$ 55,62 (52,43) v. H.; $Al_2O_3$ 25,10 (28,69); $Fe_2O_3$ 4,10 (3,47); CaO — (—); MgO — (—); Alkalien 2,37 (—); Glühverlust 12,00 (13,34) v. H. (nach Gümbel, Frankenjura, 1891, S. 382). — Verwertung: zu Ziegeleiwaren und Chamottegegenständen.

l) Die sog. Buchtal-Tone werden NW. von Schwarzenfeld bei Schmidgaden gewonnen. Sie gehören dem Bereich der Buchtal-Kohlenmulde an. Es liegen hier vier Tonlagen:

1. zu höchst lehmig-sandige Tone, 6—8 m mächtig, gelbbraun und fettig sich anfühlend, stellenweise mit Quarzgeröllen. Die Unterfläche des Tonabsatzes ist wellig gebogen. — Verwertung: Klinkerherstellung;

2. darunter folgend, der Buchtal-Ton; 4—8 m grauer und graublauer, hochfeuerfester Ton. — Verwertung: zu Steingut, Chamottewaren und Chamotte-Bindeton;

3. im Liegenden des Kohlenvorkommens erbohrte Tone; sie sind in den oberen Teilen grau und stark durch Kohle verunreinigt und gehen nach unten in einen 7 m mächtigen grünen Ton über.

Die chemische Zusammensetzung von getrockneten Buchtal-Tonen ist folgende: $SiO_2$ 44,49—48,73 v. H.; $Al_2O_3$ 33,67—38,71; $Fe_2O_3$ 1,30—1,82; CaO 0—0,07; MgO 0—0,09; Glühverlust 13,27—15,10 v. H. — Die Schmelzbarkeit liegt bei Buchtal-Tonen bei SK 33—34 (1790—1810⁰); bei Chamotte-Ton bei SK 35 (1830⁰); bei Buchtal-Steingutton „H" bei SK 35 (1830⁰) (Unt.: Seger & Cramer-Berlin und Chem.-metall. Lab. Orthey-Aachen).

Für besten Buchtal-Blauton (wasserfrei) und besten Buchtal-Steingutton „H" (eingeklammerte Zahlen) ergab die rationelle Analyse: Quarz 7,4 (1,2) v. H.; Feldspat 2,6 (Spur); „Ton" 90,0 (98,8) v. H.

## Tone des Pliozäns.

**Der Klingenberger Ton.** — Am Ostende des Reusch- oder Rauschen-Grundes, $1/2$ km O. von Klingenberg am Main, liegt das Tonbergwerk Klingenberg. Es gewinnt durch Schächte und Strecken harte, trockene, graue Tone. Sie werden von wenig mächtigen, weichen, gelbgrauen Sanden und tonigen Sanden mit grauen, dünnen Tonbändern unterlagert und ruhen nahe der Achse eines großen, flach nach Osten eintauchenden Sattels, auf einem in nach-pliozäner Zeit abgesunkenen Buntsandsteinzwickel. Sechs verschieden strei-chende, mehr oder weniger deutlich aufgeschlossene Grabenbrüche oder Staffel-brüche laufen im Bereich der Aubbaue zusammen. Vier davon bilden ihre

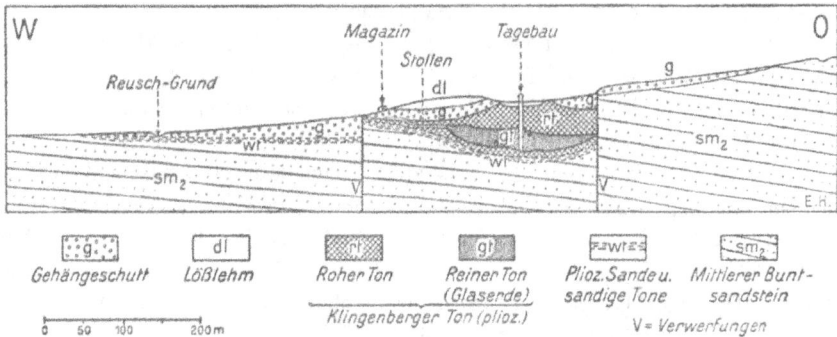

**Abb. 44**
**Die geologische Lagerung des Klingenberger Tons**
(Von E. Hartmann.)

Grenzen. Die Ost- und Westgrenze ist in der Abb. 44 dargestellt. Längs der östlichen Verwerfung ist der die Tone und die Verwerfungen bedeckende nach-pliozäne Gehängeschutt und Löß infolge des Abbaues noch nachträglich stark eingesunken und stößt an dem Mittel- bis grobkörnigen Buntsandstein ab, so daß über Tag der Eindruck einer nachdiluvialen Verwerfung hervorgerufen wird.

Die pliozänen Sande und tonigen Sande unter dem Klingenberger Ton waren bis jetzt nur in Stollen und über Tage südwestlich von dem Tonberg-werk, im Reusch-Grund, als dieser noch nicht verbaut war, sowie in einigen Bohrlöchern nachzuweisen. Mit Rücksicht auf mögliche Wassereinbrüche ist die Grenze zwischen dem Ton und der Buntsandstein-Unterlage im Bergwerk noch nicht erschürft worden. Möglicherweise waren durch die vorpliozäne Auswitterung in der Gegend des heutigen Bergwerkes die Plattensandsteine und der Felssandstein weniger stark oder noch nicht abgetragen, wie das Profil der Abb. 44 angibt.

Das Klingenberger Tonvorkommen erreicht, soweit es heute aufgeschlossen ist, eine Breite von 200—250 m und eine Länge von 400—500 m. Seine technisch hochwertigen Anteile bilden innerhalb nicht abbauwürdiger Tonmassen (sog. „Roher Ton") eine große zusammenhängende L i n s e, deren Längsachse ungefähr nordwestlich verläuft und die nur randlich durch rote Eisenlösungen oder Sand verunreinigt ist. Sie erreicht eine größte Stärke von 30 m. Ihr Inhalt ist jedoch nicht überall gleichmäßig entwickelt.

V e r w e r t u n g : Am wertvollsten sind die blaugrauen Tonmassen (I. Sorte), die sich am besten zur Herstellung von sehr guten Schmelztiegeln eignen. Sehr geschätzt für die Anfertigung von Bleistift-Kernen (Gemenge von Graphit und Ton) sind tiefdunkle, schwarzgraue, an anorganischen Stoffen reiche Tone (II. Sorte), die aber nur örtlich in kleineren, unregelmäßig verstreuten Anteilen auftreten. Die hellgraue, am wenigsten wertvolle III. Sorte kommt am häufigsten vor. Aus ihr werden in der städtischen Klingenberger Schamotte-Fabrik Flurplatten, Chamottewaren (Ringmuffen), Töpfe, Glashäfen und feuerfeste Steine angefertigt.

C h e m i s c h e  Z u s a m m e n s e t z u n g : L. VON AMMON (angef. S. 256, S. 24) gibt folgende Zahlen für einen Klingenberger Ton an: Kieselsäure 49,37 v. H.; Tonerde 30,10; Eisenoxyd 3,89; Kalkoxyd 0,39; Magnesia 0,01; Alkalien (Spur); Wasser und Organisches 16,24 v. H.[1])

E n t s t e h u n g : Die Reinheit der inneren Teile der Linse spricht gegen die Annahme einer Ablagerung des Vorkommens in einem tiefen Flußbett oder in einer schon bestehenden Grabenbruch-Senke mit hohen senkrechten Rändern. Wahrscheinlich haben in pliozäner Zeit auf der damals noch zusammenhängenden Buntsandsteinplatte flache Süßwasserbecken, kleine Seen, bestanden, in denen allmählich feiner eingeschwemmter Tonschlamm zur Ablagerung kam, der sich besonders in den beckeninneren Teilen anreicherte. Das Muttergestein, aus dessen Verwitterung der Tonschlamm stammt, kennen wir nicht. Möglicherweise wurden auch Teile der Röt-Tone bei seinem Absatze mit verarbeitet. Spätere Verwerfungen und Faltungen haben das Absatzbecken in die heutige Lage gebracht.

**Der Schippacher Ton.** — Das Tonvorkommen von Schippach, auf der Nordflanke des großen Klingenberger Sattelgewölbes gelegen, ist viel unregelmäßiger, weniger mächtig und durch die Wechsellagerung mit sandigen Absätzen unreiner als der Klingenberger Ton. Zahlreiche Bohrungen machen es wahrscheinlich, daß zwischen Schippach und Mechenhart zwei etwa südnördlich streichende, flache Absatzbecken oder Tröge vorhanden sind. Ihre tieferen Absätze werden durch eine flache Buntsandsteinbarre getrennt. Ihr Inhalt ist verschiedenartig ausgebildet. Gemeinsam ist ihnen jedoch der rasche Wechsel von tonigen, sandigen und kiesigen Ablagerungen im Liegen-

---

[1]) Nach HÄRCHE, Über das Lager des Tons von Klingenberg (Ber. d. 22. Vers. d. Oberrheinischen geol. V. 1889, S. 30) besteht der reine Ton, die Glaserde, aus: $SiO_2$ 52,32 v. H.; $Al_2O_3$ 31,61; $Fe_2O_3$ 3,54; CaO 0,48; MgO, $K_2O$. $Na_2O$ (Spuren); Glühverlust 12,05 v. H. (Unt.: VOHL).

den und Hangenden der ausbeutbaren Tonlagen. Etwas Braunkohlen- und Kaolin-führende Schichten sind bis jetzt nur im nördlichen Troggebiet nachgewiesen worden.

Beide Absatzgebiete sind längs einer mit dem östlichen Talgehänge gleich verlaufenden, NNO.—SSW. streichenden Verwerfung beträchtlich abgesunken. Diese Verwerfung ist bis S. von Mechenhart zu verfolgen, wo sie durch eine NW.-streichende, das Klingenberger Tonbergwerk im Nordosten begrenzende Verwerfung abgeschnitten wird. — Können zwar tektonische Zusammenhänge zwischen dem Schippach—Mechenharder Tonvorkommen und dem von Klingenberg mit Sicherheit angenommen werden, so ist es noch ungewiß, ob der Inhalt der Tröge von Schippach und von Mechenhard noch an der Stelle seines ersten Absatzes ruht. Bei seiner großen Unreinheit könnte er abgeschwemmter, auf zweiter Lagerstätte befindlicher Stoff sein.

**Der Ton von Wernfeld.** — Mit dem Klingenberger Ton hat eine gewisse Ähnlichkeit ein pliozänes Tonvorkommen auf dem Haardt-Berg über Wernfeld bei Gemünden am Main. In einer Eintiefung innerhalb von Röt-Tonnen liegt ein hellgrünlichgrauer, fetter Ton von ein paar Metern Mächtigkeit, in dem eine spannbreite Quarzitbank eingebettet ist. Er enthält spärliche Gerölle von feinzuckerkörnigem Angulaten-Sandstein (?) und von hellgrauen Hornsteinen aus dem Muschelkalk. Überdeckt wird er von lettig-sandigen Ablagerungen, die viel Angulaten-Sandsteingerölle, Hornsteinstücke und andere Gesteine enthalten. — Der Ton liegt 100 m über dem Main und wird von einer benachbarten Portlandzement-Fabrik abgebaut. Die Wertschätzung des Tones beweisen die alten, zahlreichen kleinen Tongruben im benachbarten Walde. — Der Wernfelder Ton ist wohl eine Ablagerung aus fließendem Wasser.

**Der Ton von Unsleben.** — Nordwestlich von Unsleben (SW. von Mellrichstadt v. d. Rhön) entblößt eine größere Grube einen hellen, blauen und gelben, fetten Ton von rd. 5 m Mächtigkeit (Fig. 1, Tafel 20). Ihn überlagert eine 50 cm starke Lage von groben und kleineren Keupersandstein-Geröllen. Diese Lage wird bedeckt von 2 m sandig-tonigen, bräunlich- bis rötlichgrauen, ungeschichteten, mit Sandsteinbrocken durchsetzten Gesteinsschuttes (alter Gehängeschutt). Darüber folgt Lößlehm mit Geröllen der alten Streu. Der Ton enthält verstreut bis faustgroße Stücke eines trüben, vollkommen abgeschliffenen Quarzes (A. WELTE).[1] — Verwertung: aus dem Gesteinsstoff des Gehängeschuttes stellt ein Tonwerk Mauersteine, aus dem hellen Ton dichtscherbige Dachziegel her.

**Der Hösbacher Ton.** — Wahrscheinlich noch zum Pliozän gehören die tonigen und sandigen Lagen in den Gruben S. von Hösbach, NO. von Aschaffenburg. Ein Profil zeigt hier von oben nach unten: Löß (1 m); grüner und brauner Sand mit Überguß-Schichtung (4 m); grüner, toniger Sand (0,40 m); brauner Sand (1 m); sandige Tone (0,02 m); graue, etwas an die Klingenberger Tone erinnernde Tone mit Pflanzen- und Käferresten (1,50 m);

---

[1] WELTE, A.: Morphologische Studien in Nordfranken. Würzburg 1931.

graue und braune, tonige Sande (4 m); zu unterst Buntsandsteingeröll-Lage (3 m). — Die Tone und Sande werden gemischt zur Ziegelherstellung verwendet.

Anhang: Zu erwähnen sind die früher bis 18 m mächtig aufgeschlossenen, reinen und sandigen, bildsamen, grauen oder gelben, braunen oder schwarzen und roten glimmerhaltigen Tone mit verkohlten Baumstämmen beim Aschaffenburger Bahnhof und zwischen diesem und dem Vorort Damm. Sie wurden früher bei der Porzellanherstellung verwendet und werden heute nicht mehr gewonnen.

Ebenfalls aufgelassen ist das Tonwerk (Marie Kunigunde), das zwischen Dettingen und Klein-Ostheim (NW. von Aschaffenburg) die oberen Lagen eines 12—20 m mächtigen Lagers von Tonen abgebaut hat, die ein Braunkohlenflöz überlagern. Der Ton war nach L. von Ammon (angeführt S. 256) blaugrau, fühlte sich fettig an und war sehr bildsam und bindig. Die Hauptbestandteile des bei 100⁰ C getrockneten Tones waren (nach Professor Dr. Bischof, Wiesbaden): Kieselsäure 46,84 v. H.; Tonerde 36,16; Eisenoxyd 2,12; Glühverlust (Wasser) 12,31 v. H. Andere Analysen ergaben sogar 44 v. H. Tongehalt. — Nach einer Analyse des Laboratoriums für Bergwerks- und Hüttenindustrie von Orthey, Aachen, enthielt der Ton auch noch Kalkoxyd 0,30 v. H.; Magnesia 1,32; Alkalien 0,10 v. H.

Der feuerfeste Ton (SK 33/34, 1790—1810⁰) diente zur Herstellung von hoch feuerbeständigen Gegenständen, Mauersteinen für Hochöfen, Schamottesteinen u. a. m.

Am Nordrand von Willmars N. von Ostheim a. d. Rhön wird ein oberpliozäner roter Ton mit grauen Linien gewonnen, der zu Mauer- und Dachziegeln, Hohlziegeln und Entwässerungsröhren verwertet wird.

## b. Tone des Diluviums.[1]

### Diluviale Tone in Main-Saale-Franken.

**Tone des Spessarts und Vorspessarts.** — Am Wege von Hösbach nach Wenighösbach (NO. von Aschaffenburg) entblößt eine große Ziegelgrube verschieden mächtige, bläuliche, weißgraue, gelbliche und schwärzliche Tone. Sie liegen verwitterten Gneisen auf, wechsellagern mit Sanden und sind von quarzgeröllführendem, umgelagertem Lößlehm bedeckt. — Verwertung: Erzeugung von gewöhnlichen Ziegelsteinen und Dachplatten und von feuerfesten Ziegelsteinen und Platten (z. B. Backofenplatten, unter Zusatz von Schippacher feuerfestem Ton).

Angeführt seien aus dem Vorspessart wenig mächtige, grüngraue Tone im Tal N. von Goldbach bei Aschaffenburg (unter einer mächtigen Lößlehmbedeckung, mit Sanden wechsellagernd, von zwei großen Ziegeleien verarbeitet); ferner Ziegeltone vom Kreuz-Graben bei Klein-Ostheim nahe Aschaffen-

---

[1] Diluviale Tone werden im Ries bei Schrattenhofen und bei Appetshofen NW. von Harburg gegraben.

burg; — aus dem Spessart: der sandreiche Diluviallehm bei Burgsinn (Roh-gut für Ziegel und Dachplatten.

**Terrassen-Lehme.** — An zwei Stellen außerhalb des Spessarts werden der-artige Lehme zu Ziegeleizwecken verarbeitet, nächst Motten N. von Brückenau und am Bahnhof von Saal a. d. Saale [hier: feinsandiger, mit Kieseln, Quarziten und Sandsteinbrocken (aus dem Lettenkeuper) verunreinigter Lehm, über blauveilfarbenem, feinem Flußsand und Saale-Schottern; guter Ziegel-rohstoff].[1]

### Diluviale Lehme im fränkischen Keuper-Gebiet.

Im fränkischen Keuper-Gebiet kommen sowohl diluviale wie alluviale Lehm-ablagerungen vor. Sie können mannigfacher Entstehung sein und haben meist keinen erheblichen Umfang. In der Zeit der Handziegelei kamen diese Lehme häufig allein dem örtlichen Bedarf nach: heute sind nur wenige Gruben im Betrieb. Sie verarbeiten nicht nur Lößlehm, sondern auch fetteren Stoff aus abgerutschten Keuper-Tonen oder Lias-Tonen oder aus den die Unterlage bil-denden Schichten. Meist liegen diese Ziegeleien verkehrsungünstig.

**Terrassen- und Oberflächenlehme.** — Terrassenlehme sind im Steigerwald besonders auf den flachen Westhängen der zahlreichen Seitentäler verbreitet, seltener in den Haupttälern selber oder auf der Hochfläche. — Aus der Nürnberger Gegend gibt F. KAUL (S. 18, angeführt S. 279) folgende, z. T. nutzbare Lehmabsätze größeren Umfanges an: bei Kraftshof N. von Nürnberg; bei Heroldsberg[2]; bei Eschenau; bei Untersdorf W. von Schnaittach und auf der „Steinplatte" in Nürnberg-Ost. Die Lehme der Steinplatte wurden nach K. FICKENSCHER (angeführt S. 279) noch zu Beginn des Jahrhunderts in einer kleinen Grube zwischen Spitalhof und Plattners-Park für Hafnerzwecke ge-wonnen. Von dem Vorkommen gibt KAUL ein Profil und chemische Analysen (51,72 v. H. „Ton"). Ähnliche, meist graugrüne, feinsandige bis speckig-tonige Lehmablagerungen (die öfters kleine Quellen verursachen) fand S. KLEIN in den Schottersanden an der Nordost- und Ostseite des Hasenbucks in Nürn-berg-Süd. Beide Bildungen gehören vermutlich der gleichen höheren Pegnitz-Terrasse an. — Östlich von Kronach wird Lehm auf einer 15 m Terrasse angebaut.

**Ab- oder ausgeschwemmte Lehme.** — Die Lehmlagen an der Straße Schnaittach—Simmelsdorf sind nach KAUL (S. 98) Gehängelehme bezw. Eluvial-Lehme aus dem *Opalinus*-Ton, der auch unter der Lehmlage von 2—3 m Stärke noch ansteht. Beim Dorfe Au bestand eine Ziegelei. — Vgl. auch die Tongruben bei Spardorf (S. 75, 243), bei Mistelgau (S. 80) und bei Reichenschwand (S. 75, 250), wo Feuerletten bezw. Jura-Tone samt über-lagernden, z. T. verrutschten Lehmen abgebaut werden.

---

[1] Vgl. auch S. 299 „Diluviale Lehme unsicherer Herkunft".

[2] Vom Oberflächenlehm von Wimmelbach bei Heroldsberg hatten 7 Proben einen Gehalt von kohlensaurem Kalk 0—9 v. H.; Schwefelsäure 0—0,038 (wasserlösliche 0,01—0,02); lösliche Salze 0,10—0,16 v. H. (Mitteilung des Werkes).

Fig. 1 — Aufn. v. M. Schuster
**Grube in hellen ober-pliozänen Tonen NW. von Unsleben (SW. von Mellrichstadt)**
(zu S. 262).

Fig. 2 — Aufn. v. M. Schuster
**Aufschluß im Berglöß über den Wellenkalk-Steinbrüchen zwischen Laudenbach und Mühlbach (SW. von Karlstadt a. M.)**
Zahlreiche, z. T. spitzwinkelig aneinander abstoßende Verlehmungsbänder im Löß (zu S. 291).

# Überdeckungsbildungen.

Die bisher geschilderten Gesteine, vorwiegend Schichtgesteine, werden an vielen Stellen von jüngeren, meist losen Ablagerungen, bedeckt, die teils vom Wasser, teils vom Wind bewirkt worden sind und die gleichfalls eine, freilich auf gewisse Landstriche beschränkte, technische Verwertung finden. Ablagerungen des fließenden Wassers sind Geröllanhäufungen (Schotter, Kiese) und Flußsande, Terrassen-Lehme und Aulehme; des stehenden Wassers Tone. Der Wind wirkte am Absatz der Dünensande, Flugsande und des Lösses mit. [Anm.: Die Tone sind im Abschnitt „Tongesteine" (S. 235) besprochen worden.]

Dem geologischen Alter nach handelt es sich um unsicher kreidezeitliche oder alttertiäre, dann um miozän- und pliozäntertiäre, diluviale und alluviale Bildungen, wobei die beiden letztgenannten Gruppen weit überwiegen.

## Flußschotter und -Sande.

### „Sandige Albüberdeckung".

Unsicheren Alters sind die fein- bis grobkörnigen Quarzsande,[1]) welche an vielen Stellen die Oberfläche der Fränkischen Alb überdecken, bis über hühnereigroße Gerölle und häufig Bohnerzkörner führen. Sie sind ockergelb, milchweiß bis rosarot, wechsellagern mit tonigen Schichten, örtlich auch mit Dolomitaschen und werden von der lehmigen Albüberdeckung überlagert. Die Sande werden mangels eines anderen Stoffes auf gewissen Teilen des Kalkjuras als Bausand verwertet. Da sie offenbar frühere Urtäler und Geländewannen aus der Tertiär- oder Kreide-Zeit ausfüllen, schwankt ihre Mächtigkeit in weiten Grenzen (bei Haid-Hof NW. von Gräfenberg und Engelhardsberg bei Ebermannstadt über 5,5 m). Die Herkunft der Sande ist noch unsicher; sie mögen aus der Zerstörung einer über der Alb einst ausgebreiteten Decke von Sandstein (Veldensteiner Sandstein?) herstammen und sind durch Wasser und Wind weithin verbreitet worden.

Sandgruben trifft man an in der Gräfenberger Gegend (Haid-Hof); bei Engelhardsberg; zwischen Neudorf und Albertshof bei Muggendorf; SW. von Sulzbach (im Wald an der Straße nach Angfeld); im Wald zwischen Schnellersdorf und Fichtenhof (in der Königsteiner Gegend); in der Umgebung von Hilpoltstein-Erlastrut; zwischen Neuhaus und Velden zwischen Bronn und Kühlenfels SW. von Pegnitz; im Freihölser Forst zwischen Amberg und Schwandorf.

### Miozäne Höhenschotter und Sande.

Die Ablagerungen sind verbreitet in der Oberpfalz in der Gegend vom Hessen-Berg SW. von Erbendorf (Finken-Wald, Albenreuther und Hessen-

---

[1]) Für ähnliche Grobsande zwischen Altmühl und Donau weist TH. SCHNEID (1916, S. 30—35, angef. S. 71) oberkretazisches Alter nach. Sie wurden auf S. 233/234 besprochen.

reuther Forst); im Gebiet von Friedersreuth S. von Erbendorf und O. von Riggau (NO. von Pressath) bis zum Park-Stein (W. von Neustadt a. d. Wald-Naab). Sie bilden bis zu den größten Höhen $+$ geschlossene Ablagerungen. Nach A. Wurm[1]) gehören sie einer mächtigen, wechselvollen Folge von Sanden, Sandsteinen, Tonen und Schottern des miozänen Tertiärs an: Ablagerung einer Urnaab. Die von C. W. Gümbel als „Albenreuther Schotter" dem Rotliegenden zugerechneten Schotter hat H. de Terra (angef. S. 237) als jünger erkannt. A. Wurm heißt sie „Urnaab-Schotter".

Eigenschaften: vorwiegend harte Groß-Schotter von 10—30 cm (und mehr) Durchmesser. Bestandteile: Quarze, Quarzite (besonders die rötlichen Zwergauer oder Guttenberger Quarzite sind bezeichnend), Quarzkonglomerate (Geröllquarzite), Kieselschiefer (Lydite), Lyditquarzite, Quarzphyllite, Chlorit- und Graphitschiefer, Granite, Gneise, Amphibolite und Porphyre, alles Gesteine, die ausschließlich dem alten Gebirge entstammen, vor allem dem der Nachbarschaft und derem Hinterland. Die Lydite aus dem Frankenwald sind die eigentlichen Leitgerölle. — Sand- und Kiesgruben: W. von Hessenreuth (NO. von Pressath, Sande und Schotter); W. von Friedersreuth (ONO. von Pressath, Feldspatsand); am Park-Stein (Sand und Kies).

Auf die Alb zwischen Donau und Altmühl reichen aus der schwäbisch-bayerischen Hochebene sicher obermiozäne Sande herauf, die in der Umgebung von Neuburg a. d. Donau (z. B. bei Unter-Stall) 8—10 m tief entblößt sind. Sie sind feinkörnige lose Sande, stark mergelig, glimmerhaltig, grünlichgrau, nach oben mehr gelblich und ausgebleicht, sog. Silbersande, meist deutlich kreuzgeschichtet und örtlich zu Sandsteinen erhärtet. — Sandgruben: bei Neuburg (Formsande), Attenfeld, Fasanerie bei der Waldhütte nahe Adelschlag; im Biesenharter Forst; bei Prielhof (Formsande), Unter-Stall und Bergheim (Bausande); Wellheim und Konstein (reine Glassande; Glaserzeugung in der Konsteiner Glashütte) (nach Th. Schneid, angef. S. 71).

Reine Quarzsande kommen auch vor bei Langenbruck bei Amberg; Schottergruben sind bei Etterzhausen W. von Regensburg angelegt.

## Pliozäne Schotter und Sande.

### Schotter und Sande in der Oberpfalz.

Gewisse Vorkommen von Höhenschottern der eben besprochenen Gegend und in der weiteren Landschaft von Pressath-Weiden dürften wohl in jüngerer Tertiär-Zeit aus den miozänen Vorkommen infolge deren Umlagerung durch Fließwässer entstanden sein. Sie bilden geringmächtige Decken über dem Keuper-Untergrund, rd. 40—50 m (und mehr) über den Talsohlen, auf Terrassen, Riedeln und Hochflächen, und bestehen völlig oder überwiegend aus den großen Urnaab-Geröllen. — Vorkommen: N. von Pressath (auf den östlichen Höhen der Heide-Naab); auf dem „Vogelherd" und dem „Hohen

---

[1]) Wurm, A.: Zur Geschichte der tertiären Flußsysteme im Osten Bayerns. Neues Jb. f. Min. usw., B.-Bd. 71, Abt. B, Stuttgart 1933.

Schacht" bis zu den „Drei Eichen" und der „Hohen Wart" (SW. und S. von Parkstein); im westlichen Altenstädter Wald NW. von Weiden; auf den Höhen O. von Grafenwöhr und auf dem Höhenzug W. der Heide-Naab von Hütten bis W. von Kalkhäusl bei Mantel. Vereinzelt ist das Vorkommen zwischen Michldorf und Engleshof O. von Luhe, 80 m ü. d. Naab.

Schottergruben: bei Zessau N. von Pressath (vgl. Abb. 30); auf dem „Hohen Schacht" und südlich davon an der Weidener Straße, bei den „Drei Eichen" und der „Hohen Wart"; O. von Grafenwöhr; SW. von Steinfels nächst Mantel und südlich davon, nahe der Straße Mantel—Dürnast.

Auf einem Untergrund von Rotliegenden ruhen vergleichbare jungtertiäre Höhenschotter weiter westlich und südlich der eben erwähnten Gegenden. Auch diese sind harte Großschotter, mit Bestandteilen häufig von Blockgröße, vorwiegend Quarze, Quarzite (mit oder ohne Adern von Stengelquarz), Karneole, Hornsteine, Hornsandsteine, Arkose-Quarzite u. a., aber keine Urnaab-Gerölle. A. WURM hält diese alten Schotter für Ablagerungen rechtsseitiger Nebenflüsse der Urnaab und bezeichnet sie, da sie besonders weiter südlich für die Umrandung des Naab-Gebirges bezeichnend sind, als Naabgebirgs-Schotter. Das nördlichste Vorkommen bedeckt geschlossen die Höhen N. von Tanzfleck (NW. von Freihung); andere liegen N. von Massenricht und N. von Kohlberg (NO. von Hirschau, auf der Kaolinsand-Grube in 3—4 m Stärke, an der „Hohen Wart"). — Sie werden zur Zeit nicht ausgenützt.

Weit im Norden, auf den Höhen von Kirmsees und Kirchenpingarten SO. von Weidenberg, liegen auf Buntsandstein jungtertiäre Höhenschotter mit Quarzen, Glimmerschiefern und Phylliten. Urnaab- und Naabgebirgs-Gerölle fehlen hier.

In der sog. Schnaittenbacher Senke, diesem dem Naab-Gebirge an seinem Nordrand vorgelagerten Gebiet, kommen auf den Höhen nördlich und südlich der Senke jungtertiäre Naabgebirgs-Schotter vor, so auf der Höhe O. von Ehenfeld, O. von Neudorf bei Luhe, bei Kemnath und Neunaigen.

Im westlichen Vorland des Naab-Gebirges (Fensterbach-Tal und Freihölser Senke) finden wir auf den Höhen von Altenricht (O. von Amberg) etwa 80 m über dem Fenster-Bach tertiäre, harte Naabgebirgs-Schotter: Quarze, Hornsteine, Karneole (Freihölser Großschotter von KRUMBECK, angef. S. 272), von Faust- bis Kopfgröße, häufig sogar bis $1/2$ und 1 m Durchmesser, Ablagerungen eines Urflusses, der im Norden auch auf dem Granit des Naab-Gebirges (N. von Pursruck) Schotterreste hinterlassen hat. Sie sind zum großen Teil diluvial verlagert worden (S. 272).

Hochgelegene Grobschotter kommen auch im Bodenwöhrer Becken auf Terrassen des Regen-Tals zwischen Roding und Nittenau vor. Die ältesten, sicher tertiären Vorkommen bestehen aus Quarziten und Quarzen vom Aussehen der Naabgebirgs-Schotter.

Bemerkenswert sind im Naab-Tal etwa 80 m ü. d. T. die sog. Sauforster Schotter auf den Höhen zwischen Burglengenfeld, Max-Hütte und Ponholz.

Es sind bis zu 10 m mächtige pliozäne Kleinschotter über dem Braunkohlen-Tertiär, vorwiegend Quarze (2—4 cm), daneben Dogger-Eisensandsteine, Malm-Hornsteine, seltene Lydite. Sie sind erschlossen in der Braunkohlengrube am Striegl-Hof bei Ponholz. — Schottergruben: O. von Haugshöhe (an der Straße Burglengenfeld—Max-Hütte) und SO. von Roßbergeröd bei Ponholz.

## Pliozäne Schotter und Sande in Oberfranken und Mittelfranken.

Diese Ablagerungen sind meist nur mehr in Resten vorhanden. So liegen 90—95 m über dem Tal des Roten Mains, auf dem Roten Hügel W. von Bayreuth tertiäre Eisensandstein-Schotter. Auch an der „Stirn" bei Katschen-reuth unfern Kulmbach liegen tertiäre Schotterreste in dichterer Packung. — Auf den Höhen des Muschelkalk-Zuges O. von Kulmbach sind tertiäre Hochschotter in 90—150 m ü. d. T. erhalten. Sie liegen mitunter in dichter Packung W. von Seibelsdorf und besonders W. von Unter-Steinach und auf der Klosterebene W. von Himmelkron. Es sind Quarze, Lydite, Diabase, Grauwacken; im Süden fast nur Quarze. Ihre Ablagerung erfolgte zu einer Zeit, in der die heutigen Täler noch nicht bestanden, durch Flüsse, die aus dem alten Gebirge kamen.

## Pliozäne Schotter und Sande in Unterfranken.

Diese Bildungen kommen in kleineren oder größeren Resten auf den Höhen über der Fränkischen Saale und der Streu in der Gegend zwischen Mellrich-stadt und Neustadt a. d. Saale vor. Vereinzelt ist das Vorkommen auf dem Haardt-Berg über Wernfeld am Main. Sie sind wohl Reste alter, heute nicht mehr verfolgbarer Ströme.[1]

**Schotter.** — Die Ablagerungen bestehen aus weißen, grünlichgrauen und lichtbräunlichen, kaolinisch gebundenen Sanden, in denen überaus zahlreiche Gerölle liegen: meist nußgroß, seltener hühnereigroß, sehr selten kopfgroß; Sandsteine des Keupers und Buntsandsteins, weißlich kaolinisiert bis rötlich, Hornsteine, feinkörnige Angulatensandstein-Geschiebe und -Rollstücke, schie-ferige Quarzite und Kieselstücke. — Kiesgruben sind: N. von Neu-stadt a. d. Saale am Erlen-Brunnen; SO. von Hollstadt auf den Höhen.

Auf der Höhe des Haardt-Berges über Wernfeld am Main lagert auf dem dortigen pliozänen Ton pliozänes grobes Geröll, das vorzugsweise aus hellen Angulatensandstein-Rollstücken und dunklen Hornsteinen bis Kopf-größe besteht.

**Flußsande.** — Die Sande sind goldgelb, rotbraun, weißlich bis weiß und braun geflammt. Das feine Korn kann sich bis zur Erbsengröße vergröbern. Das Zwischenmittel der Sande, die wagrechte und Kreuz-Schichtung zeigen, ist kaolinisch. Gerölle stellen sich manchmal ein. Auch hellbläuliche bis dunkel-braune, z. T. wellige Tonlagen können den Sanden eingeschaltet sein und eine Mächtigkeit erreichen, die eine Verwertung als geschätztes Ziegelgut lohnt

---

[1] Das pliozäne Alter dieser Ablagerungen gründet sich auf den Fund von *Mastodon arvernensis* in einer Sandgrube bei Ostheim v. d. Rhön.

(Ziegelei bei Unsleben, SW. von Mellrichstadt). Die Sande selber sind als Bausande sehr beliebt. — Sandgruben: NO. von Mellrichstadt; S. von Wollbach bei der Ziegelei an der Straße nach Neustadt a. d. Saale und im Walde O. davon; SO. von Eichenhausen (NO. von Neustadt). — (Anm.: Die zwischen Poppenlauer und Münnerstadt vorkommenden, recht mächtigen bunten Sande mit einem Korn meist feiner als Stecknadelkopf-Größe sind wahrscheinlich auch pliozänen Alters.)[1]

### Pliozäne Ablagerungen im Altmühl-Gebirge.

In der Altmühl-Alb liegen von Dollnstein flußabwärts, 50 m ü. d. T., auf vielen Terrassenstücken, $\pm$ dicht, kalkfreie, pliozäne oder ältere Schotter von alpinen Radiolariten (Donaugerölle), Fremdquarzen, einheimischen Weißjura-Hornsteinen und Kreide-Gesteinen. — TH. SCHNEID (angef. S. 71) gibt vermutlich pliozäne Bausande an von Hardt O. von Wellheim (SW. von Eichstätt); sie werden dort in großen Sandgruben gewonnen.

### Diluviale Schotter und Sande.
#### Schotter und Sande in der Oberpfalz.
#### Schotter und Sande im Gebiete der Naab.

**Schotter und Sande im Bereich der Heide- und Wald-Naab.** — In mindestens drei verschiedenen Terrassen bis zu etwa 35—40 m ü. d. T. sind Schotter und Sande in diesem Gebiete abgelagert worden.

Verbreitung: a) Heidenaab-Gebiet: zwischen Kirchenpingarten, Immenreuth und Tressau (SO. von Weidenberg); spärlicher zwischen Tressau und Kastl; zwischen Kastl und Weiden besonders in den Senken S. von Kastl und W. von Atzmannsberg; um Pressath und südlich davon im Bürger-Wald und in der „Mark"; im Manteler Wald (zwischen Heide-Naab und der Bahnlinie von der Schwarzenbacher Senke bis Mantel); rechts des Flusses von Kalkhäusl bei Mantel bis ans Naab-Tal; — rechte Nebenbäche der Heide-Naab; im Creussen-Tal aufwärts bis Speinshart; am Thum-Bach von Grafenwöhr bis Weihern; am Schaum-Bach bis oberhalb Grünhund (SW. von Grafenwöhr); am oberen Röthen-Bach um Kaltenbrunn (NO. von Freihung) und O. von Flügelsburg (NW. von Freihung). — (Anm.: Im Truppenübungsplatz westlich der Straße Grafenwöhr—Tanzfleck haben die diluvialen Ablagerungen keineswegs die Verbreitung, die ihnen C. W. GÜMBEL auf dem Geogn. Blatt Erbendorf 1:100000 gibt). — b) Waldnaab-Gebiet: weite Terrassenfelder westlich des Flusses von Altenstadt nächst Neustadt a. d. Wald-Naab über Weiden nach Rothenstadt südlich davon; weitere Ablagerungen in den Tälern der Schwein-Naab und Dürrschwein-Naab.

Zusammensetzung der Schotter: starker Anteil von Großgeröllen der Urnaab-Schotter (S. 266) östlich der Linie Kastl—Grafenwöhr—Kalten-

---

[1] In 620 m Höhe ist pliozäner Sand in einer Grube 1 km W. über Ginolfs in der Rhön aufgeschlossen.

brunn, von Naabgebirgs-Schottern im oberen Röthenbach-Tal; Fichtelgebirgs-Schotter und Gerölle aus dem Keuper (Kiesel, Quarzitsandsteine, Hornsteine) in den Tälern der Heide-Naab, Schwein-, Dürrschwein- und Wald-Naab; Dogger-Eisensandsteine und Malm-Hornsteine, Karneole aus dem Buntsandstein in den Tälern des Creussen-Bachs, Thum-Bachs, Schaum-Bachs und Röthen-Bachs; vorherrschend Karneol-Gerölle in der Einsenkung zwischen Hirsch-Mühle und Weihern (W. von Grafenwöhr); vorwiegend Dogger-Sandsteingerölle in Aufschüttungs-Terrassen am Fuß des Juras von Pappenberg bis zum Schwarzen Berg NW. von Freihung; überwiegend Granit- und Quarzgerölle aus dem Rotliegenden an der Heide-Naab von Weiherhammer abwärts; an der Wald-Naab von Rothenstadt bis Luhe.

Gewinnung: 1. Heidenaab-Gebiet:

a) oberhalb von Pressath: W. von Kemnath (auf den Höhen W. von Wirbenz und O. von Schlackenhof, Schotter); beim Bahnhof Kemnath (im Tal an der Gemünd-Mühle, Sand, Schotter); Waldabteilung „Brandhütte" W. von Atzmannsberg (Sand, Groß-Schotter); im Tal bei Trabitz (Schotter); bei Hub und Schmierhof (Sand, Schotter); bei Feilershammer (Sand, Schotter, Groß-Schotter); Gruben am Bahnhof Pressath (Sand, Schotter);

b) unterhalb von Pressath, östlich des Flusses: am Walbern-Hof N. von Schwarzenbach (mittelkörniger Sand); um Schwarzenbach (Sand, Schotter); an den kleinen Straßen-Weihern SO. von Schwarzenbach (Groß-Schotter, Sand); im Manteler Forst an vielen Stellen; oberhalb von Parksteinhütten (Groß-Schotter, Sand); westlich der Bahnlinie SO. von Parksteinhütten an der Kreuzung von Bahn und Straße von Mantel nach Parkstein (Sand); an der Straße Mantel—Parksteinhütten (Sand, Schotter); an der Nagelschmiede bei Mantel (6 m Sand, für Zementwaren, Schotter);

c) unterhalb von Pressath, westlich des Flusses: „Rote Marter" W. von Pechhof (nuß- bis faustgroße Schotter); auf der Höhe der Straße Grafenwöhr—Pechhof (SO. der Fels-Mühle, Groß-Schotter); bei Kalkhäusl W. von Mantel (Schotter); bei Beckendorf (Sand); am Bahnhof Weiherhammer (5 m mächtiger Terrassen-Sand, großes Sand- und Schotterwerk); NW. von Ober-Wildenau (Sand, Schotter) nahe dem Naab-Tal;

d) an den westlichen Zuflüssen der Heide-Naab: Creussen-Bach: bei Moos oberhalb Grafenwöhr (Sand, Groß-Schotter); unterhalb Grafenwöhr-Ort; unterhalb der Schaumbach-Mühle bei Grafenwöhr (große Sand- und Kieswerke, Versand nach auswärts); SO. von Grafenwöhr-Lager (im „Brand", Schotter mit Urnaab-Geröllen); — Thum-Bach: am Rosen-Hof W. vom Lager und weiter bachaufwärts (Sand); — Schaum-Bach: S. vom Lager (Kleinschotter); — Röthen-Bach: an der alten Straße Grafenwöhr—Freihung (Groß-Schotter); N. von Kaltenbrunn (im Lang-Holz, Sand, Groß-Schotter).

2. Waldnaab-Gebiet:

a) an der Wald-Naab: bei Altenstadt N. von Weiden und südlich davon an der Straße nach Weiden (4 m tiefe, große Sand- und Schottergruben); an mehreren Stellen zwischen Weiden und Rothenstadt; in Ober-Wildenau bei Luhe (bedeutendes Sand- und Schotterwerk an der Bahn; 5 m mittelkörniger, fast geröllfreier, gelber, weißer und rötlicher Fluß-Sand; obenauf Schotterdecke; außerdem mehrere kleinere Sandgruben);

b) an der Schwein-Naab: SW. von Schwand; W. von Hämmerles (Groß-Schotter); an der Mündung in die Dürrschwein-Naab [Sand, Großschotter als Decke (1—2 m) über Keuper-Sand; mehrere Gruben];

c) an der Dürrschwein-Naab: O. von Meerbodenreuth und südöstlich davon am Wald-Hof (NW. von Weiden, Schottergruben).

**Gebiet der Naab (nach dem Zusammenfluß von Wald-Naab und Heide-Naab).** — a) Naab-Tal zwischen Luhe und Mündung. Von diluvialen Aufschüttungen ist neben mindestens zwei Vorterrassen [bis 6 m, oft mit sehr grobem Sand und mit lyditführenden Schottern (Grube gegenüber Grünau S. von Luhe)], besonders gut eine 6—10 m-Terrasse mit mittelgrobem Sand entwickelt. Seltener und weniger gut erhalten sind Reste einer 20—30 m-Terrasse. Größere Ausdehnung erhalten diluviale Ablagerungen im Pfreimder Becken.

Größere Verbreitung besitzen Schotter- und Sandablagerungen um Wölsendorf und besonders von Schwarzenfeld bis gegen Teublitz. Der Bestand der ei- bis faustgroßen Gerölle ist, wie sich N. von Fronberg bei Schwandorf 30 m ü. d. T. zeigt, sehr mannigfaltig: Granite, Gneise, Grundgebirgsquarze, Pfahlquarze und Pfahlschiefer aus dem Oberpfälzer Wald, Phyllite und Amphibolite aus dem Fichtelgebirge, Gerölle der Urnaab-Schotter (Quarzite, Lydite) und der Naabgebirgs-Schotter (Quarze, Quarzite, Hornsteine), große Dogger-Eisensandsteine und dazu kleine, runde Kiesel aus dem Ober-Turon. Weiter südwärts treten Jura-Kalke und Malm-Hornsteine immer stärker hervor. Am Unterlauf um Etterzhausen sind neben vorherrschenden Kalkgeröllen Granitrollstücke noch auffällig groß (Schottergrube Ebenwies). — Sand- und Schottergewinnung außer bei Ober-Wildenau—Luhe im ganzen Gebiet nur für örtlichen Bedarf.

In der sog. Schnaittenbacher Senke, dem Gebiete zwischen Hirschau und der Naab, das vom Ehen-Bach durchflossen wird, sind von Hirschau ab diluviale Schotter und Sande sehr verbreitet, im Gegensatz zur Darstellung auf dem Geognostischen Blatt Erbendorf 1:100 000. Auf höheren Terrassenresten (15—40 m ü. d. T.) sind namentlich Groß-Schotter abgelagert (Quarze, Quarzite, Hornsteine); es sind umgelagerte Tertiär-Schotter, die gehäuft und verstreut überall vorkommen. Längs der Bäche ziehen Aufschüttungsterrassen von Sand mit nuß- bis faustgroßen Geröllen dahin (Quarze, Quarzite, Hornsteine, Karneole, Dogger-Sandsteine). Die Straße Schnaittenbach-Wernberg verläuft darauf. — Gruben mit Groß-Schottern: bei Neuersdorf N. von Holzhammer; im Neudorfer Wald S. von Neudorf; NO. von Neunaigen (3 m stark); — Schotter- und Sandgruben: SO. von Holzhammer; — Sandgruben: oberhalb von Holzhammer; südlich davon am Otten-Weiher; oberhalb vom Bahnhof Wernberg.

In der sog. Freihölser Senke O. von Amberg gehören hierher die zur Diluvial-Zeit verschwemmten und verlagerten, ehemals tertiären Naabgebirgs-Gerölle. Sie finden sich zahlreich zwischen dem Fenster-Bach im Osten und einer Linie Lintach—Paulsdorf—Haidweiher—Fürstenweiher—Dirnsrichter Mühle (unterhalb von Freihöls), bald in geschlossenen Geröllmassen für sich, bald in Diluvial-Sanden eingebettet oder in loser Überstreuung. — Vorkommen: am Haid-Weiher und auf der Terrasse von Freihöls, auf dem Schuster-Berg O. von Hiltersdorf und auf dem Kolm W. von der Kohl-Mühle. Die vorherrschenden und sehr auffälligen Naabgebirgs-Schotter mischen sich mit Eisensandstein-, Malmhornstein- und Granitgeröllen.[1]

b) linke Nebental-Gebiete der Naab: Die aus dem alten Gebirge kommenden Zuflüsse Pfreimd und Schwarzach haben (außer im Mündungsgebiet der Schwarzach) keine beachtlichen Schotter und Sande hinterlassen. Geringmächtige Schotter in Lehm finden sich da und dort auf niederen Terrassen in den Oberlauf-Gebieten, an der oberen Pfreimd (Pfrentsch-Weiher und Moosbacher Gegend) und deren Nebenbach, dem Zotten-Bach (Pleysteiner Gegend), sowie im oberen Schwarzach-Gebiet zwischen Waldmünchen und Rötz; hier lagern bei Eschlhof N. von Kritzenast geringmächtige, taubenei- bis walnußgroße, weiße Quarzkiesel in ziemlicher Verbreitung (pliozäne Schotter?) etwa 30 m über dem Tal.

Im nördlichen Bodenwöhrer Becken, das zum Teil zum Einzugsgebiet der Naab gehört, ziehen Sande und Schotter über Holzhaus gegen Hofenstetten. Südlich von Rauberweiherhaus liegen auf einer Terrasse von oberturonem Sandstein in starker Anreicherung weiße nuß- bis eigroße Quarzkiesel, die dem Ober-Turon entstammen.

**Gebiet der Vils.** — Das Quellgebiet oberhalb von Schlicht mit Frankenohe und Schmalnohe liegt im Vilsecker Jura mit seiner ansehnlichen kreidisch-tertiären Sandstein- und Sandbedeckung. Diese lieferte reichlich Schwemmsand, der die Talungen und Weiherzüge erfüllt. — In der Hahnbacher Keuper-Niederung begleitet eine sehr niedere, geröllführende Sand-Terrasse, örtlich mit Schottern, den Fluß, besonders auf der Westseite (Sandgruben W. von Hahnbach). Ältere Schotter (vorwiegend Eisensandsteine) in rd. 6—12 und 20—30 m, mitunter noch bedeutend höher, finden sich stellenweise bei Schönlind und Wüstenau NW. von Hahnbach, bei Irlbach, Sueß (Schottergrube), Hahnbach und Laub-Mühle N. von Amberg.

Bei Amberg ist das Gebiet östlich der Stadt von jungen Flußsanden und Schottern überdeckt. Nordwestlich der Stadt ziehen Kiese und Schotter (Eisensandstein, Malm-Hornsteine) als Zeugen eines alten Flußlaufes[2] im Süden des Amberger Erzzuges über Karmensölden und Siebeneichen gegen Rosenberg.

---

[1] Krumbeck, L.: Über die Freihölser Großschotter im Vorland der Blauen Berge bei Amberg. — Geogn. Jahresh. **33**, München 1920.

[2] Seemann, R.: Die geologischen Verhältnisse längs der Amberg—Sulzbacher und Auerbach—Pegnitzer Störung. — Abh. d. Naturhist. Ges. zu Nürnberg, **22**, Nürnberg 1925.

Im Vils-Tal unterhalb von Amberg bis zur Mündung in die Naab ist von stärkeren Diluvialablagerungen nichts bekannt.

## Schotter und Sande im Gebiete des Regens.

Zwischen Roding und Nittenau kommen, etwas weniger hoch als die tertiären Grobschotter (S. 267), Reste von diluvialen Schottern (mit Kreide-Hornsteinen, verkieselten Kreide-Sandsteinen, Eisensandsteinen des Turons) und von umgelagerten Tertiär-Schottern vor. Es sind Restschotter, die aus den Feldern aufgelesen und zur Feldwegverbesserung verwendet werden.

Besonders in der Chamer Senke und in der Talweitung von Nittenau breiten sich zwei jüngere Terrassen in rd. 25 m und 6—10 m Höhe nebst ein bis zwei Vorterrassen aus, die aus Sand- und Schotteraufschüttungen bestehen. — Sand- und Kiesgruben: S. und W. von Cham; bei Pösing; am Bahnhof Roding (Kunststeinherstellung); bei Walderbach; in der Umgebung von Nittenau; um Regenstauf; N. von Zeitlarn und N. von Reinhausen bei Regensburg. Hier verschmelzen die Aufschüttungen mit denen der Donau-Terrassen.

Von Nittenau ziehen die Sandterrassen gegen Bodenwöhr (lebhafte Sandgewinnung beiderseits des Sulz-Baches, besonders um Bruck). Auch das nördliche Bodenwöhrer Becken, das großenteils dem Einzugsgebiet des Regens angehört, zeigt starke Sandbedeckung im Weihergebiet der Niederung, längs aller Bachläufe und auf den flachen Nordhängen des Schwandorf—Rodinger Höhenzuges. — Sandgruben (z. T. mit Schottern): bei Neuenschwand; um Bodenwöhr; N. der Pech-Mühle (an der Straße Bodenwöhr—Erzhäuser) und bei Neubäu.

## Diluviale Schotter und Sande in Franken und im nördlichen Schwaben.

Diese Bildungen begleiten in oft ansehnlichen Absätzen den Lauf des Mains, der Schwäbischen Rezat, der Rednitz, Regnitz, Altmühl, der Wörnitz und der Fränkischen Saale. Sie bestehen aus Rollstücken oder Geschieben aller widerstandsfähigen Gesteine aus dem Einzugsgebiete der Flüsse. Im Maingebiet bis Haßfurt herrschen Gesteine des alten Gebirges vor. (Gneise, feinkörnige, quarzitische Sandsteine, Grauwacken, Gangquarze und Lydite, gelegentlich auch Tonschiefer), ferner Gesteine des Keupers und Juras (Dolomitische Arkosen, Eisensandsteine, Angulaten-Sandsteine, Jura-Kalke und Jura-Hornsteine). Von Haßfurt ab mengen sich auch Muschelkalk-Gerölle den tieferen Absätzen bei und von Gemünden am Main an wiegen Buntsandstein-Gerölle mit beibrechenden Basalt-Rollstücken vor. Letztere entstammen dem Einzugsgebiet der Fränkischen Saale. Deren Schotter bestehen außer den meist etwas zurücktretenden Basalt-Geröllen vorzugsweise aus Buntsandstein mit beigemengten Muschelkalk-Geschieben.

In den Schottern im Einzugsgebiet der Schwäbischen Rezat, Rednitz und Regnitz überwiegen die härtesten Gesteine des benachbarten Jura-

Gebirges: Hornsteine des Weißen Juras, Eisensandsteine des Doggers, Angulaten-Sandstein, kalkige Jura-Gerölle. Dazu kommen ausgewaschene Keuper-Kiesel und Brocken von Rhät-Sandsteinen.

Eine Verkittung der Schotter zu Nagelfluhe ist selten und technisch ohne Bedeutung. Eine leichte Verfestigung durch Brauneisen oder Manganerz kommt oft vor.

## Schotter und Sande im Gebiete des Mains.

**a) Gebiet der Quellflüsse des Mains.** — R o t e r  M a i n : Um ihn sind diluviale Schotter mit Sanden, oft mit Lehm bedeckt, sehr zahlreich. Sie gehören vier Terrassen an (70—75 m, 40 m, 20—25 m, 4—10 m). Die ehemaligen Aufschüttungen sind in der Regel selbst bei größerer Ausdehnung stark abgetragen und nur noch in geringer Mächtigkeit erhalten.

Die tiefsten und jüngsten Terrassenreste führen, wie der jetzige Fluß von der Steinach-Mündung (oberhalb Bayreuth) an Fichtelgebirgs-Gerölle. Die älteren Terrassen bestehen fast durchwegs aus Dogger-Eisensandstein-Geröllen mit zurücktretenden Geröllen von Kieselsandsteinen und Hornsteinen und enthalten keine Fichtelgebirgs-Gerölle, da zur Zeit ihrer Ablagerung die aus dem Fichtelgebirge kommende Steinach noch nicht in den Roten Main geflossen ist. — A b b a u  von Schotter und Sanden nur für örtlichen und kleinen Bedarf. — V o r k o m m e n  o b e r h a l b  v o n  B a y r e u t h : Höhen von Bühl W. von Creußen; O. von Ottmannsreuth; bei Wolfsbach; zwischen Neunkirchen und Eremitage; NO. von St. Johannis; an der Leimsiedelei (Hammerstadt) in St. Georgen (Bayreuth). Besonders zahlreich und dicht benachbart sind die Diluvial-Reste auf der linken Mainseite zwischen Bayreuth und Drossenfeld; in diesem Abschnitt sind älteste Diluvialschotter (70—75 m) am Roten Hügel, auf dem Bleyer (P. 399 bei Heinersreuth), auf der Höhe P. 388 bei Unter-Waiz und am P. 382 SW. von Drossenfeld erhalten (Topogr. Batt Bayreuth-West 1:50000); Schotter der tieferen Terrassen an der Herzog-Höhe bei Bayreuth; bei Heinersreuth, bei Unter-Waiz, Altenplos, Aichen und Muckenreuth. Weiter flußabwärts: S. und SW. von Langenstadt; SW. von Buch a. S.; W. und N. von Windischenhaig bis Hitzmain.

S t e i n a c h : Auf der rechten Talseite sind Schotter mit Fichtelgebirgs-Geröllen zwischen Weidenberg und Unter-Steinach in zwei Terrassen, sowie bei Laineck—Riedelsgut in drei Terrassen abgelagert. Die Schotter der beiden älteren Lainecker Terrassen ziehen über Bindlach in das Trebgast-Tal hinein. — Bemerkenswert sind Schotter von Buntsandstein- und Muschelkalk-Geröllen, Ablagerungen eines altdiluvialen Nebenbaches, etwa 30—40 m ü. d. T. im oberen Ortsteil von Rodersberg. Das höhere Schottervorkommen ist zu Nagelfluhe verfestigt; in dem tieferen ist eine alte Schottergrube.

W e i ß e r  M a i n : Diluviale Sande und Schotter bis zu 40 m Höhe über dem Tal breiten sich am Weißen Main bei Himmelkron und Neuenmarkt aus, von wo sie bis zum Schorgast-Tal reichen, ferner um Melkendorf—Steinenhausen vor der Vereinigung mit dem Roten Main. Auch N. von Blaich bei Kulmbach sind am Ausgang des Purbacher Tales rd. 50 m ü. d. T. ziemlich mächtige Sande und Schotter erschlossen. — Im Trebgast-Tal lagern Schotter und Sande (der diluvialen Steinach) bis 28 m ü. d. T. zwischen Heinersgrund und Waldau. — Schottergrube (Quarz, Phyllit, Granit): W. der Zolt-Mühle bei Harsdorf.

**b) Gebiet des Mains vom Zusammenfluß der Quellflüsse bis Bamberg.** — Die ältesten Diluvial-Schotter finden sich auf Terrassen um 60—65 m über Tal, aber nur in $\pm$ spärlicher Verstreuung. Nur bei P. 303 und 312 bei Kutzenberg SO. von Ebensfeld unfern Staffelstein (Topogr. Blatt Lichtenfels-West 1:50000) liegen bis 4 m mächtige Sande und Kleinschotter auf dieser alten Terrasse.

Viel häufiger und in größerer Mächtigkeit als im Quellgebiet sind Reste der drei jüngeren Diluvial-Aufschüttungen (40—50 m, 20—30 m, 6—12 m) erhalten geblieben, besonders zwischen Hochstadt, Markt-Zeuln und Bamberg. Auf jeder Terrasse erreicht die Mächtigkeit der Sande und Schotteraufschüttungen mitunter 10—15 m. Dementsprechend ist die Anlage größerer und ergiebiger Gruben möglich. Die Schotter bestehen aus bezeichnenden Geröllen des Frankenwaldes und des Fichtelgebirges (= „Maingerölle": Quarze, Lydite, Quarzite, Grauwacken, Tonschiefer, Gneise). In wechselnder Menge treten Eisensandsteine, Kieselsandsteine, Hornsteine u. a. hinzu. An Stellen ehemaliger Nebenbachmündungen herrschen Eisensandstein- oder auch Weißjura-Gerölle vor. — Von Lichtenfels abwärts kommt über der eigentlichen Flußaue eine im Oberlauf nur angedeutete, niedere Terrasse (= Vorterrasse, 2—4 m) zur Entwicklung. Sie besteht aus Aulehm oder Sand und ist vielleicht noch diluvialen Alters. — Vorkommen und Gruben: a) rechts des Mains: Mainleus — Schwarzach — Fasoldshof; Höhe von Markt-Zeuln — Lettenreuth (Schottergrube bei Lettenreuth); um Michelau—Schney; N. von Lichtenfels (Schotter- und Sandgrube an der Weggabelung nach Schney und Buch); S. von Kösten; bei Rattelsdorf—Ebing (im Winkel zwischen Main und Itz); — b) links des Mains: Vorkommen bei Prügel—Altenkundstadt; um Hochstadt (Grube mit 5 m braunem Sand im Ort); zwischen Krappenroth und Lichtenfels (2—9 m tiefe Sand- und Kiesgruben am Unteren Krappen-Berg); ausgedehnte Vorkommen von Lichtenfels über Staffelstein bis Ebensfeld [Sande bald mit herrschenden Main-Geröllen, bald mit Malmkalk- und Eisensandstein-Geröllen; Gruben W. und S. von Grundfeld (5—7 m tief, Profil siehe unten); O. von Wolfsdorf (7 m); NO., SW. und S. von Staffelstein (4—7 m); bei und O. von Ebensfeld (4—5 m)]; bei Zapfendorf; bei Breitengüßbach—Hallstadt [Grube (3—4 m) mit Main-Schottern halbwegs Breitengüßbach und Zückshut (altdiluviale Mainschlinge); Sand- und Kiesgruben in den Aufschüttungen des Ellern-Baches O. von Hallstadt]; in den Quelltälern des Ellern-Baches; Schottergrube (6 m) mit Malm-Kalk und Eisensandstein bei Pödeldorf und Gruben bei Straßgiech.

Einen Einblick in eine Schotterablagerung des Mains (Niederterrasse) in der

Nähe von Staffelstein gibt folgendes Profil durch eine Kiesgrube W. von Grundfeld (nach E. Schmidtill[1]):

1. Gelbbrauner, eisenschüssiger, grobkörniger, unregelmäßig geschichteter Quarzsand mit äußerst dichter Packung von kleinen bis mittelgroßen, meist nur ± kantengerundeten Geröllen von Gangquarzen, Lyditen, Tonschiefern, Grauwacken, Grauwacken-Konglomeraten, Quarziten und Quarzsandsteinen . . . . . . 2,90 m;
2. rotbrauner, eisenschüssiger, grobkörniger Quarzsand mit undeutlicher Kreuzschichtung und stellenweise auch mit Diagonalschichtung, darin von Geröll nur wenige Millimeter große abgerollte Quarzkörner . . . . . . . . . . 0,50 m;
3. gelb- und rotbrauner, grobkörniger, oben unregelmäßig geschichteter, unten wirr kreuzgeschichteter Quarzsand mit ziemlich geringer, in unregelmäßigen Lagen angeordneter Schotterung kleiner Gerölle von der gleichen Zusammensetzung wie in Lage Nr. 1; vereinzelt bis über faustgroße Lydite und Gangquarze . . . 2,60 m;
4. gelb- und graubrauner, unregelmäßig kreuzgeschichteter, grobkörniger Quarzsand mit äußerst spärlicher Geröllführung . . . . . . . . . . . . . 1,60 m;
5. Liegendes nicht aufgeschlossen.

### c) Gebiete der Rodach, Kronach, Haslach und Steinach.

— Diluvial-Aufschüttungen, die man zwei Terrassen von 8—15 m und 30—40 m zurechnet, sind stark zerstört und geringmächtig. Die Mehrzahl der Schotter (in Lehm oder sandigem Lehm) gehört der tieferen Terrasse an. Sande erscheinen erst im unteren Rodach-Tal. Stellenweise recht gut ausgeprägt ist eine niedere, aus Kleinschottern oder Sand aufgebaute Vorterrasse unsicheren, vielleicht noch diluvialen Alters, 2—3 m über den Talauen. Für die Schotter sind Gerölle des Franken- und Thüringer Waldes (Quarze, Lydite, Quarzitschiefer, Tonschiefer) bezeichnend. — Vorkommen: Von den zahlreichen Diluvial-Resten, die inner- und außerhalb des alten Gebirges nachzuweisen sind, seien nur die wichtigsten genannt. — Rodach: O. von Kronach bis Ruppen (im Winkel zwischen Rodach- und Kronach-Tal; Schotter beider Terrassen, großenteils mit Lehmdecke); Vogtendorf (Nebental-Schotter, kein Rodach-Kies); Hammer-Mühle S. von Kronach; auf der lehmbedeckten Terrasse bei Hummendorf; Johannistal; Küps; Redwitz und Zettlitz. Außerdem Vorterrassen-Sand und -Schotter an vielen Stellen. — Haslach: Schotter in der Stockheimer Gegend, besonders auf der linken Talseite zwischen Neukenroth und Reitsch; um Gundelsdorf. Vorterrassen-Schotter zwischen Gundelsdorf und Kronach. — Steinach: Schotter mit Lehm beider Terrassen zwischen Steinach (von Mupperg bis Mitwitz) und dem Föritz-Bach als Rand des ausgedehnten Sonneberger Schotterfeldes; in schmalem Zug örtliche Schotter westlich des Flusses von Wörlsdorf bis Horb; weiter abwärts bei Beikheim; N. von Graitz und S. von Trainau.

### d) Gebiet der Itz.

— Besser und häufiger als im Rodach-Bereich sind Aufschüttungen von mindestens drei Terrassen in 8—10 m, 20—30 m und 40—60 m ü. T., außerdem eine Vorterrasse erhalten. Da die Schotter in 40

---

[1] Schmidtill, E.: Zur Kenntnis der Diluvialterrassen am oberen Main zwischen Rodach- und Regnitzmündung. — Sitz.-Ber. d. Phys. med. Sozietät in Erlangen, **50**, Erlangen 1918/19.

bis 60 m, die nur von Roßach abwärts erhalten sind, vermutlich zwei verschiedenen Terrassen angehören, herrscht hier nach Zahl und Höhenlage Übereinstimmung mit den Diluvial-Terrassen des Main-Tales oberhalb von Bamberg. Die Schotter des Haupttales sind durch Gerölle des Thüringer Waldes (Haupttalschotter) gekennzeichnet. Diese Gerölle sind im Itz-Tal oberhalb Coburg und im Röthenbach-Tal (Oeslau—Neustadt a. d. Heide) vorherrschend.

Vorkommen im Itz-Tal: Links der Itz: Überall mit starker Lehmdecke von Scherneck bis S. von Groß-Heirath; von Gleußen bis Busendorf; — rechts der Itz: von Wohlbach bis Coburg auf zwei Terrassen; SW. von Triebsdorf (3 km S. von Coburg; alte Grube mit 5 m Sand und Schotterlagen); von Buchenrod bis Schottenstein; oberhalb von Bodelstadt; von Memmelsdorf bis Recheldorf; bei Höfen (Schottergrube; Schotter auch unter dem Lehm der dortigen Lehmgrube, Eisensandstein und Angulaten-Sandstein).

Linke Nebentäler: Röthenbach-Tal mit Thüringerwald-Schottern: bei Wildenhaid N. von Neustadt (Ausläufer der Sonneberger Schotterebene); von Neustadt bis Haarbrücken (Sande und Schotter der Vorterrasse); rechts des Baches bei Einberg—Oeslau; — Füllbach-Tal mit Eisensandstein- und Angulatensandstein-Geröllen: am Westhang des Tales zwischen Ober-Füllbach und Friesendorf; an der Bahn von Roth a. F. bis O. von Nieder-Füllbach; — Siemauer-Tal: Schotter bei Ober-Siemau—Birkach.

Rechte Nebentäler: beiderseits der unteren Lauter von Ober-Lauter bis Coburg (mit Buntsandstein- und Muschelkalk-Geröllen; alte Gruben mit 3 m Schottern bei Neuses); — im Sulzbach-Tal bei Meeder und Kösfeld—Beiersdorf oberhalb von Coburg (Keuper-Gerölle); — im Rodach-Gebiet sind größere Vorkommen (vorwiegend Keuper-Gerölle) nur an der oberen Rodach zwischen Rodach und Groß-Walbur und an der Kreck von Autenhausen bis Gemünda; — an der Alster: Schotter S. von Ober-Elldorf und bei Heilgersdorf—Bischwind.

e) **Gebiet der Baunach.** — Im Baunach-Tal sind Schotter, vorwiegend Gerölle von Angulaten-Sandstein und des Keupers, bekannt, die entsprechend denen des Obermains sich auf vier Diluvial-Terrassen bis zu 65 m ü. d. T. beziehen lassen. Sie sind z. T. stark mit Lehm bedeckt. Die meisten Vorkommen liegen auf der westlichen Talseite von der Eberner Gegend bis S. von Baunach. — Auch der Unterlauf der rechten Seitentäler wird von solchen Schottern begleitet.

f) **Gebiet des Mains von Bamberg bis Aschaffenburg.** — Erst nach Austritt des Mains aus dem Steigerwald liegen im breiten Vorland des genannten Gebirges zwischen Schweinfurt und Kitzingen und auf den Höhen rechts des Flusses Schotter und Sande in mehreren Terrassen (bei Volkach: 65 m, 50 m, 35 m und 15 m), von denen aber meist nur die der tieferen Terrasse gewinnbar sind.[1]) Das meist tief eingeschnittene Main-Tal von Marktbreit an bis Aschaffenburg begünstigte ansehnlichere Aufschüttungen weniger als im Main-

---

[1]) Über Schwemmsande am Rande des Steigerwaldes siehe S. 298.

gebiet bisher und Schotter und Sande, die eine günstige Gewinnungslage haben, sind nicht sehr häufig.

Von den zahlreichen, gewöhnlich nur kleinen G r u b e n sind solche zu erwähnen: zwischen Schweinfurt—Oberndorf und Bergrheinfeld (zehn Kiesgruben beiderseits der Straße, viel Muschelkalk-Gerölle); zwischen Bergrheinfeld und Garstadt (eine Anzahl größerer und kleinerer Schottergruben); NO. von Unter-Eisenheim (Kies und Sand; neben Main-Geröllen Muschelkalk-Gerölle); O., S., SO. und W. von Volkach (große, langgestreckte Sandgrube O. der Stadt, Überguß-Schichtung, haselnußgroße Gerölle, Sandkorn bis Schrotgröße erreichend); SW. von Astheim bei Volkach (große Sandgruben mit tonfreiem, z. T. windverlagertem Fluß-Sand, aus dem durch Vermischung des Sandes mit Zement und Gießen der Steine Sandziegel und Sand-Mauersteine hergestellt werden, die denen der behauenen Natursteine ähneln sollen); O. von Ober-Volkach; zwischen Dettelbach und Kitzingen (Sandgruben O. und S. von Albertshofen; SO. von Kitzingen, an der Straße nach Mainbernheim); Gegend zwischen Hohenfeld, Michelfeld und Marktsteft (Sandgruben zwischen Hohenfeld und Marktsteft; geröllfreie, einige Meter mächtige Quarzsande, leicht bräunlichrot); zwischen Ochsenfurt und Würzburg (Sandgruben am Bahnhof Ochsenfurt; bei Randersacker und Eibelstadt); zwischen Würzburg und Karlstadt (Sand- und Schottergruben um Würzburg; bei Thüngersheim, Zellingen und Karlstadt am Main;[1]) nahe Steinfeld bei Lohr, Lohr, Sendelbach, Marktheidenfeld, Lengfurt; zwischen Homburg und Bettingen; bei Kreuzwertheim; bei Fechenbach, Miltenberg, Bürgstadt, Klein-Heubach, Laudenbach; bei Röllfeld, Klingenberg, Erlenbach, Elsenfeld, Obernburg, Klein-Wallstadt, Obernau; in der Aschaffenburger Main-Bucht; bei Stockstadt, Mainaschaff, Nieder-Schönbusch, Groß- und Klein-Ostheim, Kahl;

im V o r s p e s s a r t : bei Kahl, Alzenau, Albstadt, Wasserlos, Huckelheim, Schöllkrippen, Sailauf, Goldbach, Glattbach, Dörnsteinbach, Eichenberg, Ober-Bessenbach, Winzenhohl, Straßbessenbach, Schweinheim; Groß- und Klein-Ostheim (grobe und feine, bis rd. 20 m mächtige Fluß- und Flugsande und Schotter, hauptsächlich aus Quarz, Quarzit, Kieselschiefer, Buntsandstein, seltener aus Granit, Gneis und Muschelkalk);

im H o c h s p e s s a r t : bei Eschau und Mechenhardt.

Das Rohgut wird zum Bauen verwendet.

**g) Gebiet der Fränkischen Saale.** — Hier liefern die Gleithänge bei Neustadt, Bad Kissingen, Euerdorf, Hammelburg und Gräfendorf Sand und Kies (größte Gewinnungsstelle NO. von Fuchsstadt bei Hammelburg; kleinere Abbaue S. von

---

[1]) Bei K a r l s t a d t , gegenüber von Laudenbach, am rechten Steilufer des Mains ist in den Kiesgruben aufgeschlossen: Oben mehrere Meter mächtiger bräunlichgelber, gut gewaschener Quarzsand, zuckerkörnig, gut wagrecht geschichtet; — darunter: 2 m mächtige, gut geschichtete Ablagerung von vorwaltenden, locker in Sand eingebetteten Kalkgeschieben und stark zurücktretenden Sandsteinen und Quarziten und mit Schmitzen von reinem Sand (wie oben). Deutliche Flußablagerung mit Schrägstellung der Geschiebe. Oberste Lage (5 cm) konglomeratartig mit sandigem Bindemittel. Unterlage: Wellenkalk.

Elfershausen bei Euerdorf und N. von Euerdorf; S. von Diebach bei Hammelburg).

Die Schotter dienen zur Wegverbesserung, die Sande zum Bauen.

## Schotter und Sande im Gebiete der Regnitz. [1]

### A. Schwäbische Rezat und Rednitz. [2]

**Diluviale Terrassenschotter.** — Bei Weißenburg und Ellingen lagern Sande und Schotter, die unter die Talsohle reichen und in welche die Schwäbische Rezat 15 m tief eingeschnitten ist. Von hier nordwärts sind links des Flusses auf Hochflächen und Terrassenstücken diluviale Grobschotter in 60—90 m ü. d. T. bis Rittersbach SW. von Roth, in 40—50 m ü. d. T. bis Rednitzhembach und vereinzelte Schottervorkommen in 30—40 m ü. d. T. weiter nördlich bis gegen Fürth erhalten. Rechts des Flusses begleitet ein Grobschotter-Zug mit Flußsanden (Reichelsdorfer Schotter) in rd. 30 m ü. d. T. die Rednitz von Roth bis zum Reichelsdorfer Keller und Weiherhaus bei Reichelsdorf, wo er mit einem Schotterfeld verschmilzt, das über Königshof zum Schießplatz am Nürnberger Rangierbahnhof zieht und von der diluvialen Pegnitz aufgeschüttet ist.

Die faust- bis kopfgroßen Gerölle der Rezat-Rednitz-Schotter bestehen in wechselndem Verhältnis aus Malm-Hornsteinen, Kalkkieselknollen des Weißen Juras, verkieselten Kreide-Gesteinen, Kieselsandsteinen des Keupers und Lias,

---

[1] Wichtigstes Schrifttum:

BLANCKENHORN, M.: Das Diluvium der Umgebung von Erlangen. Erlangen 1895.

DORN, P.: Erläuterungen zum Blatt Erlangen-Süd (Nr. 180) der Geologischen Karte von Bayern 1 : 25000, München 1930.

FIKENSCHER, K.: Erläuterungen zur Geologischen Karte des Stadtgebietes von Nürnberg. Nürnberg 1930.

HERR, K.: Der Nürnberger Talkessel und seine Entstehung. — Mitt. d. Geogr. Ges. München, 9, München 1914.

KAUL, H.: Geologisch-chemische Studien über die Ton- und Lehmvorkommen um Nürnberg. Erlangen 1899.

KRUMBECK, L.: Zur Kenntnis der alten Schotter des nordbayerischen Deckgebirges. — Geol. u. pal. Abh., N. F., 15, Jena 1927.

— Erläuterungen zum Blatt Erlangen-Nord (Nr. 161) der Geologischen Karte von Bayern 1 : 25000, München 1931.

LÖBER, H.: Zur Kenntnis der Lößvorkommen in Mittelfranken. Nürnberg 1932.

NEUMEISTER, P.: Die Alluvial- und Diluvial-Ablagerungen südlich von Erlangen. Bamberg 1905.

RÜCKERT, L.: Zur Flußgeschichte und Morphologie des Rednitzgebietes. — Heimatkundl. Arbeiten a. d. Geograph. Institut d. Universität Erlangen, Heft 7, Erlangen 1933.

SPERBER, H.: Geologische Untersuchungen im Bereiche des Hahnbacher Sattels. Sulzbach 1932.

STAHL, W.: Geologische Untersuchungen zwischen unterer Pegnitz und Schwarzach (Mittelfranken). Erlangen 1930.

[2] Bei Georgensgemünd fließen die Schwäbische Rezat von Süden und die Fränkische Rezat von Westen her zusammen und der Fluß heißt Rednitz bis zur Einmündung der Regnitz.

Quarzkieseln, Hornsteinen und Kieselhölzern des Keupers, Eisensandsteinen, Fremdquarzen und besonders bezeichnenden Lyditen; im Süden treten Malm-Kalke und andere Jura-Gesteine hinzu.

Genutzt werden die Schotter und Sande besonders der tiefsten Grobschotter-Terrassen, im Süden bei Weißenburg-Ellingen, im Norden im Nürnberger Becken.

Weißenburger Gegend. — Schotter und Sandgruben N. vom Bahnhof Weißenburg; bei der Lehenwiesen-Mühle W. von Weißenburg, wo große Mengen von Jura-Geschieben mit reinen Sanden wechsellagern; verfallene Gruben längs der Bahn über Ellingen hinaus. Kleine Gruben mit Jura-Geröll: bei Schmalwiesen und Hagenbuch (bei Weißenburg) und O. von Emetzheim.

Nördlich vom Bahnhof Weißenburg ist nach L. Rückert (1933, S. 18) in einer Kiesgrube von oben nach unten folgendes Profil aufgeschlossen:

1. Dammerde in Verwitterungssäcken ins Liegende übergreifend bis . . . . 1,00 m;
2. vorwiegend kantengerundeter Juraschutt, besonders vom Malm, meist nuß- bis faust-groß, Ton- und Sandlinsen . . . . . . . . . . . . . . 3,50—4,00 m;
3. feinkörniger, hellbrauner Sand, Überguß-Schichtung, Linsen und Bänkchen von Jura-kleinschutt, Knochenreste . . . . . . . . . . . . . 0,30—0,80 m;
4. grauer, feiner Ton, lignitführend . . . . . . . . . . . . . 1,00—1,50 m;
5. fein- bis mittelkörniger Sand, gebleichte, gebräunte und durch Eisenausscheidung verfestigte Zonen, Juraschutt zurücktretend . . . . . . . . 4,00—5,00 m.
   Zusammen 12 m Mächtigkeit. Die Mächtigkeit der ersten vier Schichten wechselt stark.

In der Lang'schen Ziegelei W. der Lehenwiesen-Mühle erlaubt die Schichtfolge die Aufstellung folgenden Normalprofils (Loeber, S. 18 und 19):

1. Lößlehm . . . . . . . . . . . . . . . . . . . . . . . . . . 4,00 m;
2. grauer, feiner Ton mit Nestern mulmiger Kohle und reich an Lignit in armdicken Stücken, wechsellagernd oder vermengt und verzahnt mit fein- bis mittelkörnigen Sanden, oben gebleicht, unten durch Eisenlösungen gebräunt oder verfestigt, etwas gerundeter Malm- und Doggerschutt . . . . . . . . . . . 4,00—5,00 m;
   1 und 2 eingesenkt in
3. geschichtete, mittel- bis grobkörnige Sande, Verfärbung wie bei 2, Jurakleinmaterial, Grobschotter: taubeneigroße Quarze (5 v. H.), bis doppeltfaustgroße Lydite (15 v. H.), bis über kopfgroße Hornsteine (80 v. H.) . . . . . . . . . 2,00—3,00 m;
4. Amaltheen-Ton mit Mergelkalken (Gümbel), wellig erodierte Oberfläche . . 3,00 m.
   Zusammen 15 m.

Nürnberger Gegend. — Grobschotter- und Sandgruben des Reichels-dorfer Schotterfeldes: Hagershof O. von Rednitzhembach; NO. vom Reichels-dorfer Keller; am Rede-Weiher N. von Weiherhaus; S. von Hinterhof; am Falkennest S. vom Rangierbahnhof; in abgetrennten Vorkommen des Schotter-zuges am Stein-Berg N. von Reichelsdorf und bei Leyh (zwischen Nürnberg und Fürth, hier 2—3 m Kleinschotter und Sand); links der Rednitz bei Geras-Mühle S. von Stein.

**Diluviale Terrassensande.** — Etwa von Pleinfeld abwärts treten Sand-aufschüttungen mit zurücktretenden Kleingeröllen auf. Sie bilden vier Terrassen, eine Oberterrasse (20 m ü. d. T.), die Hauptterrasse (8—12, auch 15 m ü. d. T.) und zwei Vorterrassen (2 und 3—5 m über der Talaue). Die Hauptterrassen-Sande greifen stellenweise und wechselnd tief (bis 10 und 20 m) unter die Talsohle hinab. Alle Terrassen ziehen in die Nebentäler hinein und sind in deren Mündungsgebieten sehr ausgeprägt. [G r u b e n : an der Schwäbischen Rezat zwischen Pleinfeld und Georgensgemünd: S. von Pleinfeld (Seemanns-Mühle); W. von Nieder-Mauk; — an der Rednitz: bei Georgensgmünd; am Bahnhof Büchenbach und NO. von Pfaffenhofen (N. von Roth)]. Große flächenhafte Verbreitung erlangen die Sande im Nürnberger Kessel, wo sie mit den entsprechenden Sandaufschüttungen der Pegnitz zusammentreffen. Hier sind den Sandflächen örtlich Dünenbildungen aufgesetzt, die auch über den Bereich der Flußsande und Schotter hinausgreifen, besonders östlich des Dutzend-Teiches und südöstlich des Rangierbahnhofes. Ganz im Süden sind die Sande infolge des Einflusses des Lias-Gebietes häufig rötlich oder bräunlich und ziemlich lehmhaltig, enthalten auch noch Jurakalk-Gerölle. Nordwärts wird der Sand gelber und reiner (arm an tonigen Bestandteilen).

Die Sande sind im N ü r n b e r g e r Becken fast frei von Kalk und Eisen und meist fahlgelb. Die Niederterrassen-Sande des mittleren und unteren Rednitztales sind in der Regel auch praktisch frei von Feldspäten.

Das Baubedürfnis der Großstadt hat im engeren Nürnberger Becken die gewerbliche und i n d u s t r i e l l e  A u s n ü t z u n g  der Terrassen-Sande sehr gesteigert (Gruben bei Roth, Reichelsdorf, Behringersdorf, Röthenbach bei Lauf; Gewinnung von Rohstoff für die Kalksandstein-Herstellung). Die Behringersdorfer Aufschlüsse sind 10—15 m tief und liefern mittel- bis grobkörnige Sande, welche teilweise aus dem benachbarten Burgsandstein stammen. Aus der Grube des mit dem Behringersdorfer Werk r. d. Pegnitz vereinigten Kalksandstein-Werkes Röthenbach l. d. Pegnitz wird hingegen fahlgelber Terrassen-Sand des linken Röthenbach-Ufers gefördert; das Hangende dürfte vorwiegend Flugsand sein. Die g r ö ß t e  S a n d g r u b e  des Gebietes wird von Aufschlüssen in der Niederterrasse des rechten Rednitz-Ufers nahe dem Bahnhof von R e i c h e l s d o r f  gebildet (Fig. 1, Taf. 21). Der Abbau des mehrere Meter mächtigen gleichmäßig mittel- bis grobkörnigen Sandes geschieht mittels Bagger. Dem Sande sind in mäßiger Menge 2—4 cm große, stark gerundete Gerölle (seltener Quarze und Lydite bis 6 cm, Jura-Hornsteine bis 12 cm) beigemengt.

S a n d g r u b e n  der Nürnberger Umgebung: rechts der Regnitz bei Koppenhof (zwischen Reichelsdorf und Eibach); zwischen Eibach und Stein; links der Rednitz (S. von Mühlhof bei Reichelsdorf); am Hain-Berg bei Gebersdorf; W. von Stein; bei Weikershof S. von Fürth. Gruben in Pegnitz-Sanden: bei Muggenhof und Eberhardshof (zwischen Nürnberg und Fürth).

### Rechte Nebenflüsse der Rednitz.

An der R o t h  und ihren Seitenbächen sind Sande bis in die Talanfänge zu verfolgen (G r u b e n : S. vom Bahnhof Roth; an der Allersberger Straße und am Mimbach bei Pyras). Auch in alle nördlicheren Nebentäler dringen sie hinein. An der Vorderen Schwarzach insbesondere ziehen Sandterrassen über Wendelstein, wo die Hauptterrassen-Sande nach S. KLEIN 16 m unter die Talsohle reichen, fast bis Burgthann; im Oberlauf erscheinen sie wieder zwischen Berg und Neumarkt (viele alte Sandgruben), wo sie mit den Sandmassen des Neumarkter Beckens und der zur Altmühl fließenden oberen Sulz verschmelzen (S. 287). Wie über den Oberlauf ins Sulz-Tal, so ziehen in einem Seitental der Vorderen Schwarzach von Ochenbruck über Ober-Ferrieden Fluß- und Flugsande zu einem anderen Altmühl-Zufluß, der Hinteren Schwarzach, hinüber, deren Oberlauf bis Ober-Mässing und Burggriesbach von Sanden begleitet wird.

Pegnitz. — Hochgelegene Pegnitz-Grobschotter in groben Sanden (Malm-Kieselknollen, Quarze, Hornsteine, Eisensandsteine) finden sich bis 6 m mächtig auf der nördlichen Talseite zwischen Nürnberg und Behringersdorf am Rechen-Berg, Plattners-Berg, Kohlbuck und Eichel-Berg. [Anm.: Unter diesen Schottern kommt ein graugrüner, fetter Diluvial-Lehm (bis über 1 m) vor, der früher zwischen Spital-Hof und Plattners-Park für Hafnerzwecke gewonnen wurde.] Talaufwärts liegen alte Schotter rechts der Pegnitz auf dem Lenzenbühl N. vom Bahnhof Schnaittach und im Sittenbach-Tal; links der Pegnitz bei Schwaig-Röthenbach, Lauf—Nessen-Mühle und Weiher (Hersbruck); auch im Sendelbach-Tal und Hammerbach-Tal (hier Malmkalk-Gerölle vorwiegend).

Sandterrassen lassen sich aus dem Nürnberger Stadtgebiet bis gegen Hersbruck verfolgen. Bedeutende Sandgruben, 10—15 m tief, bei Behringersdorf und Röthenbach (Lauf) in mittel- bis grobkörnigem Sand der Hauptterrasse (9—15 m); Kalksandsteinherstellung (s. u.). Kleinere Gruben O. von Nürnberg zwischen Tullnau (Nürnberg) und Mögeldorf (Formsande); N. von Mögeldorf; W. von Unter-Bürg; N. von Erlenstegen und Ober-Bürg.

| | $SiO_2$ | $Fe_2O_3$ | $Al_2O_3$ | $CaO$ | $MgO$ | $K_2O$ | $Na_2O$ | Glühverl. | Summe |
|---|---|---|---|---|---|---|---|---|---|
| I | 92,90 | 0,48 | 4,02 | 0,40 | 0,36 | 0,62 | 0,15 | 0,86 | 99,79 |
| II | 93,58 | 0,65 | 3,15 | 1,02 | 0,32 | 0,46 | 0,19 | 0,38 | 99,75 |

Analysen technisch verwendeter Flußsande vom rechten Ufer des Röthen-Bachs, kurz vor seiner Einmündung in die Pegnitz.
I = Sand von der Talhang-Terrasse (Hauptterrasse Röthen-Bach—Pegnitz);
II = Unterer Teil der Terrasse (Vorterrasse?) des Röthen-Bachs.
(Unters.: Bayer. Landesgewerbeanstalt, Nürnberg, Prof. DR. STOCKMEIER, 1917.)

Weit verbreitet sind mächtige Flugsandmassen, die S. 297/299 besprochen werden.

### Linke Nebenflüsse der Rednitz.

An der Fränkischen Rezat ziehen Terrassensande bis Windsbach [Gruben: zahlreich zwischen Georgensgmünd und Spalt; W. von Spalt, an der

Straße nach Höfstetten; zwischen Wernfels und Windsbach (bei der Stiegel- und Pflugs-Mühle); ferner bei Wassermungenau und bei Unter-Eschenbach (Sand für Rothenburg o. d. T.); W. vom Bahnhof Windsbach (aufgearbeiteter, grobkörniger Lichtenauer Sandstein)]; an der Rother A u r a c h sind Sandgruben zwischen Gauchsdorf und Veitsaurach [bei der Neu-Mühle, bei Barthelmesaurach, N. von Rudelsdorf (Quarzschotter)]; in diesem Tal kommen etwas weiter talaufwärts bei Veitsaurach und Rudelsdorf nuß- bis taubeneigroße Quarzschotter (40 m ü. d. T.) vor, die als Wegschotter genützt werden. Die Heilsbronner S c h w a b a c h zeigt nur im Mündungsgebiet bei Schwabach Sandterassen (alte Sand- und Schottergruben bei Limbach); flußaufwärts sind Sandaufschüttungen nur im Mündungsgebiet einiger Seitentäler erhalten. — Im Tal der B i b e r t sind Sandterrassen (10 m ü. d. T.) bis oberhalb Zirndorf (Altenberg b. Zirndorf und am Sportplatz Zirndorf) und zwischen Leichendorf (Leichendorfer Mühle und an der Straße Wintersdorf—Bronnamberg) und Ammerndorf entwickelt; im Bibert-Quellgebiet sind an der Haslach oberhalb Klein-Haslach 8 m mächtige lehmige Grobsande mit kleinen Geröllen erschlossen.

### B. Regnitz und deren linkes Nebental-Gebiet.

**Diluviale Terassenschotter.** — Alte Regnitz-Schotter in 25—40 m ü. d. T. lagern auf den Höhen westlich des Flusses zwischen Fürth und Erlangen, wo sie (N. von Fürth und SO. von Frauenaurach) früher ausgebeutet wurden; zwischen Stadelhof und Alzenhof. Sehr hochgelegene Eisensandstein-Schotter (echte Schotter?) bedecken den Galgen-Berg bei Trailsdorf N. von Forchheim. Östlich der Regnitz werden Terrassenschotter O. von Buch-Kraftshof in mehreren Gruben gewonnen (Eisensandstein-, Keupersandstein- und Quarzgerölle). — Dogger- und Eisensandstein-Schotter mit oder ohne Malm-Gerölle finden sich in den Jura-Tälern im Osten, besonders im Schwabach-Tal: bei Spardorf (4—5 m mächtig), zwischen Uttenreuth und Klein-Sendelbach, in der Gräfenberger Gegend bei Igensdorf; halbwegs Dachstadt—Walkersbrunn (Schottergrube) und bei Weißenohe, wo sie zum Gräfenberger Bahnbau verwendet wurden. Auch im Wiesent-Tal und im Mündungsbereich der Nebentälchen bei Eggolsheim, Hirschaid und an den Seitenbächen SO. von Bamberg kommen Jura-Schotter vor, in denen Malm-Kalke überwiegen.

**Terrassensande.** — Sandige Aufschüttungen mit Kleingeröll und Kies von Keuper- und Jura-Gesteinen begleiten den Fluß in Form von Oberterrasse (bis 25 m), Hauptterrasse (7—12 m) und zwei bis drei Vorterrassen. Durchaus vorherrschend und weitaus am besten ausgeprägt ist die Hauptterrasse, deren Sande z. B. um Erlangen bis 20 m unter die Talaue reichen. In den östlichen Nebentälern ziehen die Terrassen talaufwärts, am deutlichsten im SchwabachTal. Die Hauptterrasse dieses Tals verschmilzt S. von Erlangen in einer ausgedehnten Ebene mit der Regnitz. — S a n d - u n d K i e s g r u b e n: zwischen Fürth und Erlangen links der Regnitz am Wasserwerk Fürth, Alzenhof, Hüttendorf, Schallershof-Büchenbach; rechts der Regnitz bei Stadeln-HerboldshofMannhof; im Gründlach-Tal bei Heroldsberg; um Erlangen und im Schwabach-

Tal; zwischen Erlangen und Bamberg: bei Kersbach (mehrere Gruben), Forchheim, Eggolsheim, Strullendorf und Bamberg.

### Linke Nebentäler der Regnitz.

Im Farrnbach-Tal lagern Terassensande bis 25 m ü. d. T. nur im Unterlauf beiderseits des Tales bei Unter-Farrnbach, nördlich des Tals W. von Burgfarrnbach. — Im Zenn- und Aurach-Tal kommen im Oberlaufgebiet Keuper-Schotter in lehmigem Sand vor, im Mittel- und Unterlauf unbedeutende Sandaufschüttungen im Mündungsgebiet einiger Seitentäler, im Unterlauf der Aurach hochgelegene Terrassensande W. von Kriegenbrunn. — Im Seebach- und Moorbach-Tal um Groß-Dechsendorf und im Hausener Tal sind mächtige und ausgedehnte Sandmassen, z. T. Dünensande, abgelagert; viele Sandgruben.

Steigerwald-Täler. — In Haupt- und Seitentälern der Unter- und Mittelläufe sind alte Grobschotter in 30—40 m ü. d. T. bis zu einigen Metern Mächtigkeit, seltener auch in 50—60 m erhalten, werden aber kaum genützt. Es sind Grobschotter von Lias-Sandsteinen (z. T. quarzitisch), Eisensandsteinen, Keuper-Sandsteinen, Keuperkieseln und Kieselhölzern in tiefbraunem, eisenschüssigem, z. T. lehmigem Sand. In diesen Talabschnitten sind auch Sandaufschüttungen (mit Geröllen, Kies- und Schotter-Einlagerungen) in Form von Oberterrasse (bis 25 m ü. d. T.), Hauptterrasse (6—12 m ü. d. T.) und Vorterrasse (4 m) streckenweise wohl entwickelt und viel genutzt. Im Oberlaufgebiet lagern Keuper-Schotter in sandigem Lehm an vielen Stellen, zumeist an den unteren Hängen, sind aber nicht von praktischer Bedeutung. (Anm.: Über Schwemmsande am Gebirgsrand s. S. 298.)

Aisch-Gebiet. — Im Aisch-Tal in den von Dachsbach-Ühlfeld abwärts entwickelten Sandterrassen liegen Sand- und Schottergruben NW. von Höchstadt a. d. Aisch in Ober- und Hauptterrasse (je 5—6 m tief); N. von Lauf (hier nördlich davon im Wald auch Dünen); W. von Willersdorf. — In Nebentälern liegen Terrassenschotter bei Scheinfeld und bei Diebach-Schauerheim unfern Neustadt a. d. Aisch; Grobschottergrube bei Schornweisach; an der Kleinen Weisach (Geis-Grund) Sande zwischen Weikersdorf und Frimmersdorf (Sandgrube) und zwischen Fetzelhofen und Lonnerstadt (mehrere Gruben beiderseits des Tals).

Gebiet der Reichen Ebrach. — Im Haupttal beginnen Terrassensande unterhalb von Füttersee; Sandgruben: zwischen Geiselwind und Wasserberndorf (4 m tiefe Grube in kreuzgeschichtetem Sand); W. von Wasserberndorf; SO. von Holzberndorf; bei Rambach (oberhalb Schlüsselfeld). — Von der Haslach-Mündung abwärts Sandgruben SO. von Lach; SW. von Wachenroth; bei Simmersdorf; zwischen Steppach und Oberndorf; bei Schlüsselau. — Nebentäler: Im Albach-Tal auf der Westseite Sand- und Schottergruben S. von Reichmannsdorf (5 m) und bei Ober-Albach; im Hirschbrunner Tal bei Hirschbrunn und Unter-Köst (je 3 m).

Gebiet der Rauhen Ebrach. — In der Gegend von Unter-Steinbach

und Prölsdorf sind Schotter in sandigem Lehm häufiger als Sande: Sandterrassen setzen etwa bei Niederndorf oberhalb von Burgebrach ein (Gruben
bei Stappenbach) und sind im Unterlauf weniger erhalten. — An der Mittleren Ebrach sind Sandgruben an der Mündung des Unterweiler Tales,
S. oberhalb von Burgwindheim (3—4 m mit Geröllen); W. von Kappel; bei
Kötsch; am Schatzen-Hof (oberhalb von Burgebrach).

Das nördlichste Steigerwald-Tal, das der Rauhen Aurach, ist sehr arm an
diluvialen Schottern und Sanden.

Verwendung der Sande: Diese sind durch das Wasser auf natürliche Art
aufbereitet worden. An vielen Orten des Rednitz-Regnitz-Gebietes eignen
sich mächtige Sandmassen zu den verschiedensten, namentlich baulichen
Zwecken. Für die Wahl des Aufschließungspunktes sind häufig nur die Ab-
fuhrverhältnisse maßgebend. Viele Siedelungen gründen ihre Entstehung auf
das Vorkommen von Sand neben oder unter ihnen.

Für viele Verwendungszwecke ist eine gewisse bleibende Gleichheit des
Mischungsverhältnisses bestimmter Korngrößen notwendig. Diesen Anforde-
rungen entspricht eine Reihe größerer Sandvorkommen unseres Gebiets. Die
Korngrößen-Tabelle auf S. 286, die STAHL (1930, S. 194) aufgestellt hat, läßt
(trotz der unvermeidlichen Schwankungen bei derartigen Untersuchungen)
die Unterschiede erkennen zwischen Sandstein-Verwitterungssanden und den
Diluvialsanden und die Beziehungen zwischen Dünen- und Flugsanden zu den
Flußsanden.

Zahlreiche kleine Bausandgruben im Regnitz- und Rednitz-Tal und deren
Nebentälern liefern Stoff zur Herstellung von Kalk-, Gips-, Zement- und
Betonmörteln für den Hausbau und zur Wegeverbesserung; größere Sandgruben dienen dem staatlichen Straßen- und Bahnbau, den Mörtelwerken für
den Bedarf der Städte, zur Herstellung von Stampf- und Gußbeton im Hoch-
und Tiefbau, im hohen Grade zur Erzeugung von Bausteinen mit Hilfe hydraulischer Bindemittel. Dazu sind besonders die Sande der diluvialen Hauptterrasse geeignet, da sie meist geröll- und kiesarm, fast frei von Humus.
Ton und Eisenoxyden sind und gleichmäßig, weder zu grob noch zu fein,
gekörnt sind. Die Sande sind der billigste Werkstoff zur Herstellung von
Zement- und Betonwaren (Platten, Röhren, Formstücke, Zementkunststeinen
usw.) und besonders zur Großerzeugung von Kalksandsteinen.[1]

Diese treten in regen Wettbewerb mit dem gebrannten Mauerziegel. Der
Kalksandstein-Ziegel hat ähnliche Gewichts-, Dichtigkeits-, Poren- und Festig-
keitsverhältnisse wie der bessere Tonziegel, ist wetter- und feuerbeständig.
Er ist sehr gut vermauerbar (gute Mörtelbildung, genaue Größe der Steine,

---

[1] Ursprünglich verstand man unter „Kalksandstein" Ziegel aus Sand und gelöschtem
Kalk, die nur bei längerem Liegen an der Luft durch Kohlensäure abgebunden hatten.
Diese „Kalksandsteine" werden im großen nicht mehr erzeugt. Jetzt heißen „Kalksandsteine" die aus Quarzsand unter Kalkzusatz im Druckerhärtungsverfahren erzeugten, bedeutend wertvolleren Ziegel, die früher z. T. als „Kunstbacksteine" bezeichnet worden
sind. Die aus Kalkquetschsand hergestellten Ziegel verdienen den Namen „Kalksandsteine" nicht.

gleichmäßiges Gefüge). Auch seine Wärmeleitungsfähigkeit soll nicht merklich von der der Tonziegel abweichen. Der Kalksandstein wird auch zur Herstellung von Feuerungsanlagen verwertet; neuerdings werden für Sockelzwecke auch mit Eisenoxydfarben rötlich gefärbte Steine von klinkerartigem Aussehen aus ihm hergestellt. — Die Kalksandstein-Industrie ist heute von erheblicher wirtschaftlicher und sozialer Bedeutung. Schon 1922 wurden in Deutschland jährlich gegen 120 Millionen Kalksandstein-Ziegel erzeugt.[1])

Die Flußsande können ferner noch verwertet werden als Magerungsmittel

| | a | b | c | d | e | f | Höchste Korngrößen-Anteile |
|---|---|---|---|---|---|---|---|
| | > 2 mm | 2— 1 mm | 1,00— 0,75 mm | 0,75— 0,50 mm | 0,50— 0,25 mm | < 0,25 mm | |
| **Flußsande:** | v. H. | v. H. | v. H. | v. H. | v. H. | v. H. | v. H. |
| Untere Vorterrasse d. Pegnitz bei Nürnberg . . . | 0,0 | 3,0 | 21,0 | 59,5 | 16,0 | 0,0 | d + c + e = 96,5 |
| Niederterrasse der Pegnitz, Bhf. Schnaittach . . . | 2,0 | 2,0 | 9,5 | 40.5 | 44,0 | 2,0 | e + d + c = 94,0 |
| **Flugsande:** | | | | | | | |
| Röthenbach a. d. Pegnitz . | 1,0 | 12,5 | 37,5 | 36,5 | 12,0 | 1,5 | c + d + b = 86,0 |
| „Lindenlohe" NW. von Altdorf . . . . . . . | 1,0 | 4,5 | 29,5 | 49,5 | 15,0 | 0,5 | d + c + e = 94,0 |
| Ursprung-Graben WNW. von Weißenbrunn | 0,5 | 4,5 | 31,0 | 48,0 | 15,5 | 0,5 | d + c + e = 94,5 |
| Burgthann SSW. von Altdorf | 0,0 | 3,0 | 25,0 | 43,5 | 27,5 | 1,0 | d + e + c = 96,5 |
| Kaar-Holz NO. von Altdorf . | 0,0 | 1,0 | 2,5 | 44,5 | 51,5 | 0,5 | e + d = 96,0 |
| **Keuper-Verwitterungs-Sande:** | | | | | | | |
| Keuperdüne (O. von Feucht) | 3,5 | 7,5 | 15,0 | 31,5 | 30,5 | 12,5 | d + e + c = 77,0 |
| Keupersand (Krumme Linde)[2]) | 3,5 | 4,5 | 19,0 | 32,0 | 31,5 | 9,5 | d + e + c = 82,5 |
| **Doggersandstein-Sande:** | | | | | | | |
| Doggersandstein, Weißenbrunn N. von Altdorf . | 0,0 | 0,0 | 0,0 | 6,0 | 23,0 | 61,0 | f + e = 84,0 |
| Doggersandstein Sulzbürg bei Neumarkt . . . . | 0,0 | 0,0 | 0,5 | 1,5 | 79,0 | 19,0 | e + f = 96.0 |

Die Korngrößen von diluvialen Sanden aus dem Nürnberger Becken, verglichen mit Keuper- und Dogger-Verwitterungssanden (nach W. Stahl 1929/30, S. 194).

---

[1]) Zu ihrer Herstellung wird eine innige Mischung von tonfreiem Quarzsand mit 6 bis 8 v. H. Ätzkalk durch Stempelpressen geformt und der Einwirkung hocherhitzten Wasserdampfes unter Druck ausgesetzt. Die Oberfläche der Quarzkörner wird dadurch aufgeschlossen, indem sich verkittender wasserhaltiger kieselsaurer Kalk (Calciumhydrosilikat) bildet. Der etwa noch ungebundene Ätzkalk wird durch Liegenlassen an der Luft in kohlensauren Kalk übergeführt (Nachhärtung). Vorteilhaft ist ein Gemenge von feiner- und gröberkörnigem Sand.

[2]) SSW. von Röthenbach bei Lauf.

für Tone, zur Herstellung von gebrannten Ziegeln, Dränröhren, Ofenkacheln und Töpferwaren, auch zur Erzeugung von Chamotte-Mauerwerk, als Schleifmittel, als Formsand in Eisengießereien (S. 384), als Füllmassen für Wasserreinigungs-Anlagen usw.

Die großen diluvialen Sandflächen sind auch wertvoll als G r u n d w a s s e r - s p e i c h e r. So bezieht die Stadt Nürnberg seit 1885 einen großen Teil ihres Trinkwassers aus den weiten Sandablagerungen NW. von Altdorf (Ursprung-Quellenkessel und Krämersweiher). Erlangen entnimmt dem Sandfeld im Westen des Regnitz-Tales mit 16 Flachbrunnen 135 Sek.-L. Wasser (L. KRUMBECK, 1931). Bamberg fördert aus dem Sandfeld im Strullendorfer Wald aus 17 Flachbrunnen 120 Liter Wasser in der Sekunde (L. REUTER, 1926).

### Flußablagerungen in den Tälern der Altmühl, Sulz und Hinteren Schwarzach.

**Altmühl-Tal.** — Im Oberlauf der Altmühl wird diese von weiten Sandflächen im Becken von Leutershausen—Herrieden und bei Thann—Großenried begleitet. Terrassensande werden bei Unter-Wurmbach abgebaut; auf den Talwasserscheiden zur Rezat (Fossa Carolina und Dettenheimer Tal) sind Sande bis zu 5—10 m Stärke angehäuft.

Von Dollnstein abwärts floß die Donau auch in der Eiszeit im jetzigen Altmühl-Tal. In tieferen Hanglagen sind da und dort diluviale Kiese und Schotter (neben einheimischen Kalkgeröllen alpine Gerölle enthaltend) erhalten geblieben [bei Hütting, Walting (über der Kirche 5 m mächtig), Arnsberg, Böhming, Griesstetten (1 m)]. — Bei Alt-Essing liegt wenig über dem Fluß eine 8 m tiefe Kiesgrube mit bis 40 cm großen Blöcken von dichtem Felsenkalk; die Donauschotter-Gerölle werden bis faustgroß. — Die Hauptmasse der diluvialen Flußaufschüttungen liegt, bis fast 20 m mächtig, unter der heutigen Talsohle.

Zwischen Kinding und Dietfurt, wo die Altmühl in den Braunen Jura einschneidet, verhüllen Sandablagerungen die Hänge bis zu ansehnlicher Höhe. — S a n d g r u b e n: SO. von Beilngries.

A n h a n g: Glimmerfreie Sande, die vielleicht stellenweise pliozänen Alters sind, kommen im Wellheimer Trockental vor. — G r u b e n: S. von Dollnstein; hart NW. von Konstein.

**Sulz-Tal.** — Im breiten Tal der Sulz bei Neumarkt lagern mächtige Sande.[1] Beim Bahnhof Greißelbach (S. von Neumarkt) in der Sulz-Niederung ist in einer 6—8 m tiefen Sandgrube die feste Gesteinsunterlage noch nicht erreicht. Der reine, sehr gut gerundete Quarzsand hat eine durchschnittliche Korngröße von 0,6—0,8 mm; vereinzelt sind Körner bis 2 mm. Er ist geschichtet und schwach-gelblichrot. Selten sind darin Eisenschwarten-Stückchen aus Dogger-Sandstein. Dieser Sand und die aus ihm windverwehten Sande (bei Neumarkt zu Dünen zusammengetragen) bedecken die ganze Sulz-Niederung im Westen bis auf die Höhe von Forst, im Osten bis zum Eisen-

---

[1] SCHMIDT, K. G.: Geologie von Neumarkt (Oberpfalz). Dissertation Freiburg i. B. 1926.

sandstein. Die Niederungssande besitzen eine etwa dreimal so große Korngröße als die auf den Höhen abgelagerten und dürften daher aus Keuper-
sandsteinen ausgeblasen und nachträglich verschwemmt worden sein (Sandgruben an der Kapelle NO. von Berngau).

**Tal der Hinteren Schwarzach.** — Diluviale Sandaufschüttungen, stellenweise zu Dünen verweht, finden sich um Freystadt, SW. vom Dorfe Forchheim, im Tal von Burggriesbach und im Jettenacker Wald, auf den Höhen O.
von diesem Ort. Hier wie an anderen Stellen werden sie gelegentlich als Bausande gegraben.

**Flußsande der Wörnitz.** — Im nördlichen Keuper-Vorland der Alb und
des Rieses begleiten diluviale Sande die Wörnitz zwischen Larrieden und
Dinkelsbühl, um Wilburgstetten, bei Weiltingen—Wittelshofen und längs der
Bahn von Wassertrüdingen bis 3 km S. von Auhausen, in den Nebentälern an
der Unteren Zwerg-Wörnitz von der Landesgrenze bei Weidelbach bis zur
Mündung, an der Sulzach im Burgsandstein-Gebiet zwischen Dürrwangen
und Dorfkemnathen (O. von Dinkelsbühl).

Im Kessel des Rieses bei Nördlingen hat die diluviale Wörnitz auf ihrem
östlichen Ufergelände ein breites Feld von losem Sand mit spärlichen Geröllen
hinterlassen, der stellenweise zu Dünen angehäuft ist. Er entstammt den
Sandsteinen des Keupers und des Braunen Juras. — Im Tal der ihr zufließen-
den Rohrach finden sich örtlich Sande mit Kiesschmitzen abgelagert. —
Sandgruben: N. von Laub (NW. von Wemding); im und am Weiher-Holz
O. von Weiler Speckbrodi und Einöde Muttenauhof bei Fessenheim; S. der
Schwalb-Mühle, zwischen Wemding und Fessenheim (großer Anbruch eines
Sandhügels, rd. 8 m hoch, bräunlicher, gleichmäßig-feinkörniger, waagrecht
geschichteter Sand, mit Kiesschmitzen; Herstellung von Kalksandstein durch
ein Kalk- und Hartsteinwerk); im Tal der Rohrach: kleine Gruben S. von
Ursheim (feiner und grober Sand mit Kalkgeschiebe-Schmitzen, zurücktretend
dunkle Quarzite); zwischen Polsingen und Weiler Kronhof.

## Alluviale Talsande und -Schotter, Bagger-Sande und -Kiese.

Die neuzeitlichen (alluvialen) Anschwemmungen in den breiten Tälern des
Mains und der unteren Regnitz und die Ablagerungen am Grunde der Flüsse
bestehen aus den gleichen Sanden und Kiesen, wie die der jungeiszeitlichen
Ablagerungen der Flüsse. Mangels Hochwässer in den letzten Jahren ist die
Sand- und Kiesführung von Main und Regnitz sehr zurückgegangen, so daß
auch die sandig-kiesigen Verlandungen der Flüsse, besonders des Mains, abgebaut werden. — Gruben: bei Forst und Schonungen O. von Schweinfurt;[1]
flußoberhalb von Volkach; oberhalb Schwarzenau und Dettelbach; oberhalb
Kitzingen und oberhalb Marktbreit; bei Frickenhausen und Winterhausen;
bei Würzburg unterhalb der Luitpoldbrücke; flußoberhalb von Würzburg-Zell;
oberhalb Gemünden; bei Lohr, Trennfeld, Bürgstadt, Groß-Heubach, Röllfeld,

---

[1] Im Höllen-Tal bei Schweinfurt, bei Sennfeld, im Schwebheimer Wald, zwischen Oberndorf und Bergrheinfeld, bei Stammheim sind kleine Gewinnungsstellen.

Aufn. v. S. Klein

Fig 1
**Sandgrube in der Rednitz-Niederterrasse zur Herstellung von Kalksandsteinen, Reichelsdorf
(SSW. von Nürnberg)** (zu S. 281).

Aufn. v. J. Schörner

Fig. 2
**Bausand-Gewinnung aus einer Düne, Dünenzug NO. von Ziegelstein (NNO. von Nürnberg)**
(zu S. 299)

Aschaffenburg—Nilkheimer Hof und Kahl. — Im Bereich der Regnitz sind Sand- und Kiesgruben: im Hauptsmoor-Wald, bei Hirschaid, Neuses bei Forchheim und bei Forchheim.

Die Sand- und Kiesablagerungen im Flußbett werden mittels Bagger gewonnen [in der Bamberger Gegend bei Ebensfeld und Zapfendorf, zwischen Hallstadt und Bischberg und bei Unter-Leiterbach (im Main); im Bamberger Hafen, bei Pettstadt und Pautzfeld (in der Regnitz); bei Haßfurt, Schweinfurt und Kitzingen (im Main)] oder mit der Hand geschöpft und durch Sieben getrennt.[1])

Verwertung: Kies und Sand wird für Bauzwecke (Mörtelsande, Beton) verwertet und auch versendet (die Sande und Kiese des Spessarter Mains gehen z. B. bis nach Stuttgart).

Erwähnenswert ist das Gewinnen der von der Brend aus der Hohen Rhön mitgebrachten Basalt-Gerölle (bei Brendlorenzen nächst Neustadt a. d. Saale). Die Gerölle werden zum Verbessern der Feldwege verwendet.

## Tonige Fluß- und Seeabsätze.

Zu den nicht mehr in ununterbrochener Folge der Unterlage aufliegenden Überdeckungs-Bildungen gehören die jungtertiären (ober-miozänen und pliozänen) Tone, die teils ohne, teils mit Braunkohlen-Ablagerungen verbunden sind und unregelmäßige Vertiefungen des älteren Untergrundes (Trias-Gesteine in Unterfranken, Jura- und Kreide-Gesteine in der Oberpfalz), als Fluß- und Seeabsätze ausfüllen. Sie sind unter den Tongesteinen auf S. 255ff. besprochen worden. — Als das Gegenüber der S. 265 angeführten Sandigen Albüberdeckung sei hier die Lehmige Albüberdeckung erwähnt.

**Die Lehmige Albüberdeckung.** — Die Unebenheiten der Kalkjura-Hochfläche werden außer von der sogen. Sandigen Albüberdeckung auch von einem lehmigen Stoff ausgefüllt, der jünger als jene ist und sie überlagert. Es handelt sich um schmutziggelbe bis braunrote, kalkfreie Lehme, die sehr oft mit Jurakalkstückchen durchmengt sind, und gegen die unterlagernde sandige Albüberdeckung zu sandig werden. — Im Süden der Alb beginnt diese Lehmüberlagerung bei Kelheim, ist hier im Hienheimer, Kelheimer und Paintener Forst mächtig entwickelt und bildet die fruchtbare Hochebene von Painten und Hemau.[2])

Die Lehmige Albüberdeckung ist entstanden aus den tonigen Beimengungen in Kalken und Dolomiten, während langandauernder chemischer Verwitterungsvorgänge und verschwemmt in Vertiefungen und Klüften des Jura-Gebirges, in welchen bereits ältertertiäre und jung-kreidezeitliche Sande lagerten. Die Lehmige Albüberdeckung ist in der Hauptsache jungtertiär (P. DORN).[3])

---

[1]) Der bei der Ausbaggerung der Großschiffahrtsrinne anfallende Sand und Kies wird zu den Kanalbauten verwendet oder an die Bauindustrie verkauft.

[2]) REUTER, L.: Das Tertiär in M. SCHUSTER's „Abriß", Abt. III, S. 41, München 1923.

[3]) DORN, P.: Geologischer Exkursionsführer durch die Frankenalb (Lorenz Spindler), Nürnberg 1928.

Nach L. REUTER ist „der Lehm umgelagerter und chemisch umgeänderter, älterer roter Ton, vermengt mit Flugsand. Zuweilen hat er große Ähnlichkeit mit Löß, dürfte also ähnlich wie der quartäre Löß Flugstaub sein, der zur Tertiär-Zeit durch den Wind auf die Albhochfläche getragen wurde und hier zur Ablagerung kam. — Nach TH. SCHNEID[1]) besteht ein Teil der lehmigen Albüberdeckung aus Lehmen, Letten und hellen Tegeln, obermiozänen Süßwasser-Ablagerungen.

Verwertung: Sie beschränkt sich bis jetzt nur auf seine Nutzung als Stampflehm und als Füllstoff bei Fachwerkbauten.

## Windablagerungen.

Die Schichtgesteine und die bisher besprochenen Überdeckungsbildungen sind vorwiegend vom Wasser abgesetzt worden. Ersichtlich von Winden in einer diluvialen Trockenzeit aufgewirbelt und an windgeschützten Stellen abgelagert worden sind die feinstaubigen Absätze des Lösses und die sandigen der Dünen- und Flugsande.

### Der Löß.

Der Löß ist ein gelblich-brauner, tonarmer, magerer und lockerer Feinsand aus kohlensaurem Kalk (bis über 30 v. H.), Quarzsplitterchen und zurücktretenden kleinsten Teilchen von Glimmer, Hornblende-, Augit- und Granatkriställchen. Er braust mit Säuren betupft stark auf. Das ihn färbende Eisenoxyd ist an die geringen Mengen von Ton gebunden. Er führt oft reichlich kleine Schneckenschalen. In seinen tieferen Lagen kommen oft knollige Kalkzusammenballungen (Lößkindeln) vor. Von Haus aus ist der Löß ungeschichtet. Er ist standfest und bricht in senkrechten Wänden (Fig. 2 Tafel 20). Seine Mächtigkeit ist stellenweise haushoch.

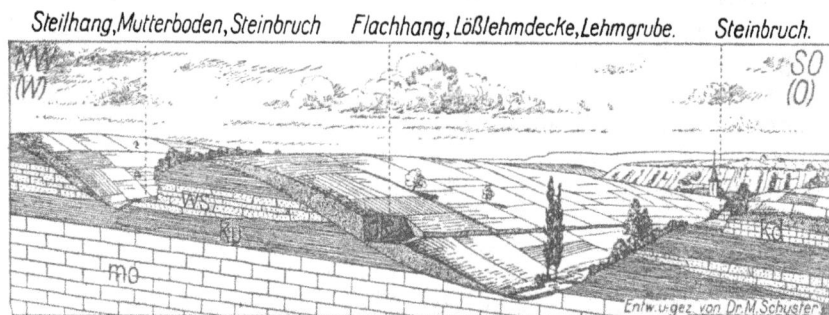

Abb. 45
**Einfluß der schrägen Schichtenlagerung und der einseitigen Löß- (Lehm-) Auflagerung auf die Bodengestaltung und die technische Verwertung der Bodenschätze im Ochsenfurter- und Uffenheimer Gäu.**
mo = Muschelkalk, ku = Unterer Keuper oder Lettenkeuper, ws = Werksandstein, kd = Grenzdolomit (Grenze zum Gipskeuper), dle = Löß und Lößlehm auf den nach S. und SO. gerichteten Flachhängen.
(Von M. SCHUSTER.)

------

[1]) SCHNEID, TH.: Die Geologie der fränkischen Alb zwischen Eichstätt und Neuburg a. D. II. Hälfte. — Geogn. Jahresh., 28, 1915, München 1916.

Der Löß ist von spätmitteldiluvialen Steppenwinden abgelagert worden. Heute ruht er auf den Höhen der flachen Berge und auf den nach Osten, Nordosten und Südosten schauenden Talflanken (Abb. 45), während die dem Regen, den Winden und der Abnagung stärker ausgesetzten, zumeist auch steileren, nach Westen, Nordwesten und Südwesten blickenden Hänge im allgemeinen lößfrei sind.

Man kann unterscheiden zwischen Berglöß, Gehängelöß und Tallöß. Dieser besteht meist aus zusammengeschwemmtem Löß und ist oft geschichtet. Dem Alter nach sind ältere und jüngere Lösse auseinanderzuhalten. Sie liegen oft übereinander, getrennt durch dunklere, humose Bänder. Derartige „Vegetationsbänder" können mehrfach und spitzwinkelig aneinander abstoßend, vorhanden sein (Fig. 2 Tafel 20).

**Der Lößlehm.** — Der Löß ist kein Tongestein, obwohl er oft zu den Tongesteinen gezählt wird. Erst seine Veränderung unter dem jetzigen Klima durch die Sickerwässer, die in einer Auswaschung des Kalkes (Anreicherung desselben in tieferen Lagen als Lößkindel), in der Auflösung der löslichen Verbindungen und der Schneckenschalen und in einer Anreicherung des Eisen- und Tonerdegehaltes besteht, führt zur Bildung eines zu den Tongesteinen gehörigen Lehmes, des Lößlehmes. Der Lößlehm ist meist ganz kalkfrei, braust mit Säuren daher nicht mehr auf. Er ist dunkelbraun, mit Wasser angefeuchtet knetbar, beim Austrocknen wird er hart. Das Verhältnis des Lößlehms zum Löß ist vergleichbar mit dem des aus Mergel entstandenen Lehms zum Mergel.

Der Löß ist in seinem ursprünglichen Zustande ein besonderer „Bodenschatz", da er die fruchtbarste Bodenart darstellt. Echter Lößboden aber ist viel seltener als der Boden des Lößlehms, der weit schwerer ist als jener. Wegen seiner Tiefgründigkeit und der feinen Körnung bildet aber der Lößlehm trotzdem einen sehr guten Getreideboden und Obstbaumboden. Die weiten Flächen von Lößlehm begründen die landwirtschaftlich hohe Bedeutung der unterfränkischen „Gäu"-Gebiete.

Verbreitung: Der Löß — zumeist in seiner verlehmten Form — ist hauptsächlich verbreitet auf der Hochfläche der Lettenkeuper- und Muschelkalk-Stufe Unterfrankens zu beiden Seiten des Mains zwischen Schweinfurt und Wertheim. Wenig ausgedehnt ist er im Bereich des meist stark zertalten Buntsandsteins im Spessart und Odenwald (zwischen Miltenberg und Klingenberg, um Amorbach und W. von Marktheidenfeld und Homburg). Im kristallinen Spessart finden wir ihn O. von Aschaffenburg N. und S. der Aschaff und bei Alzenau. Im höheren Keuper ist er nicht mehr zu großflächigem Absatz gelangt. Im Rieskessel auf dem rechten, westlichen Ufergelände der Wörnitz, bildet er die junge Decke, das linke Ufer ist von Sand eingenommen. Nördlich der Donau, auf der Abdachung des Jura-Gebirges, lagert er dem Tertiär auf einem nicht sehr weit nordwärts reichenden Landstrich zwischen Dillingen und Ingolstadt auf. In der Oberpfalz ist er nur örtlich entwickelt.

19*

a) Der Löß in Unterfranken um Main, Saale und Tauber.

Vom unterfränkischen Lößlehm allein liegen genauere Untersuchungen nach Korngröße und chemischem Bestand vor. In den Körnungsverhältnissen erkennt man beim Löß bzw. Lößlehm verschiedener Standorte eine bemerkenswert große Ähnlichkeit. Nachstehend folgen einige Schlämmanalysen der Feinerden von Löß und Lößlehm, d. h. des Gesteinsanteils nach dem Absieden der über 2 mm großen Bestandteile, die übrigens sehr wenige sind. Vielfach fehlen sie ganz.

| | Kleiner als 0,01 mm | 0,01 bis 0,05 mm | 0,05 bis 0,1 mm | 0,1—2 mm |
|---|---|---|---|---|
| Löß von Nüdlingen b. Bad Kissingen . | 54 | 39 | 5 | 2 |
| Löß non Mellrichstadt v. d. Rh. . . | 57 | 32 | 5 | 6 |
| Löß von Hammelburg . . . . . . | 55 | 33 | 6 | 6 |
| Lößlehm von Haard b. Bad Kissingen | 51 | 36 | 8 | 5 |
| Lößlehm von Ebenhausen b. Bad Kissingen . . . . . . . . | 50 | 43 | 5 | 2 |
| Lößlehm von Hammelburg . . . . | 48 | 36 | 10 | 6 |
| Lößlehm von Euerdorf b. Bad Kissingen | 43 | 48 | 7 | 2 |

Auch chemisch ist eine gewisse Ähnlichkeit in der Zusammensetzung von Lössen und von Lößlehmen unverkennbar. Die Lößlehme sind durch ihren geringeren Kalkgehalt und durch ihre Anreicherung von Eisen und Tonerde erkennbar. Einige Analysen folgen:

| | $SiO_2$ | $TiO_2$ | $Al_2O_3$ | $Fe_2O_3$ | $MnO$ | $CaO$ | $MgO$ | $K_2O$ | $Na_2O$ | $P_2O_5$ | $CO_2$ | $H_2O$ + Org. | $H_2O$ (hygr.) | Summe |
|---|---|---|---|---|---|---|---|---|---|---|---|---|---|---|
| I | 64,09 | — | 5,85 | 4,76 | — | 9,57 | 2,02 | 1,66 | 1,16 | — | 6,90 | 4,02 | | 100,03 |
| II | 54,51 | — | 7,77 | 4,57 | — | 14,78 | 2,22 | 1,21 | 0,91 | 0,14 | 12,96 | 0,72 | | 99,79 |
| III | 62,74 | — | 9,12 | 10,02 | — | 3,10 | 2,59 | 3,33 | 1,31 | 0,11 | 2,38 | 6,31 | | 101,01 |
| IV | 64,92 | — | 10,09 | 10,05 | — | 2,87 | 1,06 | 2,45 | 1,21 | 0,09 | 1,80 | 6,70 | | 101,24 |
| V | 63,44 | 1,64 | 14,36 | 4,60 | 0,21 | 2,16 | 1,60 | 2,02 | 0,88 | 0,08 | 1,35 | 4,17 | 3,84 | 100,35 |
| VI | 62,92 | 0,81 | 18,47 | 4,76 | 0,16 | 1,09 | 0,52 | 2,72 | 1,38 | 0,28 | 1,70 | 3,40 | 2,04 | 100,25 |

I = Löß, Glattbach bei Aschaffenburg.
II = Löß, reich an Schnecken, Heidingsfeld b. Würzburg ($CaCO_3$ = 24,96 v. H.).
III = Löß, Querbachs-Hof b. Neustadt a. d. S.
IV = Löß, Werneck b. Schweinfurt.
V = Lößlehm mit Schnecken, Nüdlingen b. Bad Kissingen.
VI = Lößlehm, Arnshausen b. Bad Kissingen.

Unt. I, III, IV: M. Bömer[1]); II: Wicke in M. Bömer; V, VI: A. Schwager, Erl. z. Blatt Kissingen S. 26 u. z. Blatt Ebenhausen S. 35.

[1]) Bömer, M.: Über Lößbildungen und deren Bedeutung für die Pflanzenkultur. — Mitt. a. d. pharmaz. Inst. u. Lab. f. angew. Chemie d. Univ. Erlangen, S. 67—69, München 1889.

Verwertung: Der unterfränkische Löß und der Lößlehm geben ein fast unerschöpftliches Rohgut ab zur Herstellung von Ziegelsteinen und Dachziegeln, Dränröhren usw. Daher ist auch eine Anzahl von großen und kleinen Ziegeleien in ihnen angelegt.

Ziegelgruben: a) im Main-Gebiet: im Itz-Tal (bei Bamberg) zwischen Scherneck und Roßach) W. von Rattelsdorf a. d. Itz; im Baunach-Tal viele z. T. aufgelassene Gruben unterhalb von Ebern; bei Gerach, Reckendorf, Reckenneusig und Baunach; Gruben bei Kirchlauter W. von Baunach (bei Neubrunn und Lußberg); — im Grabfeld werden Lößlehme genutzt bei Ober-Eßfeld und N. von Aub (SO. von Königshofen); bei Aubstadt (NW. der Stadt); über Sulzfeld (am Nordabfall der Haß-Berge); zwischen Serrfeld und Sulzdorf (am Ostabfall dieser Berge); in Junkersdorf, Marbach, Ibind, Bischwind und Leuzendorf (in der Umgebung von Burgpreppach); bei Altershausen und Limbach (N. und SO. von Zeil); bei Haßfurt; bei Rügheim S. von Hofheim; bei Schweinfurt, an der Straße nach Ober-Werrn; W. von Dipbach (O. von Bergtheim); bei Vasbühl SW. von Schweinfurt; bei Stadtlauringen (zusammen mit Lettenkeuper-Schiefertonen); bei Willmars nahe Mellrichstadt; — an der Straße von Volkach nach Sommerach; bei Zeilitzheim NO. von Volkach; nahe O. von Ober-Volkach; W., SO. und NO. von Schallfeld (SO. von Gerolzhofen); bei Wiesenbronn O. von Kitzingen (einige Gruben); auf der Südseite des Schwan-Berges bei Iphofen; nahe W. von Kitzingen; bei Heidingsfeld-Würzburg; bei Versbach und Estenfeld NO. von Würzburg; nahe NO. von Rimpar (N. von Würzburg); bei Unter-Dürrbach nahe NW. von Würzburg; bei Zellingen und Karlstadt a. Main (Zementwerk; vgl. Fig. 2, Tafel 20); bei Obersfeld NO. von Karlstadt. — Meist kleinere Ziegeleien sind mehrfach innerhalb der Mainschleifen angelegt, so bei Wiesenfeld NW. von Karlstadt; bei Uettingen, Helmstadt und Remlingen; im Ochsenfurter Gau bei Aub SW. von Ochsenfurt und bei Gollhofen NW. von Uffenheim;

im Spessarter Maingebiet: bei Langenprozelten, Lohr, Hafenlohr, Partenstein, Esselbach, Rettersheim und Breitenbrunn SW. von Marktheidenfeld; Reistenhausen NO. von Miltenberg; Mechenhart bei Klingenberg; Hofstetten NO. davon; Obernburg; Klein-Wallstadt; Stockstadt, Sulzbach, Dornau, Wiebelbach (alle Orte S. von Aschaffenburg); Leider-Aschaffenburg; Groß- und Klein-Ostheim NW. von Aschaffenburg; Dettingen und Hörstein NNW. von der Stadt;

im Vorspessart: bei Alzenau, Kälberau, Geiselbach; auf dem Wege von Dettingen nach Rückersbach; bei Huckelheim, Unter-Western, Schimborn, Feldkahl, Rottenberg, Sommerkahl, Haibach und Schweinheim, Glattbach und Damm-Aschaffenburg (Mächtigkeiten bis 6 m);

im bayerischen Odenwald: bei Amorbach; Weilbach N. von Amorbach; Schippach NO. von Amorbach; Heppdiel SO. von Miltenberg; Neunkirchen O. von Miltenberg; Eisenach SW. von Obernburg; Wenigumstadt NW. von Obernburg. — (Anm.: Die Lehmvorkommen im Bereiche des Spessarts und Odenwalds sind teilweise sandige Lösse, zum Teil auch alluviale Lehme.)

b) im Saale-Gebiet: am Bahnhof Neustadt a. d. Saale; NO. von Brendlorenzen nahe Neustadt; beim Rind-Hof SO. der Stadt; bei Lebenhan NO. der Stadt; SW. von Weichtungen (SO. von Münnerstadt); bei Burkardroth—Wollbach; bei Thulba und Wollbach bei Heustreu; bei Nüdlingen NO. von Bad Kissingen (zusammen mit etwas Pliozän-Ton); bei Winkels und Haard NO. der Stadt; beim Heiligen-Holz und bei Garitz SW. und W. der Stadt; S. von Poppenroth und bei Ober-Thulba NW. und W. von Bad Kissingen; am Bahnhof Ebenhausen und bei Euerdorf an der Saale (SO. und SW. von der Stadt); am Brauns-Berg SO. von Engenthal und SW. von Trimberg (SW. von Euerdorf); bei Elfershausen NO. von Hammelburg; am Bahnhof Hammelburg; bei Münster SW. von dieser Stadt; bei der Seewiese nächst Schonderfeld an der Saale (SW. von Gräfendorf, 6—7 m nicht ganz sicheren Lößlehms); W. von Dittlofsroda (NO. von Gräfendorf); bei Seifriedsburg NO. von Gemünden;

c) im Tauber-Gebiet: in der Rothenburger Gegend, z. B. bei Leuzenbronn und Insingen.

### b) Der Löß um den oberfränkischen Main.

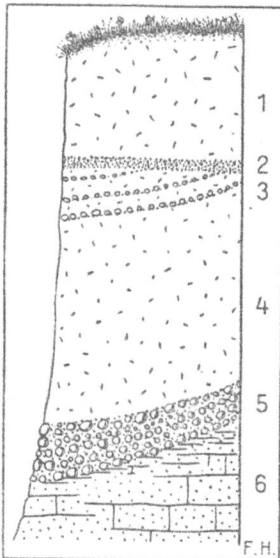

Abb. 46
Lößgrube bei Gaustadt
NW. von Bamberg.

1=Lößlehm mit Kalkknollen (jüngerer Löß) 2 m; – 2=Anreicherung von Manganknöllchen (rd. 0,25 m); – 3= sandiger Löß mit dünnen Schmitzen (bis 3 cm) von Kleingeröll; – 4 = Löß mit Manganknollen (3—4m); – 5 = Grobschotter (0—2 m); – 6 = Burgsandstein.

(Nach O. M. Reis.)

Eine Ziegelei in der Altstadt bei Bayreuth baut einen 3—4 m mächtigen, bis auf 7 m anschwellenden Lehm ab, der von einer dünnen Schotterschicht unterlagert wird. — Oberhalb von Bamberg ist eine Ziegelgrube 1 km N. von Lichtenfels zu erwähnen, die früher 12 m Lehm mit Steinen gewonnen hat; weitere Gruben u. a. S. von Baunach.

Im Kronacher Gebiet wird Lößlehm von Ziegeleien ausgebeutet in Gundelsdorf N. von Kronach; O. und SO. von Kronach; bei Neuses (S. von Kronach); — in der Seßlacher Gegend (SW. von Coburg) gibt Lößlehm und sandiger Lehm Ziegelrohgut ab bei Gemünda, Autenhausen und Merlach (alle N. von Seßlach).

Im Coburger Land bilden Lehme und geröllführende Lehme vor allem das große Terrassenablagerungs-Gebiet zwischen Coburg, Unter-Lauter, Wohlsbach und Oeslau. — Gruben: ältere Grube an der Straße Coburg—Neuses; nördlich der Bahn nach Neustadt (außer dem Lehm wurde auch der unterlagernde Lehrberg-Ton genutzt); neuere Lehmgrube etwas nordöstlich davon am Weg nach Unter-Lauter; große Lehmgrube bei Dörfles NO. von Coburg; Grube in Unter-Wohlsbach; in Cortendorf (Lößlehm und Lehrberg-Tone); O. von Wildenhaid bei Neustadt und bei Birkig W. von Mupperg (SO. von Neustadt).

Auch die Gegend zwischen Coburg und Rodach (Beuerfeld, Meeder, Groß-Walbur, Elsa, Rodach, Heldritt) trägt Lößlehm-Ablagerungen; SO. von Coburg werden Lößlehme genutzt in Grub a. F.; in Weidhausen bei Sonnefeld. Im Norden von Mitwitz (NW. von Kronach) greift ein ausgedehntes Vorkommen von Lehm (und geröllführendem Lehm) als Ausläufer des großen Sonneberger Schotterfeldes auf coburgisch-bayerisches Gebiet über.

Die teilweise ziemlich mächtigen Löß- und Lößlehmvorkommen NW. von Bamberg, vom Michels-Berg nach Gaustadt und Bischberg, versorgen in mehreren Ziegeleien Bamberg und seine Umgebung, z. B. Ziegelei bei Gaustadt (Mächtigkeit des Lößlehms 6 m; der von ihm überlagerte Feuerletten wird für gewisse Ziegeleierzeugnisse mit verwendet. S. KLEIN) (Abb. 46); W. von Bamberg (Gruben bei Trunstadt und auf der Hochfläche bei Tütschengereuth); im Süden, an der Straße nach Waizendorf (große Grube); SW. von Bamberg bei Feigendorf und Birkach.

### c) Der Löß des Regnitz-Gebietes.

Der Löß und Lößlehm hat in diesem Gebiete keine große Verbreitung und Mächtigkeit, wird aber dennoch als geschätztes Ziegelgut abgebaut. Er bedeckt vorwiegend unzusammenhängend die flachen, westlichen Hänge der nord-südlichen Täler und die nördlichen Flachhänge ost-westlicher Talzüge. Auch die Hauptterrasse des Regnitz-Tales trägt stellenweise Löß (M. BLANCKENHORN 1895 und P. NEUMEISTER 1905).[1]) Nicht selten sind zwei Stufen der Lößablagerung zu unterscheiden.

Oberes Regnitz-Gebiet: der Löß liegt nach H. LÖBER (1932)[1]) zwischen Ellingen und Weißenburg auf der sanft geböschten linken Rednitz-Flanke über den Lettenlagen des Unteren Juras. — Abbau: N. vom Bahnhof Weißenburg und W. der Stadt bei der Lehnwiesen-Mühle (zusammen mit abgeschwemmten Lias-Letten; als Ziegelgut) (H. LÖBER und L. RÜCKERT 1933).[1])

Aurach-Tal: frühere Abbaue: bei Feigendorf, unfern Walsdorf; N. von Kirchaich; — Ziegelei in Dellern bei Stegaurach.

Ebrach-Tal: alte Abbaue: N. von Ziegelhütte bei Burgebrach; bei Steinsdorf und Treppendorf;

Oberes Zenn-Tal: verschiedene Gruben, z. B. in der Nähe der Strauß-Mühle bei Neuhof a. d. Zenn [mit stark verlehmtem Löß (3 v. H. Kalkkarbonat) und zahlreichen Lößkindeln]; am Bahnhof Wilhermsdorf (mustergültiger Gehängelöß über Lehrberg-Schichten); am Südabhang des Ziegen-Berges N. von Langenzenn (3 m Lößlehm über Lehrberg-Tonen) (H. LÖBER).

Gebiet der Aisch: zwischen Ober-Scheinfeld und Prühl; bei Markt-Bibart (sandiger Lößlehm); im Kümmelbach-Tal unterhalb von Rauschenberg (N. von Neustadt a. Aisch); N. von Lonnerstadt (SW. von Höchstadt an der Aisch; aufgelassen).

---

[1]) Angeführt auf S. 279.

Erlanger Gegend: Lößvorkommen an den Südhängen des Rathsberger Höhenzuges und im Schwabach-Tale. Große Ziegelgruben in Spardorf O. von Erlangen (deren Rohstoff aber nach H. Löber aus einem Gemenge von Lößlehm und Hochterrassen-Sanden und -Schottern der Schwabach besteht, einem Bergschlipf-Schutt, der auf dem Feuerletten des oberen Keupers abgeglitten ist. Es liegt eine natürliche, ziegeleitechnisch günstige Mischung verschiedenartiger Gesteine vor. Verarbeitung zu Ziegeln, Hohlsteinen und Verblendsteinen). — Weitere Ziegeleien: zwischen Spardorf und Marloffstein (abgebohrte Höchststärke 13 m); in Weißenohe NO. von Erlangen (auf umgelagerten, schotterführenden Opalinus-Ton zwei Löß-Stufen, z. T. durch eine Schotterlage getrennt); in Johannisthal am Kalchreuther Höhenzug; SO. von Erlangen und bei Heroldsberg [Lößlehm-Mächtigkeiten von $3^1/_2$ m in der Ziegelgrube am Bahnhof W. der Papierfabrik; der fette Lößlehm liefert mit Zuschlag von Amaltheen-Tonen ($^1/_3$) Backsteine, Dachziegel, Gewölbesteine und allerlei Arten von Röhren].

Mechanische Analysen von Lößlehmen auf zweiter Lagerstätte von Spardorf und von der Heroldsberger Ziegelei durch Löber ergaben einen Gehalt an Bestandteilen zwischen 0,05 und 0,01 mm von rd. 59 bezw. rd. 68 v. H., während die unter 0,01 mm großen Körner nur rd. 6 bezw. rd. 11 v. H. betrugen: und auch die übrigen Körnungszahlen sich in mäßigen Grenzen bewegten. Das ist ein großer Unterschied zu den Körnungen von unterfränkischen ortständigen Lössen und Lößlehmen. Die Lößlehme sind kalkfrei. Bei anderen Löß- und Lößlehmvorkommen stellte Löber einen Kalkgehalt von 0—11 v. H. fest.

### d) Lößablagerungen der westlichen Oberpfalz.

Der Lößlehm ist nur wenig flächenhaft verbreitet. Für Lößlehme vom Schüssel-Hof bei Vilseck gibt H. Sperber[1]) eine Stärke von 5,5 m an. Ähnlich wie bei den umgelagerten Lößlehmen von Spardorf und Heroldsberg beträgt auch hier der Körnungsanteil zwischen 0,01 und 0,1 mm 68 v. H. Es handelt sich nach Sperber um einen teils angewehten, teils angeschwemmten Lößlehm.

### e) Der Löß im Bereich des südlichen Jura-Gebirges.

Größere Flächenverbreitung hat der Löß und Lößlehm nur im Rieskessel bei Nördlingen auf dem rechten Ufergelände der Wörnitz (Mächtigkeit bis 5 m); und auf der flachen, mit tertiären Ablagerungen zum Teil bedeckten Abdachung des Juras von der Landesgrenze zu Württemberg bei Dillingen bis Donauwörth und von Neuburg bis Ingolstadt.[2]) — Verwertung: zu Ziegeleierzeugnissen.

---

[1]) Sperber, H.: Geologische Untersuchungen im Bereiche des Hahnbacher Sattels. Sulzbach i. O. 1932.

[2]) Die chemische Zusammensetzung eines Lößlehms von Marktoffingen am Westrand des Rieskessels ist nach Roethe, in Gümbel's Frankenjura S. 222: $SiO_2 = $ 66,50 v. H.; $Al_2O_3 = 13,60$; $Fe_2O_3 = 3,40$; $CaO = 2,60$; $MgO = 2,45$; Alkalien, $P_2O_5$,

Ziegelgruben im Rieskessel am Toten-Berg bei Nördlingen und S. vom Bahnhof Möttingen; an der Straße von Bissingen (NW. von Donauwörth) nach Warnhofen (mehrere Meter stark; ein weißer Mergel in der Tiefe der Grube wird mitverwendet); in der Neuburger Gegend in der Ziegelau bei Laisacker (vier Verlehmungszonen im Löß); bei Ried; Rennertshofen, Mauern, Bergen, Dollnstein im Altmühl-Tal; bei Adelschlag SO. von Eichstätt; — bei Lappersdorf N. von Regensburg; — am Nordrand des südlichen Juras Gruben N. von Wassertrüdingen.

## f) Lößablagerungen im Bodenwöhrer Becken.

Hier wird SW. von Nittenau Löß über Kristallgranit in einer großen Grube für Ziegeleizwecke gewonnen. Südlich davon wurde Löß bei der Ziegelhütte am Weg zum Knollen-Hof (über lockeren roten Keuper-Arkosen) abgebaut. — Am Nordrand des Beckens wurde Löß (mit Lößschnecken) bis vor kurzer Zeit im Tal O. von Erzhäuser (N. von Bodenwöhr) in 7 m Mächtigkeit (zusammen mit lockeren, bunten, tonigen Arkosen unsicheren Alters) ausgebeutet. Etwas nördlich davon, bereits im Grundgebirge, beutet eine Ziegelei (Eichental) 6 m Diluvial-Lehm (mit Schmitzen von Quarz und Feldspat) samt dem unterlagernden zersetzten Granit aus; stellenweise werden zwischen Lehm und Granit bis über 2 m mächtige weiße Tertiär-Tegel mit dünnen Braunkohlenschmitzen mitgewonnen. — Auch auf der Terrasse O. von Taxöldern, ferner in den Tälchen bei Ober-Stocksried und SW. von Jagenried (O. von Erzhäuser) und bei Ziegelstadel NW. von Strahlfeld, wurde früher Lehm von Ziegelhütten gewonnen.

## Dünen- und Flugsande.

Diese vom Wind abgesetzten Bildungen unterscheiden sich lediglich in der Korngröße und in der Art der Ablagerung. Die gröberkörnigen Dünensande werden am Boden durch Hinwegrollen der Sandkörner bewegt, die Flugsande durch den Wind oft weithin durch die Luft vertragen. Stärkere Stürme können aber auch Dünensand emporwirbeln und Flugsande sind wie die Dünensande oft zu Dünen aufgeworfen.

Die Absätze sind meist helle Quarzsande von $1/3$ bis 1 mm Korndurchmesser. Die einzelnen Quarzkörner sind i. d. R. farblos, weißlich oder blaßgelb, seltener rot, grau oder schwarz. Die Körner sind teils kantengerundet, teils rundlich. Seltener sind kleine Gerölle bis zu Erbsengröße. Schichtung bezw. Überguß-Schichtung ist an den Aufbrüchen oft zu sehen.

Die Dünen- und Flugsande sind an die Talsysteme des Mains, der Regnitz und der Heide-Naab gebunden. Aus den nord-südlichen Talzügen trugen vor-

---

Unlösliches, Sand = 2,23; Wasser = 9,22; Summa = 100,00 v. H. Der Lößlehm ist seinem chemischem Bestande nach mit demjenigen von Nüdlingen bei Bad Kissingen (Analyse V auf S. 292) vergleichbar.

Brauner, sandiger Lehm mit Brocken von roten und grünen, keuperähnlichen Letten und sehr verwitterten, diorit-ähnlichen Gesteinsstückchen wird bei Auernheim am Hahnenkamm zur Ziegelherstellung verwendet (GÜMBEL, Frankenalb, S. 245).

wiegend westliche Winde die sandigen Flußabsätze aus der Jungdiluvial- und Alluvial-Zeit auf die Höhen östlich der genannten Flüsse, wo sie in oft nordsüdlich gerichtete Dünen angehäuft wurden.

Gegend um den Main. — Größere Sandfelder sind bei Staffelstein auf dem linken Ufer des Mains; zwischen Schweinfurt und dem Steigerwald (z. B. N. von Stammheim; im Wald W. von Dimbach; S. von Volkach); zwischen Kitzingen, Iphofen und Marktbreit (auf dem linken Mainufer); zwischen Ochsenfurt und Würzburg (auf dem rechten Ufer); z. T. mit Sand bedeckt sind die Mainhöhen bei Gerbrunn und Veitshöchheim O. und NW. von Würzburg, der Höhenrücken zwischen Main- und Wern-Tal bei Karlstadt, die Höhen bei Wertheim; Dünensande sind im Main-Tal bei Lohr, Sendelbach, Miltenberg, S. und N. von Klingenberg; im Elsawa-Tal bei Schippach; Sandfelder, vorwiegend rechtsmainisch (mit Dünenbildungen bei Alzenau, Klein-Ostheim und Dettingen) breiten sich im Becken von Aschaffenburg aus. — Die Gewinnung von Sand geht über dessen Verwendung als Bausand kaum hinaus.

Steigerwald. — Ein größeres Dünengebiet liegt um Unter-Sambach und Rüdern O. von Wiesentheid. Von hier steigt der Flugsand am Gebirgsrand empor zum Einschnitt von Geiselwind und nördlich davon (bei Grafenneuses— Röhrensee) in geschlossenen Massen und in ausgeprägten Dünenzügen auf den Kamm des Steigerwaldes. Westlich von Ebersbrunn zieht der Sand ins Tal der Reichen Ebrach hinab [große, 10 m tiefe Sandgrube W. von Ebersbrunn (Ufr.), kleinere Gruben unfern Geiselwind bei der Schleif-Mühle und bei P. 433 N. von Geiselwind (Top.Blatt 1:50000 Scheinfeld-West). Der mittelgrobe Flugsand von Ebersbrunn besteht zu 99 v. H. aus Quarzkörnchen; ähnlich gleichmäßig ist er am Keuperrand (Unter-Sambach 96 v. H.)].

Weiter nordwärts sind am Steigerwald-Rand Sandgruben teils in Flugsand, teils im Schwemmsand; zwischen Siegendorf und Schönaich; SW. von Schönaich; N. von Brünnau; N., NW. und NNO. von Dingolshausen; W. von Prüßberg; NO. von Hundelshausen; bei Vögnitz und besonders O. von Mönchstockheim; innerhalb des Steigerwaldes sind Dünen im Wald N. von Lauf (im Aisch-Tal bei Höchstadt a. Aisch) zu erwähnen. — Alle Sandvorkommen werden nach Bedarf als Bausande verwendet.

Rednitz-Gebiet. — In zahlreichen Seitentälern der Rednitz und ihrer Zuflüsse kommt vielfach Dünensand, zum Teil mit Flußsanden und Geröllen zusammen vor, so z. B. unter Schloß Sandsee NO. von Pleinfeld, bei Unter-Reichenbach[1]) und Klein-Schwarzenlohe (W. und O. von Schwabach).

Regnitz-Gebiet. — Dünengebiete, teils auf den Sandterrassen, teils außerhalb dieser auf Keuper- und Jura-Untergrund, sind im Regnitz-Tal sehr verbreitet. Das breite, durch den Zusammenfluß von Regnitz und Pegnitz entstandene Nürnberger Becken und die sandig verwitterten Keuper- und Eisensandstein-Höhen im Westen und Norden davon ist das Aufwirbelungsfeld

---

[1]) GUGGEMOS, TH.: Über Korngröße- und Kornformenverteilung von Sanden verschiedener Entstehung. — N. J. f. Min. usw., B.-Bd. 72, Abt. B, Stuttgart 1934.

für Dünen- und Flugsande. Die mächtigste und breiteste Flugsandablagerung zieht östlich der Linie Kraftshof—Tennenlohe am Fuß des Haid-Berges und der Kalchreuther Höhe vom Pegnitz-Tal (Behringersdorf—Erlenstegen) gegen Erlangen. Von hier dringen Flugsande im Gründlach- und Schwabach-Tal ostwärts. Mächtige Flugsande sind im Gebiet von Röthen-Bach und Ursprung-Bach (Walldünen der „Wolfsgrube" NO. von Altdorf). Ein Flugsandgebiet breitet sich links der Erlanger Schwabach aus. — Sandgruben: NO. und W. von Ziegelstein (NO. von Nürnberg); SO. und O. von Kraftshof bei Erlangen; in den genannten Seitentälern. — Kleine Dünengebiete sind links der Regnitz im Mündungsgebiet des See-Baches (NW. von Erlangen) und der Erlanger Schwabach; ferner an vielen Stellen rechts der Regnitz zwischen Erlangen und Forchheim, z. B. O. und NO. von Erlangen; SW. und NO. von Bräuningshof bei Bubenreuth; O. von Langensendelbach (im Eich-Holz, Sandiggarten, Schwarz-Holz), zwischen Poxdorf und Kersbach und besonders S. von Sigritzau (S. von Forchheim).

Ausgedehnte Flugsandbildungen und Dünen ziehen von Strullendorf nach Bamberg (Hauptsmoor-Wald).

Altmühl-Gebiet. — In einer Sandgrube nahe bei Kipfenberg sind nach GUGGEMOS mindestens 12 m feingeschichtete, hellbraune bis rote, schotterfreie Quarzsande aufgeschlossen.

Verwendung: Die Dünen- und Flugsande des Regnitz-Gebietes eignen sich wie die anderen Sande als Bausande und als Magerungsmittel bei der Tonziegel-Herstellung, wenn auch ihre technische Bedeutung etwas geringer als die der Flußsande ist, da sie in Mächtigkeit und Korngrößen stärker als diese schwanken. So bezog z. B. die ehemalige Ziegelei Herrenhütte NO. von Nürnberg die zur Magerung von Feuerletten des Haid-Berges benötigten großen Sandmengen aus den Dünen O. von Ziegelstein. Landwirtschaftlich können nasse, kalte Böden, die nur Wiesen tragen, z. B. die der Amaltheen-Mergel und Opalinus-Tone, durch mäßige Beimengung von Dünen- und Flugsand aufgelockert und dem Ackerbau zugeführt werden.

## Anhang:

### 1. Diluviale Lehme unsicherer Herkunft.

Abbauwürdige Vorkommen von diluvialem Lehm, teils Terrassenlehm, teils Lößlehm,[1] die geologisch nicht näher bekannt sind, sind von folgenden Örtlichkeiten zu verzeichnen: Adelschlag S. von Eichstätt; Coburg; Cronheim bei Gunzenhausen; Erlingshofen bei Eichstätt; Esbach bei Coburg; Gundelfingen W. von Dillingen; Haunsheim NW. von Lauingen; Höchstädt a. d. Donau; Hoppingen im Ries; Hummendorf bei Neuses (S. von Kronach); Igensdorf S. von Weißenohe; Landshausen NW. von Lauingen; Kronach; Lutzingen N. von Höchstädt a. d. Donau; Marktbibart; Mallersricht bei Weiden; Mauern S. von Wellheim; Neuburg a. d. Donau; Nordheim v. d. Rhön; Schlüsselhof bei Vils-

---

[1] Manche Vorkommen der Donaugegend können vielleicht auch tertiäres Alter haben.

eck; Schmailsdorf W. von Kulmbach; Schöllkrippen im Vorspessart; Steinfeld bei Lohr; Tapfheim SW. von Donauwörth; Trennfurt bei Klingenberg; Wassertrüdingen; Weiden; Weißenohe S. von Gräfenberg; Wittislingen N. von Lauingen.

## 2. Spalten- und Höhlenlehm.

In den Steinbrüchen des Weißen Juras findet man an vielen Stellen Spalten, Taschen und Hohlräume ausgefüllt mit einem fetten tiefbraunem Ton, der eine ursprüngliche Einschwemmung zur Tertiär- oder Kreide-Zeit darstellt und gelegentlich diluvial umgelagert ist. Ein derartiger Ton besteht nach C. W. von Gümbel, Frankenjura, S. 170 aus: Kieselsäure = 46,58 v. H.; Titansäure = 0,03; Tonerde = 23,90; Eisenoxyd = 12,16; Manganoxydul = 0,07; Kalkerde = 0,98; Bittererde = 1,59; Kali = 2,44; Natron = 1,17; Phosphorsäure = 0,41; Wasser = 10,87 v. H. Summe = 100,20.

Über die Verwendung dieses bolusartigen, von Wasser schwer durchtränkbaren Stoffes, der im Schlämmrückstand geringe Mengen von Quarzkörnchen enthält, ist bisher nichts bekannt geworden.

Die vielfach Knochenreste diluvialer Höhlentiere einschließenden Lehme in den Höhlen der Fränkischen Schweiz sind zum Teil diluvial umgelagerte Lehme aus der Tertiär- oder Kreide-Zeit. Sie sind nach klinischen Erfahrungen zur Behandlung von Entzündungen von Geschwülsten und von Funktionsstörungen geeignet, wenn sie aus tiefliegenden Höhlen frisch gewonnen werden, die über lange Zeiträume hindurch völlig von der Außenluft abgeschlossen waren. — Die Beschaffenheit des Höhlenlehms wechselt stark. Der Lehm der Sophien-Höhle bei Rabenstein zeigt nach Gümbel, Frankenjura, S. 171 folgende Zusammensetzung: Kieselsäure = 56,00 v. H.; Tonerde = 9,45; Eisenoxyd = 23,15; Manganoxydul = Spur; Alkalien = 1,31; Schwefelsäure, Chlor und Phosphorsäure = Spuren; Kohlensaurer Kalk = 0,57; Kohlensaure Magnesia = Spur; bitumige Bestandteile = 9,52; Wasser = 0 v. H.; Summe 100,00.

# Lagerstätten.

Innerhalb der Gesteine des Grund- und Deckgebirges können sich nutzbare Mineralien, Erze und Nichterze, zu Lagerstätten anhäufen. Von den Erzen besitzen die größte Bedeutung die Brauneisenerze, von den Nichterzen: Schwerspat, Steinsalz, Gips, Phosphate, Kaolin und feuerfeste Tone, Formsande, Neuburger Kieselkreide und Braunkohlen (Torf). Die ebenfalls wichtigen Eisenfarberden können je nach dem Eisengehalt zu den Erzen oder Nichterzen gerechnet werden.

Erzlagerstätten des Grundgebirges im Vorspessart, ausgeschieden in den Tiefengesteinen oder in deren Schieferhülle, sind selten und unbedeutend (z. B. die Eisen- und Kupfererze). Viel wichtiger und ausgedehnter sind die Lagerstätten der Erze und Nichterze im geschichteten Deckgebirge. Sie sind fast ausschließlich syngenetisch, d. h. gleichzeitig mit dem Nebengestein gebildet (z. B. die Eisenerze des Zechsteins, des Buntsandsteins, der Jura- und Kreideformation und des Tertiärs und die Bleierze des Keupers). Zu den epigenetischen, d. h. zu den nachträglich im Nebengesteine zum Absatz gekommenen Lagerstätten gehören vor allem die Schwerspatgänge im Grund- und Deckgebirge. Als Beispiele primärer, d. h. im ursprünglichen Verband mit dem Nebengestein gebliebener Lagerstätten, sind besonders die Eisenerze des Unteren und des Mittleren Juras anzuführen. Durch Aufarbeitung großer Teile derselben und durch einmalige oder mehrfache, mechanische und chemische Umlagerung des Mineralbestandes entstanden sekundäre Lagerstätten, z. B. die in der älteren Kreide-Zeit „einmalig umgelagerten Dogger-Erze" (= vorcenomane Kreide-Erze der Alb), die in der Kreide-Tertiär-Zeit „mehrfach umgelagerten Dogger-Erze" (= die „Alberze", die „Geröllerze", die „Bohnerze") und die Eisenfarberden.

Die Form der Lagerstätten wird bei der Einzelbesprechung dargelegt werden. (Hierzu die Tafel A bei S. 328 und das Kärtchen auf der gleichen Seite.)

## 1. Die Erzlagerstätten.

### A. Erze im Verband mit Eruptivgesteinen und kristallinen Schiefern im Vorspessart.

Die meisten der nordostbayerischen Erzlagerstätten der kristallinen Schieferhülle oder ihrer Kerne sind hauptsächlich in der Perm-, Jura- und Kreide-Zeit abgetragen worden und haben wieder zum Aufbau jüngerer sedimentärer Erzansammlungen gedient, soweit sie nicht durch das Deckgebirge heute noch verhüllt werden. Im Grundgebirge des Vorspessarts hingegen sind noch

einige Lagerstätten oder Teile davon erhalten geblieben. Erzreiche Eruptivgesteine besitzt der Vorspessart nicht. In den Apliten einiger Granite kommen
kleine Titaneisenerz-Anreicherungen vor, die aber nicht bauwürdig sind. Nicht
mehr abgebaut werden die örtlich auftretenden, wenig mächtigen Anreicherungen von Brauneisenerz und Roteisenerz an der Grenze von eisenreichem
Basalt und gefrittetem Buntsandstein bei Obernburg am Main: so am Farren-
Berg, Dorn-Berg, Schneckenrain, Buch-Berg bei Eisenbach und an der Karls-
höhe. Sie kamen teilweise in der Eisenerzschmelze zu Laufach zur Verhüttung.

Mehr verbreitet sind Erze innerhalb der kristallinen Schiefer der Kontakthülle der Granite, wo sie an einigen Stellen in kleinerem und größerem Aus-
maße gewonnen wurden. Die Erzvorkommen sind meist an Quer- und Längsbrüche oder an die Flanken größerer Gneiskuppeln im Grabenbruch B gebunden (siehe Abb. 1), welche infolge einer starken streichenden und querschlägigen Großfaltung aus den Glimmerschiefer-Gebieten inselförmig herausragen, z. B. die „Schöllkrippener Gneiskuppel" (vgl. das Kärtchen, S. 2).

### a) Eisenerze.[1]

**Eisenglanz** tritt in der Zone I (S. 2) im Aschaffit-Steinbruch am Find-Berg
und bei Hain bei der Eisenbahnbrücke im geschieferten Diorit auf nordwestlich streichenden Klüften in drei Versuchsstollen auf, in der Zone IV bei
Mömbris im Glimmerschiefer, in V endlich auf Klüften des Gneises NO. von

---

[1] Wichtigstes Schrifttum:

DORN, P.: Die Farberdelagerstätten Bayerns. Mit 1 Übersichtskarte und 14 Abbildungen
im Text. Piloty & Loehle, München 1929.

DRESCHER, C.: Die nordbayerischen Erzvorkommen. — Z. f. prakt. Geol., **12**, Berlin 1921.

EINECKE, G. & KOEHLER, W.: Die Eisenerzvorräte des Deutschen Reiches. Herausgegeben
v. d. Preuß. Geol. Landesanstalt. Mit 16 Tafeln und 112 Abbildungen im Text. Berlin
1910 (Neuausgabe, mit Beiträgen des Bay. Oberbergamtes, in Vorbereitung).

FINK, W.: Die Eisenerzlagerstätten der oberpfälzisch-fränkischen Jurahochfläche. — Im
„Abriß der Geologie von Bayern r. d. Rh.", Abt. VI, herausgegeben von M. SCHUSTER,
München 1928.

GÜMBEL, C. W. VON: Die Amberger Erzformation. — Sitzber. math.-phys. Kl. d. Bay.
Ak. d. Wiss., **23**, München 1893.

HARTMANN, E.: Mehrere Abhandlungen über die Entstehung der nordbayerischen Eisenerz-
Lagerstätten. Im Archiv der Generaldirektion der Bay. Berg-, Hütten- und Salzwerke
A.-G., München, 1921—1924.

HOLZAPFEL, E.: Die Eisenerzvorkommen in der Fränkischen Alb. — „Glück auf", H. 10,
Essen 1910.

KLÜPFEL, W.: Zur Kenntnis der Stratigraphie und Palaeogeographie des Amberger
Kreidegebietes. — C. f. Min. usw., Stuttgart 1919.

— Zur geologischen und palaeogeographischen Geschichte von Oberpfalz und Regensburg.
Zugleich von den Grundlagen ihrer Eisen- und Braunkohlenindustrie. — Abh. Gießener
Hochschul-Ges., **3**, Gießen 1927.

KLOCKMANN, F.: Die eluvialen Brauneisenerze der nördlichen fränkischen Alb. —
„Stahl und Eisen", H. 53, Düsseldorf 1913.

KOHLER, E.: Die Amberger Erzlagerstätten. — Geogn. Jh., **15**, München 1903.

Hörbach, im Glimmerschiefer bei Huckelheim an der Gelnhauser Straße, im Hornblendegestein bei Hörstein und Wenighösbach.

**Roteisenerz** kommt in der Zone V S. von Neuses im Quarzit und Glimmerschiefer vor, weiter auf Klüften des Hornblendegneises NO. von Hösbach, ferner in der Zone I oberhalb der Kirche von Ober-Bessenbach und auf dem Wege von da nach Dörrmorsbach und bei Hain. Ein etwas größeres Vorkommen als diese unbedeutenden Einsprengungen liegt auf der Höhe des Klinger-Berges in der Zone I. Östlich vom Klinger-Hof tritt im granatführenden Gneis Roteisenerz und Eisenglimmer auf drei querschlägigen Verwerfungsspalten auf. Es ist teilweise mit Kalkspat und sekundärem, derbem und mulmigem Brauneisenerz verbunden. Die größte Erzspalte ist 0,50 m breit. Sie durchschneidet unter anderem eine Marmorlage in dem steil nach SO. einfallenden Gneis. Die im Liegenden der Marmorlage auftretenden Spalten sind 15—20 cm stark. Das Erz dürfte wohl mit Graniten oder Dioriten in Verbindung stehen und aus heißen Dämpfen oder Lösungen ausgeschieden worden sein. Das Vorkommen hat noch keine wirtschaftliche Bedeutung erlangt. Auch bei Huckelheim kommt Roteisenerz im Quarzit und Glimmerschiefer vor.

**Magneteisenerz** findet sich im Gneis bei Hörstein, Schöllkrippen, Mainaschaff, Pfaffen-Berg, Gottels-Berg und Goldbach in kleinen Mengen. — Die Staurolithschiefer bei Glattbach sind örtlich sehr reich an Magneteisen. Im Hohlweg hinter der Kirche von Glattbach, auf der Höhe zwischen Braunsberg

LAUBMANN, H.: Die Minerallagerstätten von Bayern r. d. Rh. Piloty & Loehle, München 1924.

LEHNER, L.: Die Gliederung der fränkischen albüberdeckenden Kreide. Ein vorläufiger Bericht. — C. f. Min. usw., Stuttgart 1924.

— Der Neukirchener Ocker. Studien über die fränkische albbedeckende Kreide. Herausgegeben von K. DEHM. — C. f. Min. usw. Abt. B, Stuttgart 1933.

Moos, A.: Über die Bildung der süddeutschen Bohnerze. — Z. f. prakt. Geologie, **29**, Berlin 1921.

PEINERT, W.: Einige Beobachtungen über die Amberger Eisenerzlagerstätten. — Berg- u. Hüttenmänn. Rundsch., **13**, Kattowitz 1917.

REUTER, L.: Das Bayerische Juragebiet. — Intern. Zeitschr. f. Wasserversorgung. Leipzig 1916.

ROTHPLETZ, A.: Über die Amberger Erzformation. — Z. f. prakt. Geologie, **21**, Berlin 1913.

SANDBERGER, F. VON: Übersicht der Mineralien des Regierungsbezirkes Unterfranken und Aschaffenburg. — Geogn. Jh., **4**, München 1891.

SCHOBER, J. B.: Untersuchungen der Amberger Erze und der mit denselben vorkommenden Phosphate. — Bay. Industrie- u. Gewerbeblatt, München 1881.

SEEMANN, R.: Die geologischen Verhältnisse längs der Amberg—Sulzbacher und Auerbach—Pegnitzer Störung. Beitrag zur Entstehung der Amberger Erzlager. — Abh. d. Naturf. Ges. z. Nürnberg, **22**, Nürnberg 1925.

UDLUFT, H.: Zur Entstehung der Eisen- und Manganerze des Oberen Zechsteins im Spessart und Odenwald. — Senckenbergiana, **3**, Frankfurt a. M. 1923.

VOITH: Die Phosphate des Erzberges bei Amberg. — N. J. f. Min. usw., Stuttgart 1838.

WURM, A.: Über Magneteisenerze im Lias von Bodenwöhr i. B. (Ein Beitrag zur Bildungsgeschichte des Magneteisens). Mit 3 Abb. — Geogn. Jh., **37**, München 1924.

und Dax-Berg, reicherte es sich im verwitterten Gneis zu Seifen an, die aber wenig ausgedehnt sind.

**Brauneisenerz** ist in den kristallinen Schiefern in kleineren Mengen eingelagert, so in der Zone V S. von Neuses im Quarzit und Glimmerschiefer, SW. von Hofstetten, auf dem Wege zwischen Hofstetten und Huckelheim im Glimmerschiefer, auf Spalten des Quarzites im Bach-Wäldchen bei Hofstetten und bei Wasserlos im verwitterten Glimmerschiefer.

**Grüneisenerz.** — Dieses wasserhaltige Eisenoxydphosphat kommt im verwitterten Glimmerschiefer von Wasserlos bei Alzenau vor.

## b) Kupfererze und Bleierze.

**Kupfererze.** — Oxydierte Kupfererze, Kupferlasur (Malachit), sind in kleinen Mengen in der Zone I (S. 2) bei Straßbessenbach, in der Gegend von Schweinheim und im Gailbacher Tal im Elter-Wald nachgewiesen; ferner in der Zone III am Weiber-Hof O. von Hösbach, an der Feldstufe bei Feldkahl, hinter der Hartkuppe bei Ober-Sailauf, im Gneis bei Rottenberg, in der Zone IV bei Groß-Kahl und Sommerkahl, in V auf den Klüften des Quarzites von Western (Malachit), endlich bei Alzenau, in der Nähe der dortigen großen Verwerfungsspalte (Kupferkies, Malachit und Lasurit) und bei Huckelheim (Kupfernickel). Die Vorkommen beim Weiber-Hof bei Sailauf und bei Feldkahl liegen gleichfalls an oder in der Nähe des bedeutenden, von Feldkahl nach Waldaschaff in NW.-SO.-Richtung streichenden Quersprunges.

Größere Mengen von Kupfererzen, welche bergmännisch gewonnen wurden, treten bei Sommerkahl in der „Wilhelminen-Zeche" auf. Es sind hier hauptsächlich drei Gangklüfte vorhanden, die NNW.-SSO. streichen und auf der Südflanke der Schöllkrippener Gneiskuppel liegen, deren Nordflanke die bekannten jenseits der bayerischen Grenze liegenden Erzvorkommen von Bieber birgt. Die Gangklüfte sind durch viele O.-W. streichende, steile Verwerfungen stark gestört und sind teilweise verbogen. Die Erzspalten liegen außerdem am Kreuzungspunkte zweier Verwerfungen. Die eine, die streichende, bildet die Störungslinie zwischen Zone III und IV. Die andere verläuft senkrecht dazu und ist als die südöstliche Fortsetzung der bei Geiselbach gut aufgeschlossenen Verwerfungsspalte anzusprechen. Die mittlere Gangkluft ist die erzreichste. Die Gänge setzen im faserigen und schieferigen Gneis auf, der mit rund 60° nach Osten einfällt. Die primären Erze sind Kupferkies, Buntkupfererz, silberhaltiges Arsenfahlerz und Eisenkies in derben Massen oder als Anflug. Als Gangart tritt, jedoch nicht immer, spärlich Quarz und Schwerspat auf. — Das Arsenfahlerz enthält nach F. v. SANDBERGER: 27,45 v. H. Schwefel, 20,63 v. H. Arsen, Spuren von Antimon, 0,30 v. H. Kobalt und Spuren von Nickel.

Die sekundären Erze sind: Malachit, Kupferlasur, Kieselkupfer, Kupfermanganerz, Kupferglimmer, Kupferschaum (auf Fahlerz), Kupferglanz, Kupferindig (letztere beide als Überzug auf Kupferkies und Buntkupfererz), Chalkophyllit, Leukokalzit, Pharmakosiderit, Cornwallit (als Überzug auf zersetztem Fahlerz), Würfelerz. Sie sind in den verwitterten Teilen der Gänge weiter verbreitet als die primären Erze. — Außerdem kommt noch vor Wad, von zersetztem Braunspat abstammend, Pinitoid, Olivenit und Brauneisenerz.[1]

**Bleierze.** — Faustgroße Nester von Bleiglanz kommen im Gneis in der Zone I am Hammelhorn bei Straßbessenbach und in der Zone III an der Au-Mühle bei Damm vor.

## B. Erze in den Schichtgesteinen.

### I. Erze im Perm (Zechstein) des Vorspessarts.

#### a) Eisen- und Manganerze.

**Eisenkies (Schwefelkies, Pyrit)** kommt im Zechstein-Konglomerat und Kupferletten des Vorspessarts bei Groß-Kahl, Huckelheim und in der Nähe von Heiligkreuz-Ziegelhütte bei Kahl in kleinen Mengen vor.

**Brauneisenerz** tritt etwas angereichert oder fein verteilt auf im Kupferletten von Huckelheim, Groß-Kahl (Heiligkreuz-Ziegelhütte, bis 0,50 m stark), von Vormwald, Eichenberg, Rottenberg, Laufach, am Kalmus SW. von Schöllkrippen; bei Huckelheim geht es in Farberde (Umbra) über, die früher gewonnen wurde.

Im Zechstein-Dolomit, der je nach seinem Eisengehalt gelb, braun oder rötlich gefärbt ist, bildet der Brauneisenstein Nester, Linsen, Lagergänge und Kluftausfüllungen. Er kommt vor: am Hohen-Berg bei Huckelheim, am Kalmus (mit mangan- und arsenhaltigem Hydrohaematit), bei Kahl, im Soden-Tal (kalkhaltig), an der Straße von Hofstetten nach Geiselbach (0,25—0,50 m mächtig), bei der Heiligkreuz-Ziegelhütte, am West- und Südostabhang des Gräfen-Berges; SO. von Feldkahl; bei Hörstein, bei Vormwald, Ober-Sommerkahl, Eichenberg, Rottenberg, Laufach, im Talgrund vom Forsthaus Engländer (3—4 m mächtig, mit viel Schwerspat und etwas Kobalt), am Westabhang des Bischlings NW. von Laufach, im Wiesengrund gegenüber dem Bahnhof Laufach, bei Ober-Sailauf NW. vom Wege nach Eichenberg, am Wege von Mittel-Sailauf nach Rottenberg (bis 3 m mächtige Nester). — Brauneisenerz im Zechstein-Letten findet sich am Bischling und am Gräfen-Berg.

**Spateisenstein** kommt in geringen Mengen vor im Kupferletten und im Zechstein-Dolomit bei Groß-Kahl, etwas mehr bei Huckelheim und bei der Heiligkreuz-Ziegelhütte.

**Braunspat** oder eisenhaltiger Dolomit wurde auf Klüften im Zechstein-Konglomerat bei Alzenau gefunden; manganhaltiger Braunspat tritt im Kupferletten bei Groß-Kahl und Huckelheim auf.

**Manganspat** zeigte sich im Zechstein-Konglomerat am Geis-Berg bei Huckelheim. Im Zechstein-Dolomit kommt Mangankarbonat bei Huckelheim vor; Manganit tritt bei Hörstein in den Bachauen auf; Manganerz und -Mulm

---

[1] Bezüglich der chemischen Zusammensetzung der Erz-Mineralien wird auf das Sachverzeichnis am Schluß des Bandes verwiesen.

findet sich ferner in Klüften bei Hinter-Sommerkahl; Manganerz mit lithium-haltigem Psilomelan tritt auf am Kalmus; Manganeisenknollen findet man an der Hardt bei Huckelheim und bei Mittel-Sailauf. Tonig-sandiger Mangan-mulm ist in der Grube „Johanna“ gewonnen worden; bei Rottenberg fand sich Manganmulm mit Psilomelan, Pyrolusit und Manganerz; am Kalmus kam er vor mit Psilomelan, Würfelerz und nach Würfelerz kristallisiertem Braun-eisen; im Wiesengrund gegenüber dem Bahnhof Laufach fand sich wadreiches Manganerz mit Psilomelan. Im Kupferschiefer bei Eichenberg auftretendes Manganerz wurde im Weltkriege abgebaut. Alle diese Manganerzvorkommen sind heute wirtschaftlich bedeutungslos.

## b) Kupfererze, Fahlerze, Kobalterze, Wismuterze, Bleierze, Arsenerze.

Im Zechstein-Konglomerat kommt bei Groß-Kahl Kupferkies, Kupferglanz, Kupferschaum, silberhaltiges Fahlerz, Bleiglanz, Arsenkies vor; bei Huckel-heim fand sich Fahlerz, Bleiglanz und Arsenkies.

Der Hauptträger der Kupfererze im Vorspessart ist jedoch der Kupferletten und Kupferschiefer. Beide sind in Buchten erfolgte Ablagerungen des unteren Zechstein-Meeres und können sich gegenseitig vertreten. Der mergelige, dolo-mitische, kalkige, bitumenhaltige, braunschwarze Kupferschiefer wird bis zu 0,60 m mächtig. Der Kupferletten erreicht eine Mächtigkeit von rund 1,80 m. Er ist kalkig, bitumenhaltig, zäh, ungeschichtet, im feuchten Zustande dunkel-braun, schwarz, im trockenen hellbraun, bläulich oder bräunlich-schwarz. Er verwittert erdig-krümelig und besteht hauptsächlich aus Quarz, Glimmer, Kalkspat, Dolomit, Braunstein und Schwerspat. Kupferschiefer und Kupfer-letten führen neben erdigem Schwerspat Gips, Kalkspat, Eisen- und Mangan-erze (Limonit, Braunspat) und Konkretionen, ausgefüllt mit Kalzit, Quarz, Schwerspat, Pyrit, Fahlerz und Bleiglanz; fein verteilt oder auf schmalen, 1—50 mm starken Gangtrümmern: silberhaltiges Antimon-Arsen-Fahlerz, Kupferkies, Bleiglanz, Arsenkies, Pyrit, Rotkupfererz, Kupferlasur, Malachit, Buntkupferkies, Kupferglanz, Kupferindig, Kupfernickel, Wismutglanz, An-timonglanz. Im Hangenden des Kupferlettens bei Huckelheim ist außerdem Zinkblende, Galmei, Cerussit und Würfelerz, am Kalmus neben Brauneisen fein verteilter Schwerspat, Psilomelan, Pharmakosiderit nachgewiesen worden. Der Metallgehalt des Kupferlettens beträgt: Kupfer = 0,13—1,43 v. H., Blei = 0,33—1,25 v. H., Silber = 0,002—0,007 v. H. Auf größeren Gängen, die den Kupferletten durchschneiden, z. B. bei Huckelheim in der Zeche „Segen Gottes“, findet sich, neben gediegenem Wismut, Kupfer, Arsen, Kupfernickel, Spateisen, Brauneisen, rotem und braunem Eisenrahm, Grün-eisen, auf Adern Pyrit, Kupferkies, Malachit, Kupferlasur, Baryt und Quarz, auch Speiskobalt und Kobaltblüte.

Abbaue und Abbauversuche wurden in den Kupferschiefern hauptsächlich bei Eichenberg S. von Ober-Sommerkahl und insbesondere bei Groß-Kahl, auf Zeche „Hilfe Gottes“ bei der Heiligkreuz-Ziegelhütte und bei Huckelheim, auf Zeche „Segen Gottes“, betrieben. Bei Groß-Kahl und Huckelheim ging schon am Ende des 17. Jahrhunderts Bergbau um. Wieder eröffnet wurde der Bergbau auf Kosten des Bayerischen Staates 1823—1835, wegen geringer Ergiebigkeit der Erzmittel aber wieder eingestellt. 8—14 Ztr. Kupfer-letten ergaben durch Pochen und Waschen durchschnittlich 1 Ztr. Konzentrat („Schlig"). Aus diesem wurden 4—5 Pfund Kupfer, 10 Pfund Blei und $1^1/_2$ Loth Silber gewonnen.

In der Zeche „Hilfe Gottes" zwischen Groß-Kahl und dem Wesemichs-Hof wurden an der Straße der „Obere" und der „Untere Kahler Stollen" getrieben, die beide miteinander verbunden waren. Der Obere nach NNW. verlaufende Stollen war rund 180 m lang und besaß 5 Querschläge und 12 Gesenke. Der Untere, im allgemeinen in der N.-S.-Richtung verlaufend, war über 434 m lang, besaß 6 Querschläge, einen Aufbruch und 2 Gesenke. Der Obere Stollen durchzieht hauptsächlich die sattelförmigen Aufwölbungen des Kupferschiefers, der Untere durchschneidet auch das Gneis-Grundgebirge und berührt in Transgressions-Taschen das Kupferschiefer-Flöz. N. von Kahl befand sich ein Versuchsschacht in taubem Flöz; im Lenzes-Graben bei der Heiligkreuz-Ziegelhütte war ein weiterer rd. 190 m langer Stollen mit zwei Versuchs-schächten in nicht bauwürdigem, schwerspatreichem Flöz angelegt, das über-greifend auf Gneis liegt. Hier enthält der Kupferletten zu unterst Braun-eisen-Konkretionen mit Schwerspat, Malachit, Kupfergrün, Kupferlasur und Rotkupfererz. Er läßt sich in einen unteren Erzmergel-Horizont und in das obere „Dachgebirge" einteilen. Der Erzmergel enthält Erz in Schnüren oder als feine Durchtränkung und zwar: Fahlerz, Kupferkies, Pyrit, Rotkupfererz. Malachit, Kupferlasur, Bleiglanz, Spateisenstein, Brauneisen, daneben auch Kalkspat, Schwerspat und Quarz. Das Dachgebirge, das auch fehlen kann, besteht aus hellgrauen Mergeln mit Stinksteinen und enthält Fahlerz und Bleiglanz.

Ein Versuchsschacht auf die Fortsetzung des Huckelheimer Kobaltganges stand zwischen Lenzes-Graben und Huckelheimer Ziegelhütte. Bei Huckelheim selbst ist heute noch O. vom Dorf durch mehrere Haldenzüge der Verlauf der früheren Versuchsbaue innerhalb der Zeche „Segen Gottes" festzustellen, die der Graf Schönborn seinerzeit veranlaßt hatte. Das Stollenmundloch des „Schönborn-Stollens" befand sich im Querbach-Tal im „Aehlchen" O. vom Dorf. Nach 180 m gabelte sich der bisher ziemlich O.-W. verlaufende Stollen. Der nordöstliche rd. 190 m lange Ast diente der Aufsuchung des mit 14—20⁰ nach NO. einfallenden rd. 0,75—1,00 m starken, bitumenhaltigen, mergeligen Kupferschiefer-Flözes; der rd. 340 m lange südöstliche Ast war angelegt für die Aufschließung des die Kupferschiefer durchsetzenden 0,25—0,75 m mächtigen, mit rd. 80⁰ nach NO. einfallenden Kobaltganges. Dieser führte Speiskobalt, Kupferfahlerz, Kupferkies und Schwerspat und sitzt auf einer Verwerfung mit 8 m Sprunghöhe. Von diesem Stollenast war ein Gesenk abgeteuft, das viel Wasser brachte. Deshalb, wegen der geringen Erzmittel und einer Klagesache zwischen dem Kurfürsten von Mainz und dem Grafen Schönborn, kamen die Versuchsbaue zum Erliegen.

Im Zechstein-Dolomit gibt es Kupfererze in kleineren Mengen bei Kahl, Sommerkahl, Huckelheim (Kupferkies, Kupferlasur, Malachit), bei Rottenberg (Kupferkies, Fahlerz, Malachit), bei Groß-Kahl (Speiskobalt, Realgar, Bleiglanz, Fahlerz und Schwerspat in Sphaerosiderit - Knollen), zwischen Sommerkahl und Vormwald (Fahlerz mit Kupferlasur) und bei Vormwald (Kupferlasur).

## II. Erze in der Trias (Buntsandstein und Keuper).

### a) Brauneisen- und Manganerze.

In den untersten Bröckelschiefern des Vorspessarts (S. 237) kommt Brauneisenerz vor am Bischling-Berg bei Laufach und auf dem Wege von Schweinheim nach Bad Sodenthal (5—8 cm faseriges, ockeriges, stalaktitenartiges, traubenförmiges Eisenerz). In den obersten Bröckelschiefern, nahe der Grenze gegen den überlagernden Feinkörnigen Buntsandstein, tritt es auf bei Schweinheim, bei Soden und am Bischling.

In den Bröckelschiefern im Grubenfeld „Ludwig" bei Rottenberg kommt Manganmulm mit einem Mangangehalt bis zu 13,08 v. H. vor.

Die permischen und triadischen Eisenerze am Bischling bei Laufach, am Gräfen-Berg und bei Rottenberg wurden früher mit Eisenerz von Obernburg (S. 22) zusammen in der Laufacher Hütte verschmolzen.

Ferner sind noch zu erwähnen im bunten Keuper-Letten der Hahnbach-Kuppel bei Urspring, SW. von Hirschau i. d. Opf., mulmige, flözartige, von Tonlagen durchzogene Brauneisenerzlagen, 0,30—0,60 m mächtig, mit einem Eisengehalt von 37,10—39,25 v. H.

### b) Bleierze und Bleimineralien.[1]

Von den wenigen, meist unwichtigen Bleierzvorkommen des Deckgebirges haben nur die Bleierze in den sog. Freihunger Schichten des Gipskeupers Bedeutung. Diese Schichten sind auf die nördliche Oberpfalz be-

---

[1] Wichtigstes Schrifttum:

FLURL, M. VON: Beschreibung der Gebirge von Baiern und der oberen Pfalz, S. 522. München 1792.

GÜMBEL, C. W. VON: „Fränk. Alb", S. 59, 60, 434, Kassel 1891.

— Geologie von Bayern, II. Bd., S. 757—759, Kassel 1894.

KLEIN, S.: Die Bildungsweise der nutzbaren sedimentären Kaolinfeldspatsandvorkommen der nördlichen Oberpfalz und ihr Zusammenhang mit einem kretazisch-tertiären Urnaab-Urvils-System. — Z. D. Geol. Ges. **84**, Berlin 1932.

KOHLER, F.: Die Amberger Erzlagerstätten. — Geogn. Jh. **15**, 1901, München 1902.

— Adsorptionsprozesse bei der Lagerstättenbildung. — Z. f. prakt. Geologie, **11**, Berlin 1903.

POŠEPNÝ, F.: Genesis der Erzlagerstätten. — Jahrb. k. u. k. Bergakademien, Wien 1895.

THÜRACH, H.: Übersicht über die Gliederung des Keupers im nördlichen Franken im Vergleich zu den benachbarten Gegenden. I. Teil. (Mit 2 Profilen und einer Kartenskizze 1:50 000.) Geogn. Jh. 1888, **1**, S. 75—162, München 1888.

— Über die Gliederung des Keupers im nördlichen Franken im Vergleich zu den benachbarten Gegenden. II. Teil. (Mit 1 Kartenskizze.) — Geogn. Jh. 1889, **2**, S. 1—90, München 1889.

schränkt. Sie entsprechen 'den Estherien-Schichten Frankens einschließlich der *Corbula-* und *Acrodus-*Bank und den obersten Lagen des Benker Sandsteins (Abb. 28). Sie sind 15—25 m mächtig und bestehen aus gelblichen und weißgrauen, z. T. kaolinreichen Feldspatsandsteinen im Wechsel mit auffällig blaugrünen, roten und bunten Tonen. Durch ihre Hellfarbigkeit hebt sich die Gesamtstufe gut ab von den roten, hier sandsteinführenden Lehrberg-Schichten (= Oberer Gipskeuper) über ihr und von den hier gleichfalls vorwiegend roten Benker Sandsteinen (= Myophorien-Schichten des Unteren Gipskeupers) darunter.

**Die Bleierzlagerstätte von Freihung-Tanzfleck.** — Bei Freihung (siehe das Kärtchen) ziehen die erzführenden Schichten im Vorland des Frankenjuras vom Röthel-Moos im Nordwesten über Forst-Hof bei Tanzfleck, Schwader-Mühle und Ringl-Mühle nach Südosten und enden etwa 1,5 km NW. von Massenricht. Der Erzzug ist 7 km lang und gehört einem schmalen Keuper-Schollenstreifen an. Dessen Westbegrenzung bildet die große Jura-Randverwerfung, jenseits welcher Lias-Schichten, *Opalinus-*Ton und Dogger-Sandstein (dieser in dem schmalen Streifen des Mühlstein-Zugs von GÜMBEL noch als Rhät aufgefaßt) in verkehrter (verstürzter) Lagerung angrenzen. Die Ostbegrenzung des Streifens ist im Einzelnen noch nicht festgelegt. Jedenfalls liegen die Kaolin-Stollen des Schützen-Holzes (SSO. der Halden der Zeche „Vesuv") und die großen Kaolin-Gruben N. von Tanzfleck bereits in einer östlich angrenzenden Scholle (Kärtchen!). Diese Vorkommen gehören weder stratigraphisch noch tektonisch zu dem Bleierzzug der Freihunger Schichten.

Zahlreiche Pingen und Halden, besonders SO. von Freihung, machen das erzführende Gebiet schon oberflächlich kenntlich. Namen wie „Beim Stollen", „Stollenbrünnl", „Bergwerk", deuten auf alten Bergbau hin, der bis ins 15. Jahrhundert zurückgeht und Anfang des 17. Jahrhunderts besonders lebhaft gewesen sein soll (M. FLURL 1792, S. 522—525). Im Jahre 1877 lebte der Abbau wieder in größerem Umfange auf, 1890 kam er zum Erliegen.

a) S ü d l i c h e r  A b s c h n i t t  d e s  E r z z u g e s. — In der jüngeren Bergbauzeit wurde besonders das G e b i e t  S. v o n  F r e i h u n g in Angriff genommen. Die Schichten fallen bei umbiegendem, roh nordwestlichem Streichen mit 15° nach SW. ein. Sie waren im Felde „Vesuv", dessen nackte weiße Halden weithin leuchten, mit drei Schächten in vier Sohlen (38 m, 55 m, 74 m, 98 m) erschlossen.

Profil der Freihunger Bleierzlagerstätte im Süden von Freihung
(nach H. THÜRACH, 1888, S. 152).

1. Rotbraune und hellrötliche Sandsteine der Lehrberg-Stufe; bleierzfrei . . . 20,0 m;
   2.—7.: E r z f ü h r e n d e  F r e i h u n g e r  S c h i c h t e n:
2. weiße, mittel- bis grobkörnige Sandsteine mit meist geringem Gehalt an Weißbleierz und einzelnen abbauwürdigen Lagen, sowie schwache Zwischenlagen (selten über 1 m) von rotbraunem und grünblauem Lettenschiefer . . . . . . . . . 10,0 m;
3. H a u p t f l ö z (eigentliche Freihunger Schicht THÜRACH's): weißer lockerer, Pflanzenreste führender Sandstein. Mit durchschnittlich 5—10 v. H. Weißbleierz und Bleiglanz . . . . . . . . . . . . . . . . . . . . . . . . 1—3,0 m;

4. rotbraune, violette und grünblaue, sandige Lettenschiefer mit fußdicken Knollen und Bänken von sandigem Weißbleierz . . . . . . . . . . . . . . 0,5—2,0 m;

5. weißer erzhaltiger Sandstein . . . . . . . . . . . . . . 2,0 m;

6. rotbraune Lettenschiefer und dünne erzhaltige Sandsteinbänke . . . . . 1,5 m;

7. weißer, erzhaltiger und abbauwürdiger Sandstein . . . . . . . . 3,0 m;

8.—9.: Schichten der Benker Sandstein-Stufe:

8. rotbraune und grünblaue Lettenschiefer . . . . . . . . . . . 0,5 m;

9. rotbrauner und weißer, grober Sandstein im Wechsel mit rotbraunen, sandigen Letten. In den obersten Sandsteinlagen noch mit einzelnen Weißbleierz-haltigen Knollen 30,0 m.

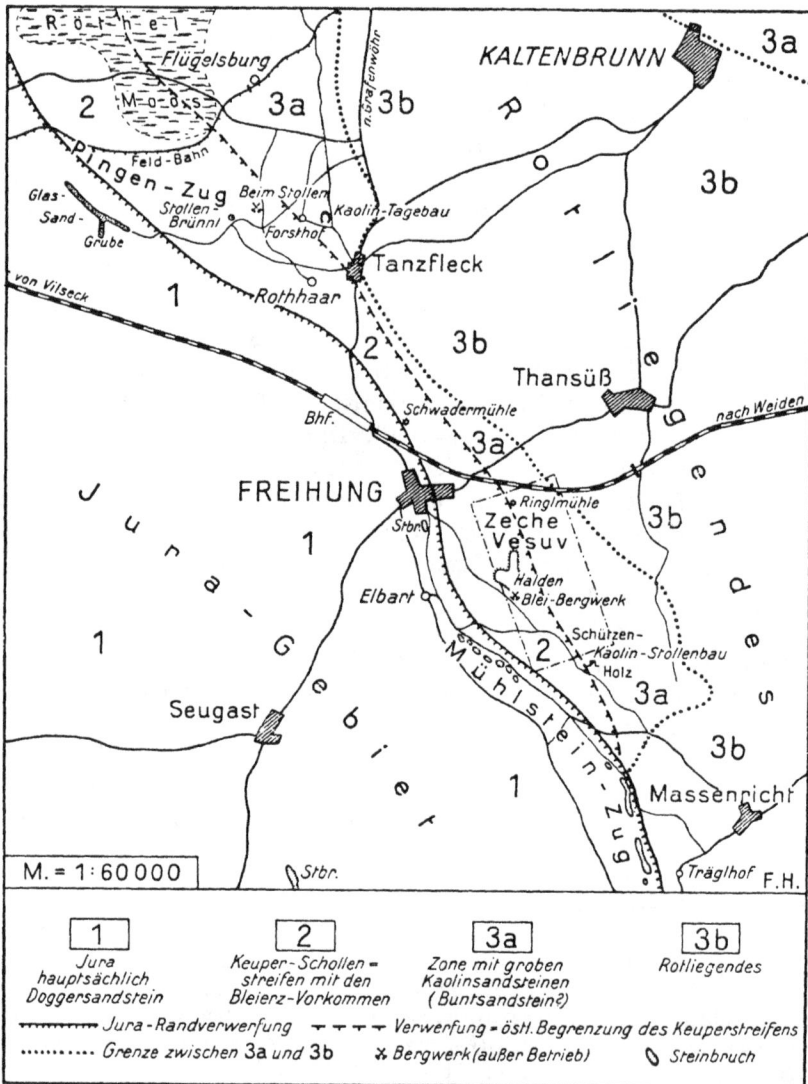

Abb. 47.

**Kärtchen der Bleierz-Vorkommen in der Gegend von Freihung—Tanzfleck (Oberpfalz.) (Nach F. HEIM.)**

310

Träger des Erzes waren die Schichten 2—7, deren Sandsteine häufig löcherig und zerfressen aussahen. Das Haupterz war Weißbleierz als Einsprengung in winzigen bis erbsengroßen, leicht auswaschbaren Körnern in mürben Sandsteinen, deren durchschnittlichen Erzgehalt Thürach mit 2—10 v. H. angibt, und in großen, unregelmäßigen, den Sandstein verkittenden Knollen mit 30 v. H. Erz.

Knollen und Bänke von Derberz, die als „Lettenerz" besonders an die Letten der Schicht 4 gebunden waren, enthielten bis 80 v. H. Weißbleierz. Im Inneren der Knollen und auf Hohlräumen und Spalten des Sandsteins zeigten sich schöne, mitunter sehr große Cerussit-Kristalle. Körner und Knollen waren von einem Saum von manganhaltigem Bleimulm umgeben. — Untergeordnet kam Bleiglanz als Knottenerz und in netzartiger Durchtrümerung der Sandsteine vor, anscheinend besonders im Hauptflöz. Dieses enthielt auch große, verkohlte, in derben Bleiglanz umgewandelte Holzstammstücke.

b) Nordwestlicher Abschnitt. — Nordwestlich von Tanzfleck bilden die Freihunger Schichten, von ihrer Decke von Lehrberg-Schichten befreit, den niederen Höhenzug vom Forst-Hof bei Tanzfleck bis zur Straße Vilseck—Flügelsburg im SW. des großen Röthel-Mooses. Hier fallen sie flach nordöstlich ein. Ihre Erzführung war spärlicher als weiter südlich. Vom Stollen-Brünnl, aber auch von der Schwader-Mühle, stammen schöne Kristallstufen von Grünbleierz auf Klüften des Sandsteins.

**Die Bleierzvorkommen bei Pressath.** — Auch SO. von Pressath, in fast 15 km Entfernung vom Jurarande, ist Bleiglanz und Weißbleierz in den Freihunger Schichten gefunden worden. Die Vorkommen sind denen von Freihung ähnlich, aber geringfügiger und ohne bergbauliche Bedeutung. — Bei Wollau war Mitte des vorigen Jahrhunderts ein Versuchsschacht niedergebracht. Nach Thürach (1888, S. 153) lagen vererzte Baumstämme in blaugrauen Tonen dicht unter einem manganreichen, wenig Bleiglanz führenden Sandstein. Die Sammlung des Oberbergamtes in München enthält von Wollau Stammtrümmer mit Derberz, die in dem Sandstein selbst vorgekommen sein müssen.

In den Steinbrüchen bei Berg und Berghäusl O. von Troschelhammer findet man noch heute schwarze Stammreste mit derbem Bleiglanz und vereinzelte Kristalle von Bleiglanz in pflanzenführendem weißgrauem Sandstein (vgl. dazu S. 166 und Thürach, 1888, S. 151, Prof. XXXII).

O. von Döllnitz gibt Thürach (1889, S. 30) derbes Weißbleierz aus violetten Tonen etwa 3—4 m unter den Lehrberg-Schichten an.

Am Eichelberger Fahrweg (W. von Eichelberg) liegt ein alter Stollen („Bleiloch") im unteren Teil einer 4—6 m mächtigen, veilen, grüngrauen und manchmal gelblichen Sandsteinmasse von arkoseartigem Aussehen (vgl. die Angaben von Thürach, 1888, S. 151, Profil XXXI, 10—12 oder 10—13). Im Sandstein und in roten oder braungrauen Lettennestern darin fand sich Weißbleierz; auch in Bleiglanz verwandelte Stammstücke (a. a. O. 1888, S. 153) sind hier vorgekommen.

Im Gegensatz zu Freihung, wo die ganzen 17—20 mächtigen Freihunger Schichten erzhaltig sind, soll bei Pressath bei annähernd gleicher Mächtigkeit der Freihunger Schichten nach THÜRACH die Erzführung auf einen einzigen geringmächtigen Horizont beschränkt sein, den er dem Hauptflöz in Freihung gleichstellt.

Dieser Auffassung wird nicht beigepflichtet. Sicher ist zunächst, daß das Erzvorkommen von Döllnitz unmittelbar unter den Lehrberg-Schichten nicht mit den übrigen Pressather Vorkommen gleichgestellt werden darf. Diese liegen stratigraphisch tiefer. Die erz- und pflanzenführenden Schichten von Berg und Berghäusl liegen über einem geröllführenden Grobsandstein, der dem unteren Teil der hellen Freihunger Schichten angehört. Sie mögen dem pflanzenführenden Hauptflöz in Freihung entsprechen, vielleicht auch dem Flöz in Wollau. Die erzhaltigen bunten Sandsteine bei Eichelberg hinwieder liegen unter dem geröllführenden Grobsandstein und es ist zweifelhaft, ob sie überhaupt den Freihunger Schichten oder nicht bereits derem Liegenden angehören. Nach dieser von F. HEIM vertretenen Ansicht ist bei Pressath das Erz also keineswegs auf eine bestimmte Bank beschränkt, sondern wie bei Freihung auf die gesamte Stufe der Freihunger Schichten verteilt und in verschiedenen Horizonten zu erwarten. Die Erzhaltung ist nur sehr lückenhaft und hält in keinem Horizonte aus.

Nordwestlich von Pressath bis zum Schnecken-Berg sind Bleierze aus den gleichalterigen Schichten nicht bekannt. Die bleierzführenden Schichten, die GÜMBEL (Geologie von Bayern, II, S. 757) in einem Profil von Barbaraberg angibt, sind nicht bei diesem Orte, sondern bei Eichelberg beobachtet worden.

**Sonstige Bleimineral-Vorkommen.** — In den mesozoischen Schichtgesteinen des nördlichen Bayerns kommen Bleimineralien sonst nur noch selten vor und sind ohne praktische Bedeutung. So enthalten die Bausandsteine des tieferen Muschelkalks in den Steinbrüchen von Netzaberg bei Grafenwöhr (Opf.) Bleiglanz in nesterartigen, 5 cm starken Einsprengungen.

Nach bisheriger Annahme sollen Spuren von Weißbleierz in den Kaolin-Sandsteinen der nördlichen Oberpfalz vorkommen. Ein Bleigehalt wird für diese Schichten von S. KLEIN (1932, S. 132) verneint. Mit den erzführenden Freihunger Schichten haben sie nichts zu tun.

Die Bleiglanz-Bank des Gipskeupers enthält an vielen Stellen im Vorland des Steigerwaldes und der Haß-Berge Bleiglanz und Kupferkies eingesprengt. In Oberfranken ist Bleiglanz darin nicht bekannt. S. von Bayreuth fehlt die Bank. In ihrer ungefähren Lage beobachtete F. HEIM innerhalb der Benker Sandsteine in einer Tiefbohrung bei Laineck unfern Bayreuth Spuren von Bleiglanz und Zinkblende.

In der Estherien-Stufe des Gipskeupers ist Bleiglanzführung von der *Acrodus*-Bank bei Frankendorf und Wustendorf NO. von Ansbach und im Eisenbahneinschnitt bei Engelmannsreuth S. von Creußen bekannt geworden. Auch die Steinmergel der Estherien-Schichten im Aufschluß an der Boden-Mühle SO. von Bayreuth enthalten nach alten Belegstücken in der Sammlung des Bayer. Oberbergamtes schöne Bleiglanzkristalle.

Dem Oberen Keuper (Rhät), nicht den Freihunger Schichten, gehört nach SPERBER (angef. S. 252; S. 31) ein Bleierzvorkommen an der Silber-grub bei Weißenberg (SW. von Vilseck, Opf.) an. Weißlichgraue, kaolin-haltige Sandsteinbänke führen auf Spalten silberhaltigen Bleiglanz in Schnüren von mehreren Millimetern bis einigen Zentimetern Stärke. Auch Weißbleierz-Durchtränkung wird vermutet (E. KOHLER 1902, S. 38).

Nach Beobachtungen am Hochofen enthalten die kreidezeitlichen Eisenerze vom Erz-Berg bei Amberg Blei. KOHLER (1902, S. 18) nimmt eine Beimengung von Weißbleierz in den Eisenerzen an.

---

Über die Entstehung der Bleierz-Vorkommen des Deckgebirges.

In der Oberpfalz sollen nach POSEPNÝ (1895) und KOHLER (1902, S. 37, 49 und 1903, S. 53) die Erzlösungen auf nachjurassischen Verwerfungsspalten aufgestiegen und von da aus seitlich in die Schichten eingedrungen sein. Die bei solcher Entstehung immerhin auffällige lagerförmige Ausfällung in den Freihunger Schichten bei Freihung und Pressath erklärt KOHLER mit der adsorptiven Wirkung des Kaolins, der den tieferen und höheren Schichten fehlt, POSEPNÝ mit der fällenden Wirkung organischer Stoffe.

Die augenfällige Häufung der Bleivorkommen in dem tektonisch stark be-anspruchten Raum zwischen Frankenalb und altem Gebirge und ihr Auf-treten in ganz verschiedenalterigen Gesteinen ist dieser epigenetischen Deutung nicht ungünstig. Es muß aber doch darauf hingewiesen werden, daß mit Ausnahme von Freihung, Amberg und etwa noch Engelmannsreuth Verwerfungen an den Bleierz-Vorkommen nicht erwiesen sind oder, wie von REUTER (1916), SEEMANN (1925, S. 138) und HARTMANN (angeführt S. 303) bei den Amberger Eisenerzen angenommen wird, für die Zuführung von Erz-lösungen aus der Tiefe ohne Bedeutung waren. Auch ist auffällig, daß die großen Kaolinvorkommen der Oberpfalz, deren Bildung ebenfalls mit nach-jurassischen Spalten in Zusammenhang stehen soll, nach KLEIN (1932, S. 132) keinen Bleigehalt erkennen lassen.

Der epigenetischen Auffassung steht die syngenetische gegenüber. Diese ist allgemein anerkannt für die Bleiglanz-Bank, deren Bleiglanzführung durch Verwesungsfällung erklärt wird. THÜRACH (1888, S. 153) denkt sich auch die Lagerstätten von Freihung und Pressath syngenetisch während der Ab-lagerung der Freihunger Schichten in einem küstennahen Gürtel des Keuper-Flachmeeres ausgefällt. KLEIN (1932, S. 134) hält deren Bildung nach Art fluviatiler Erz-Seifen, die später eine Umwandlung erfahren hätten, für möglich.

Gegen die THÜRACH'sche Auffassung führt KOHLER das völlige Fehlen von Blei in der „Freihunger Schicht" weiter im Norden an und die Unwahrscheinlichkeit der erforderlichen Lösungskonzentration unter Meeresbedeckung. Beide Einwände sind nach F. HEIM jedoch nicht stichhaltig. Denn die von THÜRACH außerhalb der Oberpfalz als „Freihunger Schicht" bezeichnete erzfreie Sandsteinbank entspricht, da sie über dem Schilfsandstein liegt, nicht den Freihunger Schichten der Oberpfalz und führt ihren Namen zu Unrecht. Die den letzteren wirklich gleichzustellenden Schichten der Estherien-Stufe führen aber in der Bayreuther und Ansbacher Gegend schichtgebundenes Erz in flächenhafter Verbreitung, wie die syngenetische Deutung der Freihunger Lagerstätten es fordert. Hier war Verwesungsfällung genau wie in der Bleiglanz-Bank möglich. Im Süden aber, bei Freihung, war stärkere, zur Erzlagerbildung führende Konzentration der Erzlösungen nicht ausgeschlossen, weil die Freihunger Schichten im Randgebiet des Keuperbeckens in seichtem Wasser (Wellenfurchen) und unter zeitweiser Trockenlegung (Trockenrisse, Steinsalz-Nachkristalle) sich ablagerten. Die Lösungen müssen aus dem nahen Abtragungsgebiet im Süden oder Südosten, dem Vindelizischen Lande, stammen. Zuführung aus dem Bereich der Erbendorfer Bleierzgänge, wie sie KLEIN (1932, S. 134) annimmt, war unmöglich, da die Erbendorfer Gegend zur Keuper-Zeit selbst Ablagerungsgebiet war.

Es bestehen kaum Bedenken, solche syngenetische Lösungszufuhr und Fällungsmöglichkeiten auch für die Zeit des übrigen Keupers und Muschelkalks und damit für die Vorkommen von Netzaberg und Silbergrub anzunehmen. Die Gängchen von Silbergrub sprechen nicht dagegen. Sekundäre Umwandlungen, Lösungswanderungen und Neuabsatz auf Klüften haben auch auf den Freihunger Erzlagern stattgefunden.

Der Bleigehalt der kreidezeitlichen, syngenetischen und metasomatischen Amberger Eisenerze dürfte, wie die Eisenlösungen selbst, der Landoberfläche des Hahnbacher Gewölbes entstammen, möglicherweise bereits freigelegten, der Zerstörung und Auslaugung unterliegenden bleierzführenden Freihunger Schichten.

Die syngenetische Deutung hat den Vorzug, alle Bleivorkommen des nordbayerischen Deckgebirges einheitlich zu erklären.

## III. Erze im Jura.

### a) Lias-Erze (Schwarzjura-Erze).

Im unteren Mittleren Lias (Gamma) treten bei Paulsdorf in der Amberger Gegend Brauneisenstein-Schwarten führende, gelbe feinkörnige Sandsteine, 1,75 m mächtig, auf. Daneben kommen in grauen, sandigen *Numismalis*-Mergeln mit *Gryphaea cymbium* 0,5 m mächtige, lichtgraue Tone mit Brauneisenflözchen vor. In beiden Fällen wurden die Erzvorkommen zeitweise gewonnen. — Im oberen Mittleren Lias (Delta) sind früher Rot- und Brauneisenerze gewonnen worden: am Keil-Berg O. von Regensburg; N. von Bodenwöhr, nämlich S. von Buch und S. von Pingarten („Bucher Zeche"); ferner

W. von Bruck bei Vorder- und Hinterthürn und W. von Bodenwöhr bei Mögendorf. Sie gehören den Amaltheen- und Costaten-Mergeln an und sind in der
„Bucher Zeche" mit sedimentärem Magneteisenerz und Chamosit-Oolithen vermengt. Hier erreichte die Gesamtmächtigkeit von drei Flözen 1,5—2 m, ihr
Eisengehalt war 30—40 v. H. Das derbe „Lebererz", das schalige, schieferige
„Kräuselerz", das stengelige, faserige „Nagelerz" und das Magnetit, Chamosit
und tonigen Spateisenstein führende „Sohlerz" wurden miteinander vermischt
und in Bodenwöhr und Weiherhammer verhüttet (vgl. auch die Analysen-
Tabelle!). — In der „Bucher Zeche" liegen die Eisenerzflöze überkippt und
sind besser entwickelt als diejenigen im Südflügel der Bodenwöhrer Mulde.
Diese aber sind wegen ihrer größeren Entfernung vom nördlichen Störungs-
gebiet viel ruhiger gelagert.

| | I | II | III | IV |
|---|---|---|---|---|
| Eisenoxyd ($Fe_2O_3$) . . . . . . | 41,00 | 60,00 | 14,20 | 17,40 |
| Eisenoxydul ($FeO$) . . . . . . . | — | — | 38,60 | 36,00 |
| Kohlensäure ($CO_2$) . . . . . . | — | — | — | 27,82 |
| Kieselsäure ($SiO_2$) und Ton . . . | 36,50 | 17,00 | 16,00 | 11,90 |
| Tonerde ($Al_2O_3$) . . . . . . . | 8,50 | 8,00 | 14,00 | Sp. |
| Kalk ($CaO$) . . . . . . . . . | 0,84 | — | 1,96 | 4,48 |
| Magnesia ($MgO$) . . . . . . . | Sp. | — | 1,26 | 1,25 |
| Manganoxydul ($MnO$) . . . . . | — | — | 1,00 | 1,15 |
| Manganoxyd ($Mn_2O_3$) . . . . . | 0,91 | 3,00 | — | — |
| Schwefelsäure ($SO_3$) . . . . . . | — | Sp. | Sp. | — |
| Phosphorsäure ($P_2O_5$) . . . . . | — | 1,00 | — | — |
| Wasser ($H_2O$), Glühverlust . . . | 11,50 | 11,50 | 13,00 | — |
| | 99,25 | 100,50 | 100,02 | 100,00 |

I = Kräuselerz aus der „Bucher Zeche" bei Pingarten.
II = Lebererz, ebendaher.
III und IV = Sohlerz, ebendaher.
Unt.: I, II, III v. Kobell; IV Haushofer (in Gümbel, Frankenjura, S. 378).

## b) Dogger-Erze (Braunjura-Erze).

Der Mittlere Jura, Braune Jura oder Dogger enthält viele Eisenoolith-
Flöze. Die bedeutendsten liegen im sog. Eisensandstein des Unteren Braunen
Juras (Dogger-Beta). Weniger wichtig sind die geringmächtigen und erzarmen
Oolithe im Mittleren Dogger (Delta), in der *Humphriesianus*-Stufe, im Oberen
Dogger (Epsilon), in den *Varians*- und Makrocephalen-Schichten (Sulzbacher
und Rosenberger Gegend) und im Ornaten-Ton (Zeta). Die 2—4 m mächtigen
Eisenoolith-Kalke im Oberen Dogger bei Bernricht könnten als Zuschlag bei
der Verhüttung dienen. Sie enthalten: Eisen = 20—33 v. H.; Mangan = 0,3
bis 0,8 v. H.; Calciumoxyd = 20—30 v. H.; Kieselsäure = 14—20 v. H.;
Phosphor = 0,1—0,3 v. H.

**Eisenerzflöze des Dogger-Sandsteins (Dogger-Beta).** — Der 45—100 m
mächtige Dogger-Sandstein (Eisensandstein) selbst, mit seinem gelartigen

Brauneisen-Bindemittel und einem Eisenhöchstgehalt von 20 v. H., ist kein aufbereitungswürdiges Eisenerz. Sehr bedeutend sind aber Eisenoolith-Flöze oder Flözpakete in ihm, 20—40 m über dem ihn unterlagernden *Opalinus*-Ton. Ihre Mächtigkeit schwankt zwischen mehreren Zentimetern und 3—4 m. Sie ist durchschnittlich 2 m und erreicht nur selten 6 m, z. B. bei Zogenreuth.

Der Kieselsäuregehalt liegt zwischen 30 und 70 v. H. Der zwischen 18 und 40 v. H. gehende Eisengehalt läßt sich durch die Aufbereitung bis auf 50 v. H. anreichern. Das Brauneisenerz bildet sog. Pseudo-Oolithe,[1] d. h. die Quarzkörner haben eine dünne Eisenhydroxydhaut; die falschen „Oolithe" sind durch ein eisenhaltiges, toniges Bindemittel fest zu härteren und weicheren Flözen verkittet. Dieses Bindemittel kann den Eisengehalt der Flöze sehr erhöhen. Die Flöze sind braun oder kupferrot; die erzreicheren Flöze sind dunkler als die erzärmeren. Die Flözausbisse über Tag sind heller und toniger; im Berginnern sind sie dunkler und sandiger. Außer Brauneisenerz enthalten die Flöze auch noch Roteisenerz, etwas Phosphor, Mangan und Tonerde.

Nach GÜMBEL, Frankenjura, S. 419, besteht das Erz des Doggeroolith-Flözes von Alfalter bei Hersbruck aus: Eisenoxyd = 49,86 v. H.; Eisenoxydul = 4,88, zusammen Eisen = 38,7 v. H.; Manganoxydul = 0,56; Tonerde = 9,29; Kieselerde = 19,39; Kalkerde = 2,31; Bittererde = 1,03; Phosphorsäure = 0,65 (Phosphor = 0,36); Schwefel = 0,05; Wasser = 11,90; Summe = 99,92 v. H.

Hohenstadter Dogger-Eisenerz vom „Prinz-Stollen" enthält nach Mitteilung der Generaldirektion der Bay. Berg-, Hütten- und Salzwerke A.-G., München: Eisen = 28,87 v. H. (entspr.: 41,24 v. H. $Fe_2O_3$); Manganoxydul = 0,42; Tonerde = 7,02; Kieselerde = 42,96; Kalkerde = 0,35; Bittererde = 0,11; Phosphor = 0,25; Schwefelsäure = 0,40; Wasser = 6,76 v. H.

Die Flöze haben oft sandige Zwischenmittel. Flözmächtigkeit und Eisengehalt hängen nicht zusammen. Das Eisen ist regellos in den Flözen verteilt. Die Vorkommen bilden sehr flache, weitausgedehnte unregelmäßige Linsen, deren Ränder meistens vertaubt und sandig sind. Sie keilen oft aus und gabeln sich. Im allgemeinen haben sie in den nördlichen Verbreitungsgebieten einen höheren Eisengehalt als in den südlicheren Vorkommen. Die südliche Abnahme des Eisengehaltes soll angeblich von späteren Auslaugungsvorgängen herrühren, welche nach R. SEEMANN die älteren Eisenerze der Kreide-Formation z. B. bei Auerbach, gebildet hätten. Dem widerspricht, daß gerade bei Auerbach reiche Kreide-Erze („Maffei-Leoni-Zeche") dicht neben reichen Dogger-Erzen (Dornbach) vorkommen.

Sehr wahrscheinlich ist der verschiedene Erzreichtum der Flöze schon beim Absatz erworben worden. Es ist bisher noch ungewiß, ob die ziemlich horizontbeständige „Rauheisensandstein-Bank" eine quarzsandreichere, gröberkörnige Vertretung der Doggeroolith-Bank oder eine selbständige Bank ist.

---

[1] Nach einer Mitteilung von Oberbergrat Dr. K. DRESCHER, Peißenberg.

Sie ist verschiedentlich, z. B. beim Dorfe Dornbach nahe Auerbach, ebenfalls ausgebeutet worden. Sie wird begleitet von den gleichen hell- und dunkelgrauen, gebänderten, sandigen und tonigen Lagen, wie sie das Dogger-Flöz über- und unterlagern. Das deutet darauf hin, daß der Dogger-Eisensandstein und seine Flöze keine reinen Dünenbildungen sind. Oolithische Flöze sind dann vielleicht gebildet worden, wenn in eisenreichen Binnenseen und an flachen Flußmündungen feinstkörnige Sandschwebestoffe sich mit Eisenkrusten überzogen und langsam zu Boden sanken. Die rascher niedersinkenden gröberen, schwereren Sande mischten sich, bevor es zur Bildung von Oolithen kam, mit einem Eisenschlamm am Gewässerboden (Entstehung des Rauheisensandsteins). Beim Rauheisensandstein konnten nachträgliche Verschiebungen des Eisengehaltes durch kreisende Wässer eintreten.

Verbreitung der Dogger-Erze: Diese hängt mit den Auffaltungen der Albplatte eng zusammen. Alle Erzvorkommen gruppieren sich entweder halbkreisförmig um den flach nach Südosten eintauchenden, NW.-SO. streichenden mittelfränkischen Hauptsattel (Abb. 50 und Taf. A) oder gehören zur Mitte der sich nordwestlich daran anschließenden, gleichfalls nordwestlich streichenden, oberpfälzisch-oberfränkischen Hauptmulde (Tafel A). Sie enthält mehrere streichende und querschlägige Sekundärkuppeln und -Sättel und Längs- und Querstörungen. Ihre Achse wird etwa durch eine Linie von Staffelstein über Königsstein nach Schwandorf angedeutet. Der Hauptsattel und die Hauptmulde verdanken ihre Entstehung einer Rahmenfaltung zwischen der bayerisch-böhmischen Masse im Nordosten und den Alpen im Süden.

Vorkommen der Dogger-Erze: 1. am inneren Erosionsrand der Hauptkuppel: Die Vorkommen bei Berolzheim, bei Thalmässing, Altdorf (O. von Titting), Berching, Neumarkt, Eismannsberg, Happburg, Hohenstadt und Ebermannstadt (NO. von Forchheim); — 2. in der Mitte, bzw. im Nordostflügel der flachen, schüsselförmigen Großmulde: Die Vorkommen bei Lichtenfels, Vierzehnheiligen, Plankenstein, Lindenhardt, Schnabelweid, Pegnitz, Thurndorf und Auerbach; — 3. in der größten Sekundärkuppel der Hauptmulde: die Vorkommen im Bereiche der „Hahnbach-Kuppel", bei Steinling, Edelsfeld, Schönlind (SW. von Vilseck), ferner die am Sekundärsattel („Benkhof-Sattel") bei Pittersberg gelegenen und die am Ausbiß des Nordostflügels der „Freihölser Mulde" bei Knölling. Zu den wichtigsten dieser Dogger-Erzgebiete, in denen bisher Bergbau oder Bergbauversuche umgingen, gehören die Vorkommen bei Nensling, Altdorf, Thalmässing, bei Hohenstadt, Pegnitz und Vierzehnheiligen. Bei Hohenstadt machen die Dogger-Flöze die Verbiegungen flacher, nach NO. und NW. streichender Faltenbündel mit, die durch Druck in zwei aufeinander senkrecht stehenden Richtungen (varistisch und herzynisch) entstanden sind.

Bei Pegnitz liegt das 15 m mächtige Flözstockwerk rd. 20—25 m unter dem Ornaten-Ton in dem bis 100 m mächtigen Eisensandstein, ruhiger gelagert als bei Hohenstadt. Die Mächtigkeit der Flöze beträgt 1,2—1,8 m. Der Erzgehalt der bauwürdigen Flöze ist hier 28—36 v. H., der Kieselsäuregehalt 30 bis

45 v. H., bei 10 v. H. Tonerde, 0,4 v. H. Phosphor, 0,1—0,5 v. H. Mangan. N. von Auerbach, bei Gunzendorf, Alt-Zirkendorf, Ohrenbach und Zogenreuth tritt das Dogger-Erzflöz und der Rauheisensandstein im Scheitel- und Flankenbereich eines NW.-SO. streichenden Sattelgewölbes oder einer Abbiegung auf. Der Eisengehalt beträgt nur selten 25—30 v. H. In den nördlichen Teilen dieser Dogger-Verbreitung wird das Doggeroolith-Flöz mächtiger, gegen Süden nehmen die Rauheisensandstein-Platten zu. Im Norwestflügel der Hahnbach-Kuppel zwischen Edelsfeld und Röckenricht (beide Orte N. von Sulzbach) verleitete ein stark eisenschüssiger Dogger-Sandstein bei Bernricht und Steinling zu Schürfungen. Hier ist auch ein rd. 1 m starkes, oolithisches Brauneisenerz-Flöz entwickelt, das aber den kalkigen und tonigen Makrocephalen- oder *Varians*-Schichten angehört und sich bis Rosenberg und Sulzbach verfolgen läßt. Die Dogger-Aufschlüsse zwischen Ebermannsdorf (SO. von Amberg und Haidweiher) und Schwandorf, bei Pittersberg und Knölling (O. von Haidweiher) und die Roteisenerz-Vorkommen N. von Pappenberg (SO. von Eschenbach) sind noch nicht näher untersucht.

## IV. Erze in der Kreide und im Tertiär.

Unter den Erzlagerstätten Nordbayerns nehmen die Brauneisenerz-Lagerstätten der Kreide-Zeit bisher die wichtigste Stelle ein. Sie haben die gemeinsame Eigenschaft, daß ihr Eisengehalt fast ganz aus aufgearbeiteten Dogger-Erzen stammt. Die Erzlagerstätten sind syngenetisch mit den festländischen und meerischen Kreide-Absätzen entstanden. Verschieden ist die Reichweite ihrer Verfrachtung vom Aufbereitungspunkt, der Grad der Anreicherung, die Reinheit, die Verbandfestigkeit und die Lage auf der vorcenomanen Jura-Karstoberfläche und in den cenoman-turonen Kreide-Horizonten.

Die nur einmalig — in der vorcenomanen Zeit — umgelagerten Dogger-Erze (= „vorcenomane Kreide-Erze der Alb“) entsprechen den früheren „Spaltenerzen“ GÜMBEL's und sind örtlich durch eine Spat- oder Weißerz-Ausbildung ausgezeichnet. Sie sind in ihren tieferen Teilen zudem öfters mit Manganerz so stark angereichert, daß man schon von Mangan-Eisenerzen sprechen kann.

Zu den in der Cenoman-Tertiär-Zeit mehrfach umgelagerten Dogger-Erzen gehören: 1. die früher als „Alberze“ und „Bohnerze“ bezeichneten Vorkommen; 2. die umgelagerten oberen und randlichen Teile der vorcenomanen großen Erzlager, die sich geologisch-kartistisch nicht ausscheiden lassen, etwa den Alberzen gleichzustellen sind und daher nicht eigens besprochen werden; 3. die Geröllerze, eine Abart der Bohnerze; 4. die an anderer Stelle (S. 337) besprochenen kreidezeitlichen Eisen-Farberden; 5. das umgelagerte Weißerz. — Die tertiären Alb-, Bohn- und Geröllerze werden, da sie sich nur durch die Führung jüngerer Versteinerungen von den kreidezeitlichen Vorkommen unterscheiden, gleichfalls nicht für sich behandelt.

## A. Entstehungsgeschichte der Erze (Brauneisenerze).[1]

### a) Herkunft des Eisengehaltes.

Der Eisen-, Mangan- und Phosphorgehalt und die seltenen metallischen Beimengungen, wie Nickel, Kobalt, Titan, Zink, Kupfer, Arsen und Blei des Brauneisenerzes stammen aus festländisch und meerisch aufgearbeiteten Dogger-Erzen, von der Art der heutigen Dogger-Erze z. B. von Hohenstadt, Pegnitz, Vierzehnheiligen, Altdorf, Neumarkt, Berching, Thalmässing. Die aufgearbeiteten Teile der Dogger-Erzflöze gehörten zu den Scheitelgebieten des großen mittelfränkischen Hauptsattels (oder „Hauptkuppel" genannt), dessen Hauptachse über Rothenburg, Ansbach, Ingolstadt verläuft und flach nach Südosten einfällt, ferner zu der Hahnbach- und Grafenwöhrer Kuppel (vgl. die Karte auf Taf. A). Diesen fehlt heute ebenfalls in der Mitte der Dogger-Eisensandstein.

### b) Bildung des sog. Eisenspates.

Dieses Erz, das „Weißerz" der Bergleute, ist heute vielfach schon in Brauneisenerz umgewandelt worden. Es wird daher jetzt nur mehr an wenigen Stellen massig und bodenständig oder schon als Rollstücke verfrachtet, angetroffen, als eine besondere Abart des vorcenomanen Kreide-Eisenerzes. Die Bedingungen zu seiner Bildung waren folgende: 1. Eine große, tief hinabgreifende, vorcenomane Erosionstasche in oder nahe einem Muldenbereich der gefalteten Juraplatte, 2. Austritt von stark kohlensäure- und kalkhaltigen Schicht- oder Verwerfungsquellen am Boden oder an den Wänden dieser Tasche, 3. Einfließen von über Tage von kolloidalen Eisenlösungen. Durch das Zusammenwirken dieser Umstände bildete sich der „sedimentäre Eisenspat" solange, bis die kohlensäurehaltigen Quellen oder der Eiseneinfluß versiegten oder durch die sich auftürmenden Erzmassen und die tonigen und sandigen Beimengungen abgeriegelt wurden.

Daneben gibt es noch den im allgemeinen etwas reineren „metasomatischen" Eisenspat. Dieser entstand in Erosionstaschen (Trögen) durch Umsetzung von Eisenlösungen mit den kalkigen oder dolomitischen Weißjura-Gesteinen zu Eisenspat. Die Eisenlösungen entstammten hierbei unmittelbar den aufgearbeiteten Dogger-Erzen oder sie bildeten sich später im bereits abgelagerten und verfestigten Brauneisenerz mit Hilfe der Bergwässer. Zu Spatbildungsplätzen in den tieferen Teilen von Sattelflanken gehören die Vorkommen am Amberger Erz-Berg und die Auerbacher „Nitzelbuch-Zeche". Hier wurde aber ein großer Teil des Spates später wieder umgelagert (Abb. 48). Die „Leoni-Zeche" NO. von Auerbach und das Haidweiher-Ebermannsdorfer Vorkommen liegen in der Mitte einer großen, nordöstlich streichenden, muldenförmigen Querfaltung.

---

[1] Nach der Annahme von E. HARTMANN.

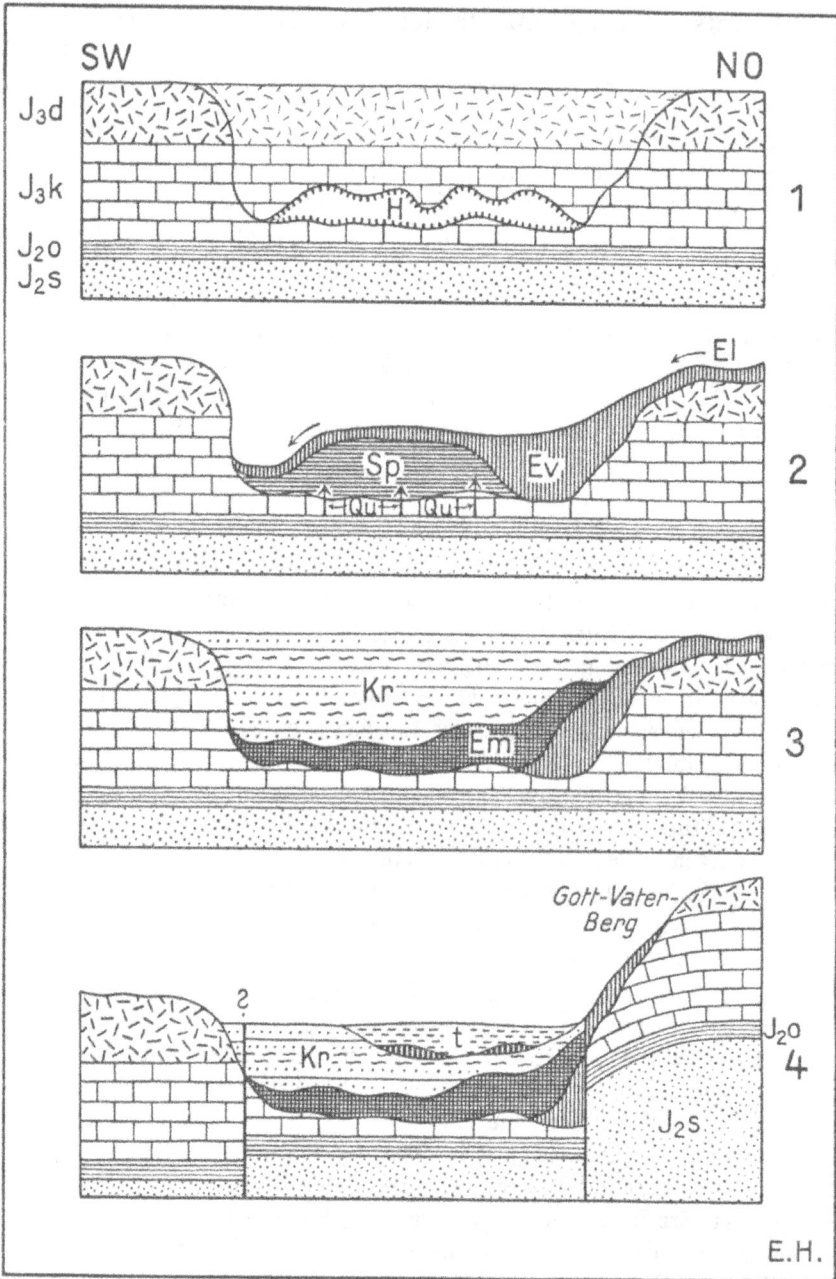

SW NO

J₃d

J₃k

J₂o
J₂s

Abb. 48.

**Schematische Darstellung der Entstehung des Eisenerzvorkommens in der Grube „Nitzelbuch"**
**bei Auerbach.** (Von E. Hartmann.)

(Erklärung S. 321 oben.)

1. Bildung von vorcenomanen Karsthöhlen (= H) im Weißjura als erste Anlage eines Erosionstroges;
2. Einfluß von oberirdischen, vorcenomanen Eisenlösungen (= El) und von unterirdischen, kalk- und kohlensäurehaltigen Schichtquellen (= Qu); Bildung von Kegeln von sedimentärem Spat (= Sp) und von Brauneisenerz (= Ev);
3. Umlagerung der Erze (= Em) durch die cenomane und turone Überflutung und Absatz jüngerer Kreide-Schichten (= Kr);
4. Durch tertiäre, nach-erzische Verwerfungen Zerstückelung des Erzkörpers. Weitere Erzumlagerungen und Schichtenabsätze in der Tertiär-Zeit (= t).

$J_3d$ = Weißjura-Dolomit; $J_3k$ = Weißjura-Kalk; $J_2o$ = Ornaten-Ton des Braunen Juras; $J_2s$ = Eisensandstein des Braunen Juras.

### c) Zusammenhang zwischen festländischer und meerischer Erzaufbereitung und den Gebirgsfaltungen.

Die vorcenomane Aufbereitung der Dogger-Erze und die Anreicherung des Eisenbestandes (als kolloidale Eisenlösungen in einem subtropischen Klima) war in der Hauptsache festländisch. Sie wurde ermöglicht durch die flachen Sättel und Kuppeln der vorcenomanen Gebirgsbildung. Diese brachte den Dogger-Sandstein in eine abtragungsfähige Lage (in den Aufbereitungsgebieten) und lieferte das Gefälle für die von den Aufwölbungen abfließenden Eisenlösungen. Die Lösungen sammelten sich in einzelnen (z. B. Grube „Niefang") oder in reihenhaften Dolinen, Trockentälern und Flußläufen (z. B. Auerbacher, Amberger, Sulzbacher Gruben) der verkarsteten Juraplatte. Besonders günstige Verhältnisse entstanden dann, wenn die Karstvertiefungen am Knick zwischen der gefalteten und ungefalteten Jura-Unterlage sich befanden. Hier liegen z. B. auch die großen, technisch wichtigen Brauneisenerz-Lagerstätten von Haidweiher, Amberg, Rosenberg, Sulzbach, Auerbach, die „vorcenomanen Brauneisenerz-Lagerstätten der Alb".

Die Verstärkung der vorcenomanen Auffaltung zur cenomanen Kreide-Zeit und die sie begleitenden und nachfolgenden Meeresüberflutungen und Rückflutungen bewirkten örtlich die meerische Aufbereitung der Dogger-Erze und die weitere Anreicherung, Verfrachtung und Verteilung des gewonnenen Eisenbestandes in den Kreide-Ablagerungen.

### d) Meerische und festländische Umlagerung der Erze.

Die oberen Teile großer mit vorcenomanem Erz oder Spat ausgefüllter Tröge, sowie die seichten vorcenomanen Erztaschen und bald nach der Vorcenoman-Zeit zum Absatz gekommene meerische Brauneisenerz-Ansammlungen wurden durch die Meeresüberflutungen und -Rückflutungen zur späteren Kreide-Zeit umgelagert, mehrfach verfrachtet und wieder zusammengeschwemmt. Dabei wurden sie durch hornsteinführende Kreide-Tone und -Sande wechselnd stark verunreinigt. Durch eine gleichzeitige Einverleibung aufgearbeiteter, jurassischer Phosphate entstand örtlich in den oberen Teilen der Amberger und Rosenberger Erztröge die Phosphatausbildung der mehrfach umgelagerten Dogger-Erze (S. 332).

In der Tertiär- und Diluvialzeit erfolgte örtlich eine zweite festländische Verfrachtung des vorhandenen Erzbestandes, wobei vor allem wieder die Scheitelgebiete der Sättel und Kuppeln (z. B. im Haidweiher-Ebermannsdorfer Gebiet) abgetragen wurden. Auf alle die angeführten Umlagerungen in der Cenoman-Tertiär-Zeit ist die Entstehung der mehrfach umgelagerten Dogger-Erze, nämlich der „Alberze", der „Bohnerze", der „Geröllerze", sowie der umgelagerte Eisenspat und die Farberden (S. 334) zurückzuführen.

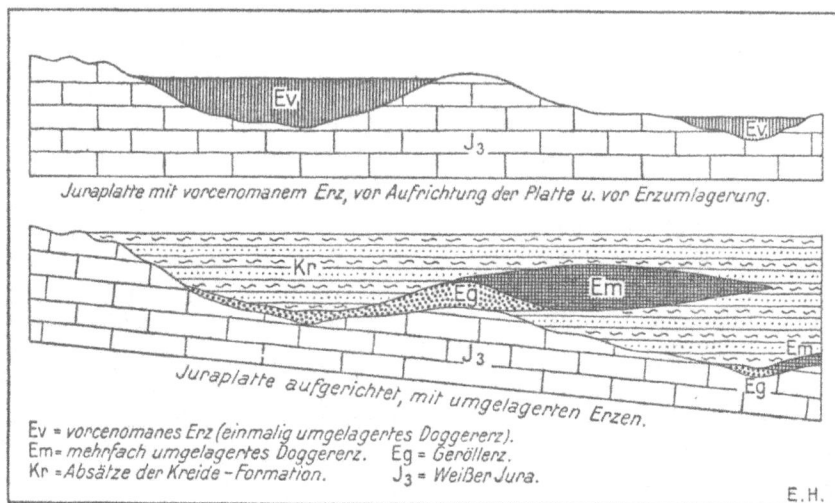

Ev = vorcenomanes Erz (einmalig umgelagertes Doggererz).
Em = mehrfach umgelagertes Doggererz.   Eg = Geröllerz.
Kr = Absätze der Kreide-Formation.   J₃ = Weißer Jura.

Abb. 49.
Schematische Darstellung der Entstehung der Geröll-Erze im Zusammenhang mit einer Faltung der Juraplatte. (Von E. Hartmann.)

Durch Versteinerungsfunde sind die meerischen Umlagerungen zur Kreide-Zeit auch palaeontologisch bewiesen. In den Phosphatbeimengungen der Brauneisenerze am Amberger Erz-Berg fand von Voith (1836) eingeschwemmte Steinkernbruchstücke von jurassischen Terebrateln, Gümbel (1868) Steinkerne von *Rhynchonella inconstans* auct. und in den im Erz eingelagerten Letten am Amberger Erz-Berg Seeigelreste von *Dysaster carinatus*. Kohler (1902) sammelte in hangenden Tonen des Auerbacher Erzflözes mittelturone Cardien; Lehner (1924) fand im Neukirchner Ocker oberturone, meerische Versteinerungen; Fink (1909) entdeckte in Letteneinlagerungen im Erz von Auerbach Kreide-Seeigelstacheln.

### e) Teilweise Erhaltung von Erzlagern durch tektonische Vorgänge.

Die großen und tiefgreifenden reichlich mit vorcenomanem Brauneisenerz gefüllten Tröge bei Amberg, Rosenberg, Sulzbach, Auerbach waren infolge der starken Verschwächung der Weißjura-Unterlage für die tertiären gebirgsbildenden Kräfte besonders widerstandsschwache Stellen. Es bildeten sich daher an den Trogrändern örtliche, tertiäre Schichtenverbiegungen, Verwer-

322

fungen, Überschiebungen und Grabenbrüche heraus. Sie erzeugten einen stehengebliebenen oder abgesunkenen „basalen" Gebirgsteil und einen gehobenen oder „übergeschobenen Gebirgsteil" (vgl. Abb. 51). Dieser ist durch Sekundär-Überschiebungen oft mehrfach zerstückelt und gegen eine spätere Abtragung und Verfrachtung der Erze schlechter geschützt als der basale, welcher unter der tertiären und heutigen Erosionsbasis ruht.

### f) Die früheren Annahmen epigenetischer Entstehung der Erze.

Die nacherzischen Verwerfungen und Überschiebungen waren von C. W. VON GÜMBEL, A. ROTHPLETZ und E. KOHLER nicht erkannt worden. Auch der in der Tertiär-Zeit örtlich steil aufgerichtete übergeschobene Erzkörper wurde früher irrig für eine epigenetische (d. h. nachträglich entstandene) schlauch-, gangoder stockförmige Ausfüllung einer Verwerfungskluft gehalten, besonders dann, wenn er durch spätere vadose (absteigende) Eisenlösungen mit dem basalen Erzkörper zusammengekittet war. So nahm z. B. GÜMBEL noch an, daß die vorcenomanen Kreide-Erze der Alb auf Eisensäuerlinge zurückzuführen seien längs nordwestlich streichender, vorcenomaner Spalten, insbesondere einer Fortsetzung der sog. Pfahl-Verwerfung.

Nach E. KOHLER haben auf Spalten aufdringende, mit tertiären Basalten gleichzeitige Eisensäuerlinge große Teile des Jura-Kalks in metasomatischen Eisenspat umgewandelt, der nachträglich ganz oder teilweise zu Brauneisenerz oxydiert wurde.

R. SEEMANN vertritt den Gedanken der Lateralsekretion von Limonit aus Dogger-Eisensandstein und seinen Absatz in tektonisch vorgebildeten Trögen. Das Brauneisenerz ist an vorcenomane Verwerfungsgürtel gebunden, welche eisenreichen Dogger-Sandstein in eine auslaugungsfähige Lage gebracht haben. Kolloidale Eisenlösungen, durch auslaugende Tagewässer erzeugt, ergossen sich aus den benachbarten Doggersandstein-Rändern in die Grabensenken. Bei ihrer Vereinigung mit kohlensäurehaltigen Spaltenquellen entstand zunächst lösliches Eisenbikarbonat; bei Kohlensäureverlust fiel sedimentäres Eisenkarbonat, der „sedimentäre Spat", aus. Durch Luftsauerstoff-Aufnahme entstand aus ihm „sedimentäres Brauneisenerz". Bei der Auflagerung auf Kalk und Dolomit konnte sich dieses in „metasomatisches Brauneisenerz", das Eisenbikarbonat in „metasomatischen Spat" umsetzen.

Der Annahme einer epigenetischen (nachträglichen) Entstehung der Erze steht vor allem die Tatsache entgegen, daß alle in den Bergwerken von Haidweiher, Amberg, Rosenberg, Sulzbach, Auerbach nachweisbaren Verwerfungen und Überschiebungen, die bisher fälschlich als Erzanfuhrspalten aufgefaßt worden sind, „nacherzisch" (jünger als das Erz) sind.

### g) Einteilung der nordbayerischen Brauneisenerz-Lagerstätten.

Aus der Darstellung der Entstehung der syngenetischen Brauneisenerz-Lagerstätten ergibt sich auch deren vereinfachte Einteilung in 1. einmalig umgelagerte Dogger-Erze = vorcenomane Brauneisenerze der Alb mit der

Spatausbildung; 2. mehrfach umgelagerte Dogger-Erze; d. s. die Brauneisenerze mit Phosphatbeimengungen, die Alberze, Bohnerze und Geröllerze und der umgelagerte Spat. Beide Gruppen können entweder noch fast ungestört liegen oder durch tertiäre, nacherzische Verwerfungen und Überschiebungen zerstückelt sein.

## B. Beschaffenheit der Brauneisenerze.

### a) Die einmalig umgelagerten Dogger-Erze (= vorcenomane Kreide-Erze der Alb).

Das Erz der gegenwärtig technisch wichtigsten Vorkommen bei Ebermannsdorf, Haidweiher, Amberg, Rosenberg, Sulzbach, Auerbach und das der abgebauten Grube Niefang bei Eichstätt ist Brauneisen oder Limonit. Es kann beschaffen sein: dicht, fest und hart („Schuß"- oder „Stuferz"), körnig oder bröckelig („Klarerz"), porig, zellig, schlackig und löcherig, faserig, schalig oder nierig, traubig, glaskopf- und stalaktitenartig, erdig oder mulmig („Mulmerz"), konkretionär, breschig oder konglomeratisch („Geröllerz").

Über die chemische Zusammensetzung einiger Erzproben von Amberg gibt die nachfolgende Tabelle Aufschluß.

| | I | II | III | IVa | IVb |
|---|---|---|---|---|---|
| Eisenoxyd ($Fe_2O_3$) . . . . . . . . . . | 71,32 | 87,62 | 89,00 | 71,15 | 86,14 |
| Mangansuperoxyd ($MnO_2$) . . . . . . . | 0,61 | 0,35 | — | — | — |
| Phosphorsäure ($P_2O_5$) . . . . . . . . | 1,98 | 1,02 | 0,50 | 0,53 | 2,44 |
| Tonerde ($Al_2O_3$), an Kieselsäure gebunden . | 2,93 | — | — | — | — |
| Kieselsäure ($SiO_2$), frei und gebunden . . | 12,82 | — | — | — | — |
| Hydratwasser ($H_2O$) von $Fe_2O_3$ . . . . . | 9,71 | — | — | — | — |
| Organisches und an $Al_2O_3$ gebundenes Wasser | 0,60 | — | — | — | — |
| Wasser überhaupt . . . . . . . . . | — | 9,16 | 9,84 | 11,05 | 10,58 |
| Kohlensaure Magnesia ($MgCO_3$) . . . . . | — | — | — | 8,77 | — |
| Unlösliches überhaupt . . . . . . . . | — | 1,84 | 0,20 | 8,22 | 0,92 |

I = Klarerz, Durchschnittsprobe  
II = Stuferz, Durchschnittsprobe  
III = Breschenartiges Stuferz mit samtartigem Überzug

IV = Ockeriges Erz mit Stuf-Erzbruchstück  
a = Ockeriger Teil  
b = Stuf-Erzbruchstück

(Aus: C. W. von Gümbel, Frankenjura, S. 403).

Nach einer Mitteilung der Generaldirektion der Bayerischen Berg-, Hütten- und Salzwerke A.-G., München, hat die Untersuchung eines Amberger Erzes ergeben: Eisen = 51,00 v. H. (entspr.: 72,86 v. H. $Fe_2O_3$); Mangan = 0,17 v. H. (entspr.: 0,22 v. H. MnO); Kupferoxydul = 0,01; Zinkoxyd = 0,05; Nickeloxydul = 0,06; Tonerde = 2,20; Calciumoxyd = 0,23; Magnesiumoxyd = 0,10; Kieselsäure = 12,28 (Spur Titansäure); Phosphor = 0,88 (entspr.: 2,01 $P_2O_5$); Schwefel = 0,10; Glühverlust = 9,56 v. H.

Die Farbe des Erzes ist braun, rotbraun, braunschwarz, bläulich oder graubraun, je nach dem Mangangehalt dunkler oder heller, schwarz bei hohem Mangangehalt. Häufig haben die Erzstücke Anlauffarben.

324

Das Erz ist ganz rein oder durch Ton, Sand, phosphorsauren Kalk, Steinmark und Manganerz, Hornsteinrollstücke, seltener durch Schwefelkies verunreinigt. Auf späteren Klüften, besonders in der Nähe von Verwerfungen oder Überschiebungen kommen mitunter seltene Phosphatmineralien vor: Wavellit, Vivianit, Apatit, Kakoxen, Beraunit, Kraurit, Weinschenkit, Pseudowavellit[1]) (H. LAUBMANN, 1922). Ihr Phosphorgehalt ist durch kreisende Wässer aus dem Erz ausgelaugt und zum Aufbau der Mineralien verwendet worden. Dem Limonit sind Mangan und Phosphor, geringe Mengen von Nickel, Kobalt, Titan, Zink, Kupfer, Arsen und Blei beigemengt. Sie dürften dem mehrfach umgearbeiteten Erzbestand einer Lagerstätte in der ehemaligen kristallinen Schieferhülle entstammen. Mitunter nimmt der Mangangehalt bis zu einem „eisenhaltigen Manganerz" überhand.

Die Mitte mächtiger Erzkörper ist erzreiner als ihre Ränder und ihre Sohle ist stets manganreicher. Diese Mangananreicherung wird wahrscheinlich mit einer Phasenfällung innerhalb der noch kolloidalen Eisenmassen vor ihrer Verfestigung zusammenhängen. Als Einlagerungen kommen Nester und Putzen von Sand und Ton vor, letztere oft mit deutlichen Rutschflächen. An Verwerfungen ist das Erz zerrieben, Rieselerz geworden und leicht zu gewinnen. Im Amberger Ostfeld, wo der dunkelgraue *Opalinus*-Ton durch Überschiebung mit dem Erz in Berührung kommt, sind beide Gesteine stark miteinander verknetet. Dünne Erzstreifen sind in den Ton eingewickelt. Diesen haben die eisenhaltigen Bergwässer gelb und gelbbraun gefärbt, so daß er den im Erz eingeschlossenen Kreide-Letten gleicht.

Die Form der Erzkörper ist durch die Form des Absatzbeckens bedingt. Die Ausfüllung eines flachen Troges mit Brauneisenerz ergibt eine dünne flache Linse. Tiefe Tröge, welche bis auf den unteren Weißjura, bis auf den Ornaten-Ton oder bis auf den Dogger-Sandstein hinabreichen, bedingen mächtige Erzlinsen. Trogreihen im Streichen und im Einfallen der Jura-Unterlage angeordnet, ergeben einen langgestreckten, eine Verwerfungsspalte vortäuschenden Erzkörper. Die flachen Tröge, die Trogränder und die Oberflächen großer Tröge haben unreines Erz; es ist den „mehrfach umgelagerten Erzen" zuzurechnen. Reines Erz ist für kreisendes Wasser wenig durchlässig. Größere Wasseransammlungen und -einbrüche treten nur dann auf, wenn sandige Einlagerungen im Erz mit mächtigen, wasserreichen Sanden der Kreide oder des unterlagernden Doggers verbunden sind.

Die Stärke der Linsen wechselt sehr. Am Erz-Berg bei Amberg treten reine Linsen bis zu einer Stärke von 46 m auf. Bei Auerbach in der „Nitzelbuch-Zeche" kommen als Seltenheit in einem großen von der Erosion geschützten Erztrog mehrere Erzkegel vor, welche in der Vorcenoman-Zeit aus Eisenspat und aus Brauneisenerz bestanden. Dann wurden beide Erzgattungen später durch die cenomane oder turone Meeresüberflutung in Erzkonglomeratkegel oder Strand-Blockschuttkegel umgewandelt. Diese bestehen heute aus ver-

---

[1]) Chemische Zusammensetzung der Mineralien siehe im Sachverzeichnis.

schieden großen Brauneisenerzstücken und aus in Brauneisenerz mehr oder weniger stark umgewandelten Spatbrocken (Abb. 51).

Wenn der übergeschobene Erzkörper mit den hangenden, sandigen Kreide-Schichten des basalen Erzkörpers in Berührung kam, dann konnte auch sein reines Erz randlich durch Kieselsäureaufnahme so sandig und rauh werden, daß es sich von dem der Rauheisensandstein-Bank des Dogger-Sandsteins nicht unterscheiden läßt.

Am Boden der tiefen Taschen liegt das Brauneisenerz dem Kalk fast nie unmittelbar auf. Es ist von ihm meistens durch eine dünne, graue, oder grünlich-graue, mitunter manganreiche Lettenschicht getrennt, welche die Entstehung von metasomatischem Eisenspat sicherlich sehr oft verhindert hat. Die einmalig umgelagerten Dogger-Erze, die vorcenomanen Kreide-Erze der Alb, sind im allgemeinen viel mächtiger, reiner und gleichmäßiger entwickelt, als die mehrfach umgelagerten Dogger-Erze, die den höheren, cenomanen und turonen Stockwerken der Kreide-Formation eingeschaltet sind.

**Die spätige Ausbildung des vorcenomanen Eisenerzes (Weißerz).** — Der sedimentäre und metasomatische Spat, das „Weißerz" der Bergleute, ist grau oder braungrau, schmutzigfarben, körnig oder dicht, nierenförmig, kugelig, stalaktitisch und ungeschichtet. Seine kristalline Abart unterscheidet sich von dem ihm ähnlichen Frankendolomit durch seine Schwere und die braune, meistens dicke Verwitterungsrinde. Der Spat enthält Eisen, Mangan, Tonerde, Kieselsäure, Calcium, Magnesium und Phosphor. Der nicht umgelagerte metasomatische Spat lagert dem Kalk oder Dolomit kappenförmig auf. Bei der „Leoni-Zeche" war er bis zu 10 m mächtig. Der sedimentäre Spat wechsellagert mit Kreide-Mergeln oder Kreide-Tonen und ist deshalb im allgemeinen unreiner als der metasomatische Spat.

Im Ostfelde des Amberger Bergwerkes auf der 48 m-Sohle (Querschlag 9), nahe der Überschiebungsfläche in der sog. „Hinteren Linse", konnte folgendes Profil des sedimentären Spates aufgenommen werden: Unterlage des Erzes: harte, graue, mergelige Kalke des Weißjuras; darauf 0,10 m grauschwarze Tone mit Sandeinlagerungen; auf diesen eine 0,50 m starke schwarzgraue, sedimentäre Spatlage, z. T. verdrückt, mit Tonlagen abwechselnd und z. T. zu Brauneisenerz verwittert; darüber 0,10 m grauer Mergel; 0,10 m schwarzer Ton; 0,40 m Brauneisenerz, zur Sohle des vorcenomanen, einmalig umgelagerten Dogger-Erzes gehörig und stark zerrieben.

Ein grauer, kristallinisch-feinkörniger Spateisenstein vom Amberger Erz-Berg (nördlicher Querschlag der zweiten Tiefbau-Sohle, 35 m unter dem Theresien-Stollen) enthielt nach GÜMBEL, Frankenjura, S. 403 und 404 (in H.-Tl.): $FeO = 45,14$; $Fe_2O_3 = 4,9$; $MnO = 1,42$; $CaO = 4,86$; $MgO = 1,11$; $H_3PO_4 = 4,79$; $CO_2 = 30,80$; $H_2O = 0,61$; $Al_2O_3 = 1,10$; $SiO_2 = 5,27$ oder: $FeCO_3 = 64,22$; $Fe_2O_3 = 2,87$; $MnCO_3 = 2,35$; $CaCO_3 = 8,75$; $MgCO_3 = 2,34$; $Fe_3P_2O_8 = 8,74$; $Fe_2P_2O_8 = 3,83$; $H_2O = 0,61$; Unlösliches $= 6,37$.

### b) Die mehrfach umgelagerten Dogger-Erze.

**Brauneisenerz mit Phosphatbeimengungen.** — Es kommt bei Amberg und Rosenberg in mehrfach umgelagerten Teilen des übergeschobenen Erzkörpers vor. Die Phosphatbeimengungen werden S. 371 besprochen.

**Die sog. „Alberze".** — Zu den Alberzen gehört Brauneisenerz, das als Stauberz und mulmiges Erz, Derberz oder Stückerz allein oder miteinander vermengt auftritt. Der durchschnittliche Erzgehalt beträgt rund 38 v. H. Der Mulm enthält meist weniger Erz; Ausnahmen können jedoch bis 50 v. H. führen. Kieselsäuregehalt 7—22 v. H., Tonerde 2—10, Wasser 9—10 v. H. Zur Verhüttung muß das Erz noch aufbereitet werden. Im aufbereiteten Erz läßt sich der Eisengehalt bis zu 55 v. H. anreichern. Die Stücke des Derberzes sind unregelmäßig, eckig und manchmal zonar und radialstrahlig aufgebaut. Im nördlichen Verbreitungsbezirk der Brauneisenerze der Alb, wo die Vorstöße und Rückzüge der Kreide-Meere fehlten oder die Erzbrocken weniger häufig umlagerten, sind die Stücke eckiger als im Süden. Hier herrschen die stark abgerollten „Bohnen" vor. Die Derberzstücke sind meistens erbsen-, nuß- und kopfgroß und manchmal glaskopfartig. Sie liegen im Mulmerz oder in eisenhaltigen und -freien Tonen und Sanden. Im letzten Falle ähneln sie infolge von Kieselsäureaufnahme oft dem Rauheisensandstein. Spätere kreisende Erzlösungen haben die Stücke oft fest miteinander verkittet. Die Erze liegen selten unmittelbar auf dem Weißjura-Kalk oder -Dolomit; Dolomit- oder Kalkbrockenanhäufungen, Sande oder Tone trennen sie davon. So erklärt sich auch hier wieder das Fehlen von metasomatischem Spat. Mit den Erzbrocken sind Kalk- und Dolomitbrocken und Hornsteinknollen aus dem Malm vermengt. Die Mächtigkeit der Alberz-Ansammlungen schwankt zwischen einigen Zentimetern und mehreren Metern. Man hat bis 20 m mächtige Erzanreicherungen festgestellt; nur selten sind sie 100 m lang. Die Vorkommen sind hauptsächlich Ausfüllungen von kleineren Taschen, Trichtern, Karstschlöten, Löchern und Mulden in den Weißjura-Gesteinen oder umgelagerte Teile von bedeutenden vorcenomanen Erzansammlungen. Die Erzanhäufungen schmiegen sich mit den sie überlagernden Sanden, Tonen und quarzitischen Sandsteinen den Ausbuchtungen der Trog-Muldenwände an. Nachträgliche Schichteneinsackungen, verursacht durch unterirdische Einbrüche in der Kalkunterlage, veränderten die Form der eingeschwemmten Erzkörper und der übrigen Absätze und erzeugten Rutschflächen. Die Erz- und Sedimenteinschwemmung für die Flöze bzw. deren Umlagerung erfolgte in der cenomanen, turonen, vielleicht auch noch senonen Kreide-Zeit durch das Meer, in der Tertiär- und Quartär-Zeit wohl meist durch die Gewässer, seltener durch den Wind. Der Erzbestand aller Vorkommen ist mehrfach umgelagert; seine Anteile sind dabei mechanisch stark mitgenommen worden. Die jüngeren Abtragungen haben die ursprünglich mehr zusammenhängende Decke der Erzlager und die sie begleitenden und überdeckenden Sande und Tone größtenteils entfernt.

**Die sog. Geröll- und Bohnerze.** — Beide Erze sind sowohl festländische, als auch meerische Umlagerungen der vorcenomanen Kreide-Erze, sozusagen konglomeratische Abarten der „Alberze". Sie zeigen keine wesentlichen Unterschiede. Da aber ihre Namen im Schrifttum sich bereits eingebürgert haben, sollen sie auch hier beibehalten werden. Der Ausgangsstoff ist für beide der gleiche. Er ist ein $\pm$ tonig und sandig verunreinigtes vorcenomanes, einmalig umgelagertes Dogger-Erz und dessen Spatentwicklung. Für diese Annahme spricht unter anderem auch der Umstand, daß im Bohnerz Spuren von Blei, Zink, Chrom, Arsen, Vanadium und Phosphorsäure, letztere bis zu 1 v. H.; nachgewiesen worden sind. Für die Geröllerze läßt sich auch heute noch die mit älteren Brauneisenerzen besetzte Ausgangsstelle angeben, von der die Erze abstammen müssen. Bei den Bohnerzen dagegen ist diese, z. B. der zentrale Teil der mittelfränkischen Hauptkuppel, schon längst abgetragen.

Man muß annehmen, daß im allgemeinen die B o h n e r z e öfter umgelagert, verfrachtet, abgerollt und nach Form und Korngröße verändert wurden, als die Geröllerze. Auch kommen örtlich sicher bei ihnen verschieden alte konkretionäre Neubildungen mit Hilfe auf- und absteigender Schicht- und Bodenwässer in Frage. Ein einheitliches Alter der Geröll- und Bohnerze ist jedoch wegen ihrer vielfachen Umlagerung und Umwandlung nicht zu erwarten. Es wurden palaeontologisch eozäne, oligozäne, miozäne und pliozäne Bohnerze nachgewiesen. Einschlüsse von Ostreen und Pecten-Resten erweisen ein cenomanes Alter von Geröllerzen, z. B. bei Gailoh SW. von Amberg. Oligozänes und eozänes Bohnerz, letzteres mit eozänen Landsäugetier-Resten ist bei Eichstätt angetroffen worden. Sehr wahrscheinlich herrschte zur Zeit der Entstehung der konglomeratischen Erze ein subtropisches oder tropisches Klima mit abwechselnd niederschlagsarmen und -reichen Zeiträumen. Beide Erzarten sind in flachen Vertiefungen, in Mulden, Taschen und Trichtern der Jura-

Abb. 50
(Von E. HARTMANN.)

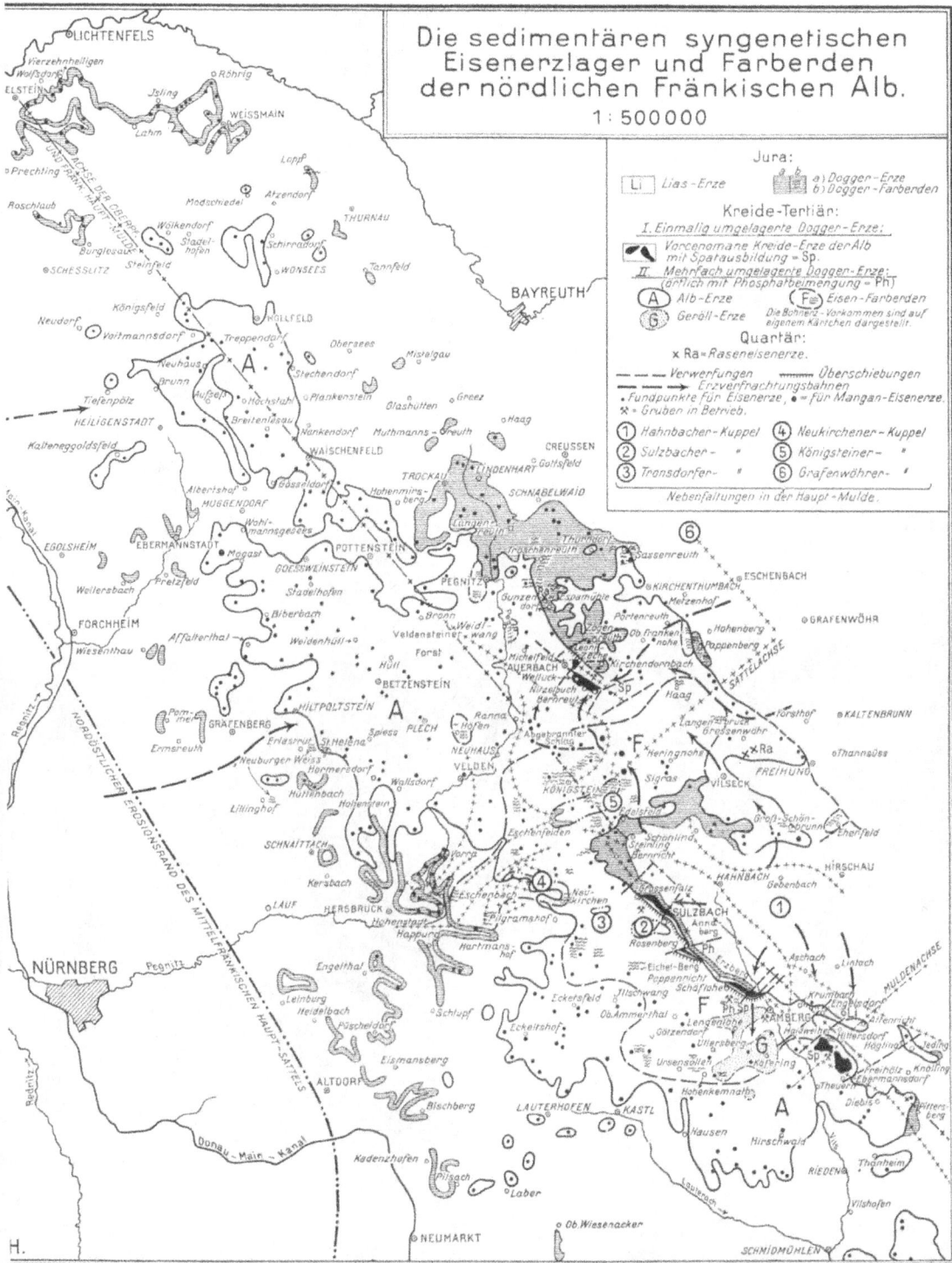

## Die sedimentären syngenetischen Eisenerzlager und Farberden der nördlichen Fränkischen Alb.

### 1 : 500000

Jura:

| Li | Lias-Erze | | a) Dogger-Erze |
| | | | b) Dogger-Farberden |

Kreide-Tertiär:

*I. Einmalig umgelagerte Dogger-Erze:*

*Vorcenomane Kreide-Erze der Alb mit Spatausbildung = Sp.*

*II. Mehrfach umgelagerte Dogger-Erze:* (örtlich mit Phosphatbeimengung = Ph)

(A) Alb-Erze    (F) Eisen-Farberden
(G) Geröll-Erze    *Die Bohnerz-Vorkommen sind auf eigenem Kärtchen dargestellt.*

Quartär:

x Ra=Raseneisenerze.

– – – *Verwerfungen*    ▬▬▬ *Überschiebungen*
→ *Erzverfrachtungsbahnen*
• *Fundpunkte für Eisenerze,* ● *für Mangan-Eisenerze.*
✕ *Gruben in Betrieb.*

(1) Hahnbacher-Kuppel    (4) Neukirchener-Kuppel
(2) Sulzbacher- "    (5) Königsteiner- "
(3) Transdorfer- "    (6) Grafenwöhrer- "

*Nebenfaltungen in der Haupt-Mulde.*

Von E. Hartmann

platte flözartig oder linsenförmig, mehrere Zentimeter bis mehrere Meter mächtig, angereichert.

Die Bohnerze liegen meist in Tone eingebettet, die mit Kalkgeröllen, Sanden und Sandsteinen wechsellagern. Die Erzstücke sind überwiegend erbsen- bis eigroß, porig, dicht und manchmal konzentrisch-schalig. Der Bohnerzletten selbst ist ein hauptsächlich in der Tertiär-Zeit zusammengeschwemmter, feiner Landschutt.

Die Geröllerze bestehen wegen ihrer viel kürzeren Verfrachtungsbahn vom ursprünglichen Erzausgangspunkt seltener aus vollkommen abgerollten, erbsen- bis faustgroßen Brauneisenstücken. Daneben treten auf: Rauheisenerz-Brocken, Quarzkörner, Stücke von Kalk- und Feldspat, Quarzsand, Fischzähne, Bryozoen-Reste, grünlicher Ton, Kieselknollen und Hornsteine, z. B. bei Moos (S. von Amberg) und Köfering; bei Gailoh und bei Haidweiher. Das verkittende Bindemittel ist kalkig oder sandig. Die Mächtigkeit des Geröllerzes beträgt meistens nur einige Decimeter, selten 1 m und darüber. Es liegt öfters als die Bohnerze dem Kalk und Dolomit unmittelbar, ohne Sand- und Tonzwischenlage, auf.

## C. Die Verbreitung der Brauneisenerze.

Übereinstimmend mit ihrer Entstehungsgeschichte läßt sich sagen: Die vorcenomanen Erzlager und die von weiterer Umlagerung verschonten Reste von solchen kommen nur vor in Gebieten mit einer stark gefalteten Kalk- oder Dolomit-Unterlage oder an deren Grenze zu den nicht oder ganz schwach gefalteten Zonen. Die nicht oder nur wenig gefaltete, dabei mächtigere Jura-Unterlage der Kreide- und Tertiär-Gesteine dagegen ist das Hauptverbreitungsgebiet der mehrfach umgelagerten, verfrachteten und auch meist weniger mächtigen Alberze, Geröll- und Bohnerze.

### a) Verbreitung der vorcenomanen Erzansammlungen der Alb (Einmalig umgelagerte Dogger-Erze).

Zu diesen Vorkommen, welche die heute technisch wichtigsten Erzlager einschließen, gehören sicher große Teile der flach liegenden Lagerstätten von Haidweiher und Ebermannsdorf, das Amberger Vorkommen am Erz-Berg, das Sulzbacher und das Auerbacher Vorkommen, mit Ausnahme der noch durch spätere Umlagerungen ausgezeichneten oberen und randlichen Teile dieser Lagerstätten, welche zu den mehrfach umgelagerten Dogger-Erzen zu rechnen sind. Wahrscheinlich zählen hierzu auch noch die Erzlager bei Krumbach und Altenricht, O. und SO. von Amberg, am Eichel-Berg bei Rosenberg und die aufgelassene Grube „Niefang" bei Eichstätt, eine große Karsttrichterausfüllung. Als Aufbereitungsmittelpunkt für die Erzansammlungen von Ebermannsdorf-Haidweiher, Altenricht, Krumbach, Amberg, Rosenberg, Sulzbach, vielleicht z. T. auch noch für die Grube „Nitzelbuch-Welluck", SO. von Auerbach, kommt die Hahnbacher Kuppel in Frage. Nach der Karte Taf. A fallen die zuletzt genannten Erzbezirke in die Erzabfuhrwege, die nach Süden, Südwesten,

Westen und vielleicht auch noch nach Nordwesten gerichtet waren und welche tief eingreifende Ausnagungsrinnen in der Juraplatte bevorzugt haben.

**Die Haidweiher-Ebermannsdorfer Vorkommen.** — Sie liegen in dem Scheitelbereich und nordöstlichen Flankengebiet eines nordwestlich streichenden, flachen Sattels, des Benkhof-Sattels, und außerdem noch in der Mitte einer großen, flachen, nordöstlich streichenden Quermulde, welche den Austritt der zur Spatbildung nötigen kalk- und kohlesäurehaltigen Quellen begünstigte. Um zwei große, getrennte Troganhäufungen ordnen sich die übrigen mehrfach umgelagerten Erze an. Der Benkhof-Sattel ist auch durch nordwestlich streichende Staffelbrüche und nordöstlich gerichtete Querbrüche zerstückelt. Die Verwerfungen zerstückeln auch die Erzansammlungen, sind also auch hier wieder jünger als diese.

**Die Krumbacher und Altenrichter Vorkommen.** — Eine kleine örtliche Überschiebung bei Krumbach, O. von Amberg, hat den Dogger-Eisensandstein des Bodens einer vorcenomanen Erztasche so stark gehoben, daß er an den basalen, im Südwesten vorgelagerten Kreide-Schichten schroff abstößt. Diese örtliche Überschiebung, die durch eine tiefgreifende Erztasche vorbedingt war, keilt schon gegen den Raigeringer Querbruch und das Dorf Krumbach aus. Man hat in ihr früher die südöstliche Fortsetzung der „Amberger Erzspalte" GÜMBEL's gesehen. Bei Altenricht, wo die vorcenomanen Erzvorkommen entweder schon fast ganz abgetragen oder wo nur mehrfach umgelagerte Erze vorhanden sind, ist die Krumbacher Überschiebung schon nicht mehr nachzuweisen.

**Das Amberger Vorkommen am Erz-Berg.** — Es ist eine große nordwestlich streichende Trogreihe mit Weißerzentwicklung und einer örtlichen Phosphatbeimengung (siehe auch unter Phosphaten). Eine Hauptüberschiebung, mit einer Nebenüberschiebung am Barbara-Schacht und SO. davon, erzeugt einen basalen und einen übergeschobenen Erzkörper.

Der übergeschobene Erzkörper hat seinen Drehpunkt am Nordwestende der Lagerstätte bei Schäflohe, ist mehrfach durch Querbrüche zerstückelt, die mit der südöstlichen Überschiebungs-Randspalte im Schelmes-Graben am Eis-Berg gleich verlaufen. Alle Störungen sind jünger als die Erzabsätze (nacherzisch) (Abb. 51).

**Das Rosenberger Vorkommen am Eichel-Berg.** — Hier treten wieder beigemengte Phosphate im übergeschobenen Erzkörper auf. Die Erztröge sind aber im allgemeinen viel flacher, erzärmer, schmäler und kürzer als am Amberger Erz-Berg.

**Das Sulzbacher Vorkommen.** — Beim Sulzbacher Vorkommen ist der Angelpunkt des übergeschobenen Erzkörpers im Südosten, die Überschiebungs-Randspalte im Nordwesten bei Großenfalz. Weißerz oder Phosphate wurden im Sulzbacher Vorkommen bis jetzt nicht festgestellt. Auch die Erzmassen dieser Erztrog-Reihe, die über die „Fromm"-, „Etzmannsberg"-, „Karolinen-Zeche" verläuft, sind in einen übergeschobenen und basalen Erzkörper gespalten. Die Überschiebung ist jünger als der Erzabsatz und hat örtlich ebenfalls Abzweigungen und Querbrüche.

Profil durch den Amberger Erz-Berg

1:4500

SW    NO

Amberger Erz-Berg

**Trias**

1)-fettige  } Keuperschichten
2)-sandige

**Jura**

Opalinus-Ton

Dogger-Eisensandstein mit Rauheisen-Sandsteinlagen.

Ornaten-Ton

1)-mergeliger } Malm
2)-kalkiger

**Kreide**

B - Basaler Erzkörper
D - Übergeschobener Erzkörper

1)-lettige  } Turone?Kreideschichten
2)-sandige

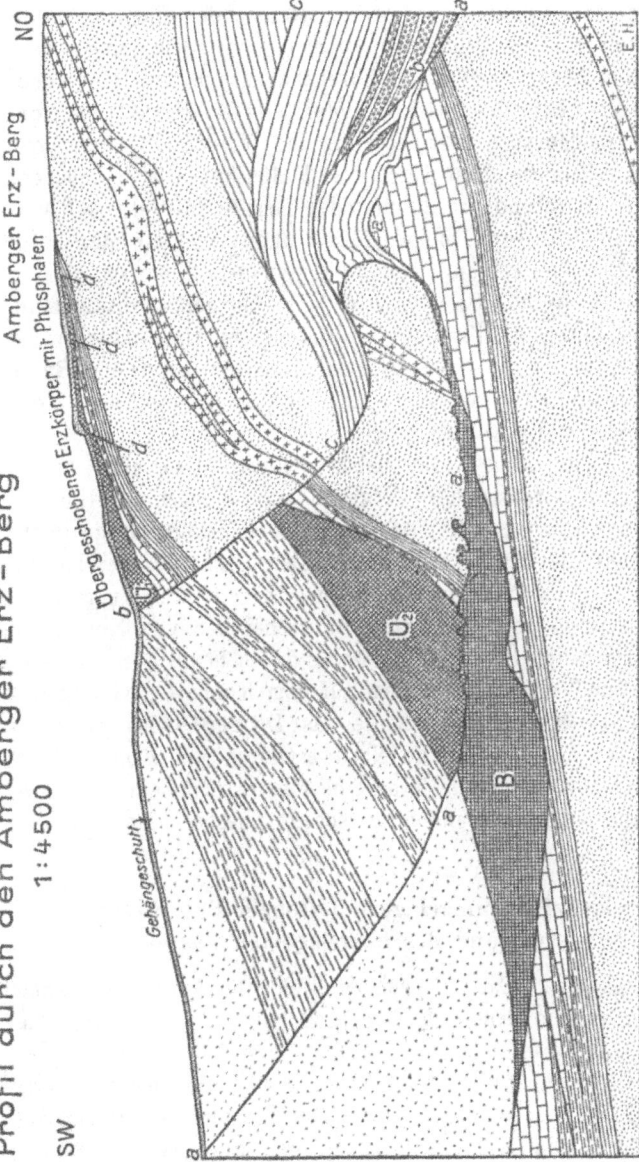

a-a - Hauptüberschiebung,   b-b, c-c - Nebenüberschiebungen im Ostfeld,   d-Verwerfungen.

Abb. 51

Im Kern und im Liegenden der mächtigen Erztaschen: „Einmalig umgelagertes Dogger-Erz", im Hangenden und an den Taschenrändern „Mehrfach umgelagertes Dogger-Erz." „Basaler und übergeschobener Erzkörper = Voreenomane Erzformation (=Gümbel's „Spalteneerze der Alb").

(Von E. Hartmann.)

331

**Die Auerbacher Vorkommen.** — Zwei große Erztröge kommen bei Auerbach vor. Sie liegen an den Kreuzungen von nordwestlich und nordöstlich streichenden Sätteln („Gottvaterberg-Sattel" und „Königsteiner Kuppel") und Verwerfungen. Der nordöstliche Erztrog, die alte „Leoni-Zeche", liegt außerdem noch in der Mitte einer südwest-nordöstlich streichenden flachen Mulde und am Nordwestende der Kirchendornbacher vorcenomanen Ausnagungsrinne. Diese kann von der „Leoni-Zeche" bis SO. von Kirchendornbach verfolgt werden. Der südliche Erztrog, die „Nitzelbuch-Grube" oder „Maffei-Zeche" mit vorcenomanem und später umgelagertem Brauneisenerz und Weißerz (S. 326), liegt in der Bernreuth-Welluck-Rinne und ist durch eine Kalkschwelle unterbrochen. Zwischen der Rinne von Kirchendornbach und der Bernreuth-Welluck-Rinne liegt ein rechteckiger Horst aus Jura-Dolomit, -Kalk und -Sandstein, der Gottvater-Berg. Eine senkrechte Verwerfung trennt ihn von dem Nordostrand der Wellucker-Bernreuther Trogreihe. Sie verwirft den Dogger-Eisensandstein bis zur Höhe der Erzausfüllung und ihrer Kreide-Bedeckung. Der Südwestrand der Welluck-Bernreuther Rinne ist wahrscheinlich nur der ungestörte Rand eines tiefen Troges. Die hier von verschiedenen Seiten angenommene Verwerfung ist bis jetzt noch nicht bewiesen.

In der abgebauten „Leoni-Zeche" trat neben sedimentärem auch metasomatischer Spat auf. Ihr nordöstlicher Trogrand ist zwischen zwei nordöstlich streichenden Querbrüchen zu einer örtlichen Überschiebung ausgebildet. Diese hat den Dogger auf die Kreide und den basalen Erzkörper geschoben, wird aber nach Südosten zu einem einfachem Sprung. Die beiden Auerbacher Erzvorkommen erhielten ihren Haupterzzufluß wahrscheinlich von Nordosten her aus der Grafenwöhrer Kuppel (s. u.), und zwar durch heute noch erkennbare Erosionsrinnen in den Weißjura-Gesteinen auf dem Kamm des Gottvater-Berges. Der Grafenwöhrer Kuppel fehlt heute das Dogger-Gebiet gänzlich. Teile des Erzes können aber auch über die Nordwestflanke der Königsteiner Kuppel her auf langen Umwegen in die Trogreihe eingeströmt sein, wie verstreut liegende Manganerz-Anreicherungen zwischen Auerbach und Königstein andeuten (Taf. A).

### b) Verbreitung der mehrfach umgelagerten Dogger-Erze (Alberze, Geröllerze, Bohnerze) und des umgelagerten Spates.

Die Alberze erstrecken sich (Taf. A) von Hollfeld im Norden bis nach Regensburg im Süden. Sie sind heute über unregelmäßig zusammenhängende Landflächen verbreitet, und zwar hauptsächlich in der Mitte der großen, durch Teilmulden und -Sättel und viele Verwerfungen ausgezeichneten, unterfränkischen und oberpfälzischen schüsselförmigen Großmulde. In ihr ordnen sich die häufigsten und besten Alberzvorkommen und die davon nicht zu trennenden Farberde- und Geröllerzvorkommen um Teilkuppeln an, so um die Hahnbach-Kuppel (1),*) die Sulzbacher Kuppel (2), die Trondorfer

---

*) Die eingeklammerten Zahlen beziehen sich auf die gleichen Zahlen in der Karte auf Tafel A.

Kuppel (3), die Neukirchener Kuppel (4), die Königsteiner Kuppel (5) und die Grafenwöhrer Kuppel (6) (zu letzterer die Vorkommen bei Kirchenthumbach, Pappenberg, Langenbruck, Erzhäusl) (= GÜMBEL's Erze auf der sog. Kirchenthumbacher-Verwerfung). Den Zusammenhang der SEEMANN'schen Geröllerze S. von Amberg mit den vorcenomanen Erzablagerungen des Erz-Berges verdeutlicht die Tafel A. Die Geröllerze sind hier stärker entwickelt als anderswo und ließen sich noch auf der Karte eigens ausscheiden.

Die wichtigsten Verbreitungsgebiete der Bohnerze liegen auf den Weißjura-Gesteinen des Scheitelgebietes des großen, mittelfränkischen Hauptsattels (Abb. 50). Dieses Gebiet ist infolge seiner südlichen Lage von den im Süden einsetzenden Meeresüberschwemmungen zur Kreide-Zeit wahrscheinlich stärker berührt worden als z. B. der nördliche, meeresferner gebliebene Teil der Groß-mulde. Da die Doggersandstein-Ausbisse am inneren Erosionsrand der mittel-fränkischen Hauptkuppel auch heute noch erzreich ausgebildet sind, darf man annehmen, daß die im Mittelpunkt der Kuppel abgetragenen Dogger-Gebiete einst ebenfalls erzreich und als Aufbereitungsmittelpunkte entwickelt waren.

Umgelagerter Eisenspat wurde bis jetzt unbauwürdig im Erzbezirk Haid-weiher—Ebermannsdorf und bauwürdig bei Auerbach in der „Nitzelbuch"-, „Maffei-Zeche" nachgewiesen (Abb. 48). Er unterscheidet sich, wenn er frisch ist, in keiner Weise vom unverfrachteten. Wahrscheinlich ist ein großer Teil der Bohnerzknollen, besonders der schalig aufgebauten, kalkreicheren, nur ein gänzlich oxydierter, umgelagerter, früher metasomatischer oder sedimentärer Spat. Im Ebermannsdorfer-Haidweiher Gebiet werden nämlich öfters $\pm$ stark abgerollte, kopf- und faustgroße Spateisenrollstücke gefunden, die bis auf ein kleines Kernstück oder vollständig in schaliges Brauneisenerz umge-wandelt sind.

Ein Alberz von Hollfeld hat nach einer Mitteilung der Generaldirektion der Bayerischen Berg-, Hütten- und Salzwerke A.-G., München, folgende Zusammensetzung: Eisen = 21,3 v. H.; Mangan = 0,48; Tonerde = 7,51; Kalkerde = 0,80; Bittererde = 0,61; Kieselsäure = 43,98; Phosphor = 0,10; Glühverlust = 10,00; Wasser = 16,32 v. H.

Bohnerze aus der Neumarkter Gegend hatten folgende Zusammen-setzung (Bestimmung 1911):

| | Eisen | Mangan | Phosphor | Kalkerde | Rückstd. | Verhältnis Körner : Lehm |
|---|---|---|---|---|---|---|
| Schacht Arzthofen | | | | | | |
| abgeschlämmte Körner . | 43,60 | 2,20 | 0,31 | 0,32 | 20,80 | 1 : 2,65 |
| lehmiger Anteil . . . | 7,00 | n. b. | 0,39 | 0,53 | 85,60 | |
| Schacht Batzhausen | | | | | | |
| abgeschlämmte Körner . | 31.11 | 3,85 | — | — | 38,91 | 1 : 2,30 |
| lehmiger Anteil . . . | 8,18 | — | — | 0,64 | 70,30 | |
| Gemeinde Lengenfeld | | | | | | |
| ungeschl. Bohnerzprobe . | 18,20 | — | — | — | 63,90 | 1 : 2,53 |
| abgeschlämmte Körner . | 47,20 | — | — | — | 21,70 | |

## V. Quartäre Eisenerz-Ablagerungen.

**Raseneisenerz.** — Im Vorspessart findet sich Raseneisenerz in kleinen Mengen in den Torfwiesen bei der Fasanerie (bei Aschaffenburg) und alluviales Brauneisenerz zwischen Geiselbach und Huckelheim am Kahlen-Berg.

In der nördlichen Oberpfalz kommt Raseneisenerz vor an der Espa-Mühle bei Gunzendorf, N. von Auerbach (es wird auf S. 342 besprochen werden) und NO. von Vilseck. Hier ist das Erz unter einer Grasnarbe in einer sumpfigen Wiese und in einem trockengelegten Teich bis zu einer Mächtigkeit von 0,25 m über eine größere Fläche verbreitet. Bei diesen Vorkommen handelt es sich um diluviale oder alluviale Erzanreicherungen aus älteren Eisenerzlagerstätten oder eisenführenden Schichten mit Hilfe der Berg- und Grundwässer.

---

**Verwendung der Eisenerze.** — Die Doggeroolith-Erze sind wohl dazu bestimmt, einmal die vorcenomanen Erzvorräte der Alb bei Auerbach, Sulzbach, Amberg, Haidweiher—Ebermannsdorf zu strecken oder zu ersetzen. Allerdings ist ihr Phosphorgehalt nach den heute geltenden Normen für die Herstellung von Bessemerstahl zu hoch und zu gering für die Anfertigung von Thomasstahl. Die ziemlich leicht gewinnbaren Dogger-Erze, die aber noch aufbereitet werden müssen, liefern jedenfalls ein gutes Gießereiroheisen.

Die vorcenomanen Erze der Fränkischen Alb gehören in ihren reinsten Teilen zu den hochwertigsten Eisenerzen Deutschlands. Die anderen mehrfach umgelagerten, verunreinigten Erze müssen vor ihrer Verwendung brikettiert oder angereichert werden.

### Farberden (Eisen-Farberden).

Als Farberden[1]) bezeichnet man rote oder gelbe Gemenge von fein verteiltem Eisenoxyd, Eisenhydroxyd oder wasserhaltigen Eisenoxydsilikaten mit Ton und Absätze von Brauneisenerz, welche hauptsächlich als Tüncherfarbe verwendet werden. Bei reichlichem Tongehalt spricht man von „Farbtonen"; bei entsprechendem Eisengehalt sind die Farberden bergrechtlich unter die Eisenerze einzureihen. Je nach der Färbung heißen sie Rötel oder Ocker. — Die Farberden verteilen sich auf Keuper-, Jura- und Kreide-Ablagerungen.

### I. Keuper-Farberden.

Im Keuper wurde an mehreren Stellen, aber immer nur in kleinen Mengen, Farberde gewonnen.

Lettenkeuper: Das sog. „Schweinfurter Gelb", ein erdiges Brauneisenerz, wurde bei Hesselbach NO. von Schweinfurt und NO. von Hesselbach bei Reichmannshausen gegraben. Es besteht aus ockerig verwitterten, tonhaltigen, bis über 1 m mächtigen, hell- oder dunkelgefärbten, feinkörnigen, muschelig brechenden sog. Braun- oder Gelbkalklagen. Diese liegen in grauen Schiefertonen des Lettenkeupers.

---

[1]) Die einschlägigen Arbeiten sind auf S. 302—303 mitverzeichnet.

Ebenfalls im Lettenkeuper liegt das Farberdevorkommen von Deutsch-Hof NO. von Schweinfurt. Dort wurden sandige Kalke mit Eisenlösungen durchtränkt. Nach den Untersuchungen von U. Springer besteht der Ocker aus: Unlöslichem = 67,75 v. H.; Löslichem: $Al_2O_3$ = 7,30; $Fe_2O_3$ = 12,14; MnO = 0,11; CaO = 0,13; MgO = 0,22; $H_2O$ (105°) = 2,09; Glühverlust = 10,28 v. H.; Summe = 100,02. — Das Unlösliche besteht vorwiegend aus Quarz und Silikaten, nebst Spuren von Eisenoxyd; der Kalk ist fast völlig ausgelaugt. Eine größere technische Verwertung des Ockers ist bisher nicht erfolgt.

Mittlerer Keuper: Von Wickenreuth SW. von Kulmbach wurden grüngraue Tone der Lehrberg-Schichten für kurze Zeit zur Farbengewinnung nach Thüringen verfrachtet. Wahrscheinlich ebenfalls zum Keuper gehören die roten Farbtone, welche bei Hirschau unter den Kaolinsanden einige Zeit ausgebeutet wurden.

## II. Jura-Farberden.

Im Schwarzen Jura, in den Amaltheen-Tonen des Mittleren Lias', wurde in der Ida-Zeche am Keil-Berg O. von Regensburg ein erdiges, durch Ton und Gips verunreinigtes, eisenoxyd- und eisenhydroxydhaltiges, rund 1—2 m mächtiges Eisenerzflöz mit einem Eisengehalt von 12—13 v. H. früher auf Farberde (Rötel) abgebaut.

Der Braune Jura liefert Rötel oder Bolus im Eisensandstein (Troschenreuther Rötel), gelben Ocker in den Macrocephalen-Schichten und im Ornaten-Ton (Pappenberger Bolus).

**Der Troschenreuther Rötel oder Bolus.** — In der Umgebung von Troschenreuth (NO. von Pegnitz) wird ungefähr 10—12 m unter der Obergrenze des Dogger-Sandsteins ein bis über 2 m starker, örtlich auskeilender, ziegel- oder scharlachroter, versteinerungsfreier Ton abgebaut. Er enthält rd. 8—12 v. H. Eisen und 51—58 v. H. Kieselsäure. Nach Gümbel, Geologie von Bayern I. Band, S. 185 und II. Band, S. 869 (die nachstehenden eingeklammerten Zahlen) setzt sich der Troschenreuther Rötel zusammen aus: Eisenoxyd 18,2 v. H. (11,80); Kieselsäure 52,0 (57,79); Tonerde 19,7 (24,09); Kalkerde 0,4 (Spur); Bittererde 0,5 (Spur); Phosphorsäure 0,03 (—); Kali — (0,79); Natron — (0,65); Wasser und Organisches 7,6 (4,88); Rückstand 2,00 (—) v. H.

Die rote Färbung ist mehr auf den Eisenoxyd- als auf den Eisenhydroxyd-Gehalt zurückzuführen. Bei Mangangehalt ist der Bolus violettrot. An Einlagerungen enthält der Rötel kleine, gelbrote, weißlich verwitternde Sandsteinschmitzen und -gerölle und nachträglich gebildete Roteisenschwarten.

Der Rötel ist anscheinend kein Vertreter der Dogger-

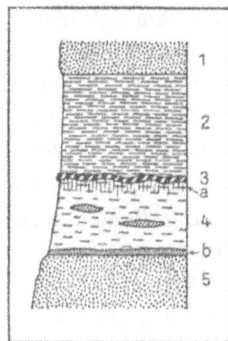

Abb. 52

**Profil durch den Troschenreuther Rötel und seine Begleitschichten.**
Erklärung im Text.
(Nach A. Wurm.)

Roteisenerzflöze: er liegt nach R. Seemann und W. Stahl 10—14 m über diesen, den Dogger-Sandsteinen eingeschaltet. — Das allgemeine Profil durch das Troschenreuther Rötel-Lager ist folgendes (vgl. Abb. 52):

Oben eine Dogger-Sandsteinbank (1); — darunter rd. 3 m grauer Letten (2); — darunter eine mehrere Zentimeter starke, wellige Roteisensteinschwarte (3); — unter ihr 1,5—3,0 m Rötel (dessen oberste 25 cm (a) unbrauchbar) mit linsenartigen Eisenoxyd-Ausscheidungen (4), deren unterste (b), an der Grenze gegen (5) „Bolus-Platte" heißt; Liegendes: Dogger-Sandstein (5).

Entstehung: Nach der Auffassung besonders von E. Kohler (1900) und P. Dorn (1929) ist der Rötel der ursprüngliche Absatz eines eisenreichen Dogger-Tones nach Art der Roteisen-Oolithflöze (syngenetische Entstehung). Nach der Annahme von W. Stahl und A. Wurm ist die ursprüngliche Ablagerung ein grauer Dogger-Letten gewesen, der nachträglich stark mit Eisenoxyd aus wandernden Eisenlösungen durchtränkt worden ist (epigenetische Entstehung).

Verbreitung: Der Troschenreuther Rötel ist bis jetzt in einem Gebiet nachgewiesen zwischen Trockau (NW. von Pegnitz), Schnabelwaid (NO. von Pegnitz), Auerbach (SO. von Pegnitz), Kirchenthumbach (O. von Pegnitz) und Ehenfeld (NO. von Hirschau). Bei Troschenreuth wird er 1,50—2 m mächtig, bei Sassenreuth (O. davon) 1,8 m, bei Thurndorf (NO. davon) 2 m, bei Pappenberg (SW. von Eschenbach) 1,50 m (hier teilweise unrein); bei Ehenfeld 0,20 und 2 m, bei Auerbach 1—2 m, bei Groß-Schönbrunn (NW. von Hirschau) 0,20 m und bei Kirchenthumbach 1,70—2,00 m.

Weitaus die bedeutendsten Abbaue sind diejenigen 1$^1$/$_2$ km NO. von Troschenreuth. Der sehr flach liegende, örtlich von kleinen Verwerfungen durchzogene Rötel ist hier durch über 200 m lange Strecken aufgeschlossen. — Ein zweiter größerer Bolus-Abbau mit Stollenbetrieb liegt S. von Troschenreuth an der Straße nach dem nahen Weiler Mühldorf.

In den übrigen Gruben um Troschenreuth wird der Bolus durch wenig tiefe Schächte gefördert, von denen aus kurze Abbaustrecken vorgetrieben werden.

Verwendung: Der Bolus wird als Farbe benützt, ferner dient er zum Färben von Klingenberger Ton (S. 260), Siegellack, Mosaik und Linoleum, als Deckfarbe für Spiegel und als Putzpaste. Auch Platten für Wand- und Fußbodenbelag werden aus ihm verfertigt. Vor seiner Verwendung wird er meist an der Luft getrocknet und dann gemahlen.

**Der Pappenberger Bolus.** — Bei Pappenberg (SO. von Kirchenthumbach), wo nach Gümbel auch Kreide-Farberde vorkommt, liegt über den Troschenreuther Rötel-Lagen noch ein 0,60—1,50 m mächtiger, gelber, toniger Ocker, der den Macrocephalen-Schichten oder schon dem Ornaten-Ton angehört. Er wird NW. von Sassenreuth (NW. von Kirchenthumbach) in den Macrocephalen-Schichten 1,20 m stark und wird weiterhin gegraben: N. von Pappenberg beim Leuzen-Hof, dann W. von Pappenberg bei Gunzendorf (N. von Auerbach) (hier in den beiden Schichten 0,30 m stark), bei Schwarzhäusl, bei Langenbruck und bei Groß-Schönbrunn (NW. von Hirschau) (0,25 m).

Bei Pappenberg (N. von Vilseck) gehört er der steil aufgefalteten und hauptsächlich im Süden, bei Freihung, stark gestörten Südwestflanke der Grafenwöhrer Kuppel (S. 333 und Tafel A) an.

Der Ocker findet besonders in der Keramik, weniger in der Farberde-Industrie Verwendung. Beim Brennen erhält er durch Umwandlung des Eisen-hydroxyds in Eisenoxyd eine leuchtend-ziegelrote Farbe.

## III. Kreide-Farberden.

Zu den Ablagerungen der Kreide-Formation auf dem Frankenjura gehören zahlreiche Vorkommen von Farberde (Ocker). Sie zerfallen nach P. Dorn in zwei Gruppen. Zu der ersten, weitaus bedeutenderen, gehören die heute noch in Abbau stehenden Farberdegebiete, welche auf einen über 100 Jahre alten Bergbaubetrieb zurückblicken können. Sie umfaßt die eisenhydroxyd- und eisenoxydhaltigen Farberden, die entstehungsgeschichtlich und strati-graphisch nicht von den mehrfach umgelagerten Dogger-Eisenerzen zu trennen sind. Die andere Gruppe, nur eine Abart der ersten, sind die wasser-haltigen Eisenoxydsilikate. Sie haben zwar in früheren Zeiten einige Bedeutung gehabt, werden aber heute nicht mehr abgebaut.

### a) Die eisenhydroxyd- und eisenoxydhaltigen Farberden.

In diese Gruppe gehören 1. weiche, erdige Tone, die mit Brauneisen und Eisenoxyd $\pm$ stark vermengt sind und eine hellgelbe bis dunkelbraune Farbe haben; 2. braunes, bei hohem Mangangehalt schwarzgraues, mulmiges Braun-eisenerz oder Brauneisen-Mangan-Erz. Der Eisengehalt erreicht bis 60 v. H., so daß man in diesem Falle bereits von einem hochwertigen Eisenerz sprechen kann.

Die mehrfach umgelagerten Farberden, die in höheren Kreide-Schichten auf-treten, sind i. a. etwas unreiner, als die nahe an der Überflutungsfläche des Kreide-Meeres zum Absatz gelangten. Die Farberden bilden große und kleine Putzen, dünne und dicke Bänder oder Lager innerhalb der verschiedenen Kreide-Schichten. Vielfach treten sie auf in größeren und kleineren Taschen, Trögen, Trogreihen, welche sich auf der verkarsteten Jura-Oberfläche gebildet hatten, selten in Karsthöhlen und -spalten, (z. B. in einer Höhle bei Riglashof, SW. von Königstein). Dabei können alle diese alten Vertiefungen älteren Störungslinien folgen.

Durch allmähliche Übergänge von Ocker in Brauneisenerz wird an manchen Stellen die Entstehung des Ockers aus Derberz angedeutet. Auf Umlagerungs-erscheinungen weisen gleichfalls tonige und sandige Verunreinigungen und Ein-lagerungen von Derberzbrocken, von glaukonitischen Tonflasern, von Sand-steinbrocken und sandigen Linsen hin. Besonders die manganreichen Vor-kommen können als Erzreste aufgefaßt werden, die innerhalb der ehemaligen Verfrachtungsbahnen von bedeutenden, einmalig umgelagerten Dogger-Erzen lagern. Sie liegen heute zwischen den ehemaligen Erzaufbereitungs-Mittelpunkten und den am weitesten vorgeschobenen Erzanreicherungs-Punkten (vgl. Tafel A).

Die Mächtigkeit der sich manchmal auch gabelnden Farberdelinsen, -nester und -stöcke wechselt sehr rasch. Immerhin sind Stärken bis zu 8 m und mehr Metern gemessen worden.

Die Kreide-Gesteine in der Begleitung der Farberden bestehen aus Sanden, Sandsteinen, Tonen, Konglomeraten, Mergeln und Kalken. GÜMBEL hat sie dem Cenoman zugerechnet. KOHLER fand in ihnen (bei Neukirchen am Einzel-Hof) *Cardium ottoi*, LEHNER oberturonische Muscheln und Schnecken. Damit ist das mittel- bis oberturonische Alter der eisenhydroxydischen Farberde-vorkommen des Frankenjuras erwiesen.

Die Farberden lagern selten dem Frankendolomit oder den mittleren Malm-Kalken unmittelbar auf. Zumeist ist ihr Liegendes gebildet von rotbraunen, roten und weißgrauen Sanden oder mürben und harten Sandsteinen verschiedener Körnung, weißen, violetten, grünlichen, gelben, roten, blauen und grauen Tonen. Überlagert werden die Farberden von gelben Letten mit oder ohne Hornstein und von Sandsteinen. Diese sind ± tonig, gelb, braun, rot, grau, mittel- und grobkörnig, enthalten manchmal Glaukonit und Rauheisensandstein-Schwarten. Die Kreide-Gesteine werden einige Meter und bis über 100 m mächtig.

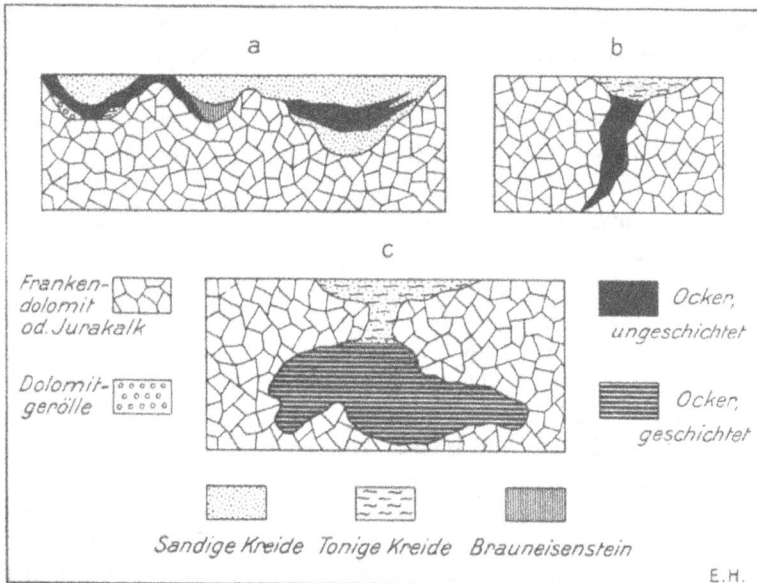

Abb. 53

**Schematische Darstellung der Ablagerungsformen des Alb-Ockers.** (Von E. HARTMANN.)

a = Trog-, Tal- oder Taschenausfüllung durch Ocker mit einseitigem, mehrseitigem oder verdecktem Ockerflöz-Ausbiß (häufiger Fall);

b = Spaltenausfüllung und

c = Höhlenausfüllung durch Ocker (seltene Fälle).

Der Abbau der Farberden beschränkt sich wegen der Wasserführung in den tieferen Troggebieten auf die randlichen Ausbisse. Nur in den seichteren Trögen rückt er auch in die Mitte vor. Im allgemeinen können drei Formen der Ablagerung unterschieden werden (siehe die Abb. 53): 1. Die Trog-, Tal- oder Taschenausfüllung mit ein- oder mehrseitigem oder mit verdecktem Ockerflözausbiß (häufigste Form); — 2. die Spaltenausfüllung; — 3. die Höhlenausfüllung. 2 und 3 sind seltener. Doch gehören zur letzten Form die wertvollsten und reinsten, dazu noch geschichteten Ockerlagerstätten. Sie waren vor einer Umlagerung, Verlagerung und Verunreinigung während der zahlreichen Überflutungen des Untergrundes am besten geschützt.

Bei den Lagerungsverhältnissen der Ockergruben muß unterschieden werden zwischen dem oft sehr steilen Einfallen der Ockerschichten, bedingt durch die Auflagerung an den Taschenrändern, und zwischen dem Neigungswinkel, die der Tascheninhalt durch nachträgliche Faltung der Kalk- oder Dolomit-Unterlage noch erfahren hat.

Selten sind die Brauneisenocker gut geschichtet. Nur der Siena-Ocker am Südabhang des Hohen Riehls bei Königstein, ferner am Ernst-Hof am Zant-Berg (S. von Königstein) und bei Riglashof, weisen eine schmale Bänderung auf, erzeugt durch Wechsellagerung mit mürben, 1—3 mm dicken, weißgrauen, tonreichen Einlagerungen. Dieser Ocker ist außerdem durch einen splitterigen Bruch, eine schokoladenartige Farbe und ein an Harz oder Pechstein erinnerndes Aussehen ausgezeichnet. Je nach Eisengehalt und Farbe unterscheidet man hellgelben Goldocker mit 15—25 v. H. Brauneisengehalt, braunen Eisenocker mit 25—58 v. H., braunen Satinober mit 35—58 v. H., schokoladebraune Siena mit 35—58 v. H. und dunkelbraune Umbra mit 30—40 v. H. Letztere enthält auch etwas mehr Mangan.

Die chemische Zusammensetzung von Ockern aus anderen Gebieten zeigen die folgenden Analysen.

| | $SiO_2$ | $Fe_2O_3$ | $Al_2O_3$ | $MnO$ | $CaO$ | $MgO$ | Rckstd. | $H_2O$ | Summe |
|---|---|---|---|---|---|---|---|---|---|
| I | 0,50 | 84,00 | — | 0,40 | Spur | Spur | 1,50 | 13,80 | 100,20 |
| II | 33,23 | 37,76 | 14,21 | — | — | 1,38 | — | 13,24 | 99,82 |
| III | — | 71,34 | 10,11 | 0,36 | 0.80 | 0,40 | 5,36[1] | 11,79[2] | 100,16 |

I = „Goldocker" von Haag (nach GÜMBEL, Ostbay. Grenzgeb. S. 465).

II = „Amberger Gelb" von Eglsee bei Amberg (ebenda S. 464).

III = Gelberde von Pegnitz, Waldbezirk Hufeisen (Unt.: U. SPRINGER).

[1]) $SiO_2$ = 4,85; $Al_2O_3$ = 0,51 v. H. — [2]) $H_2O$ (105°) = 0,62; Glühverlust = 11,17 v. H.

Entstehung: Die Entstehung dieser Ockerlagerstätten wird zurückgeführt auf 1. die Auflösung des in den Malm-Gesteinen vorhandenen Eisens und seine Abscheidung als Ocker (Eluvialtheorie); 2. auf die Umlagerung und Aufbereitung von mit Ton vermengten Brauneisenerzen (Umlagerungstheorie). Der Erzgehalt der Ockervorkommen kann im zweiten Falle unmittelbar von einem Aufbereitungsmittelpunkte der Dogger-Erze abstammen oder er ist zurückzuführen auf eine spätere Umlagerung oder Verfrachtung von Teilen größerer Brauneisenlagerstätten, die sich an den Sattelachsen abgelagert hatten. Manganreiche Vorkommen lassen sich als Reste der Erzverfrachtungsbahnen der einmalig umgelagerten Dogger-Erze auffassen. Sie finden sich häufig im Gebiet zwischen Edelsfeld und Auerbach. K. OEBBEKE und A. WURM lassen die Farberden wie Raseneisenerz und Sumpferz am Grunde von Seen sich bilden, welche die ehemaligen Tröge ausgefüllt hätten. Das ist nur ein besonderer Fall von junger sekundärer Eisenerzablagerung, für den z. B. die Gunzendorfer Potée als Beispiel angeführt werden kann (S. 342).

Verbreitung der Farberden (vgl. die Tafel A): Die Hauptorte der Vorkommen sind Auerbach, Königstein, Neukirchen und Sulzbach. Wie das Kärtchen darstellt, legen sich die bekanntesten und zahlreichsten Farberdelagerstätten mantelartig und halbkreisförmig um einen der ehemaligen Aufbereitungsmittelpunkte, nämlich um die Hahnbach-Kuppel (1).

Die Farberdegebiete verteilen sich somit a) auf die Südwestflanke der Hahnbach-Kuppel (1) (Hahnbach: NO. von Sulzbach), b) auf deren Nordwestflanke. Manche Unterfaltungen dieser Gebiete treten dabei als Anreicherungspunkte hervor, z. B. zwei kleinere Kuppeln W. von Sulzbach, die Sulzbacher (2) und die Trondorfer Kuppel (3), die Neukirchener Kuppel (4) und die Königsteiner Kuppel (5) bei Königstein.

Zur Südwestflanke der Hahnbach-Kuppel gehören, im Süden beginnend: Die Vorkommen SW. von Amberg bei Unter-Leinsiedl, Hohenkemnath, Ursensollen (im Ursensollener und Ehringsfelder Tal); SO. von Amberg am Haid-Weiher („Haidweiher Ocker") und bei Gärmersdorf („Amberger Gelb"); NW. von Amberg am Erz-Berg bei Eglsee („Amberger Gelb"); diejenigen W. von Rosenberg bei Haar und Bachetsfeld; die Farberdegruben auf der Südostflanke der Sulzbach-Kuppel und die Ocker auf den Flanken der Neukirchener Kuppel. Auf deren Südflanke liegen die Gruben bei Schönlind, SO. von Neukirchen, auf deren Nordwestflanke die Vorkommen von Kirchenreinbach, am Buch-Berg, N. davon; auf deren Nordflanke: die Gruben am Zant-Berg bei Ober-Reinbach. — Zwischen dem Nordwestende der Hahnbach-Kuppel und dem Königsteiner Sattel findet sich der Ocker bei Riglashof und Schnellersdorf.

Zur Nordostflanke der Hahnbach-Kuppel und zwar zur Südflanke des Königsteiner Teilsattels gehören die Vorkommen bei Namsreuth, Vögelas, Pruihausen, Ernst-Hof, Schmalnohe; zur Nordostflanke des Königsteiner Sattels: das große zusammenhängende Königsteiner Troggebiet mit den Gruben bei Lunkenreuth, Gaissach, Loch, Königstein, Bischofsreuth (hier manganreicher Ocker); Funkenreuth (am Hohen Riehl); Döttenreuth (hier manganreicher Ocker) (sämtliche Orte nahe bei Königstein).

Auf der Südostflanke der Neuhauser Kuppel (Neuhaus a. d. Pegnitz) liegen die Vorkommen im Achteler Wald und am Brändel-Berg; auf ihrer Westflanke, S. von Neuhaus, findet man die Gruben bei Rothenbruck und bei Höfen, NW. von Neuhaus.

340

Zur Südwestflanke der Grafenwöhrer Kuppel gehören die Ocker-vorkommen bei Langenbruck, Haag (NW. von Vilseck), Pappenberg (hier nahe dem Dogger-Bolus-Vorkommen), und bei Treinreuth (SW. von Eschenbach). — Im Auerbacher Gebiet findet sich ein „Goldocker" bei Hopfenohe, O. von Auerbach. — Zum Pegnitz-Gebiet gehören die Vorkommen am Schloß-Berge bei Pegnitz, diejenigen zwischen Neuhof und Lobensteig (O. von Pegnitz) und bei Sassenreuth (NW. von Kirchenthumbach). — Zwischen Schnaittach und Betzenstein wurde Ocker bei St. Helena gefunden. — NO. von Neumarkt i. O. kommt noch Ocker vor NO. von Laber, am Hinteren Hof.

## b) Die wasserhaltigen Eisenoxydsilikate.

**Amberger Goldocker.** — Zu dieser Gruppe der Farberden gehört nach P. Dorn der früher am Haid-Weiher gewonnene, aber „Amberger Goldocker" genannte Ocker, der nicht mit dem „Haidweiher-Ocker", einem eisenhydro-xydischen Ocker verwechselt werden darf. Dieser Goldocker mit einem hohen Wasser- und Kieselsäuregehalt ist wahrscheinlich durch eine meerische Um-lagerung von Ocker oder mulmigem Brauneisenerz unter gleichzeitiger Auf-nahme von kieselsäurehaltigen Lösungen entstanden. Die Umlagerung erfolgte zur mittelcenomanen Kreide-Zeit, denn die Ocker werden von untercenomanen „Geröllerzen" unterlagert und von obercenomanem „Tripel" (poriges Kiesel-gestein) überlagert.

Der Amberger Goldocker besteht nach Gümbel (Ostbayer. Grenzgeb. S. 464) aus: Eisenoxyd und etwas Manganoxyd = 44,92 v. H.; Kieselsäure = 18,35; Tonerde = 9,48; Phosphorsäureanhydrid = 0,36; Wasser = 27,50 v. H.; Summe = 100,61.

## IV. Tertiäre Farberden in den Bohnerzen bei Kelheim.

In der Kelheimer Gegend sind innerhalb der Bohnerzgebiete auf der Nord-ostflanke des mittelfränkischen Hauptsattels unbedeutende Farberdelager früher abgebaut worden, so im Gemeindewald gegen Weltenburg zu (W. von Kel-heim); zwischen Großmuß und Ober-Schambach (SO. von Kelheim); bei Thann und Schafshill (W. und SW. von Riedenburg), dann S. von Hausen bei Großmuß (Abb. 50). Sie gehören wie die sie begleitenden Bohnerze wahr-scheinlich alle dem Tertiär an.

## V. Quartärer Ocker.

**Der Quellspalten-Ocker von Ober-Ebersbach.** — Die auf Gebirgsspalten zwischen Bad Kissingen und Neustadt a. d. Saale austretenden Eisensäuer-linge setzen das gelöste Eisen zu einem Teil an der Quellmündung ab (z. B. der Schönborn-Sprudel bei Hausen). Auch der Ocker von Ober-Ebersbach, 7,5 km SW. von Neustadt, ist auf den Absatz von Eisenhydroxyd aus einem alten, nunmehr versiegten Eisensäuerling zurückzuführen. Er stieg auf einer (nach Gümbel südöstlich verlaufenden) Kluft SSO. von Unter-Ebersbach auf dem linken Saale-Ufer auf, längs welcher aber nach M. Schuster keine besonderen Schollenverschiebungen stattgefunden haben. Das Vorkommen liegt in einem kleinen Tälchen auf dem alten Gleithang der Saale im Mittleren Hauptbuntsandstein. Hier soll der Ocker in einer Tiefe von über 20 m stockförmig bis 3 m stark aufgetreten sein.

Der Schacht, der ihn erschloß, reichte bis zum Spiegel der heutigen Saale. Der erdige, stark abfärbende Ocker ist gelb bis rostrot und enthält Einschlüsse von lückig-zelligem, braunem bis rostrotem, raseneisenartigem Brauneisenerz (DORN, S. 55). Noch in den Neunziger Jahren wurden 3000 Zentner Ocker gefördert. Heute erinnert nur noch ein gut erhaltener Schuppen, die Spuren einer Waschanlage und einige Grundmauernreste an den ehemaligen Betrieb. Die chemische Zusammensetzung eines gelben Ockers (Unters.: U. SPRINGER) ist folgende:

In Salzsäure Unlösliches = 18,50 v. H. (16,02 $SiO_2$; 2,48 $Al_2O_3$ + $Fe_2O_3$). — In Salzsäure Lösliches: $SiO_2$ = 0,65 v. H.; $Al_2O_3$ = 2,10; $Fe_2O_3$ = 63,34; $MnO$ = 0,19; $CaO$ = 0,80; $MgO$ = 0,43; $H_2O$ (105°) = 2,20; Glühverlust = 12,06 v. H.; Summe = 100,27.

**Der Gunzendorfer Eisenocker (mit Vitriolerde und Raseneisenerz).** — Südlich von Troschenreuth, NO. von Pegnitz, senkt sich das Tal des Goldbrunnen-Baches in die Albhochfläche ein. Vom Weiler Ligenz bis südlich über Gunzendorf hinaus ist der Talboden vermoort. An der Espa-Mühle NW. von Gunzendorf ist die mulmige Torfmasse mit sog. Vitriolerzen und mit Eisenocker und Raseneisenerz durchsetzt. Diese Ablagerung, welche aus umgelagerten eisenkiesreichen Dogger-Erzen besteht, ist seit alter Zeit zur Herstellung von Umbra und Potée verwertet worden.

Das Profil, das naturgemäß örtlichen Schwankungen unterworfen ist, ist i. a. folgendes (vgl. Abb. 54; die hier angegebenen Mächtigkeiten beobachtete A. WURM im nördlichen Eck der Grube): Die oberste Lage ist eine faulschlammartige Masse (1). Darunter beginnt die eigentliche torfartige Moorerde (2). Sie ist mit zahlreichen pflanzlichen Resten erfüllt. Darunter nicht selten Baumstümpfe mit großen Wurzelstöcken in der ursprünglichen Stellung. Die Moorerde ist der Träger der Vitriolerze, in der Hauptsache Eisenvitriol (schwefelsaures Eisen) und Schwefeleisen-Verbindungen (mit 10,45 v. H. $SO_3$). Die torfartige Masse geht nach unten häufig zuerst in ± schwefeleisenhaltigen roten Eisenocker, dann in gelben mulmigen Eisenocker (3) und in zelliges Raseneisenerz über (4). Darunter kann wiederum Moorerde und Faulschlamm folgen. Das Liegende der ganzen Ablagerung bilden graue Letten (aufgearbeiteter *Opalinus*-Ton) (5) und helle, vom Dogger-Sandstein herrührende Schwimmsande.

Der Schwefel- und Eisenkiesgehalt des Raseneisenerzes, des Ockers und der Moorerde deuten die Herkunft des Eisengehaltes an (vgl. die chem. Analysen!). Er stammt, worauf P. DORN hinweist, aus den

Abb. 54

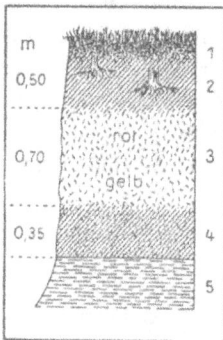

Profil durch den Gunzendorfer Eisenocker und seine Begleitschichten.
Erklärung im Text.
(Nach A. WURM.)

mechanisch und chemisch aufgearbeiteten eisenkies- und kalkreichen Grenzschichten zwischen dem benachbarten *Opalinus*-Ton und dem Dogger-Sandstein.

Das Gunzendorfer Vorkommen ist demnach wieder ein umgelagertes Dogger-
Erz, das in quartärer Zeit in ein Moor verfrachtet wurde und dort verschiedene
Oxydationsstufen durchmachte. Durch den ungestört liegenden und wasserundurchlässigen *Opalinus*-Ton können eisenhaltige Säuerlinge von unten her
nicht in das Moor eingedrungen sein, wenngleich der örtliche Nickelgehalt im
mulmigen Stoff zur Annahme von Spaltenquellen verleiten könnte.

Die Gunzendorfer Moorerde ist im Chemischen Laboratorium der
Bayer. Landesgewerbeanstalt-Nürnberg (1891) untersucht worden. Die Ergebnisse folgen in der Tabelle:

|  | Festes Erz | Farberde | Mulmiger Stoff |
|---|---|---|---|
| Eisenoxyd (Fe$_2$O$_3$) . . . . . . . . . | 67,04 | 53.00 | 3,22 |
| Eisenoxydul (FeO) . . . . . . . . . | — | ger. Menge | 7,61 |
| Eisen als Schwefelkies . . . . . . . | 0,15 | 2,22 | 4,03 |
| Manganoxydul (MnO) . . . . . . . | Spur | Spur | Spur |
| Nickeloxydul (NiO) . . . . . . . . | — | — | 0,78 |
| Kalkerde (CaO) . . . . . . . . . | 2,28 | 5,28 | 0,54 |
| Magnesia (MgO) . . . . . . . . . | 0,10 | 0.20 | 0,02 |
| Schwefelsäure (SO$_3$) . . . . . . . | — | 2,61 | 10,43 |
| Schwefel (S) . . . . . . . . . . | 0,17 | 2,54 | 4,61 |
| Kieselsäure (SiO$_2$) . . . . . . . | 1,38[1] | 8,77[2] | 1,09[3] |
| Org. Subst. . . . . . . . . . . | 17,61 | 2,23 | 30,13 |
| Wasser . . . . . . . . . . . . | 9,73[4] | 21,73[5] | 37,03 |

[1]) Davon Gangart = 0,22; chem. gebunden = 1,16. — [2]) Davon Gangart = 6,93;
chem. gebunden = 1,84. — [3]) = Gangart. — [4]) Hygr. Wasser = 3,88; chem. gebunden = 5,85. — [5]) Hygr. Wasser = 13,65; chem. gebunden = 8,08.

Eine chemische Untersuchung des Eisenockers, ausgeführt durch das Berg-
und Hüttenamt Bodenmais, ergab: Fe = 43,07 v. H.; Al$_2$O$_3$ = 4,30; CaO = 1,48;
MgO = 1,25; S = 3,87; P = 0,12; H$_2$O = 8,50; Rückstand (hauptsächlich
Ton) = 10,5; Alkalien nicht bestimmt.

Die Gewinnung der Gunzendorfer Erze erfolgt im offenen Tagebau. Eine
besondere Auslese oder Scheidung des Raseneisenerzes und der ockerigen
Lagen vom vorherrschend torfigen Material ist nicht nötig. Die gesamte über
den Schwimmsanden gelegene Masse kann verarbeitet werden. Hierbei wird im
offenen Schuppen der wasserdurchtränkte Stoff an der Luft vorgetrocknet
und dann noch künstlich weiter getrocknet. Hierauf wird die Masse in einem
Kalzinierofen geröstet, wobei die Röstung durch die feinen beigemengten
organischen Stoffe eine besondere Förderung erfährt. Die gerösteten Erze werden in einer Mineralmühle sehr fein gemahlen und das Mehl zur völligen Entfernung etwaiger quarziger Beimengungen geschlämmt.

Das sehr reine Raseneisenerz mit geringem Schwefelgehalt enthält geröstet
bis zu 92,78 v. H. Fe$_2$O$_3$ und könnte zur Herstellung von Gußeisen und

von Farberde verwertet werden. Die sog. „Farbe" ist ein Gemenge von Raseneisenerz mit verwittertem Schwefeleisen (Pyrit oder Markasit mit 4,76 bis
8,70 v. H.). Geröstet ist sie sattrotbraun und eignet sich hauptsächlich für
die Herstellung von Farberde (Umbra) und Potée, des Poliermittels für die
Spiegelglas- und optische Industrie und für die Goldschmiedekunst. Die
mulmige, eisen- und vitriolhaltige Moorerde, die der Franzensbader und Sooser
Moorerde an die Seite zu stellen ist, kann zur Herstellung von Schlammbädern,
Gewinnung von Moorsalzen und Moorlauge, Desinfektions- und Gasreinigungs-
mitteln dienen.

Anhang: Umbra, ein Gemenge von Eisenoxyd, Manganoxyd und Ton,
findet sich mit Brauneisenerz zusammen bei Huckelheim N. von Schöllkrippen
(Spessart).

## 2. Lagerstätten der Nicht-Erze.

### A. Schwerspat.

#### I. Die Schwerspatgänge des Vor- und Hochspessarts.

Schwerspat oder Baryt ist schwefelsaures Barium ($BaSO_4$). Er kristallisiert in rhombischen, flächenreichen tafelförmigen und sargähnlichen Kristallen.
Die Spaltbarkeit ist vollkommen („Spat"), die Härte = 3, das Raumgewicht
= 4,5, daher sein Name.

Der Schwerspat kommt meist als Ausfüllung von Spalten und Klüften, also
in Gangform vor, im kristallinen Grundgebirge des Vorspessarts ebenso, wie
im Zechstein- und Buntsandstein-Deckgebirge. Bei Ober-Bessenbach und Waldaschaff im Vorspessart waren gegen das Ende des 18. Jahrhunderts die ersten
und die Hauptabbaugebiete. Sehr alt ist auch die Schwerspatgewinnung im
Buntsandstein bei Partenstein, namentlich bei der Wegkreuzung „Katharinenbild", N. von Lohr. Heute wird Baryt im Spessart hauptsächlich bei Partenstein,
am „Erich-Stollen", und bei Rechtenbach, am „Christianen-Stollen" gewonnen.
Fast alle Vorkommen streichen herzynisch, also von NW. nach SO., oder von
NNW. nach SSO. (vgl. Abb. 55). Varistisch, d. h. nach NO. verlaufende
Spalten (Querspalten) sind selten. Die Gänge sind im Durchschnitt 1—3 m
mächtig, können aber bis zu 6 m Mächtigkeit erreichen. Sie bilden meist
große, langgestreckte Linsen, die in größeren Tiefen oft auskeilen. Kleine
Abzweigungen und Vergabelungen, streichende und querschlägige Verwer-
fungen kommen vor. Oft sind die Gänge durch tektonische Bewegungen nachträglich stark zertrümmert; wie es scheint, bei Partenstein mehr als bei
Rechtenbach.

Die Gänge stehen senkrecht oder fallen sehr steil nach Süden ein (z. B. bei
Partenstein) oder nach Norden (z. B. am „Christianen-Stollen" bei Rechtenbach). Die Schwerspatgänge füllen Verwerfungsspalten aus, die in vorper-
mischer Zeit angelegt waren. Später, im Perm und in tertiärer, wahrscheinlich
in nacholigozäner Zeit wurden die Spalten neu aufgerissen. Die Schwerspat-
füllungen sind durch nachvulkanische Vorgänge, aus heißen aufsteigenden
Lösungen sehr langsam abgesetzt worden und wechseln stark in Reinheit und

Mächtigkeit.[1]) Die Gangmitte besteht aus dichtem oder blätterigem, meistens grobkörnigem, weißem, oder auch durch Eisenoxyd rötlich gefärbtem Schwerspat. Seltener ist dieser zu schönen Rosetten auskristallisiert; z. B. auf der Grube „Pauline" bei Waldaschaff und am Kornrain, S. von Partenstein.

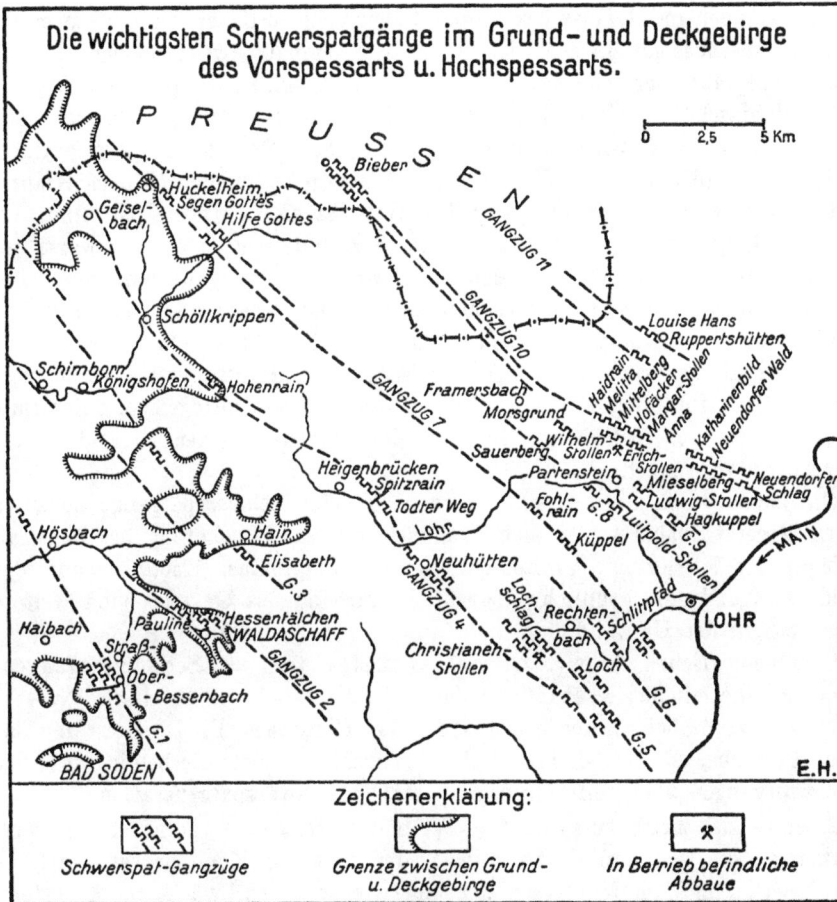

Abb. 55
(Von E. Hartmann.)

Im Schwerspat tritt häufig Quarz, unregelmäßig verteilt oder auf Drusen auskristallisiert, auf. Selten sind Skalenoëder von Kalkspat, ferner Amethyst und Feldspat, dieser bei Waldaschaff und Ober-Bessenbach. Häufig sind Bestege und traubige Anreicherungen von dichtem hartem Brauneisenerz, von Psilomelan und erdige Verwitterungsbildungen dieser Erze. Diese Erzanhäufung kann den Schwerspat so stark verdrängen, daß ein Eisen- und

---

[1]) Auch die S. 352 von den Schwerspatgängen der Rhön angedeutete Entstehung durch Lateralsekretion kann örtlich in Betracht kommen.

Manganerzgang entsteht, wie z. B. auf der Zeche „Roland" bei Partenstein. Wahrscheinlich stammt ein Teil dieses Eisens ebenso aus heißen Lösungen aus der Tiefe, wie aus dem Buntsandstein und Zechstein.

Bei den Gängen im kristallinen Gebirge reichert sich an den Salbändern oft Eisenrahm, Eisenglanz, Roteisen an (Hessenthal-Gang bei Waldaschaff), bei den Gängen im Buntsandstein bräunlicher oder rötlicher, bis 0,25 m mächtiger, eisenschüssiger Letten, den dünne Schwerspatadern durchziehen.

Meistens führt der Schwerspat kleinere Mengen von Buntkupferkies (Hessenthal, Waldaschaff), Kupferkies (Hain, Hessenthal), Fahlerz (Hessenthal), Klaprothit = Kupferwismutherz (Ober-Bessenbach, Hessenthal), Kupferglanz, Malachit (Straßbessenbach, Waldaschaff), Bismutit (pseudomorph nach Klaprothit), Cornwallit (am Kreuz-Berg bei Geiselbach). Auffällig ist eine Art Phasenfällung innerhalb der Gänge; reinere Anteile wechseln reihenweise mit solchen Barytanteilen ab, die reich an Brauneisen, Manganmulm und Psilomelan sind, oder es zeigt jeweils abwechselnd das rechte und das linke Salband Eisen- und Mangananreicherungen. An Kieselsäure sehr reiche Gänge haben bei Heigenbrücken am „Todten-Weg" den Buntsandstein zu harten, braunen Quarziten umgewandelt, in denen Rosetten und unregelmäßig geformte kleine Nester von Schwerspat liegen. Die Quarzite wurden ab und zu als Schotter verwendet.

Die Diorite und Granite sind in der Nähe der Schwerspatgänge meistens stark zersetzt. Dabei schied sich Brauneisenerz aus; Lockerung des Mineralgefüges, Epidotisierung, Pinitoidbildung aus Plagioklas, Kaolinisierung des Feldspates und eine grünlichweißgraue Verfärbung des Gesteins sind weitere Kennzeichen der Umwandlung.

Dem geologischen Alter nach gibt es drei Arten von Schwerspatgängen: 1. Gänge, die mit den Aschaffitgängen verbunden sind und rheinisch (N.—S.) streichen, z. B. bei Gailbach am südlichen Hang des Find-Berges und bei Ober-Bessenbach. Sie sind vor-oberpermisch, da der Zechstein auf den Aschaffitgängen übergreift (transgrediert); (I. Schwerspatgeneration);

2. erzreiche, meist herzynisch (NW.-SO.) streichende, permische Schwerspatgänge, die sich erzliefernd schwach im Zechstein-Konglomerat, stark im Kupferletten und im Kupferschiefer und wieder abgeschwächt im Zechstein-Dolomit nachweisen lassen, aber den triadischen Bröckelschiefer nicht mehr durchdringen. Sie sind entweder bis auf heute unversehrt geblieben oder wurden örtlich schon durch das Zechstein-Meer aufgearbeitet und mit den permischen Absätzen, hauptsächlich mit den Kupferschiefern und Kupferletten vermengt oder gaben ihre Erzlösungen gleich beim Aufdringen an das Zechstein-Meer ab (II. Schwerspatgeneration);

3. Gänge, die einem tertiären Wiederaufleben der alten herzynischen, seltener der varistischen Spaltenzüge entsprechen und sich daher hauptsächlich im Buntsandstein bemerkbar machen. Natürlich läßt sich, wenn das Deckgebirge abgetragen ist, bei Schwerspatgängen im kristallinen Untergrund nicht immer mit Sicherheit feststellen, ob der Fall 2 vorliegt oder nur die Fort-

346

setzung von Gängen der dritten Art in einer größeren Tiefe (III. Schwerspat-generation);

Die Verteilung der Schwerspatgänge ist gesetzmäßig; es lassen sich elf annähernd parallel verlaufende Spaltenzüge oder Ganggruppen feststellen, auf welchen die wichtigsten Vorkommen liegen (vgl. das Kärtchen!). Alle bedeutenden Gewinnungspunkte im kristallinen Vorspessart und im Buntsandstein liegen S. der großen, alten Überschiebungslinie zwischen der Zone I und II und ihrer nordöstlichen, unter dem Buntsandstein liegenden Fortsetzung. Demnach scheinen an kristalline Kerne (z. B. an den Horst A) gebundene Schwerspatvorkommen bedeutend mächtiger und häufiger entwickelt zu sein, als in den Schieferhüllen (z. B. in der Grabenscholle B). Diese führt aber dafür mehr Erze („Wilhelminen-Zeche", Bieber). — Der Horst C weist nur ganz selten, in der Nähe der großen, den Graben B begrenzenden Verwerfung, etwas Schwerspat auf (s. Abb. 1).

### Der Schwerspat im kristallinen Grundgebirge.

Hierher gehört die Ganggruppe 1 mit den Gängen bei Ober-Bessenbach, Dörrmorsbach N. vom Heinrichs-Berg und im Bessenbach-Tal. Sie treten auf drei gleichgerichteten, von einer Querverwerfung durchzogenen Spaltenzügen in geschiefertem Diorit auf, werden $1/_2$ bis 3 m mächtig und wurden durch fünf Schächte W. von Ober-Bessenbach und drei weitere N. des Scheid-Berges, dann durch Baue in den Zechen „Spessart-Glück" und „Weißer Grund" aufgeschlossen und ausgebeutet. Örtlich führt der Baryt etwas Kalkspat, Braunspat, Klaprothit und Quarzdrusen. Ein Vorkommen am Heinrichs-Berg bei Dörrmorsbach zeigte im 4 m starken, guten Schwerspatgang etwas Mangan-, Eisen- und Kupfererz; der Abbau wurde aber angeblich wegen Wasserschwierigkeiten eingestellt.

In der Zeche „Spessart-Glück" wurde im schieferigen, Mangankarbonat und -hydroxyd enthaltenden Diorit ein teilweise verworfener, 2,50 m mächtiger Gang mit rötlichem, blättrigem oder reinem weißem, großkörnigem, Manganerzführendem Baryt aufgeschlossen.

Die alte Grube „Weißer Grund" SW. von Straßbessenbach enthält einen 0,80—1,35 m mächtigen reinen Schwerspatgang mit eisenreichen Salbändern, der auf der Westseite Quarz führt. Zu der ersten Ganggruppe gehört auch noch der 0,5—2 m mächtige Gang über dem Pfarrhause in Ober-Bessenbach und das jetzt nicht mehr zugängliche Vorkommen im Glimmerschiefer „an der Stutz" N. von Goldbach.

Die Ganggruppe 2 umfaßt die fünf Gänge N. von Waldaschaff, die Grube „Pauline" und „Steinlein", südlich davon. Sie befinden sich in teilweise zersetztem, grüngrauem, schieferigem Diorit, streichen i. a. von NW. nach SO. und deuten auch die südliche Fortsetzung der durch den kristallinen Spessart verlaufenden großen Querverwerfung von Feldkahl-Waldaschaff an. Am besten ist der nördlichste Gang durch einen großen, vom Abbau herrührenden Spalt

auf der rechten Seite des Tälchens NO. der Kirche von Waldaschaff aufgeschlossen (Fig. 22, Tafel 1). Er befindet sich in dunkelgrauem, verwittertem
Diorit mit vielen Rutschflächen und deutet eine Gangmächtigkeit von $^1/_2$—6 m
an. Haldenstücke zeigen, daß der Schwerspat Eisenrahm, Fahlerz, Kupferkies,
Malachit, Kupferglanz und Klaprothit führte. Zur Untersuchung der übrigen
Waldaschaffer Gänge wurde der 360 m lange „Stufenwiesen-Stollen", der
57 m lange „Bergwiesen-Stollen" und der 12 m lange „Tiefengraben-Stollen"
getrieben. Zur Grube „Pauline" gehört auch ein rd. 3 m starker Schwerspatgang mit Kupferwismut-Erz, Wismutocker, Amethyst, Roteisenerz und
Eisenrahm.

Der Spaltenzug 3 ist hauptsächlich durch den Schwerspatgang in der
Zeche „Elisabeth", S. von Hain, angedeutet. Dieser liegt am Hang oberhalb
der Geisen- und Reiter Mühle, war rd. 4 m mächtig, enthielt rötlichen Baryt
mit etwas Fahlerz, Kupferkies, Flußspat (zum Teil in wohlausgebildeten
Würfeln). — Dem gleichen Gangsystem gehören noch an: eine Baryt-Braun-
eisen-Bresche (mit Kristallformen von Limonit nach Eisenkarbonat) bei der
Hartkuppe nahe Ober-Sailauf, und die Vorkommen bei Eichenberg und am
Scheid-Berg NO. von der Eichenberger Mühle. Hier treten rosettenförmiger
und strahliger Baryt und Brauneisen auf.

Zum Gangzug 4 gehören der Baryt im Muskovitgneis der „Wilhelminen-
Zeche" bei Sommerkahl, ferner der Schwerspat mit Cornwallit am Kreuz-Berg
bei Geiselbach im dortigen Quarzitschiefer, der Schwerspat bei Hofstetten
und das Vorkommen im Gneis, im Tal SO. der „Wilhelminen-Zeche" gelegen. —
An die große östliche Maintal-Randverwerfung ist der Schwerspat
bei Wasserlos gebunden, welcher Brauneisen, Psilomelan, Stilpnosiderit und
Kakoxen führt. Mit kleinen, den Hauptzügen gleich verlaufenden Nebenver-
werfungen hängen vermutlich zusammen: das Erscheinen von Baryt bei Schöne-
berg nahe Ober-Krombach, eine Eisen-Mangan-Baryt-Bresche im Quarzit,
ferner die Vorkommen bei Omersbach; am Wolfszahn bei Keilberg (im Gneis
mit Manganmulm); bei Western im Glimmerschiefer und Quarzit; bei Eichenberg (mit Mangan) und im Sulzbach-Tal.

Wegen ihres Alters und ihrer abweichenden, nordsüdlichen Streichrichtung
fallen die dünnen Schwerspat-Adern am Salband des Kersantitganges bei
Gailbach auf der Südseite des Find-Berges auf. — Sehr wahrscheinlich mit
streichenden nordöstlichen oder varistischen Verwerfungsspalten hängen
zusammen: Der 0,30—1,0 m mächtige Schwerspatgang von Unter-Schweinheim,
das Vorkommen bei Groß-Laudenbach und N. von Ober-Sailauf und Ober-
Bessenbach.

### Die Schwerspatgänge im Zechstein.

Die Verteilung der Schwerspatgänge in den Schichten des Zechsteins
richtet sich nach den im kristallinen Untergrunde vorhandenen Spaltenzügen.
Die kleinen Gänge im schwarzgrauen, gutgeschichteten und gebankten, teilweise
porigen Dolomit des Steinbruches am Gräfen-Berg bei Rottenberg (sog. Hösbacher Bruch) hängen mit kleinen herzynischen Parallel- und Nebenver-

werfungen zusammen. Sie stehen senkrecht, haben waagrechte Abzweigungen, eine Mächtigkeit von 0,30—0,40 m und führen da und dort etwas Fahlerz und Brauneisenerz. Hierher gehören auch die gleichartigen Vorkommen in den Dolomit-Steinbrüchen bei Rottenberg.

Mit einer der Verwerfung Schöllkrippen — „Wilhelminen-Zeche" gleich verlaufenden Verwerfung ist das Vorkommen in der Zeche „Ceres" bei Vormwald, welches Baryt, Speiskobalt, silberhaltiges Fahlerz, Klaprothit, Bismutit (nach Klaprothit) führt, verknüpft. Einem weiteren Parallelgang entspricht die schwerspatreiche Rauhwacke zwischen Western und Heiligkreuz-Ziegelhütte am Steinchen-Berg und der Baryt mit Brauneisen, Mangan und Azurit O. von Western. — Im Groß-Kahl—Huckelheimer Störungszug findet sich Schwerspat in Mergelschiefern des Kupferlettens mit Würfelerz und Eisenknollen bei Groß-Kahl und bei Huckelheim. Er reicht aber auch bis in den Oberen Zechstein. Auf einer Blattverwerfung beim Wesemichs-Hof SO. von Huckelheim kommen Nester von Schwerspat mit Quarz und Malachit vor.

Mit barytarmen und -freien Lösungen längs der östlichen Maintal-Randspalte hängt der verkieselte Dolomit beim Hauacker-Hof N. von Stockstadt zusammen, der für Schotterzwecke gewonnen wurde.

Wahrscheinlich mit nordöstlichen, s t r e i c h e n d e n Spalten sind die Barytvorkommen S. von Sommerkahl, auf der Nordwestseite des Eichen-Berges verknüpft; hier ist in dem neuen großen Dolomit-Steinbruch auf senkrechten Spalten Schwerspat mit Kupferkies, Fahlerz und Eisenspat bis zu 0,45 m Stärke angetroffen worden. Das Gleiche gilt auch für den Schwerspat zwischen der Streu-Mühle und Alzenau, welcher Braunspat, Malachit und Kupferlasur führt und eines der seltenen Barytvorkommen im nördlichsten Horst C ist.

### Die Schwerspatgänge im Buntsandstein.

Das Vorkommen von Schwerspat im Mittleren Buntsandstein N. von Stadtprozelten am Main dürfen wir noch zur südlichen Fortsetzung des Spaltenzuges 1 rechnen. Die Fortsetzung des Spaltenzugs 3 oder der „Geiselbach—Wilhelminen-Spalte" im Buntsandstein weist O. von Heigenbrücken, N. der Kurzrain-Höhe, auf dem Wege nach dem Bächles-Grund einen nach NW. streichenden, an zwei Stellen aufgeschlossenen Gang auf, der sich zur Wegkreuzung im Bächles-Grund bis in die Grube „Spitzrain" verfolgen läßt. Hier wird er durch eine nach NO. streichende Verwerfung mit verkieselter und barytisierter Breschenzone abgelenkt, um sich anscheinend mit süd-südöstlicher Streichrichtung gegen das Lohr-Tal im Bächles-Grund fortzusetzen, wo er gegenwärtig durch einen wasserreichen Schacht in der Grube „Todten-Weg", wiederum viel Quarz führend, aufgeschlossen wird. Nach SO. läßt sich der Spaltenzug 4 dann über die beiden Gänge bei Neuhütten zum „Christianen-Stollen" mit einer durchschnittlichen Gangmächtigkeit von 2—3 m und mehreren Parallelzügen verfolgen. Der 5. Gangzug mit dem „Loch"- und „Lochschlag"-Gang (rd. 1 m stark) läßt sich über Seufzig und Glasbrunn bis fast nach Neustadt am Main verfolgen. Zum 6. Gangzug gehört das Vorkommen am Schlittpfad O. von Rechtenbach.

Der 7. Zug oder Huckelheim-Kahl-Zug ist durch die Gänge am Fohlrain (0,80—1,0 m), an der Waldabteilung „Küppel", O. vom Schlittpfad und am Geyers-Berg bei Rodenbach angedeutet. — Der 8. Zug umfaßt den Gang bei Sauerberg NW. von Partenstein und den „Luitpold-Stollen", der Gangzug 9, eine Abzweigung von 10, den „Ludwigs-Stollen" und die damit gleich verlaufenden Züge am Moors-Grund, Miesel-Berg und Hagkuppel im Lohrer Stadtwald.

Zur teilweise durch Querverwerfungen gestörten und mehrfach verbogenen, ebenfalls durch Parallelzüge ausgestatteten Ganggruppe 10 gehören auf außerbayerischem Gebiete die erwähnenswerten erzführenden Gänge von Bieber; dann auf bayerischem Boden zwei gleichverlaufende Gangzüge NW., N. und O. von Partenstein. Der südliche davon ist durch den „Wilhelm-Stollen", die Gruben „Erich-Glück", „Erich-Stollen", „südliches Katharinenbild", „südlicher Neuendorfer Schlag" angedeutet, der nördliche durch das Vorkommen bei Haidrain, die Gruben „Melitta", „Mittelberg", „Hofäcker", „Margarethen-Stollen" (rd. $^1/_2$ m Gangmächtigkeit), „Anna-Grube", „nördliches Katharinenbild" (rd. 2 m Gangstärke) und „nördlicher Neuendorfer Wald". — Zum Zug 6 gehören die Gänge bei Ruppertshütten mit den Gruben „Luise", „Ruppertshütten" und „Hans".

Das bedeutendste Schwerspatvorkommen im Spessart ist bis jetzt der Gangzug des „Erich-Stollens". Er befindet sich im Hauptbuntsandstein in der Nordostflanke eines flachen nordwestlich verlaufenden und durch Verwerfungen gestörten Sattels. Eine Schachtanlage mit Stollen fördert den in mehreren Sohlen gewonnenen Schwerspat. Die durchschnittliche Mächtigkeit des Ganges beträgt rd. 1,5 m. Er enthält i. a. guten, reinen Schwerspat, der aber manchmal durch Brauneisen, Manganerz, tonige und sandige, aus dem Nebengestein stammende Beimengungen verunreinigt sein kann, die aber bei der Aufbereitung leicht zu entfernen sind. Häufig sind kleine streichende und querschlägige Verwerfungen, sowie ein Breschengefüge. Im Westen zeigt der Gang Zertrümmerungserscheinungen.

Der „Christianen-Stollen" ist der zweitgrößte der noch vorhandenen Abbaue. Der Gang befindet sich, i. a. mit rd. 80° nach N. einfallend, im Hauptbuntsandstein, der hier eine flache, nordwestlich streichende Mulde bildet. Der rd. 2 m mächtige Gang wird in mehreren Sohlen gewonnen. Die Reinheit des Spates wechselt sehr stark.

Die dritte Grube ist die im Bächles-Grund am „Todten-Weg". Der hier gewonnene Baryt ist aber durch Quarz stark verunreinigt. — Der in der Nähe des Vorkommens in einem Schurf beim alten Stollen am „Spitzrain" in kleinen Mengen gewonnene schokoladenbraune, mit Schwerspat durchsetzte, harte, verkieselte Buntsandstein wurde als Schottermaterial verwendet.

Der Schwerspat des Spessarts wird in den Mühlen zu Lohr und Partenstein vermahlen und wird bei der Farbenherstellung, in der chemischen, der Papier-

und Seidenindustrie, in der Keramik, als Poliermittel oder für die Dickspülung bei Erdöl-Bohrungen verwendet; auch als Reduzierspat wird er gebraucht. Versandt wird er außer in die verschiedensten Industriegebiete Deutschlands auch nach Österreich, Holland, Belgien, Frankreich, Schweiz, Portugal, Rumänien, Amerika, Japan und Indien.

## II. Die Schwerspatgänge in der Rhön und Vorrhön.[1])

In der südlichen Rhön tritt Schwerspat als gangförmige Ausfüllung von Verwerfungsklüften auf und zwar 1. in dem Verwerfungsgebiet zu Seiten des Großen Auers-Berges NO. von Brückenau in der Rhön; 2. bei Weikersgrüben, SW. vom Soden-Berg, und bei Gräfendorf an der Saale, in der Vorrhön.

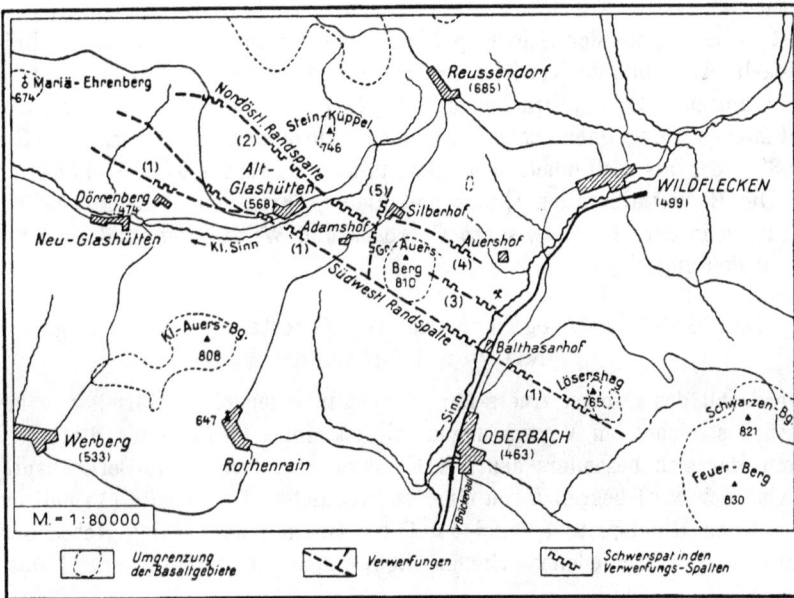

Abb. 56

**Die Schwerspatgänge um den Großen Auers-Berg NO. von Brückenau.**
1 bis 5 = Verwerfungsspalten und Schwerspat-Gangzüge.
(Von M. Schuster.)

---

[1]) Wichtigstes Schrifttum:

Bücking, H.: Geologische Übersichtskarte der Rhön 1:100 000, Berlin 1914.

Dreher, O.: Geologische Beschreibung des Dammersfeldes in der Rhön und seiner südwestlichen Umgebung. — Jb. Pr. geol. L.-A. f. 1910. 31, Berlin 1911.

Lenk, H.: Zur geologischen Kenntnis der südlichen Rhön, Würzburg 1887.

Reis, O. M.: Erläuterungen zu den Geologischen Karten 1:25 000: Blatt Brückenau 1910/23, Geroda 1910/23.

Schuster, M.: Erläuterungen zu den Geologischen Karten 1:25 000: Blatt Motten-Wildflecken 1910/24, Gräfendorf 1913/25.

Soellner, J.: Geognostische Beschreibung der Schwarzen Berge in der südlichen Rhön. — Jb. Pr. geol. L.-A. f. 1901, 22, Berlin 1904.

Die Gänge durchsetzen den Mittleren Buntsandstein. Da ein Schwerspatgang (bei Oberbach in der Rhön) von einem Basaltgang abgeschnitten wird, fällt die Entstehungszeit des Schwerspats zwischen den Buntsandstein und das obermiozäne Tertiär, zu welcher Zeit die Basalte der Rhön emporgedrungen sind.

Auch in unserem Gebiete ist der Schwerspat hydrothermal entstanden, d. h. er ist durch heiße, von unten aufdringende (juvenile) wässerige Lösungen auf offenen Verwerfungsspalten abgesetzt worden. Dafür sprechen kleine eingeschlossene Linsen von Flußspat. Jedoch kann auch der geringe Bariumgehalt der Buntsandsteinschichten als doppeltkohlensaures Barium durch die heißen Wässer ausgelöst und als schwefelsaures Barium ausgefällt worden sein. Die Schwefelsäure entstammte hierbei auch dem Buntsandstein (Lateralsekretion).

Fast durchweg ist der Schwerspat weiß und grobblätterig bis kristallinisch entwickelt. Ausgebildete Kristalle kommen nur in Drusen am Silber-Hof O. von Alt-Glashütten, NO. von Brückenau, vor (Kärtchen der Abb. 56). H. LENK erwähnt hievon stengeligen, chemisch reinen Schwerspat II. Generation (R.-G. = 4,538), der als Seltenheit dem gewöhnlichen Baryt (R.-G. = 4,381) aufsitzt. Die Begleitmineralien Quarz und kleine, farblose und blaugrüne Flußspat-Linsen in der Grube zwischen Oberbach und Wildflecken sind ohne praktische Bedeutung.

### Die Schwerspatgänge um den Großen Auers-Berg NO. von Brückenau.

Der Basalt des Großen Auers-Berges liegt inmitten eines Gürtels von meist südöstlich streichenden Verwerfungen, die zu einem Graben- bis Staffelbruch gehören, der sich besonders deutlich NW. vom Großen Auers-Berg ausprägt. Der Einbruch wird begrenzt von einer südwestlichen Randspalte (1) und einer nordöstlichen Randspalte (2 und 4). Diese Spalten und einige Nebenspalten enthalten an verschiedenen Stellen Schwerspatgänge (Gangzüge 1 bis 5, Kärtchen!).

Gangzug 1. — Die südwestliche Randspalte zieht mit einem Streichen von 126° (SO.—NW.) vom Südwesthang des Feuer-Berges über den Lösershag zum Balthasar-Hof im Sinn-Tal, dann am Südrand des Basaltes vom Großen Auers-Berg vorbei, südlich an Alt-Glashütten vorüber bis N. von Dörrenberg.

S. von Alt-Glashütten, W. vom Sara-Hof, enthält die südwestliche Randspalte bis einige Meter mächtigen Schwerspat, auf den bis 1910 bergmännischer Abbau umging.

Auf der südöstlichen Fortsetzung der Randspalte 1 liegt ein Schwerspatgang W. vom Balthasar-Hof. Schwerspatspuren lassen sich weiter südöstlich bis hoch zum Lösershag empor verfolgen. N. von Dörrenberg ist auf der gleichen Spalte im Walde ein 1 m breiter, bald vertaubender Barytgang durch einen Schacht nachgewiesen wurden. Das Schwerspatvorkommen am Tiefen Brunnen NO. von Dörrenberg setzt auf einem Seitenast der Randspalte 1 auf.

Aufn. v. E. HARTMANN
Fig. 1
Abgebauter Schwerspatgang „Hessental" b. Aschaffenburg
(zu S. 348).

Fig. 2 Aufn. v. A. WURM
„Neuburger Weiß" (Kieselkreide), Grube bei Wellheim NW. von Neuburg a. D.
(zu S. 388).

Gangzug 2. — Die nordöstliche Randspalte (2) W. vom Silber-Hof wird von einem mehrere Meter mächtigen 115°—120° (SO.—NW.) streichenden Schwerspat ausgefüllt, der grobkristallinisch bis blätterig beschaffen ist. Er wurde eine Zeitlang mittels Stollen gewonnen. Die chemische Zusammensetzung dieses Schwerspats ist nach H. NIEMEYER: Schwefelsaures Barium ($BaSO_4$) = 96,83; schwefelsaures Strontium ($SrSO_4$) = 1,27; schwefelsaures Calcium = 0,63; Summe = 98,73. Auf der gleichen Spalte wurden N. und NW. von Alt-Glashütten Schwerspatspuren nachgewiesen.

An den Salbändern des Schwerspatganges W. von Silber-Hof treten Breschen von Schwerspat und Sandstein auf, verkittet durch Eisen- und Manganerz. Nach H. LENK kommen mit dem Schwerspat hier noch folgende Eisen- und Manganerze vor: Lepidokrokit, Stilpnosiderit, strahliger Brauneisenstein, Hydrohämatit, Braunit, Psilomelan oder schwarzer Glaskopf und Wad oder Manganschaum. Sie sind wohl aus dem Buntsandstein herausgelöst worden.

Gangzug 3. — Der Gangzug 3 kommt auf einer Nebenspalte am Südosthang des Großen Auers-Berges vor, zwischen der Randspalte 1 und der Spalte 4 beim Auers-Hof. Er streicht 120° (SO.—NW.) und fällt mit 60° nach NO. ein. Das Mineral wird in zwei Sohlen abgebaut. Die Grube liegt S. vom Auers-Hof, zwischen Oberbach und Wildflecken. Die Mächtigkeit des Ganges wechselt von 1—9 m. Die Gangform ist unregelmäßig im Streichen und Fallen. Stellenweise ist der wenig blätterige, ziemlich dichte bis kristalline Baryt kleinbröckelig zerdrückt und zugleich von Eisenoxydabsätzen durchtränkt. Diese Verbreschung hängt wohl zusammen mit den von Rutschstreifen begleiteten Verwerfungen, die O. M. REIS beim Silber-Hof im Streichen und im Innern des Schwerspates beobachtet hat. Er hält die Bewegungen, welche die Rutschstreifen verursacht haben, für nachbasaltisch. Auch Breschenbildungen, nach Art der beim Gangzug 2 erwähnten, kommen vor.

Unterhalb vom Stolleneingang wird der Schwerspatgang von einem $^3/_4$ m mächtigen Gang tuffigen Basaltes senkrecht zu seinem Streichen durchschnitten. In der Grube fand H. NATHAN an einer Stelle auch eine lockere zerreibliche, tuffartige bis sinterige, braungelbe Masse als Gangfüllung. Sie wird von mikroskopisch kleinen Kreuzstein-Zwillingen des Zeoliths Harmotom gebildet. Dieses Mineralvorkommen hängt wohl mit den Basalten zusammen.

Gangzug 4. — Die Spalte 4 zieht vom Silber-Hof zum Auers-Hof. Sie ist vielleicht die Fortsetzung der nordöstlichen Randspalte 2, von der sie die Nebenspalte 5 trennt. NW. vom Auers-Hof wurde auf der Spalte 4 Schwerspat nachgewiesen.

Gangzug 5. — Eine nordsüdliche Verwerfung (5) führt O. vom Adams-Hof und W. vom Silber-Hof Schwerspat. Diese Verwerfung löst den Alt-Glashüttener Grabenbruch am Nordwesthang des Großen Auers-Berges ab.

Die Gruben am Silber-Hof, früher Fröbel-Hof genannt, und bei Alt-Glashütten sind eingegangen. Der Name Silber-Hof stammt aus der Zeit der

Fulda'ischen Herrschaft, als man in den nahen Schwerspatgängen Silber- und Kupfererze erhofft hatte.

Die Schwerspatgänge bei Weickersgrüben und bei Gräfendorf.

Weitere kleine Schwerspatgänge auf Verwerfungsspalten kommen vor bei Weickersgrüben (am Südwestfuß des Soden-Berges) und bei Gräfendorf (zwischen Gemünden und Hammelburg). NW. von der Klapper-Mühle unterhalb Weickersgrüben wurde vorübergehend auf einem 1—1,5 m mächtigen Gang eines großblätterigen, weißen bis etwas rötlichen Schwerspats gebaut, der durch zwei Schächte und durch einen 40 m langen Stollen erschlossen war. Das Gangstreichen war 140° (SO.—NW.). Die Salbänder waren als Breschen von Spat und Sandstein entwickelt. Spuren von Schwerspat fanden sich in der Fortsetzung dieses Ganges SO. von Michelau und N. von Gräfendorf (auf einem nordwestlichen Nebensprung zu dem großen Gräfendorfer Hauptsprung), sowie am Südwesthang des Soden-Berges.

Kaum praktische Bedeutung haben noch Schwerspatvorkommen NO. vom Willenstopfel-Küppel S. von Oberbach (nach Soellner) und 1 km S. von Brückenau (nach Reis).

## B. Steinsalz.

Das Mineral Steinsalz, Kochsalz oder Chlornatrium (NaCl) ist eine Ausscheidung aus dem Meerwasser. Es ist entstanden durch Abschnürung von Meeresteilen durch barrenartige Aufwölbungen des Meeresbodens und darauffolgender Eindampfung des Meerwassers unter einem trockenen Klima. Es kann auf Lagerstätten für sich allein vorkommen; oft ist es von den als „Abraumsalze" bezeichneten, heute wichtigen Kalisalzen begleitet. Regulär kristallisierend, hat es ein Raum-Gewicht von 2,1 und die Härte 2.

Im Bereich des vorliegenden Bandes liegen Steinsalzlagerstätten als Ablagerungen der Meere des Zechsteins und des Mittleren Muschelkalks (Anhydrit-Gruppe).

### Steinsalz des Zechsteins.

Das Zechstein-Meer bedeckte einst fast ganz Nord- und Mitteldeutschland. Seine Südgrenze verlief von Pforzheim über Hall (Württemberg) in die Nürnberger Gegend, wo in der Poppenreuther Tiefbohrung[1] noch 17 m dolomitische Absätze des Zechsteins (aber ohne Salz) angetroffen wurden. Von hier aus biegt die Grenze nach NO. in die Gegend von Kronach ab; in der Stockheimer Gegend steht der Zechstein über Tag an.

Salzausscheidungen sind hier, am Rande des Meeres, wo die Absätze ohnehin geringmächtig entwickelt sind, nicht zu erwarten. Hingegen gelang es, in einem uferferneren Gebiete, mit einer im Herbst 1899 angesetzten Tiefbohrung bei der Au-Mühle N. von Mellrichstadt v. d. Rhön, das Hauptsalzlager des norddeutschen Zechsteins mit 167 m Mächtigkeit zu erschließen.

---

[1] Wurm, A.: Die Nürnberger Tiefbohrungen, ihre wissenschaftliche und praktische Bedeutung. — Abh. Geol. Landesuntersuchg. am Bay. Oberbergamt, Heft 1, München 1929.

Nach der eingehenden Beschreibung von L. von Ammon[1]) ist das Profil der erbohrten Schichten folgendes:

1. Oberer Zechstein (220,79 m);
   im einzelnen:
   a) Oberer Letten . . . . . . . . . . . . . . . . . . . . . 2,85 m;
   b) Plattendolomit, mit Schiefertonlagen durchsetzt und einer Sandstein-bank an der Basis . . . . . . . . . . . . . . . . . 15,30 m;
   c) Unterer Letten mit dem Jüngeren Anhydrit . . . . . . . . . 35,70 m;
   d) Hauptsalzlager . . . . . . . . . . . . . . . . . . . 167,04 m;
2. Mittlerer Zechstein (13,86 m);
   im einzelnen:
   Anhydrit-Knotenschiefer . . . . . . . . . . . . . . . . . 6,86 m;
   Älterer Anhydrit . . . . . . . . . . . . . . . . . . . 7,00 m;
3. Unterer Zechstein (13,33 m);
   im einzelnen:
   Schwarzer Zechstein-Mergel, oben mit dem eigentlichen Zechstein-Kalk, unten die Kupferschieferlage führend.

Das „Hauptsalzlager" wurde in einer Tiefe von 845,50—1012,54 m unter der Erdoberfläche angetroffen. Das „Jüngere Steinsalzlager" anderer Gegenden ist bei Mellrichstadt nicht entwickelt.

Die Ausbildung des Steinsalzlagers im einzelnen war:

845,50— 864,25 m: Rötliches grobkristallines Steinsalz (Korngröße ·2 cm) mit Einlage-rungen von Anhydritschnüren;

864,25— 873,00 m: Lichtgrünlichgrauer, rotmarmorierter, halbplastischer, in Wasser sich aufblähender, mit Salzknoten durchsetzter Salzton;

873,00— 895,56 m: Rotes Steinsalz mit Anhydritzwischenlagen;

895,56—1012,54 m: Zunächst graues und rotes, dann weißes noch ziemlich grobkörniges (Korngröße einige Millimeter) Salz mit Anhydritschnüren. Die graue Farbe, die in dickeren Partien und auch streifenweise auftritt, wird auf Bitumen zurückgeführt.

Kalisalzlager selbst konnten nicht festgestellt werden. Geringe Mengen von Kaliumchlorid sind jedoch im Steinsalz von 864—895 m selbst enthalten (vgl. die Tabelle nach den Ermittlungen von A. Schwager).

| Tiefe (m) | Chlorkalium (KCl) | Kalksulfat ($CaSO_4$) | Chlormagnesium ($MgCl_2$) |
|---|---|---|---|
| 854 | 3,07 | 0,28 | 0,013 |
| 873 | 3,60 | 0,138 | 0,013 |
| 875 | 2,65 | 0,76 | 0,02 |
| 880 | 2,40 | 1,47 | 0,03 |
| 885 | 1,92 | 0,48 | 0,02 |
| 890 | 2,82 | 0,13 | 0,02 |
| 894 | 2,44 | 0.065 | 0,012 |
| 895 | 1,21 | 1,23 | 0,02 |

Außerdem wurde in 864 m Tiefe noch 0.03 v. H. Magnesiumsulfat ($MgSO_4$) nachgewiesen.

---

[1]) Ammon, L. von: Über eine Tiefbohrung durch den Buntsandstein und die Zechstein-schichten bei Mellrichstadt an der Rhön. — Geogn. Jahresh., 13, 1900, München 1901.

Im Bohrloch des Schönborn-Sprudels von Hausen N. von Bad Kissingen war das Hauptsalzlager durch 11 m Salzton mit Gips und durch 21 m Salzgebirge mit Gips und Anhydrit vertreten, während im Bohrloch des Luitpold-Sprudels am Wehrhaus beim nahen Klein-Brach das Salzlager infolge Auslaugung fehlte. In den Tiefbohrungen bei Brückenau, Zeitlofs (SW. davon), Burgsinn (NW. von Gemünden) und Klein-Wallstadt (S. von Aschaffenburg) konnte das Salzlager nicht mehr nachgewiesen werden.

## Steinsalz des Mittleren Muschelkalks.

Auf Grund eines Gutachtens von H. Thürach[1]) wurden um 1899/1900 in der Gegend von Kitzingen am Main, bei Schweinfurt und bei Windsheim Tiefbohrungen niedergebracht, mit dem Zwecke der Erschürfung des im Württembergischen mächtigen Salzlagers. Die Tiefbohrung in der Nähe von Bergrheinfeld bei Schweinfurt traf kein Salz an, weil dieses offenbar der Auslaugung zum Opfer gefallen ist. Die Bohrungen NO. von Kitzingen bei Klein-Langheim (am Bahnhof), die Bohrungen N. von Burgbernheim an der Au-Mühle und gleich W. von Schwebheim (zwischen Burgbernheim und Windsheim) wurden fündig (vgl. auch Profil-Tabelle II, S. 42).

Die vom bayerischen Staat ausgeführten Bohrungen hat O. M. Reis[2]) eingehend beschrieben.[3]) Eine kürzere Zusammenstellung der Bohrergebnisse hat G. Bestel[4]) gegeben. — Der Mittlere Muschelkalk im Bohrloch O. von Kitzingen hat in einer Tiefe von 124,33—215,87 m eine Mächtigkeit von 91,54 m. Die unten angeführten Zahlen haben gegenüber dieser Gesamtmächtigkeitsangabe einen Abmangel von 0,81 m, der wohl auf kleine Bohrkernverluste zurückzuführen ist.

Nach Bestel[4]) ist die Schichtenfolge bei Klein-Langheim folgende:
I. + II. Dolomitische und anhydritische Schichten (41,67 m);
  im einzelnen:

  a) Hauptanhydrit, einschließlich der oberen Dolomitregion . . . . . 35,42 m;
  b) Wechselnde Bänder von Dolomit und Anhydrit, in der Mitte überwiegt
     der Dolomit . . . . . . . . . . . . . . . . 2,37 m;
  c) Gebänderte Kalke, oben hellgrau, dolomitisch, nach unten dunkelgrau,
     bituminös, tonig, mehr mergelartig; oben mit Anhydritknollen, -linsen
     und -streifen, dann mit Asphalt und unten oolithische Einlagerungen 3,44 m;
  d) Oolith, mit starkem Salzgehalt und dolomitischem Bindemittel; unregel-
     mäßige Einschlüsse von Steinsalz und Gips . . . . . . . . . 0,44 m;

---

[1]) Thürach, H.: Über die mögliche Verbreitung von Steinsalzlagern im nördlichen Bayern. — Geogn. Jahresh., 13, 1900, München 1901.

[2]) Reis, O. M.: Der mittlere und untere Muschelkalk im Bereich der Steinsalzbohrungen zwischen Burgbernheim und Schweinfurt. — Geogn. Jahresh., 14, 1901, München 1902.

[3]) Um 1910 wurde das Steinsalzlager an einigen Stellen zwischen Kitzingen und Groß-Langheim (z. B. am Reubels-Hof) durch Bohrungen nachgewiesen.

[4]) Bestel, G.: Das Steinsalz im Germanischen Mittleren Muschelkalk. — Jahrb. Preuß. Geol. L.-A. f. 1929, 50, Tl. I, Berlin 1929.

III. Tonige Schichten (8,38 m);

    im einzelnen:

      e) Dolomit, tiefbraun, mit Salzausblühungen, oben noch kalkig, in der
Mitte mit flaserigem Ton . . . . . . . . . . . . . . . . 0,43 m;

      f) dichter Anhydrit . . . . . . . . . . . . . . . . . . . 0,26 m;

      g) Tonige Gesteine mit wechselnden Zwischenlagen von Dolomit und
nach unten zunehmendem Anhydrit; mit feinsandigen, weißen Glimmer
führenden Schmitzen, zu unterst fleischroter Quarzsand . . . . . 2,92 m;

      h) Anhydrit, tonig gebändert . . . . . . . . . . . . . . . 0,45 m;

      i) Dolomit, hellgelbgrau, mit einzelnen Anhydritbändern . . . . . . 0,72 m;

      k) Tonige, anhydritische und sandige Schichten im Wechsel, unten bis
0,005 m starke fleischrote Sandlage . . . . . . . . . . 0,87 m;

      l) Anhydrit, massig, gebändert . . . . . . . . . . . . . . 0,90 m;

      m) Anhydrit mit Steinsalzeinschlüssen . . . . . . . . . . 1,83 m;

IV. Steinsalzführende Schichten (33,46 m);

    im einzelnen:

      n) Steinsalz, großkörnig, mit Anhydrit- und Tonsporaden oder -flasern.
4,50 m von oben dichter Anhydrit, in dessen Mitte eine Einlagerung
von knolligem, braungelbem, dolomitischem Material und Schmitzen
eines fleischroten Quarzsandes, oben und unten von tonigen Anhydrit-
bändern begrenzt . . . . . . . . . . . . . . . . . . 8,60 m;

      o) Anhydrit, dicht, feingebändert, unten tonig und tonig-dolomitisch, oben
mehr feinsandig . . . . . . . . . . . . . . . . . . . 2,40 m;

      p) Steinsalz, großkörnig, wie oben. 3,66 m von oben Anhydrit mit starken
Steinsalzeinschlüssen. Weitere 9,75 m tiefer 0,03 m Anhydrit mit Ton-
und Sandschmitzen . . . . . . . . . . . . . . . . . . 21,66 m;

      q) Steinsalz mit großen Anhydritknollen, übergehend in tonig-sandigen
Anhydrit . . . . . . . . . . . . . . . . . . . . . . 0,80 m;

V. Liegende Bildungen (7,12 m);

    im einzelnen:

      r) Anhydrit, dicht, mit vereinzelten tonigen und tonig-dolomitischen Bän-
dern, übergehend in Dolomit . . . . . . . . . . . . . . 2,32 m;

      s) Dolomit, hart, dunkelschwarzgrau, stark bituminös . . . . . . 4,80 m.

Im ersten Bohrloch von Burgbernheim bei Windsheim wurde das
Steinsalz in 141,6 m Tiefe erreicht. Das Profil innerhalb des Mittleren
Muschelkalks war folgendes:

1. Dolomit 8,43 m; — 2. Anhydrit 42,60 m; — 3. Mittel- bis großkörniges Steinsalz
15,85 m. Darin 2 m unter der Obergrenze eine Anhydriteinlagerung von 0,50 m. Weitere
3,50 m unter dieser zwei Einlagerungen von tonigem Anhydrit und feinkörnigem, rotem
Quarzsand; — 4. Liegender Anhydrit und Dolomit 17,55 m.

In dem 24 m nordwestlich davon liegenden zweiten Bohrloch ist die Salz-
mächtigkeit um 25 cm geringer; der hangende Anhydrit hat 42,14 m Mächtigkeit. Bei Schwebheim wächst der hangende Dolomit um 0,90 m, der obere
Anhydrit sinkt um 3,33 m; der Salzkörper (in 147,7 m Tiefe erreicht) hat
eine Mächtigkeit von 18,26 m einschließlich 1,30 m Oberen Zwischenanhydrits.

Eine Bohrung auf Wasser im Tauber-Tale bei Rothenburg (1866) traf kein
Salz an. Dagegen wurde in einer Tiefbohrung bei Bettenfeld SW. von Rothenburg Anhydrit erbohrt und eine Sole vorgefunden.

## C. Gips (Gipsstein) und Alabaster.

Das Mineral Gips ist wasserhaltiger schwefelsaurer Kalk ($CaSO_4 + 2\,H_2O$). Der natürliche steinartige Gips heißt auch Gipsstein. Gewöhnlich ist er dicht, seltener feinkristallinisch-körnig (Alabaster). Faseriger Gips kommt in bank- oder linsenartigen Einlagerungen in den Schichtgesteinen vor, die den Gipsstein bergen (Fasergips, Federweiß). Kristallsystem: monoklin; Härte: 1.

Dichter, nicht blätteriger Rohgips wird örtlich trotz seiner leichten Wasserlöslichkeit (1:400) als Baustein benützt. Früher diente er mehr als heute als Düngemittel nicht nur in kalkarmen Böden. Die Schwefelsäure in ihm scheint die unlöslichen kieselsauren Salze des Bodens, z. B. des Kaliums, in wasserlösliche Sulfate überzuführen. Der Gips fördert die Blattentwicklung bei den Leguminosen. In der Industrie findet der Rohgips u. a. bei der Papier- und Farbenherstellung Verwertung.

Der Rohgips verliert beim Brennen $\pm$ sein Wasser; er nimmt es unter Erhärten wieder auf. Durch schwaches Brennen (180°) entwässert er teilweise, bindet rasch ab und erhärtet schnell (Stuckgips, Formgips, Bildhauergips, Alabastergips, wenn aus Alabaster gewonnen). Dieser Gips ist nicht sehr wetterfest. In der Technik wird er vielfach verwendet, z. B. zur Herstellung von Gipsdielen und Rabitzwänden, als Kitt, zum Abgießen von Gegenständen, zur Erzeugung von Stuckmarmor, in der chemischen und Porzellan-Industrie usw.

Gebrannter Gips gibt mit einem Drittel gelöschtem Kalk, dem feiner Sand beigemischt ist, einen guten Mörtel. Seine Verwendung kann wegen der beim Abbinden des Gipses freiwerdenden Wärme auch im Winter erfolgen.

Scharf gebrannter Rohgips (Rotglut) liefert den geschätzten Mörtelgips, Baugips oder Estrichgips, der ähnlich wie der Portlandzement langsam abbindet und allmählich erhärtet. Der unter Zusatz von Sand angemachte Mörtel, Gipsmörtel, wurde früher viel verwendet. Die aus diesem Gips hergestellten Fußbodenbelage und Mauerverputze, Mauersteine und Vierkantgegenstände sind fester und wetterbeständiger als bei Verwendung von Stuckgips.

Der Alabaster ist feinkristallinischer, lichtdurchscheinender Naturgips, von weißer, manchmal rötlicher, graulicher Farbe. Nicht selten ist er gebändert. Er dient in Franken im Ersatz für weißen Marmor als Zierstein zu Säulen, Altären, Grabdenkmälern in geschlossenen Räumen und zur Herstellung von kleineren Gegenständen, wie Vasen, Bechern, Schalen, Bildhauerarbeiten usw.

Naturgips kommt in ausbeutbaren Mengen in der Hauptsache nur im Bunten Keuper Frankens vor, vor allem in der unteren Abteilung, dem sog. Gipskeuper, wo der Gips die Grundlage einer nicht unansehnlichen Industrie ist. Im Mittleren Muschelkalk bildet der Gips nur örtliche Vorkommen.

### I. Der Gips des Mittleren Muschelkalks.

Das einzige, heute gut aufgeschlossene Gipsvorkommen in Unterfranken ist das des alten Gipsbruches zwischen Schönarts und Stetten im

Wern-Tale, NO. von Karlstadt. Der dunkelgraue Gips ist dort nach M. Schuster kugelschalenartig aufgewölbt und mehrere Meter mächtig. Die unterste Lage, die auf gelben bis grauen Steinmergeln ruht, ist ein etwa 1 m dicker, massiger Gips, mit Einschlüssen von Gipsrosetten und von Fasergipsadern durchzogen. Die höheren Lagen sind teils verquetschter, teils schön geschichteter, gefalteter, eisblumenartiger Gips, nebst grauen und rötlichen Toneinlagerungen. Er ist meist in der Richtung der Schichten wieder von Gips durchädert. Ähnlich wie beim Grenz-Grundgips des Gipskeupers (s. d.) kann man auch hier die untere Bank als Felsengips, die oberen Schichten als Plattengips unterscheiden. — Die Gipslagen fallen kuppelartig in den Berg hinein, was die Gewinnung von Tage aus mittels eines höhlenartigen Ausbruches erschwert. Über dem Gips folgen Steinmergel, die noch höher in Gelbkalke übergehen.

In Oberfranken hat das Gipsvorkommen von Döhlau, 6 km NO. von Bayreuth, wegen seiner Seltenheit seit alter Zeit eine Bedeutung gehabt. Nach O. M. Reis bildet der Gips dort mehrere wagrecht abgelagerte Absätze von 1—1,5 m Dicke. Das Nebengestein sind dolomitische Schiefer und Dolomitmergel, die z. T. von Fasergips durchsetzt sind. Die tiefste 1 m starke Gipslage ist feinschichtig regelmäßig wagrecht abgesetzt.

Der Gips wurde unterirdisch in zwei Gruben gewonnen. Bei der einen war der 55 m lange und 51 m breite Abbauort am Ende eines 17,4 m langen Stollens, 36 m unter der Erde. Der Gips hatte eine Abbauhöhe von 3 m; 2 m unter ihm war ein wenig mächtiges weiteres Lager. Das Streichen des Gipses war nordwestlich (300°); das Einfallen nach SW. mit 5°.

Die zweite Grube lag NW. der ersten im Streichen des Gipses. Ein 50 m tiefer Schacht förderte das Mineral aus dem gleichen 3 m starken Lager (Abbauort 55,4 m lang und 16 m breit). Beim Abteufen erreichte der Schacht bei 28,8 m Gips; bei 40,4 m traf er ein höheres 3 m starkes Lager an, bei 47 m das tiefere, abbauwürdige, mit 3 m Stärke. Die mildesten Lagen wurden gewonnen.

## II. Der Gips des Unteren Bunten Keupers oder Gipskeupers.

Die untere Abteilung des Bunten Keupers heißt nach dem weitverbreiteten Vorkommen von abbauwürdigen, mächtigen Gipseinschaltungen Gipskeuper. Den Gipskeuper kann man nach seiner Gipsführung unterteilen in die Grundgips-Schichten und in die Berggips-Schichten. Die bis 150 m mächtigen Grundgips-Schichten reichen vom Grenzdolomit des Lettenkeupers bis einschließlich zum Schilfsandstein, die Berggips-Schichten (35 m) von diesem bis zum Blasensandstein (ausschließlich). Die Gipseinschaltungen in den Grundgips-Schichten sind in den höheren Lagen wenig mächtig (höherer Grundgips); eigentliche technische Bedeutung hat nur der tiefere Grundgips oder Grenz-Grundgips (Abb. 57).

### Der Gips der Grundgips-Schichten.

**Der Grenz-Grundgips.** — Der tiefere Grundgips oder der Grenz-Grundgips folgt dem Sockel des Steilabhanges der Keuperberge Unter- und Mittelfrankens, der Frankenhöhe, des Steigerwaldes und der Haß-Berge, von der Landesgrenze S. von Rothenburg (Wettringen, Schillingsfürst) über Gebsattel, Endsee, Burgbernheim, Windsheim, Ergersheim, Nordheim und Ulsenheim bei Uffenheim, Markt Bibart, Weigenheim, Hüttenheim, Hellmitzheim, Markt Einersheim, Iphofen, Wiebelsberg und Gerolzhofen, Sulzheim, Donners-

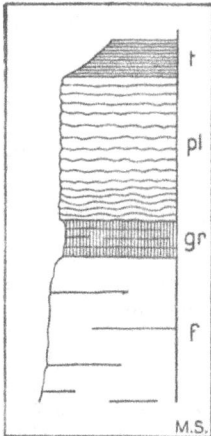

Abb. 57
**Allgemeines Profil durch den Grenz-Grundgips des Bunten Keupers.**
f = Felsengips; gr = Grind; pl = Plattengips; t = bunte Tone und Mergel.
(Von M. Schuster.)

dorf und Westheim bei Haßfurt, Hofheim bis Königshofen im Grabfeld, nahe der Nordgrenze von Bayern.[1])

Über den Main vorgeschoben, 25 km vom Steigerwald entfernt, ist das vereinzelte Vorkommen von Grenz-Grundgips bei Opferbaum, NO. von Würzburg.

Um die angegebenen Orte kommt der tiefere Grundgips in abbaufähiger Entwicklung vor. Zwischen ihnen aber gibt es Lücken in seiner Verbreitung, in denen er entweder gar nicht oder nur gering mächtig entwickelt ist, wie z. B. zwischen Markt Einersheim und Gerolzhofen. Hier setzt seine Entwicklung fast ganz aus. Bemerkenswert ist sein stellenweises und sehr rasches Anschwellen, wie z. B. bei Endsee und Windsheim, wo er seine größten Mächtigkeiten erreicht (10—15 m).

Gegenüber dem unter- und mittelfränkischen Gips tritt seine Verbreitung im Keuper am Rande des Frankenwaldes sehr zurück.

Der Grenz-Grundgips bleibt sich in seiner Ausbildung und Ablagerungsfolge am ganzen westlichen und nördlichen Rande der fränkischen Keuperstufe bemerkenswert gleich.

Sein Absatz beginnt meist gleich über dem Grenzdolomit des obersten Lettenkeupers und zwar oft als ein mehrere Meter mächtiges, felsig geschlossenes Gestein, dem sog. Felsengips. Selten schieben sich zwischen dem Felsengips und dem Grenzdolomit einige Meter bunter Tone ein. — In der Regel wird der Felsengips durch eine taube Schicht („Grind") scharf von einer einige Meter starken höheren Folge von plattigen Gipsbänken und bunten Mergeln getrennt, dem „Plattengips" (Abb. 57 u. 58). Felsengips und Plattengips werden gemeinsam gebrochen und verwendet. Der Plattengips ist der beständigere in der Verbreitung; der Felsengips ist manchmal nicht entwickelt. Der untere Grundgips (Grenz-Grundgips) ist dann durch den Plattengips allein vertreten (unterer Plattengips) (vgl. auch Tafel 23).

Der höhere Grundgips wird teils von Plattengips-Bänken in Wechsellagerung mit Schiefern, teils von linsenförmigen weißen Alabasterklötzen zusammengesetzt (oberer Plattengips).

---

[1]) Die Gipsvorkommen am Nordrand der Frankenhöhe und am Steigerwald-Westrand bis Hellmitzheim, dann die Gipsverbreitung im Windsheimer Becken sind auf den Teilblättern Uffenheim, Windsheim und Kitzingen des Geognostischen Blattes Windsheim 1:100 000 dargestellt (Verlag Piloty & Loehle, München).

Aufn. v. M. SCHUSTER

Fig. 1
**Gips-Bruch (Grenz-Grundgips) NW. vom Bahnhof Windsheim.**
Über den geschlossenen Gipsbänken rote Tone mit darin auskeilenden Gipsbänken („Hocker") (zu S. 363).

Aufn. v. M. SCHUSTER

Fig. 2
**Die trennende Steinmergel-Lage („Grind") zwischen dem massigen Felsengips (unten)
und dem plattigen Plattengips (oben), Gipsbruch N. von Königshofen i. Grbfld.**
Der zerbröckelnde Grind bildet eine Hohlkehle zwischen den widerstandsfähigeren Gipslagen.
Faltungserscheinungen im Plattengips (zu S. 368).

Der Felsengips. — Der Felsengips wird wegen seiner Reinheit in der Industrie besonders geschätzt. Er wird bis über 5 m mächtig und ist ein gut geschlossenes, massiges, nicht leicht zu bewältigendes Gestein, manchmal von ein oder zwei Mergel- oder Steintonbändern unterbrochen. Er ist meist graulich bis schwärzlichblau („blauer Gips"), seltener rein weiß. Seine wagrechte Bänderung beruht zum Unterschiede vom Plattengips auf Färbungsverschiedenheiten in den einzelnen Gipsschichten. Bei verhältnismäßig schwerer Spaltbarkeit ist er ziemlich hart und wetterfest. Die tieferen Lagen unter den Steintonbändern heißen „Eisenstein". Er kann wie Kalkstein behauen und als Mauerstein, besonders in nässegeschützten Kellern, gebraucht werden. — In sehr reinen Gipslagen sind gelegentlich Einzelkristalle und Rosetten von dunklerem, durchsichtigem Gips bis über Pfenniggröße eingeschlossen. Die Fasergipsschnüre, welche in den höheren Gipslagen des Keupers auf Klüften auftreten (sog. Federweiß), kommen in dem geschlossenen Felsengips nicht vor. Dieser gibt in Gipsbrüchen über die Mächtigkeit der Gipsablagerungen guten Aufschluß; denn gleich unter ihm beginnt der Grenzdolomit oder er wird von roten Tonen unterlagert.

Die Obergrenze des Felsengipses wird von dem „Muckenschecher" gebildet, einer äußerlich marmorierten, innerlich flaserigen und leichter zerbrechlichen Gipslage. Darüber folgt, in ganz Franken und in der Crailsheimer Gegend wohl entwickelt, als leitende Bank eine meist wenig mächtige, wertlose, graue Mergel-Schiefer- und Tonsteinlage, der „wilde Stein" oder „Grind" der Gipsbrecher. Er ist mit Gips durchtränkt und kieselig oder dolomitisch gebunden und oft reich an vergipsten Myophorienschalen. Als harter Steinmergel dient er gelegentlich als Baustein.

Der Plattengips. — Gleich über dem Grind beginnt im allgemeinen der Plattengips. An manchen Stellen (z. B. bei Windsheim) schiebt sich noch eine weiße, alabasterartige Gipsbank ein, die nochmals eine dünne Grindlage (Oberer Grind, Abb. 58) trägt, über welcher dann der eigentliche Plattengips kommt. Man kann diese Gipslage als eine zum Grind gehörige Gipseinschaltung ansehen, die auskeilen kann. Die beiden Grindlagen können dann eine einzige bilden. Über dem „oberen Grind" ist der Plattengips gelegentlich reich an vergipsten Muschelschalen; diese unbrauchbare Gipslage heißen die Gipsbrecher recht ungeeignet „Muschelkalk".

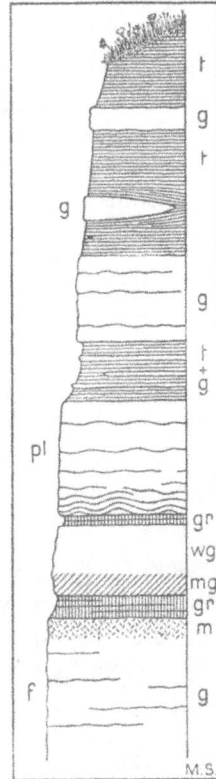

Abb. 58
**Profil durch den Grenz-Grundgips
von Windsheim (Mfr.).**

g = Gips; t = bunte Tone u. Mergel; m = marmorierter Gips = „Muckenschecher"; gr = Grind (in zwei Lagen); mg = sog. „Muschelkalk", hart, unbrauchbar, mit Schaleneinschlüssen; f = Felsengips; pl = Plattengips.
(Von M. Schuster.)

361

Der Plattengips bildet dünnere und dickere Bänke zwischen grauen und violetten Tonen und Mergeln, die mit diesen 5—10 m Stärke besitzen. Dem geschlossenen Felsengips steht so der in Bänke aufgelöste Plattengips gegenüber. Er ist graulich bis weiß („weißer Gips") und vom Felsengips durch seine gute, plattige Ausbildung unterschieden. Diese erscheint im frischen Gestein als Bänderung und tritt bei der Verwitterung hervor. Dünne Einlagerungen von grünem und schwärzlichem Ton verursachen sie.

Die Toneinlagerungen bewirken auch einen leichteren, plattigen bis schieferigen Zerfall (derartige Gesteine heißen in den Brüchen „Hocker"). Sie erleichtern ferner die oft seltsame Faltung und Fältelung der Plattengips-Lagen über dem starren Sockel des Felsengipses, der selber nur selten plattig und gefaltet ist. Durch die tonigen Beimengungen ist der Plattengips etwas unreiner als der Felsengips. Dennoch wird er gemeinsam mit diesem gewonnen.

Der Plattengips der höheren Grundgips-Schichten ist vielfach durch Tonbeimengungen verunreinigt. Die mit ihm auftretenden Alabaster-Klötze haben geringen Umfang und sind weiß bis rötlich geflammt.

**1. Südwest- und Nordrand der Frankenhöhe.** — In der Gegend von Crailsheim haben die Grenz-Grundgipslagen noch eine in Franken selten erreichte Stärke von rd. 13 und mehr Metern. Der geschlossene Felsengips ist hierbei 4—7 m mächtig. Im Bayerischen verschwächen sich die Gipslagen besonders durch das Auskeilen des Felsengipses. Die auf den Plattengipsen allein angelegten Brüche dienen seit alter Zeit nur noch dem Hausbedarf.

Vorkommen von Gipsbrüchen am Südwestrand: Alte Brüche $1^1/_2$ km SW. von Wettringen, an der Straße nach Crailsheim; noch heute betriebene kleine Abbaue auf Plattengips SW. und O. von Ober-Östheim; alte Gruben 3 km NW. von Schillingsfürst.

Im oberen Tauber-Tale: Alte Abbaue auf Plattengips an der Hammerschmiede 2 km SW. von Diebach; am Kapfer-Hügel bei P. 428 (Blatt Ober-Gailnau 1:50 000, Nr. 38); zwischen Lohr und Gebsattel; in Gebsattel und NO. und O. vom Ort Brüche auf ansehnlichem Felsen- und Plattengips. Der Gips der Gegend wurde in der noch heute betriebenen Gipsmühle im Tauber-Grund S. von Rothenburg gemahlen.

Zwischen Gebsattel und Endsee, am Nordwest-Rand der Frankenhöhe, ist der Gips nicht entwickelt. Bei Endsee, $2^1/_2$ km SW. von Steinach, baut ein großer Bruch den 10 m mächtigen Gips ab. Weitere Brüche sind bei P. 402 und W. von P. 426 am Waldrand, beim Halteplatz der Nebenbahn.

In dieser Gegend ist der Felsengips $5^1/_2$ m aufgeschlossen und soll noch 1 m tiefer reichen, wobei er eine taube Lage einschließt. Er ist geschlossen, dicht bis feinkristallinisch, hart („Eisenstein"). Der Grind ist 0,40 m stark. Vom Plattengips werden nur die unteren 0,50 und 1,15 m starken Bänke gewonnen. Schichtfolge und Gesteinsausbildung stimmen mit der von Crailsheim und Jagstheim überein.[1]) Am Bahnhof Steinach verarbeitet eine Gips-dielenfabrik den gewonnenen Gips.

Fast um den ganzen Endseer Inselberg sind alte Brüche auf Plattengips (z. B. beim Weiler Gipshütte), der bis 5 m stark entwickelt ist (z. B. Bruch O. von Endsee bei P. 407).

Vorkommen von Brüchen am Nordrand: Verlassene Brüche auf unteren Plattengips sind S. von P. 351 an der Bahnlinie SO. von Steinach. Neuere Abbaue bei P. 340 an der Bahn, N., NW. und SO. von Burgbernheim (hier bei P. 360) schneiden auch den Felsengips an. Er ist oben bänderig, erinnert an Plattengips und ist unten massig.

Alte Brüche auf Plattengips sind ferner zwischen Markt Bergel und West-heim an der Pönleins-Mühle NO. von Sontheim; an der Straße zwischen Ickelheim und Lenkersheim;[2]) im „Erdloch" SO. davon und S. von diesem Ort (500 m NO. von P. 321), wo auch der Felsengips entblößt ist.

**2. Südrand des Steigerwaldes.** — In diesem Gebiet, dem Gipsbecken von Windsheim, ist der untere Grundgips wieder stark entwickelt. Die Platten-gipslagen sind mächtiger als bei Endsee, halten aber in waagrechter Richtung nicht aus. Auch hier ist die größte Mächtigkeit (2 m) der Plattengips-Bänke gleich über dem Felsengips, von dem sie eine schmale Grindlage trennt. Diese ist äußerlich nicht immer leicht sichtbar, so daß Plattengips und Felsengips von ferne wie eine einzige Mauer aussehen. Beide Gipsarten werden gemein-sam gebrochen und für Düngezwecke zusammen vermahlen. Der reinere, wert-vollere, blaue Gips oder Felsengips ist wie bei Endsee entwickelt und auf 3—4 m Stärke aufgeschlossen. — Die unterste muschelschalenreiche Lage der Plattengips-Bänke wird als unbrauchbarer „Muschelkalk" weggeworfen.

Vorkommen von Brüchen: NW. vor den Toren der Stadt Windsheim beuten große Brüche den Gips aus (vgl. Fig. 1, Tafel 23). Die übrigen Brüche in der Umgebung von Windsheim sind wenig bedeutend. Alte Brüche auf Plattengips sind: am Westfuß des Galgen-Berges, 1 km NO. von der Stadt; links von der Bahnlinie zwischen Windsheim und Ipsheim; am Hügel von P. 324, 1 km N. von Külsheim; am Fuß des Burgstalles bei Unterntief; 1/2 km W. und S. von Berolzheim; am Höhlen-Berglein bei P. 334, W. von Windsheim; an der Straße nach Wiebelsheim und in Wiebelsheim; SW. von P. 355 und nächst P. 341, 2 km N. von Ergersheim, mit wieder mannshoch starkem Plattengips; alter, großer Bruch bei der Gacken-Mühle bei Illesheim, 3 km SW. von Windsheim. Er ging auf Platten- und Felsengips um und lieferte den Rohstoff zu der benachbarten Gipsfabrik am Bahnhof Illesheim.

Das Gipsbecken von Windsheim hat annähernd die Form einer gestrichen-vollen Schaufel, die etwas schräge in die Höhe gehalten wird, wobei die größte Mächtigkeit des Inhaltes in der Nähe der Zwinge ist. An der Wand bei der

---

[1]) H. Thürach, Übersicht über die Gliederung des Keupers im nördlichen Franken im Vergleich zu den benachbarten Gegenden. — Geogn. Jahresh., **1**, 1888, S. 88.

[2]) In den Weinbergen O. von Ickelheim sind da und dort den bunten Schichten über dem Grenz-Grundgips alabasterartige Gipsklötze eingeschaltet.

Zwinge bricht er mit steilem Winkel ab, nach vorne und seitwärts verschwächt er sich keilartig. — Die Schaufelzwinge muß man sich bei Lenkersheim, O. von Windsheim, vorstellen, zwischen welchen Orten der Gips die tiefste Geländelage (312 m) und die größte Mächtigkeit hat. Nach Norden, Südwesten und Westen nimmt er an Höhenlage zu (Gegend von Burgbernheim = 360 m), aber verschwächt sich in der Mächtigkeit. Daraus ergibt sich ein Einfallen der Grundgips-Schichten und ein Anschwellen der Gipseinlagerungen in nordöstlicher Richtung, gegen Windsheim zu.[1]

Das Gipsbecken von Ulsenheim—Krautostheim—Nordheim.

Rund 10 km NW. von Windsheim rückt dieses Becken vom Südrand des Steigerwaldes in diesen herein. Es ist im Westen, nach Uffenheim zu, geöffnet.

Die NW. von Ergersheim bei Seenheim ganz ausgekeilte Gipsablagerung setzt bei Ulsenheim, 4 km N. von Seenheim, wieder ein. Die Mächtigkeit der Gipsablagerungen, deren Verbreitung durch die Brüche nicht ganz angegeben wird, ist ziemlich groß. Denn zwei Brüche am Wildberg-Kegel bei Ulsenheim beuten zwei 10 m übereinandergelegene Plattengips-Bankfolgen aus. Der Felsengips liegt unmittelbar dem Grenzdolomit auf.

Vorkommen von Brüchen: Ein alter und ein neuer Bruch SW. und O. von P. 369, 1¹/₂ km NW. von Ulsenheim; die oben erwähnten zwei Brüche am Wildberg-Kegel; [der „Lange Berg" (P. 414), 2 km NW. von Ulsenheim, hat flach ausstreichende Gipsschichten als Sockel, die auch weiter östlich, am Südrand des Dorngrund-Holzes ausgebeutet worden sein sollen]; alte Brüche 1 km SO. von Herbolzheim; am Westausgang des Dorfes; am Fuß des „Bolz-Hügels", in der sog. Hölle, 2 km vom Orte [hier wird als eine der höchsten Grundgipsbänke (Oberer Grundgips) ein blendend weißer, alabasterartiger, feinkörniger, leichtgebänderter und geschichteter Plattengips mit Gipskristallen als Einsprenglingen abgebaut; der schönste Stoff weit und breit. Wenige Meter über ihm folgt der Schilfsandstein. Bei waagrechter Lagerung liegt der Gips vom Bolz-Hügel etwa 15 m über den Gipsbänken im Dorfe selbst, so daß die Grundgips-Lagen eine nicht geringe Mächtigkeit haben. Felsengips kommt hier nicht zutage].[2]

Verfallene Brüche S. von Herbolzheim am Weg nach Humprechtsau beim Hofe Wüstpfühl, 2 km NW. von Herbolzheim; alter großer Bruch ¹/₂ km S. von Nordheim, beim Straßenknie, angelegt in beiden Gipsarten. Der Gips ist in früherer Zeit von weither hier geholt worden. Die Stärke des Plattengipses ist etwa 5 m. Der Grind ist 0,5 m dick, der Felsengips ist bis zum unterlagernden Grenzdolomit 2 m stark.

---

[1] Die Mächtigkeit der Gipsablagerungen nimmt O. und NW. von Windsheim rasch ab. Zuerst verschwächt sich der Felsengips; O. von der Linie Berolzheim—Lenkersheim verschwinden auch die Plattengips-Bänke aus dem Keuperprofil. An der Straße Windsheim—Wiebelsheim sind nur noch Plattengipslagen erschlossen und in Wiebelsheim selbst, 3¹/₂ km von Windsheim entfernt, sind auch diese auf schmale Bänke verringert.

[2] Die höhlenführenden Plattengips-Bänke am Oberlauf des Irr-Baches, 1¹/₂ km N. von Herbolzheim, seien hier erwähnt.

Ältere und neuere kleine Brüche sind am Fuß des Hügels P. 348, 1 km NO. von Krassolzheim; geschichteter, geflammter bis marmorierter Plattengips der höheren Grundgips-Schichten, ein paar Meter stark, ist hier aufgeschlossen.[1])

Außerhalb der Nordheimer Bucht wird beim P. 312, 3 km W. von Markt Bibart, in der Gemarkung „Gipsgrübe" durch ein paar verlassene Brüche der zu 1,20 m aufgeschlossene Felsengips mit Muckenschecher und Grind angeschnitten. Ein paar Meter mächtige Lagen von Plattengips in bunten Mergeln folgen darüber.

**3. Westrand des Steigerwaldes.** — Hier wurde früher Plattengips aus den höheren Grundgipslagen durch kleine Brüche gewonnen: am Fuße des Hohen-Landsberges: 2 km O. von Weigenheim, am Nordabhang des Langen-Berges, in der Nähe von P. 340 und 1$\frac{1}{2}$ km O. von Reusch. Die Mächtigkeiten sind unbedeutend. Nach Norden zu nimmt er an Stärke immer mehr ab (z. B. bei P. 390, 1 km NO. von Schloß Frankenberg); am Nordwestgehänge des Bullenheimer Berges, 2 km SO. von Seinsheim, schwillt er wieder so an, daß früher ein Bruch darauf umging. Der Bruch am „Hohenbuckel", bei P. 336, beutete einen alabasterartigen, weißen Gips aus, der nach der Eintragung in der topographischen Karte (Blatt Scheinfeld-West 1:50000, Nr. 27) auch am Nordende des Berges in einem „Alabasterbruch" gefördert worden war. Er gehört eigentlich nicht mehr zum „gewachsenen" Grundgips, sondern ist einer der zahlreichen Gipsklötze in den Schichten unter dem Schilfsandstein, (hier 30 m darunter), die durch Ausscheidung aus gipshaltigen kreisenden Wässern, lange nach der Entstehung der Gipsbänke, sich gebildet haben. Durch ihre körnige bis faserige Beschaffenheit (Fasergips oder Federweiß) und durch den Mangel an Schichtung unterscheiden sich die „Alabaster-Gipse" von den schichtig abgesetzten anderen Gipsvorkommen.

Bei Hüttenheim wurde der Grenz-Grundgips mit mannshohem Felsengips früher rege gewonnen, so am See-Brünnlein, SO. vom Ort, am Weg zum Judenbegräbnis; an der Straße nach Nenzenheim, unweit Hüttenheim. — Kleine Brüche auf tieferem Plattengips liegen NO. von Nenzenheim, 3 km SO. von Hüttenheim, bei P. 310 und O. bei P. 315.

### Das Gipsbecken von Hellmitzheim, Possenheim und Markt Einersheim.

In der in den Steigerwaldabfall eingeschnittenen halbkreisförmigen Bucht schwillt der Gips als Felsen- und Plattengips wieder abbauwürdig an; die beiden eben genannten Orte liegen am Südrand der Bucht.

Die großen Brüche von Hellmitzheim sind in nächster Nähe des Bahnhofes,

---

[1]) Der Boden des Beckens von Ulsenheim—Nordheim ist zum großen Teile schwarz. Er ist aber keineswegs stets als moornaher oder humoser Boden zu bezeichnen. Die auffallende schwarze Farbe tritt in ganz trockenen Böden auf und ist eine Eigentümlichkeit des aus Gips entstandenen Verwitterungsbodens. Dem Landvolk ist der Zusammenhang zwischen dem schwarzen Boden und dem Gipsuntergrund wohl bekannt.

am Ondes-Berg (P. 323). Sie entblößen ein paar Meter Felsengips, mehr als 1,50 m Grind mit einzelnen fingerdicken Gipseinlagerungen und etwa 4 m mächtigen Plattengips unter violetten und grauen Mergeln und Schiefern mit einzelnen eingelagerten Gipsbänken. Die übrigen flachen Brüche bauen bis jetzt nur diese Plattengips-Bänke ab.

Die von Hellmitzheim nach Norden, gegen P. 294, ziehende Straße verläuft O. von Possenheim im Plattengips, der im Ort und im Talgrund NO. davon mannshoch ansteht. Gebrochen wird das Gestein erst wieder bei dem westlich benachbarten Markt Einersheim, wo sich die Hauptbrüche $1/2$—1 km NW. vom Ort, an der Straße nach Iphofen, befinden. Auf den ausgedehnten, mit einer Gipsfabrik verbundenen Brüchen ging besonders früher ein reger Abbau um. Die alten, seit Jahrhunderten betriebenen Bruchstellen sind bis auf die heutigen Brüche eingeebnet und dem Ackerbau zugeführt worden, z. B. die Felder zwischen den heutigen Brüchen und dem Westtore des Ortes. Über dem 1—2 m erschlossenen Felsengips folgt hier, anders als bei Hellmitzheim, der nur 0,30 m starke Grind. Über ihm sind 2,50 m stark gefaltete Plattengips-Lagen abgesetzt, die von grauen Mergeln und Schiefern überlagert werden.

Weitere kleine Brüche gingen um: NW. von P. 329 des Pfähl-Berges im Talgrund, am West- und am Ostausgang des Ortes, beim trig. Punkt 299,8 und beim P. 305,2, eine halbe Stunde S. von Markt Einersheim, dann 500 m W. vom Bahnhof in den Feldern.

### Die Gegend von Iphofen.

Zwischen Markt Einersheim und Iphofen streichen die gipsführenden Schichten sehr breit aus, ohne daß es zu nachhaltiger Gewinnung gekommen wäre. Bei Iphofen ist der bisher noch mehrere Meter starke Grenz-Grundgips fast ganz verschwunden. Er steht am Zielerstand des Schießplatzes von Iphofen noch an. Ein in den höheren Grundgips-Schichten eingeschalteter, bis einige Meter starker Plattengips zieht um den Bergvorsprung des P. 314, NW. von Iphofen, und ist im Hohlweg, der zum Schwan-Berg emporführt, aufgeschlossen.

Der 1,50 m mächtige Gips ist aber viel unreiner und weniger aushaltend als der tiefere Grundgips. Er ist teils mit Schiefern vermischt, teils ist er ein klotziger Alabaster-Gips nach Art desjenigen von Seinsheim. — Am Fuße des Casteller Schloß-Berges erreicht der höhere Grundgips in den dortigen Weinbergen als geflammter Alabaster manchmal einige Mächtigkeit. Er ist früher in Klotzform aus dem Boden gehoben (Casteller Marmor) und in die Gegend versandt worden. Der Altar der Schloßkirche z. B. bezeugt die Schönheit dieses Gesteins. In anderen Kirchen der Gegend sind aus ihm die Grabdenkmäler der Schirmherren, oft reich verziert, aus dem gleichen Gips hergestellt.

Der Westrand des Steigerwaldes ist bis in die Gerolzhofer Gegend frei von einigermaßen mächtigen Gipseinschaltungen.

## Die Gegend von Gerolzhofen.[1]

Am Westausgang von Wiebelsberg, 3 km SO. von Gerolzhofen, bauten alte Brüche guten, tieferen, ein paar Meter mächtigen Plattengips ab. Gips der höheren Grundgips-Schichten soll in den Weinbergen über dem Orte gelegentlich mächtiger ausstreichen. O. von Gerolzhofen wurde in einigen Brüchen vor allem ein schwärzlicher, grauer bis weißer Felsengips gewonnen, der auf 1,50 m erschlossen war. Der über dem Grind gelagerte Plattengips beginnt hier mit einer ellenstarken Lage von Muckenschecher. Auf diesem liegt etwas mächtiger ein schön kristalliner Gips; darüber folgen die richtigen Plattengips-Lagen.

Weitere alte Brüche auf tieferen Grundgips sind: Im Talgrund des Faulen-Baches ($^1/_2$ km SO. von P. 287 des topographischen Blattes 1:50 000 Gerolzhofen-West, Nr. 19) und am Südhang des Wilden-Berges (P. 305) bei Michelau, O. von Gerolzhofen.

Das Hauptvorkommen von Gips in der Gerolzhofer Gegend ist bei Sulzheim. Am Ostrand des Sulzheimer Moores, 2 km NW. vom Dorf, bezeugen große Halden und verfallene Brüche einen früheren regen Abbau. Die Bahnlinie ist in der Gegend W. von der Unken-Mühle auf Felsen von Plattengips des Grenz-Grundgipses gelegt, der auch an der Mühle felsig ansteht und westlich davon neuerdings gewonnen wird. Die Gipsbrüche N. und S. vom Ort sind eingeebnet. Bei P. 211 gleich NO. des Dorfes, an der Landstraße nach Donnersdorf, ist ein größerer neuerer Bruch in die rings um Sulzheim flach ausstreichenden Gipsabsätze eingeschnitten. Der Felsengips ruht auf dem Grenzdolomit und ist unten kristallinisch, nach oben zu gebändert und wird von einer Muckenschecher-Lage abgeschlossen. Über 0,15 m Grind (dunkelgrauem Dolomit mit *Myophoria goldfussi*, Untere Grindbank nach F. Heim) folgen einige Meter Plattengipslagen. Sie sind unten auf 1,50 m kristallinisch wie der Felsengips und sind gleich diesem von 0,60 m Muckenschecher und einer dünnen Oberen Grindlage bedeckt. Darauf folgt eine Alabasterbank von 0,20—0,30 m Dicke und über dieser der richtige wellige schieferig-zerfallende Plattengips. Auf ihm stehen die Sulzheimer Felder. Bei Grettstadt, 1 km NW. vom Ort, und Schwebheim verliert sich allmählich der gelegentlich noch gewonnene Grenz-Grundgips.

**4. Nordrand des Steigerwaldes.** — Die NO. von Sulzheim gelegenen Gipsvorkommen von Klein-Rheinfeld, Falkenstein, Ober-Schwappach und Westheim gehören dem Verbreitungsbezirk am Nordrand des Steigerwaldes an.

Vorkommen von Brüchen: Am Fuße des Galgen-Berges, $^1/_2$ km NO. von Klein-Rheinfeld, sind mehrere alte Brüche. Den Sockel der Wände bildet wie bei Hellmitzheim eine 1,50 m starke Grindlage (mit Fasergips durchzogene Steinmergel und graue Schiefer); darüber folgt eine Muckenschecher-Lage und darauf 2,50 m welliger, meist weißer, z. T. alabasterartiger Plattengips, der

---

[1] Vgl. hierzu das Teilblatt Schlüsselfeld des Geognostischen Blattes Windsheim 1:100000 (Verlag Piloty & Loehle, München).

Gipskristalle einschließt. — Gips aus den höheren Grundgips-Schichten wurde in älterer Zeit am Osteck des Eichelberg-Waldes, SW. von Klein-Rheinfeld, gebrochen.

NO. von Falkenstein, im Wiesengrund bei P. 269 und nahe dem südlichen Dorfausgang, am Westabhang des Buch-Berges, gingen früher Brüche um auf einen meist bröckelig zerfallenden Alabastergips und auf Plattengips. Unter einer dünnen Grindlage ruht ein oben plattiger Felsengips. — Eine Reihe alter Brüche an der Straße von Ober-Schwappach nach Westheim gewann früher einen ein paar Meter mächtigen Plattengips der tieferen Grundgips-Schichten. Gleich SW. von Westheim sind einige kleine, einige Meter tiefe, bis auf den Felsengips getriebene Brüche mit einem Brennofen.

Mit dem Westheimer Vorkommen schließt die Gipsverbreitung am Nordrand des Steigerwaldes und zugleich auf dem linken Mainufer ab. Die benachbarten Haß-Berge auf dem rechten Ufer enthalten in ihrem Sockel viel spärlichere Gipseinschaltungen.

**5. Westrand der Haß-Berge.** — Am Westrand der Haß-Berge ist bis zu deren Umbiegung nach Nordwesten der Grenz-Grundgips nicht entwickelt. Auch der höhere Grundgips, 30 m unter dem Schilfsandstein, streicht nur an ein paar Stellen abbauwürdig aus. So am Fuß der „Hohen Wand", der Sandsteinkuppe W. von Krumm bei Zeil; unmittelbar über Preppach, unterhalb P. 344 (Blatt Schweinfurt-Ost 1:50 000, Nr. 12). Er wurde hier gelegentlich als Alabaster in den Weinbergen gefunden und herausgesprengt. Auf der nur 300 m südlich von diesem Vorkommen aufwärts führenden Straße steht der Gips aber nur noch in handbreiten Bänken an.

In der Gegend von Hofheim wurde früher an der Straße Hofheim—Eichelsdorf wieder der Grenz-Grundgips als örtliche linsenartige und ein paar Meter starke Einschaltung gebrochen.

Von hier an verschwindet der Grenz-Grundgips im Keuperprofil ganz bis in die Gegend von Königshofen i. Grabfeld. Mit ihm verschwächt sich auch der höhere Grundgips. 1 km SW. von L e i n a c h bei Ober-Lauringen wurde er in älteren Zeiten mangels eines besseren Stoffes gegraben. Er bildet hier bis zu 0,20 m starke Bänke von aneinander gereihten und oft mit Ton verwachsenen Linsen eines meist weißen, seltener rötlichen Alabasters; daneben ist der Gips in durchgehenden, tonig verunreinigten Gipsmergeln enthalten. Dazwischen liegen graue und braune Schiefer. Das Ganze ist von Fasergipsschnüren durchädert. 20 m darüber streicht der Schilfsandstein aus.

**6. Nordrand der Haß-Berge.** — Beim Städtchen Königshofen kommt der Grenz-Grundgips zu einer ähnlichen Entwicklung wie bei Endsee und Windsheim. Die alten Brüche darauf liegen 1¹/₂ km N. von der Stadt an der Gabelung der Straße nach Aubstadt mit der nach Ottelmannshausen. Grauer, leicht wellig gebänderter und oben weiß werdender Felsengips (1,50 m erschlossen), wird bedeckt von 0,25 m grauem Schiefer als Grind. Er wittert als Hohlkehle aus (Fig. 2, Taf. 23). Über dem Grind folgen einige Meter Plattengips, der unten mit Tonlagen vermischt ist und in dünnen Bänken gekröseartig gefaltet ist.

Mit dem Königshofener Gips ist das nördlichste Gipsvorkommen in Bayern erreicht.

**7. Vereinzelte Vorkommen.** — SW. von Schweinfurt bis in die Gegend N. von Würzburg überschreitet der Gipskeuper den Main. Der Grenz-Grundgips ist hier nur an einer Stelle entwickelt, am oberen Ende des „See-Grabens", 2 km SO. von Opferbaum, an der Bahn Würzburg—Schweinfurt. Der rd. 2,5 m mächtige Felsengips (mit einer Muckenschecherlage darüber) wurde hier in ziemlich tiefen Gruben gewonnen, zusammen mit einem etwa 3 m mächtigen Plattengips. Der 0,30 m dicke Grind zwischen beiden besteht aus Schiefern und grauem Steinmergel. Die untersten 1,50 m Plattengips sind fest geschlossen, nach oben wird er schieferig und mit Ton durchsetzt. Große Einsackungen im Gips, ausgefüllt durch Letten, erweisen umfangreiche Auslaugungen des Gipses.

Anders als bisher erscheint der Grenz-Grundgips in der schmalen oberfränkischen Keuperverbreitung, die sich an den Frankenwald anlehnt. In einem aufgelassenen Bruch 1 km N. von Rugendorf NW. von Stadt-Steinach findet sich eine rd. 1 m mächtige Lage von faserigem und blätterigem Gips mit dünnen Mergelbändern, begleitet von Steinmergeln und Fasergips-Ausscheidungen. Der Gips ist sonach wesentlich unreiner als in Mittel- und Unterfranken.

Südwestlich von Kronach, unfern Theisenort, erinnert die auf dem Blatte Kronach der Geognostischen Karte von Bayern noch verzeichnete Gipsmühle an ein in Vergessenheit geratenes Gipsbergwerk „nächst dem Dorfe Schmölz". Gewonnen wurden gipshaltige bitumenführende Tone von 16 m Mächtigkeit und senkrechter Lagerung, mittels 24 m tiefen Schachtes und einer Förderstrecke von 80 m Länge. Von dieser Strecke bis zu Tage ist das Gipsflöz abgebaut. Die Hauptstreichrichtung des Flözes ist O.—W. Vermutlich handelt es sich um aufgerichtete Grundgips-Schichten nahe der durch Schmölz ziehenden Kulmbacher Verwerfung.

### Der Gips der Berggips-Schichten (Berggips).

Als Berggips-Schichten bezeichnet man die Ablagerungen vom Schilfsandstein aufwärts bis zum Blasensandstein. In diesen Schichten gleich über dem Schilfsandstein treten schichtige dünne oder knollenartige Gipseinschaltungen auf, die kaum verwertet werden. Erst in höherer Lage, zwischen den kalkig-kieseligen Lehrberg-Bänken und dem Blasensandstein auf den Berghöhen, kommen an wenigen Stellen linsenförmige Alabastergips-Lager vor. Von einer Ausbeute im unter- und mittelfränkischen Gebiet ist nichts mehr bekannt.

In der oberfränkischen Keuperbucht hingegen ist der Berggips NO. von Motschenbach bei Weismain früher im Stollenbau gegraben und im Orte selbst vermahlen worden. Der Gips (besser der Gipsknollen führende Mergel) war durch einen 12,5 m langen Stollen angefahren und 2 m mächtig; der Abbauort war 35 m lang und 13,5 m breit und lag 15 m unter der Erdoberfläche. — Auch an der Windwarte bei Forstlahm ist Berggips schlecht aufgeschlossen.

### III. Der Gips des Mittleren Bunten Keupers oder Sandsteinkeupers.

An der Landesgrenze bei Trappstadt und Sternberg-Zimmerau treten ansehnliche Gipseinschaltungen in dem unteren Teil der Heldburger Keuperstufe auf (Abb. 38), die dem Unteren Burgsandstein Mittelfrankens entspricht und im wesentlichen aus Tonen und Steinmergeln besteht. Der Gips läßt sich in der Gegend von Rodach und Coburg noch nachweisen, ist aber bei Burgpreppach und Ebern nur mehr in Spuren vorhanden.

An der Altenburg, 1 km SO. von Trappstadt, und über dem Schlosse Sternberg bei Zimmerau sind in den letzten Jahren Abbauversuche auf den Gips gemacht worden. Dieser ist eine mehrere Meter starke Linse von grauem bis weißem Alabaster, die bei Trappstadt eine Länge von ein paar Hundert Metern hat, bei Sternberg aber wesentlich kürzer ist. Der Gipseinsprenglinge führende Alabaster bricht klotzig und ist stark gefaltet. Die dazu queren Sprünge sind mit weißem oder rötlichem Fasergips ausgekleidet. Der Gips ist nur wenig von tonigen oder mergeligen Lagen durchzogen. Etwa 20 m tiefer als der Bruch bei Zimmerau ist bei P. 367 (Blatt Königshofen-Ost 1:50 000, Nr. 5, in Wirklichkeit P. 379) eine größere Linse von Gips den Tonen eingeschaltet, die aber keinen Abbau erfährt.

Nach freundlicher Mitteilung von Herrn Baron Hans von Hartmann in Trappstadt ist die mittlere Zusammensetzung des Gipses von dort (Mittel aus drei Analysen, ausgeführt von der chemischen Prüfungsanstalt für Gewerbe, Darmstadt) folgende: Kieselsäure = 0,91 v. H; Eisenoxyd + Tonerde = 0,50; Kalk = 31,74; Magnesia = 0,97; Schwefelsäure = 46,24; Wasser + Kohlensäure = 20,75 v. H.; Summe 100,11.

### D. Phosphate.

Wir können Phosphate auf primärer und sekundärer Lagerstätte unterscheiden. Beide sind in unserem Gebiet nur an Schichtgesteine gebunden. Diese führen ihren Phosphatgehalt wiederum auf phosphorhaltige Gesteine des kristallinen Grundgebirges zurück, wie sie z. B. im ostbayerischen Grenzgebirge heute noch nachgewiesen werden.[1]

### I. Sedimentäre Phosphate auf primärer Lagerstätte.

Abgesehen von den phosphorhaltigen Hornsteinknollen des Weißen Juras sind jetzt nur im Schwarzen und im Braunen Jura derartige Phosphate bekannt. Sie wurden z. T. schon abgebaut.

---

[1] So weist z. B. ein Felsitporphyr-Gang bei Ludwigstadt in Oberfranken 0,43 v. H. Phosphorsäure auf; gewisse Fichtelgebirgsgranite, vor allem die Phosphatpegmatite des Bayerischen Waldes, enthalten Apatit.

## Lias-Phosphate.

Die Phosphate des Schwarzen Juras (Lias) sind meistens harte, kugelige, ei- oder brotlaibförmige Knollen, Geoden (Konkretionen) von phosphorsaurem Kalk. Sie treten im Unteren Lias, in den Angulaten-Schichten, und im Mittleren Lias, in den Zonen des *Amaltheus margaritatus* und *spinatus,* auf und erreichen an letzterer Stelle ansehnliche Größe. Im Oberen Lias finden sich Koprolithen (versteinerte Kotballen) in den Posidonien-Schichten (z. B. bei Bayreuth, Hirschau und Amberg) und Phosphate in den *Jurensis*-Mergeln (z. B. bei Tiefenroth in der Lichtenfelser Gegend).

Vorkommen: Bekannte Fundplätze von Phosphaten im Mittleren Lias sind: Melkendorf O. von Bamberg (Amaltheen-Schichten); Scheßlitz NO. von Bamberg; Ober-Waiz O. von Bayreuth und Klein-Herreth NW. von Staffelstein. Die Phosphatgeoden in den Amaltheen-Schichten am Kanal bei Neumarkt i. Opf., Ober-Waiz, Höttingen bei Weißenburg und Kraimoos zwischen Creußen und Schnabelwaid enthalten bis zu 27 v. H. Phosphorsäure.

Nach Gümbel besteht das Phosphat von Leimershof NW. von Scheßlitz aus: Dreibasisch phosphorsaurem Kalk 60,19 v. H.; kohlensaurem Kalk 25,05; kohlensaurer Magnesia 1,54; kohlensaurem Eisenoxydul: Spur; Ton und Sand 10,12 v. H.; aus Wasser und Organischem 3,10 v. H.

## Dogger-Phosphate.

Die wichtigsten Doggerphosphat-Lagerstätten sind an den Oberen Dogger (Gamma—Zeta), an das Bajocien, Bathonien, Callovien, gebunden. Manche Lagerstätten enthalten die Phosphatknollen noch in der ursprünglichen Lagerung, wobei sie entweder während des Absatzes der Tone und Mergel des Doggers sich gebildet oder erst nachträglich in diesen sich zusammengeballt haben. Andere Lagerstätten bestehen aus umgelagerten, $\pm$ abgerollten Phosphatknollen aus älteren phosphathaltigen Dogger-Schichten. Diese Phosphatgeröll-Lagen vertreten örtlich, z. B. am Leyer-Berg bei Erlangen, den Ornaten-Ton, die obersten Schichten des Calloviens. Im Kriege wurde versucht, die faustgroßen Knollen im Bathonien, in der Zone der *Parkinsonia ferruginea,* an der Gugelplatte bei Auerbach abzubauen. Diese Zone ist auch noch bei Zogenreuth und Eibenstock (NO. von Auerbach) und bei Gunzendorf, Degelsdorf, Neu-Zirkendorf (N. von Auerbach), sowie bei Amberg und bei Neustädtlein am Forst (W. von Bayreuth) entwickelt.

Phosphate des Oberen Doggers (Calloviens) findet man auch bei Kasendorf SW. von Kulmbach, Gunzendorf, Eibenstock, Amberg und Neustädtlein am Forst. Hierher gehörige tonige Phosphatknollen bei der Schweins-Mühle SO. von Waischenfeld enthalten an Phosphorsäure bis 36,1 v. H., die Knollen vom Zogenreuther Berg bei Auerbach bis 40 v. H., die am Tunnel von Neuhaus a. d. Pegnitz 22—23 v. H.

Eine chemische Untersuchung von Phosphatknollen aus dem Ornaten-Ton des Zogenreuther Berges bei Auerbach ergab: Phosphorsäure 22,92 v. H.; Schwefelsäure 1,62; Chlor 0,03; Fluor 2,92; Kohlensäure 11,64; Kalk 44,22;

Magnesia 0,77; Eisenoxyd 4,85; Eisenoxydul 0,86; Unlösliches, Ton und Kieselerde 9,97 v. H.

Zum Bajocien gehören Phosphate bei Staffelstein, Wildenberg SW. von Weißenbrunn bei Kronach und Neustädtlein am Forst (NW. von Bayreuth).

Von Phosphatvorkommen des Oberen Doggers wurden bis jetzt eingehender untersucht: die Vorkommen SO. von Rosenhof bei Pegnitz; N. von Sassenreuth (NW. von Kirchenthumbach); W. von Kirchenthumbach; bei Asbach und Neu-Zirkendorf W. von Kirchenthumbach; bei Hagenohe SW. von Neu-Zirkendorf; S. von Gunzendorf; N. und SO. von Degelsdorf; S. und NO. von Eibenstock; SO. von Alt-Zirkendorf.

Phosphate treten im Oberen Dogger noch auf an folgenden Orten: Pappenberg SO. von Kirchenthumbach; SO. von Amberg bei Premberg (NO. von Burglengenfeld); NO. und NW. von Berching (N. von Beilngries); beim Weiler Hofberg bei Ober-Mässing (im Schwarzach-Tal S. von Freystadt); bei Thalmässing O. von Pleinfeld; N. von Treuchtlingen; NW. von Wassertrüdingen (an der Ostkuppe des Hessel-Berges); O. von Neumarkt i. Opf.; N. von Adelheim bei Pühlheim (NO. von Altdorf); bei Hartmannshof O. von Hersbruck; bei Leuzenberg NW. von Hersbruck; bei Rüsselbach SO. von Gräfenberg; am Leyer-Berg W. von Gräfenberg; bei Friesen O. von Strullendorf (zwischen Bamberg und Forchheim); bei Ützing SO. von Staffelstein; bei Büchenbach NW. von Pegnitz und NO. von Pegnitz.

### Kreide- (Cenoman-, Turon-) Phosphate.

An Kreide-Phosphaten auf primärer Lagerstätte sind nur zu erwähnen die bis zu 16 v. H. Phosphorsäure enthaltenden Knollen im cenomanen Regensburger Grünsandmergel am Galgen-Berg S. von der Stadt und die Steinkerne der *Ostrea columba* mit 5—6 v. H. Phosphorsäure in den mittel-turonen, glaukonitreichen Kalkmergeln der Eisbuckel-Schichten (S. 113/114).

### II. Sedimentäre Phosphate auf sekundärer Lagerstätte.

### Umgelagerte Jura-Phosphate.

Hierher gehören die bisher bedeutendsten Phosphatlagerstätten Nordbayerns. Sie sind eine besondere, gleichalte Ausbildungsform des mehrfach umgelagerten Teiles der vorcenomanen Brauneisenerze der Amberger und Rosenberger Erzvorkommen. Diese Phosphate sind hauptsächlich aus einer älteren, wahrscheinlich dem Braunen oder Weißen Jura angehörigen Phosphatlagerstätte umgelagert und verfrachtet worden.

Die Phosphatbeimengung im Brauneisenerz wurde bisher n u r am Amberger Erz-Berg und am Eichel-Berg bei Rosenberg nachgewiesen. Ausbeutbar war sie dabei nur am Erz-Berg im sog. übergeschobenen Erzkörper. Dieser entspricht einem Absatzgebiet, das den ehemaligen Aufbereitungsmittelpunkten der Dogger-Erze und der übrigen phosphorhaltigen Jura-Gesteine näher lag als der basale Erzkörper. Es wurde daher auch reichlicher mit dem spezifisch schweren und deshalb schwer verfrachtbaren Phosphat versorgt. Angereichert sind die Phosphate nur an denjenigen Teilen der Ostränder der Amberger Erztrogreihe und des Rosenberger Erzvorkommens, die sich durch spätere Umlagerungen der vorcenomanen Erzformation oder ihrer sandigen und tonigen Vertreter auszeichnen (vgl. Tafel A).

Am Aufbau der Nebengesteine der Phosphatlagen sind die Jura-Gesteine, insbesondere die tieferen Schichten des Weißen Juras, mitbeteiligt. Dafür sprechen: 1. die zahllosen Weißjura-Hornsteinknollen in den die Phosphate begleitenden Kreide-Gesteinen; 2. die Jura-Versteinerungen innerhalb des Phosphates (z. B. *Rhynchonella inconstans*) und in dessen Begleittonen (z. B. *Dysaster carinatus*, GÜMBEL, Ostbayer. Grenzgeb. S. 706).

Die Phosphatausbildung der Erze verdankt ihre Entstehung einer Meeresüberflutung, etwa zur cenomanen oder turonen Kreide-Zeit. In den Erztrögen lagern die phosphathaltigen Schichten nach den bisherigen Beobachtungen noch den tiefsten Weißjura-Schichten, dem Dogger aber nicht mehr, auf.

Junge tertiäre Brüche oder Überschiebungsflächen zerstückeln die Phosphatausbildung ebenso wie die Erzausbildung. Damit ist die Ansicht, daß auf diesen Verwerfungen „Phosphatsäuerlinge" aufgestiegen seien und dabei die Phosphate geliefert haben, widerlegt.

Das spezifisch schwere Phosphat ist gleich dem begleitenden Brauneisenerz immer gebunden an die tiefsten sandigen, tonigen und hornsteinreichen Schichten der mit cenomanen oder turonen Kreide-Absätzen ausgefüllten Erztröge. Als Abschluß gegen den liegenden Jura-Kalk treten immer wenig mächtige, grünliche, weißliche, bräunliche oder gelbliche Letten mit dünnen, manganreichen Brauneisenschnüren und -bändern auf. Die den Kreide-Schichten eingeschalteten Phosphate bilden mürbe, erdige, weiße, weißgelbe oder graue, schichtunbeständige Bänder, Schnüre, Putzen, Nester und Linsen von rasch wechselnder Stärke, Ausdehnung und Reinheit.

Wenig abgerollte Blöcke und Brocken bis zu 0,5 m Durchmesser aus einem harten Phosphat sind viel seltener. Sie sind bei der Meeresüberflutung aus geringer Entfernung vom Umlagerungsort in die Kreide-Schichten hinein verfrachtet worden.

Infolge der unregelmäßigen Lagerungsverhältnisse, der rasch wechselnden Mächtigkeit und Reinheit, der Einfuhr hochwertiger fremder Phosphate, ist der Abbau der Amberger Phosphate wieder zum Erliegen gekommen.

Das Amberger Phosphat enthält nach MAYER (Annal. d. Chemie und Pharmacie, 101, S. 281) kein Chlor, aber 2,09 v. H. Fluor. Die Phosphorsäure beträgt 43,53 v. H., Kalkoxyd 53,55 v. H. Kleine Mengen von Jod werden von RAMMELSBERG angegeben.

U. SPRINGER wies in einem Phosphat vom Amberger Erz-Berg 35,60 v. H. Phosphorsäure ($P_2O_5$) nach, die einem Gehalt von 77,8 v. H. Kalkphosphat [$Ca_3(PO_4)_2$] entspricht. Von einem zweiten Phosphat führte er eine Volluntersuchung aus. Nach dieser besteht das Phosphat aus: $SiO_2 = 8,50$ v. H.;

$Al_2O_3 + Fe_2O_3 = 2,40$; $CaO = 46,10$; $MgO = 0,87$; $K_2O = 0,95$; $Na_2O = 1,16$; $P_2O_5 = 36,20$ [entspr. 79,1 v. H. $Ca_3(PO_4)_2$]; $SO_3 = 0$; Chlor = deutliche Spuren; Fluor = 1,40; $H_2O$ (105°) = 0,45; $H_2O$ (Rotgl.) und $CO_2 = 2,10$ v. H.; Summe = 100,13; ab Sauerstoff für Fluor 0,59; Summe 99,54.

Ein davon wesentlich verschiedenes Ergebnis lieferte die Untersuchung einer anderen Amberger Phosphatprobe (mitgeteilt von der Generaldirektion der Bayer. Berg-, Hütten- und Salzwerke A.-G., München): $SiO_2 = 30,89$ v. H.; $Al_2O_3 = 3,95$; $CaO = 23,62$; $Mn = 0,22$; $Fe = 5,14$; $P = 7,83$ [entspr. 39,12 v. H. $Ca_3(PO_4)_2$]; Glühverlust = 3,96; $MgO$ und Alkalien nicht bestimmt. Dieses Phosphat war anscheinend stark mit Silikaten verunreinigt.

Das Amberger Phosphat ist nach den chemischen Untersuchungen hauptsächlich ein phosphorsaurer Kalk. Sein Fluorgehalt kann auf verarbeiteten Apatit oder umgelagerte apatithaltige Gesteine im jurassischen Phosphat-Muttergestein zurückgeführt werden. Sein Gehalt an Jod stammt möglicherweise von jodhaltigen Pflanzen des umlagernden Kreide-Meeres ab. Das Amberger Phosphat wurde zur Düngemittelherstellung („Rhenania-Phosphat") bis in die Rheinlande verfrachtet.

### Tertiär-Phosphate.

Phosphate kommen auf sekundärer Lagerstätte auch noch innerhalb m i o - z ä n e r , Braunkohlen und Basalttuffe führender Ablagerungen in der Rhön vor. So enthalten z. B. auf der Nordseite des Kreuz-Berges Basalttuffe kaolin- und kalkhaltige Phosphatknollen und NW. von Roth (SW. von Fladungen), im Reiperts-Graben, kommen derartige Knollen in einer Blattreste enthaltenden Tonbank vor, die einer Reihe von Mergeln, Tonen, Braunkohlenflözen und Basalttuffen angehört.

### E. Kaolin.[1])

Kaolin, ein wasserhaltiges Tonerdesilikat ($Al_2O_3 \cdot 2SiO_2 \cdot 2H_2O$) ist außerhalb des Ostbayerischen Grenzgebirges in den Sandsteinen der Trias ziemlich

---

[1]) Wichtigstes Schrifttum:

DIENEMANN, W. & BURRE, O.: Die nutzbaren Gesteine Deutschlands und ihre Lagerstätten mit Ausnahme der Kohlen, Erze und Salze. I. Band, Stuttgart 1928.

KLEIN, S.: Beurteilungsgrundlagen für die feinkeramisch verwendbaren Pegmatitsandvorkommen der Oberpfalz. — Ber. d. dtsch. keram. Ges., **11**, Berlin 1930.

— Die Bildungsweise der nutzbaren sedimentären Kaolinfeldspatsandvorkommen der nördlichen Oberpfalz und ihr Zusammenhang mit einem kretazisch-tertiären Urnaab-, Urvils-System. — Z. deutsch. geol. Ges., **84**, Berlin 1932.

RASEL, E.: Die Oberpfälzer Kaolinindustrie. Inaug.-Diss. Erlangen 1909.

RÖSLER, H.: Beiträge zur Kenntnis einiger Kaolinlagerstätten. — N. Jb. f. Min., B.-Bd. 15, Stuttgart 1902.

PLENSKE: Über die Nutzbarmachung und Bedeutung der Schlämmprodukte des Hirschauer Kaolinsandsteins für keramische und glastechnische Zwecke. — Sprechsaal **43**, Coburg 1910.

SCHNITTMANN, F. X.: Beiträge zur Stratigraphie der Oberpfalz. Stratigraphie und Tektonik der Gegend von Hirschau östlich von Amberg unter besonderer Hervorhebung

verbreitet. Nutzbare Vorkommen (Kaolin-Feldspatsandsteine oder kurz: Kaolin-sandsteine) sind aber fast ganz auf die Oberpfalz beschränkt.

Die Anordnung nach Kaolinsandsteinen unsicheren Alters und solchen des Keupers erscheint zweckmäßig; ob sie, wie vermutet wird, geologisch begründet ist, muß die Zukunft lehren.

## I. Kaolinsandsteine unsicheren Alters.

Im W. und SW. von Weiden (Opf.) liegt, räumlich benachbart und durch gemeinsame Züge ausgezeichnet, eine Reihe von Vorkommen, deren Alter unsicher oder umstritten ist, die aber wahrscheinlich geologisch zusammengehören. Ihre Zusammenfassung rechtfertigt sich auch deswegen, weil sie die wirtschaftlich wertvollsten Kaolinlagerstätten in der Oberpfalz darstellen. Sie erleichtert schließlich die Erörterung der Fragen nach Erscheinungsform und Entstehung.

Gemeinsam ist diesen Vorkommen außer dem Kaolin- und Feldspatgehalt vorwiegend grobes, nur schichtweise feineres Korn, Geröllführung, massige Schichtung, mürbe Beschaffenheit und Armut an bunten oder grünen Tonbändern. Neben den ganz- oder teilweise kaolinisierten Feldspäten finden sich auch frische. Im allgemeinen sind die südlicheren Vorkommen stärker kaolinisiert als die nördlichen.

**Einzelvorkommen und Kaolinführung.** — 1. Die wichtigsten Kaolinvorkommen mit großen Tagebauen liegen zwischen Hirschau und Schnaittenbach (15 km NO. von Amberg). Sie bilden auf der Südseite des Mühl- und Ehen-Baches einen 50—300 m, örtlich bis 500 m breiten Streifen, der von der Gegend S. des Bahnhofes Hirschau bis 2 km über Schnaittenbach hinaus nachgewiesen ist. Der Abbau erreicht 32 m Tiefe. Bohrungen von 60 m haben die kaolinführenden Schichten noch nicht durchteuft, doch ist am Südrand des Streifens Unterlagerung durch nicht kaolinige bunte Schichten in geringer Tiefe festgestellt [DIENEMANN (1928) S. 87, S. KLEIN (1932) S. 135]. Überlagerung durch 19 bzw. 29 m rote Arkosen [SCHNITTMANN (1929) S. 133] ist am Nordrand des Streifens in zwei etwa 1 km auseinander liegenden Bohrungen erwiesen (unmittelbar südlich der Bahn zwischen Hirschau und dem Schar-Hof). Die Schichtung fällt in nordöstlicher, nördlicher oder nordwestlicher Richtung ein (Angaben schwanken). Das Korn wechselt lagenweise und ist meist ziemlich grob. Größere Gerölle kommen in allen Lagen vor.

Nach A. STAHL (1912, S. 88) steht der Kaolingehalt im umgekehrten Verhältnis zu dem an unzersetzten Feldspäten; es enthalten kaolinarme Schichten bis 12 v. H., kaolinreichere mitunter nur $^1/_2$ v. H. Feldspat.

der dortigen Karneolbänke und des kaolinführenden Keupers. — Z. deutsch. geol. Ges., **81**, Berlin 1929.

STAHL, A.: Die Verbreitung der Kaolinlagerstätten in Deutschland. — Archiv f. Lagerst.-Forschung, Heft 12, herausg. von der K. Preuß. Geol. Landesanstalt. Berlin 1912.

STARK, J.: Die physikalisch-technische Untersuchung keramischer Kaoline. J. A. Barth, Leipzig 1922.

Der Gehalt an abschlämmbarem Kaolin wechselt innerhalb der Abbaue, beträgt im Mittel 10—20 v. H. und ist am größten (28 v. H.) in den Gruben SW. und O. von Schnaittenbach. Die Feststellung von STAHL (S. 93) und SCHNITT-

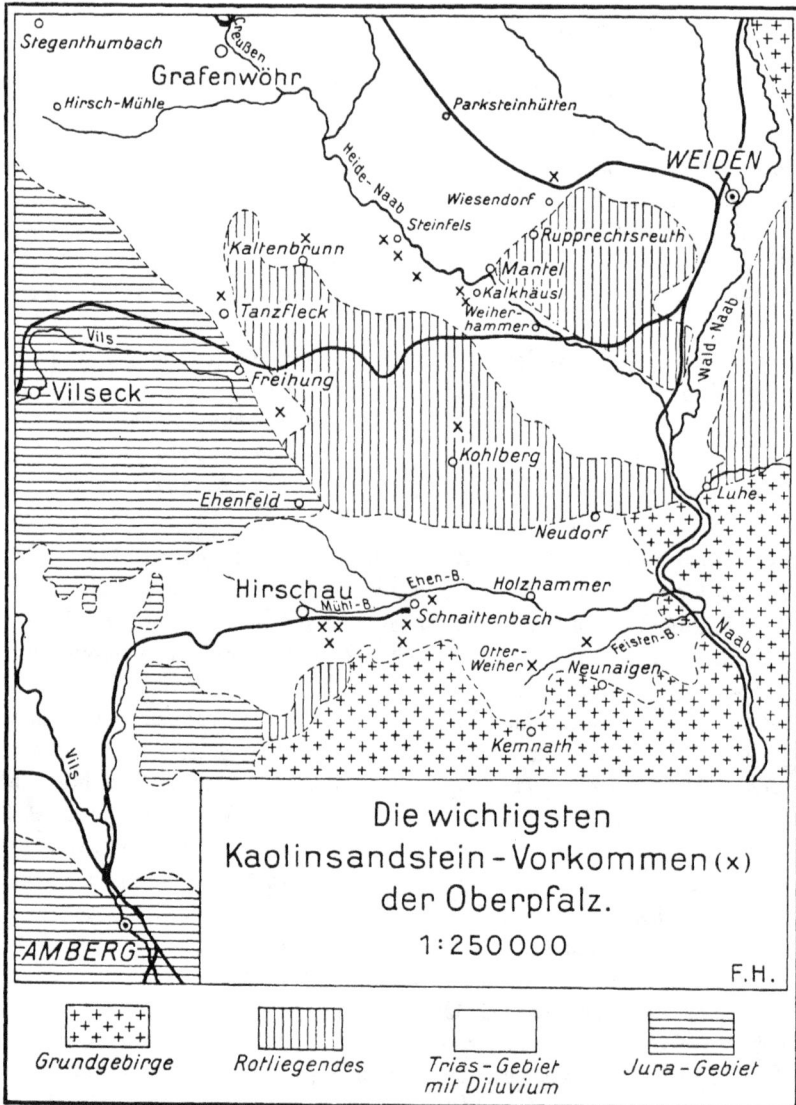

Abb. 59
(Von F. HEIM.)

MANN (S. 133), daß die Kaolinisierung regelmäßig mit der Tiefe zunehme, wird von KLEIN (S. 137) nicht verallgemeinert. Analysen s. S. 382.

Weiter östlich liegen zwei aufgelassene Abbaue, von denen nicht bekannt ist, ob sie mit den Schnaittenbacher Kaolinsanden zusammenhängen. In dem einen, am westlichen Ende des Otter-Weihers N. von Kemnath, waren nach Klein (S. 137) in drei Bohrungen nur die oberen Schichten kaolinreich (bis etwa 30 v. H. Schlämmausbeute); die tieferen zeigten bis 30 m keine typische Kaolinisierung. Die andere Grube lag 1,7 km östlicher auf der Nordseite des Feisten-Baches, am Weg von Holzhammer nach Neunaigen.

2. Südöstlich von Freihung und N. von Tanzfleck sind zwei Abbaue in einer Zone, die sich zwischen dem Freihunger Bleierz-Zug im Westen und dem Röthenbacher Rotliegenden im Osten einschaltet. Der Kaolingehalt scheint im Süden (Zahlenangaben fehlen) höher zu sein als im Norden bei Tanzfleck (3—4 v. H.). Das Korn der Sandsteine ist im Norden gröber als im Süden.

3. Bei Kaltenbrunn liegt ein Stollen in kaolinarmem Feldspatsandstein, der in seinem groben Korn dem von Tanzfleck vergleichbar ist, aber viel reichlicher Gerölle führt.

4. Auf der Westseite des Heidenaab-Tales zieht ein Streifen nutzbarer Vorkommen von Steinfels im Norden bis S. von Kalkhäusl (bei Mantel) im Süden. Der Kaolingehalt ist im Norden gering und scheint wie bei Freihung nach Süden zuzunehmen (bis über 10 v. H.). Dementsprechend auffallend ist im Norden die Beteiligung frischer, mitunter rötlicher Feldspäte. Stollenbetriebe sind W. und S. von Steinfels, wo Kaolinführung in 40 m Mächtigkeit erwiesen ist, und SW. von Kalkhäusl. Alte Abbaue sind beim „Weißen Stein" und an der Freihunger Straße bei Kalkhäusl.

5. An der Bahnlinie N. von Wiesendorf (bei Rupprechtsreuth W. von Weiden) liegt ein Stollen in geröllreichen Sandsteinen, in denen weiße Feldspäte bis 6 cm Größe nicht selten sind. Der Kaolingehalt ist nicht bekannt. Die genannten Vorkommen von Kaltenbrunn, an der Heide-Naab und bei Wiesendorf liegen am Nordrand des Weidener Rotliegenden.

6. Auf der Hochfläche 1 km N. von Kohlberg befindet sich eine Kaolinsandgrube mitten im Gebiet des Rotliegenden. Ausbildung und Kaolingehalt (22 v. H.) sind dem von Schnaittenbach vergleichbar.

**Geologisches Alter.** — Über das geologische Alter der aufgezählten Vorkommen bestehen Zweifel; auch muß dahingestellt bleiben, ob sie alle gleichaltrig sind. Gewöhnlich rechnet man sie zum Keuper, ohne die Zugehörigkeit zu bestimmten Stufen (Unterer Bunter Keuper?, Burgsandstein?) genügend begründen zu können. Die Kaolinsandsteine von Freihung-Tanzfleck im besonderen sind von den bleierzführenden Freihunger Schichten (Unterer Bunter Keuper) zu verschieden, um diesen gleichgestellt zu werden.

Keinesfalls kann man, wie schon G. H. R. v. Königswald[1] zeigte, die Vorkommen von Kaltenbrunn und Kohlberg von den übrigen abtrennen und als Rotliegendes ansprechen, wie Stahl (S. 89, 90) getan hat.

---

[1] Königswald, G. H. R. von: Das Rotliegende der Weidener Bucht. Beitrag zur Geologie der nördlichen Oberpfalz. — N. Jb. f. Min. usw. B.-Bd. **61**, Abt. B, Stuttgart 1929.

KLEIN (1932) faßt die Oberpfälzer Kaolinlagerstätten im wesentlichen als gleichaltrige Ablagerungen in kretazisch-tertiären Rinnen auf. Da die kretazischen und tertiären Landschaften der nördlichen Oberpfalz hoch über den heutigen Kaolinvorkommen gelegen waren, ist aber an dem mesozoischen Alter der Kaolinsandsteine nicht zu zweifeln.

F. HEIM verfolgt den Gedanken, es könne Buntsandstein vorliegen. Er geht von der Beobachtung aus, daß entgegen der bisherigen Annahme im Truppenübungsplatz S. von Grafenwöhr nicht Keuper, sondern, als Liegendes des Muschelkalks von Eschenbach, Buntsandstein (mit der Karneol-Zone) ansteht. Im Süden, wo an und auf dem Rotliegenden die Kaolinsandsteine erscheinen, wäre der Untere Hauptbuntsandstein (Kulmbacher Konglomerat) zu erwarten. Das Vorkommen von Kohlberg wäre ohne Zuhilfenahme tektonischer Versenkung als Rest der ehemaligen Buntsandsteindecke auf dem Rotliegenden zu deuten, die Kaolinsandsteine der Nord- und Westumrandung des Rotliegenden als tektonisch beeinflußte Ummantelung der rotliegenden Unterlage. In Durchführung des Gedankens wird auch das abgesunkene Mesozoikum der Schnaittenbacher Senke nicht für Keuper, sondern für Buntsandstein (mit Karneol-Zone) gehalten. Die Beweisführung für diese Auffassung, die die Gesamttektonik der nördlichen Oberpfalz einfacher gestalten würde, steht noch aus.

**Form der Lagerstätten.** — Grundsätzlich handelt es sich darum, ob die Kaolinführung an bestimmte Sandsteinhorizonte, wenn auch an mehrere verschiedenen Alters, gebunden oder ob sie davon unabhängig ist. Trotz zahlreicher Aufschlüsse ist die Frage keineswegs geklärt.

Nach STAHL, DIENEMANN und SCHNITTMANN durchsetzen die Kaolinlagerstätten als senkrechte Zonen die im übrigen nicht kaolinisierte Schichtfolge. Die Beobachtungen im Schnaittenbacher Becken (s. S. 375), die eine Unter- und Überlagerung der Kaolinsandsteine durch bunte oder rote Schichten erweisen, deuten eher auf schichtige und horizontbeständige Form der Lagerstätten. In allen andern Vorkommen bleiben beide Möglichkeiten der Deutung offen.

**Entstehung.** — Die Unsicherheit über die Form der Lagerstätten erschwert das Urteil über deren Entstehung. Die Sandsteine, an welche die Lagerstätten gebunden sind, wurden zweifellos unter Mitwirkung fließender Gewässer abgelagert. H. RÖSLER (1902) und E. RASEL (1909) glaubten, daß der Kaolin im Naab-Gebirge entstanden und bei der Ablagerung der Feldspatsande mit eingeschwemmt sei, sich also bereits auf „sekundärer" Lagerstätte befinde. Nachweisbare Pseudomorphosen von Kaolin nach Feldspat und das umgekehrt proportionale Verhältnis von Kaolin- und Feldspatgehalt beweisen jedoch, daß die Kaolinisierung der Feldspäte erst nach Ablagerung der Sande erfolgt sein kann (STAHL S. 92) und daß somit „primäre" Kaolinlagerstätten vorliegen.

Schwieriger ist die Entscheidung darüber, ob die Kaolinisierung von der Tiefe aus (endogen) oder von oben her (exogen) erfolgte.

378

Die endogene Deutung (STAHL, DIENEMANN, SCHNITTMANN) nimmt an, daß die Vorkommen an Spalten oder Störungszonen gebunden sind, auf denen in der Tertiär-Zeit von unten kohlensäurehaltige Tiefenwässer aufstiegen und die Kaolinisierung der Nebengesteine epigenetisch bewirken konnten. Sie stützt sich auf die langgestreckte Anordnung einiger Vorkommen, auf die Kaolinisierung verschiedenalteriger Schichten, auf die Zunahme des Kaolingehalts mit der Tiefe und auf den Nachweis eines Bleigehalts, der allen Oberpfälzer Kaolin-Vorkommen eigen sein soll und nur mit den Tiefenwässern emporgebracht sein könne.

Eine kritische Würdigung der endogenen Theorie wird durch die Unzulänglichkeit der Beobachtungstatsachen sehr erschwert. Die tektonischen Annahmen leiden unter der Unsicherheit der stratigraphischen Unterlagen. Nur bei Freihung-Tanzfleck sind Verwerfungen sicher erkannt, in allen andern Fällen nur vermutet. Die immerhin wahrscheinliche Heidenaab-Verwerfung ist nicht die Fortsetzung einer Grafenwöhrer Spalte, da eine solche bei Grafenwöhr nach F. HEIM nicht besteht. Am schwierigsten ist das Vorkommen von Kohlberg mit tektonischen Linien in Verbindung zu bringen. Aber selbst wenn Störungen vorhanden sind, ist die Möglichkeit eines ursächlichen Zusammenhangs mit dem Kaolonisierungsvorgang erst noch zu prüfen. Bei Neudorf W. von Luhe schneidet an einer Verwerfung kaolinisierter Grobsandstein haarscharf am Rotliegenden ab. Dieses zeigt keine Spur von Kaolinisierung seiner Feldspäte und Granittrümmer, auch keinerlei Ausbleichung, wie zu erwarten wäre, wenn die Verwerfung als Zubringer stark zersetzender Wässer gedient hätte. Die Erscheinung deutet eher auf nachträgliche Absenkung bereits vorhandener Kaolinsandsteine. Das Beispiel, das keineswegs verallgemeinert werden soll, zeigt jedenfalls, daß bloßes Zusammenfallen von Verwerfung und Kaolin-Zone nicht ohne weiteres als Beweis für endogene Kaolinisierung gelten kann.

Auch die Unter- und Überlagerung der Vorkommen in der Schnaittenbacher Senke (s. S. 375) durch nicht kaolinisierte Schichten ist der Vorstellung einer durchgreifenden zonaren Form der Lagerstätten, wie sie die endogene Deutung voraussetzt, wenig günstig.

Das Auftreten der Lagerstätten in Schichten verschiedenen Alters spräche nur dann zwingend für endogene Entstehung, wenn einzelne Vorkommen an Schichten gebunden wären, in denen jede andere Entstehungsmöglichkeit ausgeschlossen wäre. So wäre für das Rotliegende, zu dem STAHL die Vorkommen von Kohlberg und Kaltenbrunn rechnet, jede Kaolinisierung zur Rotliegendzeit ganz unwahrscheinlich. Da aber erstens im Rotliegenden so gut wie in Granitgebieten noch eine jüngere exogene Kaolinisierung denkbar ist, und zweitens die genannten Vorkommen überhaupt nicht zum Rotliegenden gehören, entfällt diese Stütze der endogenen Kaolinbildung.

Schließlich ist noch darauf zu verweisen, daß die Zunahme des Kaolingehalts mit der Tiefe nicht alleingültiges Gesetz zu sein scheint (KLEIN S. 137) und daß die angenommene Bleiführung mindestens zweifelhaft geworden ist (Klein S. 132).

Exogene Kaolinbildung, zunächst allgemein betrachtet, erfolgt von oben her durch Verwitterungsvorgänge, die unter besonderen, im einzelnen umstrittenen Bedingungen verlaufen. Grundsätzlich ist epigenetisch-exogene und syngenetisch-exogene Kaolinisierung denkbar.

Der Versuch, die Oberpfälzer Kaolinlagerstätten dadurch zu erklären, daß triadische Sandsteine von einer tertiären Landoberfläche aus exogen kaolinisiert worden wären (epigenetisch-exogene Kaolinisierung), wurde noch nicht gemacht.

Für exogene Kaolinbildung in tertiärer Zeit, während und nach Ablagerung tertiärer Sandsteine, unter Mitwirkung von Kohle (aus der Zersetzung pflanzlicher Reste) hat sich Klein (S. 153) eingesetzt (syngenetisch-exogene Kaolinisierung im weitesten Sinne).

Ganz allgemein wird man syngenetisch-exogene Kaolinbildung unter dem Einfluß arider Klimabedingungen für den Keuper für möglich halten dürfen und sie war wohl auch in Randgebieten des Buntsandsteinbeckens nicht ausgeschlossen. Man müßte immerhin prüfen, ob diese Erklärungsmöglichkeit nicht doch auf die Oberpfälzer Vorkommen anwendbar ist.

**Verwertung.** — Aus dem Rohkaolinsandstein wurden im Hirschau-Schnaittenbacher Tal nach Plenske (1910) vier Schlämmerzeugnisse gewonnen: Kaolin, Feldspatsand, Quarzsand und Schlicker (= feinkörniger, kaolinreicher Feldspatsand).

Der Kaolin ist weiß, rein und arm an Eisenoxyd. Er wird für zahlreiche industrielle Zwecke verwendet, insbesondere bei Herstellung von Porzellan, Steingut, Öfen und Tonwaren, Papier, Pappen, Tapeten, Goldleisten, Wachstuch, Linoleum, Gummiwaren, Ultramarin und Lackfarben. Mit den technischen Eigenschaften des Kaolins von Hirschau, Schnaittenbach und Kohlberg hat sich Stark (1922) befaßt.

Der Feldspatsand wird verwandt für keramische Zwecke, zur Herstellung von Mosaik, Fließen- und Fußbodenplatten. Der sog. Pegmatitsand, ein kaolinhaltiger Quarz-Feldspat-Sand, wird auch zur Edelputz- und Steinputz-Fabrikation verwertet, die einen wichtigen jungen Industriezweig der Oberpfalz darstellt. Der Schlicker wird in der Glas-, Email- und chemischen Industrie benützt. (Über die technische Beurteilung siehe Klein, S. 930).

Der Quarzsand, lange Zeit als Abfallstoff betrachtet, findet Abnehmer in der keramischen, Glas- und chemischen Industrie, bei Gas- und Wasserwerken (für Filtriereinrichtungen), in der Teer- und Dachpappenfabrikation, im Baugewerbe und Straßenbau, besonders für Beton-, Asphalt- und Teerstraßen, in Gießereien als Gußputz- und Gebläsesand und in der Edelputzindustrie (s. a. Nachtrag).

Auch die ungewaschenen Rohstoffe finden als Masseversatz, Fluß- oder Sinterungsmittel in der Keramik, Email- und Glasindustrie Verwendung.

## II. Kaolinsandsteine des Keupers.

Bei Freihung (Opf.) sind die bleierzführenden Freihunger Schichten des Unteren Hauptkeupers kaolinisiert. Nach E. Kohler (1903 S. 53, angeführt S. 308) wurde der Kaolin mit dem Blei abgebaut. Unter- und Überlagerung der gut gebankten Kaolinsandsteine durch nicht kaolinführende Schichten ist aus den bergbaulichen Aufschlüssen bekannt. F. Heim nimmt zwischen dem Blei-erz-Zug und den östlich davon gelegenen, viel gröberen und ungebankten Kaolinsandsteinen unsicheren Alters (Freihung-Tanzfleck) eine Störung an, die er als Fortsetzung einer von Stegenthumbach über Weihern und Hirsch-Mühle nach Süden ziehenden sicheren Verwerfung auffaßt.

Weiter im Norden, bei Neuhaus S. von Creußen (Ofr.) wird im Burg-sandstein neben Feldspatsand ein koalinartiges Schlämmerzeugnis gewonnen. Der Abbau steht in 10 m mächtigem ungebanktem mittel- und grobkörnigem Sandstein mit viel Quarz- und Porphyrgeröllen; in der Tiefe sollen noch 8 m brauchbare Schichten nachgewiesen sein. Der Sand findet Verwendung in der Spiegel- und Tafelglasindustrie, unreineres Material zur Herstellung von Chamottesteinen, der leicht orangegetönte „Kaolin" eignet sich als Kapsel-kaolin.

Erwähnenswert ist noch ein Kaolinvorkommen bei Keilberg O. von Regensburg, wo in den 80er Jahren Kaolin im Bergbau gewonnen wurde. Wir geben die im Schacht angetroffene Schichtfolge nach v. Ammon[1]) mit eigener Deutung

```
Lias . . . . . . . . . . . . . . . . . . . . . . . . rd. 27  m;
Bunter Ton (Feuerletten) . . . . . . . . . . . . . . . 14  m;
Bunter sandiger Ton (Burgsandstein?) . . . . . . . .  2,7 m;
Gelber Sandstein . . . . . . . . . . . . . . . . . .   1  m;
Burgsandstein-Schichten, und zwar:
Kaolinhaltiger Sandstein; — roter Ton; — kaolinhaltiger Sandstein; —
bunter Ton; — grobkörniger harter Sandstein; — Wechsel von Sand-
stein und bunten Ton. Insgesamt . . . . . . . . . .  12 m.
```

(Anmerkung: Kaolinisierte Sandsteine kommen auch sonst im Keuper, so-wie im Muschelkalk und Buntsandstein vor, doch ist der Gehalt für eine Kaolingewinnung zu gering. Es kann daher auch nicht von Kaolinlagerstätten gesprochen werden.)

Die nachstehenden Analysen[2]) lassen die chemische Zusammensetzung einiger Oberpfälzer Kaolinsandsteine und Kaoline ersehen:

---

[1]) Ammon, L. von: Die Jura-Ablagerungen zwischen Regensburg und Passau. München 1875.

[2]) Aus Dienemann & Burre, S. 93.

| SiO₂ | Al₂O₃ | Fe₂O₃ | CaO | MgO | K₂O | Na₂O | Glüh-verlust | Ton-substanz | Quarz | Feldspat | Quelle |
|---|---|---|---|---|---|---|---|---|---|---|---|
| 1. | 82,88 | 11,15 | 0,46 | 0,04 | 0,14 | 3,19 | — | 2,32 | 19,50 | 61,50 | 19,00 | Bischof in Plenske |
| 2. | 84,58 | 11,32 | 0,52 | — | — | 0,24 | | 3,34 | 28,24 | 71,09 | 0,67 | Porz.-Fabr. Tirschenreuth |
| 3. | — | — | — | — | — | — | — | — | 22,22 | 58,49 | 19,29 | Ang. d. Firma |
| 4. | 85,30 | 8,49 | 0,36 | 0,02 | — | 3,12 | 1,44 | 1,30 | — | — | — | |
| 5. | 48,05 | 37,41 | 0,41 | — | Sp. | 2,58 | —· | 11,53 | 87,01 | 3,26 | 9,73 | n. Singer |
| 6. | 46,82 | 38.62 | 0,72 | 0,12 | — | 0,21 | 0,04 | 13,48 | 87,50 | 5,00 | 7,50 | n. Singer |
| 7. | 52,11 | 35,20 | 0,69 | — | 0,12 | 0,40 | | 11,09 | 85,93 | 12,51 | 1,56 | Porz.-Fabr. Tirschenreuth |
| 8. | 47,90 | 38,20 | 0,45 | Sp. | Sp. | 0,15 | | 13,00 | 95,57 | 3,85 | 0,58 | Porz.-Fabr. Tirschenreuth |

1.—4. Kaolinsandstein:

1. Hirschau; — 2. Schnaittenbach, „Rohkaolin"; — 3. Kohlberg; — 4. Steinfels, ungewaschener „Pegmatitsand".

5.—8. Kaolin:

5. Hirschau; — 6. Hirschau; — 7. Schnaittenbach, Kaolin T; — 8. desgleichen, Kaolin O.

## F. Formsande.

Die Formsande, welche zur Herstellung von Gußformen und Kernstücken verwendet werden, sind fein- bis mittelkörnige Quarzsande, die feuerfest und standfest, tonhaltig und bildsam, gasdurchlässig und ganz oder fast ganz kalkkarbonatfrei sind. Sie kommen nur im Deckgebirge vor und zwar:

a) Im Rotliegenden. — Hierher gehören die oberpfälzischen Vorkommen SW. von Weiden: bei Etzenricht, Weiherhammer, nahe W. von diesem Ort; S. von Weiden bei Rothenstadt und Ullersricht. Gewonnen werden hier in kleinen Sandgruben bis zum Grundwasser bräunliche und rötliche, tonige und sandige Lagen in einer Stärke von mehreren Dezimetern und Metern. Feinkörnige Lagen wechseln mit grobkörnigen, unbrauchbaren Sandsteinschichten und Tonlagen ab.

Die nachfolgenden Analysen (wie auch die späteren) wurden von der Generaldirektion der Bay. Berg-, Hütten- und Salzwerke A.-G. München, zur Verfügung gestellt.

| | SiO₂ | Al₂O₃ | Fe₂O₃ | CaO | MgO | Alkal. | Glüh-verlust | Summe |
|---|---|---|---|---|---|---|---|---|
| I | 65,10 | 15,47 | 5,60 | 1,82 | 2,28 | 5,47 | 4,02 | 99,76 |
| II | 70,23 | 17,09 | 3,46 | 0,44 | 1,50 | 5,50 | 3,14 | 101,36 |

I = Formsand aus dem Rotliegenden von Weiden.
II = Formsand aus dem Rotliegenden von Rothenstadt.

**b) Im Buntsandstein.** — Aus dem unterfränkischen Mittleren Buntsandstein werden mittel- bis grobkörnige Formsande gewonnen im mainischen Odenwalde bei Amorbach NW. vom Amors-Brunnen; bei Schneeberg (O. von Amorbach am Sommer-Berg) und bei Erlenbach NW. von Klingenberg. Die Sande werden aus den oberflächlich stark verwitterten Sandsteinschichten ausgegraben und gesiebt.

Im Coburgischen werden lebhaft gestreifte, feinkörnige Sandschichten des Unteren Hauptbuntsandsteins aus Sandgruben bei Haarbrücken als Formsand verwertet.

In der Kronacher Gegend sind bekanntere Formsandvorkommen im Oberen Buntsandstein, in und über dem Fränkischen Chirotherien-Sandstein, rd. 20—30 m unter der Untergrenze des Muschelkalks. Es handelt sich um weiche, etwas schieferige Sandsteine mit deutlichem Tongehalt und von äußerst gleichmäßigem und feinem Korn von einer mittleren Größe von 0,15—0,20 mm. Die Körner sind vorwiegend scharf, seltener rundlich. Quarz herrscht vor, der Feldspat tritt zurück. Die veile Farbe des Feinsandsteins beruht auf Eisenhydroxyd, das in geringer Menge für Formsand nicht schädlich ist. Daneben kommt weiße oder grünliche Streifung und Fleckung des Sandsteins vor.

Am Ruppen-Wirtshaus oder Ruppen O. von Kronach wird der Formsand in drei Gruben gewonnen, auf deren Sohle ein 2 m mächtiger Sandstein mit abgebaut werden kann. In der westlichsten, höchst gelegenen Grube sind nur 4—5 m weiche Feinsande erschlossen, denen oben zwei schwache harte Platten eingelagert sind. Darüber folgen noch 4 m diluviale Ablagerungen als Abraum. — In einer mittleren Grube sind die Feinsande an 7 m mächtig und enthalten nur wenig dünne Platten (s. a. Fig. 1, Taf. 24).

In dem östlichen Bruch an der Straße sind unter dem Gehängeschutt, der schätzungsweise 14—20 m des obersten Röts verdeckt, folgende Schichten erschlossen:

1. Dünnes Sandsteinbänkchen mit Manganspat;
2. veilfarbige und bunte, schieferige, tonige Feinsandsteine mit einigen festen Sandstein-bänkchen . . . . . . . . . . . . . . . . . . . . . . . . 7 m;
3. quarzitische Plattensandsteine, violett (bezw. rotbraun) oder rosaweiß mit veilen Flecken . . . . . . . . . . . . . . . . . . . . . . . . 1,5 m;
4. herrschend schieferige, weiche Feinsandsteine (Formsand), wechselnd veilfarbig, weiß, auch grünlich. Mit rasch auskeilenden Sandsteinlagen, besonders zu unterst 5—7 m;
5. Sandstein in Bänken bis zu 0,50 m Stärke, quarzitisch, weiß, gelblichgrau, seltener veilfarbig und bunt (= Bausandstein von Höfles-Ruppen).[1]

Auch S. von Höfles (O. von Kronach) wird in den dortigen Sandsteinbrüchen neben den Bausteinen Formsand mitgewonnen. — Im höchsten Bruch (N. vom Weiler Allern) sind erschlossen:

---

[1] F. Heim, Gliederung und Faziesentwicklung des Oberen Buntsandsteins im nördlichen Oberfranken. — Abhandl. d. Geol. Landesuntersuchung a. Bayer. Oberbergamt, Heft 11, S. 37—46, München 1933.

1. Glitzernde (= quarzitische) weiße Platten bis zu 0,6 m Stärke mit Tonzwischenlagen, über . . . . . . . . . . . . . . . . . . . . . . . 2 m;
2. bunter, weicher Feinsandstein (Formsand) . . . . . . . . . . 2 m;
3. glitzernde, weiße Sandsteinbank . . . . . . . . . . . . . . 1 m;
4. bunter Formsand wie bei 2 . . . . . . . . . . . . . . . . 1 m;
5. glitzernde, weiße Sandsteinbänke . . . . . . . . . . . . . . 2 m.

In den näher bei Höfles gelegenen unteren Brüchen auf 4 m mächtigen Bausandstein kann Formsand ebenfalls mitgewonnen werden.

Die eben besprochenen Formsande dürften in der Kronacher Gegend auch
sonst verbreitet sein; weniger sind sie auf den Höhen zu erwarten (wegen der
Abtragung größerer Teile der Schichtfolge) als durchstreichend auf den Hängen
unter dem Muschelkalk. — Gleich W. von Friesen, im Einschnitt des Weges
nach Gundelsdorf, sind z. B. (mit 40° Ost-Einfallen) erschlossen: Hangendes:
Rote sandige Tone mit dünnen Quarzitplatten; — 1. Sandsteinbänke 2—3 m; —
2. bunter Formsand 1 m; — 3. Sandsteinplatten 0,5 m; — 4. bunter Formsand, noch erschlossen 1 m; — 5. nicht erschlossen, Straße (Formsand?)
2—3 m; — Liegendes: Sandsteinplatten mit Wellenfurchen, Kriechspuren,
Tubicolen-Röhren (Bausandstein). — Vom Vorderen Rabenstein bei Zeyern
erwähnt HERBIG (1925, S. 124, angeführt S. 34) solche Feinsande.

Ähnliche bunte Feinsandlagen kommen zwischen den Plattensandsteinen des
Oberen Buntsandsteins auch in der Kulmbacher und bis in die Treb-
gaster Gegend vor. Sie sind gröberkörnig, enthalten auch Schmitzen
gröberen Sandes und werden höchstens 2—3 m mächtig.

Weiche, schieferige, feinkörnige und tonige, bunte Sandsteinschichten vom
Aussehen der Kronacher Formsande kommen auch O. von Bayreuth bei
Unter-Steinach und am Görauer Weg bei Görschnitz vor.

c) Im Keuper. — An die höheren Lagen des Sandsteinkeupers sind Formsande gebunden, die bei Maineck SO. von Burgkundstadt, bei Zapfendorf SW.
von Staffelstein, bei Freihung N. von Amberg und bei Pleinfeld N. von
Weißenburg a. S. gewonnen werden.

d) Im Jura. — Hier führt der Dogger-Sandstein Formsande, so z. B. bei
Weißenohe S. von Gräfenberg (jährliche Ausfuhr rd. 600 Tonnen),[1] bei
Kirchehrenbach und Pretzfeld (beide NO. von Forchheim), bei Pegnitz und
Postbauer NW. von Neumarkt i. O.

e) In der Kreide. — In der Umgebung von Bodenwöhr werden die bis
9 m mächtigen Knollensande (Winzerberg-Schichten der Kreide, vgl. Profil-
Tabelle VII) als Formsande für die Gießereien in Bodenwöhr, Weiherhammer
und Amberg benützt. Die hier ziemlich knollenarmen, grünlich-grauen, tonigen
Sande sind sehr gleichmäßig feinkörnig und enthalten nur im oberen Drittel
grobkörnige Schmitzen mit harten Hornsteinbänken und -knollen. Geringer
Kalkkarbonatgehalt (durch die eingeschlossenen Muschelschalen), beeinträchtigt
die Verwendungsfähigkeit scheinbar nicht.

---

[1] P. DORN, Erläuterungen zur Geologischen Karte von Bayern 1 : 25 000, Blatt Gräfenberg Nr. 162, S. 82, München 1928.

Aufn. v. F. Heim

Fig. 1

**Formsand-Grube in den quarzitischen Plattensandsteinen des Oberen Röts bei Ruppen im Rodach-Tal (O. von Kronach) (zu S. 383).**

Aufn. v. F. Heim

Fig. 2

**Formsand-Grube bei Hinter-Randsberg (SO. von Bodenwöhr) in Knollensanden der Kreide-Formation**

Zu oberst mit harten Einlagerungen von Kieselkalken (0,5—2,0 m) (zu S. 385).

Formsand aus den Gruben bei Bodenwöhr besteht aus:

|   | $SiO_2$ | $Al_2O_3$ | $Fe_2O_3$ | CaO | MgO | Alkal. | Glühverl. |
|---|---|---|---|---|---|---|---|
| a | 79,14 | 13,40 | | 0,65 | 0,80 | n. b. | 2,15 |
| b | 87,09 | 4,93 | 1,67 | 0,79 | 0,62 | n. b. | 2,10 |

Formsand von Bodenwöhr (a = untersucht 1914, b = 1915).

Östlich von Bodenwöhr (bei P. 387, Blatt Burglengenfeld-Ost) und W. von Hinter-Randsberg (vgl. Fig. 2, Tafel 24) liegen große Formsandgruben. Ältere Gruben sind unterhalb dieses Ortes, dann bei der Haltestelle Bodenwöhr, bei Erzhäuser und N. von Schöngras. Die Formsande sind auch in mehreren Steinbrüchen auf Reinhausener Schichten mit erschlossen, z. B. bei Neuenschwand, am Schießl-Keller N. von Mögendorf bei Bodenwöhr, NO. von Bruck (am Weg zum Birk-Hof), am Forsthaus in Mappach, OSO. von Mappach (S. von P. 461). — In der Rodinger Gegend sind die Knollensande den Bodenwöhrer Vorkommen recht ähnlich. Sie sind aber etwas reicher an kieseligen Knollen, Hornsteinbänken und groben Sandschmitzen.

**f) Im Tertiär.** — Formsande dieser Formation kommen nach Th. SCHNEID (1916, S. 60, angeführt S. 71) bei folgenden Orten vor: Sollern bei Riedenburg; Neuburg a. d. D.; Priel-Hof im Biesenharter Forst zwischen Neuburg und Eichstätt. Sie sind in der Obereichstätter Hütte verwendet worden.

Anhang: DIENEMANN & BURRE[1]) erwähnten Formsande noch von Winterhausen SO. von Würzburg, von Alzenau N. von Aschaffenburg (Main-Diluvium?), von Buch NO. von Kipfenberg a. d. Altmühl (Tertiär?), und von Döhlau bei Bayreuth (Oberer Buntsandstein).

Die Korngrößenstufung der Formsande aus den verschiedenen Formationen ist sehr unterschiedlich. Nachstehende Tafel läßt dies erkennen (nach P. AULICH):[2])

| Herkunft | Sand (v. H.) | Ton (v. H.) | Korngrößenstufung (v. H.) | | | | | $H_2O$ (v. H.) formgerecht |
|---|---|---|---|---|---|---|---|---|
| | | | über 0,3 mm | 0,2 bis 0,3 mm | 0,09 bis 0,2 mm | 0,05 bis 0,09 mm | unter 0,05 mm | |
| Pegnitz (aus Dogger-Sdst.) | 91,4 | 8,6 | 74,3 | 6,8 | 4,8 | 0,7 | 4,8 | 6,0 |
| Freihung (aus Sdst.-Keuper) | 90,0 | 10,0 | 40,0 | 18,3 | 20,0 | 1,6 | 10,1 | 8,7 |
| Rothenstadt (aus Rotliegd.) | 86,9 | 13,1 | 6,9 | 6,4 | 16,8 | 5,7 | 51,1 | 10,2 |
| Bodenwöhr (aus Kreide-Sdst.) | 86,4 | 13,6 | 1,1 | 2,3 | 64,5 | 5,6 | 12,9 | 8,9 |
| Sollern[1]) (aus Tertiär) | 85,4 | 14,6 | 43,9 | 21,5 | 7,7 | 2,0 | 10,3 | 7,8 |

[1]) bei Riedenburg a. d. Altmühl.

[1]) Angeführt auf S. 374.

[2]) AULICH, P.: Neuere Anschauungen über das Wesen des Formsandes und seine Prüfung. Handbuch der Eisen- und Stahlgießerei, 2. Aufl., I. Bd., Berlin 1927.

## G. Neuburger Kieselkreide.

Die Neuburger Kieselkreide (Neuburger Weiß, Neuburger Weißerde, Neuburger Kreide, Kieselerde, Kieselweiß) ist eine feinmehlige, ungeschichtete weiße Masse, die bis zu 90 v. H. aus wasserfreier Kieselsäure besteht und Ton und Eisenoxyd beigemengt enthält. Die Kieselsäure besteht aus winzigen Fremdquarzen, welche die Größe von 0,15 mm kaum überschreiten, aus einem opalartigen Einbettungsmittel und wenig neugebildetem, mikroskopisch feinstkörnigem Quarzgemenge. Die ganze Masse ist meist locker porig und klebt an der Zunge. Kieselige Knollen und größere Blöcke sind häufig in der Masse eingelagert. Sie gehen mit poriger, milchweißer Rinde in das lockere Kieselmehl über. — Häufig schalten sich der Kieselkreide keil- oder nesterförmige, grobe, festgepackte oder lockere Quarzsande ein. Die Grenze ist oft scharf, nur nächst der Berührungsstelle nimmt die Kieselkreide etwas Quarzsand auf. Manchmal ist die Kreide mit Eisenlösungen durchtränkt und dann gelb gefärbt. Über der Kieselkreide beobachtet man oft eine Ablagerung von porigen Quarziten und darüber gelbbraune, kaffeebraune und rote Lehme.

Das Neuburger Weiß, wie sein gewöhnlicher Name lautet, bildet nesterartige Einlagerungen innerhalb von Sandabsätzen der Oberen Kreide (Abb. 60). Es ist bisher nur an wenigen Stellen des Frankenjuras bekannt geworden, besonders in der Gegend von Neuburg a. d. Donau und Wellheim. Im nördlichen Frankenjura gelegene ähnliche Bildungen von Hauenstein unfern Pottenstein und von Waischenfeld haben zunächst mehr wissenschaftliche Bedeutung (nach L. Krumbeck). Paul Dorn[1]) kennt kleine Linsen von Kieselkreide in der

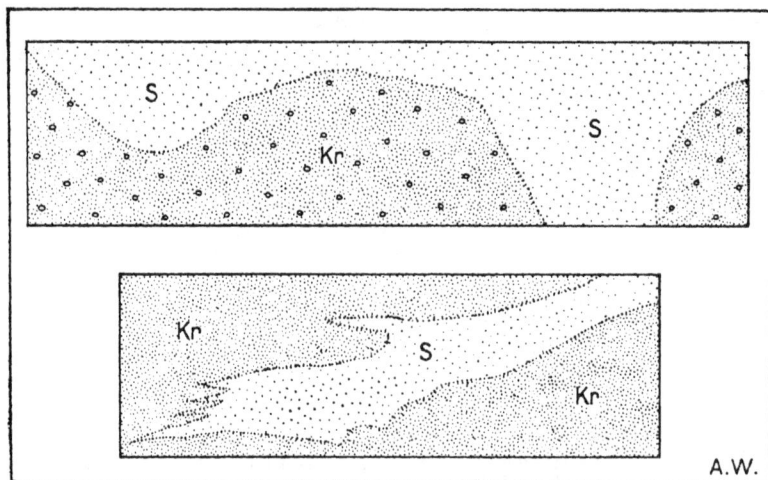

Abb. 60.

**Wandprofile aus Kieselkreide-Brüchen.**

Oben: Nordwand des Kreidebruches bei Wellheim (Länge rd. 40 m).
Unten: Sandschlauch in der Kieselkreide, Hoffmanns-Bruch an der Beut-Mühle bei Neuburg (Länge rd. 4 m).
Kr = Kieselkreide, oben mit Hornsteinknollen; S = Sande.
(Nach A. Wurm.)

---

[1]) Angeführt S. 384.

sandigen Albüberdeckung der Gräfenberger Gegend, so von Hiltpoltstein, Weiler Erlastruth (S. davon), vom Haid-Hof (W. von Thuisbrunn) und Lilling-Hof (SO. von Gräfenberg). — Die Mächtigkeit der Kreidenester beträgt stellenweise über 45 m. Eingeschlossene Versteinerungen lassen das Alter der Ablagerung als cenomane Kreide bestimmen.

C. W. Gümbel und Th. Schneid[1]) halten das Kieselweiß für den zusammengeschwemmten Verwitterungsrückstand der Oberen Jura-Schichten. Die eingelagerten Hornsteinknollen und Quarzitblöcke werden als Konkretionen gedeutet, d. h. als Kieselsäure-Zusammenballungen innerhalb des Kieselmehls. L. Krumbeck dagegen nimmt eine Ausfällung der Kieselsäure an Ort und Stelle in Form von Hornsteinmassen an, die durch Verwitterung in Kieselmehl zerfallen wären.

Nach P. Dorn ergab eine Schlämmanalyse der Kieselerde vom Lilling-Hof bei Gräfenberg: Körner größer als 0,5 mm = 3,9 v. H.; 0,5—0,1 mm = 22,6; 0,1—0,05 mm = 9,4; 0,05—0,01 mm = 38,2; kleiner als 0,01 mm = 25,9 v. H. Über die chemische Beschaffenheit der Kieselerde gibt folgende Tabelle Auskunft:

| | $SiO_2$ | $Al_2O_3$ | $Fe_2O_3$ | CaO | $K_2O$ | $Na_2O$ | $H_2O$ | Org. | Summe |
|---|---|---|---|---|---|---|---|---|---|
| I | 86,15 | 10,11 | Sp. | 0,25 | 0,08 | 0,22 | 3,45 | | 100,26 |
| II | 85,99 | 7,94 | — | 0,54 | 2,61 | | 2,50 | — | 99,58 |
| III | 85,25 | 7,39 | — | 0,93 | 3,61 | | 2,51 | — | 99,69 |

I = Neuburger Weiß (Unt.: A. Schwager, Geogn. Jh., 7, 1894, S. 86).

II = Neuburger Weiß, Rohprodukt, Klause-Brüche bei Neuburg a. D. (Unt.: Mineral.-Geol. Lab. d. Techn. Hochschule, München; Eckert, M.: Das Neuburger Weiß, Dissertation, München 1924).

III = Weiße Rinde der eingeschlossenen harten Knollen (Unt. und Quelle wie bei II).

Verbreitung: Die Hauptvorkommen der Kieselerde liegen W. von Neuburg a. D. an der Alten Burg, im Burg-Holz unfern der Beut-Mühle; bei Kreut O. von Oberhausen; im Walde des Flachs-Berges N. von diesem Ort. Auch im Pfarrgarten von Oberhausen wurde Kieselkreide unter obermiozänen Glimmersanden nachgewiesen. Im Burg-Holz sind bis zu 50 m Kieselweiß vorhanden. In einer bis zur Donau hinabreichenden alten Grube soll es sogar noch 30 m unter dem Donauspiegel vorhanden sein.

Ein größerer Abbau auf Kieselkreide N. der Donau ist im Molster-Holz S. der Straße Bittenbrunn-Riedensheim. Der Abbau geht 20 m tief; Bohrungen sollen 44 m tiefer die Unterlage noch nicht erreicht haben. Nach W. zu keilt dieses Vorkommen aus; es soll noch weiter westlich aber wieder erbohrt sein. Auch dieses Vorkommen liegt im Sand. — Mit Ton und Letten verbundene Kieselkreidenester wurden in neuerer Zeit im Seminar-Wald bei Neuburg aufgefunden.

---

[1]) Angeführt S. 71.

Im Wellheimer Tale NW. von Neuburg wurde bei der Feld-Mühle und bei Hütting früher Kieselweiß gegraben. — Auf dem K r e u z e l - B e r g oberhalb Wellheim baut eine größere Grube ein Kieselkreidenest ab, das in einer Ost-West ziehenden, rinnenförmigen Vertiefung zwischen Weißjura-Epsilon, Felsenkalk und Dolomit, liegt. Die Kreide ist ganz ähnlich wie bei Neuburg ausgebildet (vgl. Abb. 60). Sie ist mit Hornsteinknollen durchsetzt und steht im Verband mit Sanden und sandigen Kiesen. Die Grenze zwischen der Kreide und dem Sand ist manchmal scharf, manchmal unscharf, indem die Kreide langsam sandig wird. Die Grenze zieht stellenweise steil zur Tiefe. Ob hier Auswaschungsformen oder Verstürzungen vorliegen, läßt sich nicht entscheiden.

Verwendung: Das Neuburger Weiß wird zur Herstellung von Metallputzmitteln, von Ultramarin und als Farbträger wie Schwerspat, ferner als Schleif- und Poliermittel und in der Gummi-Industrie verwendet. — Die Gewinnung geschieht in Tagebauen (Fig. 2, Taf. 22) oder mittels Schächten.

## H. Braunkohlen.

Das reiche Pflanzenleben in der Tertiär-Zeit, subtropisch im Miozän, unseren heutigen einheimischen Pflanzenwuchs näher im Pliozän, drückt sich in den Braunkohlenflözen aus, die aus den ortständigen Gewächsen (Hölzer, Blätter, Früchte) untergegangener Wälder oder aus zusammengeschwemmten Hölzern bestehen. In unserem Darstellungsbereich haben wirtschaftliche Bedeutung die Braunkohlen der Rhön, die Braunkohlen der Gegend zwischen Regensburg und Schwandorf und die Braunkohlen bei Aschaffenburg; zu erwähnen sind die Braunkohlenvorkommen im Ries und auf dem südlichen Frankenjura.

### I. Obermiozäne Braunkohlen.

### Die Braunkohlen der Rhön.[1]

Die tertiären, tonigen Ablagerungen in der Rhön, welche Braunkohlen einschließen, umziehen als ein oft schmal ausstreichender Streifen zwischen den

---

[1] Wichtigstes Schrifttum:

BAYER. OBERBERGAMT: Die mineralischen Rohstoffe Bayerns und ihre Wirtschaft, I. Band: Die jüngeren Braunkohlen. München und Berlin 1922.

AMMON, L. VON: Bayerische Braunkohlen und ihre Verwertung. München 1911.

FISCHER, K. & WENZ, W.: Das Tertiär in der Rhön und seine Beziehungen zu anderen Tertiärablagerungen. — Jahrb. Preuß. Geol. L.-A. f. 1914, II, Berlin 1916.

GÜMBEL, C. W.: Die geognostischen Verhältnisse des fränkischen Triasgebietes. — „Bavaria“, IV. Band, 1. Abt.: Unterfranken und Aschaffenburg, München 1866.

HASSENKAMP, E.: Geognostische Beschreibung der Braunkohlenformation der Rhön. — Verh. phys.-med. Ges. Würzburg 8, 1857.

— Geologisch-palaeontologische Untersuchungen über die Tertiärbildungen des Rhöngebirges. — Würzburger naturw. Ztschr. 1, Würzburg 1860.

KAYSER, E.: Lehrbuch der Geologie, Bd. IV, S. 301, Stuttgart 1924.

KLÜPFEL, W.: Die Burdigal- und Helvettransgression im Rheintalgraben zwischen Basel und Gießen. — Geol. Rundsch., 21, Berlin 1930.

— Das Faziesgesetz der vorquartären Vulkaneruptionen. — Geol. Rdsch. 24, Berlin 1933.

Absätzen der Trias und dem Basalt der Rhön-Hochfläche den Süd- und Ostrand der Langen Rhön. Auch vom Westrand her reichen diese Schichten unterirdisch ins bayerische Gebiet. Meist sind die Tertiärschichten von Basaltschutt (Abb. 2) so stark zugedeckt, daß ihr Ausstreichen nur selten zu beobachten ist und sie nur durch Schürfarbeiten durch den Schutt hindurch nachgewiesen werden können (vgl. hierzu auch das Kärtchen).

W. Wenz (1914) stellt die bayerischen Rhön-Braunkohlen ins obermiozäne Tertiär (Sarmat und vielleicht Torton) und Unter-Pliozän (Pont), je nachdem sie unter oder über dem Horizont der Schnecke *Brotia (Melania) escheri* liegen (vgl. hierzu auch M. Schuster, „Abriß" VI, Tabelle S. 137). Ältere und neuere Forscher (z. B. W. Klüpfel, 1930) vertreten ein untermiozänes Alter der Braunkohlen.

Die Kohlen sind aus dem Pflanzenbestand eines Sumpfbeckens oder mehrerer getrennter Becken hervorgegangen. Schon Hassenkamp (1857) vergleicht die tertiären Rhön-Moore mit dem Sumpf in Nord-Karolina und Virginien. Gleichzeitig mit der Kohlenbildung fanden vulkanische Ausbrüche statt. Die hierbei ausgeblasenen und im Wasser abgesetzten Aschen (Tuffite) sind den Braunkohlenflözen eingelagert. Basaltlaven durchbrachen die Tertiär-Schichten und überlagerten sie. Es ist möglich, daß basaltische Schmelzflüsse in die Tertiär-Schichten lagerförmig eingedrungen sind und die Lagerung und Beschaffenheit der Braunkohlen beeinflußt haben (R. Pietzsch, W. Klüpfel).

**Einteilung der Braunkohlen.** — Nach F. Sandberger kann man die Rhönkohlen nach ihrem Aussehen einteilen in:

1. Lignite. — Diese sind plattgedrückte Stamm-, Ast- und Wurzelstücke mit sehr gut erhaltener Holzstruktur. Sie sind licht gelblichbraun oder rein hellbraun; dann sind sie schwer zerreißbar und spaltbar. Die hellen sind nicht selten mit erdigem Retinit (ehemaligem Harzgehalt) durchtränkt. Ganz rein sind die Lignite frei von feinverteiltem Eisenkies und daher auch frei von Ausblühungen von schwefelsauren Eisenverbindungen. An der Luft trocknen sie

Lenk, H.: Zur geologischen Kenntnis der südlichen Rhön. — Verh. phys.-med. Ges. Würzburg, N. F., **21**, Würzburg 1887.

Ludwig, R.: Fossile Conchylien aus den tertiären Süßwasser- und Meerwasser-Ablagerungen in Kurhessen, Großherzogtum Hessen und der Bayer'schen Rhön. — Palaeontographica, **14**, Cassel 1865.

Pietzsch, K.: Die Braunkohlen Deutschlands im Handbuch der Geologie und Bodenschätze Deutschlands, Berlin 1925, S. 202.

Proescholdt, H.: Geologische und petrographische Beiträge zur Kenntnis der „langen Rhön". — Jahrb. d. K. Preuß. Geol. Landesanstalt für 1884, Berlin 1885.

Sandberger, F.: Über die Braunkohlenformation der Rhön. — Berg- und Hüttenmänn. Ztg., Leipzig 1879.

Schuster, M.: Siehe unter Bayer. Oberbergamt.

Wagner, W.: Geologische Beschreibung der Umgebung von Fladungen vor der Rhön. — Jahrb. Pr. Geol. L.-A. f. 1909, II, Berlin 1912.

Wenz, W.: Siehe unter Fischer, K. & Wenz, W.

Zincken, C. F.: Ergänzungen zu der Physiographie der Braunkohle, S. 249 und 151, Tafel IV, Fig. 93, Halle 1871.

aus: sie krümmen sich und fasern sich bastartig auf. Die Fasern hat man für fossilen Bast (Bastkohle) gehalten.

Übergänge in Pechkohle sind nicht selten. Hierbei kann ein Teil eines Stammstückes Lignit geblieben, der andere aber in Pechkohle umgewandelt sein. Auch verkieseltes Holz kommt vor.

Abb. 61

Die Braunkohlen der Langen Rhön sind überwiegend aus Nadelhölzern hervorgegangen, die der Familie der Zypressen angehört haben; vereinzelt sind Stammstücke von Eiben und Kiefern. Laubhölzer sind nur durch Birken vertreten.

2. Die gemeine Braunkohle. — Diese ist dunkelbraun, dicht oder grobschieferig und enthält in einer ziemlich gleichmäßigen lichten Grundmasse Einschlüsse von Stamm- und Zweigresten und oft von Fruchtkapseln. In der

Grube ist sie meist undeutlich plattenförmig abgesondert; an der Luft spaltet sie sich unter Krachen in Platten, die weiter in kleine Stückchen zerspringen. Auf dem Querbruch ist die Kohle matt, nur bei gänzlichem Übergang in Pechkohle schwarz und fettglänzend. Ausblühungen von Eisenvitriol und später auch von basisch-schwefelsaurem Eisenoxyd, Gips u. a. m. sind wegen ihres Gehaltes an fein verteiltem Eisenkies sehr häufig.

3. Die erdigen Braunkohlen. — Sie sind heller gefärbt als die gemeinen und vollkommen glanzlos. Sie bestehen aus locker verbundenen Teilchen von zerfallenem Mulm mit gelegentlichen festeren Zweigstückchen und Stammbruchstückchen.

4. Die Pechkohlen. — Diese Kohlen sind tiefschwarz und haben muscheligen, stark fettglänzenden Querbruch. Organische Struktur ist mit freiem Auge darauf kaum mehr zu erkennen. Bei den besten, den holzförmigen Pechkohlen, ist aber die Holzfaser im Längsbruch noch sehr gut erhalten, ähnlich wie bei den Ligniten, mit denen sie (mitunter in den gleichen Stämmchen) häufig vorkommen. Die Pechkohlen sind aus Ligniten und gemeinen Braunkohlen hervorgegangen unter Einwirkung von freier Schwefelsäure, die sich aus dem beigemengten Eisenkies gebildet hat. Der zugleich mit der Schwefelsäure entstandene Eisenvitriol kann ganz oder teilweise ausgelaugt sein. Darnach richtet sich auch der Aschengehalt der Pechkohlen.

5. Faulschlammartige Schwarzerde. — Sie ist ein stark gefärbter, kohlenführender Ton, dessen färbender schwarzer Stoff (im Gegensatz zu der eigentlichen Kohle) sehr widerstandsfähig gegen konzentrierte Salpetersäure ist. — Schwarze, dunkelgraue und bräunliche Tone finden sich an mehreren Orten.

**Chemische Verhältnisse.** — In chemischer Hinsicht gilt allgemein: Der Aschengehalt beträgt im Mittel 27 v. H., kann aber bis auf 30 v. H. steigen. Der hohe Schwefelgehalt ist ungünstig. Die Kohle und die Schwarzerde enthalten viel Schwefelkies. Die Kohle neigt zur Selbstentzündung, was man bei dem Kohlenklein auf der Halde oft beobachten kann.

Die chemischen Analysen von Rhön-Braunkohlen aus älterer Zeit sind mit Vorsicht zu bewerten, da sie z. T. an lufttrockener und ausgesuchter Kohle ausgeführt erscheinen. — Von einer erdigen, stark mit tonigen Bestandteilen durchsetzten Braunkohle vom Bauers-Berg N. von Bischofsheim gibt L. VON AMMON (S. 14, nach einer Analyse der Zeitzer Eisengießerei- und Maschinenbau-Gesellschaft) folgende Zusammensetzung an: Wasser, mechanisch gebunden = 42,0 v. H.; Wasser, chemisch gebunden = 3,6; Teer = 1,2; Kohlenstoff = 15,2; Asche = 27,6; nicht kondensierbare Gase = 10,4 v. H.; Summe = 100,00.

Schwarzerde, auch „Schwarz" genannt, besteht nach L. VON AMMON (S. 14) aus: Kieselsäure = 49,38 v. H.; Tonerde = 34,30; alkalischen Erden und Alkalien = 1,32; Wasser und (etwa 1 v. H.) organischen und flüchtigen Bestandteilen = 15 v. H. Der Wassergehalt der grubenfeuchten Schwarzerde geht bis zu 40 v. H.

**Brennbarkeit.** — Die reinen Lignite verbrennen rasch mit langer Flamme. Die gemeinen Braunkohlen, die bei langsamem Austrocknen an der Luft über 40 v. H. hygroskopisches Wasser verlieren, verbrennen langsam mit kurzer Flamme. In gleicher Art brennen auch die holzförmigen Pechkohlen; die schieferigen verglimmen nur. — Die erdige Braunkohle ist unbrauchbar, da sie nur verglimmt. Auch die Schwarzerde brennt nicht.

**Verwertung.** — Die Rhön-Braunkohle dient hauptsächlich zum Hausbrand. Versuche, sie zur Kesselfeuerung zu verwenden, sie in Generatoren zu verschwelen oder elektrische Kraft aus ihr zu erzeugen, sind bisher wenig aussichtsreich oder gar erfolglos gewesen. Auch die Herstellung von Zement aus ihren Verbrennungsrückständen unter Ausnützung des Heizwertes der Kohle, sowie Brikettierungsversuche, sind nicht erfolgreich verlaufen. — Die Kohle des Letten-Grabens, O. von Wüstensachsen, am Westrand der Langen Rhön, soll sich angeblich zur Gaserzeugung eignen.

Die trockene Destillation der Schwarzerde liefert nach PIETZSCH (S. 204) neben Teer reichlich ein dem Ichthyol vergleichbares Öl. Aus dem „Schwarz" vom Bauers-Berg wurde Stiefelwichse hergestellt. Mittels Kohle vom gleichen Ort wurde die Schwarzerde getrocknet und aufbereitet. Der Heizwert der Kohle vom Bauers-Berg wird auf 1700—2200 W. E. angegeben (L. VON AMMON, S. 14).

**Verbreitung.** — Die südlichsten Spuren tertiärer Braunkohlen in der bayerischen Rhön sind in den Schwarzen Bergen zwischen Brückenau und dem Kreuz-Berg. Nach F. SANDBERGER sind in den quellenreichen, mit Tertiär-Ton erfüllten Buchten zwischen dem Totnans-Berge (Totmanns-Berge) und dem Branden-Berge (Erlen-Berge), auf der Ostseite der Schwarzen Berge, wiederholt Braunkohlenbrocken zwischen dem Basalt und dem Muschelkalk gefunden worden.

HASSENKAMP (1857) gibt als südlichste Punkte kohlenführenden Tertiärs Glashütte (Alt-Glashütten, GÜMBEL 1866, S. 66)[1]) und den Kreuz-Berg an. SW. vom Kloster auf diesem Berge könnte nach der geologischen Aufnahme die „Kohlgrube" genannte Wiese einem Tertiärvorkommen entsprechen.

Das Hauptverbreitungsgebiet der Braunkohlen aber ist der Süd- und Osthang der Langen Rhön. An seinem Westhang ist nur ein größeres Vorkommen zu verzeichnen.

### A. Süd- und Osthang der Langen Rhön.

### I. Die Gegend NW. und N. von Bischofsheim.

Nordwestlich von Bischofsheim, an der Landesgrenze, soll im Keller des Rhönhauses nach HASSENKAMP (1857) ein Kohlenlager entdeckt worden sein. — Auch am Steiz-Brunnen NW. von Bischofsheim (Kärtchen!) seien in den Vierziger Jahren Kohlenspuren gefunden worden.

---

[1]) Die eingehende geologische Aufnahme der Gegend um Alt-Glashütten gab keinerlei Anhaltspunkte für ein Kohlenvorkommen, das sich dem Volksmund nach an den Tephrit des Stein-Küppels N. von Alt-Glashütten knüpft.

Am Nordostfuß des „Türmchens", einer Basalterhebung N. von Bischofsheim, etwa an der Stelle, wo die Drahtseilbahn des Basaltwerkes den Moor‑wasser-Bach berührt, hat man im Jahre 1899 mit einem 5,5 m tiefen Turbinenschacht ein 1,5—2 m starkes Lignitflöz teilweise durchsunken, das an Muschelkalk angelagert war. Das Einfallen betrug 15°; die Richtung ist unklar angegeben. Schlüsse über die Lagerungsverhältnisse der offenbar tertiären Kohle können nicht gezogen werden. Auch an eine in den Vulkanschlot gestürzte Kohlenscholle könnte gedacht werden. Das Vorkommen ist als „Lina-Zeche" auf Braunkohle verliehen worden.

Seit alter Zeit bekannt ist das Braunkohlenvorkommen auf dem Bauers‑Berg NW. über Bischofsheim. Hier wurde die Kohle in zwei Höhenlagen gewonnen, in 579 m Höhe (altes Feld „Bischofsheim") und in 670—690 m Höhe (altes Feld „Einigkeit"). An das letzte Feld schließt sich ostwärts das alte Feld „Weisbach" an.[1])

1. Die Zeche „Bischofsheim". — Sie hatte ihren Stolleneingang („Bischofsheimer Stollen") in etwa 580 m Höhe hinter der jetzigen Wirtschaft Bauers-Berg. Er verlief nach Nord-Nordosten. Nach den oberbergamtlichen Akten hat die bis 1863 abgebaute Fläche rd. 4000 m² betragen. Vorhanden gewesen sind vier Kohlenflöze, die mit Tonschichten und Basalt-Tuffen abwechselten und eine Gesamtmächtigkeit von 6—8 m besaßen. Die Kohlen lagerten über der Stollensohle in etwa 597—600 m Meereshöhe.

Um 1920 wurde 250 m NW. der Wirtschaft in etwa 577 m Höhe ein 105 m langer Versuchsstollen nach NO. zu aufgefahren, um die zwischen Muschelkalk im Osten und einem Basaltdurchbruch im Westen eingekeilten, vermuteten Braunkohlenflöze zu erreichen. Der Hauptstollen, die Nebenstrecken und eine zweite höhere Sohle standen zumeist in einem schmutziggrauen, tuffigen Gestein mit zu- und abnehmenden, geringen Schwarzerde-Ablagerungen. Mehrfach stieß man auf Basalt (M. SCHUSTER 1922).

Etwa in der nordöstlichen Fortsetzung des alten Bischofsheimer Stollens brachte das Bay. Bergärar (1913/14) in der Höhe von rd. 640 m neben anderen Bohrungen eine Tiefbohrung nieder, welche folgendes Profil erschloß:

Humus, Erde und Ton 2,50 m; Tone mit Basaltbrocken 4,90 m; Ton 2,90 m; Ton mit Basaltbrocken 1,10 m; Ton 4,10 m; Ton mit Lignit-Stückchen 1,40 m; kohliger Ton 6,90 m; Braunkohle 2,20 m; tonige Kohle („Kohlenmulm") 7 m; Kohlengries (oben mehr lettige, unten mit Kohlensplittern vermengte Übergangsstufe zur Glanzkohle) 2,8 m; Basalt 1,2 m; schwarze Glanzkohle 0,2 m; Basalt 0,5 m (Endteufe 37,70 m).

Diesem Bohrprofil aus neuerer Zeit seien ältere Profilangaben von HASSENKAMP und WEHNER gegenübergestellt. HASSENKAMP gibt offenbar das Profil des Fahr- und Förderschachtes (150 m SSW. von der obengenannten Bohrung, 20 m tiefer als diese gelegen) während WEHNER's Angaben zu-

---

[1]) Die alten Grubenfelder „Bischofsheim", „Einigkeit" und „Weisbach" (nebst einigen kleineren Feldern) bilden das heutige Feld „Bauers-Berg".

sammengestellt sind aus dem Profil durch die Schächte, den Stollen, einen Überhau und zwei Bohrlöchern.[1])

Profil durch die Braunkohlen-Ablagerung der Zeche „Bischofsheim"
nach HASSENKAMP (1857) und WEHNER (1871).

Von oben nach unten:

1. Dammerde . . . . . . . . . . . . . . . . . . . . 0,58 m;[2])
2. blauer Ton [WEHNER spricht von Wascherde, der ein Kohlenschmitz (a) eingeschaltet ist; HASSENKAMP hält den blauen Ton für zersetzten Basalt-Tuff] . . . 20,43 m;
3. Kohlenflöz [nach WEHNER Kohlenflöz (b) 1,17—1,75 m stark, mit viel Lignit] . . . . . . . . . . . . . . . . . . . . . 2,04 m;
4. graugrüner, schwefelkiesreicher Ton (nach WEHNER bitumen- und alaunhaltiger Ton und Basalt-Tuff) . . . . . . . . . . . . . . . . . 0,58 m;
5. Kohlenflöz [nach WEHNER Kohlenflöz (c) 1,46—1,60 m stark, sehr tonig und sehr eisenkieshaltig] . . . . . . . . . . . . . . . . 1,75 m;
6. graugrüner Ton wie oben . . . . . . . . . . . . . 1,17 m;
7. Kohlenflöz [nach WEHNER Kohlenflöz (d) 1,75—4,38 m stark mit einer dichten, viel Lignit einschließenden Kohle] . . . . . . . . . . . . 2,34 m;
8. graugrüner Ton wie oben . . . . . . . . . . . . . 0,88 m;
9. Kohlenflöz [nach WEHNER Kohlenflöz (e) aus Lignit und Lignit-Pechkohle bestehend] . . . . . . . . . . . . . . . . . . . . 1,17 m;
10. sandiger graugrüner Ton mit Früchten von *Juglans* [nach WEHNER Basalt-Tuff und Kohlenschmitz (f)] . . . . . . . . . . . . . . . 4,38 m;
11. grünlicher Ton mit Blattabdrücken . . . . . . . . . . . 1,75 m;
12. Konglomerat mit Muschelkalk- und Sandsteinbrocken (nach WEHNER graugrüner Ton mit Kalknieren) . . . . . . . . . . . . . . . . 1,46 m;
13. Wellenkalk.

WEHNER gibt noch ein Einzelprofil von einem Überhau vom Bischofsheimer Stollen:

1. Schwarzbrauner Ton . . . . . . . . . . . . . . 2,04 m;
2. tonige, eisenkieshaltige Kohle (b) . . . . . . . . . . . 1,75 m;
3. alaunhaltiger schwarzer Ton . . . . . . . . . . . . 1,46 m;
4. erdige Braunkohle mit Lignit (c) . . . . . . . . . . 0,88 m;
5. grauer Ton . . . . . . . . . . . . . . . . . . 0,58 m;
6. dichte Braunkohle mit Lignit (d) . . . . . . . . . 2,34 m;
7. Basalt-Tuff . . . . . . . . . . . . . . . . . 0,44 m;
8. Lignit (e) . . . . . . . . . . . . . . . . . . 0,88 m;
9. graugrüner Blätterton . . . . . . . . . . . . . . 0,29 m;
10. Basalt-Tuff . . . . . . . . . . . . . . . . . 0,44 m;
11. graugrüner Blätterton, Schmitz von Kohlengrus (f) . . . . . . . 0,44 m;
12. graugrüner Blätterton . . . . . . . . . . . . . . 0,58 m.

---

[1]) Angaben über die Kohlenvorkommen auf dem Bauers-Berg machten außer HASSENKAMP (1857) auch C. W. GÜMBEL (1866), F. SANDBERGER (1876 und 1879) und H. BÜCKING (1916). Ob ihre Angaben sich auf eigene Beobachtungen stützen konnten, ob sie fremde Quellen benutzten oder ob sie die Angaben aus dem Schrifttum übernommen haben, ist heute nicht mehr zu sagen, da eine Überprüfungsmöglichkeit fehlt. Besonders SANDBERGER erscheint nicht zuverlässig. — F. WEHNER's Angaben (1871) sind sicherer. Er war der letzte Schichtmeister vom Bauers-Berg.

[2]) Die ursprünglichen Mächtigkeiten sind in Fuß angegeben (1 Fuß = 0,2919 m). Die Angaben im Metermaß, die scheinbar sehr genau sind, sind danach zu bewerten.

Gute Kohlen lieferten Flöz (d) und (e); die übrigen Flöze ergaben nur Kohlenklein. Durch Auskeilen einiger Flöze sollen am Ausgehenden nur noch die beiden genannten (d und e) vorhanden sein; letzteres nur noch 0,29 m stark. Die Mächtigkeit des überlagernden Tons[1] schwankt bis 29 m, je nach der Gestaltung seiner Unterlage. HASSENKAMP gibt ausdrücklich Verdrückungen der einzelnen Flöze an, aber keine wirklichen Schichtstörungen. — Der Wellenkalk, welcher in dem nach 38,5° (NO.) ziehenden Stollen auf etwa 70 m angetroffen wurde, wird als natürliches Südufer des Tertiär-Sees angesehen.

2. Die Zeche „Einigkeit". — Die Braunkohlengrube und der Tagebau dieser Zeche liegt 100 m höher auf dem Bauers-Berg als die Zeche „Bischofsheim". Die Ablagerung wurde im Jahre 1818 entdeckt und 1838 von Einwohnern von Zahlbach zuerst im Tiefbau gewonnen. Infolge eines noch lange anhaltenden Grubenbrandes wurde (1852) der Tiefbau in einen Tagebau umgewandelt. Die Gewinnung im Tiefbau war nun auf Schwarzerde („Schwarz") gerichtet (zum Zwecke der Herstellung von Schuhwichse; die Grube hieß deshalb eine Zeitlang „Schwarzgrube"); im Tagbau wurde Kohle gefördert. Der Tagbau ging etwa in einer Höhe von 660—670 m ü. d. M. um.

Die Schwarzerde war zwischen 1902—1908 durch einen Versuchsschacht, 250 m NO. vom Tagebau, in Höhe 700 m angelegt, nachgewiesen worden. Er schloß auf: 1,5 m Walderde; 1,0 m Ton; 3,5 m Kohle; 3 m Ton; 3 m Kohle; 2 m Ton; 4 m Schwarzerde; 3 m Kohle; Basalt. Die Schwarzerde erschien in einer Tiefe von 14—18 m unter der Erdoberfläche.

300 m S. davon, in der Höhe von 655 m, wurde ein alter Stollen, der Weisbach-Stollen, 1904/05 wieder aufgemacht und bis 295 m verlängert. Er wurde mit dem obengenannten Schachte in Verbindung gebracht. Der Stollen traf von rd. 90—120 m vom Mundloch an in seiner Sohle ein schräg gelagertes, 3 m starkes Lignit-Flöz an, das eine Zeitlang in die Tiefe verfolgt werden konnte. Im übrigen stand der Stollen auf seiner ganzen Länge im Basalt, wie auch der Aufbruch am Stollenende zu dem Schachte, und wie ein bei 140 m Länge auf 7 m abgeteuftes Gesenk und ein altes, 16 m tiefes Gesenk, das bei 161 m Länge angetroffen worden war.

Die im Felde „Einigkeit" vom Bergärar niedergetriebenen Bohrungen verliefen ergebnislos; alle auf dem Bauers-Berg vorgenommenen staatlichen Bohrungen endigten im Basalt und erwiesen keinerlei abbauwürdigen Kohlenflöze.

Die Aufschlüsse im Tagebau der Zeche „Einigkeit" sind heute so verstürzt, daß man zur Deutung der Verhältnisse auf ältere Profile angewiesen ist. Diese stimmen jedoch in Einzelheiten nicht überein.

Profil des Braunkohlen-Tagebaus (Zeche „Einigkeit")
auf dem Bauers-Berg (nach HASSENKAMP, 1857).

| | |
|---|---|
| 1. Gelber Ton . . . . . . . . . . . . . . . . . . . | 1,03 m; |
| 2. Basalt-Tuff, z. T. zu Ton verwittert . . . . . . . . . . . . . . | 0,58 m; |

---

[1] Nach alten Plänen wird dieser nicht als blau, sondern als graugelb, weiß, bitumenhaltig und als Basalt-Tuff bezeichnet.

3. Braunkohlenflöz, geteilt durch ein graues, schwefelkiesreiches Tonflöz von 0,29 m Mächtigkeit . . . . . . . . . . . . . . . . . . . . . . . 5,84—7,59 m;
4. brauner Ton mit Blätterabdrücken . . . . . . . . . . . . . . . . 1,17 m;
5. schwarzer Ton . . . . . . . . . . . . . . . . . . . . . . 1,17 m;
6. Basalt.

F. Wehner gibt (S. 249) die beiden nachstehenden Profile, das linke bezieht sich auf einen Stoß im nördlichen Teil des Tagebaus, das rechte auf einen östlichen Abbaustoß.

<table>
<tr><td colspan="2">Nördlicher Abbaustoß:</td><td colspan="2">Östlicher Abbaustoß:</td></tr>
<tr><td>1. Alluvium . . . . . .</td><td>0,88 m;</td><td>1. Alluvium m. Basaltgeröll</td><td>0,29—0,58 m;</td></tr>
<tr><td>2. basaltischer, weißer Ton . .</td><td>0,29 m;</td><td>2. „Wascherde" . . .</td><td>0,81—1,17 m;</td></tr>
<tr><td>3. erdige Braunkohlen, in braungelben Ton übergehend und Lignit-Stücke einschließend . . .</td><td>4,38 m;</td><td>3. graubrauner und schwarzer Ton mit Lignit-Stückchen</td><td>0,88—2,34 m;</td></tr>
<tr><td>4. Basalt-Tuff . . .</td><td>0,44—0,88 m;</td><td>4. Basalt-Tuff . . . . .</td><td>0,15 m;</td></tr>
<tr><td>5. Braunkohle mit Lignit-Stämmen . . . . . .</td><td>4,09 m;</td><td>5. Kohle mit Lignit .</td><td>1,17—1,75 m;</td></tr>
<tr><td>6. brauner und gelber Ton</td><td>0—1,75 m;</td><td>6. schwarzgrauer Ton mit Blätterabdrücken . . . .</td><td>0,29—0,73 m;</td></tr>
<tr><td>7. Pechkohle . . . . .</td><td>0,88 m;</td><td>7. weißlicher Ton mit Basalt-Tuff . . . . . .</td><td>0—0,58 m;</td></tr>
<tr><td>8. grauer Ton;</td><td></td><td>8. tonige Kohle mit Lignit</td><td>0,58—0,88 m;</td></tr>
<tr><td>9. hellgebrannter Ton;</td><td></td><td>9. Basalt-Tuff . . .</td><td>0,44—0,58 m;</td></tr>
<tr><td>10. kugeliger Basalt mit Eisenkies auf den Klüften.</td><td></td><td>10. Braunkohle mit Lignit und Toneinlagerungen . . .</td><td>3,65—4,09 m;</td></tr>
<tr><td></td><td></td><td>11. Basalt-Tuff . . . . .</td><td>0,58 m;</td></tr>
<tr><td></td><td></td><td>12. Braunkohle mit Lignit und Tonlagen . . . . . .</td><td>5,26 m;</td></tr>
<tr><td></td><td></td><td>13. graubrauner Ton mit einzelnen Blätterabdrücken.</td><td></td></tr>
</table>

Diese beiden Profile, auf einem verhältnismäßig kleinen Raum aufgenommen, zeigen auffällig den starken Wechsel in Mächtigkeit, Inhalt der Lagerstätte und Güte der Kohlenschichten.

Die Entstehung der Braunkohlen vom Bauers-Berg fand — nach der anschaulichen Schilderung von Hassenkamp (1860) — in einer Mulde statt, die sich zuerst mit Wasser zum See füllte, in den Bäche Kalkgerölle, Ton und Basalt-Tuff führten. In der Tiefe des Beckens lagerte sich zarter Ton ab, in den Blätter und Früchte von Birken, Buchen, Zimtlorbeer-Bäumen, Ahornen und Eichen gelangten. Es folgten mehr sandig-tonige Ablagerungen; häufiger stellen sich Wallnüsse ein; in der Uferflora war *Libocedrus salicornioides* um diese Zeit häufiger. Es begann durch Rückgang der Zuflüsse Moor- und Torfbildung mit *Acer trilobatum* und *Glyptostrobus europaeus*, deren Stämme, im Torf begraben, die schönen Lignite des ersten Kohlenflözes ergaben. Torf und Seebedeckung wechselten in der Folge im ganzen sechsmal. Zur Bildungszeit der oberen geringmächtigen Flöze fehlte die Ansiedlung der erwähnten Moorbäume.

HASSENKAMP schließt aus der Pflanzenwelt auf ein Klima, ähnlich dem heutigen von Rom und Madrid. An tierischen Resten fanden sich eine Süßwasserschnecke der Gattung *Planorbis* in den Begleitschichten der Braunkohle und in der Braunkohle selbst vereinzelte Knochenreste, die von Fröschen stammen dürften.

## II. Die Gegend NO. und O. von Bischofsheim.

1. Das Kohlenvorkommen bei Weisbach. — 1 km O. vom Weisbach-Stollen, 670 m S. vom Schafstall an der Kalten Buche, wurde 1880/81 erschürft (Zeche „Glückauf"): 1. Dammerde und Basaltgerölle 0,20 m; 2. graugelber Ton 3,50 m; 3. brauner Ton 0,75 m; 4. weißgelber Ton 2,50 m; 5. blauer Ton 10,73 m; 6. schwarzer Ton 1,00 m (zusammen 16,68 m). — Vom Schachttiefsten wurde eine Strecke in Richtung 97,5° (OSO.) vorgetrieben. 1,5 m über der Streckensohle erreichte man lignitische und erdige Braunkohle im schwarzen Ton.[1]

2. Das Vorkommen am Leiten-Berge W. von Ginolfs. — Hier wurden am Fundpunkt „Maria Hilf" in 11,68 m Tiefe und am Fundpunkt „Hohe Rhön" in 10,22 m Lignit und würfelige Braunkohlenstückchen erbohrt.[2]

## III. Die Gegend SW. von Fladungen.

1. Das Kohlenvorkommen N. vom Ilmen-Berge (NW. vom Gangolfs-Berg). — Durch die Mutung Höhenwald (1873) neben dem Altenfelder Wassergraben, in der Nähe des Grenzsteines Nr. 43 (320 m O. vom P. 735,2 des Bay. Positionsblattes 1:25 000: Fladungen) ist unmittelbar unter dem Basalt ein 0,45 m starkes erdiges Braunkohlenflöz erschürft worden. SANDBERGER (1879) teilt das durch Schürfversuch ermittelte Profil mit: 1. Basaltgeröll 5 m; 2. Basalttuff 1 m; 3. Kohlenflöz aus gewöhnlicher und erdiger Braunkohle von geringer Qualität 1 m.

2. Das Kohlenvorkommen um den Reiperts-Graben, W. von Hillenberg bei Roth. — Gleich N. vom Reiperts-Graben befand sich die Zeche „Maria" auf der Mühlwiese. — HASSENKAMP gibt als Erster von ihr folgendes Profil.

Von oben nach unten:

1. Dammerde . . . . . . . . . . . . . . . . . . . . 0,58 m;
2. Kohlenflöz . . . . . . . . . . . . . . . . . . . 0,26 m;
3. *Cypris*-Schiefer mit Süßwasserschnecken . . . . . . . . 0,29—0,44 m;
4. grauer, mergeliger Basalt-Tuff . . . . . . . . . . . 0,58—0,88 m;
5. grüner Basalt-Tuff . . . . . . . . . . . . . . . . 0,29 m;
6. blauer Ton . . . . . . . . . . . . . . . . . . . 0,58 m;
7. Kohlenflöz . . . . . . . . . . .. . . . . . . . . 0,26—0,47 m;

---

[1] Über einen Fundpunkt „Siegfried" 350 m SW. von „Glückauf" ist nichts weiter bekannt geworden.

[2] Fundpunkte von Kohle sollen weiterhin sein jenseits der Kalten Buche am Rhönlein, W. von Ginolfs.

8. brauner Ton mit Pflanzenresten, Fischknochen und einer Kalkphosphat-Konkretion . . . . . . . . . . . . . . . . . . . . . . 1,75 m;
9. Kohlenflöz . . . . . . . . . . . . . . . . . . . . . . . . 0,58 m;
10. blauer Ton . . . . . . . . . . . . . . . . . . . . . 0,88—1,75 m;
11. Kohlenflöz . . . . . . . . . . . . . . . . . . . . . . . . 0,88 m;
12. blauer, plastischer Ton.
13. Wellenkalk.

Der Fundpunkt stimmt ziemlich gut überein mit dem der späteren Mutung „Richard I". 1912 war an einem steilen Abhang unter 1—1,65 m lehmiger Überdeckung ein wagrechtes Braunkohlenflöz von 0,70 m Stärke aufgeschlossen. Das Flöz, eine dunkelbraune bis schwarze, z. T. lignitische Kohle, hatte in der Mitte eine 5—9 cm starke Toneinlagerung. Unter der Kohle folgte angeblich Kieselgur. — In einem Bohrloch 2 m S. vom Fundpunkt wurde bei 3,80 m Tiefe ein weiteres Flöz angetroffen: es wurde 0,30 m schwarze Braunkohle erbohrt, aber nicht durchsunken.

Gegen Ende der 30er Jahre des vor. Jahrhunderts wurde im Reiperts-Graben durch einen Wolkenbruch eine Braunkohlenablagerung entblößt. Die frühere Zeche „Maria" baute sie längere Zeit unter Tag ab. 1855 wurde sie in einen Tagebau umgewandelt. Nach SANDBERGER fallen die Schichten mit 18° nach Norden ein; nach HASSENKAMP (1857) mit 40° nach Nordosten; nach GÜMBEL (1866) mit 8° nach Nordosten.

Nach Letzterem (1866, S. 67) ist das Profil folgendes:

1. Gelber, marmorierter Ton; brauner Lehm, untermengt mit Basaltbrocken . 11,83 m;
2. ockeriger, in Raseneisenerz übergehender Lehm und Ton . . . . . . . 3,50 m;
3. erdige, nur streifenweise reinere Kohle (Flöz 1) . . . . . . . . . 0,22 m;
4. weiche, kalkige Lagen, nach unten übergehend in zersetzten Basalt-Tuff und Letten von *Cypris, Gyraulus, laevis, Vivipara crassitesta*, prächtig erhaltenen Pflanzenresten und Knollen von Phosphorit . . . . . . . . . . . . . . . 1,97 m;
5. erdige Braunkohle (Flöz 2) . . . . . . . . . . . . . . . 0,58—0,73 m;
6. blätterig-erdiger Kalkschiefer voll *Gyraulus laevis*, von organischer Materie durch und durch erfüllt (almartige Masse) . . . . . . . . . . . . . 2,43 m;
7. grünlich-schwarzer Letten voll Pflanzenresten, blätterig-schieferiger Ton und grau-grüner, fetter Ton mit zahlreichen Blätterabdrücken . . . . . . . 1,97 m;
8. Braunkohle (Flöz 3) . . . . . . . . . . . . . . . . . . . 1,75 m.
Sohle des Tagbaues an einer Muschelkalkrippe abstoßend.

Durch Bohrung wurde darunter im Reiperts-Graben weiter aufgeschlossen:

1. Erdiger Kalkschiefer . . . . . . . . . . . . . . . . . . . 1,97 m;
2. blauer und grauer Ton . . . . . . . . . . . . . . . . . . . 4,38 m;
3. 4. Kohlenflöz . . . . . . . . . . . . . . . . . . . . . . 0,58 m;
4. blauer Ton . . . . . . . . . . . . . . . . . . . . . . . 1,03 m;
5. 5. Kohlenflöz . . . . . . . . . . . . . . . . . . . . . . 1,03 m;
6. schwarzer und grauer Ton . . . . . . . . . . . . . . . . . 1,60 m;
7. 6. Kohlenflöz . . . . . . . . . . . . . . . . . . . . . . 0,15 m.

Die Kohle war erdige und gemeine Braunkohle. Aus schieferiger Pechkohle bestanden hauptsächlich die tieferen und mächtigeren Kohlenflöze.

Ein Versuchsschacht auf der Mühlwiese aus neuerer Zeit durchteufte nach L. VON AMMON folgende Schichten:

1. Humus . . . . . . . . . . . . . . . . . . . . . 1,2 m;
2. blaugrauer oder gelblicher, oben sandiger Ton . . . . . . . . . 7,7 m;
3. 1. Braunkohlenflöz . . . . . . . . . . . . . . . 0,40 m;
4. Ton mit sandigen Zwischenlagen . . . . . . . . . . . . 2,00 m;
5. 2. Kohlenflöz mit einer 0,08 m starken schwefelkieshaltigen Lage . . 0,60 m;
6. grauer oder sandiger Ton und Letten, im Hangenden Schwefelkies führend 8,1 m;
7. 3. Flöz, zugleich Ende der Schachtabteufung wegen starken Wasserzudranges 0,7 m.

Die Kohlen dienten zu (ergebnislosen) Versuchen für den Dampfkessel des Nord-heimer Basaltwerkes.

Im Wald S. vom Reiperts-Graben war am sog. Erdpfahl (Erdfall?) unter blasigem Basalt Tuffit mit Konchylien und darunter ein etwa 1 m mächtiges Braunkohlenflöz von schlechter Beschaffenheit (Moorkohle) und plastischer Ton angeschnitten.

3. Vorkommen um den Eis-Graben bei Hausen. — Bei der Braun-kohle im Eis-Graben scheinen die Mächtigkeiten des Flözes sehr zu wechseln: auch über die Lagerung besteht keine Klarheit. H. PROESCHOLDT (1885) und H. LENK (1887) nehmen mehrere Abbrüche der Tertiär-Schichten an. W. WAGNER (1912) glaubt die wagrechte, ungestörte Schichtenfolge von Basalten durchbrochen. Das Tertiär fällt nach HASSENKAMP (1857) N. vom Eis-Graben nach Norden, S. von diesem nach Süden. Nach GÜMBEL (1866) fällt es mit 6—20° nach Südwesten.

Er gibt folgendes Profil vom Vorkommen im Eis-Graben an:

1. Grünlich- und rötlich-grauer Ton;
2. schwarzer Ton mit einem Kohlenschmitzchen . . . . . . . . . . 0,08 m;
3. Basalt-Tuff . . . . . . . . . . . . . . . . . . . . 0,58 m;
4. grüngrauer Ton . . . . . . . . . . . . . . . . . . . 0,29 m;
5. grüner Ton mit Ockerstreifen . . . . . . . . . . . . . 0,36 m;
6. schieferige Kohle . . . . . . . . . . . . . . . . 0,73 m;
7. schieferig-tonige Kohle mit Schwefelkies-Knollen . . . . . . 2,34 m;
8. blaugrauer Ton . . . . . . . . . . . . . . . . . . 0,16 m;
9. Basalt-Tuff . . . . . . . . . . . . . . . . . . . 49,62 m.

Im oberen Teil des Eis-Grabens streichen Kohlenablagerungen zu Tage aus. Die früheren Baue und Versuche reichen bis gegen das südöstlichste Ende des Schwarzen Moors hinauf.

Das Vorkommen suchte man durch den „Hermann-Stollen" zu er-schließen. Das Mundloch befand sich da, wo die 700 m-Höhenlinie auf Blatt Fladungen 1:25000 den Graben kreuzt. Er war im Basalt-Tuff angesetzt, der hier von einem Feldspatbasalt in Mandelsteinausbildung durchbrochen wird. Der südöstlich ziehende Stollen erreichte nach 130 m vom Mundloch das an-geblich 6—8 m mächtige Flöz (nach L. VON AMMON).[1]

Auf das gleiche Flöz ging auch ein Tagbau in der benachbarten Kuhdelle um: es war nach SANDBERGER als Glanzkohle entwickelt und 4,67—5,26 m mächtig.

---

[1] Die Angabe von HASSENKAMP (1857) von 291 m durchfahrener Strecke und von einer Stärke des Flözes von 2,92—8,18 m dürfte demnach irrig sein.

Etwa $^1/_2$ km unterhalb des Mundlochs vom „Hermann-Stollen" lag die jetzt abgebrochene Eis-Brücke, bei welcher der „Obere Brückenstollen" ein 2,34 m starkes Flöz erreichte (SANDBERGER).

Nördlich vom Eis-Graben durchfuhr vom Graben aus der „Meta-Stollen" 117 m Gebirge (nach HASSENKAMP, 1857, 175 m), bis er die Kohle erreichte, die auch ein Schacht am „alten Jägerhäus'chen" durchteufte.

HASSENKAMP gibt hier folgendes Profil: 1. Basalt-Gerölle 23,35 m; 2. Moos-, Schieferkohle und bitumenhaltiger Blätterton 4,38 m; 3. Basalt-Tuff 11,68 m; 4. Basalt mit Aragonit und Mesotyp.

Die neueren Abbauarbeiten gingen vom „Rudolph-Stollen" am Eis-Graben aus, der ein 2—4 m mächtiges Lignitflöz mit einem schwachen Zwischenmittel von weißem Letten zwischen Basalt-Tuff und -Konglomerat aufschloß.

4. Vorkommen bei den Junkers-Hecken (W. von Hausen). — Ein Braunkohlenvorkommen streicht in den Junkers-Hecken, O. vom Männer-Holz, aus als geringmächtige blätterige Braunkohle und Lignit, über 10—20 cm Süßwasser-Mergel mit Planorben, *Unio* und Ahornblättern, die wiederum auf kohligen Mergeln mit Pflanzenresten ruhen.

Diese vom „Antonius-Stollen" erschlossene Kohlenablagerung zeigt nach SANDBERGER folgendes Profil:

1. Basalt-Geröll . . . . . . . . . . . . . . . . . . . . 2,34 m;
2. gelber und blauer Ton . . . . . . . . . . . . . . . . 8,18 m;
3. Kohlenflöz . . . . . . . . . . . . . . . . . . . . 0,15 m;
4. weiße Kalkschiefer . . . . . . . . . . . . . . . . . 0,58 m;
5. Basalt-Tuff . . . . . . . . . . . . . . . . . . . . 10,22 m;
6. gewöhnliche Kohle mit wenig Lignit . . . . . . . . . 0,58 m;
7. weißer Mergel mit *Paludina pachystoma* und *Planorbis dealbatus* . . 0,10—0,13 m;
8. brauner Ton mit Blattabdrücken . . . . . . . . . . . 0,50 m;
9. Basalt-Tuff mit vielen Wellenkalkbrocken (nicht durchteuft).

Nach den großen Mächtigkeiten von 2 und 5 zu schließen, müßten die Schichten stark geneigt sein.

30 m höher als der „Antonius-Stollen", am Nordrand der Junkers-Hecken, war der „Julius-Stollen" auf das rund 1 m starke obere Flöz getrieben.

Fortuna-Schacht. — Dieser Schacht ging 14 m tief auf dasselbe Flöz nieder. Das Hangende des Flözes war ein fetter bläulicher Ton. Diese Zeche ist auch unter dem Namen Braunkohlenzeche „Ludwig" bekannt.

Aus den Akten des Oberbergamtes (1863) ergibt sich für Schacht und Stollen folgendes Profil:

1. Basalt-Blockschutt;
2. weißer und blauer Ton;
3. schwarzer Ton;
4. Kohlenschmitz, zuweilen in Lignit übergehend . . . . . 0,10—0,16 m;
5. schwarzer Ton;
6. tonige Kohlen . . . . . . . . . . . . . . . . . . . . 0,16 m;
7. Basalt-Tuff . . . . . . . . . . . . . . . . . . . . 0,16—0,24 m;

8. Hauptkohlenflöz . . . . . . . . . . . . . . . . . . . 0,44—0,58 m;
9. weißer und grauer Ton mit vielen Muschelresten;
   1—9 zusammen . . . . . . . . . . . . . . . . . . . 13,14 m.
   Von hier aus erschloß ein Bohrloch noch folgende Schichten:
10. harte Tonschichten . . . . . . . . . . . . . . . . . 2,63 m;
11. schwarzer, weicher Ton . . . . . . . . . . . . . . . 0,44 m;
12. blauer Ton . . . . . . . . . . . . . . . . . . . . . 0,10 m;
13. schwarzgrauer Ton . . . . . . . . . . . . . . . . . 2,84 m;
14. Basalt-Tuff mit Nieren . . . . . . . . . . . . . . . 1,32 m.
   Erreichte Tiefe nach Bericht: 23,35 m.

Tiefer am Gehänge, zwischen „Antonius-Stollen" und „Ludwigs-Zeche" liegen die Felder „Wilhelm" und „Rosine" dicht beieinander. Im Jahre 1873 und 1874 wurden in 17,4 m tiefen Bohrlöchern Lignit und erdige Braunkohle nachgewiesen.

## IV. Die Gegend W. von Fladungen.

Hier sind zu erwähnen die Braunkohlenablagerungen 1. in der Kohlgrube am Guckas SW. von Rüdenschwinden, 2. südlich davon am Steinrücken, 3. der Mutung „Balkenstein", dicht an der Straße Leubach—Frankenheim.

1. Zeche „Balkenstein". — 250 m vor der Landesgrenze wurde im Jahre 1873 in einem 1 m tiefen Schurf erdige Braunkohle mit Lignit, 0,70 m stark, nachgewiesen. SANDBERGER berichtet, daß am Balkenstein ein in einem Wassergraben anstehendes Lignitflöz durch Bohrlöcher und einen Stollen aufgeschlossen wurde. Die Profile der Bohrlöcher waren: a) 1. Basalt-Geröll 5,0 m; 2. Basalt-Tuff 1,0 m; 3. Kohlenflöz 1,0 m; 4. fester Basalt 0,5 m. b) 1. Kohlenletten 3,0 m; 2. Lignitflöz 0,75 m.

2. Das Kohlenvorkommen im „Toten-Wald". — Östlich von der Mutung „Balkenstein", im „Toten-Wald", zwischen Frankenheim und Leubach, sind nach H. BÜCKING (Erl. z. Blatt Hilders, S. 32) neben grauen und roten Basalt-Tuffen auch sandige Tone und Braunkohle erschürft worden.

### B. Westhang der Langen Rhön.

Die Braunkohlengrube „Letten-Graben" O. von Wüstensachsen. — Im unteren Teil des Grabens streicht ein 1,50 m mächtiges Flöz aus Pechkohlen und Lignit zutage aus. Es fällt mit 80° nach Nordosten ein. Das Liegende ist Basalt-Konglomerat und -Tuff, darunter Röt. Ein 82 m langer Stollen und von diesem aus niedergebrachte Bohrlöcher schlossen 1,80 m Pechkohle und 6,60 m Lignit auf, überlagert von rotbraunem, festem Basalt-Tuff mit hühnereigroßen Basaltbrocken. Ein Stollen nach Osten gegen das Schwarze Moor zu getrieben, erschloß unter der Landesgrenze ein 8,17 m mächtiges Flöz, bestehend aus 1,75 m Pechkohle und 6,42 m Lignit. Es wurde in der Richtung gegen Hillenberg (bei Roth) zu weiter verfolgt und mehrfach angetroffen (SANDBERGER). — Als Unterlage des Flözes wird auch gelber Basalt-Tuff und schwarzer, bitumenhaltiger Ton angegeben.

Nach Beobachtungen von M. Schuster in neuerer Zeit ist die Kohle zwischen Basalt-Tuff eingelagert und wird streckenweise mindestens 15 m mächtig (bei wagrechter Lagerung). An manchen Stellen bewirkt eine Steillagerung des Flözes nach Südosten scheinbare Mächtigkeiten bis 25 m. Gelegentlich kommen auch andere nachbasaltische Störungen vor. So schiebt sich an einer Stelle ein Basaltklotz wie eine Säule in das Flöz, der kein eruptiver Gang ist und die Kohle stark verdrückt.

Die Braunkohle ist frisch tiefschwarz, glanzlos, steinigfest, wohl gebankt und muß örtlich gesprengt werden. Gelegentlich kommen lignitische Stammreste vor. An der Luft zerfällt die Kohle unter Hellerwerden. Der Aschengehalt beträgt 20—30 v. H. Brikettierungs- und Vergasungsversuche sind angeblich günstig verlaufen. — Es war geplant, die Kohle bei der Herstellung von Zement zu verwerten. Als Rohstoffe sollten die Verbrennungsrückstände und der anstehende Basalt-Tuff dienen.

Das Kohlenlager schießt offenbar nach anfänglicher wagrechter Ausbreitung steil unter die überlagernde Basaltdecke ein. Diese Lagerungsart ist in der Rhön nicht vereinzelt. Die Ursache kann der Druck der überlastenden Basaltmasse auf die weichen Tertiär-Schichten sein oder der Grenzbereich zwischen dem starren Basalt und dem nachgiebigeren Tertiär ist der Ort von Ausgleichsbewegungen gewesen, die ganz allgemein keine günstigen Bedingungen für den Abbau der Rhön-Braunkohle schaffen.

## Die Braunkohlen zwischen Regensburg und Amberg.

Das Tertiär, das den Untergrund der schwäbisch-bayerischen Hochebene bildet, greift in Gestalt von obermiozänen Süßwasser-Ablagerungen an mehreren Stellen auch über die Donau nach Norden hinüber und dringt stellenweise weit in das Jura-Gebirge, in das Kreide-Gebiet und in die östlich angrenzenden Teile des alten Bayerischen Wald-Gebirges hinein. Es erfüllt dabei Mulden oder Talstücke des Untergrundes, ohne aber eine zusammenhängende Decke zu bilden.

Die Tertiär-Becken liegen verschieden hoch, eine Folge von tektonischen Hebungen und Senkungen des Untergrundes. Die Becken wurden abflußlose Seen und versumpften. In den Sümpfen entwickelte sich bei einem warmen Klima ein reicher Pflanzenwuchs. Der durch Zuflüsse steigende Wasserspiegel ließ Pflanzengenerationen übereinander absterben. So bildeten sich in verschieden hoch liegenden Becken Braunkohlenablagerungen. An der Zusammensetzung der Braunkohlen sind vorzugsweise folgende Pflanzen beteiligt. Coniferen: *Glyptostrobus europaeus, Pinites hoedliana, Cupressinoxylon leptotichum;* Dicotyle Pflanzen: *Carpites websteri* u. a. m.

Die starken Unebenheiten des Untergrundes, besonders im Bereich der Braunkohlen-Ablagerungen im Jura-Gebiet, bringen einen starken Wechsel in der Mächtigkeit der Tertiär-Schichten mit sich. Diese bestehen in der Hauptsache aus tonigen Ablagerungen, in denen die Braunkohlen eingebettet sind. Kohlige Bestandteile färben diese Tone häufig dunkelbraun bis schwärzlich. Es kommen aber auch blaugraue, grünlichblaue und gelbliche Abarten vor, mitunter auch weiße Tone („Braunkohlentone“, vgl. S. 255—260). Über diesen, in ihrer Mächtigkeit sehr schwankenden Tonen folgen meistens sandige und lehmig-sandige Ablagerungen, teils tertiären, teils diluvialen Alters. Von der Mächtigkeit dieses Deckgebirges hängt die Gewinnungsart für ein darunter liegendes Braunkohlenflöz, ob im Tagebau oder im Tiefbau, ab.

Das große Braunkohlen-Verbreitungsgebiet, das sich etwa von Abbach in nördlicher Richtung über Regensburg—Haidhof—Schwandorf bis nach Schwarzenfeld erstreckt, bildet den Schwerpunkt der nordbayerischen Braunkohlenindustrie (vgl. hierzu Texttafel B).

**Das Braunkohlen-Vorkommen „Friedrichs-Zeche“ bei Dechbetten.** — Zunächst der Stadt Regensburg lagert beim Dorfe Dechbetten braunkohlenführendes Tertiär in Vertiefungen innerhalb von Schichten der Kreide-Formation eingebettet. Eine mit blaugrünen und schwarzbraunen, fetten Tonen auftretende, in einem Tagebau steil nach Westen aufgerichtete Kohle, wird vom Tonwerk Prüfening (S. 255/56) für eigenen Bedarf ausgenützt. — Verwertung: zu Heizzwecken und zur Herstellung von porigen Hohlziegeln (das dem Ziegelgut beigemengte Kohlenklein brennt im Ofen aus und macht den Ziegel porig).

**Das Braunkohlen-Vorkommen „Karolinen-Zeche“ bei Eichhofen.** — Nahe beim Bahnhof Etterzhausen, in Jura-Schichten eingelagert, liegt ein südöstlich gestrecktes, schmales, etwa 500 m langes Tertiär-Becken, dessen Braunkohleninhalt heute fast vollständig abgebaut ist. Die in mehrere Bänke geschiedene Kohlenablagerung hatte im ganzen eine Stärke von 3—4 m und wird von bei geringer Hitze schmelzbaren Tonen überlagert, die in der nahen Tonfabrik Eichhofen verarbeitet werden (S. 256). Im Eisenbahneinschnitt bei der Grube steht das Kohlenflöz unter 3—4 m Überdeckungsbildungen an. Der Heizwert der Kohle wird mit 2059,5 WE angegeben.

**Das Braunkohlen-Vorkommen „Ludwigs-Zeche“ bei Viehhausen.** — Die Grubenfelder der Gewerkschaft „Ludwigs-Zeche“ erstrecken sich über die Gemeinden Viehhausen, Reichenstetten, Kelheim, Eulsbrunn und Kapfelberg. Vom Laber-Tal bei Alling—Viehhausen aus ziehen sich die braunkohlenführenden Tertiär-Vorkommen südwärts in einer Breite von etwa 3 km und einer Länge von etwa 7 km bis zur Donau bei Kapfelberg.

Eine Kohlengewinnung findet zur Zeit nur im Felde der konsolidierten „Ludwigszeche“ bei Viehhausen statt (vereinigte Grubenfelder „Ludwig“, „Arnulf-Zeche“ und „Karl-Theodor-Zeche“).

Das Tertiär-Vorkommen von Viehhausen erstreckt sich als eine etwa 400 bis 500 m breite Einmuldung[1]) N. und NW. von Viehhausen beginnend, nach Süden gegen Reichenstetten zu und steht dann noch weiter mit den Ablagerungen bei Kapfelberg in Verbindung. Eine breite, braunkohlenführende

---

[1]) Über die „Mulden“-Form der Braunkohlen-Becken vgl. das auf S. 402 Gesagte, das auch für die hier besprochenen Vorkommen gilt.

Tertiär-Bucht zweigt sich von Viehhausen nach Westen zu ab gegen den Weiler Kohlstadt.

Das durchschnittlich 2 m starke Kohlenflöz wird gegenwärtig im nördlichen Teil der Kohlenmulde bei Viehhausen im Tiefbau, bei einer Überlagerung von 10—30 m, abgebaut. Die waagrecht liegende Kohle steigt nach den Muldenrändern zu schwach an. Sie ist ziemlich fest, zu einem Teil lignitisch, bricht plattig und wird durch graulichweiße Mergelschichten in mehrere Bänke getrennt. Die Unterlage der Tertiär-Mulde ist Jura-Kalkstein, der durch mehrere Tiefbohrungen erreicht, teilweise in der Grube angefahren wurde. Eine aus Schacht 3 SW. von Viehhausen stammende Kohle zeigte folgende Zusammensetzung: Kohlenstoff 33 v. H.; Schwefel 2,49; Wasserverlust bei 120° 34,66; Asche 13,18 v. H. — Der Heizwert der Kohle beträgt 2874 WE (bei 34 v. H. Wassergehalt). — Verwertung: für die Papierfabrik Alling; die mit der Grube durch eine mehrere Kilometer lange Schmalspurbahn verbunden ist.

**Das Braunkohlen-Vorkommen „Donaufreiheit II" bei Abbach.** — Das Grubenfeld liegt in der südlichen Fortsetzung des Viehhausener Vorkommens, auf dem rechten Ufer der Donau bei Abbach. Die Braunkohle besteht aus zwei Flözen, einem oberen 1,25 m starken, unreinen, unter einer Überdeckung von 13,5 m, und einem zweiten, 1,5 m unter jenem gelegenen, tonigen Flöz von 2,6 m Mächtigkeit. — Verwertung: Das Portland-Zementwerk Abbach baute die Kohle für den Werkbedarf ab. Heute ist der Abbau eingestellt.

Das Kohlenvorkommen, das auch über die Donau hinüberreicht, zieht sich nordwärts bis gegen Graßlfing hin (3—4 m mächtige Kohle unter 20—30 m Bedeckung) und südwärts, wo Kohle beim Weiler Weichs festgestellt wurde.

**Das Braunkohlen-Vorkommen südlich von Regensburg.** — Südlich von Regensburg, auf der rechten Donau-Seite, sind Braunkohlen an mehreren Punkten nachgewiesen worden. So wurde Kohle festgestellt in der östlichen Fortsetzung der Dechbettener Mulde, bei Karthaus-Prüll, bei Kumpfmühl (früher Bergbau, 4,5 m Kohle, 20 m Überdeckung); auf der Ziegetsdorfer Höhe, in der Hölkeringer Mulde bei Pentling (6,4 m Kohle, 5,5—13 m Überdeckung), bei Wolkering (5,2 m Kohle, 8 m Deckgebirge) und bei Gebelkofen (4 m Kohle, 6 m Überlagerung).

**Das Braunkohlen-Vorkommen nördlich von Regensburg.** — Weite Verbreitung haben braunkohlenführende Tone nahe N. von Regensburg zwischen Kneiting-Schwetzendorf und Schwaighausen. Ihre Kohlenführung wurde bisher nur durch Tiefbohrungen nachgewiesen (im allgemeinen zwei Braunkohlenflöze mit einer Gesamtmächtigkeit von 4—6 m unter einer verhältnismäßig geringen Bedeckung: in einem Einzelfall 5 m Kohle unter 14 m Deckschichten im Schwaighauser Forst). Auf das Vorkommen sind die Grubenfelder verliehen: „Fortuna-Zeche", „Gut-Glück", „Schwaighausen" und „Gustav-Zeche".

Die Braunkohle ist nach L. von Ammon (S. 30, 31) in einer etwa 4 km langen, 100—400 m breiten Mulde abgelagert, die beim Hasel-Hof beginnt und sich über Schwetzendorf-Baiern nach Schwaighausen fortsetzt; von hier aus sendet sie einen nordwestlichen Seitenarm nach Rohrdorf.

Die erbohrten Braunkohlen-Vorkommen zwischen Schwetzendorf und Schwaighausen setzen sich nordwärts fort in die weitverbreiteten, aber durch ältere Schichten inselartig oft unterbrochenen Tertiär-Becken des Schwaighausener und Rafa-Forstes. Diese leiten in das eigentliche Braunkohlengebiet über, dessen südwestlichste, in Ausbeutung befindliche Kohlenmulde im Gebiete des Sau-Forstes, zwischen Burglengenfeld, Ponholz und Haidhof liegt.

**Das Braunkohlen-Vorkommen im Sau-Forst.**[1]) — Die tertiären Ablagerungen des Sau-Forstes bilden eine Reihe von kleineren, meist unter sich zusammenhängenden Teilmulden, Ausfüllungen von Vertiefungen des Jura-Untergrundes. Das Tiefste des Beckens sind Sande, bitumenhaltige und bildsame, teilweise hochfeuerfeste Tone. Die größte Mulde liegt W. von Haidhof. Das darin eingelagerte Kohlenflöz wird abgebaut.

### Braunkohlengrube Haidhof.

Die Braunkohlenablagerung bei Haidhof besteht aus fünf durch tonige Zwischmittel getrennte Einzelflözen, von denen aber nur 2—3 Flöze an den Muldenrändern auf der Ostseite zwischen Verau—Haidhof und Haltestelle Ponholz am steil aufsteigenden Jura-Kalk ausstreichen. Die bis zu 60 m tiefe, durch steil aufsteigende Kalkrippen in verschiedene kleinere Mulden unterteilte Großmulde läßt sich in ihrem westlichen Abschluß durch folgende Linie umgrenzen: von Verau über die Max-Hütte, am Rohr-Hof vorbei, zur Jura-Insel von Roding (am Westrand des Sau-Forstes) und etwa zur Straße Burglengenfeld-Ponholz. Von hier aus verläuft das Ausstreichende auf der Ostseite der Mulde am ehemaligen Striegl-Hof vorbei gegen Winkerling zu und biegt hier nordwärts nach Haidhof—Verau um.

Für den bauwürdigen Teil der Haidhofer Braunkohlenmulde haben sich folgende, abgerundete Mächtigkeiten für die einzelnen Flöze ergeben: 1. Flöz 2,35 m; 2. Flöz 2,30 m; 3. Flöz 4,35 m; 4. Flöz 2,50 m; 5. Flöz 2,30 m; Gesamtmächtigkeit rd. 13,80 m.

Die Kohle lagert i. a. waagrecht oder leicht wellig. Gegen das Muldentiefste fallen die Flöze schwach ein. Am Ausgehenden sollen sie bis zu 50° steil ansteigen.

Die Kohle wird von weißlichen und gelblichen Sanden überlagert, denen tonige Lagen und Schwimmsandnester eingeschaltet sind. Die sehr schwankende Mächtigkeit dieser Deckschichten geht von 3—30 m. Gegen die Kohle zu bilden stets tonige, stellenweise Wasser führende Schichten den Übergang. Die zwischen den einzelnen Flözen liegenden hochfeuerfesten Tone werden gesondert ausgehalten (S. 257).

---

[1]) Der Bergbau im Gebiete des Sau-Forstes reicht bis etwa 1860 zurück. Die erste im Grubenbetrieb gewonnene Kohle wurde in dem nahen Eisenwerk Haidhof der Maximilians-Hütte in für Braunkohlenfeuerung aufgestellten Kesseln verheizt.

Über der Kohle kommen auch Lagen von Saugschiefer oder Diatomeen-Erde vor, die bisher nicht verwertet worden sind. Sie bestehen nach A. Schwager (Chem. Lab. d. Geol. L.-U.) aus: Kieselsäure 63,94 v. H.; Tonerde 16,92; Eisenoxyd 4,22; Kalkerde 2,95; Bittererde 0,39; Kali 0,46; Natron 0,18; Phosphorsäure 0,32; Kohlensäure 2,74; Organisches und Wasser 8,52; Summe 100,64 v. H.

Die Braunkohle ist seinerzeit aus einem an Ort und Stelle gewachsenen, wahrscheinlich sumpfigen Wald entstanden, dessen Bäume infolge des Alterns oder durch Windbruch umgestürzt worden sind. Aufrechte Wurzelstöcke und wagrecht liegende Lignit-Baumstämme in der mulmigen Kohle beweisen ihre autochthone, ortsständige Entstehung (Gümbel, Ostbayer. Grenzgeb. S. 788, 789).

Die Förderung der Kohle geschieht im Tiefbau und im Tagebau. Sie enthält 20—30 v. H. Lignit.

Die chemische Zusammensetzung der Haidhofer Braunkohle zeigt folgende Tabelle:

| | C | H | O + N | S | Asche | Wasser |
|---|---|---|---|---|---|---|
| Rohkohle (grubenfeucht) . . | 26,2 | 2,2 | 12,0 | 0,9 | 7,1 | 51.6 |
| Auf Trockensubstanz berechnet | 54,2 | 4,5 | 14,6 | 1,9 | 14,6 | — |
| Brennbare Substanz (errechnet) | 63,4 | 5,3 | 29,1 | 2,2 | — | — |

Der Heizwert der grubenfeuchten Kohle schwankt zwischen 1950 WE und 2260 WE (im Mittel 2100 WE). Der Heizwert der früher hergestellten Brikette aus Haidhofer Kohle betrug 4200—4500 WE.

Die grubenfeuchte Kohle wird nach dem Fleissner-Verfahren veredelt und der Wassergehalt, ohne daß die Kohle zerfällt, von 50 auf 20 v. H. herabgesetzt. Durch die Veredelung wird z. B. der Heizwert der Ponholzer Braunkohle auf 4300—4700 WE gesteigert (nach Loschge).

Verwertung: Früher zur Erzeugung von elektrischer Kraft in der beim Tagebau liegenden Überlandzentrale; im veredelten Zustande zur Feuerung von Industrieöfen und für Hausbrand.

**Das Braunkohlen-Vorkommen bei Schwandorf.** — Das braunkohlenführende Tertiär zwischen Haidhof und Ponholz und in den südlich angrenzenden Gebieten erreicht nach Norden hin, zwischen Klardorf und der Gegend SO. und NO. von Schwandorf, räumlich die größte Ausdehnung und auch die Braunkohle erhält hier ihre stärkste Mächtigkeit. Das Verbreitungsgebiet wird O. von Schwandorf durch den von Südosten her gegen die Naab vorspringenden Keuper-Rücken von Kronstetten in zwei ungleich große Gebiete geteilt, welche in einer Unterbrechung dieses Rückens beim genannten Dorf und längs der Naab mitsammen verbunden sind: nordöstlich des Rückens liegt das Braunkohlen-Tertiär von Sonnenried—Rauberweiherhaus, südwestlich des Rückens breitet sich das Braunkohlen-Tertiär von Schwandorf—Klardorf aus.

Im Gegensatz zu der Gegend von Haidhof—Ponholz, wo das Tertiär un-
mittelbar dem stark zertalten Kalkjura-Gebirge auflagert und dort Mulden
und Rinnen erfüllt, liegen die braunkohlenführenden Ablagerungen in der
Naabtal-Senke zwischen Schwandorf und Klardorf in einem rd. 6 km
breiten Becken. Dieses ist im Westen durch den Jura-Keuper-Rand zwischen
Teublitz und Schwandorf begrenzt, in dessen Talungen W. der Naab, wie bei
Irlbach—Haslbach, tertiäre Gewässer eingedrungen sind und dort unbedeutende
Braunkohlenvorkommen veranlaßt haben. Im Süden bildet den Beckenrand
zwischen Verau—Loisnitz—Steinberg—Nerping das alte kristalline Gebirge,
das vereinzelt weit in das Tertiär-Becken vorgreift; die hierdurch geschaffenen
Ausbuchtungen sind von tertiären Ablagerungen ausgefüllt. Die ganze Ostseite
und die Nordostseite des Beckens nehmen Keuper-Bildungen ein. Sie bilden auch
den Untergrund des Tertiärs, das zwischen Wackersdorf und Steinberg—Holzheim abbauwürdige Braunkohlenflöze einschließt.

Das Becken von Sonnenried—Rauberweiherhaus zieht von der
Naab aus südöstlich weit in das Bodenwöhrer Becken hinein und endigt am
Keuper-Rand bei Hofenstetten. Die nordöstliche Begrenzung dieses Beckens
bildet wieder das alte, kristalline Gebirge. Nördlich von Rauberweiherhaus
stößt das Tertiär in das alte Gebirge gegen Weiding—Pretzabruck vor, verbreitet sich jenseits des Naab-Tales in der Nordwest-Fortsetzung der Bodenwöhrer Bucht, der sogen. Freihölser Senke, zwischen Schwarzenfeld—Freihöls
und Pittersberg und reicht N. von Schwarzenfeld bei Schmidgaden und Stulln
weit in das alte Gebirge hinein. Der Granitriegel von Wölsendorf—Stulln setzt
hier der Tertiär-Verbreitung ein Ende.

Die verliehenen Grubenfelder umfassen über 8355 ha und sind: „Robert-
Zeche", Zeche „Frisch Glück", „Heinrich-Zeche", „Marien-Karolinen-Zeche",
„Schwarz-Johann-Zeche", Zeche „Klardorf", „Armand-Zeche". Dazu kommen
noch die Felder „Marien-Zeche" bei Wackersdorf und Zeche „Ludwig" im
Südteil der Ablagerung, S. von Heselbach.

Entstehung: Das Becken von Schwandorf—Klardorf und das Becken von
Sonnenried sind in der gleichen Weise entstanden wie die der südlichen Oberpfalz. In ausgedehnten wasserreichen Sumpflandschaften, umgeben von schüt-
zenden Höhenzügen und unter einem warmen Klima (Krokodilfunde!), entwickelte sich ein üppiger Pflanzenwuchs, durch deren übereinander absterbenden
Altersgefolgschaften unter Wasserbedeckung im Laufe der Zeiten die mächtigen Braunkohlenflöze entstanden sind. Die tonigen Zwischenmittel in den
Flözen sind Abschwemm-Massen aus dem gebirgigen Hinterland, die in das
sumpfige Vorland hinausgetragen wurden und dieses zu einem Teile eindeckten.

Der Untergrund des braunkohlenführenden Tertiärs zur Zeit seiner Bildung
ist ein leichtwelliges Keupersandstein-Gelände gewesen und die Braunkohlen-
bildung ging in flachen und langgestreckten Rinnen darin vor sich. Diese
Untergrundgestaltung bewirkte auch, daß die Tertiär-Ablagerungen keine zusammenhängende Decke bilden, sondern in einzelne Vorkommen aufgelöst sind.

Die Braunkohlen und ihre Begleitschichten. — Die Braunkohlen-

Einlagerung besteht aus einem rd. 25 m mächtigen Oberflöz, einem tonigen Mittel von 2—3 m Stärke und einem rd. 8—12 m mächtigen Unterflöz. Das Liegende der Kohle ist ein loser, teilweise kaolinisierter, weißlicher Sand, der in Keuper-Sandstein übergeht.

Die Überdeckung der Braunkohlen wird von stark lehmigen, gelblich-rötlichen, grauen und weißlichen, mittelkörnigen Sanden mit wenig kantengerundeten Quarzgeschieben gebildet, die regellos in ihnen zerstreut oder bankartig eingelagert sind. Daneben kommen noch Hornsteine, Eisenschwarten und Sandsteinbrocken vor. Hin und wieder sind den Sanden hell- bis dunkelgraue, flache Tonlinsen eingeschaltet, welche kleine Wasserstockwerke veranlassen. In den tieferen Überdeckungsbildungen, gegen die Kohle zu, stellen sich braune bis schwärzlichbraune, mit Kohlenteilchen untermischte, fette Tone ein, die sog. Kohlenletten. Weitausgedehnte Torffelder liegen in den Überdeckungssanden. Diese scheinen manchmal kolkartig ausgewaschen worden zu sein, denn in einem solchen, beim Tagebau in Wackersdorf aufgeschlossenen Kolk (1934) lag ein Torfnest dem Oberflöz auf und war nur durch eine dunkelgraue, fette Tonschicht von ihm getrennt.

Geologische Form der Braunkohlen-Ablagerungen. — Die heutige Form der Rinnenausfüllungen durch das Braunkohlen-Tertiär ist die nach Art geologischer Mulden, wobei die Kohlenflöze und ihre Begleitschichten ringsum von den Rändern der Rinnen nach deren Inneren zu einfallen. Diese Muldengestalt ist erst nach der Ablagerung der Braunkohle herausgebildet worden. Die allseitig muldenhafte Lagerung der Absätze, die in allen Becken und Teilbecken, gleichgültig in welcher Richtung sie sich erstrecken, herrscht, kann nicht wohl auf gebirgsbildende Vorgänge mit gerichteten Kräften zurückgeführt werden. Sie ist vielmehr die Folge der starken Schrumpfung der Pflanzenanhäufungen bei deren Verkohlung, die zu Nachsackungen und Einbiegungen der Begleitschichten führen mußte, wobei die tonigen Schichten in sich zum Abgleiten unter Stauchungserscheinungen kommen konnten. Die Becken sind demnach Ablagerungsmulden und keine echten, tektonischen Mulden.[1] Die zwischen den einzelnen Rinnen und Becken liegenden Keuper-Schwellen kamen bei diesen Vorgängen und infolge der langandauernden Auswaschung und Abtragung der Beckenfüllungen zu einem rückenartigen Herausragen über sie und das Ganze wurde später von jüngeren Ablagerungen übergreifend zugedeckt. Das geschah nicht ohne kolkartige Auswaschungen und örtliche Verlagerung des Oberflözes.

Die Braunkohlen haben in den tiefsten Teilen der Mulden ihre größte Mächtigkeit. Nach den Beckenrändern zu können sie sich bis zum Auskeilen verschwächen, wobei das Liegende heraustritt. Die durchgehenden tonigen Zwischenmittel machen i. a. die muldenartige Lagerung der Flöze mit. Die sonstigen, meist nur wenige Zentimeter starken Tonlagen in der Kohle keilen

---

[1] Das hier über die Entstehung der „Mulden" Angegebene gilt auch für die Braunkohlen-Vorkommen der Regensburger Gegend, deren Lagerungsbilder diese Vorstellung wesentlich unterstützen.

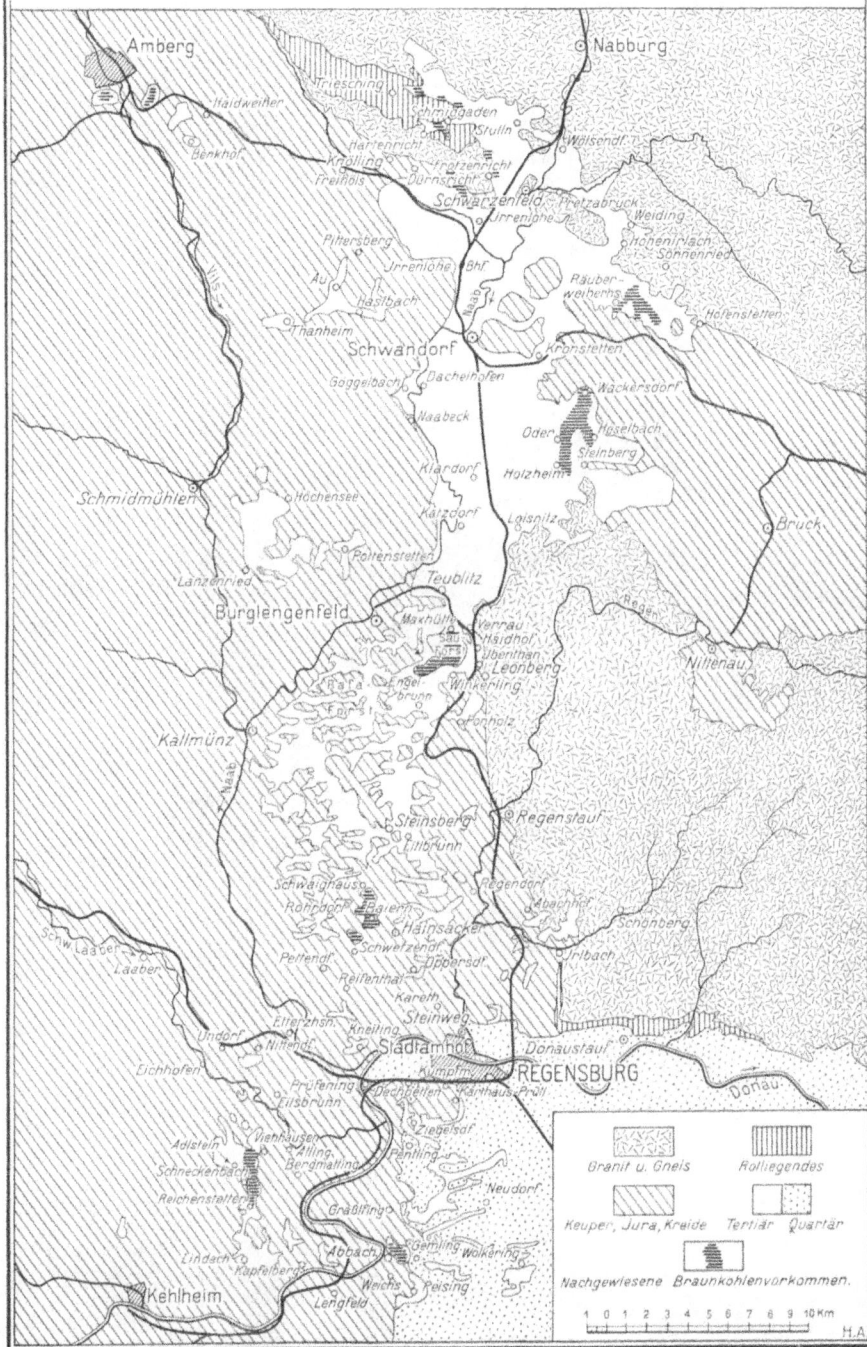

Verbreitung des braunkohlenführenden Ober-Miozäns zwischen Nabburg u. Kehlheim.

meist rasch aus. — Auch in der jetzigen Form ist demnach die ursprüngliche Ablagerung der Kohle in Wannen und Rinnen, mit der stärksten Mächtigkeit der Pflanzenansammlung in der Mitte der Vertiefungen, erkennbar.

### Das Kohlenvorkommen im Wackersdorfer Becken.[1])

Im Bereich des Braunkohlen-Tertiärs von Schwandorf—Klardorf ist von den 300—800 m breiten Muldenzügen die größte Mulde die Mulde von Wackersdorf, die in eine Haupt- und in eine Nordmulde sich gliedert. Die Hauptmulde beginnt beim Dorfe Wackersdorf O. von Schwandorf, ist über 2 km lang und streicht nach Süden. Tiefbohrungen stellten S. von dem Dorfe Kohlenvorkommen auf 4 km Länge fest. Mehrere kleinere Teilmulden zweigen sich von der Hauptmulde nach Südosten, Südwesten und Westen ab. In der Hauptmulde ist der große Tagebau der Braunkohlengrube Wackersdorf angelegt. Eine rückenartige Emporhebung des Keuper-Untergrundes teilt die Hauptmulde im Süden in zwei südlich streichende Einzelmulden, deren südliche Fortsetzung noch unbekannt ist.

Die gesamte Flözmächtigkeit beträgt in der Hauptmulde 18—40 m; im Durchschnitt 25 m. Die Überlagerung ist 7—10 m mächtig.

Im Süden des Tagebaues gehen die beiden bauwürdigen Flöze unter Zunahme der Zwischenmittel in zahlreiche schwächere Einzelflöze über. Zwischen dem Südende der Hauptmulde und der Ortschaft Holzheim haben die Bohrungen bauwürdige Flöze nicht mehr nachgewiesen. Südlich von Holzheim jedoch wurden in den mit Tertiär-Ablagerungen erfüllten Buchten des alten Gebirges noch Kohlen von einiger Mächtigkeit festgestellt.

Im Südosten des Tagebaues zweigt sich von der Hauptmulde die sog. Heselbacher Mulde ab, die sich nach Osten zu auf rd. 600 m verbreitert und dann nach Süden umbiegt. Im südlichen Teil gabelt sich die Heselbacher Mulde in eine östliche und eine westliche rinnenartige Teilmulde. Das Liegende, feste Keuper-Sandsteine, steigt an den Muldenrändern mit 20—44° an. Die größte Mächtigkeit des Oberflözes ist hier 23,9 m, des Unterflözes 10,1 m. Das tonige Hauptzwischenmittel wird bis zu 3,2 m stark. Zwischen dem Unterflöz und dem Liegenden schiebt sich häufig eine als Gleitfläche für Rutschungen wirkende Tonschicht ein. — Nördlich vom Heselbach-Feld liegt, vom Tagebau ausgehend, das sog. Ostfeld, mit einer Breite von 200—300 m.

Die nördliche Fortsetzung der Wackersdorfer Hauptmulde ist die sog. Nordmulde, welche das Feld „Marien-Zeche" umfaßt. Sie ist bergbaulich noch nicht angegriffen worden. Die Kohle ist rd. 23 m mächtig.

Beschaffenheit der Wackersdorfer Braunkohle. — Im allgemeinen ist die Kohle arm an Lignit oder holziger Braunkohle. Sie ist fest

---

[1]) Das Braunkohlenvorkommen von Wackersdorf wurde im Jahre 1800 beim Brunnengraben entdeckt. Von 1807—1845 war die Grube im Besitz des Staates. Erst im Jahre 1906 wurde die Kohlengewinnung wieder aufgenommen. Sie ist in Händen der Bayerischen Braunkohlen-Industrie-A.G. Schwandorf.

und bricht stückig. Lignitreiche Lagen finden sich nur in den oberen Anteilen des Oberflözes vor. Sandige Beimengungen fehlen dem Kohlenlager ganz.

Die Kohle des Oberflözes. — Die Ausbildung der Kohle in den obersten Anteilen, unter dem 1,5 m starken Kohlenletten, ist auf 1,5—2 m lignitisch. Eine schwache Tonlage trennt diese Lignitkohle von der tieferen erdigen Braunkohle, die aber auch noch Lignitstämme enthält. Nach der Tiefe zu wird die Kohle fester und stückiger. Eine mehrere Dezimeter starke quarzitische, plattige Lage fand sich gleich unter dem Lignit, stellenweise auch in den obersten Teilen des Flözes. In den Kohlenletten treten linsenförmige, bis $1/4$ m anschwellende Einschlüsse von Diatomeen-Erde (Kieselgur) auf. — Mitunter reicht das Oberflöz wegen der Einmuldung der Ablagerung unter die Abbausohle (Nachriß-Kohle).

Die Kohle des Unterflözes. — Die Kohle bricht noch stückiger als die des Oberflözes und ist mehr knorpelig entwickelt. Zwei dünne Tonmittel sind in ihr eingelagert. Der Tagebau war ursprünglich nur auf das Oberflöz beschränkt. Das Unterflöz wurde erst später in Angriff genommen, als der Abbau, ausgehend im Norden von der Grenze zum Pachtgrubenfeld „Marien-Zeche", schon weit gegen Süden zu vorgetrieben worden war.

Chemische Zusammensetzung: Der Wassergehalt der Kohle beträgt 50—52 v. H. Ihr Aschengehalt schwankt wegen der tonigen Zwischenmittel, die sich nicht ganz aushalten lassen, zwischen 3,15 v. H. und 10,80 v. H.; er beträgt im Durchschnitt 6,80 v. H.

Die grubenfeuchte Kohle besteht aus: Wasser 47—55 v. H.; Kohlenstoff 30—40, Wasserstoff 1,9—2,5; Sauerstoff 9—10; Schwefel 0,8—1,4; Asche 2—3 v. H.

Heizwert: Der „Untere Heizwert" der Kohle wird mit 1950 WE (nach den Angaben des Bayerischen Revisionsvereins etwas über 2000 WE) angegeben. (Anm.: Der „Untere Heizwert" ist jene Wärmemenge, die in Feuerungen nutzbar gemacht werden kann; der „Obere Heizwert" enthält darüber hinaus noch die Wärmemenge, die zur Verdampfung des eigenen Wassers im Brennstoff nötig ist.)

Nach den Untersuchungen durch die Bayer. Landesgewerbe-Anstalt in Nürnberg betragen die Heizwerte für verschiedene Kohlenproben I bis IV wie folgt:

|  | I | II | III | IV | |
|---|---|---|---|---|---|
| Unterer Heizwert | 2169 | 2042 | 2145 | 2062 | WE |
| Oberer Heizwert | 2600 | 2470 | 2580 | 2469 | „ |

Verwendung: Die Wackersdorfer Rohbraunkohle ist bei geeigneten Feuerungsanlagen für Heizung von Dampfkesseln und Lokomotiven verwendbar. Sie läßt sich auch gut brikettieren. Die „Schwandorfer Briketts", die im Werk Wackersdorf hergestellt werden, haben einen Feuchtigkeitsgehalt von 9—15 v. H., einen Aschengehalt von 9—12 v. H. und einen Heizwert von 4500 bis 4800 WE. (4725 WE nach dem Bayer. Revisionsverein, 4765 WE nach der Bayer. Landesgewerbe-Anstalt in Nürnberg.)

### Das Kohlenvorkommen von Sonnenried—Rauberweiherhaus.

In dieser weiherreichen Landschaft, die geologisch zum Bodenwöhrer Becken gehört und deren Umgrenzung S. 406 angegeben worden ist, haben zahlreiche Bohrungen eine 2800 m lange Kohlenhauptmulde nachgewiesen, die sich von Nordwest nach Südost erstreckt und sich dort in zwei rinnenartige Arme gabelt. Vom Nordwestteil der Mulde zweigt eine 250—300 m breite und etwa 1 km lange Nebenrinne ab. Die Kohlenablagerung entspricht i. a. derjenigen der Hauptmulde von Wackersdorf. Die durchschnittliche Kohlenmächtigkeit ist etwa 14,45 m; im Inneren ist sie rd. 20 m, nach den Muldenrändern zu verschwächt sie sich auf rd. 10—12 m.

In dem Becken liegen die Grubenfelder: Zeche „Sonnenried", Nordteil der „Josefs-Zeche", nördlicher Anteil des Grubenfeldes „Wackersdorf", „Robert-Zeche", „Eugenie-Zeche" und Zeche „Frisch-Glück".

**Das Braunkohlen-Vorkommen bei Schwarzenfeld-Schmidgaden.** — Dieses Vorkommen ist die nordwestliche, über die Naab hinüberreichende Fortsetzung des zuletzt besprochenen Kohlenvorkommens im Becken von Sonnenried—Rauberweiherhaus links der Naab. Die Tertiär-Ablagerungen erstrecken sich von Schwarzenfeld aus nach Westen und reichen etwa bis an die Linie Dürrnsricht—Pittersberg. Ihre westliche Fortsetzung ist von jüngeren Schichten bedeckt und erst kurz vor Amberg kommen die obermiozänen Schichten wieder zum Vorschein. — Ein anderer Teil des braunkohlenführenden Tertiärs stößt von Schwarzenfeld aus gegen Norden vor und breitet sich zwischen Schmidgaden und Stulln in Buchten des alten Gebirges aus; er ist durch die Wölsendorfer Bucht mit den Tertiär-Vorkommen von Weiding verbunden, das wiederum bei Hohenirlach mit den Tertiär-Ablagerungen des Bodenwöhrer Beckens zusammenhängt (vgl. die Karte!).

### Das Kohlenvorkommen bei Schwarzenfeld.

Die Braunkohlen in diesem Gebiet wurden in den 90-iger Jahren erschlossen. Die Flözlagerung ist wie bei den bisher besprochenen Vorkommen muldenförmig und folgt einer nordwestlich gerichteten Einbuchtung. An den Muldenrändern fand man bei der Erschließung die Muldenflügel steil aufgerichtet vor. Die Kohle war von sandigen und tonigen Mitteln durchzogen und enthielt auch Einlagerungen von sandigen Tonschichten. Mit diesen Verunreinigungen ergaben sich Mächtigkeiten bis zu 11 m, die der reinen Kohle war rd. 2,5 m.

Die verhältnismäßig große Höhe der Überlagerung der Kohle zwang zu einer Gewinnung der Kohle im Tiefbau (Bayer. Braunkohlen- und Brikettindustrie Schwarzenfeld). In einer Brikettfabrik am Bahnhof Schwarzenfeld wurde die Kohle weiter verarbeitet. Ein auf 40 m niedergebrachter Förderschacht traf bei 17 m und bei 30 m Teufe auf Bänke abbauwürdiger Kohle; zwischen 33 bis 40 m wurde Kohle mit tonigen Zwischenlagen angetroffen.

Beschaffenheit der Kohle: Die Kohle ist lignitisch, mulmig bis fest und stückig ausgebildet gewesen. Der Aschengehalt betrug beim Lignit 2—4

v. H., bei der festen Braunkohle 15—18 v. H.; der Wassergehalt der grubenfeuchten Kohle wird zu 50 v. H. angegeben.

Chemische Zusammensetzung: Proben von lignitischer Kohle von
Schwarzenfeld (I und II) waren nach Feststellungen in der Bayer. Landesgewerbe-Anstalt, Nürnberg, zusammengesetzt aus:

| | I | II | III |
|---|---|---|---|
| | Lignit | Kohle mit Holzbeschaffen- heit | Stark getrocknete Braunkohle |
| Koholenstoff . . . . . . . . . . . . | 29,87 | 41,68 | 43,31 |
| Sauerstoff . . . . . . . . . . . . | 14,95 | 14,46 | 18,32 |
| Wasserstoff . . . . . . . . . . | 2,35 | 3,37 | 3,49 |
| Stickstoff . . . . . . . . . . | 0,42 | 0,29 | 0,50 |
| Schwefel . . . . . . . . . . | 1,00 | 1,08 | 0,45 |
| Mineralbestandteile . . . . . . . . | 9,64 | 2,28 | 9,00 |
| Wasser . . . . . . . . . . . . | 41,77 | 36,84 | 24,24 |
| | 100,00 | 100,00 | 99,31 |

Die Zusammensetzung einer stark getrockneten Braunkohle zeigt Analyse III
(v. Ammon, S. 27).

In manchen Proben der Braunkohle soll der Schwefelgehalt (durch zufällige
Anreicherung von Schwefelkies?) mehrere Hundertteile betragen haben.

Heizwert: Von der Schwarzenfelder Kohle werden Heizwerte angegeben
von 1909, 2017, 1902, 2015 WE, im Mittel 1960 WE.

Briketts: Die wegen des hohen Lignitgehaltes leicht zerfallenden Briketts
führten sich nicht ein. Sie bestanden aus: Kohlenstoff 51,08 v. H.; Sauerstoff
18,68; Wasserstoff 3,87; Stickstoff 0,57; Schwefel 1,28; Mineralbestandteilen
(Asche) 14,18; Wasser 10,33 v. H. — Der Bergbau wurde 1904 aufgegeben.

### Das Kohlenvorkommen bei Schmidgaden.

Im Jahre 1917 begann die neugegründete „Vereinigte Gewerkschaft Schmid-
gaden-Schwarzenfeld" den Bergbau im Kohlengebiet bei Schmidgaden. Sie
besitzt die Grubenfelder: „Bavaria-Zeche", Zeche „Schmidgaden", Zeche
„Schwarzenfeld", „Christiania-Zeche", „Luitpold-Zeche", „Marien-Zeche" und
das auf dem östlichen Ufergelände der Naab gelegene Grubenfeld „Weiding";
insgesamt 2943 ha.

Der alte Grubenbau bei Schwarzenfeld wurde nicht mehr instandgesetzt;
dafür wurde das Vorkommen zwischen Schmidgaden und Dürrnsricht in zwei
Tagebauen angegriffen. Die in einer von Nordwest- nach Südost gestreckten
Mulde abgelagerte Kohle lag hier unter einer rd. 10—12 m starken Überlagerung, die sich nach der Muldenmitte zu bis auf 18 m erhöhen konnte.

Beschaffenheit der Kohle: Die etwa 7 m mächtige Kohle war von
erdig-stückiger Beschaffenheit, wies lignitische Anteile auf und war stellenweise von Letten durchzogen.

## Das Kohlenvorkommen in der Buchtal-Mulde.

Das Vorkommen liegt etwa $3^1/_2$ m nordwestlich vom Bahnhof Schwarzenfeld, zwischen den Straßen Schwarzenfeld—Dürrnsricht—Knölling—Amberg und Amberg—Knölling—Schmidgaden—Nabburg, in dem Talgrund, der sich von Schmidgaden südwärts zu dem Dürrnsrichter Weihergebiet hinzieht.

Von den Kohlentagebauen von Schmidgaden ist die Buchtal-Mulde durch einen flachen, sattelförmigen Höhenrücken getrennt; im Süden wird sie von dem Lehenacker-Berg, im Osten vom Westen-Berg und im Nordosten vom Hammer-Bügel begrenzt. — In ihrem östlichen und südöstlichen Teil entsendet die Mulde Ausläufer nach Osten und nach Süden.

Die Braunkohle ist mulmig bis lignitisch entwickelt. Ihre Mächtigkeit beträgt in der Muldenmitte 12—14 m; im nordwestlichen Teil ist sie größer gewesen als im mittleren und im südlichen, wo sie nur 7—9 m hatte. Sie enthielt mehrere kleinere Zwischenmittel, von denen eines in der Westhälfte des Vorkommens rd. 2 m stark war.

Chemische Untersuchung: Die Braunkohle besteht aus: Hygroskopischem Wasser 55,42 v. H.; Asche 9,22 v. H.; brennbarer Substanz 35,36 v. H. und setzt sich folgendermaßen zusammen: Kohlenstoff 23,53 v. H.; Wasserstoff 1,84; Schwefel 1,33; Sauerstoff und Stickstoff 8,66; Wasser 55,42; Asche 9,22 v. H.

Heizwert: Der Heizwert der Rohkohle ist 1828 WE.

Die Überdeckung besteht aus feinen, meist sehr eisenschüssigen Sanden, vermischt mit gelblichgrauen, fetten, sandigen Tonen. Diese sind häufig durch kohlige Teilchen verunreinigt. Die Mächtigkeit der Überdeckung beträgt rd. 6—8 m (nach anderen Angaben 8—10 m), sie kann sich auf 13 m steigern, aber auch auf 2,7 m fallen.

Die Unterlagerung der Kohle wird von dunkelgrauen, glaukonitischen, stellenweise glimmerigen Tonen gebildet. Bei Schmidgaden selbst wurde Rotliegendes unter der Kohle sicher nachgewiesen. Im Buch-Tal lagert sich (im Nordosten und im Südosten) das braunkohlenführende Tertiär an den Gneis des Grundgebirges an; auf der West- und Südwestseite grenzt es an die Keuper und Jura-Schichten O. von Dürrnsricht.

Anm.: Bohrungen bei Triesching NW. von Schmidgaden haben in der sog. Trieschinger Mulde Braunkohlen-Vorkommen nachgewiesen, mit einer Flözmächtigkeit von rd. 10 m unter rd. 6,3 m starker Überdeckung.

**Vereinzelte Braunkohlen-Vorkommen in der Schwandorf-Amberger Gegend.** — Die braunkohlenführenden Tertiär-Ablagerungen von Schwandorf-Schwarzenfeld setzen sich nach Westen hin in der Freihölser Senke weiter fort und sind noch südlich und südöstlich von Amberg in kleinen Resten erhalten geblieben.

Bei Irrenlohe N. von Schwandorf wurden Kohlenablagerungen in 5—10 m Stärke erbohrt.

Erwähnt seien noch die etwas abseits gelegenen Vorkommen NW. von Schwandorf. Sie liegen in den Seitentälern des Haslbach-Tales, veranlaßten Versuchsbohrungen und standen sogar im Abbau. So wurde auf der „Adolf-Zeche" bei Thanheim unter 9,6 m Überdeckung 4,6 m Braunkohle erbohrt; das Liegende wurde nicht erreicht. Im Felde der „Julien-Zeche" bei Thanheim wurde gleichfalls Kohle nachgewiesen.

Südöstlich von diesen Vorkommen ist bei Gögglbach an der Naab ein kleines Tertiär-Gebiet mit den Grubenfeldern „Felix-Zeche" und „Matthias-Zeche" überdeckt.

Das Kohlenvorkommen der „Felix-Zeche" ist altbekannt. Im Feld der „Matthias-Zeche" wurde durch Bohrungen unter 11,80 m Überdeckung 4,25 m in einem Braunkohlenflöz gebohrt, ohne daß es durchstoßen worden wäre.

„Fürstenhof-Zeche" bei Amberg. — Die Kohle im Felde der Zeche „Fürstenhof", vor den Toren Ambergs, beim Strafarbeitshaus, wurde schon 1587 ohne nachhaltigen Erfolg zu gewinnen versucht. Auch der Abbau (und die Gewinnung von Alaun) durch das Bergwerk Amberg im 18. Jahrhundert ging wieder ein. Mehrere Gewinnungsversuche verschiedener Besitzer in späterer Zeit schlugen gleichfalls fehl. — Nach einem Bericht des Bergamtes Amberg (1840) war das Kohlenflöz 2—4 m mächtig und hatte 40 v. H. Asche. Das Hangende des Flözes verdrückte dieses kräftig und das Liegende bildete kesselförmige Vertiefungen, die von der Kohle ausgefüllt waren.

Kurz nach dem Weltkrieg wurden Bergbauversuche wieder, aber nur auf kurze Zeit, aufgenommen. Die Abteufung dreier Schächte gab einen guten Einblick in die Schichtfolge (in zwei Schächten ist Kohle angefahren worden). Der dem Strafarbeitshause zunächst gelegene Schacht I erschloß folgende Schichten:

1. rötlicher, quarziger Sand . . . . . . . . . . . . . . . . . . 0,6 m;
2. schwärzlicher Ton . . . . . . . . . . . . . . . . . . . . . 1,4 m;
3. stark durch Ton verunreinigte Kohle . . . . . . . . . . . . 0,5 m;
4. schwarzer bis blauschwarzer Ton . . . . . . . . . . . . . . 1,5 m;
5. Kohle . . . . . . . . . . . . . . . . . . . . . . . . . . 1,0 m;
6. blauer Ton . . . . . . . . . . . . . . . . . . . . . . . . 0,4 m;
7. Kohle, lignitisch, teilweise vollkommen holzkohlenartig . . . . . . 1,0 m;
8. grauer, grobkörniger Quarzsand . . . . . . . . . . . . . . . 0,5 m;
9. blauer Ton . . . . . . . . . . . . . . . . . . . . . . . . 0,7 m.

Das Kohlenflöz war in 9,4 m Tiefe angetroffen worden. Es fiel mit 20° nach Südosten ein. Im Schacht II traf man in 11 m Tiefe auf das hier steil nach Nordwesten geneigte Flöz (Mulde). Der weiter südlich gelegene Schacht III stieß schon in geringer Tiefe auf Jura-Kalk, ohne vorher Kohle angetroffen zu haben.

### Die Braunkohlen im südlichen Jura.[1]

**Braunkohlen im Rieskessel.** — Im nördlichen Teil des Rieskessels sind durch zahlreiche Tiefbohrungen Braunkohlen bis zu 2,8 m Mächtigkeit in mehreren übereinander gelagerten Flözen nachgewiesen worden. Der kohlen-

---

[1] DEFFNER, C. & FRAAS, O: Begleitworte zur Geognost. Spezialkarte von Württemberg 1 : 50000: Blatt Bopfingen, 1. Aufl. Stuttgart 1877.

führende Bezirk wird umrissen von einer Linie Nördlingen—Deiningen—Holz-kirchen—Laub—Haid—Gegend N. von Bettendorf—Heuberg—Gegend SO. von Birkhausen—Au-Mühle bei Nördlingen. Zu Tage ausstreichend wurde die Braunkohle selbst nur am Fuchsbrückel zwischen Nördlingen und Deiningen beobachtet.

Diese kohlenführenden Schichten sind obermiozäne Tertiär-Bildungen, die sich in dem durch vulkanische Kräfte ausgesprengten Ries-Trichter abgesetzt haben.

Die allgemeine Lagerung, wie sie sich aus den Einzelprofilen ergibt, ist folgende: Unter 10—11 m grauen Letten liegt eine aus *Cypris*-Schälchen be-stehende Kalkbank und wenig tiefer das obere 0,5—1,0 m mächtige, oft durch ein toniges Zwischenmittel zerteilte Flöz einer mulmigen, schwefelkies-reichen Braunkohle. Darunter folgt eine wechselnde Schichtfolge von grauen, grünlichen, braunen und schwärzlichen Tonen und Mergeln, porigen Kalk- und kalkigen Sandlagen mit *Cypris*-Schälchen und Konchylienresten. In etwa 20 m Tiefe liegt das untere oder Haupt-Braunkohlenflöz von 2 m Mächtig-keit, das schwefelkiesreiche Lignitstämme einschließt. Unterlagert werden die Kohlenschichten von grauen mergeligen Tonen, kalkigen Sanden und Kalksand, die schließlich auf Trümmerschichten des Ries-Untergrundes auf-lagern.

Versuche, das bei Bettendorf 1,8 m mächtige Flöz abzubauen, wurden wegen starken Wasserzudranges und Neigung der Kohle zu Selbstentzündung bald wieder eingestellt, zumal der hohe Wasser- und Schwefelkiesgehalt der geförderten Kohle deren Verwendung für technische Zwecke ausschloß.

Zwischen den Stationen Löpsingen und Deiningen lag der Grubenbetrieb Möder-Hof. Ein Schacht von 23,8 m Tiefe hatte das durch bitumenhaltigen Ton getrennte Flöz angefahren. Der Wassergehalt der Kohle betrug 35 v. H., der Aschengehalt 13 v. H., der brennbare Stoff machte 52 v. H. aus. Der durchschnittliche Heizwert betrug 2035 WE.

In denselben Tertiär-Schichten wurden an verschiedenen Stellen des Ries-kessels Dysodil oder Papierkohle, allerdings nur bis einige Zentimeter mächtig, gefunden, so in einem Brunnenschacht am Nordostfuß des Toten-Berges bei Nördlingen in 8 m Tiefe, bei anderen Brunnengrabungen in der Nähe von Nördlingen und bei Balgheim. Nähere Angaben über diese Kohle, die keine technische Bedeutung besitzt, macht GÜMBEL, Fränk. Alb, S. 219—221.

**Braunkohlen auf dem Riesrand.** — Auch auf den Höhen des östlichen Riesrandes erstreckt sich O. von Wemding ein Kohlenlager von 3—5 m Mäch-tigkeit mit Unterbrechungen vom Rothenberger Hof bis Waldstetten. Die erdige, schwefelkiesreiche Braunkohle führt spärlich Lignit und liegt unter einem zähen, gelblichweißen und braunschwarzen Ton. Der älteste Betrieb ist die an der Straße Wemding—Monheim in 540 m Höhe gelegene nun ver-lassene „Concordia-Zeche".

Zu erwähnen sind die noch weiter östlich im Eisenbahneinschnitt bei Adelschlag anstehenden Braunkohlen-Zwischenlagen in obermiozänen Schichten.

Anhang: Auch weiter ab vom Ries, im Untergrund von Ingolstadt, sind mehrfach bei Brunnenbohrungen Braunkohlenflöze einschließende Tertiär-Schichten angetroffen worden. Nach GÜMBEL, Fränk. Alb, S. 299—300, hatte man am Hader-Tor folgende Schichten durchschlagen: Lockere Sande 2,75 m; sandigen Mergel und Ton 7 m; teils weichen sandigen, teils festen blaugrauen Ton und Mergel in 18 abwechselnden Lagen 29 m; grobsandigen Mergel mit Schwefelkies und Sandstein 2 m; wechselnd sandigen und festen Mergel 14 m; mürbe, erdige Braunkohle 2 m; wechselnde sandige und feste Mergel 14 m; mürbe Braunkohle 3 m; blaugrauen, festen, lehmartigen Mergel 3 m; Braunkohlenflöz mit viel Schwefelkies 1 m; ziemlich festen Quarzsand.

## II. Oberpliozäne Braunkohlen.

**Die Braunkohle im Unter-Maintal.** — In der breiten Maintal-Niederung NW. von Aschaffenburg kommen an folgenden Stellen teilweise sehr mächtige und abbauwürdige Braunkohlenlager vor, deren Lage auf dem Kärtchen auf S. 2 ersichtlich ist: W. von Alzenau, NW. von Groß-Welzheim, zwischen Emmerichshofen und Kahl, NW. von Klein-Ostheim und SO. von Dettingen.

Die Braunkohle hat frühoberpliozänes Alter und lagert (Abb. 62) auf untermiozänen, ungeschichteten *Corbicula*-Schichten, schwarzen, bläulichen, grauen, grünlichen, rötlichen und sandigen Tonen (bis 60 m mächtig). Sie werden von Schwimmsand mit hohem Wasserdruck unterlagert. Die Kohle wird bedeckt von bis 35 m mächtigen, diluvialen Flußkiesen und Flußsanden mit Geröllen aus Buntsandstein, aus Granit, Gneis, Glimmerschiefer, Quarzit, Kieselschiefer und Muschelkalk. Örtlich ist den Sanden und Kiesen blaugrauer Ton eingelagert.

In der Hauptsache ist die Kohle eine feinerdige, gemeine Braunkohle, aus verkohlten Blattresten und Häksel bestehend. Darin sind dünne und dicke Lagen von geschichteter Holzkohle (Lignit) beigemengt, die aus Resten von Stämmen, Wurzeln, Fruchtzapfen und Ästen aller Größen von *Pinus thomasiana* und *spinosa*, neben *Sequoia langsdorfi* besteht.[1] Eine untergeordnete Rolle spielen Lagen von Schwelkohle und Beimengungen von Sapropel, Holzkohle, Bastkohle und Dopplerit.

Das Kohlenflöz kam in einem i. a. nach Südwesten streichenden Teilbecken eines ehemals großen, pliozänen Binnensees in Form von Linsen zum Absatz. Das Flöz ist rd. 12 m, seltener bis zu 17 m mächtig und wird häufig durch kalkfreie, sandige und tonige Zwischenmittel geteilt in eine rd. 8—10 m starke Unterbank und in bedeutend dünnere Oberbänke, meistens zwei (vgl. Abb. 62).

---

[1] KIRCHHEIMER, F.: Pflanzenreste aus der Braunkohle von Kahl a. M. — Zentralbl. f. Min. usw. Abt. B, S. 34—38, Stuttgart 1934.

Die Mächtigkeit des Flözes nimmt nach den Rändern zu rasch ab. Es ist manchmal schwach gestaucht oder gefaltet und durch die diluviale Ausnagung eines Teils seiner Mächtigkeit beraubt worden.

Der Entstehung nach ist die Kohle angeschwemmt (allochthon), in den Oberbänken ist sie örtlich als autochthon, d. h. aus an Ort und Stelle gewachsenen Bäumen gebildet, nachgewiesen. Die Kohle wurde bis 1934 im Tagebau gewonnen, wobei ein oberes schwächeres Wasserstockwerk (zwischen dem Sand und Kies und dem Flöz) und ein tieferes, ergiebigeres (zwischen Kohle und den *Corbicula*-Tonen) überwunden werden mußten.

Die Abb. 62 und die folgende, dazu gehörige Profilbeschreibung erläutern die Verhältnisse.

Nicht maßstäblicher Durchschnitt durch das Braunkohlenlager von Kahl bei Dettingen (vgl. Abb. 62).[1]

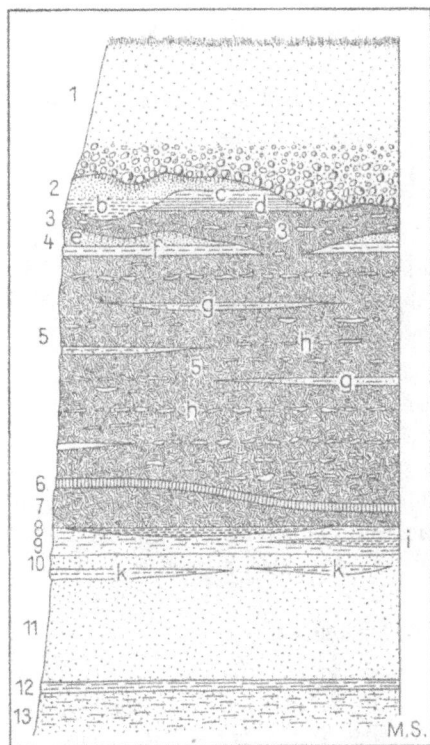

Abb. 62.

**Profil durch das Braunkohlenlager von Kahl bei Dettingen** (NW. von Aschaffenburg) (nebenstehend).

(Von P. Kolb und M. Schuster.)

1 = diluvialer Lehm, Sand und Kies in der Tiefe; Buntsandsteinblöcke bis $1/2$ m³ Größe; stellenweise Bachschutteinlagerungen; in Unebenheiten von Nr. 2 lagernd. Mächtigkeit bis . 35,00 m;

2 = oberpliozäne, weiße, muskovitreiche, feinkörnige Sande (a), mit dünnen Wurzeln; rosarote bis violettbraune Tone (b), grauer bis weißer Ton (c), mit kräftigen, 15—20 cm breiten und 3 cm dicken, auseinandergerissenen, flachlagernden Wurzeln. Die a und c gehörige hangende Kohlenbank ist meist abgetragen, ist aber durch Bohrungen zu 1,45 m Stärke ermittelt worden. — Das Ganze mächtig von 2,00—4,70 m;

3 = oberes abbauwürdiges Flöz, mit schmalen Zwischenmitteln, mit großen Wurzelstöcken und viel Lignit, auf einer zum Teil bis zum Kohlenflöz 5 abgetragenen Grundlage ruhend; teilweise ortständig (autochthon, Wurzelstöcke!), teilweise zusammengeschwemmt (allochthon, Lignitanhäufungen) 1,80 m;

4 = bezeichnendes Zwischenmittel, z. T. bis zum Flöz 5 abgetragen; stellenweise als schmale Linsen zwischen beiden Kohlenflözen auftretend = heller feinkörniger Sand mit Wurzeln (e, 100 cm); graugelber Ton (f, 40 cm);

5, 6 und 7 = Hauptkohlenflöz; erdige, gemeine Braunkohle, mit Linsen von sandigem, tonigem Zwischenmittel (g);

---

[1] Nach Beobachtungen von E. Kolb und M. Schuster im ehemaligen Tagebau der Zeche „Gustav" und nach Bohrergebnissen.

abwechselnd mit Lignitlagen (h, in der obern Hälfte besonders angereichert). In der unteren Hälfte Lagen von Schwefelkohlen (10—30 cm, z. B. Nr. 6) und Braunkohle mit nur stellenweise angereichertem Lignit. — 7 = holzige Braunkohle mit flachen Lignitstücken, die dem Liegenden eben auflagern. — Das Ganze 12,00 m;

8 = schwarzer Ton . . . . . . . . . . . . . . . . . . . . 0,01—0,10 m;

9 = bläulicher, seltener grauer, sandiger, ungeschichteter Ton mit grünlichen und röt- lichen Tonlinsen (i) in der Nähe des Ausgehenden . . . . . . . . 0,50 m;

10 + 11 = weiße, sehr wasserreiche, feinkörnige, tonige Sandschichten mit schmalen Toneinschaltungen (k) . . . . . . . . . . . . . . . . 55—60 m;

12 = Tonlage . . . . . . . . . . . . . . . . . . . . . . 0,20—0,25 m;

13 = Schwimmsandschichten mit hohem Wasserdruck.

8—13 = untermiozäne Schichten; 8—12 = *Corbicula*-Tone.

Chemische Untersuchungen: Nach Feststellungen des Bayerischen Revisions-Vereins München vom 9. Nov. 34 ergaben sich für die Dettinger Braunkohle folgende Werte (die ersten Zahlen beziehen sich auf eine oberbergamtlich genommene Schlitzprobe der Gesamtmächtigkeit der Kohle einschließlich eines Mittels von 25 cm Ton und Kohle; die einge- klammerten Zahlen gehören zu einer Schlitzprobe des Restflözes von etwa 5 m Kohle, nach Abzug des Mittels, einer oberen Kohlenlage von 0,90 m Stärke, einer tieferen Lage von 2 m Kohle und von 1,30 m mulmiger Kohle).

A. Schwefelanalyse bezogen auf wasserfreie Kohle: — Halb- koks = 58,1 v. H. (56,2 v. H.); Urteer 14,2 (15,3); Wasser 11,4 (13,6); Gas und Verluste 16,3 (14,9); Asche im Halbkoks 29,24 (25,84); Reinkoks im Halbkoks 70,76 (74,16) v. H.

B. Rohanalyse und Heizwert-Bestimmung bezogen auf gruben- feuchte Kohle: — 65,71 v. H. (65,76 v. H.); Asche 5,86 (4,96); Kohlen- substanz 28,43 (29,28); Oberer Heizwert cal/kg: 1847 (1871); Unterer Heiz- wert cal/kg: 1376 (1399).

C. Analyse der Kohlensubstanz. — Kohlenstoff 66,09 (66,16); Wasserstoff 5,84 (5,70); Sauerstoff 26,15 (26,34); Stickstoff 0,49 (0,30); Schwefel 1,43 (1,50 v. H.).

Die Mittelwerte weichen von den Zahlen des 5 m-Kohlenstoßes nur wenig ab. Auch die anderen hier nicht gebrachten Zahlen (einschließlich die des tonig-kohligen Mittels) sind nur wenig von den hier angegebenen Zahlen- werten verschieden.

## I. Moor- und Torfvorkommen.

Gegenwärtige oder eiszeitliche Humusablagerungen, die auf nassem Boden oder unter Wasser entstanden sind, heißen Moore. Sie umfassen alle natür- lichen Lagerstätten von Torf. „Moor" ist das flächenhafte Vorkommen von Humusablagerungen, „Torf" ist das „Gestein" von humusartiger Beschaffen- heit. Der Torf ist meist ein braunes bis braunschwarzes, kohlenstoffreiches verfilztes Gemengsel unvollständig zersetzter Pflanzenteile. Geologisch ist er der jüngste Zustand der Kohlenbildung.

Moorentstehung ist gebunden an feuchtes Klima und hängt ab von der topo- graphischen Lage (wassersammelnde Landschaftsform) und von der geologischen

Beschaffenheit des Untergrundes. Man unterscheidet nach dem Pflanzenbestand und nach ihrer Lage 1) Flachmoore, 2) Hochmoore. — Anmoorige Böden sind die häufig in Talauen vorkommenden Moorbildungen mit einer Torfentwicklung unter 0,2 m. — Holzmoore sind Flach- und Hochmoore mit Beimengungen (bis zu 50 v. H.) von Holz zu dem Torf. Die „Lohen" („Lohden") sind teils abgetragene Moore, teils Zwischenmoore (s. u.). Der Name „Moos" („Möser") ist in unserem Gebiet für Flach- und Hochmoore gebräuchlich. — In den sog. „Schwarzen Mooren" (Rhön) oder „Toten Mooren" wird durch die natürliche Entwässerung die andauernde Humusvermehrung (und somit Torfbildung) beendet oder herabgesetzt; bei den „lebenden Mooren" entwickelt sie sich gleichmäßig weiter.

**Flachmoore.** — Die Flachmoore entstehen in Niederungen mit nährstoffreichem, langsam fließendem oder stehendem und dem Boden selbst entstammendem Wasser und über Grundwasser. Sie sind eben oder fast eben. Ihr Pflanzenwuchs ist dank des nährstoffreichen Wassers bedeutend; sie tragen große Pflanzen mit reicher Stoffproduktion („Hartwasser-Vegetation").

Man teilt die Flachmoore ein in a) Niedermoore (Niedermoorsümpfe; Niedermoor-Wiesen; Niedermoor-Wälder); b) Zwischen- oder Übergangsmoore (Zwischenmoor-Wiesen und Zwischenmoor-Wälder), auf denen die Pflanzengesellschaften der Niedermoore gemeinschaftlich auftreten.

**Hochmoore.** — Die Hochmoore sind Moorbildungen in nährstoffarmem, zumeist aus Regen und Schnee stammendem Wasser. Sie finden sich daher in sehr luftfeuchten Gegenden und auf ausgelaugten Böden, auf Böden ohne Zuflüsse mineralreichen Wassers oder dort, wo diese von der Hochmoor-Bildung durch eine trennende Zwischenschicht ferngehalten werden. Sie sind meist schildartig gewölbt. Bei der Nährstoffarmut von Wasser und Untergrund herrschen k l e i n e, niedere Pflanzen vor, vor allem das Torfmoos *Sphagnum* und die verschiedenen Heidekrautarten.

V o r k o m m e n  v o n  N i e d e r m o o r e n: Nordbayern ist arm an Mooren, verglichen mit Südbayern. Dessen Niedermoor-Flächen reichen zum Teil, wie das D o n a u - R i e d  bei  G ü n z b u r g, über die Donau herüber (2940 ha, große gemeindliche Torfstechereien, mehr als die Hälfte bereits abgetorft); weitere Niedermoore: im J u r a - G e b i e t in den Tälern zwischen Günzburg und Ingolstadt; bei Gundelfingen im Brenz-Tal; in den Seitentälern der Egge (Oberes und Unteres Ried bei Wittislingen und See-Ried bei Dattenhausen) und des Kloster-Baches N. von Dillingen; im Bereich der Schutter bei Wellheim (Feld-Mühle) und bei Dünzelsau NW. von Ingolstadt; am Maillinger Bach und seinen Seitenbächen (NO. von Ingolstadt); bei Bergheim zwischen Neuburg a. d. Donau und Ingolstadt;

im K e u p e r - V o r l a n d, anschließend an den Oberpfälzer Wald: zahlreiche Moorflächen, darunter auch Hochmoore, z. B. zwischen Wernberg und Hirschau; — Niedermoore O. und S. von Schwandorf, in der sog. Rodinger Bucht (auf tertiärer toniger Unterlage); — bei Wackersdorf (30 ha, Torfmächtigkeiten bis zu 5 m); — im Trebgast-Tale zwischen Harsdorf und Trebgast

(Bayreuth-Kulmbacher Gegend, auf Buntsandstein, 3 km Talung ausfüllend);— bei Röhrig im Weißmain-Tale S. von Burgkundstadt; im Rodach-Tal bei Au, SW. von Kronach; — bei Ottmaring O. von Beilngries und zwischen Beilngries und Neumarkt; — im Ries, O. und NO. von Nördlingen; — im Altmühl-Tal bei Altenmuhr N. von Gunzenhausen (auf Blasen- und Burgsandstein); — an der Großen Aurach S. von Leutershausen an der Bahnlinie Ansbach—Dombühl (Unterlage Gipskeuper); — im Aisch-Grunde bei Markt Bergel (auf Gipskeuper); — SO. von Schweinfurt (Ober- und Unter-Spiesheimer Moor und Sulzheimer Moor; seichte Moorflächen auf Lettenkeuper); bei Feuerbach unfern Wiesentheid.

Vorkommen von Hochmooren und Zwischenmooren: im oberen Vils- und Heidenaab-Gebiet zwischen Weiden—Vilseck—Eschenbach und Kemnath (neben zahlreichen kleineren Niedermooren, auf Gesteinen des Mittleren Keupers) und zwar: die „Mooslohe" bei Weiden (380 ha, bis zu 3 m Torf, fast ausgebeutet); die „Stürzerloh" bei Parksteinhütten (60 ha, 0,5—4 m starkes Torflager, noch in Abbau); das sog. „Moos" bei Pressath (210 ha, 0,7—2 m mächtiger Torf, schon teilweise kultiviert); — auf dem Truppenübungsplatz bei Grafenwöhr (450 ha, aus einzelnen Vorkommen bestehend, mit Torflagern bis zu 2 m ausbeutbarer Mächtigkeit); — SW. von Weißenburg, an der Schwäbischen Rezat bei Grönhart;

im mittelfränkischen Keuper-Gebiet, das mit seinen Ton- und Mergelschiefer-Gesteinen und den tonig gebundenen Sandsteinen Moorbildung örtlich begünstigt: bei Heideck SW. von Hilpoltstein; zwischen Laffenau und Röttenbach; NW. von Hilpoltstein bei Heuberg; NO. von Roth (Wolfs-Moos); bei Pyrbaum („Lachwiesen"); bei Kiliansdorf S. von Roth; bei Ober-Steinbach S. von Abenberg; S. von Wendelstein (größere Moorflächen) und bei Kornburg (auf Blasen- und Semionoten-Sandstein); N. von Wendelstein und Feucht (weitausgedehnte Moore auf Burgsandstein und Diluvialsanden);

Gegend zwischen Nürnberg und Erlangen: S. des Haid-Berges und N. der Gründlach (auf diluvialen Sanden); im „Tiefen Graben" (von den Ohrwaschel-Steinbrüchen nach Nordwesten gegen Erlangen ziehend); bei Bamberg: Hauptsmoor-Wald O. von Bamberg (Sumpfmoor-Flächen ohne besondere Nutzung);

in Unterfranken: Hochmoor auf der Ostseite des Weigler Forstes, W. von Rappertshausen (O. von Hendungen, Unterlage Lettenkeuper); bei Königshofen i. Gr., Alsleben und bei Groß- und Klein-Eibstadt; auf der Langen Rhön, WSW. von Fladungen [in Höhe 785 m liegt das „Schwarze Moor" (50—60 ha), Unterlage tertiärer Ton und Basalttuff; es wird vom Eis-Graben zur Streu hin entwässert. Das Schwarze Moor hat einen Entwicklungsgang vom Flachmoor über das Zwischenmoor zum Hochmoor erfahren. Die Torfstärke im mittleren Teil des Moores ist etwa 5,5 m];

im Vorspessart: in alten Mainschlingen NO. und SO. von Dettingen bei Aschaffenburg (3—6 m mächtige Torfablagerungen); ältere Tortstiche bei Kahl NW. von Aschaffenburg und bei Stockstadt W. der Stadt.

# Anhang:

## Mineralquellen.[1]

Innerhalb des geologisch vielgestaltigen Gebietes, das der vorliegende Band umfaßt, treten Quellen verschiedensten Mineralgehaltes auf, die, wie diejenigen von Bad Kissingen, Weltruf besitzen oder deren heilspendende Wirkungen einem kleineren Umkreis zugute kommen.

In unserem Gebiete, zwischen Spessart, dem Ostbayerischen Grenzgebirge und der Donau, können wir die Mineralquellen nach drei Bereichen ihres Vorkommens ordnen: 1. Mineralquellen des Spessarts und der Rhön; 2. Mineralquellen des Grabfeldes, der Haß-Berge und des Steigerwaldes; 3. Mineralquellen des Fränkischen Juras.

Nicht alle Quellen werden zu Bade- oder Trinkzwecken ausgenützt. Die ausgenützten, in der folgenden Zusammenstellung g e s p e r r t gedruckten Mineralquellen sind in den Analysen-Tabellen I bis V zusammengestellt.

### 1. Mineralquellen im Bereich des Spessarts und der Rhön.

B o c k l e t N. von Bad Kissingen — B a d   B r ü c k e n a u — B a d   S t a d t Brückenau — Burgsinn N. von Gemünden — B a d   K i s s i n g e n — Kothen N. von Brückenau — O b e r - R i e d e n b e r g O. von Brückenau — B a d N e u s t a d t a. d. Saale (früher B a d   N e u h a u s) — Bad Sodenthal SO. von Aschaffenburg.[2] — Tabellen I, II und III.

### 2. Mineralquellen im Bereiche des Grabfeldes, der Haß-Berge und des Steigerwaldes.

B u r g b e r n h e i m (Wildbad) NO. von Rothenburg o. d. Tauber — H a ß - f u r t am Main — Heustreu NO. von Neustadt a. d. Saale — Hollstadt O. von Heustreu — K i t z i n g e n am Main — K ö n i g s h o f e n i. Grabfeld — L e n d e r s h a u s e n W. von Hofheim — Saal W. von Königshofen i. Gr. — S e n n f e l d O. von Schweinfurt — R o t h e n b u r g o. d. Tauber[3] — W i n d s - h e i m im Aisch-Grund — W i p f e l d S. von Schweinfurt[4] — Tabellen IV und V.

---

[1] W i c h t i g s t e   S c h r i f t e n:

VOGEL, A.: Die Mineralquellen des Königreichs Bayern, München 1829.

MÜLLER, V.: Spezielle Beschreibung der Heilquellen, Mineralbäder und Molkenkuranstalten des Königreichs Bayern, 2. Auflage, Augsburg 1847.

PECHER, Fr.: Beiträge zur Kenntnis der Wasser aus den geschichteten Gesteinen Unterfrankens. — Verh. d. phys.-med. Ges. z. Würzburg, N. F., **21**, Nr. 2, Würzburg 1887.

OEBBEKE, K.: Die Mineralquellen Bayerns. — Internat. Mineralqu.-Ztg., Wien 1904.

Deutsches Bäderbuch, Leipzig 1907.

Reichsbäder-Adreßbuch, VI. Ausgabe, Berlin 1930.

[2] Die Mineralquellen von Goldbach und Winzenhohl bei Aschaffenburg bestehen nicht mehr. Bad Sodenthal ist nunmehr eine Kindererholungsstätte.

[3] Die Mineralquelle des Wildbades im Tauber-Grund besteht nicht mehr.

[4] Die Mineralquellen im Garten des Klosters St. Ludwig sind nicht mehr öffentlich.

### 3. Mineralquellen im Bereiche des Frankenjuras.

Bissingen W. von Donauwörth — Buckenfeld bei Erlangen — Fürth bei Nürnberg und Fürth-Weikershof [1]) — Happurg SO. von Hersbruck — Rückersdorf NO. von Nürnberg — Weißenburg bei Treuchtlingen [2]) — Wemding (Wildbad) im Ries. — Tabelle V.

### Einteilung der Mineralquellen.[3])

Die frühere Einteilung der Mineralquellen nach ihrer allgemeinen chemischen Zusammensetzung, die man in Form einer Salztabelle mitteilte, entspricht nicht mehr den heutigen Ansichten über den Zustand der Salze in wässerigen Lösungen. Die Salze sind in Anionen und Kationen gespalten. Man teilt heute die Mineralquellen nach dem Gehalt an Ionen ein. Dabei bildet der Ausgang der grundsätzlichen Einteilung der Anteil an Anionen.

Vorwaltend sind in:

1. Alkalischen (bezw. erdigen) Quellen: Hydrokarbonat-Ionen ($HCO_3'$);
2. Muriatischen Quellen: Chlor-Ionen ($Cl'$);
3. Bitterquellen: Sulfat-Ionen ($SO_4''$).

Das „Vorwalten" bezieht sich hierbei nicht immer auf das mengenmäßige Überwiegen von Anionen, sondern auch auf die heilkundliche Bedeutung eines der Menge nach zurücktretenden Anions.

Je nach den Kationen, welche die Anionen begleiten, gliedern sich die drei Hauptklassen der Mineralquellen in Unterabteilungen.

In wesentlicher Menge enthalten:

Alkalische Quellen: Ionen des Natriumhydrokarbonats ($NaHCO_3$);
Erdige Quellen: Ionen des Kalziumhydrokarbonats [$Ca(HCO_3)_2$] und des Magnesiumhydrokarbonats [$Mg(HCO_3)_2$];
Muriatische Quellen im engeren Sinne: Ionen des Natriumchlorids ($NaCl$);
Erdmuriatische Quellen: Ionen des Kalziumchlorids ($CaCl_2$) und Magnesiumchlorids ($MgCl_2$) neben denen des Natriumchlorids ($NaCl$);
Salinische Quellen: Ionen des Natriumsulfats ($Na_2SO_4$);
Sulfatische Quellen: Ionen des Kalziumsulfats ($CaSO_4$);
Echte Bitterquellen: Ionen des Magnesiumsulfats ($MgSO_4$).

Eine weitere Unterabteilung dieser Mineralquellen ist durch den größeren oder geringeren Gehalt an freiem Kohlendioxyd ($CO_2$, Kohlensäure) bedingt. — Diese Quellen heißen Säuerlinge.

Im Deutschen Bäderbuch sind die Mineralquellen in folgende neun Hauptgruppen eingeteilt, die, jede für sich, nach den eben gegebenen Gesichtspunkten gekennzeichnet worden sind.

---

[1]) Die Wässer werden nicht mehr ausgenützt.
[2]) Die Mineralquellen von Neumarkt i. d. Opf. sind größtenteils verfallen.
[3]) DELKESKAMP, R.: Die Herkunft der natürlichen Mineralquellen. — „Kali", Z. f. d. Gewinnung, Verarbeitung und Verwertung der Kalisalze, 2. Jhrg., H. 2, Halle a. d. S., 1908.

1. Einfache kalte Quellen (Akratopegen); — 2. Einfache warme Quellen (Akratothermen); — 3. Einfache Säuerlinge; — 4. Erdige Säuerlinge; — 5. Alkalische Quellen; — 6. Kochsalzquellen; — 7. Bitterquellen. — 8. Eisenquellen; — 9. Schwefelquellen.

Die ersten drei Gruppen umfassen Wässer, die nur sehr geringe Mengen von gelösten festen Bestandteilen (unter 1 g in 1 kg Wasser) enthalten. Bei den einfachen Säuerlingen kommt noch ein $+$ hoher Gehalt an freiem Kohlensäuregas dazu. In erdigen Säuerlingen und in alkalischen Quellen walten Hydrokarbonat-Ionen vor.

Eisenquellen enthalten im allgemeinen mehr als 0,01 g Ferro- oder Ferri-Ionen in 1 kg des Wassers. Schwefelquellen kennzeichnen sich durch einen Gehalt an Hydrosulfid-Ionen (HS') und gegebenenfalls an freiem Schwefelwasserstoff ($H_2S$); ihre auffälligste Wirkung muß durch den Gehalt an diesen Bestandteilen verursacht sein.

Die Bitterquellen sind salzreiche Wässer mit vorherrschenden Sulfaten des Natriums, Kalziums oder Magnesiums. Die echten Bitterquellen sind diejenigen mit Magnesiumsulfat ($MgSO_4$).

Zu den wichtigsten Mineralquellen Unterfrankens gehören die

## Kochsalzquellen.

Die Kochsalzquellen oder muriatischen Quellen enthalten in 1 kg des Wassers mehr als 1 g gelöste feste Bestandteile, unter deren Anionen die Chlor-Ionen und unter deren Kationen die Natrium-Ionen bei weitem überwiegen.

Einfache (schwache) Kochsalzquellen enthalten weniger als 15 g Kochsalz in 1 kg Wasser;

Solquellen führen mehr als 15 g Kochsalz in 1 kg Wasser;

Kochsalzsäuerlinge heißen Kochsalzquellen, bei denen die Menge des freien Kohlensäuregases (Kohlendioxyds) in 1 kg des Wassers 1 g überschreitet.

Im Gegensatz zu diesen „reinen" Kochsalzquellen stehen die folgenden:

Alkalische Kochsalzquellen: Wässer mit vorwaltendem Gehalt an Hydrokarbonat-Ionen;

Salinische Kochsalzquellen: Wässer mit vorwiegenden Sulfat-Ionen;

Alkalisch-salinische Kochsalzquellen: Wässer mit überwiegenden Hydrokarbonat- und Sulfat-Ionen.

Erdmuriatische Kochsalzquellen enthalten überwiegend Erdalkali-Ionen; in erdigen Kochsalzquellen wiegt der Gehalt an Erdalkali-Ionen $+$ Hydrokarbonat-Ionen vor; in sulfatischen Kochsalzquellen treten Erdalkali- und Sulfat-Ionen in den Vordergrund.

# Das geologische Vorkommen der Mineralwässer.

Die Abhängigkeit vieler Mineralquellen von Stätten ehemaliger jungvulkanischer Tätigkeit ist schon lange bekannt. Ein Zusammenhang zwischen dem Auftreten von Mineralwässern und Verwerfungsspalten besteht in häufigen Fällen. In Nordbayern sind die Kreuzungsstellen von nordwestlich oder herzynisch verlaufenden Verwerfungsspalten mit Tälern Orte des Auftretens von Mineralquellen und bedeutende Heilquellen in Nordbayern verdanken diesem Umstande ihre Entstehung. An der Stelle der kürzesten Verbindung der Erdoberfläche mit der Erdtiefe durch die Verwerfungskluft und somit auch an der Stelle des geringsten Widerstandes gegen den Aufstieg des Wassers (Druck der Wassersäule, Reibungswiderstand) treten fast alle größeren Mineralquellen in Nordbayern auf.

Eine Ausnahme machen die im Saale-Tal zwischen Bad Neustadt und Saal austretenden Mineralquellen. Der tiefere Untergrund des Saale-Tales ist hier zerstückelt, als Folge der starken Auslaugung des Zechstein-Salzlagers und des Zusammenbruches der Dachschichten. Spalten in diesem Schollendurcheinander leiten die Mineralquellen in die Höhe.

Das Empordringen der Mineralwässer aus oft großer Tiefe wird nicht selten verursacht durch den Auftrieb von Kohlensäuregas in diesen Quellen. Aber auch schräge Schichtlagerung und ein weiter entferntes, höher als der Quellort gelegenes Einzugsgebiet (entgegen der Schichtneigung) kann bewirken, daß eine Mineralquelle auf natürlichem Wege (nach dem Gesetz der kommunizierenden Röhren) zur Erde emporsteigt oder daß sie erbohrt werden kann (Aufsteigende Quellen).

Kohlensäurehaltige Mineralwässer (sog. Säuerlinge) sind mit wenigen Ausnahmen an die Nähe ehemaliger vulkanischer Herde gebunden. Im Gegensatz dazu können Mineral-Schichtquellen in allen Schichtgesteinen vorkommen, welche lösliche Salze enthalten oder sie können künstlich in diesen Schichten erschlossen werden. Ein auffälligerer Gehalt an Kohlensäuregas pflegt diesen Wässern zu fehlen (Absteigende Quellen).

## Die Herkunft der Mineralstoffe.

Über die Herkunft der Stoffe in unseren Heilwässern ist man sich nicht in allen Fällen klar: am leichtesten lassen die Kochsalzquellen einen Schluß auf ein Salzlager in der Tiefe zu, aus dem der Salzgehalt stammt. Ähnliches gilt für Bitterwässer und Eisen-Säuerlinge. Der Kohlensäuregehalt stammt meist aus der Erdtiefe als Rest ehemaliger vulkanischer Tätigkeit. Das gilt vor allem für die in der basaltischen Rhön und Vorrhön befindlichen Mineralwässer (Bad Brückenau, Stadt Brückenau, Bocklet, Bad Kissingen, Kothen, Bad Neustadt a. d. Saale, Ober-Riedenberg). Die Wässer können auch eine lange Wanderschaft in der Tiefe hinter sich haben und dabei sich mit neuen Stoffen beladen. Das Kohlensäuregas kann sich weitab von dem ursprünglichen vulkanischen Herd in der Tiefe unter einem abdichtenden Herd ansammeln (Rothenburg o. d. T., Fürth).

Aufn. v. M. Schuster

**Fig. 1**
Roh gefaßter Säuerling, unmittelbar am Ufer der Saale bei Hollstadt
(NO. von Neustadt a. d. S.) austretend
(zu S. 425).

Aufn. v. M. Schuster

**Fig 2**
Künstlich gefaßte erdig-sulfatische Kochsalzsäuerlinge, in einem Nebenarm
der Saale entspringend, Bad Neustadt a. d. Saale (ehemals Bad Neuhaus)
(zu S. 426).

Die gelösten Salze stammen

a) aus dem Zechstein[1]) bei den Mineralwässern folgender Orte: Bad Sodenthal — Bad Brückenau — Bad Stadt Brückenau — Kothen — Ober-Riedenberg — Bad Kissingen — Bad Bocklet — Bad Neustadt a. d. S.;

b) aus dem Mittleren Muschelkalk[2]) bei den Mineralwässern von Lendershausen — Haßfurt — Sennfeld — Wipfeld — Kitzingen — Rothenburg o. d. T. — Windsheim;

c) aus dem Gipskeuper bei den Mineralwässern von Königshofen i. Gr. — Burgbernheim;[3])

d) aus dem Tertiär bei den Mineralwässern von Wemding und Bissingen.[4])

## Verteilung der Mineralwässer auf die Quellorte.[5])

### Einfache kalte Quellen.

Bissingen bei Donauwörth (Auer-Quelle) — Weißenburg bei Treuchtlingen.

### Einfache Säuerlinge.

Bad Brückenau (Stahlquelle, Wernarzer Quelle, Sinnberger Quelle) — Kothen bei Brückenau (Sauerwasser).

### Erdige Säuerlinge.

Ober-Riedenberg bei Brückenau (Rhönperle).

### Kochsalzquellen.

Burgsinn bei Gemünden: Kochsalzsäuerling;

Fürth: König-Ludwigs-Quelle = warme sulfatische Kochsalzquelle;

Heustreu bei Bad Neustadt a. d. Saale: Kochsalzsäuerling;

Bad Kissingen: Rakoczy, Pandur, Max-Brunnen, Runder Brunnen oder Solsprudel = erdig-sulfatische Kochsalzsäuerlinge; — Schönborn-Sprudel und Luitpold-Sprudel = erdig-salinische bis erdig-sulfatische Kochsalzsäuerlinge;

Kitzingen am Main: (aus einem Bohrloch gepumptes Wasser)[6]) = reine Solquelle;

---

[1]) Der obere Zechstein enthält in Unterfranken ein z. T. ausgelaugtes Lager von Steinsalz mit geringen beibrechenden anderen löslichen Salzen (unter Mellrichstadt 167 m mächtig) (S. 354/55).

[2]) Bei Kitzingen und Windsheim sind (S. 356/57) ansehnliche Steinsalzlager im Mittleren Muschelkalk erbohrt worden.

[3]) Der Gipskeuper enthält Spuren von Steinsalz und anderen, meist sulfatischen, Mineralien, darunter reichlich schwefelsauren Kalk (Gips).

[4]) Jungtertiäre Absätze im Ries-See bei Wemding und Auswurfschutt (Bunte Riesbresche) um den Ries-Vulkan bei Bissingen.

[5]) Aus Mangel an chemischen Analysen können die Mineralquellen von Buckenhof, Fürth, Weikershof, Happurg, Hollstadt, Rückersdorf und Saal hier nicht eingereiht werden. Nach Veröffentlichungen sind die Quellen von Buckenhof, Happurg und Rückersdorf Eisenquellen, die Wässer von Hollstadt (Fig. 1, Taf. 25) und Saal Kochsalzsäuerlinge.

[6]) Das Bohrloch liegt in der Nähe des Reubels-Hofes NO. von Kitzingen.

Bad Neustadt an der Saale (früher Bad Neuhaus): Marien-Quelle, Bonifazius-Quelle, Hermanns-Quelle und Elisabeth-Quelle = erdig-sulfatische Kochsalzsäuerlinge (Fig. 2, Taf. 25);

Rothenburg o. d. Tauber: Engels-Quelle = alkalische Sol-Quelle;

Sodenthal bei Aschaffenburg: Echter-Quelle und Rochus-Quelle = erdmuriatische Kochsalzquellen;

Windsheim im Aisch-Grund: Sole-Quelle = reine Solquelle; — Schönthal-Bitterquelle[1]) = salinische oder sulfatische Solquelle.

### Bitterquellen.

Stadt Brückenau: Stahlquelle = sulfatische Bitterquelle (siehe auch unter Eisenquellen);

Burgbernheim bei Rothenburg o. d. T.: Bade-Brunnen (früher Trink-Quelle genannt); Doktor-, Musketier-, Augen-, Koch-, Waschbrunnen und ungefaßte Quelle = schwach sulfatische Bitterquellen;[2])

Haßfurt am Main: Benediktiner-Quelle = sulfatische Bitterquelle;[3])

Königshofen i. Grabfeld: muriatisch-salinisch-sulfatische Bitterquelle;

Windsheim im Aisch-Grund: St. Anna-Quelle = muriatisch-salinische Bitterquelle;

Wipfeld am Main: Schilf-Quelle = sulfatische Bitterquelle.[4])

### Eisenquellen.

Bocklet bei Bad Kissingen: Stahlquelle = Mittel zwischen erdig-sulfatisch-muriatischem und erdig-salinisch-muriatischem Eisensäuerling;

Stadt Brückenau: St. Georgi-Sprudel = erdig-sulfatisch-muriatischer Eisensäuerling; — Stahlquelle = sulfatische Bitterquelle mit beachtenswertem Eisengehalt;

Lendershausen bei Hofheim: erdig-muriatischer Eisensäuerling.

### Schwefelquellen.[5])

Stadt Brückenau: Schwefelquelle des „Siebener-Sprudels" = sulfatische Schwefelwasserstoffquelle;

---

[1]) Die Schönthal-Bitterquelle wurde nur orientierend untersucht.

[2]) Alle Quellen von Burgbernheim sind chemisch ähnlich zusammengesetzt.

[3]) Das Wildbad Haßfurt am Main hatte früher zwei Mineralquellen, die „Trink"- und die „Badequelle". Beide Quellen erhielten 1926 eine gemeinsame Fassung und den Namen „Benediktiner-Quelle". Die früheren Quellen waren schwefelwasserstoffhaltig; die neugefaßte Quelle ist frei von Schwefelwasserstoff.

[4]) Die Quellen von Wipfeld sind nicht mehr öffentlich.

[5]) Früher hierher gehörige Quellen, jetzt nicht mehr spendend oder verfallen: Neumarkt i. d. Opf. = sulfatische Schwefelwasserstoffquellen (seit 1920 nicht mehr bestehend); Bocklet bei Bad Kissingen (seit 1912 nicht mehr) = Schwefelwasserstoffquelle; Nördlingen und Kloster Zimmern = Schwefelwasserstoffquellen; Wildbad Rothenburg o. d. Tauber = sulfatische Schwefelwasserstoffquelle. — In neuerer Zeit wurde der Malers-Brunnen, gleich N. von Gemünden am Main, aus dem Hauptbuntsandstein kommend, als eine Schwefelwasserstoffquelle erkannt.

Sennfeld bei Schweinfurt: Henneberg-Quelle = sulfatische Schwefel-wasserstoffquelle;

Wemding im Ries: Quelle I, II und III = reine Schwefelquellen;

Wonfurt bei Haßfurt = sulfatische Schwefelwasserstoffquelle.

---

## Bemerkungen zu den Analysen-Tabellen.

Die Tabellen enthalten alle jene Mineralquellen, die noch zu Trink- und Badezwecken benützt werden, mit Ausnahme der Quellen von Wipfeld, die aus wissenschaftlichen Gründen aufgeführt sind (Ähnlichkeit der Schilf-Quelle von Wipfeld mit der Henneberg-Quelle bei Sennfeld). In der Regel sind die neuesten Untersuchungsergebnisse mitgeteilt. Nur bei der „Trink-quelle" von Burgbernheim wurde eine ältere, vollständigere Analyse gewählt.

Die Ionen- und Salztabellen aller Analysen sind einheitlich nach den für das „Deutsche Bäderbuch" angenommenen Grundsätzen berechnet. Salztabellen, welche diesen Vorschriften nicht genügten, sind umgerechnet worden. Die neu berechneten Salz- und Ionen-Tabellen sind hinter dem Namen der Quelle mit einem Sternchen (*) versehen.

Es bedeuten außerdem: zwei Sternchen (**) in den Spalten: Angabe fehlt; — Striche (—) in den Spalten: nicht oder nur in sehr geringen Mengen vorhanden; — arabische Ziffern hinter dem Untersuchungsjahr: Schriften, in denen die Analysen veröffentlicht sind, bzw. Herkunft der Analysen:

Diese Angaben sind folgende:

1) Deutsches Bäderbuch: S. 250 u. 251, Leipzig 1907.

2) Deutsches Bäderbuch: S. 43 u. 44, Leipzig 1907.

3) SCHUSTER, MTTH.: Erläuterungen zu Blatt Motten-Wildflecken der Geol. Karte von Bayern 1:25000, München 1924.

4) Bisher nicht veröffentlichte Analyse (Privatmitteilung).

5) Die Salztabellen der Quellen von Bad Kissingen und Bocklet sind im Reichsbäder-Adreßbuch, 6. Ausgabe, S. 88, Berlin 1930 und in einer Werbeschrift von Bad Kissingen (ohne Jahr) veröffentlicht. Die Ionen-Tabellen sind einer Privatmitteilung entnommen.

6) Reichsbäder-Adreßbuch, 6. Ausgabe, S. 29, Berlin 1930.

7) Badeprospekt: St. Georgi-Quelle, Bad Stadt-Brückenau 1929.

8) Deutsches Bäderbuch: S. 200—202, Leipzig 1907.

9) Bote vom Grabfeld (Königshofener Zeitung): Nr. 247, 26. Oktober 1929, S. 5—6.

10) Deutsches Bäderbuch: S. 420, Leipzig 1907.

11) SCHUSTER, MTTH.: Die „Engels-Quelle" in Rothenburg o. d. Tauber. — Abh. d. Geol. Landesunt. a. Bayer. Oberbergamt, 3, S. 19, München 1931.

12) ARNDT, HCH.: Erläuterungen zum Teilblatt Windsheim der Geognost. Karte von Bayern 1:100000, S. 47 u. 49, Verlag Piloty u. Loehle, München 1933.

13) PECHER, FR.: Beiträge zur Kenntnis der Wasser aus den geschichteten Gesteinen Unterfrankens. — Verh. d. phys.-med. Ges. z. Würzburg, N. F. 21, Nr. 2, S. 53—55, Würzburg 1887.

14) Deutsches Bäderbuch: S. 419, Leipzig 1907.

15) FRESENIUS, H.: Chemische und physikalisch-chemische Untersuchung der Bissinger Auerquelle, Wiesbaden, C. W. Kreidel's Verlag, 1913.

# I. Analysen der Heilquellen von Bad Sodenthal, Bad Brückenau, Kothen und Ober-Riedenberg.

## Ia. Ionen-Tabelle.

| | Bad Sodenthal | | Bad Brückenau | | | Kothen | Ober-Riedenberg |
|---|---|---|---|---|---|---|---|
| **Bezeichnung der einzelnen Quellen** | Echter-Quelle | Rochus-Quelle | Stahlquelle | Wernarzer Quelle | Sinnberger Quelle | Sauerwasser*) | Rhönperle*) |
| Untersucher | Universitäts-laboratorium Erlangen | F. MOLDENHAUER | SCHERER | Kgl. Untersuchungsanstalt f. Nahrungs- und Genußmittel, Würzburg | SCHERER | Labor. für Heilquellenforschung, Bad Kissingen | MEINKE, Wiesbaden |
| Jahr der Untersuchung | 1894[1]) | 1856[1]) | 1855[2]) | 1903[3]) | 1855[2]) | 1919[5]) | 1906[4]) |
| Spezifisches Gewicht | 1.0172 bei 15°C, bezogen auf unbekannte Einheit | 1.0052 (ohne Temperaturangabe) | 1.0004 bei 15°C, bezogen auf unbekannte Einheit | 0.9996 bei 15°C, bezogen auf unbekannte Einheit | 1.00008 (ohne Temperaturangabe) | **) | **) |
| Temperatur | 13°C | 12.5°C | 9.8°C | 10.3°C | 9.5°C | **) | **) |
| Ergiebigkeit | *) | **) | 18 Min.-Liter | 36 Min.-Liter | 51 Min.-Liter | 1 Min.-Liter | ** |

In 1 Kilogramm des Mineralwassers sind enthalten Gramm:

| | Echter-Quelle | Rochus-Quelle | Stahlquelle | Wernarzer Quelle | Sinnberger Quelle | Sauerwasser*) | Rhönperle*) |
|---|---|---|---|---|---|---|---|
| **Kationen:** | | | | | | | |
| Kalium-Ion (K$^{\cdot}$) | 0.2977 | 0.0862 | 0.008676 | 0.00440 | 0.004151 | 0.00543 | 0.0116 |
| Natrium-Ion (Na$^{\cdot}$) | 5.462 | 1.759 | 0.003534 | 0.004514 | 0.003999 | 0.00535 | 0.0349 |
| Lithium-Ion (Li$^{\cdot}$) | 0.00275 | — | Spuren | — | Spuren | — | — |
| Ammonium-Ion (NH$_4^{\cdot}$) | — | 0.9001 | — | 0.01693 | 0.01584 | 0.01936 | 0.3111 |
| Kalzium-Ion (Ca$^{\cdot\cdot}$) | 2.717 | 0.0351 | 0.06346 | 0.006697 | 0.005319 | 0.00573 | 0.0635 |
| Strontium-Ion (Sr$^{\cdot\cdot}$) | 0.0256 | Spuren | — | 0.000699 | 0.000379 | 0.00264 | 0.0037 |
| Magnesium-Ion (Mg$^{\cdot\cdot}$) | 0.1896 | Spuren | 0.02486 | 0.000075 | Spuren | 0.00010 | 0.0024 |
| Ferro-Ion (Fe$^{\cdot\cdot}$) | 0.0014 | — | 0.004288 | Spuren | Spuren | 0.00010 | — |
| Mangano-Ion (Mn$^{\cdot\cdot}$) | 0.00072 | — | 0.001799 | — | Spuren | 0.00010 | — |
| Aluminium-Ion (Al$^{\cdot\cdot\cdot}$) | — | — | — | — | — | — | — |
| **Anionen:** | | | | | | | |
| Nitrat-Ion (NO$_3'$) | — | — | Spuren | — | Spuren | 0.00010 | — |
| Chlor-Ion (Cl$'$) | 13.64 | 4.238 | 0.002569 | 0.00291 | 0.006405 | 0.00372 | 0.00056 |
| Brom-Ion (Br$'$) | 0.01382 | 0.015 | — | — | — | — | — |
| Jod-Ion (J$'$) | 0.000252 | Spuren | — | — | — | — | — |
| Sulfat-Ion (SO$_4''$) | 0.5142 | 0.170 | 0.06715 | 0.00967 | 0.002583 | 0.01210 | 0.3224 |
| Hydrophosphat-Ion (HPO$_4''$) | — | — | 0.000489 | 0.00054 | Spuren | 0.00176 | — |
| Hydrokarbonat-Ion (HCO$_3'$) | 0.060 | 0.185 | 0.2635 | 0.08757 | 0.07842 | 0.08769 | 0.9782 |
| (Summe) | 22.925 | 7.388 | 0.4403 | 0.13401 | 0.11710 | 0.14408 | 1.7284 |
| Kieselsäure (meta) (H$_2$SiO$_3$) | — | 0.042 | 0.06610 | 0.01999 | 0.02162 | 0.0078 | — |
| Organische Substanzen | 0.0617 | Spuren | 0.01772 | — | 0.0230 | Spuren | — |
| (Summe) | 22.99 | 7.430 | 0.5241 | 0.1540 | 0.1617 | 0.1519 | 1.7284 |
| Freies Kohlendioxyd (CO$_2$) | quantitativ nicht bestimmt, wenig | — | 2.260 | 2.239 | 1.831 | 2.0090 | vorhanden, nicht bestimmt |
| (Gesamtsumme) | | | 2.784 | 2.393 | 1.993 | 2.1609 | |

## 1b. Salz-Tabelle.

Das Mineralwasser gleicht in Beziehung auf die quantitativ bestimmten Bestandteile einer Lösung, die in 1 kg enthält Gramm:

| Bezeichnung der einzelnen Quellen | Bad Sodenthal | | Bad Brückenau | | | Kothen | Ober-Riedenberg |
|---|---|---|---|---|---|---|---|
| | Bohrer-Quelle | Rochus-Quelle | Stahlquelle | Wernarzer Quelle | Sinnberger Quelle | Sauerwasser *) | Rhönperle *) |
| Kaliumnitrat (KNO₃) | — | — | Spuren | Spuren | Spuren | 0.0002 | — |
| Kaliumchlorid (KCl) | 0.5672 | 0.164 | 0.005405 | 0.00613 | 0.007910 | 0.0080 | 0.0011 |
| Kaliumsulfat (K₂SO₄) | — | 4.454 | 0.01300 | 0.00263 | 0.004367 | 0.0028 | 0.0245 |
| Natriumchlorid (NaCl) | 13.85 | 0.019 | — | — | — | — | — |
| Natriumbromid (NaBr) | 0.01780 | — | — | — | — | — | — |
| Natriumjodid (NaJ) | 0.000298 | — | — | — | — | — | — |
| Natriumsulfat (Na₂SO₄) | — | — | 0.01090 | 0.0122 | 0.003823 | 0.0155 | 0.1077 |
| Natriumhydrokarbonat (NaHCO₃) | 0.0166 | — | — | 0.00208 | 0.003788 | 0.0011 | — |
| Lithiumchlorid (LiCl) | — | — | Spuren | — | Spuren | — | — |
| Ammoniumchlorid (NH₄Cl) | — | — | — | — | — | — | — |
| Kalziumchlorid (CaCl₂) | 7.521 | 2.287 | — | — | — | — | — |
| Kalziumsulfat (CaSO₄) | — | 0.241 | 0.07458 | — | — | 0.0017 | 0.3346 |
| Kalziumhydrophosphat (CaHPO₄) | — | — | 0.000694 | 0.00077 | — | — | — |
| Kalziumhydrokarbonat [Ca(HCO₃)₂] | — | 0.0126 | 0.1669 | 0.06753 | 0.06404 | 0.0764 | 0.8596 |
| Strontiumhydrokarbonat [Sr(HCO₃)₂] | 0.0612 | — | — | — | — | — | — |
| Magnesiumchlorid (MgCl₂) | 0.2158 | — | — | — | — | — | — |
| Magnesiumsulfat (MgSO₄) | 0.6446 | 0.211 | 0.1494 | 0.04024 | 0.03196 | 0.0290 | 0.3818 |
| Magnesiumhydrokarbonat [Mg(HCO₃)₂] | 0.0240 | — | 0.01365 | 0.00222 | 0.001207 | 0.0084 | 0.0116 |
| Ferrohydrokarbonat [Fe(HCO₃)₂] | 0.0015 | — | 0.005791 | 0.000243 | Spuren | 0.0003 | 0.0077 |
| Manganohydrokarbonat [Mn(HCO₃)₂] | 0.0023 | — | — | Spuren | Spuren | 0.0007 | — |
| Aluminiumhydrophosphat [Al₂(HPO₄)₃] | — | — | — | — | Spuren | — | — |
| Kieselsäure (meta) (H₂SiO₃) | 0.0617 | 0.042 | 0.01772 | 0.01999 | 0.02162 | 0.0078 | — |
| Organische Stoffe | — | — | 0.06610 | — | 0.0230 | Spuren | — |
| | 22.99 | 7.431 | 0.5241 | 0.1540 | 0.1617 | 0.1519 | 1.7286 |
| Freies Kohlendioxyd (CO₂) | quantitativ nicht bestimmt, wenig | | 2.260 | 2.239 | 1.831 | 2.0090 | vorhanden, nicht bestimmt |
| | | | 2.784 | 2.393 | 1.993 | 2.1609 | |
| Radioaktivität in Mache-Einheiten | 22.3 | 8.7 | 16.3 | 6.28 | 8.08 | **) | **) |

## II. Analysen der Heilquellen von Bad Kissingen und Bad Bocklet.
### IIa. Ionen-Tabelle.

| Bezeichnung der einzelnen Quellen | Bad Kissingen | | | | | | Bad Bocklet |
|---|---|---|---|---|---|---|---|
| | Rakoczy | Pandur | Max-Brunnen | Sole-Sprudel | Schönborn-Sprudel | Luitpold-Sprudel | Bockleter Stahl-Quelle |
| Analytiker | R. Fresenius u. L. Grünhut | R. Fresenius u. L. Grünhut | R. Fresenius u. L. Grünhut | R. Fresenius u. L. Grünhut | R. Fresenius u. L. Grünhut | R. Fresenius u. L. Grünhut | R. Fresenius u. L. Grünhut |
| Jahr der Untersuchung | 1913[5] | 1913[5] | 1913[5] | 1914[5] | 1914[5] | 1912[5] | 1914[5] |
| Temperatur | 10.0°C | 10.5°C | 9.7°C | 18.4°C | 19.2°C | 13.7°C | 10.8°C |
| Spezifisches Gewicht | 1.00570 bei 15°C, bezogen auf H₂O von 4°C | 1.00591 bei 15°C, bezogen auf H₂O von 4°C | 1.00584 bei 15°C, bezogen auf H₂O von 4°C | 1.01258 bei 15°C, bezogen auf H₂O von 4°C | 1.01075 bei 15°C, bezogen auf H₂O von 4°C | 1.00486 bei 15°C, bezogen auf H₂O von 4°C | 1.00410 bei 15°C, bezogen auf H₂O von 4°C |
| Ergiebigkeit | 22 Min.-Liter | Im Mittel 8 Min.-Liter | 20 Min.-Liter | 300—600 Min.-Liter | 1000 Min.-Liter | 250 Min.-Liter | **) |

In 1 Kilogramm des Mineralwassers sind enthalten Gramm:

Kationen:

| | Rakoczy | Pandur | Max-Brunnen | Sole-Sprudel | Schönborn-Sprudel | Luitpold-Sprudel | Bockleter Stahl-Quelle |
|---|---|---|---|---|---|---|---|
| Kalium-Ion (K·) | 0.08503 | 0.08417 | 0.1123 | 0.132 | 0.11 | 0.08823 | 0.05281 |
| Natrium-Ion (Na·) | 2.183 | 2.193 | 1.765 | 4.552 | 3.889 | 0.8788 | 0.7463 |
| Lithium-Ion (Li·) | 0.003595 | 0.003583 | 0.002886 | 0.006565 | 0.006383 | 0.000710 | 0.000653 |
| Ammonium-Ion (NH₄·) | 0.00054 | 0.00045 | 0.00242 | 0.00080 | 0.00023 | 0.000423 | 0.00033 |
| Kalzium-Ion (Ca··) | 0.4913 | 0.4984 | 0.4526 | 0.8956 | 0.7051 | 0.5410 | 0.5796 |
| Strontium-Ion (Sr··) | 0.00556 | 0.00760 | 0.00438 | 0.0120 | 0.00665 | 0.003619 | 0.000798 |
| Magnesium-Ion (Mg··) | 0.1804 | 0.1807 | 0.1442 | 0.3183 | 0.2477 | 0.1711 | 0.2399 |
| Ferro-Ion (Fe··) | 0.0102 | 0.0101 | 0.0019 | 0.0150 | 0.0116 | 0.02944 | 0.02755 |
| Mangano-Ion (Mn··) | 0.0012 | 0.0011 | 0.00378 | 0.00224 | 0.0011 | 0.001241 | 0.00210 |
| Zink-Ion (Zn··) | | | | — | — | — | 0.000446 |

Anionen:

| | Rakoczy | Pandur | Max-Brunnen | Sole-Sprudel | Schönborn-Sprudel | Luitpold-Sprudel | Bockleter Stahl-Quelle |
|---|---|---|---|---|---|---|---|
| Nitrat-Ion (NO₃') | 0.0011 | 0.0011 | 0.0123 | 0.00083 | 0.00303 | 0.001386 | 0.00059 |
| Chlor-Ion (Cl') | 3.582 | 3.597 | 2.953 | 7.451 | 5.799 | 1.213 | 0.9906 |
| Brom-Ion (Br') | 0.00727 | 0.00750 | 0.00654 | 0.0171 | 0.01104 | 0.002895 | 0.0016 |
| Jod-Ion (J') | 0.000037 | 0.000028 | 0.000051 | 0.000076 | 0.000035 | 0.000007 | 0.000008 |
| Sulfat-Ion (SO₄'') | 0.7322 | 0.7308 | 0.6501 | 1.473 | 1.523 | 0.9619 | 0.8848 |
| Hydrophosphat-Ion (HPO₄'') | 0.000046 | 0.000055 | 0.000434 | 0.000029 | 0.000035 | 0.000123 | 0.000187 |
| Hydroarsenat-Ion (HAsO₄'') | 0.00015 | 0.00016 | 0.000073 | 0.000390 | 0.000266 | 0.000105 | 0.00010 |
| Hydrokarbonat-Ion (HCO₃') | 1.291 | 1.317 | 1.086 | 2.017 | 2.052 | 1.729 | 2.337 |
| Borsäure (meta) (HBO₂) | 8.575 | 8.633 | 7.198 | 16.89 | 14.37 | 5.618 | 5.815 |
| Kieselsäure (meta) (H₂SiO₃) | 0.00593 | 0.00554 | 0.00467 | 0.00866 | 0.0063 | 0.002836 | 0.00237 |
| | 0.0172 | 0.0202 | 0.0168 | 0.0134 | 0.0179 | 0.01629 | 0.0295 |
| Freies Kohlendioxyd (CO₂) | 8.598 | 8.658 | 7.219 | 16.92 | 14.39 | 5.637 | 5.847 |
| | 2.506 | 2.385 | 2.644 | 1.745 | 1.504 | 2.633 | 2.391 |
| Daneben Spuren von | 11.104 Al···, Zn··, Ni·· u. H₂TiO₃ | 11.043 Al···, Cu·, Zn·· u. H₂TiO₃ | 9.863 H₂TiO₃ u. org. Stoffe | 18.66 Al···, Cu·, Sn·· Ba-Ion u. H₂TiO₃ | 15.89 Al···, Ba··, Zn·· u. H₂TiO₃ | 8.270 Al··· u. H₂TiO₃ | 8.238 Cu·, Co·, Ni·, Sn·· u. H₂TiO₃ |

430

## IIb. Salz-Tabelle.

Das Mineralwasser gleicht in Beziehung auf die quantitativ bestimmten Bestandteile einer Lösung, die in 1 Kilogramm enthält Gramm:

| Bezeichnung der einzelnen Quellen | Bad Kissingen | | | | | Luitpold-Sprudel | Bad Bocklet |
| --- | --- | --- | --- | --- | --- | --- | --- |
| | Rakoczy | Pandur | Max-Brunnen | Sole-Sprudel | Schönborn-Sprudel | Luitpold-Sprudel | Bockleter Stahl-Quelle |
| Kaliumnitrat ($KNO_3$) | 0.0018 | 0.0018 | 0.0201 | 0.0013 | 0.0049 | 0.002260 | 0.00096 |
| Kaliumchlorid ($KCl$) | 0.1608 | 0.1592 | 0.1993 | 0.251 | 0.21 | 0.1666 | 0.09999 |
| Natriumchlorid ($NaCl$) | 5.544 | 5.568 | 4.481 | 11.56 | 9.341 | 1.861 | 1.548 |
| Natriumbromid ($NaBr$) | 0.00936 | 0.00967 | 0.00842 | 0.0221 | 0.01422 | 0.003728 | 0.0020 |
| Natriumjodid ($NaJ$) | 0.000043 | 0.000033 | 0.000060 | 0.000090 | 0.000041 | 0.000008 | 0.00001 |
| Natriumsulfat ($Na_2SO_4$) | — | — | — | — | 0.651 | 0.4345 | 0.4224 |
| Lithiumchlorid ($LiCl$) | 0.02196 | 0.02190 | 0.01763 | 0.04011 | 0.03900 | 0.004340 | 0.00399 |
| Ammoniumchlorid ($NH_4Cl$) | 0.0016 | 0.0013 | 0.00718 | 0.0024 | 0.00068 | 0.001255 | 0.00098 |
| Kalziumchlorid ($CaCl_2$) | 0.194 | 0.195 | 0.1888 | 0.447 | — | — | — |
| Kalziumsulfat ($CaSO_4$) | 1.038 | 1.036 | 0.9212 | 2.087 | 1.533 | 0.9469 | 0.7781 |
| Kalziumhydrophosphat ($CaHPO_4$) | 0.000065 | 0.000077 | 0.000615 | 0.000042 | 0.000049 | 0.000175 | 0.000265 |
| Kalziumhydroarsenat ($CaHAsO_4$) | 0.00019 | 0.00021 | 0.000094 | 0.000501 | 0.000343 | 0.000136 | 0.00013 |
| Kalziumhydrokarbonat [$Ca(HCO_3)_2$] | 0.469 | 0.498 | 0.4573 | 0.4850 | 1.026 | 1.061 | 1.418 |
| Strontiumhydrokarbonat [$Sr(HCO_3)_2$] | 0.0133 | 0.0182 | 0.0105 | 0.0287 | 0.0159 | 0.006658 | 0.00191 |
| Magnesiumhydrokarbonat [$Mg(HCO_3)_2$] | 1.086 | 1.087 | 0.8679 | 1.915 | 1.490 | 1.030 | 1.443 |
| Zinkhydrokarbonat [$Zn(HCO_3)_2$] | — | — | — | — | — | — | 0.00128 |
| Ferrohydrokarbonat [$Fe(HCO_3)_2$] | 0.0324 | 0.0322 | 0.0059 | 0.0477 | 0.0370 | 0.09379 | 0.08775 |
| Maganohydrokarbonat [$Mn(HCO_3)_2$] | 0.0039 | 0.0035 | 0.0122 | 0.00722 | 0.0036 | 0.003997 | 0.00676 |
| Borsäure (meta) ($HBO_2$) | 0.00593 | 0.00554 | 0.00467 | 0.00866 | 0.0063 | 0.002836 | 0.00237 |
| Kieselsäure (meta) ($H_2SiO_3$) | 0.0172 | 0.0202 | 0.0168 | 0.0134 | 0.0179 | 0.01629 | 0.0295 |
| | 8.600 | 8.658 | 7.220 | 16.92 | 14.39 | 5.637 | 5.847 |
| Freies Kohlendioxyd ($CO_2$) | 2.506 | 2.385 | 2.644 | 1.745 | 1.504 | 2.633 | 2.391 |
| | 11.106 | 11.043 | 9.864 | 18.66 | 15.89 | 8.270 | 8.238 |
| Radioaktivität in Mache-Einheiten nach Fresenius und Grünhut (1913) | 6.88 | 3.65 | 9.73 | 0.29 | 0.026 (Jentsch) | 0.19 | 0.66 |

## III. Analysen der Heilquellen von Bad Stadt Brückenau und Bad Neustadt a. S. (Neuhaus).

### IIIa. Ionen-Tabelle.

| Bezeichnung der einzelnen Quellen | Bad Stadt Brückenau | | | Bad Neustadt a. d. S. (Neuhaus) | | | |
|---|---|---|---|---|---|---|---|
| | St. Georgi-Sprudel | Schwefel-Quelle | Stahl-Quelle | Marien-Quelle | Bonifazius-Quelle | Hermanns-Quelle | Elisabeth-Quelle |
| Analytiker | Bayer. Landesgewerbeanstalt, Nürnberg | Chem. Labor. Fresenius-Wiesbaden | Chem. Labor. Fresenius-Wiesbaden | J. v. Liebig | J. v. Liebig | J. v. Liebig | J. v. Liebig |
| Jahr der Untersuchung | 1929[6]) | 1925[7]) | 1925[4]) | 1855[8]) | 1855[8]) | 1855[8]) | 1855[6]) |
| Temperatur | 16°C | 18.1°C | 18.4°C | 8.8°C | 8.8°C | 8.7°C | 8.6°C |
| Spezifisches Gewicht | 1.0041 bei 15°C, bezogen auf $H_2O$ von 4°C | 1.000878 bei 14°C, bezogen auf $H_2O$ von 4°C | 1.001199 bei 14°C, bezogen auf $H_2O$ von 4°C | 1.01551 bei 18°C, bezogen auf Wasser von 4°C | 1.01410 bei 18°C, | 1.01104 bei 18°C, | 1.00909 bei 18°C, |
| Ergiebigkeit | 16—18 Min.-Liter | 700 Min.-Liter | **) | **) | **) | **) | **) |

In 1 Kilogramm des Mineralwassers sind enthalten Gramm:

| | St. Georgi-Sprudel | Schwefel-Quelle | Stahl-Quelle | Marien-Quelle | Bonifazius-Quelle | Hermanns-Quelle | Elisabeth-Quelle |
|---|---|---|---|---|---|---|---|
| **Kationen:** | | | | | | | |
| Kalium-Ion (K·) | 0.03541 | 0.007932 | 0.005873 | 0.2967 | 0.2356 | 0.1905 | 0.1441 |
| Natrium-Ion (Na·) | 0.16041 | 0.04590 | 0.03789 | 6.284 | 5.820 | 4.760 | 3.555 |
| Lithium-Ion (Li·) | 0.00014 | — | — | 0.000138 | 0.000138 | 0.000138 | 0.000138 |
| Ammonium-Ion ($NH_4$·) | 0.00083 | — | — | — | — | — | — |
| Kalzium-Ion (Ca··) | 0.93155 | 0.3295 | 0.4225 | 1.234 | 1.144 | 1.153 | 0.8940 |
| Strontium-Ion (Si··) | 0.00025 | 0.005014 | 0.005174 | — | — | — | — |
| Barium-Ion (Ba··) | 0.00012 | 0.000686 | 0.000661 | — | — | — | — |
| Magnesium-Ion (Mg··) | 0.16388 | 0.06538 | 0.09213 | 0.3201 | 0.3026 | 0.2913 | 0.2360 |
| Ferro-Ion (Fe··) | 0.01997 | 0.006437 | 0.008347 | 0.004255 | 0.01068 | 0.007774 | 0.005137 |
| Mangano-Ion (Mn··) | 0.00319 | — | 0.000468 | — | — | — | — |
| Aluminium-Ion (Al···) | 0.00120 | — | — | — | — | — | — |
| **Anionen:** | | | | | | | |
| Chlor-Ion (Cl′) | 0.49747 | 0.008731 | 0.004569 | 10.53 | 9.787 | 8.101 | 6.008 |
| Brom-Ion (Br′) | 0.00038 | — | — | — | — | — | — |
| Sulfat-Ion ($SO_4$″) | 1.4032 | 0.7746 | 0.8028 | 1.840 | 1.699 | 1.816 | 1.206 |
| Hydrophosphat-Ion ($HPO_4$″) | 0.00018 | 0.000033 | 0.000031 | — | — | — | — |
| Hydroarsonat-Ion ($HAsO_4$″) | 0.00062 | 0.000069 | 0.000081 | — | — | — | — |
| Hydrokarbonat-Ion ($HCO_3$′) | 1.56379 | 0.4967 | 0.8580 | 2.004 | 1.793 | 1.633 | 1.677 |
| Hydrosulfid-Ion (HS′) | — | 0.000064 | — | — | — | — | — |
| | 4.78259 | 1.736 | 2.239 | 22.51 | 20.792 | 17.953 | 13.725 |
| Borsäure (meta) ($HBO_2$) | 0.00089 | 0.01702 | 0.02804 | 0.03461 | 0.03721 | 0.04697 | 0.03332 |
| Kieselsäure (meta) ($H_2SiO_3$) | 0.0298 | — | — | — | — | — | — |
| | 4.81328 | 1.753 | 2.267 | 22.55 | 20.829 | 17.999 | 13.759 |
| Freies Kohlendioxyd ($CO_2$) | 1.8548 | 0.2896 | 0.1710 | 1.783 | 1.584 | 1.581 | 1.543 |
| Freier Schwefelwasserstoff ($H_2\dot{S}$) | — | 0.000201 | — | — | — | — | — |
| | 6.668 | 2.043 | 2.438 | 24.33 | 22.413 | 19.580 | 15.302 |
| Daneben Spuren von | — | Mn·· | — | $NH_4$·, Mn··, Al···, Br′, J′, $HPO_4$″, $HBO_3$ u. Organischen Stoffen. | | | |

Das Mineralwasser gleicht in Beziehung auf die quantitativ bestimmten Bestandteile einer Lösung, die in 1 kg enthält Gramm:

| Bezeichnung der einzelnen Quellen | Bad Stadt Brückenau | | | | Bad Neustadt a. d. S. (Neuhaus) | | |
|---|---|---|---|---|---|---|---|
| | St. Georgi-Sprudel*) | Schwefel-Quelle | Stahl-Quelle | Marien-Quelle | Bonifazius-Quelle | Hermanns-Quelle | Elisabeth-Quelle |
| Kaliumchlorid (KCl) | 0.06752 | 0.007846 | 0.009607 | 0.5653 | 0.4490 | 0.3630 | 0.2746 |
| Kaliumsulfat ($K_2SO_4$) | 0.4075 | 0.008508 | 0.001860 | 15.95 | 14.77 | 12.08 | 9.022 |
| Natriumchlorid (NaCl) | 0.00049 | — | — | — | — | — | — |
| Natriumbromid (NaBr) | — | 0.1416 | 0.1170 | — | — | — | — |
| Natriumsulfat ($Na_2SO_4$) | — | 0.000108 | — | — | — | — | — |
| Natriumhydrosulfid (NaHS) | 0.000869 | — | 0.000836 | 0.000836 | 0.000836 | 0.000836 | 0.000836 |
| Lithiumchlorid (LiCl) | 0.00247 | — | — | — | — | — | — |
| Ammoniumchlorid ($NH_4Cl$) | 0.3377 | 0.9553 | 1.024 | 0.9331 | 0.9736 | 0.9504 | 0.6416 |
| Kalziumchlorid ($CaCl_2$) | 1.97954 | — | — | 2.609 | 2.408 | 2.574 | 1.709 |
| Kalziumsulfat ($CaSO_4$) | — | — | — | — | — | — | — |
| Kalziumhydrophosphat ($CaHPO_4$) | 0.0008 | 0.000046 | 0.000043 | — | — | — | — |
| Kalziumhydroarsenat ($CaHAsO_4$) | — | 0.000089 | 0.000105 | — | — | — | — |
| Kalziumhydrokarbonat $[Ca(HCO_3)_2]$ | 0.90868 | 0.1953 | 0.4897 | 0.5202 | 0.3374 | 0.2082 | 0.6422 |
| Strontiumhydrokarbonat $[Sr(HCO_3)_2]$ | 0.00059 | 0.01200 | 0.01238 | — | — | — | — |
| Bariumhydrokarbonat $[Ba(HCO_3)_2]$ | 0.000229 | 0.001295 | 0.001247 | — | — | — | — |
| Magnesiumhydrokarbonat $[Mg(HCO_3)_2]$ | 0.99470 | 0.3934 | 0.5544 | 1.923 | 1.818 | 1.750 | 1.418 |
| Ferrohydrokarbonat $[Fe(HCO_3)_2]$ | 0.06361 | 0.02050 | 0.02659 | 0.01354 | 0.03398 | 0.02474 | 0.01635 |
| Manganohydrokarbonat $[Mn(HCO_3)_2]$ | 0.01027 | — | 0.001508 | — | — | — | — |
| Aluminiumhydrophosphat $[Al_2(HPO_4)_3]$ | 0.00021 | — | — | — | — | — | — |
| Aluminiumsulfat $[Al_2(SO_4)_3]$ | 0.00742 | — | — | — | — | — | — |
| Borsäure (meta) ($HBO_2$) | 0.00089 | — | — | — | — | — | — |
| Kieselsäure (meta) ($H_2SiO_3$) | 0.0298 | 0.01702 | 0.02804 | 0.03461 | 0.03721 | 0.04627 | 0.03332 |
| Freies Kohlendioxyd ($CO_2$) | 4.81328 | 1.753 | 2.266 | 22.55 | 20.83 | 18.00 | 13.758 |
| Freier Schwefelwasserstoff ($H_2S$) | 1.8848 | 0.2896 | 0.1710 | 1.783 | 1.584 | 1.581 | 1.543 |
| | — | 0.000201 | — | **) | **) | **) | **) |
| | 6.668 | 2.043 | 2.437 | 24.33 | 22.41 | 19.58 | 15.301 |
| Radioaktivität in Mache-Einheiten | **) | 0.25 | 0.63 | **) | **) | **) | **) |

**IV. Analysen der Heilquellen von Königshofen, Lendershausen, Haßfurt, Sennfeld und Wipfeld.**

**IVa. Ionen-Tabelle.**

| Bezeichnung der einzelnen Quellen | Königshofen i. Gr. | Lendershausen | Haßfurt | Sennfeld | Wipfeld Ludwigs-Quelle | Wipfeld Schilf-Quelle |
|---|---|---|---|---|---|---|
| | | Säuerling*) | Benediktiner-Quelle | Henneberg-Quelle | Ludwigs-Quelle | Schilf-Quelle |
| Analytiker | SCHILLER-Schweinfurt | P. HAERTL-Bad Kissingen | SCHILLER-Schweinfurt | SCHILLER-Schweinfurt | G. HECKENLAUER | J. SCHERER |
| Jahr der Untersuchung | 1929[9] | 1930[4] | 1928[4] | 1928[4] | 1869[10] | 1838[19] |
| Temperatur | 11.5° C. | 7.4° C | 12.5° C | 14° C | 13.8° C | 13.8° C |
| Spezifisches Gewicht | 1.011643 bei 15° C, bezogen auf H₂O von 4° C | 1.0021 (ohne Temperatur-angabe) | 1.00244 bei 15° C, bezogen auf H₂O von 4° C | 1.00223 bei 15° C, bezogen auf H₂O von 4° C | 1.00182 (ohne Temperatur-angabe) | **) |
| Ergiebigkeit | etwa 6 Sek.-Liter | **) | 3 Sek.-Liter | 70 Sek.-Liter | 302 hl in 24 Std. | **) |

In 1 kg des Mineralwassers sind enthalten Gramm:

| | Königshofen i. Gr. | Lendershausen | Haßfurt | Sennfeld | Wipfeld Ludwigs-Quelle | Wipfeld Schilf-Quelle |
|---|---|---|---|---|---|---|
| **Kationen:** | | | | | | |
| Kalium-Ion (K·) | 0.05437 | 0.012 | 0.0287 | 0.00765 | 0.0052 | 0.0019 |
| Natrium-Ion (Na·) | 3.44849 | 0.369 | 0.1032 | 0.01132 | 0.00854 | — |
| Lithium-Ion (Li·) | 0.00286 | — | 0.0002 | 0.00002 | — | — |
| Ammonium-Ion (NH₄·) | 0.00725 | — | 0.0036 | — | — | — |
| Kalzium-Ion (Ca··) | 0.76613 | 0.378 | 0.5793 | 0.52339 | 0.4380 | 0.4093 |
| Magnesium-Ion (Mg··) | 0.41062 | 0.138 | 0.0560 | 0.06304 | 0.08077 | 0.07112 |
| Ferro-Ion (Fe··) | 0.00990 | 0.0211 | 0.0015 | 0.00305 | 0.00085 | 0.0013 |
| Mangano-Ion (Mn··) | 0.00036 | 0.0045 | — | — | — | — |
| Aluminium-Ion (Al···) | — | — | — | 0.00074 | — | — |
| **Anionen:** | | | | | | |
| Nitrat-Ion (NO₃') | — | — | 0.0017 | — | — | — |
| Chlor-Ion (Cl') | 4.10468 | 0.754 | 0.1918 | 0.02032 | 0.0061 | 0.0017 |
| Brom-Ion (Br') | 0.01184 | 0.0020 | — | — | — | — |
| Jod-Ion (J') | 0.00028 | — | — | — | — | — |
| Sulfat-Ion (SO₄'') | 4.36979 | 0.670 | 1.2426 | 1.24225 | 0.9895 | 1.017 |
| Hydrophosphat-Ion (HPO₄'') | 0.00107 | — | — | 0.00016 | — | — |
| Hydrokarbonat-Ion (HCO₃') | 1.04563 | 0.748 | 0.4663 | 0.34756 | 0.4631 | 0.3125 |
| Hydrosulfid-Ion (HS') | — | — | — | 0.00012 | 0.0213 | — |
| | 14.2333 | 3.0966 | 2.6749 | 2.2196 | 2.0134 | 1.815 |
| Kieselsäure (meta) (H₂SiO₃) | 0.02038 | 0.0412 | 0.0019 | 0.01472 | 0.0207 | 0.0042 |
| Organische Stoffe | 0.00504 | — | 0.0063 | 0.00105 | Spuren | — |
| | 14.259 | 3.14 | 2.6831 | 2.2354 | 2.0341 | 1.819 |
| Freies Kohlendioxyd (CO₂) | 0.43242 | 2.1555 | 0.0315 | 0.03594 | 0.1335 | vorhanden |
| Freier Schwefelwasserstoff (H₂S) | | | | vorhanden | 0.0292 | — |
| | 14.691 | 5.30 | 2.7146 | 2.2713 | 2.1968 | — |
| Daneben Spuren von | Al··· und H₂TiO₃ | Li·, Si·· Ba··, J' und HBO₂ | | | Cs·, Rb·, Li·, NH₄·, Sr··, Ba··, Mn··; | |

434

## IVb. Salz-Tabelle.

Das Mineralwasser gleicht in Beziehung auf die quantitativ bestimmten Bestandteile einer Lösung, die in 1 kg enthält Gramm:

| Bezeichnung der einzelnen Quellen | Königshofen i.Gr. *) | Lendershausen Säuerling *) | Haßfurt Benediktiner-Quelle | Sennfeld Henneberg-Quelle | Wipfeld Ludwigs-Quelle | Wipfeld Schilf-Quelle |
|---|---|---|---|---|---|---|
| Kaliumnitrat ($KNO_3$) | — | — | 0.0026 | — | — | — |
| Kaliumchlorid ($KCl$) | 0.10361 | 0.022 | 0.0529 | 0.01458 | 0.0098 | 0.0037 |
| Natriumchlorid ($NaCl$) | 6.6451 | 0.937 | 0.2618 | 0.02193 | — | — |
| Natriumbromid ($NaBr$) | 0.01525 | 0.0026 | — | — | — | — |
| Natriumjodid ($NaJ$) | 0.00032 | — | — | — | — | — |
| Natriumsulfat ($Na_2SO_4$) | 2.5501 | — | — | 0.00802 | — | — |
| Natriumhydrosulfid ($NaHS$) | — | — | — | 0.00020 | 0.0208 | — |
| Lithiumchlorid ($LiCl$) | 0.01728 | — | 0.0012 | 0.00012 | — | — |
| Ammoniumchlorid ($NH_4Cl$) | 0.02148 | 0.275 | 0.0107 | — | 0.0022 | — |
| Kalziumchlorid ($CaCl_2$) | — | — | — | — | — | — |
| Kalziumsulfat ($CaSO_4$) | 2.5985 | 0.949 | 1.7617 | 1.74815 | 1.403 | 1.390 |
| Kalziumhydrophosphat ($CaHPO_4$) | 0.00151 | — | — | — | — | — |
| Kalziumhydrokarbonat [$Ca(HCO_3)_2$] | — | — | 0.2432 | 0.03350 | 0.07531 | — |
| Kalziumhydrosulfid [$Ca(HS)_2$] | — | — | — | — | 0.0145 | — |
| Magnesiumsulfat ($MgSO_4$) | 1.0203 | — | — | — | — | 0.04600 |
| Magnesiumhydrokarbonat [$Mg(HCO_3)_2$] | 1.2271 | 0.830 | 0.3365 | 0.37879 | 0.4853 | 0.37114 |
| Ferrohydrokarbonat [$Fe(HCO_3)_2$] | 0.03152 | 0.0672 | 0.0046 | 0.00970 | 0.0027 | 0.0042 |
| Manganohydrokarbonat [$Mn(HCO_3)_2$] | 0.00116 | 0.0146 | — | — | — | — |
| Aluminiumhydrophosphat [$Al_2(HPO_4)_3$] | — | — | — | 0.00019 | — | — |
| Aluminiumsulfat [$Al_2(SO_4)_3$] | 0.02038 | — | 0.0019 | 0.00449 | — | — |
| Kieselsäure (meta) ($H_2SiO_3$) | 0.00504 | 0.0412 | 0.0063 | 0.01472 | 0.0207 | 0.0042 |
| Organische Stoffe | — | — | — | 0.00105 | — | — |
| (Summe) | 14.259 | 3.14 | 2.6834 | 2.2364 | 2.034 | 1.819 |
| Freies Kohlendioxyd ($CO_2$) | 0.43242 | 2.156 | 0.0315 | 0.03594 | 0.1335 | — |
| Freier Schwefelwasserstoff ($H_2S$) | — | — | — | vorhanden | 0.0292 | vorhanden |
| (Summe) | 14.691 | 5.30 | 2.7149 | 2.2713 | 2.197 | — |
| Radioaktivität in Mache-Einheiten | 1.81 | 0.65 | **) | **) | **) | **) |

# V. Analysen der Heilquellen von Rothenburg o. d. Tauber, Kitzingen a. Main, Windsheim, Burgbernheim, Wemding und Bissingen.

## Va. Ionen-Tabelle.

| Bezeichnung der einzelnen Quellen | Rothenburg o. d. Tauber | Kitzingen a. Main | Windsheim St. Anna-Heil Quelle*) | Windsheim Sol-Quelle*) | Burgbernheim | Wemding | Bissingen |
|---|---|---|---|---|---|---|---|
| | Engels-Quelle*) | Sole v. Bohrloch Reubels-Hof*) | St. Anna-Heil Quelle*) | Sol-Quelle*) | Trink-Quelle*) | Quelle II | Auer-Quelle*) |
| Analytiker | Aufrecht-Berlin | Herg.- u Hüttenamt Amberg | W. Lohmann-Berlin | H Pfeiffer-Dortmund | Pecher | Trillich | H. Fresenius |
| Jahr der Untersuchung | 1928[11] | 1914[4] | 1922[12] | 1933[12] | um 1885[13] | 1887[14] | 1912[15] |
| Temperatur | **) | | 7.3°C | 13°C | 81°C | 7.3°C | 11.1°C |
| Spezifisches Gewicht | 1.0325 (ohne Temperaturangabe) | **) | 1.08716 bei 15°C, bezogen auf unbekannte Einheit | 1.20717 bei 15°C, bezogen auf unbekannte Einheit | **) | 1.0007 bei 15°C, bezogen auf unbekannte Einheit | 0.99970 bei 15°C, bezogen auf H₂O von 4°C |
| Ergiebigkeit | **) | **) | **) | rd. 6.3 Min.-Liter | **) | **) | 300 Min.-Liter |

In 1 Liter des Mineralwassers sind enthalten Gramm (Rothenburg, Kitzingen, Windsheim). — In 1 kg des Mineralwassers sind enthalten Gramm (Burgbernheim, Wemding, Bissingen):

| | Rothenburg o. d. Tauber | Kitzingen a. Main | Windsheim St. Anna | Windsheim Sol | Burgbernheim | Wemding | Bissingen |
|---|---|---|---|---|---|---|---|
| **Kationen:** | | | | | | | |
| Kalium-Ion (K·) | 0.168 | 0.1470 | 0.19442 | 0.10387 | 0.00697 | 0.01878 | 0.001281 |
| Natrium-Ion (Na·) | 22.097 | 94.88 | 2.50619 | 125.427 | 0.00393 | 0.006489 | 0.01689 |
| Lithium-Ion (Li·) | Spur | — | 0.00044 | 0.00016 | — | 0.000448 | 0.001894 |
| Ammonium-Ion (NH₄·) | 0.003 | — | — | — | — | 0.000720 | 0.08509 |
| Kalzium-Ion (Ca··) | 0.302 | 2.225 | 0.44841 | 1.6625 | 0.15715 | 0.1290 | 0.000186 |
| Strontium-Ion (Si··) | — | — | 0.00014 | 0.00096 | — | — | — |
| Barium-Ion (Ba··) | — | — | 0.00035 | 0.00130 | — | 0.000893 | — |
| Magnesium-Ion (Mg··) | 0.009 | 0.804 | 0.18584 | 0.09924 | 0.05456 | 0.00292 | 0.02388 |
| Ferro-Ion (Fe··) | 0.001 | 0.0057 | 0.00435 | 0.00021 | 0.00153 | 0.061563 | 0.000586 |
| Mangano-Ion (Mn··) | — | 0.00037 | 0.00050 | 0.00032 | — | 0.000157 | — |
| Aluminium-Ion (Al···) | — | — | 0.00175 | 0.00025 | — | 0.000242 | Spuren |
| **Anionen:** | | | | | | | |
| Nitrat-Ion (NO₃') | 0.002 | — | — | — | — | — | — |
| Nitrit-Ion (NO₂') | 0.0007 | — | — | — | — | — | — |
| Chlor-Ion (Cl') | 31.895 | 149.182 | 2.00343 | 193.659 | 0.01732 | 0.004859 | 0.003319 |
| Brom-Ion (Br') | — | — | 0.02639 | 0.02540 | — | Spuren | Spuren |
| Jod-Ion (J') | — | — | Spuren | Spuren | — | 0.000017 | Spuren |
| Sulfat-Ion (SO₄'') | 0.236 | 4.519 | 3.96104 | 3.8350 | 0.31667 | 0.2270 | 0.01127 |
| Hydrophosphat-Ion (HPO₄'') | 0.004 | — | — | 0.00252 | — | 0.002503 | 0.000095 |
| Hydrokarbonat-Ion (HCO₃') | 4.542 | 0.3508 | 0.77823 | 0.35747 | 0.34435 | 0.3975 | 0.4135 |
| Karbonat-Ion (CO₃'') | — | — | — | — | — | 0.0314 | — |
| Hydroxyl-Ion (OH') | — | — | — | — | — | 0.000806 | — |
| Hydrosulfid-Ion (HS') | — | — | — | — | Spuren | 0.00109 | — |
| *Summe* | 59.260 | 252.11 | 10.111 | 325.18 | 0.9025 | 0.8864 | 0.5580 |
| Kieselsäure (meta) (H₂SiO₃) | — | — | 0.00980 | 0.01361 | 0.00910 | 0.01866 | 0.01178 |
| Organische Stoffe | — | — | — | — | — | 0.02703 | — |
| *Summe* | — | — | 10.121 | 325.19 | 0.9116 | 0.9321 | 0.5698 |
| Freies Kohlendioxyd (CO₂) | — | — | 0.61200 | 0.53320 | 0.00249 | 0.02703 | 0.02973 |

436

Das Mineralwasser gleicht in Beziehung auf die quantitativ bestimmten Bestandteile einer Lösung, die in einem Liter enthält Gramm:

| Bezeichnung der einzelnen Quellen | Rothenburg o. d Tauber — Engels-Quelle*) | Kitzingen a. Main — Sole v. Bohrloch Reubels-Hof**) | Windsheim — St. Anna-Heil-Quelle*) | Windsheim — Sol-Quelle*) | Burgbernheim — Trink-Quelle*) | Wemding — Quelle II | Bissingen — Auer-Quelle |
|---|---|---|---|---|---|---|---|
| Kaliumnitrat $(KNO_3)$ | 0.004 | — | — | — | — | — | — |
| Kaliumchlorid $(KCl)$ | 0.319 | 0.2803 | 0.370750 | 0.19807 | 0.01329 | 0.002505 | 0.002855 |
| Kaliumsulfat $(K_2SO_4)$ | 0.001 | — | — | — | — | 0.03890 | — |
| Natriumnitrit $(NaNO_2)$ | — | — | — | — | 0.01000 | — | — |
| Natriumchlorid $(NaCl)$ | 52.368 | 241.18 | 3.00844 | 318.79 | — | Spuren | Spuren |
| Natriumbromid $(NaBr)$ | — | — | 0.033981 | 0.03271 | — | 0.000020 | Spuren |
| Natriumjodid $(NaJ)$ | 0.349 | — | Spuren | Spuren | — | 0.01827 | 0.01353 |
| Natriumsulfat $(Na_2SO_4)$ | 5.037 | — | 4.06153 | — | — | — | 0.04569 |
| Natriumhydrokarbonat $(NaHCO_3)$ | — | — | — | — | — | 0.00137 | — |
| Natriumhydrosulfid $(NaHS)$ | Spuren | — | — | — | Spuren | 0.002705 | — |
| Lithiumchlorid $(LiCl)$ | 0.010 | — | 0.00270 | 0.00095 | — | 0.002131 | 0.005008 |
| Ammoniumchlorid $(NH_4Cl)$ | — | — | — | — | — | — | 0.000753 |
| Ammoniumsulfat $(NH_4)_2SO_4$ | — | — | — | — | — | — | — |
| Kalziumchlorid $(CaCl_2)$ | — | 4.304 | 1.52346 | 0.30415 | 0.00772 | 0.2739 | 0.000135 |
| Kalziumsulfat $(CaSO_4)$ | — | 2.278 | — | 5.2750 | 0.44875 | 0.001722 | 0.3440 |
| Kalziumhydrophosphat $(CaHPO_4)$ | 0.006 | — | — | 0.00167 | — | 0.1934 | 0.000446 |
| Kalziumhydrokarbonat $[Ca(HCO_3)_2]$ | 1.106 | — | 0.00034 | 0.00230 | 0.09002 | — | — |
| Strontiumhydrokarbonat $[Sr(HCO_3)_2]$ | — | — | 0.000663 | 0.00145 | — | 0.001686 | — |
| Bariumhydrokarbonat $[Ba(HCO_3)_2]$ | — | — | 0.16304 | 0.14048 | — | — | 0.1437 |
| Magnesiumsulfat $(MgSO_4)$ | 0.057 | 3.648 | 0.91999 | 0.49555 | 0.32783 | 0.2968 | — |
| Magnesiumhydrokarbonat $[Mg(HCO_3)_2]$ | — | 0.4048 | — | — | — | 0.0442 | — |
| Magnesiumkarbonat $(MgCO_3)$ | — | — | — | — | — | — | — |
| Magnesiumhydroxyd $[Mg(OH)_2]$ | — | — | — | — | — | 0.00188 | 0.001867 |
| Ferrohydrokarbonat $[Fe(HCO_3)_2]$ | 0.003 | 0.01816 | 0.01387 | 0.00067 | 0.00487 | 0.004975 | Spuren |
| Manganohydrokarbonat $[Mn(HCO_3)_2]$ | — | 0.00119 | 0.00162 | 0.00103 | — | 0.000505 | — |
| Aluminiumhydrophosphat $[Al_2(HPO_4)_3]$ | — | — | — | 0.00159 | — | 0.001531 | — |
| Aluminiumsulfat $[Al_2(SO_4)_3]$ | — | — | 0.01111 | — | — | — | 0.01178 |
| Kieselsäure (meta) $(H_2SiO_3)$ | — | — | 0.00980 | 0.01361 | 0.00910 | 0.01866 | — |
| Organische Substanzen | — | — | — | — | Spuren | 0.02703 | — |
| | 59.260 | 252.11 | 10.121 | 325.19 | 0.91158 | 0.9322 | 0.5698 |
| Freies Kohlendioxyd $(CO_2)$ | — | — | 0.61200 | 0.52320 | 0.00249 | — | 0.02973 |
| | — | — | 10.733 | 325.71 | 0.9141 | — | 0.5995 |
| Radioaktivität in Mache-Einheiten | **) | **) | **) | 8.62 | **) | **) | **) |

437

# Nachträge zum vorliegenden Band.

**Basalte der Rhön.** — (Zu S. 20): Ein Bruch auf Säulenbasalt ist im Wald unter der Rhön-Hut, 1,5 km SW. von Fladungen. Neuerdings wurde ein Basanit-Steinbruch für Pflastersteingewinnung am Nordwest-Eck des „Steinschlags" NO. von Bischofsheim aufgemacht.

**Basalte der Oberpfalz.** — (Zu S. 22): Als westliche Vorposten der nordoberpfälzischen, im Grundgebirge aufsetzenden Basalte erscheinen im mesozoischen Vorland des alten Gebirges um Kemnath und Pressath vereinzelte Basalt-Vorkommen, die z. T. als Bergkegel hoch über die sie umgebende Landschaft aufragen. Die größten sind der Park-Stein W. von Neustadt a. d. Waldnaab und der Rauhe Kulm NNO. von Neustadt a. Kulm; andere bilden die Höhe 599,2 bei Aign NO. von Kulmain, den Anzen-Berg O. von Kemnath, den Schloß-Berg, Kusch und Galgen-Berg bei Waldeck, den Atzmannsberger Kusch S. von Waldeck, den Kleinen Kulm und den Küh-Hübel (beide am Rauhen Kulm) und den Hügel O. von Kastl (SSO. von Kemnath). — Der basaltische Atzmanns-Berg NO. von Kemnath und der nördlich davon gelegene Basalt des Steinwitz-Hügels bei Ober-Wappenöst, die ebenfalls zu dieser Basalt-Gruppe gehören, setzen im Grundgebirge auf. Sie wurden im I. Band dieses Werkes erwähnt.

Der Basalt des Park-Steins ist nach St. Richarz[1]) ein in Basalt-Tuff aufsetzender senkrechter Gang von 25—30 m Breite. Im Südwesten verschmälert er sich auf 7 m; seine südwestliche Fortsetzung ist im Orte an drei Stellen bekannt. Im Nordosten bricht er plötzlich ab, doch tritt eine etwa nordnordöstlich ziehende Fortsetzung an zwei Aufbrüchen zutage, deren nördlichste am Ortsrand 10 m lang und bis 2 m breit ist. Das Gestein ist ein olivinführender Feldspatbasalt mit sehr wenig Urausscheidungen (sog. Olivinfels, fälschlich Olivinbomben genannt), aber reichlich fremden Einschlüssen (Basaltjaspis). Es zeigt Absonderung in Säulen in fächerförmiger Stellung. Neben festem Gestein kommen „Sonnenbrenner" vor; die dadurch angezeigte Zersetzung des Gesteins ist manchmal auf den inneren Kern der Säulen beschränkt. — Brüche: ein alter Steinbruch an der Südostseite des Ganges unter der Kapelle; nach Abbau des Basaltes aufgelassen. Neuerer Bruch an der Südwestseite.

Der Basalt des Rauhen Kulms ist vielleicht ebenfalls ein gangartiger Ausbruchsschlot, dessen basaltischer Kern nur am Gipfel sichtbar und sonst von einem Basaltblockmeer verhüllt ist. Das Gestein ist ein gleichmäßig dichter Nephelinbasalt. In einem Bruch östlich vom Gipfel wurde ein nordwestlich

---

[1]) Richarz, St.: Die Basalte der Oberpfalz. — Z. d. D. Geol. Ges., **72**, 1920, Berlin 1921.

streichender in Basalt-Tuffen aufsetzender Gang abgebaut, der im Osten 15 m breit war, nach Westen aber auskeilte. Das Gestein ist hier schon für das bloße Auge porphyrisch mit Einsprenglingen von Olivin und Augiten. An der Gangwand war es plattig abgesondert; Platten und Säulen standen quer zum Gang. Etwas südlich vom alten Bruch tritt ebenfalls zwischen Tuffen ein 2 m breiter Gang auf.

Der Küh-Hübel, im Osten des Rauhen Kulms, ist ein rundlicher Basalt-Schlot von 50—60 m Durchmesser. Ein großer, bis 40 m tiefer Steinbruch-trichter hat die Grenze von Basalt und Keuper sehr schön erschlossen. Die Säulen stehen auf der Schlotwand senkrecht. Das Nebengestein ist bis auf 1 m Entfernung gefrittet; örtlich schalten sich Brockentuffe zwischen Basalt und Keuper ein und überlagern auch an einigen Stellen den Basalt. Das Gestein, ein Nephelinbasalt (mit Zeolithmandeln) hat randlich sehr viel gefrittete Schollen (bis 3 m Durchmesser) und Brocken, sowie Quarzkörner aus dem Nebengestein in sich aufgenommen.

Der Basalt des Kleinen Kulms bei Neustadt a. Kulm besteht aus eng miteinander verwachsenen Brockentuffen ältester, brockig-kugeliger Basalt-masse. Beide werden von einem jüngeren Gang (4 m) mit säuliger Absonderung quer zu den Gangwänden durchsetzt. An der Südseite des Kegels biegt er oben deckenförmig um. In einem alten Steinbruch auf der anderen Seite ver-breitert er sich nach unten; die Säulen biegen hier um und stellen sich senk-recht. Das Gestein ist Feldspatbasalt.

Die Aigner Kuppe (Höhe 599,2 bei Aign NO. von Kulmain) besteht aus drei Basaltdurchbrüchen in vulkanischen Tuffen, die auf einer südwest-nordöstlich gerichteten Spalte dem aufgerichteten Muschelkalk aufsitzen. Das Gestein wird seit kurzem abgebaut.

Der Anzen-Berg O. von Kemnath läßt trotz seiner kegelförmigen Gestalt außer Basalt-Tuffen nur wenig anstehenden Basalt erkennen. — Die drei Basalt-Kuppen bei Waldeck: Kusch, Schloß-Berg (Basalt mit Tuffen) und Kalvarien-Berg, sitzen wie die Durchbrüche der Aigner Kuppe einer Spalte auf. Auch der Atzmannsberger Kusch gilt als Gangbasalt.

**Oberfränkischer Wellenkalk.** — (Zu S. 42): Kalköfen sind in Dörfles NO. von Kronach und am Kreuz-Stein SO. von Weidenberg.

**Kalksteine des Oberen Muschelkalks (Hauptmuschelkalks).** — (Zu S. 46): Die Trochiten- und Oolith-Kalkbänke werden W. von Mellrichstadt v. d. Rhön und bei Ober-Streu als z. T. sehr gut brechende und widerständige Pflaster-steine gewonnen.

(Zu S. 49): Die dicken Glaukonitkalk-Bänke des Untersten Hauptmuschel-kalks werden in der Wallenfelser Gegend (Oberfranken) an einigen Stellen abgebaut, so namentlich auf der Höhe 486 NW. von Zeyern und an der Straße Fischbach—Seibelsdorf.

---

[1] WURM, A.: Ausflug in die Basaltberge bei Neustadt a. K. — Jahresber. u. Mitt. d. Oberrrhein. geol. Ver. N. F. **12**, Stuttgart 1923.

**Unterfränkischer Quaderkalk.** — (Zu S. 66): Der Quaderkalk der Main-gegend ist in der Reichskampfbahn in Berlin und bei den Bauten des Reichs-parteitag-Geländes in Nürnberg vielfach verwendet worden. Fast 700 Raum-meter des Gesteins fanden Verwendung beim Führerbau und Verwaltungsbau am Königsplatz in München. Herangezogen wurde der Quaderkalk zum Bau der Technischen Hochschule in Berlin, der Universitäten in Heidelberg, Bonn und Köln, der Rathäuser in Leipzig und Bochum, der Sparkasse in Würzburg und des dortigen Kriegerdenkmals. — Auch das Tannenberg-Denkmal besteht aus dem Gestein.

**Treuchtlinger Marmor.** — (Zu S. 93): In den Treppenhallen des Führer-baues und des Verwaltungsgebäudes am Königsplatz in München stehen 56 Säulen aus Treuchtlinger Marmor („Juramarmor"). Aus dem gleichen Gestein wurden 775 m Steingebälk und Gesimse verfertigt.

**Plumper Felsenkalk des Weißen Juras.** — (Zu S. 98): Das Gestein, das in großen Werken bei Saal a. d. Donau gewonnen wird, und früher in geschnittenem Zustande als Denkmalstein ausgeführt worden ist, wird heute ausschließlich zu Carbid und zur Gewinnung von Kalkstickstoff verarbeitet. Chemische Zusammensetzung: $CaO = 55,30—55,72$ v. H.; $CO_2 = 43,58$ bis $43,84$; $Fe_2O_3 + Al_2O_3 = 0,14—0,35$; Unlösliches $= 0,09—0,52$; Rest $= 0,14—0,35$ v. H.

(Zu S. 98): Der reine weiße Kalk von Haunsheim und Wittislingen enthält (nach einer Analyse der Württ. Versuchsanstalt für landw. Chemie in Hohen-heim) 99,9 v. H. $CaCO_3$. Körnungen, Sand, Grus, Mehl heißen im Handel „Ulmer Weiß". Verwendung: für Terrazzo-Fußböden, zu Kunststeinen, zu Verputz, für chemische Zwecke und als Düngekalk.

**Kelheimer Marmorkalk (Diceras-Kalk).** — (Zu S. 104): Der Kalkstein wurde bei den großen Neubauten des Reiches in München viel verwendet, so im Führerbau und Verwaltungsgebäude am Königsplatz (über 4000 Raum-meter); auch die über 11 m hohen Säulen am Haus der Deutschen Kunst an der Prinzregenten-Straße bestehen aus diesem Gestein. Es wurde in Brüchen nahe bei Kelheim (Ebenwies und Au) gebrochen.

**Hornsteinknollen in Weißjura-Kalken.** — (Zu S. 112): Die in vielen Weißjura-Kalken eingeschlossenen Hornsteinknollen werden zu Wegeverbes-serungen verwendet [z. B. Gegend von Hartmannshof O. von Hersbruck; Vils-Tal S. von Amberg; Gegend von Burglengenfeld (früher Flintstein-Industrie), Regensburg und Abensberg; bei Solnhofen und Holheim im Ries].

**Felssandstein.** — (Zu S. 128): Mehrere Steinbrüche zur Gewinnung von Straßenschotter- und Bausteinen liegen S. von Modlos und NW. von Schmidt-rain bei Brückenau; — viele kleine Sandgruben sind im weißen Verwitterungs-schutt des Felssandsteins im Wald des Dorn-Berges S. von Unter-Elsbach (O. von Bischofsheim v. d. Rhön) und zwischen Wegfurt und Reyersbach (NW. von Neustadt a. d. S.).

**Plattensandstein.** — (Zu S. 138): Kleinere Brüche sind auf der Höhe NW. von H o r l a n d e n (SO. von Kronach).

**Oberer oder Fränkischer Chirotheriensandstein.** — (Zu S. 132): Am Talhang NO. von G ö s s e n h e i m bei Gemünden a. Main wurde früher der Sandstein zu geschätzten Wetzsteinen verarbeitet. — Sandgewinnung: SO. der Holz-Mühle bei Üttingen (W. von Würzburg).

**Keuper-Sand.** — (Zu S. 216): Neben den übrigen Trümmerschichten kommen im Ries lockere, weiße, fein- bis grobkörnige Quarzsande vor, die als Fegsande verwertet werden (O. von Schmähingen; bei Herkheim und Klein-Sorheim: Gewinnung mittels Schächtchen und Leitern).

Arkosen-Sande werden O. von Fremdingen gegraben. Sie sind rötlich, bräunlich, grünlich, weißlich geflammt und enthalten eckige bis rundliche, größere Quarze.

Sand aus Rhät-Sandstein wird (neben Flugsand) bei Brand nahe von Eschenau (OSO. von Erlangen) gewonnen.

**Angulaten-Sandstein.** — (Zu S. 221): Die Kirche und Friedhofsmauer von Keilberg bei Regensburg sind aus diesem Sandstein erbaut.

**Dogger-Sandstein.** — (Zu S. 226): Der Verwitterungssand des Sandsteins ist an manchen Stellen so rein und so mächtig, daß er als G l a s s a n d abgebaut werden kann. Der Sand von der Hasel-Mühle bei M e t z e n h o f SO. von Kirchenthumbach ist nach Abbohrungen 13 m mächtig. Eine Sandprobe aus 1 m Tiefe unter der Erdoberfläche bestand nach einer Analyse der Glasfabrik Mitterteich (1926) aus 93,10 v. H. Quarz, 4,25 v. H. Feldspat, 2,89 v. H. Tonstoff, Spuren von Eisenoxyd, Summe 100,15. — Eine andere Probe enthielt 99,95 v. H. Quarz und 0,45 v. H. Tonerde (Unt.: U. SPRINGER, Chem. Lab. d. L.-U.).

Ein Glassand von S c h ö n l i n d bei Vilseck bestand aus 99,25 v. H. Quarz, weniger als 0,10 v. H. Tonerde und 0,095 v. H. Eisenoxyd (Chem. An. d. Glasfabr. Mitterteich, 1926).

Der Glassand von Freihungsand wird neben Kaolin unterirdisch, in bis zu 45 m Tiefe gehenden Abbauen, gewonnen.

Gewöhnlicher Sand wird bei Gressenwöhr NO. von Vilseck gegraben. — Braunrot verwitterter Dogger-Sandstein wird SO. von Groß-Sorheim im Ries gewonnen (neben Weißjura-Kalken und grauen Letten).

**Quarzite.** — (Zu S. 235): Am östlichen Ries-Rande zwischen Hagau und Döckingen kommen Quarzite (Kreide?) vor, die zu Mühlsteinen verarbeitet werden.

**Rhät-Tone, Pflanzentone.** — (Zu S. 248): Nördlich von A m b e r g, am Weg zur Greß-Mühle, werden neuerdings Aufschlußarbeiten in Rhät-Tonen (sog. Amberger feuerfester Blauton) vorgenommen. Eine chemische Analyse der bei 105° getrockneten Probe (Lab. d. Luitpold-Hütte-Amberg) ergab: $SiO_2 =$ 57,84 v. H.; $Al_2O_3 = 27,46$; $Fe_2O_3 = 1,30$; $TiO_2 = 0,76$; $CaO = 0,70$; $MgO = 0,33$; Glühverlust $= 10,58$; Alkalien nicht berechnet. Die Grubenfeuchtigkeit des Tones betrug 7,8 v. H. — Hierzu sind wohl auch die früher am Galgen-Berg nördlich von Amberg gewonnenen Tone zu rechnen (vgl. Gümbel, ostbayer. Grenzgebirge, S. 896).

**Pliozäner Ton.** — (Zu S. 263): Feinsandiger Ton wird in einer kleinen Grube 1 km W. von Ginolfs bei Bischofsheim v. d. Rh. zum Verputzen und zur Ausfüllung von Mauerfachwerk gewonnen.

**Diluvialer Lehm.** — (Zu S. 264): Ein gelber Lehm von Wimmelbach W. von Forchheim hat in seinen sieben Sorten 0,035—9,07 v. H. $CaCO_3$, 0—0,038 Schwefelsäure, 0,095—0,16 wasserlösliche Salze und 0,012—0,017 v. H. wasserlösliche Schwefelsäure.

Eine Dampfziegelei bei Himmelkron, W. von Berneck, verarbeitet einen graubraunen, kalkfreien, mäßig knetbaren Diluviallehm zu Dachziegeln, Dränröhren und Backsteinen. Der lehmige Ton besteht aus 51,2 v. H. Tonstoff; 35,4 v. H. Schluff und Staubsand; 11,4 v. H. Feinsand (bis 0,33 $cm^3$); 2,0 v. H. Grobem (über 0,33 $cm^3$); schädliche Beimengungen keine.

**Alluvialer Talsand.** — (Zu S. 289): Gewinnung bei Lichtenfels a. Main, Ochsenfurt und Obernburg bei Aschaffenburg.

**Pegmatitsande.** — (Zu S. 380): Die Rohstoffe des Abbaues der meist als Oberpfälzer oder Amberger Kaolinsandsteine bezeichneten, $\pm$ losen Schichtbildungen in der Gegend von Weiden und Freihung und der ihnen ähnlichen Verwitterungserzeugnisse des Kristallgranits der Gegend von Tirschenreuth (Band I, S. 144) werden im Handel irrigerweise als „Pegmatite" bezeichnet. Klein (1930) schlug für diese Kaolin-Feldspat-Quarzsande die eindeutigere Bezeichnung Pegmatitsande („Oberpfälzer oder Ostmark-Pegmatitsande") vor. Diese können ausländischen Feldspat und Quarz in der feinkeramischen Industrie ersetzen.

Feldspatsande heißt man in Hirschau und Schnaittenbach außergewöhnlich hoch mit Feldspat angereicherte, meist kaolinfreie, gleichmäßig feinkörnige Sande, die man aus dem dortigen Kaolinsandstein durch ein besonderes Aufbereitungsverfahren gewinnt und in den Handel bringt.

Die Pegmatitsand-Gruben liefern Erzeugnisse mit einem Feldspatgehalt von rd. 48 v. H. bis herab zu etwa 20 v. H. und dementsprechenden Quarzsand- und Kaolin-Anteilen. Bei ihrer Verwertung spielt auch die Eisenfreiheit, Glimmerarmut und der „gewaschene" oder „ungewaschene" Zustand eine Rolle (Klein 1930).

---

## Geologische Karten.

In das Gebiet des vorliegenden Bandes fallen folgende Geologische Karten der Geologischen Landesuntersuchung am Bay. Oberbergamt im Maßstab 1:100 000 und 1:25 000.

### Geologische Karten 1 : 100 000

des Verlags Piloty & Loehle, München, Jungfernturmstraße 2:

Vollblätter: Bamberg Nr. XIII; Neumarkt Nr. XIV. Erläuterungen zu Blatt Neumarkt vergriffen.

Die Vollblätter Regensburg Nr. VI, Erbendorf Nr. VIII, Münchberg Nr. XI, Kronach Nr. XII, Ingolstadt Nr. XV, Nördlingen Nr. XVI und Ansbach Nr. XVII sind samt den Erläuterungen dazu vergriffen.

Teilblätter (Viertelsvollblätter mit Erläuterungen): Uffenheim, Windsheim, Kitzingen, Schlüsselfeld, zusammen das Vollblatt Windsheim Nr. XXII ausmachend; — Teilblatt Würzburg, zum Vollblatt Würzburg Nr. XXIII gehörig.

### Geologische Karten 1 : 25 000

der Geologischen Landesuntersuchung am Bay. Oberbergamt:

Positionsblätter: Motten—Wildflecken b. Brückenau Nr. 9/10 (Doppelblatt); Bischofsheim v. d. Rhön Nr. 11; Mellrichstadt v. d. Rhön Nr. 13; Hendungen b. Mellrichstadt Nr. 14; Brückenau i. d. Rhön Nr. 22; Geroda b. Brückenau Nr. 23; Stangenroth b. Bad Kissingen Nr. 24; Neustadt a. d. Saale Nr. 26; Naila b. Hof Nr. 32; Schönderling b. Brückenau Nr. 39; Aschach b. Bad Kissingen Nr. 40; Kissingen Nr. 41; Poppenlauer b. Münnerstadt Nr. 42; Wallenfels b. Kronach Nr. 51; Presseck b. Stadtsteinach Nr. 52; Gräfendorf b. Gemünden Nr. 64; Hammelburg-Nord b. Gemünden Nr. 65; Euerdorf b. Bad Kissingen Nr. 66; Ebenhausen b. Bad Kissingen Nr. 67; Hammelburg-Süd b. Gemünden Nr. 91.

Gradabteilungsblätter (über die Hälfte größer als die Positionsblätter): Miltenberg-Süd (Amorbach) Nr. 151; Erlangen-Nord Nr. 161; Gräfenberg b. Erlangen Nr. 162; Erlangen-Süd Nr. 180.

Die geologischen Karten im Maßstab 1:25 000 sind bei der Vertriebstelle im Oberbergamt, München, Ludwigstraße 16 zu beziehen. — Die „Abhandlungen der Geologischen Landesuntersuchung am Bayer. Oberbergamt" beschäftigen sich mehrfach mit wissenschaftlich und praktisch-geologischen Fragen Nordbayerns und damit auch unseres Darstellungsgebietes. Bezug durch die Vertriebstelle.

# Nachträge

## zum I. Band der „Nutzbaren Mineralien, Gesteine und Erden Bayerns."

Seit der Herausgabe des I. Bandes des vorliegenden Werkes im Jahre 1924 hat sich die Kenntnis der auf diesen Band entfallenden „Bodenschätze" durch die fortschreitende Landesuntersuchung in wesentlichen Dingen erweitert. In den folgenden Nachträgen ist diese Kenntnis verwertet worden. Dabei wurde auch die Gelegenheit zu einer Verbesserung und Ergänzung des Bandes wahrgenommen.

### Basalt.

(Zu S. 5): Der Basalt des Steinwitz-Hügels bei Ober-Wappenöst im Norden des Armanns-Berges (NO. von Kemnath) wird durch einen großen Bruch (Zienster Steinbruch) ausgebeutet (Schotterwerk in Immenreuth NNW. von Kemnath). Der frische, feldspatarme Basalt zeigt massig-blockige (nicht säulenförmige) Absonderung und enthält in wechselnden Mengen nuß- bis faustgroße und größere Ureinschlüsse von Olivinen und Augiten. Man unterscheidet glatten und rauhen Stein. Der rauhe Stein ist ein „Sonnenbrenner", der an der Luft ziemlich rasch in Grus zerfällt. Er wird im Steinbruch sorgfältig ausgehalten; man läßt ihn entweder stehen oder wirft ihn auf die Halde. Im Splitt des Schotterwerkes fehlen Trümmer des rauhen Steins völlig, ebenso lose Stücke von Ureinschlüssen, die beim Zerkleinern zerstört und ausgemerzt werden.

### Bleierzgänge.

(Zu S. 6): Alte Bergbauversuche: an der „Hohen Reuth" oberhalb Losau (NW. von Stadt-Steinach; auf einen bleiglanzführenden Quarzgang); bei Unter-Ehesberg und im Bad-Holz am Gebirgsrand bei Wartenfels (neben verockertem Braunspat führen diese Gänge auch Quarz und etwas Kupferkies).

### Dachschiefer.

(Zu S. 19): In Steinbrüchen im Lambach-Tal NW. von Presseck, ferner im Unter-Leupoldsberger Forst NNO. von Presseck wurden gleichfalls Versuche auf Dachschiefergewinnung gemacht. Das Gestein ist aber nicht hinreichend ebenflächig.

### Diabas.

(Zu S. 22): Im Höll-Grund und Zeidlitz-Grund bei Wartenfels kommen vorherrschend feinkörnige Diabase vor, die einen vorzüglich guten Schotterstoff darstellen. Die Verkehrslage ist zur Zeit nicht günstig.

In der Pressecker Gegend sind kleine Steinbrüche auf Diabas im Kösten-
bach-Tal und im Wilden Rodach-Tal NNW. von Presseck.

(Zu S. 24): Weitere Steinbrüche in der Umgebung von Naila: O. von
Selbitz (mächtiger Steinbruchtrichter in einem mittelkörnigen, blaugrauen
Diabas; Druckfestigkeit 2520 kg/cm²; Abnützbarkeit im Mittel 10,75 g); südlich
davon, an der Bahn nach Rothenbürg (Schottergewinnung); bei Hölle; Schot-
tenhammer (an der Bahn nach Schwarzenbach a. Wald).

## Döbra-Sandstein.

(Zu S. 172): Ein mittelkambrisches bis untersilurisches Alter ist für den
Sandstein wahrscheinlicher. — Steinbrüche: am Döbra-Berg SW. von Naila;
W. von Trottenreuth (SO. von Presseck); und im Zettlitz-Grund SW. von
diesem Ort).

## Eisenerze.

### Roteisen und Magneteisen.

(Zu S. 50): Ein oberdevonisches Roteisenerz-Lager wird SO. von der Teich-
Mühle (NO. von W a r t e n f e l s) im Wald durch eine Pinge angedeutet, auf deren
Halde derbe Roteisen- und Magneteisenerz-Klumpen liegen. Das Roteisenerz
ist z. T. als Eisenglimmer ausgebildet und wird von Quarzadern durchsetzt.
Das Nebengestein ist oberdevonischer Schiefer; benachbart sind Diabas-Tuffe.

### Spateisenstein-Gänge.

(Zu S. 58): Von stark verquarzten Spateisenstein-Gängen zeugen Pingen im
Spiegel-Wald oberhalb Ober-Klingensporn NW. von N a i l a. Auch bei Griebes
NO. von Naila liegen alte Baue auf Eisenspat und Kupferkies. Gangart war
Kalkspat, Quarz und Flußspat.

### Oberflächen-Vererzungen.

(Zu S. 64): Auf Oberflächenvererzungen deuten alte Pingen 1 km S. von
Heinersreuth (NW. von Presseck) und etwa 400 m NO. von Schnebes (NO. von
Presseck). Auch die mächtigen Diabas-Tuffe bei Schlopp SSO. von Presseck
sind oft eisenockerig verwittert.

An der „Hohen Leiten" über der Wilden Rodach, NW. von Presseck, baute
1781—1831 die „Blaue Hirsch-Zeche". Von der „Hohen Leite" berichtet Gümbel
von einem über 2 m mächtigen Toneisenstein-Lager. Die Erze sind wahrscheinlich durch die Auslaugung von devonischen Flaserkalken und Kalkschiefern
und durch nachträgliche Anreicherung von Eisenerz entstanden.

## Gneis.

(Zu S. 89): Beim Weiler H o h e n r e u t h SO. von Presseck beutet ein großer
Steinbruch einen Augengneis für Schotterzwecke aus.

## Gold.

(Zu S. 98): Deutliche Spuren ehemaliger Goldwäschereien findet man besonders am Kleinen Regen zwischen dem Rachel und Zwiesel.

# Granit.

(Zu S. 107): Aus dem großen Syenitgranit-Steinbruch bei Roßbach-Wald SO. von Nittenau bezieht München seit Jahrzehnten seine Pflastersteine.

(Zu S. 118): Auf dem Königsplatz in München wurden 22000 Granitplatten von 1 m² Größe und 5—10 cm Dicke schachbrettartig verlegt. Die verschiedenfarbigen Platten stammen aus dem Bayerischen Wald und aus dem Fichtelgebirge. — Die Stufen zu dem Führer- und Verwaltungsgebäude und zum Haus der Deutschen Kunst bestehen gleichfalls aus bayerischem Granit.

# Graphit.[1]

(Zu S. 126): Die Graphitlagerstätten bei Passau sind nach neuerer Auffassung entstanden aus bitumenreichen Lagen wahrscheinlich algonkischer Absätze, mit einem ziemlich gleichmäßigen Gehalt an Schwermetall-Sulfiden, ähnlich den heutigen Ablagerungen im Schwarzen Meer (Euxinische Fazies). — Die vorkambrische Gebirgsbildung verursachte die Umwandlung der tonigen und kalkigen Absätze zu Glimmerschiefern und Kalken. Dabei ging das Bitumen bereits größtenteils in „amorphen" Graphit über. Die Umbildung zu grobblätterigem Graphit erfolgte bei der in oberkarbonischer Zeit geschehenen Einpressung der Granite in die Kalke und Glimmerschiefer hinein.

Der größte Teil der seltenen Diskordanzen der Graphitlager und die eigenartige wechselnde Form der Linsen ist eine Folge der starken Durchbewegung der Gesteine, bei der der Graphit als Schmiermittel diente. Ein Teil der kleinen diskordanten Graphitgänge ist aus Bitumen entstanden, das auf Spalten abgewandert ist.

Die jüngste Veränderung erfuhren die Graphitlager (aber nur in den oberen Teufen) durch die im Bayerischen Wald ziemlich häufige, tiefgründige Verwitterung, bei der es zur Bildung einer Reihe von sekundären Mineralien, wie Kaolin, Nontronit und Batavit kam.

Neuerdings kommt P. Dorn,[2] ähnlich wie vor ihm E. Kaiser,[3] zur Annahme, daß die Graphitlagerstätten auf flözartige durch Tone $+$ stark verunreinigte Anreicherungen niederster Pflanzen zurückzuführen sind, aus denen zunächst Bitumen und durch spätere Metamorphose die Graphite hervorgegangen sind.

# Grauwacken.

(Zu S. 99): Steinbrüche: bei Zeyern; im Tal der Wilden Rodach zwischen Erlabrück und Wallenfels (feinkörniges Gestein); N. von Froschgrün (NO. von Naila, oberhalb der Schleif-Mühle, feinkörnige, blaugraue Grauwackenquarzite); SW. von Teuschnitz bei Wellitzsch (Gewinnung im Tagbau und unterirdisch). — Verwendung: als Bausteine und Schottergut, das mechanisch

---

[1] Mitgeteilt von Dr. A. Maucher, auf Grund eigener Untersuchungen.

[2] Dorn, P.: Geologische Untersuchungen im Passauer Graphitgneisgebiet. — Z. d. D. G. G., **87**, 1935.

[3] Kaiser, E.: Zur Entstehung der Passauer Graphitlagerstätten. — Geol. Rundschau, **13**, 1922.

ziemlich gut widerständig und gut gebunden ist. — S a n d g r u b e n: bei Horwagen (SW. von Marxgrün bei Bad Steben, feinsandige Ausbildung).

## Kalke.

(Zu S. 137): Die Flaserkalke des Ober-Devons werden in einem großen
B r u c h e im Zeyern-Grund SW. von W a l l e n f e l s in großen Blöcken gewonnen.
Sie werden zu Ziersteinen geschliffen. — Alte Brüche: im Zeyern-Grund.

## Keratophyr (Quarzkeratophyr).

(Zu S. 26): Verwitterungsgrus von Quarzkeratophyr wird NO. von P r e s s e c k
in einem Steinbruch an der Straße von Presseck zur Lohmar-Mühle im Wilden
Rodach-Tal als Bausand ausgebeutet.

## Kieselschiefer.

(Zu S. 150): Helle Kieselschiefer, die wegen ihrer starken Zerklüftung in
ein Haufwerk scharfkantiger Stücke zerfallen, können meist mit der Hacke in
flachen Gruben gewonnen werden und geben guten Schotter ab. — G r u b e n:
auf dem Pressecker Knock O. von Presseck; NO. von Bernstein (O. von
Wallenfels); an der „Hohen Leite" (SO. von Wallenfels); auf der Buch-Spitze
NW. von Enchenreuth (NO. von Presseck); NW. von Döbra (SW. von Naila);
an der Straße von Döbra nach Marlesreuth SSW. von Naila; W. von Marlesreuth und SW. von Haidengrün (S. der Stadt).

## Kupfererzlagerstätte von Kupferberg in Oberfranken.

(Zu S. 151): A. WURM[1]) hält die Lagerstätte von Kupferberg—Neufang—
Wiersberg (Adlerhütte) für epigenetisch entstanden. Sie ist jünger als die ober-
karbonische, varistische Faltentektonik. Der Erzbringer ist der jüngere (ober-
karbonische) Fichtelgebirgsgranit. — Im Gegensatz dazu nehmen FR. HEGE-
MANN und R. IBACH[2]) an, daß die Hauptmasse des vorwaltenden Schwefelkieses
(mit etwas Kupferkies, Zinkblende und ganz wenig Bleiglanz) syngenetisch
aus gemischten Sulfid-Gelen in mittelkambrischen Schiefern entstanden ist,
unter der Einwirkung eines mittelkambrischen granitischen Schmelzflusses.
Syngenetisch seien auch die mit der Kupferberger Lagerstätte eine einheitliche
Erzzone bildenden Erzvorkommen von Neufang und Wirsberg. — In der
Kupferberger Lagerstätte liegen zwei Erzgenerationen vor; der größte Teil des
Kupferkieses ist später zugeführt worden.

## Kupfererzlagerstätte bei Sparneck SO. von Münchberg.

(Zu S. 152): Mit der Lagerstätte beschäftigt sich A. GÖTTE, Die Kieslagerstätte bei Sparneck im Fichtelgebirge unter besonderer Berücksichtigung
ihrer Genesis. — N. Jahrb. f. Min. usw. 59. B.-Bd., Abt. A, Stuttgart 1929.

---

[1]) WURM, A.: Zur Genesis der Kieslagerstätte von Kupferberg in Oberfranken. —
Geogn. Jahresh., **40**, München 1927.

[2]) HEGEMANN, FR. und IBACH, R.: Über die Kieslagerstätte von Kupferberg in Oberfranken, „Metallwirtschaft", **15**, Berlin 1936.

Das Erz im Bereich des Tiefenbach-Tales, des Benker Berges und am Jobsten-
bühl, vorwaltend Pyrit, wenig Kupferkies und Zinkblende, ganz wenig Bleiglanz, ist nach dem Verfasser die Restlösung eines oberkarbonischen Granites,
die zumeist auf Schichtflächen in die metamorphen Schiefer eingepreßt worden
ist. Etwas anderer Entstehung scheinen die Erzvorkommen an der Weißen-
stadter Straße zu sein, wenngleich die Möglichkeit eines entstehungsgeschicht-
lichen Zusammenhangs mit den anderen Sparnecker Erzen besteht.

Eine Durchschnittsprobe eines Waggons Erz aus der Zone I der Gänge am
Jobsten-Bühl (Chem. Fabrik Schuy Nachf., A.-G. Nürnberg-Doos) ergab, auf
Trockenstoff bezogen: 4,69 Cu; 0,11 As; 31,21 Fe; 0,78 $Al_2O_3$; 0,08 MgO;
0,15 CaO; 36,28 S; 23,44 Säureunlösliches. — Nach einer Untersuchung des
Hüttenmännischen Instituts der Bergakademie Freiberg berechnet sich der
Edelmetallgehalt im Erz der Zone I zu 0,8 g Gold und 90 g Silber je Tonne.

### Magnetkies-Schwefelkies-Lagerstätte im Silber-Berg bei Bodenmais.

(Zu S. 189): Fr. Hegemann und A. Maucher[1]) halten die Bodenmaiser Erze
entstanden aus gemischten Sulfid-Gelen mit Eisendisulfid als Haupterz und
zwar syngenetisch mit algonkischen tonigen, stellenweise quarzreichen Absätzen.

Während der vorkambrischen Gebirgsbildung wurden die algonkischen Tonschiefer zusammen mit dem Erzlager aufgerichtet und zu Glimmerschiefern
umgewandelt (E. Weinschenk und G. Fischer). Besonders stark wurde das
Bodenmaiser Erzlager von der varistischen Gebirgsbildung und vor allem durch
die Berührung mit dem benachbarten karbonischen Granitschmelzfluß erfaßt.
Die vom Granitmagma ausgehenden Feldspateinpressungen drangen vorzugsweise gleichlaufend mit dem Erzlager in die Grenzzonen desselben ein. Nur an
wenigen Stellen setzten sie unregelmäßig durch das Erzlager. Örtlich kam es
dabei zur Durchknetung und Aufschmelzung der Erze bis zur Bildung ,,pseudo-
magmatischer" Erscheinungen. — Während der alpinen Gebirgsbildung wurde
das Erzlager und das Nebengestein nur von tektonischen Einwirkungen unter
Bildung zahlreicher Klüfte und einiger großer Ruschelzonen beansprucht.

Entgegen dieser Ansicht kam E. Hartmann (1935) auf Grund der geologischen Aufnahme der Gegend von Bodenmais und einer eingehenden Untersuchung des Bergwerkes im Silber-Berg zu einer Bestätigung der Weinschenk'-
schen Auffassung, nach der eine epigenetische, intrusive Kieslagerstätte vorliegt, worüber er in den ,,Abhandlungen der Geologischen Landesuntersuchung"
ausführlich berichten wird.

### Magnetkies-Schwefelkies-Lagerstätte von der ,,Schmelz" bei Lam.

(Zu S. 190): Die Kiese dieser Lagerstätte sind nach Fr. Hegemann und
A. Maucher gleichzeitig und auf die gleiche Weise wie die Erzlager SW. des

---

[1]) Hegemann, Fr. und Maucher, A.: Die Bildungsgeschichte der Kieslagerstätte im
Silber-Berg bei Bodenmais. — Abhandlungen der Geol. Landesunters. am Bayer. Oberbergamt, 11, München 1933.

Arber-Zuges (Silber-Berg bei Bodenmais) entstanden aus gemischten Sulfid-Gelen mit Eisensulfiden als Hauptbestandteil. Sie sind syngenetisch mit tonigen, örtlich quarzreichen vermutlich algonkischen Ablagerungen.

Im Verlaufe der vorkambrischen Gebirgsbildung sind die Tonschiefer zusammen mit den Erzlagern tektonisch erfaßt, aufgerichtet und umgewandelt worden (Mesozone). Im Gegensatze zu dem Bodenmaiser Erzlager, wo sich während der varistischen Gebirgsbildung die Granitberührung stark umwandelnd auswirkte (Katazone), ist die Kieslagerstätte von Lam von dieser Umwandlung nur an einer örtlich beschränkten Stelle betroffen worden. Die Lamer Kieslagerstätte ist also ein syngenetisch entstandenes Erzlager, das der Mesozone der kristallinen Schiefer angehört.

### Pinitporphyr (Regenporphyr).

(Zu S. 107): Am Westrand des Vorderen Bayerischen Waldes, in der Regenstaufer Gegend, treten im Kristallgranit zahlreiche Gänge von Pinitporphyr auf.[1]) In einem breiten Streifen ziehen sie, dem Gebirgsrand ungefähr gleichlaufend, von der Wackersdorfer Senke im Norden bis zum Wenzen-Bach im Süden. Einzelne Gänge sind mehrere Kilometer zu verfolgen. Oft treten sie schon im Gelände infolge ihrer Härte deutlich hervor. Ihre Breite schwankt zwischen wenigen Metern und 50 m, schwillt aber z. B. beim Karl-Stein auf 350 m und am Ellen-Bach NO. von Regenstauf auf 200 m an.

Beschaffenheit: Die graue oder rötliche Grundmasse ist nur an den Gangrändern dicht, sonst körnig, häufig granitisch (granitporphyrische Ganggesteine), besonders in der Gangmitte und in den größeren Gesteinskörpern. Zu den Einsprenglingen von Quarz, Feldspat und Biotit treten hier die kleinen rundlichen, tiefdunklen Säulchen von Pinit (Nachkristalle von Chlorit, Muskowit und Eisenerz nach Kordierit, 2—5 mm). — Das frische Gestein ist hart und zähe, bricht meist in Platten, seltener in Blöcken, und läßt sich leicht in Würfeln und Platten schlagen.

Einige kleine Vorkommen finden sich auch im Naab-Gebirge O. von Pfreimt, zwischen Trausnitz i. Tal und Tauchersdorf.

Steinbrüche: hauptsächlich im Regenstaufer Gebiet, bei Ramspau, am Karl-Stein, am Holz-Berg und im Ellenbach-Tal (NO. von Regenstauf); am Hopfen-Berg und Weihermühl-Berg (O. von Regenstauf) und östlich davon bei Schneitweg; am Beiß-Berg und bei Hauzenstein SO. von Regenstauf.

Verwendung: als Hau- und Baustein, Pflaster- und Grenzstein. Für Schotter ist er zu wenig verwitterungsfest.

### Porphyre.

[Siehe Pinitporphyre (Regenporphyre), Quarzporphyre.]

---

[1]) LEHNER, A.: Beiträge zur Kenntnis der Pinitporphyre des Ostbayerischen Grenzgebirges. Dissertation. Erlangen 1915.

Die nutzbaren Mineralien, Gesteine und Erden Bayerns, Bd. II.   29

## Porphyrähnliche Gesteine.

Am Nordrand des Bodenwöhrer Beckens O. von Schwandorf treten längs der Pfahlverwerfung eigentümliche Gesteine auf, deren bekanntestes Vorkommen die Kuppe des Komm-Berges bei Pingarten N. von Bodenwöhr ist. Der Gesteinskörper zeigt linsenförmigen Ausbiß von etwa 500 m Länge und 100 m Breite.

Beschaffenheit: Das bräunliche Gestein ist von weißem Pfahlquarz und roten, hornsteinartigen Adern (z. T. verkieselten Myloniten) durchzogen und von Schnüren und Nestern von Flußspat und Schwerspat durchschwärmt, außerdem mechanisch stark zerklüftet. Helle Feldspäte bis über 2 cm Größe, zumeist aber scharfkantige Bruchstücke von Feldspäten verschiedenster Größe, die in einer braunen „Grundmasse" von dicht erscheinendem Mineralgrus schwimmen, geben dem Gestein ein porphyrartiges Aussehen.

C. W. Gümbel (Ostbayer. Grenzgebirge S. 422) bezeichnete dieses auffällige Gestein auch als „Pingartener Porphyr". A. Lehner[1]) erklärte es als eine Art verfestigter Arkose; man darf es jedoch als tektonisch zertrümmerten Granit (Granitbresche) auffassen.

In einem großen Steinbruchbetrieb wurde es als Schotter hauptsächlich für Bahnbettungen abgebaut (1906—1911: jährlich 30 000 Tonnen). An den Bodenwöhrer Bahnlinien hat man jetzt diesen Schotter ausgewechselt, da man ihn für die auffallend kurze Liegedauer (12—15 Jahre) der Holz- und Eisenschwellen verantwortlich machte. Als Straßenschotter wird er noch gebrochen und gern verwendet. Der massenhaft anfallende Splitt wird zur Bekiesung der Wege und Straßen benützt, wurde eine Zeit lang auch zu Terrazzoplatten verarbeitet.

Der Porphyr von Taxöldern. — Ein ähnliches Vorkommen liegt abseits, 1,8 km nordwestlich vom Pingartener Gestein, N. der Ziegelhütte bei Taxöldern. Das Gestein beißt auf einer Fläche von 200:50 m aus.

Von mehr kleinporphyrischem Aussehen ist ein rotbraunes Gestein O. von der Hammer-Mühle bei Strahlfeld N. von Roding. Auch O. des Schwärzen-Berges dort ist es beobachtet worden.

In mehreren Steinbrüchen halbwegs Schwärzenberg und Fronau wird gemeinsam mit Pfahlquarz ein Nebengestein abgebaut, das bald porphyrisches Aussehen hat, bald ein deutlich erkennbarer verkitteter Granitschutt oder -Grus ist.

## Quarzporphyre des Fichtelgebirges.

(Zu S. 172): Die zahlreichen Durchbrüche, Stöcke und Gänge von Felsit- und Sphärolith-Porphyr in Granit, Gneis oder Glimmerschiefer der Gegend von Marktleuthen, Spielberg NO. von Marktleuthen und Schönlind SW. von Weißenstadt kommen als gute Schotterstoffe in Betracht, sind aber bisher kaum beachtet worden.

---

[1]) Lehner, A.: Beiträge zur Kenntnis des oberpfälzischen Waldgebirges. — Z. d. D. geol. Ges., **71**, 1919, Berlin 1920.

Quarzporphyr der Weidener Gegend.[1]) — Östlich von Weiden liegt eine Gruppe von Porphyrdurchbrüchen, insbesondere zwischen Tröglersricht, Theisseil und Letzau; kleinere Vorkommen sind bei Edeldorf; O. und SO. von Letzau; O. von Matzlesrieth; S. von Muglhof und abseits davon O. von Floß. Es sind teils Gänge, die zumeist dem Gebirgsrand gleichlaufen, teils rundliche Durchbrüche im Gneis. — Das graue Gestein bei Theisseil zeigt mikrogranitische Grundmasse und enthält auffallend große Einsprenglinge (bis 2 cm) von Orthoklas. Auch in dem bräunlichen Gestein von Edeldorf und in den Vorkommen von Matzlesrieth und Floß ist die Grundmasse kristallinisch. Das rötliche Gestein von Tröglersricht und das von Muglhof sind Felsitporphyre mit dichter Grundmasse und mitunter zurücktretenden Einsprenglingen.

Der Porphyr von Weiden gilt als sehr wetterfest und wird als Grundmauerstein (z. B. neues Gymnasium in Weiden), Rollierstein und Schotter viel verwendet. — Steinbrüche: im Almesbach-Tal beiderseits der Straße Weiden—Vohenstrauß; bei Tröglersricht und Theisseil (hier Bruch 30 m tief); auch aufgelassene Brüche haben z. T. guten Porphyr geliefert.[2])

## Redwitzit.

(Zu S. 118): Ein besonders dunkles Gestein ist der Olivinnorit von Haag NO. von Marktredwitz.

## Regenporphyr.

(Siehe unter Pinitporphyr.)

## Sandsteine.

(Zu S. 99): Der sog. Döbra-Sandstein wird bei den „Devonquarziten" S. 172 angeführt.

## Schwefelkieslagerstätte bei Pfaffenreuth.

(Zu S. 180): Das Schwefelkieslager vom „Teichelrangen" bei Pfaffenreuth ist, wie die Erzlagerstätten von Lam und Bodenmais, nach einer Mitteilung von Prof. Dr. F. K. DRESCHER-KADEN und Dr. A. MAUCHER aus gemischten Sulfid-Gelen entstanden, syngenetisch mit den umgebenden Phylliten. Sein primärer Stoffbestand unterscheidet sich von den beiden anderen Kieslagern durch örtlich höheren Kupfer-, Blei- und Zinkgehalt, sowie durch einen allgemein verbreiteten Gehalt an Arsenkies.

Das Lager ist nachträglich stark durch absteigende Lösungen verändert worden, deren Einwirkungen zum Teil noch bis in die heutige Teufe (80 m) der Abbaue reichen. Es kam dadurch zu zementativen Anreicherungen und zementations-metasomatischen Verdrängungen unter Bildung einer Reihe von

---

[1]) GLUNGLER, G.: Das Eruptivgebiet zwischen Weiden und Tirschenreuth und seine kristalline Umgebung. — Sitz.-Ber. math.-phys. Kl. d. Bayer. Akad. d. Wiss. **35**, München 1905.

[2]) Die Porphyre der Kuppen bei Lenau und Aign (N. und NO. von Kulmain) werden nicht verwertet. — Der „Porphyr" des mehrgipfeligen Korn-Berges bei Erbendorf ist ein Quarzporphyrit mit Ausbildung zu Pechstein- und Mandelsteinporphyrit; auch er wird nicht ausgenutzt.

sekundären Mineralien (Covellin, Tenorit, gediegen Gold usw.). Die Bildung
von gediegenem Schwefel und sekundärem Bleiglanz in der Zementations-Zone
und die starke Auslaugung und Zersetzung der Kiese in der Oxydations-Zone
hat A. WURM beschrieben (Zeitschrift f. prakt. Geologie 1927, S. 129).

Ob das Lager noch anderen Lösungsumsetzungen oder gar einer nachträglichen Erzzufuhr unterlegen ist, werden erst die chemischen und erzmikrosko-
pischen Untersuchungen ergeben.

## Tentaculiten-Schiefer.

(Zu S. 18): Die milden, gelben und roten devonischen Tentaculiten-Schiefer
O. von Selbitz (SO. von Naila) werden in Steinbrüchen gewonnen, gemahlen und in einer Dampfziegelei zu Ziegeln gebrannt.

## Tone.

### Obermiozäne Tone.

1. Gegend von Vilshofen: Abbauwürdige Tone kommen bei Außernzell
und Eging (nördlich von Vilshofen) vor; Gruben sind in Eging und am Bahnhof Außernzell.

Unter einer wechselnd starken diluvialen Bedeckung folgt grünlicher Ton
(technische Bezeichnung A I) 1—2 m; brauner Ton (A II) 1,5 m; hellgrauer
Ton (A III) 2—2,5 m; grauer Ton (A V) 1,5—2,5 m; schwarzer, stark mit
Braunkohle durchsetzter Ton 1—2 m. In den besten Sorten erreichen die Tone
Schmelztemperaturen SK 32—34 (1770⁰—1810⁰); sie sind hochfeuerfest und
können für alle keramischen Zwecke verwendet werden. Ein neben diesen
Tonen vorkommender ockeriger Ton schmilzt bei SK 26 (1650⁰). Er eignet
sich für Klinker, rote Platten und bessere Töpferwaren, ferner zur Verschöne-
rung und Verbesserung der Sinterungsfähigkeit anderer Tone.

Nach Untersuchungen im Laboratorium von SEGER & CRAMER, Berlin, sind
die Tone zusammengesetzt aus [erste Zahl = bei 110⁰ getrocknet, zweite
eingeklammerte Zahl = geglüht (v. H.)]:

Sorte A I (grün): 1 = Glühverlust 12,36 v. H. (—); 2 = Kieselsäure
50,46 (57,58); 3 = Tonerde 33,93 (38,72); 4 = Eisenoxyd 2,87 (3,27); 5 =
Kalkoxyd 0,12 (0,14); 6 = Magnesia 0,05 (0,06); 7 = Kali 0,22 (0,25); 8 =
Natron 0,10 v. H. (0,11); 9 = Summe 100,11 (100,13). — Schmelzbarkeit
SK 32—34 (1770⁰—1810⁰); hochfeuerfest.

Sorte A II (braun): 1 = 14,11 v. H.; 2 = 44,59; 3 = 36,05; 4 = 3,65;
5 = 1,47; 6 = Spur; 7 + 8 (Rest) = 0,13 v. H.; 9 = 100,00. — Schmelzbarkeit SK 33—34 (1790⁰—1810⁰); hochfeuerfest.

Sorte A III (hellgrau): 1 = 12,54 (—); 2 = 51,62 (59,02); 3 = 33,00
(37,73); 4 = 2,12 (2,42); 5 = 0,03 (0,03); 6 = — (—); 7 = 0,54 (0,62);
8 = 0,21 v. H. (0,24); 9 = 100,06 (100,06). — Schmelzbarkeit SK über 32
(> 1770⁰); feuerfest.

Sorte A V (grau): 1 = 14,25 (—); 2 = 48,55 (56,62); 3 = 34,72
(40,49); 4 = 1,74 (2,03); 5 = 0,08 (0,09); 6 = 0,07 (0,06); 7 = 0,41 (0,48);

8 = 0,23 v. H. (0,27); 9 = 100,05 (100,04). — Schmelzbarkeit SK 33 (1790⁰); hochfeuerfest.

Sorte A VII (Ocker): 1 = 12,75 (—); 2 = 42,94 (49,21); 3 = 33,93 (38,89); 4 = 9,16 (10,50); 5 = 0,30 (0,34); 6 = 0,21 (0,24); 7 = 0,60 (0,69); 8 = 0,14 v. H. (0,16); 9 = 100,03 (100,13). — Schmelzbarkeit SK 26 (1650⁰); noch feuerfest.

Ein Ton von Ruberting bei Eging zeigt ein auffallendes Bleichvermögen. Es ist zusammengesetzt aus: $SiO_2$ = 48,70 v. H.; $Al_2O_3$ = 32,89; $Fe_2O_3$ = 5,80; $CaO$ = 0,50; $MgO$ = 2,20; $H_2O$ = 0,52; $Na_2O$ und $K_2O$ = 0; Glühverlust = 9,50 v. H., Summe 100,11. (O. Kausch, Das Kieselsäuregel und die Bleicherden, S. 175, Berlin 1927).

2. Gegend von Deggendorf-Bogen: Abbauwürdige tertiäre Tone kommen noch vor am Rotbauern-Holz bei Ober-Altaich (NW. von Bogen), bei Lohhof (S. von Degernbach bei Bogen), am Bogen-Bach und an der Schwarzach bei Bogen; ferner bei Neuhausen und Egg NW. von Deggendorf und bei Maiberg unweit von Metten.

3. Gegend von Passau: In dem 4 km langen und 2 km breiten Quartärgebiet zwischen Witzmannsberg und Böhmreuth (O. und NO. von Tittling) wurde O. von Loizersdorf Ziegellehm abgebaut. Unter diesem liegen hochfeuerfeste, bildsame Tone, die sich zur Herstellung von Ziegelwaren (auch porigen Ziegeln), von Klinkern, Fliesen, säurefesten Geräten, Steinzeugwaren, Tiegeln, Muffeln und Kapseln eignen. Sie können auch als Bindetone für hochfeuerfeste Waren (Glashäfen, Zinkdestilliergefäße, Retorten) und für basische Ziegel aller Art verwendet werden.

Graublaue und gelbe Tonproben vom Schlüssel-Holz bei Loizersdorf (bei 105⁰ getrocknet), bestehen nach einer Untersuchung im Dr. Wittstein'schen Laboratorium in München aus (Werte für gelben Ton in Klammern): $SiO_2$ = 47,95 v. H. (45,75); $Al_2O_3$ = 36,02 (34,76); $Fe_2O_3$ = 2,96 (6,01); $CaO$ = 0,85 (1,31); $MgO$ = 0,37 (0,75); $SO_3$ = — (—); Glühverlust (Hydratwasser) = 12,12 v. H. (11,88); Summe = 100,27 (100,46). — Der Schmelzpunkt des Tons liegt bei SK 34 (1810⁰).

Weitere Tonvorkommen sind in Rittsteig bei Heining, an der Laimgrube bei Grubweg, Salzweg, bei Aichet (nahe bei Bad Kellberg) und bei Tiefenbach (alle Orte nahe bei Passau).

4. Gegend von Schwandorf-Cham: Fette, weiße Tone werden SO. von Taxöldern (O. von Schwandorf), an der Bahn NW. von Neubäu (NW. von Roding) und in der Ziegelei Eichenthal N. von Erzhäuser (N. von Bodenwöhr) gewonnen.

Ein gelblicher Ton dient W. von Pösing (W. von Cham) zur Herstellung von Ziegelwaren. Unter 1 m grauem Sandlehm mit Schutt von Eisensandstein und Pfahlquarz liegen 3,5—4 m gelbliche, blaugrau sich entfärbende Tone. Das Liegende ist ein grünlicher und gelbbrauner, ungleichkörniger, glimmerreicher Sand.

Am Westrand des Gebirges sind kleine Gruben auf obermiozänem Ton S. und SW. von Wackersdorf und S. und SO. von Schwandorf angelegt. Früher wurde Ton auch bei Steinberg SO. von Schwandorf und bei Weiding SO. von Schwarzenfeld gegraben.

Im Fichtelgebirge sind die Tonvorkommen von Weiherhöfen bei Weißenstadt und von Nieder-Lamitz zu nennen.

5. Gegend von Wiesau-Tirschenreuth: Hierher gehören die Tonvorkommen aus der Umgebung von Tirschenreuth, die neuerdings in größerem Ausmaß dort gewonnen werden. Der sog. Oberpfälzer Blauton ist fett und gut bildsam, hochfeuerfest (SK = 34, 1810°) und eignet sich zur Herstellung hochfeuerfester Gegenstände, z. B. für Glasschmelz- und Zementöfen, Kalköfen, Glaswannen und Glashäfen, Steinzeugwaren. Er kann als Bindeton verwendet werden (z. B. bei der Herstellung von Schleif- und Wetzscheiben); ferner eignet er sich für Baustoffe und gesinterte Fußbodenplatten. Der Ton gehört zu den hochtonerdehaltigen Stoffen und kann als Rohstoff zur Gewinnung von Aluminium dienen.

Der Blauton, der in drei Sorten gewonnen wird, besteht in der tonreichsten Lage im getrockneten Zustande und im geglühten Zustande (Zahlen in Klammern) aus:

Chemische Analyse: Glühverlust 12,39 v. H. (—); $SiO_2 = 47,82$ (54,72); $Al_2O_3 = 38,08$ (43,32); $Fe_2O_3 = 1,02$ (1,16); $TiO_2 = 0,42$ (0,48); CaO = 0,18 (0,21); MgO = 0,07 (0,08); $K_2O = 0,19$ (0,21).

Rationelle Analyse: Tonsubstanz 95,06 v. H.; Quarz 3,08; Feldspat 1,96.

Aus älterer Zeit bekannte Tonvorkommen sind bei Zeidlweid NO. von Tirschenreuth und am Schwarzen Weiher NW. vom Ort.

### Hochflächenlehme.

Wahrscheinlich jungtertiären Alters sind derartige Lehme von Grafenreuth bei Wunsiedel; NO. vom Wartturm-Berg bei Hof, an der Straße nach Kirchgattendorf; bei Ober-Röslau; bei der Rathaus-Hütte bei Lorenzreuth (N. von Marktredwitz); bei Mittel-Weissenbach bei Selb; bei Unter-Weissenbach (Bez. Rehau), hier „Berglehm" genannt.

### Verwitterungs- und Umlagerungslehme.

Im Bayerischen Wald dient an vielen Stellen Verwitterungslehm von Granit und Gneis zu Ziegelherstellung, so bei Ebersroith S. von Falkenstein (Granitlehm) und bei Furth i. W., am Dieberg-Weg, bei Grafenreuth nahe von Floß und bei Stockenroth bei Sparneck (SO. von Münchberg), (Gneislehm). Bei Erzhäuser N. von Bodenwöhr wird in einer oberen Grube ein zu Lehm verwitterter Gneis abgebaut, eine untere gewinnt Gehängelehm meist gneisiger Herkunft.

Im Fichtelgebirge gewinnen Ziegeleien W. und SW. von Hof einen Verwitterungslehm von Gneis als Ziegelgut. Ähnliche Lehme innerhalb der Münchberger Gneismasse werden bei Martinsreuth, Eppenreuth und Mechlenreuth verwertet. Bei Selb wird ein auf Gneis gelagerter Lehm genutzt.

Einen ganz zu Lehm umgewandelten, mittelkambrischen Diabasporphyr baut eine Ziegelei im Lettenbach-Tal O. von Hof ab. Der Lehm hat oft noch das Gefüge des Gesteins erhalten.

Verwitterungsbildungen, diluvialen oder tertiären Alters, erfahren stellenweise, wie bei Waldsassen, Gewinnung zur Herstellung von Ziegeln und Klinkersteinen. Bei Rehau hat man nach dem Kriege Lehmhäuser daraus erbaut.

### Gehängelehme.

Unfern Cham wird bei Siechen und Katzbach ein bis 7 m mächtiger, sandiger Gehängelehm zu Backsteinen und Röhren verarbeitet; ähnlicher Lehm wird auch bei Waffenbrunn und Thonberg N. von Cham gelegentlich genutzt. Auch bei der Berg-Mühle O. von Neustadt a. d. Waldnaab kommt gewinnbarer Lehm vor.

### Diluviale Tone und Lehme.

Ein 6 m mächtiger Diluviallehm mit Schmitzen von Quarz und Feldspat, samt unterlagerndem, zersetztem Granit, wird neben tertiärem hellem Ton in der Ziegelei von „Eichenthal" N. von Erzhäuser gewonnen. Auch auf der Landschwelle O. von Taxöldern (O. von Schwandorf), dann in den Tälchen bei Ober-Stocksried und SW. von Jagenried (S. von Neunburg v. W.) wurde früher von Ziegelhütten Lehm genutzt.

In der Gegend von Cham sind diluviale Lehme N. des Regen-Tales zwischen Pösing (W. von Cham), Hitzelsberg (NO. davon) und der Ponholz-Mühle bei Loibling (W. von Cham) sehr verbreitet. Auf der Südseite des Regen-Tales baut eine Ziegelei am Ammerlings-Hof SW. von Unter-Trübenbach (SO. von Roding) gelben Lehm und lößartigen Feinsand ab.

Löß wird SW. von Nittenau, 4—6 m mächtig und über Kristallgranit lagernd, in einer großen Grube gewonnen. Auch S. davon wurde bei der Ziegelhütte (am Weg nach Knollenhof) ein Löß über lockeren, roten Keuperarkosen abgebaut. Gemeinsam mit bunten, lockeren, tonigen Arkosen unsicheren Alters fand ein 7 m mächtiger Löß O. von Erzhäuser (N. von Bodenwöhr) Ausbeutung.

Abbauwürdige Vorkommen von Lößlehm sind bei Allhartsmais NO. von Deggendorf, bei Außernbrünst SO. von Röhrnbach, bei Kötzting, Nittenau, Treffelstein bei Waldmünchen und NW. von Rötz.

### Mineralquellen.

(Zu S. 164): Hohenberg a. d. Eger (N. von Schirnding im Fichtelgebirge) hat seinen alkalisch-glaubersalzhaltigen Eisensäuerling (Karolinen-Sprudel) nunmehr auch zu Kurzwecken ausgebaut.

# Ortsverzeichnis. [1]

## A.

Abbach/Donau b. Regensburg 95, 108, 114. 226, 227, 233. 255, 403, 404, B.

Abbachhof b. Zeitlarn 256, B.

Abbach-Zeche (Braunkohle) b. Abbachhof 256.

Abenberg b. Roth 177, 216, 420.

Abensberg b. Kelheim 100, 101, 103, 104, 440.

„Abgebrannter Schlag" b. Königstein A.

Absberg b. Spalt 209.

Abtsberg b. Hörstein 12.

Abtsgreuth b. Neustadt/Aisch 191.

Abts-Schlag b. Hörstein 13.

„Abtsteg, am" b. Hörstein 34.

Abtswind b. Wiesentheid 170.

Acholzhausen b. Ochsenfurt 47, 50, 53, 61, 62, 156.

Achteler Wald b. Eschenfelden 340.

Adams-Hof b. Wildflecken 351*, 353.

„Adelbauer, im" b. Riggau 199.

Adel-Berg b. Uetzdorf 157.

Adelheim b. Pühlheim 372.

Adelschlag b. Eichstätt 98, 99, 118, 254, 266, 297, 299, 416.

Adelsdorf b. Höchstadt/Aisch 190, 217.

Adelshofen b. Tauberscheckenbach 50, 65.

Adler-Berg b. Nördlingen 116, 117, 118.

Adlerhütte (Goldene) b. Wirsberg 447.

Adlersberg (Arlesberg) b. Pettendorf 114.

Adlitz b. Erlangen 210.

Adlstein b. Alling B.

Adolf-Zeche (Braunkohle) b. Thanheim 414.

„Aehlchen, im" i. Querbach-Tal b. Huckelheim 307.

Aeschach b. Lindau 65.

Affaltertal b. Gräfenberg A.

Afferbach (Unter- u. Ober-Afferbach) b. Wenighösbach 7.

Afholder (Bg.) b. Damm 9.

Ahorn b. Coburg 197, 206, 217.

Aich b. Heilsbronn 177.

Aichen b. Bayreuth 274.

Aichet b. Bad Kellberg 453.

Aichig b. Bayreuth 156, 160, 163, 198, 199.

Aichkirchen b. Hemau 254.

Aign b. Kulmain 438, 439, 451.

Aigner Kuppe b. Kulmain 439.

Ailsbach b. Lonnerstadt 191.

Aisch (Fl.) 174, 177, 190, 191, 204, 240, 295.

Aisch-Grund 170, 177, 189, 420, 421, 426.

Aisch-Tal (-Gebiet) 174, 190, 284, 298.

Alb 93, 163, 186, 189, 208, 254, 265, 266, 288—290, 301, 318, 321, 323, 327, 331*, 334 (s. a. Altmühl-Alb).

Albach b. Wachenroth 191.

Albach-Tal b. Wachenroth 284.

Albenreuth b. Erbendorf 254.

Albenreuther Forst b. Erbendorf 265.

Alberndorf b. Schwandorf 252.

Albertshausen b. Bad Kissingen 38.

Albertshof b. Muggendorf 265, A.

Albertshofen b. Kitzingen 278.

Albstadt b. Alzenau 7, 11, 12, 278.

Albuch b. Nördlingen 14.

Alerheim im Ries 14, 25, 115, 117.

Alfalter b. Hersbruck 120, 316.

Algersdorf b. Kirchsittenbach 120.

Allern b. Kronach 137, 383.

Allersberg b. Roth 186, 207, 243.

Allersdort b. Bayreuth 49, 156.

Allertshausen b. Maroldsweisach 182.

Allhartsmais b. Deggendorf 455.

Alling b. Regensburg 226, 256, 403, 404, B.

Almesbach-Tal b. Weiden 451.

Almhütte b. Gailbach 6.

Alpen 317.

Alsleben b. Trappstadt 420.

Alster (Fl.) b. Seßlach 277.

Alster-Tal i. Ofr. 206.

Altdorf b. Nürnberg 74—76, 79, 80. 120, 209, 210, 222, 226, 250, 251, 286, 287, 299, A.

Altdorfer Gegend (A. Bezirk) 244. 246, 250.

Altdorf b. Titting 317, 319, 328*, Alte Burg b. Neuburg/Donau 387.

Altenberg b. Zirndorf 241, 283.

Alten-Berg b. Heiligenstadt 99.

Alten-Berg b. Neustadt/Saale 38 bis 40.

Altenbürg b. Nördlingen 25, 28.

Altenburg b. Trappstadt 370.

---

[1] Es bedeuten: Bg. = Berg; E. = Einöde; Fl. = Fluß; Forsth. = Forsthaus; Fdpkt. = Fundpunkt; Hüg. = Hügel; Qu. = Quelle; Schl. = Schloß; Sdlg. = Siedlung; W.-A. = Waldabteilung; W. = Weiler; Zieg. = Ziegelei.

Seitenzahlen mit Sternchen beziehen sich auf Abbildungen, die Buchstaben A und B hinter Ortsangaben auf die Tafeln A und B.

457

Bodenmais b. Zwiesel 448, 449, 451.

Boden-Mühle b. Bayreuth 160, 161, 171, 183, 184, 313.

Bodelstadt b. Memmelsdorf 277.

Bodenwöhr (B. Gegend, Gebiet) b. Schwandorf 113, 114, 200, 221, 222, 228, 229, 231, 242, 243, 251, 273, 297, 303, 314, 315, 384, 385, 450, 453 bis 455.

Bodenwöhr, Bahnhof 230.

Bodenwöhrer Bucht (B. Becken) 74, 112, 200, 208, 216, 221, 226—232, 234, 252, 267, 272, 273, 297, 407, 411, 450.

Böhl-Grund i. Steigerwald 170, 171.

Böhm-Brunnen b. Langenleiten 20.

Böhmfeld b. Ingolstadt 104, 105, 110, 111.

Böhming b. Kipfenberg 287.

Böhmreuth b. Tittling 453.

Böttigheim b. Wertheim/Main 41.

Bogen b. Straubing 453.

Bogen-Bach b. Bogen 453.

Bollstadt b. Amerdingen 24, 27, 29, 30, 98.

Bolzhausen b. Ochsenfurt 50, 52, 53, 55.

Bolz-Hügel b. Herbolzheim 364.

„Bommich" (Bg.) b. Glattbach 8.

Bonifazius-Quelle i. Bad Neustadt/Saale 426, 432, 433.

Bonn/Rhein 440.

Bonnland b. Hammelburg 19, 40.

Bopfingen b. Nördlingen 224, 251, 414.

Boxdorf b. Fürth 241.

Brändel-Berg (Bränden-Berg) b. Velden/Pegnitz 340.

Bräuningshof b. Bubenreuth 299.

Bramberg b. Königsberg i. Ufr. 205.

Bram-Berg b. Königsberg i. Ufr. 21, 205.

Brand b. Eschenau 441.

Brand b. Kronach 137.

Branden-Berg (= Erlen-Berg) b. Geroda 392.

„Brandhütte" (W.-A.) b. Atzmannsberg 270.

„Brand, im" b. Grafenwöhr 270.

Brandler-Berg b. Neu-Kelheim 101.

Braun-Berg b. Burglengenfeld 89.

Braunsbach b. Fürth 241.

Brauns-Berg b. Engenthal 294.

Brauns-Berg b. Glattbach 303.

Breitbrunn b. Eltmann 181, 205.

Breitenau b. Coburg 171.

Breitenau b. Obernzenn 169.

Breitenbach b. Bad Brückenau 37.

Breiten-Berg, Großer b. Sulzfeld 248.

Breitenbrunn b. Dietfurt 328*.

Breitenbrunn b. Marktheidenfeld 293.

Breitenfurt b. Dollnstein 104, 110.

Breitengüßbach b. Bamberg 193, 275.

Breitenhill b. Riedenburg 105, 110.

Breitenlesau b. Waischenfeld A

Breitenloh b. Kronach 135.

Breitenlohe b. Georgensgmünd 118.

Breitenschrot b. Kronach 137.

Breitensee b. Trappstadt 171.

Bremen 51, 54, 59.

Brend (Fl.) i. Ufr. 21.

Brendlorenzen b. Neustadt/Saale 289, 294.

Brenz-Tal b. Gundelfingen 419.

Breunsberg b. Aschaffenburg 3*, 12.

Brohl-Tal i. d. Eifel 23, 24.

Brombach b. Gunzenhausen 207.

Bronn b. Pegnitz 95, 96, 99, 233, 265, A.

Bronnamberg b. Zirndorf 283.

Bruck b. Bodenwöhr 216, 221, 228—231, 234, 243, 252, 273, 315, 385, B.

Bruck b. Erlangen 217.

Bruckberg b. Wicklesgreuth 161.

Bruder-Holz b. Bamberg 220.

Brüchs b. Fladungen 128.

Brückelsdorf b. Wackersdorf 229.

Brücken b. Alzenau 12, 3*.

Brückenau s. u. Bad Brückenau.

Brückenstollen, Oberer i. Eisgraben 400.

Brühl-Weiher b. Pappenberg 164.

Brümmel-Weiher b. Neubäu 230.

Brünnau (Brünau) b. Gerolzhofen 154, 156, 298.

Bruneck, Schloß b. Röttingen 63

Brunn b. Heiligenstadt A.

Brunn b. Laaber 95.

Bubach b. Schwandorf 216, 221, 222, 224, 251.

Bubenheimer Berg b. Treuchtlingen 118.

Bubenreuth b. Erlangen 299.

Buch am Forst b. Coburg 197, 206.

Buch a. Sand b. Langenstadt 274.

Buch b. Bodenwöhr 74, 231, 314.

Buch b. Ebrach 179.

Buch b. Kipfenberg 385.

Buch b. Kraftshof 283.

Buch b. Lichtenfels 275.

Buch b. Neustadt/Waldnaab 199, 217.

Buch b. Röttingen 62, 63.

Buch b. Trautskirchen 169.

Buchau b. Kulmbach 214, 249.

Buch-Berg b. Coburg 206.

Buch-Berg b. Eisenbach 302.

Buch-Berg b. Falkenstein 368.

Buch-Berg b. Hammelburg 39.

Buch-Berg b. Kirchenreinbach 340.

Buchdorf b. Donauwörth 234.

Buchen-Berg b. Engelthal 250.

Buchen-Bühl (Sdlg.) b. Nürnberg 187, 210, 243.

Buchenhüll b. Eichstätt 99.

Buchenrod b. Roßach 277.

Bucher-Zeche (Eisenerz) b. Pingarten 314, 315.

„Buchet, Oberes" b. Sollbach 230.

Buchfeld b. Wachenroth 191.

Buch-Hof b. Ullstadt 170.

Buchklingen b. Emskirchen 177.

Buch-Tal b. Eichstätt 92.

Buch-Tal b. Schmidgaden 259, 260.

Buchtal-Mulde b. Schmidgaden 413.

Buckenfeld b. Erlangen 422.

Buckenhof b. Erlangen 425.
Büchenbach b. Erlangen 283.
Büchenbach b. Pegnitz 372.
Büchenbach b. Roth 281.
Büchelberg b. Burgwindheim 177, 179.
Büchel-Berg b. Aschaffenburg 7, 8, 9.
Büchel-Berg b. Burgpreppach 193, 212.
Büchel-Berg b. Hammelburg 20.
Buenos Aires 51.
Bühl b. Creußen 198, 274.
Bühl (Bg.) b. Georgensgmünd 217.
Bühler b. Bonnland 40.
„Bürg, an der" b. Burgstall b. Kronach 135.
Bürger-Wald b. Eltmann 204.
Bürger-Wald b. Pressath 160, 165, 269.
Bürgstadt b. Miltenberg 125, 228, 278.
Büschel-Berg b. Mögesheim 117.
Bug b. Bamberg 192.
Bullenheimer Berg b. Bullenheim 170, 365.
Bundorf b. Hofheim 21, 182, 195.
Burg-Berg b. Erlangen 189.
Burg-Berg i. Nürnberg 187.
Burgbernheim b. Steinach b. Rothenburg 68, 356, 357, 360, 363, 364, 421, 425—427, 436, 437.
Burgbernheim, Wildbad b. Steinach b. Rothenburg 421.
Burgebrach b. Ebrach 174, 179, 191, 192, 204, 285, 295.
Burgerroth b. Aub 63.
Burger-Wald (Burg-Wald) b. Herzogenaurach 189.
Burgfarrnbach b. Fürth 284.
Burggriesbach b. Berching 282, 288.
Burghaig b. Kulmbach 197, 217.
Burghaslach b. Schlüsselfeld 170, 172, 177—179, 185*, 190.
Burg-Holz (Burgholzäcker) b. Neuburg/Donau 112, 234, 253, 387.
Burglengenfeld b. Ponholz 89, 92, 230, 251, 257, 267, 372, 385, 405, 440, B.

Burglesau b. Scheßlitz A.
Burgpreppach b. Hofheim 21, 202, 205, 212, 247, 293, 370.
Burgsalach b. Nensling 328*.
Burgsinn b. Gemünden 264, 356, 421, 425.
Burgstall b. Amberg 224.
Burgstall b. Kronach 135, 140.
„Burgstall, der" b. Unterntief 363.
Burgthann b. Nürnberg 210, 222, 282, 286.
Burgweinting b. Regensburg 233.
Burgwindheim b. Ebrach 70, 174, 177—179, 190, 204, 285.
Burk b. Bechhofen 216.
Burk b. Forchheim 189.
Burkardroth b. Aschach 294.
Burkersdorf b. Küps 249.
Burker Wald b. Forchheim 219.
Burgkundstadt b. Lichtenfels 196, 197, 201, 206, 209, 214, 251, 384, 420.
Busendorf b. Ebern 277.
Bütthart b. Gützingen 50, 53, 58, 59.

## C.

Cadolzburg b. Fürth 177, 186, 188, 217.
Cadolzburger Höhe b. Cadolzburg 189.
Callenberg b. Coburg 182, 196.
Castell b. Kitzingen 170, 366.
Cent- (Senn-) Berg b. Breitengüßbach 212, 220.
Ceres, Zeche (Schwerspat) b. Vormwald 349.
Cham b. Furth i. W. 273, 453, 455.
Chamer Senke 273.
Charlottenburg 59, 60.
Charlotten-Hof b. Schwandorf 232.
Chausseehaus b. Rothenburg 50, 56, 64, 65.
Chemnitz 93.
Christgarten (Klosterruine) b. Hürnheim 23.
Christianen-Stollen (Schwerspat) b. Neuhütten 344, 349, 350*.
Christiania-Zeche (Braunkohle) b. Schmidgaden 412.
Clarsbach b. Roßstall 177.

Coburg (Stadt, Feste C., C. Land, C. Gegend) 74, 75, 133, 134, 137, 139, 153, 156, 158, 167, 171, 172, 174—176, 182, 183, 195—198, 200—204, 206 bis 208, 213, 217, 220—222, 224, 225, 241—243, 245, 248, 249, 251, 277, 294, 295, 299, 370, 383.
Colmdorf b. Bayreuth 183.
Concordia-Zeche (Braunkohle) b. Wemding 415.
Cortendorf b. Coburg 241, 294.
Crailsheim (C. Gegend) i. Württemberg 361, 362, 362/363.
Creidlitz b. Coburg 171, 241.
Creußen (C. Gegend) b. Pegnitz 35, 75, 76, 132, 146, 148, 151, 157, 160, 164, 184, 186, 197, 198, 207, 214, 215, 217, 242, 244, 245, 250, 274, 313, 381, A.
Creußen-Bach b. Eschenbach 270, 376*.
Creußen-Tal 269.
Cronheim b. Gunzenhausen 299.

## D.

Dachelhofen b. Schwandorf B.
Dachsbach b. Ühlfeld 178, 190, 284.
Dachs-Berg b. Ober-Schrappach 179.
Dachs-Berg b. Parsberg 254.
Dachsstadt b. Igensdorf 283.
Dahlems-Buckel (= Afholder) b. Damm 9, 11.
Daiting b. Monheim 104, 105, 110, 328*.
Dambach b. Weißenburg i. Bay. 111, 209.
Damm b. Aschaffenburg 6, 9, 11, 12, 263, 293, 305.
Dammersfeld (Bg.) i. Rhön 19, 351.
Dammersfelder Trift b. Kothen 124.
Dankenfeld b. Prölsdorf 180, 192, 204.
Dantscher-Mühle b. Lengfeld 227, 228*.
Danzig 65.
Darmstadt 93, 135.

462

Dünzelsau b. Ingolstadt 419.
Dürnast b. Mantel 267.
Dürrenberg s. u. Dörn-Berg.
Dürrenried b. Seßlach 206.
Dürrfeld b. Schweinfurt 21, 67.
Dürrnsricht b. Schwarzenfeld 411—413, B.
Dürrschwein-Naab (Fl.) i. Opf. 269—271.
Dürrwangen b. Feuchtwangen 216, 288.
Düsselbach b.Vorra 120.
Düsseldorf 59.
Düttingsfeld b. Gerolzhofen 68, 154, 155.
Dutendorf b. Ühlfeld 179.
Dutzend-Teich i. Nürnberg 187, 281.

### E.

Ebelsbach b. Eltmann/Main 181, 205, 241.
Eben b. Bayreuth 215, 250.
Ebenhausen b. Bad Kissingen 45, 292, 294, 443.
Ebenricht b. Freystadt 209.
Ebensfeld b. Staffelstein 212, 213, 247, 275, 289.
Ebenwies b. Regensburg 95, 99, 103, 271, 440.
Eberhards-Berg b. Gräfenberg 95.
Eberhardshof b. Fürth 281.
Eberhardsreuth b. Neu-Drossenfeld 197.
Ebermannsdorf b. Amberg 230, 318, 319, 322, 324, 329, 330, 333, 334, A.
Ebermannstadt b. Forchheim 84, 120, 224, 225, 265, 317, A.
Ebern (E. Gegend) b. Seßlach 193, 198, 202, 205, 207, 212, 220, 245, 247, 277, 293, 370.
Eberner Wald b. Ebern 247.
Ebersbach b. Neunkirchen a. Br. 210.
Ebersbrunn (Ufr.) b. Geiselwind 298.
Ebersdorf b. Coburg 213, 248.
Ebersroith b. Falkenstein 454.
Ebertshausen b. Stadtlauringen 239.
Eberts-Mühle b. Kronach 42.

Ebertswang b. Eichstätt
Ebertswang (= Eberswang) b. Dollnstein 104, 110.
Ebing b. Zapfendorf 211*, 212, 275.
Ebneth b. Burgkundstadt 214.
Ebrach (Ort) i. Steigerwald 174, 177, 178, 179.
Ebrach, Mittlere (Fl.) i. Steigerwald 191, 285.
Ebrach, Rauhe (Fl.) i. Steigerwald 170, 179, 180, 191, 204, 284.
Ebrach, Reiche (Fl.) i. Steigerwald 170, 179, 191, 204, 284, 298.
Ebrach-Tal, Mittleres i. Steigerwald 295.
Ebrach-Tal, Rauhes i. Steigerwald 179.
Echter-Quelle i. Bad Sodenthal 426, 428, 429.
Eckartshausen b. Maroldsweisach 182.
Eckarts-Mühle (= Eckerts-Mühle) b. Aschaffenburg 6.
Eckeltshof b. Lauterhofen A.
Eckersdorf b. Bayreuth 250.
Ecketsfeld b. Illschwang A.
Edeldorf b. Weiden 451.
Edelsfeld b. Königstein 86, 317, 318, 340, A.
Ederheim (Edernheim) b. Nördlingen 25, 116.
Effeldorf b. Kitzingen 50, 51, 52, 239.
Effeltrich b. Erlangen 210.
Efferaberg b. Hechlingen 88.
Egenhausen b. Obernzenn 169.
Egg b. Deggendorf 453.
Egge (Fl.) b. Dillingen 419.
Eggenreuth b. Kulmbach 137, 138.
Eggensee b. Neustadt/Aisch 190.
Eggmühl b. Regensburg 233.
Eggolsheim b. Forchheim 247, 283, 284 A.
Eging b. Außernzell 452, 453.
Eglsee b. Amberg 232, 339, 340.
Egloffstein b. Forchheim 89, 94, 95, 120.
Ehe-Grund b. Sugenheim 170.
Ehen-Bach b. Schnaittenbach 271, 375.

Ehenfeld b. Hirschau 215, 224, 225, 244, 251, 252, 267, 336, 376*, A.
Ehingen b. Öttingen 117.
Ehringsfelder Tal b. Ursensollen 340.
Eibach b. Nürnberg 281.
Eibelstadt b. Würzburg 46, 50, 53, 56, 57, 278.
Eibenstock b. Auerbach 371, 372.
Eicha b. Witzmannsberg 197, 206.
Eibrunn (Eybrunn) b. Regensburg 113, 227.
Eichelberg b. Pressath 160, 165, 166, 172, 184, 311, 312.
Eichelberg b. Roth a. Sand 207.
Eichel-Berg b. Bayreuth 183.
Eichel-Berg b. Laufamholz 282.
Eichel-Berg b. Ober-Schwappach 69.
Eichel-Berg b. Pressath 165, 166.
Eichel-Berg b. Rosenberg 329, 390, 372, A.
„Eichelberger Ranken" b. Eichelberg/Pressath 166.
Eichelberg-Wald b. Klein-Rheinfeld 368.
Eichelsdorf b. Hofheim 21, 195, 205, 213, 368.
Eichelsee b. Acholzhausen 50.
Eichenberg b. Schöllkrippen 33, 34, 237, 278, 305, 306, 348.
Eich-n-Berg b. Eichenberg 349.
Eichenberger Mühle b. Eichenberg 348.
Eichenbühl b. Miltenberg 125.
Eichenhausen b. Neustadt/Saale 43, 269.
Eichenthal (Zieg.) b. Erzhäuser 297, 553, 455.
Eichhofen b. Regensburg 98, 256, 403, B.
Eich-Holz b. Langensendelbach 299.
Eichstätt/Altmühl (E. Gegend) 89, 92, 95, 98, 99, 104, 105, 107 bis 111, 118, 120, 227, 234, 253, 254, 269, 290, 297, 299, 324, 328*, 329, 333, 385.
Eilsbrunn b. Alling B.
Eimers-Mühle b. Emtmannsberg 184.

463

Escherndorf b.Volkach 66.
Eschlhof b.Waldmünchen 272.
Espa-Mühle b. Gunzendorf 334,
342, A.
Esselbach b. Marktheidenfeld
293.
Estenfeld b.Würzburg 50, 154,
155, 293.
Etterzhausen b.Regensburg 253,
266, 271, 403, B.
Etzelwang b. Hersbruck 92.
Etzenricht b.Weiden 237, 282.
Etzmannsberg-Zeche (Eisen)
b. Sulzbach 330.
Euben b. Bayreuth 215, 250.
Euerdorf b. Bad Kissingen 39,
40, 41, 43, 128, 132, 278,
279, 292, 294, 443.
Euershausen (= Eyershausen)
b. Königshofen i. Gr. 171.
Euerwang b. Greding 88.
Eugenie-Zeche (Braunkohle)
b. Rauberweiherhaus 411.
Eulsbrunn b. Sinzing 403.
Eußenheim b. Karlstadt 40.
Eyb b. Ansbach 172.
Eyer-Berge b. Neumarkt 225.
Eysölden b. Thalmässing 186,
209, 246.

### F.

Fabrik-Schleichach b. Unter-
Steinbach 171.
Fäßleinsberg b. Allersberg 207.
„Falkennest, am" b. Rangierbhf.
Nürnberg 280.
Falkenstein b. Gerolzhofen 367,
368.
Falkenstein b. Regensburg 454.
Fallsbrunn b. Prölsdorf 179.
Fantasie (Schl.) b. Bayreuth 209.
Farren-Berg b. Obernburg/Main
302.
Farrnbach-Tal b. Fürth 284.
Fasanerie b. Adelschlag 266.
Fasanerie (Park) b. Aschaffen-
burg 9, 334.
Fasoldshof b. Mainroth 275.
Fatschenbrunn b. Unter-
Schleichach 180.
Fatschenbrunner Tal b. Unter-
Schleichach 180.

Faulbach b. Wertheim/Main
(= Faulenbach) 125.
Faulbach-Tal b. Wertheim/Main
125.
Faulen-Bach b. Gerolzhofen
367.
Faulen-Berg b.Würzburg 67,
155.
Fechenbach b. Stadtprozelten
125, 278.
Fechenheimer Berg b. Coburg
137.
Fechheimer Wald b.Coburg 134.
Feckinger Tälchen b. Kelheim
102.
Feigendorf b. Bamberg 295.
Feilershammer b. Pressath 270.
Feisten-Bach b.Wernberg 376*,
377.
Feldkahl b. Schöllkrippen 11 bis
13, 33, 34, 237, 293, 304,
305, 347.
Feldkahler Höhe b. Feldkahl 34.
Feldkahl-Mühle b. Feldkahl 11.
Feld-Mühle b.Wellheim 388,
419.
„Feldstufe" b. Feldkahl 304.
Felix-Zeche (Braunkohle) b.
Gögglbach 414.
Fels-Mühle b. Grafenwöhr 150,
270.
Fenkensees b.Weidenberg 146,
157.
Fenster-Bach b. Schmidgaden
267, 272.
Fensterbach-Tal b. Freihöls 267.
Fesselsdorf b. Kasendorf 99.
Fessenheim b. Rudelstetten 288.
Fetzelhofen b. Lonnerstadt 284.
Feucht b. Nürnberg 187, 207,
209, 243, 286, 420.
Feuchtwangen b. Dinkelsbühl
167, 169, 171, 172, 241.
Feuerbach b.Wiesentheid 420.
Feuer-Berg b. Oberbach 351*,
352.
Feuerthal b. Hammelburg 39, 40.
Fichtelgebirge 1, 16, 132, 160,
161, 271, 274, 275, 447, 450,
454, 455.
Fichtel-Naab (Fl.) 160.
Fichtenhof b. Edelsfeld 265.
Fiegenstall b. Ellingen 73, 209.

Find-Berg b. Gailbach 10—13,
124, 302, 346, 348.
Finkenwald b. Erbendorf 265.
Fischbach b. Kronach 138, 439.
Fischbach b.Weidenberg 142,
145.
Fischbacher Tal b. Kronach 135,
137, 145.
Flachs-Berg b. Neuburg/Donau
112.
Flachslanden b. Lehrberg 172.
Fladungen v. d. Rhön 19, 41,
127, 128, 238, 374, 389, 397,
401, 420.
Fleder-Mühle b. Eschenbach
i. Opf. 150, 151.
Flinsberg b.Weidenberg 145,
204, 216.
Flints-Berg b. Flinsberg 145.
Floß b. Neustadt/Wald-Naab
451, 454.
Flügelsburg b. Freihung 160,
166, 269, 310*, 311.
Föritz-Bach b. Mupperg 276.
„Fohlrain" b. Partenstein 350.
Fohlrain, Grube (Schwerspat)
b. Partenstein 345*.
Fohren-Berg b. Langendorf 40.
Forchheim (F. Gebiet, Gegend)
b. Bamberg 83, 120, 189, 200,
211, 217—219, 222, 243, 245,
247, 284, 289, 299, 317, 372,
384, 442, A.
Forchheim b. Freystadt 223,
288.
Forchheimer Wald b. Forchheim
211, 219, 247.
Forheim b. Nördlingen 27.
Forkendorf b. Bayreuth 215,
250.
Forst b. Bayreuth 214, 221.
Forst b. Gädheim 288.
Forst b. Sulzbürg 287.
Forst (W.) b. Seybothenreuth
162.
Forsthof b. Freihung 160, 166,
309, 310*, 311, A.
Forsthof b. Neuburg/Donau 234.
Forstlahm b. Kulmbach 370.
Forstlohe b.Vilseck 253.
Forth b. Eschenau 250.
Fortuna-Schacht (Braunkohle)
b. Hausen 390*, 400.

Galgen-Berg b. Amberg 254, 442.
Galgen-Berg b. Amorbach 126.
Galgen-Berg b. Burghaslach 178*.
Galgen-Berg b. Klein-Rheinfeld 367.
Galgen-Berg b. Regensburg 89, 372.
Galgen-Berg b. Thundorf 70.
Galgen-Berg b. Trailsdorf 220, 283.
Galgen-Berg b. Waldeck 438.
Galgen-Berg b.Windsheim 363.
Gambach b. Gemünden/Main 40, 122, 129—131.
Gammersfeld b. Rennertshofen 111, 234.
Gangel-Berg b. Pirkensee i. Opf. 89.
Gangolfs-Berg b. Ober-Elsbach 390*, 397.
Gangolfsberg (Forsth.) b. Ober-Elsbach 119.
Gans-Berg b. Groß-Laudenbach 13.
Gans-Berg b. Ober-Eschenbach 40.
Gansheim b. Rennertshofen 104, 110, 328*.
Ganzen-Berg b. Nieder-Altheim 116.
Garitz b. Bad Kissingen 294.
Garstadt b.Waigolshausen 278.
Gartenroth b. Kulmbach 249.
Gattenhofen b. Rothenburg o.T. 50*, 55, 56, 65.
Gauaschach b. Arnstein 47.
Gaubüttelbrunn b. Giebelstadt 50*, 53, 58, 59.
Gauchsdorf b. Abenberg 283.
Gauerstadt b. Rodach 196, 206.
Gaukönigshofen b. Ochsenfurt 156.
Gaulenhofen b. Schwabach 177.
Gaustadt b. Bamberg 192, 294*, 295.
Gebelkofen b. Regensburg 255, 404.
Gebenbach b. Hirschau 216, A.
Gebersdorf b. Stein 281.
Gebsattel b. Rothenburg o.T. 59, 60, 64, 65, 360, 362.

Gedenkstein Hickl b. Hermannshof 146.
Gefäll b. Burkardroth 38.
Geibenstetten b.Neustadt/Donau 328*.
Geiersberg b.Seßlach 206.
Geichsenhof b. Neuendettelsau 177.
Geiers-Berg b. Soden 3*, 124.
Geiselbach b. Alzenau 2*, 13, 237, 293, 304, 305, 334, 345*, 346, 348. 349.
Geisel-Bach b. Alzenau 13.
Geiselwind b. Abtswind 170, 284, 298.
Geisenfeld b. Bamberg s. u. Geisfeld.
Geisen-Mühle b. Hain 348.
Geis-Berg b. Huckelheim 305.
Geisfeld b.Bamberg 74, 77, 251.
Geis-Grund b. Ühlfeld 191, 204, 284.
Geisleite b. Altdorf 210.
Geiß-Berg b. Thulba 39.
Gelber Berg b. Dittenheim 86.
Gelchsheim b. Aub 62.
Gelnhausen i. Hessen-N. 303.
Gemlenz b. Kulmbach 138.
Gemling b. Abbach B.
Gemünda b. Seßlach 206, 247, 277, 294.
Gemünden/Main 34, 36, 39, 45, 122, 125, 127, 131, 132, 262, 273, 288, 294, 354, 356, 421, 426, 441, 443.
Gemünd-Mühle b. Kemnath 270.
Georgensgmünd b. Roth 118, 216. 279, 281, 282.
Gerach b. Rentweinsdorf 193, 293.
Geras-Mühle b. Eibach 280.
Gerbrunn b. Würzburg 298.
Geroda b. Brückenau 20, 126, 238, 351, 443.
Gerolzhofen (G. Gegend) b. Schweinfurt 45, 67, 68, 154 —156, 180, 293, 360, 366, 367.
Gersbach b. Weitramsdorf 196.
Gersdorf b. Nensling 86.
Gesees b. Bayreuth 209.

Geuthenreuth b. Weismain 249.
Geyers-Berg b. Bodenbach 350.
Gickelhausen b. Rothenburg o.T. 50*, 53, 55, 56, 65.
Giebelstadt b. Ochsenfurt 62.
Gies-Berg b. Erlangen 189.
Gießen 388.
Gietlhausen b. Neuburg/Donau 234.
Gigelsberg b. Wellheim 234.
Gimpertshausen b. Berching 328*.
Ginolfs b. Ober-Elsbach 20, 269, 390*, 397, 442.
Gipfel-Berg b. Bruck 229, 230.
„Gipsgrübe" (Gem.) b. Markt Bibart 365.
Gipshütte (W.) b. Endsee 363.
Glasbrunn (Qu.) b. Neustadt/Main 349.
Glashütte s. u. Alt-Glashütten.
Glashütten b. Mistelgau A.
Glattbach b. Aschaffenburg 5, 7, 8, 9, 11, 278, 292, 293, 303.
Gleicheröd b. Wolfsbach 230.
Gleisenau (Forsth.) b. Grub a. Forst 197.
Gleißenberg b. Burghaslach 179, 204.
„Glückauf", Fdpkt. (Braunkohle) b.Weisbach 390*.
Glückauf-Zeche (Braunkohle) b.Weisbach 397.
Gleußen b. Seßlach 277.
Gnadenberg (Ruine) b. Altdorf 226.
Gnodstadt b. Marktbreit 50, 156.
Gnotzheim a. Hahnenkamm 222.
Gochsheim b. Schweinfurt 239.
Godeldorf b. Baunach 193.
Gögglbach b. Schwandorf 216, 414, B.
Gögging b. Neustadt/Donau 104.
Görau b.Weismain 384.
Görlitz (Schlesien) 93.
Görschnitz b.Weidenberg 145, 384.
Gösseldorf b. Muggendorf A.
Gössenheim b. Wernfeld 36, 441.
Gössersdorf b.Stadtsteinach 138.
Gößweinstein b. Pottenstein A.
Göttelhöf b. Gerhardshofen 109.

Götterhain b. Neuricht 76.

Götzendorf b. Amberg 233, A.

Götzenöd b. Pittersberg 230.

Goldbach b. Aschaffenburg 2*, 3*, 5, 7, 9, 11, 263, 278, 303, 347, 421.

Gold-Berg b. Goldburghausen 115, 116.

Gold-Berg b. Michelbach 7.

Goldbrunnen-Bach b. Troschenreuth 342.

Goldburghausen i. Württemberg b. Nördlingen 115.

Goldkronach b. Berneck 49, 160.

Gollach (Fl.) 55, 62.

Gollach-Tal b. Aub 55.

Gollachostheim b. Uffenheim 50*, 53, 55, 154.

Gollhofen b. Uffenheim 55, 293.

Goritzen (Bg.) b. Schwürbitz 213, 221.

Gosberg b. Forchheim 211.

Gossen-Mühle b. Röttingen 63.

Goßmannsdorf b. Ochsenfurt 50*, 61.

Gottels-Berg b. Aschaffenburg 7—9, 12, 303.

Gottersdorf b. Amorbach 132.

Gottsfeld b. Creußen A.

Gottvater-Berg b. Auerbach 320*, 332.

Grabfeld 156, 167, 168, 171, 182, 242, 293, 421, 427.

Gräfenberg (G. Gegend) b. Eschenau 82—84, 89, 94, 95, 120, 225, 252, 254, 265, 283, 300, 372, 384, 387, 443, A.

Gräfen-Berg b. Rottenberg 33, 34, 124, 305, 308, 348.

Gräfendorf b. Gemünden 20, 132, 238, 278, 294, 351, 354, 443.

Gräfenholz b. Rentweinsdorf 193.

Gräfensteinberg b. Gunzenhausen 207.

Grafenberg b. Kinding 86.

Grafen-Mühle b. Pappenheim 92.

Grafenneuses b. Geiselwind 298.

Grafenreuth b. Arzberg 454.

Grafenreuth b. Floß 454.

Grafenried b. Ornbau 287.

Grafenricht b. Wackersdorf 216, 229, 252.

Grafenwöhr b. Eschenbach i. Opf. 132, 146, 147, 149, 150, 152, 160, 165, 200, 267, 269, 270, 310, 319, 332, 333, 341, 376, 378, 379, 420, A.

Grafenwöhr, Truppenübungsplatz (Lager) 145, 146, 152, 200, 269, 270.

Grain-Berg b. Würzburg 45.

Graitz b. Marktzeuln 195, 206, 276.

Gras-Berg b. Mühlbach 38, 40.

Graßlfing b. Abbach 404, B.

Graßmannsdorf b. Burgebrach 192, 204.

Grau-Berg b. Gailbach 6, 9—11.

„Grauer Stein" b. Glattbach 8.

Greding b. Beilngries 86, 88, 89, 120.

Greez b. Mistelgau A.

Greh-Berg b. Baunach 212.

Grein (Krein) b. Kallmünz 221.

Greifenstein (Schl.) b. Bonnland 40.

Greißelbach b. Neumarkt 287.

Gremsdorf b. Höchstadt/Aisch 190.

Grenzgebirge, Ostbayerisches 236, 374, 421, 449, 450.

Gressenwöhr b. Vilseck 441, A.

Greß-Mühle b. Amberg 441.

Grettstadt b. Schweinfurt 21, 67, 367.

Greußen (Fl.) b. Grafenwöhr 160*.

Greußenheim b. Würzburg 36, 41.

Greuth b. Castell 170.

Greuth b. Zentbechhofen 191.

Griebes b. Naila 445.

Griesstetten b. Dietfurt 287.

Grönhart b. Weißenburg 420.

Gronsdorf b. Kelheim 102.

Grohnsdorf s. u. Gronsdorf.

Groß-Albershof (= Groß-Albersdorf) b. Sulzbach 73, 207, 216.

Groß-Bellhofen b. Schnaittach 246, 249, 250.

Großberg b. Regensburg 113, 233.

Groß-Birkach b. Ebrach 178, 179.

Groß-Blankenbach b. Schöllkrippen 34.

Groß-Buchfeld b. Schnaid 220.

Groß-Dechsendorf b. Erlangen 284.

Groß-Eibstadt b. Königshofen i. Gr. 156, 420.

Großenbuch b. Erlangen 210.

Großenfalz b. Sulzbach 330, A.

Großengsee b. Gräfenberg 84.

Großenohe b. Gräfenberg 120.

Groß-Geschaidt b. Eschenau 79.

Groß-Habersdorf b. Heilsbronn 177, 241.

Groß-Harbach b. Uffenheim 155, 156.

Groß-Heirath b. Rossach 277.

Groß-Heubach b. Miltenberg 125, 130, 288.

Groß-Kahl b. Aschaffenburg 13, 237, 304—308, 349.

Groß-Langheim b. Kitzingen 68, 356.

Groß-Laudenbach b. Schöllkrippen 13, 348.

Groß-Lellenfeld b. Gunzenhausen 242.

Groß-Mehring b. Ingolstadt 101.

Großmuß b. Kelheim 328*, 341.

Groß-Nottersdorf b. Thalmässing 86.

Groß-Ostheim b. Aschaffenburg 2*, 22, 126, 278.

Groß-Prüfening b. Regensburg 114, 227.

Groß-Saltendorf b. Burglengenfeld 92.

Groß-Schönbrunn b. Hirschau 87, 252, 336, A.

Groß-Sorheim b. Möttingen 86, 441.

Groß-Walbur b. Rodach 277, 295.

Groß-Wallstadt b. Aschaffenburg 126.

Groß-Welzheim b. Kahl/Main 2*, 416.

Groß-Wenkheim b. Münnerstadt 68, 156.

Groß-Ziegenfeld b. Weismain 99.

Gruba. Forst b. Coburg 182, 197, 206, 217, 295.

Grub b. Pressath 160, 165, 166.

Grub b. Prölsdorf 204.

Hammelburg b. Gemünden 19,
20, 35—37, 39, 40, 41, 43,
127, 132, 238, 278, 279, 292,
294, 354, 443.

Hammelburg, Lager b. Gemünden 44.

Hammels-Berg b. Straßbessenbach 13, 14.

Hammelshorn (Hammelhorn od.
Hammels-Berg) b. Straßbessenbach 9, 305.

Hammer-Berg b. Streitberg 88.

Hammer-Bügel b. Schmidgaden
413.

Hammer-Mühle b. Kronach 135
276.

Hammer-Mühle b. Stahlfeld
450.

Hammerbach-Tal b. Hartmannshof 95.

Hammerbach-Tal b. Henfenfeld
282.

Hammerschmiede b. Diebach
362.

Hammerstadt i. St. Georgen 274.

Hans, Grube (Schwerspat)
b. Ruppertshütten 350.

Happertshausen b. Hofheim 156.

Happurg b. Hersbruck 86, 317,
422, 425, A.

Harburg b. Nördlingen 23, 26 bis
28, 98, 254.

Hardt (Bg.) b. Huckelheim 306.

Hardt b. Mistelbach 215.

Hardt b. Wellheim 269.

Harsdorf b. Trebgast 133*, 136,
138, 141, 275, 419.

Hart (= Haardt) b. Tauberschek-
kenbach 65.

Hartenricht (= Hartenried)
b. Gögglbach 216, B.

Hartenried (= Hartenricht)
b. Gögglbach 216, B.

Hart-Koppe (= Hart-Kuppe)
b. Ober-Sailauf 8, 16, 304,
348.

Hartkuppe s. u. Hart-Koppe.

Hartmannshof b. Hersbruck 84,
85, 87, 89, 90, 95, 120,
372, 440, A.

Hartmannsreuth b. Weidenberg
156, 157, 160*.

Haselbach b. Bischofsheim 119.

Haselbach (Haslbach) b.
Schwandorf 407, B.

Haselbauern-Holz b. Reifenthal 227.

Hasel-Hof b. Pettendorf 404.

Hasel-Mühle b. Amberg 87, 254.

Hasel-Mühle b. Metzenhof 441.

Hasen-Berg b. Katharagrub 135.

Hasen-Buck (Bg.) i. Nürnberg
187, 264.

Hasen-Leite b. Goßmannsdorf 61.

„Hasenloch" b. Winn 226.

Haslach (Fl.) b. Dietenhofen 283.

Haslach (Haßlach) (Fl.)
i. Frankenwald 276.

Haslach (Fl.) i. Steigerwald
284.

Haslach-Tal i. Steigerwald 170,
179.

Haslbach (s. u. Haselbach)
b. Schwandorf.

Haslbach-Tal b. Schwandorf 413.

Haß-Berge i. Unterfranken 21,
158, 167, 171, 172, 174, 181,
182, 192, 193, 194*, 203, 205,
208, 212*, 213, 218, 220, 239,
245, 247—249, 293, 312, 360,
368, 421.

Haßberg-Gebiet 192, 242.

Haßberg, Großer b. Königshofen
i. Gr. 193, 205.

Haßfurt/Main b. Schweinfurt
45, 69, 119, 154—156, 180*,
273, 289, 293, 360, 421, 425,
427, 434, 435.

Haßfurt/Main, Wildbad 426.

Haßgau 17, 18, 21, 156.

Haßlach-Tal (Haslach-Tal)
i. Oberfranken 140.

Haßloch b. Wertheim 130.

Hauacker Hof b. Stockstadt 349.

Hauendorf b. Bayreuth 184.

Hauenstein b. Pottenstein 386.

Haugs-Höhe b. Burglengenfeld
268.

Haunsheim b. Lauingen 440.

Hauptendorf b. Herzogenaurach
241.

Hauptsmoor-Wald b. Bamberg
289, 299, 420.

Hause-Bühl b. Lager Hammelburg 45.

Hausel-Berg b. Oberndorf 95.

Hausen b. Bad Kissingen 128,
341, 356.

Hausen b. Fladungen 390*, 399,
400.

Hausen b. Forchheim 189.

Hausen b. Großmuß 341.

Hausen b. Hohenburg A.

Haußener Tal b. Forchheim 284.

Hausen-Hof b. Rüdisbronn 170.

Hausheim b. Neumarkt 75, 80.

Haunersdorf b. Saal/Donau 102.

Haunsfeld b. Dollnstein 104*,
110.

Haunsheim b. Dillingen 98, 299.

Hauzenstein b. Regenstauf 449.

Heblersricht b. Neumarkt 222.

Hechlingen b. Heidenheim 88.

Heckels-Berg b. Harburg 28.

Heeg-Holz b. Rottenstein 195.

Hehr-Hof b. Creußen 198.

Heideck b. Hilpoltstein 420.

Heidelbach b. Engelthal A.

Heide-Naab (= Haide-Naab) (Fl.)
160, 164*, 184, 199, 254, 266,
267, 269, 270, 297, 377, 379,
420.

Heidenaab b. Weidenberg 146.

Heidenaab-Tal 217, 377.

Heidenheim b. Gnotzheim 86,
88.

Heidelberg 93, 440.

Heidingsfeld b. Würzburg 50,
57, 292, 293.

Heid-Kopf (Bg.) b. Nieder-Steinbach 13.

Heigenbrücken i. Spessart 1,
122—125, 127, 345*, 346,
349.

Heilgersdorf b. Seßlach 247,
277.

Heiligenstadt b. Bamberg 21, 99.

Heiligenthal b. Volkach 156.

Heilig Kreuz-Kapelle b. Volkach
47.

Heiligkreuz-Ziegelhütte b. Groß-
Kahl 13, 237, 305—307, 349.

Heiligen-Holz b. Bad Kissingen
294.

Heilig(en)kreuz b. Zeitlofs 128.

Heiligenstadt b. Streitberg A.

Heilsbronn b. Ansbach 169,
177, 241.

Heimbach b. Greding 88, 120.

„Hohe Rhön", Fdpkt. (Braunkohle) b. Ginolfs 390*, 397.

Hohes Haupt (Bg.) b. Ober-Eschenbach 40.

Hohe Wand (Wann) Bg. b. Zeil/Main 368.

Hohe Wart b. Burghaslach 185*.

Hohe Wart (Bg.) b. Creußen 215.

Hohe Wart (Bg.) b. Kohlberg 267.

Hohe Wart (Bg.) b. Parkstein 267.

Hohe Warte b. Pretzdorf 191.

Hohholz b. Neustadt/Aisch 190, 204, 242.

Hohl b. Alzenau 2*, 5, 13.

Hollfeld b. Bayreuth 112, 233, 332, 333, A.

Hollstadt/Saale b.Neustadt/Saale 38, 40, 268, 421, 425.

Holheim b. Nördlingen 92, 98, 116, 440.

Holland 351.

Holnstein b. Beilngries 120, 328*.

Holzberndorf b. Geiselwind 284.

Holz-Berg b. Bischofsheim 20.

Holz-Berg b. Regenstauf 449.

Holz-Berg b. Schwandorf 225, 229.

Holzhammer b. Schnaittenbach 271, 376*, 377.

Holzhaus b. Neunburg v. W. 372.

Holzhausen b. Ebenhausen 155, 156.

Holzheim b. Klardorf 409, B.

Holzkirchen b. Nördlingen 415.

Holz-Mühle b. Bolzhausen 55.

Homburg (Ruine) b. Karlstadt/Main 40.

Homburg/Main 36, 119, 122, 131, 278, 291.

Hopfen-Berg b. Regenstauf 449.

Hopfenohe b. Auerbach 341.

Hopfenstadt b. Ochsenfurt 50*, 52, 53, 55.

Hoppingen b. Harburg i. Ries 299.

Horb b. Mupperg 140, 276.

Horbach b. Wachenroth 191.

Horlach b. Auerbach 233.

Horlanden b. Kronach 441.

Hormersdorf b. Velden A.

„Horn, am" b. Langenstadt 183.

Horst-Bruch b. Mörnsheim 106.

Horwagen b. Marxgrün 447.

Hotzaberg b. Eschenbach i. Opf. 150, 152.

Houburg (Houbirg) (Bg.) b. Happurg 86.

Hub b. Pressath 164*, 270.

Huckelheim b. Alzenau 1, 2*, 13, 33, 34, 124, 237, 278, 293, 303—308, 334, 344, 345*, 349, 350.

Huckelheimer Ziegelhütte b. Huckelheim 307.

Hügelhäus'chen (Bg.) b. Hofheim 21.

Hühl-Berg b. Bayreuth 160*, 161, 163.

Hühner-Berg, Kleiner b. Klein-Sorheim 117.

Hühner-Berg b. Schwürbitz 206.

„Hühnerbrunn" b. Birnthon 207.

Hüll b. Betzenstein A.

Hürnheim b. Nördlingen 86.

Hütten b. Grafenwöhr 200, 267.

Hüttenbach b. Schnaittach 254, A.

Hüttendorf b. Vach 283.

Hüttenheim b. Marktbreit 69, 360, 365.

Hütting b. Wellheim 104*, 111, 287, 388.

„Hufeisen" (W.-A.) b. Pegnitz 339.

Humel - Berg b. Langenaltheim 105, 110.

Hummenberg b. Küps 209, 214, 249.

Hummendorf b. Neuses-Kronach 276, 299.

Humprechtsau b. Windsheim 170, 364.

Humprechtshausen b.Haßfurt 45.

Hundelshausen b. Gerolzhofen 67, 298.

Hundsbach b. Bonnland 40.

Hundsfeld b. Bonnland 40, 46.

Hunger-Berg b. Höchheim 156.

Hut-Berg b. Aschaffenburg 8, 9.

Huths-Berg b. Neustadt/Aisch 240.

### I.

Ibenthan b. Leonberg B.

Ibind b. Burgpreppach 205, 293.

Ichenhausen b. Günzburg 111.

Ickelheim b. Windsheim 169, 363.

Ida-Zeche (Eisenerz) a. Keil-Berg b. Regensburg 335.

Iffigheim b. Marktbreit 45, 156.

Iffigheimer Berg b. Markt Bibart 170.

Igensdorf b. Gräfenberg 252, 283, 299.

Igstetten (Igstetterhof) b. Neuburg/Donau 234.

Ihrler-Bruch b. Neu-Kelheim 227.

Illenschwang b. Dinkelsbühl 222.

Illesheim b. Windsheim 363.

Illschwang b. Sulzbach 99, A.

Ilmenau b. Geiselwind 172.

Ilmen-Berg b. Ober-Elsbach 390*, 397.

Immenreuth b. Kemnath 148, 269, 444.

Indien 351.

Ingolstadt/Donau 24, 28, 95, 100, 101—105, 110, 111, 118, 227, 291, 296, 319, 328*, 416, 419, 443.

Insingen b. Schillingsfürst 294.

Ipflheim b. Freihöls 230.

Iphofen b. Kitzingen 68, 170, 293, 298, 360, 366.

Ippesheim b. Uffenheim 239.

Ipsheim b. Windsheim 169, 172, 363.

Irlbach b. Hahnbach 272.

Irlbach b. Stadtamhof 221, 407, B.

Irr-Bach b. Herbolzheim 364.

Irrenlohe b. Schwandorf 233, 413, B.

Ismannsdorf b. Lichtenau 172.

Isling b. Lichtenfels A.

Ittling b. Gräfenberg 84.

Itz (Fl.) i. Oberfranken 156, 182, 193, 196, 197, 206, 212, 275, 276, 293.

Itzing b. Monheim 14.

Itz-Tal (-Grund, -Gebiet) 134, 193, 195, 206—208, 212, 217, 220, 221, 277, 293.

## J.

Jagenried b. Neunburg v. W. 297, 455,

Jägersburg (Schl.) b. Forchheim 247.

Jäger-Haus b. Fladungen 390*.

Jägerhäuschen, Altes am Eis-Graben 400.

Jägerhäusl i.d. Strieht b. Aschaffenburg 6.

Jägersruh b. Gauerstadt 196, 206.

Jagenried b. Erzhäuser 297.

Jagstheim b. Crailsheim 363.

Jahrsdorf b. Hilpoltstein 246.

Japan 351

Jeding b. Freihöls 232, A.

Jettenacker Wald b. Berching 288.

Jobsten-Bühl b. Sparneck 448.

Jörgleins-Mühle b. Gollachostheim 55.

Johanna, Manganerzgrube b. Huckelheim 306.

Johannesberg b. Aschaffenburg 9.

Johannis-Berg b. Tambach 206.

Johannis-Hof b. Sulzdorf 213.

Johannis-Tal b. Kalchreuth 296.

Johannisthal b. Kronach 276.

Josefs-Zeche (Braunkohle) b. Rauberweiherhaus 411.

Joshofen b. Neuburg/Donau 111.

Judenbegräbnis b. Hüttenheim 365.

Juden-Hügel b. Sulzfeld 193.

Julien-Zeche (Braunkohle) b. Thanheim 414.

Julius-Hof b. Schnaid 211.

Julius-Stollen b. Hausen 390*, 400.

Junkersdorf b. Königsberg (Ufr.) 293.

Junkers-Hecken b. Hausen 400.

Jura (-Gebirge) 209, 222, 224, 273, 289, 291, 296, 297, 402.

## K.

Kaar-Holz b. Altdorf 286.

Kälberau b. Alzenau 7, 9, 12, 293.

Kadenzhofen b. Neumarkt A.

Käswasser b. Kalchreuth 120.

Käswasser Schlucht b. Kalchreuth 120, 250.

Kager b. Regensburg 99.

Kager-Höhe b. Regensburg 114.

Kahl b. Aschaffenburg 9, 22, 33, 278, 289, 305, 307, 308, 350, 416, 417*, 420.

Kahler Stollen, Oberer b. Groß-Kahl 307.

Kahler Stollen, Unterer b. Groß-Kahl 307.

Kahl-Tal i. Spessart 13.

Kainsbach b. Hersbruck 120.

Kaiser-Weiher b. Neukirchen-Balbini 231.

Kaisheim b. Donauwörth 23, 92, 98.

Kaisheimer Tal b. Donauwörth 98.

Kalchreuth b. Heroldsberg 120, 210, 247, 249, 250.

Kalchreuther Höhe b. Kalchreuth 189, 296, 299.

Kalk-Berg b. Weismain 88.

Kalkhäusl b. Mantel 267, 269, 270, 376*, 377.

Kallmünz b. Burglengenfeld 99, 115, B.

Kalmus (Bg.) b. Schöllkrippen 12, 305, 306.

Kaltbuch b. Kronach 135.

„Kalte Buche" b. Ginolfs 390*, 397.

Kaltenberg b. Schöllkrippen 12.

Kaltenbrunn b. Freihung 269, 270, 310*, 376*, 377, 379, A.

Kaltenbrunn b. Schottenstein 212.

Kaltenbuch b. Weißenburg 86.

Kalteneggoldsfeld b. Heiligenstadt 21, A.

Kaltenhausen b. Kasendorf 99.

Kaltenherberg b. Kirchsittenbach 99.

Kalter Brunn (= Steinernes Meer) b. Ober-Riedenberg 20.

Kalter Brunnen (Qu.) i. Feuerbach-Tal b. Hammelburg 237.

Kalvarien-Berg b. Ehenfeld 252.

Kalvarien-Berg b. Grafenwöhr 150.

Kalvarien-Berg b. Ober-Leichtersbach 37.

Kalvarien-Berg b. Waldeck 439.

Kanal, am (= Ludwigs-Donau-Main-Kanal) 75.

Kapellen-Berg b. Creußen 198.

Kapfelberg b. Abbach 100, 102, 103, 114, 226, 227, 256, 403, B.

Kapfer-Hügel b. Gebsattel 362.

Kappel b. Burgwindheim 285.

Karbach b. Rothenfels 40, 41.

Karbach b. Unter-Steinbach 170, 180.

Kareth b. Regensburg 114, B.

Karmensölden b. Amberg 272.

Karolinen-Zeche (Braunkohle) b. Eichhofen 256, 403.

Karolinen-Zeche (Eisenerz) b. Sulzbach 330.

Karls-Höhe b. Obernburg/Main 302.

Karls-Hof b. Ederheim 116.

Karlsburg (Ruine) b. Karlstadt/Main 40.

Karlstadt/Main 36, 37, 40, 41—43, 278, 293, 298, 359.

Karl-Stein b. Regenstauf 449.

Karl-Theodor-Zeche (Braunkohle) b. Alling 403.

Karsbach b. Höllrich b. Gemünden 40.

Karsberg (irrig statt Karsbach) 40.

Karthaus-Prüll b. Regensburg 113, 114, 404, B.

Kasendorf b. Kulmbach 92, 99, 119, 183, 371.

Kastl b. Amberg 199, 253, A.

Kastl b. Kemnath 269, 438.

Kastler Berg b. Kastl 199.

Katharagrub b. Kronach 135, 141.

Katharinenbild (Wegekreuzung) b. Partenstein 344, 345*, 350.

Katschenreuth b. Kulmbach 183, 197, 242, 268.

Katzbach b. Cham 455.

Katzdorf b. Klardorf B.

Katzen-Berg b. Heidingsfeld 57.

Katzenbühl b. Dettwang 65.

Katzeneichen b. Benk 160—162.

Katzen-Stein (Bg.) b. Wildflecken 20.

Kauernburg b. Kulmbach 134, 136—138.

Krumbach b. Amberg 87, 224, 232, 329, 330, A.

Krumm b. Zeil 368.

„Krumme Föhre" b. Kasendorf 214.

„Krumme Linde" b. Röthenbach/Lauf 286.

Krummlengenfeld b. Schwandorf 221.

Kruppach b. Freystadt 223.

„Kuhdelle" b. Eis-Graben 399.

Küh-Bach b. Gössenheim 36.

Küh-Hübel (Bg.) b. Neustadt a. Kulm 438, 439.

„Kühkopf" b. Horbach 233.

Küh-Stein b. Deggingen 116.

Külsheim b. Windsheim 363.

Kümmelbach-Tal b. Rauschenberg 295.

Kümmel-Berg b. Küps 214.

Küppel (W.-A.) b. Partenstein 350.

Küppel, Schwerspatgrube b. Partenstein 345*.

Küps b. Kronach 214, 249, 276.

Kulch-Berg b. Neumarkt 225.

Kulm (Bg.) b. Weidenberg 46, 142, 143, 145.

Kulm, Kleiner (Bg.) b. Neustadt a. Kulm 438, 439.

Kulm, Rauher (Bg.) b. Neustadt a. Kulm 160, 184, 199, 217, 438, 439.

Kulmain b. Kemnath 132, 142, 143, 145—149, 151, 438, 439, 451.

Kulmbach (K. Gegend) b. Bayreuth 22, 34, 49, 69, 82, 84, 92, 95, 119, 132, 133, 134, 136—141, 153, 156, 160, 168, 171, 172, 183, 195—197, 200, 206, 213, 214, 217, 221, 222, 239, 242, 249, 251, 268, 275, 300, 335, 371, 384, 420.

Kumpfmühl b. Regensburg 114, 255, 404, B.

Kunigundenruhe b. Bamberg 211, 220, 247.

Kunreuth b. Forchheim 73, 211, 251.

Kupferberg b. Stadtsteinach 447.

Kurhessen 389.

Kurzrain-Höhe b. Heigenbrükken 349.

Kusch (Bg.) b. Waldeck 438, 439.

Kutzenberg b. Ebensfeld 275.

## L.

Laaber b. Regensburg 95.

Laaber-Tal b. Regensburg 93, 403.

Laber b. Neumarkt (Opf.) 341, A, B.

Laber, Schwarze (Fl.) B.

Laber-Tal b. Dietfurt 120.

Lach b. Wachenroth 179, 284.

Lachwiesen (Moor) b. Pyrbaum 420.

Läng-Berg b. Feuerthal 39.

Längfeld b. Abbach 227.

Laffenau b. Heideck 420.

Lahm b. Isling A.

Laim b. München 65.

Laimbach-Grund b. Markt Bibart 170.

„Laimgrube, an der" b. Grubweg 453.

Lainach b. Oberlauringen 213, 368.

Laineck b. Bayreuth 49, 133*, 160*, 161, 198, 274, 312.

Laisacker b. Neuburg/Donau 100, 103, 111, 297.

Laitsch-Wald b. Trebgast 136, 138.

Lam b. Kötzting 448, 449, 451.

Lambach-Tal b. Presseck 444.

Landershofen b. Eichstätt 120.

Landsberg, Hoher s. u. Hoher Landsberg.

Landsberg/Lech 93.

Landshausen b. Lauingen 299.

Landshut/Isar 169.

Lands-Weide b. Bamberg 212.

Landturm (Turm) b. Bieberehren 63.

Langenaltheim b. Solnhofen 98, 104*, 105, 106, 110.

Langenaltheimer Haardt b. Solnhofen 105.

Langenau b. Günzburg/Donau 115.

Langenbruck b. Vilseck 333, 336, 341, A.

Langendorf b. Hammelburg 40.

Langenfeld b. Neustadt/Aisch 170.

Langengefäll b. Weidenberg 143.

Langenheimer Wald b. Lichtenfels 213, 249.

Langenleiten b. Burkardroth 20.

Langenlohe b. Nürnberg 187.

Langenprozelten b. Lohr 125, 293.

Langenreuth b. Pegnitz A.

Langensallach b. Eichstätt 110.

Langensendelbach b. Baiersdorf 210, 299.

Langenstadt b. Thurnau 183, 197, 274.

Langensteinach b. Uffenheim 50*, 53, 55, 56.

Langen-Tal b. Streitberg 120.

Langenzenn b. Nürnberg 171, 172, 240, 241, 244, 295.

Langer Berg b. Weigenheim 364, 365.

Lange Rhön 19, 389, 390*, 391, 401, 420.

Lang-Holz b. Kaltenbrunn 270.

Lankendorf b. Weidenberg 157, 160.

Lankenreuth b. Creußen 198.

Lanzendorf b. Berneck 156, 160*, 161.

Lanzenried b. Burglengenfeld B.

Lappersdorf b. Regensburg 297.

Larrieden b. Feuchtwangen 288.

Laub b. Wemding 288, 415.

Laub-Mühle b. Amberg 272.

Laudenbach = Groß-Laudenbach 13.

Laudenbach b. Karlstadt 40, 278.

Laudenbach b. Klein-Heubach 126, 278.

Lauf/Aisch 284, 298.

Lauf b. Hersbruck 207, 210, 222, 243, 244, 247, 249, 250, 254, 281, 282, 286, A.

Laufach b. Aschaffenburg 8, 12, 14, 22, 33, 123, 237, 302, 305, 306, 308.

Laufamholz b. Nürnberg 187.

Lauingen/Donau b. Dillingen 299, 300.

Lauter b. Bad Kissingen 128.

477

Lauter (Fl.) b. Staffelstein 119, 205, 277.

Lauterach (Fl.) A.

Lauterach-Tal b. Hohenburg (Opf.) A.

Lauterhofen b. Kastl 87, 95, 99, A.

Lauter-Tal i. Ofr. 193.

Layh b. Fürth 280.

Lebenhan b. Neustadt/Saale 294.

Lech (Fl.) 104*.

Lechenroth b. Seßlach 206.

Lechsgemünd b. Donauwörth 98.

Leichendorf b. Zirndorf 240, 241, 283.

Leichendorfer Mühle b. Leichendorf 283.

Leider b. Aschaffenburg 293.

Leimsiedelei i. St. Georgen 274.

Leinburg b. Lauf A.

Leinleiter-Bach b. Ober-Leinleiter 119.

Leinsiedel b. Amberg 114, 230.

Leithen b. Kulmbach 136.

Lehen b. Kemnath 184.

Lehenacker-Berg b. Schmidgaden 413.

Lehenhammer b. Sulzbach 95.

„Lehmgrube, an der" b. Nürnberg 187.

Lehnwiesen-Mühle b. Weißenburg 74, 280, 295.

Lehrberg b. Ansbach 70, 158, 159, 166, 169, 171—173, 177.

Leimershof b. Scheßlitz 371.

Leipzig 440.

Leiten-Berg b. Ginolfs 397.

Lembach b. Rohrstadt 192.

Lenau b. Kulmain 451.

Lenbach b. Fladungen 401.

Lendershausen b. Hofheim 155, 156, 421, 425, 426, 434, 435.

Lengenfeld b. Amberg 87.

Lengenlohe b. Amberg 229, A.

Lengfeld b. Abbach 103, 228*, B.

Lengfeld b. Würzburg 68.

Lengfurt b. Marktheidenfeld 36, 131, 278.

Lenkersheim b. Windsheim 363, 364.

Lenzen-Bühl b. Schnaittach 282.

Lenzer-Graben b. Heiligkreuz-Ziegelhütte 307.

Leonberg b. Ponholz 89, B.

Leoni-Zeche (Eisenerz) b. Auerbach 316, 319, 326, 332, A.

Leoprechting b. Regensburg 114.

Lerches (Bg.) b. Straßbessenbach 10, 14.

Lessau b. Bayreuth 157, 160*.

Lettenbach-Tal b. Hof 455.

Letten-Graben b. Wüstensachsen 390*, 392, 401.

Letten-Hof b. Kirchenlaibach 160*, 162.

Lettenreuth b. Marktzeuln 275.

Letzau b. Weiden 451.

Letzen-Hof b. Friesen 46, 49.

Leubach b. Fladungen 390*.

Leutenbach b. Forchheim 120.

Leutendorf b. Mitwitz 135, 137.

Leutershausen b. Ansbach 70, 172, 287, 420.

Leuzenberg b. Hersbruck 372.

Leuzenbrunn (Leuzenbronn) b. Rothenburg o. T. 50*, 60, 63, 65, 66, 294.

Leuzendorf b. Burgpreppach 293.

Leuzen-Hof b. Pappenberg 336.

Leyer-Berg b. Hetzles 80, 84, 120, 224, 371, 372.

Lichtenau b. Ansbach 168, 169, 172, 241.

Lichtenberg b. Solnhofen 105, 110.

Lichtenecker Weiher b. Pittersberg 233.

Lichtenfels/Main (L. Gegend) 115, 197, 202, 206, 208, 213, 217, 218, 221, 247, 249, 275, 294, 317, 371, 442, A.

Lichtenstein b. Ebern 212, 247.

Lillinghof b. Gräfenberg 387, A.

Limbach b. Eltmann/Main 170, 293.

Limbach b. Schwabach 283.

Limmersdorf b. Thurnau 249.

Limmersdorfer Forst b. Thurnau 214.

Lina-Zeche, Fdpkt. (Braunkohle) „am Türmchen" b. Bischofsheim 390*.

Lindach b. Kapfelberg B.

Lindau i. Bodensee 65.

Lindau b. Trebgast 141.

Lindelbach b. Eibelstadt 50*.

Lindenberg b. Benk 162.

Linden-Berg b. Laufach 14.

Lindenhardt b. Creußen 317, A.

Lindenhardter Forst b. Lindenhardt 224.

Lindenlohe b. Altdorf 286.

Lindflur b. Würzburg 50*, 53, 56, 57.

Lindig b. Kulmbach 213, 214.

Linnen-Berg b. Münnerstadt 40.

Lintach b. Amberg 76, 78, 216, 221, 272, A.

Lipprichshausen b. Uffenheim 50, 53, 55.

Lisberg b. Burgebrach 204.

Litzlohe b. Neumarkt 254.

Lob b. Peesten A.

Lobensteig b. Pegnitz 341.

Loch b. Königstein 340.

Loch, Grube (Schwerspat) b. Rechtenbach 345*.

Lochau b. Bayreuth 224.

Lochschlag-Gang (Schwerspat) b. Rechtenbach 349.

Lochschlag (Schwerspat-Grube) b. Rechtenbach 345*.

Löbel-Stein b. Coburg 197.

Löbitz b. Bayreuth 90.

Löpsingen b. Nördlingen 415.

Löschwitz b. Kemnath 184.

Lösershag (Bg.) b. Oberbach i. d. Rhön 20, 351*, 352.

Lohe b. Öttingen 117.

Lohe b. Seulbitz 156.

Lohhof b. Degernbach 453.

Lohmar-Mühle b. Presseck 447.

Lohr b. Rothenburg o. T. 50*, 65, 362.

Lohr/Main 41, 126, 131, 278, 288, 293, 298, 300, 344, 345*, 350.

Lohr (Fl.) 345*.

Lohrhaupten (Hessen-N.) b. Frammersbach 237.

Lohr-Tal i. Spess. 349.

Lohrstadt b. Regensburg 94, 95.

Loibling b. Cham 455.

Loisnitz b. Klardorf 407, B.

Loizersdorf b. Tittling 453.

Lonnerstadt b. Höchstadt/Aisch 191, 284, 295.

Lorenzreuth b. Marktredwitz 454.

Losau b. Stadtsteinach 171, 444.

Louise-Hans, Schwerspat-Grube b. Ruppertshütten 345*.

Ludersheim b. Altdorf 74, 250.

Ludwag b. Scheßlitz 84.

Ludwig, Grubenfeld (Manganerz) b. Rottenberg 308.

Ludwigs-Donau-Main-Kanal 74.

Ludwigs-Höhe b. Ansbach 172.

Ludwigs-Quelle i. Wipfeld 434, 435.

Ludwigs-Säule a. Gottels-Berg 7.

Ludwigschorgast b. Stadtsteinach 167. 171.

Ludwigstadt b. Kronach 370.

Ludwig-Stollen (Schwerspat-Grube) b. Partenstein 345*.

Ludwigs-Turm a. Hahnenkamm (Bg.) i. Spessart 13.

Ludwig, Zeche (Braunkohle) b. Hausen 400. 401.

Ludwig-Zeche (Braunkohle) b. Heselbach 407.

Ludwigs-Zeche (Braunkohle) b. Alling 403.

Lützelbuch b. Coburg 197, 206.

Luginsland b. Marloffstein 75, 210.

Luhe b. Weiden 236, 267, 270, 271, 376, 379.

Luise (Schwerspat-Grube) b. Ruppertshütten 350.

Luitpold-Hütte b. Amberg 441.

Luitpold-Sprudel i. Bad Brükkenau 356.

Luitpold-Sprudel i. Bad Kissingen 425, 430, 431.

Luitpold-Stollen (Schwerspat) b. Partenstein 350.

Luitpold-Zeche (Braunkohle) b. Schmidgaden 412.

Lunkenreuth b. Königstein 340.

Luppersricht b. Amberg 185.

Luß-(Lus)Berg b. Baunach 212, 247, 293.

Lutzingen b. Höchstadt/Donau 299.

### M.

Machtilshausen b. Hammelburg 40, 41.

Madrid 397.

Mährenhausen b. Ummerstadt 182, 195, 203, 206.

Mährenhüll s. Möhrenhüll.

Männer-Holz b. Hausen 400.

Maffei-Zeche (Eisenerz) b. Auerbach 316, 332, 333.

Maiberg b. Metten 453.

Mailinger Bach b. Ingolstadt 419.

Main (Fl.) 2*, 21, 33—37, 39, 40, 50*, 52, 53, 57, 60, 63, 70, 71, 84, 99, 122, 125, 129, 131, 132, 155, 156, 168, 171, 174, 176, 179, 181, 183, 184, 190, 192, 195, 196, 198, 200, 204—206, 208, 213, 214, 222, 224—226, 238, 239, 249, 260, 262, 263, 268, 273—278, 288, 289, 291, 292, 294, 297, 298, 345*, 349, 360, 368, 369, 385, 420.

Mainaschaff b. Aschaffenburg 8, 9, 278, 303.

Mainberg-Wald b. Hirschaid 211, 220.

Mainbernheim b. Kitzingen 45, 52, 278.

Mainebene 2*.

Maineck b. Burgkundstadt 183, 384.

Main-Gebiet (-Gegend) 197, 224, 277/78, 293, 440.

Mainklein b. Mainroth 197.

Main-Leite b. Ochsenfurt 61.

Mainleus b. Kulmbach 183, 197, 275.

Main, Roter (Fl.) 163, 268, 274, 275.

Mainroth b. Burgkundstadt 206.

Main-Tal (-Grund) 22, 55, 56, 60, 125, 170, 174, 179, 181, 183, 192, 201, 204, 212, 213, 220, 224, 247, 277, 298, 348, 349, 416.

Maintal-Graben b. Erlabrunn 131.

Main, Weißer (Fl.) 160*, 274.

Malers-Brunnen b. Gemünden 426.

Mallersricht b. Weiden 299.

Mannheim 59.

Mannhof b. Vach 283.

Mantel b. Weiden 200, 267, 269, 270, 376*, 377.

Manteler Wald b. Mantel 160*, 165, 269.

Mantlach b. Neumarkt 328*.

Mappach b. Bodenwöhr 229, 230, 385.

Mappenberg b. Altenschwand 252.

Marbach b. Maroldsweisach 293.

Margarethen-Stollen (Schwerspat) b. Ruppertshütten 345*, 350.

Mariä Ehrenberg (Bg.) b. Kothen 20, 351*.

Maria Hilf, Fdpkt. (Braunkohle) b. Ginolfs 390*, 397.

Maria-Hilf-Berg b. Amberg 216, 226.

Maria-Hilf-Berg b. Neumarkt 224.

Maria-Hilfs-Berg b. Höhenberg 86.

Maria, Zeche (Braunkohle) a. d. Mühlwiese b. Fladungen 397.

Maria, Zeche (Braunkohle) i. Reiperts-Graben 398.

Maria, Fdpkt. (Braunkohle) b. Roth i. d. Rhön 390*.

Marie Kunigunde, Tonwerk (aufgel.) b. Dettingen 263.

Marien-Burg i. Würzburg 41.

Marien-Karolinen-Zeche (Braunkohle) b. Rauberweiherhaus 407.

Marien-Quelle i. Bad Neustadt/Saale 426, 432, 433.

Marienstein b. Eichstätt 92, 95, 104*, 110.

Marien-Zeche (Braunkohle) b. Schmidgaden 412.

Marien-Zeche (Braunkohle) b. Wackersdorf 407, 409, 410.

Mark (Wald) b. Forchheim 247.

„Mark, in der" (Wald) b. Grafenwöhr 160*, 165, 189, 219, 269.

Markt Bergel b. Burgbernheim 169, 363, 420.

Markt Berolzheim b. Treuchtlingen 86.

Markt Bibart b. Scheinfeld 170, 295, 299, 360, 365.

Mömbris b. Schöllkrippen 2*, 5, 12, 302.

Mönchherrndorf b. Burgwindheim 204.

Mönchsambach b. Burgebrach 70, 179.

Mönchsontheim b. Iphofen 45. 154.

Mönchsröden (Mönchröden) b. Coburg 133*, 134.

Mönchstockheim b. Gerolzhofen 298.

Möning b. Neumarkt 76, 79, 223.

Mörnsheim b. Dollnstein 104. 105, 106, 110, 254.

Möttingen b. Nördlingen 98, 297.

Moggast b. Ebermannstadt A.

Molkenberg b. Alzenau 12.

Molken-Brünnlein b. Birnfeld 195, 213.

Molster-Holz (= Muster-Holz) b. Neuburg/Donau 387.

Monheim b. Fünfstetten 23, 88, 89, 104, 110, 235, 253, 254, 415.

Moorbach-Tal b. Groß-Dechsendorf 284.

Moors-Grund b. Framersbach 350.

Moorwasser-Bach b. Bischofsheim 393.

Moos b. Amberg 230, 329.

Moos b. Grafenwöhr 270.

Moos (Moor) b. Pressath 420.

Moosbach b. Vohenstrauß 272.

Mooshügel b. Bayreuth 199.

Mooslohe (Moor) b. Weiden 199, 420.

Moritz-Berg b. Erlangen-Forchheim 79, 83.

Moritz-Berg b. Lauf/Pegnitz 222, 246, 250.

Morlesau b. Hammelburg 132.

Morsbach b. Greding 120.

Mosen-Hof b. Hersbruck 120.

Mostviel (Mostbiel) b. Egloffstein 120.

Motschenbach b. Kulmbach 171, 214, 369.

Motten b. Brückenau 20, 37, 124, 264, 351, 427, 443.

Mottener Haube (Bg.) b. Motten 20.

Muckenreuth b. Bayreuth 274.

Mühl-Bach b. Hirschau 375.

Mühlbach b. Neustadt/Saale 38, 40.

Mühl-Berg b. Treuchtlingen 91.

Mühldorf b. Troschenreuth 336.

Mühles b. Hahnbach 216.

Mühlhausen b. Wachenroth 179, 190, 191, 204.

Mühlheim b. Mörnsheim 104*, 110.

Mühlhof b. Reichelsdorf 281.

Mühlstein-Bruch am Fürst-Berg 189.

Mühlstein-Zug b. Freihung 252, 309, 310*.

Mühlwiese b. Hillenberg 397, 398.

Mühlwiese, Versuchsschacht (Braunkohle) b. Hillenberg 390*.

Münchberg b. Hof 443, 447, 454.

München 27, 51, 53, 54, 59, 65, 90, 93, 103, 111, 135, 168, 172, 227, 231, 440, 443, 446, 453.

Münchsreuth b. Neustadt a. Kulm 160*, 164.

Mündling b. Harburg i. Ries 28, 95.

Münnerstadt b. Bad Kissingen 35, 36, 38, 40, 68, 155, 156, 269, 294, 443.

Münster b. Bonnland 40, 294.

Mürsbach b. Ebern 193.

Muggenbacher Mühle b. Gemünda 206.

Muggendorf b. Ebermannstadt 84, 265, A.

Muggenhof b. Fürth 281.

Muglhof b. Weiden 451.

Mupperg b. Neustadt/Heide 276, 294.

Mupp-Berg b. Neustadt/Heide 134, 139.

Murrleinsnest (Bg.) b. Michelau b. Gerolzhofen 170.

Musel-Berg b. Forchheim 219.

Musketierbrunnen i. Wildbad Burgbernheim 426.

Muster-Holz (= Molster Holz) b. Neuburg/Donau 112.

Muthmannsreuth b. Trockau A.

Muttenauhof b. Fessenheim 288.

## N.

Naab (Fl.) 100, 267, 269, 271, 272, 273, 406, 407, 411, 414, B.

Naabeck b. Klardorf 226, B.

Naab-Gebirge 378, 449.

Naab-Tal 95, 256, 267, 269, 270, 271, 407.

Nabburg b. Schwandorf 255, 413, B.

Nackendorf b. Höchstadt/Aisch 191.

Nagel-Berg b. Treuchtlingen 86, 225.

Nagelschmiede b. Mantel 270.

Naila b. Hof 32, 443, 445—447, 452.

Neu-Mühle b. Dippach 181.

Namsreuth b. Königstein 340.

Nankendorf b. Waischenfeld A.

Nassach b. Hofheim 195, 205.

Nassacher Höhe b. Hofheim 21, 213, 220, 248.

Nassenfels b. Neuburg/Donau 104, 105, 111, 234.

Nauheim s. u. Bad Nauheim.

Neershof b. Coburg 213.

Nensling b. Thalmässing 86, 317, 328*.

Nenslingen b. Weißenburg (s. u. Nensling)

Nenzenheim b. Seinsheim 365.

Nerping b. Fischbach 407.

Nessen-Bach b. Lauf 282.

Nette-Tal i. Eifel 23, 24, 30.

Netzaberg b. Eschenbach i. Opf. 150, 152, 312, 314.

Neubäu b. Roding 227, 229, 230, 273, 453.

Neuburg/Donau (N. Gegend) 96, 100, 103—105, 110—113, 234, 253, 266, 290, 296, 297, 299, 385, 386, 388, 419.

Neubürg (Bg.) b. Waischenfeld 87.

Neubrunn b. Helmstadt 36, 41,

Neubrunn b. Kirchlauter 293.

Neubürg b. Bayreuth 224.

Nordheim (Markt N.) b. Herbolzheim 360, 364, 365.
Nordheim v. d. Rhön b. Mellrich-
stadt 20, 299.
Nord-Karolina 389.
Nordmulde b. Wackersdorf 409.
Nüdlingen b. Bad Kissingen 40,
292, 294, 297.
Nürnberg 24, 51, 55, 75, 77,
83, 92, 135, 158, 159, 172,
176, 177, 186—189, 207, 209,
210, 222, 226, 240, 241, 243,
245, 254, 264, 280, 281, 282,
286, 287, 299, 420, 422, 440,
A.
Nürnberg-Doos 448.
Nürnberger Gegend (Umgebung,
Becken, Kessel) 187, 189,
241, 244, 246, 264, 280, 281,
298, 354.
Nuschelberg b. Lauf/Pegnitz
207.
Nußdorf b. Wien 96.
„Nußkehle" (W.-A.) b. Hofheim
21.
Nymphenburg b. München 253.

### O.

Obels-Hof b. Spielberg-Heiden-
heim 86.
Ober-Albach b. Wachenroth 191,
284.
Ober-Altaich b. Bogen 453.
Ober-Altenbernheim b. Obern-
zenn 1€9.
Ober-Ammergau 103.
Ober-Ammerthal b. Amberg A.
Oberau b. Kelheim 102, 103.
Oberbach b. Wildflecken 20,
124, 126, 238, 351*, 352 bis
354.
Ober-Berg b. Feuerthal 39.
Ober-Bessenbach b. Aschaffen-
burg 2*, 8, 10, 278, 303, 344,
345*, 346—348, 390*.
Oberbessenbach-Tal b. Ober-
Bessenbach 6.
Ober-Bibrach b. Neustadt a. Kulm
160*, 163.
Oberbruck b. Kemnath 148, 151.
Ober-Brunn b. Ebensfeld 245,
247, 248.
Ober-Bürg b. Mögeldorf 282.

Ober-Dachstetten b. Markt Bergel
169.
Ober-Ebersbach b. Neustadt/
Saale 128, 341.
Ober-Ehrenbach b. Forchheim
120.
Ober-Eichstätt b. Eichstätt 104,
109, 110, 385.
Ober-Elchingen b. Ulm 115.
Ober-Elldorf b. Seßlach 206,
277.
Ober-Elsbach b. Bischofsheim
119, 124, 390*.
Oberelsbacher Graben 390*.
Ober-Erthal b. Hammelburg 132.
Ober-Eschenbach b. Hammel-
burg 40.
Ober-Eßfeld b. Trappstadt 171,
293.
Ober-Ferrieden b. Altdorf 209,
222, 282.
Oberfranken 34, 43, 45 bis 47,
69, 71, 89, 99, 119, 127, 128,
132, 146, 153, 167, 171, 174,
239, 242, 268, 312, 359, 370,
383, 439, 447.
Ober-Frankenohe b. Auerbach A.
Ober-Friesen s. u. Friesen.
Ober-Füllbach b. Coburg 213,
220, 248, 277.
Ober-Gailnau b. Schillingsfürst
169, 362.
Ober-Geiersnest b. Schönderling
128.
Ober-Gräfenthal b. Bayreuth
250.
Ober-Greuth b. Frensdorf 192.
Ober-Haid b. Bamberg 193.
Oberhausen b. Neuburg/Donau
112, 387.
Ober-Hochstadt b. Weißenburg
86.
Ober-Höchstadt b. Dachsbach
190.
Ober-Hohenried b. Haßfurt 155,
156.
Ober-Isling b. Regensburg 114.
Ober-Klingensporn b. Naila 445.
Ober-Köst b. Steppach 191, 192*,
204.
Ober-Konnersreuth b. Bayreuth
183.
Ober-Kreith b. Roding 216, 231.

Ober-Kreuth b. Roding s. u. Ober-
Kreith.
Ober-Krombach b. Krombach
(Ufr.) 348.
Ober-Küps b. Staffelstein 119.
Ober-Laimbach b. Scheinfeld
170.
Ober-Laitsch b. Trebgast 136,
138.
Ober-Lauringen b. Stadt-Laurin-
gen 167, 171, 248, 368.
Ober-Lauter b. Coburg 277.
Ober-Leichtersbach b. Brückenau
20, 37.
Ober-Leichtersberg s. u. Ober-
Leichtersbach.
Ober-Leinach b. Würzburg 36,
41, 131.
Ober-Leinleiter b. Bamberg 21,
119, 120.
Ober-Leinsiedel b. Amberg 114.
Ober-Mässing b. Freystadt 282,
372.
Ober-Magerbein b. Bissingen 28.
Ober-Main 277.
Obermain-Gebiet 195, 208, 245,
249.
Ober-Mühle b. Uffenheim 45.
Obernau b. Aschaffenburg 278.
Obernbreit b. Marktbreit 45, 50*,
156.
Obernburg b. Aschaffenburg 18,
22, 126, 278, 293, 302, 308,
442.
Oberndorf b. Abbach 227.
Oberndorf b. Pommersfelden
284.
Oberndorf b. Regensburg 95.
Oberndorf b. Schweinfurt 278,
288.
Ober-Nesselbach b. Neustadt/
Aisch 170.
Obernzenn b. Windsheim 169.
Ober-Ölschnitz b. Emtmannsberg
146, 184.
Ober-Ostheim b. Schillingsfürst
362.
Oberpfalz 120, 121, 145—147,
157, 159, 171—174, 185, 186,
200, 208, 225, 236, 237, 239,
242, 244, 252, 255, 265, 266,
269, 287, 289, 291, 296, 302,
308, 310*, 312, 313, 314, 334,

31*

Parksteinhütten b.Weiden 160*, 164, 165, 270, 376*, 420.
Parsberg i. Opf. 99, 254, 328*.
Partenstein b. Lohr 124, 293, 344, 345*, 350.
Passau 381, 446, 453.
Paters-Berg b. Veitlahm 22, 251.
Pattershofen b. Kastl 95.
Pauline, Grube (Schwerspat) b.Waldaschaff 345, 347, 348.
Paulsdorf b. Amberg 216, 221, 224, 232, 251, 272, 314.
Paulushofen b. Beilngries 92.
Pautzfeld b. Forchheim 219, 247, 289.
Pavelsbach b. Neumarkt 223.
Pechhof b. Grafenwöhr 270.
Pech-Mühle b. Bodenwöhr 273.
Peesten b. Kulmbach 214.
Pegnitz (Fl.) 84, 94—96, 120, 246, 247, 250, 264, 279, 281, 282, 286, 298.
Pegnitz/Pegnitz 87, 95, 96, 99, 152, 224, 225, 229, 265, 272, 303, 317, 319, 336, 339, 341, 342, 372, 384, 385, A.
Pegnitz-Tal 74, 84, 210, 233, 299.
Peising b. Abbach B.
Pensen (Bg.) b. Bayreuth 156, 160*, 161, 162.
Pentinger Forst b. Bodenwöhr 231.
Pentling b. Regensburg 404, B.
Penzenhofen b. Altdorf 246.
Peppenhöchstadt b. Ühlfeld 217.
Pessels-Berg b. Vilseck 253.
„Peters-Stirn" b.Schweinfurt 45.
Pettendorf b. Kneiting 227, 253, B.
Pettstadt b. Strullendorf 289.
Petzel-Mühle b. Seybothenreuth 162.
Pfäfflingen b. Nördlingen 255.
Pfaffegeten b. Burgkundstadt 214.
Pfaffen-Berg b. Glattbach 9, 303.
Pfaffenfleck b. Bayreuth 183.
Pfaffen-Grund b. Gailbach 10.
Pfaffenhausen b. Hammelburg 40.

Pfaffenhofen b. Roth 281.
Pfaffenreuth b. Waldsassen 451.
Pfaffenstein b. Stadtamhof 226, 229.
Pfahl 323.
Pfahldorf b. Kipfenberg 118.
„Pfahlstriegel" b. Biesenhart 234.
Pfalz 237.
Pfalzpaint b. Kipfenberg 104, 105, 107, 110.
Pfarr-Holz b. Friesen-Kronach 135.
Pflaumloch b. Nördlingen 25.
Pflugs-Mühle b. Wernfels 283.
Pföhring s. u. Pförring.
Pförring b. Neustadt/Donau 99.
Pforzheim i. Baden 354.
Pfreimd (Fl.) i. Opf. 272.
Pfreimder Becken b. Pfreimt 271.
Pfreimt b. Nabburg 449.
Pfünz b. Eichstätt 92, 104, 111.
Piendling b. Roding 281.
Pietenfeld b. Eichstätt 98, 99, 104, 110.
Pilgramshof b. Neukirchen A.
Pilsach b. Neumarkt A.
Pilster (Bg.) b. Brückenau 20, 37.
Pingarten b. Bodenwöhr 314, 315, 450.
Pinzberg b. Forchheim 210/211.
Pinz-Berg b. Forchheim 222.
Pinzen-Hof b. Parkstein 199.
Pirkensee b. Ponholz 89, 256, 257.
Pittersberg b. Schwandorf 228, 230, 233, 317, 318, 407, 411, A, B.
Plankenstein b. Waischenfeld 317, A.
Plantage b. Bayreuth 198.
Plassenburg b. Kulmbach 134, 136, 137.
Platte, Obere b. Klein-Rinderfeld 59.
Platten-Höhe b. Hörstein 13.
Plattners-Berg i. Nürnberg 282.
Plattners-Park i. Nürnberg 264, 282.
Platz b. Brückenau 37.
Plech b. Betzenstein A.

Pleinfeld b. Weißenburg 118, 186, 222, 223, 280, 281, 298, 372, 384.
Plesten b. Mupperg 224.
Pleystein b. Vohenstrauß 272.
Plössen-Tal b. Kirchleus 82.
Pödeldorf b. Litzendorf 275.
Pönleins-Mühle b. Westheim 363.
Pörbitsch b. Kulmbach 140.
Pösing b. Cham 273, 453, 455.
Poikam b. Abbach 95, 114.
Pollenfeld b. Eichstätt 253.
Polsingen b. Öttingen 24, 25, 28, 288.
Pommelsbrunn b. Hersbruck 120.
Pommer b. Gräfenberg 84, A.
Pommersfelden b. Höchstadt/ Aisch 191.
Ponholz b. Haidhof 257, 267, 268, 405—407, B.
Ponholz-Mühle b. Loibling 455.
Poppberg b. Lauterhofen 99.
Poppenbach b. Markt Bergel 169.
Poppenhausen b. Schweinfurt 239.
Poppenlauer b. Münnerstadt 40, 269, 443.
Poppenricht b. Amberg A.
Poppenroth b. Bad Kissingen 38, 294.
Poppenreuth b. Fürth 354.
Portenreuth b. Kirschenthumbach A.
Portugal 351.
Possenheim b. Markt Einersheim 365, 366.
Postbauer b. Neumarkt 226, 384.
Postlohe b. Bodenwöhr-Bhf. 230.
Potschen-Berg b. Ebermannstadt 84.
Pottaschhütte b. Bayreuth 198.
Pottenstein b. Pegnitz 386, A.
Pottenstetten b. Burglengenfeld B.
Poxdorf b. Baiersdorf 299.
Prackenfels b. Altdorf 210.
Prangershof b. Sulzbach 230.
Prebitz b. Creußen 199.

Rehlingen b. Treuchtlingen 104*.

Reichelsdorf b. Nürnberg 279 bis 281.

Reichelsdorfer Keller b. Reichelsdorf 279, 280.

Reichenbach s. u. Reichenberg i. Bay.

Reichenberg i. Bay. b. Würzburg 50*, 52, 57, 155.

Reichenschwand b. Nürnberg 75, 76, 210, 246, 250, 264.

Reichenstetten b. Alling B.

Reichmannsdorf b. Schlüsselfeld 191, 204, 284.

Reichmannshausen b. Hofheim 334.

Reichenstetten b. Alling 403.

Reidel-Berg b. Langenleiten 20.

Reifenthal b. Pettendorf 227, B.

Reimlingen b. Nördlingen 23, 117, 118.

Reimlinger Höhe b. Reimlingen 117.

Reinersdorf b. Weißendorf (Mfr.) 190.

Reinhardsachsen b. Walldürn (Baden) 130.

Reinhausen b. Regensburg 113*, 114, 273.

Reinhausener Berg b. Regensburg 114, 229.

Reiperts-Graben b. Roth in der Rhön 374, 390*, 397—399.

Reis-Berg b. Böhmfeld 105, 111.

Reiserts-Mühle b. Schweinheim 7.

Reistenhausen b. Stadtprozelten 125, 130, 293.

Reiter-Mühle b. Hain 348.

Reiterswiesen b. Bad Kissingen 40.

Reither-Mühle b. Hammelburg 132.

Reitsch b. Stockheim 276.

Remlingen b. Marktheidenfeld 41, 293.

Remlingen b. Würzburg 36.

Remschlitz b. Kronach 42, 46.

Renkbach-Grund b. Kirchheim 59.

Rennertshofen b. Neuburg/Donau 104*, 234, 297.

Renn-Weg i. d. Haß-Bergen 213, 220, 248.

Rentweinsdorf b. Ebern 193.

Repperndorf b. Kitzingen 156.

Rettershausen b. Marktheidenfeld 293.

Reubels-Hof b. Groß-Langheim 356, 425, 436, 437.

Reumannswind b. Wachenroth 179.

Reundorf b. Frensdorf 192.

Reutersbrunn b. Ebern 205.

Reuth b. Burgkundstadt 214.

Reuth b. Forchheim 211, 218.

Rezat, Fränkische 177, 279, 282.

Rezat, Schwäbische 209, 273, 279, 281, 287, 420.

Rezat-Tal 241.

Retzbach b. Karlstadt/Main 40, 131.

Retzstadt b. Retzbach/Main 36, 41.

Reusch b. Uffenheim 365.

Reusch-Berg b. Schöllkrippen 124.

Reusch- (Rauschen-) Grund b. Klingenberg/Main 260.

Reußenburg b. Bonnland 19.

Reußendorf b. Wildflecken 351*.

Reyersbach b. Neustadt/Saale 440.

Rheinland 374.

Rheintalgraben 388.

Rhön 17—19, 22, 23, 37, 41, 119, 122, 124, 126, 132, 237, 238, 255, 262, 263, 269, 351, 352, 374, 388, 391, 402, 419, 421, 438.

Rhön, Basaltische 17.

Rhönhaus (W.) b. Bischofsheim 390*, 392.

Rhön, Hohe s. u. Hohe Rhön.

Rhön-Hut (Bg.) b. Fladungen 438.

Rhön, Lange s. u. Lange Rhön.

„Rhönlein, am" b. Ginolfs 390*, 397.

„Rhönperle" (Qu.) i. Ober-Riedenberg 425, 428, 429.

Richard I (Mutung a. Braunkohle) b. Hillenberg 398.

Richt b. Schwandorf 230.

Richtplatz b. Aschaffenburg 7, 8, 9.

Ried b. Monheim 297.

Ried b. Wellheim 99.

Ried, Oberes b. Wittislingen 419.

Riedelsgut b. Bayreuth 274.

Rieden b. Schmidmühlen A.

Riedenburg/Altmühl 105, 110, 254, 328*, 341, 385.

Riedenheim b. Aub 50*, 60, 61, 63.

Riedensheim b. Neuburg/Donau 111, 112, 234, 387.

Riedhöfl b. Sollbach 229.

Rieneck b. Gemünden 125.

Ries 1, 14, 23, 24, 29, 86, 89, 92, 95, 98, 99, 115—117, 234, 235, 242, 263, 288, 291, 299, 388, 389, 414—416, 420, 422, 425, 427.

Rieskessel 296, 297, 440, 441.

Riggau b. Pressath 199, 254, 255, 266.

Riglashof b. Königstein 337, 339, 340.

Rimbach-Tal b. Burghaslach 170.

Rimpar b. Würzburg 45, 46, 293.

Rimparer Höhe b. Estenfeld 154.

Rind-Hof b. Neustadt/Saale 294.

Ringingen b. Bollstadt 27.

Ringl-Mühle b. Freihung 309, 310*.

Rittersbach b. Georgensgmünd 118, 279.

Rittershausen b. Ochsenfurt 50*, 52, 53, 55.

Rittsteig b. Passau 453.

Robert-Zeche (Braunkohle) b. Rauberweiherhaus 407, 411.

Rochus-Quelle i. Bad Sodenthal 426, 428, 429.

Rockenbrunn b. Lauf 246, 249.

Rodach b. Coburg 156, 171, 212, 277, 295, 370.

Rodach (Fl.) 135, 140, 196, 206, 276, 277.

Rodach-Gebiet 277.

Rodach-Grund (-Tal), Wilder 445, 447.

Rodach-Tal 135, 137, 195, 206, 213, 220, 276, 420.

Rodach, Wilde (Fl.) b. Presseck 445, 446.

Roden b. Rothenfels/Main 131

Rodenbach b. Rothenfels (Ufr.) 350.

Rodersberg b. Laineck 199, 274.

Roders-Berg b. Laineck 49.

Rodersberger Graben b. Friedrichsthal 142.

Roding b. Cham 113, 114, 228 bis 232, 267, 273, 450, 453.

Roding b. Ponholz 405.

Rodinger Gegend (Bucht) 228, 385, 419.

Röckenhofen b. Greding 120.

Röckenricht b. Neukirchen 318.

Röckersbühl b. Neumarkt 78.

Röckingen b. Wassertrüdingen 222.

Rögen b. Coburg 217.

Röhren-See b. Bayreuth 198, 298.

Röhrig b. Burgkundstadt 420, A.

Röhrnbach b. Waldkirchen 455.

Röllbach b. Klingenberg/Main 130, 278, 288.

Römhild b. Hildburghausen 171.

Röth b. Bayreuth 183.

Rötha-Tal b. Mönchsröden 134.

Röth-Berg b. Kirchheim 59.

Röthel-Moos b. Tanzfleck 309, 310*, 311.

Röthenbach b. Rückersdorf 281, 282, 286.

Röthen-Bach b. Rückersdorf 281, 282, 299.

Röthenbach-Tal (Rothen-Bach) b. Mantel 270.

Röthenbach-Tal b. Öslau 277.

Röthenbach b. Weiden 269, 270, 377.

Röttbach b. Kreuzwertheim 131.

Rött-Berg b. Röttbach 131.

Röttenbach b. Erlangen 189, 190.

Röttenbach b. Georgensgmünd 420.

Röttenberg b. Feldkahl 293.

Röttingen b. Ochsenfurt 45, 46, 50*, 52, 60—63, 156.

Rötz b. Waldmünchen 272, 455.

Rogging b. Eggmühl 233.

Rohr b. Schwabach 177.

Rohrach b. Heidenheim 288.

Rohrbach b. Lohr 41.

Rohrbach b. Rennertshofen 234.

Rohrbach b. Weißenburg 120.

Rohrdorf b. Hainsacker 405, B.

Rohr-Hof b. Ponholz 405.

Roland, Zeche (Schwerspat) b. Partenstein 346.

Rollhofen b. Schnaittach 246.

Rom 397.

Roschlaub b. Scheßlitz A.

Rosenberg (R. Gegend) b. Amberg 87, 216, 272, 315, 318, 321—324, 327, 329, 330, 340, 372, 373, A.

Rosenhammer b. Weidenberg 142, 143.

Rosen-Hof b. Lager Grafenwöhr 270.

Rosenhof b. Pegnitz 372.

Rosine, Zeche (Braunkohle) b. Hausen 401.

Rosine, Fdpkt. (Braunkohle) b. Hausen 390*.

Roßach b. Coburg 275, 293.

Roßbach b. Leonberg i. Opf. 89.

Roßbach b. Strullendorf 74, 247.

Roßbach-Wald b. Nittenau 446.

Roßbergeröd (E.) b. Ponholz 268.

Roßbrunn b. Würzburg 36, 41.

Roßdorf b. Strullendorf 247.

Roßstadt b. Eltmann/Main 174, 179, 181, 192.

Roßstall (= Roßthal) b. Ammerndorf 177.

Rotbauern-Holz b. Ober-Altaich 453.

„Rote Kehr" b. Rottenbach 134.

„Rote Marter" b. Pechhof 270.

Roter Graben b. Biberbach 120.

Roter Hügel b. Bayreuth 268.

Roter Hügel b. Heinersreuth 274.

„Roter Knöchel" b. Forchheim 211.

Roth a. Forst b. Nieder-Füllbach 277.

Roth b. Fladungen 19, 374, 390*, 397, 401.

Roth a. S. b. Schwabach 177, 207, 243, 279, 281, 420.

Roth (Fl.) b. Roth a. S. 281.

Rothbuck b. Schwabach 241.

Rothenberg b. Monheim 234.

Rothen-Berg b. Mühlbach/Saale 40.

Rothen-Berg b. Schnaittach 75.

Rothenberg, Feste b. Schnaittach 84.

Rothenberger Hof b. Wemding 415.

Rothenburg o. T. (R. Gegend) 43, 45—47, 49, 50*, 52, 56, 60, 63—67, 119, 156, 283, 294, 319, 357, 360, 362, 421, 424—427, 436, 437.

Rothenburg o. T., Wildbad 421, 426.

Rothenburg b. Selbitz 445.

Rothenbruck b. Neuhaus/Pegnitz 340.

Rothenfels/Main b. Lohr 122, 131.

Rothenrain b. Oberbach 351*.

Rothenstadt b. Weiden 237, 269, 270, 271, 382, 385.

Rother Berg b. Nordheim v.d. Rh. 20.

Rother Bruch b. Donauwörth 98.

Rothaar b. Tanzfleck 310*.

Rotheul b. Burggrub 140.

Roth-Hof b. Bamberg 220.

Roth-Hof b. Bischberg 192.

Roth-Hof b. Estenfeld 50*, 57.

Roth-Hof b. Ober-Lauringen 171.

Roth-Hügel b. Bundorf 195.

Rothsal (W.) b. Neukirchen-Balbini 231.

Rotkreuz-Steige b. Würzburg 67.

Rotmain-Tal 161, 163, 183, 197.

Rottenbach b. Görsdorf (Ofr.) 134.

Rottenbauer b. Eibelstadt 50*, 53, 56, 57.

Rottenberg b. Sailauf 33, 34, 124, 237, 304—306, 308, 348, 349.

Rottendorf b. Würzburg 45, 47, 50*, 51, 53, 56, 57.

Rottenstein b. Eichelsdorf 195, 205, 213.

Rottershausen b. Bad Kissingen 45.

Rottmannstal (Rothmannstal) b. Scheßlitz 99.

Ruberting b. Eging 453.

Rudelsdorf b. Rodach-Coburg 182.

Rudelsdorf b.Veitsaurach 283.
Rudelstetten b.Wemding 14.
Rudolfstetten s. u. Rudelstetten.
Rudolph-Stollen (Braunkohle) am Eis-Graben 400.
Rudolstadt i. Thür. 135.
Rudolzhofen b. Uffenheim 45.
Rück-Berg b.Wildflecken 20.
Rückersbach b. Dettingen/Main 11, 22, 293.
Rückersbacher Schlucht b. Rückersbach 2*, 22.
Rückersbacher Tälchen b. Rückersbach 34.
Rückersdorf b. Nürnberg 187, 422, 425.
Rüdenschwinden b. Fladungen 390*, 401.
Rüdern b.Wiesentheid 298.
Rüdisbronn b.Windsheim 170.
Rügheim b. Hofheim 293.
Rügshofen b. Gerolzhofen 67.
Rüsselbach b. Gräfenberg 372.
Rüttmannsdorf b. Mönchröden 134.
Rugendorf b. Stadtsteinach 60, 156, 369.
Rumänien 351.
Rumpelbach-Klamm b. Altdorf 210.
Runder Brunnen (=Sol-Sprudel) i. Bad Kissingen 425.
Runkenreuth b. Eschenbach i. Opf. 152.
Ruppach b. Ebern 193.
Ruppen b. Kronach 132, 133*, 135, 136, 137*, 276, 383.
Ruppertsbuch b. Eichstätt 104, 105, 110.
Ruppertshütten b. Partenstein 345*, 350.
Ruppertshütten, Grube (Schwerspat) b. Ruppertshütten 350.
Rupprechtsreuth b.Weiden 376*, 377.
Rupprechtstegen b. Velden/Pegnitz 83—85.

### S.

Saal/Donau b. Kelheim 440.
Saal b. Neustadt/Saale 45, 155, 264, 421, 424, 425.

Saale (Fränk.) 35, 39, 40, 122, 129, 132, 238, 263, 264, 268, 273, 278, 292, 294, 341, 342, 351.
Saaleck(Burg)b.Hammelburg40.
Saale-Tal 126, 131, 424.
Saas b. Bayreuth 198.
Saaser Berg b. Saas 215.
Sächenfart-Mühle b. Meilenhofen 234.
Säuerling b. Lendershausen 434, 435.
Sailauf b. Laufach 33, 278, 304.
Salmsdorf b. Rentweinsdorf 193.
Salz-Burg (Burg) b. Neustadt/Saale 40.
Salzweg b. Passau 453.
Sambacher Hof (Sambachs-Hof) b. Althausen i. Gr. 195, 248.
Sand b. Zeil/Main 170.
Sand-Berg b. Ahorn 217.
Sandberg b. Neustadt a. Kulm 199.
Sand-Berg b. Nürnberg 177.
„Sandbuck, am" b. Emskeim 234.
Sanderauer Kirche i. Würzburg 54.
Sandersdorf b. Kipfenberg 253.
Sandiggarten b. Langensendelbach 299.
„Sandgrube" (Gem.) b. Birnfeld 195.
Sandharlanden b. Weltenburg 101, 103, 104.
Sand-Hügel b. Serrfeld 195.
Sandsee (Schl.) b. Pleinfeld 298.
St. Anna-Berg b. Rosenberg 87, 95.
St. Anna-Quelle (-Heilquelle) i. Windsheim 426, 436, 437.
St.Georgen,Vorstadt v.Bayreuth 183, 198, 243, 274.
St. Georgi - Sprudel (- Quelle) i. Bad Stadt Brückenau 426, 427, 432, 433.
St. Helena b. Hilpoltstein 341, A.
St. Johannis,Vorstadt v. Bayreuth 199, 274.
St. Johannis, Vorstadt v. Nürnberg 177.
St. Kunigunde (Kapelle) b. Burgerroth 63.

St. Ludwig, Kloster b. Wipfeld 421.
St. Ottilien b. Landsberg/Lech 93.
St. Stephan b. Weidenberg 145.
Sappenfeld b. Eichstätt 104, 110.
Sara-Hof b. Alt-Glashütten 352.
Sassendorf b. Bamberg 212.
Sassenreuth b. Kirchenthumbach 336, 341, 372, A.
Sauerberg b. Partenstein 345*, 350.
Sauerwassen i. Kothen 425, 428, 429.
Sau-Forst b. Haidhof 267, 405, B.
Schacht, Hoher (Bg.) b. Pressath 160, 165, 166, 266/67, 267.
Schäflohe b. Amberg 232, 330, A.
Schätzen-Hof b. Burgebrach 285.
Schaf - Graben b. Unter-Rodach 49.
Schaf-Grund b. Callenberg 196.
Schaf-Hof b. Amberg 233.
Schaf-Hof b. Löbitz 90.
Schaf-Höfe b. Uffenheim 45.
Schafscheuer b.Weißenburg 225.
Schafshill b. Riedenburg 254, 328*, 341.
Schallershof b. Frauenaurach 283.
Schallfeld b. Gerolzhofen 68, 154, 293.
Schambach b. Kipfenberg 104*, 105.
Schambach b. Riedenburg 254.
Schambach b. Weißenburg 86, 120.
Schamelsberg b. Bayreuth 160, 163.
Schamhaupten b. Riedenburg 254.
Schar-Hof b. Hirschau 375.
Scharl-Mühle b. Parkstein 199.
Schauerberg b. Emskirchen 172.
Schauerheim b. Neustadt/Aisch 170, 284.
Schaum - Bach b. Grafenwöhr 269, 270.
Schaumbach - Mühle b. Grafenwöhr 270.
Schecken - Berg b. Neustadt a. Kulm 160*, 165.
Schecken-Berg b. Pressath 166.

489

Schwetzendorf b. Hainsacker 404, 405, B.

Schwingen b. Kulmbach 49, 69, 156, 160*, 171, 183.

Schwürbitz b. Lichtenfels 206.

Secherstein - Berg b. Obernzenn 169.

Sechselbach b. Aub 50*.

Sechspfeifen (Sachspfeife) b. Neuses/Kronach 140.

See-Bach b. Erlangen 299.

Seebach - Tal b. Weißendorf 284.

See-Brünnlein b. Hüttenheim 365.

See-Graben b. Opferbaum 369.

See-Holz b. Abensberg 103.

Seelacher Berg b. Kronach 135.

Seelbronn (Selbronn) b. Amerdingen 27, 30.

Seemanns - Mühle b. Pleinfeld 281.

Seenheim b. Uffenheim 364.

See - Ried b. Dattenhausen 419.

Seewiese b. Schonderfeld 294.

Segen-Gottes - Grube (Kobalterz) b. Huckelheim 2*, 306, 307, 345*.

Segnitz b. Marktbreit 50*, 52 bis 54.

Sehensand b. Neuburg/Donau 111.

Seibelsdorf b. Kronach 156, 268.

Seidenplantage b. Regensburg 114.

Seidmannsdorf b. Coburg 183, 197.

Seidwitz b. Creußen 146, 217.

Seifriedsburg b. Gemünden 294.

Seinsheim b. Marktbreit 365, 366.

Seitenthal b. Pressath 160*, 165, 166.

Seligenstadt b. Dettingen 2*.

Selb i. Ofr. 454.

Selbitz b. Hof 32, 445, 452.

Selteneck (Ruine) b. Rothenburg o. T. 119.

Sem- (Senn-, Cent-)Berg b. Breitengüßbach 212, 220, 247.

Sendelbach b. Lohr 278, 298.

Sendelbach b. Reichenschwand 246.

Sendelbach b. Rentweinsdorf 193.

Sendelbach - Tal b. Reichenschwand 282.

Senn-Berg s. u. Sem-Berg.

Sennfeld b. Schweinfurt 288, 421, 425, 427, 434, 435.

Serrfeld b. Bundorf 182, 193, 203, 205, 293.

Serlbach b. Forchheim 211, 218.

Seßlach (S. Gegend) b. Coburg 192, 193, 196, 201—203, 205, 206, 212, 220, 245, 247, 294.

Seubersholz s. u. Seuversholz.

„Seufzig" (W.-A.) b. Neustadt/Main 349.

Seugast b. Amberg 225, 252, 310*.

Seulbitz b. Bayreuth 156, 160*, 162, 217.

Seuversholz b. Eichstätt 99, 328*.

Seubothenreuth b. Bayreuth 46, 160*, 162.

Siebeneichen b. Rosenberg 272.

Siebener Sprudel i. Bad Stadt Brückenau 426.

Siechen b. Cham 455.

Siechenhaus (W.) b. Rothenburg o. T. 50*, 64, 65.

Siegelsdorf b. Fürth 240, 241.

Sieglitzhof b. Erlangen 189, 242, 244.

Sieglohe s. u. Siglohe.

Siemauer Tal b. Coburg 277.

Siglohe b. Rennertshofen 95, 112, 234.

Sigras b. Vilseck A.

Sigritzau b. Forchheim 299.

Silber-Berg b. Bodenmais 448, 449.

Silbergrub b. Weißenberg 313, 314.

Silber-Hof b. Oberbach (Ufr.) 37, 351*, 352, 353.

„Silberloch, am" b. Theta 209.

Siegendorf b. Prichsenstadt 298.

Siegesturm b. Bayreuth 215.

Siegfried, Fdpkt. (Braunkohle) b. Weisbach 397.

Simmelsdorf b. Schnaittach 254, 264.

Simmersdorf b. Wachenroth 179, 284.

Simonshofen b. Lauf/Pegnitz 247.

Sindelbach b. Neumarkt 120.

Sinn (Fl.) 238, 351*.

Sinn, Große (Fl.) 124.

Sinn, Kleine (Fl.) 351*.

Sinnberger Quelle i. Bad Brükkenau 425, 428, 429.

Sinnbronn b. Dinkelsbühl 218.

Sinn-Tal b. Gemünden 125, 352.

Sinzing b. Regensburg 226, 227.

Sittenbach-Tal b. Hersbruck 120, 282.

Sixtenberg b. Schlüsselfeld 179.

Soden b. Aschaffenburg 1, 8, 10, 124, 308.

Soden-Berg b. Bad Soden 3*.

Soden-Berg b. Hammelburg 19, 20, 40, 127, 351, 354.

Soden - Tal b. Bad Soden 5, 6, 10, 33, 305.

Sogritz b. Parkstein 160*, 166.

Sole-Sprudel (= Runder Brunnen) i. Bad Kissingen 425, 430, 431.

Sole-Quelle i. Windsheim 426, 436, 437.

Sollbach b. Bodenwöhr 229, 230.

Sollenberg b. Gräfenberg 84.

Sollern b. Riedenburg 385.

Solnhofen b. Pappenheim 31, 86, 89, 92, 93, 104—106, 108 bis 110, 254, 440.

Solnhofer Haardt b. Solnhofen 110.

Sommerach b. Volkach 293.

Sommer-Berg b. Amorbach 130, 383.

Sommerhausen b. Eibelstadt 50*, 56—58, 60, 61.

Sommerkahl b. Schöllkrippen 33, 293, 304—306, 308, 348, 349.

Sondheim b. Ober-Elsbach 390*.

Sonneberg i. Thür. 135, 276.

Sonnefeld b. Coburg 197, 206, 207, 295.

Sonnenried b. Schwandorf 406, 407, 411, B.

Sontheim b. Windsheim 363.

Soos b. Franzensbad 344.

Sophien-Höhle b. Rabenstein 300.

Sorg b. Wolfsberg b. Hiltpoltstein 95.

Sorg b. Neunkirchen 199.

Tambach b. Seßlach 206.

Tambach-Tal b. Tambach 183, 206.

Tannenbach b. Heinersreuth 214.

Tannen-Berg b. Pressath 160*, 165.

Tannen-Hölzer b. Rentweinsdorf 212.

Tannfeld b. Thurnau A.

Tanzfleck b. Freihung 267, 269, 309, 310*, 311, 376*, 377, 379, 381.

Tanzrain b. Laufach 8.

Tapfheim b. Donauwörth 300.

Tauber (Fl.) 34, 40, 50*, 62, 119, 156, 292.

Tauber-Gebiet 294.

Tauberscheckenbach b. Rothenburg o. T. 50*, 63, 65.

Tauber-Tal (-Grund) 43, 65, 357, 362, 421.

Tauschersdorf b. Nabburg 449.

Tausch-Tal b. Trebgast 136.

Taxis b. Dischingen 23.

Taxöldern b. Bodenwöhr 231, 297, 450, 453, 455.

Tegel-Berg b. Kalchreuth 247.

Tegernheimer Keller b. Regensburg 224, 225.

Teichelrangen (Bg.) b. Pfaffenreuth b. Waldsassen 451.

Teich-Mühle b. Wartenfels 445.

Tennenlohe b. Eltersdorf 299.

Tennenloher Forst b. Erlangen 189.

Tettenwang b. Riedenburg 254.

Teublitz b. Burglengenfeld 258, 271, 407, B.

Teuschnitz b. Förtschendorf 446.

Teufelsbrücke b. Hummenberg 209.

Teufels-Graben b. Bayreuth 250.

Teufels-Graben b. Egloffstein 120.

Teufels-Graben b. Grünsberg 210.

Teufelsgraben (E.) b. Meyernberg 214.

„Teufels-Kirche" b. Rasch 210.

Teufels-Mühle b. Omersbach 13.

Thalfingen b. Neu-Ulm 115.

Thalheim b. Bissingen 27.

Thalmässing b. Greding 76, 81, 86, 317, 319, 328*, 372.

Thalmassing b. Regensburg 114.

Thanhausen b. Riedenburg 254.

Thanheim b. Pittersberg 414, A, B.

Thansüß b. Freihung 310*, A.

Thann b. Herrieden 287.

Thann b. Riedenburg 328*, 341.

Thannhausen b. Freystadt 223.

Theilheim b. Randersacker 50*.

Theisau b. Burgkundstadt 197.

Theisenort b. Kronach 369.

Theisseil b. Weiden 451.

Theißenstein b. Coburg 213, 248.

Theresien-Stollen i. Bergwerk Amberg 326.

Theta b. Bayreuth 209, 215.

Theuern b. Amberg 87, A.

Thier-Bach b. Ochsenfurt 55.

Thierbach-Tal b. Ochsenfurt 55, 60.

Thiergarten b. Bayreuth 198.

Thonberg b. Cham 455.

Thonberg b. Kronach 214.

Thon-Berg b. Kirchlauter 212, 220, 247, 249.

Thonhausen b. Kastl 253.

Thüngbach b. Schlüsselfeld 191, 204.

Thüngen b. Karlstadt/Main 47.

Thüngersheim b. Würzburg 36, 122, 130, 131, 238, 278.

Thüringen 127, 196, 335.

Thüringer Wald 128, 276, 277.

Thuisbrunn b. Egloffstein 89, 95, 120, 387.

Thulba b. Hammelburg 36, 39, 128, 132, 294.

Thum-Bach b. Stegenthumbach 160*, 269, 270.

Thundorf b. Freystadt 223.

Thundorf b. Stadtlauringen 70.

Thurnau b. Kulmbach 213, 214, 221, 245, 249, A.

Thurndorf b. Kirchenthumbach 317, A.

Tiefenbach b. Passau 453.

Tiefenbach-Tal b. Sparneck 448.

Tiefenellern b. Bamberg 119.

Tiefengraben-Stollen (Schwerspat) b. Waldaschaff 348.

Tiefenhöchstadt b. Strullendorf 119.

Tiefenpölz b. Heiligenstadt A.

Tiefenroth b. Lichtenfels 371.

Tiefenstockheim b. Marktbreit 45.

Tiefenthal b. Creussen 144, 198.

Tiefenthal b. Marktheidenfeld 41.

„Tiefer Brunnen" b. Dörrenberg 352.

„Tiefer Graben" b. Erlangen 420.

„Tiefer Weg" b. Appetshofen 14.

Tiergarten-Pfads-Berg b. Kreuzwertheim 131.

Tintenfaß (Bg.) b. Ober-Riedenburg 20.

Tirschenreuth b. Wiesau (Opf.) 151, 442, 451, 454.

Titting b. Greding 104*, 254, 317, 328*.

Tittling b. Passau 453.

Todsfeld b. Thuisbrunn 120.

„Todten-Weg, am" b. Heigenbrücken 346.

Tongrube, blaue a. Tegel-Berg b. Kalchreuth 247.

Tongrube, weiße a. Tegel-Berg b. Kalchreuth 247.

„Tonlöcher" (W.-A.) am Großen Breitenberg 248.

Toter Berg b. Nördlingen 297, 415.

Toten-Wald b. Leubach i. d. Rh. 390*, 401.

Toten Weg-Grube (Schwerspat) b. Heigenbrücken 345*, 349, 350.

Totmanns (Totnanns-Berg) b. Ober-Riedenberg 37, 392.

Trabitz b. Pressath 184, 199, 217, 270.

Träglhof b. Massenricht 310*.

Tränk-Bach b. Gössenheim 36.

Trailsdorf b. Schnaid 220, 283.

Trainau b. Graitz 276.

Trappstadt b. Königshofen i. Gr. 171, 182, 370.

Traumfeld b. Altdorf 120.

Trausnitz i. Tal b. Pfreimt 449.

Traustadt b. Gerolzhofen 154 bis 156.

Unter-Leinsiedel b. Amberg 114, 340.

Unter-Leiterbach b. Ebensfeld 212, 247, 289.

Unterleupoldsberger Forst b. Presseck 444.

Unter-Liezheim b. Höchstädt/Donau 23, 254.

Unter-Lindelburg b. Ober-Ferrieden 187.

Unter-Massing b. Abbach 114.

Unter-Membach b. Erlangen 190.

Unter-Mimberg b. Feucht 187, 243.

Unter-Neuses b. Burgebrach 204.

Unterntief b. Windsheim 363.

Unter-Oberdorf b. Breitengüßbach 193.

Unter-Pleichfeld b. Würzburg 68.

Unter-Reichenbach b. Schwabach 298.

Unter-Ringingen b. Bollstadt 27.

Unter-Rodach b. Kronach 42, 49.

Unter-Sambach b. Abtswind 298.

Unter-Schleichach b. Eltmann 180.

Unter-Schreez b. Bayreuth 215.

Unter-Schwappach b. Ober-Theres 68, 154—156.

Unter-Schweinheim b. Aschaffenburg 6, 33, 348.

Untersdorf b. Schnaittach 264.

Unter-Siemau b. Coburg 197.

Unterspiesheimer Moor b. Gerolzhofen 420,

Unter-Stall b. Neuburg/Donau 111, 266.

Unter-Steinach b. Bayreuth 49, 142, 145, 156, 384.

Unter-Steinach b. Burgwindheim 178.

Unter-Steinach (Steinach) b. Kulmbach 34, 69, 268.

Unter-Steinbach b. Prölsdorf 170, 179, 180, 284.

Unter-Steinbach b. Weidenberg 274.

Unter-Stürmig b. Eggolsheim 247.

Unter-Trübenbach b. Roding 455.

Unter-Waiz b. Bayreuth 198, 214, 274.

Unter-Weiler b. Burgwindheim 178.

Unterweiler Tal b. Burgwindheim 285.

Unter-Weißenbach b. Selb 454.

Unter-Western b. Schöllkrippen 13, 293.

Unter-Wittbach b. Homburg/Main 131.

Unter-Wohlsbach b. Coburg 294.

Unter-Wurmbach b. Gunzenhausen 287.

Ursensollen b. Amberg 340, A.

Ursensollener Tal b. Ursensollen 340.

Ursheim b. Polsingen 86, 288.

Urspring b. Amberg 224, 308.

Urspring b. Ebermannstadt 120.

Urspringen b. Rothenfels/Main 36, 41.

Ursprung-Bach b. Altdorf 299.

Ursprung-Graben b. Weißenbrunn 286.

Ursprung-Quellkessel b. Altdorf 287.

Uttenreuth b. Erlangen 189, 283.

### V.

Vach b. Fürth 241.

Vasbühl b. Schweinfurt 156, 293.

„Veitlach, Oberer" i. Ansbach 241.

Veitlahm b. Kulmbach 21, 213, 214, 224, 249.

Veitsaurach b. Barthelmesaurach 283.

Veitshöchheim b. Würzburg 298.

Velburg b. Parsberg 254.

Velden b. Hersbruck 85, 94, 95, 233, 265, A.

Veldenstein (Burg) i. Neuhaus/Pegnitz 233.

Veldensteiner Forst b. Pegnitz 112, 233, A.

Verau b. Haidhof 257, 405, 407, B.

Versbach b. Würzburg 293.

Versbach - Tal b. Würzburg 44 45.

Veste, Alte b. Fürth 188.

Vestenberg b. Ansbach 161.

Vestenbergsgreuth b. Ühlfeld 204.

Vesuv - Zeche (Bleierz) b. Freihung 309, 310*.

Viehhausen b. Alling 256, 403, 404, B.

Viereth b. Bamberg 174, 179, 204.

Vierzehnheiligen (Kloster) b. Lichtenfels 225, 226, 307, 317, 319, A.

Vils (Fl.) i. Opf. 87, 160*, 272, 376, 420, A, B.

Vilseck b. Freihung 87, 160*, 184, 224, 233, 253, 254, 296, 299, 300, 310, 311, 313, 317, 334, 337, 341, 376*, 420, 441, A.

Vilshofen b. Passau 452.

Vilshofen b. Schmidmühlen A.

Vils-Tal i. Opf. 87, 273, 449.

Virginien 389.

Voccawind b. Maroldsweisach 21.

Vögelas b. Königstein 340.

Vögnitz b. Gerolzhofen 154, 298.

Völkers - Berg b. Wörmersdorf 253.

Völkersleier b. Dittlofsroda 20, 128.

„Vogelherd, auf dem" b. Pressath 266.

Vogelherd b. Kronach 137.

„Vogelstanne, an der" b. Ramsthal 40.

Vogtendorf b. Kronach 276.

Vohenstrauß i. Opf. 451.

Voitmannsdorf b. Hollfeld A.

Volkach b. Schweinfurt 45 bis 47, 66, 156, 239, 277, 288, 293, 298.

Volkers b. Brückenau 238.

Volkersberg b. Brückenau 20.

Volkersdorf b. Wachenroth 179.

Voll-Burg b. Michelau 170.

Vorbach b. Neustadt a. Kulm 160*, 164, 184, 198, 199.

Vorbach b. Rothenburg o. T. 66.

Vordergereuth-Berg b. Baunach 241.

Würz-Burg b, Weißenburg 86.
Würgau b. Scheßlitz 89.
Würgauer Steige b, Scheßlitz 84, 119.
Württemberg 115, 296, 354,
Würzburg 35, 36, 38, 39, 41, 43—47, 49, 50*, 51—55, 57—59, 67, 68, 111, 131, 153—155, 170, 180, 238, 239, 278, 288, 292, 293, 298, 360, 369, 385, 440, 441, 443.
Würzburg-Zell 288.
Wüstbuch b. Kronach 135.
„Wüste, auf der" b. Ober-Eschenbach 40.
Wüstenahorn b. Coburg 197.
Wüstenau b. Hahnbach 272.
Wüstenfelden b. Iphofen 170.
Wüstensachsen b. Gersfeld 390*, 392, 401.
Wüstenzell b. Marktheidenfeld 131.
Wüstpfühl b. Herbolzheim 364.
Wurm - Berg b. Neustadt/Saale 38, 40.
Wustviel b. Gerolzhofen 170, 180.
Wustendorf b. Ansbach 312.
Wutzelhofen b. Regensburg 99.

### Z.

Zabel-Stein (Bg.) b. Gerolzhofen 170, 179.
Zahlbach b. Burkardroth 395.
Zandt b. Kipfenberg 105, 111, 253.
Zant b. Wolframs - Eschenbach 177.
Zant - Berg b. Königstein 339, 340.

Zapfendorf b. Baunach 211*, 212, 220, 245, 275, 289, 384.
Zeckendorf b. Scheßlitz 84.
Zeegendorf b. Heiligenstadt 84.
Zeidelweid b. Tirschenreuth 454.
„Zeidel-Weide" b. Pappenberg 164.
Zeidlitz-Grund b. Wartenfels 444.
Zeil b. Haßfurt/Main 170, 171, 181, 293, 368.
Zeil-Berg b. Maroldsweisach 21.
Zeilitzheim b, Volkach 293,
Zeitlarn b. Regensburg 216, 273,
Zeitlofs b. Brückenau 356.
Zell b. Eltmann/Main 170, 171.
Zell b. Eysölden 186.
Zell a. d. Speck b. Neuburg/Donau 111.
Zeller Berg b. Würzburg 45.
Zellingen b. Karlstadt/Main 278, 293.
Zenn (Fl.) i. Mittelfranken 240.
Zenn-Grund(-Tal) b. Markt Erlbach 169, 172, 177, 284, 295.
Zentbechhofen b. Pommersfelden 191, 221.
Zessau b. Pressath 164*, 242, 267.
Zettlitz b. Markt Zeuln 276.
Zettlitz b. Pressath 160*, 165.
Zettlitz-Grund b. Presseck 445.
Zettmannsdorf b. Prölsdorf 180.
Zeubelried b. Marktbreit 50*, 53, 54, 55.
Zeyern b. Kronach 32, 42, 46, 384. 439, 446.
Zeyern-Grund b. Kronach 32, 447.
Ziegelerden b. Kronach 135, 137.
„Ziegelau, die" b. Laisacker 297.
Ziegel-Berg b. Wemding 254.
Ziegelhaus b. Schillingsfürst 167.

Ziegelhütte b. Burgebrach 295.
Ziegelhütte b. Taxöldern 450.
Ziegelhütte b. Treuchtlingen 254.
Ziegelhütten b. Goldbach 11.
Ziegelsdorf b. Scherneck 212.
Ziegelstadel b. Kapfelberg 227.
Ziegelstadel b. Strahlfeld 297.
Ziegelstadl b. Riedenburg 254.
Ziegelstein b. Nürnberg 299.
Ziegel-Tal b. Kelheim 102, 103.
Ziegen-Berg b. Langenzenn 295.
Ziegetsdorf b. Prüfening B.
Ziegetsdorfer Höhe b. Ziegetsdorf 404.
Zimmerau b. Heldburg 29, 182, 193, 194*, 370.
Zimmern b. Rothenfels/Main 131
Zimmern (= Klosterzimmern) b. Nördlingen 426.
Zintlhammer b. Pressath 184.
Zirndorf b. Fürth 188, 241, 283.
Zirndorfer Forst b. Zirndorf 186, 188.
Zirndorfer Gegend 241.
Zogenreuth b. Auerbach 316, 318, 371, A.
Zollhaus b. Wendelstein 187.
Zolt-Mühle b. Harsdorf 141, 275.
Zorn-Berg b. Wildflecken 20.
Zotten-Bach b. Pleystein 272.
Zuchthaus-Bruch b. Ebrach 177.
Zückshut b. Hallstadt 212, 275.
Zuider-See 20.
Zumberg b. Feuchtwangen 241.
„Zur Birken" (Bayreuth) 217.
Zwerchstraß b. Treuchtlingen 254.
Zwerg-Wörnitz (Fl.) b. Larrieden 288.
Zwiesel b. Regen 445.

# Sachverzeichnis.[1]

## A.

*Acrodus*-Bank 70, 157, 158.
Alabaster (-Gips) 194*, 358—370.
Alb-Erze 327, 332, 333; Chem. 333.
Albüberdeckung 81*, 112, 253, 254; — lehmige 289, 290; — sandige 265.
allochthone Kohle 417.
Alluvium 288, 289, 442.
Altenschwander Grobsandstein 211, 232.
*Alternans*-Schichten 81.
Amaltheen-Mergel (-Tone, -Tonmergel) (Costaten-Mergel, Lias-Delta) 72—76*, 250; Chem. 74; Vork. 74—76.
Amberger Erzformation 113.
„Amberger Gelb" 339, 340; Chem. 339.
„Amberger Goldocker" s. u. Goldocker.
„Amberger Tripel" 113, 114.
Ammoniten-Kalkmergel 76*.
Angulaten-Sandstein 72, 158, 194*, 211*, 212*, 217—221, 219*, 441; Br. 218—221.
Anhydrit (Mittlerer Muschelkalk) 42; — (-Gruppe) 42, 44.
Anhydrit-Zone (Rotliegendes) 237.
Ansbacher Sandstein 159, 171, 172.
Antimon-Arsen-Fahlerz, silberhaltiges = Schwefelverbindung von Arsen und Antimon mit Kupfer 306.
Antimonglanz = Schwefelantimon ($Sb_2S_3$) 306.
Apatit = Kalkphosphat mit Fluor, Chlor und Wasser 325.
Aplitgänge 9.
Arieten(kalk)sandstein 72, 158, 219*, 221—223; Chem. 223; Br. 222, 223.
Arkosige Zone (Pressath) 164*.
Arsenerze (meist Fahlerze) 306—308.
Arsenfahlerz, silberhaltiges = Schwefelverbindung von Arsen mit Kupfer 304.
Arsen, gediegen 306.
Arsenkies = Schwefeleisenarsen (Fe As S) 306.
Aschaffit (-Gänge) 3*, 9—11; Verw. 11; Vork. 10.
*Ataxioceras suberinum*, Zone des 88.
autochthone Kohle 417.
Azurit (Kupferlasur) = wasserhaltiges Kupferkarbonat 349.

## B.

Bagger-Kiese 288, 289; — (-Sande) 288, 289.
Bairdien-Tone s. u. Ostrakoden-Tone.
Baryt s. u. Schwerspat.

Basalt(e) 2*, 3*, 16 — 22; — (Frankenjura) 21, 22; —(Haßgau) 21; —(Oberpfalz) 438—444; — (Rhön und Vorrhön) 19—21, 438; — (Vorspessart, Main-Tal, mainischer Odenwald) 22; Feldspatbasalt 17*; — Glasbasalt (Limburgit) 17*; — Nephelinbasalt 17*; — Nephelinbasanit 17*.
„Baster" (= Bastard) (Malm) 90, 97.
Bastkohle 390.
„Bausandstein" 127, 128.
Bausandstein (Coburger oder Eltmanner) 174 bis 185, 175*, 180*, 181*; Br. 178—183; — (Eschenbacher) 149—151; Schichtenfolge 149; — (Kronacher = Karneol-Bausandstein) 134 bis 137*; — (Kulmainer) 147, 148; — (Unterer Muschelkalk) 147—151; — (Rhät, rhätischer) 211*.
Bayerisch-Blau (Werksandstein) 154, 155.
*Beckeri*-Kalke (Krebsscheren-, *Prosopon*-Kalke) 98, 99; — (-Stufe) 82.
*Belemnites irregularis*-Schicht 76*.
Benker Sandstein(e) 157—165, 159*; Br. und Gr. 160*, 162—165, — Oberer 164*; — Unterer 164*.
*Berriasella ciliata*, Stufe der 111, 112.
Berggips-Schichten 158, 369, 370.
Beraunit = wasserhaltiges Eisenoxydphosphat 325.
*Bimammatum*-Kalke (-Zone) 83.
Biotitgneis 11.
Bismutit = basisches Wismutkarbonat 346, 349.
Bitterquellen 426.
Bitumen 76.
Blasensandstein (-Stufe) (Kieselsandstein) 158, 164*, 173*—185, 178*, 241, 242; Br. 176 bis 185; Verw. 176.
Bodenwöhrer Sandstein 231.
Blaukalke (Muschelkalk) 46, 67; — (Dogger) 81.
Bleierz(e) 305—314, 310*; -Gänge 444; — (Freihung-Tanzfleck) 309, 310*, 311; — (Pressath) 311, 312.
Bleiglanz = Bleisulfid (PbS) 306—313.
Bleiglanz-Bank 69, 158.
Bleimineralien 305—314.
Bleimulm, manganhaltiger 311.
Bodenbelagsteine (-platten) 109, 110.
Bodenwöhrer Sandstein 231.
Bohnerz(e) 327—329, 332, 333, 341; Chem. 333.
Bolus 335—337; — (Pappenberger) 336, 337; — (Troschenreuther) 335*, 336; Chem. 335;

---

[1] Ein Sternchen bezeichnet: zu einer Abbildung gehörig.
Abkürzungen: Chemischer Bestand = Chem.; — Verbreitung = Verbr.; — Vorkommen = Vork.; — Verwendung = Verw.; — Steinbrüche = Br.; — Gruben = Gr.; — Druckfestigkeit = Druckf.; — Gefrierprobe = Gefr.

Bonebed (Grenz-Bonebed, Knochen- und Fisch-
zähnchenlage) 48, 52*, 54*, 56*, 57*, 58*,
61*; — (Saurier-Region) 76*.
Brandschiefer (Rotliegendes) 236, 237.
Brauneisen (-erz, -stein) (Limonit) 304—308,
314, 316, 318—322, 320*, 324, 337, 338*,
345, 346, 348—350; — (Beschaffenheit) 324
bis 326; Form der Erzkörper 325, 326; — mulmiges 341; sedimentäres 323; — Verbr. 329
bis 333;
Mulmerz 324; — Nagelerz 315; — (Phos-
phatbeimengung) 327.
Brauneisenerz-Lagerstätten 321—324; — vorcenomane 321; — (Einteilung) 323, 324.
Brauneisen-Mangan-Erz 337.
Braunkalke 66, 67.
Braunkohle(n) 388—418; — erdige 391; —
gemeine 390, 391; — obermiozäne 388 bis
416; — oberpliozäne 2*, 416—418.
Braunkohlen (Abbach) 404; — (Buchthal-
Mulde) 413; Chem. 413; — (Dechbetten) 403;
— (Eichhofen) 403; — (Haidhof) 405, 406;
Chem. 406; — (Regensburg) 404, 405; —
(Regensburg—Amberg) 402—414; — (Ries
und Riesrand) 414—416.
Braunkohlen (Sauforst) 405; — (Schmidgaden)
412; — (Schwandorf) 406 bis 413; Begleit-
schichten 407, 408; Ablagerungsform 408,
409; — (Schwandorf—Amberg) 413, 414;
— (Schwarzenfeld—Schmidgaden) 411—413;
Schwarzenfeld 411, 412; Chem. 412; — (Son-
nenried-Rauberweiherhaus) 411; — (Viehhau-
sen) 403, 404; Chem. 404; — (Wackersdorf)
409—411.
Braunkohlen (Rhön) 388—402, 390*; Chem.
391; Brennbarkeit 392; Einteilung 389—391;
Entstehung 396, 397; Verbr. 392—402; Verw.
392.
Braunkohle (Untermain-Tal) 416, 417*, 418;
Chem. 418.
Braunkohlen-Tone 255—260.
Braunspat = eisenhaltiger Dolomit
$(Mg,Fe)CO_3$ 305, 306.
Braunstein = Mangandioxyd $(MnO_2)$ 306.
„Breistein" (Malm) 101.
Breschen 116.
Bröckelschiefer (Unterer Buntsandstein) 123*,
237.
Bronner Plattendolomit 82.
„buchene Kalke" 39, 44.
Buntkupfer-Erz (-Kies) = Kupferschwefel-
eisen $(Cu_3FeS_3)$ 304, 306, 346.
Buntsandstein 3*, 122—146, 123*, 237, 238,
308—314, 349—351, 383, 384; — Feinkör-
niger 2*, 123*—126; — Grobkörniger 137*;
Mittel- bis grobkörniger 123*, 126; — Mitt-
lerer 123*, 133*, 134, 137*, 139—141, 260*;
— Oberer (Röt) 36, 123*, 128, 137*, 149, 237;
— Unterer (Bröckelschiefer) 123*, 237.
Buntsandstein (Bayreuth) 142; — (Emtmannsberg—Altencreußen) 144; — (Kronach) 137*;
— (Kronach—Kulmbach—Trebgast) 133 bis
139; — oberfränkischer und oberpfälzischer
132—146; — oberfränkischer, Ausbildung
133*; — (Stegenthumbach) 144; — unterfränkischer 122—132.

Buntsandstein (Schottergestein) 145, 146.
Burgsandstein (-Stufe) 158, 164*, 185—206,
205*, 242, 294*; Br., Gr. 186—200; — Mittlerer („Dolomitische Arkose") 158, 191, 192*,
194*, 196, 200—206; — Oberer 158, 173*,
191, 194*, 196, 202—206; — Unterer 158, 173*,
185*, 188—192*, 196; Heldburger Ausbildung 190, 191.

C.

Cenoman 82, 372; — Ober- 113, 228, 229;
— Mittel- 113; — Unter- 113, 226—228.
*Ceratites nodosus- (Nodosus-)* Schich-
ten 44, 48.
Chalkophyllit = Kupferarseniat 305.
Chirotheriensandstein, Oberer oder Fränki-
scher (Rötquarzit) 123*, 129*, 136—138; —
Unterer oder Thüringischer 128, 134—136.
Cornwallit = Kupferarseniat 305, 346, 348.
Cerussit s. u. Weißbleierz.
Chamosit = Eisensilikat; — -Oolithe 315.
Chirotherienschiefer 128, 237, 238; Chem. 238.
*Ciliata*-Kalk (Neuburger Kalk) 82, 111, 112.
Coburger Bausandstein (Eltmanner Bausand-
stein) 158, 174—185, 175*, 180*, 181*; Br.
178—183.
Coburger Festungssandstein 158, 201.
*Communis*-Kalkbank 72, 72—79, 76*.
*Corbula*-Bank 70, 157, 158.
Costaten-Mergel s. u. Amaltheen-Mergel.
*Cycloides*-Bank 44, 47.

D.

Dachplatten(-schiefer) 109, 110.
Dachschiefer 444.
Deckgebirge 15—264.
Denkmalstein (Muschelkalk) 61*.
Devon, Ober- 32.
Diabas 444.
Diatomeen-Erde (Saugschiefer) 229, 406; Chem.
406.
*Diceras*-Kalk s. u. Kelheimer Marmorkalk.
Diluvium 263—265, 269—288, 376*, 442, 455.
Diluviale Lehme 264, 442, 455; s. a. u. Lehme.
Diluviale Sande s. u. Sande.
Diluviale Schotter s. u. Schotter.
Diluviale Tone 263—265, 455.
Diorit 5—11, 2*; Druckf. 6; Verbr. 6; Verw. 6.
Dioritgranit 6, 7.
Dioritgneis 5—11.
Döbra-Sandstein 445, 451.
Dogger (Mittlerer oder Brauner Jura) 72, 80,
81,* 223—226, 250—253, 315—318, 320*,
441; — Mittlerer 85*; Schichtenfolge 80; —
Oberer 85*.
Dogger-Sandstein (Eisensandstein, Personaten-
Sandstein, Dogger-Beta) 80, 81*, 85*, 223—226,
315—318, 320*, 331*, 441; Chem. 224, 441;
Br. 225, 226; — Strand- und Seichtwasser-
ausbildung) 224.
Dogger-Beta s. u. Dogger-Sandstein.
Dogger-Eisensandstein s. u. Dogger-Sandstein.
Dogger-Erz(e) 328*; — einmalig umgelagertes
322*, 324—326, 329—332, 331*; Vork. 330; —
mehrfach umgelagertes 327—329; Verbr. 332,
333.

Dogger-Oolith 87*.
Dolomit(e) 2*, 30—121, 205*; — (Burgsand-
stein) 158, 194, 200—206; Chem. 204, 205;
Brüche 204—206; — (Malm) 93—96, 320*;
(Mittlerer Muschelkalk) 42; — (Zechstein) 32
bis 34; Br. 33, 34.
Dolomit von Bronn 82, 94, 96.
Dolomitische Arkose, Stufe der 158, 173*,
191, 194*, 200—202.
Dolomitischer Kalk s.u Kalkstein, dolomitischer.
Dolomitsandsteine (Burgsandstein) 158, 200
bis 206; — (Muschelkalk) 146.
Düngerkalk, kohlensaurer 109, 110.
Dünensande, diluviale 297—299.
Dysodil (Papierkohle) 115.

## E.

Eibrunner Mergel 113, 114, 228*.
„eichene Kalke" 39, 44.
Eisbuckel-Schichten 113, 114.
Eisenerz(e) 2*, 302—306, 313, 320*, 445; Verw.
334; — (Jura) 314—318; (Dogger) 315—318;
Chem. 315; (Lias) 314, 315; Chem. 315; —
(Kreide, Tertiär) 318—344; — (Quartär) 334.
Eisenerz (-Aufbereitung, festländische und mee-
rische) 321; — (-Körper, basaler; überge-
schobener) 331*; — (-Umlagerung, meerische
und festländische) 321, 322; — (E., vorceno-
manes) 322*, 329—332.
Eisenerz (-Lagerstätte) (Amberg) 324, 330,
331*; Chem. 324; — (Auerbach) 332; —
(Haidweiher-Ebermannsdorf) 330; — (Krum-
bach-Altenricht) 330; — (Rosenberg) 330; —
(Sulzbach) 330.
Eisenfarberden s. u. Farberden.
„Eisengäller" 223.
„Eisengallen" 154, 175, 193.
Eisenglanz = Eisenoxyd (Fe$_2$O$_3$) 302, 303.
Eisenkies (Schwefelkies, Pyrit) = Eisensulfid
(FeS$_2$) 304, 305.
Eisenknollen 349.
Eisenocker s. u. Ocker.
Eisenoolith-Flöze (Dogger-Eisenerze) 316, 317;
Chem. 316.
Eisenoolith-Kalke 80.
Eisenoxydsilikate, wasserhaltige 341.
Eisenquellen (Stahlquellen) 426.
Eisenrahm = Eisenoxyd (Fe$_2$O$_3$) 306, 348.
Eisensandstein (Dogger), s. u. Dogger-Sand-
stein; — (Kreide) 232.
Eisenspat (Weißerz) 326, 349; — metasoma-
tischer 319; — sedimentärer 319, 320*; — um-
gelagerter 332, 333.
„Eisenstein" (Arieten-Sdst.) 223; — (Gips) 361.
Eltmanner Bausandstein s. u. Coburger Bau-
sandstein.
Encriniten-Kalke (Trochiten-Kalke) 44, 46,
47; — Encriniten-Schichten 44.
Ergußgesteine, vulkanische 15—30.
Eruptivgesteine, nutzbare 3*.
Erze s. a. u. Eisenerze, Bleierze, Kupfererze,
Dogger-Erze.
Erze (Grundgebirge) 301—305; — (Schichtge-
steine) 305—344; — (Perm: Zechstein) 305 bis
308; — (Trias: Buntsandstein, Keuper) 308—314.

Erzlagerstätten s. u. Lagerstätten.
„Erzletten" 113.
Estherien-Schichten 158, 159*, 164*.

## F.

Fahlerz = Kupfer-Antimon- oder -Arsensulfid
[Cu$_4$(Sb, As)S$_7$] 2*, 306—308, 346, 348, 349;
— silberhaltiges 306, 349.
Farberde(n) (Eisenfarberden, Ocker, Eisen-
ocker) 113, 328*, 334—344; — eisenhydroxyd-
und eisenoxydhaltige 337—341; — (Gunzen-
dorfer) 342—344; — (Jura) 335—337; —
(Keuper) 334, 335; Chem. 335; — (Kreide)
337—341; — (Tertiär) 341.
Fasergips (Federweiß) 361, 365.
„Fäulen" (Plattenkalk) 105, 106*.
Faulschlamm 342*.
Federweiß (Fasergips) 361, 365.
Feldspatbasalt 17*.
„Feldspatsand" 380.
Feldspatsandstein, Freihölser 113, 232, 233.
Felsengips 360*, 361*.
Felssandstein 123*, 129*, 440.
Feuerletten (Knollenmergel, Zanclodon-Letten)
158, 194*, 207, 212*, 242—244; Chem. 243.
Fladenkalk (Malm) 97.
Flaserkalk (Devon) 32, 447.
„Flinze" (Plattenkalk) 105, 106*.
Flugsande, diluviale 297—299.
Flußablagerungen, diluviale 287, 288; — (Alt-
mühl-Tal) 287; — (Hintere Schwarzach) 288;
— (Sulz-Tal) 287, 288; — (Wörnitz) 288; s. a.
Flußsande und -Schotter.
Flußsande, diluviale 265—269; — (Wörnitz) 288;
s. a. u. Flußablagerungen -Schotter; — plio-
zäne 268, 269.
Flußschotter 265—269; — s. a. u. Schotter
und Terrassenschotter.
Fluß- und Seeabsätze, tonige 289—290.
Flußspat (Fluorit) = Fluorcalcium (CaF$_2$) 348.
Formsand(e) 229, 382—385; Körnung 385;
— (Buntsandstein) 383, 384; — (Jura) 384;
— (Keuper) 384; — (Kreide) 384, 385; Chem.
385; — (Rotliegendes) 382; Chem. 382; —
(Tertiär) 385.
Fränkische Grenzschichten 48.
Frankendolomit 81*, 82, 85*, 93—96, 338*;
Chem. 94; Druckf. 94; Verw. 95, 96; Br. 95.
Fränkische Massenformation s. u. Massen-
formation.
Freihölser Feldspatsandstein 232, 233.
Freihunger Sandstein (Schichten) 157—166,
159*, 160*, 308—314; Br., Gr. 160*; —
Oberer 164*, 166; — Unterer 164*.
Fronauer Sandstein 231.

## G.

„Gänsäugige Schicht" (Oberer Muschelkalk)
61*.
Gagat-Kohle (Gagatit) 79, 80.
Galmei = Zinkspat (Zinkkarbonat) gemengt mit
Kieselzinkerz (wasserhaltigem Zinksilikat) 306.
Gehängelehm 455.
Gehängeschutt 260*, 331*.
Gelberde 339; Chem. 339.

Lamprophyr 14.
Landoberfläche, vorcenomane 113.
Lasurit (natürlicher Ultramarin) = Natrium-Aluminium-Silikat mit Schwefelnatrium 304.
Lateralsekretion 345, 352.
Landschnecken-Kalke, oberoligozäne 115
Lebererz 315; Chem. 315.
Lehm(e) 2*, 236; — ab- oder ausgeschwemmte 264; — diluviale 264, 442, 455; unsicherer Herkunft 299, 300; — Gehängelehm 455; — Hochflächenlehme 454; — Höhlenlehm 300; Chem. 300; — Lößlehm 260*, 290*, 291, 294*; Chem. 292; Körnung 292; — Oberflächen-lehm 264; — Spaltenlehm 300; — Terrassen-lehm 264; — Verwitterungs- und Umlagerungs-lehm 454, 455.
Lehrberg-Bänke (-Steinmergel) 70, 158, 173*.
Lehrberg-Stufe (-Schichten) 158, 164*, 171 bis 173*, 239—241.
Lehrberg-Tone 159*, 239—241.
Letten 236.
Lettenerz 311.
Lettenkeuper (Unterer Keuper) 66—69, 152 bis 157, 164*, 239, 290*; — unterfränkischer 153—156, 158; — oberfränkischer 156, 157.
Lettenkeuper-Sandstein s. u. Werksandstein.
Lettenkeuper-Schiefer 52*, 54*, 56*, 57*, 58*.
„Lettenkohle" 66.
Leukokalzit (Leukochalzit) = wasserhaltiges Kupferarseniat 305.
Lias (Unterer Jura, Schwarzer Jura) 72—80, 194*, 217—223, 250, 314, 315, 371; Schichten-folge 72.
Lias-Delta s. u. Amaltheen-Mergel.
Lias-Gamma s. u. Numismalis-Mergel.
Lias-Epsilon s. u. Posidonien-Schiefer.
„Lias-Marmor" (Communis-Kalk) 72, 79.
Lias-Tone s. u. Tone.
Lias-Zeta s. u. Jurensis-Mergel.
Lignit (Holzkohle) 389, 390, 394, 406, 410, 412, 413, 416—418; Chem. 406, 410, 412—414.
Limburgit s. u. Basalt.
Limonit s. u. Brauneisenerz.
Lithographica-Stufe 104—112.
Lithographie-Stein, Solnhofer 104—112; blauer 107, 108.
Lithographische Schiefer (Plattenkalke) s. o. und unter Plattenkalke, Solnhofer.
„Löcher-Sandstein" 132.
Löß 290*—299, 294*; Chem. 292; Körnung 292; — (Bodenwöhrer Becken) 297; — (süd-licher Jura) 296, 297; Chem. 296; — (Ober-franken) 294, 295; — (Oberpfalz) 296; — (Regnitz-Gebiet) 295, 296; — (Unterfranken) 292—294.
Lößkindl (Löß-Kalkknollen) 290, 294*.
Lößlehm s. u. Lehm.

## M.

Magneteisenerz (Magnetit) = Eisenoxyd (Fe₃O₄) 303, 304, 315, 445.
Magnetit s. u. Magneteisenerz.
Magnetkies — (-Lagerstätten) = Eisensulfid (FeS); — (Bodenmais) 448; — (Lam) 448, 449.
Mainsandstein, weißer 136.

Malachit = basisches Kupferkarbonat 304, 307, 308, 346, 348, 349.
Malm (Oberer Jura, Weißer Jura, Weißjura, Kalk-Jura) 80, 81*—112, 85*, 322*, 331*, 440; — Schichtenfolge 82.
Malm (Weißjura) Mittlerer, Oberer, Unterer 81*.
Malm (Weißjura) -Alpha 81, 82, 85*; — (-Beta) s. u. Werkkalk; — (-Delta) s. u. Treuchtlinger Marmor; — (-Epsilon) s. u. Plumper Felsen-kalk); — (-Gamma) s. u. Obere graue Mergel-kalke; — (-Zeta 98, 99, 104—112, 107*.
Mangan 349; — -Erz 305, 306, 308, 325, 346, 347, 350; eisenhaltiges 325; — -Knöllchen-Anreicherung 294*; — -Mulm 306, 308, 346.
Manganit = wasserhaltiges Manganoxyd (Mn₂O₃ · H₂O) 305.
Manganspat = Mangankarbonat (MnCO₃) 305, 306.
Marmor i. e. S. 32; — Casteller (Gips) 366; — Jura- 93; — Lias- 79; — Kirchheimer 58.
Marmoreinlagerung im Gneis 13, 14
Marmorkalk 228*; — Kelheimer s. d.; — Treucht-linger (Weißenburger) s. d.; — Weltenburger 100, 104.
Massenformation fränkische 81*, 94, 107*.
Meerestransgression, cenomane 226.
Mehlstein (Mehlbatzen) (Schaumkalk) 40.
Mergel (Mergelgesteine) 32, 42.
Mergelkalk(e) 32; — Obere graue (Malm) 81*, 85*, 87—89; Chem. 88; Br. 88, 89; — Untere graue (Malm) 81*, 82, 85*, Chem. 82; — Oberer Mergel- und Splitterkalk(= Obere graue Mergelkalke) 107*.
Mergel-Leitschicht (Oberer Muschelkalk) 48. 52*, 60.
Mergelschiefer 32; — dolomitische 42.
Mesozoikum 34—115, 237—253.
Miltenberger Sandstein 123*—126; Chem. 125; Verw. 125.
Mineralquellen 2*, 3*, 421—437; Einteilung 422, 423, 455; geologisches Vork. 424; Her-kunft der Mineralstoffe 424, 425; Chem. 428-437.
Miozän 255—260, 265, 266; — Oberes 255 bis 260, 388—416, 452—454.
Mittlerer Buntsandstein s. u. Hauptbuntsand-stein.
Mittlerer Jura (Brauner Jura) s. u. Dogger.
Mittlerer Keuper (Bunter Keuper) s. u. Keuper.
Mittlerer Muschelkalk (Anhydrit-Gruppe) s. u. Muschelkalk.
Monotis- Bank (-Kalkbank) (Lias) 72, 75—79, 76*; Chem. 77.
Monotis similis-Zone 89.
Moore 418—420; — Flachmoor 419; — Hoch-moor 419; — Niedermoor 419, 420; — Zwischenmoor 419, 420.
Moorerde, Gunzendorfer 342*, 343; Chem. 343.
„Muckenschecher" (Gips) 361*.
Mulmerz (Brauneisenerz) 324.
Muschelkalk 34—66, 137*, 149, 159, 164*, 238, 239, 290*; — Mittlerer (Anhydrit-Gruppe) 42, 43, 356—59; Schichtenfolge 42; — Oberer (Hauptmuschelkalk) 43—66, 439; Schichten-folge 44; Chem. 47; s. a. u. Quaderkalk; — Unterer (Wellenkalk) 34—42, 123*, 129*; Schichtenfolge 36; Chem. 38.

## Qu.

Quacken 241.
Quaderkalk (Muschelkalk) 44, 49—66, 53*, 54*, 56*, 57*; 58*, 61*, 440; — Verbr. 50*; — (Kalk-Tonbereich) 53—59; — (Kalkbereich) 59—66; — Br. 50*, 53, 55—66.
Quarzit 3*, 12; — -Schiefer 3*, 13, 441; — s a. Röt-Quarzit.
Quarzkeratophyr (Keratophyr) 447.
Quarzporphyr 2*, 3*, 16, 450, 451.
Quarzsand s. u. Sand.
Quellen, einfache kalte 425.

## R.

*Radians*-Mergel s. u. *Jurensis*-Mergel.
Raricostaten-Mergel 72.
Raseneisenerz 334, 342*—344; Chem. 343.
Rauheisensandstein 80, 316—318, 331*.
Realgar = Arsensulfid (AsS) 308.
Redwitzit 451.
Regenporphyr (Pinitporphyr) 449.
Reichelsdorfer Sande 281.
Reinhausener Schichten (Kreide) 113, 114, 228, 229.
Reisberg-Kalk 81*, 82, 111.
Rhät (Oberer Keuper) 72, 158, 208—216, 212*, 244—250, 441, 442.
Rhätolias 72, 158, 208, 219*, 244—250; Gr. 246—250.
Rhät-Tone s. u. Tone (Rhät).
Rhät-Sandstein 158, 194*, 208—216, 211*, 212*, 219*; Br. und Gr. 209—216.
Ries-Traß (vulkanischer Tuff, Suevit) 23—30, 26*; Chem. 29, 30; Verw. 29, 30; — Schlottraß und Wannentraß 26*.
Röt (Oberer Buntsandstein) 123*, 128, 137*, 237; Unteres und Oberes 137*.
Rötel, Troschenreuther s. u. Bolus.
Röt-Quarzit s. u. Chirotheriensandstein, Oberer.
Röt - Tone 36, 123*, 132; Untere 129*.
Rogenstein (Mittlerer Muschelkalk) 42, 43.
Roman-Zement 37.
Roteisenerz = Eisenoxyd (Fe$_2$O$_3$) 80, 303, 314, 348, 445.
Roteisenoolith-Flöze (Dogger) 123.
„Roter Bodenstein" (Dogger) 223.
Rotkupfererz = Kupferoxydul (Cu$_2$O) 306, 307.
Rotliegendes 236, 237, 376*, 382; — Unter- 236, 237.
*Rugulosa*-Schichten (Malm) 115.

## S.

Sand 2*, 68*, 386*; — (Buntsandstein) 139—143) KulmbacherKonglomerat 139-141 ; — (Keuper) 380, 441 ; — (Miozän) 257, 265, 266; Chem; 258; — (Pliozän) 260*, 266—269.
Sande, diluviale 103*, 269—288, 297—299; Korngrößen 286; — (Oberpfalz) 269—273; — (Franken und nördliches Schwaben) 273 bis 289; Reichelsdorfer 281; — Niederter-rassen-Sand 164*; (s. a. Flußsande); — Dünen- und Flugsande 297—299.
Sandsteine 121—235, 451; — (Bindemittel) 121.

Sandsteine (Buntsandstein) 121—146; Mitt-lerer 123—128, 133, 134; Oberer 128—132, 134—139; — (Cenoman) 226—228; Ober-228, 229; Unter- 226—228; — (Devon) s. u. Döbra-Sandstein.
Sandsteine (Keuper) 152—216.
Sandsteine (Mittlerer Keuper, Bunter Keuper) 157—207; — (Unterer Gipskeuper) 157—171; (Schilfsandstein-Stufe) 166—171; — (Oberer Gipskeuper, Lehrberg-Stufe) 171,172; — (Sand-stein-Keuper) 172—207.
Sandsteine (Oberer Keuper, Rhät) 208—216.
Sandsteine (Unterer Keuper, Lettenkeuper) 153 bis 157; (s. a. u. Werksandstein und Oberer Sandstein).
Sandsteine (Kreide) 226—233; — (Lias) 217 bis 223; — (Mesozoikum) 121—233; — (Muschel-kalk) 146—152; — (Trias) 121—216; — (Turon) 229—233; Mittel- 230; Ober- 231—233; Unter-229, 230.
Sandsteinkeuper (Oberer Bunter Keuper) 156 bis 216, 173*.
„Satinober" (Ocker) 339.
Säuerlinge, erdige 425.
Saugschiefer s. u. Diatomeenerde.
Seekalke (Ries) 117.
„Seifenstein" (Lias) 78.
Semionoten-Sandstein, Unterer (-Stufe) 158, 164*, 178*, 174—185, 194*; Br. 177—185.
*Semipartitus*-Schichten 44, 48.
Senon 113.
„Siena" (Ocker) 339.
Sohlerz 315; Chem. 315.
Solnhofer Plattenkalk (Schiefer) s. u. Platten-kalk, Solnhofer.
Sonnenbrenner (Basalt) 18, 19.
„Spaltenerz" 318, 331*.
Spaltenlehm 300.
Spaltungsgesteine von Granit und Diorit 8—11.
Spateisenstein = Eisenkarbonat (Fe CO$_3$) 306, 307, 315, 326; Chem. 326; — -Gänge 445.
Speiskobalt = Kobalt - Nickel - Eisenarsenid (Co,Ni,Fe)As$_2$ 306—308, 349.
Sphaerosiderit = Eisenkarbonat (Fe CO$_3$) 308.
Spiriferinen-Bank (Oberer Muschelkalk) 44.
Splitterkalke (Malm) 89.
Sprudelkalke (Ries) 115.
Stahlquellen (Eisenquellen) 426.
Staurolithgneis 11.
Steinmergel 43, 69—71; — (Mittlerer Muschel-kalk, Stylolithenmergel) 42, 43; — (Gipskeuper) 69, 70; Chem. 70, 71.
Steinsalz (-Lager) 354—357; — (Mittlerer Mu-schelkalk) 42, 356, 357; — (Zechstein) 354 bis 356.
Stilpnosiderit (Eisenpecherz) = Brauneisenerz, mit Kieselsäure durchtränkt (2Fe$_2$O$_3$·3H$_2$O) 348.
Stinkkalke (Lias) 75, 76, 78.
Stinkschiefer (Lias) 75.
Süßwasserkalke 116—118; — (Ries) 116—118; Chem. 118; — (Jurahochfläche) 118.
Suevit s. u. Riestraß.
*Sutneria platynota*, Zone der 88.
Sulzfelder Sandstein 158, 193—195, 194*.
*Sylvana*-Stufe 118.

**Treuchtlinger Marmor** (Weißenburger Marmor, *Pseudomutabilis*-Kalk, Malm-Delta) 81*, 82, 85*, 89—93, 107*, 440; Chem. 90; Druckfest. 91; Gefrierprobe 90, 91; Verw. 92, 93; Br. 91, 92.

**Trias** 34—71, 237—250, 308—314, 331*, 376*.

*Trigonodus*-**Kalk** 52.

„**Tripel**" 114; — Amberger 228, 229; Chem. 228.

**Trochiten-Kalkbänke** (Encriniten-Kalkbänke) 46, 47.

**Trümmergesteine** 207.

**Trümmerschichten** (Riesgegend) 14, 26*.

**Tuff, vulkanischer** (Riestraß, Suevit) 23—30, 26*; Chem. 29, 30.

**Turon** 113, 229—233, 372; Mittel- 113, 230; Ober- 113, 231—233; Unter- 113, 229, 230.

### U.

**Überdeckungsbildungen** 265—300.

**Überschiebungen** (Amberger Erzberg) 331*.

„**Umbra**" (Ocker) 305, 339, 344.

**Untere graueMergelkalke**(Malm-Alpha)81, 82.

„**Untere Kalke**" (Kreide) 113.

**Unterer Keuper** (Lettenkeuper) s. u. Keuper.

„**Unterfränkischer Granit**" (Quaderkalk) 58.

**Unterer Jura** s. u. Lias.

**Unterer Keuper** s. u. Lettenkeuper.

**Untere Terebratelbank** (Unterer Muschelkalk) 36.

**Unterer Muschelkalk** s. u. Wellenkalk.

### V.

**Vegetationsbänder** (im Löß) 291.

**Veldensteiner Sandstein** 113, 233.

**Verwerfungen** (Amberger Erz-Berg) 331*.

**Verwitterungs- und Umlagerungs-Lehme** 454, 455.

**Vitriolerde** 342—344.

**Vivianit** = wasserhaltiges Eisenphosphat 325.

**Vorcenoman** 113.

### W.

**Wad** = Mangandioxyd ($MnO_2$) 305, 306.

**Walkerde** 236.

**Wannentraß** 26*.

**Wavellit** = wasserhaltiges Aluminiumphosphat 325.

**Weinschenkit** = wasserhaltiges Yttrium-Erbium-Phosphat 325.

**Weißenburger Marmor** s. u. Treuchtlinger Marmor.

**Weiß, Weißerde, Neuburger** s. u. Kieselkreide, Neuburger.

„**Weißer Mainsandstein**" 176.

„**Weißerz**" (Eisenspat) 319, 326; Chem. 326.

**Weißbleierz** (Cerussit) = Bleikarbonat ($PbCO_3$) 309—313.

**Weißer Jura** (Weißjura) s. u. Malm.

**Wellenkalk** (Unterer Muschelkalk) 35—42,123*, 129*; — oberfränkischer 41, 42, 439; — unterfränkischer 35—41; Chem. 38; — Br. 40, 41; — (körnige Kalkeinschaltungen) 38—41.

**Wellenkalkschiefer** 36—38.

**Wendelsteiner Quarzit** 187, 188; Druckf. 188.

**Wennebergit** (Ries) 14.

**Werkkalk** (Malm-, Weißjura-Beta) 81*, 82—87, 85*, 107*; Chem. 83; — Druckf. 84; Br. 84—87.

**Werksandstein** (Hauptsandstein, Lettenkeuper-Sandstein) (Unterer Keuper) 153—156, 158, 290*; Br. 154—156, 160*.

„**Wilder Fels**" (Malm) 105, 106*.

„**Wilder Schiefer**" (Posidonien-Schichten) 76*.

**Windablagerungen** 290—299.

**Winzerberg-Schichten** (Knollensand) 113.

**Wismut** 306; gediegen 306.

**Wismuterze** 306—308.

**Wismutglanz** = Wismutsulfid ($Bi_2S_3$) 306.

**Wismutocker** = Wismutoxyd ($Bi_2O_3$) 348.

**Würfelerz** (Pharmakosiderit) = wasserhaltiges Eisenoxydarseniat 305, 306, 349.

### Z.

*Zanclodon*-**Bresche** (*Plateosaurus*-Konglomerat) 207.

*Zanclodon*-**Letten** s. u. Feuerletten.

**Zechstein (-Formation)** 32—34, 237, 305—308, 348, 349, 354—356.

**Zechsteindolomit** 32—34.

**Zechsteinkalk** 2*, 3*; — dolomitischer 32—34.

**Zellenkalk** (Mittlerer Muschelkalk) 43, 68*.

**Ziegellehm** 236; s. a. u. Ton.

**Zinkblende** = Zinksulfid (ZnS) 306, 312.

„**Zuckerkorn**" (Malm) 97, 107.

**Zweiglimmergranit** 7.

„**Zwicktaschen**" (Solnhofer Schiefer) 109.

# Druckfehler- und sonstige Berichtigungen.

S. 13 Zeile 11 v. o. statt „Laudenbach" lies „Groß-Laudenbach".
S. 14 Zeile 4 v. u. statt „Rudelstetten" lies „Rudolfstetten".
S. 23 Zeile 5 v. u. statt „Höchstadt" lies „Höchstädt".
S. 34 Zeile 8 v. o. statt „Blankenbach" lies „Groß-Blankenbach".
       Zeile 16 v. u. statt „Steinach" lies „Unter-Steinach".
S. 37 Zeile 23 v. o. statt „Ober-Leichtersberg" lies „Ober-Leichtersbach".
S. 40 Zeile 6 v. u. statt „Karsberg" lies „Karsbach".
S. 47 Zeile 10 v. u. statt „Gausaschach" lies „Gauaschach".
S. 51 Zeile 10 v. u. statt „Buenos Ayres" lies „Buenos Aires".
S. 57 Zeile 15 v. u. statt „Reichenbach" lies „Reichenberg".
S. 65 Zeile 22 v. o. statt „Hart" lies „Haardt".
S. 69 Zeile 3 v. o. statt „Unter-Steinbach" lies „Unter-Steinach".
S. 73 Zeile 6 v. u. statt „Groß-Albersdorf" lies „Groß-Albershof".
S. 74 Zeile 12 v. o. statt „Roßbach" lies „Roßdorf".
       Zeile 11 v. u. statt „Geisenfeld" lies „Geisfeld".
S. 77 Zeile 2 v. o. statt „Geisenfeld" lies „Geisfeld".
S. 81 Zeile 5 v. u. statt „Freistadt" lies „Freystadt".
S. 99 Zeile 11 v. u. statt „Seubersholz" lies „Seuversholz".
S. 110 Zeile 9 v. u. statt „Riedenberg" lies „Riedenburg".
S. 120 Zeile 7 v. o. statt „Hilpolstein" lies „Hiltpoltstein".
S. 125 Zeile 20 v. u. statt „Faulenbach" lies „Faulbach".
S. 128 Zeile 19 v. o. statt „Heiligenkreuz" lies „Heiligkreuz".
S. 134 Zeile 4 v. o. statt „Weimarsdorf" lies „Weimersdorf".
       Zeile 6 v. o. statt „Wolfskehl" lies „Wolfskehle".
S. 137 Zeile 6 v. o. statt „Fechenheimer Berg" lies „Fechheimer Berg".
S. 137* statt „Altern" lies „Allern".
S. 140 Zeile 24 v. o. statt „Sechspfeifen" lies „Sachspfeifen".
S. 160* statt „Neumarkt" lies „Neuenmarkt".
S. 181 Zeile 4 v. o. statt „Bamberg-West" lies „Gerolzhofen-Ost".
       Zeile 4 v. o. statt „(Winterleite); O. von Weisbrunn" lies „(Winterleite) O. von Weis-
         brunn".
S. 190 Zeile 6 v. o. statt „östlich davon bei Steinsberg" lies „östlich davon am Stein-Berg
         bei Ailersbach".
S. 207 Zeile 5 v. o. statt „Einfeld" lies „Einberg".
S. 280 Zeile 7 v. o. statt „Schotter und Sandgruben" lies „Schotter- und Sandgruben".
S. 292 Zeile 6 v. o. statt „Absieden" lies „Absieben".
       Zeile 12 v. o. statt „non" lies „von".

---